Ernst Bade

Das Süsswasser-Aquarium

Geschichte, Flora und Fauna des Süsswasser-Aquariums, seine Anlage und Pflege

Ernst Bade

Das Süsswasser-Aquarium
Geschichte, Flora und Fauna des Süsswasser-Aquariums, seine Anlage und Pflege

ISBN/EAN: 9783743317659

Hergestellt in Europa, USA, Kanada, Australien, Japan

Cover: Foto ©berggeist007 / pixelio.de

Manufactured and distributed by brebook publishing software (www.brebook.com)

Ernst Bade

Das Süsswasser-Aquarium

Das

Süßwasser-Aquarium.

Geschichte, Flora und Fauna des Süßwasser-Aquariums
seine Anlage und Pflege
von
Dr. E. Bade,
Herausgeber der „Blätter für Aquarien- und Terrarien-Freunde".

Zweite, verbesserte und mit einem Anhang
Das Sumpf-Aquarium und Terra-Aquarium
vermehrte Ausgabe.

Mit 8 Tafeln in Buntdruck, 4 einfarbigen Tafeln, 252 Textabbildungen und vielen
Vignetten nach Originalzeichnungen des Verfassers.

Berlin 1898.
Verlag von Fritz Pfenningstorff.

Alle Rechte vorbehalten.

Vorwort zur ersten Ausgabe.

Bei der Abfassung des vorliegenden Werkes bin ich nicht von dem Standpunkte allein ausgegangen, dem Aquariumliebhaber zu sagen, so und so hast du dein Becken einzurichten, die und die Tiere und Pflanzen kannst du für die Besetzung verwenden und so und so mußt du dein eingerichtetes Aquarium pflegen, ich habe vielmehr mein Augenmerk mit darauf gerichtet, die Lebensverhältnisse der Tiere sowohl, wie die der Pflanzen eingehend zu schildern. Wird mir nun — wie es bereits geschehen ist — der Vorwurf gemacht, ich sei in manchen Punkten zu wissenschaftlich gewesen, so antworte ich darauf, daß die Aquarienliebhaberei in meinen Augen keine Spielerei ist. Nur wenn dem Liebhaber das volle Verständnis für eine Pflanze oder für ein Tier erschlossen ist, wird er erst die rechte Freude an seinen Pfleglingen haben und auch der Wissenschaft durch eigene Beobachtungen nützlich werden können.

Das Thema ist so ausführlich behandelt, wie es auf Grund eigener langjähriger Erfahrung und genauen Studiums des vorliegenden Materials möglich war, ohne den in Aussicht genommenen Umfang allzusehr zu überschreiten; ich bin jedoch weit davon entfernt zu glauben, daß der Stoff erschöpft und das Gebotene immer ganz frei von Fehlern ist. Jeder, der sich eingehend mit der Pflege von Aquarien beschäftigt, wird auch die Schwierigkeit meiner Aufgabe voll ermessen können und danach dieselbe würdigen.

Wünsche, behufs Verbesserungen, die der Verlagshandlung zugeschickt werden, finden bereitwilligst später eingehende Berücksichtigung. Ja, ich bitte sogar alle Liebhaber, mit Verbesserungsvorschlägen nicht zurückzuhalten, ich bin jedem dankbar, der mich auf Fehler oder Irrtümer aufmerksam macht, denn nur so ist es möglich das Werk fehlerfrei zu gestalten und damit der Liebhaberei zu dienen.

Die dem Texte beigegebenen Zeichnungen und ebenso die Tafeln sind auf Grund genauer Beobachtungen und vielfacher Vergleiche von mir entworfen. Sie sollen keine malerischen Abbildungen sein, sondern der Beschreibung nur helfend zur Seite stehen und den Gegenstand so zeigen, wie er in Wirklichkeit sich darstellt.

Der dem Werke angefügte Inseratenanhang bringt Anzeigen aus dem Gesamtgebiet der Aquarienliebhaberei und sei der Beachtung des Lesers hiermit bestens empfohlen. Der Unparteilichkeit halber habe ich von der Empfehlung einzelner Firmen im Texte abgesehen.

So übergebe ich nun mein Werk der Öffentlichkeit. Möge es dazu beitragen, der so interessanten Liebhaberei der Aquarienpflege neue Freunde zu erwerben und die alten Liebhaber mit manchen Dingen bekannt zu machen, welche ihnen sonst vielleicht noch fremd waren.

Charlottenburg, im Juni 1896.

Der Verfasser.

Vorwort zur zweiten Ausgabe.

Dieser zweiten, vermehrten Ausgabe meines Werkes habe ich keine weiteren Worte vorzusetzen, als ich es bei der ersten gethan habe. Die Anordnung des Stoffes ist nicht geändert worden, es sind nur die Errungenschaften der letzten Jahre, die neuen Tier- und Pflanzenimporte, die vielfach verbesserten Hilfsapparate zu den schon bewährten zugefügt worden und die Abbildungen dem entsprechend vermehrt und einige nicht gelungene Zeichnungen der ersten Auflage durch neue ersetzt worden. Neu in dieser Ausgabe ist der Anhang über das Sumpf-Aquarium und über das Terra-Aquarium, desgl. sind zu den schon vorhandenen Tafeln zwei neue hinzugefügt worden. Zahlreiche Zuschriften aus Liebhaberkreisen geben mir die Gewißheit, daß die Behandlung des Stoffes ihnen zusagt und daß die Ratschläge und Anweisungen, die ich gegeben habe, stichhaltig sind.

Ein wissenschaftliches Werk soll mein „Süßwasser-Aquarium" nicht sein; dazu ist besonders die niedere Tierwelt lange nicht ausführlich genug berücksichtigt worden, auch habe ich hier, um nicht zu weitschweifig zu sein, kein eigentliches System in der Aufzählung zur Anwendung gebracht. Die Tierformen der niederen Wassertiere indessen, die der Liebhaber auf seinen Ausflügen in Sumpf und Weiher hauptsächlich findet, wird er nicht vergeblich in dem Werke suchen, und auch eine kurze Belehrung, soweit solche zum Verständnis der Lebensbedingungen dieser Geschöpfe nötig ist, werden ihm die einzelnen Kapitel geben.

Dank der freundlichen Bereitwilligkeit des Verlegers hat es sich ermöglichen lassen, den durch die teueren Herstellungskosten bedingten hohen Preis der ersten Ausgabe für diese zweite wesentlich zu ermäßigen.

Charlottenburg, im April 1898.

Der Verfasser.

Inhalts-Verzeichnis.

Einleitung.
	Seite
Geschichte der Aquarienliebhaberei	1
Zweck und Wert des Aquariums	4

Das Aquarium.
	Seite
1. Formen für Aquarien	6
2. Wasserdurchlüftung	19
3. Heizung des Aquarienwassers	35
4. Selbstthätige Heber	39
5. Der Felsen im Aquarium	42
6. Die innere Ausschmückung des Aquariums	44
7. Die Bodenschicht des Aquariums in ihrer Bedeutung für die Pflanzen. Die Einsetzung der letzteren	46
8. Das Wasser des Aquariums und seine Einfüllung	50

Die Süßwasser-Flora.
	Seite
1. Physiognomik der heimischen Süßwasser-Vegetation	52
2. Das Licht und seine Beziehung zum Leben der Pflanze	54
3. Die Ernährung der Pflanzen	57
4. Die Form und Gestalt der Wasser-Flora	58
5. Die Fortpflanzung der Süßwasser-Flora	60
Wert der Wasserpflanzen für das Aquarium	66
1. Schwimmpflanzen (Plantae natantes)	67–86
Die Behandlung der Schwimmpflanzen im Aquarium	87
2. Untergetauchte oder echte Wasserpflanzen (Plantae submersae)	87–140
Die Behandlung der untergetauchten Wasserpflanzen im Aquarium	140–141
3. Pflanzen mit Schwimmblättern (Plantae foliis natantibus)	141–165
Die Behandlung der Pflanzen mit Schwimmblättern im Aquarium	165–166
4. Sumpfpflanzen (Plantae demersae)	166–211
Die Behandlung der Sumpfpflanzen im Aquarium	211–212
5. Pflanzen zur Besetzung des Felsens	212–236
Der Felsen im Aquarium, seine Bepflanzung und die Behandlung der Gewächse	236–238
Vermehrung durch Keimung bei den Sumpf- und Wasserpflanzen	238–240
Nachschrift zum Abschnitt: „Die Süßwasser-Flora". Tafel nebst Erläuterung und Erklärung der im Texte gebrauchten botanischen Ausdrücke	

Die Süßwasser-Fauna.
	Seite
Physiognomik des Süßwassers und seiner Fauna	241
1. Kriechtiere (Reptilia)	243
Schildkröten (Chelonia)	244
1. Wasserschildkröten (Clemmys)	247–250
2. Sumpfschildkröten (Emys)	250–254
2. Lurche od. Amphibien (Amphibia)	255
1. Frösche (Batrachia)	258
1. Froschlurche mit Zunge und spitzen Zehen (Oxydactylia).	
Wasserfrösche (Ranida)	261–267
Froschkröten (Pelobatida)	267–271
Kröten (Bufonida)	271–272
2. Froschlurche mit Haftscheiben (Discodactylia).	
Laubfrösche (Hylida)	272–276
2. Schwanzlurche (Caudata).	
Wassermolche (Molge)	279–292
Querzahnmolche (Amblystomida)	292–297
Plethodontida	297–298
Lurche mit Kiemenbüschel (Detrotrema).	
Fischmolche (Menopomida)	298–299
Aalmolche (Amphiumida)	299–301
Lurche mit Kiemenbüschel (Perennibranchiata).	
Olme (Proteida)	301–304
Armmolche (Sirenida)	304–305

Inhalts-Verzeichnis.

	Seite
Fische (Pisces)	305
1. Knochenfische (Teleostei)	315
1. Stachelflosser (Acanthopteri)	315—351
2. Weichflosser (Anacanthini)	352—353
3. Edelfische (Physotomi)	353—410
2. Schmelzschupper (Ganoidei)	410
Knorpelfische (Chondrostei)	410—412
3. Rundmäuler (Cyclostomi)	412
Neunaugen (Petromyzontidae)	412—413
Fisch-Bastarde	413
Die künstliche Fischzucht.	
1. Brutapparate	413—416
2. Die Gewinnung des Laiches und seine Befruchtung	417—419
3. Pflege der Fischeier	419—421
4. Fütterung der Fischbrut	422—424
5. Fütterung der erwachsenen Fische	424—425
Insekten (Insecta)	425
Käfer (Coleoptera)	427
Schwimmkäfer (Hydrocantharidae)	428
1. Fadenschwimmer (Dytiscidae)	429—431
2. Taumelkäfer (Gyrinus)	432—433
3. Wasserkäfer (Hydrophilina)	433—437
Zweiflügler (Diptera)	437—440
Neuflügler (Neuroptera)	440—442
Geradflügler (Orthoptera)	442
1. Libellen (Libellulina)	442—444
2. Eintagsfliegen (Ephemerida)	444—446
Schnabelkerfe (Hemiptera)	446—450
Spinnen (Arachnoidae)	450
1. Sackspinnen (Tubitelariae)	451—453
2. Wassermilben (Hydrachnidae)	453—455
Krustentiere (Krustacea)	455
Niedere Kruster (Entomostraca)	457
1. Blattfüßer (Phyllopoda) und Wasserflöhe (Cladocera)	457—462
2. Muschelkrebse (Ostracoda)	462—463
3. Ruderfüßer (Copepoda), Einaugen (Cyclopidae), schmarotzende Ruderfüßer, Kiemenschwänze (Branchiura)	463—466
4. Rankenfüßer (Cirripedia)	466
Höhere Kruster (Malacostraca)	466
1. Dünnschaler (Leptostraca)	466
2. Ringelkrebse (Arthrostraca)	467—468
3. Schalenkrebse (Thoracostraca)	468—470
Weichtiere (Mollusca)	470
1. Bauchfüßer (Gastropoda)	472—478
2. Zweischaler (Bivalvia)	478—482
Würmer (Vermes)	482
1. Gliederwürmer (Annulata)	484—487
2. Strudelwürmer (Turbellaria)	487—488
3. Eingeweidewürmer (Entozoa)	488—491
4. Rädertiere (Rotatoria)	491—493
Moostierchen (Bryozoa)	493—494
Darmlose Tiere (Coelenterata)	494—497
Urtiere (Protozoa)	497—498
Besetzung und Pflege des Aquariums.	
1. Einteilung der Aquarien nach ihrer Besetzung	499—501
2. Die Aufstellung des Aquariums	501—503
3. Pflege des eingerichteten Aquariums	503—507
4. Versand von Fischen und Fischeiern	507—511
5. Versand von Amphibien und Reptilien	511
6. Krankheiten der Fische	511—518

Anhang.
Das Sumpf-Aquarium und Terra-Aquarium 519—522.

Sachregister
523—535.

Einleitung.

Geschichte der Aquarienliebhaberei.

Aus den Tagen unserer Kindheit taucht oft die so poesiereiche biblische Schöpfungsgeschichte vor uns auf. Sie erzählt uns von dem innigen Freundschaftsbunde, welcher Tier und Mensch in jener Zeit verband, in welcher der Herr zu den ersten Menschen sprach: „Herrschet über die Fische im Meer, über die Vögel unter dem Himmel, und über alles Tier, was auf Erden kriecht." Dieser Freundschaftsbund, den der Chronist so schön schildert, er offenbart sich noch heute, er verwirklicht sich an jedem, welcher mit dem Tierreiche umgeht und sich bemüht, das Wesen des Tieres zu verstehen und seinen Eigenarten Rechnung zu tragen.

Haben auch jene paradiesischen Zustände, wo Mensch und Tier sorglos neben einander lebten, nie in der Wirklichkeit bestanden: denn von Uranfang an hat stets der Schwächere dem Stärkeren im Kampfe um das Dasein unterliegen müssen, so hat doch der Mensch, um seiner selbst willen, viele Tiere an sich gefesselt und zu Haustieren gemacht. Ihnen legte er das Joch der Dienstbarkeit auf, über sie herrscht er. Ihre Kraft und Geschicklichkeit benutzt er bei seiner Arbeit, sie hält und pflegt er, um sich an ihrem Fleische zu sättigen, mit ihren Fellen sich zu bekleiden.

Jedoch auch Tiere, die dem Menschen keinen direkten Nutzen abwerfen, fesselt er an seine Häuslichkeit und pflegt sie zu seinem eigenen Vergnügen. Was ist auch wohl natürlicher, als daß der Städter, der vielleicht den Tag in harter Arbeit verbracht hat, endlich aus dem Strudel des täglichen Lebens müde in sein Heim zurückgekehrt, sich ein Stückchen Natur selbst in seiner Häuslichkeit schafft, wo er unbekümmert um das Jagen und Drängen der Zeit sich wenigstens nach dem Getöse der Arbeit in den Schoß der Natur mit ihren edlen Freuden rettet. Dort findet er seine Erholung, dort öffnen sich ihm unerschöpfliche Quellen steter Unterhaltung

Von aller Tierpflege auf dem großen Gebiete der Naturliebhaberei erscheinen am wunderbarsten doch stets die Lebensformen im Aquarium, weil die in der Tiefe des Wassers lebende Tier- und Pflanzenwelt sich der Beobachtung fast gänzlich entzieht. Alles, was Mutter Natur auf dem Grunde der Teiche und Flüsse in ungeahnter Fülle und Mannigfachheit erschaffen hat, bleibt für viele ein ewiges Geheimnis. Die ganze, reich an Schönheit, hier unten lebende Fauna und Flora, mit Ausnahme der Fische und Krebse, die auf den Mittagstisch kommen, ist der Mehrzahl verschlossen. Sie beachtet wohl den goldglänzenden Käfer, der über den Weg läuft, sie verfolgt wohl den Flug des schillernden Falters, der von Blume zu Blume gaukelt, sie erfreut sich an dem Tanze der Mücken und dem Gesange des Vogels, aber was die Natur dort unten auf dem Grunde des Teiches gebannt hält, was am Ufer der Sümpfe lebt, was sich in Tümpeln, Lachen und Gräben umhertummelt, das alles bleibt ihr für immer fremd.

Um hier an den oft unnahbaren Rändern der Sümpfe beobachten zu können, darf man feuchte Füße nicht scheuen und Mückenstiche nicht fürchten. Dann aber sieht auch der, der dieses in Kauf nimmt und sich einigermaßen um das „Geschmeiß" kümmert, das hier zeitweilig oder für immer lebt, um zu fressen und gefressen zu werden, allerlei wundersames Getier. Zeigt sich der Kampf auf dem Lande und in der Luft schon heftig um die Existenz und nimmt er schon hier kein Ende, so gehört da unten das Morden zum Handwerk derer, welche von ihrem Geschicke in einem Tümpel eingesperrt wurden, aus dem kein Entkommen ist. Hier gilt nur das Recht des Stärkeren. Aber Beobachtungen machen, mit Vergnügen die Tierwelt in den Lachen zu studieren, ist an Ort und Stelle teilweise unmöglich. Wollen wir die Wassertiere gründlich kennen lernen, wollen wir Freude und Unterhaltung an ihrem Leben und Treiben haben, so müssen wir sie in der Gefangenschaft halten, ihnen hier im kleinen die Wasserlache herstellen, zu dessen Vorbild uns die Natur den Teich giebt. Dieses ist durchaus nicht so schwierig, wie es auf den ersten Blick erscheinen mag, da wir im Stande sind, den Tieren alle zum Leben nötigen Bedingungen zu gewähren.

Seit den ältesten Zeiten schon haben Naturforscher Wassertiere in Schalen und Gläsern lebendig auf ihrem Arbeitstische gehalten, um zu jeder Zeit ihre Wandlungen, ihre Gestalt und ihre Lebensweise erforschen zu können. Wenn spätere Forscher auf dieser Grundlage und den Erfahrungen ihrer Vorfahren weiter bauten, bald in mehr oder weniger zweckmäßig eingerichteten Behältern Tiere und Pflanzen pflegten, ahnten sie wohl kaum, daß ihre oft recht mühevollen Studien einem späteren Geschlechte die Grundlagen bilden würden für eine Liebhaberei, zu deren Bestehen Wissenschaft und Industrie, Handel und Weltverkehr sich gegenseitig unterstützen.

Rösel von Rosenhof, der 1759 starb und zwei sehr gute Werke „Historia naturalis ranarum nostratium" und „Insektenbelustigungen" herausgab, hielt die von ihm abgebildeten Lurche und Wasserinsekten in Zuckergläsern. Aber Aquarien im wirklichen Sinne des Wortes hatten alle Forscher nicht. Indessen sind solche schon vor Jahrtausenden von den

Chinesen, diesen wunderlichen Tierfreunden, erbaut. Sie, die so vieles längst besessen haben, ehe es bei uns auch nur bekannt wurde, hatten diese Behälter sowohl im Zimmer, wie auch in ihren Gärten. Von jeher geneigt, die Natur mit Liebe zu beobachten, haben die Söhne des „Himmlischen Reichs" in der Züchtung, Veredlung und Kreuzung von Tieren und Pflanzen Großes geleistet und sich dadurch ein unbestreitbares Verdienst erworben. Aber trotzdem wird auch den Forschern wie: Swammerdam, Loewenhoek, Réaumur, Schäffer, Trembley, Liebig, Ward und Johnston der Ruhm nicht geschmälert, die ersten Schritte gethan zu haben, um das Aquarium für die Erforschung des Lebens im Süßwasser hergerichtet zu haben; denn unabhängig von den Chinesen, mit ihrer Liebhaberei durchaus unbekannt, machten sie ihre ersten Versuche.

Im Jahre 1837 machte Ward auf das Wechselverhältnis zwischen Tier und Pflanze aufmerksam. Der Forscher verfolgte die Sache ernstlicher und war der erste, der im Jahre 1841 zeigte, daß das Gleichgewicht im Gasgehalt des Wassers dadurch erhalten wird, daß Tier und Pflanze gleichzeitig darin leben. Den ersten Versuch hierzu machte er mit der Sumpfschraube und Goldfischen. Ganz denselben stellte fast zu gleicher Zeit Johnston an, und beide müssen als die Erfinder oder Entdecker des Aquariums angesehen werden. Der Chemiker Warrington teilte 1850 seine ersten Versuche über das Süßwasser-Aquarium dem größeren Publikum mit. Er hatte zu seinen Versuchen einen aus Glasplatten zusammengesetzten Behälter, der als Bodenbelag Bruchstücke von Gestein und Flußsand enthielt, worin die Sumpfschraube wuchs. Einige Stichlinge und Schnecken belebten das Wasser.

Diese Anfänge der Aquarienliebhaberei sind in England entstanden. Von hier aus hat sich dieselbe, Natur- und Schönheitssinn gleichzeitig pflegend, ziemlich beliebt zu machen verstanden, und mit der Zeit über alle Länder verbreitet. Vielfach vervollkommnet, erfreut sie sich heute einer allgemeinen Beachtung.

In Deutschland war es Adolf Roßmäßler, der im Jahre 1856 in der Gartenlaube unter dem Titel „Der See im Glase" das Süßwasser-Aquarium zum erstenmale schilderte und das Verständnis für dessen Einrichtung, Bevölkerung und Pflege in seinem ein Jahr auf jene erste Veröffentlichung folgenden Werke „das Süßwasser-Aquarium" weckte.

Aus solchen bescheidenen Anfängen hat sich heute diese Liebhaberei zu ihrer vollen Blüte emporgeschwungen, die immer neue, weitere Kreise in ihren Bereich zieht und stetig weiter fortschreitet. Heute, wo sich ein allgemeiner Drang nach Erkenntnis der Natur in allen Schichten des Volkes bemerkbar macht, wo das Volk regen Anteil an den Forschungen auf dem Gebiete der Naturkunde nimmt, da erst kann sich die so sehr interessante Liebhaberei für das Aquarium voll entwickeln. Wenig kostspielig in der Unterhaltung, bietet das Aquarium jedem Naturfreunde ein unerschöpfliches Beobachtungsmaterial. Es zeigt ihm das Leben im Wasser mit seinem Reichtum an Tieren und Pflanzen, es offenbart ihm die sonst so verschwiegene Wassertiefe und giebt ihm allerlei wunderbare Dinge zu sehen, von denen er bisher noch keine Ahnung hatte. Hier lüftet die Natur den Schleier, den sie sonst über die dunkle Tiefe ausgebreitet hält, die von dem Dichter mit schlanken Nixen bevölkert wird, deren klagender und lockender Gesang die armen Menschenkinder bethört und sie unwiderstehlich dorthin treibt, wo ihnen der Untergang gewiß ist.

Zweck und Wert des Aquariums.

Wenn der Winter die phantastischen Eisblumen mit seiner reichen Phantasie an die Fenster malt, wenn auf den Straßen die Schneeflocken in buntem Wirbel zur Erde tanzen und die Natur mit ihrem Leichentuche zugedeckt ist, dann ist draußen fast alles Leben erstorben. Die meisten Sänger haben schon im Herbste ihre Heimat verlassen und sind dem sonnigen Süden zugeeilt und auch die Kriechtiere haben sich in ihre tiefsten Schlupfwinkel zurückgezogen, wo sie die Kälte des Winters im Schlafe überdauern.

Der Naturfreund empfindet ihr Fehlen an allen Orten. Alles, was ihn draußen in den schönen Jahreszeiten erfreut hat, ist dahin. Will er dennoch täglich eine frische Farben- und Formenfülle des Naturlebens genießen, so muß er Feen- und Lustschlösser, Nixen- und Nymphengrotten für seine Lieblinge im Zimmer schaffen, sich also ein Aquarium einrichten. Dann kann er vom bequemen Lehnstuhle aus die in sein Zimmer heraufgebrachten Bewohner des Teiches mit Muße beobachten.

„Ein Aquarium," sagt Roßmäßler, „ist eine freundliche Zimmerzierde und zugleich ein ewig lebendiger Quell belehrender Unterhaltung, durch Zusammenbringen von Wasserpflanzen und Wassertieren in, ihrem Leben zusagenden, Behältern. Es ist ein nicht unbedeutend zu nennender Schritt auf der Bahn zu eingehender Beachtung der uns umgebenden Natur, ein Mittel, die Aufmerksamkeit auf solche Punkte des Naturlebens zu lenken, welche, außer von den Naturforschern, unbeachtet gelassen zu werden pflegen; ein Heilmittel gegen die kindische Scheu der Menschheit, womit Dinge gemieden werden, welche nicht nur nicht verabscheuungswürdig oder gar gefahrdrohend, sondern reich an ungeahnter Schönheit und an Anregung sind."

Der Wert eines Aquariums ist ein doppelter: Es ist ein Schatz- und Schmuckkästlein des Zimmers und ein ernster Tempel der Wissenschaft. Derjenige, welcher sich erst mit dieser Liebhaberei befaßt, wird bald ein Diener der Wissenschaft. Er dringt immer weiter ein in das Reich des Lebens, er sucht mit Befriedigung die so verwickelten Lebensformen und Wandlungen der Kleintierwelt zu erforschen, und kennt er sie, hat er der Natur hier den Schleier entrissen, so stürmt er weiter auf der Bahn, die er als Liebhaber betreten, aber als ernster Forscher erst verläßt. Und ist es nicht nötig, daß der Mensch die ihn umgebende Natur kennt? Er, der in jeder Weise von ihr abhängig ist, er, der nichts weiter ist als ein Glied in der Kette des Lebens, er, der aus denselben Stoffen aufgebaut ist wie alle Lebewesen, auch sein Körper tritt in den mannigfachsten Beziehungen zur Natur und ist vollständig von ihr und ihren Gesetzen abhängig. Auch die Kenntnis seiner Mitgeschöpfe, die ihn überall umgeben und zu ihm in bald mehr, bald weniger enger Beziehung stehen, sie in ihrem Nutzen und Schaden für sich zu kennen, ist für den Menschen von hohem Werte. Es ist zu beklagen, daß Tiere, besonders solche aus der Kleintierwelt, deren großer Nutzen von der Wissenschaft längst anerkannt ist, unter einer abergläubischen Furcht nicht nur ängstlich gemieden, sondern an allen Stellen, wo sie sich nur zeigen, verfolgt und getötet werden. „Pfui, jene eklige Kröte! schlagt das garstige Tier tot!" das ist gewöhnlich der mit dem Ausdruck von Abscheu und Aengstlichkeit begleitete Ausruf von Personen, denen das harmlose und sehr nützliche Tier zufällig in den Weg läuft. Es ist höchst albern, Tiere zu töten, deren Lebensweise man nicht einmal kennt. Von allen heimischen Kriechtieren ist nur die Kreuzotter giftig. Man kann sich, um durch eigene Erfahrung belehrt zu werden, ohne die geringste Gefahr von unseren einheimischen und vielen ausländischen Nattern, Eidechsen, Molchen, Fröschen und Kröten beißen lassen, ohne die geringsten Folgen, ja ohne meist auch nur einen nennenswerten Schmerz zu verspüren.

Eine Kenntnis der niederen Tiere, der Amphibien, Reptilien, Fische u. s. w. vermittelt das Aquarium in der besten Weise. Wenn es auch freilich in vielen Fällen nur als eine Zierde des Zimmers angesehen wird, da nichts einen hübscheren und passenderen Mittelpunkt für eine Aufstellung von Blatt- und Blütenpflanzen abgiebt als dieses, so fasse ich doch das Aquarium von einem höheren Standpunkte auf. Schon bei dem Kinde wird durch dasselbe der Sinn und die Liebe zur Natur geweckt, es vernichtet schon hier die grausamen Vorurteile, die einigen Tierklassen anhaften und trägt dazu bei, den naturwissenschaftlichen Unterricht leichter verständlich zu machen, indem es uns Tiere zeigt, die wir „in ihren von Buch zu Buch sich vererbenden Konterfeien" besser als aus der Natur kennen.

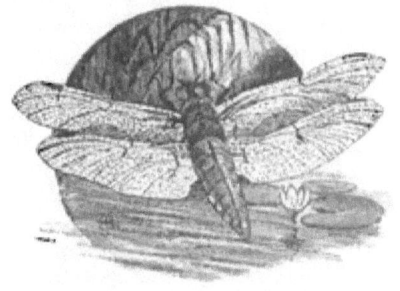

1. Formen für Aquarien.

Das Wort Aquarium bezeichnet ein Wassergefäß, in welchem lebende Tiere und Pflanzen gehalten werden, um so einen Teil der belebten Natur im beschränkten Raume zur Anschauung zu bringen, damit Tier und Pflanze eingehender beobachtet werden kann, wie dieses in der freien Natur möglich ist.

Fig. 1. Goldfischglas.

Die ursprüngliche Form des Aquariums ist die allbekannte Goldfischglocke oder auch Kugelaquarium genannt. Die Form dieser Gefäße, wie sie die beistehende Abbildung veranschaulicht, ist jedermann bekannt, da dieser Behälter sehr verbreitet ist und an allen Orten gefunden wird, wo einige Goldfische zum Schmuck gehalten werden.

Die Form und sonstige Beschaffenheit der Goldfischglocke ist als Tierbehälter durchaus zu verwerfen und nie zur Haltung von Wassertieren irgend welcher Art zu benutzen, da sie allen Anforderungen des Tierliebhabers sowohl wie auch denen des Tieres entgegen ist: sie verdient den Namen eines Aquariums überhaupt nicht. Die gebogenen, oft durch Rillen und Riesen, oder durch eingeschliffene Rosetten und Sterne fast undurchsichtig gemachten Wände lassen das Tier nur in einer verzerrten Form erscheinen, sind also zur Beobachtung desselben vollständig ungeeignet. Besonders unangenehm, namentlich für das Tier, sind jedoch die Wasserverhältnisse in einem solchen Behälter. Die obere Öffnung der Glocke ist viel zu klein, als daß die Luft genügend auf der Oberfläche des Wassers einwirken könne, ferner gestattet sie auch eine Reinigung des Glases ohne völlige Entleerung desselben nicht. Eine Bepflanzung dieses Behälters kann daher schon nicht vorgenommen werden und aus dem Grunde ist eine öftere Erneuerung des Wassers notwendig. Diese wirkt aber immer mehr oder weniger schädlich auf den Organismus des Tieres und besonders dann, wenn die Überführung desselben aus dem warmen Wasser des Behälters sofort in kaltes geschieht. In diesem Falle findet eine plötzliche Zusammenziehung der Gewebe der ganzen Körperoberfläche statt, wobei das Blut in einer heftigen Weise nach dem Herzen und den sonstigen inneren Organen getrieben wird, wodurch nicht selten ein augenblicklicher Tod eintritt. Aber selbst wenn dies nicht so oft geschieht, wie man annehmen sollte, so bleibt das Halten von Wasser geschöpfen in Goldfischgläsern immer eine arge Tierquälerei. Sobald sich die in diesen Behältern nie durch Pflanzen ersetzende Lebensluft von den Tieren verzehrt ist, was besonders schnell an heißen Sommertagen geschieht, sind die Tiere in der schwülen Nacht gezwungen, sich ständig an der Oberfläche des Wassers aufzuhalten, um von hier direkt aus der Luft Sauerstoff zu sich zu nehmen.

Will man nur einige Tiere halten, um z. B. ihre Entwicklung zu beobachten, so nehme man ein Kelchaquarium wie es Abbildung 2 zur Anschauung bringt. Obgleich allen Kelchaquarien noch manche Mängel anhaften, so die Krümmung der Wände, die ein Beobachten der Tiere von der Seite nur schwer zulassen und ihre geringe Widerstandsfähigkeit gegen Temperaturschwankungen und Erschütterungen, so fühlen sich die in diesen Gefäßen gehaltenen Tiere doch bedeutend wohler als in den Goldfischgläsern. Einen Wasserwechsel

Fig. 2. Kelchaquarium.

braucht man bei den Kelchaquarien nicht öfter vornehmen als bei den später zu schildernden Kastenaquarien, da sie eine Bepflanzung des Bodens mit Gewächsen gestatten, sich auch die Wände, ohne daß der Behälter ganz zu entleeren ist, leicht reinigen lassen. Sind die Kelchaquarien nur klein, so können keine Dekorationspflanzen angepflanzt werden, man muß sich dann auf untergetauchte Wasserpflanzen beschränken und diese in der Anzahl in den Behälter bringen, daß das richtige Verhältnis der Luft zwischen Tier und Pflanze hergestellt wird. Größere Kelchaquarien, wie sie z. B. aus den Schwefelsäure- oder Petroleumballons leicht selbst hergestellt werden können, (siehe weiter unten) vermögen schon eine Anzahl Dekorationspflanzen in sich aufzunehmen.

Für das Halten von zwei Fischchen sehr geeignet sind die in Berlin gebräuchlichen großen Weißbiergläser von beistehender Figur 3. Ich benutze

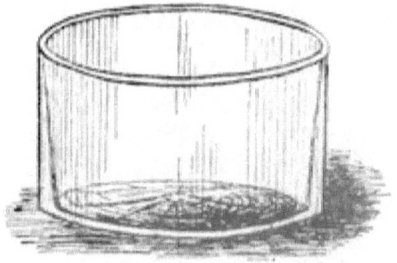

Fig. 3. Weißbierglas.

neben meinen kleinen Kastenaquarien dieselben schon seit Jahren und bin vollständig mit denselben zufrieden. Leider sind diese Gefäße nur an wenigen Orten erhältlich. Auch größere, feste Käseglocken, die mit dem Knopf in ein hölzernes Fußgestell eingelassen sind, kann ich jedem, der nur geringe Mittel zur Anschaffung von Aquarien besitzt, empfehlen. Vor einiger Zeit sah ich ein derartiges, hübsch mit Pflanzen und mit zwei Fischchen besetztes Aquarium, dessen Fuß aus Korkrinde hergerichtet war. Der ganze Behälter machte einen sehr netten Eindruck.

Alle diese Aquarien sind jedoch nur für Tiere zu verwenden, die mit so kleinen Behältern vorlieb nehmen. Wertvolle Zierfische halte man nicht in denselben und ebenso bringe man keine Flußfische in sie hinein; denn diese beanspruchen größere Gefäße, wo sie sich freier bewegen können, wenn sie in der Gefangenschaft gedeihen sollen.

Ein billiges und dabei doch geräumiges Kelchaquarium läßt sich leicht aus einer der bekannten Vitriolflaschen oder den Schwefelsäure-Ballons herstellen, die in jeder Drogenhandlung, auch wohl in der Apotheke für wenig Geld — etwa das Stück für 75 Pfennig — zu haben sind. Über die Herstellung eines solchen lasse ich Roßmäßler, der diese Idee zuerst gehabt hat, selbst reden. Er sagt Folgendes: „Wie ich in diesem Augenblicke die Sache ansehe, so kommt es mir nicht auf einen eleganten Zimmerschmuck an, sondern auf ein billiges und leicht herzustellendes Belehrungsmittel, welches immerhin auch die schöne Zugabe des fröhlichen und frischen Gedeihens im Schmuck der grünen Farbe zeigt. Daher komme ich auf meinen Ausgangspunkt vor drei Jahren zurück, und der war ein quer geteilter Schwefelsäure-Ballon. Seit einem Jahre habe ich ihn neben meinem großen eleganten Aquarium wieder hervorgesucht und mit Leben gefüllt, und eben jetzt entfaltet er eine wahrhaft ungeduldige Lebensfülle, nachdem er den Winter über nur einen geringen Vorsprung vor der schlummernden Natur im Freien zeigte, obgleich weder das Tier- noch das Pflanzenreich ganz still gestanden hat. Es ist eine wahre Lust, die ellenlangen Blätter des Wasserampfers emporschießen zu sehen neben der duftigen Wasserminze und Vergißmeinnicht; die nun erst ein Jahr stehenden Stöcke von Riedgräsern haben dichte Rasenbüsche getrieben und stehen zum Teil schon in voller Blüte. Zwischen dem Gewirr des Tausendblattes und des Hornblattes kriechen die geschäftigen Wasserasseln umher in der ruhigen Gesellschaft der Schnecken mit ihren vielgestaltigen Häuschen, von der flachen Uhrfedergestalt der Tellerschnecken bis zu den spitzgetürmten der großen Schlammschnecke. An der innern Wand des Glases und auf der Unterseite der schwimmenden Blätter haben sie ihre kristallenen Laiche abgesetzt, an denen ich von Tag zu Tag die sonderbare Achsendrehung und Entwicklung des Embryonen und die beginnende Bildung des Gehäuses mit einer scharfen Lupe verfolgen kann.

Für die Einrichtung eines solchen Aquariums möge folgende kurze Anleitung dienen.

Was zuerst die Herbeischaffung eines Gefäßes betrifft, so wird diese den meisten meiner Leser keine Schwierigkeiten machen, da die Schwefelsäure eine der herrschenden Mächte in dem Fabrikbetriebe ist, und ein Ballon samt dem Korbe, in welchem jeder Ballon versendet wird, um wenige Groschen leicht zu kaufen ist. Oft sind die Ballons von weißem oder wenigstens sehr hellgrünem Glase, welche den grünen natürlich vorzuziehen sind. Mit Sprengkohle wird ein jeder Glaser den Ballon leicht quer durchsprengen können, was ein wenig über der höchsten Wölbung des Umfanges geschehen kann. Die untere Hälfte giebt das Gefäß für das Aquarium, und da der Hals des Ballons sehr kurz ist, so kann man auch die obere Hälfte brauchen, wenn man dieselbe in eine Vertiefung eines derben Holzfußes einkitten läßt, wozu Zement oder Kalk und Quarz (letzteres ist nicht besonders zu empfehlen) am besten dient.

Wenn das Glas des Ballons nicht stark ist, so ist es vielleicht geraten, den Rand des daraus gemachten Gefäßes mit einem Ring von in Benzin aufgelöstem Guttapercha zu belegen, dessen Herabfließen am Glase man durch vorher innen und außen unter dem Rande angeklebte Ringe von Pappstreifen, die man nachher wieder beseitigt, verhindern kann."

Statt die Sprengung des Ballons, wie Roßmäßler es vorschreibt, von einem Glaser besorgen zu lassen, kann man dieselbe selbst vornehmen. Man bindet dort, wo der Ballon geteilt werden soll, an allen Stellen gleich hoch vom Boden entfernt, lose einen Faden aus Strickbaumwolle ohne Knoten um denselben. Diesen Faden tränkt man mit Terpentin, wobei darauf geachtet werden muß, daß keine Flüssigkeit an den Seiten herunterläuft, und zündet dann den Faden an, oder besser, läßt ihn anzünden und dreht den Ballon mit beiden Händen so, daß der Faden völlig abbrennt. Noch besser ist es, wenn der Faden an verschiedenen Stellen zugleich in Brand gesetzt wird. Nach dem Verlöschen der gleichmäßig überall brennenden Flamme, im Augenblicke des Erkaltens der Brandfläche, zerspringt die Flasche an der Stelle, wo der Faden gelegen hat, wie zerschnitten in zwei Teile. Ist dieses, was jedoch nur selten vorkommt, nicht der Fall, so lege man einen nassen Faden um die Stelle, und wird dann das gewünschte Resultat sicher erhalten.

Nach gründlichem Reinigen der beiden so erhaltenen Gefäße, damit ein etwaiger Rest des früheren Inhalts, der das Leben der Tiere und Pflanzen gefährden könnte, entfernt worden ist, kann der untere Teil des Ballons sogleich als Aquarium gebraucht werden. Zu- und Abflußröhren lassen sich bei diesem unteren Teile des Ballons nicht anbringen, da das Glas so dünn ist, daß ohne Gefahr des Zerspringens eine Durchbohrung des Bodens nicht vorgenommen werden kann. Anders und leichter ist dieses bei dem oberen Teile des gesprengten Ballons durchzuführen. Ein mit Werg umwickelter und mit Pech getränkter Spund, durch den die nötigen Rohre geführt werden, verschließt dann die Halsöffnung. Der hierdurch noch nicht ausgefüllte Teil des Halses wird mit Zement ausgefüllt. Nachdem dann noch ein festes und nicht zu kleines Fußgestell aus Holz u. s. w. besorgt ist, wobei der Teil, wo Glas und Fuß sich einander berühren, sorgfältig mit Filz unterlegt ist, kann zur Einrichtung des Aquariums geschritten werden.

Der, dem größere Geldmittel zur Verfügung stehen und der Gefallen an den runden Gefäßen findet, kann dieselben durch Vermittelung jeder größeren Glashandlung und auch durch die besseren Aquarien- und Terrarienhandlungen fertig beziehen.

Alle runden Aquarien, sobald ihr Durchmesser 30 cm übersteigt, sind nicht sehr widerstandsfähig. Sie springen auch ohne äußere Einwirkung plötzlich, oft nicht einmal in den ersten Tagen, sondern erst nach Wochen oder Monaten. Der Grund für diese ungenügende Haltbarkeit liegt meist in der mangelhaften Kühlung des Glases. Einem Glase ist es aber nicht anzusehen, ob es gut oder schlecht gekühlt ist. Will man runde Gläser verwenden, so nehme man ihren Durchmesser nicht größer als 30 cm.

Die Fundamentierung aller runden Aquarien und auch die der jetzt so beliebten Elementgläser in □ und □ Form erfordert eine gewisse Sorgfalt. Damit das oft nur dünne Glas nicht durch einen ungleichen Druck des Wassers, besonders bei einer Erschütterung des Bodens,

Fig. 4. Sechseckiges Aquarium mit zwei Springbrunnen.

zerspringt oder der gewöhnlich nach innen hohle Boden des Gefäßes vom Felsen eingedrückt wird, muß der Behälter auf eine Unterlage von Filz oder anderen weichen Stoffen gestellt werden und zwar so, daß der Boden überall fest aufsteht.

Besitzen auch die runden Aquarien den Vorteil, daß ihre Reinigung leicht und mühelos ist, so kann ich zu ihrer Anschaffung aus den teilweise schon angeführten Gründen, die ich noch hier wiederholen werde, nicht raten. Sind die Gefäße nicht genügend groß, so fällt es den Fischen schwer, sich in ihnen zu bewegen, da sie dann gezwungen sind, stets gekrümmt zu schwimmen. Ist die Form des runden Aquariums größer, daß dieser Mißstand nicht eintreten kann, so besitzt das gebogene Glas nicht genug Festigkeit, dem Drucke des Wassers zu widerstehen. Tritt dann eine leise Erschütterung ein, oder eine ungleichmäßige Erwärmung, so springt der Behälter und das ganze Zimmer füllt sich mit Wasser. Durch die Krümmung der Wände wird die Größe der im Wasser befindlichen Tiere und Pflanzen verändert und ihre Form erscheint in einer mehr oder weniger verzerrten Gestalt, sodaß dadurch die Beobachtung derselben nur schwer auszuführen ist. Jedes andere Aquarium ziehe man daher einem runden vor.

Bedeutend besser, wenn auch noch nicht zweckentsprechend, sind die mehreckigen Aquarien von sechs und acht Seiten.

Von sechseckigen Aquarien waren früher die in der sogen. Tulpenform sehr beliebt. Die Scheiben dieses Beckens stehen nicht senkrecht, sondern verjüngen sich nach unten, sodaß bei ihnen eine größere Wasserfläche der Einwirkung der Luft ausgesetzt wird, als wenn die Scheiben senkrecht stehen. Dieser Vorteil, der bedeutend überschätzt wurde, wiegt den Nachteil wieder auf, den dieses Aquarium mit den runden gemeinsam hat, daß sich Tiere und

Fig. 5. Kastenaquarium mit hochstehenden Sumpfpflanzen. Iris, Kalla, Cyperus.

Pflanzen in einer verzerrten Gestalt zeigen. Bei den öfter gekauften sechseckigen Aquarien, die besonders vielfach auf Blumentischen Verwendung finden, stehen die Scheiben, wie es richtiger ist, senkrecht.

Noch praktischer und von schönerer Form als dieses Aquarium ist das achteckige.

Da die sonstige Herstellung dieses Aquariums, wie auch die des sechseckigen, mit dem viereckigen sich deckt, so fasse ich alle drei hier bei diesem zusammen.

Das viereckige oder Kastenaquarium, ist das zweckmäßigste, wenn richtig hergestellt, von allen. Bei ihm soll Breite und Höhe je zwei Drittel der Länge ergeben, z. B.:

Bodenfläche 20/30 cm, Höhe 20 cm.

Gleich den vorgenannten Arten kann dieses Aquarium in verschiedener Größe angefertigt werden. Große Aquarien werden gegenwärtig aus Schmiedeeisen im Gerüst hergestellt und mit Zinkgußornamenten überkleidet. Zur Verglasung verwendet man ausschließlich starkes Spiegelglas, auch für den Belag des dreifachen Holzbodens, der seiner Haltbarkeit wegen, um sich nicht zu werfen, mit zwei, bei großen Behältern, die sehr lang sind, auch mit drei Querhölzern, die hochkantig eingeschoben werden, zu versehen ist. Diese Leisten dürfen nicht untergeschraubt oder genagelt werden, da sie sonst nur wenig Wert haben. Sie dienen gleichzeitig als Füße für das Aquarium, da sie genügend Raum für Zu- und Abflußrohr bei Einrichtung eines Springbrunnens lassen.

Komplizierte Ecken zum Einkitten der Scheiben verwende man nicht. Dieselben haben sich alle ohne Ausnahme als unpraktisch erwiesen. Läßt eine solche Ecke erst einmal Wasser durch, so ist sie nur schwer wieder dicht zu machen, und sehr häufig zerspringen die Scheiben bei dieser Manipulation noch dabei, wie es mir bei meinem alten Aquarium schon öfters passiert ist. Bei der Methode, welche Lachmann angiebt, und nach welcher seit dieser Zeit alle meine Becken verkittet wurden, habe ich nur sehr selten und besonders nur dann, wenn eines derselben längere Zeit leer gestanden hat, über Undichtigkeit zu klagen gehabt. Solange die Behälter im Gebrauche waren, haben sie nie Wasser durchgelassen, während die alten Aquarien, von denen ich jedoch nur noch einige in Benutzung habe, nur selten dicht halten.

Über das Einkitten der Scheiben und den hierzu verwendenden Kitt schreibt Lachmann*) folgendes: „Zum Einkitten der Scheiben verwende ich gewöhnlich einen Kitt, welchen ich mir aus Mennige, Firniß und Siccativ herstelle. Die Mennige klopfe ich trocken so lange, bis sie sich wollig anfühlt, dann gebe ich Firniß und Siccativ zu gleichen Teilen zu und verarbeite alles zu einem weichen Kitt, welcher zwischen den Fingern Faden ziehen muß. Hat man es sehr eilig, so kann man auch folgenden Kitt verwenden, welcher sehr schnell trocknet: 2 Teile feingepulverte Silberglätte und 1 Teil Bleiweiß werden innig gemischt und mit 3 Teilen gekochtem Leinöl und 1 Teil Kopallack zu einem knetbaren Teig verarbeitet. (Beim Kochen des Leinöls ist Vorsicht nötig, da derselbe sehr leicht Feuer fängt.) Ein mit Mennigekitt verglastes Aquarium muß ca. 3 bis 4 Wochen stehen, ehe es gefüllt werden kann, dennoch ziehe ich diesen Kitt vor, da er dehnbar bleibt und den Temperaturschwankungen nachgiebt." Ich fülle sogleich

meine Aquarien nach dem Verkitten mit Wasser, da ich gefunden habe,
daß dadurch die Scheiben sich fester an den Kitt und dieser inniger mit
dem Gerüst verbindet; lasse jedoch mit diesem Wasser den Behälter noch
etwa 14 Tage stehen. Weiter sagt Lachmann über das Verkitten folgendes:
„Ich lasse die Ecken des Gestells, also Winkeleisen, wie sie sind, bringe
keinen übergreifenden Falz ꝛc. an. Das Gestell wird von innen zweimal
mit Ölfarbe (Mennige und Firniß) gestrichen, die Kanten und Scheiben,
soweit sie vom Gestell verdeckt werden, von beiden Seiten ebenso behandelt.
Die Scheiben werden selbstverständlich passend zugeschnitten; sie müssen so
lang sein, daß an jeder Ecke etwa ½ cm fehlt, und so hoch, daß sie über
die Seitenteile des Zinkeinsatzes hinweg bis auf den Boden des Aquariums
reichen. Der Anstrich muß erst völlig trocken sein, ehe man mit dem Einkitten beginnen kann. In allen Ecken sowohl, als auch an allen übrigen
Teilen des Gestells, gegen welche das Glas anliegt, kommt eine ca. 5 mm
starke, die ganze Breite des Eisens bedeckende Lage Kitt. Nun werden die
Scheiben eingesetzt und überall langsam und gleichmäßig die Kittlage angedrückt. Hierauf bringt man in allen Ecken, wie auch in Winkeln am
Boden entlang, eine nicht zu schwache
Kittwulst an, über welche vorher
passend zugeschnittene Streifen gewöhnlichen Glases gedeckt und fest
angedrückt werden. (Siehe beistehende
Skizze Fig. 6.) Diese Streifen müssen
von der Seite, welche den Kitt berührt,
gleichfalls gestrichen und der Anstrich
trocken sein. Der beim Andrücken
neben den Glasstreifen, sowie an den
Außenseiten hervorquellende Kitt wird
ein wenig glatt gestrichen, der überflüssige entfernt, worauf man das
Aquarium mit Wasser voll füllt. Der
Druck des Wassers bewirkt nun ein
völlig gleichmäßiges Andrücken der
Scheiben, vorausgesetzt, daß das Aquarium gerade steht.“

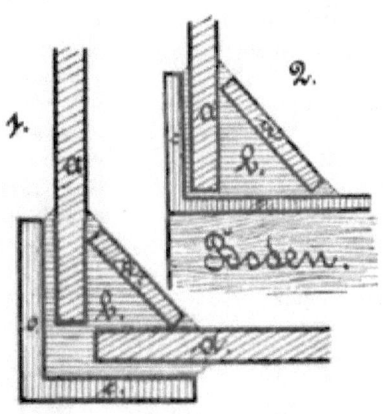

Fig. 6. Einkitten der Scheiben.
a. Glasscheiben b. Kitt c. Gerüst des Aquariums

Solange das Aquarium unbepflanzt und unbesetzt dasteht, giebt man
demselben den äußeren Anstrich. Welche Farbe hierzu verwendet wird, liegt
im Geschmacke des Besitzers. Die Zeit, in welcher Wasser in dem Behälter
steht, ist gleich eine Probezeit, ob das Aquarium dicht ist; ist die Verkittung
mit Sorgfalt ausgeführt, so findet ein Sickern des Wassers nicht statt.
Nach Ablauf von 14 Tagen oder 3 Wochen entleere man das Aquarium,
lasse es gut austrocknen und überstreiche nun innen im Behälter alle Stellen,
wo der Kitt frei liegt, mehrmals mit in Spiritus aufgelöstem Schellack, den
man ziemlich dickflüssig macht. Diesen Überzug mit Schellack wiederhole
man so oft, als das Aquarium gründlich gereinigt wird, um auf diese
Weise etwa abgeplatzte Stellen wieder zu bedecken. In etwa 15 Minuten

ist der Schellacküberzug trocken. Derselbe trägt viel zur Dichthaltung des Behälters bei, da er im Wasser unlöslich ist. Sobald der Anstrich trocken ist, füllt man das Aquarium wieder mit Wasser, welches man etwa alle zwei Tage wechselt, um es gründlich auszulaugen. Nach etwa 8 Tagen kann dann an die Bepflanzung gegangen werden.

Für Tiere, die im tiefen Wasser leben, oder für solche, die wie der Olm ihr Leben in unterirdischen Höhlen verbringen, sind Aquarien, deren Seitenwände ganz aus Glas hergestellt sind, nicht zu verwenden. Bei derartigen Behältern ist es angebrachter, wenn die dem Fenster abgewendete Seite statt der Glasscheibe eine Schieferplatte bekommt. Solche Aquarien, bei denen auch noch zwei Seitenwände aus Schieferplatten hergestellt sind, finden sich vielfach in England. Nach Gräffe haben diese Behälter folgende Konstruktion: Der Boden, sowie zwei oder auch drei Seitenwände sind aus einem völlig wasserdichten, schwarzgrauen Schiefer verfertigt, die durch einen ebenfalls aus Schiefer hergestellten Rand zusammen gehalten werden. Wände, Rand und der Schieferboden sind durch Scheiben miteinander verbunden. Nur die freigebliebenen Seitenwände tragen Glasscheiben, die hier in der beschriebenen Weise eingekittet werden. Ist die Form des Aquariums eine langgestreckte, so werden nur die beiden kurzen Seitenwände,*) bei einer größeren quadratischen Form aber drei Seiten aus Schiefer hergestellt. Die Aquarien werden mit zwei Glasplatten überdeckt, welche einen fingerbreiten Spalt zwischen sich lassen und mit zwei Rändern in besonderen Fugen der oberen Einfassung liegen. Dadurch verhindert man das Hineinfallen von Staub, sowie das Entweichen verschiedener Wassertiere. Ich habe diese Art der Aquarien nur deshalb angeführt, weil mir die Form, welche hinten und an einer Seite Schiefertafeln besitzt, sehr zusagt. Derartige Behälter dürften sich besonders für den Olm und seine Zucht eignen.

Soviel über das Kastenaquarium. Ich habe hierbei durchaus nicht die Absicht gehabt, eine genaue Anleitung zur selbständigen Herstellung derselben zu geben, denn bei den geringen Fabrikpreisen, die heute ein Aquarium kostet, ist die eigene Fertigstellung eine nicht empfehlenswerte Liebhaberei. Nur um beim Kaufe desselben richtig wählen zu können, habe ich kurz die Anfertigung beschrieben. Auch wollte ich den Liebhabern, die in einer kleinen Stadt oder einem Dorfe wohnen und keine Gelegenheit haben, sich selbst ein Aquarium in einer größeren Handlung zu kaufen, Fingerzeige geben, wie und in welcher Weise sie zu verfahren haben, wenn einem Handwerker die Herstellung desselben übertragen wird.

Damit nun die Reihe der Zimmeraquarien vollständig ist, führe ich noch das von Dr. E. Buck angefertigte Zimmerbassin-Aquarium und das Salon Aquarium, an. Über ersteres, welches ich ebensowenig wie die englischen Aquarien erprobt habe, lasse ich Heß reden, welcher es folgendermaßen beschreibt: Dasselbe zeichnet sich dadurch aus, daß es weniger käfigartig erscheint als die Kelch- und Kastenaquarien und außerdem nicht der Gefahr des Zerspringens und Leckwerdens ausgesetzt ist. Es empfiehlt

* Welchen Wert dieses hat, begreife ich nicht. Der Verfasser.

sich namentlich für diejenigen, welche mehr die Pflanzenwelt und die damit
verbundenen Miniaturlandschaften als die Tiere im Auge haben, da letztere
in demselben nur unvollkommen beobachtet werden können. Jedoch erfreuen
sich, wie Dr. E. Buck schreibt, die Tiere, wie sie durch ihr munteres Wesen
beweisen, darin einer guten Gesundheit. Sie merken die Gefangenschaft
nicht, indem sie sich nicht von gleichhohen, geraden Glaswänden eingeschlossen fühlen. Sie können ja nach Bedürfnis seichte Stellen aufsuchen
und sich nahe unter dem Wasserspiegel behaglich von der Sonne bescheinen
lassen oder sich am Ufer zwischen Moos und Wurzeln der Wasserpflanzen
verstecken. Das Bassin bildet eine runde steinharte Schale mit kleinen
Buchten und Felsvorsprüngen und ist aus Bimssteinstücken und Zement
zusammengesetzt. Der Durchmesser beträgt ungefähr 75 cm mit einer Tiefe
von 20 cm, wovon nur 13 cm für das Wasser sind. Der flache Boden
des Bassins hat ungefähr 53 cm Durchmesser.

Was nun die spezielle Einrichtung dieses Bassinaquariums betrifft,
so beschreibt es Dr. E. Buck folgendermaßen: „Die Wände des Bassins
sind nicht senkrecht, um das Licht nicht zu verhindern, voll auf das Wasser
zu wirken. Nur die vom Fenster abstehende Hälfte des Bassinrandes stellt
ein senkrecht abfallendes Felsufer dar, während die andere Hälfte ein schräg
verlaufendes Ufer zeigt. Der mit dem Wasser in Berührung kommende
Teil des Beckens ist nur aus sehr kleinen Bimssteinstückchen zusammengesetzt
und mit einer dicken Zementschicht wasserdicht gemacht. Das Ufer hingegen,
als über den Wasserspiegel ragend, ist aus einem Wall größerer Bimssteine
gebildet, mit Nischen für Erde und Pflanzen, welche stets feucht bleiben,
da der Bimsstein, ein poröser Körper, das Wasser des Aquariums an sich
zieht. Es kann infolgedessen aber nicht vermieden werden, daß Wassertropfen zuweilen auf der Außenseite des Bassins abfließen; dieselben sammeln
sich in einem Zinkblech mit niedrigem Rande, welches dem Aquarium als
Unterlage dient."

Den Schluß in der Beschreibung der Zimmeraquarien möge, der
Vollständigkeit halber, das Salon-Aquarium machen. Dasselbe besteht aus
einem Blumentisch, der unten eine später näher zu schildernde Expansionsmaschine trägt, welche eine Fontäne im oberen Teil des Blumentisches,
dessen Mitte ein rundes, oder besser ein sechseckiges Aquarium einnimmt,
treibt. Unter dem Namen Zimmerfontäne mit Blumentisch und Aquarium
hat sich diese hübsche Zimmerzierde bald überall Eingang verschafft, sodaß
es wohl gerechtfertigt ist, etwas näher auf dieselbe einzugehen.

Das Aquarium im eigentlichen Sinne ist für diesen Zimmerschmuck
die Nebensache. Man findet daher meistens nur einige Goldfischchen in dem
Behälter, die hier ohne Pflege ihr Dasein vertrauern. Und doch wie schön
könnte gerade ein solcher Behälter eingerichtet werden, welch' schöner Tummel-
platz könnte gerade er für die Fische abgeben! Wenn auch eine Bepflanzung
des Beckens nicht gerade notwendig ist bei diesem Aquarium, weil die
Fontäne stets für gute Durchlüftung des Wassers sorgt, so ist doch solche
für das Gedeihen der Tiere nicht zu unterschätzen. Rings um den Behälter
stehen Palmen und andere kostbare Blattpflanzen, weshalb sollen keine

Wasserpflanzen, und wenn es auch nur einige heimische sind, den Tieren den Aufenthalt in diesem Aquarium weit angenehmer und naturgemäßer machen. Aber die Besitzer solcher teuren Einrichtungen haben in den meisten Fällen keine Lust zur Pflege des Aquariums.

Das Salon-Aquarium ist nicht nur ein Schmuck für das Zimmer, sondern die Fontäne giebt der trockenen Luft in unseren Wohnräumen fortwährend Feuchtigkeit ab und ist daher dieses Aquarium aller Beachtung vom gesundheitlichen Standpunkte wert.

In großen Zügen habe ich so die verschiedenen gebräuchlichsten Zimmeraquarien vorgeführt und vom Standpunkte des Liebhabers aus hinsichtlich ihrer mehr oder minder großen Brauchbarkeit beschrieben. Auf Auswüchse der Aquarienliebhaberei, wie sie z. B. die seit einigen Jahren in den Handel gebrachten Wandaquarien sind, habe mich ich hierbei nicht eingelassen. Kurz will ich nur über diese Behälter bemerken, daß dieselben ein paar Tage nach ihrer Einrichtung recht hübsch aussehen, aber dann ist es auch mit der ganzen Schönheit vorbei. Da solch ein Aquarium an der Wand hängt, ist stets zu befürchten, daß die Haken ausreißen können und der Behälter dann herabfällt und in Trümmer geht. Pflanzenleben ist in diesen Aquarien nicht möglich, da sie nur sehr wenig Licht bekommen, dieses aber für Flora und Fauna, wenn sie gedeihen sollen, von großer Bedeutung ist.

Eine Verbindung des Aquariums mit einem Terrarium, wie sie jetzt vielfach den einfachen Aquarien und Terrarien vorgezogen wird, ist den Liebhabern sehr zu empfehlen, welche neben Fischen auch noch eine beschränkte Zahl von Reptilien und Amphibien pflegen wollen, für letztere aber kein eigentliches Terrarium aufstellen mögen. Die für ein Aqua-Terrarium in Betracht kommenden Tiere müssen in der Hauptsache mehr im Wasser als auf dem Lande leben, da der Landraum immer doch nur beschränkt ist, weil sonst der Wasseroberfläche die Einwirkung der Luft entzogen wird. Bei größeren Aquarien umgiebt man die Seiten und die Hinterwand mit einem im Verhältnis zum Behälter genügend breiten Rand und richtet diesen für den Aufenthalt der Terrarien-Tiere entsprechend ein. Der dem Wasser zugekehrte Rand bildet ein sanft ansteigendes Ufer, dessen vordere Hälfte, durch Tuffsteinpartien von dem dahinterliegenden abgeteilt und noch vom Wasser umspült, ein Ruheplatz für die stets Feuchtigkeit liebenden Tiere bietet. Nach dem Hintergrunde zu richtet man eine möglichst malerische Abteilung festen Landes ein mit grüner Moosdecke, unter der sich feuchte und trockene Höhlungen befinden, sodaß auch die Landtiere einen hinreichenden Schutz und Raum haben. Alle Höhlungen bilde man derartig, daß man leicht mit der Hand in dieselben gelangen kann, um etwa dort gestorbene Tiere entfernen zu können, ohne die ganze Einrichtung umbauen zu müssen.

Als Grundlage für den Aufbau des Landes benutzt man am besten Schieferplatten, auf welche, mittelst Zement, Tuff- und Bimssteinstücke zu Höhlungen, Felspartien u. s. w. in malerischer Landschaftlichkeit verbunden werden. Verschiedene Sumpf- und Felspflanzen finden an geeigneten Stellen ihre Plätze. Auch kleine, nicht hochschießende Grasarten, zwischen welchen am Ufer und in traulichen Winkeln einige Zwergfarren ihre graziösen Blätter entfalten, sowie geeignete kleinere Topfgewächse, deren Behälter zweckentsprechend in der Erde verborgen werden, sodaß sie wie freiwüchsig aussehen, verschönern dieses Landschaftsbild und machen es zu einem reizenden Zimmerschmuck.

Ein Dach aus feinem Drahtgeflecht, dessen vordere Seite eine Glasscheibe trägt und als Thür dient, schließt den oberen Teil des Aquariums ab, um ein Entweichen der Landtiere zu verhindern.

Ein Aquarium schon nicht mehr, eher ein kleiner Teich ist das im Garten oder im Gewächshaus befindliche Bassin-Aquarium. Die Herstellung dieses Teichaquariums kann auf verschiedene Weise geschehen. Nachdem in einer Ecke des Gewächshauses oder an einer geschützten Stelle im Garten eine Grube von der Größe, wie sie der Raum zuläßt, oder wie sie der Liebhaber herstellen will, ausgehoben ist, wird diese mit einer das Wasser nicht durchlassenden Erdschicht ausgelegt. Derjenige, der nur über wenige Mittel verfügt, wird natürlich zu dem billigsten sich hierzu eignenden Material greifen, und dieses ist der Lehm, da derselbe das Wasser nur in geringer Menge durchsickern läßt. Dieser so hergerichtete kleine Teich wird an seinem Rande mit Tuffsteinstücken umgeben, die oben sehr zweckmäßig blumentopfartige Öffnungen besitzen zum Einsetzen von Sumpfpflanzen, die nicht eine sehr große Feuchtigkeit vertragen können. Die Steine werden an der Seite, welche dem Lichte zugekehrt ist, zu einer etwa $\frac{1}{2}$ m hohen Felspartie aufgebaut, um hier Pflanzen hinsetzen zu können, die schattige Standorte lieben. Weiter hat auch der Felsaufbau den Zweck, das im Garten frei stehende Wasserbecken gegen die heiße Mittagssonne zu schützen. Im Mittelpunkte des Beckens steht ein Felsen, der das Rohr eines Springbrunnens, welcher im Teichaquarium nicht fehlen darf, verbirgt, ebenso muß ein Abflußrohr, am besten am Rande, angebracht werden, welches den Wasserstand im Becken reguliert.

Bei dieser Einrichtung des Aquariums ergiebt es sich schon von selbst, daß die Beobachtung der Wasserbewohner hier ebenso schwer ist wie im Teich und daß die ganze Herrlichkeit, besonders wenn es in dieser Weise frei im Garten eingerichtet ist, nicht von langer Dauer ist. Unzuträglichkeiten aller Art, die in der Natur der Sache liegen, bereiten diesem Becken bald den Untergang. Soll es einigermaßen von Dauer sein, so ist es wenigstens nötig, daß das Becken statt mit Lehm belegt zu werden, mit Zement ausgegossen wird. In welcher Weise dieses zu geschehen hat, will ich kurz angeben. Nachdem die Grube, welche für das Aquarium bestimmt ist, ausgehoben ist, werden die Seitenwände mit Steinen (am besten Dach-, Ziegel- oder Mauersteine) dicht belegt und über die ganzen Wände nicht zu flüssiger Zement gegossen, so, daß alle Fugen zwischen den Steinen verdeckt werden. Stellen, die hierdurch nicht vollständig dicht werden, sind mittelst der Maurerkelle dicht zu machen. Da es sich in einem solchen Behälter darum handelt, meist nur Pflanzen zu ziehen, weil bei dem größeren Raum dieses Beckens die Süßwasser-Flora mehr zur Geltung kommt als im Aquarium und auch Wasserpflanzen, die ihrer Größe wegen im Zimmeraquarium keinen Platz finden können, hier aufzunehmen sind, so muß für alle diese das Becken entsprechend eingerichtet werden. Ich glaube daher denen, die sich ein solches Aquarium, anlegen wollen, einen Dienst zu erweisen, wenn ich dieser Beschreibung einen Durchschnitt des Behälters beifüge.

In Figur 7 stellt die Linie a b den Wasserstand dar. Bei a ist das kleine flache Becken für Sumpfpflanzen einzurichten und der trennende Raum von g nur durch Tuffsteinstücke abzuschließen. Rings um das Becken, bis zum Felsenausbau d, führt dieses sumpfige Userland, in welches durch die Tuffsteine stets genügend Wasser eindringen kann. Der Raum zwischen dem Tuffsteinausbau f und g wird mit etwas Teichschlamm, Moorerde,

Fig. 7. Durchschnitt eines Becken oder Teichaquariums.

Lehm und Sand ausgefüllt und hier hinein Sumpfpflanzen aller Art gepflanzt. Die Herrichtung des Beckens b erfolgt wie die jedes anderen Aquariums. (Siehe Einrichtung eines Aquariums.) An der Mittagsseite gelegen ist der Felsenausbau d. Er soll die schattenliebenden Pflanzen vor zu großer Besonnung schützen und nimmt zwischen seinen Gesteinsfugen Felspflanzen auf. Dieser Felsausbau wird halbkreisförmig angelegt und ist in der Mitte am höchsten. Er vereinigt sich später mit f und g. Für das von der Fontäne zugeleitete Wasser, welches durch das Leitungsrohr c kommt, befindet sich bei e ein Abflußrohr, welches den Wasserstand reguliert.

Die Größe des Beckens will ich nicht bestimmen, sie mag jeder Liebhaber in der Weise nehmen, wie er über Raum verfügt, auch läßt sich in der sonstigen Einrichtung vieles dem Geschmacke des Liebhabers entsprechend abändern. Hinzufügen will ich nur noch, daß es sehr empfehlenswert ist, ein kleines Gitter rings um die Anlage herzustellen, damit verhütet wird, daß etwa Kinder in das Becken fallen können. Zur Zeit wenn Frost eintritt, muß das im Garten frei gelegene Becken entleert werden, da sonst dasselbe leicht durch den Frost zersprengt wird. Die ausdauernden Sumpfpflanzen werden dann mit ihren Wurzeln ausgenommen und in Kübeln an Orten durch den Winter gebracht, wo sie nicht sehr der Einwirkung des Frostes ausgesetzt sind. Die Wasserpflanzen überwintert man desgleichen in Kübeln, wo man sie unten im Sande einsenkt. Die ausdauernden Felspflanzen bleiben an den Orten, wo sie wachsen, nur werden sie zum Schutze gegen starken Frost mit Matten oder Stroh zugedeckt. Die Tierwelt des Beckenaquariums muß, soweit es sich um Fische und Muscheln handelt, in Zimmeraquarien überwintert werden.

Nach Beendigung des Winters, wenn die Natur sich rüstet ihr Frühlingskleid anzulegen, werden etwaige Schäden, die derselbe beim Beckenaquarium angerichtet hat, ausgebessert. Die überwinterten Pflanzen werden in das Becken zurück gebracht und einjährige Pflanzen, wie dieselben die Natur hervorbringt, gesammelt und das Becken wieder eingerichtet. Haben die untergetauchten Wasserpflanzen Wurzel gefaßt, sind sie angewachsen, so werden auch die Bewohner des Wassers in das Becken gesetzt, dessen Oberfläche wieder von dem sprudelnden Quell des Springbrunnens belebt wird.

2. Wasserdurchlüftung.

Abgesehen von gewissen Ausnahmefällen ist die Durchlüftung des Wassers im Aquarium eine Notwendigkeit. Nur ein Aquarium mit reichem Pflanzenwuchs und wenigen Tieren oder ein solches mit Tieren, die ihre zum Leben notwendige Luft außerhalb des Wassers beziehen, kann ohne Durchlüftung sein.

Jeder organische Körper bedarf zu seiner Erhaltung der Luft. Diese besteht aus mehreren vermischten Gasarten, deren hauptsächlichste derselben Sauerstoff und Stickstoff sind. Das Tier gebraucht zur Atmung nur den Sauerstoff der Luft, während es Kohlensäure an dieselbe abgiebt. Diese hingegen wird von der Pflanze unter Einwirkung des Sonnenlichtes in Kohlenstoff und Sauerstoff zerlegt. Ersterer wird von derselben zum Aufbau des Körpers verwendet, letzterer der Luft mitgeteilt. Soviel hier über das Wechselverhältnis zwischen Tier- und Pflanzenleben, auf welches ich ausführlicher an einer anderen Stelle zurückkomme.

Tritt in einem reich besetzten Aquarium Mangel an Sauerstoff ein, sei es durch Übervölkerung des Behälters, sei es durch anhaltende starke Wärme ohne neue Wasserzufuhr oder aus irgend sonst einem Grunde, dann zeigt sich dieses sogleich bei den Fischen an; sie kommen zur Oberfläche des Wassers und atmen hier direkt Luft. Auf der Oberfläche des Wassers entstehen hierdurch Schaumbläschen, welche dem Pfleger sagen, „der Sauerstoff ist im Wasser aufgebraucht." Um dieses zu verhüten, muß dem Wasser auf künstlichem Wege Luft zugeführt werden. Am einfachsten geschieht dieses, wenn aus dem Aquarium Wasser in eine Spritze gezogen wird und dasselbe aus einiger Höhe in das Becken zurückgespritzt wird. Hierdurch kommt der Wasserstrahl mit der Luft in Berührung und reißt eine nicht geringe Menge derselben mit sich fort, die sich dann der übrigen Wassermasse mitteilt.

Obwohl man hierdurch dem Wasser frische Luft zuführen kann, so geschieht dieses doch nicht in der Menge, daß die Tiere längere Zeit Nutzen davon haben. Soll die Durchlüftung Wert haben, so ist es nötig, hierzu einen besonderen Apparat aufzustellen.

Jeder Durchlüftungsapparat, mag er durch Hoch- oder Niederdruck arbeiten, gründet sich darauf, durch Druck Luft oder Wasser, welches dann in einem ständigen Strahl, oder durch ständiges Tropfen in den Behälter rinnt und so Luft mit fortführt, diese dem Wasser mitzuteilen.

Der einfachste Durchlüftungsapparat ist der Tropfapparat. Bei diesem tropft aus einem höher gelegenen Behälter in kurzen Pausen das Wasser in das Aquarium. Jeder Tropfen sättigt sich bei seinem Fall mit Luft und reißt auch eine Menge derselben mit sich fort, die sich dann in dem Wasser des Beckens verteilt. Besser wirkt der Apparat, der das Wasser in einem feinen Strahl dem Becken zuführt, weil dieser bedeutend mehr Luft in sich aufnimmt und mit sich fortführt. Je kräftiger der Strahl in das Wasser eintaucht, je wirksamer arbeitet der Apparat.

Während man heute wohl kaum noch Durchlüftungsapparate benutzt, die darauf beruhen, daß fließendes Wasser Luft mit sich fortreißt und das Wasser des Aquariums damit sättigt, will ich doch einige so hergestellte Apparate kurz beschreiben.

In beistehender Abbildung ist ein derartiger Durchlüfter schematisch zur Anschauung gebracht. Er ist aus Glas hergestellt und besteht aus drei Teilen. So wie ihn die Figur darstellt, ist er berechnet für eine obere Wasserzuleitung. Durch einen Schlauch tritt das aus einem höher gelegenen Reservoir kommende Wasser in die Röhre a ein und geht durch b zum Aquarium. Bei d ist eine zweite Röhre g angebracht, die oben bei d vermittelst eines Korkes fest abgeschlossen ist und unten bei e und oben bei c eine Öffnung besitzt. Die untere Öffnung der Röhre bei e reicht mit ihrer Spitze ein Stückchen in die Röhre b hinein, die bei d' ebenfalls dicht abgeschlossen ist und in ihrer unteren Fortsetzung eine Schleife trägt. Sobald nun das Wasser aus dem Behälter strömt und den Raum f füllt, wird es nach dem Ausflusse gedrängt und erzeugt dort, also bei e, einen Wirbel, welcher durch die offene Spitze c Luft einsaugt und diese mit dem Wasser durch b dem Aquarium zuführt. Damit dieses reich mit Luft gesättigte und Luft mitführende Wasser nun bis zum Grunde des Aquariums gelangt, wird das Rohr b mit einem Gummischlauche verbunden, der bis zum Boden des Aquariums reicht, von wo dann die Luft in kleinen Perlen bis zur Oberfläche steigt.

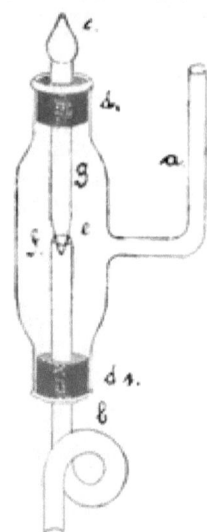

Fig. 8. Glasdurchlüfter I.

Aquarien, die einen Springbrunnen besitzen, gebrauchen für diesen Apparat kein besonderes Wasserreservoir, es ist dann nur nötig, die beiden Röhren b und g zu wechseln, sodaß der Schenkel des Rohres a nach abwärts gerichtet ist. Dieser wird vermittelst eines Gummischlauches an dem Ende des Springrohres befestigt.

Wird das Rohr b bei diesem Durchlüftungsapparate verschlossen, so wird durch g das Wasser aufwärts getrieben, wo dann der Apparat gleichzeitig als Springbrunnen wirkt, indem ein Wasserstrahl die Spitze e verläßt.

Einfacher konstruiert, jedoch auf demselben Prinzipe beruhend, ist der zweite Glasdurchlüfter, den die Abbildung 9 veranschaulicht. Wie bei dem ersten verhindert auch hier die unten am Rohre befindliche Schleife das Zurücktreten der Luft, welche durch das obere Rohr b bei e eintritt. Bei a ist das Rohr durch einen Kork luftdicht abgeschlossen, auf den Schenkel d kommt das Zuleitungsrohr vom Wasserreservoir und auf e kommt der Schlauch, welcher das durchlüftete Wasser auf den Grund des Aquariums führt.

Beide Apparate lassen sich sowohl für Kelch-, wie auch für Kastenaquarien verwenden. Haben dieselben kein Abflußrohr, so muß an ihnen ein Heber angebracht werden, der selbstthätig arbeitet, und den ich später näher beschrieben habe.

Durchlüftungen in dieser Weise werden nur noch selten angewendet, weshalb ich mich auf diese beiden beschränke. Dagegen sind Apparate, die nur Luft dem Wasser zuführen, jetzt allgemein gebräuchlich.

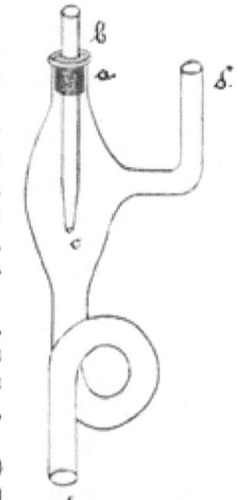

Fig. 9. Glasdurchlüfter 2.

Eine Einrichtung dieser Art teilt Torner im „Zoologischen Garten" mit, die er bei Professor Semper in Würzburg gesehen hat und deren Herstellung die bestehende Abbildung veranschaulicht. Ein Apparat in dieser Weise hergerichtet, arbeitet bei mir schon längere Zeit zu meiner vollsten Zufriedenheit und werde ich denselben der Schilderung zu Grunde legen. In der Abbildung stellt a das Aquarium, e ein oben luftdicht verschlossenes Gefäß, durch dessen Verschluß zwei Röhren gehen und b einen mit Wasser gefüllten Behälter vor. Der Grundgedanke dieses Durchlüfters ist der, daß durch den Heber das in dem oberen Behälter b befindliche Wasser durch eine Röhre in das untere leere, dicht verschlossene Gefäß e geführt wird, und hier die in diesem befind-

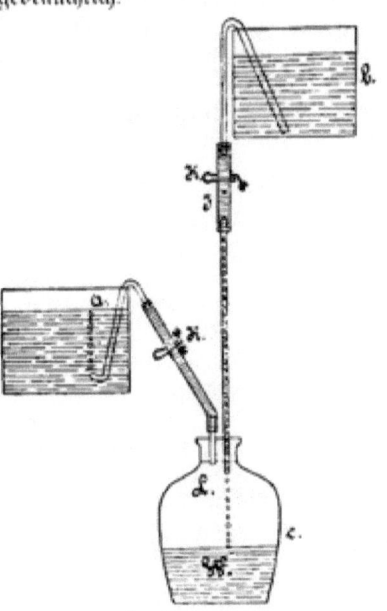

Fig. 10. Durchlüftungsapparat nach Semper und Torner.

liche Luft zusammenpreßt. Durch das zweite in e befindliche Rohr tritt die hier gepreßte Luft in den nach dem Aquarium führenden Heber und gelangt durch dessen feine Öffnung in kleinen Bläschen in das Wasser. Ist das Gefäß b leer, so wird es wieder mit dem Wasser des Gefäßes e gefüllt. Das Aquarium steht etwa in der Mitte des oberen und unteren Gefäßes.

In so einfacher Weise hergestellt, ist jedoch die Durchlüftung des Aquariums, selbst wenn Gefäß b eine ziemlich große Wassermenge aufnimmt und in e leitet, eine kurze. Um diesem Übelstande abzuhelfen hat Dorner den Heber mit einem Loche d von der Größe eines Nadelknopfes versehen und oberhalb desselben einen Quetschhahn K angebracht. Durch diese einfache Verbesserung arbeitet der Apparat bedeutend länger, denn es fließt jetzt nicht nur Wasser in das untere Gefäß, sondern es wird von dem aus b kommenden Wasserstrahl durch das Loch d eine nicht unbeträchtliche Menge Luft mit fortgerissen und in das untere, geschlossene Gefäß e geführt. Andere Regeln, welche der Erfinder über die Anwendung des Apparates noch giebt, sind folgende: Die Klammer K wird einige Centimeter unterhalb des oberen offenen Gefäßes b angebracht und das Loch d noch etwas tiefer. Benutzt man unterhalb des Loches noch ein zur runden Schlinge gebogenes Glasrohr, so erreicht man hierdurch ein regelmäßigeres Tropfen. Das Luftleitungsrohr trägt im Aquarium eine nach oben gerichtete, fein ausgezogene Spitze. Um nun auch an dem Leitungsrohr den Luftstrom regeln zu können, setzt man hier einen zweiten Quetschhahn K auf den Kautschuckschlauch, der das zum Aquarium führende Rohr mit dem durch den Kork gehenden Glasrohr verbindet. Durch geeignetes Stellen des Hahnes kann man dann einen gleichmäßigen Luftstrom hervorbringen.

Vielen Aquarienliebhabern glaube ich einen Dienst zu erweisen, wenn ich nach dieser Ausführung ihnen meinen Apparat, der nach obigem gebaut ist, kurz beschreibe.

Das Wasserreservoir b besteht bei mir aus einem Behälter, wie er in der Regel für Zimmerspringbrunnen verwendet wird und 10 l Wasser faßt. In einem feinen Strahl leite ich nun dieses Wasser in eine unten stehende Flasche, die ebenfalls 10 l Wasser in sich aufnehmen kann, und lasse den Luftstrom, der durch einen Quetschhahn reguliert wird, durch ein Stückchen eines Thermometerrohres in feinen Bläschen durch das Aquariumwasser laufen. Dieser Durchlüfter arbeitet, wenn er richtig eingestellt ist, 12 Stunden.

Ähnlich dem Semper-Dorner'schen Apparate ist der, den Rey hergestellt hat. Bei diesem führt das aus dem Behälter b kommende Rohr bis auf den Boden des Gefäßes e. In der Mitte des Luftleitungsrohres ist eine T förmige Röhre angebracht, welche mit einem aus zwei Gummibällen und verbindenden Gummischläuchen bestehenden Gebläse in Verbindung steht, wie die Abbildung zeigt.

Sobald das untere Gefäß mit Wasser gefüllt ist, wird der Hahn e geschlossen und f geöffnet. Jetzt wird die Luft aus dem Gummiballon des Gebläses durch das T Stück d in das untere Gefäß getrieben, aus welchem dann durch den Druck der Luft das Wasser aus dem unteren Gefäß in das

obere zurückgetrieben wird. Dann wird Hahn
f geschlossen, e geöffnet und der Apparat
arbeitet nun wieder, bis das obere Gefäß
leer ist.

Dieselbe Idee, wie diesen beiden beschriebenen Apparaten, liegt auch dem von Wilke
konstruierten Durchlüftungsapparate zu Grunde.
Zwei gleich große Blechgefäße a und a¹, Abbildung 12, sind durch zwei Schläuche d und
e, e¹ verbunden. Der Schlauch e, e¹ wird
in der Mitte durch zwei Hähne e und e¹ unterbrochen und zwischen beiden führt der Schlauch
f in das Aquarium. Weiter befinden sich an
den beiden Blechgefäßen Hähne b und b¹. Um
nun ein Füllen der Gefäße nicht vorzunehmen,
ist der Apparat so eingerichtet, daß die Gefäße
gewechselt werden können. Der obere Teil
der Blechgefäße trägt hierzu je einen Bügel,
die beide untereinander mit einer starken
Schnur verbunden sind, welche über zwei
Rollen, g und g¹, läuft. In der Nähe der
Rollen befindet sich für jedes Gefäß ein
Haken h und h¹, in welchen dasselbe gehängt
wird, wenn es gefüllt ist. Der Apparat
arbeitet in folgender Weise. Das oben befindliche Gefäß a ist gefüllt und mit dem
Bügel in h eingehakt. Das Wasser läuft
nun, sobald der Hahn b geöffnet ist, durch
den Schlauch d in den Behälter a¹, dessen
Hahn b¹ geschlossen ist, drückt hier die Luft
durch den Schlauch e¹, den geöffneten Hahn
e bis zum geschlossenen Hahn e¹ und von
hier durch den Schlauch f in das Aquarium.
Hat sich nun das Wasser des oberen Gefäßes a in das untere a¹ gesammelt, so wird
oben der Hahn b geschlossen, das Gefäß vom
Haken h gelöst und a¹ in die Höhe gezogen
und in h¹ eingehakt. Jetzt schließt man
den Hahn e, öffnet e¹ und b¹ und der Lauf
des Wassers findet nun von a¹ durch d
nach a statt. Aus a entweicht die Luft durch
e, den Hahn e¹ bis zum geschlossenen Hahn e,
von wo sie durch f in das Aquarium
gelangt.

Für diejenigen Liebhaber, deren Aquarium einen Springbrunnen besitzt, hat

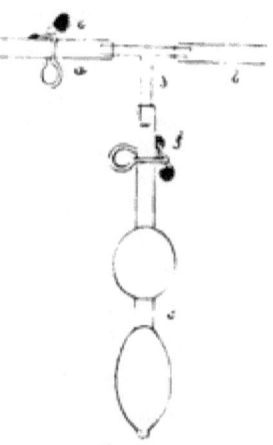

Fig. 11. Gebläse für den Durchlüfter nach Reu.

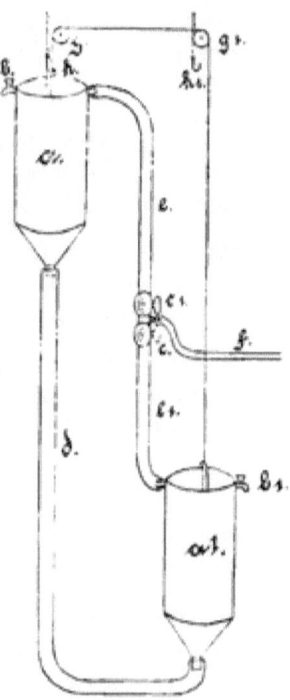

Fig. 12. Durchlüftungsapparat nach Wilke.

Schwirkus einen, wenn auch komplizierten, so doch recht praktischen Durch=
lüfter hergestellt, dessen schematische Herstellung die Abbildung 13 zeigt.
Hier wird das Ablaufwasser des Springbrunnens in einen unterhalb des
Aquariums befindlichen Behälter geführt, um in diesem die Luft zu ver=
dichten und in das Aquarium zu drängen.

In Abbildung 13 stellt A das Aquarium und B den Sammelkasten
für das Ablaufwasser des Springbrunnens dar. Dieser letztere erhält seine
Speisung von einem höher gelegenen Reservoir durch das Rohr g. Das
Wasser, welches der Springbrunnen dem Aquarium zu= führt, wird durch das Ablaufrohr a in das Sammel= becken B geführt, welches luftdicht verschlossen ist. Aus diesem Becken entweicht die Luft durch f und ge= langt durch eine fein ausgezogene Spitze in kleinen Bläschen in das

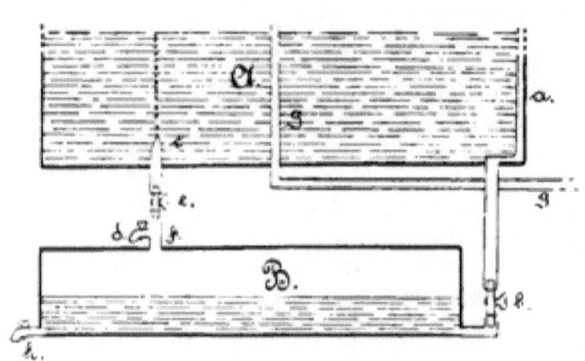

Fig. 13. Durchlüftungsapparat nach Schwirkus.

Aquarium. Ist Becken B angefüllt mit Wasser, so wird der Hahn b ge=
schlossen, es findet also nun kein Zufluß mehr statt, desgleichen wird Hahn e
geschlossen, Hahn d und h dagegen geöffnet. In d dringt jetzt Luft durch die
Röhre f in das Becken und dasselbe läßt nun sein Wasser durch h ab. Hat sich
Becken B entleert, wird der Hahn bei d und h geschlossen und bei b geöffnet.
Jetzt hat das Wasser wieder freien Zutritt und verdichtet die Luft in B.
Sobald nun Hahn e geöffnet wird, entweicht dieselbe in kleinen Bläschen
durch e in das Wasser des Aquariums. Als Ablaufhahn bei h wähle man nicht
einen zu kleinen, da sonst eine geraume Zeit vergeht, ehe sich das Becken
leert. Überhaupt verwende man zu den Hähnen nur sehr gute und sorgfältig
gearbeitete Stücke. Sie müssen sehr gut eingeschliffen sein, da sie sonst bald
durch den Kalkgehalt des Wassers undicht werden. Jede Undichtigkeit macht
sich aber sofort bemerkbar. An Orten, wo gut gearbeitete Hähne nicht zu
erlangen sind, verwende man zur Herstellung des Apparates lieber stark=
wandigen Gummischlauch und Quetschhähne, da dann für eine Dichtigkeit
derselben garantiert werden kann. Einige kurze Winke über den Apparat
mögen hier noch am Platze sein, die bei der Einrichtung zu berücksichtigen sind.
Soll die Durchlüftung in Betrieb gesetzt werden, so werden sämmtliche Hähne
geschlossen, das leere Reservoir wird von der Wand unter den Auslaufhahn h
gestellt und die Entleerung des Sammelkastens B durch einfaches Öffnen
des Hahnes h bewirkt. Gleich darauf wird auch der Hahn d geöffnet und
das Wasser fließt, alles etwa in der Luftleitung vorhandene Wasser mit

sich reißend, in gleichmäßigem Strome ohne Stoßen ab. Jetzt wird das Reservoir an die Wand gehängt und der Springbrunnen tritt in Thätigkeit. Sobald das Wasser etwas höher steht wie es das Abflußrohr gestatten soll, öffnet man den Hahn b und das Mehr wandert in den Sammelkasten. Nach einer Weile hört das Abfließen auf, das Niveau im Aquarium steigt langsam. Die im Sammelbecken zusammengepreßte Luft hält nun der darüber stehenden Wassersäule das Gleichgewicht. Wird jetzt der Lufthahn e geöffnet, so entweicht die Luft durch die Spitze des Durchlüftungsrohres und steigt in feinen Bläschen durch die Glasspitze im Wasser des Aquariums empor.

Das Luftentweichungsrohr, d. h. die Spitze von f, e darf nicht mehr Luft entweichen lassen, als der Springbrunnen Wasser bringt, beide sind hieraufhin zu regulieren, was ja nicht schwer fällt, da man durch eine Drehung des Hahnes leicht das Verhältnis ausprobieren kann.

Bei einem Bekannten, der sehr mit der Arbeitsleistung desselben zufrieden ist, sah ich diesen Apparat zuerst angewendet.

Nachdem ich so eine Anzahl Durchlüftungsapparate beschrieben und abgebildet habe, die sich vom Liebhaber unschwer selbst herstellen lassen, wende ich mich jetzt denjenigen zu, die für stärkeren Luftdruck berechnet sind, und daher besondere Apparate gebrauchen, um einen entsprechenden Druck der Luft erzeugen zu können.

Den ersten derartigen Apparat stellte Simon in Berlin her. Er besteht aus einer starken Glasflasche zur Aufnahme der Luft, einem Gummigebläse mit Quetschhahn zum Einpumpen der Luft, einem Manometer zum Messen des Luftdruckes, einem Luftausströmungsrohr, sowie 2 Gummischläuchen zum Verbinden des Manometers und des Durchlüftungsrohres.

Eine Glasflasche, in der Größe von 1,5 l verwendet, wird mit einem zweimal durchbohrten Gummistöpsel verschlossen und dieser mit übersponnenem Kupferdraht fest verschnürt, der dann um den Flaschenhals gewickelt wird, um so gegen ein Herausdrücken des Stöpsels durch die zusammengepreßte Luft gesichert zu sein. In diesem Stöpsel befindet sich ein gläsernes T Stück und ein einfaches Glasrohr. Durch das einfache Glasrohr wird mittelst des Gebläses Luft in die Flasche geleitet, die durch das T Stück mit Gummischläuchen zum Aquarium und zum Manometer geführt wird.

Das Gebläse, welches zum Einpumpen der Luft in die Flasche dient, ist aus starkem Gummi hergestellt und besitzt nur einen Ballon, da der zweite mit Netz übersponnene sich als überflüssig erwiesen hat.

Ein zweiter, sehr wichtiger Teil des Apparates ist das Manometer. Es besteht aus einem U förmigen Glasrohr von ca. 6 mm Durchmesser und ist mittelst dünnen Kupferdrahtes auf ein 50 cm langes und 4 cm breites in cm eingeteiltes Brettchen befestigt. Die in der Mitte des Brettchens mit 0 beginnende Teilung reicht bis 22 cm. Vor dem Gebrauche steht in beiden Schenkeln das Quecksilber auf 0, wird dagegen Luft in die Flasche geführt, so zeigt es den Druck derselben auf der Einteilung genau an.

Das Luftausströmungsrohr, welches in das Aquarium gestellt wird, richtet sich in seiner Größe nach der Höhe des Aquariums. Es ist eine

Glasröhre, deren eines Ende nach aufwärts umgebogen ist und hier eine
Erweiterung besitzt, in die eine 5 cm lange und 1½ cm breite Holzkohle
eingekittet ist. Vor dem Glasrohr bringt man an dem Gummischlauch
einen Quetschhahn an, um mit diesem den Luftstrom regulieren zu können.

Aus diesen Teilen, die mit der Zeit mannigfache Verbesserungen
erfahren haben, die ich weiter unten näher beschreibe, setzt sich dieser Durchlüftungsapparat für komprimierte Luft zusammen.

Ist nun dieser Apparat aus den einzelnen Teilen zusammengesetzt, so
ist es sehr wichtig zu erfahren, ob alle Teile luftdicht schließen. Eine einfache Prüfung hieraufhin ist die, daß alle jene Stellen, die zusammengesetzt
sind, mit einer starken Seifenauflösung bestrichen werden. Wird hierauf
Luft in die Flasche getrieben und das Ablaufrohr für die Luft mittelst

Fig. 11. Durchlüftungsapparat für komprimirte Luft. Luftkessel mit Federmanometer.
Luftpumpe und Ausströmungsrohr mit Ausströmungskörper.

Quetschhahn verschlossen, so zeigen sich an allen undichten Stellen Blasen.
Fällt trotzdem, ohne daß sich Blasen zeigen, das Manometer, so sind die
Schläuche auf ihre Dichtigkeit zu untersuchen und diese, falls sie Luft durchlassen, durch neue zu ersetzen.

Läßt die Zusammensetzung nichts zu wünschen übrig, so ist der Quetschhahn, welcher das Durchlüftungsrohr schließt, zu öffnen, und nun muß der
Apparat gut arbeiten, was sich daran zeigt, daß aus der Kohle, nicht auch
neben derselben, lauter feine Luftbläschen im Wasser aufsteigen.

Dieser Durchlüfter, der, wenn luftdicht zusammengesetzt, sehr gut
arbeitet, besitzt verschiedene leicht zu beseitigende Nachteile. Nicht gerade

ſelten kommt es vor, daß die Flaſche, welche die zuſammengepreßte Luft enthält, plötzlich ohne jede Urſache zerſpringt und zwar werden dann die Glasſcherben mit großer Kraft im Zimmer herum geworfen, ſodaß ſie größeren Schaden anrichten können. Ob das Glas beim Anfertigen der Flaſche nicht gleichmäßig gekühlt iſt, oder ob eine ungleichmäßige Erwärmung der Flaſche ſtattgefunden hat, oder aber ob vielleicht der Druck durch Zufall etwas höher genommen worden iſt wie ſonſt, kurz mit einem ſtarken Knall klirrt die Flaſche plötzlich auseinander und Scherben und Splitter fliegen im Zimmer nach allen Richtungen. Dieſem Übelſtande abzuhelfen, hat man ſtatt der Flaſche jetzt Luftkeſſel aus ſtarkem Weißblech hergeſtellt, die auf 3 Atmoſphären geprüft ſind und ſtatt des läſtigen Queckſilbermanometers ein Federmanometer gleich am Keſſel tragen, welches 1½ bis 2 Atmoſphären Druck anzeigt.

Um nun auch dieſem Keſſel einen entſprechend ſtärkeren Druck geben zu können, als es mit dem Gummigebläſe der Fall iſt, verwendet man ſtatt deſſen eine Luftpumpe.

Eine weitere und weſentliche Verbeſſerung bei dem Simon'ſchen Durchlüſter iſt der Fortfall der Kohle des Durchlüftungsrohres. Von allen Kohlen, die ich im Laufe der Jahre beſeſſen habe, hat ſich keine zweckmäßig erwieſen und auch nur annähernd befriedigend gearbeitet. Alles mögliche habe ich verſucht, um einen Erſatz für dieſe Jammerdinger zu finden, aber immer vergeblich. Verſchiedene Arten poröſer Steine habe ich verſucht, ſie gingen einige Tage, wenn es hoch kam einige Wochen, aber dann bedurften alle dringend einer längeren Ruhe und ſchließlich begann ich immer wieder mit der Kohle. Als Erſatz der Kohle ſind verſchiedene Ausſtrömungskörper konſtruiert worden, ohne die Anſprüche zu erfüllen, die an ſie geſtellt wurden. Jetzt endlich iſt es gelungen, einen brauchbaren Stoff zur Ergänzung der Kohle zu finden und zwar in einer Filtermaſſe. J. Falk in Zwickau war der erſte, der infolge eines Zufalles dieſe Maſſe als Durchlüſter verwendete. Er hatte ſich einen Filtercylinder, Syſtem Nordtmeyer-Berkefeld, angeſchafft, um altes Aquariumwaſſer rein zu filtrieren, und in dieſem Waſſer Fiſche zu behandeln, die an Paraſiten erkrankt waren. Dieſen Filter ſteckte derſelbe eines Tages an Stelle der Kohle in das Durchlüftungsrohr und war erſtaunt, wie ſchön derſelbe funktionierte.

Nach ſeinen Erfahrungen rät Falk zu einem Filtercylinder von 3 cm Dicke und vielleicht 5 cm Länge, mit Porzellankopfſtück. Bei 0,5 oder 0,6 Atmoſphären Druck oder 20—22 cm im Queckſilbermanometer arbeitet der Durchlüfter ohne Tadel über 24 Stunden. Für große Aquarien wähle man bei einer kräftigen Durchlüftung den Cylinder etwas ſchwächer, aber länger, etwa 2 oder 2½ cm. Nötig iſt es, bei dieſer Maſſe die Luft nicht mit voller Kraft entſtrömen zu laſſen, da dann der Strom zu ſtark wird und die Luft demzufolge zu ſchnell verbraucht iſt. Die Ausſtrömung iſt mittelſt Mikrometerhahnes leicht zu regulieren. Derſelbe wird von Zeit zu Zeit, etwa nach 6 bis 8 Stunden kontrolliert und entſprechend nachgeſtellt. Noch beſſer als dieſe Filtermaſſe arbeiten die von J. Reichelt, Berlin, in den Handel gebrachten Metalldurchlüfter, die ſehr zu empfehlen ſind.

Zu berücksichtigen ist, daß bei allen Durchlüftungsapparaten, die verdichtete Luft dem Aquarium zuführen, diese auch rein dem Wasser zugeführt wird. Um dieses zu erreichen, befestigt man, falls die Luft nicht von unten eingesogen wird, an der Pumpe einen Gummischlauch, der bis zur Erde reicht. Noch besser ist es, wenn die Luft direkt durch einen Schlauch von außerhalb in den Luftkessel tritt.

Während bei allen bis jetzt beschriebenen Durchlüftungsapparaten, ausgenommen den schräg in das Wasser des Aquariums tauchenden direkten Wasserstrahl, eine eigentliche Bewegung des Wassers nicht stattfindet, ist diese in vielen Fällen sehr erwünscht. Flußfische, die im fließenden Wasser leben, halten sich nur schwer im einfach durchlüfteten Aquarium; sie verlangen, wenigstens in der ersten Zeit ihrer Gefangenschaft, ein durch Strom bewegtes Wasser, welches gleichzeitig gut durchlüftet ist.

Beides erreicht man durch das Schaufelrad. Auf verschiedene Weise läßt sich das Schaufelrad in Bewegung setzen. Ist ein Wasserreservoir vorhanden, so läßt man einen von der Höhe kommenden Wasserstrahl auf die Schaufeln wirken, oder ist ein Wasserfall im Aquarium angebracht, so benutzt man diesen dazu, das Rad zu drehen. Auch eine kleine Dampfmaschine, ein Uhrwerk, welches durch Gewichte oder durch eine Feder getrieben wird, oder wie Herr Simon auf der Ausstellung des Triton in Berlin zeigte, eine kleine Dynamo-Maschine kann es übernehmen, das Rad in Bewegung zu setzen.

Buck bedient sich zum Treiben seines Schaufelrades eines starken Federwerkes, mit welchem derselbe sehr zufrieden ist. Nach seinen Angaben ist ein 8 cm im Durchmesser haltendes mit 2,5 cm breiten Schaufeln versehenes Wasserrad imstande, die Wassermenge eines Kastenaquariums von 70 cm Länge, 45 cm Weite und 25 cm Tiefe in stetige und kräftige Strömung zu bringen und zwar bis auf den Grund des Behälters hinab.

Er sagt über sein Rad: „Wenn der Wasserstand eines Aquariums nur 15 cm beträgt und nicht viele Pflanzen in demselben wachsen, so ist der erzeugte Strom viel kräftiger als bei einer größeren Wassertiefe. Die Länge eines Aquariums übt auf den Strom nur einen geringen Einfluß aus, indem die Strömung in einem Aquarium von fünf Fuß Länge fast gerade so auf das Wasser einwirkt, wie in einem kürzeren Glaskasten. Um einen Strom zu erzeugen, braucht die Schaufel nur wenig die Oberfläche des Wassers zu streifen, wobei dann das Wasser gefaßt und in die Höhe geworfen wird. Je tiefer die Schaufeln in das Wasser eintauchen, desto mehr vermindert sich auch die Schnelligkeit der Radumdrehung, der Strom fließt alsdann langsamer und das gerade sehr nützliche Aufwerfen der Wellen, das dem Wasser die meiste Luft zuträgt, muß wegfallen.

Das Wasserrad dreht sich zwei Mal in der Sekunde herum, und jede seiner sechs Schaufeln führt dem Wasser eine Portion atmosphärischer Luft zu. Außerdem entsteht ein kleiner Wasserstrahl durch das Auftauchen der Schaufeln, an dem die Fische sich besonders belustigen. Doch das ist nicht der einzige Vorzug der Maschine: sie bringt auch noch andere Vorteile, indem sie keinen Staub auf dem Wasserspiegel ankommen läßt und auf diese Weise das Wasser schön klar erhält.

Eine äußerst praktische Durchlüftung hat Herr Johs. Peter, Vorsitzender des Humboldt in Hamburg, in den Blättern für Aquarien= und Terrarienfreunde 1898 geschildert, die beistehend abgebildet ist. Diese Durchlüftung, die von Geyer stammt, ist unzweifelhaft eine der besten, die wir besitzen, sie übertrifft noch die mit komprimierter Luft, wie ich sie weiter vorne beschrieben habe. Der Apparat besteht aus zwei mittels Schlauch verbundenen Glasteilen und wird an dem Schenkel a mit dem Strahlrohr verbunden. Er treibt Luft und Wasser in das Aquarium und kann an jedes Zuflußrohr angebracht werden; ob Wasserleitung oder Wasserkasten ist gleich.

In neuerer Zeit werden Stimmen laut, die sagen: ein Treiben des Wassers durch die Luft ist besser, als ein Treiben der Luft durch das Wasser, und dieses ist auch vollständig wahr. Ich gehe daher zur Beschreibung von Springbrunnen über.

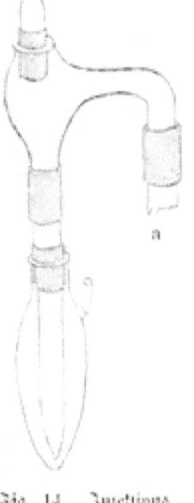

Fig. 14. Injektions durchlüfter nach Geyer. Springbrunnen und Durchlüfter.

Die einfachste Einrichtung eines Springbrunnens ist diejenige, bei welcher der Druck des Wassers durch ein höher gelegenes Reservoir erzeugt wird. In einer beliebigen Höhe befindet sich dieses Wasserbecken und tiefer unten ein zweites, durch dessen Mitte eine Röhre geht, die oberhalb in eine feine Spitze ausgezogen ist. Beide Behälter werden durch einen Schlauch verbunden. Nach den hydrostatischen Gesetzen muß nun das Wasser aus der tiefer gelegenen Beckenröhre emporschießen und zwar so hoch wie der Stand des Wassers in dem höher gelegenen Behälter. Es trifft dieses jedoch nicht zu, da der frei gewordene Wasserstrahl von der umgebenden Luft nicht mehr zusammengehalten wird, sich nach oben zu zerstreut und dann im Bogen niederfällt.

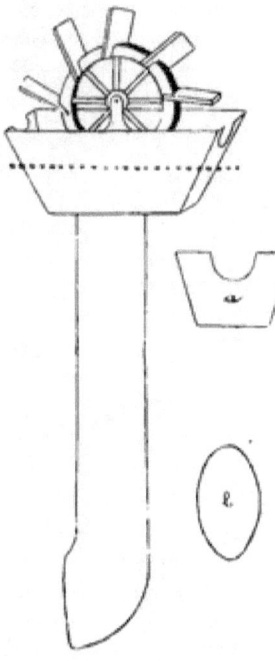

Fig. 15. Schaufelrad.
a. Durchschnitt des Kastens.
b. Durchschnitt des Rohres.

Die Herstellung eines Springbrunnens in dieser Weise erfordert keine Schwierigkeiten. In etwa 1 m Höhe über dem Aquarium wird an der Wand ein Kästchen von Zinkblech, welches 40 cm hoch, 25 cm lang und 20 cm tief ist, angebracht. Fig. 16. Dieses geschieht am besten in einer Ecke des Zimmers oder dort, wo das Gefäß von einer Gardine verdeckt ist. Eine Röhre a, die oben einen Hahn d trägt, führt von dem

Behälter A nach dem Aquarium, wo sie in der Mitte desselben im rechten Winkel hochsteigt und oben eine abschraubbare Spitze b trägt, durch welche das Wasser in einem feinen Strahl in das Aquarium B zurückfällt. Um nun diesem Zuflusse einen Abfluß entgegenzustellen, hat man bis zur Höhe des Wasserspiegels durch den Boden des Aquariums eine Röhre c gezogen, in welche das überflüssige Wasser geführt und aus dem Aquarium entfernt wird. Dasselbe wird in einem darunter gesetzten Gefäße aufgefangen, welches dieselbe Größe hat wie Reservoir A.

Bei einem so eingerichteten Abflußrohr verläßt stets das gute Wasser das Aquarium, während das dicke, durch Extremente ꝛc. verunreinigte, auf dem Boden zurückbleibt. Um diesem Übelstande abzuhelfen, stellt man über das eigentliche Ausflußrohr ein zweites größeres Rohr, welches höher als ersteres ist, unten dagegen einen Ausschnitt besitzt. Fig. 17. Jetzt wird durch den Druck des Wassers das untere Wasser des Aquariums in Richtung der Pfeile in die Überröhre getrieben und verläßt oben durch die eigentliche Abflußröhre das Becken.

Fig. 16. Anlage eines Springbrunnens.

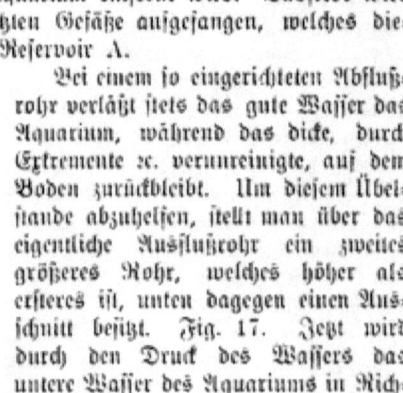

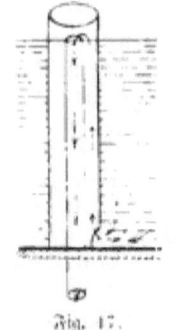

Fig. 17. Abflußrohranlage.

Bei einem solchen Springbrunnen muß das Wasser stets, wenn A leer ist, neu in dasselbe gefüllt werden. Verbindet man nun zwei Gefäße, nach Art des Wilk'schen Durchlüfters, durch eine über zwei Rollen laufende Schnur, und mit zwei entsprechend langen Schläuchen, deren einer dem Springbrunnen Wasser von dem höher gelegenen Gefäße zuführt, deren anderer das Abflußwasser in das untere Gefäß leitet, so hat man nur nötig, den Stand dieser beiden Gefäße zu wechseln und die Leitungsröhren auszutauschen, um den Apparat nach Leerwerden des oberen Behälters sogleich wieder in Thätigkeit zu setzen. Vorausgesetzt ist hierbei, daß Zu- und Abflußrohr außerhalb des Aquariums endigt.

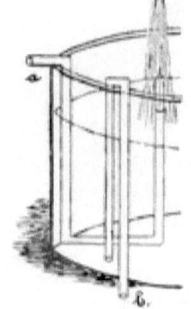

Fig. 18. Anlage eines Springbrunnens bei Kelchaquarien.

Die Anlage eines Springbrunnens bei Kelchaquarien gestaltet sich etwas umständlicher. Hier ist es nötig, daß das Zuflußrohr die Form von a in Abbildung 18 bekommt und daß das Abflußrohr einen selbstthätigen Heber darstellt, deren verschiedene Formen ich später beschreiben werde. Nur soviel will ich hier darüber bemerken, daß dieser Heber, ohne öfter als einmal angesaugt zu werden, das überflüssige Wasser ohne Zuthun aus dem Aquarium entfernt, sobald es einen bestimmten Stand überschritten hat.

Ist Wasserleitung im Hause vorhanden, so macht die Herstellung des Springbrunnens keine weitere Mühe. Der Schlauch wird dann einfach an dem Leitungshahn befestigt und das Abflußrohr aus dem Aquarium in das Abfallrohr geleitet. Sehr zu empfehlen ist aber eine solche Springbrunneneinrichtung nicht, da durch dieselbe das Wasser im Aquarium zu schnell und zu oft erneuert wird und sich auch die Temperatur desselben nur sehr schlecht regulieren läßt.

Eine sehr zweckmäßige Springbrunneneinrichtung hat Paul Nitsche-Berlin erdacht und beschreibt derselbe diese wie folgt.*) Der eigentliche Apparat besteht aus zwei genau gleichmäßig gearbeiteten Blechcylindern A und B, welche aus besonders starkem Zinkblech gefertigt, 32 cm hoch sind und 25 cm Durchmesser haben. Welche Form die Blechcylinder im Querschnitt zeigen, ob rund, halbrund, dreieckig oder viereckig, ist durchaus nicht gleichgiltig, wie man vielleicht glauben könnte. Man wähle nur immer die runde Form, alle anderen halten den Luftdruck nicht aus. Man halte sich möglichst an die von mir angegebenen Größenverhältnisse, mehr wird zu schwer, weniger hält nicht über Nacht vor.

Jeder Cylinder ist mit einem die Last sicher tragenden Eimerbügel aus 6 mm starkem Rundeisen versehen, der gerade so groß sein muß als der halbe Kreis des Cylinders beträgt und umlegbar ist. In der Mitte eines jeden Cylinders wird ein 4 bis 6 mm starkes Steigerohr a b aus Zinkblech so eingelötet, daß es 3 bis 5 mm vom Boden abbleibt und 3 cm über die Oberfläche des Behälters ragt. Eine handbreit vom Steigerohr entfernt,

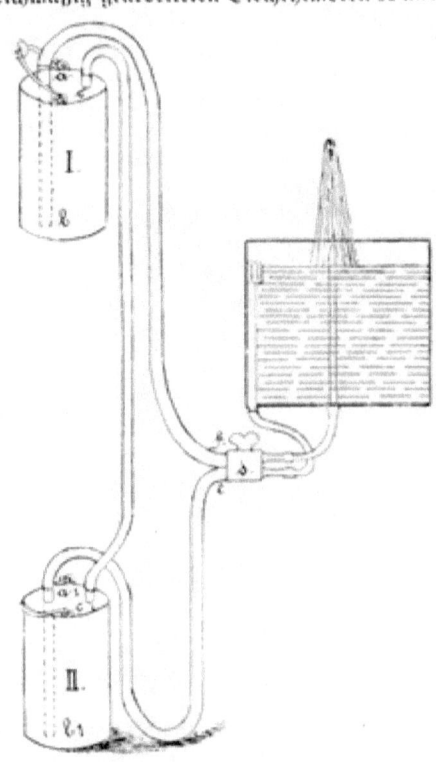

Fig. 19. Springbrunnen Apparat nach Nitsche.

wird ein Loch in den Deckelboden eines jeden Cylinders gemacht.

---

*) Blätter für Aquarien- und Terrarienfreunde 1890.

und darauf ein 3 cm langes, 4 bis 6 mm starkes Luftrohr c aus
Zinkblech gelötet. Jetzt befestigt man durch kurze Gummischlauchendchen
den Hahn d an einer Seite mit Zu- und Abfluß. Den einen Behälter
stellt man leer auf den Fußboden, der andere ist gefüllt so hoch zu hängen,
als man es ohne besondere Mühe kann; je höher, desto besser, doch ist es
nicht nötig, ihn höher zu bringen, als in gleiche Linie mit dem obersten
Rand des Aquariums. Es sind nun die beiden Luftröhrchen c mit einem
entsprechend langen Gummischlauch zu verbinden. Dann müssen noch die
Verbindungen durch gleich lange Gummischläuche hergestellt werden, von
dem Ablauf e nach dem Steigerohr $a^1\ b^1$ (der Griff des Hahnes steht mit
diesem parallel) und vom Zufluß f nach dem Steigerohr a b. Zwischen
Ablaufrohr und Hahn ist vorher ein Quetschhahn eingeschaltet worden.
Sobald man diesen nun öffnet, tritt das Wasser aus dem Aquarium in
den unteren leeren Cylinder II, treibt die darin befindliche Luft durch das
Luftrohr c $-c^1$ in den oberen gefüllten Cylinder I, drückt so das in demselben befindliche Wasser durch dessen Steigerohr a b nach dem Strahlrohr,
und der Springbrunnen arbeitet.

In derselben Weise, wie sich nun der untere Cylinder füllt, leert sich
auch der obere, und man hat dann nur nötig, die Ballons zu wechseln,
dem Hahn eine halbe Wendung zu geben, um das Spiel von neuem beginnen zu lassen.

Eine Verbesserung, die Paul Nitsche an seinem Apparat getroffen hat,
besteht darin, daß er jetzt statt der bei längerem Gebrauch undicht werdenden Zinkkessel entsprechend große Glasflaschen verwendet, die er in Zinkkessel einsetzt. Durch den Hals dieser Flaschen führt er dann die beiden
Röhren.

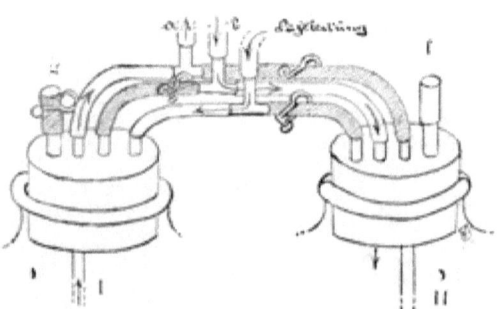

Fig. 20. Springbrunnen-Einrichtung nach Dr. Bade.

In ähnlicher Weise wie Nitsche hat Simon einen Springbrunnen-
Apparat für komprimierte Luft hergestellt, der sehr praktisch ist und
leicht arbeitet. Während bei dem Apparate von Nitsche die Flaschen
durch einen Flaschenzug gewechselt werden müssen, eine also immer hoch

und die andere tief steht, findet ein derartiges Wechseln bei dem Simon'schen Apparate nicht statt. Hier stehen beide Flaschen unter dem Tisch des Aquariums. Die Größe beider Flaschen ist nicht von Belang, jedoch sind dieselben nicht kleiner als je 10 Liter fassend zu wählen, wenn der Apparat auch die Nacht durch arbeiten soll. Wie er von den Geschäften geliefert wird, setzt sich der ganze Apparat aus den beiden oben genannten Flaschen, einem 6-Weghahn und mehreren Metern starken Gummischlauch zusammen.

Eine dieser beiden Flaschen wird mit Wasser gefüllt und in der anderen mittels Gummigebläse oder Luftpumpe der zum Betriebe erforderliche Luftdruck erzeugt.

Diese Springbrunnen-Einrichtung läßt sich durch Umgehung des teueren 6-Weghahnes dadurch verbilligen, daß statt desselben die Schlauchverbindung so ausgeführt wird, wie in Fig. 20 gezeichnet. Die Luftpumpe ist durch einen Schlauch mit dem Luftkessel verbunden und führt die Luft in die mit Wasser gefüllte Flasche I. Die Luft drückt auf das Wasser, dieses steigt daher in der Leitung a aufwärts und entspringt im Aquarium dem Strahlrohr. Das hier aus der Flasche so zufließende Wasser wird durch einen selbsttätigen Heber durch die Leitung b in eine zweite Flasche geführt, die sich in demselben Verhältnisse, wie sich Flasche I leert, füllt. Damit nun aber das Wasser durch den Heber in die Flasche fließen kann, ist es nötig, daß die durch das Wasser verdrängte Luft aus der Flasche II auch entweichen kann, dieses geschieht durch das offene Rohr f. An Flasche I ist dieses Rohr g durch ein Stückchen Gummischlauch mittels eines Quetschhahnes verschlossen.

Bei dem eben beschriebenen Wege der Luft und des Wassers sind die Leitungsschläuche ===== offen gezeichnet, die ~~~~~ schraffiert gezeichneten dagegen hinter den T-Stücken durch die bekannten Quetschhähne geschlossen. Ist nun Flasche I leer, so sind hier die Quetschhähne an den ~~~~~ schraffiert gezeichneten Schläuchen zu öffnen, dagegen an den ===== offen gezeichneten zu schließen. Dann wird aus Flasche II das Wasser zum Strahlrohr geführt, während Flasche I durch den Heber wieder gefüllt wird.

Bei Verwendung eines 6-Weghahnes ist zwar die Hantierung einfacher, die Arbeit des Springbrunnens aber dieselbe.

Einen Nachteil hat die Anlage, durch den Druck der komprimierten Luft schleudert der Springbrunnen zuerst den Wasserstrahl hoch, der Druck läßt aber ständig nach, und dadurch wird der Strahl immer kleiner. Ein gleichmäßiger Druck läßt sich nur dann erzielen, wenn am Luftkessel ein Reduzierventil, wie es C. Zwies erfunden hat, welches in den Aquariengeschäften erhältlich ist, angebracht wird.

Auch den Heronsball hat man zum Treiben von Springbrunnen benutzt, indessen hat er sich hierzu sehr unpraktisch erwiesen, da er, wenn ausgelaufen, eine neue Füllung erfordert, die sehr umständlich ist. Ferner ist er kaum dicht zu halten und versagt bei der geringsten Differenz.

Auf dem Prinzipe des Heronsballes beruht eine von Raab in Zeiz hergestellte Zimmerfontäne, die sehr gut arbeitet. Sie besteht aus zwei

Blechtrommeln, welche durch eine Röhre mit einander verbunden sind und sich um eine Achse drehen lassen. Die obere Trommel ist mit Wasser gefüllt, die untere mit Luft; sobald das Wasser im Aquarium eine bestimmte Höhe überschreitet, fließt das Wasser durch eine Röhre in die untere Trommel. Hierdurch wird die Luft in derselben verdichtet, und diese treibt nun das Wasser aus der oberen Trommel durch das Springrohr. Sobald die obere Trommel geleert ist, ist die unten befindliche Trommel gefüllt, und nun genügt eine einfache Drehung der Trommeln um ihre Achse, um das Spiel von neuem beginnen zu lassen.

Je nachdem die Trommel groß und der Strahl des Springbrunnens fein ist, dauert das Springen ohne Unterbrechung mehrere Stunden.

Es ist selbstverständlich, daß bei diesem Springbrunnen die Trommeln luftdicht geschlossen sind, und daß die Achse, um welche sich beide drehen, eigenartig gebohrt ist.

Vollständig vom Wasserreservoir unabhängig ist der Springbrunnen, der durch einen kleinen Motor getrieben wird. Dieser Motor, eine kleine, sehr solid gearbeitete Expansionsmaschine, ist von dem Ingenieur Paul Lochmann, Besitzer und Leiter einer Modell=Maschinenfabrik, erfunden worden. In dem Cylinder dieser Maschine wird eine geringe Wassermenge, etwa $^{1}/_{100}$ Liter oder 10 Kubikcentimeter abwechselnd erhitzt und durch Abkühlung niedergeschlagen. Die hierzu erforderliche Wärme liefert ein in einem Ofen eingeschlossenes Spiritusflämmchen, das pro Stunde für 0,5 Pfennig konsumiert. Die erreichte Differenz zwischen Druck und Niederdruck stellt die gewonnene Arbeitskraft dar, die auf eine Saug= und eine Druckpumpe übertragen wird, welche das dem Bassin entnommene Wasser in einem bis zu zwei Meter Höhe aufsteigenden Strahl aus demselben empor= und in dasselbe zurückführt.

Zwies, dem wir Liebhaber schon so viele vorzügliche Apparate verdanken, hat auch einen Elektromotor gebaut, der entschieden dem oben beschriebenen Spiritusmotor vorzuziehen ist, weil er keine Feuergefahr in sich schließt und auch billiger arbeitet. Dieser Motor entnimmt das Strahlwasser aus dem Becken, wie der Lochmann'sche.

Ebenso schön wie ein Springbrunnen macht sich in einem größeren Aquarium ein kleiner Wasserfall, der sich in Kaskaden vom Felsen in das Becken stürzt. Dort, wo ein solcher eingebracht werden soll, ist es nötig, den Felsen dazu herzurichten, indem man stufenförmig Steine dahin legt, wo das Wasser seinen Lauf nehmen soll. Sehr gut wählt man als Vorbild zu einem Wasserfall einen Gebirgsbach, dessen Wasser von Fels zu Fels springen, bald mit Wucht gegen Steinblöcke prallen, dann wieder über Klippen ihren Weg nehmen, wo sie Strudel und Wirbel erzeugen und sich dann donnernd in die Tiefe stürzen.

Für einen Wasserfall ist schon ein größeres Reservoir nötig, da sonst der Lauf des Falles nur kurze Zeit währt. Das Wasser verläßt oben auf dem Felsen, überdeckt von einem kleinen Blocke, oder aus einer kleinen Höhle, in einem breiten, nicht runden Strahl das Rohr und eilt dann wie ich oben sagte, in Kaskaden dem Becken zu. Wie und in welcher Weise diese Kaskaden angelegt werden, überlasse ich dem Geschmacke und der Phantasie der Leser.

3. Heizung des Aquarienwassers.

Nachdem ich im vorhergehenden Kapitel mit dem Wasserfall die Reihe der hauptsächlichsten Durchlüftungen des Aquarienwassers beschlossen habe, ist es noch nötig, auf die Bedeutung der Heizung des Aquarienwassers hinzuweisen.

Fremdländische Zierfische sind nur schwer durch unseren nordischen Winter zu bringen, wenn sie nicht ein heizbares Aquarium bewohnen. Selbst für gewöhnliche Aquarienfische reicht unsere Zimmerwärme zum Wohlbefinden zumeist nicht aus. Häufig befindet sich auch der Standort des Aquariums in einem Zimmer, das, wenig benutzt, nur selten geheizt wird, und dann ist oft guter Rat teuer, um ein geeignetes Mittel zu finden, dem Wasser die nötige Wärme zu geben, welche die Fische bedürfen.

Eine Erwärmung des Behälters durch untergelegte heiße Sandbecken ist nur ein sehr dürftiger Notbehelf und überdies nicht einmal bei größeren Aquarien, die einen starken Holzboden besitzen, anwendbar. Hier muß man schon zu anderen Mitteln greifen.

Falk teilt in den Blättern für Aquarien- und Terrarienfreunde eine einfache Vorrichtung mit, die unschwer von jedem Liebhaber selbst herzustellen ist. „Von der Beobachtung ausgehend," sagt er, „daß wärmeres Wasser leichter ist als kühleres und daher emporsteigt, brachte ich unter jedem Aquarium, das auf hohe Füße gestellt war, ein allseitig dicht geschlossenes Gefäß an, von dem aus zwei Röhren durch Löcher im Boden des Aquariums geführt wurden. Die eine Röhre ging vom Boden des Gefäßes aus bis etwa 5 cm über den Sandboden und die andere Röhre vom festgelöteten Deckel desselben bis etwa 5 cm unter den Wasserspiegel im Aquarium.

Brannte ich dann unter dem Boden des Gefäßes eine Flamme an, so erwärmte sich das Wasser, stieg empor und durch das am Deckel angesetzte Rohr ins Aquarium, während stetig kühles Wasser durch das untere Rohr herabsank. Vermöge genauer Regulierung der kleinen, selbst konstruierten Gasbrenner brachte ich es soweit, daß die Temperatur in dem einen Aquarium 8°, im anderen 18° R. blieb, während die Zimmertemperatur 3 bis 8° war und manchmal auf den Fensterbrettern Eis stand.

Die Differenz zwischen dem oben aus dem Rohr ausströmenden warmen und dem unten einströmenden Wasser betrug 5 Grad. Das warme Wasser vermischte sich natürlich sofort mit dem kühleren, sodaß das Wasser am Wasserspiegel kaum 1 Grad wärmer war als am Boden.

Es ist überhaupt nicht nötig, daß die Vorrichtung unter dem Aquarium angebracht wird, sie kann ebensogut daneben aufgestellt werden."

Einen Heizapparat, der ähnlich wie der von Falk konstruierte arbeitet und keiner Aufsicht bedarf, hat auch die Industrie hergestellt, es ist dieses der Thermosiphon-Heizapparat zum Anhängen an Aquarien. Der Apparat besteht aus einem Kessel, unter dem sich eine Spirituslampe in einem kleinen Ofen befindet. Oberhalb des Kessels geht das Abflußrohr ab, durch welches in kurzen Zwischenpausen eine kleine Menge erwärmten Aquarienwassers in das Aquarium geführt wird. Am Boden des Kessels mündet ein zweites als Saugheber arbeitendes Rohr, welches kaltes Aquariumwasser dem Apparate zuführt. Wie aus der Abbildung ersichtlich, sind beide Rohre in ihrer Form umgekehrt U-förmig (⊓) gebogen und tragen den am Aquarium gehängten Apparat.

Das Wasser im Aquarium muß 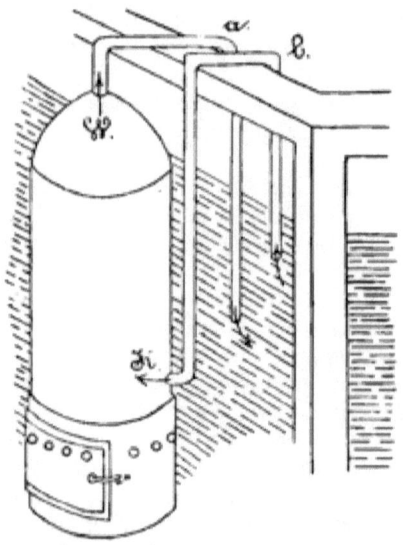 mindestens so hoch stehen, daß beide Rohre in dasselbe hineinreichen und zwar so, daß das Saugrohr, welches unten im Heizkessel mündet, etwa 1½ cm unter dem Wasserspiegel steht, das oben am Kessel befindliche Ausströmungsrohr entsprechend etwa 2 cm tiefer als ersteres, sodaß dieses 3½ cm von der Oberfläche entfernt ist. Sobald der Apparat in Thätigkeit treten soll, ist dieser zunächst mit Aquariumwasser zu füllen. Hierzu wird auf die Mündung des Ausströmungsrohres unter Wasser ein Gummischlauch geschoben und dann durch Saugen die Luft aus dem Kessel entfernt, bis sich dieser und die Röhren mit Wasser gefüllt haben und dasselbe zum Schlauche heraustritt. Jetzt wird der Schlauch, ohne Heben des Apparates, unter der Wasseroberfläche entfernt, damit das eingesaugte Wasser nicht wieder zurücktreten kann.

Fig. 21. Thermosiphon-Heizapparat.

Wird jetzt in dem Ofen die Spiritusflamme angezündet, so tritt der Apparat nach etwa 5 bis 10 Minuten, je nach der Größe des Kessels, in Thätigkeit. Das Wasser im Kessel wird warm und steigt, weil es hierdurch sich ausdehnt, durch das Rohr a empor und gelangt so in das Aquarium. Gleichzeitig saugt nun auch Rohr b kaltes Wasser nach, welches erwärmt wird und dann denselben Weg durch a zum Aquarium geht, wo es sich mit dem Aquariumwasser vermischt. Sobald kaltes Wasser in den Kessel eintritt, hört auf kurze Zeit das summende Geräusch hier auf.

Dieser Heizapparat ist deshalb sehr zweckmäßig, weil durch ihn die Temperatur nicht plötzlich, sondern ganz allmählich im Aquarium steigt. Würde er einen jähen Temperaturwechsel hervorrufen, so wäre er für Aquarien unbrauchbar, da Amphibien, Reptilien und Fische diesen Wechsel nicht vertragen können.

Ununterbrochen den Apparat an einem Aquarium in Betrieb zu lassen, dürfte nur in seltenen Fällen nötig sein. Ist der Behälter nur klein, so wird das Wasser bald die gewünschte Temperatur angenommen haben, worauf dann die Flamme zu verlöschen ist. Bei einer zweiten Benutzung der Heizung an demselben Aquarium ist, falls der Apparat nicht von dem Behälter genommen ist, nur ein Anzünden der Flamme nötig, worauf der Apparat seine Thätigkeit wieder aufnimmt. Ist indessen der Apparat vom Aquarium abgenommen gewesen, so muß der Kessel neu vollgesaugt werden.

In ganz ähnlicher Weise wie der Thermosiphon-Heizapparat arbeitet der von Kallmeyer hergestellte. Letzterer beschreibt denselben wie folgt: „Aus verschiedenen Gründen hielt ich es für praktischer, den Apparat nicht aus Metall, sondern, soweit es angänglich aus Glas herzustellen, weil dadurch das Funktionieren des Apparates beobachtet und zugleich Unreinlichkeit bemerkt und vermieden werden kann. Der Apparat besteht im Wesentlichen aus einer gut gekühlten gläsernen Kochflasche (Siehe Fig. 22) von 100 Kubikcentimeter Inhalt, welche mit einem zweimal durchbohrten Gummistopfen fest verschlossen ist. Durch die Öffnungen des Gummistopfens sind zwei Glasröhren geschoben, von denen die eine a bis auf den Boden geht, die andere b fast mit der unteren Fläche des Gummistopfens abschneidet. Beide Röhren sind ↓-förmig über den Rand des Aquariums gebogen und die Länge der beiden Schenkel steht in einem bestimmten Verhältnisse zu einander. An dem kürzeren Rohre b befindet sich ein Gummischlauch, der ziemlich bis zum Boden des Behälters reicht. Zur Erwärmung dient eine Spirituslampe aus Messingblech von ca. 250 Kubikcentimeter Inhalt mit Dochtregulierung und Schutzblech. Der ganze Apparat nebst Röhrenarmatur und Spirituslampe ruht auf einem lackierten Blechgestell, welches vermittelst eines Hakens einfach über den Rand des Aquariums gehängt wird."

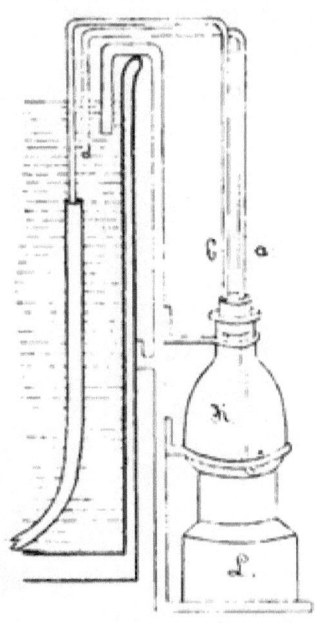

Fig. 22. Heizapparat nach Kallmeyer.

Sobald der Apparat in Thätigkeit treten soll, ist er, wie der Thermosiphon-Apparat, anzusaugen und zwar an dem Gummischlauche, der an der Glasröhre b befestigt ist. Nachdem dieses geschehen ist, wird die Spirituslampe angezündet und nun arbeitet der Apparat selbstständig ohne jede Gefahr wie der Thermosiphon-Apparat.

Beginnt das Wasser in der Flasche zu sieden, so wird die Flamme mittelst der Dochtregulierung ganz klein gestellt, da schon einzelne nach einander aufsteigende Luftblasen genügen, den Apparat in Thätigkeit zu erhalten.

Besser wie diese beiden beschriebenen Apparate ist der von Dr. Vogel, nach der Methode der gewöhnlichen Warmwasserheizung, hergestellte Heizapparat. Während bei den vorgehenden Apparaten dem Aquarium entnommenes Wasser teils kochend, teils sehr heiß, direkt wieder zugeführt wird, wodurch in dem im Kessel erhitzten Wasser sämmtliche niederen tierischen und pflanzlichen Lebewesen vernichtet werden, was einen Ausfall an Nahrung für die höheren Tiere bedeutet, beseitigt Vogels Heizapparat diesen Fehler vollkommen. Mit dem Kochen des Wassers wird auch dieses sehr verändert, z. B. durch das Ausfallen von gelösten Salzen, die Austreibung der absorbierten Gase, insbesondere des Sauerstoffes, der Lebensluft für die Tierwelt u. s. w.

Bei der nun folgenden Beschreibung des Apparates folge ich im großen und ganzen dem Erfinder, der seine Einrichtung in den Blättern für Aquarien- und Terrarienfreunde bekannt gegeben hat. Wie schon aus der Abbildung ersichtlich ist, besteht der ganze Apparat hauptsächlich aus einem in sich geschlossenen Röhrensystem, welches mit Wasser gefüllt ist, das an einer Stelle erhitzt wird. An diesem Orte ist das Rohr, wozu am besten Bleirohr genommen wird, welches etwa für mittlere Aquarien 5 mm Weite im Lichten besitzt, spiralig aufgewunden. Diese Spirale führt zu einem kleinen Behälter b, welcher den höchsten Punkt der ganzen Einrichtung einnimmt, und wird von da in den zu heizenden Behälter geleitet, an dessen Boden es eine oder mehrere Windungen macht, um dann über den Rand des Aquariums zur Spirale zurückzukehren. Diese Spirale wird durch eine Flamme erhitzt. Das Wasser erwärmt sich hier und

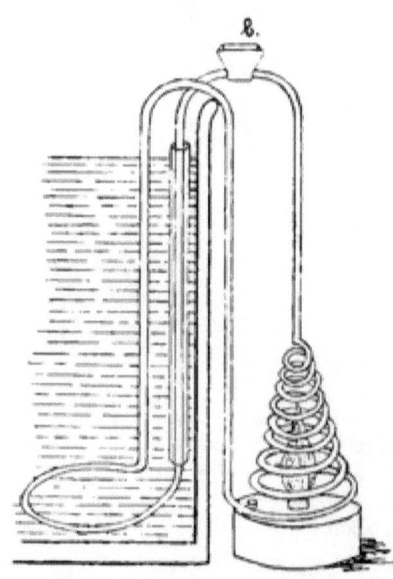

Fig. 23. Heizapparat nach Dr. Vogel.

steigt, da es leichter ist als das kalte, in die Höhe und gelangt, das kleine Reservoir (b) durchlaufend, in das Aquarium. Hier giebt das Wasser seine Wärme an die Umgebung ab, sinkt abgekühlt zur Heizspirale zurück, um von hier dasselbe Spiel zu wiederholen.

In der ganzen Anlage ist das kleine Reservoir (b) oben an der höchsten Stelle der Röhre die einzige Öffnung und wirkt hier als Ausgleichventil. Gleichzeitig dient es auch dazu, den Apparat mit Wasser zu füllen und stets gefüllt zu halten. In Wirklichkeit stellt sich die Heizspirale anders dar, als auf der Zeichnung ersichtlich, die einzelnen Umwindungen liegen dann dicht auf einander, sodaß nur oben ein Abzugloch frei bleibt. Alle drei beschriebenen Apparate stellen sich jedoch in ihrer Unterhaltung zu teuer, was mich bewog, den in beistehender Abbildung vorgeführten Heizapparat zu bauen. Die Form ist aus angefügter Abbildung leicht zu ersehen. Er ist ganz aus Zink hergestellt und trägt dort, wo die Flamme brennt, eine eingekittete Glasscheibe. Damit der Heizofen nicht im Becken schwimmt, hat er unten einen Bleiboden. In einer Ecke des Aquariums eingekittet stört er nur wenig, da er bis zu der im Apparat eingekitteten Scheibe im Bodengrund steht.

Fig. 24. Heizapparat nach Dr. Bade.

Zum Heizen wird Spiritus verwendet. Dieser brennt durch einen Docht in einer so kleinen Flamme, daß der Verbrauch für etwa 24 Stunden sich im geheizten Zimmer auf 2—3 Pfennig stellt, bei einer konstanten Wärme von + 17—20° C. In der Nacht sinkt die Temperatur auf + 15° C. Der Verlust an Wärme durch den Schornstein (das Rohr) beträgt etwa + 5—6° C.

Soll der Heizofen für Aquarien mit eingekitteten Scheiben gebraucht werden, so kann der Schacht fehlen. Es ist dann nur nötig, an einer Seite, etwas höher als die Bodenschicht, die Scheibe durch einen Zinkstreifen zu ersetzen, der im Innern des Aquariums einen wasserdicht abschließenden Zinkkasten enthält, der oben den Schornstein trägt. Die Zuführung des Gefäßes mit Spiritus erfolgt dann von der Seite des Beckens, durch eine Thür in den Zinkstreifen.

4. Selbstthätige Heber.

Bei Anbringung eines Wasserzuflusses in Aquarien, die keine Abflußvorrichtung besitzen, wie z. B. Kelchaquarien, Elementgläser, muß, um das überflüssige Wasser zu entfernen und doch den Wasserstand gleich zu halten, ein selbstthätiger Heber angebracht werden.

Einen solchen, auf dem Prinzipe des Landolt'schen Respirators beruhenden Heber konstruierte zuerst Buck, doch ist derselbe jetzt wenig mehr gebräuchlich, da er nicht sicher genug arbeitet und es oft vorkam, daß das Wasser im Becken überlief.

Am meisten zu empfehlen, weil am sichersten arbeitend, ist der von Johs. Peter, den ich in Figur 24 abbilde und nachstehend beschreibe. Damit die einzelnen Schenkel des Hebers je nachdem verlängert oder verkürzt werden können, sind sie untereinander durch Gummischlauch verbunden (a, a). Durch einmaliges Ansaugen des Loches b wird ein in dem Cylinder befindliches, unten geschlossenes Röhrchen voll Wasser gefüllt, welches das Wasser, das mehr in dasselbe geführt wird, in Richtung der Pfeile zum Ausfluß bringt. Der Heber kann auch als Heber benutzt werden, der das Wasser von unten dem Aquarium entnimmt, wenn der Theil c entfernt wird.

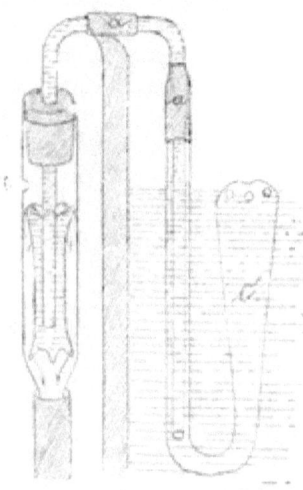

Fig. 24. Heber nach Peter.

In anderer Weise hat Simon einen selbstthätigen Heber hergestellt. Dieser wird in den Blättern für Aquarien- und Terrarienfreunde wie folgt beschrieben:

„Derselbe besteht aus zwei ⋂-förmigen Röhren verschiedener Größe, von denen die kürzere in eine Erweiterung ausläuft, in der sich ein Schwimmer befindet. Dieses kurze Rohr läßt sich in das längere einschieben und beide sind durch Gummischlauch abgedichtet. Das größere ⋂-Rohr hat einen Durchmesser von ca. 8 mm, sein kürzerer Schenkel ist 10 cm, der längere 25 cm lang. Letzterer hat ungefähr 5 cm von seinem unteren Ende aus gerechnet, eine Verengerung bis auf 4 mm, und 1 cm unter demselben befindet sich ein Loch von 2 mm Durchmesser.

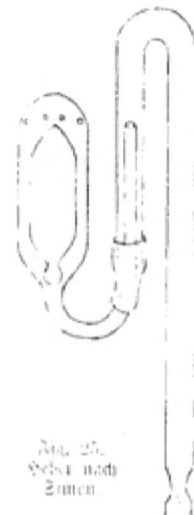

Fig. 25. Heber nach Simon.

Der Schwimmer in dem weiten Rohr hat am unteren Ende einen Kugelansatz, welcher an der Stelle, wo das erstere sich mit letzterem vereinigt, aufgeschliffen ist. Nachdem der Schwimmer eingesetzt, resp. aufgeschliffen worden, ist das weite Rohr zugeschmolzen und mit einer Anzahl Löcher versehen, welche verhindern sollen, Schwimmpflanzen mit in das innere Rohr gelangen zu lassen. An dem Schwimmer sind noch sechs kleine Erhöhungen in zwei Reihen angeblasen, damit sich derselbe im Wasser immer gerade hält, was nötig erscheint, da er um 5 mm kleiner im Durchmesser ist, als das weitere Rohr.

Soll der Heber funktionieren, so muß er mit Wasser gefüllt werden, was man bequem durch Ansaugen erreichen kann. Das Wasser muß im

Aquarium natürlich so hoch stehen, daß der Schwimmer nicht unten aufsitzt, sondern frei schwimmt. Da sich die beiden ⌒-förmigen Röhre in einander verschieben lassen, kann man die beabsichtigte Höhe des Wassers im Aquarium nach Belieben einstellen. Das Loch, welches sich unter der Verengerung befindet, ist dazu vorhanden, um das Wasser bis dahin abfließen zu lassen, weil sonst die ganze Wassersäule vom Heber bis zum Ausgußbecken durch den Schluß des Schwimmers getragen werden müßte." Dieser Heber arbeitet indessen nicht ganz so sicher, wie man wünschen sollte, weil die Saugkraft des Hebers gern den konischen Schwimmer auf der Einflußmündung festhält, auch wenn das Wasser schon beträchtlich im Aquarium gestiegen ist.

Sicherer arbeitet der von Geyer nach der Idee von Schütt und Abo, konstruierte Heber, der vor den beiden beschriebenen noch den Vorteil besitzt, daß er sein Wasser aus den unteren, stagnirenden Schichten entfernt. Die Einrichtung und Herstellung des Hebers ergiebt sich aus der Zeichnung, sodaß ich nur wenige Worte über denselben sagen brauche. Er setzt sich wie der von Simon konstruierte aus zwei U-förmig gebogenen Glasröhren zusammen, die durch ein Stückchen Gummischlauch gedichtet sind. Hierdurch ist es möglich, daß der Heber für verschiedenen Wasserstand eingerichtet werden kann. An dem Ausflußrohr befestigt man einen entsprechend langen Gummischlauch, der das überflüssige Wasser in ein Gefäß leitet. Dieser Schlauch wird, sobald der Heber in Thätigkeit treten soll, unterhalb der Ausflußöffnung durch Fingerdruck geschlossen und der Heber an der verlängerten Röhre, die oben offen ist, angesaugt. Jetzt kann der Heber sich selbst überlassen bleiben; er läßt das Wasser nie höher kommen im Aquarium, als wie die Ausflußöffnung steht. Wird unten am Heber, vor dem Bogen nach oben, der Kork entfernt und dafür der Ablaufschlauch angefügt, so dient der Heber zum gänzlichen Entleeren des Behälters.

Eine verbesserte Form des Geyer'schen Ablaufhebers, insofern, als derselbe nicht so leicht zerbrechlich ist, weil er eine geringere Anzahl von

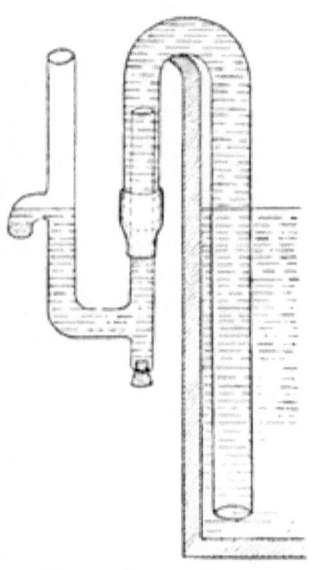

Fig. 26. Heber nach Geyer.

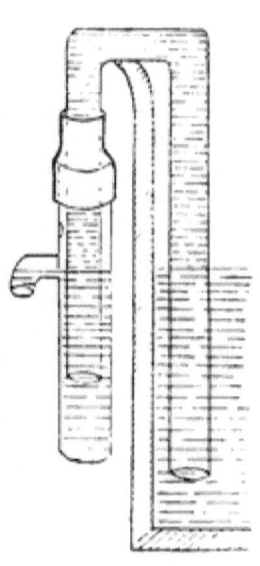

Fig. 27. Heber nach Richter.

Biegungen besitzt wie ersterer, ist der von Richter hergestellte Heber. Dieser Heber, eine Verschmelzung zwischen dem Buck'schen und dem Geyer'schen, arbeitet ohne jeden Tadel und kann auf ebenso große Verläßigkeit Anspruch erheben wie der von Geyer konstruierte.

Zu dem kurzen Schenkel einer ⋂-förmig gebogenen Glasröhre, deren langer in das Aquarium führt, ist eine einfache Röhre mit Ausflußrohr und einem oberhalb desselben befindlichen Loche angebracht und durch ein Stück Gummischlauch mit ersterem gedichtet (umstehende Figur 27). Das Wasser steigt, wie aus der Zeichnung ersichtlich, vom Grunde des Aquariums in die ⋂-förmige Röhre und füllt die dem kurzen Schenkel angefügte Röhre bis zum Ablaufrohr, durch welches es den Heber verläßt. Wird das oberhalb des Ablaufrohres befindliche Luftloch absichtlich verschlossen, so arbeitet der Apparat wie ein gewöhnlicher Heber.

Mit diesem Heber schließe ich das Kapitel. Obwohl noch einige andere Heber im Handel sind, die in derselben Weise das Wasser entfernen, glaube ich doch von der Beschreibung derselben absehen zu dürfen, da die vier beschriebenen für alle Zwecke vollkommen genügen.

5. Der Felsen im Aquarium.

Eine verschönernde Zugabe, keine Notwendigkeit für das Aquarium, ist der Felsen. Er bildet ein Ausschmückungsstück, das man ungern entbehrt, hat den praktischen Zweck, bei Vorhandensein des Springbrunnens das Strahlrohr zu verdecken und bietet außerdem eine sehr schöne Gelegenheit, dekorative Sumpfpflanzen als Zierde des ganzen Aquariums anzubringen sowie verschiedenen Bewohnern des Behälters, die nicht ausschließlich Wassertiere sind, einen Unterschlupf zu geben.

Zur Herstellung des Felsens benutzt man, falls man es nicht vorzieht, denselben fertig zu kaufen, gewöhnliche Tuffsteine, große Schlackenstücke und entsprechend zugehauene Bimssteinstücke. Besonders an den Stellen, wo dekorative Pflanzen, die ja meist Sumpfpflanzen sind, den Felsen bedecken sollen, wird dieser sehr zweckmäßig aus Bimssteinstücken hergestellt, da solche, wenn sie mit dem Wasser in Berührung kommen, den Pflanzen stets genügende Feuchtigkeit abgeben. Weiter ist zu beachten, daß eine größere Fläche des Felsens über das Wasser des Aquariums hervorragt und dieser Teil mehrere Höhlen und Grotten enthält, welche von den amphibisch lebenden Tieren nach Belieben aufgesucht werden können. Wird der Felsen indessen so eingerichtet, daß diese Tiere denselben nicht erklettern können, so geben sie sich alle mögliche Mühe, den Behälter zu verlassen und stören dann, besonders in der Nacht, durch ihre rastlosen, kräftigen Bewegungen nicht nur die übrige Tierwelt im Wasser, sondern trüben letzteres dadurch sogar nicht selten.

Der Teil des Felsens, welcher im Wasser steht, sei möglichst leicht und luftig aufgebaut. Man richte ihn so ein, daß der obere Teil, der eine größere Fläche mit Höhlungen und Erhöhungen bildet, von mehreren säulenartigen Füßen, die Bogen bilden, getragen wird und dadurch unter Wasser Höhlendurchsichten entstehen.

Die Zurichtung der einzelnen Steinstücke zu einem Ganzen geschieht am zweckmäßigsten auf einem Brette, welches mit Papier bedeckt ist. Als Bindemittel der einzelnen Teile benutzt man reinen, nicht mit Sand oder anderen Stoffen vermischten Portland-Cement, der mit Wasser nicht sehr dünn angerührt wird. Alle Steine werden, bevor sie mit einander durch Cement verbunden werden, angefeuchtet, d. h. in Wasser getaucht. Die das Ganze tragenden Säulen bekommen, wenn sie keinen geraden Fuß besitzen, einen solchen von Cement. Hierzu belegt man an der Stelle, wo die Säule stehen soll, in der Mitte des Felsens, oder an der rechten oder linken Seite, auf dem mit Papier überzogenen Brette eine genügend große Stelle mit Cement, in welchen man die Säule stellt; steht diese schief, so helfen kleine, unter den Fuß geschobene Steinstücke, die sich später innig mit dem Cement verbinden, dieses ausgleichen. Nachdem so alle Säulen ihren Platz gefunden haben, werden dieselben mit anderen Steinen bogenartig durch Cement miteinander verbunden. Für das Rohr des Springbrunnens, welches gewöhnlich in der Mitte durch den Felsen geht, schiebt man beim Aufbau eine im Lichten etwa $2^{1}/_{2}$ cm messende Glasröhre zwischen die einzelnen Steine ein und füllt etwa vorhandene Zwischenräume mit Cement aus. Die Stellen des Felsens, welche Decorationspflanzen aufnehmen sollen, erhalten Blumentöpfe, die in den Überbau der Säulen eingefügt werden; kleine Pflanzen, die nicht viel Erde zu ihrem Gedeihen benötigen, werden einfach in vorhandene Vertiefungen, die mit nahrhafter Erde gefüllt sind, eingesetzt. Verzichtet man auf einen Springbrunnen im Aquarium, so empfiehlt es sich, die Spitze des Felsens mit einem Blumentopfe zu bedecken, dessen Seiten mit Tuffsteinstücken verdeckt sind und der irgend eine Zierpflanze aufnimmt. Je grotesker der Felsen aufgebaut ist, desto schöner zeigt er sich dem Beschauer im Aquarium. Dieser Aufbau läßt also der Phantasie des Liebhabers einen weiten Spielraum.

Um den Felsen möglichst leicht zu machen, kann ich allen Liebhabern nur empfehlen, recht viel Bimsstein beim Aufbau zu verwenden. Auch kann der ganze Felsen aus Bimsstein bestehen wie ich einen in meinem runden Aquarium besitze. Die Verbindung der einzelnen Stücke durch Cement verleiht dem Ganzen schon eine genügende Schwere, sodaß der Aufbau fest auf dem Boden steht. Ist der Aufbau indessen sehr groß und besteht er nur aus Bimsstein, so müssen die Säulen eine Platte aus Cement besitzen, auf welcher sie fundamentiert sind. Eine solche Platte in der nötigen Größe stellt man sich auf folgende Weise her. Ein mit Papier bedecktes Brett wird mit einem der Größe der einzelnen Platte entsprechenden Holzrahmen belegt und dieser Rahmen mit Cement ausgegossen. Sobald der Cementbrei eine genügende Festigkeit (nach etwa 4 Stunden) bekommen hat, wird der Rahmen entfernt und zum Ausfüllen einer anderen Platte benutzt. Nachdem diese Platten einen Tag und eine Nacht an ihrer Stelle verblieben sind, werden sie noch 24 Stunden in Wasser gelegt und dann mit Cement am Fuß der Säule befestigt.

Ist das Aquarium groß, so ist es zu empfehlen zwei Felsen zu bauen, die oberhalb des Wasserspiegels durch einen Felsübergang verbunden sind.

An den Stellen, wo Tuffstein oder Schlackenstücke mit Cement verbunden sind, entsteht eine graue Naht, die den Eindruck des Bauwerks stört. Um diese Linien zu verdecken bestreicht man, nachdem der Felsaufbau vollständig fest geworden ist (nach 4 bis 5 Tagen) diese noch einmal mit Cement und bestreut dann denjenigen mit feinen Stücken Tuffstein, resp. Schlacken. Dort wo Stücke Bimsstein miteinander verbunden sind, entstehen diese entstellenden Nähte nicht, da der feste Cement dieselbe Farbe wie der Bimsstein annimmt.

Nachdem so der ganze Bau acht Tage auf dem Brett gestanden hat, wo er aufgeführt ist, wird er in das Aquarium gesetzt und dieses mit Wasser gefüllt. In den ersten Tagen erneuere man das sich bald milchig färbende Wasser nicht, sondern lasse alles stehen wie es ist. Nach Verlauf dieser Zeit entferne man das trübe Wasser, hebe den Felsen aus dem Aquarium und reinige dieses. Dann setze man den Felsen wieder ein und fülle den ganzen Behälter mit frischem Wasser. Dieses erneuere man nun täglich, solange bis es vollständig klar bleibt.

Auf keinen Fall versäume man ein gründliches Auslaugen des Felsens, da sonst nicht nur später das Wasser des eingerichteten Aquariums getrübt wird, sondern die Gefahr vorliegt, daß auch die eingesetzten Tiere in dem kalkhaltigen Wasser sterben.

Bei kleineren Felsbauten ist es nicht gerade notwendig, Portland-Cement als Bindemittel zu verwenden, wenn auch dieser anderen vorzuziehen ist, sondern für sie genügt ein Gemisch aus feingepulvertem Schellack, der in Spiritus vollständig aufgelöst, und sodann mit gepulvertem Bimsstein zu einer dicken, breiartigen Masse gemischt ist. In einer nicht zu dünnen Lage wird dieses Gemisch auf die Verbindungsstelle gestrichen. Dieser Kitt trocknet sehr schnell und besitzt eine große Ähnlichkeit in der Farbe mit dem Tuffstein.

Zum Aufbau des Felsens im Aquarium selbst kann ich nicht raten. Hierdurch wird nie eine so schöne Form desselben erreicht, wie sie der Liebhaber sich wünscht. Auch lassen sich hier die einzelnen Steine nie so gut zusammenfügen wie dieses außerhalb der Fall ist, da man im Aquarium nur von oben arbeiten, beim Bauen außerhalb desselben aber von allen Seiten leicht ankommen kann.

6. Die innere Ausschmückung des Aquariums.

Obgleich ich kein Freund von der Ausschmückung des Aquariums durch überflüssige und teils vollständig nebensächliche Dinge, die für Tier und Pflanze keinen Wert haben, auch unnötiger Weise beiden den Raum einengen, bin, will ich doch in diesem Kapitel derselben kurz gedenken.

In derselben Weise wie der Felsen giebt eine schwimmende Insel den Amphibien einen Zufluchtsort, den sie ersteigen und sich auf demselben aus ruhen können, wenn sie das Wasser verlassen wollen. Besonders ist dieselbe für Glasaquarien zu empfehlen, in denen man keinen Felsaufbau seiner Schwere wegen setzen möchte.

Die Insel ist aus Korkholz gefertigt und stellt ein kleines klippenreiches Eiland dar. Die Mitte desselben besitzt eine runde Oeffnung, in welcher ein kleines Blumentöpfchen eingesenkt ist, welches zur Aufnahme nässeliebender, hübscher Gewächse dient, die eine Bewässerung der Wurzel aushalten. Die kleinen Höhlungen um diesen Blumentopf werden mit Erde gefüllt, welche mit Grassamen gemischt ist. Die Größe der Insel richtet sich nach der des Aquariums. Gewächse mit großem Wurzelstock finden auf derselben keinen Raum, solche mit reichem Blätterschmuck bringen die ganze Insel leicht aus ihrer Lage und sind daher von vornherein von der Bepflanzung ausgeschlossen. Nur die Mitte, dort wo der Blumentopf eingelassen ist, bekommt eine höhere junge Decorationspflanze; um sie her nehmen sich kleine niedrige kriechende Pflänzchen sehr gut aus.

Gewöhnlich wird die Insel nach und nach durch Aufnahme von Wasser schwerer und wird sich etwas senken, dann nimmt man sie auf einige Tage aus dem Aquarium und läßt sie gehörig trocknen, indessen sorgt man durch fleißiges Besprengen der Pflanzen für deren Erhaltung.

Neben den schwimmenden Inseln sind es besonders noch Einhänge gefäße, die mit Pflanzen in derselben Weise wie die schwimmenden Inseln besetzt sind, welche sich einer allgemeinen Beliebtheit erfreuen. Dieselben lassen sich an feinen Trahthaken beliebig tief in den Ecken oder an den Seiten des Aquariums einhängen. Bei geschickter Zusammenstellung der Pflanzen bilden sie einen ganz hübschen Schmuck des Aquariums.

Muschelschalen, die auf dem Boden des Aquariums liegen, um den für manchen Liebhaber eintönigen Eindruck derselben zu verschönern, müssen, bevor sie in den Behälter kommen, sehr sorgfältig gewaschen werden, da sie sonst faulen, wodurch selbstredend eine Verschlechterung des Wassers herbei geführt wird. Zu empfehlen ist der Belag des Bodens mit Muscheln überhaupt nicht, da sich die Fische nicht selten an den scharfen Rändern derselben erheblich verletzen können. Auch bedecken sich alle Muscheln nach Verlauf weniger Monate mit Algen, wodurch sie als Verschönerungsmittel durchaus nicht mehr gelten können.

Bedeutend besser sind für den Schmuck des Aquariums die überall erhältlichen sogenannten Korallen. Dieselben bestehen aus einer Tonmasse, die gebrannt ist und dann einen roten Lackanstrich bekommt. Die Industrie fertigt diese Korallen in verschiedener Größe und Form an. Mit ihrem leuchtenden Rot nehmen sie sich zwischen dem Gewirr der Wasserpflanzen ganz prächtig aus.

Mehr wissenschaftlichen Wert, wenn das Aquarium zum Studium der Wassertiere und besonders der Wasserpflanzen verwendet wird, haben Pflanzen- und Tierschilder aus Glas, mit eingeschmolzenem Namen des

Gegenstandes. Die Form der Pflanzenschilder zeigt beistehende Skizze. Das Schild wird mit seiner Spitze in den Bodengrund des Aquariums neben der Pflanze gesteckt und trägt neben dem deutschen Namen den botanischen, sowie einen Vermerk, ob ausdauernd oder nur einjährig und wo die Pflanze gefunden wird.

Fig. 28.
Muster eines Pflanzenschildes.

In ähnlicher Weise kann auch bei den Bewohnern des Aquariums verfahren werden. Schilder für diese werden außen am Behälter aufgehängt und tragen eine colorierte Abbildung des betreffenden Tieres, unter welcher der deutsche und zoologische Name steht, sowie auch eine kurze Angabe, ob das Tier nützlich oder schädlich, ob es giftig oder harmlos sei.

So eingerichtete Behälter bilden für Schulen eine große Hilfe beim naturwissenschaftlichen Unterrichte.

---

7. Die Bodenschicht des Aquariums in ihrer Bedeutung für die Pflanzen. Die Einsetzung der letzteren.

Nachdem schon seit Jahren das Wechselverhältnis zwischen Tier und Pflanze bekannt geworden ist, wird auch in Aquarien die große Bedeutung des Pflanzenwuchses für das Gedeihen der Fische und der übrigen Wassertiere bei den Aquarienliebhabern allgemein anerkannt, sodaß man selten noch Fischbehälter findet, die ohne Wasserpflanzen sind.

Um im Aquarium Wasserpflanzen naturgemäß zu halten, ist es nötig, den Boden zur Aufnahme derselben herzurichten, wobei indessen auch auf die zu haltenden Tiere Rücksicht genommen werden muß.

Der einfache Zinkboden des Aquariums bekommt eine Rohglasplatte, die vermittelst des Seite 12 beschriebenen Kittes fest auf diesen gekittet wird und deren Seitenränder innig mit den Glasseiten verbunden werden, sodaß allseitig ein dichter Abschluß erreicht wird.

Werden Fische im Aquarium gehalten, die, wie Welse, Gründeln oder Aale stark im Boden wühlen, so wird die Rohglasplatte nur mit gewaschenem feinen Flußsand bedeckt, die Wasserpflanzen dagegen werden in Blumentöpfe von urnenartiger Gestalt, die mit guter fetter Erde gefüllt sind, so tief in diese Sandschicht gesenkt, daß der Rand der Töpfe wenigstens noch 5 cm mit Sand bedeckt ist. Wohl selbstverständlich ist es, daß diese Töpfe, bevor sie eingesetzt werden, außen sauber abzuwaschen sind. Es ist dieses deshalb nötig, um die Erdteile, die eventuell während des Einsetzens der Pflanze in den Topf, außen an diesen sich gesetzt haben, zu entfernen, da diese,

Erklärung des in der linken Ecke stehenden Zeichens siehe bei dem Kapitel Pflanzen.

wenn sie sich später im Aquarium auflösen, eine schwer zu beseitigende Trübung des Wassers hervorrufen können.

Wie ich schon bemerkte, ist die Gestalt dieser Töpfe urnenförmig. Oben haben sie eine weite Oeffnung, in welche die Pflanze eingesetzt wird; unten besitzen sie seitlich über dem Boden eine Reihe von kleinen Oeffnungen zum Eintritt und Ausfluß des Wassers. Zieht man es vor, diese Töpfe nicht in die Sandschicht einzusetzen, so wähle man solche, die außen das Ansehen von Felsgesteinen besitzen, indessen lassen sich auch gewöhnliche Blumentöpfe verwenden, die mit Hilfe von Cement durch kleine Tuffsteinstücke rc. entsprechend hergerichtet sind. Diese Töpfe stellt man direkt auf den als Bodenbelag verwendeten reingewaschenen Sand.

Sehr zu empfehlen ist es, die Wasserpflanzen, die für die Töpfe bestimmt sind, nicht in andere Erde zu verpflanzen, sondern die zu verwenden, der sie entsprossen sind. Hat man indessen Pflanzen ohne Erdballen, so legt man auf den Boden jedes Topfes einige Torfstückchen und pflanzt dann die Gewächse unter Verwendung sandiger Torferde so ein, wie ich es weiter unten beschreiben werde.

Alle in Töpfen gezogenen Wasserpflanzen sind verhältnißmäßig schwach und besitzen nur ein kümmerliches Wachstum.

Die frei ausgepflanzten Gewächse, die unmittelbar im Bodengrunde des Aquariums stehen, zeigen in ihrem Wachstum eine unbändige Lebensfülle und wuchern mit erstaunlicher Üppigkeit, das Becken mit ihren grünen Blättern und Ranken oft vollständig durchziehend.

Um aber ein solches Wachstum der Gewächse zu erreichen, ist es geboten, einen zweckmäßigen Bodenbelag dem Aquarium zu geben.

Der Schlammgrund, aus nicht durch Abwässer verunreinigten Teichen oder aus klaren Feldbächen sagt unseren heimischen Wasserpflanzen sehr zu, er giebt für sie den geeignetsten Nährboden ab, aus dem sie sich in voller Lebensfreudigkeit entfalten. Indessen ist bei seiner Verwendung Vorsicht sehr nötig, da leicht mit demselben böse Krankheitserreger in das Aquarium gebracht werden; auch kommt es vor, daß das Wasser durch den Schlamm leicht einen üblen Geruch annimmt, der nicht wieder zu beseitigen ist. Schlamm verwendet man daher nur für Behälter, die einen ständigen Zu- und Abfluß des Wassers besitzen und mit harten Pflanzen besetzt sind, die sich im kalten Wasser gut halten.

Für Aquarien ohne Wasserwechsel ist eine Mischung aus 1 Teil Flußsand, 1 Teil lehmiger Rasenerde und 1 Teil Moor- oder Lauberde besser als Schlammboden zu verwenden. Will man diese Mischung nicht vornehmen, so kann man auch Erde benutzen, die vom Maulwurf auf Wiesen ausgestoßen ist, diese erfüllt denselben Zweck wie der durch Mischung hergestellte Boden. Jedoch von allen Bodenarten die beste für die Kultur der Wasserpflanzen ist Torferde.

Die Wichtigkeit dieses Pflanzenbodens für das Aquarium zwingt mich, etwas näher auf diesen Gegenstand einzugehen. Der Torf, welcher früher und in manchen Gegenden noch jetzt, ein beliebtes Heizungsmittel bildet, ist ein dichtes Gemenge abgestorbener, teilweise zersetzter Sumpfpflanzen. An allen Orten, wo sich nur immer stagnierendes Wasser in größeren, tief gelegenen Mulden ansammeln kann, entsteht bald eine Sumpfvegetation, welche, allmählich absterbend, neuen Pflanzen Raum giebt, die ihrerseits wieder mit ihren Leichen die Reste der früheren Generation decken. Auf diese Weise bildet sich bald eine mehr bald minder mächtige Lage Torf, dessen Beschaffenheit von der Natur der ihn zusammensetzenden Pflanzen abhängt. Meistens sind es Moose, jedoch auch andere Gewächse, besonders Riedgräser, Wollgräser, Binsen, auch u. A. Haidekräuter u. s. w., die den Torf bilden. Die Bildung desselben ist ein sehr komplizirter Prozeß und hängt von vielerlei Bedingungen ab. In der Hauptsache besteht er darin, daß infolge ungenügenden Luftzutritts, verursacht durch eine Wasserbedeckung, eine Verwesung der abgestorbenen Moorpflanzen unmöglich und dafür jene Zersetzung herbeigeführt wird, die man als Verkohlung bezeichnet. Hierbei werden Säuren entwickelt, die der Zersetzung entgegen wirken, also einen konservierenden Einfluß ausüben, welcher der Entwickelung von Pilzkeimen sehr hinderlich ist.

Besonders deshalb und auch weil der Torf alle Nährstoffe enthält, die einer Wasserpflanze, wenn sie gedeihen soll, nötig sind, bildet er den besten Bodenbelag für das Aquarium. Indessen ist nicht frischer Torf, sondern abgelagerter, der schon einige Jahre der Einwirkung der Luft ausgesetzt gewesen und dadurch mürbe geworden ist, zu verwenden.

Bevor der Torf in das Aquarium gebracht wird, ist er zu zerkleinern und längere Zeit, etwa 24 Stunden, in Wasser zu legen. Alsdann wird er gehörig ausgedrückt und reichlich mit gereinigtem Flußsand vermischt. Diese Mischung wird jetzt in das Aquarium gebracht und je nach dem Geschmack des Liebhabers entweder an allen Orten des Bodens gleichhoch oder so verteilt, daß eine Ecke an der dem Zimmer zugewendeten Seite frei bleibt und von hier aus die Bodenfläche nach der entgegengesetzten, dem Fenster zugekehrten Seite aufwärts steigt. Diese Füllung ist die empfehlenswerteste. Durch die Schrägung ist die ganze Bodenfläche des Aquariums vom Zimmer aus leicht zu übersehen und die sich an der tiefsten Stelle des Bodens ansammelnden Schmutzteile, Futterreste, Exkremente c. sind von hier leicht mittelst eines Hebers*) zu entfernen. Weiter ermöglicht auch diese Art der Bodenfüllung die verschiedenartigsten Gewächse des Aquariums mit einem bestimmten Erfolge zu pflegen. An der tiefsten Stelle stehen untergetauchte Wasserpflanzen, weil diese wenig Nährboden und hohen Wasserstand lieben, während die höchste Stelle Sumpfpflanzen erhält. (Siehe Tafel Kastenaquarien mit heimischen Wasserpflanzen.)

Diese Bodenschicht aus Torferde ist mit einer etwa 6 cm hohen Schicht geschlemmten Flußsandes zu bedecken. Der Flußsand sei nicht zu grobkörnig, da sich sonst Schmutzteile c. zwischen den Körnern leicht festsetzen und auf diese Weise nicht nach der tiefsten Stelle des Aquariums gelangen können, um hier vermittelst des Hebers entfernt zu werden. Weiter gestattet auch grobkörniger Sand stets noch der eigentlichen Bodenschicht den Durchtritt durch denselben. Wenn auch dieser Schmutz sich auf den Boden lagert, so macht er doch einen weniger guten Eindruck als die Sanddecke, auch wird er beständig von den Fischen aufgewühlt und trübt dann auf lange Zeit das Wasser des Behälters. Nur dort, wo im Aquarium sich ein reiches Tierleben von niederen Tieren entwickeln soll, ist nie ganz reiner Fluß sand zur Bedeckung der eigentlichen Bodenschicht zu verwenden. Hier ist vielmehr grobkörniger Sand, der eine genügende Menge Bodenschicht durchläßt, zu gebrauchen.

Bevor der vollständig von jedem Schmutzteilchen gesäuberte Sand, der so oft zu waschen ist, bis das Wasser ganz hell und vollständig klar abfließt, auf die Bodenschicht gebracht wird, ist die Torferde erst gehörig fest zu drücken und dann erst der Sand einzubringen. Zum Schlemmen des Sandes will ich noch bemerken, daß diese Arbeit sich am leichtesten macht, wenn man nur eine geringe Menge desselben, etwa zwei Hände voll, in eine Schüssel giebt und dann Wasser aufschüttet. Nachdem man nun den Sand gehörig durchgerührt hat, ist das sehr schmutzige Wasser schnell abzugießen und durch klares zu ersetzen. Ist der Sand nicht sehr schmutzig, so genügt meist ein zehnmaliges Schlemmen, um ihn vollständig sauber zu machen. Man schlemme jedoch lieber viermal öfter als einmal zu wenig.

Nachdem die Sandschicht überall gleich hoch über die Torferde gebreitet worden ist, werden die sauber gewaschenen, besonders von etwa anhaftenden Algen und Polypen gereinigten Pflanzen eingesetzt. Nur steifstengelige, stark bewurzelte Pflanzen setze man vor Einbringung des Sandes in die Erde ein. Die untergetauchten Pflanzen sind nie tiefer zu pflanzen, als daß eben ihre Wurzeln mit Sand bedeckt sind. Auch richte man sein Augenmerk darauf, daß die Wurzeln der Pflanze nicht nach oben gerichtet sind, da in diesem Falle die Wurzel abstirbt und dann längere Zeit vergeht, bis eine so behandelte Pflanze sich erholt und neue Wurzeln treibt. Die Wurzel drücke man leicht mit dem Daumen, Zeige- und Mittelfinger fest. Pflanzen mit nur kleinen, oder gar keinen Wurzeln befestigt man am zweckmäßigsten mit ∩-förmig gebogenen Glas- oder Aluminiumnadeln, die in den geeigneten Geschäften erhältlich sind, im Boden.

Einer vielfach verbreiteten irrigen Ansicht, der ich hier noch besonders entgegentreten möchte, betrifft die Behauptung einiger Aquarienliebhaber, daß Aquarienpflanzen im reinen Sande in derselben Weise gedeihen, als wenn sie in einen nahrhaften Bodengrund gepflanzt werden. Richtig ist es, daß untergetauchte Wasserpflanzen im reinen Sande fortkommen, d. h. sich grün und frisch erhalten, aber von einem Gedeihen kann nicht im entferntesten die Rede sein. Zwar nimmt der Sand in kurzer Zeit eine ganze Menge organischer Stoffe aus dem Wasser auf, allein um einen reichen Pflanzenwuchs, wie er für besetzte Aquarien nötig ist, zu unterhalten, reichen diese wenigen Stoffe noch lange nicht aus. Seit Jahren pflege ich ein Aquarium, welches nur untergetauchte Wasserpflanzen besitzt, die im Sande wachsen, daneben steht ein solches, welches Bodenbelag aus Torf besitzt, und mit derselben Anzahl Pflanzen und Tiere zu gleicher Zeit besetzt ist, aber welch' ein

Unterschied zwischen beiden. Während im ersten die Pflanzen sich kümmerlich halten, strotzen die des zweiten Beckens voller Kraft und Lebensfülle. Wer für einen Bodenbelag aus reinem Sande eine besondere Liebhaberei besitzt, entferne wenigstens alle die Wasserpflanzen, die darauf angewiesen sind, einen Theil ihrer Nahrung dem Boden zu entnehmen, er verwende dann für seine Becken Schwimmpflanzen und solche untergetauchten Gewächse, die ohne Bodengrund gesund und kräftig bleiben.

8. Das Wasser des Aquariums und seine Einfüllung.

Während man früher annahm, daß ein möglichst reines Flußwasser für die Füllung des Aquariums zu wählen sei, ist man heute anderer Ansicht hierüber geworden. Viele Erfahrungen sprechen gegen die Wahl eines solchen Wassers, weil mit diesem die niederen Algen in einer sehr lästigen Weise im Aquarium überhand nehmen. Kann man zwischen Fluß-, Quell- oder Brunnenwasser, welch letzteres aus sandigem Boden kommt, wählen, so ist das Brunnenwasser allen anderen vorzuziehen. Ebenso gut ist auch das Wasser aus städtischen Wasserleitungen. Steht dem Liebhaber aber nur einerlei Wasser zur Verfügung, so muß eben dieses verwendet werden, wenn es auch für die im Aquarium unter zu bringenden Tiere und Pflanzen nicht das beste ist. Ist das Wasser hart (kalkhaltig), so fühlen sich besonders die Fische unbehaglich in demselben, auch werden durch das Ausfallen des Kalkes die Scheiben bald getrübt. Mit der Zeit jedoch gewöhnen sich die Tiere an das Wasser, welches in der ersten Zeit für sie sogar schädlich wirken kann.

Zum Einfüllen des Wassers in das Aquarium benutzt man einen Heber. Derselbe besteht meist aus einer Glasröhre, welche derartig in einen Winkel gebogen ist, daß der eine Schenkel länger als der andere ist. Auch genügt für diese Manipulation ein einfacher Gummischlauch. Obgleich die Anwendung eines so beschaffenen Hebers wohl allgemein bekannt ist, will ich doch zu Nutz und Frommen derjenigen, die nicht wissen, wie sie den Heber in Thätigkeit setzen sollen, dieses kurz beschreiben.

Das Gefäß, welches das Wasser enthält, das zum Füllen des Aquariums gebraucht werden soll, wird höher aufgestellt, als letzteres steht. Nun wird der kurze Schenkel des Hebers bis auf den Boden des ersten Behälters geführt; der lange, welcher etwa 10 cm länger ist, reicht dann um diese Länge tiefer und führt in das Aquarium. Wird nun die Luft aus dem Rohre des Hebers durch Ansaugen entfernt, so wird hierdurch Wasser nachgezogen, welches durch den Heber über den Rand des oben aufgestellten Gefäßes in das Aquarium strömt.

Bedeckt den Boden des Aquariums reiner Sand, so kann der Wasserstrahl aus dem Heber direkt in das Aquarium einfließen, eine Trübung wird nicht erfolgen, sobald ersterer mit aller Sorgfalt geschlemmt worden ist. Bei den Aquarien, deren unterste Schicht aus Torf- oder Mischerde besteht, muß der Wasserstrahl vorsichtiger in das Becken geführt werden, da sonst eine Trübung des Wassers unausbleiblich ist. Um diese zu verhüten, legt man auf die Sandschicht, dort wo der Wasserstrahl in das Aquarium fällt (am besten an der tiefsten Stelle), einen Bogen Schreibpapier, auf den man das Wasser in einem schwachen Strahl fließen läßt.

Besitzt man ein Wasser-Nachfüllrohr, so kann man dasselbe zum weiteren Füllen gebrauchen, wenn der Wasserstand im Aquarium etwa 6 cm hoch ist. Ein solches Nachfüllrohr ist von Glas und hat etwa 1 cm Durchmesser. Unten ist dasselbe zugeschmolzen und hat hier bis zur Höhe von 8 bis 10 cm etwa 10 kleine Röhrenansätze, die rings um das Rohr aufwärts gebogen angebracht sind. Jedes dieser Rohre hat eine Lochweite von 3 bis 4 mm.

Wird das Wasser durch ein derartiges Rohr eingelassen, so muß dasselbe von der untersten zugeschmolzenen Rohrstelle aus, nach aufwärts, geteilt durch die verschiedenen kleinen Oeffnungen, ausfließen und bleibt infolgedessen der Grund des Aquarium vom Wasserstrahl unberührt.

Ist das Aquarium halb gefüllt, so kann man mittelst einer feinen Brause, die auf einer Gießkanne befestigt ist, das Aquarium weiter füllen, ohne befürchten zu müssen, hierdurch das Wasser zu trüben.

Das vollständig gefüllte Aquarium bleibt 8 Tage bis 3 Wochen stehen, ehe die Wassertiere in dasselbe gesetzt werden.

Die Süsswasser-Flora.

1. Physiognomik der heimischen Süßwasser-Vegetation.

Mit nur wenigen Ausnahmen sind wir für die Bepflanzung unserer Aquarien auf die heimische Süßwasser-Flora angewiesen, und aus diesem Grunde kann ich nicht umhin, ein allgemeines Bild derselben zu entwerfen.

Die großen Landseen, besonders jene, die von rebenumgrenzten Hügeln eingeschlossen sind, oder die, welche eingebettet zwischen schneehäuptigen Bergriesen, deren Felswände steil aus der Flut emporsteigen, ruhen, die alle ein so klares, so reines, blaues oder grünschimmerndes Wasser besitzen, welches die Farbe des Himmels oder die der Grasmatten vom hohen Gestade wieder zuspiegeln scheint, bei allen diesen tritt die Pflanzenphysiognomik des Süßwassers nicht recht hervor. Auch die großen Seen der Ebene, die ihr vom Wind bewegtes Wasser über die mit Kiessand bedeckten Ufer rollen, auch sie geben uns noch kein richtiges Bild der Flora des Süßwassers. Die Ufer dieser letzteren sind höchstens eingefaßt von Binsen, Simsen und dichtem Schilfröhricht, zu welchem letzteren das Volk eine ganze Anzahl Pflanzen rechnet. In diesem Schilfdickicht thun sich Juncus- und Scirpus-Arten am stärksten hervor und sind in den meisten Fällen nur mit Phragmites untermischt. Ist der Unterboden hier in der Nähe des Ufers schlammig, so stehen auch zwischen dem Röhricht noch eine Anzahl Sumpfpflanzen, wie Igelkolben, Rohrkolben, einige Formen der Kresse, des Knöterichs und des Hahnfußes.

Ausgeprägter zeigt sich der pflanzenphysiognomische Charakter des Süßwassers dort, wo Wald dicht an das Ufer des Sees tritt, indessen vollständig ausgesprochen ist er erst auf jenen kleinen Teichen der Ebene, die heimlich versteckt, mitten im dichten Walde ruhen.

Unergründlich tief, sagen die Umwohnenden, sind die Wasser dieser Teiche. Zu ihrer Flut, die von dem moorigen Untergrund tief schwarz erscheint, zieht es den Selbstmörder. Aus den Wassern steigen böse Dünste hervor, die den schon erschütterten Geist des Unglücklichen verwirren, sie locken ihn an sich und sein Auge ruht starr und starrer auf der stillen Wasserfläche, aus der es ihm zu winken scheint hinabzukommen, wo ewige Ruhe und ewiger Friede herrscht.

Diese stillen Wasserbecken sind eingerahmt von Buchen und Erlen. Still und ruhig, selten von einem Luftzug bewegt, liegt ihre Oberfläche meist da. Auf ihr entwickelt sich das Pflanzenleben oft so dicht und lebhaft, so frisch und kräftig, daß der ganze Wasserspiegel nur an wenigen Stellen mit seinem düsteren Schwarz unter der grünen Blätterdecke hervorschaut. Die großen Blätter der Nymphäen überziehen fast ganz die Oberfläche, und zwischen denselben taucht die weiße, vielblätterige Blüte der weißen Seerose, die sich erst gegen Mittag öffnet und mit Sonnenuntergang wieder schließt, und die fünfblätterige gelbe Nixenblume hervor. Eine Ecke des Teiches wird von den Wasserlinsen, die sich weniger durch ihre Größe, als durch ihre massenhafte Anzahl auszeichnen, mit Beschlag belegt, und neben diesen haben sich vom Winde hierhergetrieben noch andere echte Schwimmpflanzen wie: Wasserschlauch, Froschbiß, Salvinia und Riccia hier eingestellt und stehen jetzt zwischen denselben. An einem anderen Orte, oft mit den großen Blättern der Nymphäen denselben Umkreis auf der Wasserfläche bewohnend, bilden auch die Blätter des schwimmenden Laichkrauts große grüne Stellen; zwischen ihnen stehen die kleinen, weißen Blüten des Wasserhahnfußes, oder es schimmern dort vereinzelte rosenrote Trauben der Hottonie hervor.

Bedeutend weniger bemerkbar machen sich auf dem Teiche die untergetauchten Pflanzen. Hornkraut und Tausendblatt, Wasserstern, Hottonie u. a. können mit ihren büschelartig wachsenden, spitzen Blättern nur hier und da gesehen werden, obwohl die meisten von ihnen unter dem Wasserspiegel lange, weitverzweigte, flutende Stengel treiben.

Weiter dem Rande zu weht das Schilf flüsternd hin und her, die zierlichen Rispenbüschel neigend.

Da, wo das Wasser des Teiches nicht tief, indessen der Boden sumpfig ist, zeigt sich eine andere Vegetation. Igelkolben, Rohrkolben, Kresse und Wasserhahnfuß, der auch im tieferen Wasser fortkommt, wurden als Sumpfpflanzen schon genannt. Hierzu kommt von diesen Arten das Pfeilblatt mit seinen dreiblütigen, weißen Quirlen, die gelbe Schwertlilie, der Fieberklee, das Kalmus, Wasserliesch u. a. Noch flacher im Wasser steht der Froschlöffel mit seiner armleuchterartigen Rispe, das blaue Sumpfvergißmeinnicht, die Sumpfdotterblume u. a.: die Blätter aller dieser sind selten, ihre Blüten nie schwimmend, stets erheben sie sich mehr oder weniger über die Oberfläche des Wassers. Das ist in großen Zügen das Vegetationsbild des heimischen Süßwassers. Es ist nicht so überwältigend, nicht so bedrückend, wie die Flora zwischen den Wendekreisen, die in den Nelumbien den Gipfelpunkt der Anmut und Schönheit der Wasserpflanzen erreicht.

Während bei uns die Poesie die Geister der Wasserwelt mit den Seerosen schmückt, ist es dort die vielbesungene, heilige Padma oder Lotosblume der Indier. Ihre großen runden, schildförmigen Blätter, die sich teils über das Wasser erheben, teils auf ihm schwimmen, die schönen roten großen Blüten, zierlich geneigt an dem fleischigen, hohen Blütenstiele und den herrlichsten Duft über der Wasserfläche ausströmend, sind fürwahr ein liebliches Bild, wie es besser der indische Mythus für seinen Cultus sich nicht hätte wählen können.

2. Das Licht und seine Beziehung zum Leben der Pflanze.

Von einer besondern Wirkung auf die Lebensthätigkeit der Pflanze ist das Licht. Die Aufnahme und Zersetzung der Kohlensäure, die nur unter seinem Einflusse erfolgt, das Streben und Wenden der Pflanze dem Lichte zu, ihr Untergang, wenn sie dem Einflusse desselben entzogen wird, das sind unwiderlegbare Zeugnisse hierfür.

Stellt man eine grüne Pflanze an einen dunklen Ort, so macht man bald die Wahrnehmung, daß dieselbe schon nach kurzer Zeit ihre grüne Farbe verliert und schließlich zu Grunde geht. Indessen giebt es auch Pflanzen, die monatelang das Licht entbehren können, ohne zu verderben. Bei diesen findet aber während der Zeit der Finsternis keine Zunahme an Pflanzensubstanz statt. Samen, Knollen u. s. w. keimen auch in völliger Dunkelheit, aber die Pflanze entwickelt sich dann nicht normal, sie wird nicht grün, nimmt eine abnorme Gestalt an und wächst nur so lange, als Reservestoffe vorhanden sind. Eine solche vom Lichte abgeschlossene Pflanze besitzt weniger organische Substanz, als im Samen oder der Knolle enthalten war. Ein bestimmter Bruchteil der Pflanzensubstanz wird verbrannt und ausgeatmet; denn die Pflanzen atmen so gut wie die Tiere: sie nehmen Sauerstoff auf und scheiden Kohlensäure und Wasserdampf aus; ihre Atmung erfolgt auch in tiefster Finsternis, während die Bildung organischer Stoffe — die Assimilation — nur bei Licht erfolgt, und zwar beanspruchen die verschiedenen Gewächse hierzu einen bestimmten Grad von Helligkeit: zahlreiche Pflanzen fühlen sich nur wohl im magischen Halbdunkel des Laubwaldes, während andere Grotten, Höhlen und Klüfte, wo eine ständige Dämmerung herrscht, bewohnen. Für alle diese wird der sonst lebenspendende Sonnenstrahl zum Todesstrahl, sie verbleichen, wenn sie seiner Einwirkung ausgesetzt sind und sterben.

Die Zahl der Pflanzen, welche mit nur wenig Licht auskommen können, ist sehr gering, und alle diese sind blütenlos. Nie kann sich eine wirkliche Blüte bei gänzlichem Lichtabschluß entwickeln, bei ihr sind es die verschiedenen Farben, welche des flutenden Lichtes besonders zu bedürfen scheinen. Inwieweit Wärme und feuchte Luft, wie sie in den tropischen Ländern herrscht, oder die klare trockene Luft des Gebirges auf die Blüten der Pflanzen einwirkt, um sie zu voller Pracht zu entwickeln, diese Punkte sind noch nicht erklärt.

Die meiste Kenntnis besitzen wir von der Entstehung der grünen Farbe der Pflanzen. Nach dem, was wir von dem Atmungsprozeß der Pflanze kennen, ist uns bekannt, daß der Träger der grünen Farbe, das Chlorophyll, mit diesen in innigem Zusammenhange steht. Nur die Zellen der Pflanzen, welche Blattgrün enthalten, sind imstande, Kohlensäure zu spalten und den Kohlenstoff derselben mit den Elementen des Wassers zu organischen Verbindungen zusammen zu schmelzen, ein Vorgang, dessen Ausführung einem Chemiker noch nicht gelungen ist. Der Chlorophyllkörper tritt bei manchen Algen in der Form von Spiralbändern, Ringen, Platten ꝛc. auf, ist aber bei den meisten Pflanzen linsenartig geformt und bildet dann Chlorophyllkörner; die farblose, aus Eiweißstoffen bestehende Grundlage der Körner besitzt den Bau eines zarten Schwammes, in dessen Maschen der grüne Farbstoff eingelagert ist.

Die Vermehrung des Chlorophylls in der lebenden Pflanze geschieht durch Teilung bereits vorhandener Körner, oder es entsteht neu aus farblosen plasmatischen Gebilden. Die Zusammensetzung des Chlorophylls ist noch unbekannt. Die bisherigen Untersuchungen hierüber haben die verschiedensten Resultate ergeben. Der Chlorophyllfarbstoff bildet sich in den plasmatischen Gebilden nur dann aus, wenn die Pflanze Licht von einer bestimmten Stärke erhält. Ihre merkwürdigen Beziehungen zum Licht zeigen diese Körner durch die Veränderungen im Wechsel, Lage und Gestalt, welche sie beim Wechsel der Beleuchtung im Innern der lebenden Pflanzenzelle ausführen. Die Körner in beschatteten Organen besitzen im allgemeinen einen kleineren Durchmesser und größere Dicke, während sie bei Besonnung länger und schmäler werden. Ist das Licht nicht sehr intensiv, so sammeln sich die Chlorophyllkörner einer Zelle an den gegenüberliegenden Wänden an, welche dem einfallenden Lichtstrahl zugekehrt sind, während sie bei kräftiger Bestrahlung auf die dem Lichtstrahl parallelen Wandungen sich verteilen; bei völliger Dunkelheit nehmen die Körner eine verschiedene Stellung ein.

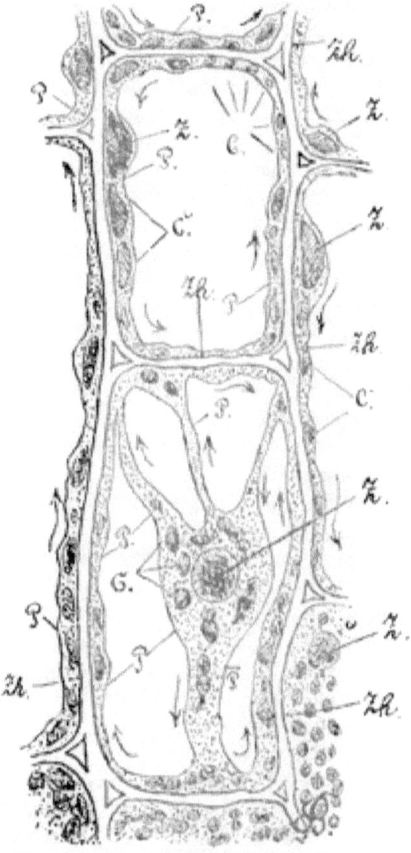

Der hohe Wert des Chlorophylls für das Leben der Pflanzen beruht darauf, daß durch dieses die Bildung neuer organischer Substanzen aus den Elementen der Kohlensäure und des Wassers nur

Fig. 29. Plasmaströmung in den Blattzellen der kanadischen Wasserpest nach Dodel.
P. Plasma. Z. Zellkern. C. Chlorophyllkörner. Zh. Zellwand.

innerhalb des Chlorophyllkorns unter Einfluß bestimmter Strahlenarten des Lichtes stattfinden kann. Das Chlorophyllkorn ist das Organ der Kohlensäurezersetzung in allen grünen Pflanzenteilen.

An jedem Chlorophyllkorn läßt sich eine harte Außenschicht und eine poröse Innenschicht erkennen. Der innere Teil ist von einer stärkigen Masse durchtränkt, in welcher der grüne Farbstoff gelöst enthalten ist.

Alle grünen Teile der Pflanzen besitzen, solange sie dem Lichte ausgesetzt sind, die Fähigkeit, aus ihrer Umgebung, sei diese Luft oder Wasser, Kohlensäure aufzunehmen und an ihrer Stelle Sauerstoff abzuscheiden und zwar richtet sich die Menge des Sauerstoffes, welchen die Blätter liefern, nach ihrer Oberfläche, nicht nach ihrer Masse. Ein Beispiel für die Aufnahme von Kohlensäure teilt Boussingault mit. Er trieb durch einen Ballon, welcher einen mit 20 Blättern besetzten Weinstock in sich hatte, in einer Stunde, während die Sonne den Ballon beschien, 15 l atmosphärische Luft, welche 0,0004 bis 0,00045 ihres Volumens Kohlensäure enthielt; nach dem Austritt der Luft aus dem Ballon hatte sich der Kohlensäuregehalt auf 0,0001 bis 0,0002 verringert. Die Menge des ausgehauchten Sauerstoffes deckt sich nicht vollständig mit der aufgenommenen Kohlensäure, sie ist stets geringer als sie hätte sein müssen. Neben Sauerstoff haucht auch die Pflanze noch eine gewisse Menge Stickstoff aus, dessen Herkunft jedoch noch nicht klar ist.

Werden grüne Pflanzenteile dem Einflusse des Lichtes entzogen, so tritt ein entgegengesetztes Verhalten ein. Während der Stunden der Nacht absorbieren die Pflanzen Sauerstoff und hauchen eine an Kohlensäure reiche Luft aus. Dieses findet auch bei sämmtlichen, nicht grüngefärbten Pflanzenteilen statt, sie mögen dem Lichte ausgesetzt sein oder nicht. Nur die grüngefärbten Pflanzen besitzen hiernach eine doppelte Atmung, eine durch Verzehrung von Kohlensäure und Abscheidung von Sauerstoff am Tage und eine mit Verzehrung von Sauerstoff und Bildung von Kohlensäure verbundene in der Nacht.

Wird eine Pflanze mit einer bestimmten Menge Luft abgeschlossen, so läßt sie diese in Volumen und Zusammensetzung unverändert, sie bereitet also in der Nacht ebensoviel Kohlensäure, als sie während des Tages absorbiert hat. Wird nun aber dieser Luft Kohlensäure zugesetzt, oder der Pflanze kohlensaures Wasser zum Aufsaugen gegeben, so zeigt eine nachträgliche Analyse der Luft, daß der Sauerstoff darin überwiegend ist. Dieses ist im Aquarium der Fall. Hier sorgen die Tiere am Tage für eine genügende Menge Kohlensäure, die von der Pflanze während der Stunden des Tages umgewandelt wird und während der Nacht Tier und Pflanze erhält. Dieses ist die Ursache, daß sich die Kohlensäure in einem richtig bepflanzten Aquarium nie über einem bestimmten Grad anhäufen kann. Das Leben der Pflanze erlischt ebensowohl wenn ihm die Kohlensäure, als wenn der Sauerstoff entzogen wird.

Für die Pflanze sind beide Atmungswege wichtig, sie ergänzen sich gegenseitig, obschon sie sich scheinbar schroff und feindlich gegenüberstehen.

Die bei der Atmung von der Pflanze ausgehauchte Kohlensäure wird durch Verbrennung organischer Substanz gebildet, wodurch es sich erklärt, daß die Pflanze durch den Atmungsprozeß einen Ausfall von Substanz erleidet. Bei schnell und lebhaft wachsenden Pflanzen ist dieser Ausfall nicht unerheblich. Nun ist es seltsam, daß einige Gewächse, deren chlorophyllhaltige Zellen nur durch Zerlegung von Kohlensäure direkt aus unorganischen Stoffen organische Verbindungen zu gewinnen vermögen, einen Teil dieser letzteren sofort wieder zu Kohlensäure und Wasser verbrennen und hierdurch einen Abgang der von ihnen angesammelten Nährstoffe bewirken. Es scheint dieses also in geradem Widerspruch mit der Oekonomie der chlorophyllhaltigen Gewächse zu stehen. Der Grund hierfür ist noch nicht genau festgestellt: indessen soviel ist bestimmt, daß durch die Atmung diejenigen Kräfte gewonnen werden, welche zur Umsetzung der Baustoffe und zum Wachstum nötig sind; die Verbrennung organischer Stoffe im Pflanzengewebe ist erforderlich zur Erzeugung freier Kräfte.

3. Die Ernährung der Pflanzen.

Die Aufnahme der unorganischen Nährstoffe bei der Pflanze ist nicht unmittelbar sichtbar.

Die Hauptmasse des Pflanzenkörpers besteht aus organischen Verbindungen von Kohlenstoff, Wasserstoff, Sauerstoff, Stickstoff und Schwefel, und alle diese Elemente haben für die Ernährung der Pflanze eine ganz besondere Bedeutung. Ihren Gesammtbedarf an Kohlenstoff entnimmt die grüne Pflanze dem sie umgebenden Medium, welches etwa $1/_{20}$ Kohlensäure enthält, und diese letztere wird unter Abspaltung von Sauerstoff zersetzt, während der Kohlenstoff in Form einer noch nicht bekannten Verbindung von der Pflanze aufgenommen d. h. assimiliert wird. Diese Assimilation ist ständig an das Vorhandensein von Chlorophyll und an die Gegenwart genügend intensiven Lichtes geknüpft.

Als erstes sichtbares Produkt der Assimilation tritt das Stärkemehl im Innern der Chlorophyllkörner auf. Enthält das der Pflanze dargebotene Medium keine Kohlensäure, so unterbleibt die Bildung des Stärkemehls.

Diese Stärke erfährt bald die verschiedensten Veränderungen: sie wird verflüssigt und von Zelle zu Zelle hinauf in die Knospen und hinab in die Wurzeln getrieben oder sie bleibt in Zuckerarten umgewandelt in den Früchten, den Wurzeln u. s. w. oder als fettes Oel, wie im Samen aufbewahrt. Während der ganzen Periode des Wachstums werden von dem Chlorophyll der Pflanze stets neue Verbindungen eingegangen, über deren Entstehung, Zweck und Bedeutung zum Teil noch wenig sicheres bekannt ist.

Die Aufnahme des Wassers und der diesem beigemischten Nährstoffe bei den Land- und Sumpfpflanzen findet durch die Wurzelhaare, bei den Wasserpflanzen sehr wahrscheinlich durch die ganze Oberfläche statt.

Der Bau der oberflächlichen Zellen der Wasserpflanzen ist viel einfacher als der der Erdpflanzen. Zur Hebung der Erdsalze sind bei diesen letzteren sehr verwickelt gebaute Einrichtungen nötig, die besonders die von der Luft umgebenen oberirdischen Teile zeigen. Diese Einrichtungen sind für die Wasserpflanzen unnötig, da ein Heraussteigen in jene Regionen, wo die Nährsalze bei der Bildung organischer Substanz verwendet werden sollen, überflüssig ist, weil hier die ganze Pflanze die Nährstoffe direct aus dem umgebenden Wasser aufnimmt. Die Aufnahme ist für sie bedeutend einfacher, weil keine besonderen Organe erst eine Quelle zu suchen brauchen, da alle Teile von einer Lösung dieser mineralischen Salze umspült werden. Hiermit steht auch in engem Zusammenhange, daß die Wurzeln der eigentlichen Wasserpflanzen meist nur klein sind.

Alle Wasserpflanzen nehmen eine bedeutende Menge mehr Nährsalze auf, als die Landpflanzen. Hiermit erklärt es sich, daß Wasser, welches nur arm an Stoffen ist, auch nur sehr wenig Wasserpflanzen enthält.

Hiernach sollte man meinen, daß fließendes Wasser eine sehr reiche Flora aufweist, weil an diesen Stellen nicht auf Ersatz der dem Wasser entzogenen Stoffe gewartet zu werden braucht, da die Strömung schon im nächsten Augenblick an die Stelle der verbrauchten Stoffe neue zuführt. Die Erfahrung zeigt dagegen, daß dem nicht so ist. Strömendes Wasser ist der Entwicklung der Wasserpflanzen nicht so günstig als stehendes in Teichen, Tümpeln und Seen. Es mag dieses darin seinen Grund haben, daß fließendes Wasser der Pflanze bei Aufnahme von Nährsalzen mechanische Schwierigkeiten entgegensetzt. Nur wenig Pflanzen suchen sich gerade jene Punkte des Wassers mit Vorliebe aus, wo sie dem stärksten Anprall der Wogen ausgesetzt sind. Besonders sind es Laub- und Lebermoose, die an den schäumenden Kaskaden der Gebirgsbäche sich auf dem Gestein ansiedeln.

Wiederholen wir kurz, was von der Pflanze bis jetzt gesagt ist. Wasser, Luft, Licht und Wärme sind die Bedingungen, welche die Pflanze stellt, um lebensfähig zu sein. Durch seine Stoffbewegung erzeugt das Pflanzenleben organische Stoffe, wie Stärkemehl, Zucker, Eiweißstoffe, Fette ꝛc., welche die Nahrung der Tiere bilden; ebenso erneuert es ständig den für das tierische Leben unentbehrlichen Sauerstoff des umgebenden Mediums. Die Tiere atmen die für das Pflanzenleben unentbehrliche Kohlensäure aus und bieten dem Boden durch Ausscheidungserzeugnisse der Verdauung neue Nahrungsstoffe für die Pflanzen, besonders stickstoffhaltige. So sind beide Reiche organischer Struktur, Tier und Pflanze, auf einander angewiesen.

4. Die Form und Gestalt der Wasserflora.

Ganz anders als die Landpflanzen, deren Aussehen durch den meist senkrecht stehenden Mittelstamm bedingt wird, zeigen sich die Wassergewächse. Dieser Mittelstamm ist bei den Wasserpflanzen flutend, d. h. er wird vom Wasser getragen. Holz und Bast sind bei ihm nicht vorhanden, dagegen ist er mit großen Luftkanälen durchzogen und daher ungemein leicht und schwimmfähig. In einzelnen Fällen bleibt der Stamm der Wasserpflanze nur kurz, sodaß er kaum merklich aus dem Schlamme des Bodengrundes hervorragt. Bei derartigen Stämmen besitzen die Blätter das Streben, durch sehr langgestreckte, bandartige Formen diesem Uebelstande dadurch abzuhelfen, daß sie selbst nach oben, dem Lichte zustreben, sie werden flutend. Im andern Falle erheben sich von dem kurzen Stamme Blätter mit großen Blattspreiten und langgestreckten Stielen, welche solange fortwachsen, bis die scheibenförmigen Spreiten auf die Oberfläche gelangen und dort schwimmen. Wieder andere Wasserpflanzen wurzeln mit ihrem kurzen Stamme gar nicht im Boden, sie schwimmen vollständig frei an der Oberfläche und nur dann, wenn ihre chlorophyllreichen Blätter die Arbeit nicht mehr verrichten wollen, die ihnen zukommt, sinken sie auf den Grund hinab und ruhen dort eine Zeit aus.

Die Wasserpflanzen, deren Stengel lang und flutend ist, besitzen Blätter von vielfacher Zerteilung und Zersplitterung, um die Flächen zur Aufnahme von Nährstoffen, sowie des unter Wasser zerstreuten Lichtes zu vergrößern. Bei Pflanzen, die untergetauchte und schwimmende Blätter besitzen, sind die untergetauchten vielfach zerschlissen, die oben schwimmenden dagegen vollständig ausgebildet. Die vollständig untergetauchten Wasserpflanzen weisen verschiedene Blattformen auf. Die von den oft weitverzweigten Stengeln ausgehenden Blätter sind bald in Schraubenlinien gestellt, in manchen Fällen breit und den Stengel umfassend, bald stellen sie lange Bänder und Fäden dar, bei den meisten Pflanzen stehen sie rund um den Stengel in geeigneten Abständen und sind in sehr feine borstenförmige Zipfel aufgelöst, andererseits sind sie auch oft wieder ungeteilt und ganzrandig, fein gezähnelt und wellenförmig. Die Form dieser Blätter hängt von den Eigentümlichkeiten der Beleuchtungsverhältnisse in den verschiedenen Wassertiefen und besonders von der Richtung des Mittelblattstammes ab. Pflanzen, die in Tümpeln und Teichen stehen, wo eine Bewegung des Wassers nicht vorhanden ist, besitzen untergetauchte Blätter, die in bestimmten Entfernungen kreisartig angeordnet sind. Andere Pflanzen wiederum deren Standort fließende Gewässer sind, weisen lange band oder fadenförmige, oder in fadenartige Zipfel geteilte Blätter auf, die alle Bewegungen der Strömung mitmachen. Dieser ständigen Bewegung wegen besitzen auch die Blätter dieser Pflanzen eine derbere Struktur; ihre Zellenwände sind verdickt, ihre Stämme durch zähe, der Rinde eingelagerte Bastbündel gegen ein Zerreißen geschützt.

In der Form und Beschaffenheit des Laubes weichen die Sumpfpflanzen, die man auch wohl als amphibische Pflanzen bezeichnet, sehr von den echten Wasserpflanzen ab. Sie bewerkstelligen ihre Ernährung meistens durch die im Boden sich befindenden Wurzeln und gleichen daher in ihrer Lebensweise den Landpflanzen, unterliegen jedoch auch dem umbildenden Einfluß des Wassers, sei es, daß es fällt, sei es, daß es steigt. Die Entwicklung der Sumpfpflanzen geht in den meisten Fällen nur im Wasser vor sich. Sie verlangen, daß ihr Stamm wenigstens im Anfange längere Zeit von dem feuchten Elemente umspült wird, stellen jedoch auch andererseits wieder den Anspruch, längere Zeit, wenn auch nicht trocken, so doch nur feucht zu stehen, um die Wurzel dem Einfluß der Luft auszusetzen. Ihre im Wasser sich entwickelnden Blätter sind schmal und grasartig, solange sie nicht die Oberfläche berühren. Wird diese endlich erreicht, so verbreitert sich das Blatt an der Spitze und nimmt schließlich eine länglich ovale Form an, indem es sich dann flach auf das Wasser legt. Die sich später entwickelnden Blätter zeigen die ausgebildete Form, indem sie sich auf kräftigen Stielen gleich über die Oberfläche des Wassers erheben. Ganz entwickelt vermag die Sumpfpflanze auch als Uferpflanze fortzubestehen.

5. Die Fortpflanzung der Süßwasser-Flora.

Der mächtige Trieb aller organischen Wesen, ihre Eigenschaften in möglichster Vollkommenheit zu vererben, ist auch bei den Wasserpflanzen ausgeprägt. Treten auch unter Umständen mancherlei Einflüsse, wie Standort, Witterung u. s. w. diesem Triebe des östern hemmend entgegen, so bleibt doch der typische Charakter der Pflanze fast immer gewahrt.

Es ist längst nachgewiesen, daß kein Tier, keine Pflanze seinen Eltern vollkommen gleich ist, selbst dann nicht, wenn der Nachkomme, wie bei vielen Pflanzen, einem Zwitter seinen Ursprung verdankt: beide Charaktere von Vater und Mutter werden gemischt beim Nachkommen zu finden sein. Nach bestimmten Punkten hin weicht eben stets der Abkömmling von seinen Erzeugern ab und wird diese Abänderung Generationen hindurch beibehalten, so muß schließlich eine feststehende Veränderung der Art eintreten. Dieses ist, bleibt die Pflanze sich selbst überlassen, indessen nur selten der Fall. Wird aber durch die kundige Hand des Gärtners diese oft stark auftretende Veränderung besonders behandelt, so können unter seiner Pflege diese Zufälligkeiten erhalten bleiben, sich vererben und mit der Zeit als besondere Charaktereigenthümlichkeit ausgebildet werden.

Gehen wir nach diesen als allgemein gehaltenen Bemerkungen zur eigentlichen Fortpflanzung der Süßwasser-Flora über und beginnen wir mit jener der Algen und zwar mit der Fadenalge.

Die Fadenalge, durch das Mikroskop gesehen, setzt sich aus zahlreichen cylindrischen Zellen zusammen, die mit Chlorophyll gefüllt sind. In allen findet eine lebhafte Bewegung des grünen Farbstoffes statt. Plötzlich bricht eine der Zellen in der Mitte auf und ein in lebendiger Entwicklung begriffener Protoplasmakörper tritt aus der Schale heraus. Er stellt eine grüne Kugel dar. An einem Punkte derselben entsteht ein weißes Köpfchen, welches wieder einen Kranz langer Wimpern hervortreibt. Die Wimpern fangen an zu schwingen: die grüne Kugel rotiert um ihre Achse und rollt in die Wasserfläche hinaus, von einem Leben beseelt, als ob aus der Pflanze ein Tier entstanden sei. Diese frei sich bewegenden Protoplasmakörper nennt man „Schwärmzellen". Fast alle Kryptogamen besitzen die Fähigkeit, derartige Schwärmzellen hervorzubringen, die indessen in Gestalt und Größe ihrer Organe, soweit man von diesen sprechen kann, und in ihrer Bewegung sehr von einander abweichen.

Hat der ins Freie getretene Schwärmer der Fadenalge sich einige Stunden der freien Bewegung erfreut, so werden seine Bewegungen langsamer; es treten Pausen ein, die sich stets mehr und mehr ausdehnen. Schwamm der Schwärmer nach seinem Austritt dem Lichte entgegen, so sucht er jetzt dunkle Stellen auf und verankert sich an irgend einem festen Körper. Die Wimperfäden werden eingezogen, das tierische Leben ist erloschen und es beginnt nun ein neues. Das Kopfende bildet eine Art Würzelchen und das hintere, lebhaft gefärbte Ende streckt sich in die Länge, nachdem sich der ganze Körper mit einer dünnen, glashellen Zellhaut umkleidet hat. Allmählich wächst nun dieses keulenförmige Gebilde zu einem langen, grünen Faden aus, welcher durch eingeschobene Querwände in viele cylindrische

Kammern oder Zellen geteilt ist und dem elterlichen Faden, aus dem der Schwärmer hervorgegangen ist, völlig gleich. Jetzt kann sich der Prozeß wiederholen und jede einzelne Zelle kann Schwärmer entlassen, die sich später zu neuen Algenfäden entwickeln.

Noch interessanter, als die Fortpflanzung der Fadenalge ist die der Kraushaaralge. Diese niedliche Pflanze, so genannt, weil ihre zarten, unverzweigten Fäden lockige Büschel bilden, die oft wie aufgelöste Haarsträhnen über die vorstehenden Felsen klarer Bäche, oder über die Wasserbecken laufender Brunnen herabhängen, ist aus cylindrischen Zellen aufgebaut, deren jede in einer glashellen Zellstoffhaut wässerigen Zellsaft, einen zähflüssigen grüngefärbten Plasmagürtel mit Zellkern und zahlreichen Chlorophyllbläschen umschließt. Der Faden wächst, indem sich eine jede Zelle in die Länge streckt, worauf der Zellkern in zwei Teile zerfällt, durch die Mitte sich eine Querwand spannt, sodaß aus einer Elternzelle zwei gleich große Kinderzellen entstehen. Obgleich eine solche Vermehrung sehr einfach und ergiebig ist, da die so entstandenen Kinderzellen, jede wieder teilungsfähig ist, so besitzt die Kraushaaralge noch eine andere Vermehrung, die uns an die Schwelle des von mannigfaltiger Poesie durchwirkten und umwobenen Pflanzen-Geschlechtslebens führt.

Wie ich schon ausführte, besteht jeder einzelne Faden der Kraushaaralge aus vielen Zellen. Wenn diese Fäden ihr Wachstum beendigt haben und die Zeit zur Befruchtung gekommen ist, zerteilt sich der protoplasmatische Inhalt jeder einzelnen Zelle in viele grün gefärbte kugelige Teile, die in einem runden, aus einer farblosen Masse bestehenden Ballen ruhen und der durch

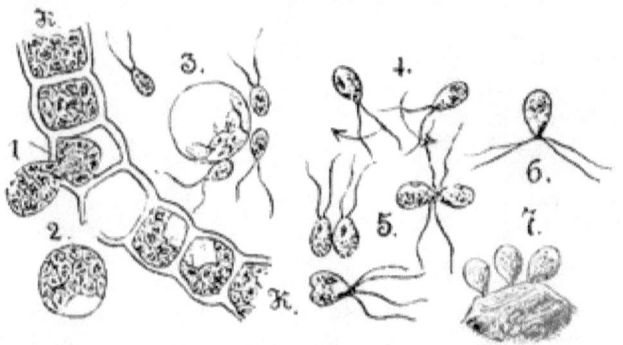

Fig. 30. Befruchtung und Fruchtbildung der Kraushaaralge. K. K. 1. Austretender Ballen mit Schwärmern. 2. Ausgeschlüpfter kugeliger Ballen. 3. Ausschlüpfen der Schwärmer. 4. Abstoßen zweier aus einer Zelle stammenden Schwärmer. 5. Vereinigung von Schwärmern, die aus verschiedenen Zellen stammen. 6. Vereinigte Schwärmer. 7. Festsitzende gepaarte Schwärmer. Alles vergrößert. Zum Teil nach Dodel.

eine in der Zellenwand entstehende Öffnung in das umgebende Wasser gelangt. Hier lösen sich sogleich die einzelnen Protoplasmateile, welche den Ballen bilden und es zeigt sich nun, daß jeder Teil an einem Ende zwei schwingende Wimpern trägt, mit deren Hilfe er im Wasser frei herumschwimmt. Da nun mehrere Zellen zu gleicher Zeit diese Ballen dem Wasser abgeben, so schwärmen eine ganze Anzahl dieser Schwärmsporen in das umgebende Medium. Begegnen sich hierbei zwei aus einer Zell kammer stammende Protoplasmen, so weichen sie sich gegenseitig aus; treffen sich dagegen zwei aus verschiedenen Zellen stammende, so stoßen sie mit ihren bewimperten Enden zusammen legen sich seitlich umkippend aneinander und verschmelzen zu einem mit vier Wimpern besetzten Körper. Dieses Verschmelzen ist die einfachste Form der Befruchtung im ganzen Pflanzenreiche, und ihr Ergebnis ist die Frucht. Das so entstandene Protoplasmaklümpchen umgiebt sich mit einer Zellhaut und heftet sich an irgend einen Körper unter Wasser fest. Aus der festsitzenden einzelligen Frucht entsteht jedoch nicht sogleich eine bandförmige Zellenreihe, sondern es entwickeln sich zunächst erst Schwärmsporen, die sich wiederum festsetzen, sich mit Zellhaut umgeben, Fächer bilden und dann erst zum Ausgangspunkt einer bandförmigen Zellenreihe werden. Diejenigen Schwärmer, welche nicht zur Paarung kommen, gehen zu Grunde, sie zerfließen im Wasser, ohne den Zweck erreicht zu haben, den die Natur ihnen vorschreibt.

Die Vereinigung der Schwärmsporen vollzieht sich mit großer Schnelligkeit. Innerhalb weniger Minuten sind alle Entwicklungsstufen des ganzen Vorganges durchlaufen.

Fast dasselbe wie bei der Kraushaaralge findet im Geschlechtsleben der höheren und höchststehenden Organismen statt, nur daß hierzu bei diesen besondere Organe vorhanden sind.

Bei den höherstehenden Pflanzen, seien es Land-, Sumpf- oder Wasserpflanzen, ist die Fortpflanzungsweise verwickelter. Sie gelangen nach erfolgter vollständiger Formenentwicklung zur Blüte und in deren Folge zur Frucht- und Samenbildung.

Bei den Wasserpflanzen, die unter Wasser sich ausbreiten, ist dieses bewegliche Element für die Blüten- und Fruchtbildung nicht besonders geeignet. Bei der Blüte, die über den Wasserspiegel erhoben wird, ist es sehr vom Zufall abhängig, ob der launische Wind oder die Insekten und andere die Befruchtung vermittelnde Momente, wie ich sie weiter unten schildern werde, so sicher ihren Dienst verrichten — wie sie es bei den Landpflanzen thun, daß es überhaupt zur Samenbildung kommen kann. Erhöhter Wasserstand zur Zeit der Blüte kann bei ihnen schon zur Folge haben, daß dieselben überhaupt nicht zur Entwicklung kommen. Bringt es nun wirklich die Wasserpflanze zur Blüte, so kann der Wind, der ja bei ihnen meistens die Übertragung des Blütenstaubes zu besorgen hat, diesen sehr leicht mit Wasser in Berührung bringen, wodurch er sogleich zur Befruchtung ungeeignet wird. Aus diesen Gründen zeigen alle untergetauchten Wasserpflanzen wenig Neigung zur Samenbildung, um so größer ist dagegen ihre Fähigkeit für eine vegetative Vermehrung. Jeder Teil der Pflanze besitzt bei ihnen das Vermögen, neue Pflanzen zu bilden. Andere Wassergewächse vollführen ihre Vermehrung durch Aussendung von Nebensprossen, an denen sich, mit der Mutterpflanze stielartig verbunden, neue Pflanzen ausbilden, um nach hinreichender Entwicklung selbständig fortzuwachsen.

Eine eigentliche Vermehrung durch Samen findet in der Weise wie bei den Landpflanzen auch bei den Sumpfpflanzen nicht statt.

Bei diesen ist allerdings der Pollenstaub nicht so leicht wie bei den Wasserpflanzen einer Vernichtung durch Wasser ausgesetzt. Dagegen unterliegen ihre Samen manchen Zufälligkeiten, welche die Entwickelung in Frage stellen.

Übergetretene Gewässer können ihn fortschwemmen, ihn verfluten, sodaß er keine passende Gelegenheit hat zur Ansamung. Andererseits können die Gewässer vollständig ausgetrocknet sein, sodaß er nicht die nötige nasse Einbettung im Boden findet, die er zu seinem Gedeihen benötigt. Um diesen und anderen Fällen vorzubeugen, besitzen die Sumpfpflanzen ebenfalls eine ausgesprochene Neigung zur rein vegetativen Vermehrung ihrer Art durch Wurzelsprossen, Ausläufer oder Bildung von Knollen, welche unabhängig von äußeren Einflüssen den Fortbestand der Art sicher stellen. Je mehr die Sumpfpflanze an das Wasser gebunden ist, desto mehr findet sich bei ihr diese Art der Fortpflanzung.

Es erübrigt nun noch kurz die Befruchtungsvorgänge und die Entwicklung des Samens bei den Blütenpflanzen zu besprechen.

Alle höheren Pflanzen besitzen für ihre Fortpflanzungszellen besondere Schutzvorrichtungen, und sorgen auch für die erste Ernährung ihrer Nachkommenschaft. Diese Vorkehrungen der Mutterpflanze zum Schutze und zur ersten Ernährung der Fortpflanzungszellen nennt man die Blüte. In ihr sind in der Regel beide Arten von Fortpflanzungszellen, die befruchtenden männlichen und die Eizellen oder weiblichen entwickelt. Zum Schutze des Blütenstaubes werden Blätter in Staubblätter umgebildet; zum Schutze und zur ersten Ernährung des befruchteten Eies, des Keimlings, werden andere in Samenknospen verwandelt. Letztere bestehen aus der Eizelle und den Samenblättern, welche die Eizelle umhüllen und sie mit der ersten Nahrung versorgen. Dadurch wird der Same gebildet, der aus dem Keimling, umgeben von nährendem Eiweiß, und einer bald dünneren oder dickeren Schutzhülle besteht. Die Eizelle entwickelt sich nach dem Befruchtungsakt durch die geeignete erste Nahrung zum Keimpflänzchen, welches aus einem Ansatz zur Wurzel- und Stengelbildung und aus einem oder auch zwei Blattgebilden mit Reservenahrung besteht, und unter der schützenden Hülle der Samenhäute lebensfähig bleibt, bis der Same dem Boden übergeben wird, wo er die nötige Feuchtigkeit, Nährstoffe und Wärme findet, welche der junge Organismus zu assimilieren vermag.

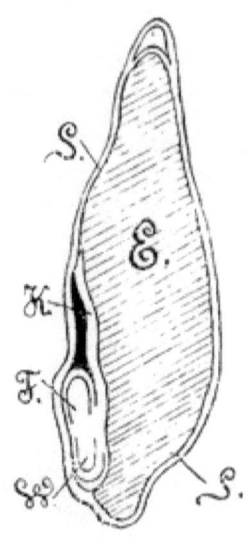

Figur 31. Längsschnitt durch den Samen eines Grases. F. Federchen. W. Würzelchen. K. Keimblatt. E. Eiweiß. S. Samenschale. Stark vergrößert nach Behrens.

Die Form der Blüte, als hier zu weit führend, übergehe ich und komme nun auf die Geschlechtsteile zu sprechen. Unter den männlichen Geschlechtsteilen der Blumen sind die Staubblätter oder Staubgefäße zu verstehen.

An ihnen lassen sich in der Regel zwei Hauptteile unterscheiden: der lange, dünne Staubfaden und der dicke knollenförmige Staubbeutel. Die Form der Staubgefäße ist bei den verschiedenen Blüten eine verschiedene.

Der wichtigste Teil der Staubgefäße, ohne welchen dieselben ihren Zweck nie erfüllen können, ist der Staubbeutel, der die Pollenkörner oder den Blütenstaub hervorbringt und zumeist aus zwei Pollensäcken, von denen jeder zweifächerig ist, besteht. Das Öffnen der Staubbeutel geschieht durch Längsrisse oder durch Löcher und Klappen; jedoch verstäubt er nur bei den „Windblütlern" (Gräsern u.), bei den Pflanzen, die zu ihrer Befruchtung auf Insektenbesuche angewiesen sind, bleibt er meistens an den Wänden des Staubbeutels hängen und befestigt sich an den Haaren der in der Blüte Honig suchenden Insekten.

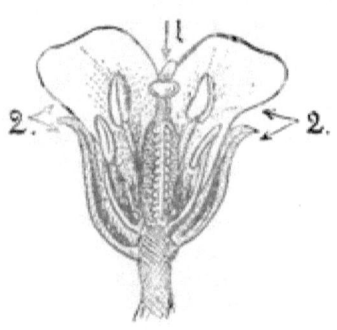

Figur 32. Blüte von der Brunnenkresse, Nasturtium officinale, vergrößert.
1. Stempel. 2. Staubgefäße.

Die Zahl der Staubblätter wechselt ungemein ab, ebenso ihre Form.

Die Pollenkörner, der Blütenstaub, stellen rundliche einzellige Bläschen mit doppelter Haut dar, deren Inhalt aus trübem Protoplasma mit Öltröpfchen, Stärkekörnchen und einem Zellkern besteht. Bei den Blüten, die auf eine Windbestäubung angewiesen sind, zeigen sich die Pollenkörner fein und glatt, bei denen, deren Bestäubung durch Insekten erfolgt, ist die Oberfläche mit Warzen, Zapfen und Spitzen versehen.

Den mittelsten Teil einer vollständigen Blüte nimmt der Stempel oder der weibliche Geschlechtsapparat ein. Gewöhnlich findet er sich in der Blüte nur einmal vor, indessen besitzen einige Blüten ihn mehrmals. An dem Stempel lassen sich drei Hauptteile: Fruchtknoten, Griffel und Narbe unterscheiden. Ersterer ist knotig, kugelig oder walzenförmig, und besitzt die ungefähre Gestalt der sich später aus ihm entwickelnden Frucht. Der Griffel ist säulenförmig und wird auch als Fruchtanlage bezeichnet. Er ist hohl und hat die Aufgabe, die Pollenschläuche den Samenknospen zuzuleiten.

Als obersten Teil trägt der Griffel die Narbe. Die Oberfläche derselben ist in den meisten Fällen uneben und erinnert, wie der Name schon sagt, an eine vernarbte Wunde. Mikroskopisch betrachtet trägt sie kleine Zäpfchen oder feine Härchen, an denen die Pollenkörner leicht hängen bleiben. Aber nicht bei allen Pflanzen ist die Narbe in dieser Form vorhanden. Die Gräser z. B. besitzen sie in bürsten- oder federförmiger Gestalt, um den in der Luft umhertreibenden Blütenstaub eher auffangen zu können. Selten ist die Narbe nur sehr klein, doch ganz fehlt sie nie.

Kurz erwähne ich noch, daß es Pflanzen giebt, die männliche und weibliche Geschlechtsteile in einer Blüte besitzen, solche, die in einer nur männliche, in der andern nur weibliche, und endlich solche, wovon eine Pflanze nur die einen hervorbringt, also als männliche bezeichnet werden muß, während die andere nur weibliche besitzt, also eine weibliche Pflanze ist.

Über die eigentliche Befruchtung besteht noch nicht die gewünschte Klarheit. Soviel ist indessen bestimmt, daß sie in ähnlicher Weise vor sich geht wie es bei der Kraushaaralge geschildert wurde; denn auch bei den höheren Gewächsen besteht ihr Wesen in der Vereinigung zweier winzig kleiner Plasmamassen, von denen die eine als weiblich, die andere als männlich bezeichnet wird. Nur auf diese Weise ist es möglich, daß durch Samen ein neuer Organismus entstehen kann.

Bei einer großen Anzahl von Pflanzen geschieht die Übertragung des Blütenstaubes von einer Blüte zur Narbe einer anderen durch den Wind. Die Kleinheit der Pollenkörner und ihr sehr geringes Gewicht befähigen sie, sich lange Zeit schwebend in der Luft zu halten, sodaß sie durch den Wind leicht weite Strecken fortgeführt werden können, bis sie auf ihrer Wanderung zufällig zu den Blüten eines anderen Stockes derselben Pflanze gelangen, und hier auf der Narbe haften bleiben. Alle Pflanzen, deren Bestäubung durch den Wind geschieht, heißen im Gegensatz zu denen, die zur Befruchtung der Insekten bedürfen, windblütige Pflanzen oder Windblütler. Sie blühen fast alle im Frühling, zu einer Zeit, wo stärkere Winde wehen.

Die Pflanzen, die auf Insektenbesuche zur Befruchtung angewiesen sind, besitzen eine lebhaft gefärbte Blüte, einen starken Geruch oder sie sondern Honig ab. Bei dem Besuch der Blüten werden die Insekten mit Blütenstaub bedeckt, der zwischen den Haaren hängen bleibt, auch wohl an ihnen klebt, und der dann von ihnen auf andere Blüten übertragen wird. Es ist interessant, die Beziehungen gewisser Insekten zu bestimmten Pflanzen und die Anpassungen ersterer an eine bestimmte Blütenform zu beobachten, indessen würde eine Schilderung dieser Verhältnisse hier zu weit führen und verweise ich deshalb für diesen Punkt auf eine spezielle Botanik. Pflanzen, die durch Insektenbesuche befruchtet werden, nennt man insektenblütige.

Eine künstliche Befruchtung der Pflanze kann man mit einem weichen Pinsel selbst vornehmen. Der Blütenstaub wird aus den geöffneten Staubbeuteln gestrichen und auf die Narbe einer anderen Pflanze derselben Art übertragen.

Der Blütenstaub einer Blüte ist in den meisten Fällen nicht fähig, den Fruchtknoten derselben Blüte zu befruchten.

Diejenigen Wasserpflanzen, speziell die untergetauchten, die nicht zur Samenbildung kommen, besitzen eine besondere Einrichtung, um ihre Art auch durch den Winter, den Feind aller Vegetation, ungefährdet zu bringen. Sie bilden gegen den Herbst an den Zweigspitzen dichtgeschlossene Endknospen, die nach dem Absterben der Mutterpflanze auf den Grund des Gewässers sinken, um hier im Frühjahr, wenn alles Organische aus dem Bann der Erstarrung erwacht, zu neuen Pflanzen sich auszubilden. Sie erfüllen auch so die Aufgabe der Artenerhaltung, welche die Natur ihnen gestellt hat, ohne an eine Samenbildung irgendwie gebunden zu sein.

6. Wert der Wasserpflanzen für das Aquarium.

Nachdem schon im Vorhergegangenen hier und da auf den Wert der Wasserpflanzen für das Aquarium hingewiesen worden, erübrigt es nun noch kurz hier das bereits Gesagte zusammenzufassen und zu ergänzen.

Folgen wir bei der Einrichtung des Aquariums soviel wie möglich der Natur, die uns ein Vorbild desselben in dem Teiche gegeben hat, so sehen wir hier, daß derselbe eine große Zahl Pflanzen besitzt. Hier wechseln vollständig untergetauchte Pflanzen, die ihre grünen Fäden durch das Wasser ziehen, mit frei schwimmenden, die der Wind bald hier bald dort hin treibt und am Rande, wo das Wasser nicht sehr tief ist, stehen in bunten Reihen Sumpfpflanzen vom zierlichen Vergißmeinnicht mit seinen himmelblauen Blüten bis zu den stattlichen Schilfarten. Sie alle haben für das Wasser des Teiches und für seine Bewohner einen großen Wert, sie müssen in stehenden Gewässern vorhanden sein, wenn die verschiedenartigen Tiere hier auf die Dauer leben sollen, da zwischen ihnen ein ewiges, wunderbares Wechselverhältnis besteht: das Wechselverhältnis in der Ausgleichung der Luft. Das Tier braucht zu seinem Leben Sauerstoff, die Pflanze dagegen Kohlensäure. Fehlten Pflanzen dem Teich, so würde sich Kohlensäure nicht nur allein infolge der Atmung der Tiere, sondern auch durch die Verwesung der verschiedenartigsten tierischen Extremente, die sich unter dem Einfluß der Wärme, Feuchtigkeit und Luft nach und nach zersetzen und ebenfalls Kohlensäure, ferner Kohlenwasserstoffgas, Phosphorwasserstoffgas und Schwefelwasserstoffgas bilden, so sehr anhäufen, daß ein tierisches Leben in einem solchen Wasser überhaupt nicht mehr möglich wäre. Alle diese Gasarten werden, wie wir bereits gesehen haben, von der Pflanze verbraucht und der Sauerstoff an die Wasserbewohner zurückgegeben.

Durch ein einfaches Experiment kann jeder sich hiervon leicht überzeugen. Bringt man in kohlensäurehaltiges Wasser den abgeschnittenen Sproß einer Wasserpflanze, z. B. des Laichkrautes, des Tausendblattes oder des Hornkrautes, so entweicht bei heller Beleuchtung des Pflanzenteiles sogleich ein Strom feiner Luftblasen dem Querschnitte. Stülpt man ein leeres Glasrohr über die Stelle, wo die Bläschen aufsteigen, so ist es ein leichtes, dieselben aufzufangen. Um sich nun zu überzeugen, daß dieselben hauptsächlich aus Sauerstoff bestehen, ist es nur nötig einen glühenden Spahn in die Röhre zu halten, dessen Glut dann sofort in eine helle Flamme ausbricht. Verbrennungen finden, wie ja allgemein bekannt ist, nur bei Anwesenheit von Sauerstoff statt.

Hieraus ergiebt sich die Wichtigkeit einer reichen Flora für das Aquarium schon von selbst. Sind Pflanzen in genügender Anzahl im Behälter vorhanden, so wird auch ein sonst nötiger Wasserwechsel, der für die Tiere sehr schädlich und für den Besitzer sehr lästig ist, vermieden. Sollen Fische im Aquarium zum Laichen gebracht werden, so dürfen Wasserpflanzen überhaupt nicht fehlen, sie liefern auch die für die Fischbrut so sehr notwendige Entwicklung einer reichen Infusorienfauna, welche die erste Nahrung der jungen Tiere bildet.

Als Schmuck der Wasserlandschaft verleihen die Wasserpflanzen dem ganzen Aquarium erst den vollen Reiz. Wunderbar, seltsam schön, mit keiner oberirdischen Landschaft vergleichbar, zeigt sich hier die volle Pracht der eigenartigen Flora, die geschickt zusammengestellt auch dem gleichgiltigsten Menschen Bewunderung entlockt.

Nachdem ich in Vorstehendem versucht habe, soweit es im Rahmen des Buches möglich ist, einen kurzen Überblick über Bau, Entwickelung und Beziehungen der Pflanzen zu geben, wende ich mich nun der Beschreibung der Süßwasser-Flora zu. Die einzelnen Pflanzenbilder sind in der Weise gegeben, daß, soweit bekannt, das Leben der Pflanze im Freien mit ihren besonderen Eigentümlichkeiten zuerst geschildert ist, daran schließt sich ihre Pflege und Behandlung im Aquarium.

I. Schwimmpflanzen (Plantae natantes.)

Zu den Schwimmpflanzen gehören alle frei auf der Oberfläche oder im Wasser untergetaucht schwimmenden Pflanzen, die entweder ganz ohne Wurzel sind oder sich derselben zur Verankerung und zur Einsenkung in den Boden bei genügendem Wasserstande nicht bedienen.

1. Der gemeine Froschbiß (Hydrocharis morsus ranae. L.)

Die Blätter sind schwimmend, gestielt, fast kreisrund, am Grunde tiefherzförmig geschnitten und ganzrandig. Sie besitzen fünf Bogennerven mit fiedrigen Seitennerven, sind langgestielt und von zwei großen häutigen Nebenblättern gestützt. Die Blüten treten aus einer kurzgestielten Scheide, die aus zwei Deckblättern gebildet wird, hervor. An ihnen läßt sich eine blaßgrüne äußere und dreizählige innere weiße Blütenhülle unterscheiden. Die Pflanze selbst ist zweihäusig. Die männlichen Blüten entwickeln sich zu zwei oder drei aus der Scheide, sie tragen oft unfruchtbare Staubblätter. Die weiblichen Blüten stehen nur einzeln in ihren Scheiden und besitzen einen unterständigen Fruchtknoten mit kurzem Griffel und sechs zweispaltige Narben. Die Frucht ist eine sechsfächerige, kapselartige Beere, die vielen Samen enthält. Die 8 bis 10 cm langen, dicht mit feinen Haaren besetzten Wurzeln hangen frei im Wasser. Zwischen drei bis vier von ihnen erscheint der Stengel abwärts wie abgebissen, als ob eine Pfahlwurzel fehlt. ⊙. Stehende Gewässer, Gräben, zerstreut. Juli und August. Vergl. Tafel: Wasserpflanzen Figur 5 Froschbiß und 5 A 5. **

Zu stehenden und langsam fließenden Gewässern nimmt ein unscheinbares Pflänzchen durch seine Menge unsere Aufmerksamkeit in Anspruch. Die Blätter desselben sind ziemlich weit aus einander gerückt und oft zu einer Art Rosette geordnet, was dadurch möglich wird, daß die Stiele der unteren Blätter bedeutend länger werden, als die, welche weiter höher stehen. Dieses wunderhübsche Pflänzchen, welches frank und frei auf der Oberfläche des Wassers vom Winde getrieben dahin zieht, ist der Froschbiß. Alle Blätter liegen glatt auf dem Wasser und sind an der Oberseite mit Spalt-

---

* Es bedeutet: ⊙ einjährige Sommerpflanze.
⊙⊙ zweijährige Pflanze, ⚃ ausdauernde oder mehrjährige Pflanze.
** Die Zeichen bedeuten ♂ männlich, ♀ weiblich.

öffnungen übersät, die auf der Unterseite vollständig fehlen. Diese Anordnung ist für die Transpiration sehr wichtig. Die ganze obere Seite des Blattes kann von den Sonnenstrahlen getroffen werden und diese vermögen das ganze Blatt zu durchleuchten und zu durchwärmen. Oben hübsch hellgrün gefärbt, zeigt das Blatt an der Unterseite eine braun-violette Färbung, der es zukommt, wesentlich zur Erwärmung des Blattes mit zu wirken, da dieser Farbstoff die Fähigkeit besitzt, Licht in Wärme um zu setzen. Durch den belebenden Strahl der Sonne, der auf das Blatt fällt, wird dieses erwärmt und Wasserdampf entwickelt, der aus den oberen Spaltöffnungen entweicht. Da aber, wie ich schon sagte, nur die Oberfläche des Blattes Spaltöffnungen besitzt, so ist es unbedingt nötig, daß dieser Weg der Transpiration nie versperrt wird.

Aus diesem Grunde ist von der Natur die Einrichtung getroffen, daß die obere Seite des Blattes nicht netzbar ist, also keine Feuchtigkeit annimmt, so daß die feinen Löchelchen so leicht nicht verstopft werden können wenn Regen eintritt, oder dichter Nebel über Land und Wasser lagert. Dazu kommt noch, daß die Blätter des Froschbisses etwas gerundet dem Wasserspiegel aufliegen, sich also auch hierdurch von einer Ansammlung von Feuchtigkeit schützen.

Neben der Aufgabe, Licht in Wärme umzusetzen, kommt dem die Unterseite überziehenden Farbstoff auch die Aufgabe zu, Licht zurückzubehalten, weil sonst, da der Froschbiß keine untergetauchten Laubblätter besitzt, die durch die grünen Blattscheiden hindurchgehenden Lichtstrahlen für die Pflanze verloren sein würden.

Dieses so zurückbehaltene Licht wird dann in Wärme umgewandelt und ist so doppelt nutzbar für die Pflanze.

Eine eigentliche Fortpflanzung des Froschbisses durch Samen findet lange nicht so häufig statt wie durch Schößlingsbildung. Besonders im Sommer entspringen in den Achseln der Laubblätter diese langen Schößlinge gleich dicken Fäden, die sich nahe unter dem Wasserspiegel halten. Jeder einzelne Schößling trägt an seinem Ende eine Knospe, die sich rasch öffnet, grünt, dem Wasser aufliegende Laubblätter treibt und Wurzeln in das Wasser entsendet. Nach nicht langer Zeit gleicht der Schößling ganz der Mutterpflanze und sendet seinerseits wieder neue Schößlinge aus, sodaß in kurzer Zeit die ganze Wasserfläche von den schwimmenden Stöcken des Froschbisses besetzt ist. Die kräftigsten der Pflanzen bereiten sich nun zum Blühen vor und halten ihre niedliche Blüte über die Oberfläche empor. Die Dauer der Blütezeit ist nur kurz und hat in den seltensten Fällen einen wirklichen Erfolg, denn keimfähiger Same wird nur sehr vereinzelt gefunden.

Rückt der Herbst heran, so treiben die alten Pflanzen noch einmal neue Schößlinge, die wie die ersten mit Knospen abschließen, indessen kürzer und auch schwerer sind und eine etwas abweichende Form von den Schößlingen, die im Sommer von der Pflanze hervorgebracht wurden, besitzen. Sie sind sehr fest und nach außen von knapp anliegenden Niederblättern umschlossen. Hat sich der Stamm dieser Knospen mit einer hinreichenden Menge von Mehl und anderen Nährstoffen ausgestattet, so löst er sich von der Mutterpflanze ab und die Knospe geht auf den Grund des Wassers, um dort Winterruhe zu halten. Nur die keine weiblichen Blüten tragenden Stiele bringen Winterknospen hervor. Die oben noch schwimmende Pflanze geht dann ihrem Untergange entgegen und verwest.

Dort wo sich in den schönen Jahreszeiten ein so reiches, üppiges Pflanzenleben entwickelt hat, ruht auf der Wasserfläche die starre Decke des Eises, und der Winter hält monatelang alles Leben in Bann. Wehen aber erst wieder die lauen Lüfte des Frühlings, ist die Eisfläche verschwunden, so bedecken bald hunderte von braungrünen Sträußchen, entfalteten Baumknospen vergleichbar, die Wasserfläche. Es sind dieses die Keimpflänzchen des Froschbisses. Die unten am Grunde lagernden Knospen, welche die Mutterpflanze im Herbste bildete, haben sich gelockert, einzelne Zellenräume sich mit Luft gefüllt und die junge Pflanze ist zur Oberfläche gestiegen. Hier entfalten sich die Niederblätter rasch, grüne Laubblätter breiten sich auf dem sonnigen Wasserspiegel aus, die Wurzeln senken sich in die Flut und bald danach beginnt die Pflanze mit der Entwicklung von neuen Schößlingen, die den ganzen Wasserspiegel mit ihrem frischen Grün überziehen.

Als Aquariumpflanze ist der Froschbiß ein dankbares Objekt. Lebende Pflanzen, sowohl ausgewachsene als auch junge eignen sich gleich gut für die Besetzung. Sie werden im Sommer vielfach gesammelt und in die Becken geworfen, wo sie kräftig weiter wachsen. Eine Ueberwinterung des Froschbisses findet weder im Freien, noch im Aquarium statt und trotzdem befindet sich in fast allen botanischen Werken angegeben, die Pflanze ist mehrjährig, sie überwintert. Zu September bilden sich, wie ich schon sagte, an den keine weiblichen Blüten tragenden Stielen Winterknospen, die auf den Boden des Aquariums fallen. Diese werden gesammelt und an einem frostfreien Orte, in mit Wasser gefüllten Gefäßen überwintert. Anfangs Januar werden diese Gefäße an ein gut belichtetes Fenster im warmen Zimmer gestellt, wo die Knospen bald zu keimen beginnen. Sobald die Knospen oben schwimmen und sich etwas ausgebreitet haben, werden sie in das Aquarium gebracht, wo die Pflanze dann ihre frischen Laubblätter entfaltet.

Von Schnecken hat der Froschbiß viel zu leiden.

2. Blasige Aldrovande. (Aldrovandia vesiculosa L.)

Der Stengel ist untergetaucht, fadenartig und wenig verzweigt. Die Blätter sind acht quirlständig, der Blattstiel etwas flach, dem Ende zu breiter und an beiden Seiten mit einem paar langen Wimpern besetzt, die Platte ist blasig aufgetrieben, die Blattfläche in der Mitte scharf zusammengeklappt, die Ränder übergreifend. Die Blütenstiele sind achselständig, kürzer als das Blatt, dieses wird von ihnen also überragt. Die Blumenkrone ist kaum so lang als der Kelch. Die Blüte hat fünf Kelch und fünf weiße Blumenkronenblätter, fünf Staubgefäße und fünf Stempel. Sie erscheint im Juli und August. Die Pflanze schwimmt frei unter dem Wasserspiegel, ihre Heimat ist Süd Europa, doch kommt sie auch in Schlesien und in einigen Gegenden Pommerns vor. 4

Seichte Gräben, Tümpel und kleine Teiche, die von Röhricht und hohen Binsen eingefaßt sind, bilden den Fundplatz der Aldrovande. Sie ist völlig wurzellos und ihr dünner, fadenförmiger Stengel stirbt in dem Maße, als er an seiner Spitze weiter wächst, hinten ab und geht hier in Verwesung über.

Jedes Blatt der Pflanze gliedert sich in einem nach vorne zu keilig verbreiterten, kräftigen, dunkelgrünen Blattstiel und einer dünnen, rundlichen Blattspreite, deren beide durch die Mittelrippe verbundene Hälften gegeneinander unter einem nahezu rechten Winkel geneigt sind. Die Mittelrippe ragt borstenähnlich über das Ende der zarten Blattspreite hinaus. Un-

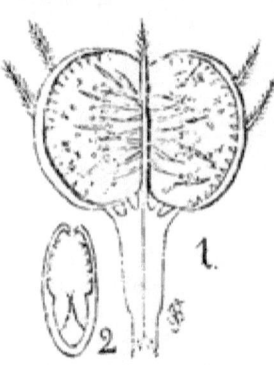

mittelbar neben der Stelle, wo die Blattspreite sich an den Blattstiel ansetzt, entspringen lange, starre, äußerst fein behaarte Borsten, die nach vorn gerichtet abstehen und dem ganzen Blatte ein borstiges Aussehen geben. Sie haben den Zweck, größere Tiere vom Blatte abzuhalten. Die Ränder der Blattspreite tragen am Saume kleine, kegelförmige Spitzen. Die Fläche der Blattspreite, hauptsächlich längs der Mittelrippe, besitzt kleine spitze Borsten, die Mittelrippe eine große Zahl kleinerer und größerer Drüsen. Diese sind ihrer Form nach scheibenförmig und bestehen aus vier mittleren und zwölf um diese im Kreise gruppierten Zellen und werden von einem kurzen Stiele getragen. Gegen den eingebogenen Rand der Blattspreite zeigen sich noch zerstreute Zellenverbände, Sternhaare, die

Figur 33. 1. Ausgebreitetes Blatt der Aldrovande. 2. Durchschnitt durch ein zusammengeklapptes Blatt.

von oben gesehen ein Kreuz darstellen.

Während des Winters ruht die Aldrovande auf dem Grunde der Teiche und bildet hier einen unförmigen dunklen Ballen. Das Stengelende der Pflanze streckte und verlängerte sich gegen den Herbst zu nicht weiter und die Anzahl junger, kleiner Blätter, welche dasselbe schmücken, deren Zellen von Stärkekörnern ganz erfüllt sind, bleiben dicht gehäuft neben- und über-

einander liegen. Zum Frühling regt sich in diesem Gebilde wieder ein neues Leben. Die angesammelten Stärkekörner in den Blättern wer-

Figur 34. Blasige Aldrovande (Aldrovandia vesiculosa).

den verflüssigt und als Baustoffe verwendet, die Achse wird länger, es entwickeln sich luftgefüllte Räume, und hierdurch leichter geworden, steigt die Pflanze in die Höhe und erhält sich den Sommer und Herbst hindurch dicht unter der Oberfläche des Wassers. Die kleinen Blätter der Winterknospen lassen im

Allgemeinen schon die zukünftige Form erkennen, aber gerade der zum Tierfang geeignete Apparat — die Aldrovande gehört zu den tierfangenden Pflanzen — ist an ihnen noch wenig entwickelt. Sind die Blätter in dessen vollständig ausgewachsen, so besitzen sie die oben näher geschilderte Form.

Der Frühling hat die reiche Fauna des Teiches erweckt und hurtig schnellen sich Cyclops-, Daphnia- und Cypris-Arten, Larven von Wasserinsekten, einzelne lebende Diatomaceen rc. durch das warme Wasser. Treffen diese Wassertierchen auf ihrem Wege die obere Seite der unter rechtem Winkel gegeneinander geneigten Hälften der Blattspreiten, oder werden von ihnen nur die Borsten am Mittelfelde des Blattes gestreift, so schlagen die beiden Blatthälften rasch zusammen und das Tier ist nun zwischen zwei etwas ausgebauchten Wänden eines richtigen Käfigs gefangen. Versucht das Tier aus diesem Gefängnisse zu entkommen und zwar dort, wo sich die beiden Ränder der Blattspreite aneinander gelegt haben, so trifft es hier auf einen Saum der eingeschlagenen Ränder, die gegen den Innenraum zu mit spitzen Zacken besetzt sind. Auf welche Weise die Aldrovande die Tiere tötet, ist noch nicht gelungen zu ermitteln, rasch geht es indessen nicht, da ich noch nach 8 Tagen zu verschiedenen Malen Tiere wieder aus dem Gefängnisse befreit habe, die ich der Pflanze zuerst gereicht hatte. Diese Fälle finden sich jedoch nicht sehr oft, meistens genügt ein Verweilen des Tieres in dem Raum, um es in 4 bis 5 Tagen zu töten. Die Lebensäußerungen des Tieres werden mit der Zeit immer matter und langsamer, bis sie schließlich ganz aufhören. Oeffnet man nach etwa 14 Tagen die Blätter, so finden sich zwischen den Blatthälften nur noch unverdauliche Teile, während alle löslichen Stoffe von der Pflanze aufgezehrt sind.

An dieser Stelle will ich gleich auf die physiologische Bedeutung der insektenfressenden Pflanzen im Allgemeinen kurz eingehen. Sie liegt besonders darin, daß von ihnen stickstoffhaltige Nahrung in einer Form aufgenommen wird, wie sie bei anderen chlorophyllhaltigen Pflanzen ausgeschlossen ist, indem diese den Stickstoff nur in Form von Ammoniaksalzen aufnehmen. Die insektenfressenden Pflanzen ernähren sich dagegen, wenigstens teilweise, auf Kosten fertig gebildeter organischer Substanz, deren Eiweißstoffe von ihnen wie im Magen der Tiere durch eine dem Magensaft ähnliche Substanz der Verdauungsdrüsen gelöst und dann von sonst ganz dazu ungeeignet erscheinenden Organen, nämlich von Blättern, resorbiert werden. Es ist indessen nicht nötig, daß die Pflanze, um zu leben, tierischer Nahrung bedarf, denn auch ungefüttert vermag sie jahrelang zu leben, bewiesen ist jedoch, daß insektenfressende Pflanzen, die tierische Stoffe erhalten, die andern an Vegetationskraft, Zahl der Blüten, Samengewicht rc. bedeutend übertreffen.

Im Freien gefundene Exemplare der Aldrovande werden einfach in das Aquarium geworfen, wo sie sich an der Oberfläche schwimmend halten.

Wenn im Herbst die Pflanzen verkümmern und zu Boden sinken, werden sie aus dem Aquarium entfernt, in ein Glas gelegt und wie die Winterknospen des Froschbisses durch den Winter gebracht. Im nächsten

Frühjahr wird dieses Gefäß auf das Fensterbrett gestellt und die sich hier entwickelnden Pflanzen, wenn sie etwa 6 cm Länge erreicht haben, wieder in das Aquarium zurückgebracht.

3. **Gemeiner Wasserschlauch** (Utricularia vulgaris L.) Wasserhelm, Schlauchkraut, Blasenkraut.

Die Blätter sind nach allen Seiten abstehend, 2 bis 3fach gefiedert, vielteilig, mit eiförmigem Umriß und zweizeilig. Die Zipfel aber allseitig abstehend, gleichgestaltet und meist schlauchtragend. Der Stengel ist mit schuppigen Blättern besetzt und trägt eine einfache Blütentraube. Aus eirundlichen Hochblättern zweigen sich die Blütenstiele ab, welche eine 2lippige gelbe Blume in einem 2teilig gelappten, verwachsenen, bräunlichen Kelch tragen. Die Blüte selbst ist helmförmig. Die Oberlippe rundlich eiförmig, so lang oder nur wenig länger als der 2lappige Gaumen; die Unterlippe mit zurückgeschlagenem Rande. Sie besitzt zwei Staubblätter mit zusammengewachsenen Beuteln und einen einfächerigen, oberständigen Fruchtknoten, der sich zu einer kugeligen Kapsel erweitert, die durch einen halbkugeligen Deckel aufspringt. Der Same liegt schildförmig auf einem kugeligen Samenträger. ☉ Gräben, Sümpfe, Teiche, zerstreut. Blütezeit ist Juni August. Der Blütenschaft ist 15 bis 30 cm hoch. Tafel „Pflanzen" Fig. 1 gemeiner Wasserschlauch, 1 A Frucht im Kelche, 1 B Wasserschlauch vergr.

Im offenen Wasser des Torfmoores, zwischen den schwarzen Wänden des Torfes und der Riedgraspolster, findet sich fast stets der Wasserschlauch. Das zarte schöne Gewächs schwebt frei im Wasser und streckt nur den Blütenschaft mit den gelben Blumen aus demselben heraus. Wurzeln fehlen der Pflanze vollständig, das, was man für solche halten könnte, sind die vielfach zerschlitzten, zarten Blätter, die zahlreiche kleine Bläschen tragen. Diese Bläschen stellen Fangvorrichtungen dar, deren Mundöffnung durch eine Klappe verschlossen ist, die zwar ein Eindringen in den Hohlraum der Blase gestatten, aber eine Rückkehr aus derselben unmöglich machen. Die Farbe der Blasen ist immer blaß-grünlich, oft durchscheinend. Von zwei Seiten sind die Blasen etwas zusammengedrückt und zeigen eine stärker genarbte Rücken- und eine wenig gekrümmte Bauchseite; sie sitzen auf kurzen Stielen. In das Innere dieser Blasen führt eine Mundöffnung, deren Umrahmung mit eigentümlichen, steifen, spitz

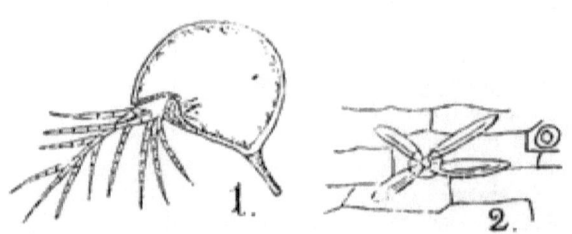

Figur 35. 1. Durchschnitt durch den Schlauch 2. Form und Anordnung der Fangzellen an der Innenwand des Schlauches. Stark vergrößert.

auslaufenden Borsten besetzt ist. Der rundliche Mund trägt lippenähnliche Verdickungen, besonders ist die Unterlippe stark verdickt und mit einem gegen das Innere der Blase vorspringenden festen Ansatz versehen. (Siehe Abbildung.) Die Oberlippe trägt eine schiefgestellte Klappe, welche mit ihrer Unterseite auf dem Ansatze der Unterlippe aufliegt, hierdurch die Mund-

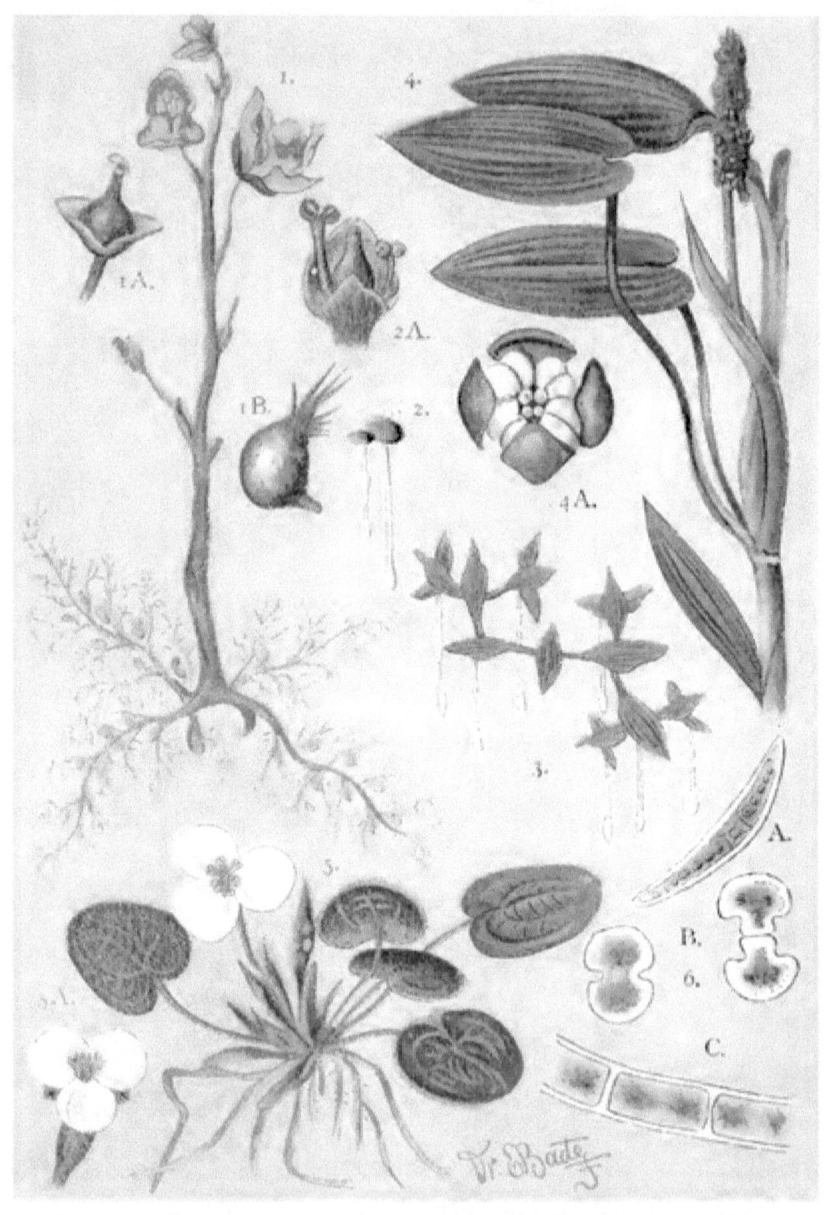

1. Gemeiner Wasserschlauch. 1A. Frucht im Kelche, 1B. Wasserschlauch,
2. Kl. Wasserlinse, 2A. Blüte mit Hüllblatt vergr., 3. Dreifurchige Wasserlinse,
4. Schwimmendes Laichkraut, 4A. Blüte vergr.,
5. Froschbiss ♀, 5A. ♂, 6. Süsswasser-Algen vergr., A.B. Einzellige Algen.
C. Fadenalge mit sternförmigem Blattgrünkörper.

öffnung verschließend und jedem von außen kommenden Druck sofort nachgebend, sodaß kleine Wassertiere mit Leichtigkeit in die Blase schlüpfen können.

Die von den Blasen gefangenen Tiere gehören der Mehrzahl nach den Krebsarten an: Cyclops, Daphnia, Cypris finden sich hauptsächlich, ich möchte sagen, ständig in ihnen, wenn das Gewässer, welches den Wasserschlauch beherbergt, reich damit angefüllt ist, indessen treten auch Mückenlarven, kleine Würmer, Infusorien, junge Fischbrut ec. in ihnen auf. Die Zahl der gefangenen Tiere ist verhältnismäßig groß; es sind von mir in einzelnen Blasen 25 Krebschen gefunden worden.

Vollständig unaufgeklärt ist es noch, was die Tiere veranlaßt, die Klappen aufzudrücken und in die Falle zu gehen. Manche Forscher nehmen an, daß die Tierchen in dem Hohlraum Nährstoffe vermuten, andere, daß sie nur ein Obdach in ihnen zur zeitweiligen Ruhe oder auch Schutz gegen Verfolger zu finden hoffen (welcher Anschauung auch ich mich anschließe). Für den letzten Umstand spricht auch noch, daß der Eingang in die Blase durch vorgestreckte starre und spitze Borsten größeren Tieren verwehrt ist. Nur die Fauna, die zwischen den verhältnismäßig größeren Borsten leicht durchschlüpfen kann, gelangt in das Innere der Blasen, größere Tiere dagegen, die den Fangapparat schädigen könnten, sind hierdurch von der Annäherung abgehalten. Merkwürdig ist es, daß die Form des Schlauches die Gestalt gewisser niederer Krebse, besonders die aus der Gattung Daphnia, täuschend nachahmt. Die Blase stimmt in der Größe und Form mit dem von Schalen bedeckten Körper dieser Süßwasserkrebse täuschend überein, und auch die Borsten gleichen den Antennen und Schwimmfüßen dieser.

Hat der Schlauch Tiere gefangen, so werden diese nicht gleich getötet und verdaut, sondern sind noch ein bis zwei, in einigen Fällen, wie mir bekannt, sogar fünf Tage in ihrem Gefängnis eingeschlossen, müssen dann aber den Erstickungs- oder den Hungertod erleiden und gehen in Verwesung über. Diese Verwesungsprodukte werden von eigenartigen Saugzellen, welche in Gestalt kurzer Haare die Innenwand der Blase auskleiden, aufgenommen. Ihre Form ist länglich-lineal, fast stäbchenförmig. Zu je vieren sind sie mit einer gemeinschaftlichen der inneren Zellenlage der Blase eingefügten Fußzelle verbunden und so gestellt, daß sie ein Kreuz (+) bilden. Durch diese kreuzförmig gruppierten Zellen werden die organischen Stoffe aus den in Zersetzung übergehenden Leichnamen der gefangenen Tiere aufgesaugt, gehen von da in die Fußzellen und weiterhin in die anderen angrenzenden Zellen der Blase und der ganzen Pflanze über. Eigentliche Verdauungsdrüsen fehlen, daher ist der Wasserschlauch nur ein Aasfresser. Die von ihm gefangenen Tiere werden nicht aktiv getötet und nicht verdaut, sondern die Pflanze absorbiert die zerfallenden Substanzen.

Professor Kohn, der im Sommer 1874 die erste Beobachtung von Tierfang an dem Wasserschlauch machte, fand oft eine ganze Sammlung von Krebschen und anderen Wasserinsekten in den Blasen. Um festzustellen, in welcher Zeit sich etwa die Schläuche mit Tieren füllten, setzte er ein Exemplar, das vorher in reinem Wasser kultiviert wurde und daher ganz leere Blasen besaß, in Wasser, worin sich eine vielgestaltige Tierwelt tummelte. Nach etwa 12 Stunden hatten fast sämtliche Blasen reiche Beute gemacht.

Aber nicht nur kleine Krebstiere, sondern wie bereits angeführt, auch junge Fische, gelangen in die Blasen und werden von denselben aufgezehrt. Professor Mosely zu Oxford brachte einen Wasserschlauch in einen Behälter mit kurz zuvor dem Ei entschlüpften Rotfedern und stellte fest, daß mehr als ein Dutzend Fischchen in einem Zeitraum von knapp 6 Stunden von der Pflanze gefangen waren. Einige derselben waren am Kopfe, andere beim Schwanze, einer am Bauche und einer gar von zwei Blasen gleichzeitig am Kopfe und Schwanze ergriffen. Etwas gleiches wurde 1891 im Verein „Triton" Berlin an einem Exemplar gezeigt, hier wurde eine Kaulquappe von zwei Bläschen gefaßt und ausgesogen. Diese letzten beiden Beispiele zeigen, daß die fleischfressenden Pflanzen ihren Raub aus eigenem Antriebe greifen.

Die Ueberwinterung des Wasserschlauchs deckt sich mit der des Froschbisses (siehe diesen). Im Freien gefundene Pflanzen des Wasserschlauches werden einfach in das Aquarium geworfen. Die Winterknospen behandelt man wie die des Froschbisses. Zum März stellt man das Gefäß mit denselben an das Fenster und wartet, bis aus demselben etwa 8 cm lange Pflänzchen sich entwickelt haben, die dann in das Aquarium gesetzt werden. Ein möglichst heller Standort für den Wasserschlauch ist zu seiner guten Entwicklung sehr nötig. Winterknospen tragende Stengel, die im Herbste in den Bodengrund des Aquariums eingesetzt werden, geben schon zu Beginn des Winters junge, wenn auch nur schwache Pflänzchen, die sich bald aus dem Boden losreißen und zur Oberfläche steigen.

Trotzdem von dem Wasserschlauch auch junge Fische verzehrt werden, eignet er sich doch vorzüglich zur Besetzung des Aquariums und ist besonders, da er nur eine einjährige Pflanze ist, dem mehr erfahrenen Liebhaber zu empfehlen. In Zuchtbecken halte man ihn nicht, da hier in den Schläuchen sich die jungen Fische leicht fangen. Durch eine Unachtsamkeit meinerseits brachte er mich vor einigen Jahren um eine ganze Anzahl junger, eben dem Ei entschlüpfter Makropoden.

Weitere Wasserschlaucharten, die sich bei uns finden, beschreibe ich nachstehend kurz. Auf alle ist in der Hauptsache dasselbe anzuwenden, was beim gemeinen Wasserschlauch gilt.

a. **Übersehener Wasserschlauch** (Utricularia neglecta Lehmann).
Die Blätter wie beim gemeinen Wasserschlauch. Die Blütenstiele etwa 4 bis 5 mal länger als das Deckblatt. Die Oberlippe einförmig länglich, stumpf oder auch schwach ausgerandet, bis 3 mal länger als der rundliche Gaumen. Die Unterlippe ist fast flach. Sonst wie Utricularia vulgaris, aber zarter gebaut. Blüht bis in den September hinein. ⊙ Moorgräben, Teiche und Torfsümpfe, überall aber nur zerstreut.

Abart hiervon ist:

Utricularia spectabilis Madauss.
Die Blumenkrone ist meist kleiner als bei neglecta, citronengelb, mit orangegestreiftem Gaumen. Der Schaft ist 4 bis 8 blütig, dünn und etwa 15 cm hoch. ⊙

b. **Kleiner Wasserschlauch** (Utricularia minor L.)

Die Blätter im Umriße kurz, eiförmig, zweizeilig, allseitig abstehend, gleichgestaltet, wiederholt gabelspaltig, mit linealischen, ganzrandigen, ungewimperten Zipfeln. Die Blätter tragen selten mehr als zwei Schläuche, oft fehlen sie ganz. Der Kelchzipfel ist rundlich, zugespitzt, der Sporn sehr kurz und kegelförmig. Die Oberlippe ist ausgerandet, so lang als der Gaumen, die Unterlippe eiförmig, dem Rande zu zurückgerollt. Die Blüten sind blaßgelb und stehen auf einem 5 bis 15 cm hohen Schaft. ⊙ Gräben, Sümpfe, Torfstiche, überall zerstreut.

c. **Brems Wasserschlauch** (Utricularia Brems W.)

Die Blätter wie beim kleinen Wasserschlauch. Kelchzipfel abgerundet, kurz stachelspitzig. Die Unterlippe kreisrund und flach. Die Blüte ist blaßgelb, der Gaumen blutrot gestreift. Im übrigen wie der kleine Wasserschlauch, nur in allen Teilen kräftiger. Sumpf und Gräben, sehr selten. ⊙

d. **Mittlerer Wasserschlauch** (Utricularia intermedia L.)

Die Blätter sind zweizeilig, die Zipfel fast in einer Ebene liegend, doppeltgestaltet, die einen in der Regel ohne Schläuche, wiederholt gabelteilig, mit linealischen, wimperig gezähnten Zipfeln, die andern, fast immer auf besondern Zweigen, verkümmert nur wenige aber große Schläuche tragend. Die schlauchlosen Blätter besitzen einen nierenförmigen Umriß. Der Sporn ist bald vom Grunde an dünn walzenförmig, bis zur Spitze fast gleich stark und in der Regel so lang als die Unterlippe. Die Blüte ist schwefelgelb, an der Oberlippe und am Gaumen purpurn gestreift. Die Oberlippe oft ungeteilt, jedoch wenigstens doppelt so lang als der Gaumen. Die Unterlippe nur flach. Der Blütenschaft ist 15 bis 20 cm hoch. ⊙ in stehenden Gewässern.

Abänderungen dieser Art werden bezeichnet als:

1. Utricularia Grafiana Koch.

Der Zipfel der Laubblätter ist stumpf mit aufgesetzter Stachelspitze, jederseits mit 8 bis 12 genäherten und meist auf wenig deutlichen Zähnchen sitzenden Wimpern.

2. Utricularia Kochiana Celak.

Die Zipfel der Laubblätter sind schmäler und kürzer, allmählich in eine feine Stachelspitze zugespitzt, jederseits nur 3 bis 4 auf einem deutlichen Seitenzähnchen sitzenden, entfernter stehenden Wimpern. Bedeutend seltener wie 1.

e. **Blaßgelber Wasserschlauch** (Utricularia ochroleuca R. Hartmann.)

Blätter wie bei intermedia, indessen im Sonstigen in allen Teilen kleiner und feiner gebaut. Der Sporn von dem breiten Grunde aus zur Spitze verschmälert, richtig kegelförmig, ebenso lang oder kürzer bis die halbe Unterlippe. Die Oberlippe ist leicht ausgerandet. ⊙ stehende Gewässer, aber nur selten.

Abart hiervon ist:

Utricularia brevicornis Celak.

Bei diesem ist die Blütenkrone am Gaumen bräunlich angestrichen.

4. **Trianea** (Trianea bogotensis. Karst.) Hydromystria stolonifera, Limnobium bogotense.

Die Blätter sind rundlich, kurz gestielt und rosettenartig gestellt, die jungen Blätter sind eiförmig. Sie sind dick, oben gewölbt und mit einem wachsartigen Überzug versehen. Die Unterseite ist heller und die Wölbung der obern Blattseite entsprechend hier eingedrückt. Sie trägt eine Menge mit Luftbläschen gefüllter Zellen, durch welche das Blatt schwimmend erhalten wird. Die im Wasser herabhängende Wurzel ist sein verästelt und fadenförmig. Sie besitzt die Eigenschaft, sich bei dem geringsten tollgehalt des Wassers mit dieser Substanz zu intensivieren. Die Blüte der Trianea ist unansehnlich, verkümmert und grünblau. 4 in langsam fliessenden Gewässern der vereinigten Staaten von Columbia, besonders häufig in der Nähe der Stadt Bogota.

Ausgangs der sechziger Jahre wurde diese reizende Schwimmpflanze in Europa bekannt. Ihre ansehnliche, aus dichtstehenden Blättern bestehende Rosette, an deren fadenförmigen Ausläufern sich rasch wachsende neue junge Pflanzen entwickeln, stempelt sie für das Aquarium zu einer sehr empfehlenswerten. Jede Blattrosette entsendet kurze Schößlinge, an deren Enden sich in derselben Weise geordnete Blätter bilden und längere verästelte, sich schlangenartig windende und krümmende Wurzeln treiben.

Figur 36
Trianea   Trianea bogotensis.

Über Sommer verursacht diese Pflanze dem Aquariumbesitzer keine nennenswerten Schwierigkeiten betreffs der Haltung, wenn sie einen nicht sehr grell beleuchteten Platz im Aquarium besitzt, oder besser noch, wenn dieses den Sonnenstrahlen nicht direkt ausgesetzt ist. Ihre Vermehrung im Becken geschieht ohne irgend welches Zuthun von Seiten des Pflegers, es ist nur zu bemerken, daß sie mehr wie jede andere Pflanze die Geselligkeit liebt, was auch bei der Überwinterung zu beachten ist. Will man im Sommer — doch nur zu dieser Zeit ist das Verfahren angebracht — schöne Ableger erhalten, so bringe man sie in ein Glasgefäß, das dann dem starken Sonnenschein ausgesetzt und mit einer Glasplatte zugedeckt wird.

Die Überwinterung der Trianea ist nicht einfach, läßt sich aber auf verschiedene Weise bewirken. Wird sie eingepflanzt in Blumentöpfe mit lehmiger Erde, die mit dem Boden im Wasser stehen, so kommt sie gut durch den Winter. Anders nimmt man einen Kork, dessen Mitte ein genügend grosses Loch besitzt, durch welches man die zerbrechlichen Wurzeln hindurchführt. Die so vorgerichtete Pflanze wird dann in ein mit Glas überdecktes Gefäß mit Wasser gethan, sodaß nur die Wurzeln von letzterem benetzt werden. Mehrere Exemplare ziemlich dicht zusammen gebracht, lassen sich in einer flachen Schale, die einen Bodenbelag von Sand besitzt und ständig einen geringen Wasserstand aufweist, leicht durch den Winter bringen. Starken Wärmeschwankungen oder Zugluft darf die Trianea auf keinen Fall im Winter ausgesetzt werden, auch darf man ihr niemals kaltes Wasser geben. Die Temperatur desselben muß wenigstens 7 bis 10°R. betragen, wenn die Pflanze gesund bleiben soll. Nur im Freien kultivierte Pflanzen, die so allmählich an eine geringere Temperatur gewöhnt werden, halten, wie ich ein Beispiel kenne, noch bei 2°R Nachtwärme gut aus, vegetieren noch längere Zeit bei 1°R. gehen dann aber ein.

Wer Trianea im Freien kultivieren will, bringe sie in flaches Wasser, welches nicht tiefer als etwa 10 cm. ist und einen Lehmgrund besitzt; hier gedeiht sie geradezu vorzüglich.

Außer der Fortpflanzung durch Schößlinge ist die Vermehrung der Pflanze durch ihren feinen, etwas länglich geformten Samen möglich. Dieser wird mit Flußsand vermischt, in seichtes, etwa 2 cm tiefes Wasser gethan, wo er nach Verlauf von etwa 2 Wochen zu keimen beginnt. Die sich jetzt bald entwickelnden Blätter sehen denen der Wasserlinse sehr ähnlich. Die die Pflanze an der Oberfläche des Wassers haltenden Luftzellen fehlen indessen noch und entstehen erst nachher. Durch ständiges Zugießen von geringen Wassermengen erreicht man ein beständiges Wachsen der Wurzeln, die im Sande stecken und eine Länge von 40 cm erreichen können.

Alle aus Saat stammende Pflanzen entfalten sehr üppige und große Blätter; ich habe von ihnen Exemplare erhalten, die eine Blattlänge von über 5 cm besaßen. Die Samenpflanzen ergeben jedoch niemals Schwimmpflanzen, nur die von ihnen abstammenden Ableger entwickeln sich zu solchen, besitzen dann aber immer eine geringere Blattgröße, als die Mutterpflanze.

5. **Schwimmende Salvinie** (Salvinia natans Allioni, Marsilia natans L. Gemeines Schwimmblatt, Bartling, schwimmender Büschelfarn.

Die Blätter sind in zwei Reihen gegenständig, sich an den Rändern berührend. Ihre Form ist elliptisch, immer, am Grunde schwach herzförmig, an der Oberseite sternförmig behaart. Auch der Stengel ist behaart und unterhalb eines jeden Blattpaares sitzt ein Stengel, an dessen Ende sich ein Büschel Wasserblätter nicht Wurzeln befindet, zwischen denen sich ein bis zwei kugeligen Sporokarpien bilden, die den Samen enthalten. ⊙ Auf stehenden und langsam fließenden Gewässern, zwischen Algenpolz.

Die schwimmende Salvinie gehört zu der Familie der Wurzelfrüchter, welche ihren Namen der Stellung der nußartigen Sporenfrüchte verdanken, die scheinbar zwischen den Wurzeln stehen. Diese Wurzeln sind untergetauchte Blätter, die die größte Ähnlichkeit in Form und Farbe mit den unteren Stengelgebilden der Pflanzen besitzen. Hier bei der Salvinie kann man mit Fug und Recht sagen, diese Blätter seien in Saugorgane umgewandelt, nicht aber die Behauptung aufstellen, die Blätter seien Wurzeln geworden. Es sind also bei dieser Pflanze zwei Arten Blätter vorhanden, die in Quirlen, je drei bei einander, stehen. Zwei von denselben sind Luftblätter oder Schwimmblätter. Deren Form ist oben beschrieben. Das dritte Blatt des Quirles

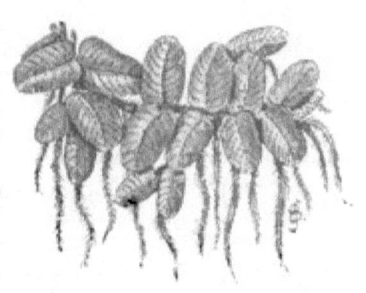

Figur 37. Schwimmende Salvinie Salvinia natans.

ist das Wurzelblatt. Dieses ist haarförmig zerschlitzt, dicht behaart, etwa 5 bis 8 cm lang und vertritt die Wurzeln, wurde früher sogar als solche bezeichnet. Die Fortpflanzung der Salvinie ist so interessant eigenartig, daß ich etwas näher darauf eingehe.

Zwischen den Wasserblättern bilden sich im Herbste mehrere kleine braune

Kügelchen (Sporokarpien), welche Samen enthalten. Diese Samensporen werden in Sporangien ausgebildet, die gruppenweise in Häuschen vereinigt sind. Jedes Häuschen wird von einem kurzen Stiel getragen und ist in einem besonderen Gehäuse geborgen. Es werden zweierlei Sporen erzeugt: Mikrosporen und Makrosporen. Werden die oberen Sporangienfrüchte geöffnet, so finden sich hier wenige große, mit kurzen Stielen um eine Mittelsäule gestellte Kapseln mit Sporen, die sogenannten Makrosporangien, während sich in den unteren Sporangienfrüchten eine ganze Anzahl kleine, langgestielte Kapseln, die Mikrosporangien befinden. Beide sind in einer erhärteten, schaumigen Protoplasma Masse eingeschlossen. Die Makrosporen erzeugen weibliche Vorkeime, die Mikrosporen bringen männliche Befruchtungsorgane hervor.

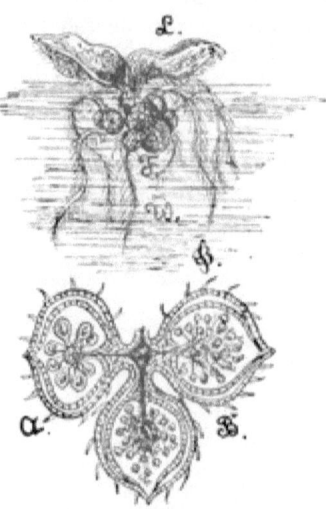

Figur 38. Salvinia natans.
Querabschnitt des Stammes. L. Luftblätter F. Früchte. W. Wasserblätter.
Längsschnitt durch drei Abschnitte eines Wasserblattes. A. Frucht mit Macrosporangien B. Frucht mit Microsporangien.

Die gereisten Gehäuse verwesen, wenn die Sporen in den Sporangien zu keimen beginnen. Die Sporen verbleiben, sobald sie keimen, in den Sporangien, in dem sie ausgebildet wurden. Aus den Makrosporen entstehen, wie ich schon sagte, weibliche Vorkeime, Gewebekörper, die Fruchtanlagen enthalten, und aus den Mikrosporen bilden sich andere Gewebekörper, in deren Zellen sich die Spermatozoiden, die männlichen Befruchtungsorgane, entwickeln. Das Gewebe, welches mehrere Fruchtanlagen eingesenkt enthält, durchbricht die Haut der Makrosporen und wächst aus dem Risse heraus. Aus jeder Mikrospore kommt ein papillenförmiges Antheridium hervor, dessen zwei oberste Zellen die in ihnen gebildeten Spermatozoiden enthalten. Sobald diese ihre Geschlechtsreife erlangt haben, zerreißt die Haut der Mikrospore und die Spermatozoiden verlassen den Ort ihrer Entwicklung. In ihrer Form sind die Spermatozoiden schraubig gewunden und gelangen schwimmend zu den in der Fruchtanlage geborgenen Coplasma. Die Frucht wird zum Anfangspunkt der ungeschlechtlichen sporenbildenden Generation, welche sich als ein mit Blattästen besetzter, zarter Stamm heranbildet.

Die Salvinie, deren eigenartige Blättchen oben auf dem Wasser frei herumschwimmen, hat für jedes Aquarium ein großes Interesse. Wenn es möglich ist, diese Pflanze erlangen zu können, so versäume man es nicht. Zu ihrem guten Gedeihen verlangt sie frische Luft.

Da die Pflanze nur einjährig ist, stirbt sie im Winter ab und es muß deshalb schon im Sommer an die Fortpflanzung derselben durch Samen gedacht werden. Die Sporokarpien werden deshalb zu dieser Zeit gesammelt,

und in Wasser geworfen, die Sporen im Frühjahre in mit Sand und
Wasser gefüllte flache Schalen an das Fenster eines warmen Zimmers
gebracht. Später kann man diese Schalen in etwa 6 bis 10 cm tiefes
Wasser versenken, — doch ist dieses nicht unbedingt nötig, — wo sie solange
bleiben, bis sich kleine Keime zeigen, die aus dem Sande genommen und
in das Aquarium geworfen werden. Hier entwickeln sich die Pflänzchen bald
zu ihrer normalen Größe und beginnen nach wenigen Monaten neue Sporokarpien zu treiben.

Sät man den Samen der Salvinie im Herbst, so ist derselbe nur auf
dem Wasserspiegel eines besonderen Gefäßes auszubreiten. Hier schwimmen
die Sporen den ganzen Winter hindurch auf der Oberfläche in Form eines
grauweißen Staubes bis zum März. Um diese Zeit erscheinen kleine grüne
Flecke und bald zeigt sich das erste schwimmende Blattpaar, dem stets neue
folgen.

6. Dickstielige Pontederie (Pontederia crassipes.) (Eichhornia speciosa Kth.) Wasserhyazinte, prächtige Eichhornia.

*Die Blattstiele sind sackartig aufgeblasen, mit Luft gefüllt und tragen die eine Rosette
bildenden Blätter. Das Blatt selbst ist von rundlicher Gestalt, ich möchte sagen fast
herzförmig und hellgrün von Farbe. Die mit einem frei in das Wasser reichenden
Büschel von Wasserwurzeln versehene Pflanze schwimmt auf der Oberfläche. Am
Grunde der Blattrosetten entwickeln sich Sprossen, die an ihrer Spitze neue Rosetten
bilden. Die Blüten sind hellviolett, dunkel violett geadert und stehen zu zweien
oder dreien an einem Blütenstiel. Die Deckblätter sind farbig und lederartig. Blütezeit August bis September. ♃. Südamerika, besonders Brasilien.*

Von allen Schwimmpflanzen, die neu eingeführt und jetzt für ein
Geringes jedem Aquariumliebhaber zugänglich sind, nimmt, was Blüten-
pracht anbetrifft, die dickstielige Pontederie den ersten Platz ein. Zeigt sich
auch diese herrliche Schwimmpflanze in ihrer wahren Schönheit erst im
Treibhause, so gedeiht sie doch auch sehr gut als einfache Aquarium-
Pflanze, ja es sind Beispiele bekannt, daß sie sogar bei der geringen Wärme
von 3° R Nachts, im Freien geblüht hat. Die hyazintenähnlichen, jedoch
größeren Blüten bilden eine aufrechtstehende Traube. Die einzelne Blüte
ist unregelmäßig sechsblättrig, von hellvioletter Farbe. Das obere Blütenblatt ist das größte; es besitzt in der Mitte einen kleinen, rautenförmigen,
gelben Fleck, der von einem größeren dunkellila Rand eingefaßt ist. Von
diesem Rande aus ziehen sich strahlenartig Streifen nach dem Blattrand,
in der Mitte derselben allmählich verlaufend. Die übrigen fünf Blätter
sind einfach helllila gefärbt und zeigen nur in der Mitte einen dunkleren
Streifen. Jede Blüte besitzt sechs Staubgefäße und einen Stempel.

Was nun die Schwimmvorrichtung bei der Pontederie anbelangt, so
ist sie besonders auffallend. Blasen- oder tonnenförmig aufgetrieben sind
die Blattstiele, die sie über Wasser halten. Auf den Teichen und Seen
ihrer Heimat werden diese seltsamen, phantastischen Schwimmpflanzen wie
Segelschiffe hier- und dorthin durch die Luftströmungen über den Wasserspiegel fortgetrieben.

Als Aquariumpflanze ist die Pontederie sehr zu empfehlen. Ihre Haltung im Sommer verursacht keine nennenswerten Schwierigkeiten. Im Wasser treibt sie zahlreiche mit Wimpern besetzte Wurzeln und aus den Blattrosetten heraus lange mit rosettenförmig gestellten Blättern versehene Stengel. Eine junge Pflanze entsteht, indem sich eine neugebildete Blattrosette von der Mutterpflanze loslöst und Wurzeln treibt. Bei der Pflanze hat man nur darauf zu achten, daß das Wasser, in welchem sie kultiviert wird, frei von Algen sei, die den Wurzeln und den aufgeblasenen Blattstielen besonders leicht verderblich werden.

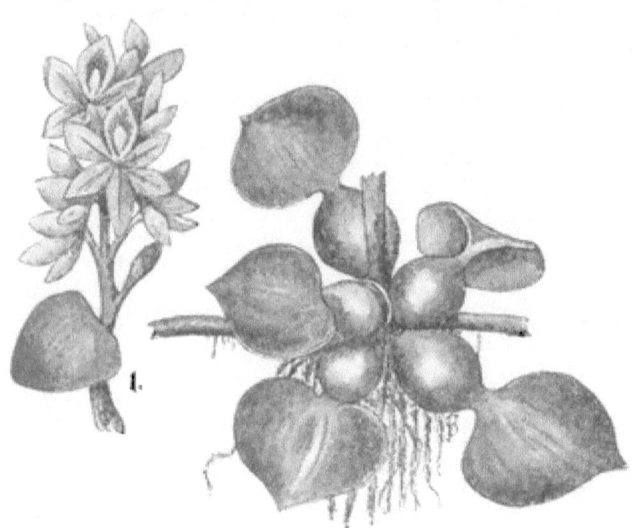

Figur 39. Dickstielige Pontederie (Pontederia crassipes). 1. Blütenstand.

Ferner ist es nötig, wenn sie als Schwimmpflanze zur Blüte gebracht werden soll, sie in den Morgenstunden mit einem Zerstäuber reichlich zu besprengen.

Mit der Überwinterung der Pontederie hatte ich lange Zeit große Mühe. Sie darf über Winter nicht in dem Becken gelassen werden, sondern muß schon im Herbst in einen Blumentopf gepflanzt, stets feucht, aber nicht naß und an einem warmen, sonnigen zugfreien Ort durch den Winter gebracht werden. Zur Überwinterung eignen sich junge Exemplare besser als alte.

Seltener wird die Pontederie als Topfpflanze angetroffen, was ich nur kurz bemerken will; auf eine nähere Schilderung der Pflege einer so behandelten Pflanze kann ich mich hier nicht einlassen. Daß die Pontederie sich als Landpflanze gut hält, zeigt sie schon dadurch, daß, wenn sie bei niedrigem Wasserstande in ihrer Heimat auf dem schlammigen Grunde der Teiche zu liegen kommt, sie nicht eingeht, sondern mit ihren Wurzeln aus der feuchten Erde die Nährstoffe entnimmt und dann von einer Landpflanze überhaupt nicht zu unterscheiden ist; es werden dann auch die Blattstiele, die als Wasserpflanze tonnenförmig aufgeblasen sind, dünner.

7. Muschelblume (Pistia occidentalis Blume) (Pistia stradoites, Hooker.) Westindische Pistia.

Die Blätter sind stumpf keilförmig, oben abgerundet und mit einer Auskerbung versehen, ihre Farbe ist ein Blaugrün. Die kleinen bemerkbaren Blütenscheiden erscheinen am Grunde der Blätter. Die Wurzeln sind dicht und fein behaart, und tragen an den Enden längliche Knospen. Die Pflanze hält sich auf der Oberfläche des Wassers mittelst ihrer mit vielen luftgefüllten Zellen versehenen Blätter. ☉ Ihre Heimat ist das tropische Afrika.

Diese interessante Aquariumpflanze gehört zu einer besonderen Gruppe der Arongewächse, aus der wir später noch mehrere Arten kennen lernen werden, und zwar zu den Pistiaceen. Sie ist die größte und üppigste Art und leicht kenntlich an den am vorderen, stumpfen Ende ausgekerbten keilförmigen Blättern. Wie Pontederia bildet auch Pistia schwimmende Rosetten mit Wasserwurzeln und vermehrt sich auch wie diese durch Sproßbildung. Während die Pflanze an der einen Seite fortwachsend sich gabelt und spreizende Läppchen und Sprossen bildet, stirbt sie auf der anderen Seite ab, wodurch eine Trennung in mehrere Stücke, also in Ableger erfolgt. Diese Stücke reihen sich zu einem Bestande an, der auf der Oberfläche des Wassers in einer stillen Bucht einen grünen Teppich erzeugt und diese schließlich ausfüllt. Dann werden einzelne Pflänzchen von dem Strome ergriffen, weiter und weiter geführt, bis sie endlich von dem Wasser wieder in eine stille, ruhige Bucht angeschwemmt werden, wo sie eine neue Kolonie durch ihre Ableger bilden.

Figur 10. Muschelblume Pistia occidentalis.

Auf diese Weise, die nicht nur für die Pistia maßgebend ist, verbreiten sich alle Schwimmpflanzen über große Gebiete.*)

Als Aquariumpflanze ist die Pistia anspruchsvoller als die Pontederie. Sie gedeiht am besten, wenn sie von einer feuchten Luft umgeben ist und einen möglichst hellen Standort besitzt. Feuchte Luft verschafft man ihr leicht durch einen Springbrunnen, der sein Wasser einer feinen Brause entströmen läßt. Das Wasser des Aquariums, in welchem die Pistia wächst, darf nicht gewechselt werden, sondern wird in dem Maße, wie es verdunstet, durch Nachfüllen ersetzt. Ein sonniger, nach Osten oder Westen gelegener Platz ist für ihre Kultur allen anderen Orten vorzuziehen. Besitzt das Wasser dann eine Wärme von 16 bis 20° R., so gedeiht sie sehr üppig.

---

*) Diese Art der Verbreitung findet noch besonders bei: Riccia Lemna und Azolla statt, weil alle diese sich ungemein schnell vermehren. Auch Wasservögel, an deren Federn junge Pflanzen hängen bleiben, sorgen für eine weite Verbreitung.

Wer sich besonders mit der Kultur der Pistia befassen will, nehme ein mit einer Glasglocke, Glasplatte, oder mit einem Glaskasten bedecktes Aquarium hierzu, dessen Wasserwärme (siehe Seite 35. Heizung des Aquarienwassers) ständig oben bezeichnete Wärme besitzt. Durch das Bedecken erreicht man, daß auf diese Weise der Luft, welche die Pflanze verlangt, die entsprechend hohe und feuchte Temperatur gegeben wird. In einem solchen Aquarium bringt man auch die überwinterten Pflanzen erst zur Vegetation und wirft sie dann in das Aquarium.

Die Fortpflanzung der Pistia ist durch Schößlinge und durch Samen möglich. Besonders ist die Aufzucht mittelst Aussaat zu empfehlen, weil von dieser Pflanze jährlich Samen in den betreffenden Handlungen zu mäßigem Preise zu erhalten sind und das Keimen derselben sehr rasch vor sich geht. Derselbe wird im Frühling in mit reinem Wasser gefüllte Untersätze gestreut.

Die Ableger der Pistia steckt man in Töpfe, deren Inhalt aus einer Mischung von Torferde, feinem gehacktem Moose und Sand besteht und stellt diese in ein kleines Zimmertreibhaus, wo sie mit warmem Wasser begossen werden müssen. Im Frühjahr werden die Ableger den Töpfen entnommen und in das Aquarium geworfen.

Die jungen Pistiapflanzen besitzen eine große Ähnlichkeit mit einer jungen Trianea. Nur sind die Blätter der ersten sammetartig fein behaart, die der letzteren einfach glatt.

Von den Wasserschnecken wird die Pistia in derselben Weise angegriffen, wie der Froschbiß.

Die Überwinterung der Pistia geschieht am besten, wenn sie in Moorschlammerde gepflanzt und nach und nach als Landpflanze behandelt wird. Die Erde im Topf darf nie trocken werden.

8. **Kleine Wasserlinse (Lemna minor. L.)** Meerlinse, Entenfloß, Entenflott, Entengrün.

<small>Das Phyllocladium * ist sanft gewölbt, unten glatt und zeigt die Gestalt einer Linse. Von der Unterseite des Phyllocladiums senkt sich eine grüne, Chlorophyll enthaltende Wurzelfaser in das Wasser. Die Blüten sind unbedeutend und treten nur selten hervor. Sie bilden am Rande der Linse einen Einschnitt und bestehen aus einer kleinen hautartigen Schuppe, welche ein bis zwei Staubgefäße und einen einfächerigen Fruchtknoten umschließt. Die Vermehrung geschieht vorzugsweise durch Knospenbildung. 4. In allen stehenden Gewässern nicht selten anzutreffen. (Siehe Tafel „Pflanzen" Fig. 2 kl. Wasserlinse, 2 A Blüte mit Hüllblatt vergr.)</small>

Die kleine Wasserlinse überzieht oft in kurzer Zeit ganze Teiche. Sie dient besonders den Wasser-Insekten und den Süßwasser-Polypen zum Aufenthalt.

Als Aquariumpflanze ist die kleine Wasserlinse nicht sehr zu empfehlen, da sie, besonders in Sumpfaquarien eingeschleppt, sich reißend vermehrt und dadurch das Wachstum der übrigen Pflanzen beeinträchtigt. Nur, wenn ihrer starken Vermehrung durch ständiges Entfernen von Pflanzen vorgebeugt wird, ist sie eine gute Aquariumpflanze. Im Freien gefundene Exemplare werden einfach in das Becken geworfen.

<small>* Umgewandeltes Stammgebilde.</small>

9. Buckelige Wasserlinse (Lemna gibba, L.) Telmatophace gibba. Schleiden.)

Die Stengelglieder an der Unterseite schwammig gewölbt. Die Pflanze besteht in der Regel aus zwei bis drei elliptischen, unten blasigen Phyllokladien. Jedes Stengelglied trägt eine einzige Wurzelfaser. ♃ Sonst wie Lemna minor.

Als Aquariumpflanze hat die buckelige Wasserlinse denselben Wert wie die kleine Wasserlinse.

10. Dreifurchige Wasserlinse (Lemna trisulca L.) Kranz-Wasserlinse, Spitzblättrige Wasserlinse.

Die Phyllokladien sind lanzettlich länglich und kreuzweise gestellt. Jedes Stengelglied ist zuletzt gestielt und besitzt unterseits eine einzige Wurzelfaser, jedes treibt seitliche Sprossen, die kreuzweise vereinigt bleiben. Die Blüte findet sich im April und Anfang Mai an einzelnen, mit der Spitze aus dem Wasser getauchten Exemplaren, die sich erst nach der Blüte seitwärts vervielfältigen und dann unter sinken. ♃ Stehende Gewässer. Siehe Tafel „Pflanzen" Fig. 3.

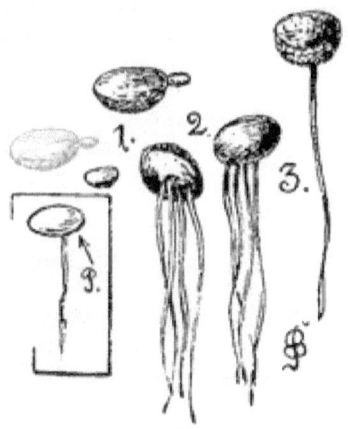

Figur 41. Wasserlinjen.
P. Phyllokladium. 1. Wurzellose Wasserlinse (Lemna arrhiza Hallier). 2. Vielwurzelige Wasserlinse (Lemna polyrrhiza Schleiden). 3. Buckelige Wasserlinse (Lemna gibba Schleiden).

Die dreifurchige Wasserlinse bleibt den größten Teil des Jahres unter der Oberfläche des Wassers, nur zur Zeit der Blüte erheben sich die jungen Teile, welche Blüten tragen, über die Oberfläche, sinken jedoch später wieder unter. Ihre Vermehrung ist bei weitem nicht so stark wie die der übrigen Arten und daher ist sie für Aquarien, zumal sie außerdem noch unter Wasser lebt, bedeutend wertvoller als die auf der Oberfläche schwimmenden Arten.

11. Vielwurzelige Wasserlinse (Lemna polyrrhiza Schleiden.)

Jedes rundlich verkehrt eiförmige Phyllokladium mit 1 bis 7 Wurzelfasern. Im übrigen gleicht sie der kleinen Wasserlinse, nur ist sie größer. ☉ Weniger häufig.

Als Aquariumpflanze hat sie denselben Wert wie die kleine Wasserlinse.

12. Wurzellose Wasserlinse (Lemna arrhiza Hallier.) (Wolffia arrhiza Wimmer. Wolffia Michelii. Horkel.)

Das Phyllokladium ist rundlich elliptisch, an der Unterseite kugelig gewölbt. Die Pflanze ist nicht größer als ein Senfkorn und meist zahlreich beisammen. ♃ Wenig verbreitet. Stehende Gewässer.

Die wurzellose Wasserlinse hat als Aquariumpflanze ihrer eigentümlichen Form wegen Wert, sonst gilt von ihr dasselbe, was von der kleinen Wasserlinse gesagt ist.

Wie die vielwurzelige Wasserlinse, bildet auch die wurzellose gegen den

Herbst zu an ihrem glattgedrückten Stamm Glieder aus, die sich von der Mutterpflanze ablösen, auf den Grund ihres Standortes hinabsinken und dort den Winter über verbleiben. Jedes dieser Glieder hat eine taschenförmige Gestalt und zeigt in einer Aushöhlung bereits den Trieb des nächsten Jahres angelegt, aber nur als ein ganz winzig kleines Gebilde, das mit seinem halbkreisförmigen freien Ende über die anliegenden Ränder der Tasche kaum herüberragt. Das Sinken dieser Überwinterungsknospen wird dadurch bewirkt, daß in den Zellen ihres Gewebes, und zwar selbst in jenen der Oberhaut, große Stärkemehlkörner ausgebildet werden, die dicht gedrängt neben einander liegen und die einzelnen Zellräume ganz ausfüllen. Hohlräume, die Luft enthalten, und durch welche das Pflänzchen während des Sommers auf der Oberfläche schwimmt, fehlen, die Spaltöffnungen sind geschlossen und dadurch bekommt die Knospe ein Gewicht, das sie auf den Grund des Teiches zieht, welcher frostfrei ist. Hier bleibt sie den Winter über. Im Frühling werden die aufgesammelten Stärkekörner zur Bildung des Phyllokladiums verwendet, die Zellen werden dadurch leer, die Hohlräume füllen sich mit Luft und so steigen die Pflänzchen zur Oberfläche des Wassers wieder empor.

Bei der Überwinterung der Lemnaarten ist auf diesen Vorgang zu achten. Man nimmt mit Wasser gefüllte Gefäße, die unten am besten Teichschlamm enthalten und setzt im Ausgang des September einige Pflänzchen hier hinein. Diese stellt man über Winter an einen frostfreien Ort, bringt sie Ende Februar auf das Fensterbrett, wo die Sonne die jungen Pflänzchen bald zu neuem Leben erweckt und wirft sie dann in das Aquarium ein.

13. Flutende Riccie (Riccia fluitans L.)

Das häutige Laub ist beiderseits schön grün und stellt gabelige Lappen mit schmalen stumpfen Läppchen vor. Stengel und Wurzeln fehlen, statt letzterer sind Wurzelhaare vorhanden. Die Vermehrung geschieht durch Samenkörner. ☉ In Teichen.

Zwischen den Binsen der Teiche schwimmt vom Juli bis zum Oktober die Riccie. Sie macht den Eindruck einer gabeligen Flechte, gehört jedoch nicht zu dieser Familie, sondern vertritt die Lebermoose. Ihre Farbe hier ist meist ein schmutziges Graugrün, ähnlich der des isländischen Mooses. Von den Flechten unterscheidet sie sich durch ihre regelmäßigere Blattbildung, den echten Zellenbau und durch ihre feinen Samenkapseln. Diese sind rundlich, besitzen ein Gebilde wie ein Griffel, welcher auch wohl als Kapselhals bezeichnet, rot ist und um ein Weniges über das Laub emporragt. Die Kapseln öffnen sich mit einer runden Mündung. Die Samen sind braun und länglich, sie pflanzen sich durch bloße Ausdehnung fort.

Eine beachtenswerte Eigentümlichkeit des Gewebes der Riccie besteht darin, gierig Wasser aufzusaugen. Hat die Pflanze nicht genügende Feuchtigkeit um sich, so schrumpft sie zusammen, und nimmt dann auch eine dunklere Färbung an, wieder in Wasser gebracht, gewinnt sie ihre ursprüngliche Form und Farbe zurück.

Die einzelnen Pflänzchen mit ihrem schmalen, tief gabelig eingeschnittenem Laube, machen dieses Gewächs zu einem zierlichen. Absonderlich jedoch erscheinen die Pflanzen in ihrer zahlreichen Vereinigung: sie sehen dann wie ein schwimmender Moosballen aus. In den südeuropäischen Ländern gelangt die Riccie zu überaus üppiger Entwicklung und findet sich oft in erstaunlicher Anzahl beisammen. Vor kommt sie in allen stehenden Gewässern des ganzen Europas. Sinkt der Wasserspiegel dieser Becken und gelangt die Riccie auf den Uferschlamm, so wird sie zur Landform und ist dann als: rinnige Riccie (Riccia canaliculata Hoff.) bekannt. Das Laub wird bei ihr nach oben zu rinnenförmig, kriecht am Boden und sendet in denselben Wurzelhaare, um auf solche Weise Nährstoffe zu erhalten. In dieser Form findet auch eine reichliche Fruchtbildung bei der Pflanze statt, während die Wasserform sich nur auf rein vegetativem Wege vermehrt.

Im Aquarium bildet dieses Moos förmliche Rasen von saftig grüner Farbe. „Es ist jedoch darauf zu achten", schreibt Geyer: „möglichst zusammenhängende größere Kolonien dieser Pflänzchen einzubringen und losgelöste Einzelpflänzchen möglichst zu vermeiden. Die Fische schnappen gern nach diesen letzteren und hierbei können, nach meiner Erfahrung, die gabeligen Gebilde sich leicht in den Kiemen festsetzen und empfindliche Verluste herbeiführen."

In Zuchtbecken, in denen nesterbauende Fische, z. B. Stichlinge, gezogen werden sollen, darf die Riccie nicht fehlen. Ihnen ist diese Pflanze als Baumaterial sehr willkommen.

Besonders, wenn sie in einer Ecke des Aquariums angehäuft wird, macht die Pflanze einen sehr hübschen Eindruck, doch lasse man sie nie zu sehr wuchern, da sie sich sonst bald zu einem dicken Brei über die Wasserfläche ausbreitet, durch welchen kaum Luft durchzudringen vermag. Hierdurch werden auch die übrigen Wasserpflanzen in ihrem Wachstum sehr behindert. Als Notbehelf, besonders in kleinen Becken, die nicht genügend mit Pflanzen besetzt sind, kann sie dagegen sehr empfohlen werden, da sie auch unter Wasser fest gehalten gut gedeiht und viel Sauerstoff erzeugt.

14. Schwimmende Riccie (Riccia natans L.)

Das Laub der einzelnen Pflänzchen bildet kleine Rosetten, ist zwei bis vier lappig und verkehrt herzförmig eingeschnitten. Die Oberseite ist grün, unten mit rotbraunen Blattschuppen besetzt. Die Unterseite zeigt ein schwammiges Aussehen, ist schwärzlich und mit Haaren versehen. Sie enthält zahlreiche Lufträume, durch welche die Pflanze schwimmend gehalten wird. ☉ Auf ruhigen Teichen wie die flutende Riccie, doch seltener als diese.

Von der schwimmenden Riccie gilt im Ganzen dasselbe, was ich von der vorhergehenden gesagt habe. Auch sie bildet beim Zurücktreten des Wassers eine Landform, die mit dem Namen Riccia terrestris Lindenb. belegt ist. Ihre dann dem feuchten Schlammboden aufliegenden Blätter nehmen eine strahlenartige Anordnung an und senden Saugwurzeln, die der Wasserform fehlen, in den Boden. Bei ihr findet ebenfalls eine reichliche Fruchtentwicklung statt, was bei der Wasserform nur vereinzelt vorkommt. Im Wasser vermehrt sich die schwimmende Riccie durch Teilung ihres gelappten Laubes, geht aber im Herbst ein.

Im Aquarium liebt sie einen flachen Wasserstand.

15. Carolinischer Wasserfarn (Azolla caroliniana L.) (Azolla canadensis) Kanadischer Moosfarn.

Die Blätter an der Basis tief zweilappig. Die oberen Lappen liegen ziegelartig über einander und schwimmen auf der Oberfläche; die unteren Lappen decken sich nur wenig und sind untergetaucht. Die Gestalt der Blätter ist eiförmig, ihre Farbe hellgrün. Die Pflanze besitzt echte Wurzeln, die in das Wasser treiben. ⊙ Der einigte Staaten von Nordamerika, besonders in Carolina heimisch. In Holland verwildert.

Der carolinische Wasserfarn gleicht im Bau sehr der Salvinie, unterscheidet sich jedoch dadurch von ihr, daß er echte Wurzeln entwickelt. Ursprünglich in Amerika heimisch, ist er durch Schiffe auch nach Europa eingeführt worden und ist jetzt in Holland so häufig, daß er die Kanäle mit einer mehrere Centimeter hohen Schicht bedeckt. In ungeheurer Schnelligkeit vermehrt sich die Pflanze hier im Sommer. Im Herbst gehen die Blätter ein, die Sporen fallen auf den Bodengrund und entwickeln sich im Frühling zu neuen Gewächsen.

Als Aquariumpflanze läßt sich die Azolla vielfach verwenden. Obschon Schwimmpflanze, hält sie sich auch auf den außerhalb des Wassers befindlichen Grottenteilen gut, wenn diese mit einer Schicht Torferde oder zerschnittenem Torfmoos bedeckt sind. Wird sie hier feucht gehalten, so überzieht sie bald die mit Erde belegten Stellen mit ihrem hellgrünen Laube.

Als Wasserpflanze ist ihre Vermehrung ebenso bedeutend, wenn sie einigen Schutz durch höhere Wasserpflanzen findet und die einzelnen Pflanzen beisammen gehalten werden.

Gegen den Herbst hin nehmen die frischen, grünen Pflänzchen eine mehr rötliche Färbung an, wenn ihr Behälter nicht in einem warmen Zimmer steht.

Zeigt das Aquariumwasser im Winter eine Temperatur von 8 bis 10° R., so hält sie sich ganz gut, vermehrt sich aber nicht; sinkt die Temperatur, so geht sie ein.

Zur Überwinterung der Azolla sind mannigfache Verfahren vorgeschlagen worden. Da meine Aquarien alle in warmen Zimmern stehen, lasse ich die meisten Pflanzen wie sie sind, nehme indessen eine Menge derselben und setze sie in eine flache Schale. Diese hat etwa 4 cm Teichschlamm als Bodenbelag und darüber 3 cm Wasserstand. Die so vorgerichtete und bepflanzte Schale (die Pflanzen werden nur auf die Wasseroberfläche gelegt) wird an ein Fenster gestellt, welches viel Sonne bekommt. Bis auf eine geringe Menge, etwa auf $^1/_2$ cm, lasse ich das Wasser verdunsten, erhalte aber durch Nachfüllen diesen Wasserstand bis zum Frühling. Sobald die Pflanze in dieser Jahreszeit zu wachsen beginnt, ist der Wasserstand allmählich zu erhöhen und später die Pflanze in das Aquarium einzuwerfen.

Auf natürliche Weise und leichter bringt man die Pflanze durch den Winter, wenn sie gegen den Herbst zu in ein Gefäß mit Bodenbelag gesetzt wird. Hier sterben die Blätter ab, die Sporen fallen aus, lagern sich auf den Boden und aus ihnen entwickeln sich im Frühling neue Pflanzen.[*]

---

[*] In mehreren Arten ist die Azolla über Amerika verbreitet. In Italien und im Süden von Frankreich findet sich eine zweite Azolla (Azolla italiana), die sich von der beschriebenen durch größere Blätter unterscheidet.

Die Behandlung der Schwimmpflanzen im Aquarium.

Nach der eingehenden Schilderung der gebräuchlichsten Schwimmpflanzen für das Aquarium wiederhole ich kurz das über die Behandlung dieser Pflanzen Gesagte.

Alle Schwimmpflanzen treiben ihre Wurzel im entwickelten Zustande nie in den Boden, sondern diese hängt frei im Wasser und wird als Wasserwurzel bezeichnet. Letztere fehlt einigen Pflanzen oft ganz und dann vertreten umgewandelte Blätter ihre Stelle. Nur bei einem Sinken des Wasserstandes ist die Pflanze gezwungen, Nährstoffe mittelst der Wurzel unmittelbar dem Boden zu entnehmen.

Die erste Entwicklung der Schwimmpflanze geschieht auf dem Boden des Gewässers. Hier keimt sie. Später wird sie an die Oberfläche des Wassers gehoben, indem sich bald besondere Organe, bald Blattstiele oder das Gewebe der Blätter und Stengel mit Luft füllen.

Im Freien gefundene, schon entwickelte Exemplare werden ins Aquarium einfach auf die Oberfläche geworfen. Hört ihre Vegetation im Herbste auf, so werden sie nach ihrer Art, wie bei den einzelnen Pflanzen angegeben, durch den Winter gebracht.

Bei den einjährigen Pflanzen, die Winterknospen bilden und bei denen, die sich durch Sporen oder sonstigen Samen fortpflanzen, sind diese Pflanzen im Herbst in besondere Behälter (Schalen, Einmachgläser, Elementgläser, Weißbiergläser ꝛc.) zu setzen, die einen Bodenbelag besitzen, und an einen frostfreien Ort gestellt werden. Das etwa verdunstende Wasser wird nachgefüllt. Im Frühling erhalten diese Gefäße einen sonnigen Platz, wo die Pflanzen bald zu keimen beginnen. Haben sie dann in diesen eine genügende Größe erreicht, so werden sie in das Aquarium geworfen.

Die Schwimmpflanzen gehören zu den interessantesten, aber zugleich zu den am schwierigsten zu behandelnden Pflanzen des Aquariums.

2. Untergetauchte oder ächte Wasserpflanzen. (Plantae submersae.)

Zu dieser Pflanzengruppe gehören Gewächse, die sich stets auf dem Boden der Gewässer ansiedeln, deren Stengel entweder ganz unter Wasser bleibt, oder bis zur Oberfläche steigt und hier oft anders geformte, von den untergetauchten abweichende, schwimmende Blätter treibt und oben eine Blüte hervorbringt. Diese Pflanzen sind ausschließlich an das Wasser gebunden, welches ihren meist flutenden Stengel trägt. Einige von ihnen können, sich bei allmähligem Zurücktreten des Wassers vollständig den Landpflanzen anpassen, andere gehen vollständig ein, wenn sie aus dem Wasser entfernt werden.

1. **Sumpfschraube** (Vallisneria spiralis L.) Spiralige Schraubenlilie, Schraubenlilie, Spiralige Vallisnerie.

Die Blätter sind lang, linealisch, oben abgerundet und um den kurzen Stamm rosettenförmig gruppiert. Sie werden bei der ♀ Pflanze länger als 1 m, die der

♀ bleiben kleiner, zirka 30 bis 40 cm lang. Der ♂ Blütenkolben ist zusammengedrückt und steht an einem kurzen Blütenstiel. Er ist dreiteilig. Von ihm werden viele ♂ Blüten umschlossen. Dieselben haben ein dreiteiliges Perigon und drei oder sechs Staubblätter. Die ♀ Blüte steht einzeln am Ende eines sehr verlängerten, schraubig gedrehten Stieles. Sie kommt aus einer röhrigen Scheide hervor und besitzt eine dreiteilige, nach außen umgebogene Blütendecke und ist dunkelrotbraun gefärbt. Der Fruchtknoten ist einfächrig. Blütezeit: Juli bis August. ♃ Vereinzelt in Tyrol, zahlreich Südfrankreich, Südspanien, Südrußland, im Norden v. Italien.

In stehenden Gewässern Nord-Italiens, in Tümpeln, Gräben und seichten Buchten, besonders häufig am und im Gardasee, findet sich die Vallisnerie und bildet hier umfangreiche Bestände.

Figur 42. Sumpfschraube. Vallisneria spiralis. 1. Ableger. 2. männlicher Blütenstand geschlossen. 3. männlicher Blütenstand offen.

Ihre Wurzel, die bei der männlichen Pflanze länger und stärker ist als bei der weiblichen, ist im Schlamme eingebettet und hält den kurzen Stamm durch viele Wurzelfasern fest. Die von diesem Stamme ausgehenden Blätter sind aufrecht, sehr lang und schmal und machen den Eindruck von dünnen, schlaffen Bändern, welche nur durch das Wasser in ihrer aufrechten Lage gehalten werden, und deren obere Enden bei sinkendem Wasserstande dicht unter dem Wasserspiegel gebeugt fluten. In den Achseln dieser Blätter entstehen Knospen in mannigfachem Wechsel, bald nur eine einzige, welche zum Ausgangspunkt eines neuen kriechenden Sprosses wird, bald drei nebeneinander, von denen eine sich parallel zum Boden streckt und an ihrem Ende eine Laubknospe ausbildet, (siehe beistehende Abbildung) während die beiden übrigen gerade in die Höhe wachsen, bald wieder zwei, von denen die eine sich in horizontaler Richtung verlängert, während die andere der Oberfläche des Wassers zustrebt. Die in die Höhe wachsenden Sprossen erscheinen wie von einer Blase abgeschlossen: dieselbe besteht aus zwei eiförmigen, hohlen, etwas durchscheinenden Hüllblättern, von denen das eine mit seinen Rändern über das andere übergreift und so einen festen Verschluß herstellt, in dem sich die männlichen Blüten befinden. Die Stiele, welche sie tragen, erreichen die Oberfläche des Wassers nicht. Die weibliche Blüte steht in einer blasenförmigen Hülle nur einzeln und zeigt einen langen walzigen unterständigen Fruchtknoten, der von drei verhältnismäßig großen, in zwei Zipfel gespaltenen und am Rande fein gefransten Narben gekrönt ist. Die

Narben sind von drei oberen kleinen verkümmerten und drei unteren großen ei-lanzettförmigen Blumenblättern umstellt und stehen etwas vor dem Rande der Blumenblätter vor. Zur Zeit, wenn die weibliche Blüte ganz ausgebildet und befruchtungsfähig ist, tritt sie an die Oberfläche des Wassers empor, was dadurch möglich wird, daß einesteils die spiraligen Windungen des Blütenstiels sich etwas strecken, während andererseits bei tieferem Standorte der Pflanze der Blütenstiel so lange wächst, bis die Blume die Oberfläche des Wassers erreicht. Es bildet sich jetzt am Scheitel der blasenförmigen Hülle eine Spalte; der Fruchtknoten streckt sich, Blume und Narbe werden über die Hülle emporgeschoben und sind jetzt über die Oberfläche des Wassers an der Luft ausgebreitet.

Die männlichen Blüten stehen nicht vereinzelt, sondern sind traubenförmig angehäuft in einer, in die blasenförmige, zweiteilige Hülle hineinragenden Spindel. Schon unterhalb des Wasserspiegels trennen sich diese beiden Hüllblätter und dann zeigt sich die Traube, die sich aus kugelligen Blütenknospen zusammensetzt, etwa 5 cm über dem Boden stehend.

Jetzt kommt der Befruchtungsakt, bekannt unter der mehrfach von Dichtern besungenen „Hochzeit der Vallisnerie". Er ist bei dieser Pflanze so eigenartig und merkwürdig, daß es sich wohl verlohnt, ihn näher zu betrachten, da er zu den eigenartigsten Vorgängen gehört, den das Pflanzenreich aufweist.

Die männlichen Blüten lösen sich einzeln von der Spindel ab, steigen an die Oberfläche des Wassers empor und halten sich hier schwimmend. In der ersten Zeit sind sie noch vollständig geschlossen, also kugelförmig, bald aber öffnen sie sich: die drei ausgehöhlten Blättchen, welche über die Pollenblätter gewölbt waren, schlagen sich zurück und stellen drei an einem Punkte zusammenhängende kleine Kähnchen dar. Von den zwar in der Dreizahl angelegten Pollenblättern sind nur zwei entwickelt und diese ragen in schräger Richtung, von dem Punkte ausgehend, wo die drei kleinen kahnartigen Blätter zusammenhängen, in die Luft. Sowie die Blumenblätter zurückgeschlagen sind, springen sogleich die Antheren auf. Meist enthalten sie, d. h. jede Anthere etwa 36 Pollenzellen. Diese sind verhältnismäßig groß, sehr klebrig, hängen mit einander zusammen und bilden ein, von dicken Staubfäden getragenes Klümpchen. Auf dem Wasserspiegel werden die Staubfäden von den, kleine Kähne bildenden Blumenblättern sicher getragen und der Pollenstaub gegen eine Zerstörung durch Wasser bewahrt. Diese Kähnchen vollführen jede leichtere Bewegung des Wassers mit, ohne umzuschlagen und daher ist auch ihre Frucht gegen eine verderbliche Durchnässung von unten sicher geschützt.

Von dem leisesten Luftzug werden diese schwimmenden männlichen Blüten nach allen Richtungen getrieben und sammeln sich an festen Körpern, besonders dort, wo diese einen Einschnitt zeigen, an. Bildet die weibliche Blüte der Vallisnerie einen solchen Anlegeplatz, so ist es unvermeidlich, daß die männlichen Blüten einen Teil der Pollenzellen an den am Rande gefransten Narbenlappen der weiblichen Blüte hängen lassen.

Ist auf diese Weise eine Befruchtung herbeigeführt, so wird die weibliche Blüte unter Wasser gezogen, indem ihr langer Stiel sich krümmt und die

Gestalt einer Schraube annimmt. (Siehe Abbildung.) Die Windungen dieser legen sich mit der Zeit so eng aneinander, daß der zur Frucht gewordene Fruchtknoten ganz nahe über dem Schlammgrund des Bodens zu liegen kommt, wo er reift.

Kurz bemerken will ich noch, daß an den Blättern der Vallisnerie an sonnigen, warmen Tagen eine sehr schnelle Protoplasma-Bewegung zu beobachten ist. Entfernt man mit einem scharfen Messer von einem Blattteil die Oberhaut, schneidet dann ein Stück des Fleisches aus und bringt dieses im Wasser auf den Objectträger eines mäßig scharfen Mikroskops, so kann man mit Leichtigkeit die Bewegung verfolgen.

Der hohe Wert der Vallisnerie für das Aquarium besteht darin, daß ihre Blätter sich auch den ganzen Winter hindurch frisch erhalten, eine Eigenschaft, die in dem Maße nur wenige Wasserpflanzen besitzen, die gleichzeitig so leicht gedeihen wie die Vallisnerie. Ihre Blätter bilden für die Fische Schlupfwinkel, zwischen denen sie sich gern verbergen.

Soll die Pflanze gut gedeihen, so beansprucht sie ein nicht zu flaches Becken, da bei einem geringen Wasserstand ihre Blätter schmal und gelbbraun werden. Bei einer genügenden Wassertiefe, wo die Pflanze kräftig und schön ist, vermag sie im Aquarium sogar zu blühen.

Zur Besetzung des Aquariums wähle man junge Exemplare mit kleinen Wurzeln, aus ihnen entwickeln sich in kurzer Zeit so kräftige Gewächse, daß sie alte, volle, an Üppigkeit bald übertreffen. Wird die Pflanze in großen Einmachgläsern kultiviert, die nur einen einfachen Bodenbelag von Sand besitzen, so treibt sie hier reichliche Schößlinge, als Aquariumpflanze dagegen in reinen Sand gesetzt, entwickelt sie sich nicht schön. Hier verlangt sie wenigstens Schlammboden.

Die Einsetzung der Vallisnerie ist sehr einfach. Ist die Wurzel lang, so schneidet man sie kürzer, besonders entferne man lange Saugwurzeln. Besitzt man starke Exemplare mit vielen Ausläufern, so nimmt man soviele ab, als abgenommen werden können, um so durch mehrere Exemplare schneller eine Belaubung des Aquariums zu erzielen. Im übrigen beobachte man die Punkte, die Seite 49 über die Bepflanzung gegeben sind.

Die eingepflanzten Vallisnerien lasse man etwa einmal im Jahre durch Kaulquappen gründlich von den sie bedeckenden Algen reinigen; sie treiben dann jährlich neue starke Ausläufer, wohingegen, wenn dieses nicht geschieht, die Blätter sich mit schwarzen, später braungelb werdenden Flecken überziehen, die ein vollständiges Eingehen der Pflanzen bewirken.

Als beste Aquariumpflanze ist die Vallisnerie vielfach begehrt und daher aus den meisten Handelsgärtnereien und von sonst geeigneten Aquarienhandlungen zu nicht hohem Preise zu beziehen.

2. Untergetauchtes Hornkraut (Ceratophyllum submersum L.) Glatter Igelkolk, untergetauchter Igelkolk.

Die Blätter sind graugrün, im Winter dunkler und starrer. Sie besitzen 5—8 haarfeine Abschnitte und sind dreifach gabelspaltig. Die Blattquirle stehen nach unten zu 2 bis 3 cm von einander ab und sind durch ihre Zerteilung aus 30 und mehreren langen, zarten Zipfeln zusammen gesetzt. Die Stengel sind glatt. In den oberen Blattquirlen befinden sich die Blüten. Diese sind sitzend, perigonios, von einer 10 bis 12zeiligen, mit schmalen Abschnitten versehenen Hülle umschlossen. Die in unbestimmter Anzahl vorhandenen Staubblätter sind sitzend, ohne Staubfaden und bestehen aus zweikammerigen, in unregelmäßigen Längsspalten aufspringenden Antheren. Die Samenknospe ist hängend. Die Frucht besitzt am Ende einen einzigen kurzen Dorn. Stacheln an der Basis sind nicht vorhanden. Die Blütezeit fällt in den Juli und August. ♃. Landseen, Teiche, Wiesengräben, kurz, in allen stehenden Gewässern.

Da die folgende Art des Hornkrautes nur in der Form sehr wenig von diesem verschieden ist, sonst aber beide in allen Punkten mit einander übereinstimmen, fasse ich beide Arten bei der Schilderung zusammen und gebe nur vorher die Beschreibung der Art.

3. **Hellgrünes Hornkraut (Ceratophyllum demersum L.)** Rauher Igelloch, emporgetauchter Igelloch, spitzfrüchtiges Hornblatt.

Die Blätter sind trübgrün, im Winter dunkler und starrer. Sie sind gabelspaltig mit 2 bis 4 schmalen linealischen Abschnitten. In derselben Weise wie bei submersum steigen auch bei diesem Hornkraute die Stengel aus der Tiefe des Wassers in die Höhe, verästeln sich unterhalb des Wasserspiegels und bilden hier große umfangreiche, dunkelgrüne Büschel. Der untere Stengel trägt die Blattquirle in kurzen Zwischenräumen, oben am Stengel aber sind sie dicht aneinander stehend, Blattzipfel sich über Blattzipfel legend und eine dichte Masse hier bildend.*) Blätter und Stengel sind leicht zerbrechlich und erstere fallen beim Herausnehmen aus dem Wasser nicht so leicht wie bei submersum zusammen. Die Blüte gleicht der des submersum sehr. Die Früchte besitzen drei Dornen, einen am Ende und zwei grundständig. ♃ Kommt sowohl in stehenden Gewässern, wie in solchen mit stärkerer Strömung vor.

Obgleich die beiden Formen des Hornkrautes, die ich im vorstehenden beschrieben habe, sich scheinbar leicht auseinander halten lassen, ist dieses doch durchaus nicht der Fall.

Eine bestimmte Aufstellung von Spezies dieser Pflanze hat zu allen Zeiten den Botanikern nicht geringe Schwierigkeiten bereitet. „Vaillant", schreibt Schleiden, „hatte seine Unterscheidung hauptsächlich auf die Blätter gebaut. Spätere, z. B. Linné, nahmen mehr Rücksicht auf die Frucht; doch fand hier viel Verwirrung statt. In de Candolle's Prodr. z. B. ist offenbar als C. submersum nur eine Form von C. demersum beschrieben und wahr-

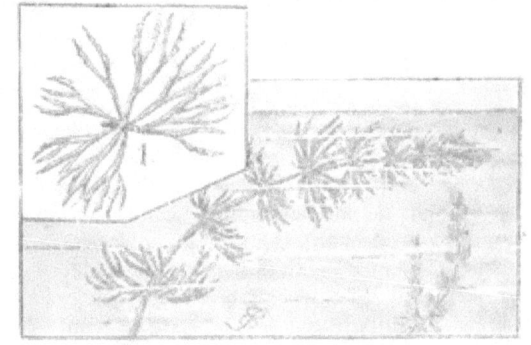

Figur 43. Hellgrünes Hornkraut. (Ceratophyllum demersum) 1. Blattquirl.

*) In der Abbildung ist ein stark gewachsener Schößling dargestellt, um die Stellung der Blätter besser zu zeigen.

scheinlich nur eine unreife Frucht. Chamisso glaubte auf die Verschiedenheit der Frucht noch mehr Spezies gründen zu können, irrte aber, indem er die wirklich reife Frucht nicht von der unreifen unterschied und, was nur Bildungsstufen sind, als Species beschrieb. Sowerby glaubte in der Form der Bracteen*) genügende spezifische Kennzeichen gefunden zu haben. Wahlenberg war wohl der erste, welcher auch die Linné'schen Spezies zusammenwarf. Er führt submersum als eine niedrigere, in tiefem Wasser wachsende Varietät an. Vergleicht man nun die von Chamisso, Roxburgh, Wight und Guillemin gegebene Beschreibung der Früchte, so sieht man gleich, daß sich stetige Übergänge derselben Form finden und selbst, ohne die Natur zu Rate zu ziehen, sieht man schon ein, daß auf solche Weise keine Formen auseinander zu halten sind."

Alle weiteren Untersuchungen über die verschiedenen Spezies von Ceratophyllum haben ergeben, daß die beiden angeführten Formen von den zahlreichen anderen Spezies am leichtesten auseinander gehalten werden können, obwohl auch bei ihnen sich vielfache Übergänge in der Frucht und in der Form der Blätter vorfinden. Aus diesem Grunde habe ich mich auf beide beschränkt und gehe nach diesen allgemein gehaltenen Bemerkungen jetzt zu den Pflanzen selbst über.

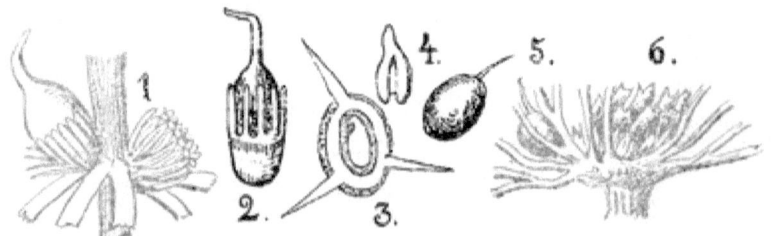

Figur 44. 1. Männliche und weibliche Blüte von demersum, vergr. 2. Frucht von demersum, vergr. 3. Längsschnitt durch die Frucht von demersum, vergr. 4. Keim von submersum, vergr. 5. Frucht von submersum, vergr. 6. Blütenstand von submersum, vergr.

Auf dem Grunde stehender oder langsam fließender Gewässer, hier und da auch in stark strömenden Flüssen vorkommend, bildet das Hornkraut ausgedehnte Bestände. Die Blüten stehen fast ungestielt in den Blattachseln. Männliche und weibliche Blüten finden sich nur sehr selten an ein und derselben Pflanze. Den Samen selbst habe ich im Vorhergehenden ausführlich beschrieben; sobald derselbe keimt, besitzt er eine stummelhafte, kaum 2 mm lange Andeutung einer Wurzel, welche Bildung schon bei dem Erscheinen der ersten Blätter verschwindet. Die entwickelte Pflanze besitzt überhaupt keine Wurzel.

Das Hornkraut wächst im Aquarium ungemein leicht, wenn es Sonnenschein und frische Luft bekommt und sehr viel Oberlicht erhält. „Ein gutes Mittel, die Schönheit dieser Pflanze im Aquarium zu erhalten, besteht darin, sie, sobald ihre Spitzen die Wasseroberfläche erreichen, unten abzu-

* Deck- oder Tragblätter. Sie haben eine lange Dauer.

schneiden und so einzupflanzen, daß ihre höchstsitzenden Blätter sich wenigstens 6 cm unter dem Wasserspiegel befinden, ferner das Wasser selbst möglichst selten zu wechseln und endlich das Becken thunlichst rein zu erhalten." (Solotnitzky.) Eine sehr gute Eigenschaft des Hornkrautes ist ferner die, daß die Blätter alle Trübung verursachenden Bestandteile aufnehmen und so das Wasser rein erhalten. Macht die Pflanze einen unsauberen Eindruck, so hebt man sie einfach aus dem Becken, spült sie ab und setzt sie von neuem ein, wo sie dann in neuer Frische weiter wächst.

Eine Vermehrung des Hornkrautes aus der Frucht ist nicht nötig, da jede nicht fruchttragende Knospe in den Boden gesetzt, weiter wächst. Im übrigen dürfte es auch nur ganz vereinzelte Gegenden geben, die in Gräben oder Tümpeln kein Hornkraut aufweisen.

4. Wasserpest (Elodea canadensis Richard). (Anacharis Alsinastrum Bab.)

Von den langen, einfachen, fadenförmigen Wurzeln erheben sich zarte, vielfach verästelte, beblätterte Stengel, die zahlreiche gegenständige oder quirlförmig stehende Blätter tragen. Diese Blätter sind länglich bis linealisch-lanzettlich, spitz, kleingesägt, leicht gekrümmt und geben dadurch der Pflanze, im Verein mit ihrer schönen hellgrünen Färbung ein zierliches Aussehen. Aus den oberen Blattwinkeln kommen die 4 bis 6 cm langen, fadigen Blütenstiele, die von einer zweilappigen Scheide umgeben sind und bis zur Oberfläche des Wassers reichen. Die Blüte ist unansehnlich; in allen Teilen dreizählig, besitzt sie 3 äußere und 3 innere Perigonblätter, 3 lineale, gelerbte oder gelappte, purpurfarbene Narben ohne Griffel. Die Vermehrung der Pflanze geschieht durch Knospen, die in den Blattachseln entstehen. Diese lösen sich von der Mutterpflanze ab und bilden sich zu einer neuen Pflanze aus. Desgleichen wächst ein abgeschnittenes Stück, welches in Wasser gelegt wird, weiter. In Europa finden sich nur weibliche Pflanzen, die männlichen sind auch in Amerika, der Heimat der Wasserpest, selten. H. In Flüssen und stehenden Gewässern, die zu Zeiten mit Flüssen verbunden sind. Besonders häufig in Norddeutschland.

Die Wasserpest ist eine dem nördlichen Kanada entstammende Wasserpflanze. In zahlreicher Menge kommt sie in ihrer Heimat in allen Teichen, tiefen Gräben und Bächen vor. Obgleich erst seit wenigen Dezennien in Europa, hat sie sich hier doch außerordentlich schnell verbreitet, sodaß es jetzt Flüsse giebt, in denen sie durch ihr massenhaftes Vorkommen der Schiffahrt hinderlich ist und daher beseitigt werden muß.

Im Jahre 1847 (vielleicht schon 1832) kam diese Pflanze nach England und Italien, und etwa 1860 wurde sie auch in Deutschland eingeschleppt, wo sie in den Gewässern um Potsdam zuerst aufgefunden wurde.

Seltsam muß es erscheinen, daß diese Pflanze sogleich mitten in Deutschland vorkam. Hier ist nur eine Möglichkeit vorhanden, dieses zu erklären. Ein Berliner Botaniker ließ sich 1854 die Pflanze zur Untersuchung aus England kommen, von dieser ist wohl absichtlich, oder unabsichtlich ein Teil gepflanzt worden und bereits drei Jahre später wurden Pflanzen bei Sanssouci gefunden. Von hier stets weiter Boden fassend, kam sie im Jahre 1864 zu den Havelseen und von da verbreitete sie sich mit ungeheurer Schnelligkeit weiter, sodaß sie jetzt überall zu finden ist. Tritt sie an einigen Orten sehr stark auf, so verschwindet sie meist nach Verlauf von 5 bis 6 Jahren von hier wieder.

Als Aquariumpflanze ist die Wasserpest nicht zu unterschätzen. Ihre schönen, hellgrünen, metallisch glänzenden Stengel durchziehen das Becken in anmutiger Weise vom Grunde bis zur Oberfläche des Wassers mit einem grünen Netze. Als Unterwasserpflanze steht sie an Schönheit kaum dem Tausendblatt nach.

So schön sie als Aquariumpflanze ist, so leicht gedeiht sie auch hier. Ihr Stengel ist im Anfange freischwimmend, treibt jedoch leicht bis zu 35 cm lange, weiße, nichtverzweigte Wurzeln. Es ist zur Kultur der Pflanze nichts weiter nötig, als Zweige mit oder ohne Wurzeln in die Erde, oder auch nur in den Sand zu stecken, wobei indessen zu beachten ist, daß diese nicht bis zur Wasseroberfläche reichen. Die zuerst gepflanzten Teile werden schwarz und bedecken sich mit Niederschlag, dagegen bleiben die im Aquarium selbst gewachsenen grün und frisch. Es folgt hieraus, daß man zur Aufpflanzung nur möglichst kleine Teile verwendet.

Sehr üppig und kräftig entwickelt sich die Pflanze, wenn sie im Sommer an die frische Luft gestellt und möglichst in einem hellgrünen Glasbehälter der Morgensonne ausgesetzt wird. Luft, Regen und Sonnenschein haben auf sie einen so starken Einfluß, daß sich auch aus den kränklichsten Teilen in überaus kurzer Zeit schöne kräftige Exemplare mit dicken Stengeln und großen Blättern entwickeln. Der große Wert der Wasserpest für das Aquarium besteht darin, daß sie in kurzer Zeit auch das schmutzigste Wasser reinigt. Wird die Pflanze in ein mit trübem Wasser gefülltes Becken gesetzt, so lagert sich auf den Blättern fast aller Schmutz ab. Sauerstoff wird von der Wasserpest im Überfluß hervorgebracht, auch giebt sie pflanzenfressenden Tieren reichlich Nahrung. Ihre Vegetation erleidet zur Winterzeit keinen völligen Stillstand.

Eine neue Wasserpest, deren Kultur dieselbe wie die der Elodea canadensis ist und welche auch im Winter grünt, wurde von P. Nitsche mit einem Fischimport eingeführt.

Fig. 44b. Elodea densa.

Elodea densa. (Planch.)
<small>Dieselbe erinnert sehr an die gewöhnliche Wasserpest, nur ist ihre Belaubung voller, und sind die Blätter größer und spitz. — h. Amerika.</small>

5. Carolinische Haarnixe (Cabomba caroliniana A. Gray.) (Cabomba aquatica, Nectris aquatica) Wasser-Haar-Nixe.

Die untergetauchten Blätter bestehen aus zwei Quirlen nebenblattloser, gestielter, im Umfang nieren- bis kreisförmiger Blattflächen. Die einzelnen Blättchen sind meist fünfteilig, von denen die seitlichen zwei bis viermal zweiteilig sind, das mittelste nur einmal dreiteilig ist. Die schwimmenden Blätter, die dem Wasserspiegel anliegen, sind länger gestielt als die untergetauchten. Ihre Form ist verkehrt eiförmig und wie die meisten Schwimmblätter besitzen sie an der Unterseite eine schwach violette Farbe.* Der Stengel ist untergetaucht, stielrund, gabelig, knotig und hohl. An jedem Knoten stehen sich zwei Blätter gegenüber. Die Blüten stehen einzeln und sind lang gestielt. Sie kommen aus den Achseln der ganzen und der oberen zerschlissenen Blätter. Die Farbe der Blüte ist weiß; die Blumenblätter tragen am Grunde zwei gelbe Flecke. Die Zahl der Blumen und Kelchblätter beträgt je drei. Sie stehen miteinander abwechselnd und sind in der Form eiförmig stumpf. Staubblätter sind sechs vorhanden, Stempel zwei bis vier. Fleischige, einjacherige Kapseln, je mit einem Griffel voll kleiner, runder Samen. Die Blütezeit ist im Frühling, in den Monaten Mai bis August. Kelch- und Blumenblätter einer im Verblühen begriffenen Pflanze biegen sich nach außen hin um. ♃. In stehenden Gewässern und Bächen von Guyana, Cayenne und Carolina.

Die karolinische Haarnixe, kurz Kabomba genannt, hat eine große Ähnlichkeit mit dem gemeinen Hahnfuß. Zu den Haarkrautarten gehört die Pflanze indessen nicht, sondern sie zählt zu den Seelilien, ist also eine Verwandte unserer Seerose. In ihrer Heimat wurzelt die Kabomba im Grunde der Gewässer. Aus den Knoten der kriechenden Wurzel treiben anfangs in die Höhe strebende, später jedoch infolge ihrer eigenen Schwere wieder zurücksinkende, gabelförmig verzweigte, mit einer schleimigen Masse überzogene Stengel. An diesen entwickeln sich die fingerteiligen Blätter, die eine saftig grüne Farbe besitzen und unter der Wasserfläche bleiben. Ist die Pflanze größer, so treibt sie Schwimmblätter, deren Form oben beschrieben

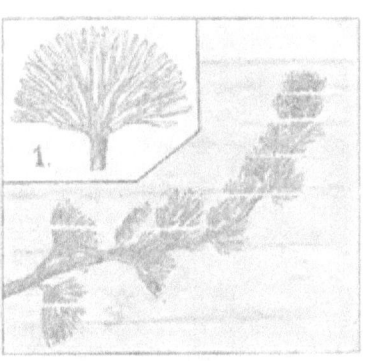

Figur 45. Carolinische Haarnixe. Cabomba caroliniana 1. Blatt.

wurde, und wenn diese vorhanden sind, in den bezeichneten Monaten Blüten.

Im Jahre 1892 wurde diese für Aquarien sehr wertvolle Pflanze von P. Matte eingeführt und ist jetzt zu billigen Preisen aus allen bekannten Handlungen zu beziehen. Unbewurzelte Zweige, einfach in Sand gesteckt, bewurzeln sich nach einigen Wochen und die Pflanzen treiben dann bald eine so reiche Verzweigung, daß einige Exemplare das ganze Aquarium mit ihrem reizenden Blattschmuck füllen können.

Über die sonstige Kultur der Kabomba ist wie bei allen untergetauchten Wasserpflanzen nicht viel zu sagen. Sie braucht, wenn sie stets schön grün

* Vergleiche das über die Frcichbißblätter Seite 68 gesagte.

aussehen soll, Licht. Bei einem wenig hellen Standort werden die Blätter klein, stehen in längeren Zwischenräumen am Stengel und die sonst lebhaft gefärbte Pflanze wird gelblich.

Zerschnittene Stengel der Kabomba eingepflanzt, treiben weiter, ebenso entwickeln sich aus lang unter Sand gelegten Pflanzen neue Triebe. Das Vorhandensein von Wurzeln, behufs Einsetzung, ist bei dieser Pflanze unnötig; jedes etwa fingerlange Stück, besonders leicht die Spitzen von Trieben, sind zur Entwicklung von Wurzeln und Nebenzweigen zu bringen.

Eine bestimmte Temperatur des Wassers beansprucht die Kabomba nicht. In Aquarien, die im geheizten Zimmer im Winter stehen, kommt sie gut durch. Im Sommer gedeiht sie sogar im Freien.

6. Rosenblättrige Haar-Nixe (Cabomba rosaefolia.)

Ähnlich wie Cabomba caroliniana. Die untergetauchten Blätter schmutzig rosé, im Alter dunkel violett. Die Blüte ist gelblich, der Stempel rot.

Trotzdem sich die rosenblättrige Haarnixe noch schöner als die gew. Cabomba im Aquarium ausnimmt, ist sie doch lange nicht so zu empfehlen wie diese, die im reinen Sande gedeiht, während die erstere einen sehr nahrhaften Bodenbelag verlangt und sich viel hinfälliger zeigt, als die karolinische Haarnixe.

7. Wasseraloe (Stratiotes aloides L.) Gemeiner Wasseraloe, aloeblättrige Wasserschere, Krebsschere, Wassersäge, Sichelkraut.

Blätter schwertförmig, fingerlang, spitz, nach innen etwas hohler, scharf stachelig, sägerandig, fleischig und derb, an der Rückseite gekielt. In der Anordnung bilden sie rundliche Blätterbüschel bis zu 40 cm Durchmesser. Der Stengel ist nackt und dünn. Aus den Achseln der inneren mehr schneidigen, kürzeren, fast rinnenförmigen, sägerandigen Blätter erheben sich nackte Blütenschäfte. Zur Zeit der Blüte bildet sich Luft in den lockerzelligen Blättern, wodurch die Pflanze mehr nach oben strebt. Die Wurzeln verlängern sich, die Blätter überragen den Wasserspiegel teilweise und die an der Spitze verdeckten Blütenschäfte öffnen sich. Die drei äußeren Perigonblätter der Blüte sind grünlich, kürzer und länglich; die drei inneren rein weiß und fast kreisrund. Die ♂ Blüten sind über 3 cm breit und enthalten 12 und mehrere gelbe Staubgefäße und 20 und 30 Nebenstaubfäden. Die ♀ Blüten sitzen zu dreien in der Scheide und haben sechs zweispaltige Griffel. Die Frucht ist etwas fleischig. Blütezeit Mai bis August. ♂ und ♀ Blüten stehen auf verschiedenen Pflanzen. 4. Stehende Gewässer in der Nähe der Ufer, wo nur ein verhältnismäßig flacher Wasserstand ist, im nördlichen und östlichen Deutschland, besonders in Norddeutschland. Sonst nur zerstreut.

Der Wasseraloe kann zu den Schwimmpflanzen gezählt werden, doch ist es auch nicht falsch, ihn den untergetauchten Gewächsen zuzuteilen.

Die aus dem Samen hervorgegangene Erstlingswurzel dieser Pflanze ist im Schlamme eingebettet, also eine Erdwurzel; nachdem sie abgestorben ist, erhebt sich der Pflanzenstock, erhält sich schwebend unter dem Wasserspiegel und entwickelt aus seinem beblätterten kurzen Stamm schwimmende Wurzeln. Über Winter nun ruht die Pflanze am Grunde der von ihr bewohnten Teiche und dann werden die schwimmenden Wurzeln wieder zu Erdwurzeln.

Im April heben sich einzelne Stöcke bis zur Oberfläche des Wassers empor, erhalten sich hier schwebend, erzeugen neue, schwertförmige Blätter und Wurzelbüschel, die von dem verkürzten Stamme ausgehen, und dann Blüten, die im Hochsommer über der Oberfläche des Wassers erscheinen. Ist die Blütezeit beendet, so sinkt die Pflanze in die Tiefe zurück, läßt hier Früchte und Samen reifen und legt Knospen für eine vegetative Vermehrung an. Diese aber kommen aus den Achseln der unteren Rosettenblätter als Langtriebe hervor, die so lange fortwachsen, bis sie über den Umkreis der ganzen Rosette hinausgekommen sind. Ist dies geschehen, so streckt sich der junge, wagerecht abstehende Sproß nicht mehr, sondern bildet sich am Ende zu einem Kurztriebe, beziehentlich zu einer Rosette aus, die in den folgenden Jahren neuerdings Langtriebe aussendet. Zu Anfang des September erhebt sich die Pflanze noch einmal in die obersten Wasserschichten und die zu dieser Zeit herangewachsenen Knospen gleichen bis auf ihre geringe Größe schon ganz der Mutterpflanze. Im Laufe des Herbstes faulen die Sprossen, welche die Knospenpflanzen mit der Mutterpflanze verbinden durch, und alle Rosetten sinken zur Überwinterung auf den Teichgrund hinab.

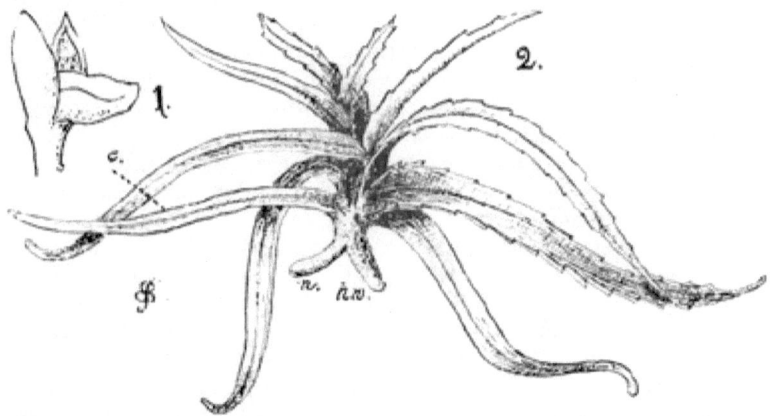

Figur 16. Wasseraloe (Stratiotes aloides). 1. Frucht natürl. Größe. 2. Keimpflanze Anfang August. c. Keimblatt, bzw. Hauptwurzel, unentwickelt bleibend. n. erste Adventivwurzel (natürliche Größe).

Der Wasseraloe bezieht sein Winterquartier nie in Knospenform, sondern stets als offene Rosette.

Als Aquariumpflanze drückt der Wasseraloe dem Behälter ein fremdländisches Gepräge auf. Er behält auch seine Blätter, wie nur noch wenige heimische Wasserpflanzen, den Winter über und ist aus diesem Grunde ein wertvolles Aquarium-Gewächs. Zum Einbringen in das Aquarium sind ganz junge Pflanzen oder noch besser solche, die zwar schon Wurzeln aufweisen, aber noch nicht zur Blüte geschritten sind, am geeignetsten. Letztere findet man an den Standorten der Pflanze Ende Mai, kurz vor der Blütezeit. „Mit gutem Erfolge läßt sich der Stratiotes kultivieren, wenn man ihn in einem Gefäße, gefüllt mit demselben Wasser, in dem er aufgewachsen ist, an sonnigem Orte unterbringt. Dieses Wasser wird nie gewechselt, sondern nur von Zeit zu Zeit durch Nachfüllen ergänzt. Mit Wurzeln versehene Exemplare kann man auch in Töpfe, deren Inhalt aus Schlamm und Lehm besteht, stecken; fehlen die Wurzeln aber noch, so muß die Pflanze so lange auf dem Wasser schwimmen, bis sie solche von wenigstens 6 cm Länge entwickelt. Besser ist es freilich, zu warten, bis die Wurzeln so lang sind, daß der Stratiotes selbst, während jene im Boden einwurzeln, den Wasserspiegel erreicht. Ist die Wurzel genügend entwickelt, so folgt das Pflanzen der Krebsschere in lehmigen Grund."

Eine Vermehrung der Pflanze läßt sich am leichtesten im Herbst durch die in den Blattwinkeln sich bildenden Knospen bewirken. Diese werden in ein mit Wasser gefülltes Gefäß geworfen, wo sie den Winter über auf dem Boden liegen bleiben und im Frühling Wurzeln zu treiben beginnen. Schwimmen einige Knospen auf der Oberfläche, so sind sie mittelst kleiner Steinchen, die an den Pflanzen befestigt werden, zu zwingen, auf dem Boden liegen zu bleiben. Für die Knospen verwende man im Anfange nur eine geringe Wassertiefe, sie wird in dem Maße, wie die Wurzeln länger werden, vergrößert.

Pflanzen, die im Freien gewachsen sind, besonders alte, haben so stachliche Blätter, daß, wenn solche Gewächse in das Aquarium gebracht werden, sich leicht die Fische, besonders Schleierschwänze, an ihnen verwunden können. Bei solchen alten Wasserscheren verfaulen auch bald die Wurzeln, so daß man die Pflanze durch Steine am Boden festhalten muß. Am vorteilhaftesten ist es, nur Knospen im Aquarium zu verwenden, die nach obigen Anweisungen behandelt sind.

In sehr seltenen Fällen gelangt der Wasseraloe im Aquarium zur Blüte.

Die Schönheit dieser Pflanze ist im Aquarium leider in den meisten Fällen nur von kurzer Dauer. Mit der Zeit werden die Blätter immer dünner und dünner und so spröde, daß sie bei der leichtesten Berührung brechen. Worin dies seinen Grund hat, ist schwer nachzuweisen, jedenfalls ist diese Veränderung auf den Mangel an frischer Luft zurück zu führen oder auch auf die zu große Klarheit des Beckenwassers; was mir am wahrscheinlichsten dünkt ist, daß beide Faktoren ihr Teil dazu beitragen, den Wasseraloe allmählich verkümmern zu lassen.

9. Schwimmendes Laichkraut (Potamogeton natans L.)

Stengel einfach; alle Blätter langgestielt, die untergetauchten schmäler, lanzettlich oder länglich rund, wechselständig. Sie sind zur Blütezeit meist verfault. Die schwimmenden Blätter sind lederartig, rundlich oder länglich elliptisch, am Grunde schwach herzförmig. Die Blattstiele auf der Oberseite schwach oder flach rinnenförmig. Die Blütenstiele gleich dick. Die Blütenähre ist zapfenförmig und erhebt sich über die Wasserfläche. Die einzelnen Blüten besitzen vier grüne, schuppenförmige Perigonblätter, vier Staubbeutel, welche ohne Fäden sind und an ihrem Mittelbande ein blütenblattartiges Anhängsel Schuppe haben, sowie vier Stempel ohne Griffel. Die

vier Früchtchen und eiwarenkartig, flach zusammenge
drückt, mit stumpfem Rande. Der Keimling ist ge
krümmt. ♃. Stehende und fließende Gewässer, häufig.
Blütezeit Juli, August. Siehe Tafel „Pflanzen" Fig. 1
und 1 A.

Von allen Laichkrautarten hat das schwimmende
die weiteste Verbreitung. Es findet sich in stehenden
und fließenden Gewässern so zahlreich, daß es in
manchen Gegenden als Düngemittel für die Felder
benutzt wird. Seinen eigenartigen Namen, der durch
diese Pflanze einer ganzen Familie verliehen ist, führt
es daher, daß die Schnecken und Fische mit großer
Vorliebe ihren Laich an den Blättern dieser Pflanze
abießen.

Wegen seiner Größe empfiehlt sich das schwim
mende Laichkraut nur in jungen Exemplaren als
Aquariumpflanze für größere Becken. Nur mit
Wurzeln versehene, die zu Beginn des Frühlings in
das Becken gebracht werden, am besten vorjährige
Sämlingspflanzen, gedeihen.

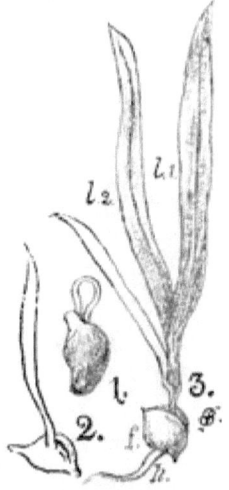

Figur 17. Schwimmendes
Laichkraut (Potamogeton
natans). 1. keimende Frucht.
2. Keimling mit Keimblatt.
3. Keimpflanze. f Frucht
h Hauptwurzel. l1, l2 erstes
und zweites Laubblatt

10. Krausblättriges Laichkraut (Potamogeton crispus L.)

Der Stengel gabelteilig und flachgedrückt. Alle Blätter untergetaucht, häutig,
durchscheinend, sitzend, am Grunde abgerundet, lineal länglich, ziemlich stumpf, kurz
zugespitzt, feingesägt und wellig kraus. Die Ährenstiele sind meist länger als die
Blätter und nicht verdickt. Die Ähren sind kurz; die Perigonblätter sind nierenförmig.
Die Früchte sind zusammengedrückt, rötlich gezeichnet. Blütezeit Juni bis August.
♃. Staudenfelten. In stehenden und fließenden Gewässern durch das ganze Europa zerstreut.

Alle stehenden oder langsam fließenden Gewässer des ganzen Europas
beherbergen das krausblättrige Laichkraut. Es wird diese Pflanze um so
üppiger und größer, je tiefer sie steht, so daß von ihr und einigen ihr ähnlichen
Arten Flüsse, Kanäle, Seen und Teiche so sehr ausgefüllt werden können,
daß dadurch die Schiffahrt gehindert wird. Im Hochsommer hebt das
Laichkraut seine Blüte über den Wasserspiegel und es sind die fleischigen
rötlich-braunen, großen Narben schon dann befähigt, den Pollenstaub auf
zunehmen, wenn die nebenstehenden Antheren noch geschlossen sind. „Ja
nicht einmal die Blumenblätter der betreffenden Blüten haben sich zu dieser
Zeit auseinander gethan, und man sieht sie unterhalb der vorgeschobenen,
kreuzweise gestellten vier Narbenlappen über die Antheren gedeckt. Erst dann,
wenn die Narben schon zu welken beginnen, schlagen sich die schalenförmigen,
kurzgestielten Blumenblätter zurück. Fast gleichzeitig bilden sich an den
großen weißen Antheren Längsrisse, die sich rasch in weit klaffende Spalten
umwandeln, aus welchen mehliger gelber Pollen reichlich hervorquillt. Wenn
zur Zeit des Aufspringens der Antheren ein frischer, trockener Wind über
die aus dem Wasser ragenden Ähren des Laichkrautes streicht, so wird ein

Teil des Pollens sofort als Staub fortgetragen; wenn aber Windstille herrscht, so fällt der Pollen zum Teil nach abwärts in die Aushöhlung desjenigen Blumenblattes, welches wie eine Schale oder wie ein kurz gestielter Löffel unter die Antheren gestellt ist. Hier kann der Pollen bei ruhiger Luft stundenlang abgelagert bleiben. Erst beim Eintreten eines kräftigen Windstoßes wird er aus der Schale weggeblasen und in wagerechter Richtung zu anderen über das Wasser aufragenden Ähren hingetragen, deren Blüten sich noch in einem sehr frühen Entwicklungszustande befinden, und wo zwar die vierstrahligen Narben schon zur Aufnahme von Pollen bereit, aber die Antheren noch nicht aufgesprungen und die Blumenblätter noch geschlossen sind." (Kerner.) Eine derartige Befruchtung durch den launischen Wind führt aber nicht sehr oft zur Samenbildung, wenn auch unzählige Pollenkörner von jeder Blüte verstäubt werden. Die Gefahr, wie schon Seite 62 ausgeführt, liegt sehr nahe, daß der meiste Pollenstaub in das Wasser geweht wird. An eine Befruchtung durch nassen Pollenstaub ist aber nicht zu denken, weil dieser, sowie er mit Wasser in Berührung kommt, dasselbe in solcher Menge aufsaugt, daß er platzt. Auch regnerische Tage können die Befruchtung vereiteln. Ein Tropfen, in das als Schale dienende Blumenblatt gefallen, genügt, den ganzen Pollenstaub, der sich hier abgelagert hat, zu vernichten. Um allen diesen und anderen Zufälligkeiten aus dem Wege zu gehen, findet auch bei diesem Laichkraut, wie bei allen Wasserpflanzen, eine vegetative Vermehrung statt.

Figur 48. Krausblättriges Laichkraut Potamogeton crispus. Blütenstand und Ausstäuben des Pollenstaubes vergrößert.

Im Spätherbst entwickeln sich nahe dem Wasserspiegel Sprossen, die mit kurzen Blättern besetzt sind und sich, bevor noch der Winter die Gewässer mit Eis bedeckt, vom alten Stengel ablösen, in die Tiefe sinken und sich dort mit ihrem unteren spitzen Ende im Schlamme einbetten. Hier sind sie trefflich gegen die Kälte geschützt und überdauern den Winter, der die Mutterpflanze vernichtet. Im Schlamme treiben diese Sprossen Wurzeln und beblätterte, viel verzweigte Stengel, welche im Frühling rasch gegen den Wasserspiegel hinaufwachsen. Allein nicht nur durch Samen und durch Wintersprossen findet bei diesem Laichkraute eine Vermehrung statt, sondern auch durch Stocksprossen, die im Schlamme nach allen Richtungen weit umherkriechen. Eine weite Verbreitung, d. h. im Umkreise, wird aber durch sie

Figur 49. Winterknospe des krausblättrigen Laichkrautes.

nicht so erzielt, wie durch die Wintersprosse, die vom Wasser weit von der Mutterpflanze weggeführt werden kann.

Mehr zu empfehlen für das Aquarium als das schwimmende, ist das krausblättrige Laichkraut. Besonders gut eignen sich die Pflanzen, die im seichten Wasser aufgewachsen sind, also nur eine geringere Größe aufweisen, zur Besetzung. Die Pflanze wird in schlammigen Boden gepflanzt und gedeiht ohne besondere Pflege, sobald sie Wurzeln besitzt.

Sammelt man Anfang Herbst die Knospen, welche sich in den Blattachseln bilden und legt dieselben ins Wasser, so erhält man schon im Herbst neue Pflanzen aus denselben, die zum Schmucke des Aquariums während des Winters gut verwendet werden können. Die ebenfalls im Herbst reifenden harten, geschnäbelten Samen können durch Antreiben unter Wasser schon im Januar zum Keimen und zur Entwicklung gebracht werden.

Ein möglichst tiefer Standort im Aquarium ist für das gute Gedeihen dieses Laichkrautes besser als ein verhältnismäßig flacher Wasserstand.

11. Durchwachsenblättriges Laichkraut (Potamogeton perfoliatus L.).

Stengel wenig ästig, reich beblättert. Die Blätter alle untergetaucht. Sie sind aus herzförmigem, stengelumfassendem Grunde eirund, oder ei-lanzettlich, am Rücken etwas rauh. Die Ährenstiele sind nicht verdickt, länger als die Blätter. Die Bergenblätter oben einwärts gebogen und zusammengeneigt; die Antheren sehr groß. Die Blütezeit fällt in die Monate Juli, August. Die reifen Früchte sind zusammengedrückt, auswärts berandet. ♃. Zerstreut in Flüssen und Teichen.

Figur 50.
Durchwachsenblättriges Laichkraut (Potamogeton perfoliatus).
1. Frucht.

Das durchwachsenblättrige Laichkraut gedeiht im Freien am besten in einer Wassertiefe von 80—150 cm.

Als Aquariumpflanze, jung oder aus Samen gezogen, in das Becken gebracht, hält es sich jahrelang gut in einer geringen Wassertiefe. Es ist besonders den Aquarienliebhabern zu empfehlen, in deren Becken Pflanzen leicht veralgen, da dieses Laichkraut frei von Algen bleibt, wenn auch die anderen Pflanzen vollständig mit ihnen überzogen sind. Worin dieses seinen Grund hat, ist mir noch nicht gelungen festzustellen, auch habe ich anderwärts nichts darüber in Erfahrung bringen können.

Wer das durchwachsenblättrige Laichkraut bekommen kann, versäume nicht, es in das Aquarium zu verpflanzen. Stengelglieder in den Boden gesetzt, wachsen ohne Schwierigkeit.

12. Gestrecktes Laichkraut (Potamogeton praelongus Wulff). Potamogeton lucens Weber, Potamogeton flexuosum Schleich, Potamogeton flexicaulis Dethard, Potamogeton acuminatum Wahlenb.

Der Stengel ist stielrund, sehr lang, unten einfach, nach oben verästelt. Die Blätter untergetaucht, häutig, aus eiförmigem stengelumfassendem Grunde verlängert lanzettlich, stumpf, an der Spitze kappenförmig zusammengezogen, glattrandig. Die Ährenstiele rötlich, nicht verdickt und ziemlich lang. Die getrockneten Früchte sind zusammengedrückt und auf dem Rücken flügelig gekielt. Blütezeit Juli, August. ♃. Fließende und stehende Gewässer, nirgends sehr häufig, am meisten zu finden in Norddeutschland.

Die Landseen und Flüsse Norddeutschlands beherbergen das gestreckte Laichkraut verhältnismäßig am zahlreichsten. An allen Orten, wo ich es fand, stand es in tiefem Wasser.

Als Aquariumpflanze ist es ein reizendes Gewächs und seine zart grünen, durchscheinenden Blätter gereichen dem Becken zur besonderen Zierde. Fingerlange, unbewurzelte Stengelstücke treiben, in den Bodengrund gesetzt, bald neue Wurzeln und lange Stengel mit reichem Blattschmuck. Sämlingspflanzen werden indessen schöner.

13. Spiegelndes Laichkraut (Potamogeton lucens L.). Potamogeton acuminatus Schum. Kalksammelndes Laichkraut.

Der Stengel ist stielrund und ästig; die Blätter gestielt, alle untergetaucht, häutig, durchscheinend, eirund lanzettlich, stachelspitzig, am Rande sein gesägt. Die Blätter sind oben verdickt, keulenförmig. Blütezeit Juli, August. Die Früchte zusammengedrückt, am Rücken immer schwach gekielt. ♃. Stehende und fließende Gewässer zerstreut, aber nicht gerade selten.

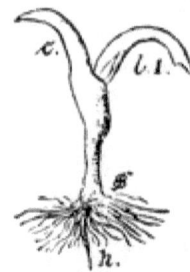

Figur 51. Spiegelndes Laichkraut Potamogeton lucens. Keimpflanze. c. Keimblatt. b. erstes Blatt. h. Hauptwurzel umgeben von Wurzelhaaren.

Das spiegelnde Laichkraut ist besonders dadurch interessant, daß es seine großen, glänzenden Blätter mit einer sehr starken, gleichmäßigen Kalkkruste überzieht, sobald das Wasser, in dem es wächst, kalkhaltig ist. Wird die Pflanze getrocknet, so löst sich diese Kalkschicht los und fällt in Schuppen ab. Wenn im Herbst die Pflanze eingeht, so fällt die Kalkkruste mit den alten Blättern zu Boden und wird dort am Grunde des Teiches in Ruhestand versetzt. Die Pflanze selbst aber kommt nicht zur Ruhe, der alte Stock treibt im Frühling wieder junge Stengel und Blätter, die sich mit neuen Kalkablagerungen im Laufe des Jahres bedecken, im Herbste absterben, ihre Kalkschicht dem Boden übergeben und so allmählich eine Erhöhung des Teichbettes bewirken.

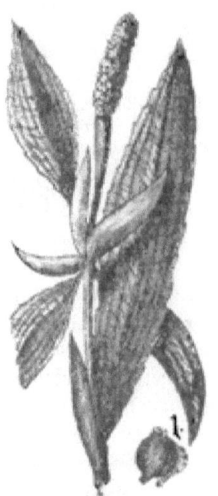

Figur 52. Spiegelndes Laichkraut. Potamogeton lucens. 1. Frucht.

Im Aquarium kommt dieses Laichkraut ebenso gut fort wie die vorhergehenden Arten. Aus abgebrochenen Endgliedern entwickeln sich gute Pflanzen, ebenso aus Samen, der im Glase durch Antreiben zum Keimen gebracht wird. Am meisten zu empfehlen sind auch bei dieser Art Sämlingspflanzen.

14. Glänzendes Laichkraut (Potamogeton nitens Web.).

Stengel sehr ästig. Die untergetauchten Blätter häutig, durchscheinend, lanzettlich oder linal lanzettlich, sein, ohne Stachelspitze, am Grunde abgerundet, halb

ſtengelumfaſſend, etwas rauhrandig. Die ſchwimmenden länglich lanzettlich, im Stiel
verſchmälert, lederig. Die ſchwimmenden Blätter fehlen oft. Die Ährenſtiele ſind
nach der Spitze zu meiſt verdickt. Blütezeit Juli und Auguſt. Die Früchte ſind
zuſammengedrückt, am Rande gekielt. ♃. Stehende und fließende Gewäſſer zerſtreut.

Durch ganz Deutſchland kommt das glänzende Laichkraut zerſtreut vor,
häufiger tritt es jedoch nur im Norden unſeres Vaterlandes auf. Für das
Aquarium iſt es ebenſo begehrenswert, wie die übrigen Laichkrautarten,
auch die Behandlung iſt dieſelbe.

15. Alpen-Laichkraut (Potamogeton rufescens Schrad.). Potamogeton alpinus, Potamogeton semipellucidum, Potamogeton obscurum, Potamogeton serratum, Potamogeton fluitans, Potamogeton annulatum, Potamogeton purpurascens, Potamogeton obtusus.

Figur 53. Alpen-Laichkraut
Potamogeton rufescens
1. Frucht.

Der Stengel iſt einfach. Die untergetauchten
Blätter ſind ſitzend, häutig, durchſchimmernd,
länglich lanzettlich, nach beiden Enden etwas
verſchmälert, am Rande glatt. Die ſchwimmenden Blätter ſind lederig, verkehrt eiförmig,
ſtumpf, im Blattſtiel verſchmälert, letzterer iſt
kürzer als das Blatt. Die Ährenſtiele ſind nicht
verdickt. Blütezeit Juli und Auguſt. Die Früchte
ſind linſenförmig, zuſammengedrückt und mit
einem ſpitzen Rücken verſehen. ♃. Stehende
Gewäſſer, ſehr zerſtreut. Am häufigſten in den
Alpen und in Norddeutſchland.

Der Blütenſtand, der Stengel und die
oberen jungen Blätter dieſes Laichkrautes zeigen
häufig eine rötliche Farbe. Werden die Blätter
erſt älter, ſo gehen ſie zu einem Braun über,
und noch ſpäter werden ſie ganz grün. Aber
nicht immer iſt das Alpen-Laichkraut rötlich
angehaucht, es kommen auch Exemplare vor,
beſonders junge, die dieſe Färbung nicht beſitzen.

Als Aquariumpflanze hat das Alpen-Laich-
kraut denſelben Wert wie ſeine zahlreichen Verwandten, und beanſprucht
auch im Becken die gleiche Pflege wie dieſe.

16. Spachtelblättriges Laichkraut (Potamogeton spathulatus Schrad.).

Die untergetauchten Blätter ſind häutig, durchſcheinend, die unterſten ſchmal
lanzettlich, lang, keilartig im Blattſtiel verſchmälert, die oberen allmählich mehr
länglicher werdend, in den Blattſtiel hinablaufend. Die ſchwimmenden Blätter
ſind lederartig, ovallänglich, ſtumpf, am Grunde vorgezogen, 2 bis 3 mal kürzer
als der Blattſtiel. Die Blütenſtiele ſind nicht verdickt. Blütezeit Juli und
Auguſt. Die Früchte ſind ſtark zuſammengedrückt mit ſpitzem Rücken. ♃. Bäche
und Flüſſe in Weſtdeutſchland.

Die Bäche des weſtlichen Deutſchlands, der Rheinpfalz und des Unterelsaß beherbergen diese nicht häufig vorkommende Laichkrautart. In Norddeutschland findet sie sich nur in der Gegend von Uelzen.

Die Haltung der Pflanze im Aquarium deckt sich mit der der anderen Arten.

17. Längliches Laichkraut (Potamogeton oblongus Viv). Potamogeton polygonifolius Pourr.

Figur 54. Längliches Laichkraut Potamogeton oblongus. 1. Frucht.

Die untergetauchten, nur während der Blütezeit vorhandenen Blätter lanzettlich, die schwimmenden länglich, obere eiförmig und am Grunde schwach herzförmig. Die Blütenstiele oberseits flach rinnig. Blütezeit im Juli und August. Die Früchte zusammengedrückt, am Rande stumpf. ♃. Sümpfe und Moorbrüche im nordwestlichen Deutschland, überall nur selten.

Das längliche Laichkraut ist dem schwimmenden sehr ähnlich und soviel bis zur Zeit festgestellt, höchst wahrscheinlich nur eine Form von diesem.

Als Aquariumpflanze hat es daher denselben Wert wie das schwimmende Laichkraut und verlangt auch die gleiche Behandlung.

18. Flutendes Laichkraut (Potamogeton fluitans Rth.). Potamogeton oblongus Meyer.

Alle Blätter langgestielt. Die untergetauchten zur Blütezeit verlängert lanzettlich, häutig, durchscheinend, die schwimmenden länglich lanzettlich eirund, am Grunde spitz oder abgerundet. Die Blattstiele dreikantig, oberseits gewölbt. Die Blütenstiele kaum verdickt. Blütezeit Juli und August. Die Früchte im frischen Zustande zusammengedrückt, ziemlich spitz berandet. ♃. In Flüssen, ziemlich selten, am häufigsten in Norddeutschland.

Als Aquariumpflanze ist das flutende Laichkraut nicht sehr zu empfehlen, da es außerordentlich lange Stengel, Blattstiele und Blattspreiten treibt.

19. Dichtblättriges Laichkraut (Potamogeton densus L.). Potamogeton serratum, Potamogeton setaceum.

Stengel aufsteigend, unten locker, oben sehr dicht mit Blättern besetzt. Alle und untergetaucht, häutig, sitzend, stengelumfassend, länglich bis lineal lanzettlich, etwas zurückgebogen, am Rande sägezähnig. Die Ähren an den meist nur schwach verdickten Stengeln gabelständig, sehr klein und kurzstielig, nach dem Abblühen zurück gebogen. Blütezeit: Juli und August. Die Früchte sind zusammengedrückt, breit geflügelt, geschnäbelt. ♃. Fließende und stehende, meist seichte Gewässer.

In fließenden, seichten Gewässern, besonders häufig in Altwassern, bildet das dichtblättrige Laichkraut schöne Rasenflächen. Die dünnen Stengel stehen mit ihren zweireihigen Blättern dicht bei einander und auch die aus den Blattachseln kommenden Blütenstiele neigen sich nach dem Verblühen in das Wasser zurück und vervollständigen hierdurch den grünen Teppich.

Seiner schönen Belaubung wegen und weil es mit einer geringen Wassertiefe gut auskommt, ist dieses Laichkraut für das Aquarium eine der besten Pflanzen aus der ganzen artenreichen Familie. Auch im Winter bleibt die Pflanze grün und wächst, ob Sommer oder Winter, ob warm oder kalt, unverändert fort. Junge Pflanzen im Frühling mit Wurzeln aus dem Boden genommen, entwickeln sich im Aquarium eingepflanzt, zu hübschen Gewächsen. Abgebrochene Stücke wollen in der Regel nicht so gut wachsen, als bewurzelte Stöcke, doch treiben auch sie nicht selten Saugwurzeln und wachsen dann munter.

Figur 55. Dichtblättriges Laichkraut (Potamogeton densus). 1. Blüte

20. **Wegebreitblättriges Laichkraut** (Potamogeton plantagineus, Ducroz). Potamogeton Hornemanni Meyer. Potamogeton coloratus Horn.

Stengel ästig, alle Blätter gestielt, häutig, durchscheinend, glattrandig, die untergetauchten lanzettlich, die schwimmenden fast breit, eiförmig. Die Blattstiele halb so lang wie die Blätter. Die Blütenstiele gleich dick. Blütezeit ist im Juni bis August. ♃. Stehende, seltener fließende Gewässer, überall selten.

Über das wegebreitblättrige Laichkraut ist nicht viel zu sagen, da es sich nur sehr selten findet und auch dort, wo es vorkommt, nur vereinzelt steht. Um dem Aquarienliebhaber aber die Pflanze zu zeigen, füge ich die Abbildung eines Zweiges von dem Stücke bei, welches ich vor einigen Jahren besessen habe. In der Pflege stellt dieses Laichkraut keine anderen Ansprüche, wie die übrigen Arten.

Figur 56. Wegeblättriges Laichkraut Potamogeton plantagineus.

21. Grasblättriges Laichkraut (Potamogeton gramineus L.). Potamogeton heterophyllus Schreb.

Der Stengel sehr ästig; die untergetauchten Blätter häutig, durchscheinend, lineal lanzettlich oder schmäler, auch breiter lanzettlich, zugespitzt, dem Grund nach zu verschmälert, sitzend, etwas rauhrandig, die oberen Blätter stets kürzer, breit lanzettlich bis eirund, langgestielt, lederartig. Letztere fehlen oft. Die Blütenstiele an der Spitze verdickt. Blütezeit Juli und August. Die Früchte zusammengedrückt, am Rücken stumpf. 4. Fliessende und stehende Gewässer zerstreut.

Figur 57. Grasblättriges Laichkraut Potamogeton gramineus. 1. Frucht.

Von allen Laichkrautarten variiert das grasblättrige Laichkraut am meisten. Kaum, möchte ich sagen, sind zwei Pflanzen zu finden, die sich so gleichen, daß man auf den ersten Blick sie als zusammengehörig bezeichnen könnte. Je nach der Wassertiefe ihres Standortes, oder nach der Stromstärke des Flusses zeigt sich die Pflanze verschieden, sodaß mehrere Arten von diesem Laichkraute aufgestellt werden können. Als Potamogeton graminifolius unterscheidet Koch die Pflanze, wenn ihre untergetauchten Blätter lanzettlich-lineal, nach beiden Enden verschmälert und schlaff sind und der Stengel verlängert ist. Als Potamogeton heterophyllus spricht er sie an, wenn die untergetauchten Blätter kürzer, zurückgekrümmt und meist starr sind und Potamogeton Zizii nennt er sie, wenn die Pflanze doppelt bis drei fach so groß ist, wie die beiden erstgenannten Arten und die oberen Blätter besonders stumpf, aber stets mit einer Stachelspitze versehen und meist auffallend wellig sind.

Die Behandlung des grasblättrigen Laichkrautes im Aquarium ist dieselbe wie die der vorher genannten Arten. Nur hat man dafür zu sorgen, daß es so eingepflanzt wird, daß die Schwimmblätter wirklich schwimmen und sich nicht im Wasser befinden, denn sonst gehen nicht nur diese ein, sondern in der Regel auch die ganze Pflanze. Für grosse Aquarien mit tiefem Wasserstand sind Pflanzen aus tiefem Wasser, für kleinere Behälter solche aus seichtem Wasser zu verwenden.

22. Flachstengliges Laichkraut (Potamogeton compressus L.). Potamogeton zosterifolius Schuhmacher. Potamogeton complanatus Willd.

Der Stengel verästelt, geflügelt, plattgedrückt. Alle Blätter untergetaucht, häutig, durchscheinend, sitzend, lineal und sehr lang, stumpf mit kurzer Stachelspitze, vielnervig mit drei bis fünf stärkeren Nerven. Die Ähre cylindrisch, 10 bis 15 blütig, anfänglich kurz, gestielt, zuletzt lang und oft unterbrochen. Blütezeit Juli und August. Die Blüten selbst sind unscheinbar, grünlich. 4. In stehenden und langsam fliessenden Gewässern.

Durch das ganze deutsche Gebiet findet sich das flachstenglige Laichkraut zerstreut. Als Aquarienpflanze hat es denselben Wert wie die übrigen Laichkrautarten, hält jedoch besser wie viele Artengenossen im Becken aus. Eine besondere Pflege beansprucht die Pflanze nicht. Zur Besetzung im Frühling eignen sich einjährige Pflanzen gut. Teile der Pflanzen in den Bodengrund des Aquariums gesetzt, wollen nicht gut wachsen.

23. Rötliches Laichkraut (Potamogeton rutilus Wolfg.).

Figur 58. Flachstengliges Laichkraut Potamogeton compressus. 1. Ausgewachsener Blütenstand.

Stengel zusammengedrückt und in der Regel nur am Grunde ästig. Die Blätter schmal linealisch, fast borstig, verschmälert zugespitzt und dreinervig. Die Blütenstiele länger als die sechs bis acht blütige, lockere Ähre. Blütezeit Juli und August. Die Frucht klein, länglich eiförmig, auf dem Rücken stumpf. 4. Seen und Teiche von Norddeutschland.

Das rötliche Laichkraut bedeckt rasenartig den Grund der Teiche und Seen. Nur die ältere Pflanze zeigt jedoch die rötliche Farbe und daher paßt der Name auch nur für diese. Die junge Pflanze ist einfach grün.

Für das Aquarium hat dieses Laichkraut denselben Wert wie andere Laichkräuter, die untergetauchte Blätter besitzen.

24. Stumpfblättriges Laichkraut (Potamogeton obtusifolius. M. u. K.) Potamogeton gramineum Sm., Potamogeton gramineus Gand., Potamogeton compressum Ath.

Stengel zusammengedrückt und dünn, mit rundlichen Kanten versehen und sehr ästig. Die Blätter stumpf, kurz stachelspitzig und drei bis viernervig. Die Blütenstiele so lang wie die sechs- bis zwanzigblütige, ununterbrochene, kurze, zylindrische Ähre. Blütezeit Juli und August. 4. In Bächen und stehenden Gewässern, durch ganz Deutschland zerstreut.

Dieses Laichkraut ist dem flachstengligen Laichkraut sehr ähnlich und leicht mit demselben zu verwechseln. Die Haltung im Aquarium gleicht der der übrigen Arten.

25. Spitzblättriges Laichkraut (Potamogeton acutifolius L.)

Der Stengel fadenförmig dünn, die Blätter allmählich zugespitzt und dreinervig, ziemlich lang, linealisch, vielnervig mit drei bis fünf stärkeren Nerven und einem hervortretenden Mittelnerv. Die Ähren sind vier bis sechsblütig. Blütezeit Juli und August. 4. Bäche und stehende Gewässer, überall nur zerstreut.

Das spitzblättrige Laichkraut gleicht auf den ersten Blick sehr dem flachstengligen und dem stumpfblättrigen. Im Aquarium beansprucht es keine andere Behandlung, als die bereits genannten Laichkräuter.

26. Kleines Laichkraut (Potamogeton pusillus L.)

Stengel fast stielrund oder etwas zusammengedrückt und sehr ästig. Alle Blätter untergetaucht, kurz stachelspitzig, drei bis fünfnervig. Die Blütenstiele zwei bis dreimal länger als die vier bis sechsblütige, oft unterbrochene Ähre. Blütezeit Juli und August. Die Früchte sind schief eirund. 4. Bäche und stehende Gewässer, überall zerstreut zu finden.

Die zwei noch fehlenden Arten der im süßen Wasser vorkommenden Laichkräuter lasse ich hier gleich folgen.

Figur 59. Spitzblättriges Laichkraut (Potamogeton acutifolius L.) Blattspitze.

27. Haarförmiges Laichkraut (Potamogeton trichoides Cham.)

Stengel fast stielrund, fadenförmig, dünn, aber etwas steif und sehr ästig. Die Blätter sind alle untergetaucht, durchscheinend, häutig, einnervig, aderlos, borstig lineal, allmählich zugespitzt. Die unteren Nebenblätter borstig, den Blättern ähnlich, nur die oberen scheidig. Die Blütenstiele sind zwei bis dreimal so lang als die kurze lockere Ähre. Sie sind ebenso dick wie der Stengel. Die Blütezeit fällt in die Monate Juli und August. Die Früchte sind halbkreisrund, groß, am Rücken gekielt und neben dem Kiele mit zwei hervorragenden Linien versehen. 4. Stehende Gewässer, Gräben und Teiche. Besonders häufig in Norddeutschland.

Figur 60. Kleines Laichkraut (Potamogeton pusillus). Winterknospe im August natürliche Größe.

Das haarförmige Laichkraut besitzt eine große Ähnlichkeit mit dem kleinen, unterscheidet sich aber durch die Fruchtform, die einnervigen Blätter und durch größere Festigkeit und Steifheit.

28. Fadenblättriges Laichkraut (Potamogeton pectinatus L.)

Der Stengel ist haarförmig, dünn und sehr ästig. Alle Blätter sind untergetaucht, durchscheinend, häutig, am Grunde scheidig, schmal linealisch oder borstenförmig, einnervig, aderadrig, mit ziemlich dicken Adern. Die Ähren sind lang gestielt, die Blüten stehen in kurzen Zwischenräumen an ihnen. Blütezeit Juli und August. Die Früchte sind schief verkehrt eiförmig, halb kreisrund und im trockenen Zustande auf dem Rücken gekielt. 4. Flüsse und stehende Gewässer, nirgends gerade selten.

Die letztgenannten Laichkrautarten eignen sich alle sehr gut für das Aquarium. Ihre feinen, untergetauchten Blätter bringen sehr viel Sauerstoff

hervor und die Pflanzen sind eine Zierde der Becken noch im Winter, da
sie fast gar nicht einziehen, sondern zu jeder Jahreszeit weiter wachsen. Auch
ihre, im Ver-
hältnis zu
vielen ihrer
Artgenos-
sen, nur ge-
ringe Größe
machen sie
für kleinere
Becken be-
sonders ver-
wendbar.
Pflanzen
aus im
Herbst im
Freien ge-
sammelten
Sämlingen,
oder solche,

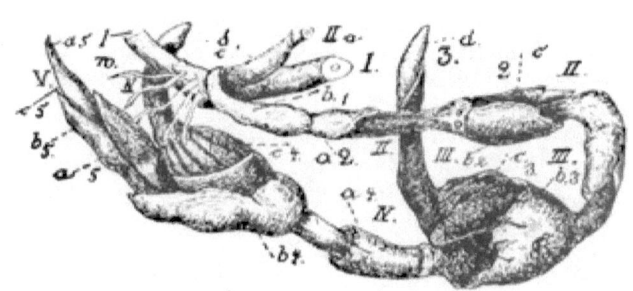

Figur 61. Fadenblättriges Laichkraut Potamogeton pectinatus.
Im November gebildete Knollen. 1. Achse des letztgebildeten Laubtriebes.
II und IIa. Tochtersprosse hiervon aus seinem II. und III. Niederblatt.
Der Sproß IIa, der sich gerade wie II., nur schwächer, verzweigt, abgeschnitten. III., IV., V. Knollen erzeugende Sprossen, deren dritte und
vierte Internodien zu Knollen anschwellen. a, b, c, d die aufeinander
folgenden Niederblätter der einzelnen Achsen. W. Adventivwurzeln.

die direkt aus Samen im Zimmer gezogen sind, erreichen, klein in das
Becken gebracht, nie eine besondere Größe.

29. Wasserfeder (Hottonia palustris L.). Sumpfwasserfeder. Sumpf-Hottonia.

Der Wurzelstock ist gegliedert, sehr ästig und dauernd. Er kriecht ausläuferartig
im Schlamme des Bodens, treibt an den Knoten wurzelnde Rhizome und schiebt die
im Wasser senkrecht emporsteigende mit dem oberen Teil über Wasser tretende Stengel.
Die Blätter sind fein kammförmig, fiederteilig und grasgrün. Sie sitzen an den
Ausgängen des Schaftes rosettenartig und sind haarlos. Die Fiederschnitte sind
kaum 1 mm breit und gehen in gleicher Breite bis zur langgezogenen Spitze. Die
Blüten stehen in drei bis vier Quirlen am Schafte, der sich über Wasser erhebt.
Jeder Quirl besitzt zwei bis sechs Blüten, welche gestielt sind und zur Zeit der Blüte
aufrecht stehen. Die ansehnliche Krone ist rosenrot oder fast weiß, am Schlunde
goldgelb. Die Krone ist tellerförmig mit fünfteiligem, flachem Saum und mit verkehrt eirunden, ausgerandeten Abschnitten. Die Staubblätter sind in der Kronenröhre
verborgen. Der Kelch ist fünfzipflig. Nach Beendigung der Blütezeit, die in die
Monate Mai und Juni fällt, sinken die Blütenschäfte unter Wasser, indem sie die
Luft, welche sich zur Blütezeit in ihren Zellen ansammelte, entlassen. Die Samenkapsel ist kuglig, zugespitzt und springt mit fünf Klappen auf. In Gräben und
Sümpfe zerstreut.

In Sümpfen und Gräben mit langsam fließendem Wasser, besonders
häufig im moorigen Wasser und mehr im Norden als im Süden von Deutschland, ist die Hottonie zu finden. Hier erhebt sie ihre Blütenstiele über
Wasser, an denen dann die reizende Blütentraube erscheint.

Die Pflanze hat, wie man wissenschaftlich sagt, heterostyle Blüten, d. h.
sie trägt an dem einen Stock Blüten mit verhältnismäßig kurzem Griffel

und oberhalb der Narbe stehenden Antheren, während ein anderer Stock dagegen nur Blüten mit verhältnismäßig langem Griffel und unterhalb der Narbe stehenden Antheren hervorbringt. Zu Beginn der Blütezeit können die Narben solcher Blüten weder aus den unterhalb noch oberhalb stehenden Antheren Pollen erhalten, die Befruchtung findet vielmehr durch Insekten statt, die den Pollenstaub von einer kurzgriffeligen Blüte auf die langgriffelige übertragen.

Neben der, wie bei allen Wasserpflanzen immer sehr zweifelhaften Vermehrung durch den Samen, besitzt auch die Wasserfeder noch eine vegetative Vermehrung. Mit dem Eintritt des Spätherbstes bildet die Pflanze besondere Wanderknospen aus, sehr verkürzte Triebe, deren kleine, grüne Laubblätter so dicht beisammen stehen und so fest aneinander schließen, daß der ganze Trieb als ein rundlicher oder elliptischer dunkler Ballen erscheint. Diese Ballen bleiben mit einem Stücke des schwimmenden Stengels, der sie ausgebildet hat, verbunden. Wenn der letztere im Spätherbst zu verwesen beginnt, so sinkt er in die Tiefe und zieht dabei den ihm anhaftenden Ballen mit hinab.

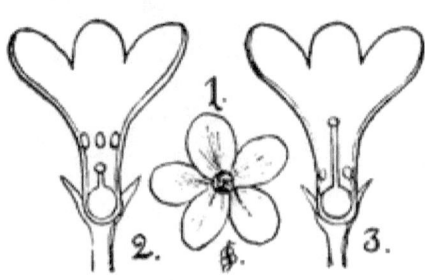

Figur 62. Wasserfeder Hottonia palustris.
1 Blüte von oben gesehen. 2 und 3 Durchschnitt durch betreffende Blüten.

Oft kommt es indessen auch vor, daß diese Ballen sich von den verwesenden Stengeln loslösen und für sich allein in die Tiefe sinken, wobei sie dann von der Strömung manchmal weite Strecken fortgeführt werden und so eine weitere Verbreitung ihrer Art bewirken, als es der Same vermag.

Für das Aquarium ist die Wasserfeder eine reizende Pflanze und ihr ungemein schnelles Wachstum macht sie besonders wertvoll für große Bassins. Hat sie ihren Standort in einem weniger großen Becken und füllt sie dieses sehr aus, so muß sie von Zeit zu Zeit gelichtet werden. Eine Vervielfältigung der Hottonie erreicht man dadurch, daß man einen der an der Stengelspitze stehenden Äste abbricht und in den Bodengrund des Aquariums einsetzt. In reinen Sand gepflanzt, verkümmert die Pflanze. Beim Einbringen gehe man vorsichtig zu Werke, denn die Stengel sind so zart und spröde, daß sogar Fische durch ihre Bewegungen dieselben zerbrechen können. Ist das Aquarium, in dem die Hottonie eingesetzt ist, mit vielen Tieren besetzt, so kommt die Pflanze selten zum blühen, weil diese den Stengel meist vorher umknicken.

Von Trockenpflanzen ist Ende des Sommers leicht Samen zu erhalten, den man einfach in kleine Aufzucht Aquarien einstreut. Haben die Pflanzen

---

Aufzuchtaquarien, wie ich sie zu diesen Zwecken benutze, haben bei mir eine Länge von 18 und eine Breite und Höhe von 12 cm.

in diesen Becken eine genügende Größe erreicht, so werden sie in das Aquarium in der Weise gesetzt, daß der bewurzelte Wurzelstock horizontal und wenig von Erde bedeckt in den lockeren Boden zu stehen kommt.

Ein bewegtes Wasser kann die Hottonie nicht vertragen. Hier fault der Wurzelstock, der sich durch die Bewegung des Wassers am Boden reibt und so verletzt, ab und die Pflanze verdirbt dann das Wasser im Becken. Hierdurch ist auch wohl die schon längst widerlegte Ansicht entstanden, die Wasserfeder sei giftig und nach ihrem Anpflanzen müßten die Fische sterben.

30. **Herbstwasserstern (Callitriche autumnalis L.)** Callitriche decussata Lk., Callitriche virens Goldbach., Callitriche truncata Auct.

<small>Alle Blätter linealisch, am Grunde breiter, gegen die Spitze schmaler. Die Staubblätter viel kürzer als die Deckblättchen, der Staubweg sehr lang, spreizend. Die Frucht ist flügelig gekielt. Blütezeit Juli bis Oktober. ↟. Stehende und langsam fließende Gewässer, sehr häufig im Norden von Deutschland.</small>

Da alle drei Arten des Wassersterns dieselben Eigentümlichkeiten zeigen, auch sonst nur wenig von einander abweichen, fasse ich bei der Schilderung alle zusammen und gebe vorher nur ihre Beschreibung.

31. **Frühlingswasserstern (Callitriche verna Kützing).**

<small>Die unteren Blätter der Äste linealisch, die oberen verkehrt eiförmig. Die Deckblättchen nur wenig gebogen. Der Staubweg aufrecht, bald verschwindend. Die Samen der Frucht spitz gekielt. Blütezeit Mai bis Oktober. ↟. In stehenden und fließenden Gewässern, durch ganz Deutschland.</small>

32. **Sumpfwasserstern (Callitriche stagnalis Scopoli).**

<small>Die oberen Zweige tragen gegenständige, verkehrt eiförmige, ganzrandige und sitzende Blätter. Die Deckblätter sind sichelförmig, an der Spitze zusammenneigend. Die Blüten sind einhäusig, im Sommer dagegen findet man Zwitterblüten. Der Kelch sehr klein, die Krone fehlend, aufrecht oder abstehend. Die Blütezeit dauert vom Mai bis Oktober. Die Frucht ist eine vierteilige Spaltfrucht, welche vier einsamige Nüßchen enthält. Sie ist zusammengedrückt kreisrund, mit dreiflügelig gekielten Kanten. ↟. Stehende und fließende Gewässer.</small>

Betrachten wir kurz die verschiedenen Varietäten des Wassersterns, ehe wir zur eigentlichen Schilderung übergehen. Linné unterschied nur zwei europäische Arten, eine breitblätterige, welche er Callitriche verna und eine schmalblätterige, die er Callitriche autumnalis nannte. Kützing hat später nach der Form der untergetauchten Blätter, der Beschaffenheit der Deckblättchen und der Früchte Callitriche verna, Callitriche platycarpa und Callitriche hamulata getrennt. Ob aber diese Formen, auf deren Beschreibung ich mich an dieser Stelle nicht einlassen kann, bloße Varietäten, oder ob sie als gute Arten anzusprechen sind, ist endgültig noch nicht entschieden.

Auch die sogenannten Landformen sind zu besonderen Arten erhoben worden. Es ist aber bewiesen, daß nicht nur der Wasserstern, sondern noch

so und soviel andere Wasserpflanzen beim Zurücktreten der Gewässer andere
Gestalten annehmen, mithin als besondere Arten durchaus nicht zu bezeichnen
sind. Trocknet das Wasser schon vor der Blütezeit bei dem Frühlingswasserstern aus, dann bleibt die Pflanze nur klein und zart; ihr dann etwa 8 bis
10 cm langer Stengel sendet viele nahe beieinander stehende kleine Ästchen
aus, wurzelt, soweit er am Boden liegt, in die Erde, bedeckt sich mit nahe
bei einander stehenden Blattpaaren, deren einzelne Blättchen dann alle linienförmig sind, und bildet an den Spitzen der Äste und des Stengels Blüten.
Die so beschaffene Pflanze führt dann den Namen Var. minima; als Var.
caespitosa wird sie bezeichnet, wenn sie noch sehr feuchten Boden besitzt,
aber stehendes Wasser fehlt. Sie wird dann der Var. minima sehr ähnlich,
nur sind die Blätter des Hauptstengels schon lanzettlich, während die Äste
nur linienförmige Blätter
aufweisen. Besitzt die
Pflanze nicht sehr tiefes
Wasser, dann bildet der
längere Stengel verkehrt-
eiförmige oder auch wohl
länglich eiförmige Blätter,
und man sieht an seinem
oberen Ende in vielen
Blattachseln Blüten her-
vorbrechen. Diese Pflanze
heißt Var. fontana. In
stehendem, sehr tiefen
Wasser streckt sich der unten
im Schlamm wurzelnde
Stengel so lang empor, bis
er den Wasserspiegel erreicht.
Hier entwickelt er dann
sehr eng aneinander stehende
Blattpaare von eirunden
Blättern und breitet sie
sternartig auf der Wasserfläche aus. Ihre Achseln
besitzen Blüten, während
alle Blattpaare, die unter
dem Wasser entfernt stehen
und lange, schmale, linien-
förmige Blätter aufweisen, keine Blüten hervorbringen. So beschaffene Pflanzen
bilden Var. stellata und von ihr hat die Pflanze den Namen Wasserstern.

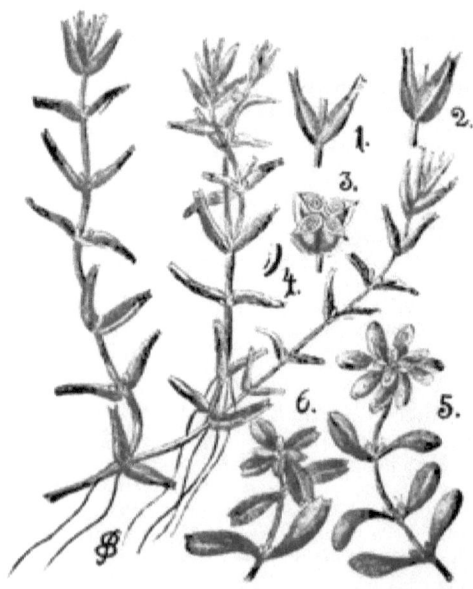

Figur 63. Herbstwasserstern (Callitriche autumnalis).
1. und 2. Stengelstücke mit Blättern (vergrößert).
3. Frucht durchschnitten (vergr.). 4. Same (vergr.).
5. Frühlingswasserstern (Callitriche verna).
6. Sumpfwasserstern (Callitriche stagnalis).

Vom Sumpfwasserstern unterscheidet, wie ich nur noch kurz andeuten
will, Reichenbach eine Form minor und major. Auch die Varietät von
Kützing, Callitriche platycarpa, bei der die untergetauchten Blätter linealisch
sind, die Deckblätter sichelförmig, an der Spitze ziemlich gerade und sich
kreuzend, gehört hierher.

Alle Wassersternarten wachsen gesellig in Form großer untergetauchter Rasenflächen oder in fließenden Gewässern in Form flutender Vliese. Ihre vielfach verzweigten Stengel, die mit den unteren Internodien im Bodenschlamme oder im Kies stecken, sind mittelst langer, einfacher Adventivwurzeln festgeankert. Die Pflanzen vermehren sich auf vegetativem Wege äußerst lebhaft, indem sie am Stengelende und den Zweigspitzen beständig weiter wachsen, während von hinten die zarten Teile absterben, die folgenden Internodien sich niederlegen und anwurzeln. Auch die Hauptwurzel der jungen Pflanze vergeht bald, und indem das Absterben vorwärts von Internodium zu Internodium geht, bildet sich bald aus einem Individuum eine ziemliche Gesellschaft zusammen vegetierender Einzelpflanzen, die in beständigem Wechsel der vegetierenden Teile begriffen sind.

Der Herbstwasserstern, der ausschließlich untergetaucht wächst und blüht, bildet nur untergetauchte Blätter aus, die als solche für alle Wasserstern arten typisch sind. Ist das Wasser, in welchem die Pflanze wächst, ruhig und nicht sehr tief, so kommt es, wenn die Aststpitzen die Oberfläche erreichen, durch die veränderten Lebensbedingungen, welche das Blatt an der Wasserfläche durch die Berührung mit der Luft und die größere Intensität des Lichtes erleidet, zur Bildung von Schwimmrosetten. Diese haben eine getauchte Achse, deren nicht gestreckte Internodien sich etwas drehen, sodaß die verkehrt eiförmigen Blätter sich dicht aneinander gelagert zu Rosetten anordnen können, infolgedessen jenes sternartige Gebilde entsteht, durch welches die Pflanze ihren Namen erhalten hat. Diese Schwimmblätter, als solche sind sie am besten zu bezeichnen, weichen von den zarten untergetauchten in ihrer Gestalt und in ihrer festeren Struktur ab.

Über die Blätter der Wassersternarten will ich noch einiges sagen. Es ist merkwürdig, daß diese Gewächse ihre Blätter stets ziemlich horizontal ausstrecken, mag nun der Stengel gerade in die Höhe gewachsen sein oder schief im Wasser liegen. Diese Lage beruht auf dem anatomischen Bau, indem die Differenzierung in oberes und unteres assimilierendes Gewebe, stark hervortretend an den etwas breiteren Blättern, ziemlich ausgeprägt ist. Eine weitere Eigenart der Blätter besteht darin, daß sie, wenn die Pflanze aus dem Wasser genommen wird, diese am Leben erhalten, vorausgesetzt allerdings, daß ein gewisser Feuchtigkeitsgehalt der Luft vorhanden ist. Das ist nur dadurch möglich, daß auch die untergetauchten Blätter der Wassersternarten eine chlorophyllarme Epidermis besitzen, welche sogar an den breiteren Blättern der oberen Stengelregion sehr häufig Spaltöffnungen bildet. Die Blätter dieser Pflanzen sind als Übergangsformen zwischen Wasser- und Luftblättern anzusehen.

Im Aquarium gedeihen die Wassersternarten gut, besonders in denen, die nur wenige und ruhige Tiere beherbergen. In solchen Behältern bildet diese Pflanze, wenn sie zahlreich angepflanzt ist und ihre anmutenden Rosetten dem Wasserspiegel aufgelagert sind, einen reizenden Schmuck. Bewohnen indessen lebhafte Fische das Aquarium, so vermag das hellgrüne Pflänzchen mit seinem fadendünnen Stengel leicht Verdruß zu machen, da die Fische diese sehr häufig in Unordnung bringen, oft auch wohl einige abreißen, die dann frei im Becken schwimmen.

Junge Pflänzchen eignen sich zum Bepflanzen besser als alte, indessen wächst noch jedes abgerissene Stück weiter und entwickelt an den Internodien Wurzeln. Es empfiehlt sich für die Kultur der Pflanzen, seien sie mit oder ohne Wurzeln im Grunde eingesetzt, sie auf dem in die Erde gepflanzten Teil, mit einem Stein zu bedecken, und so hier festzuhalten.

33. Seegrasblätterige Heteranthere (Heteranthera zosteraefolia).

Seegrasblättrige Pflanze mit ungleichen Antheren. Die gegenständigen untergetauchten Blätter sind ungestielt und lineal lanzettlich. Ihre Unterseite ist stets hell grün, die Oberseite bei Einwirkung von starkem Licht dunkler, bei wenig Licht hellgrün. Die Schwimmblätter sind langgestielt und elliptisch. Die Luftblätter sind ähnlich geformt wie die untergetauchten indessen bedeutend kürzer und derber. Die Wurzeln sind lang, fadenförmig, mit zarten Fasern versehen und fast weiß. Die Blüte ist klein. Die Blumenkrone ist trichterförmig, besitzt sechs schmale Zipfel und drei Staubgefäße, von denen eins die beiden andern überragt mit ungleichen Antheren. Die Farbe der Blüte ist blau. Die Blüten stehen in einer Ähre und erscheinen einzeln in Zwischenräumen. Die Frucht besteht aus einer länglichen, gefächerten Samenkapsel. ♃. Teiche und Sümpfe in Brasilien.

Diese aus Südamerika stammende Pflanze ist von Natur aus ein Sumpfgewächs, versteht sich aber allen Verhältnissen anzupassen und ist daher, da sie der Wasserpest und der Vallisnerie in Bezug auf ein müheloses Fortkommen ebenbürtig an die Seite gestellt werden kann, für die Aquariumliebhaberei von hervorragender Bedeutung. Besonders ist die Heteranthere dem Anfänger der Aquarienliebhaberei sehr zu empfehlen. Schon einige Stengel dieser Wasserpflanze genügen, um in kurzer Zeit über eine beträchtliche Anzahl von Pflanzen verfügen zu können, da aus den Blattachsen mit Leichtigkeit stets neue Triebe hervorbrechen, die einfach in den Sand

Figur 64. Zweigspitze der seegrasblättrigen Heteranthere (Heteranthera zosteraefolia).

gesetzt wieder weiter wachsen und neue Pflanzen bilden. „Es ist geradezu bewundernswert," schreibt Hesdörffer in „Natur und Haus", welche Lebenszähigkeit diese Pflanze an den Tag legt: im Freien wächst sie üppig während des Sommers in sumpfigem Boden, denselben in saftiggrünen Teppich verwandelnd, aber auch in warmen und kalten Zimmern, ja sogar in den wärmsten Gewächshäusern wuchert diese Heteranthera in tiefen und flachen

Gefäßen geradezu wie Unkraut. Eine eben noch im Sumpfboden über Wasser gewachsene Pflanze wird, in den Boden eines tiefen Aquariums gesetzt, sofort zum Wassergewächs, das unter dem Wasserspiegel freudig Triebe von beträchtlicher Länge entwickelt. Ein einziges Exemplar der seegrasblättrigen Heteranthera, das ich vor Jahresfrist in ein tiefes Aquarium pflanzte, hat dasselbe so durchwuchert, daß kein Fisch mehr im Wasser zu schwimmen vermag."

Die Heteranthere kann untergebracht werden wie und wo sie will, sie gedeiht immer, wenn sie nur Licht, besonders Oberlicht bekommt. Auch als Schwimmpflanze, in Behältern ohne Bodenbelag, kommt sie unter sonst günstigen Umständen gut fort. Ihre Vegetation erleidet auch zur Zeit des Winters keinen Stillstand. Eine Vermehrung geschieht durch abgeschnittene Zweigstücke von beliebiger Länge, die sich um so üppiger entwickeln, je nahrhafter die Erde ist, in die sie gesetzt werden. Hat die Pflanze einen gut belichteten Platz und einen Bodengrund aus einer Mischung von Rasenerde, Schlamm und Flußsand, oder statt des Schlammes Torf, so entwickelt sie sich zu einem herrlichen, weit verzweigten Gewächs unter dem Wasserspiegel.

34. Flutender Hahnfuß (Batrachium fluitans Wimmer) Ranunculus fluitans Lamarque, Ranunculus fluviatilis Wigger, Ranunculus peucedanifolius Allioni., Ranunculus aquatilis L., Ranunculus pantothrix DC., Flußranunkel.

Stengel rund und bleichgrün, manchmal fast weiß. Der untere Teil trägt eine Art Wurzelstock, welcher im Schlamme des Wasserbodens liegt und hier an der Basis der Blätter ziemlich starke, fast einfache weiße Wurzelhaare trägt. Die Blätter stehen wechselnd, nur ganz nach oben zuweilen gegenüber. Sie sind kurz gestielt und der Stiel umgiebt den Stengel in Gestalt einer kurzen, scharf abgestutzten häutigen lockeren Scheide, von deren Spitze das Blatt sich meist drei bis fünfmal gabel und dreiteilig verästelt. Die Teile sind ganz schmal, borstig und endigen spitz. Schwimm- oder Luftblätter kommen nur unter bestimmten Umständen vor, meist beschränkt sich die Pflanze auf die Bildung untergetauchter Blätter. Die Schwimmblätter entstehen, indem die letzten Zipfel und Teilungen kürzer werden, aber auch an Breite zunehmen, eine keil-lanzettliche fast spatelförmige Gestalt bekommen, daher stumpf, auch wohl zwei und dreilappig werden können. Diese Art Blätter sind lang gestielt. Die oberen Blattachsen entsenden die Blumenstiele, die häufig gekrümmt dem Wasserspiegel aufsteigen. In der Größe wechselt die Blume sehr. Die Kelchblätter sind rundlich eiförmig mit weißlich-häutigem Rande. Die Blumenblätter sind weiß, an der Basis gelb. Die Staubgefäße sind 2 bis 5 mm lang, zahlreich und von verschiedener Größe. Der Stempel bildet ein kleines halbkugeliges Köpfchen. Die Blütezeit fällt in die Monate Juni bis August. Die Früchte werden selten reif. 4. Flüsse und Bäche, auch stehende Gewässer.

Bevor ich zur eigentlichen Beschreibung der obigen Pflanze übergehe, will ich einer Form der Flußrannukel mit einzelnen schwimmenden, halb dreispaltigen Blättern, die nicht selten über die Wasserfläche treten, gedenken. Diese Form besitzt kurze Blütenstielchen und wird als Ranunculus Bachii Wirtgen bezeichnet.

In der Flora von Sturm wird sie als Ranunculus fluitans foliis natantibus beschrieben und abgebildet. Koch schreibt über die Pflanze folgendes:

„Die Art ist ebenso merkwürdig, als ihre Entstehung sonderbar gewesen. Schon während zwei Jahren forschte ich nach ausgebildeten Früchten des Ranunculus fluitans, der in großen Rasen hier im Rednitzflusse flutet, aber vergeblich. Alle Früchte, welche ich fand, waren verkümmert oder abgefallen. Ich nahm deswegen in der Mitte des verflossenen Sommers (1834) mehrere blühende Exemplare und legte sie auf dem Wässerungsplatze des botanischen Gartens in einen eingegrabenen Kübel, welche starken Zufluß von Brunnenwasser haben. Auch hier erwartete ich vergeblich eine Frucht, aber ich hatte die Freude, eine andere Beobachtung zu machen, die noch merkwürdiger ist, als eine ausgebildete Frucht gewesen wäre. Das eine Exemplar hatte nämlich drei schwimmende Blätter getrieben, während die darunter befindlichen haarförmig geschlitzten abgestorben waren. Zwei dieser Blätter sind hinten abgerundet und vorne gestutzt und dreilappig; das dritte besteht aus einem haarförmig geteilten Zipfel und aus einem dreispaltigen mit flachen linealischen an der Spitze dreizähnigen Fetzen."

Figur 65. Flutender Hahnenfuß, Batrachium fluitans. 1. Blüte von vorne. 2. Blütenblatt. 3. Frucht.

Die Bedingungen, unter denen die Bildung der Schwimmblätter vor sich geht, sind noch nicht klar erkannt. Manchmal entstehen die Blätter, wenn die Pflanze zur Blütenbildung schreitet, wo dann das oberste Blatt, dessen Ende eine Blüte abschließt, ein Schwimmblatt ist, aus dessen Achseln neue, mit Blüten abschließende Sprosse in Form eines Sympodiums hervorgehen. Die Schwimmblätter haben ihre Stellung den Blüten gegenüber. Aber nicht immer ist die Bildung der Blüte am Ende eines Zweiges die Ursache der Schwimmblattbildung, denn sogar sehr häufig sind alle Blütengegenblätter, oder einige wenigstens, untergetaucht und haarförmig. Ein Schwimmblatt kann sich nach meiner Ansicht nur bilden, sobald das einer Blüte entgegengestellte Blatt zu einer bestimmten Zeit seiner Entwicklung aus dem Wasser in die Luft empor gehoben wird. Welche Umstände dies bewirken können, ist schwer zu sagen. Tiere, die beim Schwimmen an die Pflanze stoßen und sie aufrichten, angeschwemmte Gegenstände, welche die Pflanze heben, auch starker Wellenschlag u. s. w. mögen als Ursachen angeführt werden. Besonders günstig für die Ausbildung derartiger Blätter scheint die Lage der blütenbildenden Endknospe zu sein.

Der flutende Hahnfuß gehört zu den Gewächsen, die oft in großen Massen in Form ausgedehnter, üppiger, untergetaucht flutender Bänke die Flüsse anfüllen. Kaum hat im Frühling die Sonne begonnen das Wasser etwas zu erwärmen, so beginnt die Pflanze schon zu treiben; bald zeigen sich die obersten Spitzen der Blätter und nicht lange danach spielen die zerschlitzten Bänder im Wasser, alle Bewegungen desselben mitmachend.

Junge Pflänzchen, schon Ende März oder Anfang April aus dem Wasser genommen und in das Aquarium gebracht, entwickeln sich zu üppigen Gewächsen im Laufe des Sommers. Das Ausheben an ihrem Standort hat mit großer Vorsicht zu geschehen, desgleichen das Einsetzen. Werden die Pflanzen durch Drücken ꝛc. beschädigt, so gehen sie regelmäßig durch Faulen ein.

Entwickelte Pflanzen bieten im großen Aquarium, wo die Pflanze sich ungehindert ausbilden kann, einen reizenden Anblick, der aber meist leider nicht von langer Dauer ist. Die unteren Blätter werden zu Ende des Sommers braun, und dann fault nach einiger Zeit die ganze Pflanze ab.

Kleinere Aquarien mit nur geringem Wasserstand eignen sich nicht für die Kultur des flutenden Hahnfußes, er verlangt ein tiefes, fließendes Wasser, wenn er ausdauern soll. An die Bodenschicht stellt die Pflanze nur geringe Ansprüche, sie gedeiht im reinen Sande so gut wie im Moorboden, wenn fließendes Wasser und tiefer Wasserstand vorhanden ist.

35. **Sparriger Wasserranunkel** (Batrachium divaricatum Wimmer), Ranunculus divaricatus Schrank., Ranunculus circinatus Sibthorp., Ranunculus rigidus Hoffmann., Ranunculus stagnatilis Wallroth., Ranunculus aquatilis L..

Alle Blätter untergetaucht und auch, wenn sie aus dem Wasser genommen werden, abstehend, borstig, vielteilig, außerhalb des Wassers eine vollständige runde Flocke bildend. Das Innenvergien besitzt 5 verkehrt eiförmige Blätter. Die Staubblätter länger als das Köpfchen der Fruchtknoten. Die Früchte sind schwach gedunsen, querrunzelig, unberandet, steifhaarig, am Ende mit kurzen aufgesetzten Spitzen. Blütezeit Juni bis August. ♃. In stehenden Gewässern, nicht sehr häufig.

„Ob diese Art eine eigene Species oder nur eine Varietät des Ranunculus aquatilis sei, muß uns die Zukunft lehren. Bis jetzt betrachten sie die meisten Botaniker als eigene Species und geben dafür in dem langen Griffel des Früchtchens das entscheidende Kennzeichen. Sie hat die größte Ähnlichkeit mit einer Varietät des Ranunculus aquatilis, dessen Blätter sämtlich untergetaucht und haarförmig zerschlitzt sind, die man capillaceus, oder, wenn sie nur 12 Staubfäden hat, pauci-stamineus, oder, wenn sie im ausgetrockneten Wasser wuchs und dadurch dickere Zipfel bekam, succulentus, genannt hat; desgleichen besitzt sie die doppelt kleineren Blüten des Ranunculus capillaceus; aber sie unterscheidet sich dennoch sehr leicht schon dadurch, daß, wenn man sie aus dem Wasser hebt, die Blattzipfel nicht wie bei

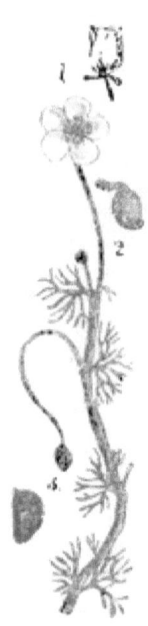

Figur 66.
Sparriger Wasser
ranunkel
(Batrachium
divaricatum)
Wasserform.
1. geschloss. Blüte
2. Fruchtknoten.
3. Frucht.

Ranunculus aquatilis capillaceus pinselartig zusammenfallen, sondern ausgesperrt bleiben. Sie ist übrigens bald sehr schön dunkelgrasgrün, bald findet man sie mit einer weißgrauen Kruste, die sie noch starrer macht." (Schlechtendal.) Das Überziehen der Pflanze mit einer Kalkkruste findet besonders in den stillen Gewässern des Binnenlandes statt, wo dieses Gewächs ausgedehnte Bestände bildet. Im Herbst zieht dann die Pflanze ein, d. h. ihre Stengel und Blätter zersetzen sich, verwesen und zerfallen und im nächsten Frühjahr ist keine Spur ihrer organischen Masse mehr zu sehen. Die Kalkkrusten aber erhalten sich, sinken dort, wo die inkrustierte Pflanze gestanden hatte, auf den Grund des Gewässers hinab und bilden daselbst eine sich von Jahr zu Jahr erhöhende Schicht.

Als Aquariumspflanze ist diese Hahnfußart mehr zu empfehlen als die vorhergenannte, da sie länger im Becken ausdauert. Eine besondere Schönheit kann man indessen der Pflanze nicht zusprechen. Soll sie gut gedeihen, so verlangt sie neben viel Oberlicht auch frische Luft.

36. **Gemeiner Wasserhahnfuß** (Batrachium aquatile E. Meyer). Ranunculus aquatilis L., Ranunculus heterophyllus Wiggers. Gemeine Wasserranunkel, gemeines Froschkraut.

Die untergetauchten Blätter sind borstig vielteilig, gestielt, ihre Abschnitte nach allen Seiten abstehend. Die schwimmenden Blätter sind nierenförmig, gelappt, gespalten oder auch geteilt, mit schmäleren oder breiteren Abschnitten. Von Staubblättern sind 20 und mehr vorhanden, sie sind länger als das Fruchtköpfchen. Blütezeit Juni bis August. Die Früchte sind schwach gedunsen, weichhaarig, querrunzelig und tragen ein aufgesetztes Spitzchen. 4. Stehende Gewässer, durch ganz Deutschland zerstreut.

Die verschiedene Gestalt der Schwimmblätter hat bei der gemeinen Wasserranunkel zur Aufstellung mehrerer Varietäten Veranlassung gegeben. Die Blätter der Var. peltatus sind die entwickeltsten. Die Stengel dieser Pflanze werden je nach der Tiefe des Wassers verschieden lang und sind stumpfkantig. Verläuft sich das Wasser des Standortes frühzeitig, so bildet sich ein kurzer aufstrebender Stengel aus, der reichlich mit Blättern besetzt ist, es erzeugt sich dann aus der Pflanze die Var. succulentus; steigt das Wasser aber während des Wachstums der Pflanze ständig, so entwickelt die Pflanze keine schwimmenden Blätter und dann kommt aus ihr die Barität Ranunculus panthotrix. Mittelarten zwischen beiden werden wieder besonders bezeichnet. Ranunculus panthotrix besitzt nur 12 oder wenig mehr Staubgefäße, und hat es dadurch bei Freunden, die die Speciesliebhaberei besonders betreiben, zu einer eigenen Species gebracht.

Die Pflanze in beistehender Abbildung wird von den meisten Botanikern als besondere Art, als Ranunculus paucistamineus Tausch bezeichnet, wenn sie nur borstig-vielspaltige aber schlaffe Blätter besitzt. In allen Blüten teilen, mit Ausnahme der kleinen Krone stimmt sie vollständig mit Ranunculus aquatilis überein, weshalb ich sie als zu dieser Form gehörend betrachte. Von Ranunculus divaricatus unterscheidet sie sich leicht durch die außerhalb des Wassers zu einem Pinsel zusammenfallenden Blattzipfel und durch die auf dem Fruchtknoten sitzende Narbe. Nur tiefes Wasser bringt diese Form hervor. Nötig ist es, wenn die Form sich bilden soll, daß das Wasser gerade bei der Ausbildung des Stengels ständig steigt. Ob aber diese Varietät mit der kleinblütigen Art der mit schwimmenden Blättern versehenen Varietäten eine besondere Species ausmacht, oder ob alle groß- und kleinblumigen Arten einfach der Species Ranunculus aquatilis beizuzählen sind, ist noch eine offene Frage. Nach Versuchen, die ich schon seit mehreren Jahren durchführe, die aber noch nicht abgeschlossen sind, vertrete ich vorläufig die letzte Meinung.

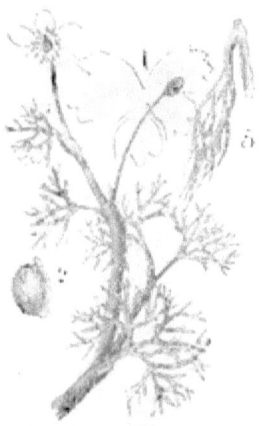

Figur 67. Gemeiner Wasser hahnfuß (Batrachium aquatile). 1. Schwimmblatt. 2. Frucht. 3. Wasserblatt aus dem Wasser gezogen.

Von allen Hahnfußarten ist der gemeine Wasserranunkel die vielgestaltigste Art. Standort fließendes und stehendes, tiefes und flaches Wasser und verschieden starkes Licht bringen eine von der Stammform abweichende Art hervor. Auch echte Landformen bilden sich besonders bei dieser Pflanze leicht aus. Der Habitus der Landform ist ein buschiger. Besonders an sonnigen Standorten erheben sich die Stengel nur äußerst wenig über den Boden, wogegen an Uferstellen, die feucht sind, die Pflanze höher wird und die auftretenden Blätter mehr zylinderische Zipfel tragen. Unter Wasser gekeimte Pflanzen bilden fadenartige Cotyledonen aus, das folgende Blatt erhält auf einem dünnen kurzen Stiel eine in drei fadenförmige Zipfel aufgelöste Spreite und die folgenden Blätter sind vollkommene Wasserblätter. Die Cotyledonen der auf dem Lande gekeimten Pflanzen sind kürzer und breiter, besitzen einen verkehrt ovalen Umriß und das nächste Blatt hat auf einem langen kräftigen Stiel eine breite drei oder fünfteilige, nicht bis zum Grunde reichende Spreite, das folgende eine ähnliche mehrteilige; die nun folgenden Blätter haben alle lange Stiele und in zahlreiche Zipfel geteilte Spreiten.

Figur 68. Gemeiner Wasser hahnfuß (Batrachium aquatile). Keimpflanzen: a unter Wasser b auf dem Lande entwickelt.

Am besten von allen Hahnfußarten eignet sich diese für das Aquarium. Besonders einjährige Pflanzen sind sehr gut zu verwenden. Wuchern sie im Becken stark, so sind sie durch Zurückschneiden an zu großer Ausdehnung zu hindern. Eine besondere Pflege verlangt die Pflanze nicht.

37. Hydrille (Hydrilla verticillata Casp). Hydrilla dentata Casp., Udora occidentalis Nutt., Udora verticillata Sprengel, Udora pommeranica Rchb., Serpicula verticillata Rost u. Schm.

Der runde, verästelte, zarte, fadenförmige Stengel trägt unten drei und vier, oben je fünf und sechs wirbelförmig stehende Blätter, die spitz gezahnt sind. Durch die Mitte des Blattes zieht sich ein rötlicher Nerv. Die Blume bildet sich in den Winkeln der oberen Blätter. Die männlichen Blüten sind kurz gestielt, in einer sitzenden, fast kugeligen, am Scheitel zweilappig aufbrechenden, einblütigen Spatha eingeschlossen und mit drei Kelchblättchen und drei Staubgefäßen versehen. Die Spatha der weiblichen Blüte ist sitzend, röhrig, mit zweizähniger Öffnung, einblütig und umschließt die Basis der sitzenden weiblichen Blüte, deren Fruchtknoten fadenförmig verlängert ist und oben die Blütenteile trägt. 4. In stehenden Gewässern und Landseen. Häufig bei Stettin und in West- und Ostpreußen. Die eigentliche Heimat ist Südostasien.

Von der Wasserpest läßt sich die Hydrille auf den ersten Blick nur schwer unterscheiden. Wie erstere besitzt auch sie sehr lange und dünne drehrunde Stengel, welche sich sparsam in gleichgestaltete lange Äste verzweigen. Aus den unteren Blattknoten sprossen einzelne lange einfache Adventivwurzeln hervor, welche die langen Triebe am Boden befestigen. Diese Triebe sind flutend oder sie schwimmen im Wasser und vegetieren äußerst lebhaft in dichten großen Massen vereinigt, von hinten allmählich absterbend, an den Fäden indessen weiterwachsend. Ist das Wasser ihres Standortes gefallen, oder steht die Pflanze nur im flachen Wasser, so wird der Stengel mehr kriechend, er legt sich dann dem Boden an, erzeugt zahlreichere Adventivwurzeln, die Internodien und Äste werden kürzer und verzweigen sich reicher.

Figur 63. Hydrille Hydrilla verticillata. 1. Blatt vergr.

Die Blätter der Hydrille sind sehr zart und durchscheinend. Diese Dünne der Blätter zeugt von einer einseitigen Anpassung an das Wasser und erklärt uns den Mangel einer Landform. Wie schwer Hydrille von der Wasserpest zu unterscheiden ist, zeigt die Pflanzenkunde von Leunis, wo in der 2. Auflage Seite 1077 beide Pflanzen nicht auseinander gehalten worden sind, sodaß sie als eine einzige Art aufgeführt wurden. „Beide Pflanzen", schreibt Hartwig sehr richtig in der Isis im 12. Jahrgang, „lassen sich am sichersten durch die Blüten unterscheiden, da diese aber bei beiden Arten meist übersehen werden und bei der Hydrille erst in neuester Zeit beobachtet worden sind, so werden wir andere, wenngleich weniger sichere Unterscheidungsmerkmale auffinden müssen: Die Wasserpest ist mehr verzweigt als die Hydrille; bei der ersteren stehen die Blätter in drei bis vierzähligen Quirlen, bei Hydrille unten ebenso, oben zu fünf bis sechs. Bei Elodea sind die Blätter klein-gesägt, bei Hydrilla sehr fein stachelspitzig-gezähnelt (die Zähnelung bemerkt man mit bloßem Auge nur, wenn man ein Blättchen gegen das Licht hält). Das Blatt der Wasserpest ist gleichfarbig grün, durch das der Hydrille aber zieht sich ein rötlicher Mittelnerv hindurch. Aus dem Vorstehenden ergiebt sich, daß man beide Pflanzen auf einige Schritte Entfernung kaum noch zu unterscheiden vermag; man muß sie vielmehr meist erst in die Hand nehmen. Obwohl ich beide Pflanzen häufig neben einander lebend im Wasser gesehen habe, so vermag ich sie dennoch auf etwa sechs Schritt Entfernung, dies muß ich gestehen, kaum noch mit Sicherheit auseinander zu halten."

Die mit Stacheln besetzten Blätter haben sowohl bei der Hydrille, wie auch beim Wasseraloe die Aufgabe, pflanzenfressende Tiere von dem Gewächs abzuhalten und so die Pflanze zu schützen.

Wie bei der Sumpfschraube, so wird auch bei der Hydrille die Übertragung des haftenden Pollenstaubes auf den aus Blumenblättern gebildeten, schwimmenden Kähnchen durch den Wind vermittelt.*)

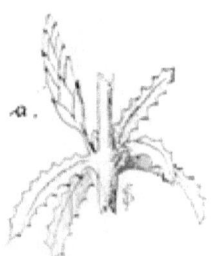

Figur 70. Hydrille. Hydrilla verticillata. a. Winterknospe.

Zur Überwinterung erzeugt die Hydrille besondere Knospen. Diese Winterknospen, deren Form die beistehende Zeichnung veranschaulicht, sind oblong, fast cylindrisch oder etwas keulenartig und stärkereich. Gegen Ende des Sommers gehen bei sinkender Temperatur Stengel, Blätter und Wurzeln des Gewächses durch Faulen ein, bilden aber vorher Zweigknospen zu Winterknospen um, die während der kalten Jahreszeit im Schlamm vergraben ruhen und im Frühjahr zu neuen Pflanzen auswachsen. Nur diese Winterknospen erhalten die Pflanze bei uns im Freien, da geschlechtliche Samen von ihr nicht hervorgebracht werden. Die Bildung dieser Knospen kommt dadurch zustande, daß die Internodien der Stammspitzen oder der axillaren Ästchen sehr kurz bleiben, die Blätter zu lanzettlichen, dicht dachziegelartig sich deckenden Schuppen verkümmern und alle Organe und Gewebe sich mit Stärke füllen. Die Farbe der Schuppenblätter ist ein weißliches Grün, heller an der Spitze, dunkler an der Basis.

Im warmen Zimmer gehalten zieht die Hydrille im Aquarium nicht ein, wenn das Wasser des Beckens eine möglichst gleichmäßige Temperatur von 10 R besitzt. Ob es natürlicher ist, die Pflanze so durch den Winter zu bringen oder nicht, wage ich noch nicht zu entscheiden, da ich erst im zweiten Jahre die Pflanze pflege.**) Im ersten Jahre habe ich sie im

*) Bis zur Zeit sind 13 Pflanzen bekannt, die auf diese Weise befruchtet werden.
**) Ob in ihrer eigentlichen Heimat die Hydrille Winterknospen erzeugt, ist nicht bekannt.

warmen Zimmer überwintert. Die Pflanze ist dabei nur wenig zurückgegangen, hat aber keine Winterknospen getrieben, während Exemplare, die in diesem Jahre kalt standen, Winterknospen hervorbrachten, die ich in der Weise wie beim Froschbiß durch den Winter bringen will.

38. Quirlblütiges Tausendblatt (Myriophyllum verticillatum L.) Wirbelständiges Tausendblatt, Wasserfeder.

Der einfache Stengel ist kahl, gegliedert, in der Regel einfach, brüchig, 15 bis 80 cm lang und zum größten Teil untergetaucht, oft soweit, daß nur die Blütenwirtel über den Wasserspiegel hervorragen, und bis zur Spitze beblättert. Das meist verzweigte Rhizom kriecht ausläuferartig im Schlamm, ist gegliedert, wurzelt an den Knoten und treibt aufwärts lange, dünne, fadenförmige, einfache oder hier und da verästelte, wirtelständige, dichtbeblätterte Stengel. Die Blätter sind eigentlich blos Blattrippen und haben im Umfang eine ovale Form. Sie sind bis auf die Spindel fiederteilig mit fein borstigen Fiedern versehen und sitzend. Ihre Farbe ist dunkel grün. Sobald Blüten auftreten, werden die Blätter klein und schmal, der Stengel färbt sich dann rötlich. Die untersten Blüten sind ♀, ihre vier Narben zottig, ihre Fruchtknoten bilden ein grünes vierfaches Nüßchen. Der Kelchrand ist vierzähnig, die Kronenblätter sehr klein und zahnförmig. Die mittleren Blüten sind in der Regel Zwitter, die obersten jederzeit ♂. Die Staubgefäße überragen die Narben und Kronenblätter, diese sind bei den letzten beiden Arten von Blüten weit größer als die Kelchblätter, ganzrandig und in ihrer Form elliptisch. Die Blütezeit fällt in die Monate Juli und August. Die Frucht ist eine vierteilige Spaltfrucht. ♃. Gräben und stehende Gewässer, besonders in Landseen und Ausschachtungen.

Da die drei bekannten heimischen Arten des Tausendblattes wenig von einander in ihrer Lebensart abweichen, gebe ich nachstehend erst die Beschreibung der einzelnen Pflanzen und fasse das Lebensbild sowie ihre Verwendung für das Aquarium zusammen.

39. Ährenblütiges Tausendblatt (Myriophyllum spicatum L.). Ähren-Wasserfeder, ährenförmiges Tausendblatt.

Im großen und ganzen ist diese Pflanze der vorigen im Aussehen fast völlig gleich. Nur die wirtelständigen Blüten bilden eine aufrechte, über die Wasserfläche emportretende Ähre, deren untere Deckblätter etwas fiederig eingeschnitten sind. Die grünen Blätter stehen zu 3, 4, 5 oder selten zu 6 wirtelständig um den Stengel, sie sind haarförmig und spitz. Solange die Blütezeit dauert, treibt jeder Stengel eine Blütenähre über den Wasserspiegel hervor. Die ♂ Blüten sitzen unten an der Ähre, die ♀ oben. Beide Blütenarten besitzen ganzrandige Deckblättchen, die kürzer als die Blumen sind. Der Kelch der ♂ Blüten ist vierteilig, dessen Zähne mit den drei bis viermal größeren Blumenblättern abwechseln. Letztere sind rosa und ebenso lang als die 8 Staubgefäße. Diese sitzen am Grunde des Kelches, haben gelbe, zweifächerige Antheren und runde Pollen. Die ♀ Blüten besitzen einen vierteiligen, kronenlosen Kelch und einen aus vier mit einander verwachsenen Fruchtknoten bestehenden Fruchtknoten. Griffel fehlen. Auf dem Fruchtknoten sitzen vier weiße, haarige Narben. Blütezeit Juli und August. Die Frucht ist rund und besitzt vier Einschnitte. ♃. Gräben, stehende und langsam fließende Gewässer.

Die letzte Art ist das

40. Wendelblütige Tausendblatt (Myriophyllum alterniflorum DC.)
Wendelblütige Wasserfeder.

Die in dem Schlamm eindringenden Wurzeln dieser zarten Pflanze entsenden unten wagerecht oder schief liegende Stengel, die nahe der Oberfläche senkrecht empor treten und wechselständige Äste, die mit dem Hauptstengel dieselbe Höhe einnehmen, treiben und ihre Blütenähre aus dem Wasser hervortreten lassen. Die Blätter stehen zu dreien und vieren in Wirteln, ihre kammartig gestellten Fiedern sind haardünn, stehen einander gegenüber oder wechseln ab. Die ♀ Blüten stehen in den Blattwinkeln des Wirtels und sitzen gewöhnlich nur zu zweien bei einander. Ihr Deckblatt ist größer als die Blüte und gesägt kammartig. Die ♂ Blüten bilden eine gipfelständige Ähre und stehen hier abwechselnd. Die Ähre besitzt nur zwei bis vier Blüten. Das Deckblatt der ♂ Blüten ist länger als die Blütenblätter. Blütezeit Juni, Juli und August. 4. Stehende Gewässer.

Zu unseren Flüssen und Teichen bilden die Tausendblattarten oft ausgedehnte, untergetauchte, flutende Vliese. Die Pflanzen setzen sich mit den unteren Teilen ihrer Laubstengel, die einen rhizomartigen Charakter annehmen, am Grunde des Wassers im Schlamm oder im Kies fest. Von diesem oft weit verzweigten Rhizomwerk entspringen lange, aufwärts flutende Laubtriebe, die sich hie und da verzweigen, wobei die Zweige den Hauptästen völlig gleichen. Durch eine reichliche Verzweigung entstehen mit der Zeit lange flutende Büschel, welche in stark fließendem Wasser oft eine ganz ansehnliche Länge erreichen und dann an ihren unteren Teilen nackt erscheinen, weil die Blätter von hinten nach vorn zu absterben. Dort, wo sich die Stengelteile niederlegen, sprossen an den Internodien lange, meist unverzweigte Haftwurzeln hervor.

Alle flutenden Pflanzen besitzen Stämme von weniger Biegungsfestigkeit, dagegen sind sie so gebaut, daß sie die Druck und Zugfestigkeit des Wassers gut aushalten können. Für sie bildet das umgebende Wasser die unmittelbare Stütze und macht jene Anordnung des Gewebes, dessen die frei in den Luftraum hineinwachsenden Stämme bedürfen, überflüssig. Es fehlen diesen Wasserpflanzen, für welche die Tausendblatt Arten typische Vertreter sind, die an der Peripherie verlaufenden Hartbaststränge, die für aufrechte Stammgebilde so charakteristisch sind. Die Gefäßbündel sind gegen das Centrum des Stammes zusammengedrückt, die diesen Bündeln angehörenden Baststränge sind vom Stammumfange im Verhältnisse weit entfernt, das centrale Mark ist sehr reduziert, ja fehlt oft sogar vollständig. Gegen einen Druck des umgebenden Wassers sind die Stämme durch die Gewebespannung in der Umgebung größerer, der Länge nach außerhalb des Gefäßbündelkreises hinauflaufender Luftkanäle geschützt. Dieser besonderen Bildung des Stammes ist es auch zuzuschreiben, daß Landformen von Tausendblattarten nur verhältnismäßig selten vorkommen. „Ich beobachtete solche interessanten Formen von Myriophyllum spicatum und Myriophyllum alterniflorum", schreibt Schenck, „an der unteren Sieg bei Bonn, wo sie mit Landformen von Ranunculus fluitans und aquatilis, Callitriche, Limnanthemum, Nuphar, Potamogeton natans und anderen vergesellschaftet auftraten. An trocken gelegten Sandbänken lagen die Zweigenden auf dem Sand, die Wasserblätter waren an der Luft zum Teil vertrocknet, aber an den Zweigspitzen wuchsen die Triebe zur Landform aus. An einigen Stellen gelangte der Stengel von neuem ins Wasser und war dann wieder als Wasserform weiter gewachsen. Die typische, auf Schlamm vegetierende Landform zeigt einen ganz anderen Habitus als die Wasserform, sie bildet kleine zollhohe Räschen, deren Stengel sich vielfach unterwärts verzweigt, aber kurz bleibt, indem die Internodien nicht nur an der Wasserform eine Streckung erfahren. Auch findet eine reichhaltige Bildung von Adventivwurzeln aus den Blattknoten statt. Die gleichfalls quirlig gestellten Blättchen sind ganz bedeutend kleiner als an der submersen Form, sie sind ebenfalls gefiedert, aber die Fiederchen in geringerer Anzahl vorhanden und dicker und breiter. Am besten gedeiht diese Form an feuchten, schattigen Uferstellen. Von Myriophyllum alterniflorum fand ich eine sehr kleine niederliegende Form auf Kies an sonniger Stelle. Die Internodien waren noch mehr verkürzt und die Zipfelchen noch kürzer und breiter." Stehen die Tausendblattarten in stehenden Gewässern, so bilden sich die Pflanzen sehr zart aus, sie besitzen dann fast haarförmig feine lange Blattzipfel, während Formen, die fließende Gewässer bewohnen, gedrungene und kürzere festere Blattzipfel hervorbringen.

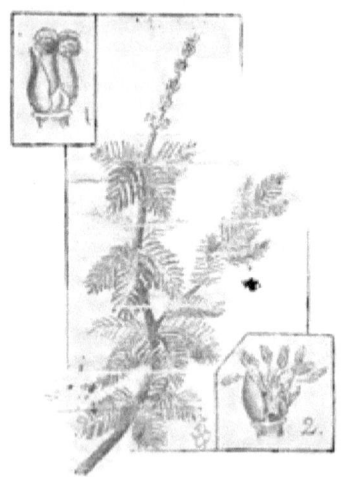

Figur 11. Ährenblütiges Tausendblatt.
Myriophyllum spicatum.
1. Weibliche Blüte 2. Männliche Blüte

Nur zur Zeit der Blüte treibt das Tausendblatt Blütenähren über die Wasseroberfläche hervor. Ist die Befruchtung bewirkt, so sinken die Ähren zur Fruchtreife in das Wasser zurück. Die Blüte von Myriophyllum verticillatum steht im tiefen Wasser untergetaucht in den Achseln der oberen Blätter. In flachem Wasser bildet die Blüte eine Ähre.

Zur Herbstzeit bildet Myriophyllum verticillatum echte Winterknospen aus, welche aus gedrängten zusammengeballten Laubblättern bestehen und wie die Winterknospen des Wasserschlauchs durch den Winter kommen. Sie sind hauptsächlich an dem Stengel im Schlamme zu suchen. Auch bei Myriophyllum spicatum entwickeln sich Laubknospen, die sich vom Mutterstamme ablösen und im folgenden Jahre einen neuen Stock bilden. Ob auch Myriophyllum alterniflorum sich diesen beiden Arten anschließt, ist noch nicht genau festgestellt, da sich die Pflanze im Gegensatze zu ihren Verwandten nur vereinzelt findet. Wahrscheinlich überwintern an geschützten Stellen oder in wärmeren Gegenden die Tausendblattarten in unverändertem Zustande, ohne daß eine Bildung von besonderen Endknospen stattfindet. Sichere Angaben darüber fehlen jedoch.

Die Behandlung der drei Tausendblattarten im Aquarium ist die gleiche.

Von ihrem Standorte bringt man sie im Frühling im Wassergefäß nach Hause und hier werden sie mit ihren Wurzeln etwa zweigliederlang in die Bodenschicht des Aquariums gesetzt. Sammelt man im Herbst von den Zweigen, welche weder Blüten noch Früchte erzeugten, die nicht mehr zur Entwicklung gekommenen Endknospen, so werden diese in das Aquarium geworfen, wo sich bald die Blattquirle auseinander schieben und die Pflanze Wurzeln treibt.

Mit Myriophyllum verticillatum hat der Verein „Aquarium" in Gotha Versuche angestellt, auf welche Weise sich dieses reizende Gewächs am leichtesten durch den Winter bringen läßt und ob es sich zur Zucht im Winter eignet. Die betreffenden Versuche sind zur vollsten Zufriedenheit ausgefallen und es wird folgendes darüber bekannt gegeben: Das Tausendblatt entwickelt gegen den Herbst hin an den Enden der unfruchtbaren Zweige knospenartige Vermehrungsorgane bis zur Länge von 5 cm. Jedes derselben besteht aus dem verkürzten oberen Stengelteil, welcher mit 25 bis 35 Blattquirlen dicht belegt ist. Jeder Quirl zeigt fünf oder sechs kammförmig gefiederte, teilweise entwickelte Blättchen. Die Knospen werden von dem krautigen Mutterstengel abgelöst und in das Aquarium überführt, dessen Wasserwärme etwa 10 bis 12 Grad C. beträgt. Bei Aufstellung desselben in einem sachgemäß geheizten Wohnraum werden diese Grade leicht erreicht. Die Knospen sinken im Wasser bald zu Boden. Nach einigen Tagen strecken sich die unteren Glieder derselben. Die walzenförmige Gestalt verwandelt sich unter Entfaltung der unteren Blattquirle zu einer kegelförmigen, und das Gebilde richtet sich, wahrscheinlich unter Verlegung des Schwerpunktes, senkrecht auf. Wenige Tage später ist dasselbe durch Wurzeln in den Boden festgeankert, selbst wenn Fische das Wasser bewegen sollten. Innerhalb eines Monats schiebt sich die Knospe, auch wenn sie vom Boden losgerissen wird, trotzdem zu einem Pflänzchen von 15—25 cm Höhe auseinander.

Derartige Knospen kann man auch sammeln, in eine Schale mit Wasser legen und bis zum Frühjahr an einem frostfreien Ort aufbewahren. Stellt man dann im April oder schon Mitte März die Schalen an das Fenster eines warmen Zimmers, so bilden sich bald junge Pflänzchen, die zur Besetzung des Aquariums verwendet werden können. So behandelte Winterknospen geben kräftige Pflanzen.

Bewurzelte Exemplare aller Tausendblattarten überwintern im Aquarium, indessen pflegen derartige Pflanzen gegen Ende des folgenden Sommers braun zu werden, wodurch ihr schönes Aussehen verloren geht. Tritt dieses ein, so verschneide man die Pflanze bis auf einen oder zwei kleine Zweige, die im Herbst neue Triebe hervorbringen. Zweige, welche im Juni oder Juli gesammelt sind, werden im Boden eingesetzt und treiben bei viel Oberlicht bald Wurzeln.

Eine Pflege des Tausendblattes im Aquarium ist insofern nötig, als die Blätter alle im Wasser befindlichen Schmutzteile an sich ziehen und so

schnell mit einem schmutzigen Niederschlage bedeckt werden. Um dieses zu
verhindern, ist es nötig, den Niederschlag von der Pflanze öfters zu ent
fernen, was durch ein etwas kräftiges Bewegen der Pflanze erreicht wird.
Unterbleibt dieses, so verursacht der Schmutz, der sich mit der Zeit einfrißt,
ein Abfaulen der Blätter.

41. Chilenisches Tausendblatt (Myriophyllum proserpinacoides) ame
rikanisches Tausendblatt, fälschlich als Herpestes reflexa bezeichnet.

Der Stengel ist lang und bei der nicht unter Wasser gehaltenen Form aus dem
Wasserspiegel kriechend. Hier ist der wachstumskräftige Teil der Pflanze emporgetaucht.
In dem Maße als er länger wird, sinkt der gestreckte, für seine Länge schwere Stengel
rückwärts unter das Wasser, nur so, unterstützt durch die Tragkraft des Wassers,
das vordere Ende der Pflanze über Wasser zu halten. Eine Ähnlichkeit mit den
heimischen Tausendblattarten ist unverkennbar. Die Blüten sind unschön, in der
Farbe blaßrot und mit vierblättriger Blumenkrone. Die weiblichen Blüten sitzen
niedriger und die mit vier Staubgefäßen versehenen männlichen Blüten stehen höher.
Die Frucht ist ein Nüßchen mit harter Schale. Die Blätter dieser Pflanze sind ein
paarig gefiedert und stehen quirlständig. Die oberhalb des Wassers stehenden Blätter
zeichnen sich von denen im Wasser befindlichen durch dichtere, bei einander stehende,
zahlreiche Blättchen aus. Mit der Zeit werden die untergetauchten Blätter schwarz
sterben dann ganz ab. ♃ Chile und Brasilien.

Über die Lebensweise und das weitere Vorkommen des chilenischen
Tausendblattes ist mir nichts bekannt, ich habe auch trotz eifrigen Nach
forschens nichts erfahren können, was besonders wichtig und für den Lieb
haber von Interesse ist; ich gehe deshalb gleich auf die Bedeutung der
Pflanze fürs Aquarium über.

Alle Liebhaber sind darüber einig, daß diese reizende Pflanze ein wunder
voller Schmuck für jedes Becken ist, da ihr Aussehen wunderhübschen,
hellgrünen Tannenzweigen gleicht, die auf dem Wasserspiegel einen förm
lichen kleinen Wald bilden. Besonders überraschend wirkt die ganze eigen
artige grüne Farbe der Pflanze, die sich garnicht genau beschreiben läßt.
Ohne das zierliche Gewächs gesehen zu haben, ist man nicht imstande, sich
von der Schönheit der Pflanze einen Begriff zu machen.

Zu betreff der Kultur ist dieses Tausendblatt sehr anspruchslos, besonders
gering sind die Bedingungen, die es an den Bodengrund stellt. Unge
waschener Sand sagt der Pflanze ebenso gut zu, als fetter Schlamm oder
Torfboden. Sollen sich die Pflanzen üppig entwickeln, so ist viel Licht
erforderlich und dann muß auch der Stengel Gelegenheit haben, auf dem
Wasser kriechen zu können, wo er dann einige Meter lang werden kann.
Den einzigen Anspruch, den die Pflanze an den Liebhaber stellt, ist der, sie
möglichst in Ruhe zu lassen, und keinen Wasserwechsel des Behälters vor
zunehmen. So sich selbst überlassen, kommt sie gleich gut fort im Sommer
wie im Winter, im warmen wie im kalten, im bedeckten wie im unbedeckten
Aquarium.

Ein in den Bodengrund gestecktes Stück der Pflanze entwickelt sich in
kurzer Zeit zu einem reizenden Pflänzchen, das dann als Unterwasserpflanze
weiter wächst, wenn es zweckentsprechend behandelt wird. Geyer war der

erste, der dieses Tausendblatt zur untergetauchten Lebensweise zwang, wodurch selbstredend bedeutende morphologische Veränderungen bei der Pflanze auftraten. Die Stengelzweige verdünnen sich dann beträchtlich und werden schlaff, ohne das Streben zu zeigen, über Wasser empor zu wachsen. Die Fiederblätter verlängern sich ansehnlich; mit einem Worte: Der Habitus der Pflanze nähert sich sehr dem unserer heimischen Arten, ist indessen viel zarter und weicher. Auch über Winter bleibt dieses Tausendblatt als Unter=Wasserpflanze grün, während es sonst immerhin etwas zurückgeht und nicht mehr so üppig in dieser Jahreszeit gedeiht wie im Sommer.

Zur Vermehrung des chilenischen Tausendblattes braucht man Teile des knotigen Stengels. Alle Stücke, die Knoten enthalten, erzeugen Wurzeln und Halme. Diese Knoten mit einem Stengelstück sind in einem mit Schlamm=Erde oder Sand gefüllten Topf zu bringen, gut belichtet zu stellen und wenn sie eine genügende Größe erreicht haben, in das Aquarium zu versetzen.

Auf gewisse Eigenthümlichkeiten, welche die Pflanze besitzt, will ich noch kurz eingehen. Sobald es dunkel wird, ballen sich die Blätter jeder Zweigspitze zusammen und öffnen sich erst wieder bei stärkerem Licht. An einer Pflanze, die in einem Aquarium, unmittelbar neben meinem Arbeitstische steht, machte ich die Beobachtung, daß die Krone sich starkem Lampenlichte zukehrt und wieder öffnet, wenn sie sich schon vorher geschlossen hatte. Die Pflanze dreht und wendet sich überhaupt sehr dem Lichte zu und öffnet ihre gipfelständigen Blätter nie bei einer mangelhaften Beleuchtung. Eine weitere, indessen weniger bekannte Eigenthümlichkeit der Pflanze ist das Ansammeln von Wasserperlen an den Zweigspitzen, welches aber in Zimmer-Aquarien nicht so oft bemerkt wird.

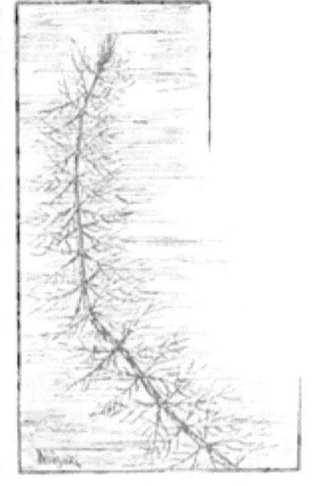

Fig. 51. Prismakantiges Tausendblatt. (Myriophyllum prismatum.)

Neue Tausendblattarten, die an ihre Kultur sonst keine Ansprüche stellen, nicht einmal als sehr lichtbedürftig zu bezeichnen sind und deren Zweigspitzen, in den Bodengrund gesetzt, weiter wachsen und auch im Winter grüne Gewächse liefern, hat Nitsche aus Nordamerika eingeführt. Die wissenschaftlichen Namen dieser Tausendblattarten sind, da sie noch nicht geblüht haben, nicht festzustellen, in den Liebhaberkreisen werden sie bezeichnet als:

a) **Prismakantiges Tausendblatt** (Myriophyllum prismatum (hort?).

Die Blätter stehen in der Regel dicht quirlig, sind zart gefiedert. Der Stengel ist fast nicht geteilt.

b) **Nitsches Tausendblatt** (Myriophyllum Nitschei Moenkem).*)

Die Blätter sind sehr zart gefiedert, die Verzweigung ist eine reiche, und überall brechen aus den Zweigen Wurzeln hervor.

---

*) Vorläufig so genannt, bis eine nähere Bestimmung der Pflanze möglich ist.

42. Najas (Najas major Roth.) Najas marina L., Najas fluviatilis Lam; Najas monosperma W; Ittnera Najas Gmel.

Der Stengel ist zart, gabelig verästelt, bis zweieinhalb Meter lang, durchscheinend. Die Blätter sind sitzend, opponiert, am Grunde schneidig, übrigens lineal-lanzettlich, ausgeschweift gezähnt, mit stachelspitzigen Zähnen versehen. Die ♂ Blüte ist eine von einer engen Scheide umhüllte Anthere; die ♀ Blüte ist ein zwei- bis dreilappiger, von einer Scheide umgebener Fruchtknoten. ♂ und ♀ Blüten auf verschiedenen Pflanzen. Blütezeit August bis September. Die Blattscheiden sind ganzrandig. Die Pflanze ist zweihäusig. ⊙ Seen und Teiche zerstreut. Im Nordwesten von Deutschland fehlend.

Ich füge dieser Pflanze gleich die beiden weiteren Arten an, ehe ich zur Schilderung übergehe.

43. Najas minor All.

Die Blätter sind schmal lineal, ausgeschweift gezähnt, zurückgekrümmt. Die Zähne sind stachelspitzig. Die Blattscheiden sind sein winnnerig gezähnt. Der Stengel ist sehr zerbrechlich. Die Blüten sind einhäusig. Blütezeit August bis September. ⊙ Sehr zerstreut in Seen und Teichen. Am meisten zu finden in Ostdeutschland.

44. Biegsames Najas (Najas flexilis Roth. Schm.)

Der Stengel ist biegsam, die Blätter sehr fein stachelspitzig-gezähnelt und abstehend. Sonst wie Najas minor. ⊙ Als Standort ist nur der Binowsche See bei Stettin, der Brodewiner See bei Angermünde, der Paarsteiner See unweit des Paarsteiner Werders, der Waltuner See im Kreise Flotow in Westpreußen, und der Plaspet, See im Kreise Allenstein in Ostpreußen bekannt.

Alle drei beschriebenen Najasarten sind Wasserpflanzen mit durchsichtigen, linealen, scharf gezähnten Blättern, die auf dem Grunde stehender Gewässer oft ziemlich tief unter dem Wasserspiegel in Form sparriger Wiesen, die von den nebeneinander aufrecht wachsenden, vielfach verzweigten, langen und dünnstengligen Laubtrieben gebildet werden, vegitiren. An den Laubtrieben sitzen scheinbar in dreizähligen Quirlen die 1½ bis 2 cm langen Blättchen. Die Keimpflanze bringt dicht über dem Quirlblatt das erste Laubblattpaar hervor, welches in seinen Achseln keine Sprosse erzeugt, darauf durch größere oder kleinere Internodien getrennt die folgenden Blattpaare, von denen jedesmal das erste Blatt einem dem Hauptstengel gleichen Ast erzeugt, der hier mit einem Blattpaar beginnt, bestehend aus einem Schuppenblatt, welches aus seiner Achsel die Verzweigung fortsetzt und aus einem sterilen Laubblatt. Auf diese Weise entwickeln sich die dreiblättrigen Scheinquirle an den Stengeln. Die ganze Verzweigung der Pflanze ist eine sehr ausgiebige. Die Pflanze stirbt von unten ab und zerteilt sich in eine Gesellschaft von Einzelpflänzchen und gleichzeitig erzeugen die unteren Knoten fortschreitend neue Adventivwurzeln.

Die Internodien werden nach oben zu kürzer und die Blätter dadurch vorwärts gebüschelt. Die Blüten entstehen jedesmal an Stelle des Schuppenblattes der Seitenäste und seiner Achselknospe.

Die vollständig untergetaucht lebenden Arten der Gattung Najas sind in ihrer Befruchtungsart sehr interessant. Ihre Blüten stehen, wie schon bei der Beschreibung gesagt, bei Najas major getrennt auf verschiedenen

Pflanzen, während sie bei Najas minor und Najas flexilis getrennt auf derselben Pflanze, stehen. Die weibliche Blüte besteht aus einem einzigen eineiigen Fruchtknoten, der nach oben zu 2, 3 mitunter auch wohl 4 walzenförmige Nebenschenkel treibt; die männliche Blüte wird von einer zentralen, sitzenden Anthere gebildet, die von zwei Blütenhüllen umschlossen wird. Bei Najas major ist die Anthere vierfächerig, bei den beiden anderen Arten dagegen nur einfächerig. Die Hüllen bauen sich aus zwei bis drei Zellenschichten auf, die äußere nach oben zu in einen gezähnten Schnabel ausgezogen, die innern dagegen in zwei stumpfe Lappen endend, und mit der Antherenwandung fast bis zur Spitze verwachsen. Bevor die Anthere aufbricht, streckt sich mehr oder minder die Achse der inneren und äußeren Hülle, wodurch die innere Hülle über die äußere hervorgehoben wird. Bei Najas major zerreißt beim Aufspringen die mit der Antherenwandung größtenteils innig verklebte innere Hülle durch vier senkrechte Längsrisse vor den Scheidewänden der Fächer in vier sich zurückrollende Klappen, bei den beiden anderen Arten klaffen die beiden Lappen der mit der Antherenwandung verwachsenen inneren Hülle auseinander. Auf diese Weise wird der Pollen ins Wasser entleert. Die Pollen haben eine elliptische Form und sind, die beiden Polenden ausgeschlossen, ganz mit Stärkekörnern vollgepfropft. Durch ihre Schwere sinken sie im Wasser

Figur 72. Najas.
Najas major
1. Frucht, vergr.

nach unten und werden hier von dem Fangapparat der weiblichen Blüte aufgenommen.

Des leicht zerbrechlichen Stengels wegen eignet sich Najas major mehr für Aquarien, in denen Schnecken, Wasserinsekten und andere langsam sich bewegende Tiere gehalten werden. Die beiden anderen Arten können in jedes Becken gepflanzt werden. Abgerissene Stengelstücke in Sand gesetzt, wachsen unschwer an, besonders dann, wenn sie so eingesetzt werden, daß noch ein Stück eines Nebenzweiges mit Sand bedeckt wird. Da die Pflanzen nur einjährig sind, nimmt man einzelne von ihnen und setzt sie in besondere Gläser, wobei man bei Najas major darauf zu achten hat, männliche und weibliche Pflanzen beim Einsetzen zu verwenden. So bepflanzte Gläser werden an gut belichteten Orten aufgestellt, kommen über Winter an einen frostfreien Ort zu stehen und werden Mitte Januar an ein von der Sonne beschienenes Fenster gesetzt, wo sich nach kurzer Zeit die jungen Pflänzchen entwickeln. In derselben Weise können auch die Früchte, welche von im Aquarium stehenden Pflanzen erzeugt werden, durch den Winter und zur Entwickelung gebracht werden.

45. Gemeine Zanichelle (Zanichella palustris L.)

Der Stengel ist kriechend oder aufsteigend, etwas verästelt, sehr zart, blaßgrün, brüchig. Die Blätter sind sitzend, einnervig, sehr schmal, borstig, rot, über jedem

Blatt befindet sich eine häutige, durchsichtige Scheide, die zwei anderen Blättern als Stütze dient, sodaß nach dem Abfall der Scheide die Blätter dreizählig stehen. Die Blüten sind einhäusig, ♂ und ♀ von einer gemeinsamen Scheide umschlossen. Blütezeit Juli bis September. Die Früchte sind Spaltfrüchte und nußartig kurz gestielt, fast sitzend und stehen zu mehreren zusammen. Der Griffel ist halb so lang als die Frucht. 4. Stehende und fließende Gewässer zerstreut.

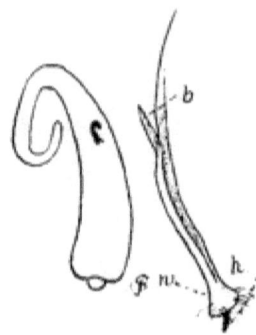

Figur 73. Gemeine Zanichelle. Zanichella palustris. Keim aus der reifen Frucht vergr. a Keimpflänzchen b Hauptwurzel. w Wurzelhaare. b erstes Blatt.

Figur 74. Gemeine Zanichelle Zanichella palustris. Zweig l junge Früchte

Die gemeine Zanichelle schließt sich in der Tracht den zarteren Formen der grasblättrigen Laichkrautarten sehr an. Wie jene Arten besitzt auch diese Pflanze fadenförmige, lineale, schlaffe Blätter.

Die dünnen stielrunden Stengel dieser Pflanze kriechen mit ihren rhizomartigen unteren Gliedern im Boden schlamm. Ist das Wasser des Standortes der Zanichelle nur seicht, so bildet sich die Pflanze zu einer kriechenden Form aus und wird dann auch wohl als Zanichella repens bezeichnet. Eine solche Pflanze wurzelt an den Knoten, während die eigentliche Form palustris, wurzellose Knoten und verlängerte Blätter trägt. Die Zanichelle bildet keine untergetauchten Wiesen, sondern wird meist nur in wenigen Exemplaren beisammen gefunden.

Als Aquariumpflanze verlangt die Zanichelle keine Pflege, sie ist völlig anspruchslos und gedeiht, wenn sie einen einigermaßen belichteten Platz im Becken besitzt, gut.

46. **Kugelfrüchtige Pilularie (Pilularia globulifera L.)**
Der sehr zarte, fadenförmige, langgliedrige Stamm wurzelt am Boden. Er kriecht horizontal und entsendet nach oben Büschel zarter, fädlicher, höchstens fingerhoher Blätter, an deren Grunde die kleinen kugeligen Sporenfrüchte sitzen. Fruchtzeit Juni bis September. 4. Teiche und Sümpfe, am häufigsten im Rheingebiet, zerstreut durch Norddeutschland.

Die kugelfrüchtige Pilularie gehört zur Gattung der Marsileaceae. Ihre Sporenfrüchte sind zwei bis vierlappig und besitzen zwei bis vier Fächer oben mit Mikrosporangien, unten mit Makrosporangien gefüllt. Die Befruchtung und Fortpflanzung kann ich übergehen, da dieselbe ausführlich bei der Salvinie geschildert worden ist und bei der kugelfrüchtigen Pilularie nur wenig von dieser abweicht.

Als Aquariumpflanze wird dieses Gewächs selten gehalten, weil es nur unscheinbar und sein Auftreten zu vereinzelt ist. Vorsichtig an dem Standorte aus dem Boden gehoben und in das Becken gepflanzt, gedeiht es hier ohne Zuthun des Pflegers. Die Sporenfrüchte sammelt man im Herbst, säet sie in Schalen, deren Boden mit Schlammerde bedeckt ist, aus, bringt sie an frostfreien Orten durch den Winter und stellt den Behälter im Januar an das sonnige Fenster eines warmen Zimmers, wo sich bald die jungen Pflänzchen entwickeln.

47. Gemeines Brachsenkraut (Isoëtes lacustris L.)

Das Rhizom ist zweilappig mit schief abwärts steigenden Lappen, nach unten mit einfachen Wurzeln besetzt, nach oben dicht mit 8 bis 10 cm langen pfriemlichen, steifen, dunkelgrünen Blättern versehen, die mit einer breiten blaßbraunen Scheide aufsitzen. Die Makrosporen sind warzig. 4. Unter Wasser auf dem Grunde von Seen mit sandigem oder steinigem Boden, überall sehr zerstreut.

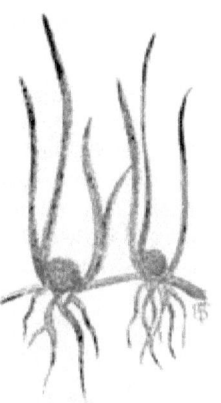

Figur 75.
Kugelfrüchtige Pilularie
Pilularia globulifera

Das Brachsenkraut führt ein vollständig untergetauchtes Leben und bedeckt in Form einzelner getrennter Individuen den Boden von Seen. Ausläufer, wie sie sonst von Wasserpflanzen mit Vorliebe getrieben werden, bringt dieses Gewächs nicht hervor, die Vermehrung ist einzig und allein nur durch Samen möglich. Zu diesem Zwecke sind Sporenbehälter von zweierlei Gestalt vorhanden: Makrosporangien und Mikrosporangien, die von dem erweiterten Blattgrunde eingeschlossen werden. Die Makrosporangien stehen an den äußeren Blättern und bedecken diese mit niedrigen, leistenförmig verlängerten, gebogenen, hin und wieder zusammenhängenden Höckern. Die Mikrosporangien stehen in dem folgenden Zweidrittel der Blätter, während die inneren Blätter unfruchtbar sind. Aus den Mikrosporen gehen männliche Befruchtungsorgane, Antheridien, aus den Makrosporangien weibliche Vorkeime hervor, welche sich nach ihrer Vereinigung zu der als Brachsenkraut bekannten Pflanze entwickeln.

Als Gewächs für das Aquarium kann das Brachsenkraut, weil es seines eigenartigen Aussehens wegen dem Becken zur Zierde gereicht und im Herbst nicht abstirbt, als Winterpflanze empfohlen werden. Am besten gedeiht das Brachsenkraut, wenn kleine, junge Pflänzchen in Erde, die aus einem Gemisch von gleichen Teilen Torf und Moorerde, mit etwas Lehm und Sand vermischt, gesetzt werden.

Eine nahe Verwandte dieses Brachsenkrautes ist das:

Stachelsporige Brachsenkraut (Isoëtes echinospora Durieu).

Es ist niedriger als das gewöhnliche Brachsenkraut, die beiden Rhizomlappen steigen nicht nach abwärts, sondern liegen in einer geraden Linie horizontal; die Blätter sind kurz, biegsam, hellgrün, lang zugespitzt. Die Makrosporen sind sehr dicht mit dünnen, stachelartigen, sehr zerbrechlichen Wärzchen besetzt. 4. An moorigen Stellen in Seen. Am häufigsten im nördlichen Europa.

Bedeutend schöner als diese beiden einheimischen Brachsenkräuter ist die folgende Art, die indessen nur selten im Handel vorkommt.

Isoëtes Malingverniana A. Br.

Die Blätter werden sehr lang und jedes ist mit einer Menge großer, luftiger, silberglänzender, in der Sonne leuchtender Bläschen angefüllt.

Dieses Brachsenkraut, welches sich zu seiner vollen Schönheit nur in großen, hohen Aquarien entwickeln kann, bietet einen wunderhübschen Anblick. Ebenso wie bei den heimischen Brachsenkräutern befinden sich bei dieser Art die Sporen am Berührungspunkt der Blattscheide und der Wurzel. „Nimmt man zur Zeit der Reife ein solches Blatt ab, so erhält man ein Häuflein Sporen, mittels welcher die Fortpflanzung erfolgen kann. Herr A. Walther, Inspektor des Zoologischen Gartens in Moskau, hat diese Sporen gesammelt, in Rasenerde gepflanzt und dadurch die Pflanze wie Gras vermehrt"

48. Gemeines Quellmoos (Fontinalis antipyretica L.).

Der Stengel ist lang, sehr verästelt, biegsam und fadendünn. Er ist mit abstehenden, eiförmigen, zugespitzten Blättern, die in einiger Entfernung von einander stehen, besetzt. Die Äste sind lang, schlaff und lineal. Die Farbe des Mooses ist ein leuchtendes Grün. Die Fruchtkapsel ist länglich eiförmig. 4. Flüsse und Bäche.

Dieses Moos erreicht im Wasser eine stattliche Größe und bildet dichte Bestände in allen Bächen und Flüssen. Es ist sowohl im schnellfließenden Gebirgsbach, wie auch im langsam fließenden Wiesengraben zu finden und an allen diesen Orten wächst es mit erstaunlicher Schnelligkeit. Während andere Pflanzen den Winter über ihre Belaubung verlieren, oder wenigstens teilweise einziehen, entfaltet das Quellmoos gerade zu dieser Zeit seinen schönsten Schmuck; die Belaubung ist gegen Ende des Winters und im Frühjahr am frischesten und schönsten. Während der Sommermonate macht das lebhafte Grün einer matteren bräunlichen Färbung Platz. Diese Umfärbung tritt dann ein, wenn das Gewächs seine größte Entwicklung erreicht hat und im Wachstum ein Stillstand stattfindet. Erst gegen den Herbst zu bringt das Quellmoos wieder neue Zweigspitzen mit frischem Grün hervor.

Für jedes Aquarium ist diese Pflanze ein herrlicher Schmuck; man sieht durch die vom Boden bis zur Wasseroberfläche sich erhebenden Fäden, die oft ein reizend verschlungenes Netzwerk bilden, wie durch einen Schleier hindurch. In dieser Schönheit entwickelt sich das Moos jedoch nur dann, wenn der Standort des Behälters und das Wasser nicht gewechselt wird. Eine Pflege verlangt die Pflanze nicht, nur einen hellen Standort im Aquarium, indessen setze man auch sie nie dem starken, die Algenbildung beschleunigenden Sonnenlichte aus. Algen sind ihre gefährlichsten Feinde; deshalb versäume man nicht, bevor die Pflanze im Aquarium eingesetzt wird, sie tüchtig zu reinigen. Stengelstücke in den Boden gesetzt und durch kleine Steinchen beschwert, wachsen leicht und ohne Mühe an. Die Vermehrung des Quellmooses im Aquarium ist ziemlich bedeutend, wenn keine pflanzenfressenden Fische denselben Behälter bewohnen, weil diese dasselbe leicht aus dem Boden ziehen. Von Schnecken wird es weniger angegriffen, besonders dann nicht, wenn diese bessere Nahrung bekommen können.

Viele Fische wählen mit Vorliebe Quellmoos zur Ablagerungsstätte ihres Laiches.

Weitere submerse Laubmoose, die sich bei uns finden, beschreibe ich kurz. Auch auf diese ist in der Hauptsache das anzuwenden, was vom gemeinen Quellmoos gesagt ist.

a. **Zierliches Quellmoos** (Fontinalis gracilis Lindb.).
Die Blätter sind eilanzettförmig, im Kiel gefaltet. Die Kapsel ist eiflügelförmig. Es ist in der Form schlanker und kleiner als das gemeine Quellmoos. ⚥. In ganz Deutschland zerstreut in Flüssen, Bächen, Wiesengräben und Torflöchern.

b. **Schuppiges Quellmoos** (Fontinalis squamosa L.).
Kleiner als das gemeine Quellmoos; büscheliger als dieses, meist schwarzgrün und oben sternrund beblättert. Die Blätter sind länglich lanzettförmig, einwiegelich und glänzend. Früchte werden von dieser Art nur selten entwickelt. ⚥. Gebirgsflüsse und Bäche, fast an allen Orten in Deutschland.

c. **Astmoosartiges Quellmoos** (Fontinalis hypnoides Hartm.).
Der Stengel ist dünn, zart und mit weichen Blättern besetzt. ⚥. Stehende Gewässer zerstreut.

d. **Riesen-Quellmoos** (Fontinalis gigantea Suliv.).
Nach bisherigem Untersuchen nur eine Abänderung von Fontinalis antipyretica. Unterscheidet sich durch viel plumpere Formen und breitere Blätter von dieser. ⚥. Stehende Gewässer sehr zerstreut.

49. Wasser-Pfriemenkresse (Subularia aquatica L.) Myagrum littorale Scopoli.

Das kurze Rhizom treibt nach unten einen Büschel feiner Faserwurzeln und nach oben eine Anzahl borstlicher Blätter, aus deren Mitte einige zierliche, blattlose, hin und hergebogene Stengel mit einer armblütigen Traube kleiner weißer Blüten und länglicher, mit kurzer, kegeliger Spitze versehene Früchte hervortreten. Blütezeit Juni und Juli. ⊙. In Fischteichen unter Wasser und nach zurückgetretenem Wasser am Rande derselben. Überall nur sehr selten.

Die Wasser-Pfriemenkresse gehört zu den Kreuzblütern und wächst auf dem Grunde der Seen. Sie gleicht vor der Blüte auf den ersten Blick einer kleinen Binse mehr als irgend einem ihrer Verwandten. Auf sie hat die untergetauchte Lebensweise einen sehr weitgehenden Einfluß in ihrem Habitus ausgeübt. Die blattragende Axe ist gestaucht, daher die nur wenige Centimeter langen, zarten Blätter alle grundständig geworden sind. Die Wurzeln sind einfache weiße dünne Fädchen, durch sie wird die Pflanze im Boden festgehalten. Schon an der Basis seines oberirdischen Teiles bildet das Pflänzchen diese Faserwurzeln aus. Die Blätter stehen in einem Büschel, sie sind spitz zulaufend, grasgrün, haarlos, an der Basis breiter und scheidenartig. Im Juni schreitet das nur etwa 5 cm hohe Pflänzchen zur Blüte. Es treibt dann einen Schaft, der drei bis vier Schötchen besitzt, die an seinen Stielen sitzen. Vermag sie ihren Schaft nicht über den vielleicht zu hohen Wasserspiegel empor zu treiben, so öffnet sich die Blütenknospe nicht, und es vollzieht sich eine Autogamie in den geschlossen bleibenden Blüten unter Wasser, wozu indessen

bemerkt werden muß, daß in den mit Luft erfüllten Innenraum der Blüte
das umgebende Wasser nicht eindringt und demnach der sehr merkwürdige
Fall eintritt, daß die Übertragung des Pollens auf die zuständige Narbe
zwar unter Wasser, aber dennoch in der Luft erfolgt. Ich gebrauchte
hier das Wort Autogamie, welches wohl dem Botaniker von Fach verständ
lich ist, nicht aber der größeren Anzahl der Aquariumliebhaber, deshalb
scheint es mir angebracht, das Wort gleich hier etwas näher zu erklären.
Eine Befruchtung bei den Pflanzen tritt in der Regel sonst nur dann

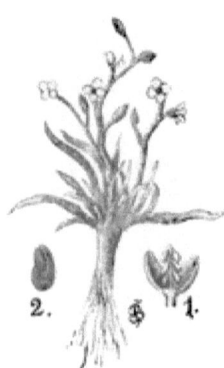

Figur 76.
Wasser Pfriemenkresse.
Subularia aquatica
1 Frucht geöffnet
2 Same vergr...

ein, wenn der Blütenstaub einer Pflanze auf die
Narbe einer anderen, derselben Art zugehörigen
Pflanze, gebracht wird. Blüten, die mit ihrem eigenen
Blütenstaub befruchtet werden, erzeugen nur in Aus
nahmefällen keimungsfähigen Samen. Es ist dieses
eine Fremdbestäubung. Indessen findet auch eine
Selbstbestäubung bei einigen Pflanzen statt, und zwar
dann, wenn keine Insekten 2c. die Bestäubung über
nehmen können. Diese Pflanzen befruchten sich dann
dadurch, daß die Pollenkörner direkt aus den Staub
beuteln ihre Schläuche nach der Narbe hintreiben.
Eine derartige Befruchtung findet also bei der Wasser
Pfriemenkresse statt, wenn sie gezwungen ist, unter
Wasser zu bleiben; sie fruktifiziert bei geschlossenem
Kelche. Gelangt indessen der Blütenschaft über den
Wasserspiegel, so öffnen sich hier die kleinen unan
sehnlichen Blüten. Die Blumenkronenblätter sind
weiß, schmal, ein halb mal länger als der Kelch und
neigen sich zusammen, die weißen Staubgefäße sind

kürzer als die Kronenblätter und werden von diesen verdeckt. Die Narbe
ist sitzend.

 Nur einmal habe ich die Wasser Pfriemenkresse im Aquarium be
sessen, wo sie in der geschilderten Weise unter Wasser zur Fruchtbildung
schritt. An dem reizenden Pflänzchen hatte ich meine helle Freude, kam
indessen kurz vor der Fruchtreife durch einen eigenartigen Umstand um
das Gewächs und habe bis heute, trotz eifrigen Suchens, noch kein Pflänzchen
wieder entdecken können. Besonders zu empfehlen dürfte die Pfriemenkresse
zur Bepflanzung der Partie des Felsens sein, die noch unter Wasser sich
befindet, sodaß es ihr möglich ist, den Blütenschaft über die Oberfläche
des Wassers hervorzutreiben. Nach dem, was ich in dem halben Jahre,
in welchem das Pflänzchen in meinem Besitze war, an demselben erfahren,
ist es völlig anspruchslos und bedarf keiner besonderen Pflege.

   50. **Stinkender Armleuchter (Chara foetida. A. Br.)**
    Der Stengel ist in der Regel stark verästelt und mit einer Kalkkruste versehen.
Nur in sehr wenigen Fällen ist er grün, meist weißgrau bis meergrün. Das
Sträuchen ist kurz und stumpf. Die Pflanze ändert in ihrer Form sehr ab. A. In
allen Gewässern zu finden.

Die noch hierher gehörenden Armleuchterarten beschreibe ich nachfolgend und fasse die Schilderung aller zusammen.

51. Zerbrechlicher Armleuchter (Chara fragilis, Desv.).

Der Stengel ist sehr zerbrechlich und ziemlich glatt. Die Pflanze ist hell oder dunkelgrün und mit einer feinen Kruste, oder graugrün und mit einer starken Kruste überzogen. In der Form erinnert dieser Armleuchter sehr an Hornkraut. ♃. Seichte und tiefe Tümpel.

52. Rauher Armleuchter (Chara aspera Deth).

Die Pflanze ist in der Farbe sehr verschieden: hell bis dunkelgrün und mit einer Kruste überzogen, oder gelb bis bräunlichgrün und fast ohne Überzug. ♃. Stehende Gewässer, in Deutschland zerstreut.

53. Hornblättriger Armleuchter (Chara ceratophylla Wallr.).

Die Pflanze ist kräftig und gedrungen. Die Blätter sind kurz und dick aufgeblasen. Der Stengel ist gestreift und tief gefurcht. Die Farbe der Pflanze ist hell bis dunkelgrün, bisweilen auch bräunlichrot. ♃. Auf dem Grunde größerer Binnenseen.

54. Besenförmiger Armleuchter (Chara scoparia Bauer).

Die Pflanze ist zart grün, ohne Kalkkruste und biegsam.

Die Characeen sind untergetauchte, im Schlamme wurzelnde, grüne Wasserpflanzen, mit niedrigem oder bis zu 1 Meter Länge emporstrebenden, gegliederten und verästelten Stamm. Die Glieder dieses Stammes sind langgestreckte, cylinderische Zellen, entweder frei oder von röhrenförmigen Zellen rindenartig umwachsen. Die Knoten, welche die Glieder von einander trennen, sind aus einer Zentralzelle gebildet, welche einen Wirtel von gegliederten Auszweigungen mit nur beschränktem Wachstum trägt, die in der Regel als Blätter bezeichnet werden. Auch die Blätter können berindet sein und tragen von den Knoten ebenfalls wieder Auszweigungen, die man Blättchen nennt. Die Rinde bildet sich aus Zellen, welche zu je zweien von den Basilarzellen der Blätter ausgehen, und von denen die eine nach aufwärts, die andere nach abwärts am Stengel anwächst; alle von unten kommenden Rindenlappen treffen mit den von oben kommenden in der Mitte des Stengelcylinders zusammen. Diese Rindenlappen wachsen mittelst einer sich teilenden Scheitelzelle fort und bilden eine dicht zusammenschließende Rinde, die in den meisten Fällen noch mit Stacheln und Warzen besetzt erscheint. An einzelnen Stellen des Stengelknotens finden sich noch einzellige Auswüchse, die als Stipula bezeichnet werden. Die gewöhnlich als Wurzeln bezeichneten, fadenförmigen Anhänge des hohlen Stengels sind Haargebilde, welche lange, sich verästelnde Schläuche mit farblosem Protoplasma darstellen, die Pflanze im Boden festhalten und auch alle übrigen Funktionen der Wurzel übernehmen.

Es ist eigentümlich, daß sich der hohle und schlaffe Stengel der meisten Characeen mit einer Kruste von kohlensaurem Kalk überzieht.

der ähnlich wie der Kiesel in den Schafthalmen, von den Gewächsen selbst erzeugt wird.

Der Name Armleuchter ist für diese Pflanzen sehr bezeichnend, da jedes Stengelglied mit den quirlständigen Blättern sehr an solche erinnert. Die Familie ist nur arm an Arten, aber alle zeigen große Übereinstimmung in ihrem Habitus: Die Characeen bilden eine formveränderliche Pflanzengruppe.

Die Fortpflanzung ist bei diesen Gewächsen sehr hoch entwickelt. Dem Geschlechte nach giebt es monöcische und diöcische Arten. Das weibliche Organ ein Oogonium, das männliche ein Antheridium; beide stehen stets an den Blättern.

Das Oogonium besteht aus drei Zellen, welche von fünf Rindenschläuchen schraubenartig umwunden sind. Die zu unterst sich befindende Zelle nennt man die Knotenzelle, die mittlere die Wendungszelle, die oberste, welche die beiden anderen an Größe bedeutend übertrifft, ist die Eizelle. Dieselbe ist von ovaler Gestalt und mit dichtem Plasma gefüllt, daß durch Öltröpfchen und Stärkekörner undurchsichtig erscheint. Nur am Scheitel ist das Plasma klar und durchscheinend, diese Stelle nennt man den Keimfleck. Die einhüllenden Rindenschläuche treten über dem Scheitel der Eizelle zu einer fünfgliedrigen Endrosette zusammen, deren Zacken ein oder zweizellig sein können, dem Krönchen.

Figur 77. Zerbrechlicher Armleuchter Chara fragilis. F. A. Blattknoten vergr. a. Antheridium. b. Berindetes Blattinternodium. c. Oogonium mit Eizelle und Krönchen d. Blättchen. B. Stück eines Fadens mit den Spermatozoiden. C. Freie Spermatozoide. D. Schild mit Manubrium und Fadenbüschel. E. Oogonium.

Die Antheridien sind sehr verwickelt gebaut. In ihrer Gestalt gleichen sie einer Hohlkugel, die Schale derselben besteht aus acht flachen Zellen, Schildern genannt, die mit ihren gezackten Rändern genau ineinander greifen. Dieselben enthalten einen leuchtend roten Farbstoff. Von der Mitte eines jeden Schildes ragt nach innen eine cylindrische Zelle, das Manubrium, welches an seinem Ende einen Büschel von Zellfäden trägt, die in mannigfachen Windungen den Innenraum des Antheridiums erfüllen. In jeder Zelle dieser Fäden entsteht eine schraubenförmige, mit zwei langen Wimpern versehene Spermatozoidie. Beim Ausschlüpfen gehen die Schilder auseinander, sodaß die Spermatozoiden ins Freie gelangen können.

Zur Zeit der Geschlechtsreife treten unter den Krönchen die Hüllzellen des Oogoniums ein wenig auseinander, wodurch Spalten entstehen, welche eine freie Kommunikation mit dem über dem Scheitel der Eizelle liegenden, von wasserheller Substanz angefüllten Raum herstellen. Hier hinein gelangen die Spermatozoiden und dringen von da aus in den Keimfleck der Eizelle ein, welche sich infolgedessen rasch mit einer derben Zellwand umgiebt und zur Eispore heranreift, dann macht sie oft noch eine jahrelange Ruheperiode durch, ehe sie keimt. Bei der Keimung entsteht zunächst ein fadenartiger Vorkeim, an dem sich die blättertragenden Pfläuzchen entwickeln.

Merkwürdig, wie ich nur beiläufig erwähnen will, sind die Armleuchtergewächse dadurch, daß an ihnen die freie Saftbewegung zuerst und zwar von Corti im Jahre 1774 entdeckt wurde. Die Chlorophyllkörner steigen im Innern der Stengelröhre an einer Seite auf und kehren an der anderen zurück. Stoßen sie auf diesem Wege aneinander, so lassen sie sich hierdurch nicht irre machen, sondern setzen ihren Weg unbehindert fort. Die Bewegung hört jedoch auf, sobald das Stengelstück in Weingeist getaucht wird. Knickt oder schnürt man ein Stengelstück an einer Stelle ein, so steigen die Körner bis zur Hemmungsstelle und kehren von da zurück.

Fast alle Armleuchtergewächse eignen sich für das Aquarium, die kleineren Arten sogar sehr gut. Die im Freien gefundenen Exemplare werden vorsichtig aus dem Schlamm gehoben, etwas von dem anhaftenden Schmutz durch langsames Durchziehen durch das Wasser gereinigt und in das Sammelgefäß nach Hause gebracht. Hier werden sie sorgfältig und vorsichtig gewaschen, bis sie annähernd rein sind. Gefäße von der Größe, daß die Pflanze vollständig in ihnen ausgestreckt liegen kann, sind hierzu am meisten zu empfehlen.

Ist die Pflanze so weit gereinigt, daß das Wasser nicht mehr schmutzig wird, so wird sie in ein besonderes Gefäß, Einmacheglas, Weißbierglas x., gesetzt, von der entsprechenden Größe, wie sie die Pflanze aufweist. Das Umsetzen der Pflanze aus dem Wasch- in das Kulturgefäß muß vorsichtig und langsam geschehen. Befindet sich die Pflanze im Gefäß, so muß sie senkrecht im Wasser stehen und die Enden der Zweige müssen sich noch einen Centimeter unter der Wasseroberfläche befinden. Der Behälter wird so gestellt, daß keine direkten Sonnenstrahlen die Pflanze treffen können. Nach etwa 48 Stunden erneure man das Wasser und fahre so fort, bis es in der ersten Woche etwa dreimal geschehen ist. Nach dieser Zeit kann die Pflanze in das Aquarium überführt werden, oder sie bleibt in dem Glase, wo sie ursprünglich eingesetzt wurde. Man hat darauf zu achten, daß die Spitzen des Gewächses nie über den Wasserspiegel hervortreiben und die Pflanze kein direktes Sonnenlicht erhält, da alle Characeen sehr licht empfindlich sind; auch vermeide man später einen Wasserwechsel und eine Stand Veränderung des Gefäßes, dann wird man schöne Kulturen von Armleuchter erhalten.

Den unangenehmen Geruch der Characeen braucht niemand zu fürchten; derselbe ist nur bemerkbar, wenn man eine größere Anzahl von Pflanzen frisch aus dem Wasser nimmt.

Die beste Zeit zum Einsammeln der Armleuchter ist das Frühjahr.

Den Characeen sich eng anschließend, bilden die Nitellen eine besondere Gattung. Sie sind äußerlich den Characeen sehr ähnlich, indessen im allgemeinen zarter gebaut als erstere. Das Haupterkennungszeichen ist das Krönchen des Samens, welches bei den Nitellen zehnzellig ist und aus zwei übereinanderliegenden fünfzelligen Kreisen besteht. Es fällt schon vor der Fruchtreife ab. Mit unbewaffnetem Auge sind indessen die Unterschiede zwischen beiden Gattungen nicht immer festzustellen.

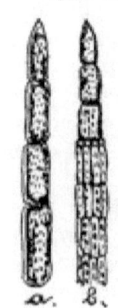

Figur 78.
Bau einer
Nitella (a) und
Chara (b).

Durch das Mikroskop betrachtet, erscheinen die Zellen eines etwa 1 cm langen Stückes eines Seitenzweiges bei Nitella einfach Zelle an Zelle gereiht, während bei Chara die älteren Zellen von einem Mantel dünner, eng aneinander liegender sogenannter Rindenzellen umgeben sind.

Da Nitella und Chara als Aquariumpflanzen denselben Wert haben, sich nur in wenigen Punkten, die auch nur ein botanisches Interesse besitzen, von einander unterscheiden, füge ich dieser Schilderung gleich die Beschreibung der Nitella-Arten an.

55. Gemeine Nitelle (Nitella syncarpa Ktz.) verwachsenfrüchtige Nitelle.

Stengel wird bis über 30 cm lang. Die Pflanze ist goldlich bis dunkelgrün, stellenweise, in wenigen Fällen, mit einer Kruste überzogen. ☉ Lehmgruben, Teiche und Seen.

56. Zierliche Nitelle (Nitella gracilis Smith).

Der Stengel erreicht eine Höhe bis zu 20 cm, er ist sehr stark verzweigt und äußerst biegsam. Die Farbe der Pflanze ist hellgrün, selten etwas bräunlich. ↕ Überall in stehenden Gewässern zu finden.

57. Biegsame Nitelle (Nitella flexilis Ag.)

Der Stengel ist biegsam, wenig verästelt und ziemlich kräftig. Die Farbe der Pflanze ist ein glänzendes Grün und zwar ein Bleich bis Dunkel- oder Braungrün. ↕ Stehende Gewässer im mittleren Europa!

58. Stachelspitzige Nitelle (Nitella mucronata A. Br.)

Sie ist mit kurzblätterigen und daher kugeligen Blattquirlen besetzt. ↕ Bei einzeln in stehenden Gewässern.

59. Glasige Nitelle (Nitella hyalina Ktz.)

Findet sich in Deutschland nur im Bodensee.

60. Perlschnurförmige Froschlaichalge (Batrachospermum moniliforme Roth).

Die Zweige sind wirbelförmig, sehr ästig, dicht mit Quirlen von Zellen besetzt, wodurch eine Ähnlichkeit mit aneinander gereihten Froschlaichkörnern erzielt wird. Die Größe der Pflanze schwankt zwischen 5 bis 6 cm, sie ist violett, rotbraun oder grünlich gefärbt. In kalten Gräben, Quellen und Bächen, nirgends selten.

Die perlschnurförmige Froschlaichalge gehört zur Familie der Florideen und sie und einige wenige Vertreter dieser so farbenprächtigen Algengruppe vermögen uns, als Vertreter des Süßwassers, nur ein kümmerliches Bild von den sonst so herrlichen Farben dieser Familie zu geben. Nur ganz ausnahmsweise haben die Mitglieder dieser Familie eine andere Farbe als die rote und diese Ausnahme findet gerade bei Batrachospermum statt.

Das Gewächs besteht aus einer schleimigen, reich verzweigten Fadenmasse von sehr zierlichem Aussehen unter dem Mikroskop und meist von blaugrüner oder grauvioletter Farbe. Gesellschaftlich, rasenförmig, wächst die Alge in kalten Gräben und Bächen.

Ich kann diese Alge nicht verlassen, ohne etwas näher auf ihre Fortpflanzung einzugehen. Alle Florideen besitzen eine doppelte Fortpflanzung, eine geschlechtliche und eine ungeschlechtliche. Eine ungeschlechtliche Vermehrung findet in der Weise statt, daß sich in den meisten Fällen vier, in Tetraden zusammenliegende Zellen zu Sporen, Tetrasporen, umbilden. Bei der geschlechtlichen Fortpflanzung entstehen weibliche Zellen (Carpogonien) und männliche rundliche Fortpflanzungszellen, welche beide unbeweglich sind. Das Carpogon entwickelt noch einen Halsteil, Trychogyn genannt, an dem die männlichen Zellen vom Wasser herangespült werden, festhalten und so die Befruchtung vollziehen. Infolge der Befruchtung bildet sich entweder ein Sporocarpium oder ein nacktes Eisporenlager, aus denen ebenfalls unbewegliche Fortpflanzungszellen sich abgliedern, die keimen und neue Pflanzen entwickeln.

Figur 79. Perlschnurförmige Froschlaichalge (Batrachospermum moniliforme).

Wer die perlschnurförmige Froschlaichalge auf seinen Exkursionen findet, versäume nicht, das zierliche Gewächs seinem Aquarium einzuverleiben. Es beansprucht keine besondere Pflege, nur ist es vor direktem Sonnenlicht zu schützen.

61. Flußborsten-Alge (Lemanea fluviatilis Ag.)

Der Stengel ist knotig gegliedert, fadenförmig und erreicht eine Länge von 15 cm. Er ist in der Farbe dunkelgrün und borstendick. In Gebirgsflüssen und Bächen nicht selten.

In büschelförmigen Rasen wachsend, findet sich diese Alge in allen Gebirgsflüssen Deutschlands. Sie bildet eine Art der kleinen Gruppe braungefärbter Süßwasser-Algen, die sich eng den Florideen anschließen, denen sie auch hinsichtlich der Befruchtungsorgane sehr ähneln. Der Thallus ist knotig gegliedert, fadenförmig, mittelst einer Haftscheibe angewachsen und flutend. Er stellt einen hohlen Schlauch dar, in dessen Achse ein einfacher, gegliederter Zellfaden verläuft, der in der Mitte zwischen zwei Knoten, mittelst vier in Kreuzform gestellter Stützzellen mit der Wand des Kanals verbunden ist. Diese Wand besteht aus mehreren Schichten, deren äußerste, sehr dichte, die Rinde bildet, während die innerste aus großen, locker verbundenen Zellen besteht. Jede Stützzelle schickt einen oder zwei gegliederte Fäden nach oben und unten bis zu den Knoten; von ihnen kommen die weiblichen Geschlechtsorgane in Gestalt und Form von Ästen, die mit ihren verlängerten Endzellen die Wand des Schlauches durchbohren. An der Außenseite bilden diese zwei bis drei Ausfackungen, welche von kleinen, bewegten Zellen, die sich in den Papillen der Knoten entwickeln (Antheridien), durch eine Anlagerung befruchtet werden. Hierdurch entspringen aus der in der Innenwand steckenden Basis des Trichogyns gegliederte Fäden, die in der Höhle des Schlauches Büschel von Sporen entwickeln.

Ebenso wie die vorige Alge, ist auch diese für das Aquarium verwendbar. Eine besondere Pflege beansprucht auch sie nicht, nur darf sie nie dem direkten Sonnenlicht ausgesetzt sein.

62. Darmähnliche Schlauchalge (Enteromorpha intestinalis, Link).

Der Stengel wird bis zu 10 cm lang, ist rund und mit einem darmartigen Hohlfad geschlossen, er besteht aus einer einfachen oder doppelten Zellenschicht. Die Pflanze ist von tiefgrüner Färbung und sehr vielgestaltig. Ursprünglich am Grunde des Gewässers angewachsen, löst sie sich später los und schwimmt dann frei. In Gräben, Bächen, Seen, auch im Meere in ganz Europa.

Diese Alge möge als letzte derjenigen, welche sich zur Aufnahme im Aquarium eignen, Erwähnung finden. So groß auch die Fülle dieser pflanzlichen Gebilde in den Gewässern ist, so sind doch außer den genannten fast keine weiter zur Bepflanzung unserer Behälter tauglich. Die meisten von ihnen sind im Gegenteil im Becken lästig und schädlich und müssen auf jede Weise fern gehalten werden. Wie und auf welche Art dieses zu geschehen hat, werde ich im fünften Abschnitt über die „Pflege des eingerichteten und besetzten Aquariums" in einem besonderen Kapitel schildern.

Die Behandlung der untergetauchten Wasserpflanzen im Aquarium.

Die untergetauchten Wasserpflanzen, die den größten Teil ihrer Belaubung unter dem Wasserspiegel aufweisen, und nur zur Blütezeit, bei einigen Arten, sogenannte Schwimmblätter hervorbringen, ankern oder wurzeln im Bodengrunde des Aquariums. Viele von ihnen besitzen ächte Wurzeln, andere sind wurzellos und nur der keimende Same hat eine Andeutung der Wurzel, noch andere erzeugen wurzelähnliche Gebilde, alle aber verankern sich im Boden. Landformen, die bei einigen von ihnen auftreten, werden nur dann gebildet, wenn der Wasserspiegel ihres Wohnortes zurücksinkt und sie zwingt, sich den neuen Verhältnissen anzupassen. Der Mehrzahl von ihnen ist mit dem Zurücktreten des Wassers die Lebensfähigkeit genommen, sie vertrocknen außerhalb ihres eigentlichen Elementes. Für die Dauer sich als Landform zu halten, ist auch den sich zur Landform umbildenden Pflanzen unmöglich. Wenn sie früher oder später nicht in ihr eigentliches Element zurückversetzt werden, gehen auch sie ein.

Alle untergetauchten Wasserpflanzen müssen im Aquarium in die Erdschicht eingepflanzt werden, die den Boden bedeckt. Hier entwickeln sie sich üppig und durchziehen, wenn ihre geringen Ansprüche erfüllt werden, oft in kurzer Zeit das Aquarium mit ihrer leuchtenden Belaubung.

Von einer eigentlichen Pflege dieser Pflanzen kann man nicht sprechen. Die meisten von ihnen passen sich den Verhältnissen an, besonders dann, wenn zur Bepflanzung junge Sämlingspflanzen verwendet werden, die schon von Jugend auf an die Verhältnisse ihres bleibenden Standortes gewöhnt sind.

Die Anzucht junger Sämlinge aus Samen hat ihre Schwierigkeit darin, daß die Kenntnis der nötigen Bedingungen für eine gedeihliche Entwickelung der Pflanzen von der Keimung des Samens wenig bekannt und untersucht ist. Es ist durchaus nicht so leicht aus Samen, bei aller Pünktlichkeit und Sorgsamkeit des Liebhabers, Pflanzen zu ziehen, es ist hierin die erforderliche Übung nicht zu lehren, sondern zu erlernen. Eine soviel wie möglich ausführliche Schilderung über diesen Punkt findet sich im Schlußkapitel des Abschnittes über „die Flora des Süßwassers".

Bei den einjährigen, untergetauchten Wasserpflanzen sind, wie bei den einzelnen angegeben, die Winterknospen im Herbst zu sammeln und in besondere Behälter (Schalen, Einmachgläser, Elementgläser, Weißbiergläser ɔc.) zu setzen, die einen Bodenbelag besitzen und an einen frostfreien Ort gestellt werden. Das Wasser, welches verdunstet, wird durch Nachfüllen ergänzt. Zu Anfang des Frühlings (Mitte Februar) erhalten diese Gefäße einen Platz am sonnigen Fenster eines warmen Zimmers, wo sich die Winterknospen bald zu neuen Pflanzen entwickeln. Wurzelstöcke von eingezogenen Pflanzen lasse man im Aquarium, sie bringen im Frühjahr von selbst neue Triebe hervor.

3. Pflanzen mit Schwimmblättern.
(Plantae foliis natantibus.)

Die Stämme dieser Pflanzen sind meist kurz, wurzeln im Schlamm und senden Blätter aus, deren breite, im Umrisse häufig kreisförmige Spreiten, von sehr langen Stielen getragen werden. Die scheibenförmigen Blätter liegen mit ihrer unteren Seite in der Regel dem Wasserspiegel auf. Die Blattstiele kommen aus dem kurzen Hauptstamm, oder sie gehen von seilförmigen Seitenstämmen aus. Unter Wasser befindliche Blätter fehlen in der Regel.

1. Weiße Seerose (Nymphaea alba L.) (Castalia alba Link) Seelilie.

Der horizontal liegende Stengel ist im Schlamm eingebettet und mit zahlreichen Wurzeln besetzt. Er treibt große tellerförmige, lederartige Blätter, deren Stiel je nach der Tiefe des Wassers kürzer oder länger ist. Diese Stiele haben nach unten zu drei Kanten, sind oben rund und von zahlreichen Röhren durchzogen. Auch der Blumenstiel, dessen Länge sich ebenfalls nach der Höhe des Wassers richtet, ist reich an Luftröhren. Die Blüte schwimmt auf dem Wasserspiegel. Kelch und Kronenblätter sind von gleicher Länge. Erstere sind zu vieren vorhanden, sie sind äußerlich grün, innen weiß. Die Zahl der Kronenblätter schwankt zwischen 20 und 28. Sie besitzen eine länglich lanzettliche Form und sind schneeweiß. Die äußeren Staubgefäße nähern sich den Kronenblättern, alle stehen auf dem Fruchtknoten. Die Narbe ist kreisrund, die Strahlen lineal, inwendig gelb. Blütezeit Juni bis August. Die Frucht reift um Michaelis. 4. Landseen, Teiche und kleine, langsam fließende Flüsse.

Die weiße Seerose ist die prächtigste aller heimischen Wasserpflanzen und wird daher mit Recht als „Königin der Wasserflora" bezeichnet.

Figur 80. Weiße Seerose Nymphaea alba. 1. Blüte und Blätter in verschiedenem Alter. 2. Knospe. 3. Samenkapsel.

Mittelst des dicken, narbenbesetzten, nur sparsam verzweigten Rhizoms, das im Teichboden eingebettet ist, treibt die Pflanze jährlich bei Beginn der Vegetationsperiode an den Enden desselben ein Büschel langgestielter mächtiger Schwimmblätter und Blüten. Die ausgewachsenen Blätter sind von fester, lederartiger Beschaffenheit, welche bei ihrer Größe unbedingt erforderlich ist, um den mechanischen Anforderungen der schwimmenden Lebensweise zu genügen. Die Oberfläche der Blätter ist glatt, mit einem wachsartigen Überzuge versehen und infolgedessen nicht benetzbar, die Farbe ist ein sattes Grün, während die Unterseite des Blattes violett ist. (Vergleiche Seite 68 das über die Blätter des Froschbisses Gesagte.)

Die von dieser Pflanze entwickelten Niederblätter sind von eiförmigem oder lanzettlichen Umrisse, in welchem eine Gliederung in Stiel und Spreite nicht zu bemerken ist. Ihre Mittelblätter dagegen gliedern sich in einen runden Stiel und in eine scheibenförmige Spreite. Diese Merkmale treten unter allen Umständen hervor, gleichgültig, ob der Same des betreffenden Stockes am Grunde eines tiefen Wassers oder im Schlamme einer sumpfigen Wiese gekeimt hat. Hier auf letzterer bleiben die Niederblätter kurz, und die Wände ihrer Oberhautzellen verdicken sich in einer ganz auffallenden Weise, die Stiele, welche von Luft umgeben sind, werden etwa spannenlang und erzeugen eine mächtige Lage von Bast. Wenn aber diese Seerose unter einer mächtigen Wasserschicht aufsproßt, so verlängern sich die Niederblätter zu langen schlaffen Bändern und die Stiele der Mittelblätter wachsen so lange, bis die von ihnen getragenen Spreiten auf dem Wasserspiegel zu liegen kommen. Die obere Seite dieser Spreiten ist, wie ich schon sagte, nicht netzbar, etwaige Wassertropfen, die auf sie fallen, zerfließen. Damit nun auch die Wasserperlen nicht längere Zeit auf dem Blatte bleiben, ist die Scheibe dort, wo sie dem Stiele aufsitzt, etwas erhöht und der Rand des Blattes wellenartig hin und hergebogen. Es entstehen hierdurch am Umfange der Scheibe flache Vertiefungen, durch welche bei der geringsten schaukelnden Bewegung die Wassertropfen von der Mitte des Blattes zum Rande abrollen, um sich dort mit dem Wasser zu vereinigen, welchem die Blätter aufliegen.

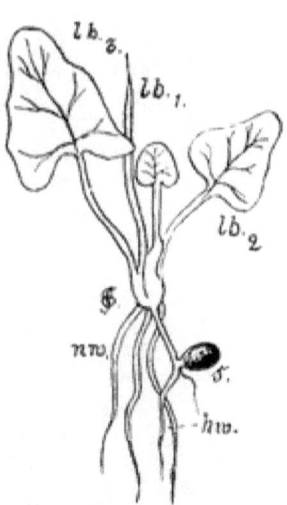

Figur 81. Weiße Seerose. Nymphaea alba. Keimpflanze. s. Same. hw. Hauptwurzel. nw. Nebenwurzel. lb 1, lb 2, lb 3, erstes, zweites und drittes Laubblatt.

Diese Wellung des Blattes hat eine interessante Erscheinung im Gefolge, der ich kurz noch gedenken will. Zur Mittagszeit, bei hellem Sonnenschein, sieht man am Grunde eines stillen Sees, auf dessen Spiegel Seerosen ihre Blätter ausbreiten, den Schatten derselben in Form der mächtigen Wedel von Fächerpalmen ausgebreitet; von einem dunklen Mittelfelde strahlen lange dunkle Streifen aus und diese sind durch ebensoviel helle Bänder von einander geschieden. Der Grund dieser sonderbaren Schattenbildung liegt in dem welligen Rande der auf dem Wasserspiegel schwimmenden Blätter. Das Wasser heftet sich der ganzen unteren Blattscheibe bis zum Rande an und zieht sich auch an den nach oben gewölbten Teilen des welligen Randes empor. In diesen empor gezogenen Wasserpartien bricht sich der Sonnenstrahl wie in einer Linse, und so bildet sich, entsprechend jedem konvexen Abschnitte der gewellten Blatträndern, am Grunde des Sees ein heller Streifen, während dem konkaven Abschnitte dunkle Streifen entsprechen, die sich strahlenförmig um das dunkle Mittelfeld des Schattens gruppieren.

Auf ebenso langen Stielen, wie sie die Blätter besitzen, bildet sich auch die Blüte aus. Sie hat die Gewohnheit, sich mit großer Regelmäßigkeit zu öffnen und zu schließen, und wurde aus diesem Grunde von Linné mit zur Aufstellung seiner Blumenuhr benutzt. Um 7 Uhr des Morgens beginnt die Blume sich aus dem Wasser zu erheben und zu öffnen; Mittags um 12 Uhr ist sie vollständig offen und befindet sich zu dieser Zeit etwa 5 cm über dem Wasserspiegel. Um 4 Uhr Nachmittags bereitet sie sich zur Nacht vor, sie schließt ihre leuchtende Blüte allmählich, ist um 5 Uhr vollständig geschlossen und bis zur Wasserfläche zurückgesunken. Um 6 Uhr Abends ist in keinem Gewässer mehr eine Seerosenblüte zu sehen.

Als Aquariumpflanze eignet sich die weiße Seerose sehr gut in kleineren Exemplaren. In wasserreichen Gegenden wird man solche oft in kleinen Gräben und seichten Torflöchern finden, die nichtsdestoweniger herrliche Blüten entwickeln und Samen reifen. Besonders sind zur Besetzung Sämlingspflanzen zu verwenden, die im Frühjahr ins Aquarium übertragen werden. Das Ausheben der jungen Pflanzen hat mit Vorsicht zu geschehen; dieselben sind im Sammelglas unter Wasser nach Hause zu bringen. Beim Einsetzen ist der Wurzelstock nicht zu drücken, auch nicht aufrecht, sondern wagerecht in die obere Schicht des Bodenbelages anzupflanzen. Kann man Sämlinge nicht erhalten, so nimmt man einen großen Wurzelstock, wäscht diesen im Wasser gründlich ab und verwendet von diesem kleine Knollen, womöglich solche, die schon Blätter zu treiben beginnen, zur Einsetzung; auch einzelne Stücke des Rhizoms wachsen unschwer weiter und entwickeln Blätter und Blüten. Die Seerose verlangt, um lebensfähig zu bleiben, einen Bodenbelag von Torf oder Schlammerde. In reinen Sand gesetzt geht die Pflanze ein.

Der Same von der Seerose wird im Juni oder Juli in mit Schlamm oder Lehm, oder mit einer Beimischung von Torf gefüllten Gefäßen gesäet, die nur einen geringen Wasserstand besitzen und an gut belichtete Orte gestellt werden. Die entkeimten Pflanzen bringt man im nächsten Frühjahr in das Aquarium. Um keimfähigen Samen zu erhalten, ist folgendes Verfahren zu empfehlen: „Bevor die Fruchtkapsel sich anschickt, ins Wasser zu versinken, also Mitte oder Ende August, umwickelt man sie mit einem Gaze- oder Mulllappen und läßt sie, nach erfolgter Befestigung mittelst eines Fadens an einem Korkstücke schwimmen.") Der Fruchtknoten bleibt bis zur Reife auf dem Wasser liegen und verschwindet dann plötzlich, kann aber, da er mit dem nicht untergehenden Korkstücke in Verbindung steht, leicht aufgefunden, sowie herausgezogen werden und giebt nun durch den als Umhüllung benutzten Lappen aufgefangenen keimfähigen Samen."

Von der weißen Seerose finden sich als Formen:

a. **Schneeweiße Seerose (Nymphaea candida Presl.)**
Die Anlageblätter der Kelchblätter vorspringend. Alte Staubfäden breiter als die Staubbeutel, Narbenstrahlen geringer, 6 bis 14 oft dreiseitige und hochrote Fruchtknoten, an der Spitze meist sehr verschmälert und daselbst ohne Staubgefäße. Frucht eiförmig. Der Same groß. Sonst wie Nymphaea alba. 4. Teiche, Gräben, in Nordostdeutschland.

Vergleiche auch das über die Fruchtverbreitung bei der gelben Seerose gesagte.

b. **Nymphaea semiaperta Klinggraeff.**
   Kelchblätter während der vollen Blüte aufrechtstehend. Die unbedeckte Narbe 8 bis 14strahlig. ♃. Teiche und Gräben.

c. **Nymphaea biradiata Sommerauer.**
   Narbe 5 bis 10strahlig. ♃. In Gebirgsteichen.

2. **Kleine gelbe Seerose (Nuphar pumilum Smith)** Nymphaea pumila Hoffmann, Nemuphar pumila Hayne, Nymphaea minima Smith, Nymphaea Kalmiana Hooker.

Das weithin kriechende Rhizom ist kurzgliedrig, stark bewurzelt, bis fingerdick. Die Blätter sind fast oval, überherzförmig, die Lappen meist auseinanderziehend, schwimmend. Sie zeigen an der Oberseite der Blattspreite deutlich hervortretende, weißliche Nerven. Die Blätter stehen auf sehr dünnen Stielen, die nach oben zu zweischneidig sind. Die Blume ist klein, dunkelgelb, besitzt fünf Kelchblätter und sieht der des Zwerghahnenfußes ähnlich. Die Narbe ist flach, sternförmig, spitz gezähnt oder eingeschnitten und meist 10strahlig, zuletzt halbkugelig, mit an den Rand auslaufenden Strahlen. Blütezeit Juli und August. ♃. In Landseen und Teichen nur zerstreut.

Da die kleine gelbe Seerose sich nur durch die geringere Größe aller Teile und die oben angegebenen, wenig abweichenden Artenkennzeichen von der gelben Seerose unterscheidet, gehe ich gleich zu dieser über. Noch bemerken will ich, daß diese Seerose sich für das Aquarium vorzüglich eignet, so daß niemand, der das Gewächs erlangen kann, versäumen möge, es seinem Becken einzuverleiben.

3. **Gelbe Seerose (Nuphar luteum Smith)** Nymphaea lutea R., Nemuphar lutea Hayne. **Mummelblume, gelbe Nixenblume.**

Der fast walzenförmige, bis armdicke, oben mit Narben von abgestorbenen Blättern und Blumenstielen, unten aber mit starken vielzaserigen braunen Wurzeln besetzte Wurzelstock liegt wagerecht auf dem Boden der Gewässer und wächst an seiner Spitze weiter, während er hinten allmählich abstirbt. Die Blätter sind eiförmig, auf ¹/₃ herzförmig eingeschnitten, ganzrandig, schwimmend. Nebenblätter fehlen. Die Blattstiele sind unten fast rund, nach oben mehr dreiseitig, innen so wie die ganz runden, ebenfalls bis zur Wasserfläche reichenden Blumenstiele mit einer großen Menge gleich großer Luftgänge versehen. Die Blume ist groß mit vielblättrigem Innenwerigen. Sie ruht auf dem Wasserspiegel und bleibt so bis zur Fruchtreife. Kelchblätter sind fünf vorhanden und bleibend. Sie sind länglich rundlich, zuweilen etwas ausgeschweift, entweder oben abgerundet oder schwach zurückgedrückt, meist kegelig sich zusammenlegend, innen schön dottergelb, außen nur am Rande gelb, nach innen und unten ins Grüne übergehend. Blumenblätter sind zahlreich vorhanden, doppelreihig gestellt, umgekehrt-eiförmig oder elliptisch, unten verschmälert mit gelbbrem Rande und dottergelb. Die Staubbeutel sind länglich linealisch und stehen in mehreren Reihen im Anfange aufrecht, später nach außen gebogen. Der Stempel ist kugelig, flaschenförmig und überragt die Staubgefäße, er ist grün, mit kreisrunder, etwas ausgeschweifter, innen vertiefter Narbe, welche mit 12 bis 20 ein wenig erhabenen Strahlen versehen ist. Blütezeit: Juni, Juli und August. Die Frucht ist vielfächerig und enthält in jedem Fache mehrere eiförmige, etwas zusammengedrückte, gelblich grüne Samen. ♃. Landseen, Teiche und langsam fließende Gewässer.

Neben der weißen Seerose gehört die gelbe Seerose zu den prächtigsten Bewohnern unserer Teiche. Sie ist ebenso, wenn nicht noch allgemein bekannter als erstere. Ihre Blume ist im Verhältnis zu den großen Blättern nur klein, sie besitzt fünf große, gelbe Kelchblätter und zahlreiche winzige, zu Nektarien umgestaltete Blumenblätter. Die Unterseite dieser reduzierten Blumenblätter sondert Honig ab. Die weiße Seerose ist geruchlos, aber das größte Blütengebilde unserer einheimischen Pflanzen; der gelben Seerose entströmt ein süßer, köstlicher Geruch, der etwa mit dem Duft der Palmweidenkätzchen verglichen werden kann, ihre Blüte dagegen ist nur klein im Verhältnis zu der ihrer Schwester.

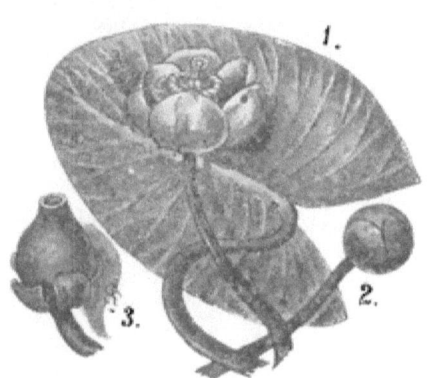

Figur 82. Gelbe Nixenblume (Nuphar luteum). 1. Blatt und Blüte, 2. Knospe, 3. Sommerknospe.

Auf dem dunklen Schlammgrunde ist das oft armstarke, fleischige, narbige Rhizom unserer Pflanze vor Anker gelegt. Auf der ältesten Seite geht alljährlich zur Winterzeit dieses schwammigfleischige Stengelgebilde etwa eine Spanne lang ein, auf der Verjüngungsseite dagegen erneuert es sich in gleicher Länge. Wenn der Frühling die Eisdecke des Teiches geschmolzen hat und sich das Wasser durch den belebenden Sonnenstrahl allgemach erwärmt, verlängert sich die ansehnliche End- oder Terminalknospe zu einem saftigen Triebe, der alsbald die langen Blattstiele zum Wasserspiegel emporsendet. Erst wenn von ihnen das schwerere Wasser durchdrungen ist, breiten sich die aufgerollten Blattspreiten im vollen Lichte aus und legen sich dem Wasserspiegel auf. Oft sind sie so zahlreich aus der Tiefe emporgestiegen, daß sie dicht neben einander liegend einen saftig grünen Teppich bilden, auf welchem allerlei Wassergeflügel ausruht und sich sonnt.

Im Juni erscheint zwischen den Blättern die erste Blüte, der in kurzen Zwischenräumen weitere folgen, die nach der durch Insekten erfolgten Befruchtung auf den Grund sinken und hier den Samen reifen. Zur Zeit der völligen Reife, Ende August oder Anfang September, löst sich die Fruchtkapsel vom Stiel, ihrem bisherigen Träger, los und wird von dem Wasser bald hier, bald dorthin verschlagen. In derselben Weise erfolgt auch die Loslösung der Fruchtkapsel bei der weißen Seerose, nur mit dem Unterschied, daß die Samen dieser mit einem Samenmantel versehen sind, sodaß sie nach dem Platzen der Frucht an der Wasserfläche, durch die zwischen ihnen und dem Samenmantel enthaltene Luft gehalten, umher-

Nymphaea alba sondert keinen Honig ab.

schwimmen können. Dieser Mantel umgiebt die Samen lose als weiße
Hülle. Zunächst sind nach dem Auseinanderfallen der Fruchtwände die
Samen zu einem schleimigen Haufen vereinigt, der sich aber schließlich auf-
löst, so daß die Samen sich unabhängig von einander bewegen können.
Auch dieser Samenmantel vergeht mit der Zeit, die Luftblasen entweichen
und der Same fällt vermöge seiner Schwere zu Boden. Es ist also bei
der weißen Seerose eine Verbreitung des Samens durch das Wasser möglich.
Dieses verhält sich nun bei der gelben Seerose anders. Eine Vorrichtung
zur Verbreitung durch das Wasser findet sich bei ihr nicht an dem Samen,
sondern sie liegt in einer besonderen Konstruktion der Fruchtwände. Nach
dem Ablösen der Fruchtkapsel vom Stiel trennt sich von der äußeren
Fruchtwand die äußere grüne Schicht los, während die innere mit
den Scheidewänden der Frucht in Verbindung bleibt. Bald spalten sich
auch diese Scheidewände von außen beginnend in je zwei Lamellen, wodurch halbmondähnliche Scheiben entstehen, gebildet aus einer festen Außen-
haut, die die zahlreichen schweren Samen in einem Schleim eingebettet
umschließt. Diese Scheiben werden durch Luftblasen, die im Schleim enthalten sind, an der Oberfläche gehalten. Erst wenn die Scheiben längere
Irrfahrten vollführt haben, löst sich die äußere Hülle auf, die Luftblasen
entweichen und die Samen werden auf den Grund des Wassers ausgesäet.
Der Samenmantel der weißen Seerose fehlt der gelben ganz.

Indessen ist diese Verbreitung des Samens, weil die Pflanzen (die
weiße und die gelbe Seerose) meist nur in stehenden Gewässern wachsen,
nur eine beschränkte, da die Früchte von hier weder durch den Wind, noch
durch Strömungen u. dergl. nach andern Gewässern übergeführt werden können.
Eine Verbreitung von einem Gewässer in das andere wird von den
Wasserhühnern besorgt, die mit Gewißheit stets an den Stellen zu finden
sind, wo Seerosen wachsen. Zur Reifezeit werden die Früchte wegen ihres
überaus mehl- und eiweißreichen Samens von diesen Tieren eifrig gesucht.
Da die Wasserrosen drei volle Monate blühen und ebenso lange ihre
Kapseln zeitigen, bilden diese einen großen Bestandteil ihrer Nahrung. Bei
dem Verzehren derselben bleiben die klebrigen Samen den Vögeln an
Federn und Schnäbeln haften und werden, wie Noll es zuerst bekannt
machte, von ihnen verschleppt.

Bevor ich auf eine nähere Schilderung der gelben Seerose für das
Aquarium eingehe, scheint es mir wichtig genug, noch auf eine Abart dieser
Pflanze näher einzugehen. Zwischen der kleinen Nixenblume und der
gelben Seerose finden sich in den Seen des Schwarzwaldes und der Vogesen,
zerstreut auch im ganzen nördlichen Deutschland und mit zunehmender
Häufigkeit im mittleren und nördlichen Rußland und in Schweden ein
Bastard Nuphar intermedium. Diese Pflanze erhält und vermehrt sich dort,
wo beide Elternpflanzen nicht mehr vorkommen, in unveränderter Gestalt.
Wie dieses gekommen ist, erklärt Kerner wie folgt. „Alle drei Nuphar finden
in der Richtung nach Norden ihre natürliche Grenze dort, wo ihre Früchte
nicht mehr zur Reife gelangen. Nuphar luteum blüht unter den drei genannten Arten am spätesten auf, seine Früchte kommen daher auch am

spätesten zur Reise, und er bleibt darum zuerst zurück, d. h. er findet schon früher gegen Norden eine Grenze als die beiden anderen, weil diese in den nördlichen kälteren Landstrichen noch Früchte reisen, was bei Nuphar luteum nicht mehr der Fall ist. Aber auch Nuphar pumilum und intermedium verhalten sich in dieser Beziehung verschieden. Nuphar intermedium reist in Norbotten und Lappland seine Früchte etwas früher als Nuphar pumilum, und ist infolgedessen auch befähigt, sich noch um eine Strecke weiter nach Norden zu verbreiten als dieselbe. Je weiter nach Norden, desto mehr ist die den Pflanzen zu ihrer jährlichen Arbeit gegebene Zeit verkürzt, und die früh reisenden sind dort gegenüber den spät reisenden entschieden im Vorteil. In Betreff des Nuphar intermedium wurde auch ermittelt, daß die in der freien Natur entstandenen Stöcke derselben fruchtbarer sind als jene, welche durch künstliche, im Garten vorgenommene Kreuzung zustande gekommen waren. Die Kapseln der im Königsberger botanischen Garten erzeugten Stöcke des Nuphar intermedium enthielten je 15—18, die in den kleinen Seen des Schwarzwaldes gereisten Kapseln je 38—63 und die Kapseln der lappländischen Stöcke je 41—72 keimfähige Samen. Aus diesen Angaben geht zweierlei hervor, zunächst, daß Nuphar intermedium dort, wo er über den Verbreitungsbezirk seiner Stammeltern vorgedrungen ist, die größte Fruchtbarkeit besitzt, und zweitens, daß man aus der geringen Fruchtbarkeit oder auch Unfruchtbarkeit eines Bastardes an dem einen Orte nicht zu schließen berechtigt ist, es sei das eine dem betreffenden Bastard allerwärts zukommende Eigenschaft."

Kehren wir nach dieser Abschweifung zur gelben Seerose zurück.

Diese Pflanze hat für das Aquarium einen noch größeren Wert wie die weiße Seerose, weil sie ihre Blätter, die im Sommer auf der Oberfläche schwimmen, im Winter aber untergetaucht sind, das ganze Jahr hindurch behält. Als Aquariumpflanzen sind besonders kleine, einjährige Stöcke zu wählen, oder solche aus Samen zu ziehen. Die grünen Fruchtkapseln sind von Mitte August bis Ende Oktober zu sammeln. Ihre Reife zeigen sie dadurch an, daß sie etwas gelb werden und im Begriff sind, aufzuspringen. Die gesundenen Kapseln werden in ein mit Wasser gefülltes Glas gelegt, zu Hause vom Schleim gereinigt und in das Wasser des Aquariums gestreut, wo sie bei guter Beschaffenheit sogleich untersinken. Auch kann der Same in der Weise behandelt werden, wie es bei der weißen Seerose geschildert wurde, desgleichen lassen sich Stücke des Rhizoms, wie ebenfalls dort angegeben ist, zur Besetzung verwenden. Treiben diese Stücke zu große Blätter mit zu kräftigen Stielen, so ist die Pflanze an zu starkem Wachstum dadurch zu verhindern, daß oft die Blätter abgeschnitten werden.

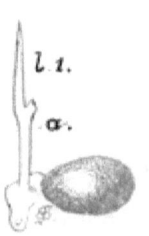

Figur 83.
Nuphar luteum.
Aus dem Samen
hervortretender
Keimling.
a. entwickeltes Glied,
l. erstes Laubblatt.

Eine besondere Pflege verlangt die Pflanze weiter nicht, nur ist es nötig, den sich auf den Blättern von Zeit zu Zeit bildenden schmutzigen Niederschlag zu entfernen, der sonst hier bald schwarze Flecken bildet und dann ein Eingehen der Blätter verursacht.

Weitere Seerosenarten, die sich zur Besetzung des Aquariums eignen und auf deren Haltung und Pflege das bei den beiden deutschen Arten angegebene bezogen werden kann, führe ich nachstehend auf und beschreibe die Pflanze dabei.

4. Nymphaea Marliacea chromotella foliis marmoratis.

Die Blätter vorn ganz abgerundet, hinten ziemlich tief herzförmig eingeschnitten, dunkelgrün und rothbraun, in der Richtung der Blattnerven gebändert und gefleckt. In der Hauptsache zeigt sich diese Zeichnung sehr bei den jungen Blättern ausgeprägt, wo sie auf beiden Seiten gleich intensiv auftritt. Alte Blätter erscheinen einfarbig. Die Blüte ist hellgelb, gleicht sehr derjenigen der weißen Seerose, ist jedoch kleiner als diese.

5. Blaue Seerose (Nymphaea coerulea Savign.)

Blätter ganzrandig, etwas ausgeschweift und lappenförmig. Sie kommen aus rundlichen Knollen, die in die Erde sehr lange fleischige Knollen entsenden. Die Blumen stehen einzeln. Der Kelch ist achtblättrig in zwei Kreisen, der innere gefärbt. Blumenblätter sind lanzenförmig und zu 12 bis 20 vorhanden. Sie sind glänzend weiß, am Ende zu himmelblau. Die Narbe hat 12 bis 25 Strahlen. Die Staubfäden sind gelb und breit. Die Frucht besitzt soviel Fächer als Narben und viel runden, rosenroten Samen. 4. Aegypten.

Andere Arten, die hin und wieder im Handel vorkommen, doch nur selten zu erlangen sind, auch, wenn sie zur Blüte kommen sollen, meist ein erwärmtes Wasser verlangen, führe ich nur dem Namen nach an: Nymphaea odorator minor, Nymphaea odorata rosea, Nymphaea albo-rosea, Nymphaea dentata, Nymphaea scutifolia, Nymphaea Devoniensis. Alle diese, auch die unter 4 und 5 genannten, pflanze man bei ihrer Kultur in recht nahrhaftes Erdreich, am besten verwendet man Torf oder Lauberde mit Lehm vermischt dazu.

Zur Aufzucht der Samenpflanzen, als auch zum Antreiben der Knollen, nehme man einen Behälter, dessen Wasser auf 25 bis 28° R. erwärmt werden kann.

Der Same wird Anfang März in Töpfe gesäet und diese etwa 1 cm unter Wasser gestellt. Nach ungefähr 14 Tagen zeigen sich bei einer Wasserwärme von 25° R. die Keime. Sobald sich das erste Blatt entwickelt hat, sind die Pflanzen einzeln in Töpfe unterzubringen, tiefer im Wasser zu versenken und zu Beginn des Monat Mai, vorausgesetzt, daß die Pflanzen stark genug sind, in der oben näher beschriebenen Weise in den Bodengrund des Aquariums zu pflanzen.

6. Ephenblättriger Ranunkel (Batrachium hederaceum, E. Meyer.)

Die Wurzel treibt ½ bis ½ m lange Stengel, die im Wasser schwimmen und an den Knoten ein Büschel Adventivwurzeln und einen etwa aufgehobenen Stengel treiben, der sich über die Wasserfläche erhebt und mit mehr oder weniger lang stieligen Blättern bekleidet. Dieselben sind wendelständig und liegen dem Wasserspiegel auf. Sämtliche Blätter sind nierenförmig, fünflappig, völlig kahl, glatt und

glänzend. Die Blüten stehen einzeln in den Blattachseln auf kurzen, aufwärts ge
bogenen Stielen, mit kleinem, weißem, fünfblättrigem Innenperigon, mit verkehrt
eiförmigen, abgerundeten Perigonblättern, welche am Grunde in einen sehr kurzen
Nagel auslaufen. Blütezeit Mai bis Juli. 4. In klaren Quellen und kalten
Bächen.

Der ephenblättrige Ranunkel vegetiert in klaren, nicht sehr tiefen Ge
birgs- und Quellwasser. Der Stamm der Pflanze ist meist ganz nieder
liegend und kriechend, er wurzelt sich mit zahlreichen Nebenwurzeln an den
Knoten fest. „Bei Exemplaren in niedrigem Wasser liegen auch die jüngsten
Stengelteile dem Boden fest an und sind wenig verkürzt, bei Exemplaren
dagegen, welche in tieferem Wasser mit den oberen Stengelteilen nach auf
wärts streben, sind die Internodien nach
der Oberfläche zu verkürzt, der Stengel
verzweigt sich dann auch häufiger und die
kurz bleibenden Zweige stellen mit den
kurzen Stengelgliedern eine kronenartige
Anhäufung von Blättern und Blüten dar.
Die Verästelung ist im allgemeinen reichlich.

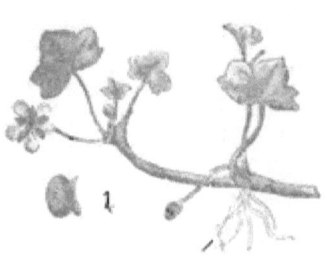

Figur 84. Ephenblättriger Ranunkel
.Batrachium hederaceum.. 1. Frucht.

Die Blätter sind abwechselnd an den
Axen inseriert und bilden sich sämtlich
gleichartig als Schwimmblätter aus. Je
nach der Tiefe seines Ursprungs erlangt
der Blattstiel verschiedene Länge. Die
Spreite ist fünflappig mit abgerundeten
Lappen, von fast rundem aber nierenförmigem Umriß.

Die Gestaltung des Ranunculus hederaceus. die Längen und Größen
verhältnisse der Axen, der Blattstiele und Spreiten sind, wie überhaupt bei
Wassergewächsen, sehr abhängig von den äußeren Bedingungen, von höherem
oder niedrigem Wasserstand. Auf feuchtem Schlammboden erheben sich die
Blätter in die Luft, wobei der Rand im allgemeinen tiefer eingeschnitten
erscheint, als bei den typischen Schwimmblättern, die Stengelglieder, Blüten
und Blattstiele bleiben kurz, während im Wasser diese Organe sich strecken.
Die Pflanze gedeiht sehr üppig und deckt mit ihren vielfachen Trieben und
Schwimmblättern oft kleine Tümpel vollständig zu." (Schenk.)

Von dieser Pflanze stellt die Zeichnung ein Zweigstück dar, welches
ich vor Jahren im Harz gesammelt habe. Ich selbst habe das Gewächs
noch nicht gepflegt, glaube indessen nach dem, was ich von der Pflanze in
der Freiheit gesehen habe, daß sie sich für kleine Aquarien da das Pflänzchen
oft nur eine Länge von 30 cm erreicht, sehr gut eignet und dem Behälter
einem besonderen Schmuck verleiht.

7. **Wassernuß (Trappa natans L.) Stachel-Jesuitennuß, Wasserkastanie.**

Der Stengel kriecht im Boden der Gewässer, ist deutlich gegliedert und entsendet
an den Knoten nach unten Wurzelfasern, nach oben beblätterte Stengel. Die unter
getauchten linealen Blätter sind sehr hinfällig. Die unteren von ihnen gegenständig,
die folgenden abwechselnd. Zu beiden Seiten der Narbe dieser Niederblätter ent
wickeln sich jederseits farnförmig gefiederte Gebilde, die irrtümlicher Weise lange als
Nebenblätter angesehen wurden, aber Adventivwurzeln sind, die in zwei gegenüber
stehenden Reihen zarte Seitenwurzeln erzeugen, in denen sich Chlorophyll bildet

Die schwimmenden Blätter stehen gedrängt, ungeteilt, langgestielt, der Stiel in der Mitte blasig aufgetrieben, die Spreite ungeteilt, breit, rhombisch, gegen das Ende scharf geschweift und glatt, der Spitze zu sägezähnig. Diese Schwimmblätter stehen in einer Rosette. Ihre Stiele sind in den meisten Fällen länger als die Blattflächen. Die Blüten sind achselständig und kurzgestielt. Der Kelch ist vierteilig, die Kelchzipfel lanzettförmig. Blumenkronenblätter sind vier vorhanden, sie sind verkehrt eiförmig und weiß. Die kurzen Blütenstiele halten die Blüte über Wasser. Nach der Blütezeit, die in die Monate Juni und Juli fällt, schwillt die Frucht und bildet sich aus einer zweifächerigen, zweisamigen Frucht zu einer einfächerigen, einsamigen aus. Der Kelch, durch die Röhre mit dem Fruchtknoten verwachsen, verhärtet sich samt den freien Kelchzipfeln zu einer festen Schale, welche durch die vier Kelchzipfel vier Spitzen erhält. Der Kern ist dreieckig. Die Frucht schwimmt nach der Reife auf dem Wasserspiegel. ☉ Stehende und langsam fließende Gewässer. Sehr zerstreut durch das ganze Deutschland verteilt. In vielen Gegenden fehlend. Die Pflanze ist im Aussterben begriffen.

Eine Pflanze mit Schwimmblättern, die nicht nur die Zeit ihrer hauptsächlichsten Entfaltung hinter sich hat, wie die Seerosen, sondern nach allen Anzeichen jetzt im Aussterben begriffen zu sein scheint, ist die Wassernuß. Carlson und Nathorst, welche die Verbreitung der Pflanze in Schweden untersucht haben, fanden hier ihre Früchte im Schlamm vieler Seen, in denen die Pflanze zur Zeit überhaupt nicht mehr vorkommt, oder doch nur noch ganz vereinzelt. 1891 wurde auf Anregung des Stadtrats Friedel in Berlin vielfach nach der Wassernuß in deutschen Seen geforscht und auch hierbei hat es sich herausgestellt, daß die Pflanze immer mehr verschwindet. An Orten, wo sie früher so stark aufgetreten ist, daß die Schiffahrt durch sie gehemmt wurde, ist sie heut nur noch vereinzelt zu finden und in einigen Jahren vielleicht ganz verschwunden. Guentzsch bringt das Aussterben dieser reizenden Wasserpflanze mit dem Wuchern der Wasserpest in Verbindung. Da das Wachstum dieser letzteren beginnt, sobald das Wasser vom Eise befreit ist, so ist es den erst bedeutend später keimenden, am Grunde des Wassers liegenden Wassernüssen in den meisten Fällen nicht mehr möglich, sich zu entwickeln, weil die Keimlinge, von der Wasserpest zurückgehalten, nicht die Oberfläche des Wassers erreichen und zur Bildung ihrer Blattrosette schreiten können, die Pflanze muß daher verkommen. Sei es aber dieser oder ein anderer Grund, welcher den Niedergang der Wassernuß herbeiführt, soviel steht fest, daß die hübsche Pflanze in absehbarer Zeit aus unserer Flora verschwunden sein wird.

Die submersen Blätter der Wassernuß besitzen eine Reihe von Eigentümlichkeiten, die anderen submersen Blättern abgehen. Die obersten von ihnen weisen sowohl Luft- als Wasserspalten auf, die von einer charakteristischen Anordnung sind. Luft- und Wasserspalten sind im allgemeinen sonst bei Wasserpflanzen selten. Nach De Bary finden sich diese noch auf den Samenlappen von Batrachium, den Laubblättern der Callitrichen, bei Hippuris und Hottonia. Die sehr feinfiedrigen, grünen, submersen, blattähnlichen Bildungen sind Wasserwurzeln, die gewissermaßen an die grünen Luftwurzeln anderer Pflanzen erinnern. Während bei Salvinia die sogenannten Wasserblätter sich wurzelartig gestalten, (Vergleiche Seite 77) ähneln die Adventivwurzeln der Wassernuß submersen Blättern. Allerdings ist es fraglich, ob die betreffenden Organe in Wirklichkeit allein als Blätter ihre Thätigkeit ausüben oder noch von Bedeutung für die Aufnahme von Nährsalzen aus dem Wasser für die Schwimmrosetten sind. Die Wurzelnatur dieser Gebilde ist indessen endgültig festgestellt.

Frank, dem ich hier im Auszuge folge, hat in Cohn's Beiträgen zur Biologie I interessante Versuche über die Wachstumsvorgänge bei der Wassernuß angestellt. Während bei dem Froschbiß das Wachstum der Blattstiele die Lage der Rosette auf dem Wasserspiegel reguliert, übernimmt bei der Wassernuß zunächst der Stengel diese Funktion. Hat derselbe mit seinem Ende die Wasseroberfläche erreicht, so läßt die Streckung der in diesem Zeitpunkt im Wachsen begriffenen Internodien nach. Es ist jedoch der Übergang zur gestauchten Rosettenaxe ein allmählicher, und die ersten Blätter, mit denen der Sproß auf der Wasserfläche erscheint, können nicht dauernd schwimmen bleiben, wohl aber die folgenden, der in der That verkürzt bleibenden Internodien. Auch besitzt die Pflanze die Eigenschaft, ihre Blattstiellängen zu bemessen: Die älteren Blätter erhalten die längsten Stiele, die jüngeren dagegen passen ihre Stiellänge den zu Gebot stehenden Raumverhältnissen der Rosette an.

Wird eine Rosette in ziemlich tiefes Wasser versenkt, so strecken sich die untersten Internodien derselben, wie auch die einzelnen Blattstiele etwas und versuchen die Blätter zum Wasserspiegel zu erheben, verlieren indessen der Reihe nach allmählich ihre Streckungsfähigkeit und wenn das Niveau nicht erreicht wurde und die Blätter untergetaucht bleiben müssen, so sterben sie nach und nach ab. Unter diesen Umständen beginnt die gestauchte Rosettenachse sich zur Wasseroberfläche zu strecken, die Rosette verjüngt sich und besteht endlich aus fast ganz neuen Blättern. Diejenigen, die am Anfange des Untertauchens sich noch in der Knospenlage befanden, nehmen nie den äußersten Rand der neuen Rosette ein.

Sehr interessant verhält sich die Wassernuß bei Abschluß des Lichtes. Die neu gebildeten Blätter erheben sich dann senkrecht vom Wasserspiegel in die Luft, nehmen aber bei Lichtzutritt ihre schwimmende Lage allmählich wieder an.

Nur so lange, bis die Frucht der Wassernuß gereift ist, halten die Schwimmblätter mit den luftgefüllten Stielen die Pflanze mit ihren Blüten über Wasser. Nach der Reife sinkt die schwere Frucht, von den Schwimmblättern, die zu dieser Zeit die Luft aus ihren Stielen gestoßen haben, nicht mehr oben gehalten, in die Tiefe und zieht Stengel und Blätter mit sich. Die Früchte bilden Nüsse und keimen auf dem Grunde des Gewässers. Zuerst tritt die Hauptwurzel als ein wurmartiges Gebilde aus dem Löchelchen der Nuß hervor und wächst nach oben empor. Bald wird auch der eine kleinere, schuppenartige Samenlappen emporgeschoben, während der zweite, vielmals größere Samenlappen in der Nuß verbleibt. Die Pflanze wächst mit ihrer Hauptwurzel gegen den Wasserspiegel. Nach einiger Zeit tritt aus der Knospe zwischen den beiden Samenlappen auch der beblätterte Stengel hervor, der sich ebenfalls im Bogen krümmt, um zum Wasserspiegel empor zu wachsen, und zugleich entwickeln sich aus der Hauptwurzel sehr

reichliche Nebenwurzeln, denen die Aufgabe zukommt, jetzt, nachdem die im
Samen niedergelegten Stoffe zum Wachstum aufgebraucht sind, aus dem
umgebenden Wasser Nährstoffe aufzunehmen. Diese Wurzeln wachsen nach
allen Richtungen, nach oben und unten, horizontal, nach rechts und links,
vorn und hinten, alle aber vermeiden mit großer Sorgfalt, sich zu berühren.
Erst bedeutend später biegt sich die bisher mit ihrer Spitze noch immer
gegen den Wasserspiegel wachsende Hauptwurzel um, und es entstehen dann
auch aus dem Stengel neue Wurzeln. Auch die Knospe, die an der Basis
des kleinen, schuppenförmigen Blattes
am Keimblattstamm angelegt wurde,
ist mit der Zeit ausgewachsen und
zu einem Sprosse geworden, welcher
unten Niederblätter, weiter aufwärts grüne Mittelblätter entwickelt
und zur Oberfläche hinauf wächst.
Das ausgesaugte Keimblatt verläßt
nie den Innenraum der Nuß, sondern
geht wie diese allmählich in Verwesung über.

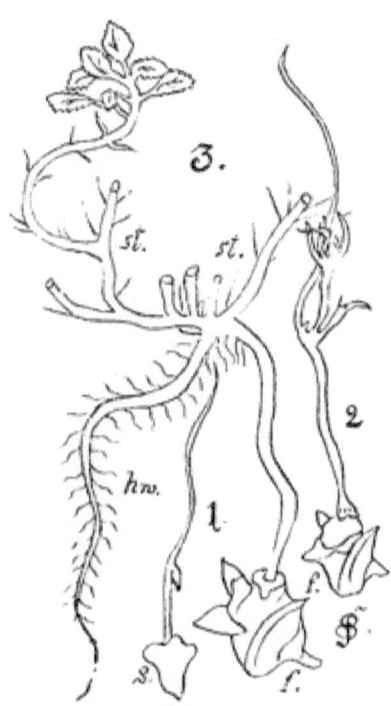

Über die Nüsse will ich noch
einige Worte sagen. Die Dornen
dieser scheinen ankerartig ausgebildet
und besitzen auch eine ähnliche
Wirkung wie Anker, d. h. sie hängen
sich im Grunde der Teiche mit Hilfe
ihrer widerhakigen Spitzen an verschiedene, den schlammigen Boden
unter Wasser bedeckende Pflanzen-
reste an und werden dann förmlich
verankert. Der Keimling vermag
auch nicht die feste Fruchthülle mit
empor zu heben, er verbleibt dort,
wo die Nuß hingefallen ist.

Als Aquariumpflanze hat die
Wassernuß für jeden Liebhaber ein
großes Interesse, leider ist die reizende
Pflanze nur einjährig, muß also in
jedem Frühjahr neu angepflanzt
werden. Die jungen Pflanzen sind

Figur 85. Wassernuß (Trappa natans).
1. Keimling, dessen Samen heranspräpariert ist.
2. Keimpflanzen mit anhängendem Fruchtgehäuse.
3. Keimpflanzen mit herabgebogener Hauptwurzel hw., st. Stengel.

unschwer aus den Nüssen zu ziehen, indem man diese in kleine Gefäße, die
mit einem Bodenbelag von Torferde gefüllt sind, setzt. Diese Nüsse müssen,
wie die Gärtner sagen, abliegen und nachreifen. Bringt man sie auch schon
im Herbste in das Aufzuchtsgefäß und hält in diesem die Wassertemperatur
den ganzen Winter hindurch auf 15° R., so wachsen die Würzelchen der
Keimlinge doch erst im kommenden Frühjahr hervor und zwar nicht erst
bei einer erhöhten Temperatur, sondern bei derselben, welcher die Wasser-

nüsse sechs Monate hindurch ununterbrochen ausgesetzt waren. Wird auch die Wärme des Wassers auf 20° R. erhöht, so wird hierdurch das Hervortreiben der Würzelchen um nichts beschleunigt. Die Wärme kann erst dann als Anregungsmittel zum Wachstume wirksam werden, wenn der Same im Laufe der sechs Monate entsprechend zubereitet worden ist. Die Nüsse sind im Herbst zu sammeln und in die Behälter zu thun, die mit ihnen an frostfreien Orten überwintert werden.

Dort, wo die Wassernuß häufig vorkommt, wird die Frucht als Viehfutter verwendet. Selbst vom Menschen wird die mehlige Frucht gekocht und oft gegessen. Besonders zur Zeit einer Hungersnot, oder einer Mißernte bildeten Wassernüsse den Bewohnern, wo dieses Gewächs vorkam, eine sehr willkommene Zugabe ihrer Speisen.

8. Seekanne (Limnanthemum nymphaeoides Lk.). Villarsia nymphoides Vent. Menyanthes nymphoides Lk. Waldschmidia nymphoides Wiggers. Schweykerta nymphoides Gmelin. Limnanthemum peltatum Gmelin. Seerosenähnlicher Teich-Enzian.

Das Rhizom ist gegliedert und kriecht im Schlamm am Boden der Gewässer. Es treibt lange, glatte, stielrunde Stengel, welche sich aus den Blattwinkeln wieder verästeln. Unter Wasser treten keine Blätter auf, nur über Wasser kommen gegenständige Blattpaare hervor, die 5 bis 10 cm lange Stiele besitzen. Die Blattspreite ist schildstielig angesetzt, kreisrund, am Anheftungspunkte des Stiels sehr tief herzförmig ausgeschnitten, am Rande ganz flach entfernt, buchtig gezähnt und dem Wasserspiegel aufliegend. An der Oberseite ist das Blatt glatt, unterseits lederfarben angelaufen und mit graulichen oder rötlichen, sitzenden Drüschen punktiert; hin und wieder besitzen auch Blattstiel und Stengel dieselben. Die Blüten sind langgestielt und stehen gruppenweise in der Blattachseln. Der Kelch ist fünfteilig und grün, die Kelchzipfel sind lanzettlich, die Kelcheinschnitte reichen fast bis zur Kelchbasis herab. Die Blumenkrone ist radförmig mit fünfteiligem Saum und gelb. Die Kronenzipfel sind eirund, stumpf und an ihrem Rande durch gelbe, gestielte Drüschen gefranzt. Nach der Befruchtung sinkt die Pflanze unter Wasser, die Kelchlappen klappen zusammen und umschließen den nun zur Frucht auswachsenden Fruchtknoten. Die Frucht ist eine einfächerige, zweiklappig vielsamige Kapsel. Blütezeit Juli und August. 4. Landseen, Teiche, langsamfließende und stehende Gewässer.

Abweichend von den übrigen Pflanzen mit Schwimmblättern, besitzt die Seekanne einen eigenartigen Aufbau. Aus dem im Boden kriechenden, aus sehr langen Gliedern sich zusammensetzenden, an den Knoten angewurzelten Stocke erheben sich aus dessen Achsen als lange, flutende Blätter und Blüten erzeugende, schräg zur Wasseroberfläche weiter wachsende Laubstengel. Dort, wo ein solcher Trieb sich erhebt, steht ein langgestieltes Schwimmblatt, aus dessen Achsel ein mit Niederblättern besetzter dünner Zweig entspringt, der auf dem Boden kriecht und den Wurzelstock fortsetzt. Die langen, im Wasser emporwachsenden Stengel können sich zunächst gabelartig aus den Achseln langgestielter Schwimmblätter verzweigen. Alle diese Zweige, sowie auch die Mutterare desselben, endigt mit einer Gipfelblüte, der in der Regel zwei gegenständige Laubblätter, nebst einem ausgebildeten und einem nicht zur Entwicklung kommenden Hochblatte vorangehen. Aus der Achsel des oberen Laubblattes kommt ein büscheliger Blütenstand, dessen langgestielte, aufrechte Blüten dicht zusammengedrängt sind: aus der Achsel des unteren Laubblattes dagegen kommt als Fortsetzung des Stengels ein langgestielter, mit zwei gegenständigen Schwimmblättern beginnender Blütenstand hervor, der sich in derselben Weise aufbaut und fortsetzt wie der erste. Je nach der Wassertiefe sind die Schwimmblätter bald kürzer, bald länger gestielt.

Wenn der Herbst in das Land einrückt, so gehen die Laubtriebe zu Grunde und die Pflanze pereniert dann mittelst der Endtriebe ihres Wurzelstockes, der allmählich von hinten abstirbt. Im kommenden Frühjahr beginnen die überwinterten Rhizomtriebe ihre Sproßentwicklung.

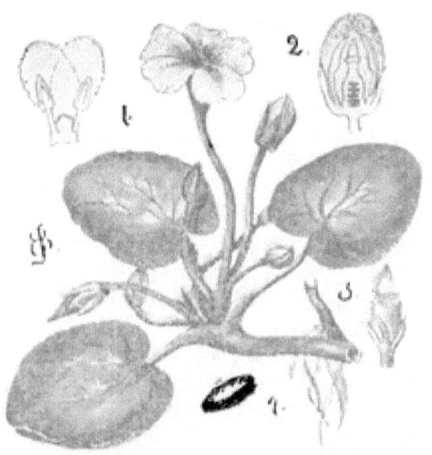

Figur 86. Seekanne Limnanthemum nymphaeoides. 1. Kronenblatt mit Staubgefäßen. 2. Blüte im Längsschnitt. 3. Frucht quer durchschnitten. 4. Same.

Auch Landformen von der Seekanne sind bekannt: finden sich indessen nur dort, wo der Boden noch feucht ist. In ihrem Gesamtbilde gleicht die Pflanze dann den entsprechenden Formen von den Seerosen- und Laichkrautarten. Es tritt bei ihr eine Verkürzung aller Achsenglieder und Blattstiele auf und die Blattspreiten werden kleiner.

Besonders für Aquarien, welche eine größere Flächenausdehnung besitzen, eignet sich die Seekanne gut. Aus Samen oder aus Ablegern gezogenen Exemplare, die gewöhnlich nur einfache, nicht verzweigte Stengel besitzen, nehmen sich sehr gut aus. Die Ableger, Sämlinge oder Wurzelstöcke werden bis an den Knotungspunkt in den Bodengrund des Beckens eingepflanzt und bleiben hier auch über Winter, wenn die Pflanze einzieht. Als Bodenbelag ist neben der sonstigen Torferde, Lehmboden mit Sand und Gartenerde gemischt, sehr zu empfehlen.

Sämlingspflanzen sind im Frühling in das Becken zu bringen. Will man aus ihnen schöne Exemplare ziehen, so sind dieselben in tiefes Wasser einzusetzen. In Becken mit flachem Wasserstand gebracht, entwickelt die Seekanne, falls sie reichliches Sonnenlicht bekommt, viele Ableger.

Der Same, der indessen selten ausreift, wird im Herbst in Aufzuchtgläser, die einen Bodenbelag besitzen, gethan und an frostfreien Orten durch den Winter gebracht. Im Frühjahr sind die Gefäße in ein warmes Zimmer zu bringen und hier dem Sonnenlichte auszusetzen, wo, falls der Same keimfähig ist, er bald zu keimen beginnt.

9. Schwimmendes Pfeilkraut (Sagittaria natans L.)

Die jungen Blätter sind grasartig, ähneln sehr denen der Sumpfschraube, unterscheiden sich jedoch von dieser dadurch, daß sie eine stark hervortretende Rippe besitzen, die bei der Sumpfschraube nur angedeutet ist, auch laufen die Blätter letzterer nicht so spitz zu, wie bei dem schwimmenden Pfeilkraut. Die schwimmenden Blätter sind flachgedrückt und löffelähnlich. Steht die Pflanze im tiefen Wasser, so verwandelt sich das junge, untergetauchte Blatt in einen Stiel, an dessen Ende sich das Schwimmblatt bildet. Dieses ist dunkelgrün und zeigt bisweilen unregelmäßig verteilte, rotbraune Flecken und fünf bis sieben starke Nerven. Ist der Wasserstand flach, so bildet sich das Schwimmblatt als Fortsetzung des untergetauchten. Das hauptsächlichste Unterscheidungsmerkmal bei Pflanzen, die noch keine Schwimmblätter besitzen, ist die Wurzel. Bei letzterer sind die Wurzeln fein und grau, bei ersterer stärker und weiß. Der Blütenstand ist eine Rispe. Die Blüten sind weiß, in der Mitte gelb. Blütezeit ist nicht an eine bestimmte Periode gebunden, die Pflanze kann zu jeder Zeit zur Blüte schreiten. 4. Florida.

Das schwimmende Pfeilkraut gehört zu den dankbarsten Aquarienpflanzen, welche der Liebhaberei zugänglich gemacht sind. Die untergetauchten Blätter erzeugen viel Sauerstoff, die Blüte gewährt einen reizenden Anblick und die Kultur der Pflanze ist leicht. Eine Pflege beansprucht das Gewächs fast garnicht. Es gedeiht besser an einem weniger belichteten Platze, als viele andere Pflanzen und verträgt eine Temperatur von 32° R. wie von 3° R., hört indessen mit dem Wachstum bei 7° R. fast auf. An den Bodenbelag stellt die Pflanze fast keine Ansprüche, sie gedeiht in jeder Erdmischung, kommt in jedem Wasser fort, hat die Fähigkeit das ganze Jahr hindurch Sprößlinge zu treiben und ist nur empfindlich gegen einen öfteren Wasserwechsel. Die Vermehrung der Pflanze kann durch Samen oder mittelst Ableger erfolgen. Ableger finden sich nur höchstens zwei an einer Pflanze, die wieder ihrerseits, nachdem sie einige Blätter gebildet haben, neue Sprößlinge hervortreiben. Ein zweiter Sprößling entwickelt Blätter nicht früher, als bis derjenige, dem er entstammt, Wurzel gefaßt hat. Daher kann es vorkommen, wenn die Pflanze nur gar zu wenig Oberlicht erhält, daß die Sprößlinge sich bis zur Mitte des Wassers erheben und von hieraus dem Boden wieder zustrebende Wurzeln treiben. Tritt dieses ein, so kann der Sprößling absterben, wenn die Mutterpflanze nicht schnell genug einwurzelt. In einem solchen Falle ist es sehr angebracht, die Pflanze dem Boden zu nähern und sie dort zu befestigen. Ist dieses nicht auszuführen, so häufe man unten soviel Sand auf, daß die Wurzeln vollständig bedeckt sind. Erhält die Pflanze genügend Licht, so treibt sie ihre Rhizome sogar tief in den Bodengrund, derartige Vorgänge treten dann nicht ein.

10. Vierblättriger Kleefarrn (Marsilia quadrifolia L.).

Das Rhizom wurzelt im Boden der Gewässer und kriecht wagerecht fort als ein dünner, langgliedriger Stengel mit langgestielten, aufrechten, vierzähligen Blättern mit zarten, verkehrteirunden, nach Grunde keilig verschmälerten Blättchen, die völlig kahl sind und auf dem Wasserspiegel schwimmen oder bei niedrigem Wasserstand über dem Wasserspiegel hervortreten. Zwischen den Blattstielen stehen meist paarweise die kurzgestielten, länglichen Sporenfrüchte. Ihre Stiele sind unter sich und mit dem Blattstiel verwachsen. Fruchtzeit Juli bis September. 4. Stehende Gewässer. Zahlreich in Schlesien, sonst zerstreut in Süd-Deutschland.

Der vierblättrige Kleefarn ist ein amphibisches Gewächs, welches im tiefen Wasser vegetierend Schwimmformen erzeugt, meistens indessen als Uferpflanze gefunden wird. Wächst die Pflanze im Wasser, so werden die Blattstiele lang und zart und die Spreite bildet sich zu einer Schwimmrosette um, indem die Fieder größer werden und mit ihren Rändern sich dicht zusammenlegen. Durch eine entsprechende Kultur läßt sich diese Form der Marsilie unschwer erzeugen. Die Pflanze wird einfach in so tiefes Wasser gesetzt, daß sie vollständig untergetaucht ist. Diejenigen Blätter, die schon ganz entwickelt sind, passen sich diesen Verhältnissen nicht mehr an, sie sterben bald ab. Die noch gestaltungsfähigen Blattanlagen entwickeln sich indessen zu Schwimmblättern. Die Blattspreite ist dabei noch klein und das Wachstum findet hauptsächlich am Blattstiel statt, hiernach entwickeln sich aber auch die Spreiten schnell, werden um vieles größer als die Luftspreiten und formen sich schließlich zu einem regelmäßigen vierstrahligen Stern an der Wasseroberfläche. Die Stiele sind dünn und biegsam, sie vermögen sich dem steigenden oder sinkenden Wasserspiegel anzupassen, indem sie sich im ersteren Falle weiter strecken, im letzteren Falle sich seitwärts biegen. Hildebrand, der solche Versuche angestellt hat, bekam so Schwimmblätter mit über drei Fuß langen Stielen.

Alle Teile von im Wasser gezogenen Pflanzen entwickeln sich weit üppiger, als diejenigen, die an der Luft, auf Schlamm oder an nur seichten Stellen wachsen. Indessen unterbleibt hier mit der geförderten Vegetation die Fruchterzeugung fast ganz, während Pflanzen, die trocknere Stellen bewohnen, reichlich Sporangien erzeugen, dagegen findet im Wasser eine ungeschlechtliche Vermehrung sehr reichlich und sehr schnell statt.

Die Befruchtungsvorgänge der Marsilie decken sich fast vollkommen mit denen bei der Salvinie, wo ich dieselben ausführlich geschildert habe. (Vergleiche Seite 78.) Hier will ich nur noch bemerken, daß die Früchte, die meist zu zweien erzeugt werden, gestielt sind, und zwar stets an einem gemeinsamen Stiel stehen, der aus dem unteren Teil des Blattstiels entspringt. Die Sporenfrüchte sind zweiklappig, besitzen im Innern zwei Reihen von Fächern und sind auf einem elastischen Bande befestigt. Jeder Sorus* enthält Macrosporangien und Microsporangien. In welcher Weise diese Sori in das Freie gelangen, ist sehr interessant. Im Innern der Frucht findet sich in der Rücken- und Bauchfurche verlaufend ein ringförmiger Wulst, der sogenannte Gallertring. Hier an diesem sind die Sori in der Weise befestigt, daß sie mit ihrem Grundteile dem rückenläufigen, mit dem entgegengesetzten Ende

Figur 87.
Vierblättriger Kleefarn
Marsilia quadrifolia
1. Sporenbehälter.

* Ein häutiges Säckchen.

dem bauchigen Teile des Gallertringes angewachsen sind. Sobald nun die Frucht ins Wasser kommt, schwillt dieser Gallertring an. Durch den hierdurch erzeugten Druck öffnet sich die Wandung der Frucht zweilappig, der Bauchteil des Gallertringes tritt hervor und nun zieht er die Spitze der Sori mit sich. Jetzt dringt das Wasser in die geöffnete Frucht stärker ein, auch der Rückenteil des Gallertringes quillt stärker auf und zieht nun die vom Bauchteil sich völlig loslösenden Sori mit sich nach außen, sodaß sie wie Fiedern dem Gallertringe aufsitzen. Aus den Mikrosporen bilden sich die Spermatozoiden, die das aus den Makrosporen sich entwickelnde Prothallium befruchten, woraus sich die neue Pflanze bildet.

Keimversuche mit der Marsilia hat Braun angestellt. Das einzige Keimblatt der Pflanze ist pfriemförmig, dann folgen mehrere Primordialblätter, die ersteren schmal lanzettlich, dann zweispaltige, dann ein vierspaltiges und jetzt erst ein richtiges Schwimmblatt.

Im Aquarium hält sich der vierblättrige Kleefarrn ganz gut und gedeiht vortrefflich in einer Erde von gleichen Teilen Moor und Torferde, mit etwas Sand und Lehm untermischt. Die Pflanze zieht im Winter nicht ganz ein; sollte dies aber dennoch einmal der Fall sein, so nehme man den Wurzelstock nicht heraus, er wird im Frühling ungestört weiterwachsen und neue Blätter treiben.

Die Fortpflanzung erfolgt im Frühling durch Ausstreuen des Inhalts der Sporocarpien in eine in einer Schale befindliche Schlammschicht. Diese Schale mit dem Schlamm und dem sie in einer Höhe von 1 cm bedeckenden Wasser stellt man an das Fenster eines warmen Zimmers und läßt sie dort solange, bis sich Keimlinge zeigen.

Außer dieser Marsilia finden sich noch folgende Arten, die ich nachstehend beschreibe und auf deren Kultur sich dasselbe anwenden läßt.

a. **Errettende Marsilie** (Marsilia salvatrix Hanst.)
   „Die Stiele, welche die vierteiligen Blätter tragen, sind ziemlich lang, behaart und holzig starr." 4. Australien.

b. Marsilia macra ist kleiner, oder richtiger niedriger im Wuchs wie unsere deutsche Art, sonst übereinstimmend. 4.

Weitere Arten, die in gärtnerischen Katalogen noch genannt werden, indessen auch dieselbe Kultur verlangen, sind:

c. Marsilia aegyptiaca Delile aus Ägypten.
d. Marsilia Fabri Dunal aus Südeuropa.
e. Marsilia pubescens Ten aus Südeuropa.
f. Marsilia Drummondi A. Br. Australien.

11. **Teichrosenähnlicher Wasserschlüssel** (Hydrocleis nymphaeoides Buch.) Limnocharis Humboldti Rth., Hydrocleis azurea Schultes, Hydroc-

---

*) Die Sporenfrüchte dieser Art, die die doppelte Größe von Marsilia quadrifolia erreichen, werden gesammelt und als Nardoo zur Nahrung gebraucht. Den Reisenden in Australien hat der Nardoo schon oft das Leben erhalten.

leis Humboldti Endlicher. Limnocharis nymphaeoides Willd. Stratiotes nymphaeoides Willd. Wasserstolz, Humboldts Sumpfzierde, Humboldts Limnocharis.

Die Pflanze treibt unten im Boden ein weitverzweigtes Wurzelsystem, das besonders aus Adventivwurzeln besteht. Die Stengel sind schwimmend und tragen uns herzförmigen Grunde ovale Schwimmblätter mit sieben von der Ausrandung nach der Spitze ziehende Nerven, deren mittelster auf der Unterseite durch ein schwammiges Zellgewebe bedeckt ist. Die Farbe der Blätter ist dunkelgrün, im Frühlinge oft rötlich gefleckt, in ihrer Struktur sind sie lederartig derb. Grundblätter, welche die Pflanze im Herbst, Winter und Frühling entwickelt, besitzen eine mehr länglich elliptische Gestalt. Ferner erzeugt die Pflanze noch sechs Primordialblätter, die untergetaucht sind. Die Blüte besteht aus drei grünen Kelch-, und drei schwefelgelben, am Grunde rotgelb gefärbten Kronenblättern. Fruchtknoten sind sechs vorhanden, dieselben besitzen einwärts gekehrte Narben. Staubgefäße sind viele vorhanden, von denen die äußeren unfruchtbar sind. Die Blüte sitzt auf langen Stielen, an deren Basis sich Nebenblätter befinden. Blütezeit Juni und Oktober. 4. Südamerika.

Die Heimat des Wasserstolzes ist das ganze östliche, tropische und subtropische Amerika, wo sich besonders die Pflanze in den ausgedehnten Flußniederungen der großen, hier fließenden Ströme findet, und südlich bis nach Buenos-Aires hin vorkommt. Zur Regenzeit, die in die Monate Februar, März und April fällt[*], überzieht die Pflanze in üppiger Vegetation die überschwemmten Ufer der Flußläufe und von hier verbreitet sie sich, in seichten Gräben weiter wachsend, über weite Strecken, dem Reisenden, der diese Gegenden durchzieht, im Verein mit vielen Seerosenarten, ein überaus prächtiges Bild der Wasserflora bietend.

Nach den diesbezüglichen Schilderungen zeigt sich indessen in ihrer Heimat die Pflanze anders, als sie der Aquariumliebhaber kennt, denn hier tritt sie mehr als Sumpfpflanze auf und vermag, begünstigt durch die mit Wasserdampf gesättigte Atmosphäre, ihre Blätter mehr oder weniger über den Wasserspiegel emporzuheben. Neigt sich die Regenzeit indessen dem Ende zu, sinkt der Wasserspiegel mehr und mehr zurück, sodaß nur der Boden noch durchfeuchtet ist, so tritt der Charakter einer Sumpfpflanze bei dem Wasserstolz erst recht hervor. In verminderter Gestalt verbringt dann das Gewächs die ungünstige Jahreszeit, bis wieder eine neue Wasserzufuhr der Pflanze die besseren Lebensbedingungen schafft.

Für die Kultur im Aquarium zeigt sich diese Pflanze besonders geeignet. Die Leichtigkeit der Pflege, die Pracht des Blattschmuckes und der Blüten und die Widerstandsfähigkeit werden den weitestgehenden Ansprüchen gerecht.

Über die sonstigen Kulturbedingungen sagt Richter in „Natur und Haus" im dritten Jahrgange folgendes: Entsprechend der Größe der Blätter Hydrocleis ist eine gewisse Ausdehnung des Wasserspiegels geboten und eine feuchte Atmosphäre, wenn auch nicht gerade nötig, so doch der Pflanze sehr lieb. Eine Bedeckung des Aquariums mit Glas wird sich daher bei seiner Kultur sehr empfehlen. Gegen das Licht ist Hydrocleis nicht

---

[*] Diese Monate decken sich in unserer Heimat mit Juli, August und September

empfindlich, ja man wird leicht bemerken, daß die vollen Strahlen der Mittagssonne dieser Pflanze durchaus nichts anhaben, während andere Wasserpflanzen ihrer Heimat, wie die bekannte Trianea, gegen starkes Licht sehr empfindlich sind. Treffen die Pflanze sonst keine Schädlichkeiten, so dauert dieselbe bei keineswegs schwieriger Kultur mehrere Jahre lang aus. Als besonders schädigend zeigten sich meiner Erfahrung nach manche Makropodenmännchen, die namentlich zur Laichzeit gern Stücke aus den noch unter Wasser befindlichen und zusammengerollten Blättern herausreißen und so zur krüppelhaften Entwickelung der Blätter Ursache geben. Außerdem fand ich auch, daß Cypris fusca, ein kleiner Muschelkrebs, die Blattränder angreift und so zur Zerstörung der Blätter beiträgt."

Die Vermehrung des Wasserstolzes erfolgt durch Schößlinge, d. h. durch die, an der Basis von einer Gruppe Nebenblätter begrenzten Blütenstiele, die in seichtes Wasser, welches einen Bodenbelag von Lehm und Sand gemischt, gesetzt werden. Die Abtrennung dieser Schößlinge geschehe möglichst früh, stets jedoch vor Ende der Blütezeit. Die Schößlinge erscheinen oft zu mehreren gleichzeitig an einer Pflanze, die nach einiger Zeit aus ihrer Mitte wiederum neue Ausläufer hervorsprossen lassen, und so mit der Zeit eine ganze Kette bilden, die oft bis zu zehn Pflanzen mit dem Mutterstock verbunden sind. Werden diese Schößlinge nicht abgetrennt, so zeigen sie das Bestreben, zum Wasserspiegel zu wachsen, um hier wieder neue Pflanzen zu entwickeln. Dieses Emporwachsen vermeidet man dadurch, daß man flache Steine an das Ende des Schößlings legt und diesen so zwingt, Wurzeln zu schlagen.

Gänzlich zieht die Pflanze nicht ein. Sollte dieses aber doch einmal der Fall sein, so ist sie im Aquarium zu belassen, da der Wurzelstock, wenn er nicht vollständig abgestorben ist, wieder neue Blätter und Blüten entwickelt.

12. Schwimmender Froschlöffel (Alisma natans L.). Echinodorus natans Engelm. Elisma natans Buchenau.

Die Blätter des Pflänzchens sind lange, sitzende, schmale, linealische, untergetauchte Basalblätter. Die getauchte Axe verlängert sich zu einem fadenförmigen, dünnen, gebogenen Stengel mit einigen kleinen, langgestielten, eirunden oder länglichen, sehr stumpfen, meist abgerundeten Stengelblättern, die auf dem Wasserspiegel schwimmen. Die Blüten stehen an den Knoten und sind langgestielt. Sie besitzen drei Kelch und drei Kronenblätter. Blütezeit Juni bis August. Die Früchte sind länglich, stumpf, zugespitzt, geschnäbelt, 12- bis 15rillig, etwas abstehend. ♃ Stehende Gewässer Norddeutschlands, überall zerstreut.

Der schwimmende Froschlöffel ist ein reizendes Gewächs, das äußerlich eine Ähnlichkeit mit gewissen Laichkräutern nicht verkennen läßt, in dessen bezüglich seines morphologischen Aufbaues bedeutend von diesen abweicht. Die Pflanze ist durch ein Büschel von Adventivwurzeln im Boden befestigt. Die gestauchte Achse verlängert sich zu einem dünnen und sehr biegsamen, schief im Wasser in die Höhe steigenden blütentragenden Stengel, der unter Umständen mit den unteren Gliedern niederliegt, an den Gelenken wurzelt und aus denselben Sprosse erzeugt, welche zu einem der Mutterpflanze ähnlichen Individuum heranwachsen können. Indessen tragen die Gelenke nur einige wenige Blätter und 1—5 langgestielte zarte Blüten. Je nach der Tiefe des Wassers kann der blütentragende Stengel länger oder kürzer werden. In manchen Fällen kommt er überhaupt nicht zur Entwicklung und dann sind die Blütenstiele bodenständig. In den Fällen nun, daß die dem Öffnen nahe Blütenknospe unter Wasser gesetzt wird, öffnet sie sich nicht und es vollzieht sich dann eine Autogamie in den geschlossen bleibenden Blüten, (vergleiche Seite 134), die in der Weise vor sich geht, wie es bei der Subularia geschildert wurde.

Von den Blättern des Stengels bilden sich die oberen in der Regel zu Schwimmblättern aus, indessen kann die Bildung dieser

Figur 88. Schwimmender Froschlöffel. Alisma natans. 1. Frucht.

schon an der grundständigen Blattrosette beginnen, wenn der Wasserstand nur ein geringer ist. Der Übergang von den untergetauchten Blättern zu den schwimmenden wird durch Formen mit winziger, löffelförmiger Spreite vermittelt. Aus der grundständigen Hauptachse entspringen auch seitliche lange Stolonen *), die in ganz ähnlicher Weise sympodial sich zusammensetzen und an ihren Gliedern neue, mit schmal-linealen, zarten, submersen Blättern beginnende und sich mittelst Adventivwurzeln festhaftende Sträuchlinge entwickeln. Die am blütentragenden Stengel und den Stolonen neu erzeugten, sogenannten Tochtersprossen, werden durch Verwesung der dünnen fadenartigen Achsen, die sie im Anfange verbanden, getrennt und wiederholen dann für sich diese Entwicklung.

Kurz erwähnen will ich noch eine sich auf dem Schlammboden bildende Landform vom schwimmenden Froschlöffel, die in ihrer Verzweigung der Wasserform gleicht, indessen nur Blätter bildet, die den Schwimmblättern der Wasserform gleichen. Diese Blätter werden in aufrechtstehenden Spreiten entwickelt.

---

*) Stolo ist ein liegender, nach Jahr und Tag absterbender Stamm, der reichlich und in nicht allzu großen Entfernungen mit Blättern besetzt ist.

Über die Pflege dieser Pflanze im Aquarium ist wenig oder nichts zu sagen. Sie gedeiht in den, im allgemeinen Teil Seite 48, angegebenen Erdgemischen vorzüglich, ohne irgend ein sonstiges Zuthun von seiten des Pflegers.

13. **Zweijähriges Wasserkraut** (Aponogeton distachyus Thbg.). Kap-Wasserlilie.

<small>Aus der knolligen Wurzel erheben sich langgestielte Blätter mit gestreckt länglicher, ganzrandiger, schwimmender Blattspreite. Die Blätter sind von vielen, deutlich sichtbaren Quernerven durchzogen und besitzen einzelne dunkle Stellen, die durch den Druck eines harten Gegenstandes hervorgebracht erscheinen. Die Farbe der Blätter ist ein frisches Hellgrün. Die fast ohne Unterbrechung erscheinenden, zweizeiligen Blüten kommen aus der Spitze eines wurzelständigen Schaftes über den Wasserspiegel hervor. Die Blumen sind wohlriechend, jede einzelne von einer weißen, ovalen Braktee gestützt, die von schwarzen Antheren wirkungsvoll gehoben werden. Jede Blüte besitzt nur ein Blütenblatt. Sechs bis achtzehn Staubfäden umgeben einen Fruchtknoten, der in drei bis fünf strahlenförmige Fortsätze geteilt ist. Ein Kelch fehlt. ♃. Kap der guten Hoffnung.</small>

Schon im Jahre 1788 wurde das zweijährige Wasserkraut in England eingeführt, wo das Gewächs bald ein häufiger Bewohner der Aquarien des Greenhouses wurde. Obschon nun vor etwa einem Jahrzehnt diese Pflanze in großen Massen, und zwar unter dem Namen „Kap-Wasserlilie", neu eingeführt und auch als Neuheit angepriesen wurde, hat sie demnach schon ihr hundertjähriges Einzugsjubiläum in Europa gefeiert.

Überall, wo sie einmal im Aquarium gepflegt worden ist, hat sie sich als dankbare Pflanze gezeigt, die die volle Würdigung des Liebhabers verdient hat, da sie unschwer auch im Aquarium zur Blüte schreitet. Die Blütezeit beginnt, wenn die Zimmertemperatur genügend hoch ist und das Becken an einem gut belichteten Platze steht, im Herbst und dauert bis zu Ende des Winters. Eine jede Blüte, deren eine starke Pflanze zwei bis acht besitzt, eine schwache dagegen selten mehr als eine, blüht drei Wochen, unter Umständen auch länger. Sobald sich der Stengel entwickelt, ist es möglich festzustellen, ob es ein Blatt oder Blütenstiel ist. Letzterer ist bedeutend runder und stärker und wird nach dem Ende zu breit. Gut gedeiht die Pflanze in etwa 35 cm tiefem Wasserstand, doch will ich hiermit durchaus nicht gesagt haben, daß der Wasserstand nicht flacher oder höher sein darf. Die Pflanze streckt sich eben nach der Decke. Über Winter pflegt das zweijährige Wasserkraut seine Blätter zu behalten, ja entwickelt auch in dieser Jahreszeit zuweilen neue.

Die Wartung, welche die Pflanze verlangt, ist eine geringe. Der sich auf den Blättern bildende Niederschlag muß, um diese vor einem Verfaulen zu schützen, von Zeit zu Zeit entfernt werden. Derselbe wird mit einem weichen Schwamme vorsichtig abgestrichen. Dieser Niederschlag bildet sich besonders, wenn die Pflanze starkem Lichte ausgesetzt wird, welches andererseits das Gedeihen des Gewächses sehr fördert.

Eine Vermehrung der Pflanze geschieht durch Spalten der Pfahlwurzel. Dieselbe wird mit einem scharfen Messer in mehrere Teile zerlegt, die dann in mit Torferde oder in Mischerde aus Sand, Lehm und Schlamm gefüllte Töpfe gesteckt, die bis an den Rand in ein warmes Wasser, etwa 15 bis 20° R., versenkt werden. Nachdem die geteilten Wurzeln je zwei neue Blättchen gebildet haben, werden die Pflanzen in tieferes Wasser gebracht.

Die Vermehrung durch Samen, der, wenn er seine Keimkraft bewahren soll, in Wasser aufbewahrt werden muß, ist ebenso einfach. Im Frühling, gleich nach der Reife, wird er in Töpfe mit sandiger Schlammerde gelegt und diese randhoch unter Wasser gesetzt, welches, wenn es möglich ist, auf 15 bis 20° R. gehalten wird. Zeigen sich die Keime, so wird das Wasser allmählich kühler gehalten. Derartige aus Samen gezogene Pflanzen bringen im nächsten Jahre Blüten hervor.

Sehr angebracht ist es, um keimfähigen Samen sicher zu erhalten, eine künstliche Befruchtung vorzunehmen. Oft kommt es auch vor, daß in den

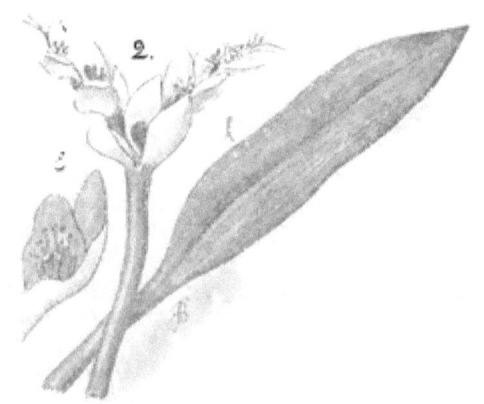

Figur 89. Zweiähriges Wasserkraut. Aponogeton distachyus. 1. Schwimmblatt, 2. Blütenstand, 3. einzelne Blüte.

schräg emporgerichteten Blüten die Autogamie¹), d. h. Selbstbestäubung, eintritt. Dieselbe kommt dadurch zustande, daß im Verlaufe des Blühens die Antheren, welche anfänglich tiefer als die Narbe ihren Stand haben, infolge der Verlängerung ihrer Träger in die Nähe der Narben gebracht werden und dort ihren Pollen ablagern. Im Anfange des Blühens sieht man die Antheren von der Narbe so weit entfernt, daß der aus ihnen hervorquellende Pollen von selbst nicht auf die zuständige Narbe kommen würde, aber die hierauf erfolgte Streckung der Antherenträger ist dem Raume und der Zeit nach so bemessen, daß die Antheren, sobald sie mit Pollen bedeckt sind, in die Nähe der Narbe gelangen, sich an das belegungsfähige Gewebe legen und den Pollen zur Autogamie abgeben.

14. **Schwimmender Knöterich (Polygonum natans L.)** Polygonum amphibium L., Wasserknöterich, Sumpfknöterich.

Das Rhizom ist langgliedrig, verästelt, weithin kriechend und treibt schwimmende oder aufsteigende Stengel. Derselbe ist stielrund, eben rötlich und haarlos. Die

¹) Vergleiche auch Seite 133.

Wasser und besonders unten langgestielt, mit dem haarlosen Stiele 7 bis 15 cm lang und etwa 2½ cm breit. In ihrer Form sind sie lanzettförmig, spitz oder stumpflich, am Grunde schief abgerundet oder herzförmig, lederartig, haarlos, am Rande scharf, auf der Oberfläche glänzend. Die Blütenähren ragen über das Wasser heraus, sind zuweilen fast kugelig, in der Regel cylindrisch und eiförmig oder länglich. Staubblätter sind fünf vorhanden. Dieselben sind so lang als die Perigonblätter; die beiden Narben sehen aus dem Perigone hervor. Blütezeit Juni und Juli ♃. In Lachen, Teichen, Gräben, an sumpfigen Orten.

Der schwimmende Knöterich ist ein sonderbares Gewächs, welches mit derselben Leichtigkeit schwimmende Wasserformen, als auch echte Landformen erzeugt, je nachdem der Standort beschaffen ist. Steht die Pflanze im Anfange vollständig unter Wasser und verläuft oder versiegt dieses, so wächst sie als echte Landpflanze fröhlich weiter und wird dann als Polygonum terrestre bezeichnet. Bei dieser erhebt sich der Stengel, ist auch an gänzlich trocknen Stellen aufrecht, an Orten, wo der untere Teil noch im Wasser liegt, aufsteigend. Die Blätter sind hier kürzer gestielt, doch mit steifen, anliegenden Borstenhaaren besetzt, auch am Rande schwielig borstenhaarig. Die Staubgefäße sind kürzer als die Perigonzipfel, der Blütenstiel ist gleichfalls mit Borsten besetzt und auf diese Weise hat die ganze Pflanze nur ein mattes Grün. Im allgemeinen wird Polygonum natans als Hauptform angesehen, Polygonum terrestre ist eine Verkümmerung, die der ungünstige Standort erzeugt. Dieses zeigt sich schon dadurch, daß letztere viel seltener und später blüht.

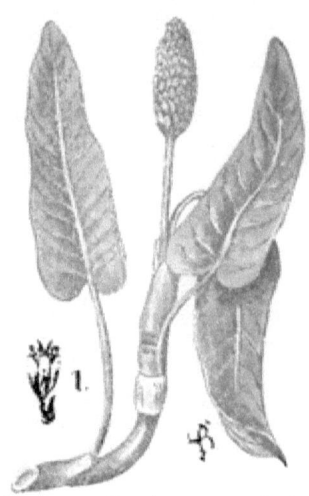

Figur 90. Schwimmender Knöterich Polygonum natans. 1. Blüte.

Noch erwähnen will ich, daß zwischen beiden Formen, nach Maßgabe der Verhältnisse des Standortes, verschiedene Übergangsformen in Richtung des Stengels, Stärke der Behaarung und Form des Blattes vorkommen, die alle mit besonderen Namen belegt worden sind, deren nähere Beschreibung ich mir indessen scheue. Für uns hat nur die Stammform natans besonderen Wert. Aus dem im Schlamme kriechenden Rhizom entspringen stielrunde, sehr lange, schief ansteigende, an der Basis oft wurzelnde Laubstengel, deren Länge sich nach der Wassertiefe richtet. Der ausgewachsene Laubtrieb besitzt an den oberen Internodien die Ausgangspunkte der charakteristischen Schwimmblätter, während die unteren Knoten ihre Blätter bald verlieren. Wie Mertens und Koch schon richtig sagen und auch begründen, besitzen die schwimmenden Achsen in der Regel nur fünf Blätter, weil die untergetauchten Blätter, die sich an den unteren Internodien befinden, die schwimmende Lebensweise nicht annehmen können und bald absterben. Die Landform dagegen besitzt vier- bis fünfmal soviel Blätter zu gleicher Zeit.

Die Landform vom Knöterich, wenn sie auch schon seit Jahren in ausgetrockneten Gräben gewachsen ist, erzeugt, in Wasserbecken gebracht, hier schwimmende Blätter, wie sie sonst nur Polygonum natans hervorbringt. Hildebrand teilt in der „Botanischen Zeitschrift" Jahrgang 1870 hierüber folgendes im Auszuge mit. Er nahm Landpflanzen, versenkte sie in drei Fuß tiefe Wasserbecken des botanischen Gartens zu Freiburg und erzielte aus ihnen Schwimmformen. Zu Anfang des Versuches befanden sich die Spitzen der aufrechten Pflanzen noch etwa $^1/_2$ Fuß unter dem Wasserspiegel. Die Triebe hörten bald auf zu wachsen, ihre Blätter verdarben und aus dem Wurzelstock entsprangen neue Zweige, die nach einigen Wochen mit ihren Spitzen die Oberfläche des Wassers erreicht hatten und hier die Schwimmblätter ausbreiteten.

Für das Aquarium sammelt man am besten die Pflanze im zeitigen Frühling, wenn die ersten, noch rötlichen Schwimmblätter über Wasser erscheinen. Die Länge der Stengel braucht niemanden zurückschrecken, die Pflanze paßt sich dem Wasserstande vollständig an. Sie wird in den Grund des Aquariums gepflanzt und kann sowohl im Sumpf wie im Kasten-Aquarium gehalten werden. Eine besondere Wartung verlangt dieses Gewächs nicht, nur sind die Schwimmblätter von etwa sich auflegendem Staub von Zeit zu Zeit zu befreien.

Die Behandlung der Pflanzen mit Schwimmblättern im Aquarium.

Die Pflanzen mit Schwimmblättern, deren Belaubung zum großen Teil dem Wasserspiegel aufliegt, bedürfen meist alle einen geeigneten Bodenbelag, wie er Seite 48 beschrieben ist, um sich in voller Schönheit entfalten zu können. Alle aufgeführten Arten sind ausdauernd. Viele von ihnen ziehen über Winter ein, d. h. ihre Blätter vergehen und nur der Wurzelstock, der in der Bodenschicht des Aquariums eingebettet ist, überdauert den Winter und treibt im Frühling neue Blätter und Blüten. Ihrer Größe wegen sind nicht alle Arten für kleine Behälter zu empfehlen, sodaß es angebracht ist, nicht ausgewachsene Pflanzen von ihnen in das Aquarium zu setzen, sondern Sämlingspflanzen zur Beschickung zu verwenden. Derartige im Freien gefundene Exemplare werden an ihrem Standorte vorsichtig aus der Erde genommen, in Wasser nach Hause gebracht und hier, wie Seite 47 gesagt, in die Becken gepflanzt. Der Same von im Zimmer gezogenen Stöcken muß, wenn er seine Keimkraft nicht verlieren soll, wie es ja auch bei vielen anderen Wasserpflanzen der Fall ist, im Wasser aufbewahrt werden. Ausgesäet wird er in Schlamm, Lehm oder in mit einer Beimischung von Torf gefüllten Gefäßen, die nur einen geringen Wasserstand besitzen.

Wie die untergetauchten Wasserpflanzen, verlangen auch die Pflanzen mit Schwimmblättern nur eine geringe, kaum nennenswerte Pflege. Ihre großen, der Wasserfläche aufliegenden Spreiten, die bei einigen Arten,

z. B. der weißen und gelben Seerose, im Herbste und Winter untergetaucht sind, müssen von Zeit zu Zeit von dem sich auf sie legenden Niederschlag befreit werden, was leicht durch ein Abwischen mit einem feuchten Schwamm geschieht. Wird dieses versäumt, so werden die Blätter unansehnlich und gehen vor der Zeit ein.

4. Sumpfpflanzen (Plantae demersae.)

Die hierzu gehörenden Pflanzen stehen am Rande der Gewässer, im Sumpf, wie schon ihr Name sagt. Dieselben können zu gewissen Zeiten, je nach dem Stande des Wassers, in diesem stehen, oder in dem durchfeuchteten Grunde wachsen, so daß ihre Wurzel nur in das Wasser des Untergrundes eindringt. Stengel und Blätter stehen meist über dem Wasserspiegel, doch kommen auch Sumpfpflanzen vor, welche vom Ufer aus schwimmende Stengel über die Oberfläche des Wassers hintreiben. Zu ihrem Wohlbefinden bedürfen alle Arten des Wassers, in dem sie bald tiefer, bald flacher stehen.

1. Gemeines Pfeilkraut (Sagittaria sagittaefolia L.). Sagittaria major Scop., Sagittaria heterophylla Schreb. Gemeines Pfeilblatt.

Das Rhizom ist ungegliedert und schwach, sitzt senkrecht im Boden und treibt manchmal kriechende Ausläufer. Die untergetauchten Blätter sind schmal linealisch, an ihrem Ende abgerundet. Die über Wasser tretenden sind langgestielt, spießpfeilförmig, 3- bis 5nervig. Ihr Stiel ist unten dreikantig, nach oben zu sehr verdünnt. Zwischen den untergetauchten und den oberen Blättern zeigen sich Übergangsformen. Der oft meterhohe, dreikantige Schaft ist dreizählig quirlig verästelt und trägt eingeschlechtliche Blüten. Die unteren Blüten sind ♀, die oberen ♂. Das Kelchperigon ist klein und grün. Das Kronenperigon ist groß, besteht aus rundlichen weißen, rot genagelten Blättern. Staubgefäße und Fruchtknoten sind zahlreich auf kugeligem Fruchtboden vorhanden. Letzterer ist flachgedrückt, berandet. Blütezeit Juni und Juli. ⊙ Sümpfe, Teiche, Landseen und langsam fließende Flüsse.

Für gewöhnlich bildet das gemeine Pfeilkraut, welches als Sumpfstaude die Ufer unserer Gewässer ziert, keine submerse Form, indessen kommt hin und wieder ein ausgesprochenes Unterwasserleben auch bei ihm vor. Vollständig untergetaucht ähnelt die Pflanze dann sehr der Sumpfschraube, und hat auch schon zu Verwechselungen mit letzterer, sogar von Seiten Linnés, Veranlassung gegeben. Die an der gestreckten Achse grundständig sitzenden Blätter sind bei dieser Form alle lineal, außerordentlich lang, unter Umständen sich spiralförmig windend, halbdurchsichtig und flutend. Blüten werden von dieser Pflanze nicht entwickelt, die Vermehrung geschieht allein auf vegetativem Wege durch Knollen. Nur in tiefem Wasser kommt diese Form vor. Ist der Wasserstand nicht so hoch und vermag die Pflanze mit den oberen Blättern die Oberfläche zu erreichen, so bilden sich, durch Übergangsformen vermittelt, Schwimmblätter mit oval verbreiteter Spreite und diese können je nachdem in die spießförmigen Luftblätter übergehen. Jede in nicht zu tiefem Wasser überwinternde Knolle erzeugt diese drei Blattformen. Besonderen Einfluß auf die Bildung der Blätter hat das Wasser.

Sind die Blätter während ihrer Entwicklung einer lebhaften Strömung ausgesetzt, so wird die Blattspreite fast gänzlich unterdrückt. Was von ihr noch vorhanden ist, nimmt die Gestalt eines Spachtels an, oft ist sogar jede Spur der Spreite verloren gegangen.

Die Knollen, welche das Pfeilkraut entwickelt, sind eigentümlich. Aus dem knotigen, im Schlamm ruhenden Stamm sprießen gegen den Herbst zu Ausläufer hervor, deren Niederblätter in eine feste Spitze auslaufen. Das vorderste Blatt, von welchem das knollig verdickte Ende des Ausläufers eingehüllt ist, trägt eine starre Spitze und übernimmt die Rolle eines Erdbohrers, indem dasselbe für die bis zu 25 cm sich verlängernden Ausläufer den Weg bahnt. Hier an dem etwa haselnußgroßen Ende des Ausläufers bildet sich eine kleine Knospe mit grünlichen, dicht übereinander liegenden Blättchen aus, die samt den knollenförmigen Trägern den ganzen Winter hindurch frisch bleibt, während der Stock, von dem der Ausläufer abstammt, stirbt. Im Frühjahr wächst jede der einzelnen Knospen zu einem neuen Stocke aus, indem sie die Reservestoffe des ihr zur Unterlage dienenden Knollens verbrauchen und dort, wo sich der alte Stock im vorigen Jahre erhoben hat, steht jetzt ein Trupp junger, getrennter Stöcke.

Figur 91. Gemeines Pfeilkraut: Sagittaria sagittaefolia. 1. Aus lauter Knospe.

Das an allen Orten zu findende Pfeilkraut ist eine der dankbarsten und wertvollsten Pflanzen für das Aquarium. Sehr lohnend ist es, im Herbste Brutknospen von diesem Gewächs zu sammeln und aus diesen junge Pflanzen zu ziehen. Zu diesem Zwecke nehme man die Mutterpflanze vorsichtig aus dem Sumpf und schneide die Knospen, die sich unten an der Wurzel befinden, ab. Diese Knospen wirft man einfach in das Aquarium, wo sie sogleich untersinken. Will man noch ein übriges thun, so kann man sie auch in den Bodengrund einsetzen und zwar so, daß die Spitze der Knolle nach oben steht. Hat das Aquarium seinen Standort im geheizten Zimmer, so beginnen einzelne Knospen schon Mitte Januar zu treiben. Hat man die Knospen nicht eingepflanzt, so steigen sie an die Oberfläche, wo sie verbleiben bis die ersten, zarten, weißen Wurzelspitzen sich zeigen, dann aber ist es nötig, die Pflanze in die Bodenschicht einzupflanzen und zwar soweit, daß der Wurzelkranz etwa 1½ cm unter die Erde zu stehen kommt, da die Knolle stets nachschiebt.

Die an tiefen Stellen im Aquarium eingesetzten Knollen kommen nicht zur Blütenbildung. Nur dort, wo die Knolle eine geringere Wasserschicht über sich besitzt, und die Pflanze einen hellen Standort hat, entwickelt sie ihre schönen Blüten.

Das Pfeilkraut liebt ein Gemisch aus Moor-, Torf-, Schlamm-, Lehmerde und Flußsand, gedeiht aber sonst auch in jedem Bodengrund und liebt im Zimmer eine Wassertiefe von 15 bis 25 cm, ohne daß dieses indessen eine Bedingung für die Pflanze ist.

Diese und die folgenden Pfeilkrautarten, mit Ausschluß von Sagittaria japonica flore pleno, die unfruchtbar ist, lassen sich unschwer im Zimmer durch Samen ziehen. Es ist leicht, denselben keimfähig von der Pflanze zu erhalten, da diese Pollenblüten und Fruchtblüten entwickelt. Wird in den Mittagstunden eines sonnigen Tages mit einem feinen Pinsel der Staub aus den männlichen Blüten auf die Narbe der weiblichen übertragen, dann die Pflanze vor Nässe, die auf die Blüte fallen kann, geschützt, so erfolgt sicher ein Samenansatz. Der Same wird in flache Gefäße, die einen Bodenbelag besitzen, ausgesäet und an das Fenster eines sonnigen Zimmers gestellt, wo er dann zu keimen beginnt.

Weitere Pfeilkrautarten, auf deren Kultur das oben Gesagte ebenfalls anzuwenden ist, sind:

a. Chinesisches Pfeilkraut (Sagittaria chinensis).

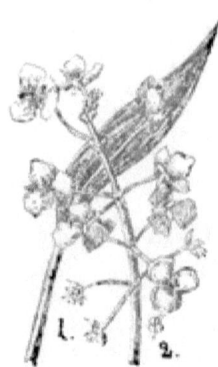

Figur 92. Pfeilblatt Sagittaria sagittaefolia. Winterknolle.
a. Insertionshöhe des Scheidenblattes s₂,
b. des vom Scheidenblatt s₃, von dem die Endnerve einige schließen wird. Das erste Scheidenblatt der Knolle ist verteilt.

Die untergetauchten Blätter ähneln denen der Sumpfschraube. Später entstehen die in der Abbildung dargestellten Blätter, die sich über Wasser auf langen Stielen erheben, indessen keine Pfeilform zeigen. Die Blüten sind klein und weiß und stehen auf längeren Stielen. Blütezeit Sommer bis zum Spätherbst. ☉ China.

Das chinesische Pfeilkraut blüht im Aquarium üppig, wenn es einen genügenden Bodenbelag aus einer Mischung Torferde, Lehm und Sand besitzt. Die Vermehrung geschieht reichlich durch Ausläufer und durch Samen.

Figur 93. Chinesisches Pfeilkraut Sagittaria chinensis. 1. Blatt, 2. Blütenstand.

b. Sagittaria japonica flore pleno.

Die Pflanze erinnert sehr an unser heimisches Pfeilkraut, solange die Blüten nicht erscheinen, doch sind die Blätter größer und zarter. Die Farbe der Blüten ist weiß, rosa angehaucht, die unteren Blüten sind ♀, die oberen ♂. Blütezeit Mai bis September. ⨁ Japan.

Zum guten Gedeihen beansprucht diese Pflanze lehmig-schlammigen Boden und wenn sie zur Blüte schreiten soll, nicht sehr tiefen, eher flachen

Wasserstand. Ist das Wasser, in dem das Pfeilkraut wächst tief, so werden keine Blüten erzeugt, im anderen Falle erscheinen die großen, gefüllten, unfruchtbaren Blüten reichlich, verblühen indessen schon nach einem Tage. Die Dauer der Blüte des ganzen Blütenstiels erstreckt sich auf etwa 8 Tage. Im Herbst stirbt die Pflanze ab, nachdem reichliche, mit Knollen versehene Ausläufer in den Boden getrieben sind.

c. Sagittaria montevidensis.

 Die Blätter groß, in der Form dem gemeinen Pfeilkraut ähnlich. Die Blüten sitzen in 7—12 Quirlen um jeden Blütentrieb und entwickeln sich von oben nach unten, man wie bei dem gemeinen Pfeilkraut umgekehrt. Die Blüte ist weiß, jedes Blütenblatt am Grunde mit einem zimmetfarbenen Fleck versehen. Die drei untersten Quirle bringen ♀, die obersten ♂ Blüten hervor. ♃. Süd-Amerika.

Dieses Pfeilkraut ist das Stattlichste von allen und besonders für große Aquarien zu empfehlen, da es auch über Winter grün bleibt und Blüten hervorbringt. Die Vermehrung geschieht nur durch Samen. Knollen und Ausläufer werden nicht hervorgebracht.

2. Abwechselnd blättriges Cyperngras (Cyperus alternifolius L.).

 Das Rhizom kriecht ausläuferartig im Bodengrund. Der schlanke Schaft, welcher nicht selten über 40 cm lang wird, trägt einen Schirm von flachen, linealen, lang zugespitzten, saftig grünen Blättern. Im Anfange ihrer Entwickelung stehen diese gerade vom Halm ab, nachher sind sie mehr oder weniger nach unten gebogen. In den Blattwinkeln entwickeln sich die federgrasähnlichen Blütenrispen, welche im Bogen überhängen. Sie sind unansehnlich braunrot und zweizeilig gestellt. Blütezeit ist verschieden, fällt indessen meistens in den April oder Anfang Mai. Frucht dreikantig. ♃. Madagaskar.

Zur Familie Cyperus gehören etwa 500, meist in wärmeren Ländern lebende Arten, von denen indessen hauptsächlich nur das abwechselnd blättrige Cyperngras mit seinen Spielarten als Zierpflanze gepflegt wird. In Madagaskar wächst dieses Gras an den Ufern der Gewässer, wie bei uns die Binse, und verleiht der Landschaft ein ganz eigenartiges Gepräge, da die Halme mit ihren Blätterkronen eine gewisse Ähnlichkeit mit der Zwergpalme besitzen.

Für das Aquarium ist das Cyperngras eines der reizendsten Sumpfgewächse; seine Härte und Widerstandsfähigkeit, die allen denen genügend bekannt ist, welche es besitzen, lassen es selbst unter ungünstigen Bedingungen und ohne sonderliche Pflege im Becken gedeihen. Besonders eignet es sich für die Bepflanzung der Felsengrotten, gedeiht indessen ebenso vortrefflich in tieferem Wasser, wenn es allmählich an einen solchen Stand gewöhnt wird.

Große, schöne Exemplare des Cyperus, die durchaus keine Seltenheit sind, bilden den schönsten Schmuck jedes Aquariums. Die Schönheit der Pflanze hängt jedoch von ihrem Alter und von der ungestörten Entwicklung der Wurzel ab. Kann diese sich genügend ausbreiten, so werden die Halme stattlich und hoch, entwickelt sich die Wurzel nicht gut, so bleiben die Halme klein. Wurzeltriebe, die durch Spalten und Risse der Grotte dringen, lasse man ungestört weiter wachsen. Ihre Entfernung schadet nicht nur der Pflanze, sondern es wird dem Aquarium auch ein schöner Schmuck und den Fischen gern aufgesuchte Schlupfwinkel hierdurch vernichtet. Die Wurzeln der Pflanze schillern vom dunkelsten Rotbraun bis zum glänzendsten Silberweiß in allen Farbenabstufungen: in malerischen Windungen durchziehen sie bei alten Stämmen das Wasser und besitzen die Fähigkeit, das Wasser von Trübung zu reinigen. Alles dieses sind wahrlich Gründe genug, die Pflanze so wachsen zu lassen, wie es derselben beliebt. „Ich besitze einen Cyperus, der, als ich ihn vor 6 Jahren ins Aquarium setzte, drei dünne Halme hatte, deren er heute aber 60 aufweist. Einige derselben sind 1½ m hoch und von der Dicke eines Bleistiftes, die übrigen aber klein und nicht dicker als ein Weizenhalm. Alle starken Halme wuchsen im Frühling, während welcher Zeit ich die Wurzeln unberührt ließ, die schwachen im Sommer, nachdem ich beim Reinigen des Aquariums die Wurzeln beschnitten hatte. Dieselbe Erscheinung habe ich auch an anderen Exemplaren zu beobachten Gelegenheit gehabt; infolgedessen hörte ich mit dem Beschneiden auf."

Die Pflege des Cyperus im Aquarium beschränkt sich darauf, die Blätter von Staub ꝛc. zu reinigen, da dieselben sonst leicht gelb werden und vertrocknen. Zeigen einige Blätter gelbe Spitzen, so sind diese ebenfalls durch Abschneiden mittelst einer scharfen Scheere zu entfernen. Einen möglichst hellen Standort liebt die Pflanze ungemein.

Die Vermehrung derselben läßt sich auf verschiedene Art ausführen. Für Pflanzen, die aus dem Bodengrund genommen sind, wird die Wurzel so geteilt, daß jedes Stück wenigstens einen Halm besitzt. Jeder dieser Teile wird in eine stets feucht zu haltende Mischung von Sand und Erde gesetzt. Auch die in den Blattkronen sich zahlreich bildenden Schößlinge werden zur Vermehrung benutzt. Man bricht diese aus und stellt sie so lange in Wasser, bis sie Wurzeln geschlagen haben, oder man pflanzt sie sofort an Ort und Stelle. Bleiben die Schößlinge an der Mutterpflanze, so kann man verschiedene Generationen auf einem Halme erhalten. Obgleich noch einige ähnliche Verfahren, die eine weitere Vermehrung der Pflanze zulassen, bekannt sind und auch angewendet werden, will ich mich doch auf diese beiden beschränken und nur noch der Aufzucht der Pflanze aus Samen gedenken, da diese die lohnendste von allen ist. Man füllt zu diesem Zwecke einen Topf mit sandiger Erde, streut den Samen darauf und bedeckt ihn mit einer dünnen Schicht Sand. Alsdann setzt man den Topf etwa ½ cm unter Wasser. Sobald die kleinen Pflänzchen kräftig genug sind, werden sie verpflanzt. Samen erhält man von alten Aquarienpflanzen oder aus geeigneten Handlungen.

Cyperusarten, die von Gärtnereien angeboten werden und auf deren Pflege und Kultur fast dasselbe anzuwenden ist, sind:

 a. Cyperus alternifolius nanus.
  Die Pflanze gleicht der vorgenannten, nur ist ihr Wuchs gedrungener. A.

b. **Cyperus alternifolius variegatus.**
   Die Blätter sind silberweiß gerandet oder gestreift *   ↑.
c. **Cyperus lucidus R. Br.**
   Diese Pflanze bildet wurzelständige, dichte Raſen bildende Blätter von bis 1 m Höhe. An der Spitze der Halme ſtehen doldenförmige Blütenſtände. ↑. Auſtralien.
d. **Cyperus Papyrus. Papyrus antiquorum L.**
   Die Schäfte ſind ſaſt dreieckig, ſie tragen an ihrem Scheitel einen ſprengwedelförmigen Büſchel von grünen, fadenförmigen, gabelig geteilten Verzweigungen. ↑. Ägypten. Vergleiche Figur 1. Rundes Aquarium auf einem Blumentiſche. Hinter den Felſen ſtehen zwei Papyrus, die im Bodengrund eingeſetzt ſind.

Weitere im Handel noch vorkommende Arten führe ich nachſtehend dem Namen nach auf:
   e. Cyperus distans. — f. Cyperus laxus. — g. Cyperus longus. — h. Cyperus vegetus. — i. Cyperus congestus. —

3. Sumpf-Schlangenwurz (Calla palustris L.). Schlangenkraut, Schlangenwurzel, Drachenwurzel, Sumpf Kalla, Roter Waſſerpfeffer, Schweinsohr.

Der grüne, gegliederte, weit veräſtelte Wurzelſtock kriecht im ſumpfigen Boden ſchlangenartig und ſendet fadenförmige Wurzeln aus, die beſonders an den Knoten und der unteren Seite hervorbrechen. Die Enden des blattloſen Rhizoms ſteigen ſenkrecht empor und ſind hier mit mehreren, dicht aneinander folgenden, langgeſtielten, am Grunde herzförmigen, am Ende geſchweift zugeſpitzten, ganzrandigen, glatten, glänzenden, hellgrünen bogennervigen Blättern beſetzt. Aus ihrer Mitte erhebt ſich der Blütenſchaft, der an der Spitze eine etwas fleiſchige, innen weiße, am Grunde und an der Spitze etwas eingerollte, außen grüne Blattſcheide und den kurzen Blütenkolben trägt. Der Kolbenſtiel iſt dick, ſtielrund, glatt, glänzend. Der Kolben iſt kurz cylindriſch, ſtumpf, innerhalb der Scheide geſtielt. Jede Blüte beſteht aus ſechs grünen Hüllblättern, ſechs Staubblättern und einem oberſtändigen, kegelförmigen, 2 bis 3fächerigen Fruchtknoten mit ſitzender Narbe. Dieſe wird in der Reife zu einer roten Beere, welche oben mit einem aufgeſetzten Spitzchen endigt und mit Längsfurchen verſehen iſt. Die Fächer ſind einſamig, der Same länglich mit ſcharfem Flügelrand. Blütezeit Mai bis September. ↑. In Bächen, Gräben und Sümpfen. Häufig in Sumpfgegenden.

Der im Schutze der Schilfpflanzen, oder an den Ufern verſumpfter Flüſſe, Teiche und Gräben, da wo dieſe durch den Wald ziehen, wachſende Sumpf-Schlangenwurz, iſt dem Botaniker beſonders wichtig in Bezug auf die Beſtäubungsweiſe, die bisher noch nicht feſtgeſtellt worden iſt. Ehe ich etwas näher hierauf eingehe, will ich noch kurz vorausſchicken, daß bei dieſer Pflanze neben echten Zwitterblüten auch reine Pollenblüten vorkommen. Bei der Beſtäubung iſt es fraglich, ob die Pflanze durch Schnecken oder Inſekten befruchtet wird oder, wie Kerner und Andere vermuten, einer Befruchtung durch Regen oder Tau angepaßt iſt.

Die Wurzel, die anfangs fade ſchmeckt, nachher ſehr heftig brennend, wurde ſonſt gegen den Biß von Schlangen angewendet, auch war ſie als

---

* Dieſe Abart artet leicht aus, d. h. ſie erzeugt wieder grüne Blätter. Dieſelben müſſen, ſobald ſie ſich zeigen, entfernt und der Pflanze weniger nahrhafte Erde geboten werden.

Schweißmittel im Gebrauch unter dem Namen Radix dracunculi aquatici. Der scharfe Stoff ist jedoch flüchtig, und benutzt man daher das Mehl der Wurzel in Lappland und Schweden, mit Roggenmehl gemischt, zur Brotbereitung. Die roten Beeren der Pflanze sind giftig.

Diese Pflanze gehört mit zu den empfehlenswertesten Sumpfgewächsen für das Aquarium. „Sie ist nicht nur schön und ausdauernd," schreibt Hartwig in der Isis, „sondern auch von bedeutendem Nutzen; denn sie hält (wie auch ihre fremdländischen Verwandten) durch ihr bedeutendes Aufsaugungsvermögen das Wasser des Aquariums klar. Diese letztere Eigenschaft der Aronsgewächse lernte ich auf Madeira kennen und überzeugte mich nach meiner Rückkehr nach Berlin davon".

Figur 24. Sumpf-Schlangenwurz (Calla palustris).

Ein recht feuchter Standort ist für ein gutes Gedeihen der Pflanze unbedingt von nöten, doch ist zu beachten, daß der Sumpf-Schlangenwurz Sommer wie Winter nicht den gleichen Wasserstand verträgt. Eine Vermehrung des Gewächses läßt sich im Frühling oder Sommer durch Wurzelteilung bewerkstelligen, auch mit Hilfe des Samens ausführen. Dieser wird gegen Ende des Sommers eingesammelt, wenn die Blütenkolben mit ihren Früchten ins Wasser sinken und der Same von einer gallertartigen Masse umgeben, die Fruchthülsen verläßt. In Gefäße gethan, die einen Schlammgrund besitzen und oberhalb einen geringen Wasserstand aufweisen, kommt er zum Keimen.

4. Weißgefleckte Kalla (Richardia albomaculata Hook).

Die Knollen sind scheibenförmig, treiben dicke, saftige, weiße Wurzeln in den Boden, nach oben erheben sich lange, dünne Triebe, aus deren Hüllen sich die ein gerollten Blätter entwickeln. Das ausgewachsene Blatt ist pfeilförmig, langgespitzt und wellig. Die Grundfarbe des Blattes ist ein schönes Grün, stark mit länglichen silberfarbenen Flecken gezeichnet. Die große Blütenscheide ist unten weiß, außen grün und trägt hier den Blütenkolben. Blütezeit Juni oder Juli. J. Natal.

Von dieser Art nur in der Gestalt unterschieden, in Haltung, Pflege und Kultur sich jedoch fast deckend, ist die

5. Afrikanische Kalla (Richardia aethiopica L.). Richardia africana. Calla aethiopica Kth.

Aus der Wurzelknolle entspringen, hauptsächlich oben, weiße Fadenwurzeln, die in den Boden eindringen. Nach oben werden die großen, im Anfange gerollten an langen Stengeln sitzenden herzförmigen Blätter von dunkelgrüner Farbe getrieben, die weiß-grüne Blattnerven besitzen. Die Scheide ist lappenförmig, groß und weiß. Den Blütenkolben hat die Kalla mit der weißgefleckten Kalla und dem Sumpf-Schlangenwurz gemein. Blütezeit vom Sommer bis in den Herbst. A. Aritz.

Eine schöne Schilderung der Richardien bringt Sprengler im dritten Bande von Natur und Haus. Dieser sagt: „Richardia aethiopica ist im dunklen und im dunkelsten Afrika weit verbreitet. Man bekommt sie aus Ägypten, vom Gazellenflusse, vom weißen Nil, aus dem Natal und dem Zululande, dem Kaplande u. s. w. Und wahrscheinlich bewohnt sie ganz Mittel- und Südafrika. Im Natal wächst sie zusammen in moorigen Brüchen der Gebirge mit Asparagus plumosus, Vallota, Clivia, alles dem Gärtner und Liebhaber wohlbekannte schöne Pflanzen. Sie liebt moorigen, schwarzen Sumpfboden, kommt aber in dem weiten Gebiete ihres Heimat-landes in allen Höhenlagen an feuchten Stellen vor. Sie wandert mit den Quellen in die Ebene, umsäumt Sümpfe und Moräste, klettert über Felsen und wächst im Buschwalde, wo es nicht allzu trocken ist. Kaum eine Pflanze ihres ganzen Geschlechtes ist so genügsam und dann wieder so anspruchsvoll, so bescheiden und dann wieder so üppig, so wandelbar und doch so scheinbar einförmig als diese Kalla. Wahre Riesen erzieht man aus den halbvertrockneten Knollen resp. Rhizomen, die man z. B. aus dem Natal gelegentlich bekommt. Zwerge an Gestalt dagegen sind die-jenigen, welche vom Kaplande kommen. Wie mit Silber belegt erscheinen die Riesenblätter der Kalla des Zulu-landes, und grasgrün, frisch und fröhlich schimmern in der Maienfarbe diejenigen Ägyptens. Zahlreiche Formen sind zweifelsohne noch nicht entdeckt, denn jede neue Sendung solcher Knollen bringt uns neue, ab-weichende Gestalten. Calla aethiopica

Figur 95. Afrikanische Richardie Richardia aethiopica.

ist wandelbar wie kaum eine andere Pflanze in ihren Neigungen und schmiegt sich jedem Verhältnisse an. Sie lebt im Wasser, am Rande der Gewässer, im Sumpf, in dürren Felsenritzen, im Walde, auf der blumigen Wiese, im Bruche, fast all überall und meidet nur die Wüste. Ob fließendes oder stehendes Gewässer ist ihr gleich. Sie fügt sich überall und paßt sich an, so gut es geht." Steht sie im Wasser, so grünt und blüht sie hier das ganze Jahr hindurch, treibt neue Schößlinge und bettet ihren Samen in das Erdreich.

Die weißgefleckte Kalla und die afrikanische Kalla gehören beide zu den imposantesten Sumpfgewächsen eines größeren Aquariums. Allmählich an tiefen Wasserstand gewöhnt, dauern beide im Becken vorzüglich aus, wenn ihre Blätter mit dem Wasser nicht in Berührung kommen. In der Regel wird man diesen beiden Pflanzen auf dem Felsen einen Platz geben und zwar so, daß ihre Wurzeln noch im Wasser des Aquariums zu stehen kommen. Um Richardia aethiopica in den Bodengrund zu pflanzen, wähle man große ausgewachsene Exemplare, für die Grotte dagegen kleine und solche, deren Wurzelknollen womöglich mehrere Keime getrieben haben.

Die Vermehrung geschieht in den meisten Fällen bei diesem Gewächs mittelst Schößlinge. Diese werden Anfang oder Mitte September abgetrennt und in mit Schlamm gefüllte Töpfe gesetzt, die etwa dreiviertel im Wasser stehen, sodaß die Erde in ihnen stets leicht erhalten bleibt. Von acht, Mitte September so eingesetzten Knollen, die der in beistehender Abbildung dargestellten Pflanze entnommen waren, haben sich sechs im Dezember schon zu netten Pflänzchen entwickelt, während die beiden übrigen erst zu keimen beginnen. Richardia aethiopica behält über Winter ihre Belaubung.

Die weißgefleckte Kalla wird von Hesdörfer als eine dankbare Blütenpflanze für Sumpfaquarien bezeichnet. Da ich selbst sie noch nicht gepflegt habe, gebe ich das wieder, was derselbe über dieses Gewächs sagt: „In der Kultur weicht unsere Pflanze erheblich von allen im Zimmer kultivierten Arongewächsen ab, weil sie ein Knollengewächs ist, das im Herbst völlig einzieht. Die eine große Lebensdauer zeigende glatte Knolle ist auffallend flach. Mitte Februar oder im März pflanzen wir die bis dahin trocken aufbewahrten Knollen unter Verwendung einer sandigen Mistbeeterde in 8 bis 10 cm weite Töpfe. Unter dem Einfluß der Wärme des Wohnzimmers und bei möglichst gleichmäßiger Feuchtigkeit treiben die Knollen sehr rasch ihre saftigen, dicken, weißen Wurzeln und bald darauf wachsen lange dünne Triebe hervor, deren Hüllen sich bald lösen, worauf dann die ersten eingerollten Blätter sich zu entwickeln beginnen. Den besten Platz findet die bewurzelte Knolle im Sumpfaquarium, doch kann sie auch im Topfe bei einmaligem Verpflanzen während des Sommers weiter kultiviert werden." Von anderer Seite wird hierzu ergänzt, daß, sobald die Pflanze eingezogen hat, die Knolle aus dem Aquarium zu entfernen ist und an einem Orte mit kühler Temperatur, eingepflanzt in einem Topf, der mit einer Mischung von Erde, Schlamm und Torf gefüllt ist, bis Mitte Dezember aufgehoben wird. Dann bringe man den Topf mit der Pflanze in ein sonniges Zimmer, recht nahe der Glasscheibe, und setze sie im Februar wieder in das Aquarium.

Eingesetzt kann die weißgefleckte Kalla in den Bodengrund des Aquariums werden, wenn ihre Blattstengel im richtigen Verhältnisse zur Tiefe des Wassers stehen, wie es schon bei der afrikanischen Kalla gesagt worden ist, sonst ziert sie den Felsen.

Die Vermehrung erfolgt entweder durch Wurzelteilung oder mit Hilfe der sich an der Hauptknolle bildenden Nebenknollen.

6. Froschlöffel. (Alisma Plantago L.)

Aus dem kurzen, ungegliederten Rhizom kommen die grundständigen Blätter. Dieselben sind unten scheidig, langgestielt, eirund, am Grunde herzförmig, 5 bis 7 nervig, aderartig, fast ganzrandig. Die untergetauchten Blätter sind schmäler, fast lineal. Der bis meterhohe Schaft ist blattlos und trägt eine ausrläufige Blütenrispe. Nur am Grunde der Rispenäste stehen lanzettliche, langspitzige Deckblättchen. Die Blüten sind langgestielt. Das Außenperigon grün, lederartig, seine Blätter ei-lanzettlich, am Grunde etwas verwachsen. Das Innenperigon besteht aus drei weißen, innen blaßrot angelaufenen Kronenblättchen, die kreisrund, schwach ausgerandet, gezähnelt sind. Die sechs Staubblätter stehen paarweise vor denselben. Die Stengel sind zahlreich, einaxig mit seitlichstehenden Griffeln; die Früchte linsenförmig, am Rücken 1- bis 3nervig. Blütezeit Juli, August ♃. In stehenden Gewässern, an Flußufern und nassen Orten.

In allen wasserreichen Gegenden ist der gemeine Froschlöffel ein häufiges Gewächs. Je nach dem Standorte, wo die Pflanze wächst, zeigt sie ein verschiedenes Habitusbild. Steht die Pflanze im tiefen Wasser, so sind fast alle Blätter grasartig lineal und flutend, nur einzelne erheben sich über den Wasserspiegel und erweitern hier ihre Blattfläche. In dieser Wasserform bleibt die Pflanze ziemlich klein und armblättig. Auch Keimpflanzen, die im seichten Wasser wachsen, bilden gleichfalls die ersten Blätter schmallineal und zart aus, indessen gehen dieselben stufenweise in Schwimm- und Luftblätter über, während die auf Schlamm an der Luft entwickelten jungen Pflänzchen derbe Erstlingsblätter mit breiter Spreite hervorbringen. Gewöhnlich führt der Froschlöffel ein Wasserluftleben, unter ganz besonderen Umständen auch wohl ein reines Wasserleben.

Pfeifer giebt in seinem Werke: „Der goldene Schnitt und dessen Erscheinungsformen in Mathematik, Natur und Kunst" Zeichnungen und Messungen über den Blütenstand des Froschlöffels, der sich mit mathematischer Regelmäßigkeit in die Luft erhebt. Er führt aus, daß das Verhältnis des goldenen Schnittes besonders häufig in dem Aufbau dieser Pflanze zu Tage trete.

Der Froschlöffel kommt im Aquarium recht leicht fort und gedeiht vorzüglich und üppig in der gewöhnlich verwendeten Erdschicht, wie sie Seite 48 beschrieben worden ist. Im Herbst zieht die Pflanze ein und sprießt im folgenden Frühjahr von neuem hervor. Je nach der Größe des Aquariums verwende man kleine oder große Exemplare zur Bepflanzung.

Im Sommer gesammelte kleine Exemplare, die bis zu Anfang oder Mitte des Monats August, in von der Sonne beschienenem Wasser schwimmend verbleiben, dann im Aquarium eingesetzt werden, entwickeln sich im Herbst zu hübschen Pflanzen, die das Becken über Winter zieren.

An einigen Orten noch vorkommende Froschlöffelarten, außer Alisma natans (vergleiche Seite 160), beschreibe ich kurz. Von ihnen gilt in der Hauptsache dasselbe, was von den beiden näher geschilderten Arten gesagt ist.

a. **Herzblattblättriger Froschlöffel** (Alisma parnassifolium L.). Echinodorus parnassifolius Engelmann.

Bedeutend kleiner und zierlicher gebaut als Alisma plantago. Die Basalblätter langgestielt, aus herzförmigem Grunde eiförmig, ziemlich stumpf. Der Schaft ist stielrund, quirlig traubig oder im unteren Teil rispig. Die Seitenäste fast immer 3zählig. Frucht verkehrt eiförmig, an der Spitze auswärts abgerundet und einwärts vertrillt. Blütezeit Juli, August. ⚇ Sehr zerstreut und selten.

b. **Hahnfußähnlicher Froschlöffel** (Alisma ranunculoides L.).

Die Blätter sind langgestielt, lanzettlich, sehr spitz, etwas fleischig und von 3 Nerven durchzogen. Die Dolde ist einfach, 3 bis 7blütig, seltener zusammengesetzt. Die Früchte sind schief, länglich, 3kantig, spitz. Blütezeit Juni, Juli, August. ⚇ Nicht so selten wie a.

Abart hiervon ist:

Alisma ranunculoides zosterafolium Fries.

Alle Blätter lineal, häutig und schwimmend. ⚇ Nur sehr vereinzelt.

Diese letzten drei Froschlöffelarten finden ihren besten Standort in nicht tiefen Aquarien oder sie werden mit zur Bepflanzung des Felsens verwendet.

7. Gemeiner Tannenwedel (Hippuris vulgaris A.) Seetanne.

Das Rhizom ist kurzgegliedert, kriecht im Schlamm des Bodens und wurzelt an den Knoten. Nach oben treibt es einen einfachen, stielrunden, je nach der Wassertiefe hohen oder niedrigen, ziemlich dicht mit Blattwirteln besetzten Stengel, welcher hohl ist und aufrecht empor wächst. Die Blätter sind sehr schmal und linealisch, sie kommen aus den Gliedern. Aus den unteren Gliedern treten Wurzeln hervor, aus den mittleren Blätter, aus den oberen Blätter und Blüten. Blätter sind 8 bis 15 in jedem Blattwirtel vorhanden. Sie sind ungeteilt, die untergetauchten etwas breiter, einnervig und schlaff herabgeschlagen, die oberhalb des Wassers stehenden sind dagegen abstehend, etwas spitzig und dreinervig. Die Blüten sind sitzend, sehr klein und fast alle Zwitter. Es kommt jedoch vor, daß unten ♀, oben ♂ Blüten stehen, die indessen als Verkümmerungen anzusehen sind. Das Staubgefäß ist dem Kelch eingefügt, seine große Anthere ist rot. Der fadenförmige Griffel ist federartig. Blütezeit Juli und August. ⚇ In schlammigen Teichen, Weihern und Gräben.

Figur 26. Gemeiner Tannenwedel (Hippuris vulgaris).
1. Fruchtknoten mit Pistill und Staubgefäß.

Eine vollständig untergetauchte, submerse Lebensweise führt der Tannenwedel nur selten und bildet dann auch keine langflutenden Stengel. Steht die Pflanze in tiefem Wasser, daß sie die Oberfläche nicht erreichen kann, so sind alle Blätter der untergetauchten Lebensweise angepaßt, die Pflanze dagegen erreicht dann nicht selten eine bedeutende Länge. Wächst sie dagegen auf Schlamm am Ufer, so bleibt sie niedrig. Die Blätter sind alle kurz und linealanzettlich. Diese Landform ist im Gegensatz zur Wasserform nur einjährig.

Als Aquariumpflanze wächst dieses Gewächs unschwer im Becken weiter und treibt im Frühling neue Stengel. Da der Stengel der Pflanze hohl ist, muß sie behutsam an ihren Standorten aus dem Schlamm gehoben werden.

Eine Vermehrung des Tannenwedels kann durch Wurzelteilung erfolgen. Zu diesem Zwecke trenne man im Herbst Ableger mit Wurzeln von der Mutterpflanze ab, setze diese in ein mit Schlamm gefülltes Gefäß, welches in Wasser versenkt wird, und lasse sie hier, bis Schößlinge getrieben werden. Sobald diese vorhanden sind, werden die Pflanzen in den Aquariengrund gepflanzt, am besten an solcher Stelle, wo sie viel Licht erhalten.

8. Herzblatt-Echsenschwanz (Houttuynia cordata Thbg.). Herzblättrige Houttuynia, gemeine Houttuynia.

Aus dem kriechenden Rhizom erheben sich an jeder Stelle, wo dieses sich zweigt, hohe Stengel. Die Blätter sind herzförmig, spitz zulaufend, glattrandig, in der Farbe sumpf, oben grün, unten rötlich. Die Blüten sind klein, entbehren des Kelches und sitzen in einer kurzen, walzigen Ähre, welche letztere am Grunde von 4 weißen, ovalen Hüllblättern gestützt ist, die das Ansehen von Blumenblättern besitzen. Jede einzelne Blume besteht aus einem Fruchtknoten mit 3 Narben, der von 3 einzelnen Antheren umgeben ist. Blütezeit Juli bis September. ♃. Japan, Cochinchina und Nepal.

Der Herzblatt-Echsenschwanz ist in seiner Heimat sehr gemein und in allen Tümpeln und Gräben zu finden. Die Kultur desselben deckt sich mit der folgenden Pflanze, ich fasse daher beide zusammen und gebe vorher erst die Beschreibung.

9. Glänzender-Eidechsenschwanz (Saururus lucidus Don). Heller Saururus, glänzender Molchschwanz.

Das kriechende Rhizom treibt hohe, stark verzweigte Stengel, die eine Länge von über 1 m erreichen und in der Regel zu mehreren erscheinen. Die Blätter sind gestielt, herzförmig, gekrümmt, glänzend dunkelgrün in der Farbe und stark aromatisch duftend. Aus dem oberen Teile der Pflanze, einem Blatte gegenüber, entwickelt sich die Ähre. Die einzelnen Blüten dieser entbehren des Kelches und der Blumenkrone, sie sind kurz gestielt und sitzend. Die Staubfäden sind weiß. Blütezeit Juni bis September. ♃. Im Süden von Nordamerika.

Der ebenfalls in seiner Heimat sehr gemeine glänzende Eidechsenschwanz zählt mit dem Herzblatt-Echsenschwanz zu den dankbarsten Sumpfpflanzen eines größeren Aquariums. Beide Pflanzen gedeihen in jeder Erdmischung und entwickeln sich, wenn sie in ihrem Wachstum ungestört gelassen werden, zu imposanten Gewächsen.

Zum Bepflanzen des Beckens wähle man Pflanzen, die so hoch sind, daß sie ihre untersten Blätter über den Wasserspiegel tragen. Junge Pflanzen in tiefes Wasser gesetzt, vegetieren hier ohne ein nennenswertes Wachstum zu zeigen; um gut zu gedeihen, muß wenigstens bei den Pflanzen das Herz des Spitzblattes über Wasser bleiben. Zu einer schönen Entwicklung dieser reizenden Gewächse sei das Becken, in dem die Pflanze steht, nicht zu klein. Wenn auch beide in kleineren Becken fortkommen können, so hemmen sie die übrigen Pflanzen in ihrem Wachstum sehr, wenn der Pfleger zu viele Stengel stehen läßt, sie nehmen den Pflanzen das Licht weg und dadurch verkümmern diese. Die überzähligen Wurzelrhizome entfernt man am zweckmäßigsten dann, wenn sie einige Blätter über den Wasserspiegel getrieben haben. Die so erhaltenen Pflanzen setze man in Gläser, die einen Bodenbelag besitzen, fülle diese mit Wasser und setze sie mit der Pflanze der Sonne aus.

Eine weitere Vermehrung erreicht man durch die vielen Triebe, welche von den Pflanzen hervorgebracht werden. Diese steckt man einfach in den Bodengrund, daß einige Blattachseln in denselben kommen, das Herz der Pflanze dagegen über Wasser bleibt, so wurzeln sie stets an.

Figur 97. Glänzender Eidechsenschwanz. Saururus lucidus.; Zweig mit Blüte.

Die aus Wurzeltrieben sich entwickelnden Pflanzen, die gleich an den, am Stamme sitzenden weißen Flecken kenntlich sind, werden fast immer üppiger als die Mutterpflanze.

Beide Pflanzen und ganz besonders der glänzende Eidechsenschwanz, vertragen die trockene Zimmerluft ganz vortrefflich. „Ja," sagt Nitsche sehr richtig von letzterem, „er scheint solche zu verlangen, denn in mit Glasdach versehenen Behältern verstockten die Blätter, so daß ich je eine Scheibe durch Drahtgaze ersetzen mußte. Einer weiteren guten Eigenschaft dieser Pflanze muß ich noch Erwähnung thun — nur einmal sah ich bei einem Freunde Saururus lucidus mit einer weißen Blattlausart behaftet —, die gewöhnliche Blattlaus, die uns an Sagittarien, Alisma und vielen anderen Pflanzenarten gar oft die Freude verdirbt, geht niemals an Saururus lucidus." Dieses kann ich vollständig bestätigen und füge nur noch zu, daß es sich ähnlich mit dem Herzblatt-Echsenschwanz verhält. Können Blattläuse andere Pflanzen erreichen, so siedeln sie sich auf diesen an, verschonen aber die beiden Gewächse mit ihrem ungebetenen Besuch.

Einen Fehler haben beide Pflanzen, sie ziehen im Herbst fast vollständig ein, bilden aber unter Wasser neue Zweige, die im Frühjahr zu kräftigen Pflanzen auswachsen.

10. Wasserliesch (Butomus umbellatus L.). Schwanenblume, Blumenbinse.

Das Rhizom ist kräftig, angeschwollen, ungegliedert und liegt schräg im Boden. Aus ihm erheben sich eine Anzahl vorständiger, bis 1 m langer, linealischer, dreikantiger, rinnenförmiger glatter Blätter, und aus deren Mitte der stielrunde, blattlose Schaft. Dieser trägt am Ende eine reiche, von kleinen spitzen Deckblättern gestützte Scheindolde. Die Blumen sind groß, das äußere Perigon mit stumpferen, ziemlich spitzen und etwas hohlen Blättern, das Innenperigon aus flachen, eiförmigen, stumpfen Blättern gebildet. Die Blumenkrone ist rosenrot angehaucht, dunkel geadert. Blüte mit Juni bis September. ♃. In und an Landseen und Teichen. Vergleiche Tafel „eingerichtetes Kaltenaquarium."

Figur 98. Wasserliesch Butomus umbellatus. 1. Durchschnitt durch das Blatt.

Der Wasserliesch, zur Blütezeit eine der reizendsten Pflanzen, welche das Wasser einsäumt, oder im seichten Wasser selbst steht, hat für den Systematiker in der Botanik dadurch Wert, daß dieses Gewächs das einzige unserer heimischen Flora ist, welches zur neunten Linné'schen Klasse gehört.

Auf den Beschauer macht diese Pflanze einen entschieden fremdartigen Eindruck. Ihre eigenartigen, dicken fleischigen Blätter, deren Durchschnitt Figur 98 1 zeigt, geben ihr dieses sonderbare Gepräge, das noch erhöht wird durch den so hübschen Blumenstand mit den zart gefärbten Blüten.

Der Name des Gewächses stammt aus Griechenland, wo die Blumenbinse sehr häufig ist. Butomaceae setzt sich aus den griechischen Worten Rind, schneiden, abreißen zusammen.

Wer diese reizende Pflanze für das Aquarium verwenden will, thut am besten daran, den Wurzelstock im Frühling, wenn die Pflanze zu treiben beginnt, einzusetzen. Will man sie sicher zur Blüte bringen, so warte man, bis sich die Knospen zu bilden beginnen, mit dem Ausheben. Kommt sie im Zimmeraquarium zur Blüte, so ist diese Pflanze entschieden eine der schönsten Sumpfgewächse, welche das Becken beherbergt. Das Einsetzen geschieht in die Bodenschicht.

11. Wasserminze (Mentha aquatica L.. Mentha hirsuta L.. Mentha palustris Miller. Mentha intermedia et purpurea Host.

Der wissenschaftliche Familienname. Labiatae, von labium, Rind, wegen schneiden, abreißen

Der Wurzelstock ist gegliedert, liegend, kriechend und treibt beblätterte Ausläufer. Er hat an den Knoten Wurzelfasern, die mit zahlreichen Härchen versehen sind und geht in den ebenfalls gegliederten, unten in der Regel blattlosen, dann aber beblätterten und ästigen, oben mit einem Blütenkopf endigenden, bald kahlen, bald mit herabgebogenen weißen Haaren mehr oder weniger besetzten, 30 bis 60 cm hohen Stengel über. Die Äste, welche von den höheren Blattachseln entspringen, sind stets kürzer als der Hauptstengel und endigen sehr oft mit einem Köpfchen. Alle Blätter stehen sich gegenüber, sind bald lang, bald kurzgestielt, in ihrer Form meist eirund, mehr oder weniger am Rande stark gesägt, am Grunde etwas keilförmig. Sie können in der Form auch bald mehr rundlich, bald herzförmig auftreten. Die Hauptadern und der Nerv treten unten etwas hervor. Die Blumen stehen in Scheinquirlen, die aus vielblumigen, achselständigen Trugdöldchen bestehen, sie bilden einen stumpfen Blumenkopf. Der Kelch ist grün, die Blumenkrone lila und in 4 stumpfe Zipfel gespalten. Blütezeit Juli bis Oktober. Die vier kleinen braunen Früchtchen liegen am Grunde des Kelches, werden indessen oft nicht ausgebildet. ⚥ An Flüssen, Bächen, Teichen, Gräben und an nassen Orten.

Die Wasserminze dürfte nur vereinzelt als Aquariumpflanze gehalten werden, obgleich gerade sie namentlich wegen ihres angenehmen, erfrischenden Wohlgeruches für das Aquarium zu empfehlen ist. Die krausblättrige Minze, die nur kultiviert vorkommt, besitzt einen noch stärkeren aromatischen Geruch, einen balsamisch-bittern Geschmack und liefert als Herba Menthae crispae ein treffliches Arzneimittel, welches die Stelle der Pfefferminze in vielen Fällen vertritt, wo der Reiz weniger stark sein soll. Die Mentha aquatica besitzt dieser gegenüber einen weit weniger angenehmen Geruch und übt eine viel schwächere Wirkung aus. Die Blüten entwickeln sich während des ganzen Sommers.

Als Aquariumpflanze ist die Wasserminze ein gutes Gewächs, da sie leicht im Becken fortkommt, durch ihre lange Blütezeit das Auge und durch ihren Geruch die Nase erfreut. Sie kann im kleinsten, wie im größten Becken gezogen werden, nur darf die Wassertiefe nicht zu bedeutend sein. Sehr gut entwickelt sie sich, wenn sie 15 bis 20 cm im Wasser steht und hier eingesetzt wird. Eine besondere Pflege verlangt die Pflanze nicht.

12. Wasserfenchel (Oenanthe Pellandrium Lam.) Pellandrium aquaticum L. Rebendolde, Roßkümmel, Pferdekümmel, Roßfenchel.

Der unterirdische, sogenannte Stengel, fälschlich Wurzelstock genannt, ist fast möhrenförmig, fächerig und ziemlich weich, an den Gliedern ganz mit zarten, weißen Wurzeln bedeckt. Der über dem Boden befindliche Stengel ist hin und her gebogen, sehr ästig, tief gefurcht, glatt und hohl. Die Blätter sind doppelt und dreifach gefiedert, alle gestielt, die untergetauchten in haardünne Lappen zerteilt. Die oberen sind hellgrün in der Farbe, haben eirunde, ganze, dreispaltige oder fiederspaltige, haarlose Fiederlappen, die stumpf, mit einem feinen Stachelspitzchen endigen. Die unteren, über dem Wasserspiegel sich befindenden Blätter sind ziemlich groß, 3 und mehrfach fiederig geschnitten, nach oben zu werden sie kleiner und weniger zusammengesetzt. Die Blattstiele sind rund und an der Basis bescheidet. Die den Blättern gegenüberstehenden Dolden sind kurzgestielt. Ihre Hülle fehlt in den meisten Fällen. Die Döldchen sind gewölbt, ihre Hüllblätter pfriemenförmig; von den 5 Kelchzähnen sind zwei etwas größer. Die Kronenblätter sind ein wenig ungleich. Blütezeit Juli, August. Die Frucht hat auf der einen Seite 2 Furchen, auf der anderen 5 Rippen. ☉ ☉ In schlammigen Gräben, Teichen ꝛc.

Als Sumpfgewächs hebt der Wasserfenchel den sehr ästigen gespreizten Stengel hoch über das Wasser. Steigt das Wasser des Standortes, überflutet es nur die untersten Blätter der Pflanze oder das ganze Gewächs, so passen sich die betreffenden Organe der Pflanze genau dem Medium an, und die Pflanze wächst als Unterwasser-Pflanze ohne Störung weiter. Schon der Same zeigt eine große Anpassungsfähigkeit. Keimt er im tiefen Wasser, so entwickelt sich die Pflanze zu einem submersen Gewächs, bis sie schließlich die Oberfläche erreicht und als Sumpfstaude sich in die Luft erheben kann. Hier unter Wasser gekeimt, zeigen sich die Blätter in pfriemliche, fast haardünne, lange Zipfel aufgelöst und mit den charakteristischen Eigenschaften der Wasserblätter überhaupt versehen.

Der Wasserfenchel ist eine zweijährige Pflanze. Er keimt im Herbst, überdauert den Winter als kleines Pflänzchen und blüht im folgenden Jahre.

„Durch ihren Doldenhabitus," schreibt Roßmäßler, „und ihre hundertfach zusammengesetzten Blätter bildet der Wasserfenchel einen wahren Filigranschmuck des Aquariums." Da der Stengel hohl und die junge Pflanze recht zart ist, so muß man beim Ausheben derselben im Frühling mit Vorsicht zu Werke gehen. Am besten pflanzt man das Gewächs in der Mitte des Aquariums, damit es seine Äste gleichmäßig ausbreiten kann. Je mehr Bodenbelag der Behälter besitzt, je kräftiger und größer wird das Gewächs. Die junge Pflanze kann im Frühjahr auch in das kleinste Aquarium gesetzt werden, ohne dieses zu sehr auszufüllen.

Ebenso anspruchslos und manchem Liebhaber mehr gefallend, da sie zarter, duftiger, wenn auch blattloser ist, ist die folgende Pflanze, deren Beschreibung ich nachstehend gebe.

13. Röhriger Wasserfenchel (Oenanthe fistulosa L.). Röhrenschirm.

Das verzweigte, ausdauernde Rhizom liegt wagerecht am Boden. Der Stengel, der eine Länge bis zu 1 m erreichen kann, steht aufrecht, ist glatt, duftig grün, unten zwischen den Internodien angeschwollen. Die Blattstiele sind unten am Stengel röhrig, wie der Stengel selbst, an der Basis scheidig und tragen schmallanzettliche oder schmallinealförmige Blättchen, die oft fehlen können. Alle Blätter der Stengelglieder sind ganzrandig. Auch die unteren Stengelblätter sind doppelt gefiedert und steht die ganze Pflanze im Wasser, so sind selbst die Blattstiele gegliedert, in den Gelenken angeschwollen und sogar die Blättchen hohl. Die Blättchen der Wurzelblätter sind dagegen keilförmig, ganz oder dreilappig. Nur die 2 bis 3strahlige Mitteldolde ist fruchtbar, die übrigen 3 bis 7strahligen Dolden bringen keine Früchte hervor. Die Döldchen sind meist halbkugelig und die Blumenkrone ist zart rötlich weiß. Hüllblättchen besitzt in der Regel die Dolde nicht. Blütezeit Juni bis August. ♃. Sumpfige Wiesengräben, Waldsümpfe und überschwemmte Wiesen.

14. Sumpf-Dotterblume (Caltha palustris L.). Kuhblume, Butterblume, Schmalzblume, Sumpfschmirgel.

Der Wurzelstock oder das Rhizom sitzt senkrecht im Boden, treibt nach unten eine Anzahl weißlicher, starker Wurzelfasern. Aus diesen erheben sich mehrere

Blätter und in der Regel nur einer oder sonst wenige, schwach ästige, aufrechte oder aufsteigende, zuweilen auch niederliegende, rundliche, stumpfeckige, röhrige, kahle Stengel. Die Blätter zeigen ein frisches, glänzendes Grün, sind am Rande mehr oder weniger kleingekerbt und besitzen eine rundlich herzförmige bis breit gezogene, nierenförmige Gestalt. Der Blattstiel ist oben rinnig, nach unten lang und breit scheidig umfassend den Stengel. Die Blumen stehen einzeln auf endständigen und blattachselständigen Blumenstielen, die mehr oder weniger lang die letzten Blätter überragen. Kelchblätter sind 5 vorhanden. Innen gelb und glänzend, außen matter, oft grün angelaufen. Blütezeit April bis Juni. Die 5 bis 10 Früchte stehen sternartig beisammen, sind zusammengedrückt und bisäinenförmig. ↯ Auf feuchten Wiesen, in kleinen Gräben. Überall zu finden.

Die Sumpfdotter-Blume ist eine in allen Gegenden Deutschlands vorkommende Pflanze, für deren weitere Verbreitung und zahlreiches Auftreten schon die oben angeführten Namen bürgen, und die überall zu finden ist, wo sich Wiesen befinden. Die ganze Pflanze ist scharf und bitter und wird daher vom Vieh nicht besonders gern gefressen. Die noch geschlossenen Blütenknospen ähneln den Kapern; sie werden in Essig, der die Schärfe auszieht, eingemacht und als „falsche Kapern" gegessen.

Figur 99. Sumpfdotter-Blume.
Caltha palustris.

Im Aquarium verlangt die Sumpfdotterblume ein recht seichtes Wasser. Den Wurzelstock hebt man während des Sommers mit seinem Gefäß, wo er am besten einzusetzen ist, ganz aus dem Wasser und behandelt ihn als Trockenpflanze. Steht die Pflanze auf die Dauer im Wasser, so scheint ihr der Standort nicht besonders zu behagen. Während der Blütezeit bildet diese Pflanze unzweifelhaft einen hübschen Schmuck des Aquariums.

Eine Kulturform dieser Pflanze ist die gefüllte Sumpfdotterblume (Caltha palustris flore pleno). Ihre Blätter sind unregelmäßig gerundet und fein gezähnt. Die gefüllten Blüten sind hellgelb; sie erblühen zu Anfang des Frühlings und sehr oft noch einmal im Spätherbst. Eine Fortpflanzung dieser Pflanze erreicht man durch Abtrennung ihrer kriechenden Stengel, die an jedem Knoten Wurzelbüsche treiben. Zum Frühling werden die abgetrennten Stengel eingepflanzt.

Im Aquarium erfordert dieses Gewächs dieselbe Pflege wie die erst beschriebene Stammform. Besonders sind beide geeignet für die Besetzung eines Sumpfaquariums.

14. Flammender Hahnfuß (Ranunculus flammula L.). Brennender Ranunkel.

Das Rhizom ist faserig und treibt zahlreiche, lange und weißliche, ziemlich starke Wurzelfasern. Der Stengel ist aufsteigend und gereift, im Innern röhrig, viel oder wenig verästelt, in der Regel haarlos, zuweilen indessen mit einem angedrückten Flaume versehen. Die Blätter, sowohl die Basalblätter, als auch die Stengelblätter, wenigstens die unteren, sind gestielt, länglich, breiter oder schmaler lanzettlich, selten lineal-lanzettlich, bisweilen auf langem Stiel zungenförmig und ziemlich grob gesägt. Die Blüten sind am Ende des Stengels zusammengedrängt. Kelch und Blumenkronenblätter sind 5 vorhanden, erstere sind grün, letztere leuchtend gelb. Blütezeit Juni bis zum Oktober. Die Form der Frucht ist verkehrt-eiförmig, glatt, schwach berandet, am Ende mit einem stumpfen, aufgesetzten Spitzchen versehen. ⚥. Feuchte Wiesen, nasse Gräben, an Ufern von Gewässern.

Je nach dem Standort variiert diese Pflanze sehr in ihrem Habitus und besonders kann man eine ausläuferbildende Form als reptans unterscheiden, die jedoch mit Ranunculus reptans L. keine Ähnlichkeit aufweist. An Blättern entwickelt der flammende Hahnfuß mitunter Basalblätter, die breit-eiförmig sind. Oft sind auch die Blätter am Rande gesägt und tritt dieses auf, so pflegen die Stiele mit großen, weißlichen Scheiden versehen zu sein.

Diesem Gewächs schließt sich eng der folgende Hahnfuß an. Die Kultur beider im Aquarium ist fast dieselbe, so daß ich beide zusammenfasse, abweichendes angebe, und vorher erst die Beschreibung der Pflanze einschalte.

15. Großer Hahnfuß (Ranunculus lingua L.).

Das sehr kräftige, dauernde, ungegliederte Rhizom treibt einen oder mehrere beblätterte, an den unteren Knoten nicht selten Wurzel treibende, steif aufrechte, vielblütige Stengel, die im Boden kriechende Ausläufer treiben. Steht die Pflanze im Wasser, so ist der Stengel glatt. Die unteren Blätter sitzen an kurzen, scheidigen Blattstielen, sind hellgrün, schwert-lanzettförmig und tragen am Rande kleine Sägezähne. Die oberen sind sitzend und am Grunde scheidig umfassend. Alle endigen in eine dicke Spitze. Die Blume ist sehr groß, dunkelgelb. Die 5 Kelchblätter sind eiförmig, gelb, die Blumenkronenblätter verkehrt-eiförmig, ganzrandig, dottergelb, stark glänzend und an ihrer Unterseite kürzer. Blütezeit Juli, August. ⚥. Am Rande von Flüssen, Landseen, Teichen, in Sümpfen, an allen feuchten Orten fast zu finden, häufig indessen nur in wasserreichen Gegenden.

Wie schon der Name „großer Hahnfuß" sagt, ist dieses Gewächs die größte Art der Familie. Meist steht die Pflanze im Wasser, oft sogar recht tief. Ich habe Pflanzen gefunden, die 80 cm unter Wasser standen.

Beim Übertragen der Pflanze in das Aquarium setzt man den Wurzelstock sehr zweckmäßig im Frühjahr, wenn die Pflanze über Wasser erscheint, ein. Die Pflanze wird in die Bodenschicht bei tiefem Wasserstand gepflanzt.

Der kriechende Wurzelstock treibt viele Ausläufer, sogen. Wintertriebe. Diese sind besonders zu sammeln und für das Aquarium zu verwenden. Während die Blätter der entwickelten Pflanze lanzettlich sind, sind diejenigen der Wintertriebe lappig, von ersteren vollständig verschieden. Werden im Herbst die abgeblühten Stengel entfernt, so treiben die oft durch ihre große Anzahl lästig werdenden Ausläufer üppig untergetauchte Laubblätter, die im warmen Zimmer lebhaft wachsen. Im kalten Raum dagegen überwintert die Pflanze naturgemäßer und für sie zuträglicher. Hier können ihre Winterknospen lange Zeit in Eis eingeschlossen sein, ohne irgendwie dadurch geschädigt zu werden.

Der brennende Hahnfuß verlangt eine ähnliche Behandlung. Die Blätter seiner Wintertriebe können leicht mit den Blättern der Sagittaria natans verwechselt werden, da sie auf dem Wasser schwimmen wollen, wie sie es im Freien gewöhnt sind.

16. Bitterklee (Menyanthes trifoliata L.). Fieberklee, Bitterklee, Dreiblatt, Zottenblume.

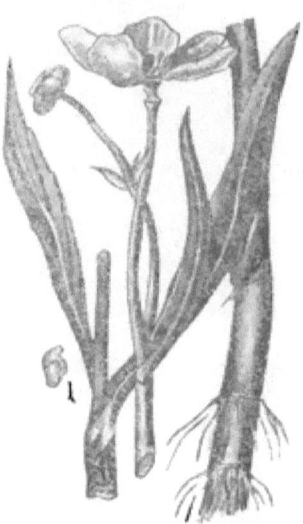

Figur 100. Großer Hahnfuß (Ranunculus lingua). 1. Same.

Der Wurzelstock ist kurzgegliedert, etwas ästig und kriecht auf dem schlammigen Boden, mit den fadenförmigen Wurzeln sich fest in demselben haltend. Diese Wurzelfasern tragen scheidenartige Schuppen, welche allmählich verwittern und sich spalten, an den Spitzen weiter wachsen und hier neue Blütenstiele entwickeln. An den Enden treibt der Wurzelstock Zweige mit Blättern und einen blattlosen Blütenschaft. Die Blätter sind lang gestielt, dreizählig, glänzendgrün bis ins Gelbe, am Ende abgerundet oder stumpf, von einem kräftigen Mittelnerven und zarten wandständigen Fiedernerven durchzogen und geädert, in ihrer Form eiartig. Der Blattstiel ist rund, nach unten scheidenartig erweitert und umfassend. Der Blütenstiel erreicht eine Länge bis zu 30 cm. Er ist rund, steht neben den Blattrieben und trägt oben eine gedrungene Blütentraube, die Ähnlichkeit mit einer Hyazinthe besitzt. Die Blumenkrone ist unten walzenförmig, oben trichterartig sich erweiternd und in einen tief 5spaltigen Saum mit innen weiß zottigen, nach außen gebogenen Zipfeln ausgespannt. Die Krone ist weiß, anfangs nach außen etwas rötlich. Blütezeit April bis Juni. Die Frucht ist rundlich eiförmig. ♃. In Sümpfen, auf moorigen Wiesen, in Gräben, Teichen ꝛc.

Für den Bitterklee, der seine auf einer Ähre sitzenden reizenden Blüten schon zu Ende des April über den Wasserspiegel erhebt, besitzt der Botaniker deshalb ein besonderes Interesse, weil sich in seinen Blüten leicht eine Autogamie abspielen kann. Obschon die Blüte auf Insektenbesuche zu ihrer Bestäubung angelegt ist, tritt es doch oft ein, daß dann, wenn die Blüten nahe daran sind, sich zu öffnen, Regenwetter eintritt, welches unter Umständen wochenlang anhält. Die Insekten haben sich bei einem solchen Witterungsumschwung in ihre Verstecke zurückgezogen und besuchen zu dieser Zeit keine Blüte. Das Wachstum der Pflanze ist aber in dieser Zeit nicht stehen geblieben, und in den Blüten schreitet bei entsprechender Temperatur die Entwicklung ruhig fort; das Narbegewebe wird belegungsfähig, die Antheren erlangen ihre Reife, springen auf und entlassen ihren Pollen; aber noch immer zürnt Jupiter Pluvius und sendet neue Wassermassen vom Himmel, so daß sich

kein Blütenbesuch einstellen kann. Unter solchen Umständen findet auch ein
Öffnen der Blütenpforte nicht statt: es kommt in der geschlossenen Blüte zur
Autogamie, und die Vorrichtungen, durch welche eine Kreuzung hätte er
zielt werden können, treten nicht in Wirksamkeit. Derartiges zeigt sich noch
bei Pflanzen, die die verschiedensten
Standorte bewohnen, aber alle das
miteinander gemein haben, daß ihre
Blüten, auch wenn sie sich öffnen, nur
von kurzer Dauer sind.

Schon, wenn im Freien noch eine
Eisdecke die Gewässer überzieht, liegen
die Blütenknospen unter einer häutigen
Hülle ausgebildet. Schmilzt die Eis
decke, so sammle man Pflanzen für
das Aquarium. Man hebt ein kräftiges
Stück des Gewächses, das eine Knospe
tragen muß und viele lange, ver
filzte Wurzeln besitzt, aus, schneidet
es zurecht, und bettet es in die Torf
erde so ein, daß der Stengel schief
die Oberfläche des Wassers erreicht,
nicht aber senkrecht von unten auf
steigt und schwimmt, so daß die Blätter
und Knospen knapp über Wasser stehen.

Figur 101. Bitterklee Menyanthes trifoliata.
1. Blütenstand. 2. Staubblatt. 3. Stempel
4. Frucht. 5. Same. 6. Blüte auseinander
gelegt.

Fehlt es dann der Pflanze nicht an Oberlicht, so entwickelt sich die Knospe
bald zur Blume.

Der Bitterklee ist recht hart und dauert vorzüglich im Aquarium.
Leider ist die Blütedauer der Pflanze nur kurz.

17. **Herzblättrige Pontederia (Pontederia cordata L.).** Unisima
obtusifolia.

> Das Rhizom ist kriechend und knollig. Es sendet nach oben oft meterlange
> Stengel, die mit gestielten, länglichen, am Grunde herzförmigen Blättern wechsel
> weise besetzt sind. Ihre Farbe ist lebhaft hellgrün. An der Spitze der Stengel entspring
> eine Ähre. Die in 3 bis 4 Gruppen an einer gemeinsamen Achse sitzenden Blüten
> sind blau gefärbt. Die einzelne Blume ist zweilippig. Glarvig. Blütezeit Juni bis
> Ende August. ♃ Mexiko.

Die herzblättrige Pontederia ist durchaus keine neue, der Liebhaberei
gebotene Pflanze, sondern schon lange eingeführt, im Handel dagegen ziemlich
selten. Das Gewächs ist eine echte Wasser- und Sumpfpflanze, im Gegen
satze zu den Verwandten Pontederia crassipes und coerulea, auch bei
weitem nicht so empfindlich gegen die Temperatur wie die beiden vorgenannten,
so daß die herzblättrige Pontederia über Sommer im Freien gehalten werden
kann. Für das Aquarium ist gerade sie weit eher geeignet, als die anderen
Arten, zieht aber im Herbst leider ein.

Hat die Pontederia genügend Licht und Sonne, ist sie in einem für sie geeigneten Bodengrund von Torf-, Gartenerde und Sand gesetzt, so schreitet sie bei entsprechender Kultur ohne große Schwierigkeit im Aquarium zur Blüte.

Eine Vermehrung der Pflanze läßt sich durch Wurzelspaltung oder durch Samen bewirken.

Gleichzeitig bei der herzblättrigen Pontederia, will ich kurz die **blaue Pontederia** (Pontederia coerulea) anführen. Sie ist eine ausgesprochene Schwimmkriecherin und für größere Becken zu verwenden.

18. Wasserschierling (Cicuta virosa L.). Cicuta aquatica Lam., Coriandrum Cicuta Roth. Wüterich.

Das Rhizom ist kurz, rübenförmig und etwa so groß als eine Kastanie. Es liegt in der Regel senkrecht, seltener noch aufwärts gekrümmt im Boden und ist durch kurze, hohle Glieder im Innern gekammert. Aus dem Rhizom kommt ein etwa fingerstarker, aufrechter runder Stengel, der glatt und grasgrün ist. Er erreicht eine Höhe von 1 bis 1½ Meter. Der Stengel ist unten dick, rot angelaufen und wurzelt häufig an seinen Knoten, er verästelt sich nach oben sehr und die Äste stehen weit ab. Vielfach zusammengesetzt sind die Wurzelblätter, weniger geteilt sind die unteren Stengelblätter, die Fiedern aller Blätter gehen in dreizählige, oft auch in zweizählige Blätter aus. Die 15 bis 30strahlige Hauptdolde hat am Grunde meist nur 1 bis 2 oder gar keine Hüllblätter, die gewölbten Döldchen aber 8 bis 12 sehr schmale. Der Kelch der einzelnen Blüte ist mit dem unterständigen Fruchtknoten verwachsen und bildet einen Rand desselben durch 5 kurze Zipfel, zwischen denen 5 weiße, mit der Spitze nach innen gekrümmte Kronenblätter stehen, die vor der Entfaltung die 5 Staubblätter decken. In der Mitte der Staubblätter stehen 2 Griffel. Blütezeit Juli und August. Die Frucht ist rundlich; die Hauptrippe flach. Zwischen den einzelnen Hauptrippen liegen Ölbehälter. ⚥. In Gräben, am Ufer von Teichen und langsam fließenden Flüssen.

Der Wasserschierling ist die stärkste Giftpflanze unserer Heimat. Das ganze Gewächs, vorzüglich aber die Wurzel, ist scharf, riecht betäubend und enthält eines der stärksten Pflanzengifte für Menschen und Tiere. Wegen ihrer Gefährlichkeit nennt man die Pflanze an einigen Orten auch Wüterich. Der gefährliche Giftstoff ist besonders in dem Wurzelstocke enthalten, der im Innern durch kurze, hohle Querkammern gegliedert ist, und welcher, sobald er zerschnitten wird, einen hellgelben, giftigen Saft von sich giebt, der an der Luft dunkel wird. Besonders heftig ist die Wirkung des Giftes vor der Blüte. Der Genuß erregt Schwindel, Betäubung, Übelkeit, Brennen, Entzündung und der Tod ist eine unausbleibliche Folge, wenn nicht augenblicklich Gegenmittel, als: Essig, oder saure Flüssigkeiten oder Brechmittel angewendet werden. Früher war herba Cicutae aquaticae offizinell und wurde gegen Verhärtung der Drüsen, Krebs u. dergl., sowohl innerlich als in Pflastern gebraucht.

Dem Aquariumliebhaber möchte ich dieses Gewächs nicht empfehlen, trotzdem es eines der stattlichsten Wassergewächse unserer Heimat ist.

19. Lotos (Nelumbium speciosum Willd). Indische Lotosblume.

Das Rhizom liegt wagerecht, kriecht weit im Boden und treibt nach oben viele Sprossen, nach unten weiße Fasern. Die ersten Blätter der Pflanze sind Schwimmblätter und diese folgen sich solange, bis das Gewächs kräftig genug ist, Blattstiele zur Oberfläche des Wassers emporzutreiben, dann werden keine neuen Schwimmblätter mehr entwickelt. Die Blätter sind schildförmig in der Gestalt, in ihrer Farbe blaugrün, und stehen auf langen Stielen. Die Blüten erreichen einen Durchmesser von etwa 25 cm. Sie sind vielblätterig, blaß rosenfarben und entwickeln einen angenehmen Geruch. Die Frucht gleicht in ihrer Form der Dille einer Gießkanne, ist oben glatt, mit 18 bis 30 Gruben, worin die Samen liegen. 4. Ostindien, China, Japan, Ceylon, Persien, Mittel-Asien.

Die Lotosblume, schon bei den alten Egyptern berühmt und häufig als Zierat an den Tempeln verwendet, wächst nicht mehr in Ägypten, kommt indessen in Indien häufig vor und ist Vielen durch Heines Lieder bekannt geworden. In beiden Ländern galt die Lotosblume für eine geheiligte Pflanze, die schon in Jahrtausende alten Liedern besungen wurde. Die Pflanze liefert einen eßbaren Samen, aus denen Brot, das übrigens herzlich schlecht schmecken soll, gebacken wird.

Im Frühjahr, wenn die Regenzeit vorüber ist, treiben die im Schlammboden überwinternden Rhizome des Lotos neue Blätter, die mit ihrer Spreite dem Wasserspiegel aufliegen. Wird die Pflanze indessen erst kräftiger, hat sie erst einmal den ersten Blattstiel über Wasser hervorgeschoben, so erscheint kein Schwimmblatt mehr, die Pflanze hat jetzt die Kraft, sie auf dem Stiel emporzuheben, und man sieht demnach die Blätter hoch über der Oberfläche schirmartig ausgebreitet. Noch höher als die Blätter, erheben sich meist die Blüten, die bei der Pflanze wunderschön sind, wozu noch kommt, daß sie nicht mit Knospen geizt. Täglich öffnet sie neue holde „Blumengesichter", die sich leise über dem Wasser schaukeln und sich in der Flut beim milden Mondenlichte spiegeln.

Figur 102. Lotos Nelumbium speciosum.

„Der Mond, der ist ihr Buhle,
Er weckt sie mit seinem Licht,

Und ihm entschleiert sie freundlich
Ihr frommes Blumengesicht."
Heine.

In ihrer Heimat füllt die Lotosblume stellenweise weite Sümpfe aus. Dicht gedrängt stehen die Pflanzen hier, eine scheint die andere überwuchern zu wollen und von dem Wasser des Sumpfes ist fast nichts zu sehen, es ist verdeckt durch die großen schirmähnlichen Blätter, die bald wenig, bald mehr, bald ganz hoch sich über demselben erheben, ihre Blüte noch höher empor schicken und Samen reifen für eine neue Nachkommenschaft.

Nur zur Bepflanzung größerer Aquarien eignet sich diese Pflanze. Sie wird in die, den Boden deckende Erdschicht, die am besten aus lehmiger, schwerer Gartenerde, etwa mit dem vierten Teil Moor oder Torferde durchsetzt, besteht, eingepflanzt. Licht, warme Luft und Sonnenschein sind zur Kultur notwendig, wenn die Pflanze zur Blüte kommen soll. In Töpfen eingesetzte Lotos bringen nur in den wenigsten Fällen Blüten und über Wasser ragende Blätter hervor. Ein Wasserstand von 25 bis 30 cm sagt der Pflanze sehr zu.

Figur 103. Lotos Nelumbium speciosum. Lenchodmöstanin.

Die Vermehrung erfolgt durch Samen und Ausläufer.

20. **Kalmus (Acorus Calmus L.). Deutscher Zwitter.**

Das Rhizom ist gegliedert, ästig, daumenstark, etwas abgeflacht und kriecht horizontal auf dem Schlamme des Bodens fort, indem es von den Knoten aus zahlreiche ziemlich runde Würzelchen entsendet. Die Äste stehen zu beiden Seiten des Hauptstammes und treiben wie dieser senkrecht aufwärts und entsenden eine Anzahl erneuerter, zweizeilig geordneter, unmittelbar aneinander folgender, dreikantiger, nach oben zu linealischer, breiter, schwammiger Blätter und bilden aus diesem, 1kantigem Stiel den kurzen, cylindrischen, oft gekrümmten, abstehenden Kolben, der von einer weit über ihn hinausgehenden, grünen, den Blättern ähnlichen Spatha gestützt wird. Blütezeit Juni und Juli. Die Frucht ist holzig, 3fächerig und vielsamig. *+*. Stehende Gewässer, Flußufer, Sümpfe und Gräben. Eigentliche Heimat ist China und Indien.

Der Kalmus ist eine allbekannte Pflanze und wird neben der Birke oft zur Ausschmückung der Wohnungen für das Pfingstfest verwendet. 1574 kultivierte Clusius den ersten Kalmus, den derselbe aus Konstantinopel erhalten hatte, bei Wien; die Pflanze verbreitete sich dann sehr schnell und akklimatisierte sich überall, galt aber noch 1725 als ausländische Droge und kam zum Teil aus Indien. Der Wurzelstock ist als Rhizoma Calmi offizinell. Er ist geschält, gespalten und getrocknet gelblich weiß, schwammig, schmeckt stark bitterlich, riecht aromatisch und enthält außer einem Bitterstoff etwa 1,3 % gelbes ätherisches Öl. Die Wurzel wird bei Verdauungsschwäche angewendet, zu Zahnpulvern und zur Bereitung von Bädern benutzt. Kandierter Kalmus ist besonders im Orient ein sehr beliebtes Konfekt. Das Öl dient gleichfalls als Arzneimittel und wird zu Likören und Parfümerien verbraucht. Kalmus war schon in der alten Medizin, auch bei Griechen, Römern und Arabern gebräuchlich.

Nach Vermutungen von Delpinos gehört der grüngelbe Blütenkolben des Kalmus zu den für Schneckenbefruchtung eingerichteten Blüteneinrichtungen. Sobald sich die Antheren des Kalmus öffnen, ist die zuständige Narbe schon braun und vertrocknet. Eine Autogamie ist hier vollständig ausgeschlossen.

Die Entwicklung der Blüte schreitet von der Basis gegen die Spitze des Kolbens zu, und zur Zeit des Öffnens der unteren Antheren sind die Narben der oberen Blüten noch befruchtungsfähig. Würde nun der Pollen von den unteren Antheren auf die oberen Narben übertragen, so könnte eine Geitonogamie¹) stattfinden, da der Pollen haftet, allein, die Pflanze bringt auch dann, wenn dieses sicher eintreten sollte, auch noch keine Frucht hervor, denn diese tritt dann erst auf, wenn die Bestäubung vollzogen wird zwischen Stöcken, die nicht von demselben Rhizom abstammen. Unsere Kalmuspflanzen stammen aber alle von dem durch Clusius eingeführten Stock ab. Dieses kommt bei uns nie vor, weil uns Tiere fehlen, die den Kalmus besuchen. In der eigentlichen Heimat des Kalmus werden indessen die Blüten durch Insekten gekreuzt, und dort bilden sich dann an den Kolben rötliche Beerenfrüchte aus.

Eine Vermehrung des Kalmus findet bei uns nur durch das Rhizom statt.

Oft wird der Kalmus mit der Schwertlilie (siehe unter 20) verwechselt, ist jedoch durch Blattquerschnitt und durch das Rhizom leicht von dieser zu unterscheiden. (Vergleiche Abbildung 104 Seite 190).

Als Aquariumpflanze verlangt der Kalmus keine Pflege. Indessen muß der Wurzelstock zur Übertragung in das Becken vorsichtig ausgehoben und so eingesetzt werden, daß nur die Wurzeln in der Erde zu liegen kommen, der Stock aber größtenteils sich über derselben befindet. Die Pflanze wächst im Aquarium leicht weiter.

Vermehrung wie im Freien durch das Rhizom.

20. Schwertlilie (Iris Pseud-Acorus L.). Wasserschwertlilie. Teichlilie. Gilgenwurzel.

Das ziemlich dicke, mehr oder weniger verästelte Rhizom kriecht wagerecht oder aufsteigend im schlammigen Boden fort. Es ist innen rötlich, fleischig aber geruchlos und sendet lange wurmförmige Faserwurzeln aus. Das Rhizom treibt im ersten Jahre nur Büschel von fast meterlangen, parallelnervigen, schwertförmigen Blättern empor, welche zweizig stehen und mit ihrem scharfgekielten und zusammengefalteten Grunde einander und den Stengel halbscheidig umfassen. Im 2. Jahre wächst zwischen den Blättern ein fast fußhoher, beblätterter, schwachverästelter Stengel hervor, dessen lineal-lanzettliche Blätter gedrehte Blütenknospen scheidenartig umschließen. Die große gelbe Blütenhülle ist unten röhrig verwachsen. Von dem 6teiligen Saum sind drei äußere, verkehrt eiförmige, gelbe, innen bräunliche, allmählich in einen breiten Nagel verlaufende Perigonzipfel nach außen, drei innere schmalere und kleinere nach innen gebogen. Staubblätter sind 3 vorhanden und von den drei Narbenblättern des Stengels, welche gelb, blumenblattartig, am Ende 2lappig sind, verdeckt. Der Fruchtknoten ist 3kantig, 3fächerig und doppelt so lang wie die Perigonröhre. Blütezeit Juni und Juli. Die Frucht ist eine 3kantige Kapsel mit zahlreichen bräunlichen Samen. ♃. An Gräben, seichten Ufern von Teichen und Flüssen.

Durch zahlreiche Farbenspielarten in unseren Gärten ist die Schwertlilie hinlänglich bekannt. Die Wasserschwertlilie wächst wild in Teichen und langsam fließenden Gewässern und ist eine gar stattliche Erscheinung „mitten

---

¹) Geitonogamie nennt man eine Befruchtung, wenn die sich kreuzenden Blüten unmittelbare Nachbarn sind und auf ein und demselben Stocke stehen.

unter den Scheid- und Riedgräsern." Von dem Volke wird sie ihrer säbelförmigen, blaugrünen Blätter wegen, dem unklaren Begriffe „Schilf" preisgegeben.

Das Perigon der Schwertlilie besteht aus sechs Blumenblättern, welche zu einer Röhre verwachsen sind, die als Nektarium fungiert. Die über dem fächerigen Fruchtknoten sich erhebende Griffelsäule teilt sich in drei große, blumenblattartige Narben, die von manchen Botanikern als Griffeläste bestimmt werden, da nur relativ kleine Anhängsel derselben als empfängliche Narben in Wirksamkeit treten. Von den beiden Staubblattkreisen ist nur einer entwickelt, und es sind demzufolge blos drei Staubblätter vorhanden. Diese werden von den Narbenästen überdacht und öffnen sich nach unten. Eine Bestäubung ohne äußere Hilfe ist also unmöglich. Diese Hilfe wird meist von den Hummeln geleistet. Wenn dieselben ihren Körper unter eines der drei Narbenblätter schieben, um zum Nektarium zu gelangen, so streifen sie mit demselben an einen Staubbeutel und beladen ihren Rücken mit Blütenstaub. Da den drei Narbenästen entsprechend drei gesonderte Nektarien vorhanden sind, so liegt die Annahme nahe, daß die honigsammelnden Hummeln dreimal hintereinander in die Blüte fahren und dabei Selbstbestäubung vermitteln. Indessen hat Hermann Müller beobachtet, „daß die Hummeln sich nach der Entleerung des ersten der drei zu besuchenden Nektarien nicht ganz aus dem Blumengrund zurückziehen, um nachher auf ein zweites Perigonblatt derselben Blüte zu fliegen, sondern, daß die klugen Tiere den Weg abzukürzen verstehen, indem sie sofort, nachdem sie den Honig des ersten Nektariums gesaugt, mit den Beinen seitwärts nach einem der beiden anderen äußeren Perigonblätter hinübergreifen, dasselbe erklimmen, sich unter das gewölbte Narbenblatt drängen und von neuem die honigführenden Röhrenteile entleeren. Nachdem sie auf dieselbe Weise unter das dritte Griffelblatt gelangt sind und auch das dritte Nektarium entleert haben, fliegen sie auf eine andere Blume und verfahren auf derselben in gleicher Weise." In dieser Art durchgeführt ist nur eine Fremdbestäubung möglich, denn wenn auch die Hummel beim Zurückziehen des Körpers einen Teil des Pollens am Griffelblatt abstreift, so ist solches nicht einer Bestäubung gleichzuachten, da der empfängnisfähige Teil der Narbe nur von oben her erreicht werden kann.

Eine weitere, von Müller entdeckte Thatsache kann ich nicht übergehen. Sie ist so eigenartig, daß Systematiker danach zwei verschiedene Wasser-

Figur 104. Schwertlilie
(Iris Pseud-Acorus).

schwertlilien unterscheiden können, die beide in der Art ihrer Befruchtung verschieden sind. Eine Art wird von der Hummel, die andere von einer kleinen Kegelfliege befruchtet. „Eine kleine Differenz im Öffnungswinkel der verschiedenen Blumenblätter genügt, um diesem oder jenem Insekt den Weg zum Honigbehälter zu öffnen oder aber zu sperren."

Eine Pflege, die an den Liebhaber große Ansprüche stellt, verlangt die Wasserschwertlilie im Aquarium nicht. Der Wurzelstock wird, wie er im Freien im Schlamm lagert, in den Bodengrund des Aquariums eingesetzt, wo er 25 bis 30 cm Wasser über sich haben kann. Erhält die Pflanze dann ausreichend Licht, Luft und Sonnenschein, so schreitet sie zur Blüte.

21. Schwimmende Sumpfdolde (Helosciadium inundatum Koch). Sison inundatum L., Meum inundatum Spreng., Hydrocotyle inundata Smith. Sium inundatum Roth.

Der untere Teil des gegliederten Stengels ist meist untergetaucht und wurzelt an den Knoten im Schlamme der Gewässer. Je nach dem Wasserstande wird er 15 bis 60 cm lang. Soweit derselbe sich im Wasser befindet, treibt er nur haarförmig zerschlitzte Blätter, die mehrfach fiederig gespalten sind. Es sind Blattrippen ohne Flächen. Derartige Blätter können sich auch über den Wasserspiegel befinden, wenn derselbe seit ihrer Bildung gefallen ist. Der Stengel ist hohl und rund, er verästelt sich nur an seinem oberen Ende und bildet dort einfach gefiederte Blätter von 3 cm Länge, welche den Dolden gegenüberstehen. Die Blattstiele sind gleich denen der untergetauchten Blätter scheidig, die Fiederblätter 5 bis 10 mm lang, dreispaltig oder tief eingeschnitten gesägt, die Zipfel lineal und spitz, das ganze Blatt von einer hellgrünen Farbe. Die Doldenstiele besitzen eine Länge von 1 cm, sind stets kürzer als das ihnen gegenüberstehende Blatt und haben eine sperrige Stellung. Sie sind weiß. Zuweilen 3 oder 4strahlig und hüllenlos. Die Döldchen besitzen ein wenig blätteriges, bald ein vielblätteriges Hüllchen von lanzettlich linealen und spitzen Blättchen, die die stiellosen Blüten überragen. Diese sind weiß und die Blumenblätter ganz. Blütezeit Juni, Juli. Die Früchtchen sind stiellos, eiförmig und die kurzen Griffel wenig verlängert, dienen als ihr Polster. 4. In stehenden Gewässern, Sümpfe, Gräben, auf schlammigem Boden.

Ebenso wie Oenanthe phellandrium besitzt auch die schwimmende Sumpfdolde eine große Plasticität. Mag sie mit allen ihren Blättern unter Wasser versenkt werden, diese Organe passen sich genau dem Medium an, sodaß die Pflanze unter Umständen als vollständig submerses Gewächs auftreten kann.

Wie es bei allen Gewächsen der Fall ist, die an verschiedenen Orten leben können, treten auch bei der schwimmenden Sumpfdolde Pflanzen auf, die von Botanikern, obgleich sie nur örtlich verschieden oder durch äußere Einflüsse von einander abweichend sind, mit besonderen Namen belegt sind. Helosciadium heterophylla Sonder besitzt untergetauchte Blätter, die haarförmig-vielspaltig sind, die aufgetauchten dagegen sind mit fünf teilig-dreizähnigen Blättchen versehen. Von dieser Pflanze unterscheidet sich als weitere Form Helosciadium isophylla Sonder, bei der alle Blätter gefiedert, die Fiedern auf beiden Seiten 3 bis 4, dreispaltig oder fiederspaltig zerschlitzt sind. Haarförmig zerschlitzte Blätter fehlen dieser Pflanze ganz.

Zur Bepflanzung des Aquariums eignet sich die Sumpfdolde sehr und dauert gut aus, wenn sie einem nicht zu tiefen Wasserstande ausgesetzt ist. Eine Pflege beansprucht die Pflanze nicht.

22. Bachbungen (Veronica Beccabunga L.). Veronica limosa Lej Quellen-, Bachbungen-Ehrenpreis.

Der Stiel ist walzenrund und wurzelt an den Gliedern. Er ist später aufsteigend, in der Farbe rötlich. Die Blätter sind kurzgestielt, rund oder länglich, abgerundet oder stumpf, am Grunde in den Stiel verschmälert oder fast herzförmig, am Rande kerbig gesägt, etwas dicklich, fast lederig und satt grün. Die kurzen Blattstiele verwachsen beinahe seitlich miteinander. Aus den Blattwinkeln kommen die mehr oder minder lockerblütigen Trauben zum Vorschein, die eine Länge von 2 bis 8 cm erreichen und einen dünnen, gemeinschaftlichen Stiel bringen. Die Blumenkrone ist radförmig, kaum 1 cm in Durchmesser, blau, rötlich angehaucht, selten rot. Die 2 Staubgefäße sind kürzer als die Blumenblätter und besitzen violette Antheren. Der Griffel ist fadenförmig und besitzt eine etwas verdickte zweilappige Narbe. Blütezeit fällt in die Monate Mai bis September. Die Frucht ist eine zweifächerige Kapsel und enthält zahlreiche kleine Samen. ♃. In Quellen, Bächen und stehenden Gewässern.

Figur 105. Bachbungen Veronica Beccabunga. 1. Blüte.

Dort, wo in den muldenförmigen Vertiefungen Lachen und Tümpel mit oft wechselndem Wasserstande entstehen, auch dort, wo Quellen ihre Wasser abführen, oder wo stets Wasser steht und Teiche bildet, wird man die Bachbungen nicht vergeblich suchen. Hier steht die Pflanze in der Regel mit der Wasserminze zusammen und auch der erfahrene Botaniker muß im Frühling, wenn die Pflanzen noch nicht blühen, oder im Herbst, wenn ihre Blütezeit vorüber ist, sehr oft erst den Geruch zu Rate ziehen, um beide Pflanzen von einander unterscheiden zu können. Die Bachbungen ist bei weitem häufiger zu finden, als die Wasserminze, zu unterscheiden ist sie leicht von letzterer durch den ihr fehlenden Wohlgeruch.

Einer besonderen Eigentümlichkeit der Bachbungen, die diese indessen mit vielen Sumpfpflanzen teilt, will ich hier noch kurz gedenken. Die Laubblätter von dieser Pflanze erscheinen, wenn sie unter Wasser wuchsen, kaum ein Drittel so dick als jene, welche sich an der Luft entwickelt haben, und zwischen der oberen und unteren Zellhaut finden sich nur 1 bis 5 Lagen kurzer Zellen, während die entsprechenden Laubblätter der Luftpflanze 10 bis 12 Lagen von Zellen und eine deutliche Sonderung in ein Palissaden- und Schwammgewebe erkennen lassen. Auch der Umriß der Blätter verändert sich unter

Wasser gleichfalls in der verschiedensten Weise. Die Verkürzung des Blattstiels und die Undeutlichkeit der Blattzähnelung treten am meisten hervor.

Als Aquariumpflanze ist die Bachbunge ebenso zu behandeln wie die Wasserminze, die sie auch vollständig, den angenehmen Geruch ausgenommen, im Becken ersetzt.

23. Brunnenkresse (Nasturtium officinale R. Br.).

Das Rhizom ist deutlich gegliedert, liegt wagerecht im Schlamme und entsendet von seinen Knoten Büschel von Faserwurzeln, nach oben zu etwas kantige, kahle, glatte, hohle Stengel, welche locker beblättert sind und sich wenig verästeln. Die unpaarig gefiederten Blätter sind auf der Oberseite dunkelgrün, glänzend, unten mattgrün; die Fiederblättchen sind rundlich, ausgeschweift, das endständige größer, eirund, am Grunde fast herzförmig. Die Blüten sind Kreuzblüten und stehen in endständigen Trauben. Die Blumen sind weiß. Ihr vierteiliger Kelch steht etwas ab. Es sind 6 Staubgefäße und 1 Stempel vorhanden; an den ersteren sind die Antheren gelb. Die Blütezeit fällt in die Monate Juni bis September. Die Frucht ist eine walzenrunde Schote, die, in zwei Reihen liegenden, bräunlichen Samen enthält. ♃. An Quellen und Bächen. Seltener an Teichwassern. Häufiger in Süddeutschland, als in Norddeutschland.

Bevor ich näher auf diese Pflanze eingehe, will ich kurz erst der verschiedenen Formen derselben gedenken. Außerhalb des Wassers bildet die Brunnenkresse sehr kleine, kurzgestielte Blättchen aus, die ganze Pflanze wird dann sehr schlank und führt den Namen Nasturtium microphyllum Reichenbach. Steht das Gewächs dagegen im tiefen Wasser, so wird es robust und dickstenglich, die Blättchen werden groß und sind aus herzförmigem Grunde länglich-lanzettlich zugespitzt. So beschaffen heißt die Pflanze Nasturtium siifolium Reichenbach. Sind die Früchte lang, die von ihr hervorgebracht werden, wird sie Var. longisiliqua Irmisch, dagegen mit kurzen Früchten Var. brevisilica Irmisch genannt. Eine weitere Varietät unterscheidet Kittel. Sie besitzt ungefiederte, rundliche herzförmige Blätter und heißt Var. trifolium Kittel.

In großartigem Maßstabe wird die Brunnenkresse in Erfurt zum Zwecke des Verspeisens angebaut. Hier zieht sich auf weiten Feldern Graben bei Graben hin, in denen die Pflanze üppig wuchert. Einen guten Gewinn wirft ihre Kultur ab, da sie als Salat und Gemüse einen nicht unbedeutenden Ruf besitzt. Das Kraut schmeckt bitterlich scharf, enthält Salze und besitzt blutreinigende Eigenschaften. Es ist bewiesen, daß die Brunnenkresse zu den gesündesten Nahrungsmitteln gehört.

Als Aquariumpflanze wird die Brunnenkresse nur hin und wieder bei dem Liebhaber angetroffen, indessen verdient dieselbe bei weitem mehr Aufmerksamkeit, als ihr zu teil wird. Wie und wo im Becken eingesetzt, kommt sie überall fort und treibt das ganze Jahr hindurch, auch im Winter, ihre weißen Blüten. Ihrer äußerst raschen Vermehrung gebietet man durch öfteres Entfernen von Schößlingen leicht Einhalt. Wird sie sich selbst überlassen, so durchwuchert sie das Becken vollständig, alle anderen Pflanzen durch ihr Wachstum unterdrückend.

24. Wasserpfeffer (Polygonum Hydropiper L.).

Die Wurzel wird von einem Büschel hellbräunlicher Wurzelfasern gebildet. Der Stengel ist stielrund, fein gestreift, ästig, unter den Gelenken angeschwollen, blaßgrün oder oft dunkelrot gefärbt. Die Äste stehen aufrecht, aus dem Grunde der gewimpert borstigen, gelblichrötlichen, am Grunde dunkelrot gefärbten Tuten entspringend. Die Blätter sind kurzgestielt, außen an der Mitte der Tuten (Nebenblätter) entspringend, lanzettförmig, am Grunde verschmälert, an der Spitze meist langzugespitzt, am Rande etwas wellig und im trocknen Zustande scharf, unbehaart, oberseits lebhaft grün, zuweilen rötlich angelaufen, unterseits blässer. Die Blütenähren stehen einzeln an der Spitze des Stengels und der Äste, an letzteren sind sie mehr unterbrochen und tragen weniger Blüten. Die einzelnen Blüten sind ganz kurz gestielt und kommen meist paarweise aus ganz feingewimperten, rötlichen, sehr kurzen Tuten hervor. Der Kelch ist 4- bis 5spaltig und grün, oben lila gefärbt und außen mit feinen drüsigen Punkten besetzt. Die Blütenblätter sind mattrosa angehaucht. Blütezeit Juli bis zum Herbst. Der Same ist 3seitig, etwas zusammengepreßt und bleibt bis zur Reife im Kelche eingeschlossen. Er ist glänzend kastanienbraun. ⊙ An feuchten Orten, in Gräben.

Figur 106. Wasserpfeffer (Polygonum Hydropiper).
1. Wurzel mit Stengelstück. 2. Blüte. 3. Geschlechtsscheide. 4. Same.

Unter dem Namen Herba Persicariae urentis war früher der Wasserpfeffer offizinell. Dem Geschmacke nach ist die Pflanze brennend und zieht Blasen im Munde, wurde auch früher gegen Geschwüre gebraucht und innerlich gegen Stockungen im Unterleibe, Gelb- und Wassersucht.

In der Botanik gehört der Wasserpfeffer zu den Pflanzen, welche den Übergang bilden zu den Gewächsen, welche regelmäßig zweierlei Blüten ausbilden, solche, welche sich öffnen und darauf angewiesen sind, daß in ihnen durch Vermittelung der Tiere eine Kreuzung erfolgt, und solche, welche geschlossen bleiben und in denen sich die Autogamie vollzieht. Am Wasserpfeffer kann man leicht die Beobachtung machen, daß sich an jenen Stöcken, welche vereinzelt wachsen, und deren sämtliche mit Blüten besetzte Zweige dem Sonnenlichte zugekehrt, den Insekten also sichtbar und zugänglich sind, alle Blüten öffnen. Stehen dagegen viele Stöcke beisammen, wachsen sie dicht aneinander gedrängt auf, so öffnet nur ein Teil der Blüten die Perigone und zwar die, welche an den aufrecht stehenden Zweigen sich befinden, alle die beschattet werden, versteckt sind und von Insekten nur schwer erreicht werden können, bleiben geschlossen, in ihnen vollzieht sich die Autogamie.

An den Stellen im Aquarium, wo der Wasserstand ein nicht sehr tiefer ist, besonders im Sumpfaquarium, ist der Wasserpfeffer ein ganz reizendes Gewächs, welches sich ohne Pflege, an einem weniger gut belichteten Platze, unschwer zu einer üppigen Pflanze entwickelt.

25. Sumpfampfer (Rumex aquaticus Pollich.) Rumex Hydrolapathum Hudson.

Das kräftige Rhizom treibt einen hohen aufrechten gefurchten Stengel, der unten über 30 cm lange, lanzettförmige Blätter trägt. Diese sind duftiggrün, laufen in dem oberseits flachen Blattstiel spitz zu, stehen steif in die Höhe und sind meist schön gewellt. Der Blütenstand ist sehr verästelt. Am Ausgange eines jeden Astes sitzt ein linienförmiges Deckblatt und die Äste sind dicht mit blattlosen Blütenwirteln besetzt. Die blütentragenden zarten Stiele besitzen ein undeutliches Gelenk. Die inneren Perigonblätter sind an der Basis breit zugerundet, laufen aber dreieckig aus, sind nebzaderig und besitzen sämtlich Schwielen. Blütezeit Juli und August. Die inneren Perigonteile werden zur Fruchtzeit eiförmig dreieckig, ganzrandig oder hinten gezähnelt, alle schwielentragend. 4. An Flüssigern, Landseen, Teichen, Gräben und Sümpfen.

Von den weiteren Ampferarten führe ich noch zwei auf und fasse die Schilderung aller drei zusammen.

26. Knaulblütiger Ampfer (Rumex conglomeratus Murray.) Rumex glomeratus Schreber. Rumex Nemolapthum Ehrhardt*), Rumex acutus Smith**), Rumex paludosus Withering. Rumex undulatus Schrank.

Bedeutend kleiner als der Vorige. Die Äste aufstrebend und weit abstehend. Die unteren Blätter verzförmig oder eiförmig länglich, die mittleren herzförmig, lanzettlich und zugespitzt. Fast jeder Blütenquirl ist durch ein Blatt gestützt, nur die letzten nicht. Die junge Pflanze ist grün, während der Blütezeit verfärbt sich der Stengel, die Äste und die Fruchthülle und werden rötlich braun. Blütezeit Juli und August. 4. An Ufern von Gräben und Bächen, von Tümpeln, Weihern und Sümpfen.

27. Wasser-Ampfer (Rumex aquaticus L.).

Der Wurzelstock ist dick, ästig, mehrköpfig, innen gelb, außen schwärzlich und treibt aufrechte lange Stengel. Diese stehen ziemlich steif und sind kantig. Die Wurzelblätter sitzen auf langen Stielen, sind an der Basis sehr erweitert, verschmälern sich dann plötzlich und laufen spitz zu, so daß die Erweiterung der Basis an beiden Blattseiten 2 sehr stumpfe Zipfel bildet. Die Blätter an den Stengeln sind kleiner und kürzer gestielt, auch schmäler und werden nach oben zu immer schmäler und kürzer, zuletzt ganz stiellos und an der Rispe sogar lanzettförmig. Die Blütenrispe wird über 30 cm hoch, ihre Äste sind in die Höhe gerichtet und gehen geradeaus. Die kleinen Blüten besitzen eine grün rote Farbe, hangen an vielblütigen Wirteln und letztere stehen ziemlich dicht. Die äußeren Perigonalblätter sind länglich lanzettförmig, die inneren dreieckig mit durchscheinenden Rändern versehen. Blütezeit Juli und August. Die Frucht ist wie beim Sumpfsauerer. 4. An stehenden Gewässern mit tiefschlammigem Grunde, langsam fließenden Gewässern, in Sümpfen und ähnlichen Orten.

In früherer Zeit waren die Wurzeln und das Kraut aller drei Pflanzen offizinell. Sie wurden gegen Scorbut, Geschwüre und Ausschläge angewendet. Heute benutzt man die jungen Blätter, besonders die des Sumpfampfers, in Italien als Gemüse.

Als Aquariengewächse sind alle drei Ampfer gleich zu empfehlen, be-

---

*) Nicht Wallroth
**) Nicht L.

sonders sind sie für Sumpfaquarien vortreffliche Dekorationspflanzen. Sie gedeihen in fetter Bodenschicht vorzüglich und schmücken, in eine Ecke des Behälters eingesetzt, diesen in einer reizenden Weise. Der Wasserstand sei indessen für sie nicht zu hoch, überschreite wo möglich die Höhe nicht, welche die Pflanzen an ihren Standorten inne gehabt haben. Von einigen Seiten wird empfohlen, den Stengel nach dem Abblühen, welches übrigens lange Zeit dauert, zu entfernen, und auch den Wurzelstock aus dem Wasser zu nehmen und ihn etwas trockner und kühler zu stellen. Indessen halte ich dieses für nicht unbedingt nötig, da eine Pflanze bei mir, die zu diesem Versuche zwei Jahre im Becken verblieb, sich ebenso schön und kräftig weiter entwickelt hat, als eine andere, die im Herbst ausgenommen worden ist.

28. Ästiger Igelkolben (Sparganium ramosum Huds.). Sparganium erectum L.

Das Rhizom ist kurz gegliedert, treibt Ausläufer und kriecht im Schlamm des Bodens fort. Es treibt nach oben büschelig abstehende Blätter und stielrunde bis meterhohe Halme, an denen die Blätter gedrängt zweizig stehen. Unten umfassen dieselben scheidig den Stengel, nach oben von ihm abstehend. Die Blattspreite ist etwa 1½ cm breit, linealisch, bis meterlang und besitzt einen verstärkten Mittelnerv. Der Kolben verästelt sich mit hin- und hergebogenen Spindeln. Am Grunde der Blütenäste stehen ziemlich lange, linealische Deckblätter. Die unteren Köpfchen bestehen aus dichtgedrängten Stempeln, die von Spreublättchen umgeben sind, und nehmen zur Zeit der Reife die Form eines zusammengerollten Igels an, indem die trockenen Stempelständchen mit kurzer, harter Spitze versehen sind. Die oberen Köpfchen enthalten Staubblätter, welche durch Spreublätter getrennt sind. Blütezeit Juli, August. ⚃ An Flußufern und in stehenden Gewässern.

Von den Igelkolbengewächsen wird von vielen Seiten behauptet, daß sich Äste von ihnen schon in den Schichten der mesozoischen und tertiären Perioden der Erde finden; diese Pflanzen haben also schon ein hohes Alter zurückgelegt.

Die Staubblüten des Igelkolbens stehen über den Fruchtblüten, kommen aber infolge ungleichzeitiger Streckung der Achsen mit ihren zu bestäubenden Blüten des einen Stockes mit älteren höheren Stengeln gewöhnlich höher zu liegen, als die Staubblüten eines nebenbei stehenden Stockes mit jüngerem niederem Stengel, und unschwer kann man sich durch Beobachtung überzeugen, daß auch hier der stäubende Pollen durch Luftströmungen nicht in wagerechter, sondern in schräger Richtung nach aufwärts entführt und an die zu belegenden Narben benachbarter Stöcke angeweht wird.

Dieses ist nun nicht etwa so aufzufassen, als ob bei dem Entführen des stäubenden Pollens durch den Wind gar kein Pollen zur Tiefe gelangen würde; für die Mehrzahl der Fälle steht es außer Frage, daß die Wölkchen des Blütenstaubes, welche durch mäßige Winde fortgeführt werden, zunächst nach aufwärts schweben und entweder schon auf diesem Wege zu den höher stehenden zu belegenden Narben gelangen, oder aber später, wenn die über weite Räume verteilten Pollenzellen bei ruhigerer Luft wieder langsam zur Tiefe sinken, die Narben dann belegen.

Der ästige Igelkolben kommt durch ganz Deutschland vor, und zwar am Ufer der Gewässer, wie auch im Wasser selber. Hin und wieder findet man ihn noch bei einer Wassertiefe von 1 m, sodaß man von der Pflanze nichts weiter als den Blütenstand sieht.

Besonders zur Blütezeit, welche von Ende Juni bis Ende August dauert, macht sich die Pflanze recht schön. Beim Ausheben des Gewächses sei man vorsichtig und beschädige den weichen Stengel nicht, da sonst die Pflanze im Aquarium eingeht.

Von den nachfolgenden anderen Igelkolbenarten ist besonders interessant der astlose oder einfache Igelkolben. Sein Stengel ist sehr oft ganz im Wasser flutend. Bedeutend seltener ist der ebenfalls im Wasser schwimmende Sparganium affine.

a. **Astloser Igelkolben (Sparganium simplex Huds.)**

Stengel und Kolben sind einfach. Die Blätter am Grunde 3seitig, an den übrigen Seiten flach. ♂ Blütenstände sitzend, kurz gestielt mit langen linealischen Mündungslappen versehen, sonst wie der vorige.

b. **Sparganium affine Schnitzl.**

Stengel in der Regel einfach mit einem einfachen Kolben endigend. Die Blätter sind an den Knoten nicht angeschwollen, sehr lang und schlaff, oft schwimmend. Sie sind aus sehr breitem scheidigem Grunde linealisch, oberseits flach, unterseits gewölbt. Die unteren Blütenstände sind gestielt und ⚥, die oberen ♂ und sitzend. Selten, sonst wie der ästige Igelkolben.

Figur 107. Ästiger Igelkolben. Sparganium ramosum.

c. **Sparganium minimum Fr.**

Die Pflanze ist klein und zierlich. Die Blätter sind schmal, flach, am Grunde breit scheidig, herabhängend oder oft schwimmend. ♀ Blütenstände des ganz einfachen Kolbens 2 bis 3. ♂ Blütenstand endständig, in der Regel nur ein einziger. Ebenso selten als Sparganium affine, sonst wie der ästige Igelkolben.

29. See-Binse (Scirpus lacustris. L.).

Das Rhizom ist sehr kräftig, gegliedert, kriechend und liegt wagerecht im Boden. Die Halme erreichen je nach dem Standort eine verschiedene Höhe. Die Stärke des Halmes schwankt zwischen $\frac{1}{2}$ bis $1\frac{1}{2}$ cm im Durchmesser. Der Halm ist stielrund und in der Farbe grasgrün. Der Blütenstand ist zusammengesetzt und die Ährchen derselben sind büschelig gehäuft, er ist seitlich nicht endständig. Je nach der Üppigkeit des Standortes ist die Entwicklung des Blütenstandes sehr verschieden. Zuweilen werden nur wenige Ähren getrieben, anderenfalls über 40 bis 50. In ihrem Stande stellen die Ähren eine unregelmäßig verzweigte Scheindolde dar, welche kürzer

oder länger als das Hüllblatt sein kann. Die Spelzchen der Ährchen sind rauh, die Deckblättchen rostbraun, am Rande durch gekrümmte Haare gewimpert, an der Spitze tief ausgerandet. Blütezeit Juni und Juli. Die Früchte sind dreikantig.
4. Stehende Gewässer.

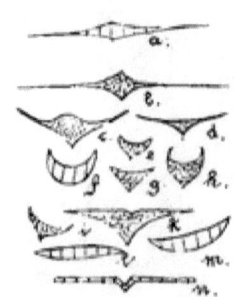

Figur 108. Querschnitte durch Blätter der Schilfgewächse.
a. Schwertlilie, b. Kalmus, c. d. k. Ästiger Igelkolben, e. i. Blumenbinse, f. Schmalblätteriger Lichtkolben, g. h. Einfacher Igelkolben, l. m. Breitblätteriger Lichtkolben, n. Waldbinse.

Unter dem Namen Radix Scirpi majoris s. Junci maximi wurde das Rhizom dieser Binse früher als schwach adstringierendes und harntreibendes Mittel angewendet. Das Mark des Halmes, welches unter Umständen bis fingerdick werden kann, wird von den Landleuten bei Brandwunden verwendet. Hier und da werden auch Dochte daraus bereitet. Die Halme werden als Flechtmaterial gebraucht, und Decken, Fußmatten, Fischkörbe, Siebe ec. aus ihnen verfertigt.

Da die Binsen größtenteils bekannt sind, will ich nicht näher auf die Pflanze eingehen, nur noch bemerken, daß die unten angeführten Arten sich für das Aquarium gut eignen. Da der starke Wurzelstock seine Wurzeln sehr tief in die Erde treibt, ist es nötig, der Pflanze im Aquarium einen dementsprechend hohen Bodenbelag zu reichen.

Aus der großen Zahl der Binsen greife ich die für unsere Zwecke besten heraus und beschreibe sie nachfolgend kurz.

a. **Tabernaemontan's Binse (Scirpus Tabernaemontani Gmel.)**

Im großen und ganzen der vorigen Binse sehr ähnlich, aber meist niedriger und zierlicher. Das größere Hüllblatt sehr viel kürzer als die Spiere. In der Färbung ist der Halm meergrün, nicht wie bei der Seebinse grasgrün, und von einem zarten bläulichen Duft überflogen. Das sicherste Kennzeichen dieser Pflanze der ersteren gegenüber sind die Deckschuppen (Spelzen), welche nur im Anfange kastanienbraun aussehen, indessen später durch purpurfarbige Punkte, wodurch sie rauh werden, ein schwarzpurpures Kolorit erhalten. Alles übrige wie bei der Seebinse, nur bedeutend seltener.

b. **Stechende Binse (Scirpus pungens Vahl.)** Scirpus Rothii Hoppe, Scirpus triqueter Rth., Scirpus mucronatus Schrank.

Diese Binse gehört mit zu den kleineren Binsenarten. Der Halm ist dreikantig, gerade, am Grunde mit häutigen Scheiden besetzt, welche in kurze, grüne Spreiten auslaufen. Die Spiere ist kurz, gedrungen, tragblattständig, das größere Hüllblatt aufrecht, die Spiere weit überragend. Alle Ähren sitzend, in ihrer Form länglich. Blütezeit Juli und August. Die Pflanze wird sehr oft mit anderen ihrer Familie verwechselt.

c. **Dreikantige Binse (Scirpus triqueter. L.)** Scirpus Pollichii Godr. Gren., Heleogiton triquetrum Roth, Scirpus mucronatus Poll., Scirpus trigonus Rth.

Die Pflanze ist von grasgrüner Farbe, wie die Seebinse, erreicht aber nur eine Höhe von etwa 1,30 m. Von der Seebinse unterscheidet sie sich sogleich durch ihren dreikantigen Halm und von der bedeutend kleineren stehenden Binse durch die schwarzbraunen Scheiden, welche den Stengelgrund umschließen.

d. **Wurzelnde Binse (Scirpus radicans Schk.).**

Die Spiere ist mehrfach zusammengesetzt. Das Nüßchen ist verkehrt eiförmig. Die unfruchtbaren Halme sind zur Zeit der Blüte länger als die fruchtbaren. Nach der Blütezeit (im Juli und August) neigen sich diese unfruchtbaren Triebe zur Erde und beginnen an der Berührungsstelle Wurzeln zu treiben.

31. Flatterbinse (Juncus effusus L.).

Von dem braunen, kriechenden Wurzelstock erheben sich viele stielrunde, bis 50 cm hohe, dunkelgrüne Halme, am Grunde mit stechendspitzigen, braunen Scheiden besetzt, im trocknen Zustande gerillt, innen mit sternzelligem Mark gefüllt, in einiger Entfernung unter dem Blütenstande tragen sie ein den Blütenstand überragendes Laubblatt, das pfriemlich zugespitzt ist. Der Blütenstand ist eine vielblütige Spiere, die Zweige derselben tragen an ihrem Grunde ein stieliges Hochblättchen. Die Blüten sind von zwei bräunlichen Vorblättern umgeben. Die Blütenhülle besteht aus spelzenähnlichen, grünlich weißen, am Rande trockenhäutigen, sehr zugespitzten Blättchen, die sich dachziegelig decken. Sie umgeben 6 Staubblätter nebst einem oberständigen Stempel. Derselbe besteht aus einem dreifächerigen, vielsamigen Fruchtknoten, einem Griffel und 3 fächerförmigen Narben. Blütezeit vom Juni bis August. Die Frucht ist eine verkehrt eiförmige, 3fächerige Kapsel. ♃ An Gräben und in Sümpfen.

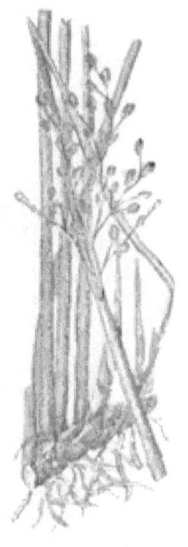

Figur 109. Flatterbinse Juncus effusus.

Die Familie der Simsen ist reich an Arten, doch sind von der ganzen Anzahl nur wenige für unsere Zwecke verwendbar. An keinem Orte selten, sind alle die beschriebenen Arten besonders für Sumpfaquarien zu verwenden, geben auch eigenartige Dekorationspflanzen für Beckenaquarien ab, sind jedoch nicht so sehr zu empfehlen wie die vorher genannten Binsen.

Am dankbarsten von ihnen ist die vorbeschriebene Flatterbinse. Sie wird mit Vorsicht aus dem Boden ihres Standortes gehoben und am besten so tief in das Wasser des Beckens gesetzt, wie sie an ihrem Standorte im Wasser gestanden hat. Eine Pflege beansprucht die Pflanze nicht.

Als weitere Art der Simsen ist zu empfehlen:

a. **Juncus conglomeratus L.**

Das Rhizom wie bei der Flatterbinse. Schwarzbraun, mit glänzenden Blattschuppen dicht besetzt, nach oben rasig gedrängte, sterile und fertile Halme treibend. Der Halm ist nackt, fein gerillt, im Innern martig. Die Blätter der sterilen Halme sind stielrund und ziemlich spitz. Die untere Blütenscheide sehr lang und spitz, den meist gedrungenen Blütenstand weit überragend und scheinbar endständig. Blütezeit Mai und Juni. ♃ Sumpfige und feuchte Orte

b. **Graugrüne Simse (Juncus glaucus Ehrh.)**

Das Rhizom ist bleifederhart, kräftig, fast holzig, horizontal kriechend, un gegliedert, sehr dicht mit bis über ½ m hohen graugrünen, nackten, feingerillten, innen gefächerten Halmen besetzt, deren grundständige Scheiden ziemlich hoch sind und sich durch ihre prächtige dunkelrotbraune Farbe und starken Glanz auszeichnen. Die Scheide, welche die Spiere hoch überragt, steht zur Blütezeit aufrecht, nach dem Abblühen biegt sie sich zurück. Die Spiere ist locker, verästelt. Blüten langgestielt.

Blütezeit fällt in die Monate Juni, Juli und August. ♃ An sumpfigen und feuchten Orten.

e. **Quirlblättrige Simse** (Juncus supinus Much.).
Das zarte, kriechende Rhizom ist eigentlich ungegliedert, aber die langen fädlichen, sehr dünnen und schlaffen, langgliedrigen Halme sinken zum Teil nieder, wurzeln an den Knoten und werden dadurch zu Ausläufern; die Basen und die Knoten der Halme sind mit schmalen, oberseits gewölbten, sädlichen Blättern besetzt. Der Halm ist gabelig verästelt; jeder Knoten und das Ende jedes Gabelastes mit zarten Blättern und mit einem Blütenköpfchen besetzt. Blütezeit Juli, August. ♃ Auf Moorwiesen, in Sumpfgräben.

Formen hiervon sind:

Juncus fluitans. Die Halme verlängert und flutend. An überschwemmten Orten.

Juncus repens. Die Halme liegend und wurzelnd.

Juncus uliginosus Rth. Auf sehr schlammigem Boden.

Juncus nigritellus. Die Kapseln sind nur kurz und an ihrer Spitze etwas eingedrückt.

31. **Rohrkolben** (Typha angustifolia L.). Schmalblättriger Rohrkolben.
Das Rhizom ist fingerdick, ungegliedert und kriecht horizontal im Schlamm, treibt Ausläufer und nach oben senkrechte, steife, 2 bis 3 m hohe Stengel ohne Knoten, welche die Blütenkolben tragen. Die flachen, steifen, linealen, graugrünen Blätter umfassen mit scheidigem Grunde den Stengel und überragen die Blütenkolben, welche frühzeitig ihre Scheiden verlieren; der untere, fingerlange, braune Blütenkolben enthält die gestielten, einfächerigen einsamigen Stempel mit langer Narbe, umgeben von haarförmigen Perigonen, die so dicht gedrängt sind, daß sie eine sammetartige Oberfläche bilden. Darüber steht in kurzer Entfernung der Kolben mit ♂ Blüten, der nach dem Verblühen abfällt. Jede ♂ Blüte besteht aus 3 Staubblättern, deren Fäden fast ihrer ganzen Länge nach verwachsen und mit haarförmigem Perigon umgeben sind. Blütezeit fällt in die Monate Juli und August. Die Frucht ist eine schlauchförmige gestielte Nuß, die durch den fadenförmigen, vertrockneten Griffel zugespitzt ist. ♃ Stehende und langsam fließende Gewässer.

Der schmalblättrige Rohrkolben unterscheidet sich nur sehr wenig von seinem nächsten Verwandten, dem breitblättrigen Rohrkolben, dessen Beschreibung ich gleich hier folgen lasse.

32. **Breitblättriger Rohrkolben** (Typha latifolia L.). Bullenpesel, Böttcherschilf.
In allen Teilen ähnlich dem schmalblättrigen Rohrkolben gebaut, ist dieser nur strammer und kräftiger. Die hohen Halme sind mit abwechselnden, zweizeiligen, linealischen, flachen, steifen, den Blütenkolben überragenden, graugrünen Blättern besetzt, deren scheidig umfassende Basis, von welcher die Spreite spitzwinklig absteht, das Internodium deckt und röhrig umschließt. Der Kolben ist langgestielt, dann dick, schwarzbraun, der untere Teil ♀, der obere, kaum von dem unteren getrennt*, ♂. Nach Beendigung der Blütezeit fällt der obere Kolben ab und nur die vertrocknete Spindel bleibt über dem Fruchtstand stehen. Blütezeit Juli und August. ♃ Stehende und langsam fließende Gewässer.

*) Beim schmalblättrigen Rohrkolben findet sich hier ein größerer Zwischenraum.

Hier gleich anfügend, beschreibe ich den letzten unserer heimischen Rohrkolben und gebe das Lebensbild aller gemeinschaftlich.

33. Kleiner Rohrkolben (Typha minima Hoppe). Typha minor Sm., Typha angustifolia var. L.

Sehr dem schmalblättrigen Rohrkolben ähnlich, aber nur etwa ½ m Höhe erreichend und in allen Teilen äußerst zart gebaut. Das Rhizom ist federkieldick, ästig. Die Blätter sehr schmal lineal, fast borstig, gestielt, kurz zugespitzt. Die ♀ Ähre ist dick, fast teulig. Die Blätter der sterilen Halme sind fast borstig, diejenigen der fertilen Halme dagegen kurz, breit, scheidig. Blütezeit fällt in die Monate April bis Juni. ♃ An Flußufern und in Sümpfen. Selten.

Zu zwölf Arten bekannt, treten bei uns die beschriebenen drei Rohrkolbenarten auf. Eine Eigenheit der Rohrkolbengewächse, die indessen auch bei einigen anderen Pflanzen sich zeigt, will ich im Nachstehenden kurz gedenken. Besonders ist es der schmalblättrige Rohrkolben, an dem sich dieses besonders ausprägt, es ist das Schraubenblatt und läßt sich vorzüglich an jungen Pflanzen beobachten. Das Blatt zeigt 2 bis 3 Drehungen und bekommt dadurch oft ein lockenförmiges Aussehen. Der Vorteil, welchen ein so gebautes Blatt, einem ebenflächigen in Beziehung auf Windstöße besitzt, ist nicht zu verkennen und wird recht auffällig, wenn man sich beide Blattformen in nächster Nähe dem gleich starken Luftstrom ausgesetzt denkt. Trifft der horizontale Windstoß auf die Breitseite eines ebenflächigen, aufrechten, steifen Blattes, so werden alle Punkte der Blattfläche senkrecht getroffen, und das Blatt wird sehr stark gebogen, möglicherweise auch wohl geknickt. Anders verhält es sich, wenn er auf das schraubig gewundene Blatt wirkt. Hier werden alle Punkte desselben unter schiefen und zwar sehr verschiedenen schiefen Winkeln getroffen, der Luftstrom wird dadurch gespalten, in unzählige Luftströme aufgelöst, welche den Windungen der Schraube entlang fortgleitend, nur eine geringe Biegung bewirken und kaum jemals eine Knickung veranlassen.

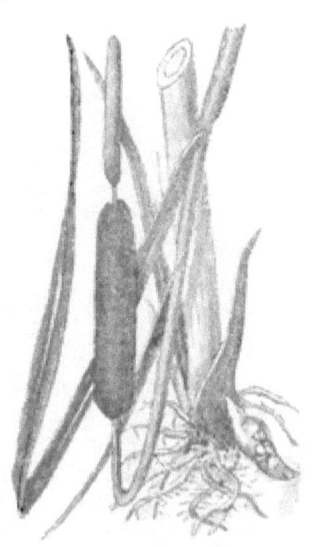

Figur 110. Rohrkolben Typha angustifolia.

Die Rohrkolbenarten gehören zu den ausgesprochensten Windblühern. Die Blüten stellen die denkbar einfachsten Monokotyledonenblüten dar, aus zwei Staubfäden oder einem Stempel bestehend, an dessen Grund haarähnliche Gebilde sich befinden. Sie bilden bei den weiblichen Blüten später den Flugapparat der Früchtchen, die aber auch zu schwimmen vermögen. Im Herbst und Frühling treiben sich die letzteren in mächtigen wolligen

Massen auf und an den Gewässern umher. Gegen Tierfraß sind die Rohrkolben durch Büschel von Nadeln des Kalkoxalats geschützt.

Wie die bisherigen Untersuchungen bei allen einhäusigen Pflanzen ergeben haben, sind auch die Blüten bei den Rohrkolben proterogyn. Der stäubende Pollen wird stets erst aus den Antheren entbunden, nachdem die Narben an demselben Stocke schon 2 bis 3 Tage hindurch belegungsfähig waren.

Ganz eigenartig sind die Keimungsverhältnisse bei den Rohrkolbenarten. „Die kleinen, durch Luftströmungen von dem Kolben abgehobenen Früchtchen," schreibt mir ein Freund, „welche auf der Oberfläche des Wassers fallen, schwimmen hier erst einige Tage. Dann öffnet sich die Fruchthülle und der Same sinkt langsam durch das Wasser in die Tiefe. An einem Ende ist die Schale des Samens zugespitzt, an dem anderen mit einem äußerst zierlichen Deckel verschlossen. Sobald der Same sinkt, ist das zugespitzte Ende nach unten gekehrt, dasjenige mit einem Deckel versehene nach oben. In dieser Stellung verbleibt der Same am Grunde des Wassers und hält sich in dieser Stellung an den Stengeln und Blättern. Jetzt streckt sich das Keimblatt, stößt gegen den Deckel und erscheint an der Mündung der Samenschale. Weiter wachsend, erreicht es durch Beschreibung eines Bogens mit jenem Ende, in dem der Keimblattstamm und die Knospe eingehüllt sind, den schlammigen Boden. Hier angekommen, verlängern sich die Oberhautzellen und werden zu langen, schlauchförmigen Gebilden, die in den Boden eindringen und nun hier das Ende des Keimblattes festhalten. Kurz darauf kommen auch Würzelchen hervor, die das Keimblatt durchbrechen. Bis zu dieser Zeit hat für das Pflänzchen die Reservenahrung im Samen ausgereicht; das Keimblatt schiebt jetzt seine Spitze aus der Samenschale, es streckt sich, wird grün und tritt als erstes Laubblatt in Thätigkeit."

Figur 111. Rohrkolben Typha latifolia. Henke.

Als Aquariumpflanzen, besonders als Dekorationspflanzen für das Sumpfaquarium, haben alle drei Gewächse ihren Wert. Der breit- und schmalblättrige Rohrkolben findet sich in stehenden und fließenden Gewässern, wo sie oft 25 bis 40 cm unter der Oberfläche des Wassers wachsen. Ohne Mühe sind die starken Wurzelstöcke der Gewächse nicht aus dem Schlammgrund zu heben und hat man sich sehr vorzusehen, sie nicht durch Ziehen herauszureißen, weil dieses ohne eine Verletzung des Zellgewebes nicht möglich ist, und die Pflanzen dann fast regelmäßig eingehen.

In das Aquarium setzt man sie so ein, daß sie etwa denselben Wasserstand erhalten, wie sie ihn in der Natur besessen haben. Wenn die beiden obigen Rohrkolben keine besonderen Ansprüche an den Bodenbelag stellen, so liebt doch der kleine Rohrkolben mehr einen thonigen Boden und möglichst seichtes Wasser. Eine sonstige Pflege beanspruchen die Pflanzen nicht.

34. Faden-Riedgras (Carex filiformis L.). Carex lasiocarpa Ehrhardt, Carex splendida W. Fadenförmige Segge.

Das Rhizom ist liegend, stets ungegliedert, mit vielen Wurzelfasern besetzt und Ausläufer bildend. Der Halm ist dünn, schlank, bis meterhoch, stumpfkantig, glatt oder nach oben hin etwas rauh. Unten ist der Halm mit braunen Schuppen, dann mit langen, halmdünnen, langscheidigen, aufrecht stehenden Blättern bekleidet, welche anfangs keineswegs hart sind. Ihr Rand und Kiel ist scharf. Nach oben sind die Halme blattlos, dreikantig und rückwärts scharf. ♂ Ähren 1–2, lang und cylindrisch, ♀ 2–3, entfernt, länglich, aufrecht, gedrungenblütig, sitzend oder die unterste gestielt. Blütezeit Mai und Juni. Die Früchte sind von einer flaumig behaarten Fruchthülle umgeben. ♃ Stehende Gewässer, tiefe Sümpfe. Vorzugsweise in Moorgegenden.

Bevor ich zur Schilderung der Riedgräser übergehe, bringe ich die Beschreibung der hauptsächlichsten Arten, die für das Aquarium von Bedeutung sind.

35. Ufer-Riedgras (Carex riparia Curtis). Carex crassa Ehrhardt.

Das Rhizom ist federkieldick, kriechend und ungegliedert. Aus ihm kommen die steifen aufrecht und bis zu einer Höhe von 1½ m emporschießenden, dicken, haarlosen, dreikantigen Halme, die sehr scharf sind, schon vor der Blüte über 30 cm messen und teils durch Blätter, teils durch Blattscheiden bekleidet sind. Die Blätter sind etwas durstig, am Rande und Kiele sehr scharf und laufen in weißliche, netzförmig genervte Scheiden aus, welche noch zum Teil sich in nervartige Fäden lösen. Die Deckblätter sind blattartig und oben grau-grün, unten gräulich grün, das unterste Deckblatt ist gewöhnlich noch über 30 cm lang. Die ♂ Ähren stehen nahe bei sammen und sind in der Blüte etwas verdickt. Die ♀ stehen entfernt, namentlich ist die unterste oft weit abgerückt. Die Ähren erreichen eine Länge von 1 cm. Blütezeit Mai bis Juni. Die Fruchthüllen sind aufgeblasen und eiförmig. ♃ Am Ufer von Teichen etc.

36. Cyper-Riedgras (Carex Pseudocyperus L.). Cyperngrasähnliche Segge.

Das Rhizom ist kräftig, ungegliedert, Ausläufer treibend und entsendet einen beblätterten, aufrechten, bis 70 cm hohen, grasgrünen Stengel, der von schmalen Blättern überragt wird, teilweise auch ganz, von ihnen bedeckt ist. Der Halm ist scharf und dreikantig. In der Regel findet man unter der einzigen ♂ Ähre nur 4 ♀, welche dadurch, daß sie nach unten immer länger gestielt sind, einander sehr nahe zu kommen. Die Deckblätter der Ähren sind vollständig blattartig, nur die untern sind scheidig, ihre Oberfläche ist scharf, ihre Unterfläche glatt. Die ♂ Ähre wird in den meisten Fällen über 2½ cm lang, sie besitzt eine hellrotbräunliche Farbe und sieht aufrecht. Die Stiele der ♀ Ähren sind fadenförmig, doch dreikantig und rauh. Die Ähren selbst sind grün. Blütezeit fällt in die Monate Juni und anfangs Juli. ♃ In sumpfigen Waldungen, Waldteichen. Zerstreut.

37. Blasen-Riedgras (Carex vesicaria L.). Carex inflata Hoffmann.

Das Rhizom treibt mit Blättern besetzte Halme, deren untere leicht verwelken. Beim Beginn der Blüte sind die Halme nur 30 cm hoch, werden aber schon während des Blühens 40 bis 60 cm hoch und erreichen später eine Größe von über 60 bis 80 cm. Sie sind im Querschnitte dreikantig, an den Scheiden rauh und ziemlich hoch hinauf beblättert. Die Blätter sind flach, am Rande und Kiele scharf, ihre Scheiden sind rötlich und mit Netzfäden versehen. ♂ Ähren sind in der Regel

2—3 vorhanden, die gleich im Anfange dünner und durch die Staubgefäße gelber als die ♀ sind. Die letzteren findet man stets zu 2—3; ihre Stiele verbergen sich vor der Fruchtreife in den blattartigen Scheiden, ihre Fruchtknoten werden anfangs von den bräunlichen, mit einem grünen Mittelnerven versehenen Deckblättchen bedeckt. Etwas später ändert sich die Gestalt der Ähre: der Fruchtknoten wächst, bläht sich auf, wird glänzend, anfangs gelbgrün, dann gelb und die sonst sehr ins Auge fallenden Deckblättchen werden ganz unscheinbar. Die Blütezeit fällt in die Monate Mai und Juni. ⚥. An Abzugsgräben, am Rande schlammiger Teiche.

38. Schlammsegge (Carex limosa L.). Schlamm=Riedgras.

Das Rhizom ist im Schlamme kriechend und der Halm treibt hier, soweit er sich im Schlamme befindet, Wurzeln. Die einzelnen Halme erreichen eine Höhe von 30 cm, sind dreiseitig, stehen aufrecht und werden an der Spitze etwas schärflich. Die Blätter, welche am Grunde und an dem untersten Drittel des Halmes sich befinden, sind sehr schmal, rollen sich bald zusammen und erscheinen dann borstenförmig. Die Scheiden der Deckblätter sind am Grunde braun, spitzen sich aber in ein grünes, schmales, lang zugespitztes Blättchen zu. Die 3 bis 3½ cm langen Stiele der Ähren sind glatt, die Ähren sind kürzer als die Stiele, stets länglich. An den langen, borstenförmigen Blättern, die zusammengerollt sind und an den langen und dünn gestielten ♀ Ähren ist diese Segge sogleich zu erkennen. Blütezeit Mai und Juni. ⚥. Schlammige Sümpfe und Moore.

39. Steifes Riedgras (Carex stricta Good). Vignea stricta Rchb., Carex gracilis Wimmer.

Das Rhizom ist kräftig und ungegliedert, kurz und ohne Ausläufer. Die Wurzeln bilden ein dichtes, inniges Geflecht und dringen tief in den Boden des Wassers ein. Der Halm steht steif aufrecht, ist scharfkantig, rauh und über meter hoch, er ist unten mit breiten, sehr langen Blättern besetzt, deren lange Scheiden alle netzartig gespalten sind. Sie sind mehr oder weniger duftig grün, stets kürzer als der Halm, erreichen jedoch eine Höhe von 50 bis 75 cm. Im ganzen sind sie steif, am Rande und an Kiele scharf, und haben eine lange, scharfe Spitze. Die Halme sind scharf dreikantig. Die einzige ♂ Ähre besitzt zuweilen am Grunde noch eine zweite kleinere, doch kommen auch, d. h. nur an kräftigen Exemplaren 2—3 vor. In der Farbe sind sie tief schwarzbraun und gleich breit. ♀ Ähren sind 2, 3, auch 4 vorhanden. Die unterste ist etwas gestielt, die oberen sind nicht selten an der Spitze ♂. In ihrer Form sind sie stumpf, erhalten beim Schwellen der Früchte ein grünbuntes Ansehen, indem die Früchte aus den braunen Spelzen hervorsehen. Blütezeit April und Mai. ⚥. In stehenden Gewässern, in moorigen Teichen ꝛc. Zerstreut.

Die Seggen oder Riedgräser gehören zur Familie der Schein= oder Sauergräser, so genannt vom Landmann, weil ihr Auftreten meist saueren Boden anzeigt. Alle hierher gehörenden Arten sind grasartige Pflanzen mit meist kantigem Halm; am häufigsten ist er dreikantig. In den weitaus meisten Fällen bricht dieser Halm aus einem dauernden Wurzelstock hervor, weit seltener sind die Gewächse nur einjährig. Alle Angehörigen dieser großen Familie, aus der ich nur einige wenige herausgegriffen habe, besitzen das Gemeinsame, daß ihre Ährchen zwei= bis vielblütig und ihre Früchtchen von einer flaschenförmigen, aufgeblasenen Fruchthülle, dem so genannten Schlauch, umgeben sind.

In bunter Abwechselung stehen die Vertreter dieser Familie am Rande der Sümpfe, Teiche und sonstiger Gewässer, viele von ihnen haben ihren Standort auch mitten im Wasser, verlangen jedoch dann, daß hier der Wasserspiegel im Sommer oder im Herbste etwas fällt. Es ist eine bunte Gesellschaft, die sich hier vereinigt hat und trotzdem, daß oft über hundert verschiedene Arten in einem kleinen Kreise stehen, vermag der Laie die verschiedenen Arten nicht auseinander zu halten. Gar manchem trefflichen Botaniker ist es schon passiert, daß er die eine Art mit der anderen verwechselt hat, daß er verschiedene Arten als zu einer Art gehörig bezeichnete und erst später ist er zu der Erkenntnis gekommen, daß er ganz verschiedene Pflanzen vor sich hatte. Faßt ja auch das Volk die ganze Familie und noch andere dazu unter dem Namen Gras zusammen, ohne zu wissen, wie viele Pflanzen es überhaupt sind, die dieses Gras bilden. Die Bestimmung der Seggen oder Riedgräser verlangt eine große Übung.

Die verschiedenen Riedgräser blühen nicht alle zur gleichen Zeit, sondern die einen bald früher, die andern etwas später und dabei kommt es, daß die einen gerade dann aufblühen, wenn bei den anderen die Blüten den Höhepunkt ihrer Entwicklung erreicht haben, andere indessen schon mit ihrer Blütezeit zur Neige gehen. Die Narben der einzelnen Blüten sind 2 bis 3 Tage belegungsfähig, haben sich sämtlich soweit über die Deckschuppen vorgeschoben und erscheinen so gestellt, daß der von Luftströmungen herbeigeführte Pollen an ihnen hängen bleiben muß. Indessen sind noch immer nicht die Antheren der Pollenblüten der betreffenden Art geöffnet, um den Staub aufzunehmen. Hierdurch kommt es, daß die Narben im Verlaufe des ersten und zweiten Tages häufig mit dem Pollen anderer früher aufgeblüter Arten belegt werden; denn weil die Antheren dieser schon bedeutend früher aufgeblühten Arten bereits geöffnet sind, so wird jeder Windstoß den Pollen aus ihnen wegführen, ihn in das Moor hinaus wehen und alles das bestäuben, was auf dem Wege liegt. Der Blütenstaub, welcher sich später aus den über und neben den belegungsreifen Narben stehenden Pollenblüten entwickelt, kann auch demzufolge, weil er später reif wird, erst später, in zweiter Linie also, aufgenommen werden. Es findet bei den Riedgräsern erst eine zweiartige, später eine einartige Kreuzung der Blüte statt.

Ein eigentliches Aufklappen der Deckblättchen findet bei den Riedgräsern nicht statt, meist ist es nur eine Lockerung und diese ist in den weitaus meisten Fällen so unbedeutend, daß man sie bei flüchtiger Beobachtung kaum merkt. Daher sind auch die fadenförmigen Antherenträger nur teilweise sichtbar, die Antheren werden durch die rasch auswachsenden Fäden über die Spelzen vorgeschoben und emporgehoben. Hat der Faden die nötige Länge erreicht, so wird sein oberes Ende überhängend, die Anthere erscheint dann an diesem Ende wie angehängt und findet keinen Widerstand bei den zum Ausschütteln des Pollens notwendigen Bewegungen.

Die Gruppe der Riedgräser, auch die der Binsen und Simsen enthält, wie ich hier noch kurz erwähnen will, viele Bastarde. Besonders sind solche aus der Gattung Carex bekannt geworden.

Die reifen Samen der Riedgräser haben keine besonderen Vorrichtungen zur Verbreitung ihrer Art. Ihnen fehlen Häkchen, Klebestoffe ꝛc., mittelst welcher sie sich an die Haut, den Pelz oder an das Gefieder der Vögel festsetzen, allein die Fähigkeit besitzen sie, sich auf der Wasseroberfläche schwimmend zu erhalten. Treten Tiere in das Wasser, auf dessen Spiegel Samen von Riedgräsern schwimmen, so hängen ihrem Äußeren, durch Vermittelung der haftenden Wassertropfen, stets auch zahlreiche Früchte an. Gehen diese Tiere zu einer anderen Wasseransammlung, so werden die Früchte ohne Zweifel dort sich loslösen und dann ansamen.

Noch mehrere Arten, als ich von den Seggen beschrieben habe, eignen sich für das Aquarium. Ihre Brauchbarkeit für das Becken wird man unschwer selbst erkennen, wenn man sie an ihren Standorten aufsucht. Im Aquarium dauern sie leicht aus, wenn man den Pflanzen die nachfolgende Behandlung zu teil werden läßt. Den größten Teil des Jahres stehen diese Gewächse im Wasser, einige von ihnen auch immer, nur zur Zeit der trockensten Monate kommt ihr Wurzelstock teilweise außerhalb des Wassers zu stehen. Aus diesem Grunde pflanze man die Gräser in Töpfe, wie sie von den verschiedenen Geschäften erhältlich, und hebe sie mit diesen im Juli und August so hoch über den Wasserspiegel, daß nur noch etwa das untere Drittel derselben vom Wasser umgeben ist. Versäumt man dieses, so fangen die Pflanzen an zu faulen, werden unansehnlich und sterben ab.

40. Viehgras (Glyceria spectabilis M. K.).

Poa aquatica L., Glyceria aquatica Wahlenberg, Poa altissima Moench, Molina maxima Hartm., Hydrochloa aquatica Hartmann. **Wasserschwaden.**

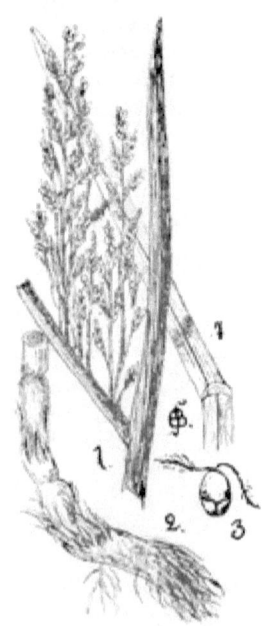

Figur 112. Viehgras Glyceria spectabilis. 1. Blütenstand, 2. Wurzel, 3. Blütencarpell, 4. Blatt.

Das Rhizom ist etwa fingerdick, kurzgliedrig und treibt im Schlamme Ausläufer. Die Halme sind rohrartig, steif und aufrecht, sie können eine Höhe von 2 m erreichen. Sie sind locker mit breiten, lang bandförmigen, spitzen, aufrechtstehenden Blättern besetzt. Am Rande und am Kiel sind sie scharf und haben an ihrer Basis zu beiden Seiten einen braunen oder gelblichen fleckigen Fleck. Das Blatthäutchen ist kurz, die Rispe oft über 30 cm hoch. Sie sendet aus den Ausgangspunkten der Rispenäste 3 bis 5 Rispenäste aus, von welchen einige über 18 cm lang werden können. Diese, von demselben Ausgangspunkte kommenden Rispenäste, wenden sich alle nur nach einer Seite hin, indem aber die folgenden Astbüschel der Rispe sich nach den anderen Seiten wenden, wird die Rispe allseitwendig und hat oft an 1000 Grasährchen. Die untersten Ähren bleiben unfruchtbar. Die Klappen sind einnervig und häutig, die äußere Spelze ist grünlichgelb oder bräunlich mit weißer Spitze. Blütezeit Juli und August. ♃. An Ufern von Bächen und Gewässern.

Von der artenreichen Familie der Gräser bringe ich aus der Familie Glyceria drei Vertreter, deren Beschreibung ich folgen lasse, um dann das Gesamtbild zu geben.

41. Schwadengras (Glyceria fluitans R. Br.). Festuca fluitans L. Poa fluitans Scopoli, Hydrochloa fluitans Hartmann.

Das Rhizom ist bleifederstark, kriecht im Schlamme und treibt Ausläufer. Es treibt aufsteigende, an den Knoten keimförmig aufwärts gebogene, kräftige Halme mit locker gestellten, langen, in der Jugend dem Wasserspiegel aufliegenden Blättern. Die untersten Blätter fluten im Wasser. Die obersten Blätter stehen aufrecht. Die Rispe wird über 30 cm lang, sendet aus den Knoten der Spindel je zwei Äste, wovon einer gewöhnlich nur ein einziges Ährchen trägt, während der andere weiter verzweigt ist. Blütezeit Juni und Juli. ♃. An Gräben und Teichen, besonders auf schlammigem Boden.

42. Schmielen-Süßgras (Glyceria aquatica Presl.). Poa Airoïdes Koeler. Aira aquatica L., Catabrosa aquatica P. B., Colpodium aquaticum Trin. Schmielen-Schwadengras.

Das kräftige Rhizom kriecht ausläuferartig und treibt Blattbüschel und aufsteigende 40 cm hohe Halme, welche unten mit kurzen Blättern, weiter oben mit längeren, oben mit stumpfen versehen sind. Die Blattflächen sind immer weit kürzer als ihre etwas bauchigen und glatten Scheiden, und Halme und Blätter sind völlig glatt, letztere nicht einmal am Rande scharf. Die Blatthäutchen sind stumpf. Die Rispen sind durch ihre kleinen, rotbunten Grasährchen sehr zierlich. Blütezeit fällt in die Monate Juni und Juli. ♃. An Gräben und Gewässern, besonders in stagnierendem Wasser.

Figur 113. Schmielen-Süßgras (Glyceria aquatica). 1. Blütenstand. 2. und 3. Halm mit Wurzeln. 4. Ährchen. 5. Blatthäutchen.

Die zur Familie Glyceria zählenden Süßgräser spielen vermöge ihrer amphibischen Natur, bei der Umwandlung von wasserbedeckten in trocknes Gelände und bei der Besiedlung der, in betreff des Wasserstandes großen Schwankungen unterliegenden Flußläufen, eine große Rolle. Ihrem jedweiligen Standorte fügen sie sich, passen sich den bezüglichen Verhältnissen dort an und wachsen ungestört weiter. Trotzdem einzelne von ihnen im Aquarium sich recht reizend ausnehmen, auch im Sumpfaquarium nicht fehlen sollten, rate ich doch dem Besitzer des Kastenaquariums nicht, sich viel mit diesen Gewächsen zu befassen. Der Liebhaberei stehen viele andere und dankbarere Pflanzen zu Gebote, die entschieden mehr Interesse hervorrufen als diese immerhin etwas steifen Gewächse.

Zur Besetzung des Aquariums hebe man die Wurzelstöcke dieser und anderer nicht mit beschriebenen Grasarten, die an geeigneten Stellen wachsen, behutsam aus, und setze sie nicht zu tief in Töpfe. Ihre sonstige Behandlung deckt sich mit der der Carexarten und verweise ich auf das bei diesen Gesagte.

Auch der Reis (Oriza sativa L.), jene alte Kulturpflanze, kann im Aquarium gehalten werden. Der Same ist in größeren Samengeschäften stets zu kaufen und wird bis zur Aussaat trocken aufbewahrt. Mit dieser wird Mitte bis Ende März begonnen und zwar in Töpfe, die mit guter Lauberde mit etwas Lehm und Sand vermischt angefüllt sind. „Den Samen," sagt Obergärtner Wüstenberg in den „Blättern für Aquarien- und Terrarienfreunde", „streue man ungefähr $\frac{1}{2}$ bis 1 cm auseinander und bedecke ihn mit einer dünnen Schicht Erde. Stelle die Töpfe nun in einem Wasserbehälter so auf, daß das Wasser höchstens $2\frac{1}{2}$ cm über der Erdschicht steht und sorge namentlich in dieser Zeit für eine besonders warme Temperatur des Wassers, jedoch darf dieselbe nicht über + 32° C. steigen, da sonst die Keime leicht zu Grunde gehen würden. Sieht man die Halme hervorsprießen, so versäume man garnicht, den Behälter mit den Töpfen so nahe wie nur irgend möglich ans Licht zu bringen. Sonne ist nun die Hauptbedingung, je mehr Sonne, desto üppiger und freudiger werden die jungen Pflänzchen gedeihen. Die Temperatur

Figur 114. Reis (Oriza sativa).

halte man stets gleichmäßig auf + 15—20° C. Wasserwärme. Haben die Pflanzen eine Höhe von 8—12 cm erreicht, so setze man dieselben möglichst mit dem ganzen Ballen in ein mit flachem Wasserstand versehenes Aquarium, ein Sumpf-Aquarium würde sich hierzu am besten eignen, bedecke es mit einer Glasscheibe und lüfte erst nach 8 bis 10 Tagen, wenn die Pflanzen schon etwas angewachsen sind, mehr und mehr. Als Erdmischung verwende man dieselbe wie oben beschrieben. Je nach den Verhältnissen, Witterung oder Pflege werden die Reispflanzen Ende Juli oder Anfang August stark genug sein, um Blüten hervorzubringen, und diese stehen in ährenförmigen Rispen, welche sehr leicht Samen ansetzen und ihn auch zur Reife bringen. Der Reis ist einjährig.

43. **Thalia (Thalia dealbata Fraser.)**.

Das Rhizom ist ausdauernd und wächst flach im Bodengrunde. Aus demselben treiben mehrere oft 2 m hohe Stengel, die länglich ovale, zugespitzte, gestielte, am

Grunde in lange Scheiden ausgehende, frische grüne Blätter tragen. Im Sommer erscheinen diese Blüten in Zwischenräumen von 8—14 Tagen. Die Blüte ist unscheinbar, die einzelnen Blüten stehen in einer Ähre und sind braunrot, zu je zwei von einer scheidigen weißbestäubten Bractea umschlossen. ⚥. Südstaaten von Nord-Amerika.

Die Thalia ist unstreitig eines der dekorativsten Sumpfgewächse, welche wir bis zur Zeit besitzen. Streben im Zimmeraquarium ausgepflanzte Gewächse bis zur Zimmerdecke empor, so bleiben im Sommer im Freien gezogene bedeutend gedrungener, diese werden dann nur etwa meterhoch, die Blätter auch fester und diese in ihrer Form mehr ovaler. Eine eigenartige Erscheinung, ähnlich wie bei dem chilenesischen Tausendblatte, zeigen auch die Thaliablätter. So lange die Spitze des Blattes noch grün ist, tritt hier jeden Abend ein kleiner Tropfen Flüssigkeit heraus.

Die Vermehrung der Thalia erfolgt durch Samen, der indessen nur schwer keimt, am besten aber durch Wurzelteilung. Während der Sommermonate kann die Pflanze ziemlich tief im Wasser stehen und die volle Einwirkung der Sonne vertragen, doch verlangt sie dann ein öfteres Besprengen. Während der Wintermonate wird sie im flachen Wasser durch die kalte Jahreszeit gebracht. Als beste Erdmischung reicht man der Pflanze Moorerde, Lehm und Sand zu gleichen Teilen vermischt. Soll die Thalia in Töpfe ausgepflanzt werden, so eignen sich hierzu besonders flache. Dieselben Anforderungen an die Kultur stellt eine nicht minder imposante Sumpfpflanze, das Schlaffe Blumenrohr (Canna flaccida Rose).

Figur 115.
Thalia (Thalia dealbata).

Die Blätter sind frisch und saftig grün und erreichen eine Länge von über 70 cm. Die Blüte ist groß und gelb wie bei den bekannten Cannaarten. ⚥. Nord-Amerika.

Zur guten Entwicklung dieser Canna ist es angebracht, die Pflanze jedes Frühjahr in neue, nahrhafte, mit Lehm versetzte Erde zu setzen.

44. Fluß-Schachtelhalm (Equisetum Telmateja Ehrh.). Equisetum fluviatile L. Equisetum eburneum Schreb. Equisetum maximum Link.

Das Rhizom ist schwärzlich, fast stielrund, bleifederstark, ziemlich langgliedrig und liegt wagerecht mehrere cm tief im Boden. Die fertilen Triebe sind unten nur dünn, schwellen indessen nach oben zu rasch an, sind astlos, etwa 30 cm lang, stielrund, hellbraun, zart langsstreifig, dicht mit unten weißlichen, nach oben braunen trichterförmigen, in 30 und mehr haarfein, zugespitzte Zähne auslaufenden Scheiden besetzt, die oft so dicht einander folgen, daß sich das Internodium bedecken. Die Fruchtähre ist dick, meist stumpf, bis 10 cm lang. Der sterile Stengel erreicht eine Höhe von über 1 m. Er ist stielrund, fein längsgestreift, rein weiß, mit einfachen, ziemlich kurzen und starren grünen Zweigen in 20—40zähligen Wirteln besetzt. Scheiden am Hauptstengel bis 20 mm lang, das bis 40 mm lange Internodium nicht ganz bedeckend. Unten weißlich, aber in 20—40 haarfeine Zähne gespalten, die oben braun, unten schwärzlich sind. Fruchtzeit fällt in die Monate April und Mai. ⚥. An Quellen, Flußseen, Gräben ꝛc.

Von den zur Bepflanzung des Aquariums geeigneten Schachtelhalmen beschreibe ich drei Arten und gebe ihr Lebensbild und ihre Behandlung im Becken zusammen.

45. Sumpf-Schachtelhalm (Equisetum palustre L.). Kattensteert.*)

Diese Pflanze variiert sehr. Der Stengel ist grün und trägt in der Regel nur am Ende eine cylindrische Ähre, seltener finden sich auch etliche am Ende der Zweige. Sonst ist der Stengel dünn, langgliedrig, tief 6—10furchig, mit ziemlich anliegend en, kurzen, 6—10zähligen Scheiden. Von ihnen ist die oberste etwas mehr aufgeblasen und langzähnig. Die Äste stehen in 6—10zähligen Wirteln, ziemlich dick, starr, steif aufgerichtet, mit 5—6zähnigen, nach oben etwas erweiterten Scheiden. Die Fruchtzeit fällt in die Monate Juni, Juli und August. ⚥. Auf sumpfigen Wiesen, an Gräben ꝛc.

46. Teich-Schachtelhalm (Equisetum limosum L.).

Figur 115 a. Teich-schachtelhalm (Equisetum limosum). 1. Oberer Teil eines sterilen Triebes. 2. desgl. eines fertilen Triebes.

Das Rhizom ist kräftig und kriecht im Schlamme. Es zieht im Winter auf eine nur wenige Internodien lange Knolle zurück, um im Frühjahr wieder auszutreiben. Der Stengel ist röhrig, über bleifederstark, bis 1 m hoch und stielrund. Er ist fein kanneliert, langgliedrig, kurzscheidig, der fertile in einer kegelförmigen, sehr kurz gestielten Ähre endigend, oft gänzlich astlos, oder spärlich und unregelmäßig, bisweilen reichlich und regelmäßig wirtelig verästelt. Die sterilen Stengel sind reicher wirtelig verästelt. Die Scheiden sind höchstens 1 cm lang, mit etwa 20 sehr kurzen, schmalen und spitzen schwärzlichen Zähnen, ziemlich dicht anliegend, nur die oberste oder die 2—3 oberen etwas aufgeblasen. Die Äste sind 4—7kantig, 4—7zähnige, etwas erweiterte Scheiden tragend. Fruchtzeit Juni—August. ⚥. Auf schlammigem Boden, in Teichen, Gräben, Sümpfen ꝛc.

Riesige Formen der Schachtelhalme lebten in der Vorzeit, besonders während der Steinkohlenperiode, in der ja überhaupt die Gefäßkryptogamen, zu denen die Schachtelhalme gehören, den höchsten Stand ihrer Entwicklung erreichten. Von den gewaltigen Kalamiten, welche zur Steinkohlenzeit ganze Wälder bildeten und 10—12 m Höhe erreichten, bei einer Stärke von 2 bis 3 m Umfang, sind die Schachtelhalme der Jetztzeit nur kümmerliche Abbilder.

Blätter fehlen dem Schachtelhalm fast ganz, bei ihm herrschen die Stengelgebilde vor. Das, was man als Blattgebilde ansprechen könnte, sind jene häutigen, gezähnten cylindrischen Scheiden, welche das untere Ende eines jeden Halm- und Astgliedes rings umgeben und dadurch den Eindruck bei dem Beschauer hervorrufen, als wäre ein Glied in das andere hineingeschachtelt oder hineingeschoben.

*) Plattdeutsche Bezeichnung.

Die oberen, verkürzten Glieder des Schachtelhalmes verwandeln ihre blattartigen Gebilde in sechseckige, gestielte Schildchen, unter denen die sackartigen Sporenkapseln hängen, und welche, quirlständig, als ein zapfenartiges Fruchtgebilde erscheinen. Die Sporen bilden sich in einer Mutterzelle, deren innere Verdickungsschichten jede Spore mit einem Spiralband umgeben, das als ein Scheideorgan dient. Der vielfach gelappte Vorkeim ist zweihäusig, d. h. er trägt entweder nur Antheridien, oder nur Archegonien; aus den letzteren wächst, wenn sie befruchtet sind, der Wurzelstock unterirdisch hervor, verzweigt sich und sendet an den Gliedern Wurzelfasern aus. Die aufsteigenden, oberirdischen, gegliederten Stengel sind hohl, haben eine geräumige, luftgefüllte Markhülle; ihre Gefäßbündel liegen in einem Kreise, und die Oberhaut ist reich an Kieselsäure. Infolge des oft bedeutenden Kieselerdegehaltes werden die Schachtelhalme zum Scheuern der Zinn und Kupfergefäße, sowie zum Schleifen von Holzarbeiten verwendet.

Als Aquariumpflanzen bieten diese Gewächse nur wenig Interesse, sind auch wegen ihrer tiefgründenden und weithin kriechenden Wurzeln nicht besonders zur Bepflanzung der Becken geeignet. Der Liebhaber, welcher diesen Pflanzen ein besonderes Interesse entgegenbringt, mag sie immerhin halten. Sie sind so einzusetzen, wie sie an ihrem Standorte wachsen.

Die Behandlung der Sumpfpflanzen im Aquarium.

Die Sumpfpflanzen, zu einer großen Gruppe vereinigt zählen auch die Uferpflanzen mit zu ihnen, sind amphibische-zweilebige Gewächse. Sie besitzen die Fähigkeit im Wasser sowohl, als auch im durchfeuchteten Boden leben zu können; sie passen sich den veränderten Umständen an, ohne in ihrer Lebensfähigkeit beeinträchtigt zu werden. Stehen sie heute in fast ausgetrockneten Gräben, so können diese in den nächsten Tagen voll von Wasser sein und für längere Zeit auch bleiben. Diese Überflutung geht an der Lebensthätigkeit der Pflanze ohne besondere Störung vorüber; nur zeigen die nachwachsenden Stengel und Blätter das Bestreben, über die Oberfläche des Wassers hinaus zu gelangen. Wachsen die Pflanzen so im Wasser weiter, stellen sie auch ihr Wachstum nicht ein, wenn dieses Wasser mit der Zeit versiegt, oder sonst einen Abfluß findet. Viele von ihnen verlangen sogar für einige Monate nur einen durchfeuchteten Boden. Dieses sind besonders die Uferpflanzen, z. B. die Seggen, Riedgräser, die sonstigen Gräser ꝛc. Dementsprechend werden diese Pflanzen am zweckmäßigsten nicht in die Bodenschicht gesetzt, sondern für sie verwendet man Pflanzentöpfe, wie sie von mir im letzten Abschnitte des Werkes näher beschrieben sind. Diese Töpfe füllt man mit derselben Erdschicht, wie sie Seite 47 oder bei der betreffenden Pflanze angegeben ist, und bringt nach dem Einpflanzen eine entsprechende Schicht gewaschenen Sandes über den Pflanzenboden. Diejenigen Sumpfpflanzen, die ständig im Wasser stehen, die also obige Ansprüche nicht stellen, werden in den Bodengrund gesetzt. Hier entwickelt und vermehrt sich die Mehrzahl von ihnen bei ungestörtem Wachstum außerordentlich.

Je nachdem die verschiedenen Pflanzen an ihren Standorten stehen, werden sie in die Becken eingesetzt. Man spricht deshalb von „Tief= und von Hochstehenden=Sumpfpflanzen." Erstere werden mehr oder weniger tief unter die Oberfläche die Wassers eingesetzt, letztere dementsprechend höher, unter Umständen so hoch, daß nur ihre Wurzeln eine gleichmäßige Feuchtigkeit erhalten. Sie können daher auch zur Bepflanzung des Felsens mit verwendet werden.

Nur wenige Sumpfpflanzen behalten auch über Winter ihre Belaubung, die meisten ziehen ein, treiben indessen nach einer kürzeren oder längeren Ruhepause im Frühling neue Triebe, die sich je kräftiger entfalten, je länger die Pflanze im Becken steht.

Für die großblättrigen Sumpfpflanzen des Aquariums ist es sehr zu empfehlen, die Blätter dieser Gewächse von Zeit zu Zeit mit einem feuchten Schwamm behutsam abzuwaschen, um auf diese Weise ein Unansehnlich= werden der Blätter vor der Zeit zu verhüten. Oft kommt es bei den Sumpfpflanzen vor, daß dieselben von Pflanzenläusen befallen werden, die unter Umständen arge Verheerungen anrichten können. Hier sind ver= schiedene Mittel angegeben worden, die aber fast alle den Nachteil besitzen, auch die befallene Pflanze mehr oder weniger selbst zu beschädigen, wenn sie auch die Tiere vernichten. Viele von ihnen sind bei den Sumpfpflanzen unserer Becken überhaupt nicht anzuwenden.

Das Bespritzen der Gewächse mit Wasser, in dem Tabaksblätter aus= gelaugt sind, durch einen Zerstäuber, ist noch von den verschiedensten Mitteln das beste. Auch Marienkäferchen (Coccinella) in genügender Anzahl auf die Pflanzen gebracht, vernichten die Schmarotzer. Indessen das beste Mittel sind Vorbeugungen durch gute Kultur, wozu rechtzeitiges Lüften und nicht zu warmer oder vom Lichte entfernter Standort gehören. Dieses sorgt dafür, daß die Pflanze kräftige, gesunde Triebe bildet, die den Blatt= läusen nicht allzu sehr ausgesetzt sind und deren schnelle Fortpflanzung be= dingen. Auch Reinlichkeit spielt hierbei eine große Rolle insofern, als alle schlechten Blätter zu entfernen sind, an denen sehr oft die Brut dieser kleinen Insekten klebt. Dort, wo Blätter und Stengel ganz mit den Tieren besetzt sind, schneidet man solche ganz fort und vernichtet diese mit den Läusen. Junge Äste, die den Angriffen der Tiere ausgesetzt sind, verkrüppeln doch in der Regel und sterben über kurz oder lang ab.

5. Pflanzen zur Besetzung des Felsens.

Die hierher gehörenden Gewächse bilden keine bestimmt zu trennende und abzuschließende Pflanzengruppe. Alle haben nur das gemeinsam, feuchte Standorte mit Wurzelbewässerung zu lieben oder in feuchtem Erd= reiche zu wachsen. Indessen diese Pflanzen alle hier aufzuführen, würde weit über den Namen dieses Wertes hinausgehen, ich beschränke mich daher auf diejenigen Gewächse der Heimat, die ein besonderes Interesse von Seiten des Liebhabers verdienen und auch zur Bepflanzung von sogenannten

Terra-Aquarien inbetracht kommen. Viele von den Pflanzen, die sich eng den Sumpfpflanzen anschließen, wurden schon bei dieser Pflanzengruppe behandelt, die noch fehlenden Arten, d. h. nur soweit sie, wie ich oben schon sagte, Interesse verdienen, beschreibe ich nachstehend und gebe das Lebensbild derselben. Derjenige Liebhaber, der sich weiter über diese Gewächse unterrichten will, möge sich das Werk von Hesdörffer „Handbuch der praktischen Zimmergärtnerei" anschaffen. Hier wird er vieles finden, was für seine Liebhaberei paßt. Welchen nachteiligen Einfluß der Felsen für die sonstige Flora des Süßwassers hat, ferner wie bei der Einpflanzung der Gewächse hier zu verfahren ist, gebe ich in dem Kapitel: „Die Behandlung der für den Felsen bestimmten Pflanzen" am Schlusse dieses Abschnittes an.

1. Rundblättriger Sonnentau (Drosera rotundifolia L.). Ros solis rotundifolia Moench, Rorella rotundifolia Allioni.

Das Rhizom ist zart, fadenförmig mit mehreren Fasern besetzt. Die Blätter sind langgestielt und rosettenartig ausgebreitet, fast rund, anfangs lebhaft grün, später braunrot, oberseits am Rande mit purpurroten Borsten, welche am Ende mit einer fast blutroten, kleinen, in der Sonne einen schleimigen Saft ausschwitzenden Drüse besetzt sind, unterseits kahl. Der Blattstiel ist an der Oberseite mit weichen Haaren besetzt, am Grunde etwas breiter und daselbst auf beiden Seiten mit einigen langen, weißlichen Borsten, welche gleichsam ein Nebenblatt bilden, besetzt. Der Blütenschaft ist vielrund, trägt eine anfangs zurückgekrümmte fast einseitswandige, später einfache oder auch 2spaltige Ähre. Sie trägt kleine weiße Blüten, die sich nur bei heiterem Wetter öffnen. Der Kelch ist tief 5spaltig und bräunlich grün gefärbt. Die Blumenblätter sind schmal, spatelförmig und am Grunde genagelt. Die 5 gelben Antheren sitzen auf weißen Fäden. Die Narbe ist keulenförmig und ungeteilt. Blütezeit Juli und August. ☉☉ In Sümpfen, Torfmooren, an sumpfigen Stellen, an Waldwegen, auf Waldwiesen u. s. w., besonders auf Sandboden.

Im Torfmoor, einer „Urwelts-Oase" mitten im parzellierten Kulturland, wo inmitten schwarzer Tümpel und Lachen schwellende Moospolster sich erheben, umkränzt von rauschendem Schilf und beschattet von schlanken Birken und dunklem Erlengebüsch, findet sich der Sonnentau. Hier im Moose eingebettet, schillern bei strahlendem Sonnenschein die Blätter dieses niedlichen Gewächses, als wären sie mit funkelnden Edelsteinen besetzt. Diese glänzenden roten Tröpfchen an der Spitze der Blätter, oder richtiger an der Spitze der das Blatt umsäumenden roten Drüsenhaare, sind Lockmittel für Insekten. Jedes dieser Wimperhaare trägt einen ganz kleinen Tropfen der krystallklaren Flüssigkeit, sodaß das Blatt mit einem Brillantendiadem umgeben scheint, wobei der Kontrast des jungen, maigrünen Blattes mit dem purpurnen Haar und den glitzernden, nie zusammenfließenden, zahllosen Tröpfchen einen reizenden Anblick giebt.

Schon unsere Vorfahren, welche in der heißen Mittagsglut, wenn aller übrige Tau von dem Rasen verschwunden war, die Tropfen auf diesem Gewächse allein dauern sahen, vermuteten ein Naturwunder dahinter und gaben der Pflanze den Namen „Sindau", das heißt „Immertau". Erst später wurde daraus nicht weniger bezeichnend „Sondau", Sonnentau.

Diese nie trocknenden Perlen glaubten unsere Vorfahren dazu vom Schöpfer der Pflanze verliehen zu sein, um der Menschheit ein Naturheilmittel in der Pflanze gegen zehrende Krankheiten zu geben. Dodonäus sagt in der Einleitung zu seinem großen Kräuterbuche: „Denn wie das Kraut auf das zäheste den auf ihn gefallenen Tau zurückhält, so daß die brennendste Sonnenglut ihn nicht zu verzehren vermag, so glaubt man, daß es die natürliche Feuchtigkeit im menschlichen Körper erhalten könne." Auch die Alchymisten wurden durch die Absonderlichkeit der Tracht dieser Sumpfpflanze angezogen und hofften in diesem sonnenbeständigen Tau das Material zur Goldtinktur und zum Unsterblichkeitselixier entdeckt zu haben.

Über die wahre Natur und Bedeutung dieser Tautropfen der Pflanze wurden zuerst von Roth zutreffende Mitteilungen gemacht. Ihm war es aufgefallen, daß bei einzelnen Blättern sämtliche Drüsenhaare auf einen Punkt der Blattoberfläche zusammengeneigt waren und daß sich dementsprechend auch die Ränder dieser Blätter ein wenig nach innen gebogen hatten. Als er diese, einer vielfingerigen, geschlossenen Faust vergleichbaren Blätter näher untersuchte, fand er jedesmal ein totes oder mehr oder weniger verwestes Insekt darin. Er setzte darauf einige Exemplare in Töpfe, um in seiner Behausung genauere Studien anzustellen.

Figur 116. Rundblättriger Sonnentau (Drosera rotundifolia). 1. Insekt, von einem Blatte gefangen. 2. Stempel im Querschnitt. 3. Same, 4. derselbe im Längsschnitt.

Das funkelnde Geschmeide dieser kleinen Moorpflanze ist eine Fallgrube für kleine Tiere. Angelockt durch die funkelnden Tropfen, lassen sich hungernde Tiere auf sie nieder, um sich an den vermeintlichen Honigtropfen zu laben. Diese glänzenden Tropfen sind von einer klebrigen Beschaffenheit und halten jeden Fremdkörper fest. Das in die Falle gegangene Insekt ahnt die Gefahr, es sucht sich loszumachen, aber je mehr es zappelt, je mehr es sich bemüht, von dieser verderblichen Stelle fortzukommen, desto mehr bedeckt es sich mit der fadenziehenden Flüssigkeit, desto fester klebt es an den verräterischen Perlen. Aber auch die nicht berührten Wimpern geraten in eine sonderbare Unruhe: eine nach der anderen biegt sich langsam über das zappelnde Opfer, und zwar stets so, daß sie mit dem Flüssigkeitstropfen am keulenförmigen Ende das Insekt berühren und eine stets heftigere Absonderung des Klebestoffes bewirken. Nach nicht zu langer Zeit ist das ganze Tier von den blutroten Henkersarmen rings umschlossen und von den klebrigen Tropfen erstickt. Im Verlaufe der nächsten Stunden biegen sich sämtliche Wimpern einwärts und zugleich erheben sich die Ränder der Blattfläche derart, daß letztere die Gestalt einer hohlen Hand annimmt. In dieser Höhlung liegt, umgeben von dem sauren Saft der fühlhornähnlichen Wimpern, der Leichnam des gemordeten Insektes, und nun beginnt die Verdauung. Alle Weichteile werden aufgelöst und samt der ausgeschiedenen Verdauungsflüssigkeit vom Blatte aufgesogen; öffnet sich nach einigen Tagen — solange dauert die Verdauung — dieses, so sind von dem Tierchen nur noch die harten, unverdaulichen Teile übrig geblieben, die ein über das Moor streichender Windhauch entführt. Nach und nach stellen sich die Fangarme wieder auf, ihre Köpfe sondern abermals diamantene Tautropfen ab, um aufs neue Insekten mit diesen zu berücken.

Nach verschiedenen Untersuchungen, besonders der von Ziegler, will dieser Forscher festgestellt haben, daß alle toten tierischen Eiweißsubstanzen nur dann einen Reiz auf die Blätter des Sonnentaus hervorbringen, wenn sie vorher eine kurze Zeit zwischen den Fingern gehalten wurden. Legte dieser Forscher sie, ohne die Finger zu gebrauchen, mit einer Zange auf die Blätter, so übten sie keine Wirkung aus. Befestigte er andererseits ein Häufchen Hühnereiweiß, welches er vorher eine halbe Stunde lang in der Hand gehalten hatte, in der Nähe der Pflanze, so hatten sie nach vierundzwanzig Stunden gänzlich ihre Empfindlichkeit für Eiweißstoffe verloren. Dagegen wurden die Blätter nunmehr durch Chinin, welches in Papier eingeschlagen war, gereizt.

Während ein Bissen rohes Fleisch das Blatt fast ebenso schnell wie ein lebendes Tier reizt, äußern trockne, mineralische Substanzen, kleine Quarzkörner, Stücken Kalk 2c. selbst nach vierundzwanzig Stunden keine Wirkung. Die Pflanze besitzt also unzweifelhaft ein Unterscheidungsvermögen, oder besser gesagt, ein verschiedenes Verhalten für animalische und mineralische Körper. Sogar auf eine geringe Entfernung hin werden die Blätter noch von animalischen Stoffen beeinträchtigt. Treat befestigte eine lebende Fliege einen halben Zoll hoch über dem Blatte und sah dasselbe nach vierzig Minuten merklich aufwärts gebogen, nach weiteren zehn Minuten hatte es das Tier ergriffen und in seinen Fangarmen festgehalten.

Der Sonnentau nährt sich also in der That von Säften der Tiere; indessen nimmt auch die Pflanze Nahrung aus der Erde durch die Wurzeln auf, gedeiht aber weniger kräftig, wenn ihr die Fleischnahrung entzogen wird. Besonders bemerkbar tritt dieses durch Versuche festgestellte Faktum in dem Samenansatz hervor, den eine mit Fleisch gefütterte Pflanze einer dieser Kost entzogenen voraus hat.

Die Versuche Darwins haben bewiesen, daß die Blätter des Sonnentaus ganz in derselben Weise ihre Speise verdauen, wie dieses unser eigener Magen vollführt. Die Tropfen an den Wimperköpfchen enthalten nur einen Klebestoff so lange, um das Insekt festzuhalten. Sobald indessen ein fremder Gegenstand den Tropfen berührt, verändert sich seine chemische Beschaffenheit. Der Druck dieses Körpers übt einen Reiz auf die Drüsen aus: sie scheiden dann Butter Ameisensäure und Pepsin aus, d. h. fast die gleichen Stoffe, welche im tierischen Magen Eiweiß und Fleisch rasch verflüssigen. Das geschlossene Blatt ist daher nicht unrichtig mit einem Magen, in dessen Höhle durch den Verdauungssaft die Weichteile gelöst werden, verglichen worden. Sind die dem Blatte gemachten Mahlzeiten zu groß, so geht ein Teil derselben in Fäulnis über, das Blatt wird gelb, schwarz und stirbt ab.

Auf die Reizbarkeit der Fangarme hat das Schütteln des Windes, das Niederfallen der Regentropfen keine Wirkung. Am kräftigsten wirken Flüssigkeiten, insbesondere tierischer Natur, auf die Drüsenköpfchen. Je nahrhafter der Stoff, desto rascher erfolgt ihre Beugung. Wird eine Wimper gereizt, so pflanzt sich der Reiz nach allen Seiten fort, es scheint, daß solches mit materiellen Änderungen im Zellinhalte der betreffenden Gewebe verbunden ist und daß hierbei Ströme thätig sind, wie in den Nerven und Muskeln der Tiere. Die Fortleitung des Reizes geschieht ausschließlich durch das belebende Protoplasma der die Spiralgefäße einschließenden Zellen, welches im ungereizten Zustande beständig in zirkulierender Strömung begriffen ist.

Als Felspflanze für das Aquarium verwendet, verlangt der Sonnentau eine von unten gleichmäßig nachdringende Feuchtigkeit und lockere Erde. Am zweckmäßigsten sucht man im Frühling junge Pflanzen, sticht ein hinlänglich großes Stück des Moospolsters, auf dem sie wachsen, aus und versetzt es im Aquarium an eine solche Stelle auf dem Felsen, wo die oben genannten Ansprüche der Pflanze erfüllt werden. Weiter zu bemerken ist noch, daß diese Pflanze fadenförmige Ausläufer treibt, welche Wurzeln hervorbringen und so neue Pflanzen bilden.

Auch durch Samen läßt sich Sonnentau fortpflanzen. Dieser ist gleich nach der Reife in das Moospolster zu säen, wo er bald zu keimen beginnt. Der kleine, gerade Keimling ruht in fleischigem Eiweiß. Figur 117 stellt eine solche Keimpflanze mit den beiden Keimblättern und dem Sproß dar, der schon ein gewimpertes Blättchen trägt.

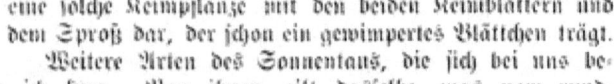

Figur 117. Rundblättriger Sonnentau (Drosera rotundifolia). Keimpflänzchen.

Weitere Arten des Sonnentaus, die sich bei uns befinden, beschreibe ich kurz. Von ihnen gilt dasselbe, was vom rundblättrigen Sonnentau gesagt wurde.

a. **Langblättriger Sonnentau (Drosera longifolia Hayne), Drosera anglica Hudson.**

Der Schaft ist aufrecht, doppelt so lang als die linealisch-keilförmigen Blätter. Die Blattflächen sind fast vollkommen flach. Blütezeit Juli und August. ☉ ☉ Moore, torfige Wiesen, zerstreut.

Abart hiervon ist:

Drosera obovata Koch.

Blätter verkehrt eiförmig keilig. Die Pflanze steht zwischen Drosera rotundifolia und Drosera longifolia. Wahrscheinlich Bastard zwischen beiden. Alpengebiet.

b. **Mittlerer Sonnentau (Drosera intermedia Hayne)**

Schaft am Grunde bogenförmig oder auch niederliegend, aufstrebend, wenig länger als die verkehrt-keilförmigen Blätter. Blütezeit fällt in die Monate Juli und August. ☉ ☉ Tiefe Sümpfe, Torfgräben, besonders im Nordwest-Deutschland.

2. Gemeines Fettkraut (Pinguicula vulgaris L.). Moorveilchen.

Die faserige Wurzel treibt mehrere hellgrüne, dem Boden anliegende, rosettenartig gestellte Blätter. Diese sind stumpf, ganzrandig und etwas fleischig, auf beiden Flächen mit durchsichtigen Haaren versehen, die einen klebrigen Schleim absondern. Aus dieser Rosette steigen 1—2, zuweilen noch mehrere, gerade 7—20 cm hohe, oben rötlich angelaufene, einblütige Stiele auf, welche im Querschnitte rund sind. Der Kelch der Blüte ist klein, unregelmäßig, 5teilig; die Zipfel sind mit Drüsen gewimpert und auf der Oberfläche mit Drüsen bedeckt. 3 Zipfel stehen bei einander und formen eine Lippe, die anderen beiden doppelt kleineren Zipfel formen die zweite Lippe. Auch die Krone ist zweilippig; die Oberlippe ist doppelt kürzer als die Unterlippe, liegt auf derselben und ist in 2 abgerundete Läppchen geteilt; die Unterlippe ist 3lappig. Auf der Außenseite ist die Krone hell violett, auf der Innenseite dunkel violett und nach dem Schlunde zu weißlich. Die Blüte ist nickend. Blütezeit Mai und Juni. 4. Auf torfigen Wiesen, durch das ganze Gebiet zerstreut.

Ist in nächster Nähe des Sonnentaus, sonst in Sumpf und Moor, auf feuchten Waldwiesen oder an Ufern von Bächen und Seen, wächst das gemeine Fettkraut. Sieht man das Pflänzchen stehen, so macht es den Eindruck der größten Harmlosigkeit für alle Welt. Seine violetten Blümchen, die gelbgrünen, dem Boden aufliegenden, zungenförmigen Blätter zeigen wirklich nicht an, wes Geisteskind wir vor uns haben. Sehen wir uns die Pflanze dagegen etwas näher an, befühlen wir die Oberfläche der Blätter, so zeigen sich diese schlüpferig und fettig. Ihre Oberfläche ist reich mit Drüsen versehen, die einen klebrigen Schleim absondern. Wie beim Sonnentau, so auch hier, wird dieser Schleim zahllosen kleinen Insekten verhängnisvoll, indem diese auf der Suche nach Honigsäften mit den Blättern in Berührung kommen, von diesen festgehalten und getötet werden. Stets findet man daher auch die Blätter mit verschiedenen Tierleichen bedeckt.

Die Oberfläche der Blätter ist mit zweierlei Drüsen besetzt, welche eine farblose, sehr klebrige Flüssigkeit absondern. Ein Teil dieser Drüsen ist lang-, ein anderer kurzgestielt. Die langgestielten Drüsen besitzen eine entfernte Ähnlichkeit mit Hutpilzen. Höchst wahrscheinlich liegen diesen verschiedenen Drüsen auch verschiedene Vorrichtungen ob, möglicher Weise so, daß die einen den klebrigen Schleim, die anderen eine magensaftähnliche Verdauungsflüssigkeit absondern oder auch, daß die einen von ihnen Säfte ausscheiden, während die anderen dagegen das Geschäft des Aufsaugens besorgen.

Durch das Vorkommen von Insektenleichen auf den Blättern des Fettkrautes aufmerksam gemacht, untersuchte Darwin die Pflanze näher. Er legte eine Reihe kleiner Fliegen dem Rande des Blattes entlang. Am anderen Tage fand er, daß sich dieser Rand, jedoch nicht der andere, nach einwärts gekrümmt hatte, was bei der Größe und Dicke des Blattes kaum zu vermuten war. Die Drüsen, auf denen die Fliegen lagen, sowie diejenigen auf dem sich umfaltenden Randstücke, welche gleichfalls mit diesen in Berührung gekommen waren, sonderten reichliches Sekret ab, und dieses war sauer geworden, was vorher nicht der Fall war. Nach einiger Zeit waren die Körper der Fliegen so weich geworden, daß sich ihre Gliedmaßen durch eine bloße Berührung von einander trennen ließen. Der Forscher unterzog nun die Drüsen, welche mit den Tieren in nähere Berührung ge-

kommen waren, sowie auch diejenigen, welche sie nicht berührt hatten, einer
eingehenden mikroskopischen Untersuchung, bei der sich herausstellte, daß sie
von einander vollständig verschieden waren. Erstere waren mit einer bräunlichen, körnigen Substanz gefüllt, die letzteren mit einer homogenen Flüssigkeit. Auch Pflanzenteile werden von dem Fettkraut ausgesogen. Die Pflanze
nimmt also tierische und pflanzliche Stoffe zu sich, zieht also aus beiden
Nährstoffe, die ihrem Wachstum zu gute kommen. Den einzelnen Drüsen
des Fettkrautes geht eine Bewegung vollständig ab, nur das Blatt selbst
vermag sich mehr oder weniger zu rollen, um hierdurch die genießbaren
Stoffe mit möglichst vielen Verdauungsdrüsen in Verbindung zu bringen.

Neben diesem gemeinen Fettkraut findet sich im alpinen Vorland, auch
im Lande selbst, das Alpenfettkraut (Pinguicula alpina L.). Diese
Spezies hat mit dem gemeinen Fettkraute eine große Ähnlichkeit, zumal
letzteres in Größe und Farbe der Krone sehr variiert. Ein scharfes Merkmal
zwischen beiden Pflanzen ist der Sporn der Blüte. Er ist hier kegelförmig,
dort dünn und pfriemlich, hier zurückgebogen, dort ziemlich oder völlig
gerade, hier kürzer als der untere Kronenlappen, dort ziemlich so lang als
derselbe.

Figur 118. Wassernabel (Hydrocotyle vulgaris).
1. Blüte, 2. Frucht.

Als Aquariumgewächs für den
Felsen verlangt das Fettkraut dieselbe Pflege und dieselben Standorte wie die Droseraarten. Wie
diese zieht es auch im Winter ein
und verbirgt sich als unscheinbare
Knospe im Moose, aus dem es sich
im Frühjahr zu neuer Blüte entwickelt.

3. **Wassernabel (Hydrocotyle
vulgaris L.). Pfennigkraut, Wasser-
schüssel.**

Der Stengel ist fadenförmig,
dünn, kriechend, gegliedert und an
den Knoten wurzelnd, mit etwas
entfernten, gestielten, schildförmigen, ungeteilten, kreisrunden, am Rande gekerbten
Blättern besetzt. Diese Blätter entspringen aus den Knoten, desgleichen auch die
kleineren Kopfdolden. Der Blütenstiel wird 2 bis 6 cm lang, hat an der Basis
ein Schüppchen und trägt 5—10 Blütchen, welche in einem Köpfchen stehen oder
auch so gebildet sind, daß sich das Stielchen aus der Mitte des Köpfchens fortsetzt
und mit einem zweiten Doldenköpfchen endet. Jedes Blütchen hat ein weißes,
scheidenartiges, feines Deckblättchen und weiße, auch rötliche, flache Kronenblätter.
Blütezeit Juli, August. 4. An moorigen, feuchten oder schlammigen Orten zerstreut.
Im Norden von Deutschland seltener als im Süden.

Der Wassernabel gehört seiner Form nach zu den eigenartigsten aller
Doldengewächse, da er von allen diesen in der äußeren Gestalt völlig ab-
weicht. Mit dem Sonnentau hat dieses reizende Gewächs, welches in seiner
Blattform der Kapuzinerkresse sehr ähnelt, fast die gleiche Verbreitung.

Es führt seinen kriechenden Stengel am Ufer der Gräben empor, mit den Wurzelhaaren, die an den Knoten entspringen, in die Erde der Böschungen eindringend, auch kommt es dem Pflänzchen nicht darauf an, ihn im Wasser ein ganzes Stück frei fluten zu lassen.

Der wunderliche deutsche Name „Wassernabel", den diese Pflanze führt, läßt sich nicht erklären, es ist auch nicht einzusehen, zu welchem Zwecke oder zu welcher Ähnlichkeit dieser Name Veranlassung bei der Pflanze gegeben hat.

Standorte, wie sie der Sonnentau liebt, verlangt auch dieses reizende Gewächs. Wenn möglich ist es von seinem Standorte mit Erde auf den Aquarienfelsen zu verpflanzen.

4. **Sumpf-Vergißmeinnicht (Myosotis palustris Roth).** Myosotis scorpioides Wild. Myosotis perennis Moench. **Mäuseöhrchen.**

Das Rhizom ist kriechend, vielzasrig, allmählich in den oft niederliegenden, mit der Spitze sich erhebenden, fast stielrunden, wenig verästelten Zweig übergehend. Dieser, sowie auch die Blätter sind mit angedrückten, strichligen, weißen, kurzen Haaren besetzt. Die länglichen, mehr oder weniger spatelförmigen Blätter sind sitzend, nur die unteren stielartig, am Grunde verschmälert und von lichtgrüner Farbe. Der Blütenstand ist ein Doppelwickel mit Scheinachse. Diese ist aus rechts und links abwechselnden Seitensprossen gebildet, welche je eine Blume tragen. Der Doppelwickel gleicht einer einseitswendigen, etwas eingerollten Traube. Die Blumenkrone besteht aus einer kurzen Röhre mit fünfteiligem Saum, dessen Blättchen an den Berührungsstellen gefaltet erscheinen. Der Schlund der kurzen Röhre ist durch fünf honiggelbe, kleine, runde, gestielte Schüppchen fast verschlossen; unter ihnen sind die fünf kleinen Staubblätter am Grunde der Röhre angewachsen. Der Kelch ist gleich. 5zahnig. Der Stempel hat einen kurzen, fadenförmigen Griffel mit narbiger Narbe. Blütezeit vom Mai bis Juni, indessen nicht selten bis in den Spätherbst hinein.

4. Auf feuchten Wiesen und Waldgräben, an Ufern von Gewässern.

Das Vergißmeinnicht, „das Sinnbild der Liebessehnsucht", wie Roßmäßler sagt, „gedeiht nur am Wasser und entfaltet seine himmelblauen Sterne am liebsten auf dem trügerischen Moorgrunde, unter welchem dem unvorsichtigen Pflücker der schwarze Abgrund droht. Hier soll, wie eine gefühlvolle Sage will, der symbolische Name dieses schönen Blümchens erfunden sein. Ein liebendes Paar wandelte am Rande eines Moorbruchs. Um den Wunsch der Geliebten zu erfüllen, betrat ihr Herzensfreund den treulosen Boden. Schon hatte er ein Sträußchen in der Hand, als die Moordecke unter ihm brach. Mit den Worten „Vergißnichtmein" versank er in die Tiefe."

Diese Pflanze ist im allgemeinen so bekannt, daß ich nicht näher auf das Gewächs eingehen will. Nur noch bemerken will ich, daß das Vergißmeinnicht in verschiedenen Varietäten, z. B. mit kleinen Blumen, mit abstehender Behaarung am Stengel, mit Stengeln, deren Behaarung dicht anliegt, und weiter mit dichter Stengelbehaarung und abstehender Zweigbehaarung vorkommt, indessen will ich diese Unterschiede hier nicht näher erörtern. Nicht zu verwechseln ist das Sumpfvergißmeinnicht mit dem Feldvergißmeinnicht, auch nicht mit dem Rasenvergißmeinnicht und anderen

Arten, die gemeinhin vom Volke als Vergißmeinnicht angesprochen werden. Am leichtesten ist das Sumpfvergißmeinnicht von den verschiedenen Verwandten dadurch zu unterscheiden, daß bei ihm Stengel und Kelch entweder mit anliegenden oder nur mit der Spitze abstehenden Haaren besetzt sind, die Blätter indessen immer mit ganz oder fast anliegenden Haaren bekleidet sind. Auch der Stengel ist beim Sumpfvergißmeinnicht immer etwas eckig und die Blätter spitz.

Zur Bepflanzung des Aquarienfelsens eignen sich besonders junge Pflänzchen, die an den oben genanten Orten, fast zu jeder Zeit zu finden sind. Für das Fortkommen der Pflanze genügt es, wenn ihre Wurzeln stets feucht gehalten werden, doch kann das Gewächs auch ohne Schaden einen Wasserstand von einigen Centimetern vertragen.

5. Einblatt (Parnassia palustris L.). Sumpf-Herzblatt, Sumpf-Einblatt, Studentenröschen.

Das Rhizom ist kurz und treibt eine Menge langer Fasern in den Boden. Nach oben zu entspringen mehrere langgestielte, 1–3 cm lange herzförmige, stumpfe und ganzrandige Blätter, welche auf beiden Seiten grasgrün und haarlos sind. Die langen Blattstiele besitzen bald eine mehr oder weniger rote Farbe. Jede Wurzel treibt mehrere 15 bis 30 cm hohe Stengel, welche aufrecht stehen, ganz unverästelt sind und gewöhnlich in der Mitte nur ein einziges sitzendes, stengelumfassendes, mit den Wurzelblättern gleichgeformtes Blatt besitzen. Am sonstigen sind die Stengel kahl und gefurcht, können auch als Schafte angesehen werden, ihr Blatt würde unter diesen Umständen ein Deckblatt sein. Oben am Stiel steht eine ansehnliche Blume, deren Nebenkronenblätter mit 9–13 drüsigen Borsten besetzt sind. Der 5blättrige Kelch fällt nicht ab und ist grün, die Blumenkrone weiß. Blütezeit: Juli, August. 4. Auf moorigen, feuchten Wiesen.

Das Einblatt ist ein Bewohner feuchter, sumpfiger Wiesen und erregt hierdurch seine relativ große, sternförmige, blendend weiße Krone um so größeres Aufsehen, als seine Umgebung meist eine recht eintönige und farblose ist. „Der ganze Bau desselben ist bei aller Einfachheit durchaus nobeln Charakters, und ich wüßte unter den Landpflanzen der Torfsümpfe und Riedwiesen keine andere zu nennen, die ihr an ästhetischer Anlage gleichkäme. Die Blumenfreunde begrüßen sie daher allerwärts als freundliche Erscheinung, welche dichterischen Reiz in die Monotonie der Sumpfflora bringt. Im Juni und Juli, zur Zeit da die Riedgräser anfangen fahl zu werden, nachdem sie ihre langweiligen Fruchtähren zur Entwicklung gebracht, erheben sich aus dem Wirrwarr des urwaldförmigen Rasens die schlanken Blütenstengel der Parnassia und alsbald schimmern und leuchten die schneeweißen Blumensterne an allen Enden zwischen Carex- und Gräserhalmen hervor, weithin mit dem luftigen Insektengesindel kokettierend." (Dodel.) Und das Einblatt versteht sich trefflich genug darauf, die Naschhaftigkeit und Leichtgläubigkeit der geflügelten Insekten zu seinen Gunsten auszunutzen, es läßt den Insekten ihre Arbeit, die Bestäubung, vollziehen, gibt ihnen aber für ihre Mühe nur einen geringen Lohn. Die Parnassia ist eine Täuschblume, eine Schwindlerin im Reiche Floras.

Um nun etwas näher hierauf einzugehen, ist es nötig, die Blüte etwas genauer zu beschreiben. Zwischen Fruchtknoten und Krone zeigt sich ein seltsames Gebilde, dessen Wesen und Bestimmung die längste Zeit hindurch dem Botaniker unbekannt geblieben ist. Es sind fünf spatelförmige Blattgebilde, welche auf schlanken Stäbchen goldgelbe, glänzende Köpfchen tragen und dem Einblatt ein so gefälliges Aussehen verleihen. Diese fünf Gebilde sondern auf ihrer Oberfläche Honig ab, es sind umgewandelte, als Nektarien bekannte Staubblätter. Aus dem Vorhandensein dieser Gebilde zeigt sich sogleich, daß das Einblatt eine insektenblütige Pflanze ist. Aber dennoch könnte der Beobachter, der die Blüte in verschiedenen Stadien betrachtet, an dieser Auffassung irre werden, wenn er die fünf fruchtbaren Staubgefäße Bewegungen ausführen sieht, welche eine Selbstbestäubung zu vermitteln scheinen. Diese biegen sich, sobald ihr Pollen reif ist, zur Narbe, und nehmen nach der Entleerung allmählich ihren vorigen Stand wieder ein. Das Biegen zur Narbe geschieht mit einem Male, das Abbiegen dagegen ganz allmählich. Zwei nebeneinander stehende Staubgefäße zeitigen zuerst, dann zeitigen die zwei folgenden und zuletzt die den zwei ersten entgegengesetzte. Nach der Abbiegung verlängern sich die Staubfäden und verlieren den leeren Beutel, so daß an einer älteren Blüte die ausgespreizten Staubfäden vorhanden sind, wodurch nicht bewanderte Botaniker leicht in die Lage kommen, die gestielten Drüsen der Nektarien für verzweigte Staubgefäße zu halten.

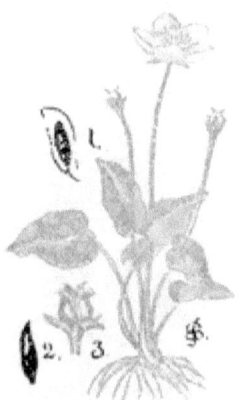

Figur 119. Einblatt Parnassia palustris.
1. Same im Samenmantel.
2. desgl. ohne Mantel.
3. reife Kapsel.

Dieser vollständige Vorgang der Selbstbestäubung wird mit großer Natürlichkeit ausgeführt. Indessen tritt nichts weniger als diese ein. Die reifen Beutel legen sich nämlich in einer Art der Narbe an, daß Blütenstaub überhaupt nicht auf sie gelangen kann, und kommt wirklich etwas auf die Narbe, so unterbleibt die Selbstbefruchtung doch, weil die Narbe erst viel später empfängnisfähig wird.

Durch diese scheinbar willkürlichen und zweckbewußten Bewegungen wird der sich nach oben öffnende Staubbeutel in eine solche Lage gebracht, daß honigsuchende Insekten sich mit Blütenstaub bepudern und letzteren an eine ältere Blüte genau an der empfängnisfähigen Narbe abgeben, eine Fremdbestäubung unter allen Umständen eintreten muß. Hierbei fällt nun dem Nektarienapparat die doppelte Aufgabe zu, die Insekten anzulocken und sie zu zwingen, eine der Bestäubung günstige Stellung über den Fruchtknoten einzunehmen.

Die am Ende der borstenartigen Stielchen sitzenden Nektarien gleichen so täuschend Flüssigkeitströpfchen, daß man sich durch eine besondere Probe überzeugen muß, es nicht mit solchen, sondern mit völlig trockenen Köpfchen zu thun zu haben. Durch diese scheinbaren Honigtröpfchen lockt das Einblatt eine ganze Anzahl Insekten an, gibt ihnen, indem sie herangekommen, eine zwar der Mühe lohnende, aber doch im Vergleiche zu der scheinbar in Aussicht stehenden Ausbeute nur bescheidene Menge Saft.

Das Einblatt ist eines der Gewächse, welches die große Konkurrenz unter den Blütenpflanzen zu den wunderbarsten Anpassungserscheinungen an die Insektenwelt geführt hat.

Als Felspflanze für das Aquarium verlangt dieses Gewächs gerade nicht viel Feuchtigkeit. Die Pflanze wird daher in solche Vertiefungen des Felsens eingesetzt, wo sie zwar feucht, doch nicht naß steht. Es ist sehr zweckmäßig, das Pflänzchen kurz vor der Blütezeit an seinem Standorte mit dem Moospolster, ohne welches es nicht gut gedeihen will, und mit etwas Erde auszuheben.

6. Wiesenschaumkraut (Cardamine pratensis L.).

Das Rhizom ist kurz und liegend, vielzaserig, gelblich bräunlich und sendet zuweilen dünne, kürzere oder längere Ausläufer aus, welche an ihrer Spitze eine Verdickung und ein kleines Pflänzchen zeitigen. Aus dem Wurzelstock erhebt sich gewöhnlich ein einziger, unten einfacher, von der Mitte an oder nur oben einfach ästiger, rundlicher, kahler, oft unten rot gefärbter, ungefähr 30 cm hoher Stengel, welche 4 bis 6 Blätter und eine oder mehrere endständige deckblattlose Blütentrauben trägt. Die Blätter sind gestielt, gefiedert, die untern des Rhizoms und Stengels haben längere Stiele und von 1—13 gestielten Blättchen, welche bald rundlich und herzförmig, bald eiförmig, bald umgekehrt eiförmig und keilförmig sind, dabei aber ganzrandig oder durch einige vorstehende Ecken eckig oder gezähnt erscheinen. Gewöhnlich ist das Endblättchen etwas größer, deutlicher gezähnt, fast 3lappig und steht zuweilen ganz allein an der Spitze der Mittelrippe. Die oberen Stengelblätter sind allmählich kürzer gestielt und werden oben sitzend. Alle Blätter sind entweder ganz kahl, oder besonders im Jugendzustande mit zerstreuten, kurzen, steiflichen, weichen Härchen am Blattstiel und den beiden Blattflächen mehr oder weniger besetzt. Die Blütentraube ist erst bei der Fruchtbildung vollständig ausgewachsen. Die Blütenstielchen, welche im Anfange kürzer als die Blume sind, werden bald länger und haben später zur Fruchtreife eine größere Länge als die Schoten erreicht. Die Kelchblätter sind eiförmig länglich, stumpflich, in der Farbe grün und fallen nach dem Blühen bald ab. Die Größe der Blumenblätter ist verschieden. Ihre Farbe ist selten rein weiß, gewöhnlich hellila. Staubgefäße sind vier vorhanden, länger als der Fruchtknoten, 2 kürzere, mit fast herzförmigen gelben Staubbeuteln. Der Stengel ist grün und kahl. Die Blütezeit fällt in die Monate April und Mai. Die Frucht eine Schote. Dieselbe ist linienförmig, zusammengedrückt, zylindrisch, zweifächerig, zweiklappig, die Klappen vom Grunde nach oben aufspringend und sich anrollend. 4. Auf feuchten Wiesen.

Das Wiesenschaumkraut führt seinen Namen daher, daß an seinen Blättern oft der „Kuckucksspeichel" gefunden wird, der speichelartige Schaum, unter dem die Schaumzirpe, eine kleine Cikade sich verbirgt und der durch das Insekt von der Pflanze erzeugt wird. Einer besonderen Eigenart des Wiesenschaumkrautes will ich hier noch kurz gedenken. Dort, wo ein Blättchen dieser Pflanze die Erde anhaltend berührt, bilden sich, nicht etwa an der Blattwurzel, sondern mitten aus dem Blatt heraus neue Pflänzchen. Es ist dieses insofern merkwürdig, als an dieser Stelle eine Wurzelbildung sonst nicht einzutreten pflegt. Besonders leicht geht eine solche Bildung dann von statten, wenn die an der unteren Seite vorspringenden Rippen vom feuchten Sande umwallt werden. Es kommen dann aus dem Parenchym über den Rippen Wurzeln hervor, die sich nach abwärts senken, während sich darüber ein Gewebekörper ausbildet, der zu einem aufwärts wachsenden, von den Wurzeln mit Nahrung versorgten belaubten Sprosse wird.

Soll das Wiesenschaumkraut im Aquarium als Felspflanze gezogen werden, so verlangt es einen Standort wie das Einblatt. Die Pflanzen, die vor der Blütezeit gesammelt und womöglich mit Erdballen auf den Felsen versetzt werden, gedeihen vorzüglich, vermehren sich auf die oben geschilderte Art und kommen im Becken zur Blüte.

Von den weiteren Arten des Schaumkrautes sind für die Bepflanzung des Felsens noch zu verwenden die Bitterkresse (Cardamine amara L., oder bitteres Schaumkraut, auch schlesische Brunnenkresse genannt. Der Stengel dieser Pflanze ist markig, 5kantig, die unteren Blätter nicht rosettig gehäuft; die Blättchen alle eckig-gezähnt; Kronenblätter wenig länger als die Staubgefäße. Die Griffel lang und dünn. Blütezeit April und Mai. ♃. In Quellen, Gräben und auf feuchten Waldplätzen. Im Aquarium verlangt dieses Gewächs einen feuchteren Standort als das Wiesenschaumkraut.

7. **Pfennigskraut (Lysimachia Nummularia L.).**
Das Rhizom ist dünn, fadenförmig, weitläufig, verästelt und kriecht ausläuferartig am Boden. Die Wurzeln brechen besonders am unteren Teil des Stengels, zuweilen aber auch nach den Spitzen hin, einzeln oder mehrere zusammen, aus den Blattknoten hervor. Die Blätter stehen auf 2 bis 4 mm langen Blattstielen einander gegenüber. In ihrer Form sind sie herzförmig rundlich oder eiförmig und zweilig in ihrer Stellung. Die Blütenstiele sind viereckig, stehen einzeln in der Blattachsel, gewöhnlich aber zugleich in beiden der zusammengehörigen Blätter. Sie sind meist kürzer, zuweilen aber auch ebenso lang als die Blätter. Die Kelchteile sind herzförmig, zugespitzt, an der Spitze mit einer gelbroten Drüse versehen. Die hochgelbe wohlriechende Blumenkrone ist fast doppelt so lang als der Kelch, ihre Abschnitte sind oval lanzettlich, mit linealischen und rundlichen, rotgelben und dunkelroten zerstreuten Pünktchen versehen. Die Staubfäden sind kürzer als der Kelch. Der Stempel und die Staubgefäße ungefähr gleich lang. Blütezeit fällt in die Monate Juni, Juli und August. Die Frucht ist eine Kapsel und springt in 5 Klappen auf. Sie enthält eine große Menge dreikantigen, braunen Samen. ♃. An etwas schattigen und feuchten rasigen Plätzen, an Gräben, in Waldungen und Gebüschen.

Das Pfennigskraut, welches diesen Namen, sowie auch den lateinischen, der rundlichen Gestalt seiner Blätter verdankt, galt früher als ein ausgezeichnetes Wundmittel, welches äußerlich wie innerlich gebraucht und als Nummulariae s. Centumorbiae bei Wunden und Geschwüren, bei Diarrhöen, sowie bei vielen anderen Krankheiten angewendet wurde.

Dieses allbekannte Gewächs findet sich überall an feuchten Orten, sehr oft sogar im Wasser. Als kriechende Felspflanze sowohl, als auch im tiefen Wasser des Aquariums vollständig untergetaucht, wächst es an beiden Orten unverzüglich weiter. Besonders ist die Pflanze im Winter sehr gut als submerses Gewächs zu verwenden. Ihr ist es gleich, ob über ihr das Wasser 20 bis 30 cm steht, oder ob nur ihre Wurzeln im feuchten Erdreiche eingebettet sind. Wo sie im Aquarium auch immer ihren Standort hat, überall kommt sie fort, ist nur ihr Platz ihrer Feuchtigkeitsliebe angepaßt. Als Felspflanze gezogen, entwickelt sie ihren großen, ansehnlichen Blütenschmuck, breitet sich kriechend weit über den Felsen aus und erinnert dann viel an die kriechende Feige (Ficus repens L.). Auf den Grund des

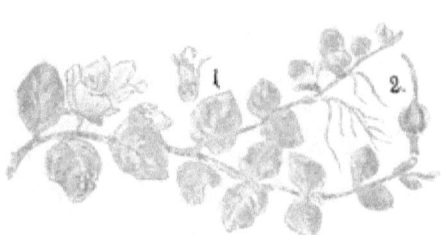

Figur 126. Pfennigkraut Lysimachia Nummularia. 1. Staubgefäße. 2. Stempel.

Aquariums, mit den Zweigen in den Boden gesteckt, kommt sie dagegen nicht zur Blüte, macht aber andererseits auch keinen Versuch, aus dem Wasser zu wachsen. Sie vegetiert hier unter Wasser so stark, daß ihrer großen Vermehrung durch Entfernen von Zweigenden und Schößlingen vorgebeugt werden muß. Würde das Pfennigkraut im Wasser zur Blütenbildung schreiten, so müßte man das Gewächs dem inwersen Leben vollständig angepaßt erklären und es den untergetauchten Pflanzen zuzählen.

Auch als reizendes Ampelgewächs, wie ich nur noch beiläufig erwähnen will, wird das Pfennigkraut gezogen. Die Pflanze zeigt ein so großes Anpassungsvermögen an ihre jeweilige Umgebung, sie schickt sich so schnell und so leicht in die neuen Verhältnisse, daß man sich billig wundern muß, wie ein und dieselbe Pflanze allen diesen verschiedenen Einflüssen gerecht werden kann. Nur unter Wasser gezogene Exemplare, ohne jeden Übergang an die Luft gebracht, vertrocknen bald.

8. Erdbeerklee (Trifolium fragiferum L.).

Das dauernde Rhizom treibt nach allen Seiten kriechende Stengel mit gedrängt stehenden, langgestielten Blättern. Die Stengel sind wurzelnd, rund, kahl, im Alter rötlich. An ihrer oberen Seite tragen sie langgestielte Blätter. Die Blattstiele messen 5 bis 10 cm, sind rund, besonders nach oben mit einzelnen Haaren besetzt und tragen drei sehr kurzgestielte, haarlose, ganzrandige, an der Spitze ausgerandete Blättchen. Die über 1 cm langen Nebenblätter teilen sich oben in zwei pfriemenförmige Spitzen, sind mit dunkleren grünen Adern der Länge nach gestreift und unten am Rande weißhäutig. Die Blütenstiele entspringen in den Blattwinkeln, überreichen die Blätter an Länge, stehen aufrecht, sind rund, flaumhaarig und tragen an der Spitze das rötliche Köpfchen, welches 8 mm Durchmesser besitzt. Die Hülle des Köpfchens ist vielblättrig, rötlichweißlich, ihre Blättchen sind in der Form lanzettartig, spitz und so lang als die Kelche. Die Blümchen sind kurzstielig, die Blumenstiele dicht behaart, die blaßrote Krone ist haarlos und ragt über die längsten Kelchzähne hinaus. Der Kelch ist dicht mit weißen Haaren besetzt. Die zwei Kelchzähne bleiben an der Spitze stehen und werden durch das Wachstum des Kelches ganz nach unten gerichtet. Durch die Erweiterung des Kelches, welcher grünlichgelb und purpurrötlich gefärbt ist, erhält der Blütenkopf in der Fruchtzeit eine entfernte Ähnlichkeit mit einer Erdbeere. Blütezeit Juni bis zum Herbst. ♃. In der Nähe von Quellen, auf feuchten Wiesen ꝛc.

Als Nutzpflanze gehört der Erdbeerklee mit zu den besten Weidegewächsen. Er bildet in seiner üppigsten Vegetationsperiode dort, wo er wächst, dichte Rasen, die vom weidenden Vieh mit großer Vorliebe aufgesucht werden.

Zur Fruchtzeit ist diese Kleeart mit keiner anderen zu verwechseln, ihre Köpfchen sehen, wie der Name „Erdbeerklee" schon sagt, zu dieser Zeit einer Erdbeere nicht unähnlich und gewähren ein niedliches Bild.

Zur Bepflanzung des Aquariumfelsens ist der Erdbeerklee sehr gut zu gebrauchen. Der am Standorte der Pflanze ausgehobene Stock wird in eine Vertiefung des Felsens eingesetzt und gedeiht dann ohne weitere Pflege.

9. **Lobelie (Lobelia Dortmania L.). Wasserlobelie.**
Das sehr kurze Rhizom entsendet nach unten einen Büschel fadlicher, runder, einzelner, ungeteilter Fasern, nach oben einen aufrechten, stielrunden, mit wenigen sehr entfernt stehenden Schüppchen besetzten Stengel, der am Ende eine armblütige Traube bildet. Der Stengel ist am Grunde von einer reichblättrigen Bajarosette umgeben. Diese Wurzelblätter stehen gedrängt bei einander, sind linienförmig, röhrig, in der Mitte durch eine Scheidewand getrennt und dadurch 2fächerig. Sie enthalten einen scharfen Milchsaft. Der Kelch der Blüte ist oberständig, 5zählig, die Zipfel sind fast gleichgroß und grün. Die Blumenkrone ist weiß, lila oder auch dunkler blau und lippig. Die Oberlippe teilt sich in zwei pfriemenförmige Zipfel, die Unterlippe ist größer, 3lappig, mit einem etwas größeren Mittellappen. Die Röhre ist an der Oberseite geschlitzt. Blütezeit Juli, August. ♃. In moorigen Landseen und Moorsümpfen, besonders an etwas salzhaltigen Orten.

Dem Botaniker Matthias von Lobel zu Ehren wurde diese reizende Pflanze Lobelia genannt. Dieselbe vegetiert in Form einzelner Strauchlinge, wie das Brachsenkraut am Boden von Landseen, besonders gern in solchen mit sandigem Untergrund. In der Regel steht sie in der Blütezeit noch unter Wasser und nur der Schaft sieht über dem Spiegel hervor. Ist indessen das Wasser des Standortes schon vertrocknet, so wird der Schaft gedrungener als er es ist, wenn die Pflanze ihn über das Wasser erheben muß. Reizend schauen indessen die Pflänzchen aus, wenn nur aus dem Wasser ihre Blütenschäfte hervorgestreckt werden und an diesen sich die lippenförmigen Blüten in der Luft schaukeln.

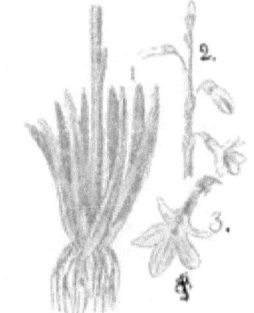

Figur 124. Lobelie (Lobelia Dortmania). 1. Unterer Teil der Pflanze. 2. Blütenstand. 3. Blüte.

Die Lobelie eignet sich, wie auch die Wasserpfriemenkresse (Seite 133), sowohl zur Unterwasserpflanze, besser jedoch als Felspflanze. Sie wird hier am besten in der Weise eingesetzt, daß ihre Blätter unter dem Wasserspiegel stehen, sie aber leicht ihren Blütenschaft über Wasser erheben kann. Sehr gut ist es für die Pflanze und notwendig sogar, wenn sie jahrelang ausdauern soll, daß sie zu Beginn der Blütezeit nicht völlig mehr unter Wasser steht und zu der Zeit, wenn sie im vollen Blütenschmucke prangt, als Pflanze behandelt wird, die nur eine Wurzelbewässerung verlangt.

10. Crypsis aculeata Act. Schoenus aculeatus L., spec. Anthoxanthum aculeatum L., sppl. Agrostis aculeata Scop., Phleum schoenoides Jacq., Antitragus aculeatus Gaertn., Heleochloa diandra Host.

Die Wurzeln sind zart, fein und fädlich. Die Pflanze bildet kurze Rasenbüschel, aus denen mehrere graugrüne Halme kommen, die sich rauh umher ausbreiten und aus den Blattscheiden Äste treiben. Die Halme sind etwas flach gedrückt und legen sich mit den untersten Halmteilen auf den Boden. Die Rispe ist ährenförmig, halbkugelig oder von oben abgeflacht, von einer blattigen Hülle umgeben und in dieselbe eingesenkt. Sie ist kopfförmig und in der Farbe rotbraun. Die Blüte tritt aus den Hüllspelzen hervor, sie ist zweimännig. Blütezeit Juli und August. ⊙ Sumpfige Wiesen, besonders in Niederösterreich. Fundorte in Süddeutschland sind mir nicht bekannt.

Crypsis aculeata ist ein sehr niedriges, zierliches, mit sparrigen Zweigen am Boden liegendes, jähriges kleines Gras. Die Pflanze bildet auf moorigem

Figur 122. Crypsis aculeata.

Boden kleine, kurze Rasenbüschel und eignet sich ganz vorzüglich zur Bepflanzung des Aquarienfelsens. In der beistehenden Abbildung ist diese Grasart etwa in $^1/_2$ der natürlichen Größe dargestellt. Ein Bekannter von mir brachte das reizende Gewächs aus Niederösterreich mit und pflegt es jetzt schon mehrere Jahre, d. h. er zieht jährlich neue Pflanzen durch künstliche Bestäubung.*) Den Samen streut er auf Moorerde, die, mit Torf vermischt, in einem flachen Gefäß ständig feucht gehalten wird. Sobald die Pflanzen hier eine entsprechende Größe erreicht haben, finden sie ihren Platz auf dem Aquariumfelsen, wo sich die kleinen Gewächse reizend ausnehmen. Würde dieses Gras ausdauernd sein oder wenigstens zweijährig, so wäre es für die Liebhaberei eines der empfehlenswertesten und zierlichsten Gewächse.

11. Farn-Astmoos (Hypnum filicinum L.).

Die Stengel erinnern an Farnkraut, sie sind fiederästig, bis zum Wipfel braun filzig, die einzelnen Blättchen mit einer Mittelrippe versehen. ♃. An sumpfigen Plätzen, an Quellen.

Weitere Arten der Moose, die für das Aquarium zur Bepflanzung des Felsens verwendet werden können, führe ich nachstehend auf und gebe die Schilderung aller gemeinschaftlich. Indessen, wie ich hier gleich bemerken will, bin ich nicht willens, alle Arten zu beschreiben, sondern nur

---

*) Vergleiche Seite 65 das über die künstliche Bestäubung Gesagte.

von den wichtigern die wichtigsten. Um hier auch nur etwas ausführlich zu sein, reicht mir der zur Verfügung stehende Platz bei weitem nicht aus.

12. Riesen-Astmoos (Hypnum giganteum Schimp).
Stark und dicht fiederästig, über 30 cm lang. ♃. Auf Torfsümpfen und bewässerten Stellen. In Deutschland nur vereinzelt.

13. Wasser-Astmoos (Hypnum fluitans L.).
Der Stengel ist gabelig geteilt, mit gleich hohen, spärlich verzweigten Ästen besetzt und wird über 30 cm lang. Die Blättchen sind zugespitzt und einseitig, wie eine Sichel gekrümmt. ♃. Sumpfige und torfige Wiesen, stehende und langsam fließende Gewässer.

14. Ufer-Astmoos (Hypnum riparium L.).
Der Stengel ist liegend mit flachen, wenig verzweigten Ästen besetzt. Die Blätter sind locker, oval lanzettförmig, ganz, mit verkürzter Rippe. ♃. An Flüssen und selbst an untergetauchten Steinen.

Die Moosarten sind für das Aquarium fast alle zu verwenden, sobald sie ihren Standort in oder am Wasser oder auf sumpfigem Boden haben. Alle Moose lieben die Feuchtigkeit, vielen ist sumpfiger Boden eine Lebensbedingung. Besonders gestaltungsreich von allen Moosen ist die Familie der Astmoose, von denen im vorhergehenden einige Vertreter näher beschrieben wurden. Arten aus dieser Familie sind über die ganze Erde verbreitet und an allen nur denkbaren Örtlichkeiten zu finden. Sie sind in der Ebene ebenso heimisch wie in den Regionen der Hochgebirge, sie sind in Sümpfen anzutreffen, aber auch in der dürren Haide zu finden, auf Feldern und Wiesen, in dichten Wäldern, ja sogar im Wasser flutend finden sich von ihnen Arten. Ein Teil der größeren Arten hat eine ausgesprochen amphibische Natur angenommen, andere sind vollständige Wasserbewohner geworden, jedoch haben sie nicht die Eigenschaft verloren, bei Wassermangel Landformen zu bilden. Auch bei den Sumpf- oder Torfmoosen — Sphagnaceae —, die auf Sümpfen und Mooren, besonders in Wäldern und an anderen geeigneten Orten oft ausgedehnte, elastisch schwammige Polster bilden, kann man oft submerse Formen, welche von den gewöhnlichen Sumpfformen in Gestalt und auch in anatomischer Struktur abweichen, finden. Besonders oft findet man vom zugespitzten Torfmoos (Sphagnum cuspidatum Ehrh.) eine untergetauchte Varietät, die von der Sumpfform erheblich abweicht. Hier sind dann alle Äste eines Büschels ausgebreitet und umhüllen nicht mehr wie sonst den Stamm. Die Zweigblätter sind weit von einander entfernt, sehr verlängert und von dunkelgrüner Farbe. Der innere Bau paßt sich auch diesem Wasserleben dann an. Die Sphagnum-Moose eignen sich nicht so gut für das Aquarium. Sie wachsen zwar bei genügender Feuchtigkeit fort, indessen sind ihre langen Stengel und auch weiter der Umstand, daß sie nur in dichten Polstern gut gedeihen wollen, zur Bepflanzung für diesen Zweck hinderlich. Von den Sternmoosen (Mnium) eignen sich dagegen viele zur Bepflanzung des

Aquariums. Sie wachsen gesellig an nassen Stellen und bilden hier oft ganze Rasen. Werden sie mit ihren Wurzelpolstern auf den Felsen gebracht und hier stets feucht erhalten, so gedeihen sie unschwer. Feuchtigkeit ist überhaupt für alle angeführten Moose zu ihrem Wachstum und Gedeihen notwendig.

15. Hirschzunge (Scolopendrium officinarum Sw.). Scolopendrium vulgare Sw., Asplenium Scolopendrium L.

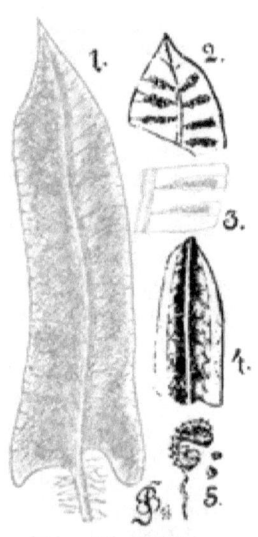

Figur 123. Hirschzunge Scolopendrium officinarum. 1. Wedel. 2. Spitze eines sterilen Wedels von der Rückseite. 3. ein Teil desselben mit zwei Sori. 4. Sorus vergrößert. 5. reifer, aufgesprungener Sporenbehälter.

Das Rhizom ist kräftig, liegend, locker mit dünnen, stielrunden, ästigen, dunkelbraunen Wurzeln besetzt, dicht mit braunen, stark aufwärts gekrümmten Wedelstielresten bedeckt. Es erzeugt dem Ende zu eine Anzahl gestielte, einfache, ungeteilte, ganzrandige, bis 50 cm lange Wedel. Die Wedelstiele sind von verschiedener Länge, aber stets kürzer als die Spreite, an der gekrümmten Basis dicht mit breit-lanzettlichen, schmutzig zimmtbraunen Spreublättchen besetzt. Die Wedelstiele sind grünlich, etwas flach gedrückt und tragen in der Mitte eine kräftige Rippe, welche bis in die Spitze der Spreite ausläuft. Diese Spreite ist lang und breit linealisch, in der Regel die eine Seite vom Mittelnerven ungleich der gegenüberstehenden entwickelt, am Grunde tief ausgeschnitten. Die Seitennerven sind sehr zart. Die Sori an den Gabelästen der Seitennerven entlang laufend. Die Wedel bleiben im Winter grün. ♃ Auf Felsen, in Waldschluchten, an feuchten, schattigen Stellen, auch in alten Brunnen. In Deutschland sonst nur zerstreut.

Abarten hiervon sind:

a. Gewellte Hirschzunge (Scolopendrium officinarum var. undulatum).

Die Wedel sind am Rande mehr oder weniger gewellt.

b. Gefingerte Hirschzunge (Scolopendrium officinarum digitatum).

Die Wedel zeigen an ihrer Spitze fingerförmige Verästelungen.

Weitere für das Aquarium geeignete heimische Farne beschreibe ich nachstehend und gebe deren Lebensbild und Kulturanweisung zusammen.

16. Hymenophyllum tunbrigense Sm. Trichomanes tundridgense L.

Das Rhizom ist stark haardick, einige Centimeter lang, weitläufig verästelt, ziemlich dicht mit zarten, wenig verästelten schwärzlichen Wurzeln besetzt. Es liegt wagerecht oder aufsteigend zwischen Moosen und treibt nach oben in Entfernungen von 1 bis 2 cm zarte, etwa 1—5 cm lange, gestielte Wedel. Der Wedelstiel ist bis 2 cm

Vergleiche Schilderung der Farne Seite 233.

lang und schwarzbraun. Die Blättchen sind fast durchscheinend, ihre Spreite geflügelt, sie setzt sich als Spindel in die Spreite fort und trägt in Entfernungen von 3—4 mm die wechselständigen, wie die zarten, stielrunden, hervortretenden Nerven, 4—5mal geteilten, zarten, hautartigen, olivenfarbigen Fiedern. Die Fiederabschnitte sind linealisch, im unteren Teile entfernter, im oberen gedrängter, zart sägeartig. Die Sori stehen einzeln am Ende eines Gabelastes. Der untere Teil der Wedelspindel ist sehr schwach geflügelt, gegen das Ende nimmt der Flügel an Breite zu. Fruchtzeit Juli und August. ⚥. In feuchten Felsschluchten zwischen Moosen. In Deutschland nur nachgewiesen im Uttewalder Grund in der sächsischen Schweiz.

17. Gemeiner Rippenfarn (Blechnum Spicant Rth.). Blechnum boreale Sw., Lomaria Spicant Desv., Osmunda Spicant L. Spikant.

Das Rhizom ist ungegliedert, kurz, ästig, dicht mit Spreublättern besetzt. Es entsendet nach unten eine Anzahl ästiger schwarzbrauner Wurzeln, nach oben mehrere bis 40 cm lange, kurzgestielte, an beiden Enden spitze, breit lanzettliche, einfach gefiederte Wedel, die unten steril und liegend, die oben fertil und aufgerichtet sind. Die Wedelstiele sind halbrund, oberseits flach und rinnig. Die sterilen Wedel fast bis zum Mittelnerven fiederspaltig fiederteilig, mit ganzrandigen, am Rande schwach gegen die Rückseite umgerollten, somit gegen die Spitze des Wedels aufwärts gebogenen glatten, glänzenden derben, völlig kahlen, linealischen Fiedern, deren stumpfes Ende in eine kleine aufgesetzte Spitze ausläuft. Die untersten Fiedern sehr kurz, halbkreisförmig, alle mit einem Mittelnerven und zahlreichen feinen, schräg gegen den Rand verlaufenden Seitennerven. Die fertilen Wedel sind schmäler, mit abwechselnden, entfernten, schmalen, sehr spitzen Fiedern, häufig mit abwärts gebogener Spitze. Fruchtzeit Juli bis Oktober. ⚥. An Mauern, Wällen, Felsen, in schattigen moosigen Waldungen, die feucht sind. Der Farn verträgt viel Nässe.

Figur 124. Spikant Blechnum Spicant. 1. zwei Fiedern von der Rückseite, 2. Spitze eines sterilen Wedels, 3. der Unterteil eines sterilen Wedels, 4. fertile Fieder etwas vergrößert.

18. Königsfarn (Osmunda regalis L.). Traubenfarn.

Das Rhizom ist schräg, in dem Boden sitzend, dicht mit verzweigten dünnen Wurzeln und abgestorbenen Wedelstielbasen besetzt; es erscheint daher auf den ersten Blick ungegliedert und weit stärker als es in der That ist. Alljährlich erscheinen einige sterile Wedel von 30 bis 100 cm Länge, doppelt gefiedert; die Fiedern nahezu opponiert, die Paare in Abständen von 5—7 cm, an der oberseits rinnigen Hauptspindel kurzgestielt. Die Fiederchen sind etwas schief linealisch lanzettlich, fast

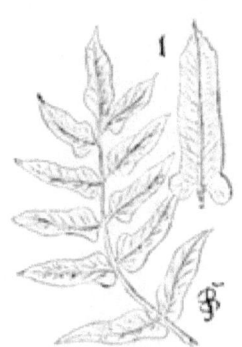

Figur 125. Königsfarn Osmunda regalis. Zweig. 1. Endblättchen.

sitzend, am Grunde gestutzt oder auch herzförmig, am Ende stumpf, am Rande entfernt, ungleich, klein, sägezähnig oder fast ganzrandig mit einem Mittelnerven und zahlreichen Seitennerven versehen. Der fertile Teil des Gewächses ist doppelt gefiedert, aber die Fiederchen nur durch das Fehlen der Spreite mit Sori bedeckt, Nerven darstellend. Nach Standort und Lage die Fruchtzeit sehr verschieden. Juli bis September. ♃. Auf moorigen, feuchten Waldwiesen. Im Norden häufiger als im Süden.

19. Männlicher Punktfarn (Aspidium filix mas. Sw.*) Polystichum filix mas. Rth., Polypodium filix mas. L., Nephrodium filix mas. Rich.

Das Rhizom ist kräftig, bis fingerdick und 30 cm lang. Mit dem Wedelstiel zusammen kann es bis faustdick werden. Es ist ungegliedert, reichlich mit braunen, etwas zähigen Wurzeln besetzt, dicht mit den aufwärts gebogenen, breiten, außen abgerundeten, nach innen flachen hellbraunen Wedelstielresten umgeben, die mit Spreublättchen umkleidet sind. Wedel sind bei kräftigen Exemplaren zahlreich vorhanden, sie sind kurzgestielt, bis 100 cm lang und doppelt gefiedert. Der Stiel ist unterseits abgerundet, oberseits abgeflacht, in der Mitte mit einer vorspringenden Leiste versehen. Die Spreite ist sehr groß und breit, im Umriß länglich lanzettlich, dem Grunde zu etwas verschmälert. Die Fiedern sind sitzend, wechselständig oder undeutlich gepaart, ziemlich gedrängt stehend, besonders gegen das Ende hin; im unteren Teil etwas lockerer, sehr lang und aus breitem Grunde allmählich in die Spitze verschmälert. Die Fiederchen sind entweder völlig getrennt oder am Grunde sehr schwach verbunden. Sie sind in ihrer Form lineallänglich, abgerundet, kerbig sägezähnig. Die Sori sind sehr groß, rechts und links vom Nerven des Fiederchens in einer die ganze Breite des Fiederchens deckenden Reihe liegend. Die Spitze nur ist frei. Der untere Wedelteil bleibt meist steril. Fruchtzeit fällt in die Monate August bis November ♃. In Wäldern an feuchten Stellen ⁊c. gemein.

Figur 126. Deutscher Straußfarn (Struthiopteris germanica). 1. fertile Fieder.

20. Deutscher Straußfarn (Struthiopteris germanica W.) Onoclea struthiopteris Hoffer. Osmunda struthiopteris L.

Das Rhizom ist kräftig, schwarzbraun, ungegliedert, unten mit vielen starken, ebenfalls schwarzbraunen Wurzeln versehen. Es treibt ausläuferartige, am Boden hinkriechende, gegliederte Zweige, welche am Ende einen Wedelschopf treiben. Nach oben entsendet das Hauptrhizom kräftiger Pflanzen eine große Anzahl bis über 100 cm hoher Wedel, im Frühlinge sterile, die eine palmenartige Krone bilden, im Sommer aus deren Mitte eine kleine Anzahl fertiler, steif aufgerichteter Wedel. Die Stiele der Wedel sind sehr kräftig, am Grunde löffelförmig und stark nach aufwärts gebogen, hier mit ziemlich breiten braunen Spreublättchen besetzt. Die Wedel sind alle nur sehr kurzgestielt, fast bis

*) In früherer Zeit wurde diese Pflanze für ♂ und Athyrium filix fem. für die ♀ Pflanze gehalten.

zum Grunde gefiedert, kaum vollständig doppelt gefiedert, im Umriſſe ſehr breit und lang lanzettlich, am Ende in eine fiederlappige, kerbzähnige Spitze ausgezogen, ſehr zart und überhängend. Die Fiedern ſind lang und ſchmal, linealiſch, ſitzend, am Ende ziemlich ſpitz. Die Fruchtzeit fällt in die Monate Juni, Juli und Auguſt. ♃. In naſſen Waldſchluchten, kurz, an ſehr naſſen Orten in Waldungen. Zerſtreut.

21. Braunſtieliger Streifenfarn (Asplenium Trichomanes L.). Asplenium trichomanoides W. M. Phyllitis rotundifolia Moench. Braunſtieliger Milzfarn.

Das kleine, kurze Rhizom entſendet nach unten zahlreiche, dünne äſtige Wurzeln, nach oben zahlreiche, einfache, gefiederte, bis 15 cm lange, kurzgeſtielte Wedel. Die Wedelſtiele und Spindel ſind ſchwarzbraun und ſtarr, glänzend, mit zartem, trocken häutigem Rand, nur in der Jugend iſt die Spindel an der Spitze grün gefärbt. Die Fiedern ſind eiförmig oder faſt kreisrund, am Grunde ſchwach keilig oder geſtutzt, zuletzt ſtarr und dunkelgrün. Die Wedelſtiele und Spindeln ohne Spreuhaare. Fruchtzeit Juni bis November, je nach der Lage. ♃. An feuchten Nordabhängen, in Waldungen, beſonders im Gebirge.

Ähnlich iſt der **grüne Streifenfarn** (Asplenium viride Huds) oder grünſtieliger Milzfarn. Der Stiel iſt am Grunde braun, oben wie die ganze Spindel grün, weich; Spindel rinnig, ungeflügelt. Die Fiedern der nur ſehr ſelten überwinternden Wedel an der Spindel bleibend und mit letzterer zu Grunde gehend. Sonſt wie der vorige.

22. Sumpfpunktfarn (Polystichum Thelypteris Rth.). Polypodium Thelypteris L. Aspidium palustre Gray. Nephrodium Thelypteris Desv. Aspidium Thelypteris Sw.

Das Rhizom iſt etwa bleifederdick, deutlich gegliedert, kriechend. Die bis 100 cm langen Wedel ſtehen entfernt und bilden eine kleine palmenartige Krone. Sie ſind langgeſtielt, die Oberſeite tief rinnig; die Wedel paarig doppelt gefiedert, indeſſen am Ende des Wedels und der Fiedern die Abſchnitte bis zu Kerbzähnen verkürzt. Die unterſten Fiederpaare ſtehen entfernt, aber nur wenig verkürzt, auch die oberen Fiederpaare ſtehen locker. Die Fiederchen ſind alle ganzrandig, anfangs glatt, aber zur Fruchtzeit am Rande ſtark zurückrollend, wodurch ſie dreieckig erſcheinen, das unterſte Paar iſt größer als alle folgenden und der Spindel anliegend, indeſſen nicht eingeſchnitten, ſondern faſt ganzrandig. Die Linien der Sori nicht völlig randſtändig, ſondern zwiſchen dem Mittelnerven des Fiederchens und dem Rande faſt die Mitte haltend. Die Rückſeite der Wedel iſt völlig kahl; am Ende desſelben, ſowie die Spitzen der oberſten Fiedern ſtark zurückgebogen. Die Wedelſpitze und die Spitzen ſämtlicher Fiedern faſt ganzrandig. Fruchtzeit Juli bis Oktober. ♃. In Brüchen und ſumpfigen Waldungen, ſehr verbreitet.

Schon im Altertum tauchte in den Köpfen einzelner Gelehrter die Vermutung auf, es möchte das jetzige Ausſehen der Erdoberfläche nur ein vorübergehender Zuſtand ſein, und es müſſe die unorganiſche und auch die organiſche Natur einem beſtändigen Wechſel unterworfen ſein. Dieſer Gedanke, der nur hier und da als bloße Vermutung ausgeſprochen wurde, hat ſich voll und ganz beſtätigt. Die verſteinerten Reſte ſeltſamer Weſen, die Bruchſtücke abſonderlicher Pflanzen, die uns in uralten Geſteinsſchichten aufbewahrt worden ſind, ſie ſind deutliche Beweiſe für die Vermutungen unjerer Vorfahren. Schweifen wir kurz einmal von unjerem Thema ab und verjetzen wir uns in die Pflanzenwelt der Steinkohlenzeit: in dieje gerade deshalb, weil in ihr die Farne die größte Ausbeutung, die größte Mächtigkeit und die größte Vielseitigkeit bejejjen haben. Alle Gewächje, die in diejer Zeit lebten, waren zumeist blütenlos, es waren hochstämmige Sporenpflanzen: Schachtelhalme, Bärlappe, Farne und deren Verwandte. Verleihen die Schachtelhalme und Bärlappgewächje der Landjchaft einen ernsten, traurigen Charakter, jo gewähren die zahlreichen Farne ein weit freundlicheres Bild mit ihren mächtigen, hellgrünen zierlichen Blattwedeln. Neben hochwüchsigen, baumförmigen Arten sind niedere, krautartige Formen, ähnlich unjerem Wurmfarn, reichlich vertreten gewejen und stellenweise bildeten sie einen dichten Rasen, der die fahle Streu verwelkter Blätter und den schwarzen, torjigen Untergrund mit der Farbe des Lebens verhüllt.

Figur 127. Sumpjwurzfarn (Poly-stichum Thelypteris). 1. Fiederchen von der Rückjeite, vergrößert.

Diejes Zeitalter der Farne ist vorbei. Ihre Leiber, die der kleinen Arten jowohl wie die der großen Baumfarne bildeten sich mit anderen Gefäßfryptogamen im Laufe der Jahrtaujende zu Kohlen um, sie liefern uns heute ein billiges und heizkräftiges Feuerungs-material, ohne welches wohl unjer Jahr-hundert nicht das „verkehrsreiche" genannt werden könnte. — Doch nun zurück zu unjerer heimischen Flora.

Im ganzen Kreije der Gefäßfryptogamen sind die Farne die größten und schönsten Gewächje diejer Klasse, sie sind die Palmen der Gefäßkryptogamen. Der Naturfreund ist entzückt über die Mannigfaltigkeit und Zierlichkeit ihrer Blätter, worin sie kaum von einer anderen Familie erreicht werden. Der Stamm diejer Gewächje ist im all-gemeinen nur klein, niedrig, jehr häufig in der Erde verborgen, die Wedel dagegen er-reichen fast immer noch eine ganz stattliche Größe. In Bezug auf das Wachstum ver-halten sich die Blätter der Farne wie Stamm-gebilde, indem sie, abweichend von der bei belaubten Gewächsen herrschenden Weije, an der Spitze lange Zeit weiter-wachjen, nachdem der Grund längst fertig ausgebildet ist. Ja, bei einigen Arten zeigt die Spitze ein periodisches Wachstum und nimmt dann die Mittelrippe Gestalt und Wejen eines unbegrenzt fortwachjenden jchlingenden Stengels an. Sehr bezeichnend für alle Farnarten ist die eingerollte Knojpen-lage der jungen Blätter, wodurch sie einem Bijchofsstab nicht unähnlich jehen; erst nach Beendigung des Wachstums rollt sich die schneckenartig ge-wundene Spitze auseinander und entfaltet die in der Regel zerteilte, doppelt und dreifach, ja vier- und fünffach gefiederte Blattspreite. Das Blatt des

Farns braucht in vielen Fällen mehrere Jahre zu seiner vollen Ausbildung.

Die Farne, nahe Verwandte der Moose, zeigen einen weit vollkommeneren Bau als diese. Es tritt hier zuerst — die Farne gehören zu den niedrig stehenden Gewächsen — eine scharfe Sonderung in die drei Grundformen des pflanzlichen Gewebes auf, in Hautgewebe, Grundgewebe und Gefäßbündel, die sich bis zu den höchsten Pflanzen — den Blüten- oder Samenpflanzen — hindurchzieht.

Die Vermehrung der Farne ist so eigenartig interessant, daß ich etwas näher darauf eingehe. Diese Gewächse entwickeln die Keimkörner oder Sporen stets an den grünen Blättern. Es erheben sich aus der Oberhaut, welche die Stränge der Wedel bekleidet, einzelne Papillen, deren jede durch eine Querwand in ein freies Ende und in eine Stielzelle gegliedert wird. Beide Zellen der Papille fächern sich und bilden Gewebekörper, von welchen jener, der aus der freien Endzelle hervorgegangen ist, eine eiförmige oder kugelige Gestalt annimmt. Zu diesem letzteren Gewebekörper unterscheidet man dann eine tetraedische Mittelzelle und eine aus mehreren Zellenlagen bestehende Hülle. Durch Fächerung der Mittelzelle entsteht ein kleiner, ballenförmiger Zellenverband, und da sich die innere Zellenlage der Hülle inzwischen aufgelöst hat, so zeigt sich das Ganze als ein Behälter, der einen von flüssiger Masse umgebenen Zellenballen einschließt. Jede der Zellen dieses Ballens teilt sich nun in vier Fächer, die Protoplasten, welche den Inhalt der Fächer bilden, versehen sich mit einer Haut und werden, wenn sich das Fächerwerk ihrer Bildungsstätte aufgelöst hat, getrennt. Es sind diese getrennten Zellen, welche dem freien Auge als pulverartige Masse erscheinen, die Sporen. Wie geschildert, hat sich von den Zellenlagen, welche die Hülle des sporenbildenden inneren Gewebes herstellen, nur die innere aufgelöst, die äußere ist geblieben und bildet eine Kapsel, die Sporenbehälter oder Sporangium genannt wird. Eine Gruppe aus solchen Sporenbehältern nennt man Häuschen oder Sorus. Die mit Sporangien bedeckten Wedel werden fertile Wedel genannt. Diese erscheinen jedoch erst dann, wenn das Farnkraut über seine Jugendperiode hinaus ist, in dieser Zeit bringt es nur sterile Wedel hervor. Die Gestalt der fertilen Wedel ist oft verschieden. (Vergleiche die verschiedenen Abbildungen.) An der Unterseite eines solchen fruchtbaren oder fertilen Wedels erblickt man zu beiden Seiten des Hauptnerves der Fiederblättchen Tausende solcher kleiner Sporenbehälter oder Fruchthäuschen. Sie sind im unreifen Zustande von einem zarten, nierenförmigen Häutchen, dem Schleier, bedeckt. Zur Zeit der Fruchtreife verschrumpft der Schleier und die Kapseln werden dadurch entblößt. Legt man zu dieser Zeit ein frisch abgeschnittenes Blatt auf einen Bogen Papier mit der Unterseite nach unten, so öffnen sich nach einiger Zeit die Sporangien und entleeren ihre Sporen auf die weiße Papierfläche. Unter dem Vergrößerungsglas nimmt sich dieser Vorgang reizend aus und gewährt jedem Beobachter viel Vergnügen. Jede Kapsel springt beim Austrocknen plötzlich auf und schleudert die Sporen nach allen Seiten. Die Sporangienwand besitzt neben großen, zarthäutigen, auch eine ganze Reihe kleiner, dickwandiger Zellen, welche einen vollständigen Ring bilden und als Ring auch bezeichnet werden. Dieser Ring erleidet infolge der Austrocknung eine starke Spannung, die Kapsel kann dieser Spannung nicht widerstehen, sie zerreißt und der Ring springt zurück. Hierdurch werden die dem Ringe anhaftenden Sporen weggeschleudert. Sobald der Ring zurückgesprungen ist, krümmt er sich auch blitzschnell wieder nach vorn, wobei auch die Sporen, welche nicht schon bei der ersten Bewegung fortgeschleudert wurden, es jetzt aber bestimmt werden. Die Entleerung erfolgt oft mit solcher Gewalt, daß die ganze Kapsel abreißt und zu Boden fällt. Aus diesen Sporen entwickeln sich kleine, grüne Blättchen, die an ihrer Unterseite Rhizoiden — Wurzelhaare oder lange Zellenschläuche — hervortreiben und mit laubartigen Lebermoosen eine große Ähnlichkeit besitzen. Es sind dieses die Prothallien oder Farn Vorkeime. Diese bestehen in der Hauptsache aus einer einzigen Zellenschicht, die in der Mitte, wo die Wurzelschläuche entspringen, eine mehrschichtige Wulst, die auch die Geschlechtsorgane, zumal die weiblichen trägt, besitzt. Die männlichen Geschlechtsteile entstehen an beliebigen Punkten des Vorkeims. Das kleine, gewöhnlich herzförmige Blättchen stellt die ausgebildete und ausgewachsene Geschlechtspflanze dar.

Die Antheridien oder männlichen Organe sind kleine, oberflächlich hervorragende, halbkugelige oder kegelförmige Körperchen, die eine besondere, aus wenigen Zellen bestehende Wand besitzen, welche die Mutterzelle der Spermatozoidzellen umgiebt. In dieser Innenzelle entstehen durch wiederholte Teilungen eine Anzahl kleiner, sich abrundender Zellchen, in denen sich je ein Spermatozoid oder Samenfaden bildet. Diese sind pfropfenzieherartig gewundene Fäden mit zahlreichen Wimpern an den Rändern des vorderen Endes und mit einem blasenförmigen Anhang an der weitesten hintern Windung. Sie werden durch Platzen der Antheridienwand frei und zeigen dann im Wasser eine schraubenförmige Drehung und fortschreitende Bewegung. Sie wenden sich nach allen Richtungen, bis sie in die Nähe eines reifen Archegoniums gelangen und nun, von diesem angezogen, sich auf die Mündung desselben losstürzen, um womöglich durch den kurzen Hals bis zum Ei vorzudringen. Das Reizmittel, welches die Archegonien aussenden, um die Spermatozoiden anzulocken, ist Apfelsäure.

Wie wenig von dieser Substanz genügt, um die Samenfäden in ihrer Bewegungsrichtung zu beeinflussen, hat Pfeifer gezeigt. Brachte dieser enge Glasröhrchen sog. Kapillarröhrchen, die mit stark verdünnter Apfelsäure gefüllt und an einem Ende zugeschmolzen waren, in die Nähe herum schwärmender Samenfäden vom Farnen, so änderten diese sofort ihre Richtung und eilten nach der Öffnung des Haarröhrchens, in welche sie sogleich oder nach einigem Herumschießen vor derselben eindrangen.

Nach erfolgter Befruchtung umgibt sich das Ei mit einer Zellhaut, teilt sich unter entsprechender Größezunahme erst in zwei Halbkugeln, dann in vier Quadrate und wächst im weiteren Verlauf zu einem vielzelligen jungen Pflänzchen, dem Embryo, heran, an dem man den Stammscheitel, die erste Wurzel, ein oder zwei Blätter und den sog. Fuß unterscheiden kann. Dieser stellt ein verhältnismäßig großes Saugorgan, mittelst dessen der Embryo von der Mutterpflanze so lange ernährt wird, bis er selbständig geworden ist, dar. Mit der Zeit erstarkt der Keimling und entwickelt sich zu einer großen beblätterten Pflanze, zu einem Farnkraut, welches später abermals zur Bildung ungeschlechtlicher Sporen schreitet, die denselben geschilderten Kreislauf vollführen. Ein einziges Farnkraut kann mehrere hundert Millionen Sporen erzeugen, doch nur ein verschwindend kleiner Teil aller Sporen kommt zum Keimen, und desgleichen gelangt nur ein kleiner Teil der Keime zur Entwicklung. Die meisten von ihnen gehen schon im Jugendzustande zu Grunde, nur wenig vermögen die furchtbare Konkurrenz um Luft, Licht und Boden, sowie den Kampf mit anderen feindlichen Elementen auszuhalten und so die Erfüllung ihrer Aufgabe, die Erhaltung ihrer Art, auszuführen. Würde die große Mehrzahl der Keime zur Entwicklung kommen, so würde binnen kurzer Zeit die ganze Erde ein einziger großer Farnwald sein.

Die Farne sind in etwa 3500 Arten bekannt und über ?, von ihnen gehören der heißen Zone an. In den gemäßigten Zonen ist die Zahl der Arten bedeutend geringer und nimmt nach den Polen hin mehr und mehr ab; doch nimmt dafür oft die Zahl der Individuen einzelner Arten so überhand, daß durch sie streckenweit allein der Boden bedeckt wird und alle anderen Gewächse verdrängt werden.

Die Wahl der zum Schmucke des Felsens verwendbaren Farnkräuter ist nur gering, weil die meisten einen zu großen Wurzelraum beanspruchen. Als Bodengrund verwendet man für sie Heideerde, die mit etwas Torf und sehr zweckmäßig mit etwas grob zerstoßener Holzkohle vermischt ist. Alle beschriebenen Arten verlangen einen gewissen Grad von Feuchtigkeit, können also als wasserliebende Gewächse bezeichnet werden, wenn sie auch nicht geradezu als Sumpf- oder Uferpflanzen genannt werden können. Dem entsprechend sind ihre Standorte so auf dem Felsen zu verteilen, daß die Erde stets feucht erhalten bleibt. Ist der Felsen, wie Seite 43 ausgeführt, zum großen Teile aus Bimsstein hergestellt, so lassen sich feuchte Standorte für Farne leicht aussuchen. Die beschriebenen Arten begnügen sich mit nur wenig Wurzelerde, verlangen indessen, wie schon gesagt, eine stetige Feuchtigkeit und Schatten zu ihrem Gedeihen. Kann man die Farne von ihren Standorten mit Wurzelballen auf den Felsen überführen, ist dieses Verfahren am meisten zu empfehlen, ist es indessen nicht möglich, so werden sie in die oben beschriebene Erdmischung gesetzt.

Eine Vermehrung dieser Gewächse erreicht man leicht durch Teilung und Wurzelausläufer. Indessen interessanter ist die Vermehrung durch Sporen, wie sie oben ausführlich geschildert wurde. Um im Zimmer eine derartige Vermehrung vornehmen zu können, bedarf man eines gewöhnlichen Suppentellers und einer diesen bedeckende Glasglocke (Käseglocke*). Man nehme nur ganz leichten Torf, der so aussieht, als sei er aus gelbem Moos gepreßt, schneide 2" cm dicke Scheiben davon und belege mit diesen den

---

* Ich folge hier im Auszuge den Mitteilungen von Lange, in den Blättern für Kanarien- und Terrarienfreunde im dritten Bande, dessen Verfahren sehr zu empfehlen ist

Teller, doch so, daß der Rand frei bleibt. Hierauf bedecke man die Torfplatten etwa 5 mm hoch mit Heideerde oder Erde, wie man sie in hohlen Bäumen findet, deren Äste von der Zeit ausgefault sind, diese jedoch zu gleichen Teilen mit Sand vermischt. Das Ganze darf nur so hoch sein, daß, wenn der Teller mit einer Glasscheibe bedeckt ist, zwischen Erde und Glas wenigstens noch ein Zwischenraum von 1 cm bleibt. Um nun alles pflanzliche und tierische Leben in der Erde zu zerstören, setzt man die gefüllten Teller einige Zeit einer Hitze von 70—80 Grad R. aus. Dies ist deshalb notwendig, da sonst durch Schimmel oder winzige Tierchen die kleinen Keime der Farne vernichtet werden. Ist der Teller längerer Zeit einer solchen Hitze ausgesetzt gewesen, so wird die Erde angefeuchtet, was allerdings langsam von statten geht, da die scharf trockne Erde nur langsam Wasser annimmt. Sobald sie gleichmäßig feucht ist, drücke man sie mit einem Hölzchen glatt an und streue etwa eine Priese Samen darüber. Jetzt wird die Glasglocke über den Teller gestellt und der so provisorisch eingerichtete Treibapparat etwas entfernt vom Fenster in der Stube aufgestellt. Wasser darf nur sehr vorsichtig auf den Rand des Tellers gegeben werden, da sonst der Same durch dasselbe verschwemmt wird; andererseits muß die Erde stets ziemlich feucht sein und darf unter keinen Umständen oben antrocknen oder gar völlig trocken werden. Deshalb darf auch die Sonne nie direkt auf den Teller scheinen. Letzterer überzieht sich bald mit einem moosartigen Grün. Es erscheinen zuerst die Prothallien, die ihrerseits Geschlechtsorgane hervorbringen und aus denen die ungeschlechtliche Pflanze, das Farnkraut, sich entwickelt. Sobald die Wedel etwas gewachsen sind, gewöhnt man die Pflänzchen an die freie Zimmerluft, indem man die Glasglocke etwas lüftet, um sie nach einiger Zeit stundenlang und endlich ganz zu entfernen. Dann verpflanzt man diese kleinen Gewächse am besten dort hin, wo sie ihren bleibenden Standort erhalten sollen.

Trotzdem die Entwicklung der Farne viel des Interessanten bietet, wird doch der gewöhnliche Blumenliebhaber sich mit der Aufzucht der Farne nicht beschäftigen, er wird meist die Geduld verlieren, sich seine Farne in der Natur suchen oder vom Gärtner für ein geringes Geld kaufen.

Der Felsen im Aquarium, seine Bepflanzung und die Behandlung der Gewächse.

Der Felsen im Aquarium beeinträchtigt die Bepflanzung des Bodengrundes mit untergetauchten Pflanzen und ist der Beobachtung und Beaufsichtigung der Fauna hinderlich. Beides sind hinreichende Gründe, denselben nicht, oder doch nur in kleinen Dimensionen, dem Aquarium einzuverleiben. Dort, wo nur Fische gehalten werden, ist die Einbringung eines Felsens überhaupt nicht von Vorteil, er kann sogar unter Umständen Schleierschwänzen hinderlich sein, indem er deren Bewegungen beeinträchtigt. Werden andererseits Amphibien oder Reptilien im Aquarium gehalten, so ist sein Vorhandensein notwendig. Diese Tiere müssen einen Platz haben, um das Wasser verlassen und sich auf dem Lande ausruhen zu können. Ist ein solcher Platz nicht vorhanden, so treten die Seite 82 geschilderten Vorfälle ein. Weiter hat auch der Felsen den Zweck, wie auch schon an obiger Stelle gesagt wurde, bei Anlage eines Springbrunnens das Strahlrohr zu verdecken.

Für eine Bepflanzung des Aquariums mit Sumpfpflanzen und nur Feuchtigkeit liebenden Gewächsen ist der Felsen nicht zu vermeiden, außer man richte eine Ecke des Behälters so ein, daß hier ein ganz flach verlaufendes Ufer gebildet wird, welches dann diese Gewächse aufnimmt. Um dieses indessen bewerkstelligen zu können, ist es notwendig, daß die Form des Aquariums eine verhältnißmäßig große wird, die dann wieder mit einer bedeutenden Mehrausgabe bezahlt werden muß. Behalten wir also den Felsen in seiner kleinen Form ruhig für unsere Becken, wenn ihn auch die strenge Liebhaberei nicht gerade verdammt, so doch anfechtet. Er bildet immer, hübsch bepflanzt, eine reizende Zierde des Behälters.

Für die Bepflanzung des Felsens, der nur, oder doch meistens nur Gewächse mit schwachem Wurzelstock, die feine Wurzelhaare besitzen, aufnehmen kann, verwende man durchaus leichte Erde. Ein leichtes Erdreich giebt die Lauberde; besonders für unseren Zweck brauchbar ist die in größeren Gärtnereien käufliche sogenannte Buchenlauberde, oder auch die Nadelerde aus Nadelwäldern. Diese Erden kann sich auch jeder selbst besorgen, indem er im Walde das Laub der letzten Jahre entfernt und die hier befindliche, bald mehr, bald weniger starke Schicht des betreffenden Erdreichs zu Tage fördert. Ebenso brauchbar ist auch die Heideerde, sie findet sich an den Stellen im Walde, wo Heidekräuter, Preisel- und Heidelbeeren wachsen. Die Heideerde ist stets mehr oder weniger mit Sand vermischt und hat die Fähigkeit, schwere Bodenarten zu lockern. Eine weitere Erde, die hier noch in Betracht kommt, ist die Holzerde. Sie findet sich in den ausgefaulten Astlöchern alter Bäume und wird vor der Benutzung mit Heideerde durchsetzt. Als letzte Erde gebe ich die Moorerde an. Sie findet Verwendung für die Pflanzen, die von Natur im Sumpfe wachsen. Diesen Pflanzen geben wir indessen, die reich an Säuren, dem Moore entnommene Erde nicht, sondern stellen uns ein ähnliches Gemisch aus Torf und Heideerde dar, die beide zu gleichen Teilen unter sich gemischt werden.

Die beste Zeit zur Bepflanzung des Felsens, wie überhaupt für die Einrichtung des Aquariums, ist das Frühjahr. Die Gewächse sind jetzt aus dem Winterschlaf erwacht und beginnen ein regeres Wachstum. Für die verschiedenen Pflanzen verwendet man im Felsen Höhlungen, die gerade so groß sind, daß die womöglich mit Wurzelballen ausgehobene Pflanze in dieselbe hineinpaßt und ein nicht zu großer Raum für Erde übrig bleibt. An dem Wurzelstock schneide man möglichst wenig, er ist bei den in Betracht kommenden Pflanzen schon so gering, daß keine Faserwurzeln entfernt werden sollen. Über die sonstige Bepflanzung lese man auch das Seite 49 Gesagte nach.

Eine geeignete Höhlung, die sich für die Aufnahme der Pflanze eignet, dürfte bald gefunden sein. In diese füllt man etwas Erde, die so verteilt wird, daß in der Mitte weniger Erde zu liegen kommt, als am Rande, drückt dieselbe jetzt etwas an und setzt nun den Pflanzenstock ein. Hat derselbe einen Wurzelballen, so wird frische Erde nur zur Ausfüllung benutzt, andererseits wird die Pflanze vollständig in diese eingesetzt. Wie dieses zu geschehen hat, ist Seite 49 beschrieben. Die eingesetzte Pflanze darf nicht tiefer und nicht höher in der Erde stehen, als sie an ihrem früheren Standorte gewachsen ist. Kommt die Pflanze zu tief in die Höhlung zu stehen, so ist Erde nachzulegen, kommt sie zu hoch zu stehen, muß eine andere Höhlung ausgesucht oder dieselbe tiefer gemacht werden. Es ist besonders bei der Pflanzung darauf zu achten, daß die Erde überall zwischen die Wurzeln kommt. Um dieses möglichst sicher bewerkstelligen zu können, bedient sich der Gärtner hierzu eines breiten, unten abgerundeten Verpflanzholzes, welches er, aufziehend und herunterstoßend, wiederholt um den Rand des die Pflanze aufnehmenden Gefäßes und den Wurzelballen führt. Ist dies geschehen, dann drücke man die Erde auf der Oberfläche mit dem Daumen mäßig fest. Die eingesetzte Pflanze soll in der Mitte der sie aufnehmenden Höhlung stehen, damit sie sich nach allen Seiten gleichmäßig entwickeln kann.

Nach dem Einsetzen ist die Pflanze sogleich anzugießen, am besten geschieht dieses kurz hintereinander zweimal. Im Aquarium lasse man das Wasser nicht gleich an den ersten Tagen nach dem Einsetzen der Felspflanzen so hoch steigen, daß der Wurzelballen ziemlich unter Wasser steht. Für die frisch verpflanzten Gewächse ist es viel besser, den Wasserstand so zu stellen, daß sie kein oder doch nur wenig Aquariumwasser bekommen, sie wurzeln dann bedeutend leichter an. Nach einiger Zeit kann das Wasser immer so hoch steigen, wie es die Natur der Gewächse erlaubt.

Die sonstige Behandlung der Felspflanzen deckt sich mit der der Sumpfpflanzen, wenn bei den einzelnen Pflanzen keine besonderen Regeln angegeben sind.

Vermehrung durch Keimung bei den Sumpf- und Wasserpflanzen.

Die Aufzucht der für die Aquariumliebhaberei verwendbaren Pflanzen aus Samen wird bei diesen Gewächsen nicht gerade häufig von dem Liebhaber angewendet, doch giebt es einige Arten, die sich auf eine andere Weise überhaupt nicht vermehren lassen, während andere, die sich wohl auf andere Weise vervielfältigen lassen, indessen bei einer Vermehrung durch Samen rasch kräftige und viele Pflanzen liefern. Bei diesen ist es daher auch angebracht, die Vermehrung durch Samen vorzunehmen, während bei jenen sich die durch Teilung der Pflanzen empfiehlt.

Die Erziehung aus Samen ist durchaus nicht so einfach, und auch dem Geübten treten oft bei aller Aufmerksamkeit Mißerfolge verschiedener Art entgegen, die in der Natur der Sache liegen.

„Wer Wassergewächse durch Aussaat vermehren will," sagt Hesdörffer in Natur und Haus, „der muß in erster Linie keimfähigen Samen beschaffen. Ich hebe dieses besonders hervor, weil mich die Erfahrung gelehrt hat, daß die im Handel verbreiteten Wasserpflanzensämereien meist ganz unkeimfähig sind. Trocken aufbewahrt, verlieren eben diese Samen sehr rasch ihre Keimkraft, und wer mit seinen Aussaaten nicht böse Erfahrungen machen will, der beschränke sich auf die Aussaat solcher Samen, von denen er genau weiß, daß sie frisch geerntet sind. Nur von wenigen Sumpf- und Wasserpflanzen, so vom Rielgras (Cyperus) und einigen Pfeilkräutern (Sagittaria), ist mir bekannt, daß die Samen längere Zeit keimfähig bleiben. Die zur Aussaat geeignetste Erdmischung besteht aus zur Hälfte mit Sand vermischter, fein geriebener Torferde. Handelt es sich um nicht grobkörnige Samen, so fülle man tiefe Topfuntersätze nicht ganz bis zum Rand mit dieser Erde, drücke dieselbe mit dem glatten Boden eines leeren Blumentopfes mäßig an, streue hierauf die Samen nicht zu dicht aus, decke sie wenig mit Erde und drücke das Erdreich nochmals so wie vor der Saat an." Mit einer Gießkanne, die einen feinen Kopf besitzt, wird das zur Aussaat benutzte Gefäß so lange angebraust, bis sich die Erde ganz mit Wasser gesättigt hat. Dieses Gefäß finde nun seinen Standort in einem größeren, wo es mit der Aussaat 1 bis 2 cm unter Wasser gehalten wird. Das hierzu verwendete Wasser sei vollständig rein, am besten nehme man durchfiltriertes, um so eine Gewißheit zu besitzen, daß keine kleinen tierischen Wesen sich in dem Wasser aufhalten, die sich hier reißend vermehren und die ganze Aussaat in Frage stellen können. Sonst bereitet die Aussaat nach der Keimung, bis zum Erstarken der Keimlinge, keine besondere Mühe mehr. Grobkörnige Samen werden einzeln in kleine Töpfchen ausgesäet und gleichfalls unter Wasser gestellt.

Im ganzen läßt sich die Behandlung und Aussaat dahin zusammenfassen, daß man in Töpfe oder Schalen, die ein oben beschriebenes Erdreich besitzen, die Samen aussät, je nach der Stärke der Samen diese mit mehr Erdreich bedeckt und die Töpfe bis über den Rand in das Wasser stellt. Dabei ist noch zu bemerken, daß der Samen im Erdreich nicht zu tief zu liegen kommt: denn sobald der Zutritt der Luft ganz verhindert wird, stirbt er ab. Bei den ausländischen Wasserpflanzen sei die Wasserwärme, wie ja schon bei vielen angegeben, 20 bis 25 Grad R., bei den weniger bedürftigen 15 bis 18 Grad R. Für Sumpfgewächse, die leichter als die eigentlichen Wasserpflanzen keimen, ist dieses nicht ganz zutreffend. Sie beginnen eher zu keimen, wenn der Topf, der die Aussaat aufgenommen hat, nicht ganz von Wasser durchdrungen und umgeben ist. Die Keimlinge verpflanze man, sobald sie das zweite Blatt erhalten haben und stelle sie dann tiefer unter Wasser, bei einigen Sumpfpflanzen jedoch so, daß stets das Herz des Blattes über Wasser bleibt und lasse mit dem Wachsen des Keimlings auch den Wasserstand höher werden.

Die Zeit, welche sich am besten für die Aussaat der Wassergewächse eignet, sind die Monate Januar bis März.

Sobald die Keimpflänzchen erstarkt sind, werden sie pikiert, wie der Gärtner sagt, d. h. auseinandergesetzt. Man hat hierbei mit Vorsicht zu verfahren, damit die zarten Wurzeln nicht beschädigt werden. Größere Keime zieht man mit den Fingerspitzen aus, kleinere mittelst einer Pincette. Die Erde, in welche die Keimlinge versetzt werden, wird vorher angefeuchtet, dann wird für jedes Pflänzchen ein rundes, unten spitzes Loch mit einem Hölzchen gemacht, in dieses der Keimling eingesetzt und das Loch mit Erde zugedeckt. Man stelle die Pflanze nicht höher und tiefer als bis an den Wurzelhals. Die Erde wird dann rings um das Pflänzchen etwas fest angedrückt, sodaß es von dem über diesem zu stehen kommenden Wasser nicht weggeschwemmt werden kann. Die so eingesetzten Pflanzen kommen nun unter Wasser zu stehen, welches etwa 10 bis 15 cm den Topfrand überragt. Bei fortschreitendem Wachstum sind die Pflanzen stets tiefer unter Wasser zu halten, und nachdem sie eine entsprechende Größe erreicht haben, werden sie in das Aquarium gesetzt.

Die Aufzucht der Wassergewächse aus Samen ist nicht so einfach, sie erfordert eine Mühewaltung, die vielleicht manchmal nicht in dem rechten Verhältnis zu dem erzielten Nutzen steht; immerhin ist sie sehr interessant und wird manchem Liebhaber Stunden reiner Freude bereiten.

Nachschrift zu dem Abschnitt
„Flora des Süßwasser-Aquariums".

Einem mir sehr sympathischen Wunsche meines Herrn Verlegers folgend, schließe ich die Flora des Süßwassers mit einer Tafel verschiedener Blattformen, schematischer Blütenstände u. s. w., sowie mit einer Erklärung der in diesem Teil gebrauchten botanischen Ausdrücke.

Ich konnte dieselben, obgleich ich mich einer möglichst populären Darstellung befleißigt habe, nicht ganz vermeiden, da ich mich nicht darauf beschränken wollte eine einseitige Schilderung der Pflanze in ihrer Bedeutung für das Aquarium zu geben. Mir lag vielmehr daran, da jedes Gewächs ein erhöhtes Interesse für seinen Besitzer gewinnt, sobald er es in seinen Eigentümlichkeiten kennen gelernt hat, dem Liebhaber eine genaue Schilderung dieser Eigentümlichkeiten — Bau, Leben und Lebensbedingungen — zu geben und mit dem dadurch erschlossenen vollen Verständnis gleichzeitig das Interesse und die Liebe für die Natur, die, wie Roßmäßler so schön sagt, unserer aller Mutter ist, zu wecken und zu fördern.

Der Verfasser.

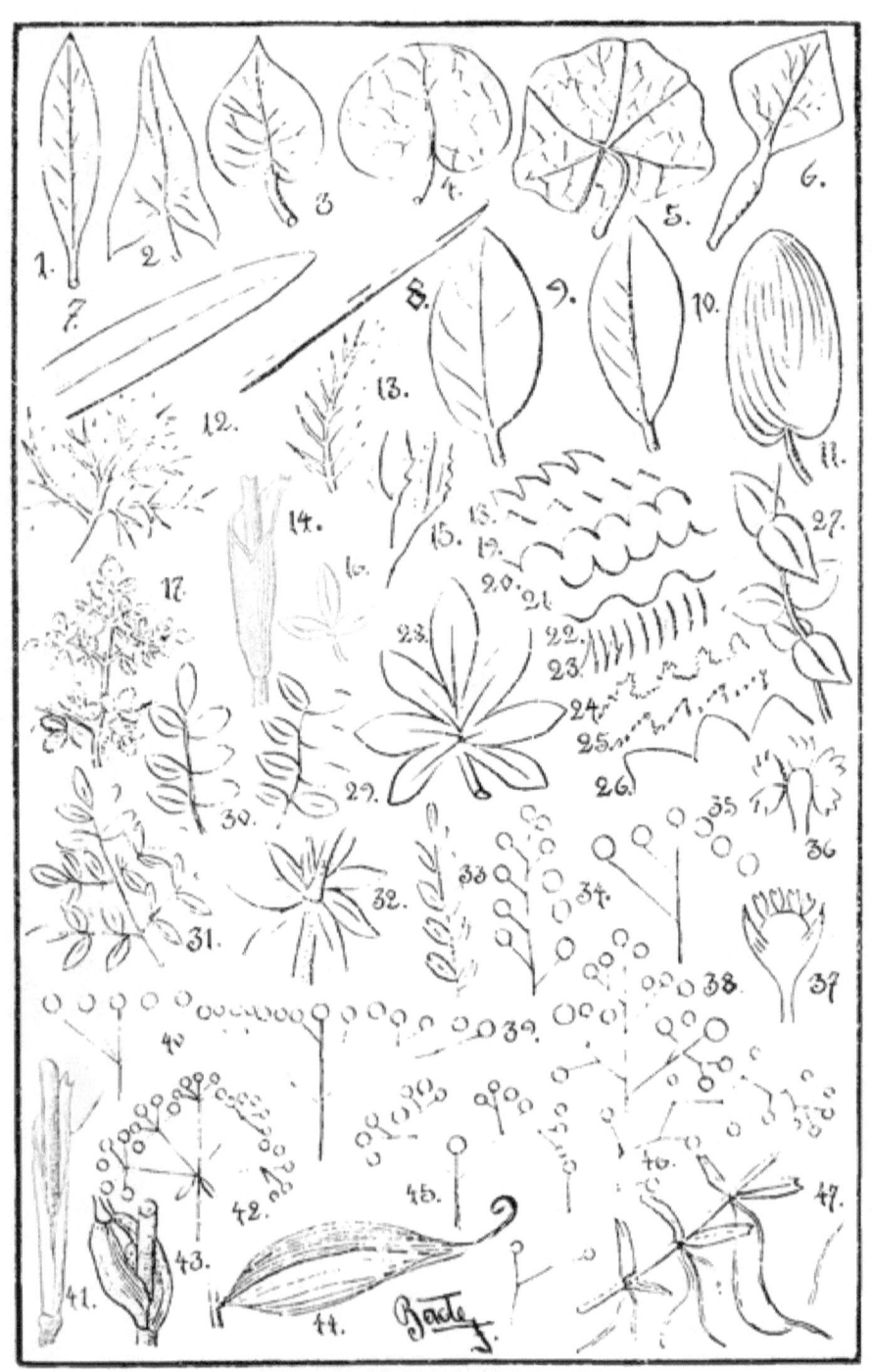

Erklärung der Tafel auf der nächsten Seite.

1. Erklärung der Tafel.

1. Lanzettliches Blatt.
2. Pfeilförmiges Blatt.
3. Herzförmiges Blatt.
4. Nierenförmiges Blatt.
5. Schildförmiges Blatt.
6. Rautenförmiges Blatt.
7. Schwertförmiges Blatt.
8. Lineatisches Blatt.
9. Eiförmig zugespitztes Blatt.
10. Elanzettliches Blatt.
11. Länglich eirundes Blatt.
12. Vorstich vielgespaltenes Blatt.
13. Fiederteiliges fein borstliches Blatt.
14. Geschlossene Blattscheide.
15. Gefiedert gabelspaltiges Blatt.
16. Dreizähliges Blatt.
17. Mehrfach zusammengesetztes Blatt.
18. Gesägter Blattrand.
19. Gezahnter Blattrand.
20. Gekerbter Blattrand.
21. Ausgeschweifter Blattrand.
22. Buchtiger Blattrand.
23. Gewimperter Blattrand.
24. Ausgefressener Blattrand.
25. Doppelt gesägter Blattrand.
26. Geerbt-gezahnter Blattrand.
27. Kreuzständige Blätter.
28. Gefingertes Blatt.
29. Paarig gefiedertes Blatt.
30. Unpaarig gefiedertes Blatt.
31. Doppelt gefiedertes Blatt.
32. Quirlständiges Blatt.
33. Ähre.
34. Traube.
35. Doldentraube.
36. Köpfchen.
37. Blütenkörbchen.
38. Kolbe.
39. Doldenrispe.
40. Dolde.
41. Blatthäutchen.
42. Zusammengesetzte Dolde.
43. Gespaltene Blattscheide.
44. Bogennerviges Blatt.
45. Zweispaltige Trugdolde.
46. Einfacher Wickel.
47. Wurzeln, die aus Internodien kommen. (Internodium = Zwischenknotenstück.)

2. Erklärung der im Texte gebrauchten botanischen Ausdrücke.

Absorbieren, auf- oder einsaugen, verzehren.
Adventivwurzeln, nachtreibende Wurzeln; sie können aus allen Teilen der Pflanze hervorbrechen.
Antheren, Staubbeutel, Staubgefäße.
Antheridium, ♂ Geschlechtsorgan der höheren Kryptogamen.
Archegonium, ♀ Geschlechtsorgan der höheren Kryptogamen.
Assimilieren, verähnlichen, anarten, ähnlich machen, angleichen.
Autogamie, Selbstbestäubung. Die Blüte befruchtet sich mit ihrem eigenen Blütenstaub.

Bastard, Produkt geschlechtlicher Zeugung zwischen zwei verschiedenen Pflanzenarten.
Basalrosette, Grundrosette.
Blütenscheide, ein zum Blütenstand gehörendes Hochblatt.
Braktee, Deckblatt, Blätter, in deren Achseln die Blüten stehen.

Karpogonium, ♀, mit einer Trichogyne i. d. ausgestattetes Geschlechtsorgan bei den Algen z. B.
Cotyledonen, Keime.

Diöcisch, Pflanzen, bei denen ♂ u. ♀ Blüten auf verschiedenen Gewächsen verteilt sind, vergl. monöcisch.
Dikotyledonen, Pflanzen mit zwei Samenlappen, Blattkeimen.

Epidermis, Oberflächliche Zellenschicht, die von der unter dieser befindlichen verschieden ist.
Embryo, ein aus der ♀ Zelle hervorgegangener mehrzelliger Körper, welcher den Anfang einer neuen Generation darstellt, aber noch von der vorhergehenden Generation ernährt wird.

Fertil, fruchtbar; fruchtbarmachen fertilisieren.
Fruchtknoten, der unterste dicke Teil des Stempels in der Blüte, der die Samenanlage einschließt.
Fremdbestäubung, Übertragung des Blütenstaubes aus verschiedenen Blüten derselben Art, die auf verschiedenen gleichen Gewächsen stehen.

Gefäßbündel, Leitbündel, bestehend aus chlorophyllosen Zellen und Röhren, die die Stoffe dorthin leiten, wo sie verbraucht werden.
Geitonogamie, die beiden sich kreuzenden Blüten sind Nachbarn und stehen auf ein und demselben Stocke.
Griffel, der auf dem Fruchtknoten folgende obere Teil des Stempels, der an seinem Ende die Narbe trägt.
Grundgewebe, ein aus Parenchymen i. d. bestehendes Zellgewebe, in welchem die strangartigen Gewebe der Bast- und Leitbündel eingesenkt erscheinen.

Hautgewebe, die oberflächlichen Zellenschichten der höheren Pflanzen.
Heterostylie, ungleiche gegenseitige Stellung von Staubgefäßen und Narbe in der Blüte verschiedener Exemplare derselben Art.
Homogen, gleichartig.
Hüllspelzen, die untersten, meist in zweizahl einander gegenüberstehenden Spelzen. Sie sind meist etwas ungleich.

Internodium, Zwischenknotenstück. Vergl. Tafel Figur 47.
Insertion, die Stelle, an welcher ein Pflanzenteil einem anderen eingefügt ist.
Insektenblütig, Pflanzen, die durch Insekten bestäubt werden.

Kaltoxalat, mineralischer Bestandteil in gewissen Pflanzen.
Karpell, Fruchtblatt, Stempel.

Lamelle, dünnes Blättchen.

Makrosporen erzeugen ♀ Vorkeime.
Manubrium, die auf einer Scheibe aufsitzende Stielzelle (Handhabe; z. B. bei den Characeen (s. d. Seite 136).
Mikrosporen bringen ♂ Befruchtungsorgane hervor.
Monöcisch, Gegensatz zu diöcisch. ♂ u ♀ Blüten getrennt auf einer und derselben Pflanze.
Monokotyledonen, Pflanzen mit einem Samenlappen.

Narbe, oberer Teil des Stempels, der den Blütenstaub aufnimmt.
Nektarien, umgewandelte Staubblätter, die Honig absondern.

Opponiert, entgegengestellt.
Oogonium, der Ausgangspunkt für den Embryo.
Ooplasma, das zum Ausgangspunkt einer neuen Generation bestimmte Protoplasma.

Parenchym, Grundgewebe. Alle die Teile des Pflanzenkörpers, welche weder dem Hautgewebe, noch den Gefäßsträngen angehören.
Prothallium, Vorkeim.

Protoplasten, dünne, chlorophyllose, durch zarte Stränge verbundene Wandbelege der Zellen.

Quadranten, viertel Kreise.

Resorbieren, aufsaugen.
Rhizom, walzenförmiger Wurzelstock.
Rhizoiden, wurzelartige Auswüchse.

Schwammgewebe, eine lockere Zellschicht.
Selbstbestäubung, s. Autogamie.
Spore, eine kleine meist mikroskopische Zelle die mit einer einfachen oder doppelten Hülle umgeben, und mit Protoplasma gefüllt ist.
Sporokarpium, ein mehrzelliger Körper, in dem nach der Befruchtung die Sporen erzeugt werden.
Spermatozoid, eiförmiges Protoplasmahäutchen, das sich im Wasser schnell bewegt (vergl. Chara Seite 136).
Spata, Blütenscheide. Das Deckblättchen an der Basis der einzelnen Blütenstiele.
Stolonen, liegende, nach Jahr und Tag absterbende Stämme, die reichlich und in nicht allzu großen Entfernungen mit Blättern besetzt sind.
Steril, unfruchtbar.
Sorus, ein häutiges Säckchen.

Thallus, Lager, Laubkörper. Lagerpflanzen entbehren der Gefäßbündel.
Tetrasporen, vier zusammengekoppelte Zellen eines Ablegers bei den Floriden.
Trichogyne, eine lange, fadenförmige Zelle, die die sich über die Fruchtanlage erhebt.

Zwitterblüten, alle Blüten, in denen sich Staubgefäße und Stempel befinden.

⊙ einjährige Sommerpflanze, ⊙⊙ zweijährige Pflanze, ⚇ ausdauernde oder mehrjährige Pflanze, ♂ männlich, ♀ weiblich.

Physiognomik des
Süßwassers und seiner Fauna.

Nicht so unendlich, nicht so erhaben und überwältigend stellt sich das Süßwasser dem Menschen gegenüber als das Meer, immerhin erzeugen auch die großen Landseen einen manchmal recht gewaltigen Eindruck. Weit idyllischer, weil kleiner und versteckter liegend, zeigen sich die hohen, von schneehäuptigen Bergriesen, die himmelstürmend ihre Häupter emporrecken, überragten und bewachten Bergseen. Sie bilden in der wilden Bergnatur den Teil, der den Reisenden in das Gebirge lockt, um in träumerischen Stunden an ihren zauberischen Ufern die Welt mit ihrer Hast zu vergessen. Denn zauberisch, wahrhaft zauberisch sind sie. Bei vielen von ihnen wechselt mit der Tagesbeleuchtung ihre physiognomische Erscheinung, bald einen düstern, bald einen freundlichen Eindruck hervorbringend. Und wenn der Sturm durch die Thäler heranstürmt, die Höhen umsausend, wenn er den Tannenwald erschüttert, sich einwühlt in die Tiefe des Sees, die hohen Wellen über die Ufer hinwegschleudernd, als sollten sie das Felsgestein in die nasse Flut hinabziehen, wenn die dunklen Umrisse der Berg- und Felsgestalten nur für Momente durch das blendende Licht des Blitzes erhellt werden, und der endlos rollende Donner, das Tosen, Schlagen und Drängen des Wassers, das Heulen und Pfeifen des Sturmes im hundertfachen Echo von Felswand zu Felswand geschleudert, rings die Luft erschüttert, dann bietet der Bergsee fürwahr ein Naturschauspiel des Kampfes der entfesselten Elemente wie es großartiger, wilderregter und schauriger kaum der schwellende Ozean hervorbringen kann. „Der See rast", wie Schiller im Tell sagt. Zu einer anderen Zeit liegt sein Spiegel ruhig und klar da. Dann taucht so gern der Blick in den tiefen Grund, wo zwischen glitzernden Kieseln der Fische bewegliches Heer im Sonnenschein spielt.

„Der See ist ein Mikrokosmus, eine Welt, die sich selbst genügt, in welcher das Lebensspiel der verschiedenen Organismen sich hinreichend im Gleichgewicht hält, um ein stabiles Verhältnis zwischen den ausgeschiedenen und nutzbar gemachten Stoffen zu bilden, ohne daß die Zusammensetzung des Mediums durch die in ihm wohnenden Wesen eine Veränderung erlitte. So sagt Forel in Zacharias die „Tier- und Pflanzenwelt des Süßwassers." Er fährt weiter fort: „Tiere und Pflanzen, höhere und niedrige

Organismen, leben da gleichzeitig mit einander, jedes nach seiner Art, und gemäß den ihm eigentümlichen Funktionen: jedes findet in dem Medium, von dem es umgeben ist, die zur Lebensfrist notwendigen Elemente, und jede Gruppe von Wesen vervielfältigt sich in Individuen, die um so zahlreicher sind, in je größerer Fülle die ihr unentbehrlichen Elemente vorhanden sind.

„Auf der anderen Seite ist ein Süßwassersee kein ganz geschlossenes Bassin, kein verschlossenes Gefäß. Vielmehr steht er in Verbindung mit der übrigen Welt, sei es durch die atmosphärische Luft, welche einen unaufhörlichen Austausch von Gasen mit ihm unterhält, sei es durch seinen Abfluß, der ihm Wasser mit Substanzen in gelöstem und ungelöstem Zustande entführt, sei es durch seine Zuflüsse, die ihm neue Stoffe zuleiten." Diese sich selbst genügende Welt wird von jedem mit organischen Wesen besetzten Tümpel gebildet, jeder Teich zeigt sie, jeder Fluß oder Bach, jeder belebte Rinsal schließt sie ein, aber nicht ab.

Das Tier und die Pflanze ergänzen sich in dieser Süßwasser-Welt: was für das eine organische Gebilde auf die Dauer der Tod sein würde, bildet für das andere das Leben, eins greift in das andere, beide organische Reiche vereinigen sich zu einem Ganzen.*)

Wie von den Pflanzen, findet man auch von Tieren alle die, welche durch ihre Lebensweise an das Süßwasser gebunden sind in einer größeren Ansammlung desselben. Säugetiere und Vögel, Reptilien, Amphibien, sind nicht immer im Wasser zu finden. Die erste Tierklasse der Säugetiere schickt ihre Vertreter nur in ausgebildetem Zustande in das Wasser, wo sie der Jagd obliegen, dasselbe thun auch die Vögel. Die Reptilien werden am Lande geboren, sie verlassen hier das Ei und begeben sich dann in das Wasser, während die Amphibien im Wasser geboren werden, hier ihren Jugendzustand, ihre Verwandlung durchmachen und auch noch als alte, erwachsene Tiere das Wasser aufsuchen. Die Fische dagegen werden im Wasser geboren und verlassen dieses Element nicht. Sie sind die Herrscher im Wasser. Hiermit ist jedoch die Fauna des Süßwassers durchaus nicht erschöpft, denn auch alle die noch folgenden Tierklassen bis hinab zu den Protozoen, stellen ihre Vertreter zur Süßwasser-Fauna.

Es ist ein buntes Gemisch von Tierformen, die sich in dem Süßwasser tummeln, und die im ewigen Kampf um das Dasein, wie er heftiger, gieriger nicht auf dem Lande ausgefochten wird, sich ihren Unterhalt verschaffen. Alles jagt und mordet hier unten, aber kein Kampfgebrüll, kein Schmerzensschrei, kein Jubellaut des Siegers wird vernommen. In unheimlicher Stille werden die Beutezüge ausgeführt, die selten nur den Landbewohnern durch das Plätschern der gepeitschten Wellen, das zuckende Aufspringen des zum Tode Verwundeten, bekannt werden. Hier in der Tiefe herrscht ein unaufhörliches Jagen und Entfliehen; ein Fassen und Verschlingen; denn nur durch das nie ruhende Zerstören und Vernichten

---

*) Man vergleiche zur Ergänzung dieses Kapitels Seite 52 „Physiognomik der heimischen Süßwasser-Vegetation".

des Lebens wird die so riesige Fruchtbarkeit des Wassers eingeschränkt und die allzu üppige Ausbreitung in die richtigen Wege geleitet.

Kriechtiere (Reptilia).

Kriechtiere oder Reptilien sind Wirbeltiere mit rotem, kaltem Blute, mit Horn- oder Knochenschildern bedeckt, die ihre ganze Lebenszeit durch Lungen atmen und deshalb in der Jugend keine Verwandlung durchmachen. Die meisten Arten legen Eier.

In Gestalt und Größe wechseln die hierher gehörenden Tiere sehr. Einige Arten besitzen in ihrer Körperform, bald mehr, bald weniger ausgeprägt, die Gestalt einer Scheibe, andere sind walzenförmig, noch andere können mit einer Spindel verglichen werden, alle besitzen aber die oben angegebenen Merkmale. Beine sind nicht bei allen vorhanden; einige Arten haben sie sehr ausgeprägt und kräftig, bei anderen sind sie verkümmert, noch anderen wiederum fehlen sie äußerlich ganz. Dort, wo sie vorhanden sind, werden sie zum Laufen eigentlich fast gar nicht benutzt, sie sind nur Stützen des Körpers oder helfen diesen nachschieben, wenn der Körper mit der Bauchfläche auf dem Boden dahin gleitet. Der Wirbelsäule kommt hauptsächlich die Ortsbewegung zu, sie ist dazu eingerichtet, durch Windungen den Körper fortzubewegen. Auch der Schwanz, der bei vielen Reptilien sehr stark und kräftig ausgebildet ist, besonders bei solchen, denen Beine fehlen oder wo sie verkümmert sind, übernimmt die Ortsbewegung mit. Der längliche, meist weit gespaltene Kopf geht bei vielen Arten ohne einen besonderen Halsabschnitt in den Körper über. Die Zahl der mit scharfen Krallen ausgerüsteten Zehen beträgt vier oder fünf. Die Körperbedeckung wird von Schuppen, Schildern oder knöchernen Tafeln gebildet und nur von einigen Arten in Zwischenräumen abgeworfen.

Während alle diese Punkte rein äußerlicher Natur sind, ist für die Stellung der Tiere im System ihr anatomischer Bau wichtiger. Das Gerippe der Kriechtiere ist fast vollständig verknöchert und sehr verschieden gebildet, so daß es auch hier schwer fällt, etwas allgemeines über dasselbe zu sagen. Der Schädel ist mehr oder weniger abgeplattet und sein Kiefergerüst, einschließlich der Gesichtsknochen, überwiegend ausgebildet. Die Teile des Schläfenbeines sind bald unbeweglich durch Knochennähte verbunden, bald mehr oder weniger durch elastische Bänder angeheftet und gestatten dann dem Maule eine bedeutende Erweiterung. Die Zahl der Wirbel schwankt bedeutend, desgleichen sind die Rippen in wechselnder Zahl bei den verschiedenen Arten vorhanden; alle aber sehr vollständig ausgebildet. Ein Brustbein fehlt oft gänzlich oder ist, falls vorhanden, auffallend verkümmert. Auch Schultern und Beckengürtel können oft fehlen oder nur angedeutet sein. Einige Kriechtiere besitzen den Beckengürtel und in dessen Gemeinschaft zeigen sich noch zwei Kreuzbeinwirbel. Er setzt sich hier aus Darmbein, Sitzbein und Schambein zusammen und durch Vereinigung der beiderseitigen Scham- und Sitzbeine schließt er sich nach unten.

Von den Sinnen scheinen die Augen am vorzüglichsten ausgebildet zu sein, jedoch auch wieder bei den verschiedenen Arten verschieden. Augenlider können fehlen oder vorhanden sein. Nächst dem Gesichte ist der Geruch am schärfsten ausgeprägt, das Gehör ist dagegen bei fast allen Arten nur schwach entwickelt und noch weniger der Geschmack. Dieser scheint in becherförmigen Organen, die an bestimmten Stellen der Mundhöhle liegen, seinen Sitz zu haben, während die Zunge nur zum Tasten dient.

Die Lunge ist stets weitmaschig und somit für den raschen Gasaustausch nicht eingerichtet. Ihr hinterer Teil dient häufig als Luftspeicher, welcher während des langsamen Schlingaktes die Luft zur Atmung liefert und auch dann in Betracht kommt, wenn das Kriechtier unter Wasser sich befindet. Oft weist die Lunge zahlreiche Aussackungen und luftführende Schläuche auf.

Das Blutgefäßsystem nähert sich sehr dem der höchststehenden Wirbeltiere, was sich besonders in der Ausbildung des Herzens bemerkbar macht. Zur Scheidung in einen linken und rechten Vorhof tritt auch eine solche in eine linke und rechte Herzkammer[*], die indessen oft durchbrochen ist. Alle Kriechtiere sind getrennten Geschlechts und pflanzen sich meist alle durch Eier fort.

Als kaltblütige, besser gesagt, als wechselwarme Tiere, da ihr Blut nur wenige Grade höher ist, als das sie umgebende Medium, lieben sie Wärme und Feuchtigkeit sehr und zeigen daher die großartigste Entfaltung in warmfeuchten Gegenden. Ihre erstaunliche Lebenszähigkeit ist bekannt. Sie verbringen die für sie ungünstigste Jahreszeit ihrer Heimat in einem mehr oder weniger erstarrten Zustande, d. h. sie halten einen Winter- bez. einen Sommerschlaf. Dementsprechend besitzen sie auch die Fähigkeit, lange Zeit Hunger und Durst zu ertragen, sind aber zu anderen Zeiten sehr gefräßig und würgen ihre Beute mit wenig Ausnahmen unzerstückelt und ungekaut hinunter.

Die hierher gehörenden vier Ordnungen sind: Echsen, Schildkröten, Eidechsen und Schlangen, von denen nur die Schildkröten einigermaßen als Aquarientiere zu betrachten sind.

Schildkröten (Chelonia).

Der Körper ist bei diesen Tieren breit und hat die Form einer Scheibe. Er ist bei den meisten Arten von einem knöchernen, aus einer Rücken- und Bauchschale gebildeten Panzer eingeschlossen. Die Kiefer der Tiere sind zahnlos, besitzen aber schneidige Ränder. Beine sind vier vorhanden, Zehen sind nie frei.

---

[*] Diese Scheidung ist vollständig bei den Krokodilen.

Unter den Kriechtieren weisen die Schildkröten den seltsamsten Körperbau auf; wie Überreste längst vergangener Zeitalter muten sie den Forscher an. Das für die Wirbeltiere so charakteristische innere Skelett, reckt bei ihnen großenteils nach außen und verschmilzt mit dem Hautskelett zu einer dickwandigen Kapsel. Diese Kapsel, einem Panzer vergleichbar, setzt sich aus zwei Stücken, einem Rücken- und einem Bauchschilde zusammen. Das Rückenschild teilt sich in mehrere Knochenstücke, welche durch Zackennähte verbunden, und in welche die Rückenwirbel und Rippen eingewachsen sind. Auch das Brustschild besteht aus mehreren ineinander greifenden Knochenstücken,

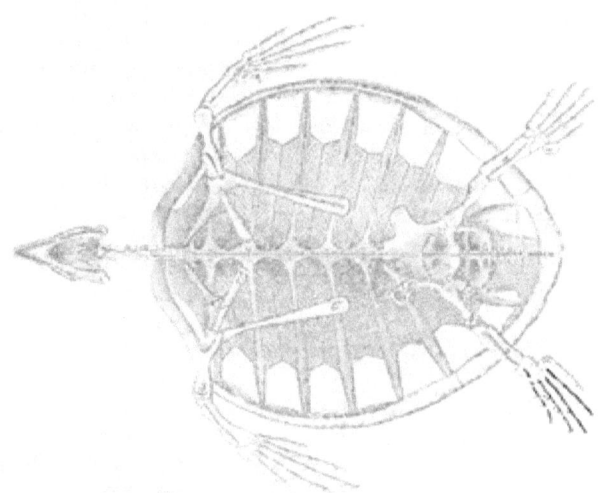

Figur 128. Schildkrötenskelett von unten. a Schulterblatt, b. Schulterhöhe, c. Rabenschnabel, d. Oberarm. Am Becken a. Hüftbein, b. Sitzbein, c. Schoßbein, d. Schenkel.

und bildet das nach außen gekehrte breite Brustbein dieser Tiere. An der Bildung des Rückenschildes beteiligen sich die Rippen, die Dornfortsätze der Wirbel, die verknöcherte Lederhaut und die verhornte Oberhaut; das Bauchschild wird fast ausschließlich aus Hautknochen zusammengesetzt. Ersteres ist bald mehr, bald weniger gewölbt; das Brustschild dagegen nie. Bald durch eine knöcherne Verbindung, bald durch ein dickes, festes, knorpelartiges Band hängt letzteres mit dem Rückenschilde zusammen und ist bei wenigen Arten in der Mitte der Quere nach in zwei bewegliche Stücke geteilt, welche durch ein sehniges, zähes Band zusammenhängen. Das vordere Stück schließt sich mit dem vorderen, das hintere Stück mit dem hinteren Ende an das Rückenschild an, wenn das Tier in seine Schale einzieht, und sobald Kopf und Beine zurückgezogen werden, ist das Tier fest eingeschlossen. Die hornartigen Deckschilder finden sich bei denselben Arten stets in einer bestimmten Anzahl, und zwar zählt man am Rande des Rückenschildes von 22—26, in der Mitte von 13—15 und auf dem Bauchschilde der uns interessierenden Arten 12—14.

Der Bau des Skelettes ist dieser eigenartigen Körpergestalt angemessen. Am Schädel sind die Knochen durch Nähte fest miteinander verbunden und bilden ein breites, in einen sehr kräftig entwickelten Hinterhauptkamm sich fortsetzendes Dach, der Schnauzenteil ist kurz und stumpf. Zwischen und

Oberkieferbeine sind fest und unbeweglich mit dem Schädel verbunden. Die Wirbelsäule hat bewegliche Knochen nur im Halse und Schwanze, alle anderen sind mit den Rippen zu dem Rippenpanzer verbunden. Die acht Halswirbel besitzen sehr vollkommene Kugelgelenke und diese Einrichtung ermöglicht die stärksten Beugungen des Halses und das Zurückziehen desselben unter den Panzer. Schwanzwirbel sind 16 bis 36 vorhanden. Die Panzerbildung, die schon beschrieben wurde, bewirkt, daß sich der Schultergürtel mit der zugehörigen Muskulatur nicht außen dem Brustkasten anlegen kann, sondern daß er und desgleichen das Becken innerhalb der Rumpfhöhle stecken und die Muskeln sich dementsprechend an die Innenseite der in Frage kommenden Knochen heften. Der Schultergürtel besteht aus dem stabförmigen Schulterblatt, dessen oberes Ende sich dem Querfortsatz des vordersten Brustwirbels anfügt, aus Schlüssel- und Gabelbein. Das Kreuzteil wird von zwei breiten, glatten Wirbeln gebildet; drei breite, aber nur kurze Knochen zu jeder Seite des Kreuzbeins stellen das Becken vor. Oberarm und Oberschenkel sind kurz und gerundet. Ersterer gliedert durch einen großen Gelenkknopf mit den schon genannten drei Knochen des Schultergürtels. Aus zwei getrennten Knochen besteht Unterarm und Unterschenkel. Hand- und Fußwurzel setzen sich aus mehreren kleinen, unregelmäßigen Knöchelchen zusammen. Finger und Zehen, gewöhnlich in der Fünfzahl vorhanden, bestehen aus 2 oder 3 Gliedern, deren letztes mit einer Kralle bewehrt ist. Die innere Körperbildung schließt sich der Form des Skelettes an. Das Herz ist fast viereckig mit zwei Vorkammern von bedeutender Größe und liegt in einem Herzbeutel. Die Aorta teilt sich in zwei Zweige, sodaß es scheint, als hätten diese Geschöpfe zwei herabsteigende Aorten. Die Leber ist in zwei Hauptlappen geteilt, und jede derselben bei einigen Arten noch in drei Lappen gegliedert. Fast in der Mitte des Bauches hat die Milz ihre Lage. Der Mastdarm endigt in eine Kloake, in welche sich auch die Urinblase und die Geschlechtsorgane öffnen.

Hinsichtlich ihrer intellektuellen Fähigkeiten stehen die Schildkröten auf einer äußerst niedrigen Stufe; langsam und ungeschickt sind sie in ihren Bewegungen, haben keine scharfen Sinne, und obgleich sie leicht gezähmt werden können, lernen sie ihren Wohlthäter wohl von ihrem Feinde unterscheiden, sind aber sonst kaum der geringsten Anhänglichkeit fähig. Durch ihre Schilder durchaus nicht vor ihren Feinden vollkommen geschützt, erliegen sie deren Angriffe sehr oft. Katzen, die Schildkröten habhaft werden können, wenden sie um, reißen mit ihren Tatzen das Fleisch aus dem Panzer und bewältigen sie so. Schweine fressen sie, solange sie noch jung sind, trotz ihres Panzers ganz auf, ebenso stellen große Raubvögel den Tieren nach. Auf dem Lande sind die meisten Arten vollständig hilflos, nur durch Tauchen im Wasser können sie sich eines Teils ihrer Feinde erwehren, obwohl ihnen auch hier auf mancherlei Art nachgestellt wird. Zu ihren Feinden aus der Tierwelt gesellt sich der Mensch, da Fleisch und Eier von fast allen Arten zu genießen und sehr wohlschmeckend sind. Mehr fast wie alle anderen Tiere sind sie auf die Wärme angewiesen und gehören daher vorzugsweise der heißen und warmen Zone an, nehmen dem zufolge gegen die Pole zu, an Arten- und Individuenzahl rasch ab. Die Arten, welche ihre Heimat in einem rauhen Klima aufgeschlagen haben, schützen sich gegen die Kälte des Winters, wie andere Reptilien, durch Einscharren in die Erde.

Nach dem Erwachen des Frühlings schreiten die Schildkröten zur Fortpflanzung. Gewisse Arten erreichen ihre Zeugungsfähigkeit erst im 10. oder 11. Jahre. Ziemlich spät nach der Begattung gräbt das Weibchen mit großer Vorsorge Löcher in die Erde, gewöhnlich in Sand, legt die Eier ab, deckt sie mit Erde zu und überläßt die Ausbrütung der Jungen der Sonne. Die ausgeschlüpften Jungen begeben sich sogleich in das Wasser. Die Eier haben eine harte, kalkige Schale.*)

Von den vielen hierher gehörigen Arten bringe ich nur zwei. Einesteils sind die Schildkröten nur Aquarientiere, so lange sie jung sind, ausgewachsen, oder größer geworden, gehören sie in das Terrarium oder Terra-Aquarium. Da sie jedoch vielfach im Aquarium gehalten werden, kann ich diese Familie nicht übergehen, ohne wenigstens einige Vertreter zu bringen. Was von diesen in dem Lebensbilde gesagt ist, bezieht sich auch auf die anderen nicht aufgeführten Süßwasser- und Sumpfschildkröten. In Gefangenschaft werden diese Tiere seit uralter Zeit gehalten. Im großen und ganzen sind sie hier träge, stumpfsinnig und langweilig. Indessen gibt es auch Liebhaber, die diese Geschöpfe gern haben, an ihnen Vergnügen finden und sie mit Lust und Liebe pflegen. So groß auch ihre Lebenszähigkeit ist, so leicht sie Verstümmelungen der verschiedensten Art ohne sonderliche Schmerzen ertragen, so erliegen sie in der Gefangenschaft doch verschiedenen Krankheiten, die indessen ihren Grund meist in mangelhafter Pflege oder unzweckmäßiger Wartung haben. Ihre Pflege ist durchaus nicht so einfach, wie von vielen Seiten angenommen wird, sie erfordert mehr Sorgsamkeit und Verständnis als ihr gewöhnlich entgegengebracht wird. Die Zählebigkeit der Schildkröten ist durchaus nicht der Beweis dafür, daß sie befähigt sind, alles zu ertragen. Werden sie indessen richtig behandelt, so gehören sie zu den ausdauerndsten Tieren unserer Behälter. Wärme ist für alle Arten die Hauptbedingung für ihr Wohlbefinden. Werden sie in kühlen Räumen oder im kalten Wasser gehalten, so gedeihen sie nie.

Bei der Erwerbung der Schildkröten achte man darauf, daß das Auge klar sei und das auf den Rücken gelegte Tier sogleich versucht, sich umzudrehen, und dieses auch auf nicht zu glatten Gegenständen ohne Anstrengung fertig bringt. Die weitere Haltung und Pflege gebe ich in den nachfolgenden Lebensbildern.

1. Wasserschildkröten (Clemmys).

Der Rückenschild besitzt eine doppelte Schwanz- und Nackenplatte und ist schwach gewölbt. Die Bauchschale besteht aus 12

*) Nur bei einer Familie der Seeschildkröten besitzen sie eine pergamentartige Schale.

Platten, ist ungegliedert, aus einem Stück bestehend und mit der Rückenplatte seitwärts unbeweglich verwachsen. 1 Achsel- und 1 Weichplatte ist vorhanden. Der aus 25 Platten bestehende Rand der Rückenschale ist bald mehr, bald weniger abgesetzt oder nach aufwärts gebogen. Die Vorderfüße haben 5, die Hinterfüße 4 Krallen und mehr oder weniger entwickelte Schwimmhäute. Der Schwanz ist lang und trägt keinen Endnagel. Die Vorderarme werden von dachziegelartig gelagerten Schuppen bedeckt, die eine verschiedene Gestalt besitzen. Die den Kopf bekleidende Haut ist glatt.

1. Kaspische Sumpfschildkröte (Clemmys caspica Gmelin). Emmenia grayi, Emys rivulata, Emys tristrami, Emys pannonica etc.

Der Rückenpanzer ist eiförmig, schwach nach hinten verbreitert, ganzrandig. Die Bauchschale hinten und vorn fast gleich breit, vorn kürzer, jedoch weniger auffallend als hinten, kürzer als die Rückenschale und hinten ziemlich tief ausgeschnitten, vorn abgestutzt. Die Nackenplatte zeigt sich bei alten Tieren erheblich länger als breit, vorn etwas schmäler als hinten; Kopf flach. Die Ränder des vorn in der Mitte eingeschnittenen Oberkiefers sein gezähnelt. Die Rückenfarbe ist oft einfarbig olivengrün, andererseits kann sie auf dieser Grundfarbe mit gelben, schwarz gesäumten, bogigen, eine netzartige Zeichnung bildenden Streifen überzogen sein. Die Bauchschale ist einfarbig schwarz oder schwarzbraun, nur ein kleiner, bei jungen Tieren gelber Fleck auf der Außenseite jeder Platte. Alte Tiere besitzen mehr Gelb. Die Halsseiten sind auf olivengrünem Grunde mit zahlreichen gelben oder orangefarbigen mit schwarzen oder blaugrauen Streifen abwechselnde Binden besetzt. Die Kehle zeigt sich gelb oder dunkel gemarmelt. Beine und Schwanz ebenfalls gestreift. Länge von der Schnauze bis Schwanzspitze ungefähr 30—32 cm. Dalmatien, Griechenland, Türkei, Kleinasien, Cypern, Syrien, die Länder vom Kaspischen See an westwärts durch Südrußland.

Ehe ich zur Lebensschilderung selbst übergehe, beschreibe ich noch folgende Unterart der oben dargestellten Schildkröte.

Spanische Wasserschildkröte (Clemmys leprosa Schweiger). Emys Sigriz, Emys marmorata, Emys laticeps, Terrapene sigriz, Mauremys laniaria etc.

Diese Art unterscheidet sich von der Kaspischen Sumpfschildkröte dadurch, daß die gelbe Farbe der Oberschale in Form gesonderter, schwarz umsäumter Flecken sich zeigt, die sich stets in der Mitte jeder Scheibenplatte befinden und groß und länglich sind. Die Seitenflügel der Brustschale sind auf braungelbem Grunde mit einem tiefschwarzen Längsstreifen geschmückt und die gelben Streifen an Hals und Beinen sind nicht schwarz gesäumt. Die Ränder des Oberkiefers sind ohne Zähnelung, vollständig glatt. Im südlichen Teil von Spanien und Portugal, Marokko und Algier bis Senegambien.

Die kaspische Sumpfschildkröte wie auch ihre Unterart leben, wie alle Süßwasserschildkröten, nur in feuchten Gegenden und meistens im Wasser langsam fließender Flüsse, doch schließen sich Teiche und Seen von diesen Wohnplätzen nicht aus. Wie alle Arten dieser Familie sind auch sie trefflich begabte Wassertiere. Stundenlang schwimmen sie auf der Oberfläche des Wassers, die Augen nach unten gerichtet, einem Beute suchenden Raubvogel vergleichbar, den unter ihnen liegenden Grund des Gewässers abzusuchen. Kaum erspähen sie eine Beute, so lassen sie einige Luftblasen steigen, beschleunigen ihr Rudern, sinken zur Tiefe hinab, um mit gierigem Schnappen sich des verlockenden Bissens zu versichern. Ein einmal mit den scharfen Kiefern gepacktes Beutetier wird einen Augenblick später mit einem kräftigen Ruck des nach vorn jählings sich ausstreckenden Kopfes verschlungen, falls es nicht zu groß ist. Größere Beutestücke werden durch Reißen und Zerren mit den Füßen geteilt und dann verzehrt.

Die Tiere sind nur mutig und lebenslustig, wenn sie im warmen Wasser leben, sinkt die Temperatur ihres Standortes, so werden sie träge, sind jedoch immer noch lebhafter und beweglicher wie unsere deutschen Teichschildkröten, deren Lebensweise sie sonst teilen, sodaß das von dieser gegebene Lebensbild auch auf die kaspische Sumpfschildkröte anzuwenden ist. Einen wie hohen Wärmegrad die kaspische Schildkröte vertragen kann, geht daraus hervor, daß in den heißen Schwefelquellen bei Lenkoran kaspische Schildkröten vorkommen. Dennoch sind die Tiere keineswegs so empfindlich gegen Kälte, wie man hieraus annehmen sollte. Sie beanspruchen nicht einmal in der kalten Jahreszeit ein erwärmtes Wasser, wenn nur das Zimmer regelmäßig geheizt wird und die Temperatur in der Nacht nicht erheblich sinkt.

Indessen lieben sie die Sonne ungemein und fühlen sich nur in solchen Behältern behaglich, die diesem leben- und wärmespendenden Quell möglichst viel ausgesetzt sind. Wenn die Sonne längere Zeit mit Wolken verschleiert war, kann man ordentlich sehen, welches Wohlbehagen sie bei ihnen hervorruft, sobald sie sich nach solcher Zeit einmal wieder zeigt. Besitzt ihr Aquarium einen Felsen, der eine kleine Sandfläche aufweist, so wühlen sie sich gern mit den Füßen und dem unteren Teile des Panzers ein, sodaß die Strahlen auf ihren Rücken brennen. Sind sie nicht zur Nahrungssuche aufgelegt, oder ist ihr größter Hunger gestillt, so suchen sie das Wasser nicht auf.

Ihre Lebhaftigkeit und Beweglichkeit stempelt sie zu ganz reizenden Tieren, hat jedoch auch wiederum eine Schattenseite: die Schildkröte benutzt nämlich jede sich darbietende Gelegenheit, dem Aquarium zu entwischen. Ihre Gewandtheit im Klettern ist fast unglaublich. So ist es Ruß passiert, daß eine von ihm gepflegte Schildkröte dieser Art, aus dem Aquarium auf den Boden gefallen, die Fenstervorhänge als Strickleiter benutzend, an diesen bis zur Zimmerdecke emporkroch. Scheu ist die kaspische Schildkröte durchaus nicht. Wenige Tage schon genügen, sie im Behälter heimisch zu machen, und es dauert nicht lange, sie dahin zu bringen, das Futter aus der Hand zu nehmen. Wie in allen ihren Bewegungen, hat sie auch in der Art, wie sie das Futter erfaßt, etwas Schnelles, Hastiges an sich. „Unbeschreiblich ist die Freßlust dieses Tieres," sagt Siebeneck, „Mehlwürmer, Fliegen, Brod- oder faserige Fleischstücke, alles verschlang es gierig, ohne genug zu bekommen. Zufällig fiel es mir mal ein, ihm kleine Kaulquappen zu geben. Dieses Nahrungsmittel erwies sich als zweckentsprechend — meine Clemmys wurde satt." Neben diesem von Siebeneck angegebenen Futter nimmt die kaspische Schildkröte noch Regenwürmer, kleine Frösche und Fische, Molche, Krebse, Würmer, Schnecken ɔc. Während alle diese Tiere wohl im Sommer zu erlangen sind, stehen uns im Winter nur kleine

Fische, Regen- und Mehlwürmer zur Verfügung und sind auch diese nicht immer zu haben. Es ist daher sehr zweckmäßig, die Schildkröte schon im Sommer an rohes Fleisch zu gewöhnen, das neben dem lebenden Futter gereicht wird. Das Fleisch wird in wurmförmige Stückchen geschnitten, und durch Hin- und Herbewegung unter Wasser den Tieren vorgehalten. Die Verschlingung des Futters ist den Schildkröten auf dem Lande fast unmöglich, sie vermögen dasselbe nur unter Wasserschlucken leichter zu würgen.

Wird die Temperatur ihres Aufenthaltsortes möglichst ständig auf einer Höhe (15 bis 18° R) gehalten, so ist diese Schildkröte Krankheiten weniger ausgesetzt, während im anderen Falle Durchfall und Verstopfung nicht selten eintreten können. Durchfall kann durch öfteres Herausnehmen der Tiere aus ihren Behältern eintreten und ist durch Erhöhung der Wärme in der Regel unschwer zu heilen. Bei Verstopfung erhalten die Tiere ein Bad von etwa 28° R.

Sumpfschildkröten (Emys).

Die Rückenschale flach gewölbt. Eine Nackenplatte und doppelte Schwanzplatten sind vorhanden. 11 Paar Randschilder bilden den Außenrand, der weder abgesetzt, noch umgebogen ist. Der Bauchpanzer ist breit und aus 12 Platten in zwei beweglichen Stücken zusammengesetzt, doch ist die Beweglichkeit dieser beiden Hälften zu schwach, als daß die Öffnungen des Rückenpanzers völlig geschlossen werden können. Rücken und Bauchpanzer sind durch eine weiche Knorpelnaht verbunden. Achsel- und Weichplatten fehlen. Eine glatte Haut bekleidet den Kopf, die Beine sind mit größeren Schüppchen bedeckt und an den Vorderfüßen mit 5, an den Hinterfüßen mit 4 Nägeln versehen. Der Schwanz trägt reihenförmig gestellte Schildchen, ihm fehlt der die Spitze umhüllende Nagel.

Europäische Sumpfschildkröte (Emys europaea Schneider). Emys orbicularis, Emys lutaria, Emys meleagris, Emys flava, Emys pulchella, Latremys europaea, Cistudo europaea, Cistudo hellenica etc. Fluß-, Pfuhl-, Teich-, Schlammschildkröte.

Bei älteren Exemplaren ist die Rückenschale elliptisch eiförmig, bart, jungen Tieren gegenüber ziemlich hoch. Die Bauchschale ist vorn in der Regel ebenso lang, als die Rückenschale, hinten jedoch merklich kürzer. Sie ist beim ♂ in der Mitte des Körpers etwas vertieft, dann nach aufwärts gebogen und wieder abfallend. Beim ♀ dagegen flach und eben oder etwas gewölbt konver. Der Kopf ist flach, etwas breiter als hoch, die Schnauze kurz zugespitzt. Oberkopf und Kopfseiten nicht beschildert. Die Kieferränder sind Schneiden, aber ungezahnt. Die Haut des Halses ist schlaff. Die Beine sind schwach zusammengedrückt und tragen vorn 5, hinten 4 Zehen. Sie sind mit fast ganzen, tafelartigen, rundschuen, in nicht sehr deutlich stehenden Querreihen stehenden Schuppen bedeckt. Die Zehen sind mit einer Schwimmhaut verbunden. Der Rückenpanzer ist in seiner Grundfarbe schwarzgrün, durch strahlig verlaufende, gespitzte Punktreihen von gelber Färbung gezeichnet. Der Bauchpanzer ist schmutziggelb und an den Panzernähten blaugrau gefleckt. Die ungepanzerten Teile sind auf schwärzlichem Grunde hin und wieder mit gelben Punkten versehen. Der Süden und das östliche Mitteleuropa. In Deutschland bewohnt sie seit ausschließlich das Gebiet der Oder und Weichsel; kommt indessen auch in fließenden Gewässern in Brandenburg und Mecklenburg vor.

Die europäische Sumpfschildkröte kommt in verschiedenen Spielarten oder Farbenvarietäten vor, deren einzelne ich am Schlusse beschreiben werde, ohne jedoch auf allzu kleinliche Unterscheidungszeichen näher einzugehen.

Diese Schildkröte ist, wie schon ihre verschiedenen deutschen Namen zeigen, in ihrer Lebens- und Ernährungsweise eng an das Wasser gebunden. Bäche, Flüsse und Ströme mit starkem Gefälle und freie Seen meidet sie und liebt seichte, schlammige, schlupfreiche, stehende oder träge dahinfließende Gewässer, umbuschte, schilfreiche Waldteiche, Weiher, Tümpel, Lachen und Sümpfe, die womöglich mit fischreichen Teichen in Verbindung stehen, und giebt Brüchen, versumpften Flußläufen und anderen ähnlichen Wasserläufen den Vorzug. Dementsprechend findet sie sich hauptsächlich in der Ebene, der Niederung, der Steppe und geht nur in die weiten Thalmulden hügeliger Gelände, ohne die Region der Vorberge zu überschreiten.

Fast ihr ganzes Leben verbringt die Flußschildkröte im Wasser, hier bewegt sie sich sehr behend, ist jedoch nicht ausschließlich auf dieses Element angewiesen, sondern kommt gegen Abend oder am Tage, wenn die Sonne recht scheint, aus Land, ohne sich jedoch weit vom Wasser zu entfernen. Wenn die Tiere so am Ufer auf dem von der Sonne durchglühten Sand liegen, geben sie sich keinen Augenblick der reinen Sorglosigkeit hin. — Die Köpfe von Zeit zu Zeit erhebend, mustern sie mit ihren klugen Augen stets ihre Umgebung. „Eine verdächtige Bewegung, ein ungewohntes Geräusch,"

Figur 129.
Europäische Sumpfschildkröte Emys europaea.

schreibt Fischer, „und sie verschwinden unter hastigen Bewegungen der Füße in das schützende Wasser, wo sie sofort einige Luftblasen aus ihrem Maule entweichen lassen, um ihr spezifisches Gewicht zu erhöhen und untertauchend den Grund des Gewässers zu erreichen trachten, auf dem sie, mit den Vorderfüßen den Grund aufwühlend, das Wasser hinter sich trüben, weiter kriechen und sich im Schlamme oder unter den Wasserpflanzen, unterhalb der Uferränder, Steine u. s. w., welche auf dem Wassergrunde liegen, zu vergraben suchen. Erst wenn alles wieder still ist, steigen sie wieder an die Wasseroberfläche, welche sie unter spitzem Winkel, in schräger Linie nach oben rudernd, erreichen. Um nicht wieder unterzusinken, schlucken sie, sobald die Nasenlöcher die Luft erreicht haben, eine große Menge Luft in großen Zügen ein und erhalten auf diese Weise ihren Körper schwimmend. Wollen sie wieder herabsteigen, so haben sie nur eine gewisse Quantität Luft in Blasenform aus dem Maule wieder entweichen zu lassen, und der Körper sinkt.

An der Wasseroberfläche schwimmend, so daß nur die Füße, ihre Rückenschale und etwa ²/₃ des Kopfes herausragen, umkreisen sie lange Zeit die Stelle, auf welcher sie sich zu lagern beabsichtigen, und erst wenn nichts Verdächtiges weder zu hören noch zu sehen ist, legen sie am Ufer an, indem sie sich nur mit den scharf bekrallten Vorderfüßen im aufgeweichten oder sandigen Erdreich der Ufer festhalten, wobei etwa nur ein Drittel des Körpers aus dem Wasser hervorragt. Noch lange Zeit wenden sie ihren Kopf auf dem ausgestreckten Halse hin und her, ehe sie sich entschließen, das nasse Element gänzlich zu verlassen." Durchaus nicht so schwerfällig wie man eigentlich annehmen soll, ist die Sumpfschildkröte auf dem Lande: sie ist hier bedeutend gewandter als die Landschildkröten.

Zu Ende des Monat Mai oder Anfang Juni, in einer warmen, lauen Nacht, begiebt sich die weibliche Schildkröte an das Ufer, um hier die Eier, die ihre Nachkommenschaft enthalten, abzulegen. Wenig entfernt vom Wasser, je nach Lage und Beschaffenheit der Örtlichkeit, mitunter auch weiter, gräbt das Weibchen mittelst des Schwanzes und der Hinterbeine ein etwa 5 cm weites Loch, welches sich nach unten verengert, und läßt die Eier, welche nach Austritt aus der Kloake von einem untergehaltenen Hinterfuß aufgefangen werden, in die Grube gleiten. Nach Vollendung des Legegeschäftes werden die Eier mit Erde bedeckt. In der Regel werden 10—15 hellgraue Eier von dem Weibchen abgelegt. Bevor das Weibchen ins Wasser zurückkehrt, glättet es die Erde noch mit dem Bauchpanzer. Das Brutgeschäft und alles Weitere wird der Natur überlassen.

Über die Fortpflanzungsgeschichte der Sumpfschildkröte giebt Marcgraf zuerst nähere Angaben. Er hatte 1749 gute Gelegenheit zu dieser Beobachtung, da sich in seinem Hause zwei Sumpfschildkröten vermehrten. Die Begattung fand im Februar statt und wurde durch ein Spiel eingeleitet. Das Männchen stieß mit dem Kopfe gegen den Kopf des gegenüberstehenden Weibchens und stieg erst dann auf dessen Rücken, um sich hier mit den Krallen festzuhalten und zwei Stunden so im Wasser umherzuschwimmen.*) Dieser Vorgang wiederholte sich öfter und einige Zeit später suchte das Weibchen etwas feuchte Erde auf, die es in der Nähe einer Pumpe fand. Hier legte es seine Eier. Im Juni kam die kleine Brut zum Vorschein und begab sich sogleich in das Wasser. Die Jungen waren im Anfange nicht größer als ein Groschen. Sie brachten ihr Wohnhaus gleich mit, das zwar hart, aber ganz weiß und durchsichtig war. In wenigen Tagen wurde es rot und endlich schwarz. Die Zeitdauer, welche zwischen dem Ablegen der Eier und dem Ausschlüpfen der Jungen liegt, ist noch nicht völlig aufgeklärt. Marsigli giebt an, daß im Frühling gelegte Eier erst Ende März oder Anfang April des nächsten Jahres auskriechen und Miram stimmt Marsigli zu, da die am 28. Mai in seinem Garten abgelegten Eier seiner Wahrnehmung nach einer Nachreife von etwa 11 Monaten bedurften.

*) Derartige Beobachtungen sind verschiedentlich gemacht worden.

Bei Marsiglis Beobachtung sind entschieden Fehler unterlaufen oder es sprechen hier klimatische Verhältnisse sehr stark mit. Um von anderen Schildkröten auf die Sumpfschildkröte zu schließen, können, wie Dürigen sagt, und dem schließe auch ich mich an, die Eier höchstens einer Nachreise von 2 oder 3, nicht aber von 10 oder 11 Monaten bedürfen.

Nach Untergang der Sonne erwacht in der Sumpfschildkröte erst das wahre Leben und sie ist von jetzt ab während der ganzen Nacht thätig. Auch noch zu dieser Zeit, wenn die Natur ruht, ist sie vorsichtig und auf ihre Sicherheit bedacht, sie taucht bei dem geringsten Geräusch, wenn sie oben auf dem Wasserspiegel schwimmt, unter; wird sie dagegen nicht beunruhigt, so läßt sie oft, besonders im Mai, ein sonderbares Pfeifen ertönen, das ihr Vorhandensein sicher feststellt, wenn sie auch nicht gesehen wird. Jetzt stellt sie Würmern, Wasserkerfen, Fröschen und deren Larven nach, verschont auch Fische nicht, ja, wagt sich selbst an ziemlich große, denen sie Bisse in den Unterleib versetzt, bis die Beute entkräftigt ist und dann vollends von ihr bewältigt werden kann. Das Opfer wird bis auf die Gräten unter Wasser verzehrt. Bei dieser Mahlzeit kommt es oft vor, daß die Schwimmblase abgebissen wird und auf der Oberfläche des Wassers schwimmt, ein sicheres Zeichen, daß Schildkröten das Gewässer bewohnen.

Wird die Zeit erst kühler, hat der Herbst den Fruchtreichtum abgegeben, so wird die im Sommer so bewegliche Sumpfschildkröte in ihrem Thun und Treiben langsamer. Im Oktober, wenn der „Alte Weibersommer" vorüber ist, bereitet sie sich zum Winterschlaf vor, sie gräbt sich im Schlamme ein und kommt nicht früher aus ihrem Versteck zum Vorschein, bis die lauen Frühlingslüfte wehen.

Da die Sumpfschildkröte auf Wasser und Feuchtigkeit angewiesen ist, eignet sie sich besser für das Aqua Terrarium als für das einfache Terrarium, kommt indessen auch im gewöhnlichen Beckenaquarium, falls dieses nur einen Felsen besitzt, den sie erklimmen und sich auf ihm ruhen kann, fort. Zur Besetzung eignen sich am besten kleine Stücke für das Aquarium, größere Exemplare räumen unter den Fischen ganz gewaltig auf, sie sind daher in Terra-Aquarien unterzubringen. Ebenso, wenn auch nicht gerade in dem Maße wie die kaspische Wasserschildkröte, liebt auch die Sumpfschildkröte die Sonne, ihre Strahlen sind zum Gedeihen des Tieres unbedingt notwendig, unter ständigem Mangel an Sonnenschein verliert sich der Appetit, die Tiere werden kraftlos und gehen zu Grunde. Ihre Ernährung deckt sich mit der der kaspischen Wasserschildkröte. Die Überwinterung der Schildkröten läßt sich am besten bewerkstelligen, wenn dieselben im Oktober oder Anfang November in eine mit Sand, Moos, Sägespähnen gefüllte, durch einen Drahtdeckel verschlossene Kiste gesetzt werden und diese mit den Insassen in einem dunklen, kühlen, doch frostfreien Raum untergebracht wird. Ende März oder Anfang April setze man die Kiste in die freie, warme Luft oder in das geheizte Zimmer, reiche den Tieren nach ihrem Munterwerden ein laues Bad und verabfolge dann lebendes Futter. Im Sommer sind Schildkröten drei- bis viermal in der Woche zu füttern. Im Winter im warmen Zimmer gehaltenen Tieren wird nur einmal in der

Woche Futter gereicht. Steht ihr Behälter in der Nähe des Ofens, so erleidet die Freßlust der Tiere keine Einbuße, sollte dieses indessen eintreten, so genügt ein warmes Bad, die Lebensgeister der Schildkröte wieder aufzumuntern.

Die hauptsächlichsten Spielarten oder Farbenvarietäten sind:

a. **Gesprenkelte Sumpfschildkröte** (Var. sparsa.)
   Das schwärzlich dunkelolivfarbene Rückenschild trägt gelbe Strahlenlinien, die in viele Strählchen ausgelöst sind. Das Rückenschild ist also gelb gesprenkelt.

b. **Getüpfelte Sumpfschildkröte** (Var. punctata).
   Kleinere und größere gelbe Flecke sind unregelmäßig über den Rückenpanzer verteilt. Erinnert sehr an Var. sparsa.

c. **Gefleckte Sumpfschildkröte** (Var. maculosa).
   Das Gelb tritt als Hauptfarbe an Stelle des sonst düsteren Grundes, jedoch eine schwarze Strahlenzeichnung entsteht.

d. **Einfarbige Sumpfschildkröte** (Var. concolor.)
   Die Rückenschale erscheint einfach dunkelgraulichbraun oder schwarz. Die gelbe Zeichnung ist vollständig zurückgetreten.

e. **Griechische Sumpfschildkröte** (Var. hellenica.)
   Die Rückenschale ist stark gewölbt. Die freien Körperteile besitzen eine vorherrschend gelbe, mit unregelmäßigen bräunlichen Flecken und Strichen netzartig durchzogene Färbung. Kommt in Griechenland neben der Stammform vor.

f. **Dalmatische Sumpfschildkröte** (Var. Hoffmanni).
   Größer als die Stammform. Die Nähte zwischen den einzelnen Platten furchenartig und die Rückenschale glänzend schwarz. Auf den Rippenplatten befinden sich zahlreiche feine, lange gelbe Strahlenlinien. Die Bauchschale ist glatt und einfach gelblich.

Figur 130. Kopf der Schlangenhalsschildkröte Hydromedusa tectifera.

Die besonders in letzter Zeit zahlreich importierten amerikanischen Wasser- und Sumpfschildkröten kann ich hier nicht näher beschreiben und schildern. Gehören sie den beiden geschilderten Familien an, was leicht nach der gegebenen Beschreibung zu bestimmen ist, halte man sie wie die genannten Vertreter dieser Familie, lasse sie jedoch sehr zweckmäßig nicht in Winterschlaf verfallen, sondern überwintere sie in warm gehaltenen Terra-Aquarien. Besonders weichlich sind junge Tiere. Diese Importe haben uns manche reizende Neuigkeit für die Liebhaberei gebracht und verdienen alle Anerkennung. Amerika ist überhaupt reich an Schildkrötenarten, die oft die sonderbarsten Formen besitzen, wovon die nebenstehende Abbildung den Kopf einer für Terra-Aquarienbesitzer sehr interessanten Art darstellt. Da im ganzen die Schildkröten, wie gesagt, mehr Terrarien- als Aquarientiere sind, kann ich mich hier nicht näher auf diese Tiergruppe einlassen.

Lurche oder Amphibien (Amphibia).

Die Amphibien sind kaltblütige Wirbeltiere mit meist nackter Haut; die Mehrzahl atmet durch Lungen, in der Jugend durch Kiemen. Sie legen dünnhäutige Eier (Laich), aus welchen den erwachsenen Lurchen unähnliche Larven hervorgehen und die daher eine Verwandlung (Metamorphose) durchmachen. Sie besitzen einen unvollständigen, doppelten Blutkreislauf.

Mit diesen trocknen Worten ist der Wissenschaft Genüge gethan, um Reptilien und Amphibien von einander zu scheiden, doch ist es nötig, um allgemein verständlich zu sein, etwas näher auf diese Tierklasse einzugehen. In der Gestalt weichen die Lurche ebenso sehr von einander ab, wie die Reptilien. Zwischen dem fußlosen, walzenförmigen Körper der Blindwühlen und dem mehr runden, von kräftigen Beinen getragenen, scheibenförmig abgeplatteten Körper der Frösche, zeigen sich Tiere in vielfachen Formen. Bei den unter der Erde lebenden Blindwühlen gleicht die Körperform, die nur Leib und nahezu schwanzlos ist, einem Regenwurm sehr, da auch diesen Tieren Gliedmaßen gänzlich fehlen, während den im Wasser lebenden Aalmolchen, wenn auch deren Körper lang gestreckt ist, doch ein seitlich zusammengedrückter Schwanz und verkümmerte Gliedmaßen zukommen. Je mehr sich die Füße entwickeln, desto kürzer wird der Körper und desto mehr plattet er sich ab, bis er die Reihe mit den Froschlurchen abschließt. Mit dieser Verschiedenheit der Körperform geht Hand in Hand der anatomische Bau des Lurchkörpers, zumal jener des Skelettes, durch welchen die Lurche den Fischen weit näher stehen als die Reptilien.

Die Wirbel der Kiemenmolche lassen sich ihrer Gestalt nach von Fischwirbeln kaum unterscheiden, sind dagegen bei den eigentlichen Molchen bereits vollständig ausgebildet. Alle Lurche mit langgestrecktem Körper besitzen viele Wirbel, während bei den Froschlurchen diese Rückenwirbel nur in der Zahl von 7—8 vorkommen. Auch besitzen die Froschlurche ein breites Kreuzbein, das aus der Verschmelzung mehrerer Wirbel entstanden zu sein scheint und mit einem langen, säbelförmigen Knochen, dem Steißbeine, in Verbindung steht, das die Wirbelsäule bis zum After fortsetzt. Die Querfortsätze der Wirbel sind bei allen Lurchen ganz gut ausgebildet, zuweilen sogar ungemein lang, und ersetzen in gewissem Grade die fehlenden Rippen, die nur durch kleine Knochen oder Knorpelanhänge angedeutet sind. Im ganzen ist das Skelett verknöchert, doch erhalten sich am Schädel viele Reste des ursprünglichen Knorpels.

Betreff des Kopfgerüstes ist zu bemerken, daß die ganze Klasse der Lurche zwei seitliche Gelenkknöpfe am Hinterhaupt besitzt, die von dem stets verknöcherten Hinterhauptbein hergestellt werden und in zwei Vertiefungen des ersten, ringförmigen Halswirbels passen. Die Form des Schädels ist immer sehr breit und platt. Im Verhältnisse zu demselben sind die Augenhöhlen für gewöhnlich groß und durchgehend, so daß, von oben gesehen, die Kiefer einen Halbkreis bilden, der in seiner Mitte von dem eigentlichen Schädel durchsetzt wird. Die Seitenflächen des Schädels bleiben bei den Kiemen lurchen fast ganz knorpelig oder zeigen auch eine dem vorderen Keilbeinflügel, sowie dem vorderen Stirnbeine entsprechende Verknöcherung.

Sofern die Lurche Gliedmaßen besitzen, setzen sie sich aus dem Schulter- und Beckengürtel und den eigentlichen Gliedmaßen zusammen. Der Schultergürtel setzt sich aus dem stielförmigen Schulterblatt, dem breiten, spatelartigen Rabenschnabelbeine und sehr oft auch noch aus einem gesonderten Schlüsselbeine zusammen und ist seitlich an den Halswirbeln befestigt. Das Vorderbein besteht aus einem einfachen Oberarm, zwei zuweilen verschmolzenen Vorderarmknochen, sowie einer oft knorplig bleibenden Handwurzel und aus Fingern, deren Zahl meist vier, seltener drei bis zwei beträgt. Der Beckengürtel ist bei einigen Familien, z. B. den Molchen, nur schwach entwickelt, und die Kreuzbeinwirbel sind in ihrer Bildung von den übrigen Wirbeln kaum verschieden; das Becken verbleibt außerdem meist knorplig und gliedert sich in drei gewöhnliche Knochen: Schambein, Sitzbein und Darmbein. Ist das Becken hier bei den Molchen verkümmert, so ist es um so ausgeprägter bei den Fröschen ausgebildet, wo es den starken Springbeinen als Stützpunkt und ihren Muskeln zum Ansatze dienen muß. Fuß und Zehenknochen setzen sich ähnlich zusammen wie an den vorderen Gliedmaßen, obgleich auch größere Wechsel vorkommen, indem bei vielen Schwanzlurchen sich nur 2, 3 oder 4, bei Fröschen aber stets 5 Zehen an den Hinterfüßen befinden. Krallenartige Nägel haben nur sehr wenige Lurche, meist sind die Zehen vollständig nackt, häufig durch Schwimmhäute verbunden.

Das Gehirn bleibt bei allen Amphibien nur klein und seine einzelnen Knoten sind hintereinander gelagert. Augen sind stets vorhanden, jedoch manchmal unter der Haut versteckt; dagegen fehlen Augenlider gänzlich, oder sie sind aus dem oberen und unteren Lid gebildet, oder sie bestehen aus dem oberen Lid und der sogen. Nickhaut. Bei den Tieren, die Zähne besitzen, dienen dieselben nur zum Festhalten der Beute, nicht zum Kauen; wie diese einigen Tieren fehlen, besitzen andere keine Zunge. Der kurze Darm der ausgewachsenen Tiere deutet darauf hin, daß die Geschöpfe sich hauptsächlich von animalischen Stoffen nähren. Nur in dem Jugendzustande ist er bedeutend länger als der Körper.

Der Atmung dienen in der Jugend 2—3 Paar Kiemen, die anfänglich als zerschlitzte Hautanhänge frei am Halse herabhängen, später aber gewöhnlich durch andere, in einer Kiemenhöhle gelegene und an den Kiemenbogen festgewachsene Kiemen ersetzt werden. Mit der Zeit schwinden auch diese; zugleich schließen sich die Kiemenspalten, die den Mundraum mit dem Wasser, in welchem die Tiere leben, in Verbindung setzen, und nun treten zur Atmung Lungen auf. Bei einigen Arten bestehen die Kiemen mit den Lungen zugleich und sind auch mit ihnen thätig. Die Lungen bilden zwei geräumige Säcke. Ganz nach den Atmungswerkzeugen richtet sich das Gefäßsystem. Bei einer Kiemenatmung ähnelt es ganz dem der Fische, wird aber beim Auftreten der Lunge komplizierter. Das Herz besitzt nur für das arterielle und venöse Blut eine Herzkammer, enthält also stets gemischtes Blut. Die Nieren liegen zu beiden Seiten der Wirbelsäule, oft sehr weit nach vorn. Die Harnleiter münden in die Kloake; der Harn sammelt sich in einer sackförmigen Ausbuchtung der Kloakenwand wie in einer Harnblase. Die Geschlechtswerkzeuge stehen in enger Verbindung mit den Nieren oder den Harnleitern. Alle Lurche sind getrennten Geschlechtes. Die Eierstöcke umschließen als paariges Organ einen Hohlraum. Neben ihnen liegen die Eileiter, die gewöhnlich nach rückwärts in vielen Windungen verlaufen. Die reifen Eier fallen in die Bauchhöhle, werden von dem, mit einer trichterförmigen Erweiterung versehenen Eierleiter aufgenommen und dem Harnleiter zur Beförderung in die Kloake überliefert, wo sie dann austreten. Beim Männchen gelangt der Same durch den vorderen Teil der Niere hindurch in den Harnleiter. Begattungsorgane fehlen fast allen und daher findet eine Befruchtung der Eier meist gleich nach dem Austritte aus dem Körper statt. Nur wenige Amphibien vollziehen eine merkliche Begattung und manche bringen lebendige Junge zur Welt. Werden die Eier abgelegt, so geschieht dieses in Laichform. Meist wird der Laich sich selbst überlassen, indessen sorgt in einigen Fällen eines der Eltern für das weitere Schicksal derselben. Die ausgeschlüpften Tiere haben eine Metamorphose durchzumachen. (Vergleiche Tafel „Froschlurche" a[*], b[1], c, d, e, f, Entwicklung des Frosches aus dem Ei.)

Vertreter der Lurche sind über die ganze Erde verbreitet. Die meisten Arten sind Nachttiere, die den Tag in träger Ruhe verbringen. So gefräßig sie im allgemeinen sind, so leicht können sie längere Zeit die Nahrung entbehren. Während ihre Nahrung in der ersten Jugend meist aus Pflanzenstoffen besteht, nähren sie sich später, wie ich schon sagte, von allerlei kleineren Tieren, meistens Insekten und Würmern, die unzerstückelt verschlungen werden. Gelegentlich fallen ihnen auch junge Fische und Wasservögel oder Angehörige ihres eigenen Stammes zum Opfer.

Als ausgesprochene Nachttiere, wenigstens in der Mehrzahl, und auch, weil sie ihre Wohnplätze fast alle an abgeschiedenen, sumpfigen, feuchten Orten aufschlagen, werden sie von den Menschen nur selten beachtet. Ihre in der Regel nichts weniger als schöne Gestalt, ihr, man möchte sagen, oft abenteuerliches Aussehen, stempelt sie nicht zu besonderen Lieblingen des Volkes, unter dessen abergläubischer Furcht sie oft schwer zu leiden haben. In ihrem Thun und Treiben völlig verkannt, erfreuen sich nur wenige von ihnen einer besonderen Zuneigung der Menschen und diese Zuneigung verdanken sie nur der Färbung ihres Kleides.

In ihrer Lebensweise sind alle Lurche an das Wasser gebunden. Das Sumpfland mit seinen schlammigen Ufern, seinen zahllosen großen und kleinen Wassertümpeln, seinem Überreichtum der verschiedensten tierischen Nahrung, seinen unzähligen Verstecken sind Orte, wie sie von den Lurchen bewohnt werden. Aber auch dunkle Wälder mit ihren vielen kleinen Morästen und Pfützen, die fast stets gefüllten Wassergräben auf Wiesen und Feld, verfallenes Gemäuer und Steinhaufen mit ihren zahllosen verborgenen Schlupfwinkeln, suchen sie nicht minder auf. An allen diesen Orten führen

---

a Froschlaich in Haufen, b Krötenlaich in Schnüren.

sie ein Leben der ständigen Fehde, leben mit allen Tieren, die sie bewältigen
können, in ewigem Krieg, erliegen andererseits aber auch wieder den Nach-
stellungen vieler größerer Tiere.

Alle Lurche sind mehr oder weniger wehrlose Tiere, die zu ihrer Verteidigung fast nichts weiter besitzen, als Hautdrüsen, die einen scharfen, oft
unangenehm riechenden Saft absondern, der die Eigenschaft besitzt, kleinere
Tiere zu töten, in gewissem Sinne also giftig wirkt. Ihre von diesen
Drüsen stets feucht gehaltene Körperoberfläche hat außerdem noch den Zweck,
den Gasaustausch zu erleichtern.

Das Geistesleben der Amphibien ist kaum höher ausgebildet, als dasjenige der Fische, weil das Gehirn, wenn auch besser ausgebildet als bei
letzteren, klein bleibt und an Masse dem Rückenmark unterlegen ist.

Mit Anbruch des Winters ziehen sich die Lurche in Erdlöcher, hohle
Baumstümpfe, unter Baumwurzeln oder in den Sumpfschlamm zurück und
verfallen in einen todesähnlichen Schlaf. Dieser Winterschlaf wird in
unseren Gegenden den Tieren von der Kälte vorgeschrieben, in wärmeren
Gegenden bewirkt das Eintrocknen der Gewässer diesen Schlaf, er ist also
hier kein Winter-, sondern ein Sommerschlaf.

Von den hierher gehörenden drei Ordnungen: Frösche, Schwanzlurche,
und Schleichlurche kommen für unsere Zwecke nur die beiden ersten Ordnungen in Betracht.

1. Frösche (Batrachia).

Die Frösche sind nackthäutige, im ausgebildeten Zustande
nie mit Kiemen versehene Lurche, mit kurzem, gedrungenem,
schwanzlosem Körper, stets mit vier Füßen, von welchen die
hinteren länger als die vorderen sind.

„Wer einen Frosch aufmerksam betrachtet hat, kennt alle Mitglieder
der ersten Ordnung dieser Klasse. Die Unterschiede im Leibesbau, die sich
innerhalb der Abteilung bemerklich machen, sind zwar nicht unerheblich oder
unwesentlich, aber doch nicht so durchgreifender Art, daß ein Frosch- oder
ungeschwänzter Lurch jemals mit einem anderen Lurche verwechselt werden
kann." Mit diesen Worten beginnt Brehm in seinem Tierleben die Lurche
zu beschreiben. Dem stets mehr oder weniger scheibenförmigen, kurzen
Körper fehlt ein Schwanz, er besitzt dagegen vier ziemlich lange Beine,
von denen die hinteren durch Länge und kräftige Ausbildung der Schenkel
meist zum Sprunge befähigen. Der flache, breite Kopf geht ohne Andeutung
eines Halses in den Rumpf über. Die Augen sind stets groß, vor- und
zurückziehbar, mit deutlichen Lidern, von welchen das untere (Nickhaut)
durchsichtig, größer und über das ganze Auge hinaufziehbar ist. Die Iris
zeigt meist immer eine lebhafte Farbe. Die Nasenlöcher sind klein und
befinden sich ganz vorn in der Schnauzenspitze. Sie haben ihre Mündung
fast senkrecht nach unten in die Mundhöhle und können mittelst eigener
Hautlappen geschlossen werden. Der Unterkiefer trägt selten Zähne. Der

Mund ist bis weit hinter die Augen gespalten. Die Zunge ist ziemlich groß, meist dick und fleischig, gewöhnlich an dem vorderen Teile angewachsen, an dem hinteren Teile aber frei und als Fangorgan aus dem Rachen herausschleuderbar. In den seltensten Fällen ist sie am Boden der Mundhöhle ganz befestigt. Ein äußeres Ohr ist nicht oft vorhanden; das meist große Trommelfell liegt in der Regel frei oder unter der Haut verborgen.

Die Haut ist stets nackt, fast immer mit Warzen versehen, von denen einige in besonders reichlichem Maße ätzende Stoffe absondern. Sie wird periodenweise erneuert, indem sie über Kopf, Rücken und Beine hinweggezogen und in zwei sich allmählich in den Mund schiebenden Bändern verschlungen wird.

Die Gliedmaßen sind gut entwickelt, die hinteren mehr oder minder länger als die nach innen gebogenen vorderen; die vier Zehen der Vorderfüße sind gewöhnlich frei und ziemlich gleich lang; die Zehen der Hinterfüße, meist in der Fünfzahl vorhanden, sind ungleich groß und meistens durch halbe oder ganze Schwimmhäute verbunden. Sehr selten finden sich an den Zehen Nägel, oft aber besitzen sie an der unteren Fläche eigentümliche Ballen und Warzen oder scheibenförmige Erweiterungen.

Am Skelett der Froschlurche fällt die Kürze der Wirbelsäule sogleich auf. Sie besteht gewöhnlich nur aus 7, sehr selten aus 6 Wirbeln, die sich, da zwischen Brust und Bauchwirbeln Unterschiede nicht vorhanden sind, nicht näher bezeichnen lassen. Rippen fehlen. Der äußeren Form entsprechend ist der Schädel stark niedergedrückt, da sich die Gaumen und Jochbeine sehr ausdehnen und die großen Augenhöhlen fast wagerecht liegen. Der Hals ist nur angedeutet. Das Kreuzbein ist jederseits in einen walzigen oder glatten, dreieckigen Knochen ausgezogen, an dem sich in der Mitte ein langes, stabförmiges Steißbein und beiderseits ähnlich

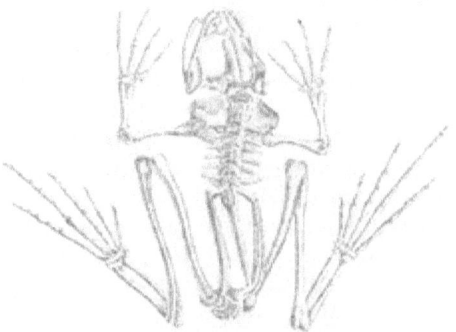

Figur 131. Skelett des Frosches.

gestaltete, unten oder hinten verbundene Beckenknochen anfügen. Die Vordergliedmaßen sind durch einen knorpeligen, nach hinten freien, mit der Wirbelsäule durch weiche Teile zusammenhängenden Gürtel verbunden, den unten Schlüsselbein, Gabelbein und ein in mehrere Stücke zerfallendes Brustbein bilden. Elle und Speiche, Schien- und Wadenbein verschmelzen zu je einem Knochen. Ein Teil der Mittelfußknochen vereinigt sich zu einem weiteren Beinabschnitte, dessen zwei Langknochen als Sprung- und Fersenbein zu deuten sind. Die Zehen setzen sich aus mehreren Knochen zusammen.

Diesem Knochengerüste entspricht der innere Bau der Froschlurche. Da diese Tiere keinen Brustkorb besitzen, so ist ihre Atmung nur unvollkommen und besteht eigentlich nur in dem Einschlucken und Einpressen von Luft in den großen, sackförmigen Lungen. Die Speiseröhre ist kurz, der Magen weit und häutig, der Darmschlauch wenig gewunden und kurz. Von den Nieren führen die Harnleiter in einen Wasserbehälter, der als Harnblase betrachtet werden kann und der eine klare, an Reinheit gutem Wasser gleichkommende Flüssigkeit enthält, die sehr wahrscheinlich dazu dient, bei einer großen Trockenheit, die allen Lurchen unbedingt nötige Feuchtigkeit zu gewähren. Der weite Kehlkopf dient als Stimmorgan, und besonders die Männchen sind durch blasenförmig anschwellende Luftsäcke der Kehle zur Hervorbringung lauter Töne befähigt.

Die Fortpflanzung der Lurche fällt meist in das Frühjahr; hierbei sind gewöhnlich die Weibchen durch lebhaftere Farben ausgezeichnet als sonst, und auch die Männchen legen zu dieser Zeit ein prächtigeres Kleid, das Hochzeitskleid, an. Fast bei allen Arten erfolgt die Begattung im Wasser. Das Männchen befruchtet die in Schnüren oder klumpenweise austretenden, von einer zähen, im Wasser aufquellenden Gallertschicht umgebenen Eier. Hier im Wasser entwickelt sich auch meist der Lurch. Die Eier werden oft von den Eltern nach Ablage verlassen, doch treten auch merkwürdige Beispiele von Brutpflege durch beide Geschlechter auf.

Bei den uns hier besonders interessierenden einheimischen Formen verlassen die Jungen das Ei als sogen. Kaulquappen, d. h. als Larven von Fischform, ohne Beine und ohne Maul, aber mit einem Ruderschwanz. (Vergleiche Tafel „Froschlurche" a, b, c, d, e, f, Entwicklung des Frosches aus dem Ei.) Diese jungen Tiere besitzen zwei Saugnäpfe, mit denen sie sich an die Reste des Laiches anheften und ihre Metamorphose beginnen. Im allgemeinen dauert diese 3—5 Monate.

Die Frösche sind die plumpesten, aber trotzdem die beweglichsten und muntersten Vertreter der ganzen Amphibienklasse. Sie schwimmen und tauchen vortrefflich, führen weite Sätze und Sprünge aus und einige tummeln sich sogar im Laubwerk der Bäume. In ihrer Jugend sind sie ausgesprochene Wassertiere, später jedoch, wenn sie ihre Metamorphose zurückgelegt haben, streifen sie gerne in Wiesen, Feldern und Wäldern umher, oder führen in Erdlöchern ein verborgenes, einsames Räuberleben, denn gefräßige Raubtiere sind sie alle. Zur Zeit der Fortpflanzung kehren alle Arten in das Wasser zurück, um hier ihren Laich abzulegen.

Die Lebensweise der Froschlurche ist mehr oder weniger bei allen Arten dieselbe. „Sie führen ein munteres heiteres Frühlings- und Sommerleben, mit vielem Lärm und vielem Behagen, ein ihnen minder gefallendes Herbsttreiben, und dann einen monatelangen Winter- oder Trockenschlaf tief unten im Schlamm der gefrierenden oder austrocknenden Gewässer, bis der warme Hauch des Frühlings die Eisschollen sprengt oder der erste Regen die von der Sonne zerklüftete Schlammschicht zusammenfügt und Wärme oder Feuchtigkeit die tief verborgenen Schläfer wiederum zum Leben erweckt."

Man teilt die Frösche in drei große Gruppen und sechszehn Familien ein. 1. Zungenlose Froschlurche (Aglossa). 2. Froschlurche mit Zunge und spitzen Zehen (Oxydactylia). 3. Froschlurche mit Zunge und breiten Zehen, deren Spitzen in Haftscheiben enden (Discodactylia). Zungenlose Froschlurche, zu denen z. B. die Wabenkröte gehört, besitzen wir nicht, daher wenden wir uns gleich der zweiten Gruppe zu und betrachten aus dieser die heimischen Vertreter.

1. Froschlurche mit Zunge und spitzen Zehen. (Oxydactylia).

Wasserfrösche (Ranida).

Glatthäutige, ziemlich stark gebaute Froschlurche mit meist deutlich sichtbarem Trommelfell. Zähne im Oberkiefer, zuweilen auch am Gaumen. Zunge vorn angewachsen, hinten frei. Pupille rund. Die Zehen ohne scheibenartige Erweiterungen und die der sehr kräftigen, verlängerten Hinterbeine sind gewöhnlich durch ganze Schwimmhäute mit einander verbunden.

1. Taufrosch (Rana temporaria L.). Rana muta Laur., Rana cruenta Pall., Rana scotica Bell., Rana flaviventris Millet, etc. Gras- oder Bachfrosch.

Die Oberseite braun oder rotbraun, mit dunkelbraunen oder schwarzen Flecken versehen. Die Schläfe mit einer dunklen Längsmakel gezeichnet. Die Beine dunkel quergestreift. Brust und Bauch beim ♂, wie bei dem nur etwas größeren ♀, auf gelbem Grunde rotbraun gefleckt oder marmoriert. Das Trommelfell ist kleiner als das Auge. ♂ ohne Schallblase. Die Füße besitzen keine vollständige Schwimmhaut. Die Schnauze ist stumpf. In Nord- und Mitteleuropa bis zum Nordkap, durch das gemäßigte Asien, auch im Gebirge bis zur Höhe von 2800 Meter findet sich der Taufrosch.

Mit jedem neuen Tage taucht die liebe Sonne früher über die Erdoberfläche empor, weilt sie länger auf unseren beschneiten Fluren mit ihrem goldenen Lichte. Schon sind die südlichen Böschungen von der weißen Decke befreit und es recken die zarten, jungen Blättchen unter dem Schutze der vorjährigen dürren Stengel ihre frischen Triebe dem jungen Lichte, dem neuen Leben entgegen. Schon zu dieser Zeit, wenn die Eisdecke des Teiches kaum geschmolzen ist, tummelt sich am Rande des Wassers ein brauner Froschlurch, entweder schon ein Weibchen heftig umarmend oder ein solches suchend und sich um dessen Besitz mit anderen seinesgleichen streitend. Ist es schon wärmer geworden, hat die Natur ihr grünes Festkleid angelegt und zwingen uns die Sonnenstrahlen den Aufenthalt im kühlen Walde dem auf freien Felde vorzuziehen, so springen hier vor unseren Füßen in mächtigen Sätzen große und kleine Froschlurche auf, die ihr Heil in möglichst schneller Flucht suchen. In beiden Fällen haben wir es mit dem Taufrosch zu thun. Trotzdem seine Sprungfähigkeit durchaus nicht gering ist, nimmt sich der Taufrosch doch nicht die Mühe, seiner Beute nachzujagen; lieber erwartet er sie im Grase lauernd, um sie durch einen mächtigen, selten das Ziel verfehlenden Sprung zu erhaschen.

Erst mit vier Jahren ist der Laubfrosch ausgewachsen und fortpflanzungsfähig. Um so früher, als die wärmenden Frühlingsstrahlen die Erde beglücken, tritt die Paarungs- und Laichzeit bei ihm ein. Von allen Froschlurchen ist er der erste, der, sobald das Eis, das seine Winterwohnung bedeckt, zerschmilzt, zum Vorschein kommt und dann die Wiederkehr der lauen Tage mit seinem Quaken begrüßt. In langen, aneinander hängenden Schnüren und Haufen giebt das Weibchen seine Eier oder den Laich im Wasser von sich, der vom Männchen befruchtet wird und nach der Ablage zu Boden sinkt. Die Umhüllung der Eier saugt sich aber bald voll Wasser und sie steigen später zur Oberfläche empor, hier große, dichte, schleimige Klumpen bildend. Bei geringer Wärme schreitet die Entwicklung des Laiches nur langsam vorwärts. In einigen Tagen verliert der runde, schwarze, in der Mitte des Eies liegende Punkt seine runde Gestalt: er wird in der Färbung heller; die Wärme löst den Knoten, und es zeigt sich ein Schwänzchen, das sich zuerst, aber immer noch undeutlich, von dem Knäuel loswickelt. In der Regel vergehen bis zu diesem Punkte fünf Wochen.

Nach dieser Zeit bemerkt man die erste Bewegung, die erste Spur von Leben in dem bisher toten Punkte. Die noch undeutliche Schwanzspitze vollführt einige Zuckungen dem vorderen Teile zu und es ist unverkennbar, daß der Schleim die erste Nahrung der Quappe ist. Nach etwa 6 Wochen ist die Eiform völlig verschwunden. Das junge Tier drängt sich näher an den Rand des Eies; die Häute platzen und nun fällt das kleine Geschöpf aus dem Ei auf den Boden des Wassers, kehrt aber von da oft wieder in die Höhe zum geliebten Schleime, der die Stelle der mütterlichen Brust so wohlthätig vertritt, zurück. Die Larven sind anfänglich schwärzlich und bleiben, nachdem sich die Bauchseite schon aufgehellt hat, noch lange am Rücken dunkel. Bles und A. Milnes-Marschal berichten von der Larve des Grasfrosches noch folgendes: Während junge, frei schwimmende Quappen eine regelmäßig durchbohrte Speiseröhre besitzen, verengert sie sich bei diesen von etwa 7,5 mm Körperlänge bis zum vollständigen Schwinden der Durchgangsöffnung und bleibt ein fester Strang, bis die Larven etwa 10,5 mm Größe erreicht haben. Ferner ist es sehr auffallend, daß dieses Schwinden der Durchgangsöffnung eintritt, bevor die Mundöffnung gebildet ist, und daß sie es für eine kurze Zeit auch noch nach diesem wichtigen Ereignis bleibt. Von diesem Zeitpunkt geht die Entwicklung der Larven schneller vor sich, und ist im Verlaufe von 3 Monaten beendigt, wo sich dann der junge Frosch zeigt. Die entwickelten Tiere verlassen das Wasser und zeigen sich oft in solcher Menge, daß die alte Sage vom Froschregen eine sehr natürliche Erklärung findet.

In kalten Gegenden, oder auch in Gewässern der Hochgebirge, gelingt es den Tieren nicht, ihre Verwandlung in einer so kurzen Zeit durchzumachen und nur in den seltensten Fällen erfolgt sie in dem Jahre, wo der Laich abgelegt worden ist. Meist sind die Tiere hier gezwungen, unter der dicken

Eisdecke zu überwintern, um im nächsten Sommer sich zu vollständigen Tieren umzubilden.

Besonders in den Abendstunden verlassen die entwickelten jungen Frösche zu Hunderten ihre Sümpfe, begeben sich auf Wiesen und in Wälder, um hier sich ihre Nahrung zu suchen. Lebten die jungen Tiere im Wasser von Pflanzenstoffen, so bilden auf dem Lande Tiere aller Art, die sie nur bewältigen können, ihre Nahrung. Aber wie der Taufrosch alles verfolgt was er bewältigen kann, so wird auch ihm von groß und klein, zu Wasser und zu Lande nachgestellt. Alle Säugetiere, alle Vögel, die Kriechtiere fressen, finden in dem Taufrosch eine jederzeit leicht zu erlangende Beute, ebenfalls richten die Lurche fressenden Schlangen ihr Augenmerk besonders auf ihn, auch alte erwachsene Taufrösche stellen ihren Jungen nach und das Heer seiner Verfolger wird gekrönt vom Menschen, der ihn seiner seisten Schenkel wegen zahlreich fängt. Und dort, wo er seiner Schenkel willen nicht verfolgt wird, trifft ihn das Vorurteil der Menge, weil er ein Frosch ist. Alles, alles will ihn vernichten. Aus Unverstand bringt man ihn oft um das Leben, weil er in Gärten und Feldern, in Wiesen und Wäldern im stillen Wohlthaten erzeugt, die von der Menge nicht erkannt werden. Nur wenn er sich zum Winterschlaf tief in den Schlamm der Gewässer eingewühlt hat, ist er seinen Feinden bis zum Frühling entronnen.

Als eigentliche Aquarientiere eignen sich die Frösche alle nicht im erwachsenen Zustande, da sie gewöhnlich außerhalb des Wassers leben oder gewaltige Räuber sind. Sie gehören in diesem Zustande in überdachte Terra Aquarien, dagegen sind sie im Larvenzustande sehr für die Becken zu empfehlen, einesteils ist ihre Verwandlung sehr interessant, andererseits bilden sie ein geeignetes Futter für zahlreiche Aquarientiere.

Man sammelt im Frühlinge Laich, stellt ihn in einem flachen Gefäße, welches mit Wasserpflanzen besetzt ist an einen sonnigen Platz, wo die Tiere nach einer entsprechenden Zeit die Eier verlassen. Die jungen Tiere ernähren sich zuerst hauptsächlich von Pflanzenstoffen, nehmen jedoch auch tierische Nahrung zu sich, können sogar sich ausschließlich von letzterer nähren, wie verschiedene Beispiele beweisen, denen auch ich noch eines beifügen will. In einem Teiche, der mir die für meine Fische nötigen Daphnien ꝛc. liefert, finden sich im Frühling diese Krufter in ungeheurer Zahl, doch nur so lange, als Kaulquappen noch nicht aus dem Ei geschlüpft sind. Sobald diese in einer größeren Anzahl auftreten, zeigen sich fast keine Daphnien und es sind nicht so viel zu sammeln, um 3 Fische damit ernähren zu können. Das dauert bis Mitte Sommer. Haben die Quappen sich verwandelt und das Wasser verlassen, so zeigen sich die Daphnien wieder in derselben Anzahl wie im Frühlinge, durch sie ist das Wasser des Teiches dann an einigen Stellen ganz rot gefärbt.

Der Körper der Kaulquappe ist ein interessantes Objekt für mikroskopische Beobachtungen, besonders sind es die einige Tage nach dem Ausschlüpfen an den Seiten des Nackens wachsenden federartigen Kiemen. „Diese aus einer Gallert Substanz bestehenden büschelartigen Kiemen sehen annähernd wie ganz feine Farnblätter aus und sind von einer Menge kleiner,

dünner Adern durchzogen. Mit Hilfe eines Mikroskops sieht man in diesen Adern das Blut pulsieren — ein seltsamer Anblick, der besonders überraschend wirkt, wenn man eine solche Beobachtung zum ersten Male im Leben macht. Noch weit wunderbarer ist aber die Wirkung, richtet man das vergrößernde Glas direkt auf den Körper des winzigen Geschöpfes. Vorher beobachtete man das Auf- und Abwogen des Blutes in den hellen Adern der die Kiemen interimistisch vertretenden Büschel, man sah das Leben in einem Körperteil pulsieren, nunmehr liegen alle Organe der Kaulquappe offen vor Augen. Man sieht das kleine Herz schlagen, die Herzklappen sich öffnen und schließen. Man beobachtet, wie das Blut sich in beständiger Bewegung befindet, wie es als Strom die Venen, als Fluß die Adern und als Bach die Haargefäße durchströmt — während gleichzeitig ein anderer heller Strom den Weg zurückmacht, und unterscheidet deutlich dunklere Kanäle, durch die eine breiige, schmutzige Masse von grünlicher Färbung, die Nahrung, getrieben wird. Mit einem Worte, hier zeigt sich in dem kleinen Leibe eine ungeahnte Bewegung, ein Strömen, ein Leben, von dem man sich nur durch eigene Anschauung ein Bild machen kann."
Zu derartigen Beobachtungen sind besonders Kaulquappen geeignet, die vorher längere Zeit gehungert haben.

Die Metamorphose der Quappe, die sonst nach einem Zeitraum von etwa 3 Monaten beendet ist, kann gehemmt werden, wenn die Tiere zu der Zeit, da sich die Vorderfüße zu bilden beginnen, in tiefes Wasser gesetzt werden und nur mäßiges Futter erhalten. Es können nun u. U. 12 und mehr Monate vergehen, ehe die Tiere sich zu Fröschen umbilden.

Besonders zur Reinigung der Becken von Algen sind Kaulquappen zu verwenden, doch ist den Tieren neben dieser pflanzlichen Kost auch tierische zu verabreichen. Wird ihnen diese verweigert, so fallen sie die Schwächeren ihrer eigenen Art an, töten diese und verzehren sie. Sind den Tieren nur erst einzelne Körperteile abgerissen worden, so pflegen diese sich wieder zu ersetzen. Ja es wird sogar behauptet, daß solche Kaulquappenteile noch mehrere Tage leben, daß sie sich bei jeder Berührung zusammenziehen und sich bis zu dem Augenblicke, wo der Tod eintritt, sogar weiter entwickeln. Diese Lebensfähigkeit ist nach der Ansicht von Brown-Sequard auf die Einwirkung des in der Luft enthaltenen Sauerstoffes zurückzuführen. Die Ansicht dieses Forschers ist indessen schon 40 Jahre alt, neue hierüber liegen aber noch nicht vor. Das Futter ausgewachsener Frösche besteht am zweckmäßigsten aus Insekten, Nacktschnecken und Würmern.

Bleiben die ausgewachsenen Frösche im Aquarium, welches im Winter in einem warmen Zimmer steht, so ist es bei genügendem Vorrat an Nahrung nicht nötig, die Tiere überwintern zu lassen, sonst bewirkt man dieses in der Weise, wie ich es bei der Sumpfschildkröte Seite 253 angegeben habe.

Von dem Tausfrosch unterscheidet sich:

a. **Moorfrosch** (Rana arvalis).

Im ganzen dem Tausfrosche sehr ähnlich. Er unterscheidet sich von diesem durch die bla... Schnauze und den kurzen, zusammengedrückten Mittelfußhöcker. Der

1. Laubfrosch, 2. Feuerunke, 3. Moorfrosch, 4. Kreuzkröte, 5. Wasserfrosch.
a, b, c, d, e, f Entwicklung des Frosches aus dem Ei.

zwischen den Augenlidern befindliche Raum ist schmäler als ein einzelnes Augenlid. Die Drüsenfalte der Rückenseiten ist stark hervorragend und fast immer heller gefärbt als ihre Umgebung. Er besitzt häufig einen hellen gelblichen, schwarz eingefaßten Rückenstreif und eine ungefleckte Bauchseite. Anatomische Unterschiede, die ich hier nicht weiter erörtern kann, sind noch durchgreifender. Nicht so häufig als der Taufrosch. (Siehe Tafel Froschlurche Figur 2.)

b. **Springfrosch** (Rana agilis).

Das Tier ist zart, zeichnet sich durch seine spitze Schnauze und seine auffällig langen Beine aus. Die Schläfenflecken sind sehr dunkel. Eine weiße Linie zieht längs der Oberlippe von der Schnauzenspitze bis zum Ende des Schläfenfleckens. Die Hintergliedmaßen sind regelmäßig quergebändert, der Bauch ungefleckt. Die Gelenkhöcker sind knopfförmig entwickelt auf der Unterseite der Finger und Zehen.

In Deutschland bis zur Zeit nur vereinzelt gefunden, in der Süd- und Westschweiz, Nord- und Mittelitalien, in ganz Österreich und Ungarn 2c.

2. **Wasserfrosch** (Rana esculenta L.). Rana fluviatilis Rondel., Rana edulis Aldrov., Ranunculus viridis Charlet., Rana aquatica Ray, Rana ridibunda Pall. Rana vulgaris Bonnat etc. **Grüner Wasserfrosch, Teichfrosch.**

Der Kopf ist dreieckig. Die Zunge wie beim Taufrosch. Das Trommelfell ist ebenso groß als das Auge. An der Daumenwurzel zeigt sich ein großer Höcker, ein kleinerer zwischen der vierten und fünften Zehe. Die Schwimmhaut der Hinterzehen reicht bis zur Spitze. ♂ besitzt eine Schallblase und zur Laichzeit eine Schwiele. In der Färbung ist dieser Frosch im Juni am schönsten. Die Augen besitzen eine goldglänzende Einfassung; auf grau, gelb oder braungrüner Oberseite zeigen sich viele größere und kleinere dunkle Flecke. Die Unterseite des Leibes ist gelbweiß, mit verschwommenen Flecken versehen, die beim ♂ zahlreicher als beim ♀ vertreten sind. — Ganz Europa, Nordwestafrika und ein Teil Westasiens. (Siehe Tafel Froschlurche Figur 5.)

Wer seinen Fuß noch nie in eine hunderte von Morgen große Fläche von Sumpfland gesetzt hat, auf der jedes Quadratmeter mehrere Wasserfrösche und Feuerunken beherbergt, die alle bestrebt sind, ihre Triebe in einen einzigen Ton zusammenzufassen, der hat noch keinen Begriff, was ein sinnverwirrendes Getöse ist. „Und wenn Löwengebrüll der erhabene, majestätische Hymnus der afrikanischen Natur genannt wird," sagt Marshall, „dann verdient Bretkekex, koax, koax! der Sommerkantus Hollands zu heißen! So etwas habe ich nicht wieder gehört, wie solch einen Nachtgesang von hunderttausenden Leidener Fröschen oder „Kickers", wie sie der Holländer sehr bezeichnend nennt. Ein solches Lied hängt wie ein Tonschleier meilenweit über das Land, es braust gen Himmel mit elementarer Gewalt." Wer einmal diesen Tönen gelauscht hat, oder hat lauschen müssen, dem summen noch nach Jahren die Ohren beim bloßen Gedanken an die Stimmen, die diese Liebe stammeln.

Beim Beginn des Gesanges beginnt ein alter, würdiger Vorsänger mit tiefer Stimme das Lied. Bald hier, bald dort fällt einer ein, „immer mehr und mehr schließen sich andere an und endlich schallt es empor zu den Sternen, auch ein Gedicht auf die ewige Liebe."

Eine für Lurche außerordentlich weite Verbreitung hat unser Teichfrosch, er ist beheimatet in allen drei Erdteilen der alten Welt. Kleine, mit hohem Gras oder Buschwerk eingefaßte Teiche, deren Wasserspiegel mit den Blättern von Wasserlinsen und Seerosen bedeckt ist, bilden seine Aufenthaltsorte. Hier wohnt er in sehr zahlreicher Gesellschaft. Er ist ein großer Freund der Wärme und liebt es, auf dem Blatte einer Wasserpflanze, einem schwimmenden Holzstück oder am Ufer in halb aufrechter Stellung wie ein Hund sitzend, sich stundenlang von der Sonne bescheinen und durchglühen zu lassen. Naht sich eine Gefahr, so eilt der ganze Zirkel in gewaltigen Bogensprüngen ins Wasser, hier sich im Schlamme einzuwühlen. Lange hält er es hier unten aber nicht aus. Bald treibt ihn die Neugier und das Verlangen nach der wohlthuenden Sonnenwärme wieder hervor. Daß er nicht ohne Intelligenz ist und seine Sinne scharf sind, beweist sein Verhalten dem Menschen gegenüber. Wo dieser ihn verfolgt, nimmt er ohne Besinnen Reißaus, sobald er dessen Annäherung bemerkt, anderenfalls zeigt er sich weit weniger furchtsam. Im Raube ist er viel glücklicher und kühner als seine Brüder. Wenn diese sich mit Insekten und Würmern begnügen, und oft den bittersten Hunger leiden müssen, so wagt er sich an Sperlinge, Mäuse, junge Enten ꝛc. Er stiehlt in den Teichen Forellen, ist mit einem Worte ein gefräßiges und gewaltthätiges Raubtier, dem alles zappelnde gelegen kommt, das er glaubt bewältigen zu können. Aber andererseits fehlt es auch ihm nicht an Feinden: Sumpf- und Raubvögel, Wasserratten, Fischotter, Iltis, Fuchs, Krähen, Nattern, Karpfen, Hecht, Mensch — sie alle stellen ihm seines Fleisches wegen nach.

Erst spät verläßt der grüne Wasserfrosch die Höhlen und den Schlamm, worin er erstarrt den Winter zugebracht hat und schreitet im Juni und Juli zur Begattung. Das Weibchen giebt eine weit größere Anzahl Eier von sich als andere Froschweibchen. Sie brauchen 5 Monate, bis sie ihre Verwandlung ganz durchgemacht haben.

Wie bei den anderen Fröschen umarmt auch das Männchen des Teichfrosches das Weibchen brünstig und drückt durch die Kraft seiner Arme und die Last seines Körpers die Eier geradezu heraus. Innere Verletzungen infolge der heftigen Umarmung des Männchens sollen das Weibchen oft so entkräftigen, daß es dabei verendet.

Die Farbe der Eier ist auf der einen Seite hell-, auf der anderen graugelb. Sie umhüllen sich beim Durchgange im Eileiter mit der gallertartigen Masse, fallen nach dem Legen zu Boden und bleiben hier liegen. Über ihre Verwandlung kann ich mich kurz fassen, da ich dieselbe bei dem Laubfrosch ausführlich geschildert habe und die des Wasserfrosches nicht erheblich von diesem abweicht. Einige Tage nach der Ablage sind die Eier so groß wie Erbsen und vermag man dann bereits das Junge zu sehen, welches gegen das Ende der ersten Woche seine Hülle verläßt und von dem die Eier umhüllenden Schleim seine erste Nahrung zieht. Dieses dauert jedoch nicht lange, und sobald es Kiemen bekommen hat, schwimmt es frei umher. Am Ende der dritten Woche verlieren sich die Kiemen, später zeigen sich Augen und Eingeweide, gewöhnlich mit Ablauf der fünften Woche. Nach 2 Monaten teilt sich die Kopfhaut und der Kopf erscheint in seiner wahren Gestalt; auch die Füße, zuerst die hinteren, sind nach und nach aus der Haut hervorgeschoben und entwickeln sich allmählich mehr und mehr, indessen vergeht hierbei eine Zeit von beinahe fünf Monaten, während welcher auch der Schwanz einschrumpft und der Frosch endlich sein bestimmtes Aussehen erhält. — So schnell die Entwicklung aus dem Ei erfolgt, so langsam schreitet sie nachher fort; im fünften Lebensjahre legt der Frosch zum ersten Male Eier und hat dann erst die starke Hälfte seiner Größe erreicht. Ohne die Hinterbeine, die allein eine Länge von 10—11 cm haben, erreicht ein ausgewachsener Frosch eine Länge von 7—9 cm.

Auch der Wasserfrosch ist im entwickelten Zustande kein Aquarientier, sondern gehört in das Terra-Aquarium, nur seine Quappen sind in die Becken zu bringen, wo sie denselben Wert haben, wie die des Taufrosches. Entwickelte Teichfrösche behandelt man wie entwickelte Taufrösche.

Vom Wasserfrosch unterscheidet sich durch folgende Merkmale der

Seefrosch (Rana esculenta ridibunda). Rana cachinnans. Rana fortis.

<small>Der Gelenkhöcker am Anfange der kleinsten Zehe ist bedeutend kleiner als beim Wasserfrosch, auch fehlt dem Seefrosch in der Zeichnung der Weichen und Hinterbacken das Gelb, welches beim Wasserfrosch stets vorhanden ist. Seine Hinterbacken sind olivenfarbig oder grünlichweiß, dunkelolivenfarben marmoriert. Auch sind die Unterschenkel bedeutend länger als sie beim Wasserfrosch sind. Das Verbreitungsgebiet ist begrenzt. — In großen Flußtälern, z. B. bei Berlin, im Weichselgebiete, in der Provinz und im Königreich Sachsen. In Oldenburg, Hannover, Lippe-Schaumburg, im Main bei Schweinfurt, an der Nahe bei Kreuznach, bei Münster und am Niederrhein. In Österreich, Polen und im Osten herrscht er vor. In Südungarn wird er besonders groß.</small>

Froschkröten (Pelobatida).

Plumper als die Frösche gebaut, schon in ihrer Körperform an die Kröten erinnernd. Sie besitzen kein Trommelfell, ihre Haut ist rauh und warzig. Alle hierher gehörenden Arten haben eine senkrechte Spaltpupille, einen bezahnten Oberkiefer, stark verbreiterte Querfortsätze des Kreuzbeinwirbels und einfache Zehenendglieder. Die hinteren Beine sind wenig länger als die vorderen.

3. **Knoblauchkröte (Pelobates fuscus Wagl.).** Pelobates cultripes Cuv., Rana calcarata Michah, Bombinator fuscus Dugés, Bufo calcaratus Schinz, Cultripes provincialis Müller etc. Teichunke, Krötenfrosch.

<small>Der Kopf ist gewölbt, die Schnauze abgestutzt. Das Trommelfell ist verborgen. Die Zehen tragen eine ganze Schwimmhaut, an den Fersen eine gelbbraune Hornscheibe. Die Körperfarbe ist am grauer oder bräunlicher Oberseite mit laitanien braunen Flecken und zinnoberroten Wärzchen besetzt. Die Unterseite ist weißlich, mit oder ohne schwärzliche Flecken. Dem ♂ fehlt der Schallsack, aber es besitzt eine große, eiförmige Drüse auf der Außenfläche des Oberarmes. Sie findet sich in Deutschland, Frankreich, Italien und Spanien. Ist jedoch nirgends häufig.</small>

Die Familie der Froschkröten bildet die nächste Verwandtschaft der Frösche. Am meisten tritt die Ähnlichkeit an der Knoblauchkröte hervor.

Sie lebt, wie dieses auch schon die breiten Schwimmhäute an den Zehen der Hinterfüße andeuten, viel im Wasser, wird jedoch ebenso häufig in dem Ufersand eingegraben, außerhalb des Wassers angetroffen. Selten, außer zur Laichzeit, bekommt man das Tier zu Gesicht. Den Namen „Knoblauchkröte" führt das Tier daher, daß, wie es heißt, dieses Tier beim Ergriffenwerden einen außerordentlich penetranten Geruch nach Knoblauch verbreitet. Ich selbst habe diesen Geruch indessen an dem Tiere noch nie bemerken können, trotzdem ich doch schon eine ganz hübsche Zahl gepflegt habe. Auf dem Lande gleicht diese Kröte den Fröschen sehr, da sie vermittelst ihrer immer noch langen Hinterbeine, sich hüpfend, ähnlich wie diese, fortbewegt. Mit ihren nahen Verwandten teilt sie auch die außerordentliche Gefräßigkeit, worin sie nur vom Wasserfrosch noch übertroffen wird. Vermag dieser dagegen manche Monate bei kärglichster oder auch ohne Nahrung zu existieren, so hält die Knoblauchkröte Nahrungsmangel oder auch nur spärliche Fütterung nicht lange aus und erliegt dann bald.

Mit dem Laubfrosch verläßt die Knoblauchkröte am frühesten das Winterquartier. Schon zu Ende März findet sie sich an stehenden Gewässern zum Laichen ein und hier beginnen dann die Männchen ihren Minnegesang. Lange nicht so monoton wie der Ruf anderer Kröten ist der der Knoblauchkröte. Je nach dem Umstande, wann und wo er ausgestoßen wird, ist er verschieden. Er ist anders beim Laichen, als beim Konzert der Sumpflurche und wieder anders, wenn die Kröte beim Ergreifen Laute von sich giebt; nie ist er so weit zu hören, als der Ruf der Wasserfrösche. Selten zu anderer Zeit, als zur Laichzeit, vernimmt man einen Ruf von ihr. Er besteht bei dem Weibchen aus einem Grunzen, beim Männchen aus einem froschartigen Quaken.

Die Paarung erfolgt im April. Ehe zwei Wochen vergehen, wird der Laich abgesetzt, jedoch nicht auf einmal, sondern stückweise und in langen Schnüren. (Siehe Farbentafel: Froschlurche b. Krötenlaich.) Man findet ihn alsdann am Ufer zwischen Gras, Rohr und anderen Wasserpflanzen. Er besteht aus kleinen, runden und schwärzlichen Körnern, welche sich allmählich vergrößern und nach 2 bis 3 Tagen eine birnenförmige Gestalt annehmen. Am vierten Tage scheinen solche in zwei Teile geschieden; am fünften lassen sich schon die einzelnen Körperteile, Kopf, Leib, Schwanz und Augen, erkennen. Um diese Zeit wird von den jungen Tieren der Schleim verlassen. Gesellig halten sie zusammen und wechseln öfters ihre Plätze. Am sechsten und siebenten Tage ist der Schwanz von seiner Flosse umgeben und nun suchen sich die kleinen Tiere durch dessen Hilfe im Schwimmen zu üben. Am achten Tage erscheinen die gefransten Kiemen, um nach kurzer Zeit wieder zu verschwinden. Bis zum achtzehnten Tage ihres Lebens tritt keine wesentliche äußere Veränderung am Körper ein; Kopf und Beine erscheinen um diese Zeit deutlich gesondert, beide sind in eine helle, durchsichtige Haut eingeschlossen; Mund und Augen sind deutlich zu unterscheiden. Jetzt bleiben die Tierchen nicht mehr so gesellig bei einander. In der neunten Woche ihres Lebens kommen die Hinterbeine heraus, drei Wochen später folgen die Vorderbeine, sodann häuten sich die Tiere und verlassen im

Anfange des vierten Monats, noch mit einem Schwänzchen versehen, bei normalem Verlauf das Wasser. Von dieser Zeit an bleiben sie auf dem Lande, nehmen die Lebensweise ihrer Eltern auf, bis sie selbst fortpflanzungsfähig das Wasser wieder aufsuchen.

Unter allen heimischen Lurcharten erreichen die Larven der Knoblauchkröte die bedeutendste Größe. Sie können unter günstigen Umständen bis 17,5 cm lang werden. An geeigneten Standorten und in nicht zu strengen Wintern überdauern oft Quappen der Knoblauchkröte den Winter und entwickeln sich erst im folgenden Frühjahr zu ausgebildeten Tieren.

Da die erwachsene Knoblauchkröte oft das Wasser aufsucht, kann sie in Aquarien, die einen Felsen besitzen, der Höhlungen für das Tier aufweist, gehalten werden, doch dürfen wertvolle Fische mit ihr das Becken nicht bewohnen. Entsprechend ihrer großen Gefräßigkeit verlangt die Kröte eine sorgsame Pflege und viel und kräftige Nahrung. Die Quappen sind besonders dazu zu verwenden, um, durch Hinhaltung ihrer Entwicklung, auch im Winter Algenvertilger zu haben. Fische oder sonstige Wassertiere bringe man indessen mit ihnen nicht zusammen, wenn man Quappen behalten will. Seien auch die letzteren noch so groß, so werden Fische bald mit den Tieren fertig.

Nahe verwandt mit der Knoblauchkröte ist der

Messerfuß (Pelobates cultripes Tsch.) Alytes obstetricans Laur. Rana obstetricans Sturm. Obstetricans vulgaris Dugés etc.

Der Kopf ohne hintere wulstige Verdickung. Die Hornschwiele der Ferse besonders hart ausgebildet. Frankreich, Spanien und Portugal.*

4. Feuerkröte (Bombinator bombinus Wagl.) Pelobates fuscus Laur. Rana vespertina Pall. Rana fusca Meyer. Bufo vespertinus Schneid. Bombina marmorata Sturm. Bombinator igneus L. etc.

Die Körperform ist plump und flach. Die Pupille des Auges dreieckig. Das Trommelfell nicht sichtbar. Die Zunge mit der ganzen Unterseite angewachsen. Die Gaumenzähne stehen in zwei kurzen, nahe gestellten Reihen. Daumenschwielen sind vorhanden. ♂ ohne Schallblase. Die Hinterfüße besitzen Schwimmhäute. Die Oberseite ist dunkel graubraun, grünlich, schwarz gefleckt und mit Warzen versehen. Die Unterseite bräunlich schwarz und rot gefleckt, das Schwarze mit weißen Punkten durchsetzt. Gemein in fast ganz Europa. Siehe Farbentafel Froschlurche Figur 2).

Die Feuerkröte ist eine der kleinsten unserer Unken, die uns an allen Orten begegnet. Treten wir an einen kleinen Tümpel oder an eine recht schlammige Stelle am Ufer eines größeren Sumpfes, besonders da, wo das Wasser durch eine überreiche Menge von Wasserlinsen sich dem Blicke fast ganz entzieht, so schaut bald hier bald dort ein Kopf der Feuerunke aus dem Wasser. Sobald sich indessen etwas nähert, was ihr verdächtig vorkommt, fährt sie plötzlich in die Tiefe. Wird sie dagegen auf dem Lande überrascht, und sieht sie sich außer Stande, ihren Feinden zu

---

*) Die hier sich anschließende Geburtshelferkröte Alytes obstetricans übergehe ich, sie ist mehr ein Terrarientier.

entkommen, so zeigt sie die Trutzfarbe ihrer Unterseite, gleichsam um anzudeuten, daß sie ebenso ungenießbar sei wie der bekannte Feuersalamander.

"Unk! Unk! Unk! hätt' ich mir 'nen Mann genommen, wär ich nicht in den Teich gekommen", übersetzt der Volksmund den Unkenruf dieser Kröte. Und dieser Unkenruf hat für den Naturfreund etwas eigentümlich Anziehendes, er führt uns in die lang vergangene Märchenwelt der Kindheit zurück, er belebt wieder die schönen Sagen von wunderlieblichen Prinzessinnen, die in Unken verwandelt sind und von einem Ritter durch einen Kuß auf den Unkenmund von ihrem bösen Zauber erlöst werden —. O schöne, o selige Kinderzeit.

Die Feuerkröte ist eine Feindin des Tages. Wenn die kühle Sommernacht sich auf den Weiher herabsenkt und der Mond sein geborgtes Licht über das glänzende Wasser ausbreitet, wird unsere Kröte erst wach und beginnt ihren bescheidenen Gesangsvortrag. Gewöhnlich sitzt sie etwas vom Ufer entfernt, den halben Kopf aus dem Wasser hervorgestreckt und läßt ihren zwar einförmigen, aber nicht unangenehmen, jedoch mit der Zeit ermüdenden Unkenruf erschallen. Jedes der Tiere ruft höchstens drei- bis viermal in der Minute und stößt immer nur genau denselben Laut aus; aber alle Männchen, die ihre Liebe oder ihr Wohlgefallen ausdrücken wollen, schreien gleichzeitig, und so entsteht die ununterbrochene Musik, die man vernimmt. Das brünstige Weibchen läßt nur einen leise meckernden Ton erschallen.

Figur 132. Gelbbauchige Bergunke Bombinator pachypus. Unterseite.

Im dritten Lebensjahre wird die Unke laichfähig. Die Begattung erfolgt im Mai oder Juni, während schon vorher kurze Zeit die Begattung versucht worden ist. "Das Männchen faßt das Weibchen um die Lenden, fruchtet jeden Klumpen des abgehenden Laiches und verläßt darauf das Weibchen wieder, ohne sich fernerhin darum zu kümmern. Der Laich, dessen Klumpen gern abgestorbenen Pflanzenstengeln angeheftet werden, bleibt auf dem Boden des Gewässers liegen und entwickelt sich der warmen Jahreszeit entsprechend, ziemlich schnell. Schon am fünften Tage nimmt man die Larve wahr; am neunten Tage verläßt sie das Ei; Ende September oder Anfang Oktober haben sich die Beine entwickelt und sind Kiemen und Schwanz verschwunden; aber schon einige Tage vorher begiebt sich die junge Brut für kurze Zeit auf das Land oder doch an den Rand der Gewässer." (Brehm.) Die jungen Larven sind auf der Oberseite grau, oft mit dunklem Rückenstreif und Flecken, an der Unterseite gelblich weiß. Die Schwanzflosse ist im Anfange hell, erhält jedoch später eine zierliche Gitterzeichnung.

Von allen Froschlurchen eignet sich die Feuerkröte und ihre unten näher geschilderte Verwandte, die gelbbauchige Unke, am besten für das Aquarium. Die Ansprüche der Tiere an Pflege und Wartung sind nur sehr gering und sie werden doppelt belohnt durch die Zahmheit, die diese

Tiere erreichen. Nicht wie die meisten Froschlurche halten sie sich auf dem Felsen außerhalb des Wassers auf, sondern kehren von Zeit zu Zeit mit Vorliebe in dasselbe zurück. Weit weniger räuberisch wie ihre größeren Verwandten macht sie ihr munteres Wesen bald zum Liebling des Aquarienbesitzers.

Haltung und Pflege dieser, sowie der folgenden Unke, deckt sich mit jener der übrigen Froschlurche.

Bergunke (Bombinator pachypus). Gelbbauchige Unke.
<small>Gedrungener gebaut als die Feuerkröte, die Schnauze kürzer, mehr gerundet und die Körperwarzen kräftiger. ♂ ohne Schallblasen. Die Unterseite zeigt große, schwefelgelbe Flecken auf schwarzblauer Grundfarbe.</small>

Kröten (Bufonida).

Der Körper zeigt eine mehr oder minder plumpe Gestalt und eine meist sehr warzenreiche Haut. Die Pupille ist querspaltig, sehr erweiterbar. Das Trommelfell liegt bald verborgen, bald ist es sichtbar. Die Zunge ist mit ihrem vorderen Teile am Boden der Mundhöhle angewachsen. Zähne fehlen. An der Basis der ersten Zehe ein Höcker.

Aus dieser Familie bringe ich nur einen Vertreter und zwar die

5. **Kreuzkröte (Bufo calamita Laur.).** Rana foetidissima, Hermann Bufo cruciatus Schneid., Bufo cursor Daudin etc. Röhrling, Hausunke.
<small>Das Trommelfell ist wenig deutlich. Die Ohrendrüsen groß. Die Grundfarbe der Oberseite ist in der Regel ein düsteres Braungrün, von zahlreichen roten Warzen durchsetzt. Über den Rücken läuft ein schwefelgelber Strich (Strenzkröte). Die Unterseite ist weißlichgrau, auf Schenkeln und Bauchseite dunkler gesleckt. Die Zehen der kurzen Füße sind nur am Grunde mit derben Spannhäuten versehen. In ganz Europa heimisch. (Vergleiche Tafel Froschlurche, Figur 4.)</small>

Die Familie der Kröten ist seit alters her als diejenige Tierklasse bezeichnet worden, welche als Geschöpfe des Teufels verschrieen war und deren Vertreter für äußerst giftig gehalten wurden. Wohl kein Geschöpf hat unter dem Abscheu des Menschen mehr zu leiden gehabt, und auch leider noch vielfach zu leiden und keines ist mit größerem Unrecht verfolgt worden, als die allerdings nicht schönen, aber harmlosen und sehr nützlichen Kröten.

Auch die Kreuzkröte gehört mit in diese Familie. Wie alle Kröten hält auch sie sich im Wasser nicht länger auf, als für ihre Laichabgabe nötig ist. Sie bevorzugt die Spalten der Mauern und besitzt dementsprechend hornartige Spitzen an den Zehen und zwei beinartige Erhöhungen an der Fläche der Füße, die ihr das Steigen und Klettern sehr erleichtern. In diesem thut sie es auch allen ihres Geschlechtes zuvor: sie steigt an einer senkrechten, etwas rauhen Mauer ohne große Beschwerde hinauf und bewegt sich auch auf dem Boden laufend schnell wie eine Maus vorwärts. Feuchte Ufer, Keller, Ruinen und verfallene Gebäude sind ihre liebsten Wohnplätze. Zur Schutzwehr gegen Feinde vermag sie willkürlich einen Geruch um sich zu verbreiten, der angezündetem Schießpulver ziemlich ähnlich ist. Sie zieht dann ihre Haut derartig zusammen, daß sich alle Drüsen entleeren und sie mit einer weißen, schäumenden Feuchtigkeit umgeben ist.

Nächst der Knoblauchkröte vermag die Kreuzkröte am besten unter allen Froschlurchen zu graben. „Obwohl das Tier sehr häufig schon vorhandene Löcher durch Scharren mit den vier Füßen und entsprechenden Drehungen des Körpers erweitert," sagt E. Schreiber, „ist es doch auch im stande, ganz frische Höhlen anzulegen, indem es, mit dem Hinterleibe vorangehend, die Erde mit seinen derben, hornigen Zehenspitzen wegkratzt; in einige Tiefe gelangt, kehrt es sich dann um und wühlt mit den Vorderbeinen weiter, die losgeworfene Erde wie ein Maulwurf mit den Hinterfüßen hinausschleudernd. Auf diese Art erzeugt es seiner Körpergröße entsprechende, in schräger Richtung nach abwärts führende Gänge."

Ende April, Anfang Mai schreitet die Kreuzkröte zur Fortpflanzung. Das Laichgeschäft wird in der Nacht begonnen und auch in einer einzigen Nacht beendigt. Der Laich geht in Schnüren ab. Die Eier sind in einer Doppelreihe geordnet, ziemlich groß, aber nicht sehr zahlreich. (Vergleiche Farbentafel: Froschlurche, „Entwicklung des Frosches aus dem Ei", Figur b.) Nach etwa drei Tagen sind die Larven ausgeschlüpft, hängen an den Eierschnüren und schon nach ganz kurzer Zeit werden die äußeren Kiemen abgeworfen. Die Larven sind breit und platt, sie sind schwärzlich gefärbt und mit kleinen, erzfarbenen Pünktchen besprengt. Obgleich die Kreuzkröte unter den heimischen Lurchen am spätesten zum Laichen schreitet, so erreichen ihre Larven doch die erste Ausbildung von allen Froschlurchen.

Die das Wasser verlassenden jungen Tiere sind oft nur $1^1/_2$ cm lang und äußerst beweglich; im Erklimmen von Höhen thuen auch sie es ihren Eltern bald nach. Im fünften Lebensjahre sind die Jungen fortpflanzungsfähig. Die Kreuzkröte ist ein ausgesprochenes Nachttier; nur junge Tiere sind am Tage, auch während des grellsten Sonnenscheines, lebendig, alte dagegen erreichen ihre Lebhaftigkeit erst während der Nacht. Zu dieser Zeit lassen sie, im April besonders fleißig, ihre laute Stimme erschallen, die nächst der des Laubfrosches die weittönendste ist. Sobald die Sonne untergegangen und die Luft lind und lau ist, erschallt plötzlich das starke Geschrei der Tiere und hält etwa 5 Minuten an. Zu dieser Zeit wird es scharf unterbrochen, um nach einiger Zeit wieder voll einzusetzen.

Zu Ende des Herbstes graben sich die Kreuzkröten oft mehrere Meter tief in die Erde, um zu überwintern. — Das Gefangenleben gleicht dem der übrigen Frösche. Ausgewachsene Tiere sind im Aqua-Terrarium zu halten.

2. Froschlurche mit Haftscheiben. (Discodactylia).
Laubfrösche (Hylidae).

Die breiten Zehen besitzen Haftscheiben. Oberkiefer ist bezahnt. Die Querfortsätze des Kreuzbeinwirbels sind dreieckig verbreitert.

6. **Laubfrosch** (Hyla viridis Laur.). Rana dryophytes Rondel, Rana arborea Schwenkf., Ranunculus viridis, sive Calamites, sive Dryopetis Gesner, Rana Hyla L., Rana viridis L., Dendrohyas arborea Tsch. etc.

<small>Die Zunge ist an der hinteren Hälfte frei. Die Finger und Zehen abgeplattet und mit Haftscheiben versehen. Die Oberseite blattgrün, mit einem schwarzen Seitenstreifen von den Nasenlöchern bis zu den Hinterfüßen, der oberseits hell gerandet ist. Die Unterseite ist gelblich weiß gefärbt. Die Vorder- und Hinterschenkel sind oben grün und gelb umrandet, unten lichtgelb. ♂ beim ♀ eine schwärzliche Kehlhaut. Im großen ändert die Färbung sehr ab; sie ist bald heller, bald dunkler grün, oft sogar blaugrün. Ganz Europa. Vergl. Farbentafel: Froschlurche, Figur 1.</small>

So verabscheuungswürdig den meisten Menschen das Froschgeschlecht sonst ist, wird doch ein Vertreter desselben, und zwar der Laubfrosch, von der Mehrzahl gern gesehen. Er ist der kleinste unserer heimischen Froschlurche und auch der hübscheste von allen. Groß und klein, alt und jung, sieht in ihm den Wetterpropheten und hält ihn bald in größeren, bald in kleineren Käfigen. „In kleinen, engen Gläsern," sagt Knauer sehr richtig und schön, „ja, in dunklen Kistchen und Schächtelchen fristet er da zwischen halbverfaultem Grase sein Dasein und nur selten wird ihm in einem größeren Glashäuschen Licht und Wasser geboten. Wie fröhlich ist er aber, wenn er sein tägliches Bad nehmen kann, wenn er in täglich erneutem Grase oder zwischen lebenden Pflanzen sein gewohntes Grün nicht vermissen muß, wenn die fürsorgende Hand des Pflegers recht oft schmackhafte Fliegen darreicht! Wie bald es der kleine Gefangene merkt, daß sein Pfleger ihm gut gesinnt, daß dieser selten ohne Gabe kommt! Wie lebhaft er dann sofort sein Köpfchen wendet, sich sprungbereit macht und auch schon die Fliege erschnappt hat! Wie begehrlich und doch frisch er nach langer Schwüle um Regen ruft, dabei seine Schallblase zum Zerplatzen aufblähend. Fürwahr ein lieber trauter Stubengenosse der armen Näherin, die sich keinen lauteren Sänger erschwingen kann, des einsamen Studenten, den Heimweh weg von der Stadt ins ärmliche Elternhaus zieht, des wetterneugierigen Gärtners, dem statt des Barometers unser Laubfrosch Red' und Antwort stehen soll, und endlich gar der erpichten Lottospielerin, der ihr Gefangener dienstbereit einige Nummern auf dem Bauch oder Rücken davonträgt." So hat sich der Laubfrosch die Liebe und Zuneigung des Menschen erworben und steht nicht mehr unter dem Fluche des Abscheues, unter dessen blinden Wahn seine Genossen und Verwandten sehr zu leiden haben.

Mit Ausnahme des Hochgebirges findet sich der Laubfrosch überall an geeigneten Örtlichkeiten, die ihm ein grünes schützendes Laubdach gewähren. Er bewohnt das Ufergebüsch oder die nahen Bäume eines großen oder kleinen Teiches, oder er hält sich im üppigen Wiesengras auf. Wird er nicht von seinen Ruheplätzen aufgescheucht, so bekommt man ihn selten zu Gesicht, so eng liegt er, je nach der Witterung, der Ober- oder Unterseite der Blätter an, mit deren Farbe sein lebhaftes Grün ganz verschmilzt. Jener Gleichfarbigkeit mit den grünen Blättern ist er sich wohl bewußt und sucht sie mit dem größten Vorteil auszunutzen. Springen würde ihm zum Verderben, da dann seine Feinde auf ihn aufmerksam würden. Er zieht es daher vor, fest auf seinem Standorte zu beharren, die leuchtenden kleinen Augen auf den Gegner gerichtet, bis die Gefahr vorüber ist. Nur im äußersten Notfall benutzt er den Sprung zu seiner Rettung. Dieser geschieht aber so plötzlich und wird mit solchem Geschicke ausgeführt, daß er ihn in den meisten Fällen rettet.

Die Fähigkeit des Laubfrosches, sich an die Unterseite der Blätter oder an sonstigen Gegenständen zu halten, beruht auf dem Bau seiner Zehenspitzen, den ich etwas näher erörtern will. Da die Natur ihn zum Klettern bestimmt hat, sollte man glauben, seine Zehen müßten scharfe Krallen tragen, indessen sind gerade die an den Zehen befindlichen Knötchen hierzu bedeutend besser geeignet. Diese kleinen Halbkugeln an den Spitzen seiner Zehen sind wahre Saugkolben, die fast wie luftleere Schröpfköpfe wirken, sich also an ihre Unterlage ansaugen. Zwar ersann man, um dieses wundervolle Auf- und Absteigen an einer steilen, glatten Wand zu erklären, sehr bald einen zähen, klebrigen Schleim, der aus diesen Kügelchen hervorgehen sollte, allein ein derartiger Schleim wurde und wird auch nie entdeckt. Untersucht man die Knötchen recht genau, so findet man eine helle Blase, die fast einen kleinen Fußballen vorstellt. Über diese hin erstreckt sich die kleine Halbkugel, und bildet da, wo sie aufhört, eine kleine Rinne. Alles bewegt sich in einem Gelenke. Sowie nun das Tier seinen Fuß irgendwo andrückt, verbreitert sich die Blase, drückt die Luft aus derselben heraus und der Fuß bleibt haften.

Die Nahrung des Laubfrosches setzt sich aus mancherlei Kerbtieren zusammen und besteht hauptsächlich aus Fliegen, Spinnen, Käfern, Schmetterlingen und glatten Raupen. Alle Beute muß lebendig sein, sich bewegen, tote wird von ihm verschmäht. Während der Sommermonate beansprucht der Laubfrosch ziemlich viel Nahrung, liegt deshalb auch während des ganzen Tages auf der Lauer, obwohl seine eigentliche Jagdzeit erst nach Sonnenuntergang beginnt.

Da der Laubfrosch nur wenig wärmebedürftig ist, verläßt er sein Winterquartier schon früh, wenig später als der Taufrosch und schreitet dann zur Fortpflanzung. Die Männchen geben zuerst die Winterquartiere auf und bald finden sich auch die Weibchen an stehenden, mit Bäumen und Gesträuch umgebenen Gewässern zum Laichen ein. Trotzdem diese Laichzeit schon sehr früh beginnt, kann man auch noch tragende Laubfrösche im Juni antreffen.

In der Regel dauert die Ablage des Laiches nur kurze Zeit, oft ist sie schon nach 2 Stunden beendigt, kann sich aber auch auf 48 Stunden ausdehnen. Zwölf Stunden nach Ablage hat sich der Schleim voll Wasser gesogen, aufgebläht und wird sichtbar. Das Ei ist gelblich weiß, an der oberen Hälfte grau angehaucht und hat die Größe eines Senfkorns. Der Laich bildet unförmliche Klumpen und bleibt am Boden des Wassers liegen bis die jungen Larven ausgeschlüpft sind. Die ganze Entwicklung der Eier und die der Jungen braucht nur kurze Zeit. An Eiern, die am 27. April abgelegt waren, beobachtete man schon am 1. Mai den Keim mit Kopf und Schwanz, die aus dem Dotter hervorwuchsen. Am 4. Mai bewegte sich die Larve in dem schleimigen Eiweiß, am 8. kroch die nur kleine, etwa

7—8 mm messende Larve aus, schwamm mit ihrem Schwänzchen, welches von einem auffallend klaren Hauptsaum umgeben ist, und verzehrte Teile des zurückgelassenen Schleimes. Am 10. Mai zeigten sich die Augen und hinter dem Munde zwei Wärzchen, die dem kleinen Tierchen gestatteten, sich an Gegenstände anzuhängen, und die Schwanzflosse, am 12. traten die Kiemenfäden hervor, hinter jeder Kopfseite einer, die bald wieder abgeworfen werden, auch bildeten sich Flecke, die das Tier gescheckt erscheinen ließen. Am 15. waren Mund und Nase entwickelt und die Quappe nahm schon tüchtig Nahrung zu sich; am 18. bekamen ihre Augen eine goldgelbe Einfassung; am 20. war der After durchbohrt und der Leib von einer zarten, mit Wasser angefüllten Haut umgeben, die am 29. verschwand. Jetzt hatte das kleine Geschöpf eine Länge von 1½ cm erreicht und benagte Wasserlinsen. Die Hinterbeine kamen am 29. zum Vorschein; am 16. Juli war die Kaulquappe fast ausgewachsen, 2 cm lang und die fünf Zehen gespalten, am 25. selbst die Haftscheiden entwickelt, auch zeigten sich die Spuren der Vorderbeine, die am 30. hervorbrachen, bereits angedeutet. Der Rücken zeigte zu dieser Zeit eine grüne Farbe, der Leib war gelb, auch kam das Tier schon häufig an die Oberfläche, um Luft zu schöpfen. Am 1. August war der Schwanz um die Hälfte kleiner geworden und am folgenden Tage ganz eingeschrumpft; das Tier hatte nun seine Verwandlung durchgemacht und war zum Landleben befähigt. Trotz dieser schnellen Entwicklung wird der Laubfrosch doch erst im vierten Lebensjahre fortpflanzungsfähig.

Über die Farbenveränderung des Laubfrosches ist schon viel geschrieben worden. Ein reines leuchtendes Grün zeigt der Laubfrosch, wenn er in der Sonne sitzt, also äußeres Licht und Wärme erhält. Fühlt sich das Tier unbehaglich, so wird die Färbung tiefdunkel grün, braungrün, besonders zeigt sich dieses Kleid an trüben Tagen; sind die Tage noch feucht und kalt, so wird die Färbung schmutzig grün und mit verwaschenen Flecken durchsetzt. Dunkelgrau oder schokoladenbraun färbt sich das Tier bei plötzlich eintretender Kälte, grauweiß und bläulich wird es, wenn ihm das Wasser entzogen wird. Neben diesen Hauptfarben treten mancherlei Übergänge auf vom Gelbgrün, Grasgrün, Tiefgrün, Licht- und Dunkelgrau, Hell- und Schwarzbraun. Auch vielfach nach der Umgebung verändert der Laubfrosch seine Farbe, er paßt sich möglichst genau seiner Umgebung an.

Den Sommer hindurch verbirgt sich der Laubfrosch in luftiger Höhe auf Bäumen oder Sträuchern, und nur anhaltendes Regenwetter vermag ihn zu bewegen, diese Orte zu verlassen und ins Wasser zu flüchten. Ist das Wetter schön oder steht Regen bevor, so erschallt aus der Höhe sein wie Schellengeläute klingendes „kreck kreck kreck" fast die ganze Nacht hindurch. Gegen den Herbst zu verläßt er die Baumkrone, verkriecht sich unter Steine, in Erdlöcher oder Mauerspalten und verbringt hier in todähnlichem Schlaf den Winter, ohne von dem Leben vernichtenden Frost erreicht zu werden.

In der Gefangenschaft ist die Genügsamkeit des Tieres sehr groß. Als Aufenthaltsort genügt ihm ein Einmacheglas mit einigen Wasserpflanzen besetzt und mit einer Leiter versehen, die oben eine größere Fläche aufweist, welche mit Moos belegt ist. Seine Nahrung besteht aus Fliegen ꝛc., wie er sie in der Freiheit zu sich nimmt. Das Tier gewöhnt sich bald an den Pfleger, wie zahlreiche Beispiele beweisen. Es kann dann ruhig aus dem Glase herausgelassen werden, wohin es, sobald das Bedürfnis nach Wasser in ihm rege wird, zurückkehrt. Von den vielen Beispielen über die Zahmheit und Zutraulichkeit nur eines, welches Brehmer zählt. Er beginnt: „Ein Freund meines Vaters bemerkte, daß sein gefangener Laubfrosch sich jedesmal heftig bewegte, wenn er seine Stubenvögel fütterte, und sich nach der betreffenden Seite kehrte, reichte dem verlangenden Tiere einen Mehlwurm und gewöhnte es binnen kurzer Zeit so an sich, daß der Frosch nicht bloß ihm, sondern jedermann die ihm vorgehaltene Speise aus den Fingern nahm und zuletzt sogar die Zeit der Fütterung kennen lernte. Um ihm das Herauskommen aus seinem Glase zu erleichtern, wurde ein kleines Brettchen an vier Fäden aufgehangen: an diesem kletterte der Laubfrosch in die Höhe und hielt sich hängend so lange fest, bis er seinen Mehlwurm erhalten hatte. Griff man oben mit dem Finger durch das Loch, um ihn zu necken, so sprang er nach dem Finger. Wenn sein Glas geöffnet wurde, verließ er es, stieg an den Wänden der Stube auf und ab, hüpfte von einem Stuhle auf den anderen oder seinem Freunde auf die Hand und wartete ruhig, bis er etwas bekam: dann erst zog er sich in sein Glas zurück, bewies also deutlich, daß er Unterscheidungsvermögen und Gedächtnis besaß."

Zum Schluß will ich noch bemerken, daß auch der Laubfrosch zu seiner Verteidigung einen scharfen Saft ausspritzt, hierin also den Kröten durchaus nicht nachsteht. Wagler, der einen Laubfrosch zufällig in die Nähe seines Auges brachte, mußte dieses an sich selbst erfahren. Sobald das Auge mit dem Safte berührt war, erblindete er sogleich auf geraume Zeit. Die Entzündung, welche das Gift hervorgerufen hatte, verschwand erst nach drei Tagen.

2. Schwanzlurche (Caudata).

Die Schwanzlurche sind langgestreckte, nackthäutige Lurche mit zwei vorderen und zwei hinteren Beinen. Die meisten Gattungen haben vorn vier, hinten fünf Zehen, indessen nimmt die Zehenzahl ab bis zum völligen Verschwinden der Hinterbeine. Die Zunge ist festgewachsen. Die Tiere besitzen eine anfängliche oder andauernde Kiemenatmung.

Jeder, der in der Systematik nur wenig bewandert ist, wird auf die äußere Körpergestalt hin Froschlurche und Schildkröten, und wieder Schwanzlurche und Eidechsen zusammenfassen. Schwanzlurche und Echsen, zu denen z. B. unsere bekannte Eidechse gehört, wird der Laie fast stets als zusammengehörige, oder doch nahe verwandte Tiere betrachten, da beide Familien ihrer kurzen Beine wegen, ziemlich glatt am Boden gedrückt sich fortbewegen. Aber dennoch sind die Unterschiede beider Familien in anatomischer Hinsicht sowohl, als auch in entwicklungsgeschichtlicher sehr durchgreifender Natur.

Dem Wasserleben der Schwanzlurche entsprechend, ist ihr Körper langgestreckt und mit Hilfe des seitlich zusammengedrückten Ruderschwanzes, sowie der verhältnismäßig weit von einander gestellten Gliedmaßen, zum Schwimmen sehr geeignet, aber diese Gliedmaßen sind für die Bewegung am Lande sehr ungeeignet. Bei allen Schwanzlurchen bleiben sie sehr kurz, bei einigen Arten fehlen überdies die hinteren gänzlich.

Die Augen zeigen eine verschiedene Entwicklung bei den einzelnen Arten. Bei einigen sind sie nur klein, verkümmert, bei anderen sogar mit einer Oberhaut überkleidet; noch wiederum andere besitzen größere Augen, die halbkugelig hervortreten und mit vollständigen Lidern versehen sind. Ihre Hornhaut ist im Verhältnis zum Augapfel sehr groß, die Regenbogenhaut bei den höher entwickelten Tieren lebhaft gefärbt. Der Augenstern immer rund. Die Stellung der Nasenlöcher ist in der Regel vorn und seitlich an der Schnauze. Die Zunge ist meist mit ihrem ganzen Grunde angewachsen und bleibt nur am Rande frei. Das Ohr wird von der äußeren Haut verdeckt. Diese ist kaum weniger verschieden als bei den Froschlurchen, meistens zart, dünn und glatt, nur bei wenigen Arten körnig und rauh und mit Warzen besetzt. Diese Warzen sind Drüsen, die einen klebrigen, eiweißartigen Schleim absondern. Die Häutung der Schwanzlurche erfolgt wie bei den Froschlurchen, nur wird die Haut meist in einzelnen Fetzen abgeworfen.

Am Bau des Skelettes lassen sich zuerst die paarigen Scheitel- und Stirnbeine, meist auch die Nasenbeine stets unterscheiden, indessen verkümmert der Oberkiefer oft. Die Wirbelsäule setzt sich aus wenigstens 50, zuweilen auch aus fast 100 Wirbeln zusammen, von denen die des Rumpfes bei den höherstehenden Arten kurze Rippen tragen. Ein eigentliches Brustbein fehlt. Seine Stelle wird durch Schulterblätter vertreten, die sich an ihrem unteren Ende in eine wagerecht liegende Knorpelscheibe verbreitern. Auch das Becken, welches von dem der Froschlurche hinsichtlich seiner Lage und Gestalt abweicht, heftet sich durchaus nicht immer demselben Wirbel an. Entgegen dem Bau der Froschlurche sind an den Vorderbeinen, Ellbogen und Speiche, an den Hinterbeinen, wo solche vorhanden sind, Schienen- und Wadbein vollständig von einander geschieden, die Knochen der Hand- und Fußwurzel sind oft sehr unvollkommen entwickelt, meist sogar auf eine geringe Anzahl beschränkt.

Auch Zähne sind bei fast allen Schwanzlurchen vorhanden. Einige tragen im Zwischen-, Ober- und Unterkiefer und alle entweder auf dem Pflugschar oder dem Gaumenbein dieselben. Es sind kleine nach rückwärts gerichtete Gebilde, die nur zum Festhalten der Beute dienen.

Auch der Bau der inneren Teile ist entsprechend der verschiedenen Entwicklung des Skelettes verschieden. Die Speiseröhre ist lang; der Magen einem großen Schlauch vergleichbar ohne Blindsack, der sich nach dem Zwölffingerdarme hin verlängert und allmählich in den nur kurzen Darm-

Schlauch übergeht. Verhältnismäßig groß ist die Leber, von ihr wird ein Teil des Magens bedeckt. Eine Gallenblase ist immer vorhanden und sehr entwickelt, desgl. auch die unregelmäßig gelappte Bauchspeicheldrüse. Die Nieren sind schmal und lang, von ihnen führen kurze Harnleiter in die große dünnwandige Harnblase, die sehr gefäßreich ist. Ihr Inhalt wird in die Kloake, seltener in den Mastdarm und zwar in seinem Endabschnitte geführt. Die Atmungsorgane sind teils vollkommen äußere Kiemen, die baum- oder fransenfaserig verzweigt sind und auf den Kiemenbogen aufsitzende Anhänge bilden, neben den mehr in den Hintergrund tretenden Lungen oder wie bei einigen Arten nur innere Kiemen, je eine Kiemenspalte jederseits, die mit den befransten Kiemenbogen kommunizieren; oder endlich

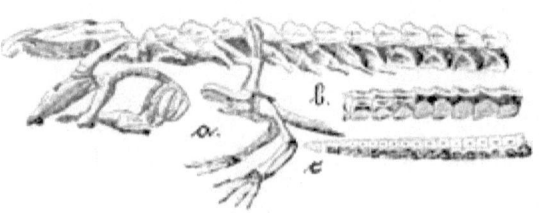

Figur 133. Skelett des Armmolches. a. vorderer Teil des Skelettes mit den Wirbeln, b. mittlerer Teil, c. Schwanzteil.

unter völligem Verschwinden der Kiemenspalten, Atemfransen und unter Verkümmerung der Kiemenbogen allein große Sacklungen.

Die Entwickelung der Schwanzlurche ist eigentümlich und durchaus nicht bei allen übereinstimmend. Die Tiere vollziehen eine eigentliche Begattung nicht; beide Geschlechter suchen sich während der Paarungszeit im Wasser auf. Die Männchen verfolgen die Weibchen, geben ihren Samen in Häufchen ab und die Weibchen nehmen dann Teile derselben durch den After in sich auf, speichern diesen in Zellen auf und befruchten die Eier erst vor dem Legen, sowie sie den Eileiter verlassen, oft auch schon noch früher, wo sie dann lebende Junge zur Welt bringen. Beide Geschlechter der sogen. Landmolche verlassen nach der Aufnahme des Samens vom Weibchen das Wasser, indessen kehrt das Weibchen zum Ablegen der Jungen nach einiger Zeit in das Wasser zurück. Auch kommt es vor, daß bei diesen die Jungen sogleich auf dem Lande geboren werden (Alpensalamander). Die eigentlichen Wassermolche dagegen legen Eier ab und befestigen dieselben mittelst eines eigenartigen Schleimes an Wasserpflanzen rc. Die ausschlüpfenden Jungen machen eine Metamorphose durch, die sich sehr von der der Froschlurche unterscheidet. Sie verlassen das Ei fußlos, haben deutliche Kiemenbüschel, behalten diese aber bis zu ihrer Verwandlung in den vollkommenen Zustand bei. Eine innere Kiemenbildung, wie bei den Froschlurchen findet bei den Schwanzlurchen nicht statt. Ferner entwickeln sich zunächst die Vorder-, dann erst die Hinterfüße. Bei der Umwandlung in den vollkommenen Zustand schrumpft der Schwanz nicht wie bei den Froschlurchen ein, sondern bleibt entweder in seiner ursprünglichen breitgedrückten Gestalt, oder er gestaltet sich zu einem drehrunden Stützschwanz um.

Die Schwanzlurche leben mit Ausnahme der nur zur Zeit des Fortpflanzungsgeschäftes das Wasser aufsuchenden Erdmolche fast immer in dem stehenden oder durchweg wenig bewegten Wasser der Sümpfe, Teiche, Tümpel und Weiher. Während einzelne Froschlurche bewegliche Gesellen sind, zeigen sich die Molche weniger munter. Müßten sie nicht von Zeit zu Zeit an der Oberfläche des Wassers Luft schöpfen, so blieben sie bestimmt stundenlang in träger Ruhe am Boden des Gewässers, ohne jemals die Oberfläche desselben aufzusuchen.

Schädlich sind die Schwanzlurche durchaus nicht, alle sind harmlose Tiere, von deren Giftigkeit und Gefährlichkeit wohl überaus viel im Munde des Volkes die Rede ist, die in der Wirklichkeit jedoch nicht existiert. Nur gereizt sondern viele von ihnen scharfe Säfte ab, die mit den empfindlichen Schleimhäuten der Nase und des Auges in Berührung gebracht, Entzündungen verursachen. Dagegen steht fest, daß die meisten Lurche durch Verzehrung schädlicher Insekten, Nacktschnecken, Würmer rc. einen nicht geringen Nutzen stiften.

Die Schwanzlurche werden in zwei Unterordnungen eingeteilt: Kiemenlose Lurche (Salamandrina) und Kiemenlurche (Ichthyodea). Die Kiemenlurche zerfallen wieder in Lurche ohne Kiemenbüschel (Derotrema) und in Kiemenbüschel tragende (Perennibranchiata). Zu den kiemenlosen Lurchen gehören die Familien: Salamandrida, Amblystomida, Plethodontida und Molgida. Zu denen ohne Kiemenbüschel die Familien: Menopomida und Amphiumida, zu denen mit Kiemenbüschel die: Menobranchida, Proteida und Sirenida. Je nachdem die einzelnen Familien uns Aquariumtiere liefern, werde ich nachstehend die betreffenden Arten schildern.

Aus der Familie Salamandrida betrachten wir nur die Gattung Wassermolche (Molge).

Wassermolche (Molge).

Der Leib ist gestreckt, die ziemlich kleine Zunge rundlich oder oval, meist nur an den Seiten frei und mit einem mittleren Längsstreifen unten an der Mundhöhle angewachsen. Die Gaumenzähne stehen in geraden oder schwach gekrümmten Reihen, die nach hinten etwas divergieren. Der Schwanz ist etwa so lang als der Körper und seitlich zusammengedrückt, kann jedoch auch in Ausnahmefällen dick und drehrund sein, trägt jedoch immer oben und unten einen Hautkamm. ♂ und ♀ lassen sich leicht durch die Form der Kloake unterscheiden, die beim ♀ kugelig angeschwollen ist, beim ♂ indessen mehr oder weniger kugelförmig vortritt. Wassermolche giebt es 21 Arten.

1. **Kammmolch (Molge cristata Bech.)** Triton cristatus Schrank, Salamandra cristata Schneid, Gekko aquaticus Mayer etc. Großer Kammmolch, gekammter oder großer Wassersalamander.

Der Schläfenbogen am Schädel fehlt. Gaumenzahnreihen sind zwei, vorn schwach
lon und hinten mäßig divergierend, vorhanden. Der Rückenkamm des ♂ ist stark
entwickelt, bis über den Hinterfüßen sichtsägeförmig gezackt. Die Grundfärbung
des Rückens, der Seiten, des Schwanzes und der Oberseite der Gliedmaßen ist ein
dunkles Braun. Die Unterseite tief rotgelb, der ganze Körper, besonders am Munde
und an den Seiten mit vielen großen schwarzen Flecken besetzt. An den Körperseiten und oben stehen in der Grundfarbe noch zahlreiche kleine weiße Flecken. Zur
Paarungszeit besitzt das ♂ einen breiten schimmernden Silberstreifen am Schwanze.
Nord- und Mitteleuropa.

Die weiteren hierher gehörenden Arten, soweit sie in ihrer Lebensweise sich wenig von einander unterscheiden, lasse ich nachstehend folgen
und gebe das Lebensbild aller gemeinsam.

2. **Bergmolch (Molge alpestris Brch.)** Triton alpestris Lauer. Salamandra aquatica Wurfb., Salamandra ignea Bechst., Salamandra rubiventris
Daud. etc. **Alpentriton.**

Den Schläfenbogen bilden Sehnenfasern. Gaumenzahnreihen sind zwei nach hinten
stark auseinander tretende vorhanden. Die Zunge ist mittelgroß und an einem
kurzen Stiel. Der Rückenkamm des ♂ ist nur niedrig und geht ohne Unterbrechung
auf den Schwanz über. Die Färbung ist oben bläulich aschgrau oder braungrau,
die Zeichnung besteht aus dunkelbräunlichen, gezackten Flecken von unregelmäßiger
Form, die an den Seiten des Kopfes, Leibes und Schwanzes und auf der Oberseite der Glieder in rundlich schwarze Flecken übergehen. Finger und Zehen besitzen
schwarze Ringe. Zur Zeit der Fortpflanzung wird das Kleid der Tiere lebhafter.
Der Rücken trägt zu dieser Zeit beim ♂ einen Kamm, der nicht eingeschnitten ist
und eine gelbliche Bogenlinie auf schwarzem Grunde als Zeichnung führt. Die
sonstige Grundfarbe geht an der Rückenseite in's Blaue über und wird an den
Seiten sogar hellblau; die schwarzlosen Punkte umgeben sich mit hellem Grund,
können sogar in Striche zusammenfließen. Das Orange der Bauchseite wird feuerrot.
Der obere und untere Saum des Schwanzes trägt große gelbweiße Flecke, die von
dunkleren unterbrochen werden. ♀ im Hochzeitskleide gewöhnlich ohne Kamm oder
sonst doch nur angedeutet. Die Seiten sind braungrau, der Rücken dunkelgrau, bald
mit mehr oder weniger hervorstehenden dunkleren Zeichnungen versehen. Das Rot
des Bauches ist heller. Im Alpengebiete Mitteleuropas.

3. **Leistenmolch (Molge paradoxus Brch.)** Salamandra palmata Schneid.,
Molge palmata Merr., Triton palmatus Tsch., Lophinus palmatus Gray,
Triton helveticus Razoum etc. **Schweizertriton, Fadenmolch.**

Die Schnauze ist zugespitzt. Die Gaumenzähne stehen in zwei nach hinten stark
divergierenden Reihen. Der stumpf abgestutzte Schwanz besitzt, besonders beim ♂
ausgeprägt, einen schnurförmigen Anhang. Die Körperhaut ist glatt. Der Schläfenbogen ist knöchern. Der Rückenkamm des ♂ tritt als eine nur wenig erhabene
Leiste auf, die ohne Unterbrechung in den Schwanzsaum übergeht. Zur Fortpflanzungszeit befindet sich eine breite Saumhaut an den Zehen. Die Oberseite ist
düster bräunlich-gelbgrau mit dunkleren Flecken und Strichen besetzt. Die Unterseite zeigt ein ganz mattes Orangegelb mit wenigen schwärzlichen Flecken. ♀ ist
heller, braungelb gefärbt. Zur Fortpflanzungszeit ist beim ♂ außer dem
Rückensaum und der Saumhaut an den Zehen die untere Seitenhälfte des Leibes
glänzend weiß und der Bauch besitzt eine orangegelbe Binde längs seiner Mitte.

Zu dieser Zeit ist der Schwanz des ♂ niedrig, nur der Unterleib ist lebhafter gefärbt als beim ♀. Das Orange geht bis über die untere Kante des Schwanzes noch bis zum letzten Drittel sich erstreckend. — Westeuropa.

4. **Streifenmolch** (Molge vulgaris Brch.). Salamandra exigua Laur., Salamandra taeniata Bechst., Lacerta maculata Shaw., Lacerta taeniata Sturm, Molge taeniata Gravenh., Triton lobatus Oth. **Kleiner Teichmolch.**

Der Schläfenbogen ist nur durch Sehnen hergestellt. Zwei nach rückwärts schwach auseinander tretende Gaumenzahnreihen. Die Haut meist völlig glatt, der Schwanz sich allmählich zuspitzend. Der Kamm des ♂ nimmt seinen Anfang im Nacken, ist gelappt und geht unter allmählicher Vergrößerung ohne Unterbrechung auf den Schwanz über. Zur Paarungszeit zeigt überdies das ♂ mit Hautlappen umsäumte Hinterzehen und stellenweise eigentümliche Borstenbüschelchen. Der Bauch ist gefleckt. Eine unregelmäßige Doppelreihe eingedrückter Drüsenwulste zeigen sich auf dem Kopfe. Der Schwanz ist am Ende einfach zugespitzt. Die Hauptfarbe der Oberseite ist ein olivenbraungrün, das auf den Seiten in zartes Weiß übergeht. Die Unterseite ist orangegelb. Schwarze Flecken bilden die Zeichnung. Im Hochzeitskleide trägt das ♂ auf dem Rücken einen zu einer hohen Flatterhaut entwickelten Kamm und dann jene schon oben genannten Hautlappen. Das olivengrüne der Färbung tritt noch mehr hervor, die Bauchmitte zeigt ein sattes Orange, das sich als Längsstreifen auf dem unteren Flossensaum des Schwanzes fortsetzt. Am Kopfe fließen die schwarzen Flecke in fünf Längsstreifen zusammen und den breiten Schwanz schmückt ein blau glänzender Streifen. Dem ♀ fehlt noch zu dieser Zeit der Kamm und der Schwanz zeigt einen nur unbedeutenden Flossensaum. Es ist auch meist heller als das ♂, und gewöhnlich lichtbraun mit dunklen gewellten Rückenlinien. Fast in ganz Europa.

Die Tritonen, Molche, Röhrlinge, auch einfach Wassersalamander genannt, unterscheiden sich von den Erdsalamandern durch den Mangel einer Drüse am Ohr und der Kammreihe auf dem Rücken, ferner durch einen etwas längern und von beiden Seiten zusammengedrückten Schwanz. Der Kopf ist nicht so breit, die Füße nicht so dick und der Körper nicht so plump, als bei den letzteren. Auch die Farbenverteilung ist nicht so streng geschieden und nicht so grell als bei jenen. Ferner ist es den Tritonen eigen, daß bei ihnen eine unendliche Masse von Farbenvarietäten vorkommt,

Figur 131. Wassermolch. 1. Streifenmolch (Molge vulgaris). 2. Leistenmolch Molge paradoxus), 3. Bergmolch Molge alpestris). Alles Männchen.

sodaß fast kein Exemplar dem andern gleich sieht: ein Umstand, der Veranlassung zu einer Menge irriger Spezies für den nach solchen Unterschieden erpichten Systematiker und Kleinkrämer gab.

Alle oben beschriebenen Tiere sind muntere Geschöpfe von angenehmer Form und oft reizender Färbung. Entsprechend ihrem Bau sind sie als vorwiegende Wassertiere zu bezeichnen, ohne sich jedoch das ganze Jahr in diesem Elemente aufzuhalten. In ihren Bewegungen im Wasser zeigen sie eine beträchtliche Fertigkeit, doch sind sie, wie die meisten Kaltblüter träge und ruhen oft längere Zeit unbeweglich an einer Stelle, bis sie das Bedürfniß nach Nahrung oder zum Atem schöpfen verspüren. Das Atmen geschieht alle 2 bis 3 Minuten. Zu diesem Zwecke schwimmen sie zur Oberfläche des Wassers, sodaß ihr Kopf darüber hervorragt, stoßen die verbrauchte Luft aus, nehmen frische auf und lassen sich dann sogleich wieder auf den Grund des Wassers herab. Ihre Schwimmbewegungen vollziehen sie gewöhnlich nur durch eine schlängelnde Bewegung des Schwanzes, wobei die Füße an den Körper der Länge nach angelegt werden. Wollen sie indessen aus der Tiefe des Wassers zur Oberfläche emporsteigen, um hier ein Insekt zu erhaschen, so geschieht das Schwimmen langsam und mit Hilfe der vorderen und hinteren Füße, es sieht dann aus, als wollten die Tiere an einer Leiter hinaufsteigen; sie nehmen zwar auch hierzu den Schwanz zu Hilfe, aber nur sehr wenig.

Obgleich die Molche außerhalb des Wassers mehr oder weniger unbehilflich sind, laufen sie immerhin noch bedeutend schneller als die Landsalamander. Das Wasser wird von den Tieren etwa im August verlassen, nachdem sie 3 bis 4 Monate in demselben zugebracht haben. Den Rest des Sommers und Anfang des Herbstes sind die Tiere nur in Gärten, Feldern, Wiesen und im Wald zu finden, jedoch dann nur an solchen Orten, wo keine zu große Trockenheit herrscht. Sie gehen hier besonders morgens und abends, wohl auch in der Nacht wenn die Erde feucht ist, auf Nahrungssuche aus, und verbergen sich vor der heißen Mittagssonne in Mauerlöchern, unter Steinen, dürrem Laube, Moos und Gras.

Wenn der Herbst beginnt, und die Tage kühler werden, begeben sich auch die Tritonen, wie alle Amphibien, um Winterschlaf zu halten in Verstecke, die indessen unter Umständen schon im Februar wieder verlassen werden können. Sobald dann eine wärmere Witterung eintritt, bereiten sich die Tritonenmännchen zur Begattung vor. Das, wenn auch nicht unscheinbare Kleid der Tiere verfärbt sich und prangt bald in den glühendsten Farben. Ehe noch an eine Abgabe der Eier von Seiten des Weibchens gedacht wird, drängt sich das Männchen an dieses heran. Es stellt sich quer vor, den Rücken katzenbucklig gekrümmt, als wollte es ihm nicht nur die ganze bunte Breitseite, sondern auch noch den feuerfarbenen Bauch zeigen: der Kopf wird gefallsüchtig auf die Seite gedreht und der seitlich umgekrümmte Schwanz vibriert, er scheint gewissermaßen auf die prächtig gefärbten Seiten hinzudeuten. Scheint sich das Weibchen dieser Lockung gegenüber im Anfange ganz teilnahmslos zu verhalten, so sieht man es doch bald diesem Liebesspiel zugänglicher werden, es nähert sich ihrerseits dem brünstigen Männchen, oder es macht beim Annähern desselben eigentümliche schwingende und trippelnde Bewegungen. Dann erhebt auch wohl das paarungslustige Männchen seinen Kamm, bewegt ihn schnell und nähert sich hieraui mit dem Kopfe der Schnauze des Weibchens. Der Schwanz wird hierbei ständig bewegt und so stark gekrümmt, daß er die Seiten des Weibchens berührt oder schlägt. Beide Tiere nähern sich mit den Köpfen bis zur Berührung, entfernen sich aber mit dem Hinterteile des Leibes etwas mehr voneinander und bilden so einen spitzen Winkel. Indessen findet eine eigentliche Begattung nicht statt, sondern sie wird bei den einzelnen Arten in der Weise ausgeführt, wie ich es Seite 278 geschildert habe. Sobald das Weibchen die Eier ablegen will, faßt es mit den Hinterfüßen ein Blatt und drückt und knetet bald an ihm, bald an seiner ausgequollenen Afteröffnung herum und wenn es sich nach einigen Minuten entfernt, so gewahrt man in einem Umschlag gebettet, ein fast hirsekorngroßes, lehmfarbenes Körnchen — das gelegte, mit einem glashellen Schleime angeklebte Ei. Schon nach Verlauf von einigen Tagen hat das Ei seine Form geändert und am fünften Tage erkennt man die gekrümmten Beine, ferner unterscheidet man schon Kopf, Schwanz und Rumpf und als kleine

Figur 135. Kopf vom Kammmolch (Triton cristatus).

Höcker die sprossenden Kiemen und Vorderbeine. Am neunten Tag treten deutliche Bewegungen an demselben auf, der Herzschlag wird wahrgenommen, das kleine Tier regt sich in seiner Hülle und am dreizehnten Tage zerreißen die Eihäute. Die mit vorderen Fußstummeln und mit Büschel blättriger Kiemen versehene Larve kommt hervor, hängt sich mit Fäden, deren vier zu der Zeit am Kopfe stehen, an Pflanzenteilen fest und ruht oft stundenlang in gleicher Stellung unbeweglich von den Anstrengungen der ersten That ihres Lebens. Diese Ruhezustände werden bald häufiger durch lebhaftes Umherschwimmen unterbrochen und nach wenigen Tagen, wenn der in dem Darm beim Auskriechen vorhandene Dotterrest aufgezehrt ist, macht das junge Tier eifrig auf Flohkrebschen Jagd, verschont sogar bei Hunger die eigenen Geschwister nicht, ihnen werden wenigstens Kiemen und Schwänze abgenagt. Nach und nach bilden sich die Vorderbeine aus, später, wenn die Larve etwas mehr als 2 cm an Länge erreicht hat, auch die Hinterbeine. Nach 3 Monaten ist die Verwandlung beendigt.

Filippi und Schreiber haben beide zuerst beobachtet, daß unter gewissen beengenden Umständen schon geschlechtsreife Wassermolche noch die Tracht einer Larve beibehalten, also kiementragend bleiben können. Derartige zurückgebliebene Tiere sind besonders beim Bergmolch wiederholt gefunden worden. Sie stellen eine Anpassung an äußere Existenzbedingungen dar.

Schon in ihrer frühsten Jugend zeigen sich die Molche als Räuber, die sich ohne Ausnahme von lebenden Tieren nähren. Mit der Zunahme ihrer Größe werden auch die Tiere größer, auf die sie fahnden. Käfer, die auf der Oberfläche des Wassers schwimmen, Schnecken und überhaupt Weichtiere, Regenwürmer, Froschlaich, Kaulquappen, ja die Larven ihrer eigenen Art werden nicht von ihnen verschont. Besonders stellen sie den lustigen Mückenlarven nach, erweisen sich also als nützliche Tiere, deren Schonung unbedingt erforderlich ist. Was früher über ihre Giftigkeit gefabelt wurde und teilweise noch jetzt wird, ist total unbegründet.

Die Molche häuten sich sehr oft, gewöhnlich alle 8—14 Tage. Die Haut springt zuerst an den Lippen ab und wird dann meistens, ohne zu zerreißen, rückwärts so abgestreift, daß die innere Seite nach außen kommt, und eine solche Haut, wenn sie aufgeblasen wird, vollständig die Form des Tieres hat. Das Abstreifen wird durch wiederholtes Hin- und Herschlüpfen zwischen Gras, Steinen und Wasserpflanzen, und zuletzt oft mit Hilfe des Mundes bewerkstelligt. Dieses Geschäft dauert meist nur eine Stunde, kann sich jedoch auch mehrere Tage lang hinziehen. Die abgestreifte Haut wird meistens von ihnen verschlungen, aber nicht verdaut.

Ehe ich auf die Haltung der Tiere in der Gefangenschaft eingehe, muß ich noch der außerordentlichen Reproduktionskraft gedenken, welche die Molche besitzen; denn nicht nur Schwanz, Füße und Zehen ersetzen sich bei ihnen, sondern auch beschädigte oder verstümmelte Augen wachsen vollständig wieder, bleiben jedoch dann etwas kleiner.

Im Aquarium, falls dieses einen Felsen besitzt, lassen sich die Molche gut halten. Sie sind in keiner Weise anspruchsvoll und aus diesem Grund unschwer zu verpflegen. Äußerst gefräßig wie sie sind, werden sie, wenn sie oft gefüttert werden, bald zahm. Nur in der ersten Zeit ihres Gefangenlebens zeigen sie sich scheu und sind ängstlich, halten sich beständig versteckt und kommen nur nach 6—8 Minuten an den Wasserspiegel, um ihre verbrauchte Luft auszustoßen und neue einzuatmen, ziehen sich jedoch sogleich, nachdem dieses geschehen ist, mit größter Eilfertigkeit in ihre Verstecke zurück; werden sie aber erst vom Hunger hervorgetrieben und finden sie Gelegenheit, diesen zu stillen, zeigen sie sich bald dreister und werden so zutraulich, daß sie den ganzen Tag unter Wasser sich bewegen und schon auf das ihnen gereichte Futter warten. Vermöge ihrer kleinen Augen sehen die Molche nur schlecht im belichteten Aquarium, da sie an das magische Halbdunkel ihrer Gewässer, den schlammigen Teichen und Gräben gewöhnt sind. Auch beim Fangen und Verschlingen der Beute benehmen sie sich höchst unbeholfen, bewegen den Kopf hier- und dorthin, um die erfaßte Beute tiefer in das Maul zu schieben und schlucken schwerfällig unter Kopfzucken und Aufstemmen der Vorderfüße oder unter krampfhaften Bewegungen mit diesen. Mit Tritonen halte man Fische, welcher Art sie auch seien, nicht zusammen, da die ersteren diese entweder verschlingen oder ihr Flossenwerk beschädigen. Zum Verspeisen ist diesen Tieren übrigens alles recht, nur muß die Beute sich bewegen. Insekten, Würmer, Schnecken ꝛc. verzehren sie mit Wohlgefallen, indessen können die Molche auch leicht an rohes, fein geschabtes Fleisch gewöhnt werden, wenn dasselbe wurmförmig gedreht, an einer Futternadel befestigt, vor ihren Augen hin und her bewegt wird. Schon nach kurzer Zeit suchen sich die Tiere das Fleisch, wenn es nur in das Wasser geworfen wird und gewöhnen sich auch bald daran es aus der Hand zu nehmen. Futterreste sind stets bald aus ihrem Behälter zu entfernen.

Hält man verschiedene Molche zusammen in einem Becken, so halten sich die kleinen aus Furcht vor den großen beständig versteckt; denn sie werden auch, wo sie sich zeigen, bald von ihren größeren Kameraden oder

Verwandten verfolgt und ohne Weiteres verschludt! Daher halte man nur gleichgroße Molche zusammen, trenne auch die entwickelten Tiere von den unentwickelten.

Die Verwandlungen der Molche, wie ich sie schon im Vorhergehenden ausführlich geschildert habe, lassen sich unschwer in einem mittleren Aquarium beobachten, da die Weibchen auch hier laichen, wenn ein flaches, nicht zu großes Gefäß vorhanden ist, dessen Grund sandig oder schlammig und möglichst mit Wassergewächsen, besonders untergetauchten, bepflanzt ist. Auch die in der Natur gesammelten Eier kann man in das Aquarium mit den Pflanzen einbringen, an denen sie kleben. Dieses Einsammeln vollführt man an einem trüben Tage, und zwar recht vorsichtig, bringe auch nicht zu viel Eier in ein Gefäß, da sich sonst in diesem leicht Mangel an Sauerstoff einstellt, wodurch in den meisten Fällen die Eier dem Verderben preisgegeben werden.

Der Standort des Gefäßes, in dem sich die Eier befinden, sei weder dunkel noch zu hell belichtet. Verdorbene Eier, die an einem Schimmelüberzuge kenntlich sind, müssen sofort entfernt werden, besonders dort, wo die Eier dicht neben einander abgelegt worden sind.

Die schon etwas in ihrer Verwandlung vorgeschrittenen Molchlarven verursachen nur wenig Mühe, da Daphnien und Cyclopsarten in jeder Größe von ihnen verzehrt werden, während diese für ganz junge Larven noch gesiebt werden müssen und ihnen dann die kleinsten dieser Tiere gereicht werden. Mit Daphnien &c. gefütterte Tiere wachsen schnell heran, sodaß sie in 3—4 Wochen schon Mückenlarven annehmen.

Da die ausgeschlüpften Larven in beständiger Feindschaft unter einander leben, sind die größeren Tiere von den kleineren zu sondern und in besonderen Becken unterzubringen.

Von Mitte Sommer an verlassen auch die gefangenen Molche das Wasser und ziehen sich auf den Aquariumfelsen zurück, in dessen Höhlungen sie die heißen Tage, ohne Nahrung zu sich zu nehmen, verbringen. Ist das Aquarium, in dem die Molche leben, nicht verdeckt, so verlassen viele von ihnen das Becken. Sie klettern, ohne sich durch manchen Mißerfolg zurückschrecken zu lassen, an den Scheiben empor und empfehlen sich dann ohne Abschiedsvisite. Einige von den Tieren werden wohl bei einer gründlichen Reinigung des Zimmers in dieser oder jener Ecke in einem mumienartigen Zustande wiedergefunden, allein die Mehrzahl bleibt verschollen. Um derartige, dem Liebhaber unangenehme Fluchtversuche vorzu-

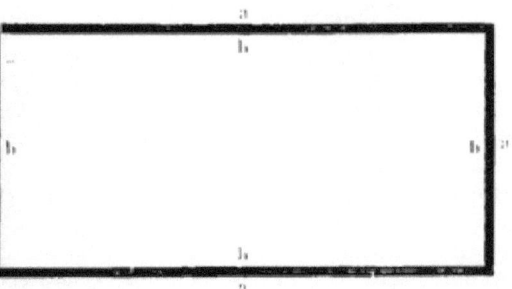

Figur 136. Rahmen für Aquarium. Bedeckung zur Fluchtverhinderung für Molche. a a a Holzleisten. b b b b Glasscheiben.

beugen, ist es nur nötig, auf den Rand des Aquariums Glasstreifen von etwa 5 cm Breite zu legen, die man sehr vorteilhaft in einen Holzrahmen einfaßt, sodaß dieselben die Form von Figur 136 erhalten.

Der Fang der Molche ist besonders lohnend im Frühjahr mit Hilfe eines Kätschers.

5. Rotgetüpfelter Triton (Molge viridescens mihi) Triton viridescens Rafin. Tüpfelmolch.

Die Körperform ist schlank, der Schwanz seitlich zusammengedrückt, am Ende abgerundet. Die Gaumenzähne bilden sehr nahe stehende Reihen, welche erst in ihrem hinteren Drittel weiter auseinander treten. Die Zunge ist klein, scheibenförmig gestielt, nur am Rande frei. Die Vorderglieder sind zart und schlank und tragen 4 Zehen, die hinteren sind kräftiger und besitzen 5 Zehen, von denen jedoch nur 3 hauptsächlich entwickelt sind. Der Kopf ist vorn abgestumpft und verhältnismäßig lang. Die Iris ist goldglänzend mit schwarzem Querstrich. Unter dem Auge befinden sich beim ♂ drei kleine von der Oberfläche schräg nach ein- und nach auswärts führende Hautbuchten, welche untereinander in einer ansteigenden Linie liegen, und deren vorderste die kleinste, deren hinterste die größte ist. Ferner besitzt das ♂ außerordentlich kräftige Hinterbeine, die nach der Innenfläche mit einem sehr eigentümlichen Haftapparat ausgerüstet sind, welcher aus einer Reihe quergestellter und leistenförmig hervorspringender Verdickungen von rauher Oberfläche und tiefdunkler schwarzer Farbe besteht. Die Grundfarbe der Oberseite ist eine in verschiedener Färbung variierende braungrün, die des Bauches hellbraungelb. Über die ganze Oberfläche des Körpers, mit Ausnahme der oberen Seite des Kopfes, finden sich zerstreut zahlreiche größere und kleinere rundliche Flecken von schwärzlicher, am Rande mehr oder weniger verwaschener Farbe. An den Seiten stehen beim ♂ und beim ♀ zwei Reihen zinnoberroter, von einem breiten schwarzen Rande umsäumter rundlicher Tupfen, welche hinter dem Kopfe beginnen und seitlich von der Mittellinie sich über den Rücken bis zum Schwanze hinziehen. Die Anzahl derselben wechselt. Auf dem Bauche findet man diese Tupfen selten, noch seltener stehen einige auf der oberen Seite des Kopfes. Die Haut ist fein gekörnt. Ein Hautkamm des Rückens ist nicht vorhanden, sondern nur eine flache Leiste. Diese erhebt sich erst über den Hinterbeinen zu einer etwas wellig gebogenen Falte, welche dann ohne Unterbrechung in den oberen Flossensaum des Schwanzes übergeht. Das ♂ ist in der Färbung mehr grünlich als das ♀. Junge Tiere sind nach ihrer Verwandlung mennigrot und tragen seitlich leuchtende Punkte, dieses Kleid behalten sie, bis sie fortpflanzungsfähig sind. Nordamerika.

Der Tüpfelmolch, der im Winter 1877/78 zum ersten Male durch Prof. Semper Würzburg nach Deutschland eingeführt worden ist, hat sich als eines der reizendsten Aquarientiere unter den Molchen gezeigt und erfreut sich des besonderen Wohlwollens aller Liebhaber, welche das Tier pflegen. In Nordamerika scheint dieser Molch eine sehr weite Verbreitung zu besitzen und sehr gemein zu sein. Das Tier, das in seiner Größe dem Kammmolche nur wenig nachsteht, ist unschwer im Aquarium zu halten, da alle möglichen Nährstoffe von ihm aufgenommen werden. Trotz seiner Größe bilden Daphnien und Tubifex rivulorum seine sehr gesuchte Nahrung, jedoch können auch größere Tiere bewältigt werden, wie z. B. die noch inflosen Larven sämmtlicher Lurche. Auch kleine Süßwasserschnecken werden sammt ihrem Gehäuse verschluckt.

Die Zucht des Tüpfelmolches, die, soviel mir bekannt ist, nur Zeller geglückt ist, beschreibt derselbe wie folgt. (Württemb. naturf. Jahreshefte 1891.) „Sehr merkwürdig ist das Verhalten der Tiere zur Brunstzeit, welche lange dauert, vom ersten Frühjahr bis weit in den Sommer hinein. Die Befruchtung selbst geschieht zwar in derselben Weise, wie wir sie von anderen Urodelen und speziell von unseren Tritonen kennen, nicht durch eine Begattung, sondern so, daß das Männchen seine Spermatophoren nach außen absetzt und das Weibchen sich die Samenmasse holt, indem es die Spermatophoren aufsucht und die Samenmasse in der Rinne der geschlossen bleibenden Kloakenspalte sich anhängen läßt, von wo die Spermatozoen ihren Weg in die Kloake hinein und zu den Schläuchen des Receptaculum seminis nehmen, in welchen sie sich einnisten. — Sehr eigentümlich aber und völlig abweichend von dem Verhalten unserer heimischen Tritonen ist das der Befruchtung voraus gehende Vorspiel. Das Männchen springt nämlich mit größter Gewandtheit dem Weibchen auf den Nacken und umklammert krampfhaft mit seinen hinteren Extremitäten die Kehle desselben. Dann wendet es sich zusammenkrümmend mit dem Kopf gegen den Kopf des Weibchens um und führt auf dessen Nacken sitzend und bald nach der rechten, bald nach der linken Seite sich umwendend, wedelnde Bewegungen des Schwanzes aus, wie es in ähnlicher Weise auch unsere Tritonen thun.

Figur 137. Rotaersüßletter Triton Molge viridescens.

Dies dauert eine halbe, selbst eine ganze Stunde und zwei. Das Weibchen verhält sich dabei durchaus passiv, höchstens, daß es noch dann und wann mit dem zur Seite gebogenen Schwanze leichte wedelnde Bewegungen macht. Im Übrigen bleiben die Tiere an demselben Platze liegen und kommen nur an die Oberfläche des Wassers um Luft zu holen. Zuletzt aber gerät das Männchen in große und rasch zunehmende Erregung und wendet und wirft zum öfteren das völlig hilflose Weibchen mit großer Gewalt hin und her. Es sperrt seine Kloakenmündung weit auf, macht eine Reihe zuckender Bewegungen, stößt einige kleine Luftbläschen aus, streckt sich und steigt dann ab, um sich vor dem Weibchen langsam und nur wenig kriechend, sich auf den Hinterbeinen stützend und hin und her krümmend einen Spermatophoren mit der zugehörigen Samenmasse und häufig rasch nacheinander noch einen zweiten und dritten herauszupressen. Das Weibchen folgt dem Männchen dicht auf dem Fuße nach, indem es seine Schnauze gegen den Schwanz und die weit geöffnete Kloakenmündung des Männchens andrückt, kriecht langsam und vorsichtig über den abgesetzten Spermatophoren weg und läßt, wenn es mit seinem Kloakenwulst bei demselben angekommen ist, die Samenmasse sich anhängen. Noch ist hervorzuheben, daß der gallertartige Samenträger ganz anders gestaltet ist als bei unseren Tritonen. Er bildet nicht eine Glocke, sondern eine Pyramide, oder vielmehr eine breite, am Rande gewulstete Scheibe, von deren Mitte sich eine kugelförmige in eine sehr dünne Spitze auslaufende Fortsetzung erhebt. Auf der Spitze sitzt die Samenmasse, welche stiftförmig abgegeben, rasch zu einem Kügelchen von ungefähr ⅔ mm Durchmesser wird, und nur lose aufgesteckt ist, so daß sie schon bei geringerer Erschütterung sich ablöst.

„Das Eierlegen beginnt erst längere Zeit, etwa zwei Monate, nachdem die Befruchtung erfolgt ist. Die Eier werden einzeln abgegeben und, wie von unseren Tritonen, in der Falte eines zusammengeknickten Blättchens festgeheftet. Das längliche, etwa 3 mm lange und 2½ mm dicke Ei besitzt eine ziemlich derbe, etwas gefaltete Kapsel. Die Larve braucht zu ihrer Entwicklung ungefähr einen Monat und verläßt die aufgeklappte und in zwei Schalen auseinander gelegte Kapsel eingeschlossen in eine weiche Hülle, welche sich auf einen Durchmesser von 6—7 mm ausdehnt, und in welcher sie noch mehrere Tage verweilt." Die Aufzucht der Jungen geschieht in der Weise wie es bei den Molchen angegeben ist.

Als Behälter verlangt der Tüpfelmolch, wenn er zur Fortpflanzung schreiten soll, ein größeres Aquarium, welches selbstverständlich einen Felsen besitzen muß, der womöglich bepflanzt ist.

6. Marmorierter Molch (Molge marmorata Bsch.) Triton marmoratus Laur., Triton Gesneri Laur., Salamandra marmorata Latreill., Hemisalamandra marmorata Dugés etc.

Der Schläfenbogen ist sehnig. Ohrendrüsen ziemlich deutlich und zwei nach rückwärts mäßig divergierende Gaumzahnreihen. Der Rückenkamm ist stark entwickelt, über dem Alter etwas erniedrigt, wellig gebogen und nicht gezahnt. Dieser Rückenkamm, der dem brünstigen ♂ zukommt, fehlt dem ♀. Dieses besitzt an dessen Stelle eine eingesenkte Rückenfurche von orangeroter oder roter Farbe. Die Haut ist warzig. Die Oberseite ist grau oder braungrün mit großen dunklen Flecken von unregelmäßiger Form marmoriert. Der Rückenkamm des ♂ schwarz und weiß senkrecht gestreift, desgl. besitzt es ein silberweißes Band längs der Schwanzseite. Die Unterseite ist braunrot oder grauschwarz, selten gefleckt und weiß gepunktet, sehr selten marmoriert. Die Finger und Zehen tragen schwarze Ringe. Süd-Frankreich, nördliches Spanien und Portugal.

Der marmorierte Molch ist unstreitig einer der schönsten europäischen Molche, der in Spanien, als seinem eigentlichen Vaterlande, am häufigsten angetroffen wird. Im Vorfrühlinge tummelt er sich in Quellen, Gräben und Ansammlungen von Regenwasser umher, während der übrigen Zeit lebt er nach Art des Feuersalamanders an feuchten und schattigen Örtlichkeiten, häufig in Paaren zusammen außerhalb des Wassers, wo er auch überwintert. Wie die meisten Salamander ist er ein Nachttier, das die besten Stunden des Tages in träger Ruhe an dunklen Orten verbringt und erst in der Dämmerung sich anschickt, nach Beute auszugehen. Seine Nahrung ist dieselbe wie die der übrigen Salamander, mit denen er auch seine sonstigen Gewohnheiten teilt.

Die Fortpflanzungszeit liegt zwischen Anfang Februar und Ende Mai. Die Larven sind sehr flink in ihren Bewegungen, schwimmen stoßweise, nähern sich dem Ufer nie, sondern bleiben immer in der Mitte der Gewässer, wo sie oft sehr lange nahe der Oberfläche verweilen, ohne sich auch nur von der Stelle zu rühren, sie fliehen indessen bei der geringsten Wasserbewegung oder bei Annäherung eines Gegenstandes, der sie beunruhigt, in die Tiefe. Sie sehen den Larven des Kammmolches sehr ähnlich, sind jedoch an ihrem grünen Schimmer kenntlich.

Besonders merkwürdig ist der marmorierte Molch dadurch, daß er mit dem Kammmolche an der Grenze des Verbreitungsgebiets beider Arten, in der Bretagne, nicht selten Bastarde hervorbringt, die man die Blasiusschen Kammmolche (Molge blasii Brch.) genannt hat. Dieses Tier steht in Körperbau und Färbung in der Mitte seiner beiden Erzeuger. Sein Schläfenbogen ist sehnig wie der des Marmormolches, sein Rückenkamm gezähnt, sein Bauch orangerot mit schwarzen Flecken besetzt wie beim Kammmolche. Die Gaumenzähne stehen in zwei langen, nach vorne schwach konvergierenden Reihen. Graf Peracca hat gezeigt, daß dieser Molch vom Kammmolch als Vater und vom Marmormolche als Mutter abstammt. Auch ist ein Molch vom Marmormolche als Vater und vom Kammmolche als Mutter bekannt geworden und als Trouessartscher Molch (hybr. trouessarti) beschrieben worden.

Der Marmormolch ist mehr Terrarien- als Aquarientier. Seine Haltung und Pflege ist wie die der übrigen Molche.

7. Rippenmolch (Molge waltli Brch.) Pleurodeles Waltlii Michah. Triton waltl, Salamandra major, Salamandra pleurodeles, Bradybates ventricosus etc. Rauhmolch.

Der Körper ist walzenförmig gerundet. Die fleischige Zunge ist an den Seiten und rückwärts frei. Die Gaumenzähne in parallelen, nur vorne etwas konvergierenden Reihen, der Schläfenbogen ist verknöchert. Der Kopf ist etwas länger als breit, an der Schnauzenspitze abgerundet, ja fast krötenartig gerundet. Der Schwanz ist zusammengedrückt, am Ende stumpf abgerundet und sowohl oben als nach unten mit einem deutlichen Hautkamm verziert. Ein Rückenkamm fehlt beiden Geschlechtern. Die Vorderfüße besitzen 4, die Hinterfüße 5 Zehen, die alle frei sind. Die Hautbedeckung ist drüsig und körnig, sie zeichnet sich dadurch aus, daß sie eine längs der Scheidungsgrenze zwischen Rücken und Körperseiten verlaufende Reihe großer horniger Höcker besitzt, die häufig von den langen, scharf zugespitzten Rippen enden durchbohrt werden. Die Färbung ist in ihrer Hauptfarbe ein schmutziges gelbbraun, das bei alten ♂ mehr grau, bei ♀ mehr rot ist. Auf der Oberseite sind wenig bemerkbare olivenfarbene Flecken vorhanden, während die in der Färbung blassere Unterseite ziemlich kleine, unregelmäßig gerundete, schwärzliche Flecke aufweist, die meist einzeln stehen, aber auch unter Umständen so häufig auftreten können, daß die Grundfärbung fast ganz von ihnen verdrängt wird. Junge Tiere sind rötlich. Spanien, Portugal, Nordafrika.

Ehe ich auf den Rippenmolch selbst etwas näher eingehe, scheint es mir nicht unwichtig, einen Blick auf den, von anderen Schwanzlurchen abweichenden Knochenbau dieses Lurches zu werfen. Der Rippenmolch besitzt die große Anzahl von 56 Wirbeln. Kein Molch hat so viele und so ausgebildete Wirbel, wie gerade er. Der erste Wirbel trägt keine Rippen, dagegen besitzen die nachfolgenden 14 wohlausgebildete Rippen, die durch zwei Köpfchen mit den Querfortsätzen eingelenkt, in eine scharfe Spitze endigen und etwa 8 mm Länge erreichen. An dem starken Querfortsatze des 16. Wirbels ist das Knochengerüst des hinteren Beinpaares befestigt, während die übrigen Wirbel dem langen Schwanze angehören.

Soviel über den Knochenbau. Wie schon in der Beschreibung des Tieres angegeben wurde, zeigt sich bei diesem Molch die Eigentümlichkeit, daß die spitzen Enden seiner Rippen durch die Haut gestoßen werden können, das heißt, nicht etwa nach Willkür, sondern durch bestimmte äußere Einflüsse, wie ich sie unten näher schildern werde. Leydig, der dieses besonders untersucht hat, kommt zu der Schlußfolgerung, daß dieses Durchstoßen der Rippenenden als eine krankhafte Erscheinung zu betrachten sei, worüber eine ziemliche Übereinstimmung erzielt ist. Mag es z. T. auch als solche angesehen werden, so hat doch nach meiner Meinung dieses Durchbohren der Haut von „spitzen Rippen" einen anderen Grund, und zwar fasse ich es als eine Schutzwehr für das Tier auf, die entweder noch nicht völlig ausgebildet ist, oder weniger wahrscheinlich, sich zurückgebildet hat. Im letzteren Falle würden die Vorfahren des Rippenmolches eine ständige Wehr von spitzen Waffen an beiden Körperseiten besessen haben. Für den Grund einer Schutzwehr spricht auch der Umstand, daß der in die Hand genommene Molch bei seinen lebhaften Entweichungsversuchen oft die Haut mit der Rippenspitze durchbohrt. Tritt dieses ein, so ergießt sich Blut in die verletzten Gewebe, ein Teil desselben fließt aus, der Rest bleibt liegen und gerinnt. Während nun die Flüssigkeit aufgesogen wird, lagert sich das Pigment, aus den zerfallenen Blutkörperchen hervorgehend, in dem Gewebe ab, wodurch gelbrote Flecke entstehen. Vernarbt die Wunde ohne sich zu schließen, so treten bei bestimmten Stellungen des Molches die Rippenspitzen wieder frei hervor, solche Fälle sind auch beobachtet worden; anderenfalls kann auch die herausgetretene Rippe sich vollständig wieder einziehen und die Stelle heilen, oder die Wunde vernarbt um das hervorstehende Kostalende herum. Doch sei dem genug, hier ist nicht der Ort, diese Punkte weitschweifig zu untersuchen.

Waltl, der Entdecker dieses Molches, fand das Tier in Cisternen, wie sie in ganz Andalusien vorkommen. Diese Wasserbehälter besitzen oft eine Tiefe von 6—10, einige sogar bis 30 m; nur die wenigsten sind so gebaut, daß man aus ihnen die Tiere mit einem Käscher fangen kann, der an einer langen Stange besestigt ist. Indessen findet sich der Rippenmolch nicht ausschließlich in diesen Cisternen, sondern er bewohnt auch Tümpel und Teiche.

Bedriaga meint, daß erwachsene Rippenmolche sich recht gut in der Tiefe dieser Cisternen zu erhalten vermögen, daß sie aber zum Zwecke ihrer Vermehrung unbedingt eines flacheren Wassers bedürfen. Die Tiere geraten ohne Frage wider ihren Willen in diese tiefen Wasserbehälter, scheinen sich indessen in denselben ganz behaglich zu fühlen, sodaß sie ohne Frage als Wasserbewohner für ihre ganze Lebenszeit bezeichnet werden können. Wie alle Salamander, sind auch sie Nachttiere, die sich tags über an dunklen Orten aufhalten, mit Dunkelwerden aber auf Nahrungssuche ausgehen.

Unsere Beobachtungen über die Fortpflanzung des Rippenmolches sind nur spärlich, bei Tieren in der Freiheit haben dieselben überhaupt noch nicht angestellt werden können. Diejenigen von Schnee*) sind die neusten; eine Eiablage hat indessen auch dieser, wie seine Vorgänger, nicht beobachtet, seine Mitteilungen beschränken sich hauptsächlich auf den Begattungsakt. Vor der Begattung stellt sich das Männchen unter das Weibchen, umschlingt dessen eines Vorderbein mit seinem Vorderbein, schiebt das andere noch freie Vorderbein von hinten und unten her über das andere Vorderbein des Weibchens und hält dieses fest. „Dieses, das Weibchen, hält seine so gefesselten Gliedmaßen seitlich nach abwärts und nach hinten gerichtet, wobei es sie im Ellenbogengelenk leicht beugt. Trotz dieser Stellung bleibt es zu verwundern, wie sich das Männchen stundenlang so halten kann. Um sich in seiner gewiß nicht bequemen Stellung erhalten zu können, besitzt unser Molch an seinen Vorderbeinen Brunstschwielen, hier kopulatorische Platten genannt, wie sie uns bei den Froschmännchen schon längst bekannt sind. Diese Platten, oder wie man sie sonst nennen will, kommen bei der beschriebenen Umklammerung auf den hinteren Teil des weiblichen Oberarms zu liegen und mögen nicht wenig dazu beitragen, dem Männchen Halt zu gewähren. Hat der Molch seine Gattin so im eigentlichsten Sinne des Wortes auf den Rücken genommen, so berührt seine Stirn ihre Kehle und sein Rücken ihren Bauch; in dieser Stellung macht er mit seinem Hinterleib eine halbe Biegung um seine Achse, ohne die Vorderfüße loszulassen und bringt so seine Genitalien mit denen des Weibchens in Berührung, wo er sie hin und her reibt. Auch hierbei verhält sich seine bessere Hälfte sehr passiv und läßt diesen oft stundenlang dauernden Akt ruhig über sich ergehen."

Hinsichtlich der Lebensweise gleicht dieser Molch sehr unseren Tritonen. Auch er verläßt bei großer Hitze das Wasser und nimmt in kühlen Verstecken, unter Steinen, in Erd- und Baumlöchern, zeitweilig Aufenthalt. Nach Schreiber ist es möglich, daß dieser Molch zeitlebens als Larve existieren kann, da man Larven findet, die ausgewachsenen Tieren nur wenig in der Größe nachgeben.

Alles in allem genommen, ist unsere Kenntnis über den Rippenmolch noch sehr unvollständig. Unsere Behälter schmückt dieser so interessante Molch recht wenig und nur besonders begünstigten Liebhabern ist es möglich, das Tier zu pflegen; im Handel ist es fast garnicht zu haben.

Querzahnmolche (Amblystomida).

Die Querzahnmolche sind bald schlank, bald mehr oder weniger gedrungen gebaut. Die beiden bogigen Querreihen der Gaumenzähne treffen in der Gaumenmitte zusammen. Die Zunge ist groß, eiförmig gestaltet und mit ihrer Unterseite an dem Boden der Mundhöhle festgewachsen. Die Wirbel sind vorn und hinten ausgehöhlt.

8. **Axolotl (Amblystoma tigrinum Laur.)** Amblystoma mexicanum Hope, Amblystoma maculatum, Amblystoma weismanni, Salamandra tigrina etc. für die Landform; für die Larvenform: Gyrinus mexicanus, Siren pisciformis Shaw., Siredon axolotl Wagler. **Wasserspiel.**

Das Tier ist gedrungen gebaut, mit dickem, breitem Kopfe, dickem an der Basis rundem Schwanz, vierzehigen Vorder-, fünfzehigen Hinterfüßen. In der Farbe dunkel braungrün, weißlich gefleckt. Die Larvenform des Axolotl gleicht sehr der Larve des Wassersalamanders, nur ist sie bedeutend größer. Sie besitzt drei Paar Kiemenbüschel an jeder Seite und einen schwachen hohen Kamm auf dem Rücken und Schwanz, pflanzt sich auch in diesem Zustande fort. Merito.

Schon von dem alten Hernandez, der in der Mitte des 16. Jahrhunderts in Mexiko war, wird dieser Molch unter dem Namen: Axolotl oder Wasserspiel aufgeführt. Er sagt von dem Tiere: Es giebt eine Art Seefische mit weicher Haut und 4 Füßen, wie bei den Eidechsen, eine Spanne lang und 1 Zoll dick, bisweilen aber auch über 1 Schuh lang, mit braunen Flecken; der Kopf niedergedrückt, groß und schwarz; die Zehen wie bei den Fröschen. Das Fleisch gleicht dem der Aale, ist gesund und schmackhaft und wird gebraten, geschmort und gesotten gegessen, von den Spaniern meistens mit Essig, Pfeffer und Nägelein, von den Mexikanern bloß mit spanischem Pfeffer, und das Tier hat seinen Namen von der ungewöhnlichen und spaßhaften Gestalt erhalten. (Thesaurus rerum medicarum Novae Hispaniae 1651.) An einer anderen Stelle (S. 316) sagt er: Die Indianer äßen mit Wohlbehagen Kaulquappen (Gyrini), welche sogar manchmal auf ihre Märkte kämen.

Dieses Tier wurde völlig vergessen, bis vor etwa 100 Jahren wieder ein Exemplar nach England kam, von Shaw abgebildet und unter dem Namen Siren pisciformis beschrieben wurde.

Erst 1805 wurde indessen die Larve des Tieres vollständig beschrieben und zerlegt von Cuvier, nach Exemplaren, welche A. v. Humboldt aus Mexiko mitgebracht hatte. Indessen war es auch Cuvier noch nicht klar, ob er es mit der Larvenform eines Wassersalamanders oder mit einem ausgebildeten Tiere zu thun hatte. Er sagt: „Ich setze den Axolotl nur noch zweifelhaft unter die Geschlechter mit bleibenden Kiemen; aber so viele

Zeugen versichern, daß er sie nicht verliert, daß ich mich dazu genötigt sehe." Obschon die Mehrzahl der Gelehrten der Meinung war, man habe es mit einem noch nicht vollständig entwickelten Lurche zu thun, gab es doch andere, die den Axolotl für einen ausgebildeten Lurch ansahen. Endlich zeigte sich in dieser Frage eine völlige Gewißheit, als im Pariser Akklimatisationsgarten von einem mit mehreren Männchen dahin gebrachten Weibchen nach einjähriger Gefangenschaft plötzlich Eier abgelegt wurden, die mit den Pflanzen, an denen sie sich befanden, von Dumeril herausgenommen und in getrennte Wasserreservoire gebracht wurden. Die Eier, die bei dem Axolotl bald einzeln, bald in Haufen abgelegt werden, entwickelten sich sehr gut, binnen vier Wochen schlüpften die Larven aus und in nicht ganz sieben Monaten waren die jungen Tiere zur Größe der Elterntiere herangewachsen. Betrachtete man hiermit die Entwicklung für abgeschlossen, so zeigte sich ganz unerwarteter Weise, daß zuerst eines der Jungen, bald darauf die anderen die Kiemen einschrumpfen ließen, bis sie gänzlich verloren gingen und die Tiere unseren Wassermolchen ganz ähnlich sahen. Hier war der Beweis geliefert, daß die bisher bekannte Axolotlform nicht die des vollkommenen Tieres, sondern wie Cuvier schon vermutet hatte, nur die Larvenform sei.

Eine derartige Umbildung von der Landform findet indessen nicht so häufig statt, als man annehmen müßte. Beim Axolotl herrscht die Larvenform entschieden vor. Nach allen Angaben, auch den Mitteilungen de Saussures, hat man den Axolotl in Mexiko niemals als verwandeltes Tier gesehen, ebensowenig jemals einen erwachsenen Molch in der Nähe der Seen, in welchem er lebt, gefunden, wo doch der Axolotl so gemein ist, daß man Tausende von seinesgleichen als Nahrungsmittel auf den Markt bringt. Da aber Mexiko noch lange nicht genau durchforscht ist, will dieses nichts sagen, indessen sind in neuerer Zeit verwandelte Axolotl in ihrer Heimat gefunden worden, wenn auch nur vereinzelt. Hiernach sind wir berechtigt anzunehmen, daß das Tier in seiner Heimat, wenigstens zum größten Teile, seine Verwandlung durchmacht wenn es gesund ist und ihm Gelegenheit gegeben wird, von der Wasseratmung zur Luftatmung allmählich über zu gehen.

Daß man die Larve zwingen kann, sich zum vollständigen Tier umzubilden, haben die Versuche von Fräulein Marie von Chauvin gezeigt. Weismann, der zuerst den Gedanken gehabt hatte, daß die Larven sich zur Landform umbilden müßten, wenn den Tieren der Gebrauch der Kiemen erschwert, der der Lungen aber erleichtert sei, stellte zwar derartige Versuche an, erzielte aber keine Erfolge, weil er bald einsah, daß zu solchen Versuchen die durch Monate hindurch fortgesetzte Pflege und Beobachtung der Tiere nötig sei, ihm jedoch hierzu die Zeit fehlte. Fräulein von Chauvin nahm später diese Versuche auf und führte sie glücklich zu Ende. In der Zeitschr. f. wissensch. Zoologie berichtet sie darüber folgendes: "Mit fünf ungefähr acht Tage alten Larven, die von den mir zugesandten zwölf allein am Leben geblieben waren, begann ich am 12. Juni 1874 die Versuche. Bei der außerordentlichen Zartheit dieser Tiere übt die Qualität und Temperatur des Wassers, die Art und Menge des gereichten Futters, namentlich in der ersten Zeit, den größten Einfluß aus, so daß man nicht vorsichtig genug in deren Behandlung sein kann.

Die Tierchen wurden in einem Glasballon von etwa 50 cm Durchmesser gehalten, die Temperatur des Wassers geregelt und als Nahrung zuerst Daphnien, später größere Wassertiere in reichlicher Menge dargeboten.

Figur 138. Axolotl (Amblystoma tigrinum). 1. Verwandelte, 2. Larvenform.

Dabei gediehen alle fünf Larven vortrefflich. Schon Ende Juni zeigten sich bei den kräftigsten Larven die Anfänge der Vorderbeine und am neunten Juli kamen auch die Hinterbeine zum Vorschein. Ausgangs November fiel mir auf, daß ein Axolotl — ich bezeichne ihn der Kürze halber mit I und werde dementsprechend auch die übrigen mit fortlaufenden römischen Ziffern benennen — sich beständig an der Oberfläche des Wassers aufhielt, was mich auf die Vermutung brachte, daß nunmehr der richtige Zeitpunkt eingetreten sei, ihn auf die Umwandlung zum Landsalamander vorzubereiten.

Zu diesem Ende wurde I am 1. Dezember 1874 in ein bedeutend größeres Glasgefäß mit flachem Boden gebracht, welches derart gestellt und mit Wasser gefüllt war, daß er nur an einer Stelle ganz unter Wasser tauchen konnte, während er bei dem häufigen Herumkriechen auf dem Boden des Gefäßes überall anders mehr oder weniger mit der Luft in Berührung kam. An den folgenden Tagen wurde das Wasser allmählich noch mehr vermindert, und in dieser Zeit zeigten sich die ersten Veränderungen an dem Tiere: die Kiemen fingen an einzuschrumpfen. Gleichzeitig zeigte das Tier das Bestreben, die seichten Stellen zu erreichen. Am 4. Dezember begab es sich ganz und gar aufs Land und verkroch sich im feuchten Moos, das ich auf der höchsten Stelle des Bodens des Glasgefäßes auf einer Sandschicht angebracht hatte. Zu dieser Zeit erfolgte die erste Häutung. Innerhalb der vier Tage, vom 1. bis 4. Dezember, ging eine auffallende Veränderung im Äußeren von I vor sich: Die Kiemenquasten schrumpften fast ganz zusammen, der Kamm auf dem Rücken verschwand vollständig und der bis dahin breite Schwanz nahm eine runde, dem Schwanze des Landsalamanders ähnliche Gestalt an. Die graubraune Körperfarbe verwandelte sich nach und nach in eine schwärzliche; vereinzelte, anfangs schwach gefärbte weiße Flecken traten hervor und gewannen mit der Zeit an Intensivität.

Als am 4. Dezember der Axolotl aus dem Wasser kroch, waren die Kiemenspalten noch geöffnet, schlossen sich allmählich und waren bereits nach etwa acht Tagen nicht mehr zu sehen und mit einer Haut überwachsen." In derselben Weise, wenn auch bei einigen langsamer, verwandelten sich alle 5 Axolotl aus der Larvenform in die Landform."

Der erste Fall der Fortpflanzung eines ausgebildeten, kiemenlosen Tieres wurde gelegentlich der Berliner Fischerei-Ausstellung 1880 beobachtet. Hier setzte am 22. April ein Weibchen der Landform seinen Laich zwischen Hornkraut und anderen Wassergewächsen ab und ein noch kiementragendes Männchen vollzog die Befruchtung. Hierdurch ist auch der Satz widerlegt worden, daß ausgebildete Tiere des Axolotl keine Jungen hervorbringen können. Später ist ein solcher Fall mehrfach beobachtet worden; es ist also möglich, sowohl von der Larvenform, als auch von der ausgebildeten Landform Junge zu ziehen.

Neben dem gewöhnlich gefärbten Axolotl werden weiße und goldgelb gefärbte Tiere gezogen. Die weiß gefärbten Tiere stammen alle von einem Männchen ab, welches Dumeril besaß.

Der Axolotl ist im Aquarium sehr ausdauernd und leicht zu erhalten. Ältere und ausgewachsene Tiere füttert man am besten mit kleinen Weißfischen, sogen. Futterfischen, die von den Tieren ganz verdaut werden, während Fleischstreifen oft gänzlich unverdaut exkrementiert werden und dann, wenn sie nicht sorgfältig entfernt werden, leicht das Wasser verpesten. Auch Regen- und Mehlwürmer, Kaulquappen ꝛc., mit einem Worte alles Genieß- und Ungenießbare wird von den Tieren mit Gier verschlungen. Es kann sogar vorkommen, daß Steine, die zum Bodenbelag dienen, gierig aufgenommen werden, wenn sie nicht so groß sind, daß sie von dem Molche unmöglich bewältigt werden können. Daher verwende man nur nußgroße Steine als Bodenbelag, wenn man es nicht vorzieht, diesen aus einer starken Sandschicht herzustellen.

Für das Aquarium wähle man junge, höchstens 6 cm lange Stücke. Auch diese machen sich oft schon ein Vergnügen daraus, Fischen nachzustellen, werden ihrerseits aber von Fischen selten angegriffen. Wenn auch diese Angriffe von den Fischen mehr als eine Spielerei zu betrachten sind, so kann es doch geschehen, daß, sobald der Axolotl von ihnen z. B. am Ruderschwanz gefaßt wird, er mit einem kräftigen Ruck durch das Becken schießt und hier eine große Un-

ordnung hervorruft. Ist dann ferner dem Tiere ein Teil seines Ruderschwanzes abgerissen worden, so wird es unbehilflich, schwimmt schwerfällig
im Becken umher und nun beginnen alle größeren Fische im Aquarium Jagd auf
den verstümmelten Gesellen zu machen, fressen ihm den Kiemenbüschel, die
Zehen, ja sogar die Beine ab, sodaß sein Untergang vorauszusehen ist,
wenn er nicht aus dem Behälter entfernt wird. Besitzt auch der Axolotl die
Fähigkeit, verloren gegangene Glieder wieder zu ersetzen, oft sogar in ganz
abnormem Maße, so bedecken sich die verstümmelten Glieder bis dahin nicht
selten mit Schimmel, wodurch das Tier förmlich gemeingefährlich werden kann.

Am besten sagt dem Axolotl ein Wasserstand von 20—25 cm Höhe
zu, der Behälter sei also flach aber geräumig und dicht mit untergetauchten
Wasserpflanzen besetzt.

Zur Zucht eignen sich 2- 3jährige Tiere gut. Die fortpflanzungs-
reifen Stücke erkennt man daran, daß das Weibchen dickbauchig ist und das
Männchen eine sehr entwickelte Kloake besitzt. An eine besondere Jahreszeit ist die Zucht nicht gebunden, jedoch ist es zwecks Herbeischaffung geeigneten Futters für die Jungen sehr angebracht, die brünstigen Tiere nicht
vor März oder April zu vereinigen. Während der Nacht sind die Geschlechter getrennt zu halten, am frühen Morgen vereinigt man sie wieder.
Die kegelförmigen Spermatophoren werden vom Männchen an Steinen ec.
abgesetzt, wozu oft eine Zeit von 8—12 Stunden gebraucht wird. Das
Weibchen schreitet über dieselben weg, macht hier und da Halt, stemmt sich
mit der Kloake darauf, benutzt die Hinterfüße zum Tasten und nimmt so
die Samenmasse auf. Nach 1—2 Tagen schreitet das Weibchen zum Ablegen des Laiches, aus dem nach 14—20 Tagen die Jungen sich entwickeln.
Vorher jedoch sind die Elterntiere schon zu entfernen. Den Eiern und
Jungen gebe man einen sonnigen Standort und füttere wenn irgend
möglich nur mit lebendem Futter als: Daphnien, Cyclops ec., später Mückenlarven und Tubifex und noch später mit kleinen Futterfischen. Nur wenn
es unmöglich ist, derartige Tiere aufzutreiben, gebe man künstliches Futter,
wie es hinten beschrieben ist. Die Behälter müssen aber dann noch sauberer
gehalten, als es bei lebendem Futter nötig ist und sorgsam alle Reste entfernt werden.

Schwieriger als die Zucht des gewöhnlichen Axolotl ist die seiner
obengenannten Varietäten.

9. Nordamerikanischer Axolotl (Amblystoma mavortium Baird).

Die Körperform ist schlank, die Haut fast glatt und glänzend, die Grundfarbe
ist hellgrau, auf derselben stehen schwarze Streifen und Flecken. Die Larven sind
mehr grau und im ganzen heller als die des Axolotl, sonst mit diesen übereinstimmend. Indessen weisen im vorgeschrittenen Verwandlungsstadium bereits Andeutungen der Zeichnung der verwandelten Tiere auf. Junge verwandelte Tiere
haben eine schwärzlich dunkle Hautfärbung und helle Fleckenzeichnung. Bekannt
geworden aus dem See Como Wyoming Territory, Verein. Staaten.

Zu betreff der Lebensweise stimmt der nordamerikanische Axolotl mit
dem merikanischen überein, doch findet bei dem ersteren die Umbildung

von der Larve zur Landform leichter als bei letzterem statt. Die Eier sind kleiner als beim Axolotl, die Larven grauer und heller gefärbt. Die Haltung, Pflege und Zucht des Tieres ist dieselbe wie die des gemeinen Axolotls, von dem sich der nordamerikanische durch zierlichere Gestalt und Bewegungslust vorteilhaft auszeichnet.

Plethodontida.

Die kurzen Gaumenzahnreihen konvergieren nach rückwärts. Die hier nun in Betracht kommende Gattung Spelerpes hat Gaumenzähne in vier oder drei Reihen, zwei davon in schwachen schiefen Lagen konvergierend. Die Zunge ist flach und scheibenförmig und sitzt auf einem kontraktilen Stiele. Der Schwanz ist ohne Hohlraum.

10. Roter Molch (Spelerpes ruber Daud.)

<small>Die Gestalt des Tieres ist schlank, der Kopf kaum breiter als der Körper, dieser vom Hals bis zum Schwanz ziemlich gleichmäßig dick. Der Rückensaum fehlt. Die Vorderfüße besitzen 4, die Hinterfüße 5 Zehen. Die Zehen können frei, oder durch kürzere Zwischenhäute verbunden sein. Die Beine sind auffallend kurz und schwach. Eine Kehlfalte ist vorhanden. Der Unterkiefer zeigt Hornzähne. Ohrendrüsen sind nicht sichtbar. Der Körper ist glatt. Die Grundfarbe ist ein weißliches Zinnoberrot, über der ganzen Oberseite mit blauschwarzen Flecken besetzt. Diese Flecke haben ihre bedeutendste Größe auf dem Rücken und werden nach den Weichen zu kleiner. Zwischen diesen größeren Flecken stehen kleine Pünktchen. Die Unterseite ist blaßrot, mehr oder weniger mit Pünktchen besetzt. Nordamerika.</small>

Der rote Molch ist ein noch ziemlich seltener Bewohner unserer Aquarien und soviel mir bekannt, noch nicht im Becken zur Fortpflanzung gebracht worden. Lampert sagt über diesen Molch folgendes:[1] „Ein bemerkenswerter Unterschied zwischen Spelerpes und Triton zeigt sich bei der Häutung. Während unsere Wassersalamander die Kunst „aus der Haut zu fahren" so vorzüglich verstehen, daß das abgetragene, abgelegte Kleid in toto abgestreift wird und die Gestalt des Tieres bis ins kleinste bewahrt bleibt, z. B. die abgestreifte Haut der Füße sich wie ein Handschuh präsentiert, schiebt sich bei dem Häutungsprozeß vom Spelerpes die Haut völlig zusammen und nach Abschluß dieses Toilettenvorgangs findet sich das alte Kleid in Form eines Ringes am Boden liegend."

Das Halten des Spelerpes ruber in Aquarien ist sehr einfach. Nach den freundlichen, mich zu bestem Dank verpflichtenden Mitteilungen des Herrn Medizinalrat Dr. Zeller, in dessen reichhaltigem, mit den seltensten Arten versehenem Amphibienhaus auch Spelerpes ruber nicht fehlt, ist das Tier, das Verfasser daselbst in mehreren Exemplaren zu beobachten Gelegenheit hatte, leicht zu halten; ohne viel Umstände nimmt es Regenwürmer und fühlt sich in einem gut gehaltenen Aquarium augenscheinlich ganz be-

haglich. Gelegentlich, hauptsächlich, wenn man ein Stück aus dem größeren
Bassin herausnehmen will, entwickelt unser Tier eine bedeutende Gewandtheit und Geschwindigkeit, die es sogar sich hoch aus dem Wasser herausschnellen läßt. Die leichte Mühe, die sein Halten in Aquarien erfordert,
wird dieser fremdländische Molch augenscheinlich lohnen." Ich weiß diesem
nichts hinzuzufügen, da ich selbst den Molch noch nicht gepflegt habe. Die
Abbildung stellt
ein Exemplar dar
aus der von
Herrn Eggeling
zur Triton-Aus-
stellung 1895 ge-
sandten Samm-
lung nordameri-
kanischer Molche.

Figur 129. Roter Molch Spelerpes ruber.

Hiermit schließe ich die
erste Unterordnung der Lurche
ohne Kiemen und Kiemen-
löcher und komme zu den
Kiemenlurchen.

Lurche ohne Kiemen-büschel (Detrotrema).

Fischmolche (Menopomida).

Der Körper ist walzen-
förmig. An den Vorderfüßen vier, an den Hinterfüßen fünf
Zehen. Die Zunge ist fest gewachsen oder nur am Vorderrande frei.

11. **Schlammteufel (Cryptobranchus alleghaniensis Fitzinger).** Menopomida alleghaniensis Harl. Menopoma gigantea Harl. Salamandra gigantea
Barton etc. Hellbender.

Der Kopf ist glatt, an der Schnauze abgerundet. Der Leib ist fleischig, dick und
besitzt einen kräftigen, seitlich stark zusammengedrückten Schwanz. Die Außenzehen
und Zehen tragen stark entwickelte Hautsäume. Kiemenlöcher sind vorhanden, ein
Rückenkamm ist angedeutet. Die Grundfärbung ist ein düsteres Schiefergrau. Die
Zeichnung setzt sich aus schwarzen, verwischten Flecken und einem dunklen Zügel
zusammen, der sich quer durch die Augen zieht. Die Nasenlöcher stehen ganz
an der Spitze der Schnauze. Die Larve der des Axolotl ähnlich. — Nordamerika.*

* Vom japanischen Riesensalamander durch die Kiemenlöcher und die geringere Größe
unterschieden. Sonst hat der Schlammteufel viel Ähnlichkeit mit diesem.

Unsere Kenntnisse über den Schlammteufel sind nur sehr gering. Wir verdanken Barton, der dieses Tier im Jahre 1812 beschrieb, die erste Kunde. Nach diesem lebt es im ganzen Flußgebiete des Mississippi und in den Strömen von Louisiana bis Nordkarolina. Hier kriecht es langsam im Schlamme und nährt sich von Würmern, Krebsen und Fischen, ist überhaupt sehr gefräßig. Von selbst verläßt dieser vollständig harmlose Molch das Wasser nicht, vermag jedoch 24 Stunden außerhalb seines Elementes zu leben, wie denn überhaupt sein Leben sehr zähe ist. Nach den Mitteilungen Bartons brachte der Botaniker Michaux einen Schlammteufel von den Alleghanygebirgen nach Paris, wo er von Sonnini und Batreille beschrieben und abgebildet wurde. Ausführlich beschrieben und zerlegt hat Harlan dieses Tier. Er hatte ein junges Exemplar von wenigen Monaten, welches dennoch keine Kiemenbüschel trug.

Nach den neueren Forschungen teilt Cope mit, daß die Eier dieses Molches ziemlich groß sind und mittels zweier kräftiger Stränge an ihre Unterlage befestigt werden. Hiermit ist unser Wissen von dem Leben des Schlammteufels erschöpft.

In Gefangenschaft ist der Schlammteufel in neuester Zeit oft gepflegt worden, zuerst im Jahre 1869. An die ihm vorgeworfene Nahrung geht er schnell, wenn er Fische oder Fleisch erhält. Über seine Fortpflanzung ist nichts bekannt.

Aalmolche (Amphiumida).

Der Körper ist langgestreckt und aalförmig. Ein Kiemenloch an jeder Seite vorhanden und ebenso vier innere Kiemenbögen. Die Augen sind verkümmert und von der Leibeshaut mit überzogen, die sich jedoch verdünnt, sodaß sie wahrgenommen werden können. Rückenwirbel sind 105—111 vorhanden. Die Gaumenzähne bilden zwei Längsreihen. Füße sind klein, stehen weit auseinander und tragen Zehenstummel.

12. Aalmolch (Amphiuma means L.).

Der Kopf ist länglich viereckig. Die Gaumenzähne in zwei nach hinten divergierenden Reihen. Die Füße sind winzig klein und tragen bald zwei, bald drei Finger. Die Oberseite ist schwärzlich braun mit einem Schimmer ins Grünliche, unten heller. Im südöstlichen Teile der Vereinigten Staaten.

Die Sümpfe und Teiche eines Teiles der Vereinigten Staaten beherbergen den Aalmolch. Hier schwimmt das Tier unter schlängelnden Bewegungen nach Art der Aale ziemlich munter umher, wühlt sich aber auch in den Schlamm während des Winters oft metertief ein, in dem es sich nach Art der Regenwürmer einbohrt. Wenn ich diesem noch hinzufüge, daß die Aalmolche von den Negern sehr gefürchtet und unter diesen, obgleich sie völlig harmlos sind, als sehr giftig verschrieen werden, so

Die beiden hierher gehörenden Tiere, der dreizehige und zweizehige Aalmolch, vereinigt Cope zu einer Art.

ist damit unsere Kenntniß von dem Leben der Tiere in der Freiheit erschöpft.

Besser sind wir indessen über das Gefangenleben unterrichtet. Der Londoner Tiergarten erhielt zwei Aalmolche aus Süd-Carolina, über welche Günther folgendes berichtet: „Sie wurden in ein gewöhnliches Aquarium gebracht, in welchem sie lange herumschwammen, oft an die Oberfläche kamen und Luftblasen ausstießen. In der Nacht fingen sie zwei Goldfische, von denen jeder etwa 8 cm Länge gehabt haben mochte, worauf sie in das Aquarium des zoologischen Gartens gebracht wurden, in dem sie sich noch, nach beinahe zwei Jahren, aufs Beste befinden. Die Länge beider beträgt 60 cm wenigstens, ein Wachstum ist in der Länge nicht bemerklich, wohl aber in der Dicke. Ihr Aquarium ist 1,50 cm lang, 70 cm tief und 60 cm breit; der Grund ist mit Kies belegt und mit einer nötigen Anzahl der gewöhnlichen Wasserpflanzen bewachsen; an beiden Enden sind große Steine angebracht, zwischen welchen die Amphiuma den Tag über liegen. Von selbst kommen sie nur des Nachts aus ihren Schlupfwinkeln, um langsam ihrer Nahrung nachzugehen; hier und da steigen sie auch in die Höhe, und versuchen aus dem Aquarium herauszukommen, was auch einem einmal gelang: das Tier begnügte sich jedoch in ein anderes Aquarium hinüberzusteigen und auf die darin befindlichen Goldfische Jagd zu machen. Während des Sommers kann man sie stets mit Leichtigkeit hervorholen: der Wärter befestigt einen Wurm in der Gabel eines Stockes und läßt ihn vor dem Loche, in dem er das Tier vermutet, spielen. Dieses ist immer zur Futter-Annahme bereit und kommt auch sogleich hervor; indem es verschiedene Male darnach schnappt, wird es in seiner ganzen Länge sichtbar, hat es aber den Wurm einmal gefaßt, so kehrt es sogleich an seinen früheren Ort zurück. Die Bewegungen beim Schwimmen sind die eines Aales, wobei zugleich die Füßchen mit zur Hilfe gebraucht werden; kriecht es langsam auf dem Boden des Wassers, so werden die Füßchen als Stütze und Bewegungsorgane benutzt. Trotzdem, daß ich sie oft und lange beobachtet habe, konnte ich nie zur Ueberzeugung gelangen, daß sie beim Aufsuchen ihrer Nahrung durch den Tastsinn ohne Gesichtssinn allein geleitet werden; ich glaube, daß sie den letzteren jedenfalls, wenn auch in untergeordnetem Grade, besitzen. Täuscht man sie z. B., indem man mit dem Stocke allein eine Bewegung vor ihrem Loche macht, so stecken sie zwar den Kopf heraus, ziehen ihn aber gleich zurück, wenn sie sehen, daß kein Wurm am Stock befestigt ist. Der oben erwähnte Versuch des einen Tieres, aus dem Aquarium zu steigen, blieb vereinzelt und fiel in die erste Zeit seines Aufenthaltes im Behälter, an den es sich noch nicht gewöhnt hatte; es beweist aber (wie auch die Art des Transportes in einer Kiste) daß diese Tiere einige Zeit lang außer dem Wasser, oder bei einem sehr dürftigen Vorrate aushalten können. Bei ihren gewöhnlichen abendlichen Exkursionen suchen sie meist nach Nahrung, verfolgen die Fische und steigen in unregelmäßigen Zwischenräumen für einen Moment an die Oberfläche, augenscheinlich nicht um Luft einzunehmen, sondern um solche auszustoßen, was sie auch hie und da unter Wasser thun. Oft ist eine Luftblase an ihrer

Kiemenöffnung bemerkbar. Während des Winters verbergen sie sich, ohne an die Oberfläche zu kommen oder zu fressen. Ihre Nahrung sind Regenwürmer, von denen sie ein Dutzend der größten auf einmal verzehren; auf Fische sind sie sehr begierig, und ihre Kiefer und ihr Schlund sind so ausdehnbar, daß sie, wie erwähnt, Goldfische von 8 cm Länge verschlucken können. Die Tiere sind gegen einander sehr gleichgültig, befinden sich aber oft zusammen in demselben Schlupfwinkel."

Über ihre Fortpflanzung, Verwandlung u. s. w. ist noch nichts bekannt.

Lurche mit Kiemenbüschel (Perennibranchiata).

Olme (Proteida).

Der Körper ist langgestreckt und walzenförmig. Die hinteren Extremitäten stehen von den dreizehigen vorderen weit ab und sind zweizehig. Augenlider fehlen, der Oberkieferknochen, Zwischen- und Unterkiefer tragen Zähne. Der Schwanz trägt oben einen Hautsaum. Die Zunge nur am Vorderrande frei.

13. **Olm** (Proteus anguinus Laur.) Siren anguina Shaw., Hypochthon Laurentii Merr., Hypochthon anguinus Tschudi, Phanerobranchus platyrhynchus Leuck.

<blockquote>Der Kopf ist lang und besitzt eine abgeplattete Schnauze. Die Mundspalte ist nur klein, die Oberlieferlippe dick und überragt in ihrem Umfange den Rand des Unterkiefers. Jederseits am Kopfe stehen drei blutrote Kiemenbüschel. Die Augen sind unter der Kopfhaut verborgen. Der Schwanz ist im Verhältnis zur Länge des Rumpfes nur kurz und von einer Flosse umzogen. Die Färbung des Tieres ist fleischfarben. In den unterirdischen Gewässern des Karstgebirges.</blockquote>

Valvasor berichtete zuerst vor ungefähr 200 Jahren von dem Olm. Diesem hatte Krainer von Lindwürmern erzählt, die zu Zeiten aus der Erde hervorkröchen und Unheil brächten. Er untersuchte die Sache näher und fand, daß diese Lindwürmer kleine, einer Eidechse ähnliche Tiere seien, „davon es sonst hin und wieder mehr giebt." Nach diesem teilt uns Hohenwarth etwas von dem Olm mit, den er im Zirknitzer See entdeckt hatte und den Laurenti beschrieb. (Synopsis Reptilium 1768. 37.) Später beschrieb auch Scopoli das Tier. Dann aber wurde es vollständig vergessen, bis Schreiber wieder eine ausführliche Beschreibung des Olmes giebt. Zu dessen Zeit waren nur die paar genannten Exemplare bekannt und Schreiber selbst erhielt 3 tote von Sittich durch den in Krain lebenden Baron Zois. Dieser hat einige lebend besessen, wovon in den ersten Tagen eines der Tiere eine Menge kleiner Schalen von Wasserschnecken ausbrach. Es wollte jedoch nicht fressen, kroch langsam am Boden herum, nahm eine vorgeworfene Schalenschnecke ins Maul, stieß sie aber wieder aus und starb am siebenten Tag.

Im Jahre 1751 erfahren wir durch Steinberg, daß gelegentlich einer durch die Rez verursachten Überschwemmung des Mühlthals der Olm in sehr

Stücken gefangen, und bereits 1771 von Steinberg in seinen „Nachrichten über den Zirknitzer See" als eine bisher unbekannte Fischart erwähnt wird.

Seit dieser Zeit haben sich andere zahlreiche Fundorte ergeben und kennt man z. Z. etwa gegen 40 Fundorte des Tieres. Als eigentlicher Wohnsitz für den Olm sind die unterirdischen Gewässer des Karstgebirges anzusehen. Dort, wo sich das Tier findet, sind in den Höhlen stets mehr oder weniger tiefe Tümpel mit schlammigem Grunde; sie scheinen indessen weniger die eigentlichen Wohnplätze zu sein, als vielmehr die Orte, wo der Olm durch das Steigen der unterirdischen Gewässer hingeführt und bei deren Sinken zurückgeblieben ist. Denn nicht selten kommt es vor, daß bei Überschwemmungen oder bedeutender Anschwellung der unterirdischen Gewässer Olme nach außen geführt werden, wo sie dann in Gewässern, die mit den ausströmenden in Verbindung stehen, zurückbleiben.

Obwohl sich die Tiere ausschließlich im Wasser aufhalten, so sollen sie doch, nach Aussage der Grottenführer, zuweilen, namentlich beim Herannahen eines Gewitters, das Wasser verlassen und am Ufer im feuchten Schlamme mit unbeholfenen, aalartigen Bewegungen herumkriechen.

Die Vermehrung des Grottenolmes ist erst in neuester Zeit bekannter geworden. Obgleich jahrelang Olme in ziemlicher Anzahl in Gefäßen beisammen gehalten worden sind, hat man nie eine Begattung der Tiere erlebt. Schulze berichtet, daß er von Globscnik, Bezirkshauptmann in Adelsberg, ein den Eiern des Arolotl ziemlich ähnliches Ei zugesandt erhielt,

Figur 110. Olm Proteus anguinus.

welches nach Aussage des Grottenführers Brelesnik mit 41 anderen von einem gefangenen Olm abgelegt worden war. Das später von Schulze übermittelte Weibchen, welches diese Eier abgelegt hat, ist von diesem untersucht worden und fand derselbe in dessen Leibe gut entwickelte, mit vielen verschieden großen Eiern angefüllte Ovarien. Auch Fräulein M. von Chauvin beobachtete 1882 einen weiblichen Olm, wie er seine Eier an die Decke der Aquariengrotte anheftete. Das Ei ist kugelig und hat einen Durchmesser von 11 mm. Eine innerhalb der gallertartigen Schicht befindliche, 6 mm im Durchmesser haltende Hülle schließt das gelblichweiße, 4 mm große Dotter ein. Die das Dotter umgebenden Schichten sind farblos und durchsichtig. Männchen und Weibchen sind äußerlich nicht von einander zu unterscheiden, erst zur Fortpflanzungszeit schwillt die Kloakengegend des Männchens bedeutend an, beim Weibchen macht sich eine stärkere Körperfülle in senkrechter Richtung geltend. Eine Befruchtung innerhalb des mütterlichen Körpers ist wohl ziemlich sicher anzunehmen, indessen bestimmt nachgewiesen ist sie noch nicht. Die Ablage der Eier geschieht in der Nacht; jedes Ei wird einzeln angeklebt.

Zum ersten Male wurde die Larve des Olmes von Zeller 1888 beschrieben. Die von ihm gepflegten Olme hatten vom 14. bis 16. April 76 Eier gelegt, aus denen nach 90 Tagen zwei Larven ausschlüpften, die in ihrer Entwicklung weiter als alle anderen Schwanzlurchlarven fortgeschritten waren. Sie maßen im Anfange 22 mm in der Länge, wovon nur 5 mm auf den Schwanz kamen und waren in ihrer Gestalt dem erwachsenen Olm schon sehr ähnlich, nur erstreckte sich der Flossensaum über drei Viertel der Rückenlänge nach vorn, auch war ihr Auge weit deutlicher sichtbar und größer als beim erwachsenen Tier, desgleichen waren die Kiemenbüschel nicht stärker als bei diesen entwickelt. Auch wiesen die Vordergliedmaßen 3, die hinteren schon 2 Zehen bei ihnen auf.

Nach dieser Entwicklung zu urteilen, hat es fast den Anschein, als sei der Olm, so wie er uns bekannt ist, nicht vollständig entwickelt, sondern in seiner Entwicklung auf dem Standpunkt der Larve zurückgeblieben. Es ist durchaus nicht ausgeschlossen, daß aus dem Olm, wie beim Axolotl, durch irgend welche Eingriffe in seiner Entwicklung, früher oder später, das ausgebildete Tier zu erhalten ist. Schreibers, der das Tier gezwungen, teils nur unter Wasser, teils fast ohne Wasser zu leben fand, daß bei den ersten Exemplaren die Kiemen sehr groß und die Lungen klein wurden, bei den letzteren, daß die Kiemen kleiner wurden und sich zuletzt nur noch als Spuren zeigten, die Lungen aber entsprechend sich größer ausbildeten. Als er einem dieser letzteren die kleinen Kiemenspuren abbinden wollte, starb es schnell und unter den heftigsten Zuckungen.

Gefangenen Olmen gab man früher keine Nahrung und trotzdem hat man die Tiere jahrelang erhalten. Bis kurz vor ihrem Tode waren alle munter und zeigten auch keine Abmagerung. — Man hält den Olm entsprechend seinem natürlichen Aufenthalt in dunklen Aquarien, wenn er seine ursprünglich helle Fleischfarbe behalten soll. Viel dem Lichte ausgesetzt, wird das Tier mit der Zeit schwarz. Sehr lieb sind dem Olme Höhlungen, wie sie in Tuffsteinfelsen leicht hergestellt werden können, in welche er sich bei Tage verkriecht. In der Nacht, oder schon mit Dunkelwerden kommt er hervor, läuft ziemlich rasch, halb schwimmend, halb laufend im Aquarium umher. Gegen erwärmtes Wasser zeigt sich der Olm durchaus nicht empfindlich, wie von vielen Seiten angegeben wird, wohl aber gegen Temperaturwechsel. Im Aquarium verträgt er sich mit anderen Bewohnern sehr gut, wenigstens fügt er keinem Tiere Schaden zu.

Daphnien und Cyclops bilden für das Tier eine beliebte Speise, aber es werden auch Fleischstückchen von $1\frac{1}{2}$—2 cm Länge und 1 mm Dicke von an diese Kost gewöhnten Tieren nicht verschmäht. Indessen werden nur sauber geschnittene Stücke verschlungen. Lebendes Futter, wie schon oben angegeben, und außer diesem auch kleinere Regenwürmer, Mückenlarven ꝛc. werden lieber als Fleisch genommen.

Armmolche (Sirenida.)

Der Körper ist aalförmig. Die hinteren Gliedmaßen fehlen; die vorderen sind rudimentär, mit drei oder vier Zehen versehen. Die Kiefer sind zahnlos, das Gaumenbein mit einer Reihe geordneter Zähnchen besetzt. Die äußeren Kiemen bleiben stehen. Die Kiefer sind durch Hornscheiden ersetzt.

14. Armmolch (Siren lacertina L.) Sirena intermedia. Pleurobranchus dipus.

Der Leib gleicht einer langen Walze, die sich nach hinten zuspitzt und seitlich abplattet, und an welcher vorn die Füße sitzen. Die Nasenlöcher haben ihren Platz nahe am Rande der Oberlippe. Die kleinen runden Augen schimmern unter der Haut, die sie bedeckt, hervor. Die Kiemenlöcher sind drei in schiefer Richtung am Halse liegende Rumpfeinschnitte, in deren oberen Winkeln sich die vielfach gefransten äußeren Kiemen ansetzen. Die Färbung des Tieres ist schwärzlich, auf der Ober- und auf der Unterseite gleich oder auf letzterer etwas heller. In den südöstlichen Vereinigten Staaten.

Linné hat den Armmolch 1771 von A. Garden aus Süd-Carolina erhalten, indessen hat uns Garden schon 1765 mit dem Tiere bekannt gemacht, indem er zwei Exemplare an Ellis in London übersandte und

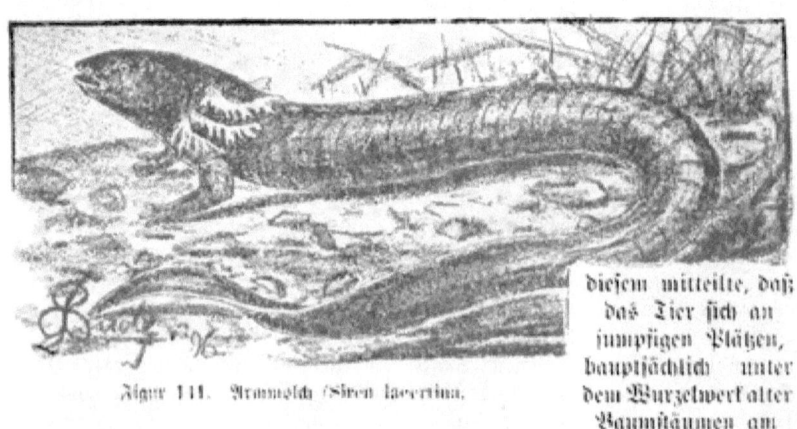

Figur 111. Armmolch (Siren lacertina).

diesem mitteilte, daß das Tier sich an sumpfigen Plätzen, hauptsächlich unter dem Wurzelwerk alter Baumstämmen am Wasser aufhalte, bisweilen auch auf (?) diese Stämme klettere und, wenn das Wasser austrockne, mit klagender Stimme, ähnlich einer jungen Ente, aber heller und schärfer pipe. Er sei aalförmig, schuppenlos und daumendick, warzig, dunkelgrau, an den Seiten des Rumpfes 40 Runzeln und 2 Seitenlinien; der Kopf wie bei einer Eidechse, aber nackt, oval und nicht dicker als der Leib. Der Unterkiefer etwas kürzer; jederseits drei federförmig heraushängende Kiemen mit ebensoviel Spalten ohne Kiemenhaut. Linné fügt diesem zu: die Zunge sei weich, einfach und frei; der Schwanz betrüge ⅓ des Leibes, sei sehr zusammengedrückt, oben und unten mit einer häutigen Flosse; die kurzen Füße dicht hinter den Kiemen ꝛc. Während Garden das Tier mehr für einen Fisch hielt, erkennt Linné schon die wahre Natur desselben und stellt es unter die Amphibien.

Cuvier bekam 1800 ein junges Exemplar aus Carolina und zeigte, daß es nach den Lungen und Knochen zu urteilen den Lurchen zugehöre; daß indessen der Aalmolch ein ausgewachsenes Tier sei, konnte er erst nachweisen an einem großen Exemplar, welches Humboldt ihm gebracht hatte.

Im Jahre 1825 kam aus Charlestown ein lebender Aalmolch nach England, wo das Tier 6 Jahre lebte, ohne sich zu verändern. Es wurde von Neill gepflegt und beobachtet. Ein Kübel mit Sand und Wasser schief gestellt, damit es aufs Trockne kommen konnte, diente zum Aufenthaltsort, es zeigte indessen bald, daß ihm Moos lieber war, da dieses aber bald faul wurde, gab man dem Tiere Froschbiß, unter dessen schwimmenden Blättern sich das Tier gern verbarg. Es fraß Regenwürmer, aber sehr langsam, Kaulquappen von Wassermolchen und kleine Fische. 1826 im Mai entwischte der Armmolch aus seinem Behälter, fiel etwa 1 m herunter und am andern Morgen fand man das Tier auf einem Fußpfad außer dem Hause; es hatte sich durch ein kleines Gewölbe in der Mauer einen etwa 70 cm langen Gang in der Erde gegraben. Der Morgen war kalt und als dasselbe gefunden wurde, gab es kaum noch ein Lebenszeichen von sich, erholte sich jedoch, ins Wasser gebracht, wieder. Im Jahre 1827 wurde das Tier in ein Treibhaus von 65° F. gebracht, hier wurde es lebhafter, fing an zu quaken mit einzelnen, gleichförmigen Tönen wie ein Frosch. Während des Sommers fraß es 2—4 kleine Regenwürmer auf einmal. Sobald es den Wurm erspähte, näherte es sich diesem vorsichtig, hielt einen Augenblick stille, als wenn es lauerte und schoß dann plötzlich darauf zu. Übrigens fraß es in 8 oder 10 Tagen nur einmal. 1831 entkam dieser Molch noch einmal und wurde tot aufgefunden. Seine Kiemen waren vollständig vertrocknet. Auch Knauer konnte einen Armmolch längere Zeit pflegen. Er sagt: „Als ich ihn gleich andern Schwanzlurchen im Wasser eines Aquariums erhalten wollte, woselbst er nur zeitweilig auf einen Tuffstein außer Wasser gehen konnte, so schien ihm diese Unterkunft nicht recht zu behagen: er war fast immer außer Wasser und suchte von dem Tuffsteine weg aus dem Aquarium zu entkommen, was ihm auch zweimal gelang. Als ich ihn aber in ein Terrarium übersiedelte, wo er in feuchter Erde unter Steinen ganz in der Nähe eines kleinen Wasserbehälters sich aufhalten konnte, schien er sich ganz behaglich zu fühlen und machte keine weiteren Versuche zu entkommen. Ich fütterte meinen Armmolch mit kleinen, vorher in reinem Wasser gut abgeschwemmten Regenwürmern, ganz kleinen Laubfröschen und Kaulquappen anderer Schwanzmolche. Nicht lebende Tiere, Stücke von Rinderherz u. dergl. nahm er nicht an."

Fische (Pisces).

Fische sind im Wasser lebende, meist beschuppte, kaltblütige Wirbeltiere mit unpaaren Flossenkämmen und paarigen Brust- und Bauchflossen, meist mit ausschließlicher Kiemenatmung und aus einem einfachen, aus Vorhof und Kammer bestehendem Herzen.

So scharf und treffend obige Charakteristik in wissenschaftlicher Beziehung auch ist, eine lebenswarme Vorstellung von der wimmelnden Brut im Schoße der klaren Flut vermag sie nicht zu geben.

Der Körper des Fisches ist in den meisten Fällen mehr oder weniger zusammengedrückt und spindelförmig, doch wechselt diese Gestalt auch sehr, sie geht in die sonderbarsten Formen über, welche oft eine häßliche Verzerrung der Grundform, welche wir für den Fisch besitzen, herbeiführt. Bei einigen Arten kann sie sich zu einer hohen, dünnen Scheibe umbilden, mit der das Tier auch auf der Seite schwimmen kann, ist dann indessen selten ganz flach oder sie zieht sich zu einem langen dünnen Bande aus, bald besitzt sie wunderliche Anhängsel, die dem Tiere eine abenteuerliche Gestalt verleihen, immer aber ist die Bauart eine solche, daß der Fisch im Wasser schwimmend seinen Lebenszweck verfolgen kann. Zur Förderung dieser Bewegungen ist der Körper mit eigentümlichen, zwischen Knochenstrahlen ausgespannten Häuten,

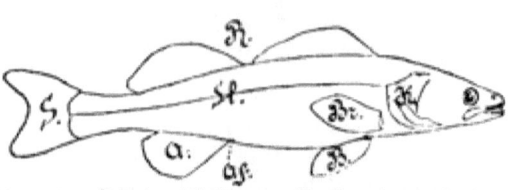

Figur 112. Teile des Fischkörpers. K Kiemendeckel mit hinter liegender Kiemenspalte, Br. Brustflosse, B. Bauchflosse, R. Rückenflosse, A. Afterflosse, S. Schwanzflosse, St. Seitenlinie, Af. After.

Flossen, ausgestattet. Diese liegen meist paarig an den Seiten des Körpers und entsprechen den Gliedmaßen der vorigen Tierklassen, teils liegen sie unpaarig und senkrecht in der Mittellinie des Körpers und an dessen Schwanzende. Die auf der Mittellinie des Rückens, an den Dornfortsätzen der Rückenwirbel angehefteten Strahlenflossen heißen Rückenflossen; die den unteren Dornfortsätzen angehefteten, hinter dem After liegenden Flossen: Afterflossen; die am Ende des Schwanzes befindliche senkrechte Flosse: Schwanzflosse. Oft findet sich noch auf dem Rücken eine kleine Flosse ohne Strahl, die man als Fettflosse bezeichnet. Seine Hauptbeweglichkeit entfaltet der Fisch durch das Hin- und Herwenden des kräftigen, meist die Hälfte oder mehr als die Hälfte der Körperlänge einnehmenden Schwanzes. Dabei helfen die paarigen Flossen rudernd mit, und die senkrechten Flossen dienen als Steuer, um dem Körper die aufrechte Lage im Wasser zu sichern. Paarige Flossen sind nie mehr als 4, zuweilen nur zwei vorhanden, können indessen auch vollständig fehlen. Die den Vordergliedmaßen entsprechenden Flossen heißen Brustflossen; die den Hintergliedmaßen entsprechenden: Bauchflossen. Hinsichtlich ihrer Anheftung zeigt sich bei diesen letzteren eine dreifache Verschiedenheit. Entweder ist der sie tragende, dem Becken entsprechende Knochen ganz nach vorn gerückt und am Schultergerüste, nahe dem Kopfe befestigt, und sie selbst sitzen demnach in der Kehlgegend vor den Brustflossen, oder sie sind unter oder dicht hinter den Brustflossen eingelenkt, oder aber weit hinter denselben an der Bauchgegend. Als Strahlen, welche die Flossenhäute stützen, unterschied man früher nur, je nachdem sie in der Länge aus einem einzigen spitzigen, meist steifen, nur zuweilen biegsamen Knochenstücke bestanden: Stachelstrahlen, oder sie setzten sich aus einer Menge von Gliedern zusammen: Weich- oder Gliederstrahlen. Oft besitzen die Flossen keine Strahlen, es sind dann Hautflossen; enthalten sie nur Fasern, dann sind es Faserstrahlen, indessen haben sie meist wahre Flossenstrahlen, die entweder Gliederstrahlen oder ungegliederte sind. Der Aufbau der Gliederstrahlen setzt sich aus einer großen Anzahl aufeinander liegender Knochenstückchen zusammen und besteht aus zwei seitlichen Hälften, sie sind entweder unverzweigt oder verzweigt: indessen sind sie fast immer biegsam, selten steif, stachelähnlich, wo man durch die Querstreifung oder den gesägten Rand deutlich die Gliederung bemerken kann. Die eingegliederten Strahlen sind meist einfach, bestehen aus einem Stücke, sind ohne eine Höhlung, und in der Regel biegsam, oder aber auch sie sind von einem hohlen Kanale bis gegen die Spitze hin durchzogen und meist steif und stehend; sie bestehen aus zwei seitlichen Hälften, wie die Gliederstrahlen und zeigen noch darin eine Verschiedenheit, daß sie völlig symmetrisch oder umgekehrt unsymmetrisch sein können.

Figur 143. Längsschnitt durch die Haut eines Fisches. a. Oberhaut, b. Schuppen, c. Lederhaut.

Auf Dornfortsätzen, den sogenannten Flossenträgern, sind die Strahlen der Rücken- und Afterflosse eingelenkt und können aufgerichtet und niedergelegt werden: die paarigen Flossen können sich fächerähnlich ausspreizen oder zusammenlegen. Die Schwanzflosse ist gerundet, abgestutzt oder gablig ausgeschnitten: sie besteht stets aus gegliederten Strahlen und läßt einen oberen und einen unteren Lappen unterscheiden. Bei den Fischen mit ungleich gelappter Schwanzflosse tritt gewöhnlich das Ende der Wirbelsäule in den oberen Lappen der Schwanzflosse ein.

Die Haut der Fische ist weich, locker, glatt und schleimig, nie verhornt, jedoch fast stets mit Verknöcherungen bedeckt, welche in der Lederhaut ihren Sitz haben, und auch meist von der Oberhaut überzogen sind. Die Haut besteht aus zwei Schichten, der derben, elastischen, meistens Schuppen tragenden Lederhaut und der sie bedeckenden, weichen, gallertartigen Oberhaut, welche sich bei unsanfter Berührung leicht abstreift. Die Schuppen sind für gewöhnlich dünne, durchscheinende, hornartige Plättchen von abgerundet viereckiger Gestalt, welche mit ihrem vorderen Rande mehr oder weniger tief in den sogenannten Schuppentaschen der Lederhaut stecken und von der Oberhaut überzogen sind. Sie decken sich in der Regel dachziegelartig, selten berühren sie sich nur mit den Rändern, in den wenigsten Fällen überhaupt nicht und sind dann vollständig in der Haut verborgen. Je nachdem ihr hinterer Rand frei und glatt oder gezähnt ist, werden sie als Rund- oder Kammschuppen bezeichnet. Ihre dem Körper anliegende Fläche ist meist mit einer weichen, stark silberglänzenden Masse überzogen, deren Glanz durch viele, äußerst kleine Krystalle hervorgebracht wird.

An den Seiten des Körpers (vergleiche Figur 142) zeigt sich auf der Schuppenbekleidung eine Linie. Dieselbe verläuft bald gerade, bald gekrümmt, zuweilen ist sie auch unterbrochen und wird Seitenlinie genannt. Die Schuppen dieser sind von einem Kanal durchbohrt und zeigen nach außen mündende Gänge. Unter diesen Schuppen liegen Gräben und Kanäle, die eigentümliche, mit den Zweigen des Seitennerven in Verbindung stehende Gebilde enthalten und, wie schon gesagt, nach außen enden. Früher hielt man diese Drüsen für Schleimdrüsen, jetzt jedoch nimmt man an, daß sie die Träger eines besonderen Sinnes sind.

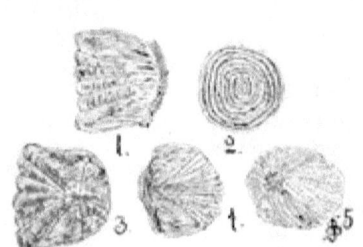

Figur 144. Fischschuppenformen. 1. Kammschuppe des Barsch, 2. Rundschuppe der Cnappe, 3. durchbohrte Schuppe der Seitenlinie der Karausche, 4. Rundschuppe des Gründlings, 5. Rundschuppe der Barbe.

Kopf und Flossen sind gewöhnlich schuppenfrei, nur in einzelnen Fällen mehr oder weniger mit kleineren Schuppen bedeckt. Manche sonst regelmäßig vollbeschuppte Fische haben constant einige schuppenlose Stellen an Brust und Bauch, bei anderen ist nur eine Reihe von Schuppen an der Seitenlinie vorhanden, noch andere sind gänzlich unbeschuppt. Am Bauchrande mancher Arten bilden winkelig geknickte, an der Knickung wohl auch kielartig verdickte Schuppen eine scharfe, oft sogar sägeförmige Kante.

Figur 145. Krystalle des Silberglanzes stark vergr.

Bei einzelnen Fischen finden sich statt der Schuppen derbe Knochentafeln oder verschieden geformte Knochenkörper, die ihre Stellung bald in regelmäßigen Reihen, bald unregelmäßig zerstreut haben, aber immer mit der Lederhaut fest verbunden sind und sogar zum inneren Skelett als sogenannte Hautknochen in Verbindung treten können.

Ehe ich zum Skelett übergehe, muß ich noch kurz der Färbung der Fische gedenken. Der oft prachtvolle Farbenschmelz dieser Geschöpfe, der mit den schönsten Schmetterlingen und Vögeln wetteifern kann, wird durch Pigment in der unteren Epidermisschicht, häufig auch durch verzweigte Pigmentzellen (Chromataphoren) der Lederhaut hervorgebracht. Letztere enthalten schwarzes oder rotes Pigment und können dieses ziemlich schnell zu winzig kleinen schwarzen oder roten Punkten zusammenziehen, sodaß eine vorher dunkle Stelle blaß wird. Diese Farbenveränderungen sind am auffälligsten während der Laichzeit. Indessen haben auch die Chromataphoren die Eigenschaft, unter dem Einflusse gewisser Reize, durch Druck, Licht, Wärme, Erregung, Schreck, Wohlbefinden ꝛc. ihre Ausdehnung und Lage zu ändern. Meist erscheinen sie als kleine, unregelmäßige Flecke, bald als weitverzweigte Körper mit zahlreichen langen Fortsätzen, und nur in diesem

letzten Falle kommt ihre Färbung an der Oberfläche voll zur Geltung. Ihre Veränderung erklärt den oft plötzlichen Farbenwechsel von Fischen, die aus kälterem in wärmeres Wasser, aus der Dunkelheit ins Licht gebracht werden, oder die sich ihrer Färbung, ihrer jedweiligen Umgebung anpassen.

Das Skelett brauche ich nicht ausführlich zu schildern, da die gegenüberstehende Tafel es genau veranschaulicht. Es ist deswegen besonders interessant, weil es mit Formen beginnt, welche bei den höheren Wirbeltieren nur in frühester Jugend vorübergehend auftreten. So ist bei dem Stör z. B. die Wirbelsäule noch nicht in einzelne Wirbel geteilt und hier, sowie bei den übrigen Knorpelfischen noch nicht verknöchert. Aneinander bewegliche Wirbel finden sich erst bei den Haifischen. Auch Rippen fehlen noch einem großen Teile der Fische, oder sind unvollkommen; ein echtes Brustbein zur Verbindung tritt nirgends auf, wird aber zuweilen durch Hautknochen ersetzt. Viele Knochenfische besitzen Y-förmige Knochenstäbe, sogenannte Fleischgräten, welche durch teilweise Verknöcherung der die Muskeln trennenden Bänder entstehen. Die Wirbelsäule selbst zerfällt in Rumpf- und Schwanzteil; nur am ersteren können sich Rippen befinden, letzterer schließt mit der Schwanzflosse ab. Der Kopf sitzt ohne Hals direkt am Rumpfe fest. Der Schädel ist bei einigen Fischordnungen noch knorpelig, wird bei den Stören z. B. von besonderen Hautknochen schützend bedeckt und verknöchert bei den Knochenfischen zum größten Teil; stets aber bleiben Reste des ursprünglichen Knorpelschädels zurück. Er zerfällt bei diesen Fischen in viele einzelne Knochenstücke und vereinigt sich innig mit den gleichfalls zahlreichen Gesichtsknochen. Diese sind in ihrer einfachsten Form nur ein den Mund umspannender Knorpelbogen, der aus Unter- und Oberkiefer besteht und durch einen besonderen knorpeligen Fortsatz des letzteren am Schädel befestigt ist. Ähnliche Knorpel verbinden sich weiter hinten, an der Grenze zwischen Kopf und Rumpf mit Schädel und Wirbelsäule und stellen die Kiemenbögen dar. Sie umgeben die Kiemenspalten, welche für den Austritt des Atemwassers nötig sind. Diese Bögen sind bei den Knochenfischen ungemein kompliziert gebaut und mit vielerlei Hautknochen zum Schutze der Kiemen versehen. An dem Schädel ist der Schultergürtel aufgehängt, dem die Bauchflossen angefügt sind, die Bauchflossen sind an zwei dreieckigen aneinander stoßenden Knochenplatten befestigt, die als Beckenrudimente bezeichnet werden können.

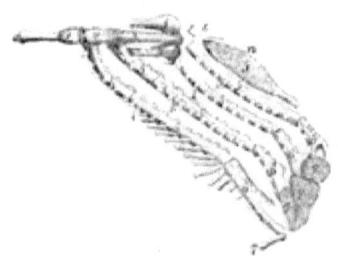

Fig. 146. Kiemengerüst.
a Zungenbeinkörper, i. k. l. m. n Kiemenbögen ausgebreitet. 1, 2, 3 oberer der drei vorderen, 1, 4, 4 vorderes Stück, welches den drei hinteren fehlt. 5, 5, 5, 5, 5 mittleres Stück, 6, 6, 6, 6 unteres Stück. 7, 7, 7, 7 Stielfortsätze. Dieselben verdicken sich bei den drei mittleren, werden sehr rauh und heißen obere Schlundknochen.

Die Wirbelsäule der Knochenfische setzt sich aus einer verschiedenen Anzahl ziemlich gleich gestalteter, ungefähr cylindrischer Wirbelkörper zujammen, welche beweglich mit einander verbunden sind. Bei den Knorpelfischen besteht die Wirbelsäule nur bei einigen Familien aus getrennten, mehr oder weniger verknöcherten Wirbeln, bei anderen aus einer wenig oder garnicht gegliederten Knorpelmasse.

Als Anhänge der Wirbelsäule sind die Strahlen anzusehen, welche die Flossen stützen.

Das Nervensystem des Fisches ist ziemlich einfach gebaut. Stets bleibt das Gehirn nur klein und füllt den Schädel bei weitem nicht aus, es wird an Masse vom Rückenmark bedeutend übertroffen. Die Sinnesorgane scheinen ziemlich leistungsfähig zu sein, besonders die des Gesichtes. Das Auge ist meist groß und besitzt eine fast kugelrunde, mächtige Linse. Augenlider fehlen ganz oder sind unbeweglich; nur die uns hier nicht interessierenden Haifische, wie ich beiläufig noch erwähnen will, besitzen untere und obere Augenlider, oft sogar noch eine Nickhaut. Das Ohr ist weniger entwickelt; das äußere fehlt ganz, im inneren ist von einer Schnecke kaum eine Andeutung vorhanden. Gehörgang, Trommelfell und Gehörknöchelchen fehlen. In manchen Fällen bei den Knochenfischen wird durch eine Reihe von Knöchelchen eine Verbindung mit der Schwimmblase hergestellt, deren Zweck indessen noch nicht klargelegt ist. Die Nase besteht aus einem Paar Gruben in der Haut des Kopfes; nur bei den Lurchfischen ist sie hinten nach dem Gaumen zu offen und dient auch zur Aufnahme des Atemwassers. Der nervenreiche Teil des fleischigen Gaumes scheint der Sitz eines nur wenig entwickelten Geschmackssinnes zu sein.

Figur 147. Unterkiefer des Hechtes mit den Fangzähnen.

Zum Tasten mögen die Lippen und deren Anhänge, die Barteln, vielleicht auch einzeln stehende Flossenstrahlen dienen. Außerdem scheinen die Seitenlinien, wie schon angegeben, Sinneswahrnehmungen zu vermitteln.

Die Verdauungsorgane haben einen komplizierten Bau. Der Mund liegt in der Regel vorn, seltener unten und die weite Rachenhöhle ist meist reich mit Zähnen besetzt. Zahnlos sind nur wenige Fische. Fast alle Knochen der Kiefer tragen Zähne. Mit ihnen sind die Kiefer, die Mundhöhle und die Kiemenbögen besetzt. Sie dienen meist nur zum Ergreifen der Beute und bestehen daher aus kegelförmigen, geraden oder gekrümmten Fangzähnen mit oder ohne Widerhaken und Zacken, selten nur aus wirklichen Mahlzähnen; sie sind teilweise bei einigen Fischen beweglich, meist jedoch mit den Knochen verwachsen. Von einer Zunge kommt bei den Fischen nur noch eine Andeutung vor, Speicheldrüsen fehlen überhaupt gänzlich. Die Speiseröhre ist nur kurz, der Magen weit und nicht selten in einen ansehnlichen Blindsack verlängert. Meist ist er nur eine spindelförmige Erweiterung des Nahrungskanales, häufig auch hufeisenförmig gekrümmt. Seine Schleimhaut ist in der Regel zarter als die der Speiseröhre. In den Schlund oder Magen mündet von der Rückseite her der Ausführungsgang der Schwimmblase. Am Anfang des eigentlichen Darmes giebt es häufig viele blinddarmartige Anhänge. Der Dünndarm verläuft meist in gerader Richtung und besitzt innen Längsfalten der Schleimhaut, aber sehr selten Darmzotten. Ein Mastdarm läßt sich nicht immer deutlich unterscheiden. Sehr oft münden in dem letzten Abschnitt des Darmes auch noch die Ausführungsgänge der Nieren, Hoden und Eierstöcke. Der After liegt meist weit hinten, nur bei den Kehlflossern und den Knochenfischen ohne Bauchflossen auffallend weit vorn. Die Leber ist bei allen Fischen groß, fettreich, zwei- oder dreilappig, von gelber, rötlicher, bräunlicher oder schwärzlicher Farbe und besitzt in der Regel eine rundliche oder ovale Gallenblase, deren grünlich-bräunlicher Inhalt sich durch den Gallengang in den Anfang des Darmes ergießt und gemeinsam mit den im Magen und Darme abgesonderten Säften die Verdauung bewirkt. Die Bauchspeicheldrüse ist ein wenig in die Augen fallendes drüsiges Organ, welches dem Magen oder Darm eng anliegt und dessen Ausführungsgang neben dem Gallengange in den Darm mündet. Die Milz ist von wechselnder Größe und Form und in der Nähe des Magens oder zwischen den Windungen des Darmes befestigt; ihre Farbe ist bräunlichrot.

Die Schwimmblase entspricht nach ihrer Entstehung im Embryo den Lungen der höheren Wirbeltiere, sie liegt am Rückgrat über dem Darm

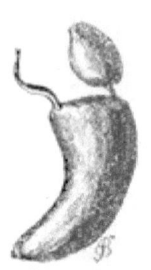

Figur 148.
Schwimmblase mit Luftgang vom Karpfen.

und steht mit dessen Innenseite oder mit dem Schlunde durch einen Kanal in Verbindung, oder sie ist auch völlig geschlossen. Ihre Wandung ist sehr elastisch, zuweilen muskulös, innen glatt und zellig und dann der Amphibienlunge nicht unähnlich. Ihre Innenwand ist mit einer silberglänzenden Schicht, ihre äußere Wand von Muskelfasern überzogen. Zwischen beiden findet sich bei manchen Fischarten ein lebhaft rot gefärbtes, blutreiches, drüsenartiges Organ. Die in der Blase enthaltene Luft wird von den in ihren Wandungen gelegenen Blutgefäßen ausgeschieden, auch bei den mit einem Luftgange versehenen Fischen dient dieser wohl nur zum Entweichen der Luft, nicht aber zur Aufnahme derselben. Die Hauptbestimmung der Fischblase ist, die Veränderung des Körpergewichtes zu bewirken. Sie macht es durch Zusammendrücken und Ausdehnen dem Fische möglich, schnell zu sinken oder zu steigen; auch wird durch sie den Fischen der Aufenthalt in gewissen Tiefenregionen vorgeschrieben, indem der Fisch in der Tiefe nicht mehr die Kraft besitzt, die unter erhöhtem Druck komprimierte Schwimmblase zu erweitern und umgekehrt, die nahe der Oberfläche stark ausgedehnte Luft der Schwimmblase zu komprimieren.

Die ziemlich enge Bauchhöhle wird vom Magen, dem Darmkanal, der großen Leber, der Milz und den langen Nieren, den Geschlechtsteilen und der Schwimmblase ausgefüllt.

Die Atmung der Fische geschieht fast ohne Ausnahme durch Kiemen. Sie liegen am Anfange des Verdauungskanals und bestehen aus Reihen feiner Blättchen, in deren Innern viele Blutgefäße verlaufen. Sie werden von Kiemenbögen getragen (siehe diese Seite 310) und haben ihre Lage entweder frei in einer einzigen großen Kiemenhöhle, welche durch einen

Spalt mit dem umgebenden Wasser kommuniziert, oder sind jede für sich in besonderen Taschen untergebracht. Das Wasser gelangt durch den Mund in den Kiemenraum und fließt nach Bespülung der Kiemen außen ab. Einige Fische haben besondere Einrichtungen in der Kiemenhöhle zur Atmung von Luft; andere atmen zu gewissen Zeiten mit der Schwimmblase.

Das Herz der Fische besteht aus Vorhof und Herzkammer, die Zahl der Schläge ist eine viel geringere als bei den höheren Wirbeltieren. Der Vorhof ist dünnwandig und weit, die Kammer kräftig und muskulös. Das venöse Blut wird aus dem Herzen in die Kiemen getrieben, nimmt hier unter Abgabe von Kohlensäure Sauerstoff auf und gelangt nun direkt in alle Teile des Körpers, von wo es wieder in das Herz zurückkehrt. Ein derartiger Blutstrom kann kein rascher sein, da er während eines vollständigen Umlaufes nur einmal angetrieben wird, während er bei den übrigen Wirbeltieren zweimal das Herz passiert.

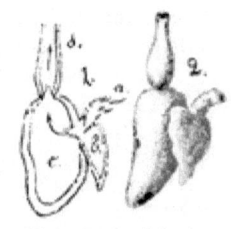

Figur 149. Fischherz. 1. Längsdurchschnitt. 2. äußere Ansicht. a. Hohlader. b. Vorhof. c. Herzkammer. d. Kiemenschlagader.

Die Temperatur des Blutes ist sehr veränderlich und richtet sich nach derjenigen des Wassers, beträgt aber immerhin einige Grad mehr als dieses. Es hängt die geringe Eigenwärme einmal von der Körperbedeckung, die ein guter Wärmeleiter ist, ab, sodann und hauptsächlich aber von der Langsamkeit des Blutstromes und der beschränkten Sauerstoffmenge, während im gleichen Rauminhalt atmosphärischer Luft 300 Gramm zur Verfügung stehen, enthält das Wasser nur etwa 20 Gramm Sauerstoff. Man hat berechnet, daß ein Mensch fünftausendmal mehr Sauerstoff einatmet, als z. B. ein Karpfen.

Die Nieren sind bei den Fischen paarig, sie erstrecken sich meist längs des Rückgrats vom Kopf bis zum Ende der Leibeshöhle und setzen sich in zwei Harnleitern fort, die sich hinter dem Darmkanal zu einer Harnröhre vereinigen. Diese erweitert sich sehr oft zu einer Harnblase und mündet bei den meisten Knochenfischen gemeinsam mit der Geschlechtsöffnung oder hinter ihr auf einer besonderen Papille, bei einigen auch in den Endabschnitt des Darmes.

Mit nur wenigen Ausnahmen sind die Fische getrennten Geschlechtes. Äußere Unterschiede treten verhältnismäßig selten auf, daher sind Hoden und Eierstock, die äußerlich beide auch oft ähnlich sind, auf ihren Inhalt hin zu untersuchen, um das Geschlecht festzustellen. Die Eierstöcke sind meist paare, bandartige Säcke, welche unterhalb der Nieren an den Seiten des Darmes und der Leber liegen. Die Eier entstehen an der inneren Eierstockswandung und gelangen dann in den Hohlraum der zur Brutzeit mächtig anschwellenden Säcke. Ebenso wie die paaren Hoden besitzen sie keine eigenen Ausführungsgänge; die Geschlechtsstoffe gelangen in die Leibeshöhle und von hier entweder durch eine eigne Öffnung oder mittelst eines in den Mastdarm mündenden Kanals nach außen. Häufiger sind besondere Ei-, resp. Samenleiter vorhanden, welche sich zwischen dem After und der Mündung der Harnröhre auf einer Papille nach außen öffnen. Äußere

Geschlechtsteile treten nur sehr selten auf. Der Laich wird von dem Weibchen in Klumpen in das Wasser abgelassen und dort vom Männchen befruchtet. Lebende Junge bringen nur wenige Arten zur Welt.

Die meisten Fische laichen nicht an ihren gewöhnlichen Aufenthaltsorten, sondern unternehmen, um geeignete Laichplätze aufzusuchen, größere oder kleinere Wanderungen, wobei sie sich oft in Schwärmen vereinigen. Sie ziehen aus dem Meere in die Flüsse, weit hinauf in die Quellbäche oder verlassen die Flüsse und gehen in das Meer. Auf diesen Wanderungen aus dem süßen in das salzige Wasser oder umgekehrt, halten sie sich gewöhnlich kürzere Zeit im Brackwasser der Flußmündung auf, um einen plötzlichen Wechsel des Wassers zu vermeiden. Gleichzeitig mit der Reise ihrer Geschlechtsprodukte legen viele Fische ein von ihrer gewöhnlichen Färbung abweichendes Hochzeitskleid an, welches häufig die auffallendsten und prächtigsten Farben zeigt. Die Laichzeit dauert bei jeder Fischart mehrere Wochen, kann auch bei hier nicht heimischen Fischen mehrmals im Jahre eintreten.

Getrennt in Gefangenschaft gehaltene Fische legen den Laich nicht ab, auch wenn er vollkommen reif ist und beim geringsten Druck auf den Bauch abfließt. Dagegen laichen Fische, die gemeinsam in Behältern aufbewahrt werden, sehr häufig, sodaß also zur Abgabe des Laiches ein Anreiz durch die Anwesenheit des anderen Geschlechtes erforderlich zu sein scheint. Die meisten Fische laichen jährlich, die Neunaugen und Aale setzen nur einmal in ihrem Leben ihren gesamten Laich ab, um dann zu sterben. Eine Sorge um die Eier oder Jungen findet sich nur bei wenigen Fischen ausgeprägt.

Die Befruchtung und Entwicklung des Laiches läßt sich durch das Mikroskop bei mäßiger Vergrößerung leicht beobachten. Ich komme auf diesen Punkt näher zurück in dem Kapitel „Die künstliche Fischzucht", welches ich der Schilderung der Fische anfüge.

Die meisten Fische sind Fleischfresser und wilde Räuber. Ihre Nahrung setzt sich aus allerlei Wassertieren zusammen, nur wenige Arten ernähren sich mit Pflanzenstoffen, wenngleich auch sie sich nicht ausschließlich mit vegetabilischen Stoffen begnügen, sondern hin und wieder auch animalische Stoffe aufnehmen. Das Recht des Stärkeren herrscht beim Fisch in seiner ganzen entsetzlichen Rücksichtslosigkeit; der Fisch ist da, um zu fressen und wiederum von stärkeren seinesgleichen gefressen zu werden, wenngleich auch andere Tierklassen manchen Vertreter zu seiner Vernichtung ausschicken. „Ein endloser, wütender Kampf, ein ewiges Morden, Verschlingen oder Verschlungenwerden, das ist das wohlige Leben des Fischleins auf dem Grunde." Keine Tierklasse möchte ich sagen, weist eine solche unersättliche Gefräßigkeit auf wie die räuberischen Fische, sie füllen ihren Magen oft bis zum Platzen. Die Beute wird meist ganz verschlungen.

Ähnlich wie Reptilien und Amphibien halten manche Arten einen Sommerschlaf, indem sie beim Vertrocknen der Gewässer sich in den Schlamm einwühlen, in Erstarrung verfallen und so bis zur Regenzeit verharren.

Die Fische werden in vier Ordnungen eingeteilt: 1. Knochenfische (Teleostei), 2. Schmelzschupper (Ganoidei), 3. Knorpelfische (Chondropterygii) und 4. Rundmäuler (Cyclostomi). Alle vier Ordnungen geben uns Tiere für unser Süßwasser-Aquarium.

I. Knochenfische (Teleostei).

1. Stachelflosser (Acanthopteri).

Das Gerippe ist verknöchert, die Wirbel vollständig getrennt. Die ersten Strahlen der Rückenflosse sind ungegliedert, auch die Afterflosse besitzt einige ungegliederte Strahlen, desgl. einer in der Bauchflosse. Die Kiemen sind kammförmig. Die Schwimmblase ohne Luftzugang, kann auch bisweilen fehlen.

1. Barsch (Perca fluviatilis L.). Perca vulgaris. Egelin, Schratzen, Anbeiß, Bürstling 2c.

Der Körper ist gedrungen und seitlich nur mäßig zusammengedrückt, vorn höher als hinten. Bürsten- oder Hechelzähne auf Kiefern und Gaumen, die Zunge in dessen frei. Der Mund ist endständig und reicht bis unter das Auge. Der Kiemenvorderdeckel ist am Rande fein gezähnelt, der Deckel mit 1 großen und 1—2 kleinen Dornen bewaffnet. Der Rücken trägt eine vordere stachlige und eine hintere weiche Rückenflosse. Starke Stacheln finden sich an der After- und an den Bauchflossen. Die Grundfarbe des Körpers ist messinggelb bis grünlich, selten wie die Farbentafel zeigt; ungestreift, meist mit schwärzlichen Querbinden und einem schwarzen Augenfleck am Ende der ersten Rückenflosse versehen. Der Rücken ist dunkelbraungrün. Brust- und Bauchflossen, sowie die Afterflosse sind rötlichgelb bis rot. Schwanzflosse rot oder grünlich, rot angehaucht. Ganz Europa mit Ausnahme der Gewässer höherer Gebirge. (Vergleiche Farbentafel heimische Fische Figur 1.)

Der Barsch ist einer der häufigsten Fische unserer Seen und Flüsse. Hier hält er sich 50 bis 75 cm unter der Oberfläche in kleinen Trupps auf, die sich gewöhnlich aus jüngeren Tieren zusammensetzen; alte Barsche leben mehr einzeln. Besonders liebt er klares, leicht bewegtes Wasser mit festem Grunde.

Er ist einer der gefräßigsten Raubfische unserer Heimat und steht daher fast immer auf der Lauer. Mit besonderer Vorliebe wählt er seine Standorte vor der Mündung von Flüssen oder Bächen, er stellt sich an Brückenpfeilern, Wehren oder dergl. auf, auch zwischen Wasserpflanzen, unter überhängenden Ufern oder zwischen Baumwurzeln wird er angetroffen. Naht sich seinem Standorte ein Schwarm kleiner Fische, so fährt er, wie ein Habicht unter das Geflügel, auf sie zu, bemächtigt sich ihrer einen meist im ersten Ansturm, oder er erhascht sein Opfer nach einer längeren, häufig scharfen Verfolgung. Die Fische werden oft durch solche Überfälle des Barsches in Schrecken und Verwirrung gesetzt und manche unter ihnen suchen dem gierigen Rachen des Räubers dadurch zu entweichen, daß sie sich durch einen Sprung über die Wasserfläche schnellen. Ist der Barsch zu gierig im Verfolgen seiner Beute, so hat er oft das Unglück, seinen

Gefangenen von dem weitgeöffneten Rachen aus in eine der seitlichen
Kiemenspalten hineinzudrängen, in der er stecken bleibt und mit dem Räuber
zugleich untergeht. Da sich nun der Barsch bei seinen Räubereien oft so
voll von blinder Gier zeigt, kommt es auch vor, daß er einen wehrhaften
Stichling überfällt und dieser ihn durch seine aufgerichteten Rückenstacheln
tödlich verwundet. Wie sich der Stichling dem Barsch gegenüber verteidigt,
so schützt sich dieser vor dem Hechte. Nähert sich dieser verwegene Räuber
dem Barsch, so richtet letzterer seine Rückenstacheln auf und bringt ihn dadurch vom Angriffe ab, oder er gefährdet den ebenso gierigen Räuber an
Leib und Leben. Das Schwimmen des Barsches geschieht ruckweise.

Im dritten Jahre seines Lebens ist der Barsch laichfähig. Je nach
der Lage des Wohngewässers, dessen Wärmegehalt und ebenso nach der
herrschenden Witterung, kann die Laichzeit einigermaßen schwanken, fällt
aber in der Regel in die Monate März, April und Mai. Einige Fische
beginnen mit dem Ablaichen schon im Februar, während andere noch im
Juni und Juli diesem Geschäfte obliegen. Flache, steinige und moosige
Stellen, Bestände, die mit Rohr bewachsen sind, oder harte Gegenstände,
die im Wasser liegen, bilden geeignete Laichplätze. Die Eier sind in einem
netzartigen, häutigen Schlauche eingeschlossen, welchen das Weibchen durch
Reiben des Bauches an einem Steine oder einem sonstigen Gegenstande zu
befestigen sucht. Diese Schläuche, auch als Schnüre bezeichnet, sind oft ein
bis zwei Meter lang und zwei bis drei Centimeter breit. Zur Laichzeit
lebt der Barsch paarweise. Viel Laich kommt nicht zur Entwicklung, da
Wasservögel und Fische eine große Menge desselben verzehren; auch liegen
übereinstimmende Angaben aufmerksamer Beobachter vor, daß in manchen
Gegenden die Milcher in auffallender Minderzahl vorhanden sind, sodaß
nur ein verhältnismäßig geringer Teil des Laiches befruchtet werden kann.
Hierin ist vielfach der Grund zu suchen, daß der Barsch sich in nicht größerer
Menge vermehrt, als es der Fall ist. Nach rund 48 Stunden wird die
Brut lebendig.

Die Aufzucht des Barsches aus Laich ist nicht schwer. Seine Eier
können künstlich befruchtet, oder während der Laichzeit gesammelt werden.
Zum Erbrüten sind Trichterapparate oder Selbstausleser die besten. (Vergleiche Kapitel „Die künstliche Fischzucht").

Im Aquarium hält sich der Barsch gut und erfreut durch sein schönes
Kleid und sein munteres Wesen den Pfleger sehr, doch ist er nur mit wehrhaften Fischen zu vereinigen, auch nicht in großen Exemplaren dem Becken
einzuverleiben.

2. **Streber (Aspro streber Sieb.)** Spindelfisch, Zink, Rappsisch.

Der Körper ist breiter als hoch, hinten cylindrisch, mit kleinen, harten und sitzenden Schuppen bedeckt, die an Brust und Bauch stellenweise fehlen können. Der
Kopf ist flachgedrückt, breit, mit dicker über dem Unterkiefer hervorragender Schnauze;
der Schwanzstiel lang und schmächtig. Die Bauchflossen sehr groß. Zwei Rückenflossen sind vorhanden, deren erste Stacheln trägt. Kiemendeckel beschuppt. Die
Färbung braun oder graugelb mit mehreren schwärzlichen Schrägerbinden.
Donaugebiet.

Nur die größeren Flüsse des Donaugebietes beherbergen diesen Fisch. Er liebt reines klares Wasser, lebt vereinzelt in der Tiefe von kleinen Tieren aller Art, und wird nur 10—15 cm lang. Die Laichzeit soll im März und April sein. In seinem Gebiete gehört dieser reizende Fisch keineswegs zu den häufigsten Erscheinungen, wenigstens nicht zu denen, die oft gefangen werden.

Nahe verwandt ist:

a. **Apron** (Aspro apon Sieb.) Aspron vulgaris Cuv., Perca aspera L.
Grünlich, drei bis vier senkrechte schwärzliche Binden. Im Gebiete der Rhone.

b. **Zingel** (Aspro zingel Cuv.) Perca zingel L.
Der Körper ist etwas dreieckig, der Kopf glatt, fast herzförmig, an der Oberschnauze und den Schläfen zur Seite vorstehend. In der Farbe graugelb mit vier schiefen braunen Binden.

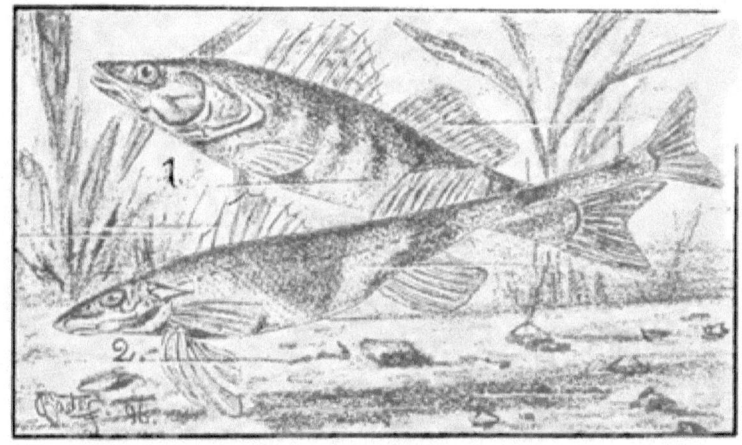

Figur 150. 1. Zander (Lucioperca sandra), 2. Streber (Aspro streber).

3. **Zander** (Lucioperca sandra Cuv.) Perca lucicarpa L. Sander, Amaul, Schill, Nagemaul.

Der Körper ist walzenförmig, fast hechtähnlich. Er ist mit Ausnahme des Kopfes mit kleinen, festsitzenden Kammschuppen bedeckt. Zwischen den Bürstenzähnen stehen lange, denjenigen des Hechtes ähnliche Fangzähne. Der Rücken ist grüngrau, die Seiten silberweiß, mit wolligen, bräunlichen Flecken, die verwaschene Querbinden darstellen. Die Flossen rötlich. Auf den Rückenflossen, deren erstere Stacheln trägt, finden sich schwarze Flecke. — Ursprünglich in Süddeutschland nur im Gebiete der Donau, bewohnt der Zander jetzt einen großen Teil der Flüsse und Seen von Mitteleuropa.

Dort, wo der Zander vorkommt, findet sich reines, kühles Wasser mit hartem Grunde. Hier lebt er gesellig in einiger Tiefe und nährt sich von kleinen Fischen, verschmäht jedoch auch Insekten und Würmer nicht. Noch räuberischer wie der Barsch, ist er ebenso gefräßig wie der Hecht, vergreift sich auch an jungen Hechten und verschont seine eigene Brut nicht.

Meist verbringt er sein Leben in den unteren Wasserschichten, nur zur Zeit der Fortpflanzung, welche in die Monate Mai und Juni fällt, erscheint er auf seichteren, mit Wasserpflanzen bewachsenen Uferstellen, um hier sich seines Laiches zu entledigen. Die leicht gelblichen Eier werden an Steinen, Wurzeln oder Wasserpflanzen abgelegt. Trotzdem der Mutterfisch 2- bis 300 000 Eier absetzt, ist die Vermehrung des Zanders doch nur gering, weil die eigenen Eltern ihren Laich auffressen und die Jungen anderen Raubfischen und selbst Tauchvögeln zur Beute werden.

Gefangene Zander sterben leicht und sind daher nur schwer im Aquarium zu halten. Am besten gelingt es das Tier zu erhalten, wenn die Behälter einen nicht sehr hellen Platz als Standort haben, und das Wasser nicht zu warm wird.

Ähnlich unserem Zander ist der in der Wolga lebende

Bersick (Lucioperca volgensis Cuv.) Perca volgensis Pm.

Das Tier ist dicker als der Zander, mehr brauner als dieser. Sonst diesem sehr ähnlich.

4. **Kaulbarsch (Acerina cernua L.).** Acerina vulgaris C. Perca cernua L. Kugelbarsch, Stuhr, Goldbarsch, Rauhigel, Rotzbarsch, Schroll, Pfaffenlaus.

In der Form gedrungen, vorn höher als hinten, seitlich nur wenig zusammengedrückt, die Haut sehr schleimreich. Die Schnauze ist rundlich, der Kopf besitzt tiefe Gruben, der Mund mit seinen Hechelzähnen bewaffnet. Vorderdeckel und Deckel mit scharfen Dornen bewehrt. Rückenflosse ist nur eine vorhanden, sie trägt vorn Stacheln. Die Färbung ist hellbraun, auf dem Rücken und an den Seiten gelblich, auf dem Bauche überglänzend, die Kiemengegend grün und hellblau. Die Flossen weißlich mit rötlichen Rändern und wolkigen braunen oder schwarzen Flecken. Mittel- und Nordeuropa. Vergleiche Farbentafel heimische Fische Figur 1.

In der Lebensweise ist der Kaulbarsch dem Flußbarsche sehr ähnlich. Er zieht klare, tiefe Seen den fließenden, seichteren Gewässern vor, doch besucht er letztere während der Laichzeit im April und Mai, wo er dann gewöhnlich truppweise ihnen zuwandert. Nach der Laichzeit hält er sich mehr einzeln. Bis gegen den Herbst hin verweilt er in den Flüssen und Bächen, sucht aber zum Winter tiefere Gewässer auf und kehrt dann gewöhnlich wieder zu seinen Seen zurück. Er nährt sich von kleinen Tieren aller Art, verzehrt auch viel Fischbrut: daß er, wie Heckel und Kner sich von einem Fischer haben erzählen lassen, Gras und Ried frißt, kann ich nicht bestätigen, trotzdem ich die Tiere sowohl in der Freiheit als auch im großen Beckenaquarium lange beobachtet habe.

Die Laichzeit fällt in die Monate März und April. Die Eier werden an flachen Stellen auf Steinen oder Wasserpflanzen abgelegt.

Einer Eigentümlichkeit des Tieres muß ich noch kurz gedenken. Der Kaulbarsch läßt sich durch lautes Geräusch herbeilocken und dieses benutzen die Fischer bei seinem Fange in Stellnetzen regelmäßig. Man bringt eine gewisse Anzahl von Netzen in verschiedener Richtung aus und sodann stellt man in die Nähe der Netze eine lange, bis auf den Grund hinabreichende Stange, an der mehrere eiserne Ringe an einem Gestell befestigt sind, auf, womit man ein möglichst starkes Geräusch hervorbringt. Auf dieses hin kommen die Kaulbarsche in großer Menge herbei, sodaß zuweilen in jeder Masche der Netze einer von ihnen gefangen wird.

Für das Aquarium eignen sich kleine Exemplare des Kaulbarsches sehr gut, doch bedarf das Tier derselben Beaufsichtigung wie alle Raubfische. Ein naher Verwandter des Kaulbarsches ist der

Schrätzer (Acerina Schraetzer L.). Perca Schraetzer.

<small>Er ist länger als der Kaulbarsch. Der Kopf besitzt keine Schuppen. Die Färbung ist gelblich, unten silbern, oben olivenbraun, drei schwarze Linien längs jeder Seite, bisweilen eine vierte, die aus Flecken gebildet ist. In der Donau, ohne häufig zu sein.</small>

5. **Sonnenfisch** (Eupomotis aureus Walberg). Pomotis vulgaris Cuv. Pomotis auritus Günther. Labras auritus L.

<small>Der Körper ist zusammengedrückt. Die Wangen tragen 4 Schuppenreihen. Der Mund ist klein, die Zähne sind sammetartig. Der Kiemendeckel besitzt eine häutige Verlängerung am Winkel. Der Vorderkiemendeckel ist schwach gezähnelt. Die Schwanzflosse leicht gelerbt und rund gelappt. Die Rückenflosse trägt dunkle Flecke. Die Färbung ist grünlich mit grauen Flecken besetzt. Der hintere Rand des Kiemendeckels trägt einen scharf umsäumten schwarzen Fleck, der je nach den Bewegungen des Fisches metallisch schillert. Zur Zeit der Fortpflanzung erhält der Fisch ein prachtvolles Hochzeitskleid, er schillert dann in einem leuchtenden bläulichen Silberglanz, ist meergrün und orange gestreift und trägt neben dem schwarzen Fleck auf den Kiemendeckeln noch einen zinnoberroten. Nordamerika. Figur 154.)</small>

Aus Nordamerika gelangte der Sonnenfisch zuerst nach Frankreich und von hier durch Kanarienhändler nach Deutschland. Berthoule bezog 25 Sonnenfische aus ihrer Heimat und übergab dieselben Bertrand, der sie in einem ihm gehörenden Teich setzte. Bereits im Jahre 1887 erhielt der Besitzer eine ganze Anzahl Nachzucht von den Tieren und ein Jahr später, 1888, verfügte er über viele Tausend junger Sonnenfische.

Von dem Borne, der sich ein großes Verdienst um die Einführung amerikanischer Wirtschaftsfische erworben hat, bezog eine Anzahl dieser Nachzucht direkt von Bertrand und im Jahre 1891 erhielt er aus New-York 200 große und 300 kleine Sonnenfische, deren Nachzucht ihm in kleinen Teichen zahlreiche Junge brachten.

In seiner Heimat ist der Sonnenfisch in allen Flüssen und Seen ein häufig vorkommender Fisch, besonders reich an Arten ist der Eriesee. Mit besonderer Vorliebe bewohnt er hier die flachen Uferstellen, wo das Wasser ruhig ist, einen schlammigen Grund besitzt und wo die Wasserpflanzen mit ihren Ranken dichtverschlungene Dickichte bilden, in denen er sich gerne aufhält. Bevorzugt er im Sommer eine Wassertiefe von 1—2 m, so geht er im Winter 5—6 m tief.

Seine Laichzeit fällt in die Zeit von Ende Mai bis Juni, wo das Wasser warm ist. Das Männchen wählt sich einen geeigneten Platz für den Bau des Nestes aus, welches die Form einer flachen Schüssel besitzt. Durch Drehungen und Wendungen des eigenen Körpers, besonders durch Fächeln und Schlagen des Schwanzes, wird die Höhlung hergestellt und peinlich sauber gehalten. Hier hinein legt das Weibchen die Eier, die von dem Männchen bewacht werden. Das Nest hat einen Durchmesser von etwa 50 cm und steht 50—60 cm unter Wasser.

Die Nahrung des Sonnenfisches besteht aus kleinen Wassertieren, er stellt weder dem Laiche anderer Fische, noch seinem eigenen nach und kann mit gleich großen Fischen unbedenklich zusammengehalten werden.

Noch schöner als der Sonnenfisch ist der

Mondfisch (Pomotis Auritus.)[1]

> Der Körper ist nicht so stark gekrümmt als beim Sonnenfisch. Das Maul vorstehend, ziemlich groß, schräg gestellt. Die Kinnladen reichen bis hinter das Auge. Auf den Wangen stehen 7 Reihen kleiner Schuppen. Auf der Brust sehr kleine Schuppen. Der Gaumen trägt wenige, ziemlich große Zähne. Kiemenstrahlen ganz kurz, steif und rauh, weit von einander, nach vorn hin an Größe abnehmend. Die Spitze der Kiemendeckel sehr lang, schmal, meistens nicht breiter, als das Auge bei jungen Fischen, die Spitze gewöhnlich kürzer und stets schmal, der untere Rand in der Regel blaß gefärbt. Die Stacheln der Rückenflosse sind kurz. Die Farbe olivengrün, der Bauch orangerot. Die Schuppen auf den Seiten bläulich mit rötlichen Flecken. Die Bauchflossen orange oder gelblich, der Kopf mit bläulichen Streifen, besonders über den Augen.

Die Lebensweise des Mondfisches ist der des Sonnenfisches ähnlich, weshalb ich auf diesen verweise.

6. **Calico-Barsch (Centrarchus Hexacanthus Cuv.).** Pomotys Hexacanthus Holbrook, Cichla storeria Kirtl., Pomoxys sparoides Jordan et Gilbert, Labrus sparoides Lacép. Grasbarsch, Silberbarsch, Sonnenfisch.

> Der Körper ist kurz, zusammengedrückt. Pflugschar und Gaumenbein nebst Zunge mit kleinen Zähnen besetzt. Der Vorderkiemendeckel besitzt eine etwas unregelmäßige Bezahnung. Die Wangen tragen 6 Reihen Schuppen. Die Färbung ist silberglänzend mit reinem Olivengrün gefleckt und gebändert am ganzen Körper. Auch die After- und Rückenflosse zeigen diese Flecke. Nordamerika.

Im Gebiete des Mississippi und der großen amerikanischen Seen ist der Calico-Barsch zu finden. Hier bewohnt er häufig die Gewässer des Flachlandes und in diesen die Orte, wo das Wasser ruhig und tief ist und kein Schlammgrund sich findet, den er nach Möglichkeit meidet. Dagegen sind dichte Bestände von Wasserpflanzen, die geeignete Verstecke bieten und in die er sich zurückziehen kann, ihm sehr erwünscht.

Die Laichzeit des Calicobarsches fällt in den Mai. Seine Nahrung entnimmt derselbe aus der Reihe der niederen Wassertiere. Infolge seines nur kleinen Maules wird er anderen Fischen weniger gefährlich, wenngleich auch er nicht mit wertvollen Fischen zusammengehalten werden sollte, da er unter Umständen sich recht unangenehm gegen diese zeigt. „In meinem Bestreben", sagt Hinderer, „eine möglichst mannigfaltige Gesellschaft zusammen zu gewöhnen, brachte ich ein Prachtexemplar von Borne in Berneuchen zusammen mit Makropode, Hundsfisch, Zwergwels, Schleierschwan; und vielen einheimischen Arten, was alles friedlich untereinander

---

[1] Beschreibung nach David S. Jordan aus „Synopsis of the Fishes of North America."

auskam; bis mein Silberbarsch in diesen Kreisen bekannt war, verhielt er sich recht anständig, bald aber wußte er durch Frechheit zu einer dominierenden Stellung sich empor zu arbeiten und nun war der Teufel los. Bald fehlte jeden Tag einem Schleierschwanz ein Stück aus seinem Flossenschmuck und einmal mußte ich gerade mit ansehen, wie mein Silberbarsch ein solches Stück raubte, — da war natürlich die Trennung unausbleiblich." Die von dem Calicobarsch in der ersten Zeit zur Schau getragene Scheu verliert

Figur 154. 1. Forellenbarsch (Grystes salmoides). 2. Sonnenfisch Eupomotis aureus. 3. Calicobarsch (Centrarchus Hexacanthus).

das Tier mit der Zeit, es wird auch dann zutraulich und erscheint zur gewohnten Stunde an der Futterstelle, die nicht früher von ihm verlassen wird, als bis seine Bedürfnisse befriedigt sind. Im ganzen ist er ein reizender Aquarienfisch, der jedem Becken zur Zierde gereicht.

Unschwer pflanzt sich dieser Fisch im Aquarium, wenn es eine Wassertiefe von nicht über 35 cm besitzt, fort.

7. **Steinbarsch** (Centrarchus aeneus Cuv.). Ambloplites rupestris Rafin.

Der Körper ist kurz, etwas zusammengedrückt. Die Zähne sind sammet oder dicht hechelartig und stehen auf dem Pflugscharbein, dem Gaumenbein und außerdem trägt auch die Zunge ein Häuschen sammetartiger Zähne. Die Rückenflosse ist zweiteilig, ihr vorderer Teil besitzt tiefe Stacheln, der hintere ist weich. Der Vorkiemendeckel ist kaum merklich gezähnt, ganzrandig. Die Farbe ist ein olivengrün, oft mehr gelblich, der ganze Körper mit vielen schwarzen Flecken bedeckt, die meist scharf abgegrenzt sind. Die Augen haben eine rote Iris. — Nordamerika.

Östlich vom Felsengebirge in fast allen Seen und Flüssen des nördlichen Gebietes des Mississippi kommt der Steinbarsch in klarem, warmen

Waſſer vor. Hier hat er ſeine Plätze an Steinen, die er beſonders bevorzugt, doch hält er ſich auch an Wurzelſtöcken und an Waſſerpflanzen auf, während er Stellen ſeines Wohngewäſſers mit ſchlammigem Grund vermeidet. Dort aber, wo es ihm behagt, ſchwimmt er oft in kleinen Schwärmen vereinigt umher und macht dann Jagd auf kleine Waſſertiere, beſonders Inſekten und deren Larven, verzehrt Kruſtentiere und Schnecken, nimmt auch Würmer und dergl. zu ſich.

Im Jahre 1887 wurde dieſer Fiſch von von dem Borne in 20 Stücken eingeführt und dieſe Tiere brachten im Jahre 1889, wo von ihnen noch 12 Stück am Leben waren, eine zahlreiche Nachkommenſchaft. Die Laichzeit fällt in die Monate Mai und Juni, und die Eier werden an Geſträuch und Baumwurzeln abgeſetzt. „Es iſt leicht“, ſagt von dem Borne, „den Fiſch in Teichen zu züchten, und er wird dafür von amerikaniſchen Fiſchzüchtern auf das wärmſte empfohlen. Seine Eier kleben, und die Vermehrung iſt groß, wenn das Waſſer für den Fiſch geeignet iſt.“ In dem Teiche, in welchem von dem Borne die 12 fortpflanzungsfähigen Steinbarſche geſetzt hatte, legten dieſe ihre Eier auf Kies und Geröll an ſolchen Stellen ab, die ſie vorher vom Schlamm gereinigt hatten. „Die Fiſche waren ſcheu und ſchwer zu beobachten; es war nicht zu bemerken, daß ſie ihre Eier und Brut bewachten, wie es der amerikaniſche Black Baß (Schwarzbarſch) thut. Anfang Juli war im Teiche viel Brut dicht an den Ufern im Graſe und in der Waſſerpeſt, ſowie unter überhängenden Zweigen.“

Scheuer als der Calicobarſch, ſucht ſich auch der Steinbarſch in der erſten Zeit im Aquarium einen Platz aus, wo er ſich ſicher fühlt. Nur zur Zeit der Fütterung miſcht er ſich unter die übrigen Aquarienbewohner, zieht ſich aber nach Beendigung des Futtergeſchäftes wieder in ſein Verſteck zurück.

In letzter Zeit iſt der Steinbarſch als ein räuberiſcher Geſelle im Aquarium bekannt geworden, der nicht mit wehrloſen kleinen Fiſchen vereinigt werden darf, ſoll er dieſe nicht gefährden. Das Tier iſt nur mit wehrhaften Fiſchen, die dieſelbe Größe beſitzen, beſſer aber noch größer ſind als er, in einem Becken zuſammen zu bringen.

Im Zuchtaquarium gebe man dem Fiſche eine Waſſertiefe von nicht viel über 20 cm.

8. Forellenbarſch (Grystes salmoides Lacép.)

Der Vorderdeckel iſt ganzrandig und der Knochendeckel geht in eine Spitze aus. Eckzähne fehlen, die ſämtlichen Zähne ſind ſammetartig. Das Pflugſcharbein und das Gaumenbein ſind bezahnt. Die Rückenfloſſe trägt eine tiefe Einſchnürung, der vordere Teil iſt mit kurzen, ſchwachen Strahlen bewehrt. Der Oberkiefer reicht bis hinter die Augenhöhlen. Die Färbung iſt ſehr wechſelnd und ebenſo die Zeichnung. Bei jungen Fiſchen iſt letztere ſehr deutlich, verſchwindet aber bei alten faſt ganz. In der Jugend iſt der Rücken dunkelgrünlich, Seiten und Bauch ebenſo aber ſilberfarben und auf der Mittellinie zeigt ſich ein aus unregelmäßigen Flecken gebildeter Längsſtreifen. Bei alten Fiſchen verblaßt die Längsbinde, ſie werden einfach blaugrünlich, dafür zeigen ſich oft dunkle Flecke auf den Kiemendeckeln. (Figur 161.)

Den dem Forellenbarſch nahe verwandten Schwarzbarſch füge ich gleich hier an und gebe die Schilderung beider gemeinſam.

9. Schwarzbarsch (Grystes nigricans Cuv.). Coryphaena nigrescens Bl. Schn., Grystes dolomieui Lacép.

Vom Vorigen unterscheidet sich dieser Barsch dadurch, daß sein Oberkiefer nicht bis zum hinteren Rande der Augenhöhle reicht. Auch bei dem Schwarzbarsch ändert die Färbung sehr ab. In der Jugend zeigt sein Kleid eine dunkelolivgrüne Farbe, bronzefarben gefleckt und gebändert. Die dunklen Flecke an den Seiten bilden sich nie zu Bändern, wie sie der Forellenbarsch zeigt, aus. Der Bauch ist weiß. Ältere Fische zeigen noch wenig Zeichnung, sie werden im Alter einfarbig, dunkelgrünlichgrau. — Nord-Amerika.

Forellen- und Schwarzbarsch sind über Nordamerika sehr verbreitet und kommen an vielen Orten zusammen vor, wo sie Seen und Flüsse bewohnen. Während der Forellenbarsch sich mit Vorliebe in ruhigen Strömungen aufhält und auch das brackige Wasser der Flußmündungen liebt, bevorzugt der Schwarzbarsch mehr schnell strömendes Wasser, welches sich zwischen Steinen durchdrängt und in kleinen Kaskaden von Fels zu Fels springt. Hier ist für ihn immer klares Wasser vorhanden. Aus diesem jedoch schließen zu wollen, daß der Schwarzbarsch schäumende Gebirgsbäche oder kalte Quellbäche bewohnt, ist falsch. Er sowohl wie der Forellenbarsch ziehen warmes Wasser vor. Beide lieben in Flüssen eine Abwechselung von flachem, schnell dahinziehendem, von schnellen Strömungen unterbrochenem Wasser, welches andererseits auch ruhige flache Stellen aufweist. Besonders die Orte, welche in der Nähe einer starken Strömung ruhiges Wasser besitzen, wählen sie zu ihren Standplätzen. Von hier aus schießen sie in den Strom, um von diesem vorübergeführtes Futter aufzunehmen. Versunkene Baumstämme, dichte Krautbetten, Felsen und Steinblöcke bieten ihnen in den ruhigen Wasserstellen geeignete Verstecke, welche sie mit Vorliebe aufsuchen. Wird das Wasser kälter, so suchen beide Barsche ihr Winterquartier im tiefen Wasser, in Schlamm, Felsspalten und unter Steinen oder versunkenem Holze auf. Je mehr sich das Wasser abkühlt, je mehr nimmt ihre Lebhaftigkeit ab, ihre Freßlust hört auf und die Fische verfallen in eine Art Winterschlaf. Besitzen ihre Wohngewässer tiefe Stellen, so gehen sie hier in die wärmeren Wasserschichten hinab. In südlichen Gegenden dagegen sind sie auch im Winter lebhaft, hier zeigen sie keine Neigung Winterquartiere aufzusuchen, sondern gehen das ganze Jahr hindurch auf Beute aus.

Etwa 4 bis 6 Wochen vor der Laichzeit verlassen beide Barsche ihr Winterquartier und steigen dann in die Flüsse hinauf, leben sie dagegen in Seen, so begeben sie sich hier in das flache Wasser. Im vierten Lebensjahre sind beide Barsche regelmäßig fortpflanzungsfähig. Von dem Borne, der das Laichgeschäft eingehend an seinen Fischen beobachten konnte, sagt im Auszuge darüber folgendes: Bei uns fällt die Laichzeit in die Monate Mai und Juni, der Schwarzbarsch pflegt früher, der Forellenbarsch später wie der Karpfen zu laichen, indessen muß die Wassertemperatur wenigstens + 15° R. betragen, wenn eine Vermehrung der Fische stattfinden soll. Die Wassertiefe ist in der Regel 30 cm bis 1 m, wo der Fisch seinen Laich absetzt.

Zu Berneuchen, der Fischzuchtanstalt von von dem Borne, laichte der Schwarzbarsch auf Steingerölle oder grobem Kies, nach Sterling und Hensall setzt er auch den Laich nicht ungern auf feinem Sande ab, wenn er auch Geröll dazu entschieden vorzieht. Der Forellenbarsch entledigt sich seines Laiches ebenfalls mit Vorliebe auf Geröllen, indessen setzt er denselben auch an Wasserpflanzenwurzeln ab. Beide Barsche bauen Nester. Diese haben einen Durchmesser von 30 cm bis 1 m. Ihre Form ist schüsselförmig, d. h. so im Sande vertieft und diese Stelle vollständig von Schlamm ꝛc. gereinigt. Das Nest des Forellenbarsches ist manchmal mit kleinen Holzstücken und Blättern gepflastert, die dann von Schlamm sehr rein gehalten werden. „Sie sind so sauber wie eine holländische Küche, so daß sie leuchten und weithin sichtbar sind." Oft werden sie nahe bei einander angelegt, so daß sie sich nicht selten berühren. Das Laichgeschäft dauert 2 bis 3 Tage und die Eier kleben an Gegenständen, welche sich am Grunde befinden. Sobald die Eier abgelegt sind, stehen beide Fische abwechselnd Wache, halten durch Fächeln mit Schwanz und Flossen das Wasser in Bewegung und verhüten gleichzeitig hierdurch, daß sich Schlamm auf dieselben ablagert. Fischfeinde, die den Eiern nachstellen, werden von den Eltern mutig verjagt. Nach 8 bis 14 Tagen, je nach der Witterung, schlüpfen die Fischchen aus den Eiern.

Weitere Barscharten aus Nordamerika, über deren Haltung und Pflege kaum etwas anderes zu sagen ist als über den bisher genannten, sind folgende, die ich nur kurz beschreibe:

a) **Kettenbarsch** (Apomotis obesus fasciatus Holbrook.) (Enneacantus obesus).

> Dieser Fisch wurde von Dr. Weltner bestimmt und zuerst in den „Blättern für Aquarien- und Terrarienfreunde" beschrieben. Der Körper ist mit großen Schuppen besetzt und zeigt eine olivengrüne Farbe. Über den Seiten ziehen sich 5—8 dunkle Querbinden hin, die eine kettenförmige Zeichnung aufweisen(?). Am Körper und Flossen sind purpurfarbige, goldglänzende Flecke. Die Backen tragen farbige Streifen und Flecke.

b) **Diamantbarsch** (fälschlich Erdbeerbarsch genannt) (Apomotis obesus gloriosus (Enneacantus simulans) Holbrook).

> Dieser ist ein naher Verwandter des Kettenbarsches, aber prächtiger und schöner gezeichnet. Körper und Flossen sind blaßblau gepunktet auf gelblichem Grunde.

c) **Schwarzbändiger Sonnenfisch** (Mesogonistius chaetodon [Baird] Gill).

> In der Körperform von allen bis z. Z. eingeführten Sonnenfischen am meisten scheibenförmig. Über den Körper ziehen sich schwarze Bänder hin.

Alle Barscharten sind mehr oder weniger Raubfische, die am besten nur mit ihresgleichen zusammen zu halten sind. Ein erwärmtes Wasser im Winter benötigen die Tiere nicht, zeigen sich jedoch dann nur lebhaft, wenn ihr Behälter eine Wärme von etwa 12° R. aufweist.

10. Groppe (Cottus gobio L.). Kaulkopf, Koppe, Mühlkoppe, Dickkopf, Kaulquappe, Rotzkolbe, Tolbe, Dolm, Großfisch, Kauzenkopf, Rotzlober, Breitschädel.

Der Kopf ist niedergedrückt und verschiedentlich mit Dornen und Knöchen gepanzert. Zähne vor dem Pflugschar, aber keine in dem Gaumenknochen. Die Schwimmblase fehlt. Die Körperform ist keulenförmig, das Maul mit seinen Hechelzähnen bewehrt. An jedem Kiemendeckel stehen zwei krumme Stacheln. Die Haut ist nackt, sehr schleimig. Die Färbung je nach dem Wohnorte sehr verschieden, in der Regel bräunlich grau mit verwaschenen dunkleren Flecken und Binden. Die Farbe der Flossen ist grünlich, schwärzlich, oder auch gelblich gefleckt und punktiert. Mittel und Nordeuropa.

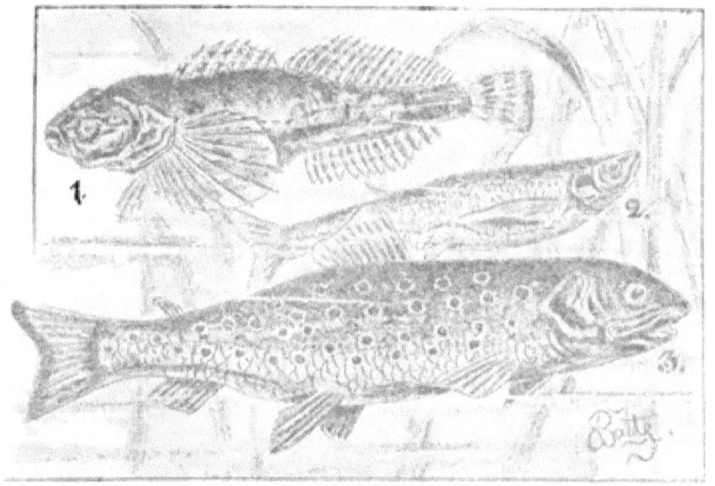

Figur 152. 1. Groppe (Cottus gobio). 2. Stichling (Pelecus cultratus). 3. Bachforelle (Salmo fario).

In seiner Lebensweise ist der Kaulkopf durchaus nicht an die Gewässer der Ebene gebunden, sondern er geht in den Gebirgen hoch hinauf. Er liebt klares, lebhaft bewegtes Wasser mit steinigem Grunde und ist daher ein ständiger Begleiter der Bachforelle. Besonders hat er seine Standorte unterhalb der Wassermühlen, wo er sich oft in erheblicher Anzahl aufhält und zwischen Steinen versteckt auf Beute lauert. Da er keine Schwimmblase besitzt, geschehen seine Bewegungen ruckartig schießend, doch sind die Ortsveränderungen, die der Fisch ausführt, durchaus nicht langsam, sondern ungemein schnell.

Die Groppe ist ein schlimmer Raubfisch, sie stellt allem Lebenden nach, was sie nur irgend bewältigen kann. Nährt sie sich auch vorwiegend von Insektenlarven, so verschont sie doch keinen Fisch, den sie zu bezwingen vermag, ausgeschlossen hiervon ist auch ihre eigene Brut nicht. Besonders lüstern ist sie auf Forelleneier.

Das Fortpflanzungsgeschäft der Groppe weicht von den meisten anderen Fische erheblich ab. Schon Linné berichtet, daß die Groppe ein Nest baue und eher das Leben als die Eier in diesem Neste aufgebe. Die Beobachtung wird von Marsigli und Fabricius vervollständigt, indem von ihnen richtig das Männchen als Wächter der Eier bezeichnet wird. Die Laichzeit fällt in die Monate zwischen Februar und Mai. Heckel, auf die Angaben von Fischern gestützt, berichtet folgendes: „Zur Laichzeit begiebt sich das Männchen in ein Loch zwischen Steinen und verteidigt diesen Schlupfwinkel gegen jedes andere, das davon Besitz nehmen will, mit lebhaftem Ingrimm, der unter Umständen in langwierige Kämpfe ausarten kann und einem der Streiter nicht selten das Leben raubt. Während der Kampfzeit soll man öfter Groppen fangen, die den Kopf ihres Gegners im Maule halten, ohne ihn verschlingen zu können. Dem Weibchen gegenüber benimmt sich das Groppenmännchen artig; es wird von ihm ohne Widerstreben aufgenommen, setzt an der betreffenden Brutstelle seinen Rogen ab und zieht hierauf ungefährdet seines Weges. Von nun an vertritt das Männchen Mutterstelle und beschützt 4—5 Wochen lang die Eier ohne sich zu entfernen, es sei denn, daß es die notwendige Nahrung suchen muß. Ebenso bewunderungswürdig wie seine Ausdauer ist sein Mut. Es beißt in die Stange oder Rute, mit der man es verjagen will, weicht nur im höchsten Notfalle und läßt sich buchstäblich angesichts seiner Eier erschlagen."

Als Aquarienfisch ist die Groppe sehr zu empfehlen. Dort, wo sie in schnellströmenden Gewässern gefunden wird, ist sie erst nach und nach an den engen Gewahrsam des Aquariums zu gewöhnen. Sehr zweckmäßig bei dem Eingewöhnen der Tiere ist sie getrennt, in möglichst flachem Wasser zu halten, das überdies noch durchlüftet werden soll. Nach überstandener Eingewöhnung gehören Groppen zu den härtesten Aquarientieren. Mit kleinen oder schwachen Fischen halte man sie aber nicht zusammen, da diese stets von ihnen verschlungen werden. Werden die Tiere am Tage gefüttert, so gewöhnen sie sich mehr und mehr an ein Tagleben, sonst verlassen sie nur nachts ihre Verstecke, zu welcher Zeit sie dann auch lebhaft umherschwimmen.

11. **Gemeiner Stichling** (Gasterosteus aculeatus L.). Stechbüttel, Stekerling, Stachlinsky, Stecher, Stichelstarpe, Stachelfisch, Stachel-, Rotzbarsch.

Der Leib ist spindelförmig, seitlich zusammengedrückt, die Schnauze spitzig, der Schwanzteil sehr dünn; die Kinnladen tragen einen schmalen Streifen sammetartiger Zähne. Der Körper ist an den Seiten mit mehr oder weniger schmalen, hohen Knochenschienen gepanzert. Die Kopfseiten sind ganz von den mit dem Kiemendeckel verbundenen und verbreiterten Unteraugenknochen bedeckt. Drei freie Knochenstrahlen vor der Rückenflosse. Die Bauchflossen bestehen aus je einem Knochenstrahl. Sämtliche Strahlen sind mit einem Sperrgelenk versehen. Die Färbung variiert sehr. Meist ist sie auf dem Rücken grünlichbraun bis bläulichschwarz, an den Seiten silbrig. Kehle und Brust beim ♂ zur Fortpflanzungszeit blutrot gefärbt, sonst meist nur rosa. Vergleiche Farbentafel Figur 3. Ganz Europa mit Ausnahme des Donaugebietes.

Unser gemeiner Stichling ist ein allbekannter Vertreter der Süßwasserfische, den wohl jeder noch aus seinen Kinderjahren kennt. Mit dem größten Vergnügen erinnere ich mich noch gerne der Zeit, als es nach Beendigung der Schulstunden hinaus ging an die Gräben, um diesen kleinen Räuber mittelst sehr primitiver Angeln zu fangen. War ja doch zu dem Fange nichts weiter nötig als ein Zwirnsfaden, an dem ein Regenwurm als Köder befestigt war. Wie viel der Tiere wurden so in kurzer Zeit gefangen, die dann in Gläser gesetzt lange zu meiner Freude im Zimmer gepflegt wurden, oder einen kleinen Teich, der im Garten hergestellt wurde, belebten. Noch jetzt benutze ich, um Stichlinge zu fangen, diese so sehr einfache Fangmethode und denke dabei stets mit Vergnügen an meine Schulzeit zurück, wo ich den Grundstein für meine mit Vorliebe getriebenen Studien der Wassertiere legte.

Wenige Fische besitzen soviel anziehende Eigenschaften wie die Stichlinge. Sie sind stets lebhaft, bewegungslustig, zärtlich hingebend für ihre Nachkommenschaft, mutig und übermütig, gestützt auf ihre wehrhafte Bestachlung, räuberisch und streitsüchtig wie nur wenige andere Bewohner der kalten Flut. Alles dieses wird Ursache gewesen sein, weshalb sie in der Gefangenschaft oft und gern gehalten werden, sodaß ihre Lebensweise weit genauer bekannt ist, als die anderer Fische.

Gewöhnlich hält sich der Stichling in der Nähe der Ufer oft in großen Scharen auf, er schwimmt schnell mit hastigen, ruckweisen Bewegungen und nährt sich, außer von kleinen Tieren aller Art, von Fischlaich und Fischbrut, wodurch er oft schädlich werden kann. Große Ansprüche stellt er an seine Wohngewässer nicht, wasserhaltende Gräben, große und kleine Flüsse, Bäche und auch Rinnsale, die nur zu gewissen Zeiten Wasser halten, bewohnt er ebenso gerne wie das Brackwasser der Flüsse, ja er vermag sogar in ziemlich mit Salz gesättigten Solen zu leben.

Die Bewegung des Stichlings im freien Wasser ist schnell und gewandt; die Tiere vermögen sich hoch über den Wasserspiegel zu schnellen, gefallen sich überhaupt in mancherlei Spielen, achten aber stets auf alles, was um sie her vorgeht. Um stärkere Raubfische kümmern sie sich nicht viel, wohl wissend, daß ihre eigene Wehrhaftigkeit sie vor deren Angriffen schützt. Auch der Hecht, der sonst mit allem Genießbaren seinen Magen füllt, meidet den Stichling; Dorsche und Lachse dagegen verzehren unseren gepanzerten und bewehrten Ritter ohne Schaden. Evers, der einen Barsch in einen mit Stichlingen, Goldfischen und Ellritzen besetzten Behälter setzte, beobachtete, daß die zuletzt genannten Fische sich durch den Barsch in ihrer Ruhe durchaus nicht stören ließen, die Stichlinge dagegen die Sachlage von einem anderen Punkte auffaßten. Während der Barsch in unheimlicher Ruhe, mit den rötlich funkelnden Augen und dem gierigen Rachen, ein Bild vollendeter Mordlust seine Kreise zog, hatten die Stichlinge sogleich nach seiner Ankunft sich zusammengeschart und bewachten alle mit drohend aufgerichteten Dornen den Gegner, einige besonders mutige Männchen jagten dem Feinde oft eine Strecke weit nach.

Ebenso unternehmend wie den Raubfischen verhalten sie sich auch einer von ihnen ins Auge gefaßten Beute gegenüber. Sie jagen auf alles Getier, das sie nur bewältigen können. Backer hat gesehen, daß ein Stichling binnen 5 Stunden 74 Fische von 12 mm Länge verschlang. Auch junge Blutegel, wie Ramage gesehen hat, werden von Stichlingen eifrig verfolgt und solche von 12 mm Länge ohne weiteres verschluckt. Bemerkt einer der Stichlinge den Egel, so umkreist er ihn, bis er ihn packen kann, hat sich der Egel an irgend einem Gegenstande festgeheftet, so wird er abgerissen, gebissen und geschüttelt, wie ein Hund eine gefangene Ratte schüttelt, und so lange gemartert, bis er sich nicht mehr wehren kann, hierauf dann verschlungen. Geschieht es zuweilen, daß der Egel sich an dem Stichlinge festsaugt, dann versucht letzterer alles, um jenen los zu werden, erreicht auch in der Regel seinen Zweck.

Jede Erregung des Stichlings übt einen Einfluß auf seine Färbung aus. „Den grünlich, silbergefleckten Fisch wandelt der zornige Siegesmut in einen in den schönsten Farben prangenden um. Bauch und Unterliefer nehmen tiefrote Färbung an; der Rücken schattiert bis ins Rötlichgelbe und Grüne; die sonst weißliche Iris leuchtet in tief grünem Schimmer auf. Ebenso schnell macht sich ein Rückschlag bemerklich. Wird aus dem Sieger ein Ueberwundener, so verbleicht er wieder." Evers Beobachtungen über diese Farbenveränderungen sind sehr sorgfältig ausgeführt, sodaß ich sie im Auszuge hier folgen lasse. Meistens, schreibt er, war die Verfärbung an seelische Vorgänge gebunden, sodaß sie dafür einen förmlichen Gradmesser abgab. Jedes Männchen, welches sich einen bestimmten Platz erkämpft hat, prangt in lebhaften Farben, wogegen die einen Platz sich suchenden, sich zu den Weibchen halten mußten, auch an deren einfachere Färbung teilnahmen. Sobald bei einem oder dem anderen ein mattes Rosenrot auftauchte, konnte man annehmen, daß von dem Tiere bald ein Eroberungsversuch ausgeführt werden würde. Dann nahm seine Färbung stetig zu, verschwand aber, sowie das Wagnis nicht gelungen war. Auch bei dem herrschenden Männchen war die Vertiefung der Färbung jedesmal das Vorzeichen eines Unternehmens. Sobald die Stichlinge im Höhenpunkt des Farbendunkels in andere Behälter gesetzt wurden, verschwand ihre Pracht sehr rasch, kehrt auch, solange sie in Ruhe blieben, nicht wieder. Oft zeigten indessen auch solche Einsiedler eine erhöhte Färbung, und dann war es manchmal schwierig, die Ursache ihrer Erregung zu ergründen. Der eine erboste sich über ein geknicktes, vom Winde bewegtes Schilfblatt, der andere über ein seiner Auffassung nach unrichtig liegendes Sandkorn am Grunde, der dritte über den Schatten des Beobachters.

Besonders die Fortpflanzung des Stichlings ist ungemein interessant. Das Männchen baut dann am Grunde von Gewässern ein etwa so großes Nest, wie es die Abbildung Figur 153 zeigt.*) Aus abgerissenen Pflanzenteilen, Wurzelfasern u. s. w. stellt das Männchen das Nest her. Es trägt diese mit dem Maule herbei und befestigt sie in dem Boden, oder zwischen Wasserpflanzen. Diese Nester sind im Freien nicht schwer zu finden. Wenn man im flachen, wenig fließenden Wasser aufmerksam den Boden mustert, wird man sie, falls das Gewässer nur Stichlinge beherbergt, bald zu

*) Dieselbe kann bald größer, bald kleiner sein.

Gesichte bekommen. Derartige Nester, wie es Abbildung 3 bei Figur 153 zeigt, finden sich im tieferen Wasser, doch auch hier nur vereinzelt. Während des Nestbaues werden die Männchen von den Weibchen geneckt. Diese fahren mit niedergelegten Stacheln auf sie zu und schnellen sich an den emsigen Baumeistern vorbei. In 12 bis 18 Stunden ist das Nest fertig und zeigt einen etwa $1^1/_2$ cm großen Eingang, an dem das Männchen noch vielerlei herumbessert; es schlüpft auch innen ein, oft bis über die halbe Leibeslänge, macht hier alles glatt und bringt nicht hierher gehöriges

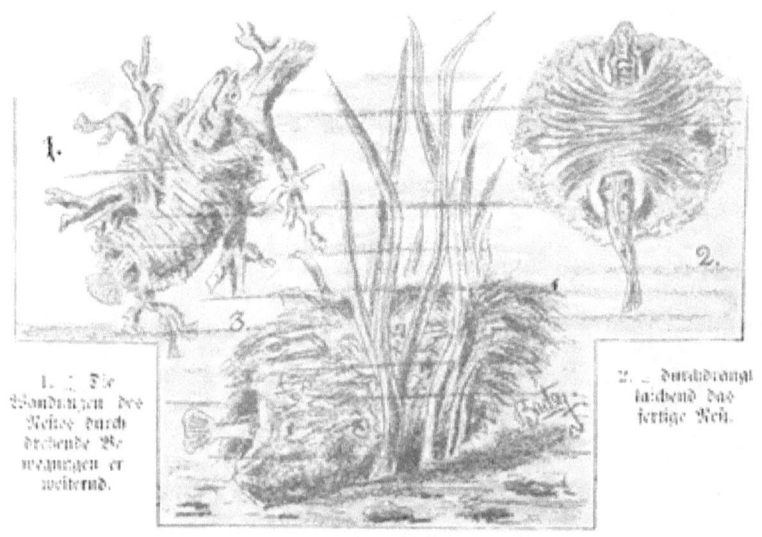

Figur 153. Nestbauender Stichling (Gasterosteus aculeatus).
3. Seitenansicht des Nestes mit dem laichenden ♀ drinnen.
1. Die Wandungen des Nestes durch drehende Bewegungen erweiternd.
2. ♀ durchdrängt laichend das fertige Nest.

mit dem Maule heraus. Oft steht der größte Teil des Nestes im Schlamme verborgen. „Als ich im Jahre 1838", sagt Siebold, „in der Umgegend von Danzig einen Teich besuchte, dessen Grund mit Sand bedeckt war, fielen mir darin vereinzelte Stichlinge auf, die fast unbeweglich im Wasser schwebten und sich durch nichts verscheuchen ließen. Ich erinnerte mich sogleich dessen, was ich vor kurzem über den Nestbau des Fisches gelesen hatte, und vermutete, daß auch diese Stichlinge in der Nähe des Nestes Wache hielten, konnte aber bei aller Klarheit des Wassers auf dem sandigen Grunde des Teiches nirgends solche Nester entdecken. Als ich mit einem Stocke auf dem Grunde umherfuhr, bemerkte ich, daß, wenn ich in die Nähe eines Stichlings kam, dieser mit der größten Aufmerksamkeit den Bewegungen des Stockes folgte. Ich konnte durch diese Bewegungen der Stichlinge voraussehen, daß sie mir ihr wahrscheinlich im Sande verborgenes Nest zuletzt selbst verraten würden, und fuhr deshalb um so eifriger fort, mit meinem Stocke auf dem Grunde herumzutasten. Plötzlich stürzte ein Stichling auf den Stock los und suchte ihn durch heftiges Anrennen mit der Schnauze wegzustoßen, woraus ich schloß, daß ich jetzt die Stelle getroffen hätte, wo sein Nest unten im Sande versteckt liege; ich streifte mit dem Stocke etwas stärker über den Sand hin und entblößte in der That ein aus Wurzelfasern und anderen Pflanzenstücken gefertigtes Nest, worin angebrüteter Laich enthalten war. Auf ähnliche Weise gelang es bei den übrigen Stichlingen, mir den Ort ihrer Nester von ihnen anzeigen zu lassen. Einmal auf eine solche Stelle aufmerksam gemacht, war ich dann leicht imstande, auf dem Sandgrunde an einer kleinen Öffnung, aus der Wurzelfasern hervorschimmerten, und die ich früher übersehen hatte, das unter dem Sande vollständig versteckte Nest zu erkennen."

Sogleich nach Beendigung des Nestbaues beginnt das Liebesspiel und kurze Zeit darauf bohrt sich das Männchen in das Nest ganz ein, berührt unter zitternden Bewegungen des Schwanzes den Boden des Nestes und eilt dann durch ein neues Loch auf der anderen Seite des Nestes aus diesem heraus. Jetzt begiebt es sich zum Weibchen, stößt einige Male nach diesem, scheint es mit dem Maule zu fassen und rückwärts vor ihm her schwimmend, lockt es dasselbe zum Neste. Hier vor demselben angekommen, schwimmt es zur Seite, jenes dagegen dringt durch die Eingangsöffnung ein und legt einen etwa fingergliedlangen Klumpen Laich ab und verläßt an der anderen Seite das Nest. Nach anderen Beobachtungen sucht der männliche Stichling das Weibchen in das Nest durch Stoßen mit der Schnauze zu treiben. Fügt es sich nicht gutwillig dem Wunsche des Männchens, so versucht dieser durch den Stachel oder mit der Schwanzflosse es zum Einschlüpfen in das Nest zu bewegen. Hat das Männchen ein Weibchen zum Einschlüpfen in das Nest bewogen, so legt dasselbe hier, nach Coste, 2 oder 3 Eier ab und bohrt sich dann selbst auf der dem Eingang entgegengesetzten Seite ein Loch durch die Nestwandung. Dieser Vorgang findet in der Regel statt. Nach und nach lockt oder drängt das Männchen weitere Weibchen in das Nest, welche gleichfalls hier Eier ablegen. Sogleich nach jeder Eiablage begiebt sich das Männchen in das Nest, reibt seine Seite an der des Weibchens und streicht dann über die Eier hin, um sie zu befruchten.

Nachdem so genügend Eier im Neste abgelegt worden sind, wird vom Neste die hintere Öffnung verschlossen und dieses möglichst verdeckt. Teils werden hierzu Steine genommen, die oft halb so groß sind, wie das Tier selbst, teils wird es mit Sand überschüttet und dann auch die Eingangsöffnung bis auf ein kleines Loch verbaut. Jeder sich jetzt nähernde Stichling wird von dem Vater, dem Beschützer des Laichs und der jungen Brut, mit Wut angefallen und in die Flucht geschlagen, ganz gleich, ob Männchen oder Weibchen, denn besonders die letzteren sind nach den Eiern und der ausgeschlüpften Brut noch lüsterner als die Männchen. Bis zum Auskriechen der Jungen hat das Männchen noch verschiedenes zu thun. Es bessert etwa entstandene Schäden am Neste aus, stellt sich vor dem Eingang desselben auf und fächelt mit seinen Flossen den Eiern frisches Wasser zu, um ihnen stets genügenden Sauerstoff zu verschaffen.

Nach der Reise der Eier, beschützt das Männchen die wehrlosen Jungen. Warrington konnte beobachten, daß ein männlicher Stichling, der Eier und Nest sorgfältig bewacht hatte, an einem Tage letzteres bis auf einige Grundhalme zerstörte. Schlamm und Sand, der auf den Eiern lag, wurde auf einer Stelle von 8 cm Durchmesser sehr sorgfältig mit dem Munde fortgeschafft, und als der Forscher, verwundert über das Beginnen des Vaters, ein Vergrößerungsglas zu Hilfe nahm, konnte er die eben ausgeschlüpften Jungen bemerken. Das Männchen schwamm kreuz und quer über dem gereinigten Raume umher, seine Wachsamkeit verdoppelnd und jeden anderen Fisch bis auf eine bestimmte Distanz von ihm zurücktreibend. Nachdem die Jungen an Größe etwas zugenommen hatten, schienen sie sich zerstreuen zu wollen und brachten hierdurch den Vater oft in arge Bedrängnis, da er dieses verhindern mußte, um das Leben seiner Kinder beschützen zu können. Er nahm die auf eigene Faust in die Welt hinausziehenden Jungen mit dem Maule auf und spie sie vorsichtig wieder in das Nest zurück. Erst als die Brut im Schwimmen sich gewandt zeigte, nahm die Aufmerksamkeit und Thätigkeit des Männchens ab und als sie endlich ernährungsfähig waren, bekümmerte der Alte sich garnicht mehr um sie.

Noch interessanter ist ein Fall, welchen Evers beobachten konnte. Es war nötig geworden, die Bewohner eines Beckens in ein anderes überzusiedeln, als gerade in dem ersten ein Nest fertig geworden war. Die Untersuchung des Nestes, die von dem Männchen durch wütende Anfälle verhindert werden sollte, ergab, daß Laich in ihm vorhanden war. Das Männchen wurde herausgefangen und geberdete sich wie toll, seine Färbung wurde blaß. Jetzt wurde das Nest vorsichtig von dem einen Becken in das andere gebracht und der Wächter nachgeholt. Alle Stichlinge des Beckens, besonders die weiblichen, waren der Überführung des Nestes mit großer Aufmerksamkeit gefolgt und fuhren, sobald letzteres gelagert war, auf dieses zu, wo sie an einzelnen Halmen so heftig zu zerren begannen, daß der ganze Bau in Gefahr geriet und Evers schnell Sand darüber schaufeln mußte, um es vor den gierigen Fressern zu sichern. Als das Männchen in dieses Becken gebracht wurde, fielen die Weibchen auch über dieses her und setzten ihm so arg zu, daß Evers mit Stöcken und Netzen eingreifen, ja sogar die bösartigsten Weibchen herausfangen mußte. Aber das Männchen wurde erst später ruhig, es wehrte sich gegen die Angriffe, unterbrach sein Umherschwimmen und schien zu suchen. Er wurde von Zeit zu Zeit röter, raste aber auch bald danach wieder verzweifelt an den Glasscheiben herauf und herunter. Diese Verfärbung brachte Evers auf den Gedanken, die Aufmerksamkeit des Tieres auf das Nest zu lenken. Der erste Versuch mißlang, der zweite erweckte Hoffnung, und der dritte gelang vortrefflich. Als das Tier sich diesmal dem Neste näherte, stöckerte Evers rasch einen Teil der Eier hervor. Sobald der Stock entfernt war, stürzten sich eine Anzahl beutelüsterner Weibchen auf die Eier, um sie zu verschlingen. Aber ehe sie ihr Ziel erreichten, kam der Vater herbeigeschossen übernahm die Verteidigung wieder und trieb die räuberischen Weibchen zurück. Jetzt folgte Kampf auf Kampf und bald waren alle so eingeschüchtert, daß sie sich still

an der entgegengesetzten Seite aushielten. Während nun alle anderen
Männchen erblaßten, strahlte der mutige Sieger in den glühendsten Farben.
Er ging nun an die Ausbesserung seiner Kinderwiege, die Eier wurden
tief eingebohrt, die Fasern geordnet, Sand darüber geschwemmt und auch
die nötige Öffnung hergestellt. „Ob nun freilich," sagt Evers, „er in der
That das Nest als sein altes erkannt oder sich dessen nur aus väterlichem
Pflegetriebe, gleichsam zum Ersatze des verlorenen, angenommen hatte, wer
mag das entscheiden! Beide Beweggründe würden aber seinen geistigen
Fähigkeiten immerhin das beste Zeugnis ausstellen." Stichlinge, die Evers
im Freien bei ihren Nestern fing und mit diesen in seine Aquarien brachte,
brüteten nicht, erkannten ihr Nest also offenbar nicht und rasten sich zu
Tode; dagegen nahmen sich solche, die in den Becken gebaut hatten, im
Freien gesammelter und ihrer Pflege übertragener Eier ebenso getreulich
an wie ihrer eigenen. Nach ungefähr 12 Tagen schlüpfen die Jungen aus.
Die Laichzeit liegt zwischen April und Juni.

In einem Gewässer, wo der Stichling sich einmal eingefunden hat,
vermehrt er sich, trotzdem er gegenüber den anderen Fischen kaum mit so
viel einzelnen wie jene mit Tausenden von Eiern begabt ist, sehr stark.
Seine Eierzahl beträgt nur etwa 60 bis 80 Stück. In manchen Jahren
fängt man in Holstein, Schleswig, Schweden und England die Stichlinge
in solcher Anzahl, daß man sie zum Futter des Geflügels, zur Mast der
Schweine, zum Düngen der Äcker oder zur Thrangewinnung verbraucht.
Pennant erzählt, daß ein Mann in Lincolnshire längere Zeit hindurch
täglich 4 Schillinge mit dem Fange der Stichlinge verdiente, obgleich für
einen Scheffel von den Landwirten nur ein halber Penny bezahlt wurde.
Siebold wurde in Danzig erzählt, daß in der Not, welche während der
letzten Belagerung dieser Stadt geherrscht hatte, die ärmeren Einwohner
bei dem Mangel der gewöhnlichen Lebensmittel ihre Zuflucht zu den Stichlingen, die sich in den Festungsgräben gerade zu der Zeit so sehr vermehrt
hatten, genommen hätten, um mit ihnen ihren Hunger zu stillen. Falls er
nur richtig zubereitet werde, soll der Stichling eine sehr wohlschmeckende
Speise abgeben. Ob indessen ein Rezept seiner Bereitung in Davidis Koch-
buch angegeben ist, bezweifelte ich sehr.

Von Krankheiten verschiedener Art wird der Stichling viel heimgesucht, besonders von einem in seiner Bauchhöhle frei lebenden Bandwurm
(Schistocephalus solidus), der ihn außerordentlich aufbläht und schließlich
zum Platzen bringt. Auch verdorbenes, nicht genügend sauerstoffhaltiges
Wasser wird den Tieren verderblich, während andererseits auch Schmarotzer-
tiere auf ihnen sich nicht selten einfinden.

Trotz seiner oft nicht gerade angenehmen Eigenschaften ist der Stichling
einer der interessantesten Bewohner des Aquariums. Seine Beweglichkeit,
seine Munterkeit und Raschheit machen ihn zu einem angenehmen Bewohner
desselben. Gern ergeht sich das Tier in harmlosen Spielen mit seinen
Artengenossen, indessen werden zwischen ihnen auch nicht selten erbitterte
Kämpfe ausgefochten, da das Tier leicht erregbar und heftig ist.

In Wasserbecken mit genügendem Zuflusse gelingt es stets, Stichlinge einzugewöhnen; sogleich in enge Becken gebracht, gehen viele ein, besonders aus Kummer über den Verlust ihrer Freiheit, oder aus Ärger über die Veränderung ihrer gewohnten Verhältnisse. „Fast ohne Ausnahme", schreibt der schon mehrfach genannte Evers, „geberden sich alle frisch gefangenen zuerst ganz unsinnig und wütend. Stundenlang konnte so ein Kerl an derselben Stelle hinauf- und hinabrasen, immer den Kopf gegen die Glaswand gerichtet, und kein Leckerbissen, kein Eingriff meinerseits half da, jede Störung machte das Tier nur noch toller. Daß mir viele lediglich infolge dieses Lebens zu Grunde gegangen sind, also sich buchstäblich zu Tode geärgert haben, steht mir unzweifelhaft fest. Kam es doch vor, daß besonders gallige Stücke gegen meinen von außen genäherten Finger und gegen ihr eigenes Spiegelbild so heftig gegen die Glaswand fuhren, daß ihnen das Maul blutete!" In größeren Becken kommt so etwas indessen nicht, oder nur sehr vereinzelt vor. Hier tummeln sich frisch eingesetzte Stichlinge zuerst gemeinschaftlich umher, suchen alle Ecken und Winkel auf, mit einem Worte, sie machen sich heimisch. Sowie indessen einer von ihnen Besitz von einer Ecke nimmt, geht der Krieg los, wenn ein anderer sich erdreisten sollte, ebenfalls auf diese Ecke Anspruch zu erheben. So in einem Kampfe verwickelt, schwimmen die beiden Ritter schnell um einander herum, beißen, und versuchen sich mit ihren Dornen zu verwunden, bis einer von ihnen vom Kampfe abläßt und das Feld räumt. Zur Ruhe kommt aber der Flüchtling noch nicht sogleich, sondern er wird von einer Ecke des Aquariums zur anderen gejagt, bis er vor Ermattung kaum noch weiter kann. Oft gebrauchen die Kämpfer ihre Stacheln mit so großem Nachdrucke, daß einer von ihnen durchbohrt zu Boden sinkt. Der Sieger legt dann sein purpurnes Kleid an, während der Zurückgewichene unscheinbar, wie ein Weibchen erscheint. Weibchen und Männchen kämpfen mit einander. Stichlinge, einem stehenden Gewässer entnommen, gewöhnen sich besser und leichter ein, als solche, welche in Bächen leben. Ferner gelingt es leichter sie im Herbst oder im Frühling, nur nicht allzu kurz vor dem Laichen, an die Gefangenschaft zu gewöhnen.

Sollen andere Fische im Aquarium laichen, so sind keine Stichlinge in demselben Becken zu halten, denn die kleinen Räuber stellen hier noch mehr wie in der Natur dem Laiche nach. Als Raubfische verzehren sie auch mit Vorliebe kleine Fische, sind daher mit wehrlosen Tieren nicht zu vereinigen. Sehr zu empfehlen ist es, in kleineren Aquarien nur 2 Männchen und 3 bis 4 Weibchen zu setzen. Sind sie hier erst eingewöhnt, so werden sie, falls sie zeitig im Frühjahr gefangen sind, unschwer zum Nestbau und zur Fortpflanzung schreiten. Zur Zucht genügt ein Becken von der Größe 30 / 30 cm, welches möglichst dicht mit Wasserpflanzen besetzt ist.

12. Zwergstichling (Gasterosteus pungitius L.). Kleiner Stichling, zehnstachlicher Stichling.

Der Rücken trägt 9—11 Stacheln, die alle sehr kurz und frei sind. Die Seiten des Schwanzes besitzen gekielte Schuppen. Die Farbe des Rückens ist in der Regel gelblich grün, an den Seiten und unten silbrig, fein schwarz punktiert. ♂ zur Fortpflanzungszeit an der tiefschwarzen Kehle erkenntlich.

Nach der ausführlichen Schilderung des dreistachlichen Stichlings kann ich mich beim Zwergstichling kurz fassen. Er ist der kleinste unserer heimischen Süßwasserfische, wenn er auch oft die Größe des dreistachlichen Stichlings erreicht. Wie der letztere findet er sich auch an allen den Orten, welche von diesem bewohnt werden, doch tritt er nicht so scharenweise wie jener auf. Hinsichtlich der Anlage seines Nestes weicht der Zwergstichling von seinen Verwandten ab, er baut sein Nest freistehend, was nur in wenigen Fällen beim dreistachlichen Stichling der Fall ist. Die Anzahl der Eier, welche in einem Neste des Zwergstichlings gefunden wurden, beträgt etwa gegen 700.

13. **Schützenfisch** (Toxotes jaculator C.). Sciaena jaculatrix. Labrus jaculatris. Scarus Schlosseri. Cojus chatareus.

Der Körper ist kurz und zusammengedrückt, die Rückenflosse steht auf der letzten Hälfte des Rückens und ist mit harten Stacheln bewehrt, der weiche Theil ist bedeutend schwerer, wie die ihr entsprechende Steißflosse. Die Schnauze ist kurz und nieder gedrückt; die Unterkinnlade weit hervorstehend. Die Zähne sind sammetartig und sehr kurz. Sie stehen auf beiden Kinnladen, am Ende des Pflüger, den Gaumenknochen, den Flügelknochen und auf der Zunge. Sechs Kiemenstrahlen, und sehr feine Zähnchen am unteren Rande des Suborbitalknochens und des Vorderdeckels. Die Färbung ist grünbraun silbrig, das durch vier dunklere, bindenartige Flecken unterbrochen wird. Siam ꝛc. Vergleiche Abbildung 157 Seite 350.

In dem Unterlaufe des „Mae-Nam" und seinen Nebenflüssen und Kanälen bemerkt man den Schützenfisch hauptsächlich zur Zeit der Flut, deren Wirkung sich, nebenbei gesagt, durch Anstauung und Rückfließen der Gewässer bis weit in jene, nur sehr allmählich ansteigende, äußerst fruchtbare Niederungen hinein bemerkbar macht, welche von zahlreichen, teils natürlichen, teils von Menschenhand geschaffenen Wasserläufen durchschnitten, den Hauptbestandteil des Königreichs Siam bildet.

Der Schützenfisch zeigt sich hier sowohl einzeln als zu mehreren an stillen Stellen und Buchten in der Nähe der Ufer nahe an der Wasseroberfläche umherschwimmend und in der Ausübung seiner interessanten Jagd begriffen. Man erkennt ihn leicht an seinem gestreiften Aussehen und dem glänzenden hellgelben Hornhautring seiner großen, beweglichen Augen. Nie ganz nahe zusammenschwimmend, sondern nach Art erfahrener Jäger gut „Distanz" haltend, sieht man die kleinen Schützen, wie sie vorsichtig und aufmerksam das Terrain sondieren. An dem Stengel einer Wasserpflanze, etwa einen Fuß hoch über dem Wasserspiegel, sonnt sich behaglich und ahnungslos eine Fliege. Einer von den schwimmenden Jägern hat sie bereits erspäht, faßt etwas seitlich Posten, zielt einen Augenblick und „schießt." Ein Wassertropfen zerstiebt genau an der Stelle, wo das Insekt saß, ein blitzartiges Vorschnellen des Fisches und das getroffene und ins Wasser geschleuderte Kerbtier ruht sicher aufbewahrt in der Jagdtasche, dem Magen des geschickten Schützen, welcher ruhig weiterzieht, um anderes Wild aufzusuchen. (Karl Meißen).*)

*) Aus „Humbold."

Beim Spritzen nimmt der Schützenfisch seine Stellung so, daß kein Teil seines Körpers aus dem Wasser hervorragt. Seine Augen auf das Beutetier gerichtet, steht er unbeweglich und schleudert bei geschlossenem Maule durch die den Oberkiefer überragende Öffnung des Unterkiefers einen Tropfen Wasser in gerader Linie fort nach seinem Ziele, welches nur sehr selten verfehlt wird. Das Herausschleudern des Geschosses geschieht sehr wahrscheinlich durch plötzliches Zusammenziehen gewisser Schlundmuskeln. Über die Fortpflanzung ist nichts bekannt.

Schon von alten Schriftstellern wird angegeben, daß Schützenfische von Europäern und Chinesen in Gefäßen gehalten werden, über welche Insekten an Stäbchen stecken, durch deren Herunterschießen von seiten der Fische die ersteren sich belustigen.

„In meinem Zimmeraquarium", sagt Meißen im Humbold weiter, „einem Glasbassin, dessen Boden mit einer Schicht Sand versehen war, in welchem ich einige Wassergewächse gepflanzt hatte, zeigten sich die Schützen- fische in den ersten Tagen ihrer Gefangenschaft sehr furchtsam. Bei meiner Annäherung rannten sie heftig gegen die Glaswände des Bassins und suchten sich zwischen den Blättern der Wasserpflanzen zu verstecken, schienen aber sehr ungern unterzutauchen, sondern hielten sich so viel wie möglich an der Wasseroberfläche auf. Nach wenigen Tagen hatten sie ihre Scheu mir gegenüber etwas abgelegt, und ich machte zum erstenmale die interessante Beobachtung, daß die Fische mich, ihren Eigentümer, von anderen Leuten zu unterscheiden schienen. Wenigstens waren sie bei meiner Annäherung weniger scheu und furchtsam, als bei der von Fremden. Wenn ich sie be- obachtete, so verhielten sie sich ruhig, und betrachteten mich aufmerksam und gewissermaßen erwartungsvoll. Am nächsten Tage sah ich, daß eine Ameise, welche an der einen der Außenwände des Aquariums oberhalb des Wasser- spiegels vorbei marschierte, von zwei Fischen abwechselnd heftig bombardiert wurde — natürlich ohne Erfolg. Die verschleuderten Wassertropfen zer- spritzten in rascher Aufeinanderfolge an der Glaswand. Die beiden Schützen schienen übrigens das Vergebliche ihres Thuns bald einzusehen und ließen vom Spritzen ab." Eine von dem Pfleger gefangene Fliege, deren Flügel zum Gebrauche untauglich gemacht wurden, wurde auf ein Blatt einer etwa 20 cm über den Wasserspiegel stehenden Pflanze gesetzt, und sogleich von zwei Seiten angegriffen. Sie fiel in's Wasser und wurde die Beute des schnellsten Schützen. In ähnlicher Weise hatten die Fische Gelegenheit, sich ihren Lebensunterhalt zu erjagen. Sie wurden nach einigen Wochen äußerst zahm, daß sie nicht nur nach Insekten, welche der Pfleger zwischen den Fingern hielt, eifrig spritzten, sondern sich sogar ihre Nahrung zwischen den Fingern weg schnappten. Beobachtern wurden von den Tieren oft Wassertropfen auf Mund, Nase, Ohr und Auge geschleudert. Bezeichnend für die Sicherheit und Schnelligkeit, mit welcher die Tiere das Spritzen ausübten, war der Umstand, daß man, wenn es auf die Augen abgesehen war, den Wassertropfen selbst bis auf Entfernungen von mindestens 90 cm stets auf den Augapfel erhielt, ehe man nur Zeit hatte, das Auge instinktmäßig zu schließen, auch dann, wenn man den Fisch zielen sah und wußte, daß man den Tropfen im nächsten Augenblick zu erwarten hatte."

Außer Kerbtieren nahmen die Fische auch kleine Stückchen Fleisch an, wenn sie es sich entweder erspritzen oder es nahe der Oberfläche wegschnappen konnten. Auf den Grund tauchten sie nach Futter nie. Auch kleine lebende Fischchen wurden verzehrt.

Leider ist dieser reizende Fisch lebend zur Zeit noch nicht eingeführt, indessen dürfte bald seinem Imporie entgegengesehen werden.

---

14. **Kletterbarsch** (Anabas scandens C., Perca scandens Dald., Amphiprion scansor Bl., Lutjanus scandens, Anthias testudineus, Cojus cobojius Hamilton. Kletterfisch, Baumkletterer.

<small>Ein Teil der Schlundknochen in kleine, mehr oder minder zahlreiche Blätter verteilt, welche die Zellen unterbrechen, und in denen sich Wasser halten kann, welches auf die Kiemen abfließt und diese, wenn der Fisch sich außerhalb des Wassers befindet, befeuchtet. Der dritte Schlundknochen besitzt pfriemenähnliche Zähne, und es befinden sich desgleichen einige hinten am Schädel. Der Körper ist rund, mit harken Schuppen besetzt, der Kopf breit, die Schnauze kurz, und stumpf, das Maul klein. Die Ränder des Kiemendeckels, des Unter- und Zwischendeckels sind stark gezahnt. Der Schwanz ist abgerundet, desgl. die Hinterflossen. Die Oberseite ist grünlich braun, die Unterseite heller, oft gelblich gefärbt. Die hellen Seiten manchmal von dunklen Flecken oder Bändern durchzogen. Einzelne Tiere sind dunkler gebändert und lichter gefleckt, andere fast gleichfarbig. Indien, Ceylon, Barma, die Malayischen Inseln ɪc.</small>

Der Kletterbarsch wurde zuerst von Daldorf beschrieben, doch wird seiner schon zu Ende des 9. Jahrhunderts Erwähnung gethan und zwar von zwei arabischen Reisenden. Nach der Beschreibung des Fisches sagt Daldorf, er habe das Tier gesehen, als es in der Ritze einer Palme, die nicht weit von einem Teiche stand, in die Höhe kletterte, indem der Barsch sich mit den Stacheln der ausgespreizten Deckel an den Wänden des Spaltes hielt, den Schwanz hin und her bog, die Stacheln der Steißflosse an die Wand stützte, die Deckel zusammenschlug und so einen Schritt weiter that. Gefangen lief das Tier in einem Schuppen noch mehrere Stunden in trockenem Sande umher. An Bloch schickte der Missionar John 5 Fische mit dem Begleitschreiben: Die indischen Namen (Undi-colli, Panni-eri, Roja-gri ɪc.) bedeuteten Baumkletterer, weil er mit seinen sägeartigen Deckeln und scharfen Flossen auf die dem Ufer nahe stehenden Palmen zu klettern suche, während das Regenwasser an ihnen heruntertröpfelt.

Neuere Reisende erzählten von derartigen lustigen Spaziergängen des Kletterbarsches nichts, indessen stimmen alle darin überein, daß dieser Fisch sehr lange außerhalb des Wassers leben kann und auf dem Boden sich fortzubewegen vermag. Auch wird behauptet, Fischer hielten diese Tiere 5 bis 6 Tage in Gefäßen ohne Wasser und transportierten sie so 150 englische Meilen weit, ohne daß sie starben.

Ueber die Lebensweise des Kletterbarsches sind wir noch ziemlich im Unklaren. „Letzthin war ich," so schreibt ein Regierungsbevollmächtigter in

Trinkonomali an Tennert, „beschäftigt, die Grenze eines großen Teiches, dessen Damm ausgebessert werden sollte, zu besichtigen. Das Wasser war bis auf einen kleinen Tümpel verdunstet, das Bett des Teiches sonst an allen Orten trocken. Während wir auf einer Höhe standen, um ein Gewitter vorübergehen zu lassen, beobachteten wir am Rande des seichten Wassers einen Pelikan, der im Fressen schwelgte. Unsere indischen Begleiter wurden aufmerksam, liefen hinzu und schrien: „Fische, Fische!" Als wir zur Stelle kamen, sahen wir in den durch Regen gebildeten Rinnsalen eine Menge von Fischen dahinkrabbeln, alle nach aufwärts durch das Gras rutschend. Sie hatten kaum Wasser genug, um sich zu bedecken, machten jedoch trotzdem schnelle Fortschritte auf ihrem Wege. Unser Gefolge las etwa zwei Scheffel von ihnen auf, die meisten in einer Entfernung von 30 m vom Teiche. Alle waren bemüht, die Höhe des Dammes zu gewinnen, und würden auch, wären sie nicht erst durch den Pelikan und dann durch uns unterbrochen worden, wahrscheinlich wirklich den Höhepunkt erklommen und auf der anderen Seite einen zweiten Tümpel erreicht haben. Es waren offenbar dieselben Fische, die man auch in den trockenen Teichen findet.

Je mehr die Wasserbecken austrocknen, um so mehr sammeln sich deren Fische in kleinen, noch wasserhaltigen Tümpeln oder im feuchten Schlamme. An derartigen Stellen kann man Tausende von ihnen beobachten und sehen, wie sie sich in dem Schlamme, der die Beschaffenheit von Hirsebrei hat, hin und her bewegen. Wenn auch dieser Schlamm noch weiter austrocknet, machen sie sich auf, um nach wasserhaltigen Teichen zu suchen. An einer Stelle sah ich Hunderte von ihnen sich von einem gerade verlassenen Teich nach verschiedenen Richtungen hin zerstreuend ihren Weg aller Schwierigkeiten und Hindernisse ungeachtet fortsetzen. — Auf mich hat es den Eindruck gemacht, als ob diese Wanderungen nur des Nachts stattfänden, denn ich habe einzig und allein in den Morgenstunden

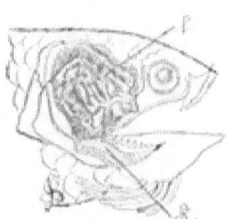

Figur 151. Kopf des Kletterbarsches Anabas scandens ausgeschnitten. L. die labyrinthförmigen Schlundknochen, K. Kiemen. Die unteren Bogen sind die Kiemenstrahlen.

wandernde Fische gesehen, auch beobachtet, daß die, welche ich lebend auflas und in Kübeln hielt, während des Tages ruhig waren, des Nachts aber Anstrengungen machten, aus ihrem Behälter zu entkommen, oft auch wirklich entkamen. Eine Eigentümlichkeit der wandernden Fische, die ich noch zu erwähnen habe, besteht darin, daß sie ihre Kiemen geöffnet haben." Können die Fische auf ihren Wanderungen kein Wasser finden, oder finden sie schon meist ausgetrocknete Tümpel, so graben sie sich im Schlamme ein. Es kann auch vorkommen, daß sie auf die Wanderung vollständig verzichten und sich gleich im Schlamme einnisten. In einer Tiefe von etwa 50 cm und darüber, findet man sie dann, je nach Beschaffenheit des Grundes. Die obere Decke des Teiches ist dann oft so trocken, daß sie zerreißt, oder beim Aufnehmen in Stücke fällt. Die Fische liegen dort gewöhnlich in einer etwas feuchten Schicht, aber auch diese kann austrocknen, ohne sie scheinbar am Leben zu gefährden. Das in der Beschreibung des Fisches erwähnte Labyrinth, welches an der Unterseite des Schädels liegt und zwei geschlossene, mit den Kiemenhöhlen kommunizierende Räume darstellt, in welchen ein mit Schleimhaut überzogener und von Blutgefäßen durchzogener Fortsatz der Kiemen sich befindet, ist nach neueren Untersuchungen als ein Luftatmungsorgan anzusehen, doch ist dieses noch nicht endgültig festgestellt. Füllt indessen der erste Regen ihre Tümpel wieder mit Wasser, so arbeiten sich die Kletterfische aus dem Schlamme heraus und beleben ihn wieder wie vorher. Weiteres über das Freileben des Kletterbarsches ist nicht bekannt.

Figur 155. Kletterbarsch (Anabas scandens).

Mitte und Ende der siebenziger Jahre kamen vereinzelte Kletterbarsche nach London in den Zoologischen Garten, dann auch nach Frankreich und in der Mitte der achtziger Jahre in größerer Anzahl in die Aquarien des Herrn Bipan zu Wansfort (England). Erst 1891 kam der Kletterbarsch nach Deutschland, nachdem Herr Hothorn ein Stück aus England nach Berlin gebracht hatte. Später erhielt Dr. Schad in Treptow bei Berlin aus Bombay 19 Exemplare und dann kamen 1893 in den Hamburger Zoologischen Garten 12 Stück, über welche Bolau im Zoologischen Garten nachstehendes im Auszuge berichtet: In einem der kleinen Süßwasser-Behälter des Hamburger Aquariums gesetzt, bedeckten sich die Barsche bald dicht mit Saprolegnienfäden und eines der Tiere ging nach dem anderen ein. Als Heilmittel wurde Salzwasser, wie Roll es empfohlen[*], angewandt. Die Fische wurden zunächst mit einer ziemlich starken Salzlösung bestrichen, dann

---

[*] Ist nicht zu gebrauchen, sondern siehe weiter hinten „Krankheiten".

aber in schwach bracfisches Wasser gesetzt und aus dem fälteren Aquarium in die warmen Räume der Reptiliengallerie überführt. Wasserwärme 30 ° C. Auf diese Weise gelang es, nachdem noch ein paar von der Krankheit bereits zu stark ergriffene Fische gestorben waren, drei der seltenen Tiere zu retten.

Nach Beendigung der Krankheit wurden die Fische in ein flaches, rundes Thongefäß von 40 cm Durchmesser und 9 cm Wassertiefe gesetzt, welches in ein größeres Blechgefäß von 65 cm Länge, 43 cm Breite und 20 cm Tiefe stand und das Ganze dann in einen der für Schildkröten bestimmten größeren Räume der Reptiliengallerie untergebracht. Das Innere, soweit es nicht vom Wasserbehälter eingenommen war, wurde mit Rasen ausgelegt.

Die Fische begannen bald das Wasser zu verlassen; sie sprangen aus demselben empor, schnellten gegen die Glasdecke, womit das Ganze überdeckt war, und fielen entweder in das Wasser zurück oder auf den Rasen. Nach dem Entfernen der Glasscheibe sprang einer der Fische aus dem Wasser und zugleich völlig aus dem Blechgefäß heraus auf den Kiesboden des Schildkrötenkäfigs. Zur nicht geringen Ueberraschung lief derselbe über eine Strecke von sechs bis acht Meter Länge mit derselben Gewandtheit, wie vorher auf dem Rasen. Hierdurch ermutigt, wurden die Fische in ein anderes Wasserbecken des Reptilienraumes untergebracht. Die Umgebung desselben war hier sanft nach hinten aufsteigend mit Rasen belegt worden. Sobald die Tiere diesen Raum bezogen hatten, verließen sie denselben und ergingen sich auf dem Trocknen. Nachdem sie sich hier eingewöhnt hatten, zogen sie es vor im Wasser zu bleiben. Um nun diese Fische zu weiteren Landwanderungen zu bewegen, wurde oberhalb ihrer eigentlichen Behälter ein anderes kleineres angelegt und die Tiere wiederholt in dieses gesetzt, von wo sie dann stets in das größere Becken zurückkehrten. Einmal kam es vor, daß ein Fisch zufällig aus dem höher gelegenen Becken mit einem Satze, über eine Strecke von 50 cm, in das größere tiefer gelegene Wassergefäß sprang. Sprünge von 30—40 cm Höhe wurden mehrfach beobachtet. Sobald die Kletterfische nicht gestört werden, verhalten sie sich ganz ruhig, meist verbergen sie sich vor den Augen der Beschauer. Kommen diese näher, so zeigen sie sich unruhig, schwimmen lebhaft umher, tauchen bis zur Oberfläche empor und unter einer raschen Wendung wieder unter; bei manchen sieht man an jeder Kopfseite je eine größere oder zuweilen auch mehrere kleinere Luftblasen nach der Wasseroberfläche aufsteigen.

Der Kletterfisch ist ein Raubfisch. Lebende Tiere werden von ihnen sowohl von der Oberfläche des Wassers genommen als auch im Wasser selbst aufgesucht, doch begnügen sich die Gefangenen auch mit frischem Fleisch, welches in kleine Stücke geschnitten ist. Sie nehmen reichlich Futter zu sich.

Springt der Kletterfisch aus dem Wasser, so fällt er stets auf den Bauch. In dieser Lage hält er sich dadurch, daß er die Bauchflossen quer nach den Seiten ausbreitet. Bewegt sich der Fisch vorwärts, so spreizt er ebenfalls die Brustflossen und den Kiemendeckel, und zwar so, daß er die Kiemendeckel nach außen umbiegt und die scharfen Stacheln in die Unterlage eindrückt, dann wirft er den Körper durch Hin- und Herdrehen, besonders durch den Schwanz, ruckweise nach vorwärts, wobei die Kiemenstacheln stets von neuem in die Unterlage eingreifen. Auf mehr ebenem Boden werden in der Regel die beiden Brustflossen abwechselnd, gehend, bewegt und hierbei von den Bauchflossen unterstützt. Dabei schlägt der hintere Körpertheil rasch hin und her und stützt sich auf die kräftigen, harten Strahlen der Afterflosse. Bei diesen Wanderungen sind alle Flossen ohne Ausnahme im gespreizten Zustande.

Ausgewachsene Kletterfische sollen 30 cm lang werden, doch sind zur Zeit erst solche von 20 cm bekannt geworden. Die zu uns gekommenen hatten eine Länge von 10—15 cm.

Beobachtungen über die Fortpflanzung sind noch nicht angestellt. Herr Simon, Mitglied des Triton in Berlin, gewann durch Zucht 1893 ein Exemplar, ohne indessen Beobachtungen über die Fortpflanzung gemacht zu haben. Seit dieser Zeit haben gefangene Fische weder gelaicht, noch haben sie sonstige Anstalten zur Fortpflanzung gemacht.

15. Gurami (Osphromenus olfax Cuv.) Osphromenus satyrus. Osphromenus gourami. Trichopus satyrus. Trichopodus mentum.

Der Körper ist zusammengedrückt. Der Suborbitalknochen und der untere Vorderdeckel trägt eine sehr feine Zähnelung. Die Kinnladen tragen einen schmalen Streifen sammtartiger Zähne, der Gaumen ohne diese. Der weiche Teil der Rücken- und Afterflosse reicht halbrund bis fast an das Ende der Schwanzflosse. Der Kopf ist zugespitzt, klein und der Mund weit vorstreckbar. Die unmittelbar unter den großen Brustflossen stehenden Bauchflossen sind klein, sie besitzen ein außerordentlich verlängertes, fadenförmiges Ende, welches die Schwanzflosse noch überragt. Die Färbung ist oberseits bräunlichrot, an den Seiten heller, gegen den Bauch zu allmählich in weiß übergehend. Eine Reihe von 7—9 dunkleren, unregelmäßigen, schrägen Binden, welche beim jüngeren Tiere den Körper überziehen, verschwinden im Alter. Auf der Wurzel der Brustflosse steht ein schwarzer Fleck. Im Hochzeitskleide erglänzt das ♂ in kuwietroter Grundfärbung mit goldgrün schillernden Streifen. Java, Sumatra und Borneo.

In seiner Heimat bewohnt der Gurami ruhige und reine Teiche und nährt sich hier, wie unser Karpfen, außer von kleinem Getier aller Art auch von faulenden Pflanzenstoffen, besonders soll er die Blätter der Pistia occidentalis lieben.

Die Zählebigkeit des Fisches, die Leichtigkeit, ihm geeignete Nahrung zu verschaffen und die Güte seines Fleisches haben schon oft Versuche gezeitigt, den Fisch auch bei uns einzubürgern. Auf der Insel Mauritius hatten sich bald den Zuchtteichen entkommene Guramis in den kleinen Flußläufen eingebürgert und gedeihen hier ebenso gut wie die in den Teichen gehaltene.

Aufz de Lavison brachte im Jahre 1869 von 12 aus Indien transportierten Guramis 5 lebend mit nach Paris, nachdem schon vorher versucht war, das Tier mit nach dort zu bringen. Diese 5 Guramis lebten 3 Monate in Europa, dann starben sie infolge unzweckmäßiger Haltung — es war zu kaltes Wasser in ihre Behälter geführt worden.

Bei diesem Versuch, Guramis zu importieren, blieb es nicht. Besonders in der letzten Zeit sind zahlreiche Tiere eingeführt worden, von denen jetzt in unserm Aquarium Osphromenus trichopterus in seinen beiden Varietäten Koelreuteri und Cantoris und Trichogaster fasciatus, eine den Guramis nahe stehende Art, gehalten werden.

Figur 156. 1. Osphromenus trichopterus, 2. Osphromenus olfax, 3. Zwergwels (Amiurus nebulosus).

a) **Osphromenus trichopterus** Gth'r.

Besitzt einen gestreckteren Körper als Osphr. olfax. Die Rückenflosse beginnt auf der Rückenmitte. Die Bauchflossenfäden reichen nach hinten zu etwa bis zur Mitte der schwach ausgerundeten Schwanzflosse. Der Oberkopf ist bräunlich, der Rücken gelbbraun, schwach metallisch violett glänzen die Seiten. Die Flossen sind hell und durchscheinend gelblich, orange gesäumt und ebenso gepunktet. Zwei an den Seiten stehende Flecke sind schwarz, schwach silbern gesäumt. Von den violetten Seiten stehen die Querstreifen etwas dunkel ab. ♂ und ♀ ? — Indien.

b) **Osphromenus trichopterus** var. **Cantoris** Cuv.

Ist einfacher gefärbt. Der ganze Körper ist schwach olivenbräunlich. Vom Auge bis zur Schwanzspitze zieht sich ein unterbrochener, zickzackförmiger, dunkler Streifen. Der Körper zeigt bald mehr, bald weniger, je nach der Umgebung, eine Streifung. ♂ und ♀ ? — Indien.

c) **Trichogaster fasciatus** Bl.

Von den Osphromenus-Arten sogleich durch seine Bauchflossenfäden zu unterscheiden, die nur aus einem verlängerten Strahl bestehen. Die Grundfarbe des

Körpers ist olivengelbbraun. Er schillert, je nachdem das Licht fällt, himmelblau, grüngoldig glänzend gestreift. Ebenfalls himmelblau sind Rücken-, Schwanz- und Afterflosse, alle feuerrot gesäumt. Die Kiemendeckel sind unten intensiv blan. Das Auge ist lebhaft rot, desgl. auch die Bauchfäden, die nur an ihrer Ansatzstelle weiß sind. Das ♀ ist matter gefärbt. — Indien.

Die Fortpflanzung der Guramiarten konnte eingehend im Aquarium beobachtet werden. Die Tiere bauen für ihren Laich ein Nest, ähnlich, wie es der Makropode und der Kampffisch, die uns noch näher beschäftigen werden, ausführen. Die Laichzeit bei diesen tropischen Fischen ist bei uns hauptsächlich an die Sommermonate gebunden und schreiten die Tiere dann, wenn ihr Aquarium einen sonnigen Platz im Zimmer hat, leicht zum Ablaichen. Um diese Zeit schmücken sich die Männchen mit ihrem Hochzeitskleide und erstrahlen dann in den glühendsten Farben. Die beste Schilderung des Laichgeschäftes bei Osphromenus olfax verdanken wir dem französischen Zierfischzüchter Carbonnier, dessen Schilderung ich im großen und ganzen folge. In allen Regenbogenfarben schillern die Flossen, die Brust zeigt ein glänzendes Lasurblau, die schräg über den Körper laufenden Streifen sind metallgrün, die After- und Rückenflosse wird stahlblau, letztere mit einem breiten weißen Rande umsäumt, und die beiden langen Brustflossen glühen in einem feurigen Rot. In diesem Prunkkleide kämpft das Männchen mit anderen seinesgleichen, während das Weibchen ein müßiger Zuschauer dieses Kampfes bleibt. Carbonnier bemerkt hierzu, daß die Weibchen nur während des Kampfes Sprünge aus dem Wasser machen, da sie erwarten, daß ein Männchen (der Notwendigkeit des Sauerstoffes wegen) sich ebenfalls an die Oberfläche des Wassers begiebt. Erscheint ein Weibchen auf den Kampfplatz zweier Männchen, so wird es von hier verwundet und zerschlagen zurückgetrieben. Endlich fangen die Lippen des kräftigsten Männchens an dick aufzuschwellen und andere Männchen trauen sich jetzt nicht mehr dem Sieger zu nahen. Ihre Farben verdunkeln sich und der Sieger bleibt allein auf dem Kampfplatze, in einem prächtigen Glanze strahlend. Die Weibchen erkennen das jetzt auch durch schnelle Bewegungen sich auszeichnende Männchen als ihren Beherrscher an und halten sich möglichst in seiner Nähe auf. Eines von ihnen wird ausgewählt, das Männchen dreht und krümmt sich um dieses und macht demselben auf alle Weise den Hof.

Derartige Kampfspiele sind im Becken jedoch nur dann zu beobachten, wenn mehrere Paare sich in demselben befinden. Ist nur ein Paar vorhanden, so folgt auf das Entfalten des Hochzeitskleides nur die gewöhnliche Jagd des Männchens auf das Weibchen. In der Freiheit begeben sich höchst wahrscheinlich die besiegten Männchen in einen neuen Kampf, bis sie endlich ein Weibchen gefunden haben und dann zum Bau des Nestes schreiten.

„Am folgenden Tage fing das Männchen an in einer Ecke sein Nest zu bauen. Die Arbeit ging so gut von statten, daß nach einigen Stunden schon das Nest einen Durchmesser von 15—18 cm und eine Höhe von 10—12 cm aufwies. Nur war leider das Nest am nächsten Morgen schon wieder zerstört, und zwar auf die barbarischste Art, so daß nur hier und da von demselben ein schwimmendes Schaumstück übrig blieb; die ganze Arbeit des armen Gurami war also umsonst gewesen. Da ich vermutete, daß die Zerstörung die Folge eines nächtlichen Kampfes zwischen Männchen war, ließ ich nur ein Ehepaar im Aquarium und entfernte sogleich die anderen. Mein Verdacht erwies sich bald vollständig begründet, denn bald entstand ein neues Nest, noch schöner als das erste, und diesmal rührte Niemand daran. Das Nest war teils aus dem übrig gebliebenen Material des alten hergestellt und teils aus Schaumblasen, die das Männchen von neuem gebildet hatte. Es muß hier bemerkt werden, daß die Zubereitung der Schaumblasen bei dem Gurami mit viel größerer Schwierigkeit verbunden ist, als bei dem Großflosser (Macropodus viridi-auratus). Bei diesem fließt aus dem Munde reichlich ein befestigender Schleim, während bei dem Gurami dieser nur sparsam austritt, auch nicht in so großer Menge vorhanden ist und ein zerbrechliches Baumaterial darstellt, von dem nur wenig verwendet werden kann."

Wenige Tage nach dem Ablaichen schlüpfen die jungen Fischchen aus, die in derselben Weise aufgezogen werden, wie ich es bei dem Makropoden beschrieben habe. Das Weibchen ist nach dem Ablaichen am zweckmäßigsten aus dem Becken zu entfernen. Das Männchen pflegt die Jungen bis etwa zu ihrem 8. Lebenstage. In derselben Weise laichen auch die anderen Guramiarten.

Im Becken sind die vorbeschriebenen Tiere, besonders in der ersten Zeit, während der Tagesstunden sehr scheu, in der Nacht jedoch werden sie lebhafter und tummeln sich dann munter zwischen den Pflanzen. Sie lieben überhaupt reich bepflanzte Becken, in denen die untergetauchten Gewächse dicht verschlungene Ranken bilden, zwischen denen sie gern Verstecke aufsuchen. Besonders lebendig sind die Tiere nur bei einer höheren Wassertemperatur; bei 20°R. sind sie sehr mobil und zeigen dann auch eine reiche Farbenpracht. Sollen die Gurami gesund bleiben, so verlangen sie mindestens eine Wassertemperatur von 12—14°R. Steht das Aquarium, welches dieselben bewohnen, in einem regelmäßig geheizten Zimmer an einer geschützten Stelle, so halten sich die Tiere über Winter ganz gut, lebhaft und farbig sind sie jedoch dann nicht. Beträgt die Wassertemperatur auf kurze Zeit $10^{1}/_{2}$°, so gehen die Tiere nicht gleich ein, sinkt sie jedoch noch weiter, z. B. auf 8°R., so sterben sie schnell. Vorgekommen ist es, daß Gurami auch eine Wasserwärme von nur 6°R ausgehalten haben, wenn sie sich im Schlamm verbergen konnten.

Die Ernährung der Gurami im Aquarium fällt nicht schwer, sie sind als richtige Allesfresser zu bezeichnen.

Bei den Guramiarten will ich gleich noch den in letzter Zeit aus Siam zu uns gebrachten Kampffisch abhandeln. Seine Haltung und Pflege ist die gleiche wie die der Guramiarten, desgleichen auch die Zucht. Ich kann mich also kurz fassen.

Kampffisch (Betta pugnax Cantor).

Das Tier erreicht eine Länge von etwa 8 cm und ist ein äußerst gewandter und in einem geheizten Becken auch ein munterer Geselle. In seinem Hochzeitskleide leuchtet dieser Fisch in den herrlichsten Farben. Die Schwanzflosse ist dann weit entfaltet und zeigt in satten Farben metallisch blau glänzende Streifen. Die ungemein große Afterflosse steht weit vom Körper und auch sie hat diesen wunderbaren Farbenschmelz angenommen und säumt sich mit einem intensiv roten Rande. Das kleine Auge funkelt wie ein Türkis, und der häutige Kiemendeckel hat sich aufgerichtet

und steht wie ein schwarzer Kragen vom Kopfe ab. Bei niedriger Wassertemperatur
ist der Fisch träge und in der Färbung einfach düster gezeichnet. — Malaiische
Halbinsel, Sumatra, Java, Saigon ꝛc.

Der Kampffisch, der in seiner Heimat (wahrscheinlich in einer herausgezüchteten Abart) schon lange gehalten, und hier von den wettlustigen Siamesen zur Aufführung von Fischkämpfen benutzt wird, ist als eine wert-

Figur 156a. 1. und 2. Kampffisch-Pärchen (Betta pugnax).
3. Bandfleckiger Schlangenkopffisch (Ophiocephalus punctatus).

volle Bereicherung unserer Aquarienfauna zu betrachten. Ein Pärchen Kampffische in ihrem Hochzeitskleide dürfte jeden, der auch nur etwas auf Naturschönheiten giebt, einen Ruf des Staunens ablocken. Den Kolibri unter den Fischen könnte man den Kampffisch nennen.

Um den Kampffisch stets gesund zu halten, darf die Temperatur seines Aquariums unter 12° R. nicht herunter gehen. In einer höheren Wassertemperatur schreiten Pärchen unschwer zur Brut. Der Nestbau ꝛc. gleicht dem der Guramiarten und verweise ich auf das hier Gesagte.

16. Makropode (Macropodus viridi-auratus Lacep.). Macropodus viridi-auratus. Polyacanthus viridi-auratus. Macropodus venustus C. Großflosser, Paradiesfisch, Flaggenfisch.

Die Kiemendeckelstücke sind ohne eine Zähnelung. Die Kiemen besitzen 4 Strahlen Ein schmaler Streif sammetartiger Zähne findet sich an den Kinnladen, der Gaumen ist ohne Zähne. Die Rückenflosse ist weniger ausgebreitet wie die Afterflosse. Der Körper ist gestreckt, seitlich zusammengedrückt. Unterseits graugrün mit abwechselnden gelb- oder bläulich grünen und rötlichen Querbinden. Der Kiemendeckel ist blaugrün, rot gerändet. Die Rücken- und Afterflossen sind gelbrot, gestreift, dunkelblau umsäumt. Die Färbung ändert ab, je nach Temperatur des Wassers und der Pflege, sowie des zeitlichen Zustandes der Fische. ♂ größer als das ♀. Ferner sind bei ersterem die Flossen länger und die Färbung des Fisches intensiver, auch ist das ♂ lebhafter als das ♀. China. (Vergleiche Farbentafel Figur 2.)

Der Makropode bewohnt ein ziemlich ausgedehntes Gebiet. Er ist aus dem westlichen Teile der Insel Formosa bekannt geworden, desgleichen auch aus der Umgegend von Singapore. Sprach auch schon Lacépède in

seinem Fischwerke (1798—1805) sich dahin aus, daß dieser Fisch in den sumpfigen Seen Chinas lebe, so sind diesbezügliche Angaben Carbonniers noch zutreffender, wenn er sagt, das Tier bewohne die Reissümpfe von Canton. In den Sümpfen der Reisfelder von Formosa kommen Makropoden massenhaft vor und werden von den Arbeitern oft gefangen und zu Spottpreisen in der Stadt verkauft. Die Ansicht früherer Forscher, welche das Tier lediglich als ein Erzeugnis lange fortgesetzter Zucht erkennen will, ist nach dem Bekanntwerden seiner eigentlichen Heimat hinfällig geworden, wenngleich auch, abgesehen hiervon, schon insofern Zweifel an die Richtigkeit dieser Annahme auftauchten, als seit 25 Jahren fast ohne Ausnahme Inzucht mit den Tieren getrieben wurde, ohne daß eine wesentliche Degeneration der Nachzucht eingetreten ist. Mit vorstehendem ist unser Wissen über das Freileben der Tiere erschöpft, dagegen ist über das Gefangenleben der Tiere viel zu berichten.

Im Jahre 1869 brachte Simon, französischer Konsul in Ning-Po, die bis zu dieser Zeit nur wenig in Europa bekannten Makropoden lebend nach Paris. Von 100 in China an Bord des Kriegsschiffes „L'Impératrice" genommenen Tieren überstanden 22 die Reise und von ihnen wurden am 9. Juli desselben Jahres 12 Männchen und 5 Weibchen dem bekannten Fischzüchter Carbonnier behufs Beobachtung und wo möglich Züchtung übergeben.

Durch die lange Reise befanden sich die Fische in einem äußerst mangelhaften Zustande. Die Tiere waren über und über mit Schleim bedeckt, ihre Flossen waren zerschlitzt und abgestoßen, mit einem Worte sie befanden sich in einem jämmerlichen Zustande. Eine Reinigung der Fische erzielte der Züchter dadurch, daß er ihren Behälter dicht mit rauhen Gräsern und zerschlitzten Pflanzen besetzte, den Tieren nur Würmer gab, die sie vom Boden auflesen mußten und sich so ständig an den Pflanzen rieben, wodurch ihre Schleim- und Schmutzkruste bald verloren ging und die Flossen neu nachwuchsen. Schon zu Ende des Jahres 1869 war Carbonnier in der Lage, an seinen Pfleglingen mancherlei Beobachtungen machen und so viele interessante Berichte über die Fische ausgeben zu können. Im August des Jahres 1871 verfügte der Züchter schon über etwa 600 Paare, von denen einige Zeit später auch Tiere nach Deutschland kamen.

Im Frühjahr beginnen bei den Fischen die Flossen zu wachsen, ihr Kleid wird lebhafter, bis zu Beginn der Laichzeit die Fische ihren höchsten Schmuck entfalten. Mit dem Anlegen des Hochzeitskleides tritt bei den Tieren stets eine große Beweglichkeit hervor, die dem sonst ruhigen Fische nicht eigen ist. Das Männchen hält sich meist zu einem bestimmten Weibchen, giebt sich jedoch auch nicht selten mit mehreren ab. Nähert es sich dem Weibchen, so spreizt es den Schwanz und die Flossen, färbt sich zusehends dunkler und beginnt sich in langsamer und gemessener Weise um dieses zu drehen. Das Weibchen stellt sich in der Regel dann mehr oder weniger senkrecht, legt alle Flossen eng an und beginnt auch seinerseits sich zu drehen. Ist das Männchen besonders erregt, so zittert es, was auch oft von dem Weibchen nachgemacht wird. Ist das Weibchen nicht zum Spielen aufgelegt, so nimmt es, sobald das Männchen herbeikommt, eine ziemlich senkrechte Stellung an, dreht sich einige Male um sich selbst, währenddem das Männchen es umschwimmt, und neigt sich dabei fast ganz auf die Seite. Diese Liebesspiele sind so reizend, daß man sich an ihnen garnicht satt sehen kann.

Wenn der stärker werdende Bauch des Weibchens die Heranreifung der Eier verkündet, beginnt das Männchen mit dem Bau des Nestes. Eine oft kaum wahrnehmbare Anschwellung hinter den Brustflossen kennzeichnet die Fruchtbarkeit des Weibchens.

Das Nest wird durch Ausspeien und Anhäusen von Luftperlen und Anhäusen kleiner Bläschen aus schleimigem Speichel mit einer ganz besonderen Vorliebe unter ein überhängendes Blatt einer Sumpfpflanze angelegt, steht aber auch oft in der Ecke des Aquariums. Es besitzt trotz des zum Aufbau verwendeten leichten Materials eine bedeutende Haltbarkeit, ragt 1—1¹, cm über den Wasserspiegel hervor und hat einen Durchmesser von 10 cm. Um das Nest herzustellen, kommt das Männchen an die Oberfläche, nimmt das Maul voll Luft und stößt diese dann in kleinen, von Speichelhäutchen umgebenen Blasen unter Wasser aus. Unter diesem Luftgebäude steht das Männchen in der Regel, während das Weibchen in einer Ecke des Aquariums seinen Platz hat, indessen kommen beide oft zum Spielen nach dem von Pflanzen freien Teil des Beckens. Bei diesen Minnespielen wird das Männchen immer ungestümer. Es begiebt sich sehr oft, man möchte sagen fortwährend an die Oberfläche, nimmt Luft in den Mund, stößt sie unter Wasser in massenhaften Perlen, teils durch denselben, teils durch die Kiemen aus, schwimmt lebhaft und ruckweise umher und richtet beim Stehen die Bauchflossen steil auf. In ganz ähnlicher Weise benimmt sich das Weibchen. Haben die Spiele längere Zeit gedauert, so fährt das Männchen plötzlich auf das Weibchen zu, beide öffnen das Maul und packen je eins die Lippe des anderen mit den Kiefern. In solchen Stellungen schwimmen die Tiere 10 bis 40 Sekunden verbunden im Becken umher. Dieses Liebesspiel wird mit solcher Hingabe betrieben, daß den Fischen nicht selten die Oberhautfetzen um das Maul hängen. Nach solchen und ähnlichen Vorspielen treibt das Männchen das Weibchen nicht selten mit Gewalt zur Begattung. Vorher jedoch hat es, falls mehrere Paare das Becken bewohnen, noch einen oder einige heftige Kämpfe mit anderen Männchen zu bestehen. Endlich erfolgt die Begattung thatsächlich. Das Weibchen wird mit stärkerer Kraft vom Männchen gedrückt, oft vollständig umgewendet, und durch Pressen an seinen Körper, wobei die Tiere zu Boden sinken, veranlaßt, die ersten Eier abzugeben. Diese befinden sich bei ihrem Austritte in unmittelbarer Berührung mit dem männlichen Geschlechtsorgan und werden sogleich befruchtet. Die Befruchtung selbst ist äußerst schwierig wahrzunehmen. Nach dem Akte bleiben beide Tiere sichtlich erschöpft einige Sekunden liegen, worauf sie sich dann trennen. Ist die Begattung unter dem Neste vollzogen worden, so steigen die Eier von selbst in dieses auf, andernfalls werden sie vom Männchen im Maule gesammelt, und in das Nest hineingespieen. Das Weibchen kümmert sich um die Eier garnicht, frißt sie im Gegenteil nicht selten auf. Nach Verlauf einer Viertelstunde erfolgt, meist durch eine Annäherung des Weibchens, eine neue Begattung, der andere in immer längeren Pausen folgen, bis die Zahl der Eier, 300 bis 500, abgelegt ist. Das Weibchen ist jetzt meist völlig farblos geworden und ruht unbeweglich in einer Ecke des Aquariums, das Männchen übernimmt allein die Sorge für die Brut. Die Eier entwickeln sich, wiederholt in neue Luftbläschen eingehüllt, schon nach Verlauf von 30—36 Stunden bei einer Wasserwärme von 20—22° R. Die ausgeschlüpften jungen Fische sind kaulquappenähnlich, haben eine Länge von etwa 2 mm, und nehmen erst nach 5—8 Tagen die Gestalt von Fischen an. Auch noch zu dieser Zeit werden sie von dem Vater aufmerksam bewacht. Fallen sie aus dem Neste heraus, so speit das wachsame Männchen die Jungen wieder in dasselbe hinein, trägt aber wenig Bedenken, seine größer gewordenen Kinder aufzufressen. Das Weibchen ist zweckmäßig schon 1 Tag nach der Abgabe des Laiches aus dem Becken zu entfernen, während es nötig ist, den Vater erst nach Verlauf von etwa 10 Tagen aus dem Becken herauszufangen, da zu dieser Zeit der Dottersack aufgezehrt ist. Die rasche und gute Entwicklung der Jungen wird durch die Temperatur des Wassers bedingt.

Nach dem Schwinden des Dottersackes ernähren sich die jungen Fische von Infusionstierchen, welche Nahrung mit der fortschreitenden Entwicklung geändert werden muß. Cyclops sind für die jungen Fische im jungen Alter eine sehr zweckmäßige Nahrung, später bei fortschreitender Entwicklung werden auch Daphnien angenommen.

In 3—4 Wochen sind die jungen Fische bei normalem Wachstum merklich herangewachsen und bei guter Pflege sind sie schon nach 3 Monaten laichfähig. Wie ich hier noch gleich anfügen will, sind die jungen Makropoden niemals den direkten Sonnenstrahlen auszusetzen.

Nach dieser ausführlichen Zuchtschilderung lasse ich weitere Winke zur Behandlung der Tiere folgen. Derjenige Liebhaber, der äußerst bissige Männchen besitzt, gebe diesen ältere kräftige Weibchen. Es ist vorgekommen, daß Makropodenmännchen 6 Weibchen getötet haben und sich erst mit dem 7. Weibchen paarten. Nach dem 4. Lebensjahre ist die Zuchtfähigkeit der Fische in der Regel erloschen, doch ist bekannt, daß selbst gezüchtete Makropoden ein Alter von 6 Jahren erreichen. Je älter das Wasser für die Makropoden ist, je wohler fühlen sich die Fische in demselben. Springbrunnen und Durchlüfter sind für dieselben überflüssige Dinge im Aquarium. Das Wasser der für Makropoden bestimmten Behälter habe möglichst keine niedrigere Temperatur als 10° R., höhere Wasserwärme schadet niemals den Fischen, sie fühlen sich vielmehr in einem solchen Wasser erst recht wohl. Bei einer genügenden Wasserwärme schreiten die Tiere zu jeder Jahreszeit zur Fortpflanzung.

Zierfische, überhaupt wehrlose Fische, sind mit Makropoden nicht zu vereinigen, da letztere unverträgliche und kampflustige Gesellen sind. Makropoden sind im Behälter für sich zu halten.

Ein von Matte eingeführter Zierfisch, dessen Zucht und Pflege sich mit der des Makropoden deckt, aber weil der Fisch wilder und scheuer ist, sich etwas schwieriger gestaltet, ist der glänzende oder schöne Paradiesfisch (Polyacanthus opercularis L.).

> Der Mund ist klein, kurz und stumpf. Die Kiemendeckelstücke ohne Zähnelung. Der Körper zusammengedrückt. Die Kiemen besitzen vier Strahlen. Ein schmaler Streifen hammerartiger Zähne findet sich an den Kinnladen, der Gaumen ohne Zähne. Die Schwanzflosse ist in ihrer Grundform rundlich. Auffallend sind die langen Flossen. Sonst steht das Tier dem Makropoden sehr nahe, ist indessen etwas schlanker gebaut, farbenprächtiger und gewandter als letzterer. China ꝛc.

Im Aquarium sind Zuchtresultate mit dem schönen Paradiesfisch noch nicht geglückt. Matte ist der Ansicht, daß die alten Fische nicht aus dem Becken genommen werden dürfen, bevor die Jungen anfangen zu schwärmen. Sollen Zuchtresultate erzielt werden, so ist es unbedingt nötig, die Tiere so wenig wie möglich zu belästigen.

17. **Schlangenkopffisch** (Ophiocephalus punctatus Bl.) Ophiocephalus lata Buchmann etc. Waral.

> Stachelstrahlen fehlen den Flossen, nur der erste Strahl ihrer Bauchflossen kann als solcher angesehen werden. Der Körper ist gestreckt, fast cylindrisch; die Schnauze kurz und stumpf, ihr Kopf niedergedrückt und oben mit sechseckigen Schildchen bedeckt. Die Kiemen besitzen 5 Strahlen. Die Rückenflosse erstreckt sich fast über die ganze Körperlänge, desgleichen ist auch die Afterflosse sehr lang. Die Schwanzflosse ist zugerundet. Brust- und Bauchflossen sind mäßig groß. Die Färbung ist auf der Oberseite grünlich, unten weißgrau und mit dunkleren, schief von oben und vorn nach hinten und unten verlaufenden Querbändern gezeichnet. Die Seiten schillern in blaugrüner Farbe. Indien. Vergleiche Abbildung Figur 156 Seite 311.

Herr Dr. Schad führte den Schlangenkopffisch im Jahre 1895 ein. Von 25 abgeschickten Fischen trafen 24 lebend ein, der 25. war im Behälter nicht zu finden, entweder entsprungen oder wahrscheinlicher von seinen Reisekameraden aufgezehrt worden. Zwei von den Fischen waren beschädigt, von ihnen starb einer bald, der andere heilte aus.

Über das Freileben des Schlangenkopffisches, der übrigens noch 31 nahe Verwandte in seiner Heimat besitzt, ist uns nicht viel bekannt, speziell über den Waral nichts, doch können wir nicht fehlgehen, wenn wir das von seinen Verwandten Bekannte auch auf ihn beziehen. In den meisten Fällen halten sich die Tiere paarweise zusammen auf. Sicheres über die Fortpflanzung unseres Fisches ist nicht möglich anzugeben, da für die Schlangenkopffische alle möglichen Fortpflanzungsweisen angegeben werden, ohne genau zu sagen, welcher Art sie zukommt. Beobachtungen hierüber an den eingeführten Gefangenen, welche Simon in Berlin pflegt, sind noch nicht gemacht worden. Nur so viel läßt sich mit Sicherheit sagen, daß die Alten ihre Jungen in der ersten Lebenszeit beschützen. Die Eier werden wahrscheinlich in ziemlich entwickeltem Zustande abgesetzt. Schmutziges Wasser scheinen alle Arten dieser Familie zu lieben, in frisches Wasser eingesetzt, suchen sie den Behälter zu verlassen. Auf dem Trocknen können sie lange leben, überstehen auch die heißen Sommermonate ihrer Heimat im Zustande der Erstarrung im Boden. Aus dieser treibt sie indessen der erste Regen wieder hervor. Ihre Luft nehmen die Tiere in gasförmigem Zustande zum Atmen auf. Sie kommen an die Oberfläche des Wassers und atmen

Zwingt man sie im Wasser zu bleiben, so sterben sie. Trocknet das Wasser ihrer Wohnbehälter aus, so unternehmen die Tiere Wanderungen über Land, um sich neue Wohnplätze zu suchen.

Gegen niedrige Temperatur sind die Schlangenkopffische empfindlich, unter 10° R. lasse man die Wärme ihres Wassers nicht sinken. Die Fische des Herrn Dr. Schad stehen im Aquarium meist zusammen hinter einem mit runden Löchern versehenen Stück Holz. Den Tieren entgeht kein Vorgang im Zimmer, sie verfolgen genau alle Bewegungen des Beobachters. Waren die Tiere in der ersten Zeit sehr scheu, so legte sich dieses bald, jetzt sind sie so zahm, daß sie ihrem Pfleger das Futter aus der Hand nehmen. Alles Genießbare ist ihnen recht und wird mit Gier verschlungen. Weitere Schlangenkopffische, die bis zur Zeit eingeführt sind, bringe ich nachstehend:

a) **Quergestreifter Schlangenkopffisch (Ophiocephalus striatus Bloch).**

Die Rückenflosse, die bei dieser Art stets 40 oder mehr Strahlen aufweist, besitzt bei punctatus nur bis 31. Dieses ist das sicherste Unterscheidungszeichen. In der Körperfarbe ist ein großer Unterschied nicht vorhanden. — Ostindien, China &c.

b) **Gefleckter Schlangenkopffisch (Ophiocephalus maculatus (uv.).**

Die Rückenflosse zählt 44 oder 45 Strahlen. An jeder Körperseite auf olivengrauem Grunde zwei Reihen großer, unregelmäßiger, rundlicher, brauner Flecke. Die Oberseite des Kopfes unregelmäßig dunkelbraun gefleckt. — Ostindien.

---

18. **Chanchito (Heros facetus Steind.).** Chromis facetus Jenyns, Heros Jenynsii Steind., Heros acaroides Hensel, Acara faceata Steind. Chamäleonsfisch. (Die letztere Bezeichnung ist nicht gut gewählt.)

Der Körper ist elliptisch. Der Rücken bei älteren Individuen stärker als bei jüngeren gekrümmt. Die Stirn ist breit, im Profil schwach konkav. Auf den Wangen stehen Schuppen. Die Schwanzflosse ist abgerundet, sie trägt Schuppen fast bis zur Längsmitte. Die Rückenflosse ist größer als die Afterflosse. Der Kopf bei jungen Tieren mehr als bei alten zugespitzt. Die Mundspalte erhebt sich schräg nach vorn. Die beiden Kiefer tragen eine Binde kleiner Spitzzähne, welche vor einer Reihe längerer Zähne liegt. Die Körperfarbe ist in der Regel braungelb oder grünlich, bald mit hellen, bald dunkleren breiten Binden gezeichnet, die sich auch auf die Flossen ausdehnen. Letztere sind gewöhnlich etwas dunkler als der Körper. Die Querbinden können oft ganz verblassen, es zeigt sich dann nur eine schwarze Mittellinie oder oft nur einige dunkle Flecke. Dann werden die Flossen hell, können sich auch u. a. mit einem roten Saume schmücken. Die Geschlechter sind äußerlich nicht unterschieden. — Süd-Amerika.

Über das Freileben des Chanchito ist nichts bekannt, als daß er in Seen und Flußläufen, auch im brackigen Wasser der Flußmündungen in seiner Heimat gefunden wird.

Ende April 1894 gelangte dieser Fisch mit anderen aus Brasilien hier an. Der Import wurde von einem Mitgliede des Verein „Triton" in Berlin ausgeführt, der die Fische fangen ließ und nach Deutschland brachte. Chanchito ist der brasilianische Name für unsern Fisch und bedeutet soviel wie Schweinchen. Wahrscheinlich hat das Tier seinen Namen daher erhalten, weil sein Rücken hochgewölbt ist. Wegen der Veränderlichkeit seiner Färbung ist der deutsche Name Chamäleonsfisch vorgeschlagen worden.

Sind wir über das Freileben dieses Fisches nicht unterrichtet, so sind wir es desto besser über das Gefangenleben, da der Chanchito schon in demselben Jahre, wo er eingeführt wurde, in der Zuchtanstalt von Matte ablaichte. Auch im Zimmeraquarium ist unser Fisch bald zur Fortpflanzung geschritten. Ehe ich den ersten Fall beschreibe, will ich kurz das Laichgeschäft schildern unter Zugrundelegung von dem, was Zwies in den Blättern für Aquarien- und Terrarienfreunde sagt. Als das Pärchen sein Hochzeitskleid angelegt hatte, trat beim Weibchen eine etwa 5 mm lange Legeröhre hervor. Nun begann das Pärchen eine Grube im Sande zu graben, die es sehr sauber hielt. Nachdem wurden die Eier an die vorher

Figur 157. 1. Chanchito (Heros facetus). 2. Schützenfisch (Toxotes jaculator).

von den Fischen gereinigte Glaswand des Aquariums an einer weniger belichteten Stelle abgesetzt. Die aus den Eiern schlüpfenden Fischchen wurden von den Eltern in die Grube getragen und hier bewacht.*) Ueber die weitere Aufzucht der Jungen in der Zuchtanstalt von Matte wird folgendes berichtet:

Haben die Jungen die Stätte ihrer ersten Kindheit verlassen, so bleiben sie doch noch wochenlang unter Obhut der Alten, und es ist ein wirklich trautes Familienbild, das sich dabei den Augen der Beobachter bietet: in bald geschlossener, bald mehr ausschwärmender Schar schwimmt die junge Brut vor den sorgsam auf alles achtenden Alten einher, nach Bedürfnis die in reichem Maße vorhandene, aus kleinen Kerbtieren ꝛc. bestehende Nahrung anschnappend, aber folgsam auf die von den Eltern gegebenen Zeichen, welche in energischen, ruckartigen Kopfbewegungen nach

*) Vergleiche: Bade, Der Chanchito und seine Zucht im Zimmeraquarium. Preis Mark 1.

Chanchitoweibchen die Jungen zum Neste führend

dieser oder jener Seite sich ausprägen, merkend und demselben gehorchend, sodaß man die Jungen immer die von den Alten angewiesene Richtung einschlagen, aus dem Bereiche der Gefahr sich entfernen sieht. Nähert man sich geräuschlos dem Zuchtbecken, so kann man die im Vorderteil desselben ihrem Thun und Treiben obliegenden Fische bequem beobachten: sobald man sich aber durch Sprechen, Räuspern ꝛc. oder durch Bewegungen verrät, eilt die interessante Gesellschaft dem Hintergrunde zu." Dürigen, der vorstehende Schilderung des Laichens und der Brutpflege in den Blättern für Aquarien- und Terrarienfreunde giebt, hatte Gelegenheit, dieses bei Matte zu beobachten. Nach Beendigung der ersten Brut schritten die Fische etwa 8 Wochen später zu einer zweiten.

Der Chanchito ist bei einer gewöhnlichen Zimmertemperatur im Becken unschwer zu erhalten, eine Vermehrung erfolgt jedoch nicht so sicher als bei dem Makropoden. Bis heute ist ein Fall bekannt geworden, daß dieser Fisch im Aquarium zur Fortpflanzung geschritten ist. Ein Mitglied des Verein „Nymphaea" in Leipzig hat diesen Erfolg zu verzeichnen. Am 25. Juli 1895 hatte das Weibchen seine Eier an die Blätter der Vallisneria abgesetzt. Da indessen nach drei Tagen nur noch leere Eierschalen zu sehen waren, glaubte ihr Besitzer zunächst, die Alten hätten die Brut gefressen. Erst nach längerer Zeit bemerkte der Pfleger die jungen Tiere, etwa 50 an der Zahl, die in der oben geschilderten Weise von den Eltern in einer Ecke des Beckens bewacht wurden. Die Alten wurden entfernt und glücklich eine geringe Anzahl der Jungen durchgebracht.

Der Chanchito ist ein äußerst zählebiger, gefällig gezeichneter Aquarienfisch von absonderlicher Form, der nach meiner Ansicht dazu berufen ist, die Makropoden teilweise aus dem Becken der Liebhaber zu verdrängen. Nur eine schlechte Seite hat der Fisch: er ist sehr futterneidisch und unverträglich. Seinesgleichen duldet das Tier durchaus nicht in seiner Nähe, sodaß mehrere dem Becken eingesetzte Chanchitos sich in möglichster Entfernung von einander halten. Ein Kampf zwischen zweien dieser Fische findet selten statt, einer weicht dem anderen aus. Mit einer fast unglaublichen Geschwindigkeit rasen sie hintereinander im größeren Becken her, bis es einem gelingt, durch eine elegante Seitenschwenkung zu entwischen. Der Verfolgte ist, da er selten zur Ruhe kommen kann, fast immer blaß, sein Verfolger dagegen dunkel. Bei solcher Jagd durch das Becken erhalten auch andere Fische, die mit dem Chanchito das Aquarium teilen, gelegentlich einen Puff ab.

Die zweite Ordnung der Schlundkiefer (Pharyngognathi) giebt uns z. Z. noch keine Aquarienfische. Die wenigen Familien, welche diese Ordnung enthält, leben fast alle im Meere, nur wenige Vertreter bewohnen die Flüsse. Das Hauptunterscheidungsmerkmal dieser Fische ist, daß ihre unteren Schlundknochen zu einem unpaaren Knochenstücke verwachsen, wenigstens aber durch eine feste Naht vereinigt sind.

2. Weichflosser (Anacanthini).

Die Kiemen der hierher gehörenden Fische sind kammförmig, der Oberkiefer ist mit dem Zwischenkiefer nicht verwachsen. Alle Flossenstrahlen in allen Flossen stets gegliedert, nur zuweilen ist der erste Strahl der Rücken-, Brust- und Bauchflosse knochig und hart, doch ist eine Gliederung stets zu erkennen. Die Bauchflossen haben ihre Stellung an der Kehle, an der Brust oder am Bauche, können auch fehlen. Die Schlundknochen sind stets getrennt. Im Süßwasser lebt nur eine Art.

Quappe (Lota vulgaris Cuv.) Gadus lota L. Gadus maculosus Lesueur etc. Aalquappe, Welsquappe, Trüsche, Rutte, Aalraupe rc. Der Körper ist langgestreckt, rundlich, mit kleinen zarten Rundschuppen besetzt, die auch den Kopf und die Wurzeln der Flossen bedecken. Der Kopf ist breit niedergedrückt, mit gleich langen Kinnladen, die je zwei Reihen kleiner Hechelzähne tragen. Die Mundspalte reicht bis unter das Auge. Ein Bartfaden steht am Kinn, zwei

Figur 158. 1. Quappe (Lota vulgaris). 2. Wels (Silurus glanis).

gar), kurze an den Nasenöffnungen. Die erste Rückenflosse ist kurz, die zweite und die Afterflosse sehr lang. Die Schwanzflosse ist abgerundet. Die beiden Bauchflossen stehen sehr weit nach vorne und zeigen 2 Spitzen. ♂ besitzt einen dickeren Kopf und schlankeren Körper als das ♀. Die Färbung der Oberseite ist ein dunkles Blaugrün, heller marmoriert, der Bauch schmutzig weiß. — Europa, Asien und Nordamerika.

Wenngleich die Quappe hauptsächlich süßes Wasser liebt, so wird sie auch im Brackwasser von Flußmündungen und Meeresbuchten nicht selten getroffen. Lieber dagegen ist ihr reines, stark strömendes Wasser, sie steigt auch deshalb hauptsächlich in Bächen bis hoch in das Gebirge hinauf. In kleinen Flüssen wird sie nur dann gefunden, wenn diese an einigen Stellen

tiefes Wasser besitzen. Sie lebt besonders am Grunde und stellt hier kleinen
Tieren aller Art nach, verschont auch Fischlaich nicht und ist besonders dem
Laiche der Lachse und Forellen gefährlich. Während der Tagesstunden hält
sie sich unter Steinen, Wurzelwerk und an am Grunde des Wassers
liegenden Gegenständen auf, verbirgt sich auch wohl im dichten Pflanzen-
gewirr. Wird der Gegenstand, unter dem sie sich verborgen hält, emporgehoben, so bleibt sie noch eine Zeit ruhig an dem Orte liegen, dann aber
schießt sie mit einer kaum glaublichen Schnelligkeit fort, verbirgt sich an
einem anderen Orte oder wühlt sich im Schlamme ein. Entgegen-
gesetzt den Alten, die die Tiefe des Wassers aufsuchen, verbergen sich die
Jungen in ganz flachem Wasser nahe dem Ufer. Nach Sonnenuntergang
verläßt die Quappe ihre Versteckplätze und geht auf Beute aus. Sie ist
einer der gefährlichsten Räuber des Süßwassers und die Geißel aller Fische,
welche sie bewältigen kann, Junge ihrer eigenen Art nicht ausgeschlossen.

Die Laichzeit der Quappe fällt in den Dezember und Januar, die
Tiere ziehen dann in großen Schwärmen stromaufwärts, um etwa eine
Million Eier an Steinen oder Wasserpflanzen abzusetzen. Eine von Stein-
buch mitgeteilte Beobachtung, nach welcher eine Begattung stattfände,
während deren beide Tiere längere Zeit durch einen häutigen Gürtel verbunden wären, ist von anderer Seite noch nicht bestätigt worden.

Für das Aquarium sind nur kleine Exemplare der Quappe zu verwenden, größere sind zu räuberisch. Der Gewohnheit der Quappe gemäß
sind ihr Versteckplätze zu bieten, wo sie sich tagsüber aufhält. Junge Tiere
halten lange im Becken aus.

3. Edelfische (Physotomi).

Zu den Edelfischen oder Schwimm- oder Mundbläsern, wie
der wissenschaftliche Name richtig übersetzt lautet, gehört der
größte Teil unserer Fluß- und Wirtschaftsfische. Sie besitzen
alle das charakteristische Kennzeichen, daß ihre Schwimmblase,
falls vorhanden, einen ausführenden Luftgang besitzt, und
durch eine Reihe Gehörknöchelchen mit dem Gehöre verbunden
ist. Die Schlundknochen sind getrennt, die Kiemen kammförmig,
die Flossen weich. Die Stellung der Bauchflossen, falls diese
vorhanden sind, befindet sich hinter den Brustflossen.

1. **Wels** (Silurus glanis L.). Waller, Weller, Schade, Schaden,
Schaid, Scharn rc.

<small>Der Kopf ist breit, plattgedrückt, der Mund sehr weit, der Unterkiefer etwas vor-
stehend. Letzterer, wie Zwischenkiefer und Pflugscharbein mit in breiten Binden
stehenden Hechelzähnen bewaffnet. Die Zunge ist breit und ohne Zähne, die Kiemenspalte sehr weit. Der Oberkiefer trägt zwei lange starke Barteln, die bis zur Spitze
der Brustflosse reichen, am Unterkiefer befinden sich vier kleinere. Die Augen sind
klein, vor und zwischen ihnen haben kleine Nasenöffnungen ihren Platz. Der Körper
ist vorn rundlich, hinten zusammengedrückt. Die Haut ist nackt und schlüpfrig. Die
Rückenflosse ist nur sehr klein aber hoch, sie steht in der Mitte zwischen Brust und</small>

Bauchfloſſe. Die Afterfloſſe iſt lang und nur wenig von der gerundeten Bruſtfloſſe
getrennt. Die Färbung der Oberſeite iſt dunkel olivgrün oder ſchwärzlich, heller
marmoriert. Der Bauch iſt weißlich. — Im mittleren Europa. Vergleiche Abbildung Figur 158 Seite 352.

Ein Rieſe aus der Familie der Welſe, welche nebenbei geſagt in den
Tropen einen ungeahnten Formenreichtum entwickelt und allein ſchon ca.
300 Arten auf Mittel- und Südamerika entfallen läßt, iſt unſer heimiſcher
Wels. Er iſt von den über 550 Arten der Welſe einer der größten Fiſche
und findet ſich vorzugsweiſe in größeren Strömen, Seen und Haffen, geht
auch in die Altwaſſer träg fließender Gewäſſer, gelegentlich ſogar in Ge-
birgsſeen über. Mit Vorliebe ſucht er ſich ſolche Orte aus, welche durch ihr
ſtillſtehendes Waſſer, den weichſchlammigen Untergrund und den ſchwimmenden Pflanzenbeſtandteilen möglichſt den Charakter verſumpften Waſſers annehmen. Dieſer Wels könnte mit Fug und Recht als Sumpffiſch bezeichnet werden.
Die Übereinſtimmung ſeiner Färbung mit der des Schlammes iſt für ſeine
Jagdweiſe nicht ohne Bedeutung für ihn. Gewöhnlich lebt das Tier einſam
am Grunde der Gewäſſer, hinter Wurzeln, verſunkenen Baumſtämmen oder
unter Uferworſprüngen verſteckt. Nur zur Nachtzeit iſt er in Bewegung
und ſucht ſich Beute. Ein unerſättlicher, arger Räuber iſt der Wels, der
ſeine Beute wahrſcheinlich durch Bewegung der langen Barteln anlockt,
denn auf ein Verfolgen derſelben kann ſich das Tier nicht einlaſſen.
Außer Fiſchen und anderen Waſſertieren ſtellt er Enten und jungen
Gänſen nach. In größeren Exemplaren ſind ſelbſt Hunde- und Kinderleichen
gefunden worden. Derartige reſpektable Geſellen, die ſolche Gegenſtände
verſchlingen können, findet man aber nur ſelten, denn es ſind nur Aus-
nahmsfälle, wenn ein Wels 4 m lang wird und ein Gewicht von 200 kg
erreicht. Die Bewohner der Donauländer fürchten ſich vor dem Wels, weil der
Aberglaube der Fiſcher meint, daß einer von ihnen ſterben müſſe, wenn ein
Wels gefangen ſei. An anderen Orten wird das Tier für einen Wetterpropheten angeſehen, weil es nur am Tage bei Gewitterluft die Tiefe der
Gewäſſer verläßt und in die Höhe ſteigt.

Die Laichzeit fällt in die Monate Mai bis Juni. Die Tiere ziehen
dann paarweiſe an pflanzenreiche Ufer, um hier die Eier, etwa 100000 Stück,
abzulegen. Zur Laichzeit halten ſie ſich auch am Tage im ſeichten Waſſer
auf. Etwa 8 bis 14 Tage nach dem Ablegen des Laiches ſchlüpfen die
Jungen aus, welche mit Kantquappen eine ganz überraſchende Ähnlichkeit
beſitzen. Nur wenige Welſe, zum Glück für unſere fiſchreichen Gewäſſer,
werden alt und groß. Die Eier werden ſchon vom Stichling, von Aalen,
Quappen und Fröſchen verzehrt, junge, das Ei verlaſſende Welſe wandern
oft in den Magen der unerſättlichen Alten, während andere Raubfiſche das
ihrige dazu beitragen, die Brut zu vernichten. Die hiervon verſchont gebliebenen werden meiſt in jungen Jahren von Fiſchern gefangen und nur
die wenigſten werden zu Rieſen ihres Geſchlechtes. Ungariſche Fiſcher geben
die Lebensdauer des Welſes auf 10 bis 12 Jahre an, jedoch entſchieden
mit Unrecht, eine Lebensdauer von 60 bis 80 Jahren kann man dieſem
Fiſche nach Berückſichtigung aller Angaben ruhig zuſprechen.

Nur selten gelingt es, junge Welse für das Aquarium zu fangen. Jahre können vergehen, ehe derartige kleine Tiere Berufsfischern in die Fanggeräte kommen, daher ist auch das Tier in unserem Becken eine Seltenheit. Diese kleinen Gesellen sind aber im Becken ungemein ausdauernd. Sie liegen am Tage zwischen Pflanzen verborgen und kommen nachts zum Vorschein, um sich Nahrung zu verschaffen.

2. Gefleckter Fadenwels (Pimelodus maculatus Lac.).

Die Oberseite des Kopfes ist rauh. Der Zwischenkiefer dem unteren Mundrand nur wenig überragend. Zahnbinde desselben durchschnittlich 5mal so breit wie lang. Gaumenzähne fehlen. Unterkiefer und Zwischenkiefer tragen hechelförmige Zähne. Alte Exemplare zeigen große, ziemlich scharf abgegrenzte dunkelbraune Flecken am Rumpfe in 4—5 Längsreihen, auf der Oberseite des Kopfes und auf der Fettflosse stehen zahlreiche kleinere Flecken. Auch Schwanz-, Brust-, Bauch- und Rückenflosse sind gefleckt. Die Barteln der Oberlippe erreichen eine Länge bis zum Ende der Fettflosse bei jungen Fischen, bei älteren nur bis zur Mitte oder nicht weit über den Anfang derselben. Südamerika.

Figur 159. 1. Ungarischer Hundsfisch Umbra Krameri. 2. Gefleckter Fadenwels Pimelodus maculatus. 3. Gestreifter Panzerwels Callichthys fasciatus.

Der gefleckte Fadenwels ist in seiner Heimat weit verbreitet. Das Tier ist bekannt geworden aus dem unteren Laufe fast sämtlicher größeren Ströme Südamerikas, von der Mündung des La Plata bis zu jener des Magdalenenstromes. Ganz besonders häufig ist unser Fisch im La Plata und im Rio San Francisco. Im Amazonenstrome ist er dagegen nur zwischen Pará und Santarem in größerer Menge gefangen worden, im mittlern und oberen Laufe dieses Stromes dürfte der gefleckte Fadenwels nur selten vorkommen.

Der Import dieser Fische geschah durch Herrn Kirschner, auf Veranlassung des Vorsitzenden vom „Triton" P. Nitsche in Berlin. Von diesem und dem folgenden Wels soll Nachzucht erhalten sein. Im Aquarium ist der gefleckte Fadenwels in der ersten Zeit scheu, wird aber später ruhiger und ist dann ein prächtiger Bewohner des Beckens.

3. Pimelodus sapo Val.

Der Unterkiefer überragt den Zwischenkiefer ein wenig, aber nur ganz unbedeutend. Der Kopf ist stark deprimiert, die Haut auf der breiten Oberseite desselben bald dünn, sodaß eine Streifung der oberen Kopfknochen äußerlich hervortritt, bald aber diesem entgegen dick und glatt. Der Mundrand ist gerundet. Die Zahnbinde des Zwischenkiefers ist 4—5 mal so breit wie lang. Die oberhalb des Mundes stehenden Barteln sind ungewöhnlich lang. Die Rückenflosse ist so hoch wie lang, am oberen Rande schwach gerundet. Die Fettflosse verliert sich nach vorn zu in der dicken Rückenhaut. Die Färbung ist ein dunkles schwarzblau, rötlich schillernd. — Süd-Amerika. Vergleiche Abbildung Figur 160 Seite 360.

Pimelodus sapo kommt im Stromgebiete des La Plata und in den Flüssen in der Umgebung von Rio grande do Sul vor. Obgleich der Fisch wohl noch weitere Flüsse bewohnen wird, ist sein Vorkommen in diesen z. Z. noch nicht festgestellt.

Auch dieser Wels wurde auf Veranlassung von P. Nitsche von Herrn Kirschner aus Argentinien mitgebracht und steht auch von ihm Nachzucht zu erwarten.

4. Gestreifter Panzerwels (Callichthys fasciatus Cuv.).

Der Körper ist zur Seite mit 4 Reihen Schuppenstücken gepanzert und auch der Kopf trägt solche Platten. Das Mundende und die Unterseite des Körpers sind nackt. Die Rückenflosse besitzt nur einen einzigen Strahl im vorderen Rande. Der Mund ist nur wenig gespalten und unterständig, die Zähne fast unmerklich. Die Augen sind klein und sehr beweglich. 4 kurze Bartfäden sind vorhanden. Die Färbung des Fisches ist ein in verschiedener Belenchtung wechselndes Rosenrot. (Vergleiche Abbildung Figur 159 Seite 355.)

Über das Freileben des gestreiften Panzerwelses ist wenig bekannt. Wir wissen nur soviel, daß Panzerwelse in allen größeren Flüssen Südamerikas gefunden werden und die Tiere sich mit Vorliebe unter Steinen oder in Uferlöchern aufhalten. Ihre Ansprüche, die sie an das Wasser stellen, sind sehr gering; Kappler fand die Tiere auf Felseninseln in Wasserlöchern ohne Abfluß, die den ganzen Tag von der Sonne beschienen wurden. Ferner ist bekannt, daß diese Tiere sich beim Austrocknen der Gewässer im Schlamme verkriechen. Ihr Fleisch mit Salz und Pfeffer auf dem Rost gebraten, wird als ein Leckerbissen geschätzt. Wegen seines Panzers nennen ihn die Ansiedler Soldat, doch dürfte diese Bezeichnung wohl auch auf seine näheren Verwandten angewendet werden. Weiter ist noch zu bemerken, daß die Panzerwelse keine Schwimmblase besitzen.

Die erste Gelegenheit, unseren Fisch in der Gefangenschaft beobachten zu können, war dem französischen Fischzüchter Carbonnier vergönnt, der ihn im Jahre 1876 erhielt. Im Bulletin mensuel de la Société d'Accli-

matisation zu Paris teilt er folgende Beobachtungen mit: „Den Besitz von
16 gestreiften Panzerwelsen, die nur zu meinen Beobachtungen dienten,
danke ich der Freundlichkeit des Herrn Rousseau, Kommandanten eines nach
Süd-Amerika gehenden Dampfschiffes. Dieser liebenswürdige Offizier, dessen
Name schon seit langer Zeit in der Akklimatisations Gesellschaft bekannt ist,
hat sie mir im Jahre 1876 aus La Plata mitgebracht. Die Fische besitzen
eine große Lebenskraft; sieben von ihnen haben in einem Gefäße ohne
Wasser, da es vergessen war ihnen dasselbe zu reichen, sechs Stunden ohne
Schaden ausgehalten." Übergehen wir hier einige allgemein gehaltene Mitteilungen, wie der Züchter ohne genaue Beobachtungen anstellen zu können
die erste Nachzucht von 50 Jungen erhielt. Im folgenden Jahre laichten
die Fische nicht, im Jahre 1880 dagegen schritten sie zur Laichabgabe in
einem gut belichteten Aquarium, dessen Wasserwärme 21 C zeigte. Carbonnier
sagt dann weiter: „Ich hatte in dieses Aquarium 8 Männchen und 4 Weibchen
gesetzt. Die letzteren sind zu dieser Zeit an ihrem aufgeschwollenen und
gelber als sonst gefärbten Bauch zu erkennen und fast doppelt so dick als
die Männchen, welche, obgleich von schwärzlich grauer Farbe wie die
Weibchen, zur Paarungszeit lebhafter gefärbte Flossen zeigen. Eines Tags
bemerkte ich, wie die Männchen sich unter den Pflanzen des Aquariums in
Gruppen von vier oder fünf versammelten, sich heftig bewegten, zusammen
an die Oberfläche stiegen, hier Luft einnahmen, und dann sich in die
dunkelste Ecke auf den Grund zurückbegaben, wo sie erregte Bewegungen
aufführten, gleichsam um sich wechselseitig anzutreiben. Das Weibchen
schwamm während dieser Zeit mit ausgebreiteten Flossen anmutig umher,
bewegte seine vier Bartfäden nach allen Richtungen und schien durch wiederholte Bewegungen seiner Unterlippe dem Männchen eine verführerische Rede
zu halten; dann stieg es hinunter bis zum Grunde, wo es langsam hin
und her schwamm. Ermutigt ohne Zweifel durch die soeben vernommene
Erklärung des Weibchens, stürzten sich zwei oder drei der kühneren Männchen
auf dasselbe; eins bewegte sich an seiner Seite längs des Bauches, ein
anderes befand sich am Rücken, ein noch verwegeneres legte sich quer über
den Kopf, und mit Hilfe des ersten knochigen Stachels der Brustflosse umschlang es wie mit einer Hand das Weibchen fest mit seinen Bartfäden.
So angeklammert, kehrte es sich um und ließ sich bis unter den Kopf des
Weibchens gleiten, indem es mit aller Kraft nach der Richtung des Bauches
des letzteren seinen Samen abgab. Dieses Männchen war der Sieger.

Das Weibchen war inzwischen nicht unthätig geblieben. In demselben
Augenblick, als es sich vom Männchen umklammert fühlte, brachte es seine
beiden Bauchflossen einander nahe, in der Weise zweier geöffneter, an ihren
Enden vereinigter Fächer und bildete so eine Art Sack, dessen Seitenwände
der Bauch und die Häute der Flossen vorstellten, während sich am Boden
die Öffnung der Eierstöcke befand. Der Same des Männchens ist also
in diesem häutigen Sack eingeschlossen, ohne auslaufen zu können, und
wenn eine Minute später, durch die Bauch-Zusammenziehungen des
Weibchens ausgestoßen, die Eier ebenfalls dort anlangen, so werden sie in
unmittelbare Berührung mit dem Samen gebracht und befruchtet.

Der Laich besteht aus 5—6 Eiern, welche das Weibchen einige Minuten lang in der soeben beschriebenen Tasche behält. Dann verläßt es die Tiefe, um einen für die Entwicklung der Eier günstigen Ort zu suchen. Es wählte eine der hellsten Seitenwände des Aquariums, 10—15 cm unterhalb der Oberfläche des Wassers; dort reinigte es mit dem Munde einen bestimmten Raum, legt seinen Bauch gegen das Glas, öffnet seinen Sack ein wenig und befestigt die klebrigen Eier an dieser Seitenwand. Obgleich die Eier fast immer schon beim erstenmale haften, wird die Arbeit doch vom Weibchen noch einige Male wiederholt, ohne Zweifel um sich zu versichern, daß kein Ei zwischen den Bauchflossen bleibt. Nach Verlauf einiger Minuten beginnt die Annäherung der Männchen von neuem, und das Legen wiederholt sich so vierzig bis fünfzigmal an demselben Tage bis zur vollständigen Absonderung der Eier, deren Zahl ich auf 200—250 schätze. Das Absetzen des Laiches, welches ich beobachten konnte, fing zwischen 9 und 10 Uhr morgens an und endete gegen 2 Uhr mittags.

Während der ganzen Dauer des Laichens verfolgen die Männchen, ohne Zweifel von dem Geruch der Eier angezogen, raubgierig das Weibchen und verschlingen eine große Anzahl der oben abgesetzten Eier und dies scheint ihre Begierde zu steigern. Übrigens findet bei dem größten Teil der von mir beobachteten Arten dieses statt. Die zuerst abgelegten Eier werden fast stets von dem Männchen verzehrt. Zuweilen setzt das Weibchen seine Eier auf Wasserpflanzen ab, aber mit Vorliebe wählt es einen großen Stein oder einen etwas aus dem Wasser ragenden Felsen hierzu, und dort, wo es einmal angefangen hat die Eier abzusetzen, ist es selten der Fall, daß nicht alle dort angebracht werden. Nach dem Laichen sind die in Gruppen von 3 bis 5 Stück zusammen haftenden Eier von einem milchigen, ziemlich undurchsichtigen Weiß; später wird ihre Farbe gelblich und im Augenblick des Ausschlüpfens, d. h. am achten bis zehnten Tage der Entwicklung, schwärzlich. Dieses hat seinen Grund darin, daß der Embryo schwarz gepunktet ist, wodurch bereits die Zeichnung des ausgewachsenen Fisches angedeutet ist.

In dem Maße, als die Entwicklung des Embryo fortschreitet, hängen die Eier mit größerer Zähigkeit an den Gegenständen fest, denen sie angeklebt sind. Bei seiner Entstehung zeigt der Embryo eine kugelförmige Gestalt; man unterscheidet zuerst nur vier Bartfäden, die kleine Höcker bilden. Das halb durchsichtige Nabelbläschen ist wenig umfangreich, der Fisch hält sich in normaler Lage und ist nicht wie die Embryonen unserer meisten Fische umgelegt. Bald erscheint der Schwanz, dann die Flossen. Die verschiedenen Entwicklungsstufen dauern je drei Tage, während welcher Zeit die jungen Fische ein unabhängiges Einzelleben führen, aber auch nach diesem Zeitraum, d. h. 12—13 Tage*) nach Ablegen des Laiches, vereinigt sich die junge Brut und schwimmt, eine liliputanische Schar, lustig auf dem Grunde des Aquariums umher. Im allgemeinen flieht sie das Licht und hält sich während des Tages unter schattengebenden Gegenständen

---

*) Nach vorliegenden neueren Beobachtungen nur 10, bei wärmerer Temperatur nur 7—8 Tage.

verborgen, aber in der Dämmerung und des Nachts sucht sie alle Pflanzen des Aquariums ab, um sich der zahlreichen Infusorien zu bemächtigen, von denen es dort wimmelt und die ihre Nahrung bilden."

Während der gestreifte Panzerwels in seiner Heimat die Eier im Oktober und November ablegt, benutzen die importierten hierzu die Monate August und September, die hier schon gezogenen sogar den Juni.

Wenig bewachsene Behälter, in denen dieser Wels gehalten wird, zeigen ihn als einen munteren Gesellen, in voll und dicht bewachsenen ist er träge. Nicht sehr empfindlich ist der Fisch gegen eine kühlere Temperatur, auch bei weitem nicht so gefräßig wie die übrigen Welse.

Mit dem letzten Transporte, durch welchen sich der Vorsitzende des „Triton" Herr P. Nitsche und Herr Kirschner sehr verdient um die Aquarienliebhaberei gemacht haben, sind auch gestreifte Panzerwelse eingeführt worden.

Neben dem gestreiften Panzerwels ist auch noch ein naher Verwandter desselben eingeführt, dessen Beschreibung ich nachstehend kurz gebe. Das Tier bot zuerst Geyer an.

Punktierter Panzerwels (Cailichthys punctatus C.)

Die Oberseite ist dunkeloliv, die Unterseite gelb grundiert.

5. Commersons Panzerwels (Plecostomus Commersonii Val.) Plecostomus spiniger Hens., Hypostomus punctatus Val.

Der Kopf in seinem Umrisse elliptisch. Der Mund längs der Mitte hinauf erhöht, die Schnauzenspitze nackt. Die Bartfäden kurz, etwa so lang wie das Auge. Die Körpergestalt ist gestreckt. Die horizontalen Schildreihen an den Seiten des Körpers längs der Höhenmitte gekielt und daselbst insbesondere am hinteren Rande jedes Schildes mit etwas größeren Zahnen oder Stacheln besetzt. Der Bauch trägt kleine, rauhe Schildchen. Kleine zahllose, dunkle Flecken stehen am Kopf, an den Seiten des Rumpfes und auf den Flossen. Der Bauch ist mit größeren Flecken minder dicht besetzt als der übrige Teil des Körpers. Südamerika.

Commersons Panzerwels ist bis zur Zeit aus dem La Plata und dessen Nebenflüssen, Rio San Fransco, Rio Jacuhy und Cadea, Rio Parahyba, Rio Cuenda und Rio Grande bekannt geworden. Über das Freileben des Tieres ist nichts bekannt, eben so wenig über die Fortpflanzung. Die Haltung im Aquarium ist dieselbe, wie sie die vorgenannten Panzerwelse beanspruchen.

6. Zwergwels (Amiurus Nebulosus Günth.) Pimelodus Nebulosus Cuv., Pimelodus Atrarius De Kay., Silurus catus L., Ictalurus nebulosus. Katzenwels.

Der Kopf ist nicht viel länger als breit. Bartfäden oben und unten, die des Oberkiefers reichen bis zum Ende des Kopfes. Der Oberkiefer meist deutlich länger als der Unterkiefer. Die Schwanzflosse ist deutlich gegabelt. Die Färbung des Fisches dunkel gelbbraun, bisweilen gelblich oder auch fast schwarz, bald mehr, bald weniger wolkig gefleckt. Vereinigte Staaten von Nordamerika. (Vergleiche Figur 156 Seite 341.)

Der Zwergwels bewohnt in seiner Heimat ein ziemlich ausgedehntes Gebiet. Er findet sich von den großen Seen der Vereinigten Staaten bis zum Meerbusen von Mexiko und wohnt hier in fast jedem Gewässer, ob dieses fließt oder steht, wenn nur ein Schlammgrund vorhanden ist. Ruhiges, schattiges Wasser, welches von den Ranken der Wasserpflanzen dicht durchzogen ist, sagt ihm besonders zu, da die Pflanzendickichte ihm geeignete Versteckplätze bieten, in denen er sein beschauliches Dasein verbringt. Seine Nahrung entnimmt er sowohl dem Tier-, als auch dem

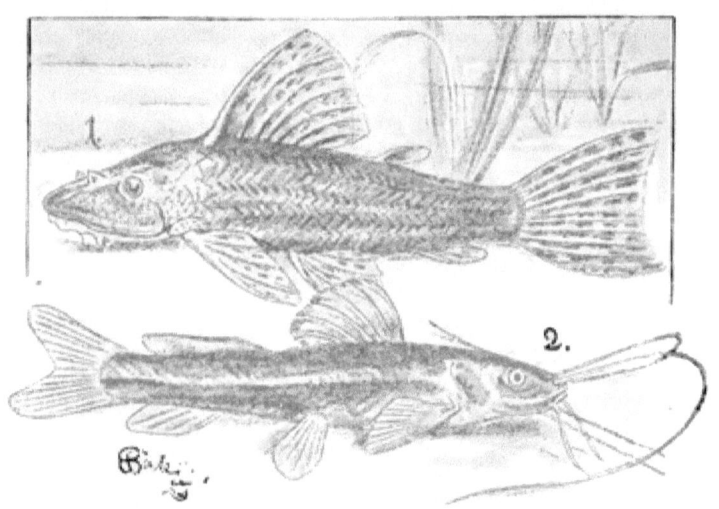

Figur 160. 1. Commersons Panzerwels Plecostomus Commersonii.
2. Pimelodus sapo.

Pflanzenreich und erreicht ein Gewicht bis zu 4 Pfund, wird jedoch nur in Ausnahmefällen schwerer.

Die Laichzeit des Fisches fällt in die Frühlingsmonate. Nach Garlik gräbt das Weibchen ein Nest zwischen alten Wurzeln oder unter dem Ufer, bewacht und behütet die Eier und verteidigt die Brut, indem sie dieselbe bei herannahender Gefahr in das tiefe Wasser treibt.

Der Ausschuß des deutschen Fischerei-Vereins erhielt von dem Professor Spencer F. Baird in Washington 50 junge Zwergwelse, die von dem Borne zur Pflege übergeben wurden. Die Tiere haben sich hier gut vermehrt, sodaß der Zwergwels als in Deutschland völlig eingebürgert betrachtet werden kann. „Von 1887 bis 1890", sagt v. d. Borne, „habe ich 2225 einsömmerige Zwergwelse gezüchtet, 500 in einen See gesetzt, 10 laichfähige und 665 einsömmerige Fische an andere Fischzüchter und an Aquarien gegeben, und besitze jetzt 325 Zwergwelse, die größtenteils laichfähig sind."

Im Aquarium hält der Fisch sehr gut aus, wenn dieses dicht mit

Pflanzen bewachsen ist. Doch ist er nicht mit wehrlosen Fischen zu vereinigen, da schon manche Klagen laut geworden sind, daß er Fische verzehrt.

Ebenso reizende Tiere im Aquarium sind die nachbeschriebenen Verwandten des Zwergwelses.

a. **Glänzender Zwergwels** (Amiurus splendidus).

Die Grundfarbe des Körpers ist ein Olivengrün, auf der sich dunkel marmorierte Flecke abheben, überflossen von einem Goldschiller, der sich besonders an den Kiemendeckeln, dem Rücken, an der Bauchkante bemerkbar macht. Nordamerika.

b. **Fleckenwels** (Amiurus Caudafurcatus Günther). Pimelodus Caudafurcatus Lesuer, Pimelodus furcifer Cuv., Pimelodus olivaceus Girard, Pimelodus gracilis Girard, Pimelodus coeruleus L. Sueur, Ietalurus punctatus Jordan et Gilbert etc. **Gabelschwanz.**

Die Färbung ist lichtolivengelb, an den Seiten heller, ins Silberfarbene mit kleinen unregelmäßigen dunklen Flecken übersät. Die Flossen dunkel gerändert.

Einige weitere Welsarten, die in einzelne Stücken eingeführt sind, von denen aber vorläufig noch keine Nachzucht erwartet werden kann, übergehe ich, sie sind nur vereinzelt bei Liebhabern zu finden, haben daher noch keine Berechtigung erlangt, in dem Werke aufgenommen zu werden.

7. **Bartgrundel (Cobitis barbatula L.).** Nemachilus barbatulus, Nemachilus fluviatilis, Nemachilus merga. Schmerle, Schmerling, Schmerlein, Schmirlitt, Smerle, Ziele, Mös, Guje, Steingrundel.

Der Kopf ist klein, breit, der Mund unterständig, von sechs starken Barteln umgeben. 4 trägt die Oberlippe, 2 die Unterlippe. Zähne fehlen. Die kleinen Augen haben ihre Lage hoch auf dem Kopfe; der Stachel des Unteraugenknochens ist klein und in der Haut verborgen. Seiten und Bauch sind schuppenlos, an anderen Stellen berühren sich die kleinen, sehr zarten Schuppen nur mit den Rändern, oft überhaupt nicht. Der Rücken ist dunkelbraungrün mit schwarzen regellos durch einander laufenden Streifen, der Bauch hellgrau. Die Flosse graugelblich. — Mittel Europa. (Vergleiche Farbentafel heimische Fische Figur 5.)

Die Lieblingsplätze der Bartgrundel sind Bäche, die reines, flaches und schnellfließendes Wasser besitzen. Dort hält sie sich während des Tages unter hohl liegenden Steinen verborgen, von wo sie sich zu dieser Zeit nur selten hervorwagt. Hier am Grunde liegend, paßt sie sich der Färbung ihrer Umgebung innig an. Wird sie aus ihren Schlupfwinkeln z. B. durch Aufheben des sie verbergenden Steines aufgestört, so bleibt sie noch kurze Zeit liegen, schießt aber dann pfeilschnell eine Strecke weit fort und verbirgt sich, sobald sie einen passenden Ort gefunden hat. Unruhig, wenn auch nicht so wie der nachgeschilderte Schlammbeißer, zeigt sich die Bartgrundel auch bei Annäherung eines Gewitters. Erst mit Untergang der Sonne wird das Tier lebhafter und geht von dieser Zeit an bis wahrscheinlich gegen Morgen auf Beute aus. Außer kleinem Getier aller Art, Fischlaich ꝛc. werden auch pflanzliche Stoffe nicht verschmäht.

Die Laichzeit fällt in die Monate April und Mai. Lennis giebt an, daß das Männchen ein Loch im Sande grabe, in welches die Eier vom Weibchen abgelegt und vom Männchen bis zum Ausschlüpfen der Jungen bewacht werden. Diese Angabe ist jedoch nicht richtig. Der Laich wird an Steinen, Pflanzen zc. abgesetzt und die Befruchtung erfolgt, indem sich beide Geschlechter auf die Seite neigen, sodaß der Bauch des Männchens nahe an dem des Weibchens ruht. Der Laich wird sowohl in fließenden als in stehenden Gewässern abgesetzt. „Als ich im April 1887," erzählt Knauthe, die Ufer eines klaren, reißenden Gebirgsbaches des Vater Zobten entlang pilgerte, bemerkte ich in einem tiefen, vom Wasser ausgespülten Loche eine Anzahl Schmerlen beständig am Rande hinschwimmen, so, daß den stärkeren Rognern immer die beträchtlich schwächeren, kleineren Milchner folgten. Nachdem der Kreis mehrere Male durchmessen war, schwammen sämtliche Fische, etwa zwölf an der Zahl, dem ins Wasser ragenden Wurzelstock einer alten Weide zu. Hier zwängte sich zuerst ein Weibchen durch eine, von drei Wurzeln gebildete, etwa fingerdicke Öffnung hindurch, ihm folgten sofort ein oder mehrere Männchen. Bei ähnlichen Öffnungen — sie lagen sämtlich dicht unter der Oberfläche des Wassers — thaten die übrigen Schmerlen dasselbe. Infolge der beträchtlichen Reibung des Bauches ließen die Weibchen die Eier, die Männchen den Samen fallen."

Ein sehr empfehlenswerter Bewohner des Aquariums ist die Schmerle gerade nicht. Gegen luftarmes Wasser ist das Tier sehr empfindlich und stirbt auch an der Luft schnell ab. Wie in der Freiheit, halten sich die Bartgrundeln den größten Teil des Tages auf dem Boden an einer dunklen und versteckten Stelle auf. Trübes Wetter indessen lockt sie auch am Tage aus ihren Zufluchtsorten und nun bewegen sie sich schlängelnd durch das Wasser; steigen auch dann zur Oberfläche des Wassers empor, nehmen frische Luft ein, geben die verbrauchte aus ihrem Darme von sich und sinken schwerfällig und unbeholfen auf den Boden zurück. Zur Zeit der Fütterung sind sie munter, nehmen viel Nahrung zu sich, trüben aber bei der Fütterung mit Würmern sehr das Wasser, indem sie nach Ergreifen eines Beutetieres durch heftige Bewegungen ihrer Brust- und Bauchflossen den Boden aufwühlen. Nach Hinabwürgen der Beute schnellen sie sich plötzlich aus dem Trüben hervor, um an ihren Versteckplätzen die Nahrung zu verdauen.

8. **Schlammbeißer (Cobitis fossilis L.).** Misgurnus fossilis, Acanthopsis fossilis. Schlammpeitzger, Peißker, Pritzger, Kurpintsch, Pfuhl-, Wetterfisch, Wetteraal, Moorgrundel, Meherteusche, Pute, Mist-, Biß-, Fißgurn, Mistheinkel, Schachtjeger zc.

Der Kopf ist klein, der Mund endständig mit weichen beweglichen Lippen. Die Oberlippe trägt 6, die Unterlippe 4 kleinere Barteln. Die Augen liegen hoch auf dem Kopfe, vor ihnen die Nasenöffnungen, deren vordere röhrenförmig verlängert sind. Die Unteraugenknochen tragen einen beweglichen, rückwärts gerichteten Dorn, der in einer Hautfalte verborgen ist. Der Körper ist auf braunschwärzlichem Grunde mit 5 gelben und braunen Längsstreifen versehen, der Bauch auf lichtem Grunde mit dunklen Tüpfeln gezeichnet. — Im mittleren und östlichen Europa. (Vergleiche Farbentafel heimische Fische Figur 2.)

Entgegen der Bartgrundel, welche klares Wasser trüben und schmutzigem vorzieht, liebt der Schlammbeißer gerade die letzten Gewässer hauptsächlich, wenn, wie dieses ja fast immer der Fall ist, ihr Boden mit Schlamm bedeckt ist. Zu solchem meist luftarmen Wasser kommt er oft an die Oberfläche um Luft zu verschlucken, die er dann später ihres Sauerstoffes beraubt durch den After ausstößt. Unter starkem Zusammenpressen der Kiemendeckel wird der frei der Luft entnommene Sauerstoff in den kurzen, gerade verlaufenden Verdauungsschlauch hinabgedrängt und dann gleichzeitig die verbrauchte aus dem After ausgeschieden. Diese Einnahme und Ausgabe von Luft wurde zuerst von Erdmann als Darmatmung erkannt und voll bestätigt. Wenn Tümpel, die der Schlammbeißer bewohnt, im Sommer verdunsten, so verbirgt sich der Fisch im Schlamm und vermag hier mehrere Monate ohne Wasser zu leben. Ein schlafartiger Zustand, den man etwa als Sommerschlaf bezeichnen könnte, macht sich nicht bemerkbar. Der Fisch ist durchaus nicht erstarrt, sondern er regt und bewegt sich, sobald er in Wasser gebracht wird ebenso munter wie immer. Auch über Winter gräbt sich der Schlammbeißer im Schlamm ein.

Äußerst empfindlich ist unser Fisch Einwirkungen der Elektrizität gegenüber. Herrscht Gewitterschwüle, so geberdet er sich höchst unruhig, steigt von dem schlammigen Grunde in die Höhe und schwimmt unter beständigem Luftschnappen ängstlich umher. Diese Unruhe überkommt den Fisch schon 24 Stunden vor Ausbruch des Gewitters.

Die Nahrung des Schlammbeißers ist dieselbe wie die der Bartgrundel. Seine Laichzeit fällt in die Zeit von April bis Juni. Die 100—150 000 Eier werden an Wasserpflanzen abgelegt, indessen kommt nur ein geringer Teil derselben zur Entwicklung.

Keiner unser heimischen Fische kommt dem Schlammbeißer an Lebenszähigkeit gleich. Er verträgt die Gefangenschaft im kleinsten Becken besser, als irgend ein anderer Fisch. Leider hat er den Fehler, bei Witterungswechsel in seinem Behälter umherzutoben, den Bodenbelag aufzurühren und hierdurch das Wasser zu trüben. Besonders macht sich dieses bei großen Schlammbeißern bemerkbar, durch deren Toben schon oft gut angewurzelte Pflanzen losgerissen wurden. Es ist daher zu empfehlen, das Becken nur mit kleinen Exemplaren zu besetzen, wo derartige Unzuträglichkeiten nicht so leicht eintreten können. Noch will ich bemerken, daß Schlammbeißer direkten Sonnenstrahlen nicht ausgesetzt werden dürfen, da diese dem Tiere schaden, es sind daher bei seiner Pflege dunkle Verstecke anzubringen, in und unter welche er sich verbergen kann.

9. **Steinbeißer (Cobitis taenia L.).** Botia taenia. Acanthopsis taenia. Cobitis larvata. Cobitis elongata etc. Steinschmerle, Steinpitzger, Sandbuddler, Dorn- und Thongrundel.

Der Körper ist zusammengedrückt. Der Kopf schmal, mit 6 Bartfäden versehen. Der Suborbitalknochen vor dem Auge bildet einen gabelförmigen beweglichen Stachel. Der Körper ist vollständig beschuppt, auf ledergelbem Grunde schwarz punktiert und mit dunklen Querbinden und Flecken gezeichnet. Kehle, Brust und Bauch sind ungefleckt; über dem Auge gegen die Oberlippe zieht sich eine braunschwarze Linie, die nach hinten zu sich zur Spitze des Kiemendeckels fortsetzt, eine andere, mit der ersten gleichlaufend, zieht sich über die Wangen. — Nord- und Mitteleuropa. (Vergleiche Figur 164 Seite 365).

Nach den ausführlichen Schilderungen der beiden vorhergehenden nahen Verwandten des Steinbeißers kann ich mich bei diesem selbst kurz fassen. Er ist nach den Untersuchungen von Heckel und Kner die einzige Gattung, die auch südlich der Alpen vorkommt und sich bis Dalmatien verbreitet, indessen ist dieses Tier stets seltener als Bartgrundel und Schlammbeißer. Wie seine Verwandten, bewohnt der Steinbeißer Flüsse, Bäche, Wassergräben, Teiche und Seen und hier hat er unter Steinen seine Versteckplätze. Gern wühlt er sich auch bis an den Kopf in Kies ein. Seine Laichzeit fällt in die Monate April bis Juni, seine Vermehrung aber ist nur gering.

Für das Aquarium ist der Steinbeißer mehr als der Schlammbeißer zu empfehlen.

10. **Karpfen (Cyprinus carpio L.).** Cyprinus nobilis, -cirrhosus, -macrolepidotus, -nudus, -coriaceus etc. etc. Karpf, Fluß-, Teichkarpfen.

Die Körperform variiert sehr an verschiedenen Orten und je nach der Nahrung. Der Kopf ist groß, mit stumpfer Schnauze, großem, endständigem, dicklippigem Maule, jederseits am Oberkiefer eine kleinere, am Mundwinkel eine größere Bartel. Die Gaumenzähne sind glatt und an der Krone gestreift. Der Körper mit großen festen Rundschuppen bedeckt, die gewöhnlich auf dem Kopfe fehlen. In der Regel ist die Körperform seitlich zusammengedrückt, dreimal so lang als hoch, zweimal so hoch als breit. Die Oberseite ist meist schwarzbraun bis schwarzblau gefärbt, die Seiten messinggelb, der Bauch gelblich. Die Rückenflosse ist lang, ihr dritter Knochenstrahl am hinteren Rande stark gezähnelt, desgl. der der kurze Afterflosse. Die Schwanzflosse ist tief ausgeschnitten. Die Bauchflossen stehen unter dem vorderen Rande der Rückenflosse. — Ursprünglich in Mittelasien ist er heute durch ganz Europa verbreitet.

Die eigentliche Heimat dieses so sehr geschätzten Wirtschaftsfisches scheint das gemäßigte Asien, zumal China zu sein, von wo er nach Europa und in neuester Zeit auch nach Nordamerika gebracht worden ist. In England soll er erst Anfang des 16., in Altpreußen im 18. Jahrhundert angesiedelt worden sein. Indessen war er bereits den alten Griechen und Römern bekannt, wurde aber von ihnen minder geschätzt als von uns.

Lieblingsaufenthaltsorte des Karpfen sind seichte, möglichst wenig beschattete, mit Pflanzen reichlich bewachsene Teiche und Seen. Stark fließende Flüsse und Bäche meidet er. Er liebt für Weidegebiete schlammigen Grund und gedeiht nur dann, wenn sein Wohngewässer möglichst viel den Strahlen der Sonne ausgesetzt ist. Zur Sommerzeit und nach der Fortpflanzung mästet er sich für den Winter und dann durchzieht er in dichten Scharen die seichten Stellen seiner Gewässer, sucht zwischen den Wasserpflanzen nach Kerbtieren und Gewürm, verzehrt Pflanzenstoffe oder durchwühlt den Schlamm nach genießbaren Gegenständen.

Ist der Karpfen ein geselliger, friedliebender Fisch von trägem Naturell, so zeigt er sich zur Fortpflanzungszeit lebendiger. Er treibt sich dann plätschernd an der Wasseroberfläche umher und läßt sich von der warmen Sonne der Monate Mai und Juni ordentlich durchwärmen. Zur Laichzeit schmückt sich das Männchen mit zahlreichen weißlichen Warzen, die auf Scheitel, Wangen und Kiemendeckel stehen. Auch können sich einige auf der inneren und vorderen Seite der Brustflossen zeigen. Lebt jetzt der

Figur 161. 1. Spiegelkarpfen Cyprinus carpio var. rex Cyprinorum. 2. Steinbeißer Cobitis taenia.

Fisch im freien Wasser, so kommt die Wanderlust über ihn: so weit ihm möglich, versucht er im Flusse aufwärts zu steigen, scheut auch hierbei vor bedeutenden Hindernissen nicht zurück. Geht es zur Befruchtung, so verfolgen mehrere Männchen, in der Regel in den Morgenstunden, ein Weibchen, treiben es nach pflanzenbewachsenen, flachen und sonnigen Rändern des Wohngewässers und befruchten die Eier, indem sie an den Seiten derselben entlang streichen. Die Eier sitzen an Wasserpflanzen in Klumpen fest. Die Zahl der Eier schwankt zwischen 3—700000. Sie sind 1½ mm groß, leicht, gelblich in der Farbe und schlüpfen nach drei bis vier Wochen aus.

Fehlen dem Karpfen Nährstoffe nicht, so ist er schon im dritten Jahre seines Lebens fortpflanzungsfähig. Im fünften Lebensjahre legt, nach den Untersuchungen von Bloch, das Weibchen bereits gegen 300000 Eier, deren Zahl sich später noch mehr als verdoppeln kann.

Die Vermehrung des Karpfens im Freien ist bei uns nur äußerst gering, da die Brut fast ohne Ausnahme von anderen Fischen gefressen wird. Bei der Zucht des Karpfens in Streckteichen dagegen wird die Brut mühelos in großer Zahl herangezogen.

Sobald zu Ende des Herbstes das Wasser kalt wird, nimmt der Karpfen keine Nahrung zu sich. Er verfällt in Lethargie und ruht im tiefen Wasser, oder in den Gelegen zwischen Wasserpflanzen. Je mehr sich aber das Wasser erwärmt, um so größer wird im Frühling sein Appetit.

Unter den gewöhnlich in regelmäßiger Weise beschuppten Karpfen finden sich in Teichwirtschaften, gelegentlich auch in der Freiheit, solche, die entweder ganz schuppenlos sind, oder nur wenige aber große Schuppen tragen, die dann meist jederseits in einer Reihe vom Kopfe bis zum Schwanze stehen, indessen aber mitunter ganz unregelmäßig angeordnet sind. Beide Varietäten werden an manchen Orten mit Vorliebe rein gezüchtet.

Der vollständig schuppenlose Karpfen wird als Lederkarpfen bezeichnet, der letztgenannte als Spiegelkarpfen angesprochen. In neuerer Zeit ist diesen beiden Karpfenarten noch der sogenannte blaue Karpfen zugefügt worden, der, wie es scheint, aus Bayern stammt. Außerhalb des Wassers ist dieser graublau, im Wasser dunkelblau. Früher wurden diese, durch ihre Beschuppung ausgezeichneten Karpfen, als besondere Arten betrachtet, ohne indessen hierauf Anspruch zu haben, sie sind nur Spielarten. Von diesen Spielarten lassen sich unschwer weitere Unterspielarten unterscheiden, die indessen dann schon als besondere Spielarten völlig wertlos sind. Lage und Örtlichkeit des Wohngewässers, dieses selbst und die verschiedene Ernährung, die den Tieren in Teichen zuteil wird, schaffen geringe körperliche Unterschiede, ohne indessen die Urform verdrängen zu können. Auf der Fischereiausstellung in Berlin, im Jahre 1880, befand sich eine weitere Spielart des Karpfens in der japanischen Abteilung. Es war ein ausgestopftes Tier, welches als Cyprinus carpio var. aurata bezeichnet wurde, von den Japanern Hi-goi genannt. Der Kopf und die Oberseite ist rot gefärbt, die Seiten gelbrot, doch kann die Färbung dieser goldgefärbten Spielart verschieden sein. Das Tier ist entweder rein gefärbt, wie vorher angegeben, oder aber rot und schwarz.*)

Trotzdem der Karpfen gegen kühle und kalte Witterung sehr empfindlich ist, hat er doch ein zähes Leben. Dieses bezieht sich nicht nur auf das Vermögen lange Zeit außerhalb des Wassers zu leben, sondern auch auf die Fähigkeit, schwere Verwundungen leicht ertragen und ausheilen zu können. Auch ist es dem Tiere möglich, in einem auf hohe Grade erhitzten Wasser zu leben.

Als Aquarienfische halten sich Karpfen im Becken gut, besonders dann, wenn sie stehenden Gewässern entnommen sind. Sie können ihres friedlichen Charakters wegen mit wehrlosen Fischen unbedenklich vereinigt werden. Allzu große Tiere setze man indessen nicht in die Becken, da diese den Pflanzen sehr durch Abweiden der Triebe schaden.

---

11. Karausche (Carassius vulgaris Nord.) Carassius humilis, -oblongus, -moles, -gibelio, Cyprinus carassius, -amarus, -moles, Cyprinopsis carassius etc. Gold-, Stein-, Bauernkarpfen, Karutsche, Guratsch, Giebel, Strummer, Molenke ꝛc.

*) Cyprinus carpio var. aurata ist von Umlauf, Hamburg, eingeführt und dürfte in der nächsten Zeit unsere Becken bevölkern.

Der Körper ist seitlich stark zusammengedrückt, in der Form sehr variierend. Der Kopf ist klein, ebenso der Mund, dünnlippig und ohne Barteln. Schlundzähne sind 4 vorhanden, von denen der vordere kegelförmig ist, die übrigen dagegen beilförmig mit gezackter Schneide. Der Vorderrand der Rücken- und Afterflosse trägt hinten einen fein gesägten Knochenstrahl. Die Schuppen sind groß und fest. Die Seitenlinie ist unterbrochen oder nur auf wenige Schuppen ausgedehnt. Die Färbung der Flossen ist gelblich-grünlich, die Strahlen oft rötlich angehaucht. Die Körperfärbung an der Oberseite gelblichbraun oder braungrün, die Seiten messinggelb, der Bauch heller. Oft können auch die Seiten silberglänzend sein. — Mitteleuropa und Mittelasien.

Hauptsächlich findet sich die Karausche im Norden Deutschlands, besonders häufig in Preußen und Pommern. Nach Art des Karpfens am Grunde der Gewässer lebend, nährt sie sich auch wie dieser von kleinem Getier und verwesenden Pflanzenstoffen. Das Tier ist äußerst genügsam und kommt in kleinen Tümpeln und Torflöchern, wohin Laich oft durch Wasservögel verschleppt wird, ganz gut fort. Besonders liebt die Karausche stehendes Wasser, Seen mit versumpften Ufern, tote Arme größerer Flüsse ꝛc. und ist überhaupt befähigt, in dem verschiedenartigsten und unreinsten Wasser zu leben und bei der schmutzigsten, schlammigsten Nahrung zu gedeihen. Stets hält sie sich am Grunde auf und verbringt im Schlamme in Erstarrung den Winter. Pallas sagt sogar, daß sie in Eis einfrieren und später wieder aufleben kann.

Die Laichzeit fällt in die Monate Mai und Juni. Unter lebhaftem Plätschern werden in kleinen Gesellschaften die 1—300000 Eier an Wasserpflanzen abgelegt. Die nahe Verwandtschaft zwischen Karpfen und Karausche zeigt sich dadurch, daß beide Fische Blendlinge erzeugen, aus diesem Grunde und weil die Karausche der jungen Karpfenbrut nachstellt, werden Karauschen und Karpfen in Zuchtteichen nicht zusammen gehalten. Die Brut der Karausche wächst langsam, ist aber im zweiten Lebensjahre schon fortpflanzungsfähig.

In kleinen Exemplaren ist die Karausche ebenso empfehlenswert für Aquarien wie der Karpfen.

12. **Goldfisch** (Carassius auratus L.). Carassius vulgaris, -coeruleus, -discolor, -grandoculis, -pectinensis, -capensis, -langsdorfii, -cuvieri, Cyprinus auratus, -crassoides, -abbreviatus, -thoracatus, -telescopus, -quadrilobus, -quadrilobatus, -macophthalmus, -chinensis, -mauritanus, -langsdorfii, -maillardi.

Die Körperform gleicht sehr der der Karausche. Der Kopf ist im Verhältnisse zu seiner sonstigen Körperform groß. Die Schlundzähne besitzen eine flache, gefurchte Krone und stehen in drei Reihen. Der Rücken ist stark gekrümmt. Die Schwanzflosse nicht sehr ausgeschnitten. Die Färbung zeigt auf zinnoberrotem Grunde einen wundervollen Goldglanz. — Wild lebend kommt der Goldfisch in der Natur nicht vor.

Der Goldfisch, die „Dorade de la Chine" ist in China seit langen Zeiträumen ein Pflegling der Tierfreunde, desgleichen wird das Tier im benachbarten Japan seit Jahrhunderten in Gläsern, Becken und Teichen gehalten, gepflegt und gezüchtet.

Der erste, welcher uns von dem Goldfisch etwas mitteilt, war der alte Kämpfer. „King-Jo" nennt er das Tier und beschreibt es als einen roten, am Schwanze schön goldgelben Fisch, der in China überall gehalten und als Haustier betrachtet wird. Du-Halde berichtet später in seiner Histoire de la Chine I 315 ausführliches über den Fisch. Er sagt im Auszuge: die Fürsten und Großen des himmlischen Reiches lassen in ihren Gärten für den Goldfisch eigene Teiche graben, oder sie halten ihn in prachtvollen Porzellanvasen, die zwei bis dreimal wöchentlich mit frischem Wasser gefüllt werden; durch das Ansehen der artigen Bewegungen dieses Fisches, mit seiner Fütterung und Zähmung verbringen die langzopfigen Herren viel Zeit in einer für sie höchst angenehmen Weise.

In China hat der Goldfisch immer in hoher Achtung gestanden; er wird von verschiedenen alten hervorragenden Familien auf ihren Wappenschildern geführt. Aber auch noch heute ist die Achtung und Bewunderung für das Tier in China allgemein. Er findet sich fast in jedem Hause, wird in oft reich verzierten Gefäßen gehalten oder tummelt sich, wie schon Du-Halde sagte, in kleinen Seen. Alle Chinesen, vom Kaiser bis zum ärmsten Arbeiter, widmen dem Goldfisch große Sorgfalt und Liebe, seine Zucht ist im himmlischen Reiche schon seit langer Zeit ein Gegenstand der wichtigsten wissenschaftlichen Untersuchungen geworden.

Allgemein wird angenommen, daß unser Goldfisch wahrscheinlich zuerst nach Portugal aus seiner Heimat gelangte und von hier, nachdem er sich in diesem Lande schon eingebürgert hatte, seinen Weg allgemach weiter über Europa nahm. Das Jahr der Einführung wird verschieden angegeben. Einige Schriftsteller nennen 1611, andere geben fast 100 Jahre weiter und schreiben 1691 als erstes Jahr seiner Einführung, noch andere lassen den Fisch erst 1728 zu uns kommen. Soviel steht fest, daß er in Frankreich zur Zeit der Pompadour bereits vorhanden war; denn es liegen Angaben vor, daß dieser Dame Goldfische als etwas Außerordentliches und Besonderes, geschenkt wurden. In England soll der Goldfisch bestimmt 1728 durch Philipp Worth, nach anderen aber schon früher, 1691, eingeführt sein.

Bald nachdem Madame Pompadour die Fische erhalten hatte, wurden sie gewöhnlicher, da es sich herausstellte, daß sie in Portugal sehr gut gediehen. Hierbei wird angegeben, daß sie aus einem Schiffe, welches von China kam, entschlüpften und sich in einigen Bächen in der Nähe von Lissabon reichlich vermehrt hätten. Von diesen Fischen wurde ganz Europa mit Goldfischen versorgt.

Von Europa aus kam der Goldfisch nach Amerika und setzte sich auch dort bald in Gunst. Einige dort ebenfalls durch Zufall in offenes Wasser gelangte Tiere vermehrten sich derart reichlich, daß von vielen behauptet wird, Amerika sei die Heimat des Goldfisches.

Die Farben der Karpfenfische, der Karpfen, Karauschen, Schleie und Orfe haben die Fähigkeit einen bald mehr, bald weniger intensiv gelben Ton und Glanz anzunehmen. Diese Erscheinung, von den Chinesen an der Karausche wahrgenommen, gab dem auf Absonderlichkeiten in Tierformen erpichten Volke einen willkommenen Anlaß zur Heranziehung einer ständig goldgelben Karausche, der Goldkarausche oder des späteren Goldfisches.

Der züchtenden Hand des Menschen war es vorbehalten, durch Beachtung und Verwertung der zufällig auftretenden Bildungen in Form und Farbe und durch Auswahl und Zusammenbringung derjenigen Tiere, welche die betreffenden Eigenschaften im vollsten Maße besaßen, stets Schritt für Schritt das Zuchttier auszubilden und uns im Laufe eines Jahrhunderts umfassenden Zeitraums, endlich die jetzt als Goldfisch bekannte Karauschenart zu schaffen. So wenig nun auch die gemeine Karausche Übereinstimmendes mit dem Goldfisch im entwickelten Zustande besitzt, so sehr ähneln beide Tiere sich in ihrem Jugendstadium; denn, wie ich gleich hier kurz bemerken will, stellt sich die Verfärbung zum Goldgelb und die Ausbildung der weiteren körperlichen Eigenschaften erst später ein, andererseits hat man bei verwilderten Goldfischen, die sich selbst überlassen im offenen Wasser lebten, nicht selten Rückschläge in die alte Stammform, die der Karausche, beobachten können.

Auf die Anwendung bestimmter Erblichkeitsgesetze gründet sich die ganze Praxis der Tier- und Pflanzenzüchter. Das wichtigste derselben ist, daß eine neu entstandene Variation am sichersten, gewöhnlich sogar befestigt und gesteigert wieder auftritt, wenn zwei nach derselben Richtung von der Stammform abweichende Tiere miteinander gepaart werden. Andererseits werden Abänderungen wieder verschwinden, wenn durch die Paarung mit unveränderten Individuen die Vererbungskraft der neuerworbenen Eigenschaft durch die stärker wirkende Vererbung der älteren Eigenschaften überwogen und geschwächt wird. Aber wenn auch die Zucht noch so gewissenhaft und vorsichtig fortgesetzt wird, so dauert es doch lange Zeit, ehe die neu erhaltene Varietät sich so sehr festigt, daß Rückschläge nur sehr selten vorkommen. Durch eine fortgesetzte Zucht ist es nicht besonders schwierig, mehr oder weniger ständige Rassen zu erzeugen, falls man sich streng nach den oben beschriebenen Gesetzen richtet.

Nun sollte man annehmen, daß Tiere mit allen guten körperlichen Eigenschaften diese voll und ganz auf ihre Nachkommen vererben. Dem ist jedoch nicht so. Es ist längst bei der Zucht festgestellt worden, daß sehr gute Elterntiere keine so vorzüglichen Nachkommen hervorbringen, als sie sind. Die Eigentümlichkeiten der Eltern ruhen aber meist in den Jungen, die dann ihrerseits tadellosen Jungen das Leben geben.

Durch eine Vereinigung des Goldfisches mit der Karausche erhält man sehr schön rotgoldig gefärbte Bastarde, die unter dem Namen „Goldkarauschen" in den Handel kommen. Eckard-Lübbinchen bei Guben hatte 1880 auf der internationalen Fischerei-Ausstellung in Berlin sehr schöne selbst gezüchtete Exemplare ausgestellt.

In einer bedeutenden Anzahl von Orten, besonders im südlichen und westlichen Frankreich, unter anderen in der Umgegend von Havre, wird die Goldfischzucht viel betrieben. Von Havre wird England fast ausschließlich mit den Tieren versorgt. Auch in einigen Teilen Deutschlands, im Mohrunger, Königsberger, Rimptscher, Hirschberger und Liebenwerdaer Kreise des Königreichs Preußen, sowie früher in Oldenburg, gab es und giebt es noch bedeutende Goldfischzüchtereien. Trotzdem hier viele Fische gezogen werden, führt Italien viele Goldfische, besonders nach Berlin, ein. Diese Importe von Italien nach Deutschland begannen 1880. Wegen der Milde des italienischen Klimas können die Tiere von dort billiger geliefert werden, als die deutschen Züchter es vermögen, die daraufhin meist gezwungen sind, ihre Zucht einzustellen. Heute indessen befaßt sich fast jede Fischbrutanstalt mit der Zucht des Goldfisches, wenn auch nur für eigenen Bedarf oder als Nebengeschäft.

Ist der italienische Goldfisch billiger als der deutsche, so ist letzterer haltbarer und in den meisten Fällen in der Färbung schöner.

Der Goldfisch liebt ein warmes Wasser ohne Strömung. Daher hält sich das Tier in Teichen besser als in fließendem Gewässer, wenngleich er sich auch in geeigneten Bächen heimisch macht. Im Frühling oder Sommer nach ihrer Ausbrütung sind die Fische laichfähig. Ihre Größe hat hiermit nichts zu thun.

In der Brutzeit machen sich geschlechtliche Unterschiede bei den Fischen bemerkbar. Der After des männlichen Goldfisches erscheint gewöhnlich etwas vertieft, während beim Weibchen sich hier eine kurze Legeröhre hervorschiebt. Indessen kann es vorkommen, daß diese Unterschiede nicht immer genau und deutlich ausgeprägt sind. Ist dieses der Fall, so geht man nicht fehl, den Fisch als Männchen zu bezeichnen, dessen Kiemendeckel sich mit kleinen weißen Erhöhungen schmückt, die als Knötchen erscheinen, wenn der Fisch sich im Zustande der Begattung befindet und nach dieser Zeit verschwinden. Sie können bald von kürzerer, bald von längerer Dauer sein, treten aber beim Weibchen nie auf.

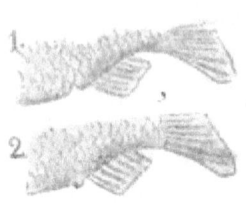

Figur 162. 1. After des ♂ Goldfisches. 2. After des ♀ Goldfisches zur Laichzeit.

Je wärmer die Witterung resp. das Wasser ist, je früher beginnt die Zeit des Laichens. Gewöhnlich ist dieses der Fall, wenn das Wasser eine Temperatur von 12° R. besitzt. Um ein Laichen der Goldfische bestimmt zu erreichen, rechnet man auf ein Weibchen mehrere Männchen. Im Laufe eines Sommers entledigen sich die Weibchen des Laiches mehrere Male. Zur Beschleunigung des Laichens benutzt man künstlich erwärmtes Wasser, da dieses in den Tieren den geschlechtlichen Trieb früher erwachen läßt. Nötig ist es, daß die Zuchtfische in jeder Beziehung gesund, von guter Gestalt und Farbe sowie sanften, gezähmten Wesens sind, da alle diese Eigenschaften sich zum großen Teile auf die Jungen vererben. Ferner ist es nötig, solche Tiere zur Zucht zu verwenden, die sich schon im frühen Jugendstadium umgefärbt haben, da die Verfärbung erblich ist. Je früher ein Goldfisch sich von seinem unscheinbaren Jugendkleide zum wirklichen Goldfisch umgefärbt hat, je besser ist er als Zuchtfisch — vorausgesetzt, daß er auch andere gute Eigenschaften besitzt — zu verwenden. Fische, die zur Zucht Verwendung finden sollen, müssen mindestens in einem Alter von 6 bis 8 Wochen ihre ursprüngliche dunkelbraungelbe Jugendfärbung abgelegt und

sich als Goldfisch verfärbt haben. Diese Eigenschaft vererbt sich auf ca. 98%
der Nachkommen. Werden Fische zur Zucht verwendet, die erst im zweiten
Jahre gelb werden, so wird von ihrer Nachzucht ca. 5% im ersten Jahre
gelb, die übrigen Tiere verfärben sich später, oft erst im zweiten Lebensjahre, noch andere verfärben sich überhaupt nicht und bleiben immer silberfarben.

In der Regel behält der verfärbte Fisch seine Farbe, doch kann es
vorkommen, daß rote Stellen weiß werden, umgekehrt können weiße sich
rot färben, ferner können schwarze Flecke auftauchen oder auch vorhandene
verschwinden.

Am frühen Morgen beginnt bei dem Goldfisch die Ablage des Laiches,
kann sich aber unter Umständen bis zum Mittag verzögern: die Fische
jagen sich dann und tummeln sich meist inmitten der dichtesten Pflanzen.
Betrachtet man etwas später die Pflanzen, so entdeckt man, daß an ihnen
eine große Menge von kleinen, runden, wässerig-weißen oder gelblich gefärbten Kügelchen von der Größe eines Nadelknopfes haften.

Nach Ablegen des Laiches sind die alten Fische aus dem Aquarium
zu entfernen, wenn die Eier im Becken, wo sie an den Pflanzen kleben,
auskommen sollen. Zweckmäßiger ist es jedoch die Zuchtfische in besonderen
Behältern laichen zu lassen, denen Wasserpflanzenbündel aus Hornkraut,
Wasserpest, Tausendblatt ꝛc. eingelegt worden sind. Diese werden mit den
an ihnen haftenden Eiern sorgfältig aus dem Laichaquarium entfernt, die
eiertragenden Zweige abgeschnitten und in Gefäße verteilt, etwa so, daß
circa 100 Eier in einem 4 Liter fassenden Behälter kommen. Die Behälter
— ich verwende dazu Einmachgläser — erhalten ihren Platz auf dem
Fensterbrett, wo sie der Morgensonne ausgesetzt sind und hier ungestört
verbleiben, bis die jungen Fischchen das Ei verlassen haben. Das Wasser
der Gläser, in welches die Eier gethan werden, habe dieselbe Temperatur
wie dasjenige, in dem sie abgelegt wurden. Etwa 6 Stunden nach Ablage
des Laiches kann man sehen, ob die Eier befruchtet sind. Unbefruchtete
Eier nehmen nach dieser Zeit eine milchige Färbung an, befruchtete bleiben
klar. Die unbefruchteten Eier sind nach Möglichkeit zu entfernen.

Die zum Ausbrüten nötige Zeit schwankt zwischen 3 und 6 Tagen.
Die Temperatur des Wassers gehe in dieser Zeit nicht unter 16 und nicht
über 24° R. Ob Sonnenstrahlen den Laich treffen oder nicht ist gleich,
nur die Wärme des Wassers bewirkt das schnelle oder langsame Ausschlüpfen
der Brut.

Etwa 4 Tage werden die jungen Fischchen vom Dottersack ernährt:
nach dieser Zeit eilen sie im Behälter umher, um Nahrung zu suchen. Hat
man genügende Zeit vorher Aquarien oder sonstige Behälter für die jungen
Fischchen zurecht gemacht und in diese etwas Regenwasser gethan, so haben
sich während dieser Zeit in denselben genügend kleine Futtertiere gebildet,
um die Brut etwa 4—8 Tage lang erhalten zu können. Nach dieser Zeit
ist man genötigt, für die Nachzucht lebendes Futter zu beschaffen. Verhältnismäßig zufriedenstellende Resultate haben sich auch dort gezeigt, wo
die Brut anstatt mit lebendem Futter mit künstlichem aufgezogen wurde.

Dieses näher zu erörtern, das Für und Wider abzumessen, werde ich am Schlusse der Fische in einem besonderen Kapitel klarlegen, bemerke jedoch hier schon, daß ich voll der Überzeugung Nitsche's bin, welcher sagt: „Ich halte für Fische lebende Nahrung mindestens gleichbedeutend mit der Muttermilch der Säugetiere, mit der Schnabelfütterung der Vögel."

Nicht uninteressant dürfte es sein, kurz nach dieser Schilderung mit einigen Worten die Goldfischzucht in China zu beschreiben, wie sie vom General-Zoll-Inspektorat zu Peking veröffentlicht ist. Hier heißt es im Auszuge: „Die Fische werden in großen, flachen, irdenen Töpfen gezogen, die chinesischen Hüten in ihrer Form gleichen und verkehrt in den Boden gesteckt werden. Derartige Töpfe sind oft fünfzig bis sechzig in einem Garten vereinigt, manchmal in der Nähe eines Teiches, der das Wasser und die Gräser abgiebt. Die innere Fläche der Töpfe ist glatt, trägt jedoch keine Glasur, denn das in ihr enthaltene Blei würde die Fische töten. Sie werden mit den Knollen einer Caladiumart gerieben, um das Wachsen der Wasserfäden, in denen unzählige kleine Tierchen, die Nahrung der Fische, leben, zu beschleunigen. Alte Töpfe sind besser verwendbar zur Zucht als neue. Im Sommer und Herbst während des warmen Wetters muß das Wasser wenigstens einmal per Tag gewechselt werden. Manchmal ist es auch geraten, die Fische in den Teich überzuführen, dessen Boden aber nicht schlammig sein darf."

Gegen den März laicht das Weibchen und legt die Eier auf die Gräser, die zu diesem Zwecke in den Topf geworfen wurden. Diese werden mit den Eiern in flache Holzkübel mit Wasser gelegt und im Schatten eines Baumes aufgestellt. Die Eier verlangen etwas Licht, aber wie die Chinesen sagen, „zuviel Licht ist ihnen ebenso verderblich, wie zu wenig." Die kleine Brut wird mit hartem Eigelb gefüttert und das Wasser muß täglich erneuert werden. Nach 10 Tagen werden die kleinen Fische mit Daphnien und Cyklops ernährt.

Nachdem der Goldfisch sich überall eingebürgert, ich möchte sagen, jedes Haus erobert hatte, dauerte es lange Zeit, ehe neue Zierfische zu uns gelangten. Im Jahre 1872 im September kamen endlich neue, wunderliche Arten, Varietäten oder Abarten des Goldfisches zu uns, und zwar war es der schon öfter genannte Carbonnier in Frankreich, der die ersten Tiere erhielt. Es waren die Teleskop- und Schleierschwanzfische. Schon ein Jahr nach ihrer Ankunft in Frankreich züchtete Peter Carbonnier die Tiere weiter und gab an andere Liebhaber einzelne Fische ab.

Seit den siebenziger Jahren waren auch deutsche Handlungen bestrebt, unsere Aquarienfreunde mit diesen so eigenartigen Ausländern bekannt zu machen. Aus kleinen unbedeutenden Zuchtversuchen entwickelten sich mit der Zeit große Zierfisch-Zuchtanstalten, die ihre gezogenen Fische nach anderen deutschen und ausländischen, selbst nach überseeischen Plätzen verschickten, andererseits auch wiederum Fische direkt aus deren Heimat einführten.

Zu der Zeit, da Carbonnier durch Vermittlung von bekannten Schiffsoffizieren u. a., seine ersten Fische erhielt, kamen desgleichen durch den Admiral Ammen einige aus Japan nach Nordamerika. In Deutschland waren sie zu dieser Zeit noch völlig unbekannt, wenn auch in Berlin lebende Japaner, die auch hier wie in ihrer Heimat sich für die Zucht der Zierfische sehr interessierten, erzählten, daß man in ihrer Heimat ganz sonderbare Goldfische züchte, besonders eine Art mit langem, schleierartigen, durchsichtigen Schwanz, so blieben diese Äußerungen doch ohne irgend einen Einfluß auf die sonst stets unternehmungslustigen Händler.

Endlich 1883 machte P. Matte den Versuch, ein deutsches Haus in Japan für die Sache zu gewinnen, von dem dann derartige Fische aufgekauft und dem Kapitän eines Dampfers zur Überführung übergeben wurden. Die Sendung verunglückte leider. Eine zweite Sendung, die in der Mitte des Monats Oktober im selben Jahre in Hamburg glücklich anlangte,

Figur 163. 1. Himmelsauge. 2. Teleskopschleierschwanz.

brachte wenigstens von 250 in Yokohama aufgekauften Fischen noch 28 lebend mit. Die schönsten und größten Fische waren auf der Fahrt durch das rote Meer gestorben. Eine dritte Sendung von 24 sehr schönen großen Fischen kam 1885 im Dezember an. Dieses ist die Einführung des Schleierschwanzes, um welche die Matte'sche Zuchtanstalt sich sehr verdient gemacht hat.

Im Anfang der siebenziger Jahre kam der Teleskopfisch aus China nach Paris. Im Jahre 1876 fand er durch die Gebrüder Sasse zuerst Eingang in Berlin, 1878 züchtete Felix Frank, und von 1880 an die Matte'sche Anstalt diese Tiere weiter.

Ehe ich auf die seit kurzem eingeführten weiteren Abarten des Goldfisches eingehe, gebe ich erst die Beschreibung beider vorgenannten Fische.

Schleierschwanz (Carassius auratus var. japonicus).

Der Körper ist kurz, eiförmig, etwas zusammengedrückt. Die Flossen sind sehr zart, fast durchsichtig, ihre Größe sehr beträchtlich. Bei einigen Fischen fehlt die Rückenflosse, andere haben an ihrer Stelle nur einen Stachel, noch andere besitzen zwei spitze Rückenflossen, bei wieder anderen ist sie voll, schön und groß ausgebildet. Die Afterflosse ist manchmal einfach, ein andermal doppelt oder auch garnicht vorhanden. Der Schwanz ist besonders umfangreich, indem er sechsmal so groß ist als bei eines gewöhnlichen Goldfisches von gleicher Größe. Er hängt wie ein „Schleier" herab und macht den Eindruck, als seien die Schwänze einer ganzen Anzahl von Goldfischen zusammengewachsen. Die Oberhälfte der Schwanzflosse muß dachförmig sein, sodaß das Ganze wie eine Haube herunterhängt. Je entwickelter der Schwanz und die übrigen Flossen sind, je wertvoller ist der Fisch. Die Färbung gleicht der des Goldfisches, kann also in allen Farbenschattierungen wie sie in dieser Zeit auftreten, vorgefunden werden. Auch vollständig schuppenlose Schleierschwänze sind gezogen worden. (Vergleiche Abbildung Farbentafel Figur 1.)

Auf die verschiedenen Abarten des Schleierschwanzes kann ich unmöglich hier eingehen, da je nach dem Flossenwerk die Tiere bald so, bald so genannt werden, ich beschränke mich auf eine Varietät, den

Kometenschweif.

Im großen und ganzen dem Schleierschwanze ähnlich gebaut, der Schwanz ist jedoch nicht doppelt, sondern einfach, aber sehr lang und wallend.

Die Nachzucht des Schleierschwanzes ist schwer. Es liegt dieses schon in dem sonderbaren Körperbau der Tiere und in ihren schwerfälligen Bewegungen ausgedrückt; denn gerade der reichliche Flossenschmuck, die Zierde dieses Fisches, erschwert dem Weibchen das Ablegen des Laiches und dem Männchen das Befruchten desselben ungemein. Glückt die Nachzucht nicht sogleich, so ist ein Mißerfolg für die spätere Zucht nicht darin zu sehen; denn Zuchttiere, die zwei oder auch drei Bruten nicht aufbrachten, bringen die übrigen vielleicht gut auf. Die Schleierschwänze unterscheiden sich im Jugendstadium nicht von den gewöhnlichen jungen Goldfischen, bis der Ansatz des Doppelschwanzes sie von jenen scheiden lehrt. Wie beim Goldfisch richtet sich auch beim Schleierschwanz die Umfärbung zur Altersfärbung nach der Witterung, sie dauert auch hier bei Nachzucht von guten Fischen sechs bis acht Wochen, doch kann es auch vorkommen, daß die Zeit des Verfärbens erst nach Ablauf eines Vierteljahres oder im zweiten Sommer erfolgt. Nicht alle Tiere verfärben sich, manche bleiben dunkel, andere werden silberfarben und wieder andere färben nur zum Teil um und bleiben dann gescheckt.

Im Jahre 1884 wurden in der Matte'schen Zuchtanstalt zuerst schuppenlose Schleierschwänze erzielt. Dieses geschah durch Innehaltung von Rein- und Inzucht, doch wurde stets mit demselben Blute weiter gezüchtet. Zunächst nur immer mit einem Paar und dessen Nachzucht unter sich. So wurden die zuerst sich einzeln und später sich stets häufenden schuppenlosen Tiere aufgesammelt, unter sich dann gepaart, um aufs neue und endlich stets unbeschuppte Tiere zu erhalten.

Ein ausgewachsener Schleierschwanz zeigt seine ganze Schönheit erst nach 2 bis 3 Jahren. Bei einem guten Fisch dürfen die mittelsten beiden Fahnen nicht zusammengewachsen sein und müssen vor allem nach unten hängen, bei älteren Tieren faltenwurzartig auseinander gehen und mit einem weißen, schleierartig zarten Gewebe endigen. Sind auch die übrigen Flossen lang, ist besonders die Rückenflosse hoch und schön, womöglich auch die Afterflosse doppelt vorhanden, so ist der Fisch sehr wertvoll. Noch wertvoller wird derselbe, wenn auch die übrigen Flossen ein zartes, schleierartiges Gewebe ansetzen, was aber kaum vor Ende des dritten Sommers zu erwarten ist.

Teleskopfisch (Carassius auratus var. macrophalmus).
Die Körperform ist fast kugelrund, der Kopf etwas glatt. Von den Flossen ist die Schwanzflosse doppelt, lang, mantelartig ausgebreitet und tief geteilt. Das Charakteristische an diesem Fisch ist die sonderbare Bauart der Augen. Je nach dem Alter des Fisches treten diese von 1 bis 15 mm weit aus dem Kopfe hervor, so daß sie in ihrer Form einem kleinen Revolver oder Teleskope gleichen. Diese Augen sitzen bald mehr nach vorne, bald mehr nach den Seiten zu. Die Flossen sind sehr zart gebaut; die Afterflosse fehlt meistens. Die Farbe des Fisches ist dieselbe wie die des Goldfisches und Schleierschwanzes. Vergleiche Abbildung 163 Seite 378.

Der Teleskopfisch ist in seinen Bewegungen langsam, wie es in seinem Körperbau begründet ist, manchmal kann man sagen unbeholfen, denn ein so kugeliger Körper und ein großer Schwanz, wie ihn die jetzt fast durchweg gezogenen Teleskopschleierschwänze besitzen, wirken zerstörend auf das Gleichgewicht des Fisches, besonders dann, wenn der Fisch eine gute Mahlzeit eingenommen hat. In nicht wenigen Fällen kann man die Bemerkung machen, daß die Fische in einer ganz unnatürlichen Stellung, den Kopf mehr senkrecht als wagerecht, umherschwimmen.

Das Laichgeschäft beim Teleskopfisch gestaltet sich noch unbeholfener als beim Schleierschwanz. Die frei gewordenen Eier haften lieber an anderen Gegenständen fest als an Wasserpflanzen (Steine, Holzstücke ꝛc.).

Die Jungen gleichen in der ersten Zeit ganz den Jungen gewöhnlicher Goldfische. Zuerst läßt sich bei den Tieren der Ansatz zum Doppelschwanz erkennen. Wie beim Goldfisch und Schleierschwanz richtet sich auch beim Teleskopfische die Umfärbung zur Altersfärbung nach der Witterung und dauert sechs bis acht Wochen. Ganz schwarze Teleskopfische werden auch rein gezüchtet, desgleichen vollkommen schuppenlose. Neu eingeführt sind dreifarbige Teleskopfische von P. Nitsche.

Gute Teleskopfische müssen gleichmäßig entwickelte, nach oben stehende Augen besitzen; nach unten hängende Augen machen den Fisch weniger wertvoll. Die Flossenbildung sei wie beim Schleierschwanz, eine hohe Rückenflosse gilt als besonders schön.

— —

Der Vorsitzende des „Triton" Berlin, P. Nitsche, der sich um die Einführung fremdländischer Zierfische so sehr verdient gemacht hat, hat den Liebhabern im Jahre 1895 weitere Neuheiten von Abarten des Goldfisches zugeführt, die ich nachstehend beschreibe:

Himmelsauge.

Dieser Fisch ist dem Teleskopfisch sehr nahe verwandt, unterscheidet sich jedoch von diesem durch die Stellung der Augenröhre, auf welchen sich die Augen oben befinden, sodaß der Fisch gezwungen ist, stets aufwärts zu schauen. Die Rückenflosse fehlt ganz. Färbung wie bei den übrigen Arten. (Vergleiche Abbildung Seite 373 Figur 163.)

Eierfisch.

Der Körper dieses Fisches ist, wie der Name schon sagt, eiförmig. Die Augen sind normal (also nicht wie beim Teleskopfisch oder Himmelsauge). Die Schwanzflosse doppelt, indessen diese und die übrigen Flossen nicht so lang als beim Schleierschwanz. Rückenflosse fehlt. Die Färbung verschieden, doch sind weiße Fische wertvoller.

Über diese Fische selbst Näheres zu sagen ist bis zur Zeit noch nicht möglich, da die Einführungen noch zu neu sind. Ihre Haltung deckt sich indessen mit der des Goldfisches.

Die Zucht der Abarten des Goldfisches stimmt mit der des gew. Goldfisches überein, da wo Abweichungen vorkommen, habe ich auf dieselben aufmerksam gemacht.

Obgleich alle die geschilderten Abarten des Goldfisches mit diesem wenig Ähnlichkeit besitzen, so ist doch Haltung und Pflege fast bei allen die gleiche. Alles sind äußerst ruhige und friedliebende Tiere, die ein stilles Leben unter sich und mit anderen Tieren führen. Selbst zur Zeit der Paarung und Fortpflanzung, wo andere Tiere wild, hastig und erregt sich zeigen, kämpfend um das Weibchen werben und mit ihren Nebenbuhlern in beständiger Fehde leben, fließt auch das Leben des Goldfisches still, einförmig und beschaulich dahin, nur etwas reger zeigen sich die paarungslustigen Tiere in dieser Zeit. Von Goldfischen, die Mitbewohner des Aquariums angegriffen hätten, wenn sie nicht zu klein waren, ist wenig bekannt geworden, meist vertragen sich die Tiere unter- und miteinander. Die Liebe zur Geselligkeit ist bei ihnen wie bei wenigen anderen Fischen stark ausgeprägt. Wird ein Tier in „Einzelhaft" gehalten, so kann man es ihm deutlich ansehen, daß ihm etwas fehlt. Sobald jedoch noch ein Gesellschafter dazu kommt, ist sein Wesen sogleich ein anderes und beide Fische tummeln sich dann lustig in ihrem Behälter. Es wird sogar gesagt, daß Goldfische, die längere Zeit gesellig lebten, später jedoch einzeln gehalten wurden, aus Gram oder wie man es nennen will, starben.

Zu ihrem Gedeihen verlangen Goldfische keinen großartig eingerichteten Raum, sie beanspruchen weder ein mit Springbrunnen, Durchlüftung, noch ein mit kunstvollem Felsen ausgestattetes Becken, sondern begnügen sich mit dem einfachsten mit Pflanzen bewachsenen Aquarium.

Für Fische, welche zweisömmerig sind, genügt zur Zucht ein Aquarium von wenigstens 20 Liter Inhalt, wenn die Tiere von jung auf an dieses gewöhnt sind. Größere Fische beanspruchen entsprechend größere Behälter.

13. **Barbe** (Barbus fluviatilis Agass.) Cyprinus Barbus L., Barbus vulgaris, -communis, -cyclolepis. Barbel, Barm, Barbine, Sauchen, Barmbet, Barmen.

Der Körper ist cylindrisch, der Kopf zugespitzt, lang und schmal, die Oberkiefer rüsselförmig verlängert, die Lippen fleischig und dickwulstig. Jederseits steht eine dicke Bartel an der Oberlippe, eine längere am Mundwinkel. Die Zähne stehen in drei Reihen und sind nach hinten hakig gebogen. Die Augen sind klein, der Körper ist mit länglichen, verhältnismäßig kleinen und zarten Schuppen bedeckt. Rücken- und Afterflosse sind kurz. Bei einigen Arten ist der dritte Knochenstrahl der Rückenflosse gesägt, bei andern ungesägt. Die Schwanzflosse ist tief ausgeschnitten. Die Oberseite ist düster gelblich grün, die Seiten gelblich grau, oft gitterartig, durch schwarze Färbung der Schuppentaschen gezeichnet. Der Bauch ist schmutzig weiß. ♂ besitzt zur Laichzeit am Kopf und Rücken weißliche Knötchen. Europa mit Ausschluß von Nordeuropa.

Die Barbe lebt gesellig im schnell fließenden Wasser größerer Flüsse, die steinigen und sandigen Grund und nicht zu flaches Wasser besitzen. Sie geht ziemlich hoch in das Gebirge hinauf und hat ihre Lieblingsplätze

Figur 164. Barbe Barbus fluviatilis.

in den Strudeln an Brückenpfeilern, Mühlwehren u. s. w. Nachts ist sie in lebhafter Bewegung. Wie der Karpfen, nährt sie sich im Grunde wühlend von Tieren und Abfällen aller Art, stellt der Fisch- und Krebsbrut eifrig nach und vertilgt große Mengen junger Lachse und Forellen. Im Winter wird sie lethargisch, hört zu fressen auf und liegt dann in tiefen Löchern oder zwischen Pfählen in großer Menge beisammen.

Im ganzen gehört die Barbe zu den lebendigsten und regsten Vertretern der Karpfenfamilie, wird deshalb auch viel in Karpfenteiche gesetzt, um die sonst trägen Karpfen in Bewegung zu halten. Zur Laichzeit versammelt sich dieser Fisch im Frühjahr in großen Schwärmen in stark fließendem Wasser. In der Regel fällt die Fortpflanzungszeit in die Monate Mai und Juni, einzelne Tiere laichen auch erst im Juli und August, dann jedoch höchst wahrscheinlich zum zweiten Male, während die erste Abgabe des Laiches schon im März und April stattfand. Um diese Zeit bilden die Tiere Züge von oft mehr als 100 Stück und schwimmen in langer Reihe hintereinander. Die alten Weibchen eröffnen den Zug, ihnen folgen die alten Männchen, jüngere Tiere reihen sich an und die jüngsten bilden den Beschluß. Im vierten Lebensjahre ist die Barbe fortpflanzungsfähig.

Eigentümlich und noch nicht erklärt ist die giftige Eigenschaft des Rogens. „Seine Eyer und Rogen sind gantz schädlich: dann sie führen den Menschen in Leibs und Lebend Gefahr mit grosser Pein und Schmertzen" sagt schon der alte Gesner. Auch Vogt, der der Behauptung anderer Personen keinen Glauben schenken wollte, mußte dieses in seiner Jugend an sich erfahren. Besonders schädlich ist der Genuß des Rogens während der Laichzeit der Barbe, es sind Fälle bekannt geworden, wo durch den Genuß der Tod eingetreten ist; Erbrechen und Durchfall stellen sich stets nach dem Verzehren von Barbenrogen ein.

Als Aquariumfisch eignet sich die Barbe sehr gut, wenn sie mit der Zeit an stehendes Wasser gewöhnt wird. Vor dem Karpfen zeichnet sie sich durch größere Beweglichkeit aus, doch bringe man im Gesellschaftsaquarium keine größeren Tiere als von etwa 10 cm Länge ein.

14. **Schleihe (Tinca vulgaris Cuv.)** Cyprinus Tinca L., Tinca aurata, -chrysitis, -maculata, -italica, Leuciscus tinca. Schlei, Schlüpfling, Schuster, Grünschleihe, Stachelschleihe.

<small>Der Körper ist gedrungen, wenig zusammengedrückt, der kleine Mund halb unterständig, an jedem Mundwinkel ein kleiner Bartel. Die keulenförmigen Schlundzähne sind zusammengedrückt, mit einer Furche auf der Kaufläche und schwachem Haken an der Spitze. Die Schuppen sind sehr klein, mit dickem Schleim überzogen. Die Flossen sind dick, fleischig und gerundet. Rücken- und Afterflosse sind kurz, beim ♂ der zweite Strahl der Bauchflosse stark verdickt und gebogen. Die Körperfärbung ist grünlichgelb, die Farbe der Flossen schwärzlich. Der Bauch besitzt meist eine hellere Farbe und einen starken Goldglanz. Zur Laichzeit bilden sich beim ♂ zahlreiche weißliche Knötchen auf Kopf und Rücken. (Stachelschleihe.) — Europa mit Ausnahme des hohen Nordens. (Vergleiche Abbildung Seite 380 Figur 165.)</small>

Die Schleihe ist ein allbekannter Fisch, von dem sich das Volk mancherlei wundersame Geschichten erzählt. Wels und Hecht, sagt es, verschonen die Schleihe, und zwar aus Erkenntlichkeit, weil sie deren Wunden mit ihrem Schleim heilt. Ferner glaubt es, sie vertreibe beim Menschen, lebend auf die Stirn gebunden, die Kopfschmerzen, auf das Genick gelegt, die Augenentzündung ꝛc. Als Speisefisch ist sie beliebt und wird vielfach gegessen. Ausonius singt: „Wem auch würde des Volkes Leibspeise, die grünliche Schleihe unbekannt sein."

Ruhige, schlammige Gewässer, sehr langsam fließende versumpfte Flüsse bilden ihre Lieblingsplätze. Hier auf weichem, schlammigem Grunde sucht sie ihre Nahrung, welche aus kleinen Tieren und zerfallenen Pflanzenteilen besteht. Zu Beginn des Winters wühlen sich die Schleihen nach Art ihrer Familienverwandten in den Schlamm ein und verbringen so die für sie ungünstige Jahreszeit in einem schlafähnlichen Zustande. Auch während des Sommers sind derartige schlaftrunkene Schleihe beobachtet worden. Siebold konnte beobachten, daß unser Fisch, der zu mehreren in einem kleinen Teiche aufbewahrt wurde, sich mit einer Stange aus seinem Verstecke hervorziehen ließ ohne sich zu rühren, erst von mehreren unsanften Stößen erwachte das Tier und schwamm davon, um sich wieder im Schlamme zu verbergen. „Sollte dieses Benehmen nicht als eine Art Tag- oder Sommerschlaf bezeichnet werden können?"

Die Schleihe ist ein zählebiger aber etwas langweiliger Fisch, der sich nur am Boden aufhält. Nur zur Zeit guten Wetters steigt sie in die Höhe und zeigt sich dann lebhafter. Auch zur Laichzeit, welche in die Monate Mai bis August fällt, erscheint sie in größeren Gesellschaften an der Oberfläche des Wassers, um an Wasserpflanzen den Laich abzusetzen, aus denen nach acht Tagen die Jungen schlüpfen.

Kleine Exemplare der Schleihe eignen sich sehr gut zur Besetzung des Aquariums; dieselben sind ungemein hart und dauern lange Zeit im Becken aus, nur sind sie vor direkten Sonnenstrahlen zu schützen.

Als eine Spielart der gemeinen Schleihe fasse ich die Goldschleihe auf, obwohl einige Zoologen sie für eine besondere Art halten.

Goldschleihe (Tinca aurata Cu.).

Die Schuppen sind dünn, durchsichtig und größer als bei der gemeinen Schleihe. Der Rand des Mundes ist rosenrot, die sonstige Färbung goldgelb oder goldrot. Die Stirn ist schwärzlich, die Backen gelb; der Rücken vor der Flosse schwarz, dahinter gelbbraun. Die Flossen sind in der Regel gefleckt, desgleichen zeigen sich am Körper einige Flecke. ♀ ist an und für sich durchschnittlich lichter gefärbt als das ♂, welches stärker entwickelte Bauchflossen besitzt.

Besonders in Böhmen und Oberschlesien findet sich diese prachtvolle Abart der Schleihe, die an Schönheit den Goldfisch übertrifft. Für das Aquarium ist die Goldschleihe sehr zu empfehlen, da sie ebensowohl wie die gewöhnliche Schleihe jahrelang ausdauert. Ebenso empfindlich wie die Stammart ist auch die Varietät gegen direkte Sonnenstrahlen, und noch empfindlicher als die erstere gegen eine plötzliche Temperatur-Veränderung des Wassers.

15. Gründling (Gobio fluviatilis Cuv.) Cyprinus gobio L., Leuciscus gobio, Gobio vulgaris, -renatus, -lutescens, -obtusirostris, -benacensis, -pollinii. Grundel, Grelling, Gringel, Greßling, Kresse, Bachkressen.

Der Körper ist walzenförmig gestreckt, mit dickem Kopf und stumpf gewölbter Schnauze. Der kleine Mund halb unterständig, von fleischigen Lippen umgeben und mit einer kurzen Bartel an jedem Mundwinkel. Schlundzähne stehen in zwei Reihen und sind hakenförmig. Der Körper ist mit großen, weichen Rundschuppen bedeckt. Oberseits schwarzgrau, dunkelgrün punktiert, unten silberweiß, ins Gelbliche spielend. Die Färbung der Flossen ist bald rötlich, bald gelblich. Die Schwanz- und Rückenflosse trägt schwarze Flecke. ♂ zur Laichzeit dunkler gefärbt und an Kopf und Rücken mit feinkörnigen, weißen Hautwucherungen bedeckt. – Nordeuropa.

Klare, schnell fließende Bäche sind die Lieblingsplätze des Gründlings, doch findet er sich noch an anderen Orten, wenn er auch die erstgenannten

Wasserläufe entschieden bevorzugt, ja er wagt sich sogar in's Brackwasser, desgl. auch in unterirdische Wasserläufe.

In großen Scharen vereinigt, liegt der Gründling fest am Grunde des Wassers; ihm scheint Gesellschaft ein Bedürfnis zu sein. Wegen seiner besonderen Vorliebe für Aas ist der Fisch nicht mit Unrecht als Totengräber bezeichnet worden. Marsigli erzählt, daß man nach der Belagerung von Wien 1683 die erschlagenen Türken nebst ihren Pferden, um die Leichen nur los zu werden, in die Donau geworfen habe, wo sich dann die Gründlinge an dem Aase ordentlich gemästet, aber das Fleisch der Menschen dem der Rosse vorgezogen hätten.

Lebt der Gründling in Seen, so steigt er im Frühlinge in großer Zahl in die Flüsse, um hier seinen Laich abzusetzen. Die Laichzeit ist die

Figur 165. 1. Schleie Tinca vulgaris, 2. Gründling Gobio fluviatilis.

Zeit vom Mai bis Juni. Rusconi hatte das Vergnügen, in Desio dem Laichgeschäfte des Gründlings beizuwohnen. Seiner Schilderung folge ich im Auszuge. Die Tiere hatten sich zu ihrem Geschäfte die Mündung eines sehr flachen Baches ausersehen, wo das Wasser in so geringer Menge floß, daß die Kiesel in seinem Bette fast trocken waren. Die Fische näherten sich der Mündung des Baches, dann schwammen sie plötzlich rasch, gaben sich hierdurch einen Stoß und schossen so etwa 1 m in den Bach hinauf, ohne zu springen, gleichsam über den Kies hingleitend. „Nach diesem ersten Anlaufe hielten sie an, beugten Rumpf und Schwanz abwechselnd nach rechts und links und rieben sich so mit der Bauchfläche auf dem Kiese. Dabei lag, mit Ausnahme des Bauches und des unteren Teiles des Kopfes, ihr ganzer Körper im Trocknen. In dieser Lage blieben sie 7—8 Sekunden, dann schlugen sie heftig mit dem Schwanze auf den Boden des Baches, daß das Wasser nach allen Seiten herausspritzte, wandten sich und glitten wieder in den nahen See hinab, um bald darauf dasselbe Spiel zu wiederholen." In dieser Weise stiegen die Geschlechter in den Bach aufwärts: die Männchen ließen den Samen, die Weibchen die Eier fallen. Das Ablaichen geht unter lautem Geplätscher vor sich.

Die fast 2 mm großen hellbläulichen Eier kleben, und da sie im seichten Wasser abgelegt werden, wo dieses von der Sonne gut durchwärmt wird, sind sie bald gezeitigt. Die junge Brut von 2 cm Länge findet man im Anfange des August in dichten Schwärmen am Rande des flachen Ufers, wo sie behaglich in der Sonne ruht.

Der Gründling wird oft im Aquarium gehalten, wenn er auch dem Liebhaber kaum nennenswerte Freude bereitet. Insofern als das Tier sehr zähe ist, kann man ihn als dankbaren Aquarienfisch bezeichnen.

Eine andere Art des Gründlings ist der

Steingreßling (Gobio uranoscopus Agass.)

Das Tier ist kleiner, niedriger und runder als der Gründling, in der Färbung lichter und auf dem Rücken meist dunkel quergestreift, auch sind die Bartfäden langer bei diesem als beim Gründling. Im Flußgebiete der Donau und Tuisster.

16. **Bitterling (Rhodeus amarus Bloch.)** Cyprinus amarus L.

Der Körper ist hoch, seitlich zusammengedrückt, die Seitenlinie auf die ersten 5 oder 6 Schuppen beschränkt. Die Schlundzähne stehen jederseits in einer Reihe und haben seitlich zusammengedrückte, schräg abgeschliffene Kronen. Der Rücken ist grau oder blaugrau, die Seiten silberglänzend, die Flossen blaßrötlich. Zur Laichzeit legt das ♂ ein prachtvolles Hochzeitskleid an, dessen Farbenglanz schwer zu beschreiben ist. Die ganze Körperoberfläche schillert dann in den schönsten Regenbogenfarben. Die Seiten sind blau; der Längsstreif smaragdgrün; Brust und Bauch, sowie das Auge orange; Rücken und Afterflosse rot mit schwarzem Saum; dicht über der Oberlippe erhebt sich zu dieser Zeit eine Wulst von kreideweißen Warzen. Das ♀ behält seine einfache Färbung und zur Laichzeit bei, jedoch entwickelt sich bei ihm eine lange, elastische Legeröhre. — Mitteleuropa.

Dieses ebenso zierliche als farbenschön gezeichnete, stets lebhafte Fischchen ist der kleinste Vertreter unserer Karpfenfische und bewohnt reine Bäche und Flüsse Mitteleuropas, insbesondere die Gebiete des Rheins, der Donau, der Elbe, wo es sich an ruhig strömenden Stellen aufhält. Er nährt sich hauptsächlich von Wasserinsekten, Flohkrebsen, verschmäht jedoch auch seine Pflanzenstoffe nicht. Seinen Namen führt der Bitterling von dem bitteren Geschmacke seines Fleisches, welches ihn vollständig ungenießbar macht, in dessen dürfte er auch sonst wohl seiner Kleinheit wegen nicht gegessen werden.

Dort, wo die Strömung des mündenden Baches in dem nicht tiefen Flusse eine Sandbank gebildet, wo hart am Ufer Wasserpest und Hornkraut kleine Pflanzendickichte bilden, erblicken wir den Bitterling in anmutigem Spiel mit einer Schar gleich fröhlicher Genossen. Er übertrifft alle unseren Flußfische an Anmut der Bewegung, Schönheit der Färbung und Zierlichkeit der Gestalt. Es ist eine Freude, dieses höchstens 9 cm lange Fischchen im Spiel mit seinesgleichen zu beobachten. Bald tummeln sich die kleinen Gesellen im hellsten Sonnenlichte über dem sandigen Boden, sich drehend und wendend, daß helle Blitze von den silberglänzenden Seiten aufleuchten; dann wieder verfolgt eines der Tiere neckisch einen Genossen, um gleich darauf ihm zu entfliehen. Leicht und gewandt sind alle Bewegungen, stets jagen sie sich spielend umher und doch sieht man kaum eine Bewegung der blaßrötlichen Flossen.

Plötzlich — war es eine Bewegung unsererseits, oder erblickte die muntere Schar einen Raubfisch? — sind sie zwischen den wuchernden Pflanzen verschwunden und nicht mehr zu entdecken. Das Versteck ist vortrefflich gewählt. Die graugrüne Färbung ihres Rücken harmoniert vorzüglich mit dem düsteren Grün der Wasserpflanzen und verbirgt sie den spähenden Augen gänzlich. Aber lange währt es nicht, bis eins der Tiere nach dem anderen sich wieder aus dem Pflanzengestrüpp hervorwagt, um das jäh unterbrochene Spiel im freien Wasser wieder aufzunehmen.

Zur Laichzeit, im Monat April, Mai und Juni, ist das Leben und Treiben der Bitterlinge noch lebhafter und unruhiger. Erregt jagt das Männchen mit dem Weibchen umher: sein Körper strahlt in den prächtigsten Farben und metallisch glänzend ist sein Schuppenkleid. Das Kleid des Weibchens bleibt auch in dieser Periode so einfach, wie es immer war, indessen zeigt sich bei ihm eine ganz wunderbare Erscheinung. Aus dem Hinterleibe, zwischen Bauch- und Afterflosse, tritt eine rötliche Legeröhre hervor, die wie ein wurmartiger Strang frei hernieder hängt. Wozu dient dies eigenartige Anhängsel? Lange dauerte es, ehe man entdeckte, daß es zum Ablegen der Eier gebraucht wird, aber noch immer war man sich nicht klar, weshalb dieses Ablegen nicht nach Art anderer Fische geschähe. Erst 1869 entdeckte Noll die Bedeutung und den Zweck der Legeröhre. Der Bitterling vertraut nämlich seine Eier den Kiemen einer Muschel, mit Vorliebe denen der Malermuschel an. Unruhig schwimmt das Weibchen umher, verfolgt von dem schönen Männchen, das es zu einer Muschel zu treiben versucht, damit es dort die Eier ablege. Senkrecht im Wasser stehend, mit dem Kopfe nach unten, schaut das Weibchen das als Brutstätte für ihre Nachkommenschaft erkorene Weichtier an, um plötzlich herabzuschießen, die Legeröhre zwischen die Kiemen zu stecken, das Ei abzulegen und schnell die Röhre aus den Schalen zu entfernen. Jetzt eilt das Männchen herzu, das aufmerksam dem Thun und Treiben des Weibchens gefolgt ist und ergießt, am ganzen Körper zitternd, seine Milch über den Atemschlitz der Muschel, um das Ei zu befruchten. Dieser Vorgang wiederholt sich während der Laichzeit, die in der Freiheit vom April bis Juni dauert, in Zwischenräumen von mehreren Tagen. Sind die jungen Fische soweit ausgebildet, daß sie ein selbständiges Leben führen können, so begeben sie sich nach der Kloake, in welcher die Kiemen der Muschel münden und gelangen durch die Auswurfsöffnung ins Freie.

Es ist ein höchst merkwürdiges Wechselverhältnis, welches sich hier zeigt. Die junge Muschel sucht Zuflucht bei einem Fische, von dessen Schleim sie sich nährt, und nimmt ihrerseits, wenn sie erwachsen ist, die Jungen einer anderen Fischart, welche die Eihülle so früh verlassen, daß sie im Freien noch nicht leben können, in ihre schützende Obhut.

Nachdem die Laichzeit vorüber ist, schrumpft die Legröhre des Weibchens zusammen, das Männchen legt seine prächtige Färbung ab, das Hochzeitskleid hat dem Alltagskleide Platz gemacht.

Seiner Schönheit und Munterkeit wegen ist der Bitterling eine der anziehendsten und reizendsten Erscheinungen des Aquariums. Wie hart und widerstandsfähig das Tier ist, zeigt folgende Erzählung eines meiner Freunde aus der ersten Zeit seiner Aquariumliebhaberei. Er sagt: „Im Winter hatte ich meine Bitterlinge in einem ungeheizten Zimmer in einem Becken, welches unten mit Flußsand gefüllt war und eine Steingrotte enthielt. Sie schwammen lustig in diesem Behälter umher, trotzdem es kälter und kälter wurde. Schließlich war das Wasser gefroren und ich mußte jeden Morgen und Abend das Eis aufbrechen, damit das Becken nicht ganz zufror. Da, während einer bitterkalten Nacht, war das Wasser fast bis zum Grunde erstarrt und ich sah nur noch verschwommen

Figur 106. Bitterlinge Rhodeus amarus in der Laichzeit.

die Tiere langsam und träge umherschwimmen und zu meinem größten Bedauern sah ich eins der Tiere im Eise eingefroren. Ich hatte nun nichts eiligeres zu thun, als das Becken in die warme Stube zu bringen, um das Eis allmählich aufzutauen und das tote Fischchen — ich hielt es wenigstens dafür — zu entfernen. Groß war indessen mein Erstaunen, als es von den Eisfesseln befreit, ruhig, wenn auch schwerfällig und schwankend umherschwamm. Nach einiger Zeit hatte sich das Tierchen vollständig erholt, sodaß ich das Becken in das kalte Zimmer zurückbrachte, um nicht einen zu raschen Umschwung in der Temperatur des Wassers hervorzurufen."

Die Zucht des Bitterlings im Aquarium ist sehr einfach und reich an interessanten Beobachtungen. Für sie genügt ein Becken von 10 Liter

Inhalt. Wer einmal Bitterlinge im Becken gezüchtet hat, der weiß erst, in welch' prachtvollem Kleide das Männchen zu dieser Zeit prangt und wird das Tier zu den schönsten Fischen unserer Heimat zählen.

Zur Laichzeit verschaffe man sich einige Malermuscheln (Unio pictorum) und bringe sie in das als Zuchtbecken bestimmte Aquarium. Haben sich die Muscheln hier im Sande eingegraben, so können die Zuchtfische in das betreffende Aquarium übergeführt werden. Das Männchen wird bald die Muscheln bemerken und sich an derselben zu schaffen machen. In schräger Richtung, den Kopf nach unten geneigt, macht es dicht über der Kiemenöffnung Halt. Einige Sekunden steht der Fisch in dieser Stellung und führt der Muschel durch lebhafte Fächelung der Brustflossen frisches Wasser zu. Während dieser Zeit erstrahlt sein Schuppenkleid in einem herrlichen Glanze. Sind mehrere Paare im Becken, so vertreibt das Männchen jeden sich der Muschel nähernden Fisch. Es ist überhaupt zu empfehlen, nur ein Männchen und zwei Weibchen im Zuchtaquarium unterzubringen.

Figur 167.
1. Malermuschel im Sande. (Die Pfeile deuten das aus- und einströmende Wasser an.) 2. Junger Bitterling.

Das Weibchen legt stets zwei Eier zu gleicher Zeit in die Kiemenöffnung der Muschel. Wechselt man alle 10 Tage etwa die Muscheln im Aquarium und bringt die mit Eiern versehenen in besondere Behälter, zu denen sich z. B. Einmachgläser sehr gut eignen, so kommen die Jungen nicht im Zuchtaquarium aus, sondern in den betreffenden Gefäßen. Die aus der Muschel schlüpfenden Fische entgehen hierdurch der Gefahr, von den Alten gefressen zu werden. In den frühen Morgenstunden verlassen die jungen Fische, fast stets zu zweien, ihre Amme. Der Dottersack ist bei ihnen verschwunden und die Tiere schnappen nach Nahrung. Zu dieser Zeit sind sie noch sehr durchsichtig, färben sich indessen bald dunkler. Nach einigen Tagen machen die jungen Tiere schon Jagd auf kleine Cyclops und Daphnien, und ist ihre Erhaltung dann nicht mehr schwierig. Genau ist noch nicht festgestellt, wie lange die jungen Fischchen im Innern der Muschel bleiben, doch dürfte die Zeit wenig über 14 Tage betragen.

17. **Ellrike (Phoxinus laevis Ag.)**. Leuciscus Phoxinus L., Phoxinus aphya, -chrysoprasius, -belonii, -marsilii, Cyprinus phoxinus etc. Ellering, Pfrille, Pfell, Piere, Maigiere, Rümpchen, Gievchen, Maigänschen, Grümpel, Haberfischl, Hunderttausendfischl, Spierling, Zankerl, Zarscheli, Rindling, Lenneviere, Seidfisch, Sonnenfischl, Wetterling, Mosaik-Zebrafisch, Sumpf- und Gebirgsellritze ꝛc.

Die Körperform ist fast cylindrisch, nur im Schwanzteil zusammengedrückt. Der Mund ist endständig, die Schnauze stark gewölbt. Die Schlundzähne sind doppelreihig; ihre Spitzen hakig umgebogen. Die den Körper deckenden Schuppen sind sehr zart und decken sich nicht überall. Es finden sich größere, oft unbeschuppte Flecken an Rücken und Bauch. Die Seitenlinie ist nur im vorderen Teile des

Körpers entwickelt. Die Färbung variiert sehr. Der Rücken ist gewöhnlich grünlich, oft auch schmutzig grau und durch kleine dunkle Flecken mehr oder weniger getrübt. Es zeigt sich längs der Mittellinie des Rückens ein schwarzer, vom Rücken bis zur Schwanzflosse verlaufender, aus einer Längsreihe von Flecken bestehender Streifen. Die Seiten sind silbern oder messingglänzend, mit einer goldfarbenen Längsbinde auf der Seitenlinie und gewöhnlich unterhalb derselben mit einer Reihe kurzer schwärzlicher Querbinden gezeichnet. Die Unterseite ist gelblich oder weiß, oft purpurrot. Die Flossen sind gelblich grau. Zur Laichzeit ♂ und ♀ dunkler, ersteres oft ganz schwarz. In der Färbung sind beide Geschlechter nicht verschieden. — Mitteleuropa. (Vergleiche Abbildung Seite 388 Figur 167.)

Die Ellritze lebt gesellig in klaren Bächen und Flüssen mit sandigem oder kiesigem Grunde. Einzeln sieht man das Tier nur sehr selten, fast stets sind es ganze Schwärme, die sich nahe dem Wasserspiegel umher treiben, äußerst behende auf- und niederspringen, aber bei jedem Geräusche scheu entfliehen, ja so eingeschüchtert werden können, daß sie nach Russegger sich tausende von Klastern in das Innere eines Stollens eindrängen, dessen Abflußwasser folgend. „Bei großer Hitze verlassen sie zuweilen eine Stelle, die ihnen längere Zeit zum Aufenthaltsorte diente, und steigen entweder in dem Flusse aufwärts dem frischen Wasser entgegen, oder verlassen ihn gänzlich und wandern massenhaft in einem seiner Nebenflüsse zu Berge. Dabei überspringen sie Hindernisse, die mit ihrer geringen Leibesgröße und Kraft in keinem Verhältnis zu stehen scheinen, und wenn erst einer das Hemmnis glücklich überwunden hat, folgen die anderen unter allen Umständen nach. Ein Cornelius befreundeter Beobachter hat diesem folgende Angaben über diese Wanderungen mitgeteilt. In den Rheinlanden werden die Ellritzen gewöhnlich „Maigieren", oder der Lenne zu Liebe „Lennepieren" genannt, weil sie sich in diesem Flusse während der Laichzeit in großen Zügen einfinden oder zeigen. Sie erscheinen meist bei mittlerem Wasserstande und heiterem Wetter, weil bei niederem Wasser ihnen die vielen Fabrikanlagen zu große Hindernisse in den Weg legen. Zu genannter Zeit sind die Brücken belagert von der Jugend, die den Zügen dieser kleinen, hübschen Tiere mit Vergnügen zusieht. Ein einziger Zug mag etwa 0,5 m breit sein; in ihm aber liegen die Fische so dicht neben- und über einander wie die Heringe in einem Fasse. Ein Zug folgt in kurzer Unterbrechung dem anderen, und so geht es den ganzen Tag über fort, sodaß die Anzahl der in der Lenne befindlichen Fischchen dieser Art nur nach Millionen geschätzt werden kann." (Brehm.) In den Gebirgen geht die Ellritze bis 2000 Meter hoch, und findet sich hier oft mit dem Strömer (Leuriscus agassizi) (vergleiche Abbildung Seite 392 Figur 168) in Scharen zusammen, der seine Verbreitung lediglich im Alpengebiet hat.

Ihre Nahrung nimmt die Ellritze sowohl aus dem Pflanzen-, als auch aus dem Tierreiche. Ein Engländer fand, wie Brehm erzählt, zusammengescharte Ellritzen, die ihre Köpfe in einem Mittelpunkte zusammengestellt hatten und sich mit dem Wasser treiben ließen, und fand bei genauer Untersuchung als Ursache dieser Zusammenrottung den Leichnam eines Mitgliedes des Schwarmes, der von den übrigen aufgezehrt wurde.

Die Laichzeit unseres Fisches fällt in die ersten Monate des Frühlings, gewöhnlich in den Mai und Juni, selten verschiebt sie sich bis zum Juli. Die Eiablage selbst geschieht an seichten, sandigen Stellen, wohin jedes Weibchen von zwei bis drei Männchen begleitet wird, die sogleich nach dem Ablaichen den Laich befruchten. Nach etwa 6 Tagen durchbrechen die Jungen die Eihülle, wachsen aber, wenn sie eine Länge von etwa 2 cm erreicht haben, sehr langsam und sind erst im vierten Lebensjahre fortpflanzungsfähig.

Die Ellritze ist für das Aquarium einer der empfehlenswertesten Fische. „An dem Tiere," sagt Hinderer treffend, „ist alles Leben! Mit Purzelbäumen allein, die das muntere Fischlein außer Wasser durch die Luft schlägt, ist's nicht gethan; das einemal macht es auf einen anderen Aquarienbewohner eifrig Jagd, sucht diesem alle Ränke abzuschneiden und versetzt ihm, ohne bösartig zu sein, Stöße, dann besinnt es sich auf einmal eines Besseren, läßt mit einem Ruck von der Verfolgung ab und tummelt sich, mit dem Leibe oder dem Kopfe gegen den Boden schnellend, in graziösen Bogen am Grunde des Behälters, wobei der ganze Körper schillert und glitzert; dann wieder stellt es mit seinen Stammesgenossen eine Art Wettrennen an und gleich darauf tändelt es einzeln an der dem Lichte zugekehrten Glasscheibe auf und ab, immer mit dem Kopf gegen das Glas stoßend — und so geht es fort und ein Bild drängt das andere, daß man nur gerade zu schauen hat. Ähnliche Lebhaftigkeit habe ich noch bei keinem Fisch gesehen." Frisch gefangenen Tieren ist in der ersten Zeit möglichst sauerstoffhaltiges Wasser zu bieten, eingewöhnt halten sich die Tiere lange Zeit gut im Becken. Zur Laichzeit werden gefangene Ellritzen, die ein großes Becken bewohnen, krankhaft erregt, erholen sich jedoch in den meisten Fällen von dieser Aufregung wieder. In kleineren Becken gehaltene Tiere zeigen eine derartige Erregung nicht.

18. **Aland** (Leuciscus idus L.). Idus melanotus Heck. et Kner, Leuciscus neglectus, -cephalus, -orfus, -jeses, Cyprinus idus, -idbarus, microlepidotus; Orfus ruber. Kühling, Aländer, Seekarpfen, Rohrkarpfen, Stromkarpfen, Dübel, Dickkopf, Göse, Gesenitz, Dese, Gisitzer, Gängling, Orfe, Nersling ꝛc. ꝛc.

<small>Die Körperform dem Karpfen gleichend. — Mitteleuropa und Mittelasien, auf den britischen Inseln fehlend. (Tafel heimische Fische Figur 3.)</small>

Im nördlichen Europa, besonders im Gebiete der Elbe, findet sich der Aland in großer Zahl. Er schwimmt sehr schnell und liebt den stärksten Strom, daher zeigt er sich am häufigsten in der Nähe der Mühlen, doch bewohnt er auch größere Seen und kommt sogar an den Küsten der Ostsee vor. Gewöhnlich in kleineren Gesellschaften vereinigt, schwimmt unser Fisch abends nahe der Oberfläche des Wassers. Reines, kaltes und tiefes Wasser scheint zu seinen Lebensbedingungen zu gehören.

Die Laichzeit fällt in die Monate Mai und Juni. Zu dieser Zeit, zu Anfang Mai, kommt bei dem Männchen der Hautausschlag zum Vorschein, dann beginnen die in Seen lebenden Alande in die Flüsse zu steigen, wo sie sich sandige oder an Wasserpflanzen reiche Stellen zum Ablegen des Laiches aussuchen. Ist das Frühjahr warm und günstig, so kann die Laichzeit schon im April ihren Anfang nehmen. Die zahlreichen, 1,5 mm großen Eier werden unter großem Geräusch an Steinen oder Wasserpflanzen abgesetzt.

Kommt der Winter in das Land, so geht der Aland in die Tiefe. Schon der alte Gesner unterscheidet im 16. Jahrhundert als beständige Abart des Alandes die Goldorfe, die in Süddeutschland als Lokalrasse vorkommt. Neuerdings wird von einigen versucht, die Orfe als besondere Fischart hinzustellen, da sie hinsichtlich ihrer Lebensweise, Ernährung ꝛc. in mehreren Punkten vom Alande abweicht. Nach meinem Dafürhalten sind diese Unterschiede wohl nur durch die ständige künstliche Zucht entstanden.

Die Goldorfe liebt ruhiges, warmes Wasser und schwimmt beständig an der Oberfläche. Hier sucht sie sich Insekten und andere Tierchen, wie auch pflanzliche Stoffe. Der steten Munterkeit, ihres genügsamen Wesens und ihrer leichten Zucht wegen und weil sie schon von klein an ihre hübsche Farbe besitzt, ist sie begehrenswerter als Zierfisch, wie der Goldfisch. Auch ist ihre Körperform zierlicher und schöner als die des letzteren. Alle diese Gründe sind maßgebend gewesen, sie immer beliebter als Aquariumfisch zu machen. Ihre Zucht wird hauptsächlich in Süddeutschland betrieben. In den Handel kommt sie unter dem Namen „falscher Goldfisch" oder „Goldnersling".

Für die Zucht der Goldorfe ist Bedingung: warmes Wasser; wenig Strömung; sandiger Grund; keine Wasserpflanzen, nur am Rande wenige Vegetation, Wassertiefe in Teichen $1-1^{1}/_{2}$ m und ganz flache Ufer zum Laichen.

19. **Plötze** (Leuciscus rutilus L.). Leuciscus prasinus, -decipiens, -pallens, -rutiloides, -pausingeri, -selysii, Cyprinus rutilus, -rubellio. Rotkarpfen, Rotäugel, Schwal, Ridde, Bleier. (Außerdem die Namen des Rotauges f. d.).

<small>Der Körper ist zusammengedrückt. Die Körperform sehr schwankend. Der Kopf kurz, gedrungen, mit kleinem, endständigem, wenig schrägem Munde. Die Schlundknochen gedrungen. Die vorderen Schlundzähne stumpf, kegelförmig, die hinteren zusammengedrückt, mit schmaler Kaufurche, an der Oberseite mit einigen flachen Kerben und am Ende mit schwachen Haken. Die Bauchkante ist zwischen Bauch und Afterflosse abgerundet. Die Färbung in der Regel blaugrün oder blaugrau, an den Seiten und Bauch silberfarben. Die Lippen und alle Flossen mennigrot, Rücken und Schwanzflosse häufig mit schwärzlichem Anfluge. Die Nasenlöcher stehen dicht vor den rotgefärbten Augen. Die Schuppen sind groß. Zur Laichzeit am ganzen Körper mit weißlichen, stumpf kegelförmigen Knötchen bedeckt. Mitteleuropa. (Tafel heimische Fische Figur 1.)</small>

Von allen Karpfenfischen ist die Plötze der verbreitetste Fisch dieser Familie. Süße Gewässer aller Art, auch das Brackwasser, beherbergen diesen Fisch. In der Nordsee tritt die Plötze selten, in der Ostsee dagegen ungemein häufig auf. Die Tiere halten sich stets scharenweise zusammen und nähren sich von Würmern, Kerfen, Rogen, kleinen Fischen und Wasserpflanzen, mit besonderer Vorliebe werden Algen von ihnen verzehrt. Nach den ersteren wühlen sie oft nach Art des Karpfens im Grunde. Die Plötze vermag sehr rasch zu schwimmen, ist lebhaft und scheu, jedoch harmlos und nicht besonders klug. Nicht immer zu ihrem Vorteil geht sie unter andere Fische. So behaglich sie sich hier fühlt, so unruhig wird sie, sobald sie in die Nähe eines Hechtes kommt, denn diesen, ihren gefährlichsten Feind, kennt sie sehr wohl.

Die Laichzeit der Plötze fällt in die Monate Mai und Juni, sehr oft auch beginnt das Ablegen des Laiches in günstigen Frühjahren schon im März oder April. In dicht gedrängten Scharen verlassen die

Figur 167. 1. Elritze Phoxinus laevis. 2. Rotauge Scardinius erythrophthalmus.

Tiere zu dieser Zeit die Seen, wo sie den Winter verbracht haben und steigen in die Flüsse auf. In ganz regelmäßigen Zügen erscheint die Plötze nach und nach auf den betreffenden Plätzen, zuerst 50 bis 100 Männchen, sodann die Weibchen und hierauf wieder die Männchen, worauf dann die Eier abgelegt werden. Diese werden unter lautem Geplätscher an Wasserpflanzen abgesetzt. Vorsicht läßt jedoch die Plötze beim Laichgeschäft nicht außer Acht, die Tiere tauchen bei der geringsten Störung, wenn sie etwas auf dem Wasser bemerken, unter.

Verwandte Arten der Plötze sind bei uns der Franzfisch (Leuciscus virgo Heck) in der Donau und deren Nebenflüssen, der Perlfisch (Leuciscus Meidingeri Heck) im Chiem-, Atter- und Mondsee.

In der Lebensweise stimmt die Plötze mit dem Rotauge fast ganz überein und wird auch häufig mit diesem verwechselt. Sie liebt mehr langsam fließende Gewässer.

Beide Fische, sowie ihre verwandten Arten, werden vielfach im Aquarium gehalten. Hier zeigt sich das Rotauge noch haltbarer als die Plötze, doch sind beide Fische ziemlich ausdauernd, bleiben aber stets scheu und furchtsam.

20. Rotauge (Scardinius erythrophthalmus L.). Leuciscus erythrophthalmus, -coeruleus, -apollonitis, -rubilio. Cyprinus erythrophthalmus, -erythrops, -coeruleus, -compressus, Scardinius macrophthalmus, -hesperidicus, plotiza, scardafa, -dergle. Rotten, Rotfeder, Röttel, Rotflosser, Rotaschel, Rotungen, Ruisch, Scharl, Sarf, Furne (außerdem die Namen der Plötze s. d.)

Körper seitlich zusammengedrückt, hoch, Mundspalte steil nach aufwärts gerichtet. Die Schlundzähne sind an der oberen Seite stark sägezähnig. Die Bauchkante vor den Bauchflossen gerundet, zwischen Bauchflossen und After scharf und mit gekielten Schuppen bedeckt. Form und Färbung wechseln, letztere meist blau oder braungrün, die Seiten silberig. Die Flossen blutrot, Schwanz- und Brustflosse oft schwärzlich angehaucht. Das Auge ist goldglänzend, oben meist ein roter Fleck. Zur Laichzeit mit einem feinkörnigen Ausschlag auf Scheitel und Rücken. Fast ganz Europa.

21. Döbel (Squalius cephalus L.). Leuciscus cephalus, -dobula, frigidus, -latifrons, -squalus, -tiberinus, cavedanus, -albiensis, -cii. Squalius thyberinus, -albus, -dobula, -meridionalis, -clathratus. Tiebel, Deibel, Dübel, Dickkopf, Rohrkarpfen, Schuppfisch, Möne, Mine, Alten, Alt, Aitel, Elten, Schott ꝛc.

Der Körper ist walzenförmig, wenig zusammengedrückt. Der Kopf breit, der Mund rund. Die Schlundzähne sind glatt, etwas zusammengedrückt und mit hakiger Spitze. Die Schuppen sind sehr groß und fest. Der Hinterrand der Rücken- und Afterflosse ist leicht konvex. Der Rücken ist in der Färbung schwarzgrün, die Seiten goldgelb oder silberfarben, der Bauch weiß, blaßrot angehaucht. Rücken und Schwanzflosse sind auf schwärzlichem Grunde rötlich überflogen. After- und Brustflossen hoch rot. — Mitteleuropa.

Die Flüsse und Bäche, aber auch die Seen von Mitteleuropa, mit Ausnahme Dänemarks, beherbergen den Döbel. Er ist, wie seine vielen Namen schon anzeigen, ein ganz bekannter Fisch und wird in allen den Gewässern nicht vergeblich gesucht, die klares, mäßig bewegtes Wasser besitzen. Auch im gebirgigen Lande findet sich dieser Fisch, hier steigt er bis zu einer Höhe von 1000 m auf, seltener findet er sich im Brackwasser der Buchten der Ostsee und der finnischen Küsten.

In kleineren oder größeren Gesellschaften vereinigt, steht der Döbel mit Vorliebe an Brückenpfeilern oder Wassermühlen, wo er auf alle Tiere, die er bewältigen kann, Jagd macht. Große Döbel verzehren selbst Frösche, Mäuse und Ratten. Derartige Beutestücke werden den Tieren indessen nur selten geboten, sie begnügen sich meist mit kleineren Nährtieren, verschmähen Abfälle aller Art nicht, ja nehmen selbst mit Vorliebe Algen zu sich.

Bei warmem Wetter streifen die Tiere an der Oberfläche des Wassers hin, bei Kälte suchen sie tiefes Wasser auf. Solange der Döbel jung ist, hält er sich meist in kleinen Bächen oder Flüssen mit kiesigem und sandigem Grunde auf, hier an langsam fließenden Stellen sich zu Hunderten tummelnd, aber bei dem geringsten Geräusche pfeilschnell in das tiefere Wasser entweichend. Bei reichlicher Beute wächst der Döbel sehr rasch: erfahrene Fischer versichern, daß er jährlich etwa 500 g zunimmt.

Die Laichzeit fällt in die Monate Mai und Juni. Der Laich wird im strömenden Wasser an Steinen und Wasserpflanzen abgesetzt. Zu dieser Zeit zeigt sich auch beim Männchen ein sehr feinkörniger Laichausschlag am Oberkörper.

Als Speisefisch ist der Döbel nicht sehr wertvoll, sein Fleisch ist grätig und erfreut sich keiner besonderen Beliebtheit.

Mit dem Döbel verwandt ist der

Häsling (Squalius leuciscus L.).

Schlanker und gestreckter als der Döbel gebaut und mit schmalerem Kopf. Die Oberseite bräunlich oder schwarzblau, an den Seiten und am Bauche silberglänzend, mitunter mit gelblichem Schimmer. Rücken- und Schwanzflosse sind gräulich, die übrigen Flossen gelblich bis orange. Der hintere Rand der Rücken- und Afterflosse in konkav. Mittel und Nordeuropa. Vergl. Abbildung Seite 392, Figur 168.

Der Häsling bewohnt lebhaft strömende Bäche und Flüsse, auch Seen und die Haffe. Wie der Döbel, lebt auch er in kleinen Gesellschaften, ist jedoch munterer wie ersterer. Seine Laichzeit fällt in die Monate April und Mai. Er wird sehr häufig mit dem Aland und Döbel verwechselt.

Beide Fische können in kleineren Exemplaren im Aquarium gehalten werden. Größere Tiere sind indessen nicht mit kleineren zu vereinigen, da beide räuberischer Natur sind.

22. **Rapfen** (Aspius rapax Ag.). Aspius vulgaris. Cyprinus aspius, -rapax, -taeniatus. Abramis aspius. Leuciscus aspius. Rappe, Raape, Raapen, Schind, Schitt, Schütt, Schieg, Schick, Zalat, Salat, Selat, Mülpe, Mäusebeißer, Rotschindel, Mülbe, Raubalet, Schieken.

Der Körper langgestreckt und rundlich. Der Kopf schlank, der Mund groß, der Unterkiefer etwas getrümmt. Die Schlundknochen sind schlank, die Schlundzähne glatt, cylindrisch, am Ende stark hakig. Die Afterflosse nicht länger als die Rückenflosse, eher etwas kürzer. Die Bauchkante zwischen Bauchflosse und After scharf. Die Färbung oben blaugrün bis schwärzlichgrün, die Seiten silbrig mit bläulichem Glanz, unten weiß. Rücken- und Schwanzflosse grau, die übrigen Flossen in ihrer Farbe bald mehr bald weniger rötlich. ♂ zur Laichzeit mit kleinen halbkugeligen Knötchen auf Kopf und dem Hinterrande der Brust-, Rücken- und Schwanzschuppen. Östliches Europa.

Als großer Räuber lebt der Rapfen ungesellig in Flüssen und Seen des östlichen Europas, geht aber auch in die Brackwasserbuchten der Ostsee. In den Gewässern Rußlands erreicht unser Fisch zuweilen eine bedeutende Größe.

Reines, langsam fließendes Wasser beherbergt den Rapfen stets, weil er hier genügend Nahrung findet. Am meisten stellt er dem Ücklein nach und verfolgt diese Tiere oft so heftig, daß sich die bedrängten Fische auf das Ufer zu retten suchen und der Räuber selbst hierbei oft auf das Trockene gerät.

Im April bis Juni setzt der Fisch in kleineren Gesellschaften am Grunde schnell fließender Gewässer seine 80- bis 100 000 Eier ab, das Laichen dauert, wie Fischer sagen, 3 Tage lang.

Die Haltung der Rapfen im Aquarium ist schwierig, da der Fisch ein zartes Leben hat. Mir gelang die Eingewöhnung am besten, wenn ich den Fisch längere Zeit in fließendem Wasser gehalten hatte, dessen Zufluß mit der Zeit vermindert wurde. Lange Freude habe ich aber an meinen Tieren nicht erlebt. Mit kleineren oder wehrlosen Fischen ist der Rapfen im Aquarium nicht zu vereinigen.

23. Uckelein (Alburnus lucidus Heck.) Alburnus alburnus, -breviceps, -fabraei, Cyprinus alburnus, Abramis alburnus, Leuciscus alburnus, -ochrodon, Aspius alburnus, -alburnoides. Laube, Bleck, Langbleck, Silberbleck, Laugele, Plinte, Ickelei, Blicke, Witing, Leiken.

Der Körper ist langgestreckt. Der Kopf trägt einen sehr schief aufwärts gerichteten Mund. Die Schlundzähne sind schmal, zusammengedrückt, an der Oberseite etwas gekerbt, schwach hackig. Die Rückenflosse besitzt keine Knochenstrahlen. Die Afterflosse doppelt so lang als die Rückenflosse. Der Bauch bildet zwischen Bauch- und Afterflosse eine scharfe Kante. Die Schuppen sind dünn, zart und sehr lose befestigt. Der Rücken ist in der Färbung bläulichgrün, Seiten und Bauch lebhaft silberglänzend. Rücken- und Schwanzflosse lichtgrau, die übrigen Flossen farblos, an der Basis mitunter leicht orange gefärbt. Nord- und Mitteleuropa.

Zwei weitere hierher gehörende Fische, die mit dem Uckelein sehr nahe verwandt sind, bringe erst und fasse das Lebensbild aller drei zusammen.

24. Mairenke (Alburnus mento Ag.). Schindling.

Langgestreckter als der Uckelein, von welchem er sich bei ähnlicher Färbung durch die große Zahl der Seitenschuppen (65—67) unterscheidet. Der Rücken ist höher gewölbt und die Oberseite dunkler gefärbt. Bayrische und österreichische Gebirgsseen.

25. Schneider (Alburnus bipunctatus Heck.). Alburnus fasciatus, Leuciscus bipunctatus, -baldneri, Cyprinus bipunctatus, Aspius bipunctatus, Abramis bipunctatus.

In der Körperform dem Uckelein ähnlich, jedoch weniger schlank. Die Afterflosse beginnt erst hinter der Rückenflosse. Die dunkelgraue Rückenfärbung geht an den Seiten in ein gräuliches Silberfarben, am Bauche in reines Silberfarben über. Die Seitenlinie ist oben und unten schmal schwärzlich gesäumt. Mitteleuropa.

Die Lauben, wie man mit einem Gesamtnamen die drei beschriebenen Fische bezeichnen kann, führen alle dieselbe Lebensweise. Stets sind sie in Scharen vereinigt, die sich bei warmer und windstiller Witterung nahe dem Wasserspiegel umhertummeln und hier nach Beute jagen. Dicht über dem Wasser hinziehende Insekten werden von ihnen durch einen Sprung aus dem Wasser erhascht. Die Tiere sind wenig scheu, sehr neugierig und gefräßig. Gegenstände, seien es Futterstoffe für sie oder nicht, die ins Wasser geworfen werden, vertreiben sie wohl augenblicklich von der betreffenden Stelle, doch kehren sie nach kurzer Flucht sogleich wieder zurück, um nachzusehen was es war, schnappen nach dem erspähten Gegenstand und geben ihn wieder von sich, wenn er ihnen nicht behagt.

Die Fortpflanzungszeit fällt in die Monate Mai und Juni, kann jedoch auch schon im März beginnen und bis sich zum August hinziehen. Die

Fische vereinigen sich dann zu dichten Scharen und steigen in die Flußläufe auf, wo sie sich geeignete Stellen zur Ablage ihres Laiches auswählen. Bei dieser Wahl werden ihnen die Fabrikgewässer, welche Flüsse und Bäche mit ihren Abwässern verunreinigen, sehr verderblich. Wie Cornelius schreibt, sind z. B. die Züge, welche in die Evertsaue geraten, durch die Säuren, welche mit dem Abwasser aus den Elberfelder Färbereien geschwängert und vergiftet sind, sehr gefährdet, „und bald schwimmen zahlreiche tote und

Figur 168. 1. Stromer (Leuciscus agassizi). 2. Hasling (Squalius leuciscus). 3. Uckelei (Alburnus lucidus).

halbtote Fische zurück, die Wupper hinab. Manchmal ist auch wohl die Anzahl der ausgeworfenen und an langsam fließenden Stellen im Wasser verwesenden Leichname so beträchtlich, daß die Luft weit umher von einem unausstehlichen Geruche erfüllt wird." Stellen, die steinigem Grund besitzen, werden zum Laichen vorgezogen, dichte Pflanzenbestände sind den Tieren hierzu weniger lieb. Beim Ablaichen zeigen sich die Lauben noch lebhafter als sie sonst sind, sie schnellen sich übermütig über die Wasserfläche empor und zeigen sich besonders erregt. Mit dem Ablegen des Laiches beginnen die ältesten Fische zuerst, die jungen machen den Beschluß.

Die Lauben bilden wegen ihrer außerordentlichen Häufigkeit eine Hauptnahrung der Raubfische.

Zur Fabrikation der falschen Perlen benutzt man die Schuppen der Lauben. Diese Erfindung wurde erst in der Mitte des 17. Jahrhunderts in Paris gemacht und bald so vervollkommnet, daß man echte und unechte Perlen in einiger Entfernung nicht unterscheiden kann. Man schuppt die Fische, legt die gewonnenen Schuppen in ein Gefäß mit Wasser und zerreibt sie so gut man kann. Das Wasser bekommt hierdurch eine Silberfarbe. Dieses silberfarbene Wasser wird in ein anderes Gefäß gegossen und hier bleibt es 12 Stunden stehen, während welcher Zeit sich die silberige Materie setzt. Das darüber stehende klare Wasser wird sodann vorsichtig abgegossen, bis nichts mehr als ein ölartiger, dicker Saft zurückbleibt, welcher die Farbe der Perlen hat und dann Essence d'Orient genannt wird. Mit dieser Essenz werden die dünnen hohlen Glaskügelchen innen überzogen und mit Wachs gefüllt.

Silberfische werden von dem Aquarienliebhaber die Lauben zum Gegensatz der Goldfische genannt. Es sind im Becken ausdauernde und muntere Gesellen, die sich gut halten, indessen keinen plötzlichen Temperaturwechsel vertragen können.

26. Brassen (Abramis brama L.). Abramis vetula, -microlepidotus, -argyreus, -gehini, Cyprinus brama, -latus, -farenus. Blei, Brachsen, Bläner, Bressen, Bräsem, Brachsmane, Halbbrassen, Halbfisch, Weißfisch, Schlaffle, Scheibgleinze, Sunnfisch, Lesch, Kelsch, Plette, Presse.

Der Körper ist hoch, stark, seitlich zusammengedrückt. Der Kopf klein, halb unterständig der Mund. Die Schlundzähne sind cylindrisch, zusammengedrückt, mit glatter Krone. Die Afterflosse über 2mal so lang als die Rückenflosse, letztere steht hinter der Körpermitte. Der Rücken ist graubraun oder graugrünlich, die Seiten silbergrau oder etwas bräunlich, die Flossen alle grau. ♂ dünner als das ♀. Ersteres zur Laichzeit an Kopf, Rücken und Seiten mit zahlreichen weißen, kegelförmigen Knötchen bedeckt. — Mittel- und Nordeuropa.

Der Brassen lebt ruhig sowohl in fließendem wie in stehendem Wasser, auf dem sandigen und weichen Grunde der Flüsse und Seen. Er liebt mäßig tiefes Wasser, welches dicht mit Wasserpflanzen durchsetzt ist. Im Schlamme

Figur 169. Brassen Abramis brama.

wühlend, nach Art des Karpfens, sucht er sich seine Nahrung, die aus kleinen Tieren und Pflanzenstoffen besteht. In Flüssen und Bächen mit lehmigem Boden wird der Brassen nicht vergeblich gesucht. Während der Sommermonate verweilt er in der Tiefe und hält sich zwischen dem Brachienkraute auf, wühlt hier den Schlamm durch und trübt dabei weithin das Wasser.

Zur Laichzeit vereinigen sich die Tiere im Mai bis Juli in großen Scharen und legen unter lautem Geplätscher an flachen Ufern zwischen Wasserpflanzen, oder auch in der Tiefe an Steinen, ihre klebenden Eier ab. Das Laichgeschäft geht selten ohne großes Geräusch ab, indem die Tiere hierbei mit ihren Schwänzen das Wasser schlagen. Doch sind sie beim Ablaichen sehr scheu und geben bei der geringsten Störung in die Tiefe; heranziehende Gewitter, das Plätschern vorüberfahrender Dampfer ꝛc. vertreibt sie stets. In Schweden ist daher während der Laichzeit sogar das Läuten der Glocken in der Nähe der Seen verboten.

Junge Brassen sind im Aquarium leicht zu halten, doch dürfte der Liebhaber nur wenig Freude an den Tieren haben, weil durch ihr Wühlen leicht das Wasser getrübt wird.

27. **Halbbrassen** (Abramis björkna L.). Blicca björkna, -laskyr, -micropteryx, -erythropterus, Cyprinus bjoerkna, -blicca, -laskyr, -argyroleuca. Blicke, Blecke, Güster, Geister, Sandblecke, Zobelgleinzen, Gieben, Güsterplötze, Plinten, Rotplinten, Pletten, Platt-, Watt-, Leitfisch.

<small>Dem Brassen ähnlich gebaut. Die Schnauze stumpf, der Mund klein und endständig. Die zweireihigen Schlundzähne und Schlundknochen gedrungen. Die ersten sind stumpf, kegelförmig und tragen eine halbe Spitze. Die Oberseite dunkel, blaugrau oder graubläulich, die Seiten silbern, bläulich und rötlich schillernd. Rücken-, After- und Schwanzflosse graublau. Die Brust- und Bauchflosse an der Wurzel, oft auch ganz, rötlich oder rot. ♂ besitzt zur Laichzeit nur einen geringen Hautausschlag auf Kopf und Rücken. Mittel- und Nordeuropa. (Vergleiche Tafel heimische Fische Figur 2.)</small>

In der Lebensweise unterscheidet sich der Halbbrassen vom Brassen nur wenig. Außer der Laichzeit ist der Fisch sehr scheu, während des Ablaichens jedoch ist er so unvorsichtig, daß er sich mit der Hand greifen läßt. Die Ablage findet in der Zeit von Sonnenaufgang bis 10 Uhr vormittags statt.

28. **Zärthe** (Abramis vimbra L.). Abramis wimbra, Cyprinus vimbra, -cariatus, -zerta. Ruß-, Blau-, Meernase, Nasling, Sündl, Siudl, Schnöpel, Nase.

<small>Die Körperform gestreckt. Der Kopf klein, die Nase stumpf, über dem Unterkiefer hervorragend. ♂ und ♀ zur Fortpflanzungszeit gleich gefärbt. Die Oberseite bis weit unter die Seitenlinie herab tief schwarz, ebenso Rücken- und Schwanzflosse. Die Seiten sind silberweiß, seidig glänzend. Ein Streifen von den Lippen bis zum Schwanze in der Mittellinie des Bauches. Die paarigen Flossen und die Basis der Afterflosse dunkel orange, Brust- und Afterflosse schwarz gesäumt. Sonst ist die Färbung oben grünlichblau, an den Seiten und am Bauche silberweiß. Mitteleuropa. (Vergleiche Abbildung 170 Seite 396.)</small>

Die Zärthe ist ein nordischer Fisch, vorzüglich in der Ostsee zu Hause, verbreitet sich jedoch von hier aus in das Gebiet der Oder und ihrer Nebenflüsse, so daß sie bis Schlesien kommt. Auch die Nordsee beherbergt die Zärthe. Von hier aus steigt sie in das Gebiet der Elbe und des Rheines, bewohnt auch die Weser und ihre Zuflüsse. Selten kommt indessen

unser Fisch in der Donau vor. Hier findet sich eine verwandte Art, der
Seerüstling (Abramis melanops Heck), die stumpfschnauzig ist. Eine
weitere Abart die Zopa (Abramis ballerus Cuv.). Diese Art findet sich
in der Ostsee, von Pommern bis zum kurischen Haff. Sie besitzt einen
kleinen, stumpfen Kopf, braune Stirn, einen mit zwei schwarzen Flecken
versehenen Augenring. Der Rücken ist schwarzbläulich, weiter unten gelblich,
unter der Seitenlinie silberig und am Bauche rötlich. Die Flossen sind
bläulich eingefaßt. Die untere Hälfte der halbmondförmig ausgeschnittenen
Schwanzflosse ist länger als die obere.

Während die Zährte in einzelnen Süßgewässern nicht zu wandern
scheint, steigt sie im Frühlinge vom Meere in die Flüsse auf, um hier ihren
Laich abzusetzen. Während des Sommers verweilt der Fisch dann hier
und kehrt gegen den Herbst zu in tiefere Gewässer zurück, um hier den
Winter zu überdauern. Lebt die Zärthe in Seen, so hält sie sich hier
gewöhnlich in einer Tiefe von 10—20 Faden auf. Regelmäßig findet sie
sich dort, wo der Grund schlammig ist, denn auch sie wühlt nach Art ihrer
Verwandten im Boden, um Nahrung zu suchen.

Die Laichzeit fällt in die Monate Mai und Juni. Die Fische er-
scheinen dann in Scharen und legen in großen Schwärmen unter lebhaftem
Geplätscher an flachen kiesigen Stellen in der stärksten Strömung ihre
Eier ab.

Für das Aquarium eignet sich die Zärthe wenig. Sie ist sehr unruhig
und scheu, hält auch nicht lange in der Gefangenschaft aus.

29. **Sichling (Pelecus cultratus L.).** Cyprinus cultratus L., Abramis
cultratus Cuv., Leuciscus cultratus. Ziege, Zicke, Sichel, Messer-, Schwert-
fisch, Messerkarpfen, Dünnbauch.

  Der Körper ist gestreckt, stark zusammengedrückt. Der Rücken gerade, scharf zugespitzt. Der kleine Kopf trägt eine senkrechte Mundspalte. Die Schlundzähne sind
  hakig, in der Krone sägenförmig gekerbt. Die Rückenflosse ist klein und weit nach
  hinten gerückt, sie steht über dem vorderen Teile der Afterflosse. Die Schwanzflosse
  tief gabelig ausgeschnitten. Die Seitenlinie zeigt mehrfache, höchst auffällige Wellen-
  linien nahe der Bauchkante. Die Färbung ist im Nacken stahlblau oder blaugrün,
  auf dem Rücken graubraun, an den Seiten silberig. Rücken und Schwanzflosse
  sind gräulich. Die übrigen Flossen rötlich.   Östliches Europa. (Vergleiche Abbildung Seite 325 Figur 152.)

Über die Lebensweise und Verbreitung des Sichlings wissen wir
noch sehr wenig. Nach Pallas findet sich dieser Fisch häufig in den Seen
und Flüssen des europäischen Rußland, nach Nordmann in denen der
Krim; Hekel und Kner sagen, er erscheint im Plattensee während der
Sommermonate in großen Zügen, wo er dann zu einer Zeit, wo andere
Fische selten sind, eine Hauptnahrung armer Leute bildet; nach von Siebold
zeigen sich einzelne Tiere zuweilen in der oberen Donau.

Der Sichling ist weder Fluß- noch Meerfisch, er fühlt sich hier sowohl
wie dort heimisch. Reines bewegtes Wasser in der Nähe der Ufer bewohnt
er gesellschaftlich mit Vorliebe und zeigt in seinem ganzen Gebahren viel

Ähnlichkeit mit dem Karpfen. In den Monaten Mai und Juni soll er an Pflanzen seinen Laich absetzen.

Als Aquariumsfisch hat der Sichling nur wenig Bedeutung. Das Tier ist ungemein zart und stirbt, kürzere Zeit der Luft ausgesetzt, bald. Eingewöhnen kann man die Tiere nur in größere Becken, die Zufluß besitzen, wenn derselbe ganz allmählich verringert wird. Eingewöhnte Tiere sind schon ihrer Körperform wegen reizende Bewohner der Becken.

30. Nase (Chondrostoma nasus L.). Chondrostoma coerulescens, -dermaci, Cyprinus nasus. Näsling, Nösling, Spehling, Speier, Eßling, Ohrling, Schnabel, Schnappel, Kräuterling, Rachenzahn, Sunter, Schwarzbauch, Schwall=, Mund=, Schweins=, Erdfisch, Speier, Untermaul, Quermaul, Blaunase, Kummel, Zuppe ꝛc.

Figur 170. 1. Nase (Chondrostoma nasus). 2. Zarthe (Abramis vimbra).

Die Körperform ist gestreckt. Die Schnauze vorspringend und gewölbt. Der Mund unterständig und quergestellt, die Oberlippe knorpelig. Die Schlundzähne sind stark zusammengedrückt und zeigen oben eine lange elliptische gerade Fläche. Die Färbung der Oberseite ist schwärzlich grün, Seiten und Bauch silberfarben, die Rückenflosse gräulich, die übrigen Flossen bald mehr bald weniger rötlich, grau angehaucht. Zur Laichzeit die Färbung dunkler. Der Rücken dann fast schwarz, die Seiten dunkel atlasartig schimmernd. Die Mundwinkel, die Nähe des Kiemendeckels und die Basis der Brustflosse lebhaft orange. Beide Geschlechter besitzen einen feinkörnigen Hautausschlag, der beim ♂ eine größere Ausdehnung erreicht. — Mitteleuropa.

Die Nase findet sich in ziemlicher Anzahl in den Seen und Flüssen Mitteleuropas, besonders häufig ist sie mehr im Süden, wo sie das Gebiet der Donau und des Rheines bewohnt. Reine, schnell fließende Gewässer sagen ihr besonders zu, doch bewohnt sie auch die Seen. Hier gründelt sie nach Art der Karpfen viel am Grunde und weidet mit Vorliebe den aus Algen und niederen Tieren bestehenden Überzug an Steinen und Holzwerk ab. Gewöhnlich trifft man die Nasen in größeren Scharen beisammen, wo dieselben sich oft im Schlamme wälzen. „Im Sommer nähert sie sich den Mauern, womit die Ufer eingefaßt sind und wälzt sich hier über Steine, die kaum vom Wasser bedeckt sind. Über die unteren Stufen von Treppen, die ins Wasser führen, streicht sie in ähnlicher Weise mit großer Regelmäßigkeit weg, sodaß die Katzen hierauf aufmerksam werden und an solchen Stellen einen mehr oder minder ergiebigen Fang betreiben." (Brehm.) Besonders zur Laichzeit vereinigen sich die Nasen im April und Mai zu großen Scharen. Sie ziehen dann in die kleineren Flüsse, wo auf kiesigen, flachen Stellen, unter lebhaftem Geplätscher, die zahlreichen Eier abgelegt werden. Da die Nasen während des Laichgeschäftes viel aus dem Wasser springen, ist man zu der unhaltbaren Ansicht gekommen, die Eier würden nur dann befruchtet, wenn dieselben außerhalb des Wassers mit der Milch in Berührung gebracht würden.

Wie die meisten übrigen im Flusse lebenden Fische, hält sich auch die Nase gut im Aquarium, wenn dieselbe zweckmäßig und langsam an das stehende Wasser unserer Becken gewöhnt wird.

31. Huchen (Salmo hucho L.).

Der Körper ist walzenförmig und gestreckt. Der Kopf ist groß, oben flachgedrückt, der Mundspalt weit und stark bezahnt. Das Vorderende des Pflugscharbeins trägt eine Querreihe von 4—7 starken Zähnen, je eine Längsreihe noch stärkerer finden sich auf dem Gaumenbein. Auch die Ränder der Zunge sind mit starken, nach rückwärts gerichteten Zähnen besetzt. Das nicht sehr große Auge hat seine Stellung nahe dem Stirnrande. Kleine Rundschuppen bekleiden den Körper. In der Jugend besitzt dieser Fisch die dunklen Querbinden, die allen Forellen eigen sind, und dünne, wenige schwarze Fleckchen auf dem Rücken und den Seiten. Diese Flecke verschwinden im Alter gänzlich und machen einer einfachen grauschwärzlichen Färbung Platz auf dem Rücken; die Färbung der Seiten und des Bauches ist ein helles Silberweiß. Auch kann der Körper mehr oder weniger rötlich angehaucht sein. Kopf und Rücken tragen zahlreiche, ganz feine schwarze Pünktchen, zwischen denen auf Kiemendeckel, Scheitel und Rücken kleine eckige oder halbmondförmige Flecke zerstreut stehen. ♂ zur Laichzeit die Flossen gelblichgrau, ungefleckt, Rücken- und Schwanzflosse getrübt und dunkler gesäumt. Im Gebiete der Donau.

Nach den Angaben von Pallas soll sich der Huchen auch in den Flüssen des Kaspischen Meeres finden, doch ist es sehr wahrscheinlich, daß er das Meer überhaupt nicht aufsucht. Neueren Beobachtungen zufolge findet er sich nur in der Donau und ihren Nebenflüssen. Während der Laichzeit steigt er wahrscheinlich von dem Hauptstrome zu Berge, kaum jedoch höher als 1000 m.

In seinem ganzen Wesen zeigt sich der Huchen als ein echter Lachs, doch übertrifft er alle seine Verwandten bedeutend an Gefräßigkeit. Er ist ein kühner und gewaltiger Räuber, nährt sich von kleinen Fischen aller Art, verschlingt gelegentlich auch kleines Wassergeflügel, Ratten und ähnliche Tiere. Gewöhnlich hält er sich in der Nähe heftiger Wasserwirbel, hinter Steinen, Brückenpfeilern und unter überhängenden Ufern auf.

Die Laichzeit fällt in die Monate März bis Mai. Die Fische begeben sich dann in das flache Wasser, wo das Weibchen gewöhnlich von mehreren Milchnern begleitet, auf kiesigem Grunde durch heftige Schwanzbewegungen große tiefe Gruben, von den Fischern „Brüche" genannt, auswühlt, in welchen der Laich abgelegt und teilweise wieder mit Kies bedeckt wird.

Die das Ei verlassenden Jungen halten sich anfangs in kleineren Gewässern und am Rande der Flüsse auf, ins tiefe Wasser gehen sie erst später.

Der Huchen ist als Aquarienfisch wenig zu empfehlen. Das Tier dauert, von klein an die Gefangenschaft in kleinen Behältern gewöhnt, ganz gut aus, ist aber ein zu gefräßiger Raubfisch, um Freude an ihm zu haben. Auch neigt dieser Fisch sehr zu Krankheiten.

32. **Lachs** (Salmo salar C.). Trutta salar L., Salmo salmulus, -nobilis, -hamatus. Salm.

<small>Der Körper ist gestreckt, mehr oder weniger zusammengedrückt. Der Kopf ist im Verhältnisse zum Leibe klein. Die Schnauze schmächtig und gestreckt, der Mund stark bezahnt. Die Decke der Mundhöhle trägt je eine Längsreihe starker Zähne auf den Gaumenbeinen. Die kleine, fünfeckige Platte des Pflugscharbeines ist stets zahnlos, der lange, hintere Stiel desselben trägt eine einfache Längsreihe von Zähnen, die jedoch schon im frühen Alter verloren gehen. Der Rücken ist dunkelschiefergrau oder schwärzlich, die Seiten überglänzend, der Bauch perlmutterfarben. Der Rücken trägt eine Reihe schwärzlicher Punkte. Die Farben sind zur Laichzeit trauriger, außer derselben düsterer und blasser. — Nordeuropa. (Vergleich: Abbildung 171 Seite 401.)</small>

Der Lachs bewohnt die größeren Tiefen an den Küsten des Festlandes. Das Aufsteigen in die Flüsse beginnt im Frühling. Die Tiere suchen stets die Orte wieder auf, wo sie ihre Jugendzeit verlebt haben, um hier für ihre Fortpflanzung zu sorgen. Hauptsächlich geschieht der Zug während der Nachtstunden und am frühen Morgen. Wehre und nicht sehr große Dämme, welche sich den aufsteigenden Tieren entgegenstellen, werden selbst in stark strömendem Wasser übersprungen. So geht es weit in die Flüsse hinauf, in der Elbe bis hinein nach Böhmen, in der Oder bis Oberschlesien, die heftigen Stromschnellen des Rheines bei Laufenburg vermögen den Zug nicht aufzuhalten, nur der Rheinfall bietet ihnen ein unüberwindliches Hindernis dar.

Zum Ablaichen wählt sich der Lachs sandige Stellen aus. Den Kopf gegen den Strom gestellt, höhlt das Weibchen durch zitternde Schwanzbewegungen eine Grube aus, in welche es seine orangefarbenen Eier absetzt, die gleich darauf durch das Männchen befruchtet werden. Das Laichen wird niemals an einer Stelle beendigt. Es geschieht hauptsächlich am frühen Morgen und am Abend gleich nach Sonnenuntergang. Der Fisch ist so vollständig davon in Anspruch genommen, daß er die drohend über ihn gerichtete Gabel des Fischers, welcher ihn harpuniert, nicht sieht. Nach 2 bis 3 Monaten schlüpfen die jungen Fische aus den Eiern, und eine fast ebenso lange Zeit vergeht, ehe die Dotterblase von ihnen vollständig auf-

gebraucht ist. Während des ersten Lebensjahres entfernt sich der junge
Lachs nicht weit von seiner Geburtsstätte. Erst nachdem dieses verstrichen
und das Schuppenkleid fester geworden ist, tritt das Tier die Rückwanderung
in das Meer an. Aber nur die kräftigsten der jungen Tiere sind nach Verlauf dieser Zeit genug erstarkt, um diese Reise antreten zu können; die
Mehrzahl der Jungen lebt 2, manche auch 3 Jahre im Süßwasser, bevor
sie sich aufmachen, das Meer zu erreichen. Der junge Lachs unterscheidet
sich sehr erheblich durch seine Färbung von dem erwachsenen; es sind erst
wenige Jahrzehnte verstrichen, daß die kleinen Tiere mit ihren dunklen
Querbinden auf dem Rücken, für besondere Fische gehalten wurden, die
man „Salmlinge" nannte.

Hier im Meere angekommen, wo die jungen Lachse Überfluß an Nahrung
finden und sehr schnell wachsen, bleiben sie so lange, bis sie fortpflanzungsfähig sind, dann streben sie ihren Geburtsorten zu, um auch ihrerseits dafür
zu sorgen, daß ihr Geschlecht nicht ausstirbt.

Für das Aquarium eignen sich nur junge Lachse. Sie sind allmählich an das stehende Wasser der Becken zu gewöhnen.

33. **Blaufelchen** (Coregonus Wartmanni Bloch.) Rheinanke, Albuli,
Balchen, Flötchen, Runke, Blauling, Gangfisch, Stübchen 2c.

*Der Kopf klein, schmächtig und spitz. Die Schnauze gewöhnlich, senkrecht ab-
gestutzt. Ganz feine, hinfällige Zähne an den Kiefern. Rückenflosse von gewöhnlicher
Größe. Kopf und Rücken schwärzlichblau, Seiten und Bauch silberfarben. — Die
Seen der Nordseite der Alpen und Voralpen.*

Der Blaufelchen bewohnt die meisten größeren Seen der nördlichen
Alpen und Voralpen und lebt in großen Scharen in bedeutender Tiefe,
um sich hier von Krustaceen, Insekten, Muscheln 2c. zu nähren.

„Für gewöhnlich halten sich die Blaufelchen, wie die meisten ihrer
Verwandten überhaupt, in den tiefsten Gründen der Seen auf, nicht selten
in Tiefen von 200 m unter der Oberfläche, ausnahmsweise nur in Wasserschichten zwischen 40 und 100 m Tiefe. Bei Gewittern und warmem Regen
sollen sie sich bis auf 20 m und noch weniger der Oberfläche nähern, bei
Eintritt kühlerer Witterung sofort wieder in die Tiefe versinken. In die
Flüsse treten sie niemals ein, wandern also auch nicht von einem See zum
andern. Die Nahrung besteht hauptsächlich aus sehr kleinen Wassertieren,
die in der Tiefe der Binnenseen leben und teilweise erst durch Untersuchung
des Mageninhaltes der Bläulinge den Forschern bekannt geworden sind.
Außerdem fressen unsere Fische von dem auf dem Grunde der Seen befindlichen Schleime, der aus den niedersten Gebilden der Pflanzen- und
Tierwelt in deren ersten Entwicklungszuständen gebildet wird." (Brehm.)
Die Laichzeit fällt in die Mitte des November bis Dezember, dauert also
3 Wochen. Die Tiere erscheinen dann in großen Scharen an der Oberfläche. Vogt erzählt: „Am Neuenburger See war ich oft Augenzeuge des
Laichens dieser Fische, wenn sie sich den Uferstellen genähert hatten. Sie
hielten sich paarweise zusammen und sprangen, Bauch gegen Bauch gekehrt,

meterhoch aus dem Wasser empor, wobei sie Laich und Milch zu gleicher
Zeit fahren ließen. In mondhellen Nächten, wenn viele Fische laichen,
gewährt das blitzschnelle Hervorschießen der silberglänzenden Tiere ein höchst
eigentümliches Schauspiel." Ist der Laich befruchtet, so sinkt er in die
Tiefe hinab.

Junge Tiere in das Aquarium gebracht, halten sich hier gut, falls,
wie es ja nötig ist, der Behälter nicht überfüllt mit ihnen ist. Wenn das
Wasser durchlüftet wird, ist es unnötig, einen Zufluß anzubringen.

Nur wenig von dem Blaufelchen abweichend ist der

Sandfelchen (Coregonus maraena Bloch.) Maduemaräne, große
Maräne, Weißfelchen.

> Der Körper ist gedrungen, der Kopf etwas größer und die Schnauze schräg
> nach hinten abgestutzt. Die Färbung des Rückens ist heller als beim Blaufelchen,
> die Seiten mehr goldig glänzend. Im übrigen variiert die Färbung sehr. — Be-
> wohnt die gleichen Seen wie der Blaufelchen.

Ähnlich dem Sandfelchen ist der beim Fange in bedeutender Tiefe
durch seinen durch die Schwimmblase ausgedehnten Bauch bekannte

Kropffelchen (Coregonus hiemalis Jur.). Kilch.

> Der Rücken von der Rückenflosse an nach vorn stark gebogen. Die Färbung des
> Rückens hell bräunlichgrau, Kopf oben gelblichweiß, Seiten und Bauch silbrig. —
> Bodensee, Ammersee und Genfersee.

---

34. **Kleine Maräne (Coregonus albula L.).** Salmo albula, -maraenula.

> Der Unterkiefer überragt die Mundöffnung vorn, sodaß die abgerundete Ober-
> lippe kürzer erscheint. Der Mund besitzt keine Zähne, nur die Zunge ist mit einigen
> zarten Zähnchen bewehrt. Der Rücken erscheint blaugrau, Seiten und Bauch
> glänzend silberweiß, Rücken- und Schwanzflosse grau, die übrigen weißlich. ♂ sind
> schlanker als die ♀. Osteuropa.

Die kleine Maräne findet sich in vielen tiefen Seen des ural-baltischen
Höhenzuges, von Rußland bis Mecklenburg und auch im südlichen Skan-
dinavien und Finnland. In ihren Sitten und Gewohnheiten ähnelt sie
den Felchen sehr. Auch sie hält sich außer der Laichzeit nur in der Tiefe
der Wohngewässer auf und erscheint in den Monaten November und
Dezember in dicht gedrängten Scharen an der Oberfläche, wo sie sich mit
weit hörbarem Geräusche bewegt. Dort, wo der Laich abgesetzt wird, befindet sich stets flaches Wasser. Das Ablegen geschieht gewöhnlich nur des
Nachts, wo das Weibchen unter lebhaftem Springen die Eier ins Wasser
fallen läßt, wo sie zu Boden sinken oder in den Blattachseln der an den
Laichplätzen stets vorhandenen Armleuchtergewächsen hängen bleiben.

Das Tier wird selten im Aquarium gehalten.

---

35. **Äsche (Thymallus vulgaris Nilss.).** Salmo thymallus, Coregonus
thymallus, Thymallus vexilifer, -gymnothorax. Äschling, Springer, Mailing,
Spalt, Stalling, Harn, Sprengling, Sprößling, Garr, Harr, Strommaräne.

Der Körper ist gestreckt, der Vorderrücken scharfkantig, der Kopf klein und zugespitzt. Der Oberkiefer steht über dem unteren Kiefer ein wenig vor. Der Mund also halb unterständig. Alle Mundknochen sein bezahnt, die Zunge ohne Zähne. Die Rückenflosse ist auffallend hoch und lang, sie hat ihre Stellung vor der Körpermitte. Bei jungen Tieren ist sie weniger entwickelt. Die übrigen Flossen sind verhältnismäßig klein. Die Färbung ändert je nach dem Aufenthalte, Jahreszeit und Alter bedeutend ab. Auf der Oberseite herrscht gewöhnlich ein grünliches Braun vor, welches auf den Seiten in Grau und auf dem Bauche in ein glänzendes Silberweiß übergeht. In der Jugend ist die Färbung ziemlich der Forelle i. d.) gleich, sodaß sie nur von dieser durch die größere Rückenflosse und die lebhaft gefärbten Augen, die etwas hervorstehen, zu unterscheiden ist. Nord und Mittel europa.

Die Äsche ist vorzugsweise ein Flußfisch, und wenn sie auch in einzelnen Seen nicht selten ist, so hält sie sich hier doch stets nur am Rande auf

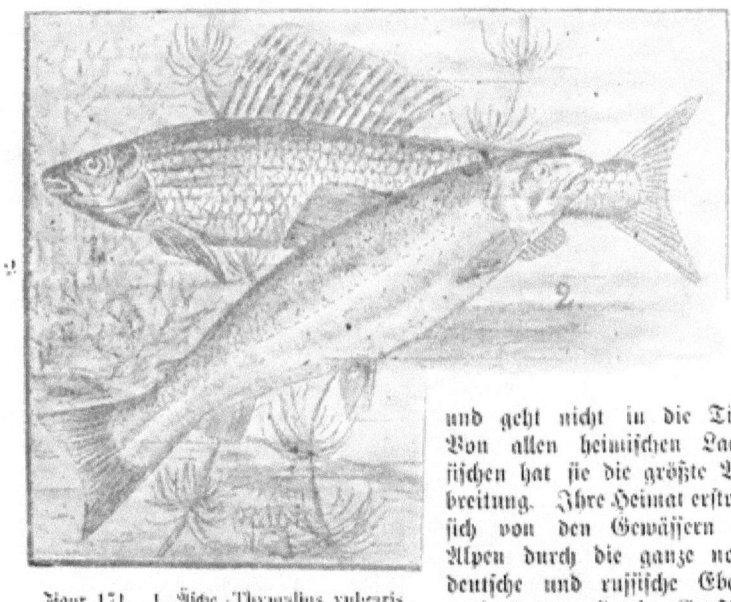

Figur 171. 1. Äsche (Thymallus vulgaris). 2. Lachs (Salmo salar).

und geht nicht in die Tiefe. Von allen heimischen Lachsfischen hat sie die größte Verbreitung. Ihre Heimat erstreckt sich von den Gewässern der Alpen durch die ganze norddeutsche und russische Ebene, auch kommt sie in Großbritannien vor, wo sie durch Mönche eingeführt worden sein soll. In rauschenden Gebirgswässern, welche die Forelle bevorzugt, findet sie sich fast stets. Hier ist das Wasser nicht zu kalt und zu warm, hier wechseln ruhige Strömungen mit rasch dahin rauschendem Wasser, gerade so, wie sie es liebt. Mit dem Kopfe dem Strome zugekehrt, steht sie stundenlang an derselben Stelle so ruhig und so fest, daß sie mit den Händen ergriffen werden kann. Bewegt sie sich dagegen, so schwimmt sie ungemein rasch dahin.

Ihre Nahrung besteht aus den Larven verschiedener Wasserkerfen, oder aus diesen selbst; auch werden Wasserschnecken und Muscheln von ihr nicht verschmäht.

Die Laichzeit fällt in die Monate März und April. Dann färben sich die Tiere lebhaft und erhalten einen oft goldgrün schimmernden Glanz. Die weibliche Äsche legt, meist von einem Milchner begleitet, ihre Eier in selbstbereiteten Gruben ab, bedeckt sie auch wohl mit Kies. Die Jungen verlassen gewöhnlich im Juni das Ei und halten sich anfänglich an den seichtesten Stellen der Gewässer auf, wachsen aber ziemlich schnell heran und werden dann wie die Alten.

Als Aquariumfisch nicht besser als die Vorigen. Wie bei diesen, eignen sich zur Besetzung der Behälter nur junge Fische, die nach und nach an stehendes Wasser gewöhnt worden sind.

36. Stint (Osmerus eperlanus L.) Osmerus spirinchus, Salmo eperlanus, -marinus, -spirinchus, Eperlanus vulgaris. Spierling.

Der Körper ist nur wenig zusammengedrückt, der Rücken fast geradlinig. Der Mund ist tief gespalten, der Unterkiefer dem Oberkiefer etwas überragend. Alle Mundknochen sein bezahnt. Auf dem Vorderteil des nur kurzen Pflugscharbeines und der Zunge stehen einige längere Zähne. Die Schuppen sitzen sehr lose und besitzen keinen Silberglanz. Eine Seitenlinie tragen nur die ersten Schuppen. Die Färbung des Rückens ist gewöhnlich grau, die Seiten silbergrau mit grün- oder bläulichem Schimmer, der Bauch rötlich angehaucht. Körperform, Größe und Färbung variiert sehr. Nordeuropa.

Bloch sah sich veranlaßt, zwei Arten des Stintes aufzustellen, die aber heute nicht einmal mehr als Spielarten betrachtet werden. Die im Meere lebende Form unseres Fisches ist groß, doch kommt auch diese in einigen Landseen vor; kleiner ist der Stint, der im süßen Wasser lebt.

Der das Meer bewohnende Stint unterscheidet sich hinsichtlich seiner Lebensweise sehr von dem Süßwasser-Stint. Beide Arten treten in manchen Jahren in erheblicher Anzahl auf, zu anderen Zeiten werden sie nur vereinzelt gefangen.

Der in den Landseen lebende Stint wird nur 10—15 cm lang, häufig bleibt er noch kleiner und laicht schon vor Ablauf des ersten Lebensjahres. Die Männchen tragen zu dieser Zeit an der Oberseite des Körpers einen weißen, sandkornartigen Ausschlag. Das Laichgeschäft wird nach dem Aufgange des Eises begonnen.

Der zur Laichzeit in die Flüsse aufsteigende Seestint ist schwer im Aquarium zu halten, wenn dasselbe ohne Zufluß ist, der den Landseen entnommene hält sich gut. Junge Tiere sind auch hier alten entschieden vorzuziehen.

37. Saibling (Salmo salvelinus L.). Salmo umbla, -alpinus, -distichus, -monostichus. Ritter, Schwarzreutel, Schwarzrötel, Rotfisch, Rötel, Gold-, Rotforelle.

Der Leib ist gestreckt, an den Seiten etwas zusammengedrückt. Die Form wechselt sehr. Der Mundspalt ist weit, die Zähne nicht sehr stark. Die Platte des Pflugscharbeins trägt 5—8 gekrümmte, nach hinten gerichtete Zähne, jedes Gaumenbein mit einer Längsreihe, die Zunge nur neben der Mittellinie mit zwei Zahnreihen bewaffnet. Die Färbung ist wie die Körperform nach Alter, Geschlecht, Jahreszeit und Gegend verschieden. Meistens ist der Rücken blaugrau, die Seiten weißlich, der Bauch, besonders zur Laichzeit, orange bis purpurrot. Die Körperseiten sind bald viel, bald wenig, bald überhaupt nicht gefleckt. Mitteleuropa.

Der Saibling verbringt sein Leben fast stets in bedeutender Tiefe. Hier zieht er in Gesellschaften umher, lebt von Insekten, Krebstieren und Gewürm aller Art, auch wohl im höheren Alter von kleinen Fischen. Nur zur Laichzeit verläßt unser Fisch die Tiefe seines Wohngewässers, ohne indessen aus den Seen in die Flußläufe einzutreten. Je nach Lage der Örtlichkeit fällt die Laichzeit in die Monate Oktober bis Dezember, kann auch erst im Januar bis März sein. Die Tiere ziehen dann scharenweise an flache kiesige Ufer ihrer Wohngewässer, um hier die Eier abzulegen.

Den Teichen entnommene junge Saiblinge eignen sich sehr gut für das Aquarium, sie stellen keine besonderen Ansprüche an die Pflege wie andere zarte Fische.

38. **Bachforelle (Salmo fario L.).** Trutta fario, -alpinus, -saxatilis, -cornubiensis, -gaimardi, -ausonii. Trutta fluviatilis, Salar ausonii. Wald-, Teich-, Stein-, Alp-, Gold-, Weiß-, Schwarz-, Silber-, Berg-, Alpenforelle.
Der Körper ist gedrungen, die Schnauze kurz und abgestumpft, der Mund stark bezahnt. Das dreieckige Pflugscharbein trägt eine Querreihe von 3 bis 4 kräftigen Zähnen, auch der lange Stiel desselben besitzt wenigstens in seinem hinteren Teile Zähne. Die Färbung ist sehr verschieden. Je nach Beschaffenheit des Wassers ist die Färbung eine andere, die Bachforelle paßt ihr Kleid dem betreffenden Gewässer an. Der Rücken ist gewöhnlich dunkel, olivgrün, seltener schwarzblau, die Seiten messinggelb, der Bauch heller messinggelb. Oberkopf, Kiemendeckel, Rücken und Seiten sind mehr oder weniger mit großen Flecken gezeichnet, die gewöhnlich rot, selten von blauer Farbe sind. Die größeren roten Flecken sind sehr häufig von einem weißlichen oder bläulichen Ringe umgeben. Brust-, Bauch- und Afterflosse sind gelblich, bei älteren Exemplaren mehr oder weniger schwärzlich angeflogen. Rücken-, Fett- und Schwanzflosse von der Farbe des Rückens. Die Jungen sind im ersten Lebensjahre dunkel gebändert. — Ganz Europa. Vergleiche Abbildung 152 Seite 325.

Die Bachforelle bevorzugt helles, klares, lebhaft fließendes Wasser, nur selten findet sie sich in ganz ruhig strömenden Flüssen und Seen. Klares Wasser, kiesiger Grund, Sommer und Winter ziemlich dieselbe Wassertemperatur, Schatten von Erlen und Weidengesträuch sind Hauptbedingungen für das gute Gedeihen dieses vorzüglichen Wirtschaftsfisches. In Bächen oder Teichen, welche moorigen Untergrund besitzen, in denen das Wasser sich im Sommer stark erwärmt und im Winter mit einer dicken Eisschicht überzieht, gedeiht dieser Fisch nicht.

In den klaren Gebirgsbächen steigt die Bachforelle bis zur Grenze des ewigen Schnees. Im Gegensatz zu ihren Verwandten unternimmt sie keine Wanderungen zur Laichzeit, sie ist somit ein Standfisch. Die Laichzeit fällt in die Monate Oktober bis Januar, in manchen Gewässern tritt sie noch später ein. Die Eier werden vom Weibchen in selbstgemachte flache

Gräben in seichtem, rasch fließenden Wasser gelegt und leicht zugedeckt. Die Jungen schlüpfen gewöhnlich erst nach zwei Monaten aus, liegen zunächst fast bewegungslos auf dem Grunde und zehren vom Inhalte ihres Dottersackes. Ist derselbe verbraucht, so macht sich das Nahrungsbedürfnis geltend, und es beginnt die Jagd auf allerlei winzige Wassertiere. Meist gelangt nur ein kleiner Teil der abgelegten Eier zur Entwicklung, und von den ausgeschlüpften Jungen werden viele wieder eine Beute anderer Fische, bevor sie ausgewachsen sind.

Die Bachforelle ist ein gefräßiger Raubfisch. Tags über hält sie sich gern in Uferlöchern und unter Baumwurzeln verborgen und erst des Abends zieht sie auf Raub aus. In der Jugend nimmt sie mit kleinen Wasserbewohnern fürlieb, wie Daphnien, Libellen- und Köcherfliegenlarven; kleine Mücken und Fliegen werden erhascht, indem sie nach ihnen oft weit aus dem Wasser herausspringt. Ist die Forelle jedoch erst einige Jahre alt geworden, so wetteifert sie an Gefräßigkeit mit dem Hechte, selbst größere Fische werden ihr dann zur Beute, ja sie verschont selbst die kleineren Exemplare ihrer eigenen Gattung nicht. Hält sich das erwachsene Tier gerne in Uferlöchern rc. verborgen, so suchen die Jungen hohlliegende Steine auf, unter welche sie schlüpfen.

Junge Bachforellen, die aus Zuchtteichen stammen, sind unschwer im Aquarium zu halten, wenn der Behälter nicht übervölkert wird. Eine möglichst gleiche Wassertemperatur ist aber für ihr Gedeihen nötig, direkte Sonnenstrahlen lasse man nicht auf ihre Behälter einwirken.

Anschließend hieran bringe ich gleich die

Regenbogenforelle (Salmo irideus Gibb.)

Gestalt und Färbung der Bachforelle ähnlich, nur ist sie außer den Flecken noch an den Seiten mit einer regenbogenartigen Zeichnung versehen. — Californien.

Sie ist nicht so anspruchsvoll wie die Bachforelle und verträgt wärmeres Wasser als diese, wenn es nur genügend Sauerstoff enthält.

---

39. **Hecht** (Esox lucius L.) Esox boreus. Schnöck, Schnuck, Wasserwolf, Hecht.

Der Körper ist langgestreckt, der Kopf niedergedrückt, mit sehr weiter Mundspalte. Der Unterkiefer ist vorstehend und mit zahlreichen, nach hinten und innen gerichteten Fangzähnen von verschiedener Größe bewaffnet, zwischen ihnen stehen, wie auf allen übrigen Mundknochen, große Hechelzähne in dichten Reihen. Die Schuppen sind klein, dünn und in ihrer Form oval, sie liegen tief in der Haut. Junge Tiere sind in ihrer Färbung lebhaft grün auf dem Rücken (Grashecht), diese Farbe geht im Alter mehr in grau über, auch zeigen sich dann heller verwaschene Flecke über dem ganzen Körper zerstreut. Der Bauch ist weiß. Die Brust- und Bauchflossen sind gelblich oder rötlich, Rücken-, After- und Schwanzflosse bräunlichgelb, schwarz gefleckt, die beiden letzteren mitunter rot angeflogen. — Mittel- und Nordeuropa.

Der Hecht ist der Hai der Binnengewässer. Die Vollkommenheit seines Gebisses, seine große Muskelkraft, seine Schnelligkeit, Behendigkeit,

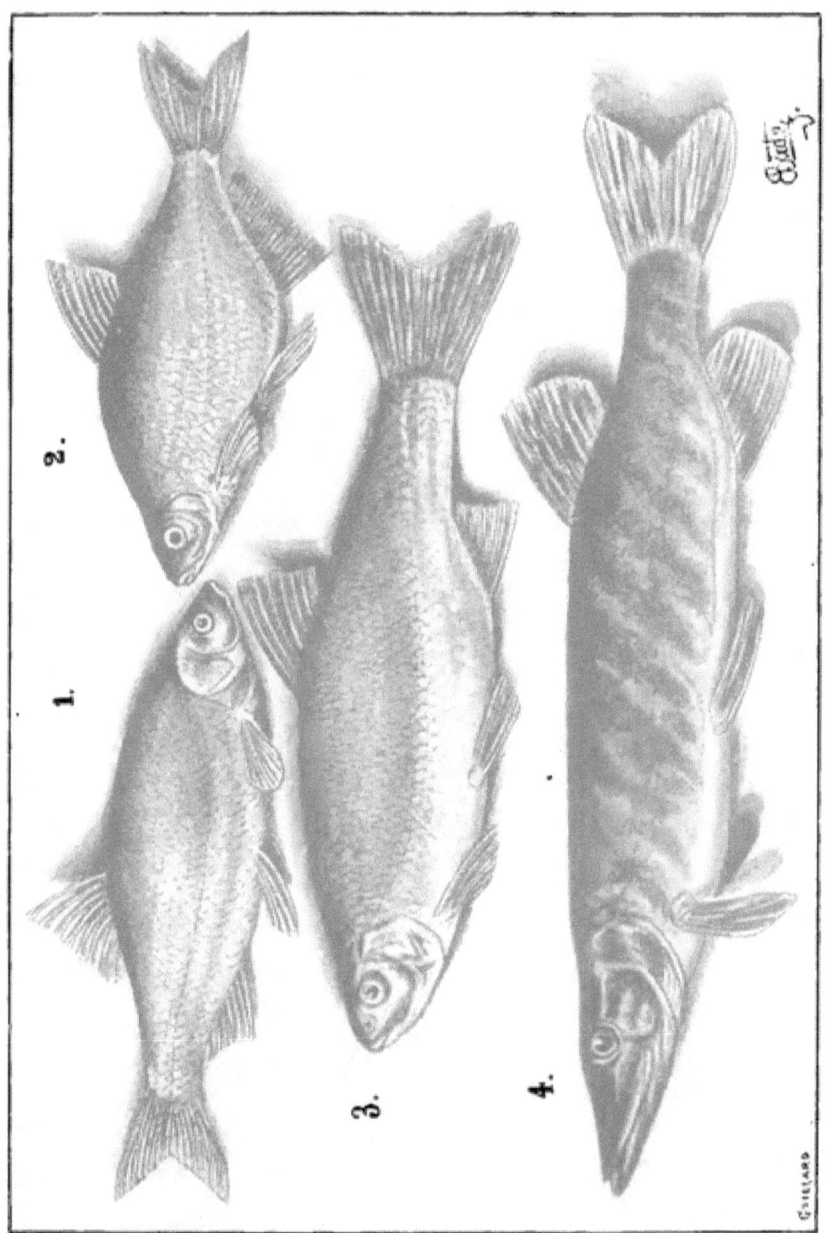

1. Plötze. 2. Halbbrachsen. 3. Aland. 4. Hecht.

Schärfe des Gesichtes und seine unglaubliche Kühnheit machen ihn zu dem gefährlichsten Räuber des Süßwassers. Er hat, wie ein Naturforscher sich treffend ausdrückt, etwas Urweltliches an sich. Außer den verschiedenartigsten Fischen, wobei er seinesgleichen nicht verschont, stellt er Wasserratten, Enten, Gänsen, Wasserhühnern und anderen Warmblütern nach. Er nimmt den Kampf mit der gewandten Fischotter auf und vermag den Schwan zu bewältigen, indem er denselben am untergetauchten Kopf erfaßt und erwürgt. Fischer der Havelseen sahen einst einen Fischadler mit rasender Schnelligkeit und ausgebreiteten Flügeln über die Wasserfläche dahin fahren. Sie fuhren mit einem Kahne dem gewaltigen Räuber nach und fingen diesen und noch einen nicht minder großen Hecht. Der Adler hatte seine Krallen tief in das Fleisch des Hechtes eingeschlagen, konnte indessen die schwere Beute nicht heben, noch seine Krallen lösen, der Hecht hingegen vermochte nicht seinen Feind unter Wasser zu ziehen, um ihn so zu ersticken. — Hat der Hecht einen Fisch erspäht, so schießt er wie ein Pfeil auf seine Beute los, erfaßt sie, drückt ihr die tödlichen Fangzähne in den Leib, läßt hierauf los, um sie aufs neue zu ergreifen und sie dann zu verschlingen. Sucht das Opfer in seiner Todesangst durch einen Sprung über Wasser zu entkommen, so schnellt sich der Hecht ihm nach, wobei er selten sein Ziel verfehlt. Nur Barsch, Zander und Stichling werden vom Hechte nicht oder nur selten angegriffen, da er vor deren Stacheln gewaltigen Respekt hat. Ist ausnahmsweise einer der beiden ersteren ihm zur Beute geworden, so wartet der Räuber mit dem Verschlucken dieses Opfers so lange, bis dieses die Kraft verloren hat, seine scharfen Rückenstrahlen starr aufzurichten.

An allen Orten kommt dieser Hai des Süßwassers zurecht, in Flüssen und Seen, Sümpfen, Moorlöchern und Gräben lebt er, und selbst das Salzwasser schreckt ihn nicht zurück. Da, wo er reichlich Nahrung findet, wächst er sehr schnell heran, er kann eine Länge von 1 Meter und 15 Kilogramm Gewicht erreichen, indessen wurden schon Riesen doppelter Länge und von 35 Kilogramm Schwere erbeutet. Was Hechte von dieser Schwere verzehren, ergiebt sich aus gewissenhaften Beobachtungen. Nach diesen verzehrt das Tier in einer Woche so viel an Nahrung, als es schwer ist. Da ist es dann auch kein Wunder, daß das Wachstum dieses Fisches ein ungemein rasches ist. Er erreicht bereits im ersten Lebensjahre 1, im folgenden bis 2, bei genügender Nahrung sogar bis 4 und 5 Kilogramm an Gewicht.

Die Laichzeit des Hechtes beginnt oft schon im Februar und dauert bis zum April. Zu dieser Zeit verläßt er die Tiefen seiner Wohngewässer und begiebt sich auf die im Frühling überschwemmten Uferränder und in die kleinsten Gräben. Der Rogener zieht dann, von einem oder zwei Milchnern begleitet, an die für die Eiablage günstigen Stellen und hier wird unter lautem Geplätscher und während die Tiere sich mehrfach an einander reiben, die Eiablage bewerkstelligt. Die Jungen besitzen nach ihrem Ausschlüpfen, welches je nach der Temperatur des Wassers bald kürzere, bald längere Zeit dauert, in der Regel jedoch 2—3 Wochen in Anspruch nimmt, einen großen Dottersack, der erst nach einigen Wochen verschwindet.

Schon die junge Brut lebt ebenso einsiedlerisch wie die älteren Hechte und steht unbeweglich im Wasser am flachen Ufer, wo dasselbe am wärmsten ist. Sie liebt den warmen Sonnenschein sehr, ist wenig furchtsam und frißt in der ersten Zeit kleine Wassertiere, denen später größere folgen. Von Mitte Juni suchen die Tiere tieses Wasser auf, werden dann auch scheu und machen Jagd auf junge Fische, worin auch sie schon eine ganz erstaunliche Gewandtheit entfalten.

Im Aquarium können junge Hechte bis höchstens 8 cm mit ebenso großen Fischen, doch besser mit noch größeren gehalten werden, doch bringe man nie zu ihnen wertvolle Zierfische. Wie alle Flußfische, die dem fließenden Wasser entnommen werden, bedürfen auch sie in der ersten Zeit Behälter mit Zu- und Abfluß, der nach und nach zu verringern ist. Wenig bevölkerte Behälter und gut durchlüftetes Wasser sind den Tieren auch später zu reichen. Heß berichtet von einem Hecht, den Amtsberg durch eine Glasscheibe von den übrigen Aquarienbewohnern absperrte: „Anfangs schoß der gierige Fisch wütend nach der Beute und stieß sich dabei die Schnauze wiederholt sehr empfindlich an der Scheibe, bis er endlich resignierte. Als nun die Glasplatte entfernt wurde, blieb der gewitzigte und doch so thörichte Hecht nach wie vor auf seiner Aquariumseite, ohne einen Fisch zu behelligen, ganz, als wenn die Glasscheibe noch vorhanden sei." — Der Hecht verlangt reichlich Nahrung, wenn er im Becken dauern soll.

39. Ungarischer Hundsfisch (Umbra Crameri Müll.) Cyprinodon umbra. Gobius caninus.

Der Körper ist gedrungen. Zwischen und Unterkiefer, Pflugschar und Gaumenbein tragen feine Sammetzähne. Die Rückenflosse steht weit nach hinten und unter ihr Bauch- und Afterflosse. Der Körper ist mit großen Schuppen bedeckt. Die Färbung auf dem Rücken ein dunkles, am Bauche ein lichtes Rotbraun. Die Zeichnung wird aus unregelmäßig dunkelbraunen Flecken und Punkten und aus einem gelblichen, oft rötlichen, längs der Seitenlinie verlaufenden Striche gebildet. — Ungarn, Süd-Rußland. (Vergleiche Abbildung Figur 159 Seite 355.)

Heckel und Kner geben uns die einzige bekannte Beschreibung der Lebensweise des ungarischen Hundsfisches. „Der Hundsfisch," wird von ihnen gesagt, „bewohnt in Gesellschaften von Koppen, Karauschen und Schlammbeißern die Torfmoore und Sümpfe der Umgebungen des Neusiedler- und Plattensees, hält sich am liebsten nahe dem schlammigen Boden in tieferen Stellen unter klarem Wasser auf und ist selten. In demselben Moorloche trifft man höchstens ihrer fünf oder sechs nebeneinander an. Überdies ist er scheu, schnell und schwer zu fangen, da er sich gleich unter unzugänglichem Gestrüpp oder im Schlamme verbirgt. Beim Schwimmen werden abwechselnd die Brust- und Bauchflossen ähnlich den Füßen eines laufenden Hundes bewegt; die Rückenflosse macht mit allen Strahlen eine rasche, wellenförmige Bewegung, wie eine solche auch bei Seepferdchen und Seenadeln vorkommt und durch eigentümliche Anordnung von eigenen Muskeln für die einzelnen Strahlen der Flossen bewerkstelligt wird. Selbst wenn das Fischchen ruhig steht oder schwebt, befinden sich die 3 oder 4 letzten Strahlen in steter Wellenbewegung. Auch dieses ruhige Stehen findet sonderbarerweise bald in wagerechter, bald in senkrechter Richtung und zwar mit dem Kopfe nach auf= oder abwärts statt, oft stundenlang während; plötzlich schießen dann alle mit rascher Schwanzbewegung aus der Tiefe bis an den Wasserspiegel empor, schnappen Luft, geben sie beim Untertauchen in Form großer Blasen durch die Kiemenspalte wieder von sich und atmen einige Zeit nachher sehr langsam.

In Gesellschaft zu 3—4 in einem geräumigen Glase untergebracht, gewöhnen sie sich recht bald an die Gefangenschaft, und es gelang uns, sie 1½ Jahr lang lebend zu erhalten, indem sie mit rohem, in ganz kleine Stücke zerschnittenem Fleische gefüttert wurden, das sie aber gewöhnlich nicht im Untersinken, sondern erst am Grunde liegend erfaßten. Sie werden in kurzer Zeit so zahm und zutraulich, daß sie sich beim Erblicken einer bekannten Person an die Wände des Glasgefäßes drängen und das Futter gierig aus der Hand schnappen. Das Laichgeschäft vollführen sie jedoch in der Gefangenschaft nicht, und ein Weibchen, das sich ein Jahr lang in einem kleinen Gartenbecken erhielt, ging zu Grunde, weil es nicht laichen konnte und mit hirsekorn=großen Eiern strotzend erfüllt war."

Nach dem Glauben der dortigen Fischer ist der Hundsfisch giftig und wird beim Fange sorgfältig von den anderen Fischen entfernt.

Von dem ungarischen Hundsfisch unterscheidet sich der amerikanische nur wenig; ich bringe nachstehend die Beschreibung desselben.

Amerikanischer Hundsfisch (Umbra limi Kirtl).

<small>Das Tier ist zierlicher und hübscher gezeichnet als sein altweltlicher Verwandter. In der Grundfärbung heller, zeigt die Körperfärbung ein Gelbbraun. Vom Augenrande bis zur Schwanzwurzel zieht sich ein rötlicher Längsstrich, der durch einen schwärzlichen begrenzt ist. Oberhalb und unterhalb treten zahlreiche schmale Querstreifen auf. An der Schwanzwurzel befindet sich ein schwarzer Fleck. Im Nordosten der Vereinigten Staaten.</small>

40. Schlammfisch (Amia calva L.).

<small>Der Körper ist ziemlich lang gestreckt, hinten etwas zusammengedrückt. Der Mund ist kurz, die Mundspalte nicht sehr weit. Die Kiefer tragen eine äußere Reihe dicht stehender zugespitzter Zähne, hinter diesen befinden sich andere, pflasterförmige. Die Rückenflosse, die zwischen den Brust= und Bauchflossen ihren Anfang nimmt, erstreckt sich bis nahe an die Schwanzflosse. Die Afterflosse ist kurz. Jedes Nasloch mit einem kurzen röhrigen Anhängsel versehen. Die Färbung ist oben dunkel olivengrün und schwärzlich, unten blasser; auf den Seiten sind Spuren netzförmiger Maschen. Die untere Kinnlade und die Halsplatte trägt oft runde schwarze Flecke. Die Flossen sind selten gefleckt, meist dunkel gefärbt. ♂ trägt an der Schwanzwurzel einen runden schwarzen Fleck, der mit einem orangegelben Rande umgeben ist. — Vereinigte Staaten von Nord=Amerika.</small>

In den Gewässern seiner Heimat ist der amerikanische Schlammfisch nichts weniger als selten, er findet sich überall, auch in den kleinsten Zuflüssen. Hier stellt das Tier kleinen Fischen nach, verzehrt auch Frösche und andere Wassertiere, zeigt sich überhaupt sehr gefräßig. Ihre Lust, sich aus dem Wasser zu schnellen, ist sehr groß, deshalb werden sie auch geradezu von den Bewohnern „Springer" genannt.

Von dem Borne, dem wir auch die Einführung dieses Fisches zu verdanken haben, sagt, daß Wilde die Atmung des Schlammfisches beobachtete und dieselbe wie folgt schildert: „Er erhebt sich an die Oberfläche, öffnet, ohne eine Luftblase auszustoßen, die Kiemen weit und verschluckt offenbar eine große Menge Luft. Diese Atmung wird häufiger ausgeführt, wenn das Wasser faul ist und [nicht] gewechselt wurde, und man kann kaum zweifeln, daß so ein Austausch von Sauerstoff und Kohlensäure bewirkt wird, wie in den Lungen von Luft atmenden Wirbeltieren." Diese Luftatmung wird auch durch die zellige Schwimmblase leicht erklärt. Über die Zählebigkeit unseres Fisches sagt von dem Borne weiter, daß 100 junge Fische in einer Regentonne ohne Wasserwechsel den ganzen Sommer leben können.

Die Vermehrung des Schlammfisches fällt in den Mai und Juni. Beim Austreten des Flüsse geht er auf die überschwemmten Wiesen und laicht zwischen dem Grase. „Ihre Eier bewachen sie solange wie möglich, wenn sie nicht das Fallen des Wassers zwingt, dieselben zu verlassen. Die Brut schlüpft nach 8 bis 10 Tagen aus den Eiern und bleibt 2 bis 3 Wochen bei den Eltern. Wenn diese bei fallendem Wasser gezwungen sind, in den See oder Fluß zurückzukehren, so bleibt die Brut oft in den Tümpeln zurück und geht erst im folgenden Jahre in den Fluß oder See, wenn das Hochwasser die Verbindung mit der Lache wieder herstellt. Dann ziehen sie, 3 bis 6 Zoll lang, dick und fett, in unzähliger Menge in das tiefe Wasser und können durch ein kleines Netz leicht gefangen werden."

Etwas schwer zu glauben klingt mir eine Mitteilung von Dr. Ester, daß in der Zeit, wo die Eltern ihre Jungen bewachen, bei herannahender Gefahr der große Fisch die Jungen dadurch in Sicherheit bringt, daß er den Rachen öffnet und sie hier hereinschlüpfen läßt.

41. Aal (Anguilla vulgaris Flem.). Anguilla anguilla, -fluviatilis, -acutirostris, -mediorostris, -canariensis, -callensis, -hibernica, -cuvieri; Muraena anguilla, -oxyrhina.

Der Körper ist langgestreckt, nur im Schwanzteil seitlich zusammengedrückt. Er ist mit einer schleimigen Haut bedeckt, in der die kleinen, sehr zarten, länglichen Schuppen in Zickzackreihen eingebettet sind. Der Kopf ist mehr oder weniger zugespitzt, der Unterkiefer vorstehend und der Mund mit kleinen, in mehreren Reihen stehenden Hechelzähnen bewehrt. Die Nasenöffnungen stehen nahe der Schnauzenspitze. Die Kiemenöffnung ist klein und bildet einen senkrechten Schlitz dicht vor und unter der Brustflosse. Bauchflossen fehlen. Rücken- und Afterflossen gehen ohne Abschnitt in die Schwanzflosse über. Die Färbung des Aales ist sehr verschieden, wechselt nicht selten, sogar bei den dasselbe Gewässer bewohnenden Tieren ab. In der Regel ist der Rücken dunkelgrün, blau oder schwarz, die Seiten heller und der Bauch weiß. — Europa, ausgenommen der höchste Norden.

Tiefes Wasser mit schlammigem Grunde wird von dem Aale anderem entschieden vorgezogen, wenn er sich auch, wanderlustig wie er ist, hin und wieder in anderem einfindet. Kalte, schnell fließende Bäche vermeidet er dagegen gänzlich. Während der Tagesstunden hält er sich in Löchern oder im Sande verborgen, bei Nacht streift er umher, um kleine Fische, Krustaceen, Würmer und Aas zu fressen. Dem Fischlaich und den Krebsen ist er sehr gefährlich, auf den Laichplätzen findet er sich stets ein und frißt sich so voll wie er kann, die Krebse holt er in der Mietzeit, solange ihr Panzer noch weich ist, aus ihren Wohnlöchern; er hat sie in manchen Wasserläufen ganz vertilgt. Der seit Albertus Magnus verbreitete Glaube, der Aal gehe nachts aufs Land, um Schnecken und Gewürm, wohl gar wie einige wissen wollen, Erbsen zu fressen, beruht auf Mißverständnissen oder Verwechselungen. Erfahrene Fischer, deren ich eine ganze Anzahl hiernach fragte, belächelten mitleidig diese Fabel und versicherten mir, noch nie einen Aal lebend auf

Figur 172. 1. Neunauge Petromyzon fluviatilis. 2. Aal Anguilla vulgaris.

dem Lande gesehen zu haben. Hiermit will ich jedoch nicht sagen, daß es dem Aal unmöglich ist, außerhalb des Wassers überhaupt längere Zeit leben zu können; denn soviel steht fest, daß das Tier direkt Luft atmen kann, daher auch einen Tag, unter Umständen auch wohl noch etwas länger, aus dem Wasser genommen sein Leben hinbringen kann, doch ist alles dieses nicht genügend, um eine Landwanderung des Aales als bestimmt feststehendes Faktum betrachten zu können. Wie sehr selten immerhin solche Wanderungen, wenn sie überhaupt stattfinden, sind erhellt daraus, daß sie nur ganz zufällig einmal beobachtet worden sind und zwar stets von Leuten, die der Fischerei vollständig fern stehen, ein Zweifel an den Angaben derselben ist daher nicht ganz unberechtigt. Aale, die ich unweit des Wassers ausgesetzt habe, um diesbezügliche Wanderungen auf dem Lande selbst zu sehen, kamen in nicht allzugroßer Entfernung stets auf dem Trocknen um. Sollte der Aal wirklich Landwanderungen machen, so würde er Gewässer, die vergiftet sind, also zu seinem Leben nicht mehr eignen, freiwillig verlassen und nicht, wie oft beobachtet, darin sterben. Ein von mir in meinem großen Terra-aquarium gepflegter Aal fand sich eines Tages tot auf dem Lande, er hatte sich, wahrscheinlich durch Schildkröten belästigt, aus dem Wasser geschnellt und lag etwa eine Spanne weit vom Wasser entfernt.

Zu einem gewissen Alter wandert der Aal vom Oktober bis Dezember, hauptsächlich in stürmischen, finsteren Nächten aus den Flüssen in das Meer. Diese ausziehenden, noch nicht geschlechtsreifen Aale kehren von hier nicht wieder zurück, aber junge Brut von 5—9 cm Länge steigt im April und Mai, große Hindernisse überwindend, über Schleusen, kleine Wehre und an Felsen emporkletternd, in großen Scharen in die Flüsse, um hier jahrelang bis zu einer bestimmten Stufe der Entwicklung zu verharren. Diese eingewanderten Aale sind meist Weibchen, während die kleiner bleibenden Männchen das Meer überhaupt nicht verlassen. Auch wird von einigen Forschern, ob mit Recht ist noch nicht festgestellt, angenommen, daß die die Flußläufe bewohnenden Aale nur verkümmerte Weibchen sind; die geschlechtlich ausgebildeten Tiere, Männchen sowohl wie Weibchen, das Meer überhaupt nicht verlassen. Diese Ansicht hat viel für sich, bestätigt ist sie indessen noch nicht, aber auch andere Fischarten liefern derartige nachgewiesene sterile Formen. Die Geschlechtswerkzeuge des Aals sind schon vor 100 Jahren von Mondini in Italien und von O. F. Müller in Dänemark gefunden worden. Die Eierstöcke sind zwei etwa fingerbreite, glatte, weißliche, in zahlreiche Querfalten gelegte, bandartige Organe, die sich durch die ganze Länge der Bauchhöhle hinziehen, mit ihrem inneren Rande längs der Wirbelsäule angeheftet sind und keinen Ausführungsgang besitzen. Die spaltförmige Geschlechtsöffnung liegt dicht hinter dem After und ist wegen ihrer Kleinheit nur schwer zu entdecken. Die Eier sind mit bloßem Auge unsichtbar und liegen in Fettzellen dicht eingehüllt. Ihre Anzahl ist ungeheuer groß und beträgt bei mittelgroßen Tieren mehrere Millionen. Die Hoden der männlichen Aale setzen sich aus zahlreichen rundlichen Läppchen zusammen, welche der äußeren Seite des jederseits neben der Wirbelsäule gelegenen Ausführungsganges aufsitzen. Eine Rückkehr der alten Aale nach dem Laichen in die Flüsse ist nirgends beobachtet worden; sehr wahrscheinlich sterben die Tiere nach einmaliger Fortpflanzung.

Im Winter hält der Aal, im Schlamme verborgen, einen Winterschlaf.

Junge Aale von 8—15 cm Länge eignen sich ganz vorzüglich für das Aquarium. Tagsüber halten sie sich unter Höhlungen, die für sie anzubringen sind, auf, wenn sie sich nicht im Sande einbohren sollen. Sonniger Stand ihres Behälters ist für ihr Wohlsein nötig. Größere Tiere als wie oben angegeben, werden anderen Mitbewohnern des Aquariums gefährlich.

2. Schmelzschupper (Ganoidei).

Knorpelstöre (Chondrostei).

Die Körperbedeckung besteht aus tafelartigen oder rundlichen, schmelzbedeckten Schuppen, oder es werden Knochenschilder dazu verwendet, oder die Tiere sind ganz nackt. Die Flossen sind meist am Vorderrande mit einer einfachen oder doppelten Reihe von stachelartigen Tafeln besetzt, die Schwanzflosse nimmt zuweilen in dem oberen Lappen das Ende der Wirbelsäule auf, die sich bis in die Spitze dieser Lappen fortsetzen kann. Die Kiemen sind frei und liegen in einer Kiemenhöhle unter einem Kiemendeckel. Nebenkiemen können vorhanden sein, desgl. Spritzlöcher. Das Gerippe ist knöchern oder teilweise knorpelig.

Stör (Acipenser sturio L.) Acipenser verus, -latirostris, -hospitus, -oxyrhynchus, -lecontei, Huso oxyrhynchus, Antaceus lecontei etc.

<small>Die Körperform ist gestreckt, besonders in der Jugend scharf fünfkantig, später mehr rundlich. Die Kanten sind mit großen, rautenförmigen Knochenschildern bedeckt, die in der Mitte einen hohen, anfangs scharf spitzigen, allmählich aber sich abrundenden Buckel tragen. Die Schnauze ist mäßig gestreckt, die Oberlippe schmal, die wulstige, in der Mitte geteilte Unterlippe besitzt einfache Bartfäden. Die Oberseite des Kopfes mit grobkörnigen Knochentafeln gepanzert. Der Mund liegt an der Unterseite des Kopfes. Er ist klein, zahnlos und kann rüsselartig sehr weit vorgestreckt werden. Rücken-, After- und Bauchflossen sind sehr weit nach hinten gerückt. Die Färbung der Oberseite ist ein düsteres Braun, bald mehr grau, bald mehr gelb. Die Unterseite ist silberweiß. — Nord- und Ostsee.</small>

Der Stör und seine unten beschriebenen Verwandten können uns hier nur kurz beschäftigen, da nur in seltenen Fällen junge Tiere im Aquarium gehalten werden.

Alle Störarten führen ziemlich dieselbe Lebensweise. Sie verbringen ihr Dasein auf dem sandigen oder schlammigen Grunde der Meere und Seen und nähren sich dort von den verschiedensten Kleintieren, die von ihnen mittelst des rüsselförmigen Mundes, nach Aufwühlen des Bodens, mit der Schnauze erfaßt und verzehrt werden. Nur in wenigen Fällen steigen die Tiere in die höheren Wasserschichten auf.

Zum Ablegen des Laiches ziehen die Störe scharenweise in die größeren Flußläufe, wandern jedoch in diesen nicht so weit aufwärts wie die Lachse. Die Zahl der im reifen Zustande schwarzen Eier beträgt mehrere Millionen bei einem Fisch, sie werden im März bis Mai an Pflanzen oder auf dem Grunde abgesetzt und haften in Klumpen wie Froschlaich aneinander. Die Jungen schlüpfen nach etwa 5 Tagen aus und wandern dann dem Meere zu.

Kleine Tiere werden hin und wieder gefangen, sie verlangen ein geräumiges Becken, halten sich jedoch selten lange in der Gefangenschaft.

a. **Sterlett (Acipenser ruthenus L.).**

<small>Die Rückenschilder sind hinten am höchsten, zwischen den Schildreihen kleine Knochenschuppen mit rückwärts gerichteten Stacheln; Unterlippe in der Mitte unterbrochen, Bartfäden gefranzt, drei warzige Vorsprünge unter der Schnauze. — Im kaspischen und schwarzen Meer.</small>

b. **Hausen (Acipenser huso).**

<small>Rückenschilder in der Mitte am höchsten; Haut durch kleine Knochenspitzen rauh; Unterlippe in der Mitte getrennt; Bartfäden glatt und lang; Schwanz kurz. — Im schwarzen und Asowschen Meer.</small>

Die 3. Ordnung der Knorpelfische (Chondropterygii) liefert uns keine eigentlichen Aquarienfische. Schollen, die sich hin und wieder in Flüssen finden, können, wenn dieselben nicht sehr groß sind, in Aquarien gesetzt werden, in denen sich keine kleinen Fische befinden; größere Fische zu ergreifen, gestattet ihnen der Bau ihrer Zähne nicht.

4. Rundmäuler (Cyclostomi.)

Neunaugen (Petromyzontidae.)

Rückenflossen sind zwei vorhanden, von denen sich die zweite unmittelbar mit der Schwanzflosse verbindet. Der Saugmund ist rund, das Innere der Mundscheibe mit verschiedenen hornigen Zacken (Zähne) belegt. Die eigentlichen Zähne bestehen aus weichen Wulsten und besitzen eine verschiedene Gestalt, sie sind oben mit einer hornigen Schicht bedeckt. Die Haut trägt keine Schuppen. Die Kiemenlöcher stehen weit auseinander, ohne durch eine Längsfurche verbunden zu sein. Die Kiemenhöhlen sind von einem beweglichen Knorpelgerüst umgeben, dessen Bewegungen den zur Atmung nötigen Wasserwechsel bewirken. Schwimmblase ist nicht vorhanden.

Neunauge (Petromyzon fluviatilis L.). Petromyzon argenteus, -nigricans, -pricka, -omalii, Lampetra fluviatilis, -pava. **Pricke, Bircke, Neunäugel, Klieben.**

<small>Der Körper ist aalförmig, mit glatter, schuppenloser Haut bedeckt. Die paarigen Flossen fehlen. Die beiden durch einen ganz geringen Zwischenraum getrennten Rückenflossen und die mit der hinteren zusammenhängenden kleinen Schwanzflosse werden durch zarte, hornige oder knorpelige Strahlen gestützt. Afterflosse ist nicht vorhanden, nur zur Laichzeit findet sich hier eine Hautfalte von der Geschlechtsöffnung bis zur Schwanzflosse. Die Färbung ist schwer zu beschreiben. — Der Körper ist gelblich, violettschillernd, die Flossen gelblichbraun. Der Bauch weiß. — In allen Flüssen und Meeren Europas. Vergleiche Abbildung Seite 409 Figur 172.</small>

Ein eigentlicher Bewohner unserer Flüsse ist das Neunauge nicht, es lebt mehr im Meere, wenn auch einzelne Tiere ständig in Flüssen und Seen angetroffen werden.

Im Herbst beginnt das Tier in die Flußläufe einzuwandern und kommt im Frühling auf den Laichplätzen an. Hier richten die Neunaugen zu 10—50 Stück vereint, in Kies oder Sand flache Gruben her und legen dort zur Mittagszeit der ersten warmen Maitage ihre Eier ab. Das Weibchen saugt sich dabei meist an Steinen fest, wird vom Männchen mit dem Saugmund im Genick gefaßt, heftig geschüttelt, und dann entleeren beide Teile ihre Geschlechtsprodukte. Dieser Vorgang wiederholt sich an einem oder mehreren Tagen solange, bis die zahlreichen kleinen Eier abgesetzt und von der Strömung zwischen den Steinen zerstreut sind. Die abgelaichten Neunaugen sterben bald ab. Die Jungen schlüpfen nach etwa 3 Wochen aus und leben unter dem Namen Querder in Sand und Schlamm verborgen. Hier und da werden diese jungen Neunaugen auch wohl als Uhle oder als blindes Neunauge bezeichnet. Das Maul dieser Querder ist ohne

Hornzähne, die Lippen sind länglich und die Färbung ist schmutzig gelb. Mit der Zeit treten die tief unter der Haut verborgenen Augen an die Oberfläche, das Maul rundet sich und beginnt sich mit Hornzähnen zu besetzen, bis endlich im 4. oder 5. Lebensjahre das Neunauge vollständig ausgebildet ist. Die Verwandlung vollzieht sich im August und ist meist im Januar vollendet, wo die Tiere dann eine Länge von 20 cm erreicht haben und zur vollständigen Heranwachsung in das Meer gehen. Dort nähren sie sich von kleinen Tieren und Fischen, an welche sie sich ansaugen und die sie mit ihren Zähnen anbohren. Vom Querder werden ganz kleine tierische oder pflanzliche Organismen aufgenommen.

Beide Formen des Neunauges eignen sich für das Aquarium, nur sind nicht zu große Exemplare des entwickelten Tieres in die Behälter zu bringen, die auch hier selten lange leben.

Fisch-Bastarde.

Bei den in der Freiheit lebenden Fischen kommen nicht sehr selten Bastarde vor, deren Vater einer anderen Fischart angehört als die Mutter. Besonders ist dieses bei den Fischen der Fall, die in Schwärmen laichen, zu denen sich ab und zu einzelne oder mehrere Arten anderer Fische gesellen, deren Laichzeit jedoch immer möglichst nahe zusammenfallen muß. Indessen sind hierüber noch wenig Versuche angestellt worden, da die so erhaltenen Bastardfische für wirtschaftliche Zwecke nur geringen Wert haben: die größte Anzahl der Bastarde bleibt höchst wahrscheinlich unfruchtbar, andere bringen im höheren Alter nur wenig Milch resp. Eier hervor, von denen man noch nicht weiß, ob sie sich zur Befruchtung eignen. Seit 2 Jahren besasse auch ich mich mit der Bastardzucht, etwas Abgeschlossenes hierüber mitzuteilen, ist selbstverständlich bei so kurzem Zeitraum noch nicht möglich.

Nachgewiesen sind bis zur Zeit Bastarde von Brachsen und Rotauge, Blicke und Plötze, Karpfen und Karausche, Uckelei und Döbel, Uckelei und Rotauge, Lachs und Bachforelle, Saibling und Bachforelle, Halbbrachsen und Uckelei, Halbbrachsen und Brachsen.

Die künstliche Fischzucht.

1. Brutapparate.

Zu großer wirtschaftlicher Bedeutung ist seit einigen Jahren die künstliche Fischzucht gekommen. Sie ist so leicht und einfach, daß sich auch der Aquarienliebhaber mit ihr gerne beschäftigen wird, bereitet sie ihm doch manche genußreiche Stunde.

Die ältesten zur Aufnahme der Eier in geschlossenen Brutanstalten angewendeten Apparate, waren die Coste'schen Kacheln, viereckige Kästen von gebranntem Thon, in welche die Eier auf einem beweglichen Glasrost gelagert wurden. Um mit einer geringen Wassermenge viele Kacheln zu speisen, wurden dieselben staffelförmig aufgestellt. Dieser Apparat ist jedoch heute aus den Brutanstalten verschwunden, da das Wasser, ohne die Eier gänzlich zu umspülen, nur über diese wegläuft. Am gebräuchlichsten sind heute die sogen. kalifornischen Bruttröge nach der Konstruktion von von dem Borne, Eckardt, Schuster u. s. w. Sie bestehen aus zwei beweglich verbundenen Kästen, von denen

Figur 173. Nachelbrenapparat.

der innere einen Siebboden besitzt und in den äußeren so eingesetzt ist, daß alles in letzteren von oben einströmende Wasser durch den Siebboden in den inneren Kasten eindringen muß: durch eine Röhre oder offene Rinne im oberen Rand läuft das Wasser wieder ab.

Der praktischste und allgemein gebräuchlichste von diesen kalifornischen Bruttrögen ist der v. d. Bornesche, weshalb ich mich auf diesen beschränke. Schon an und für sich bildet dieser Apparat eine kleine Fischzuchtanstalt für sich selbst. In einem Apparate können etwa 5000 Eier von Lachsen oder Forellen an- und ausgebrütet werden, auch ist es möglich, in ihm die Brut zu halten, bis sie den Dottersack aufgezehrt hat. Der Apparat setzt sich aus zwei Kästen, Figur 174 1 und 2, zusammen. Der äußere Kasten a hat eine Länge von 40 cm, ist 25 cm breit und ebenso tief; der innere Kasten b ist 30 cm lang, 25 cm breit und 15 cm tief; das Vorsieb c, welches den Trog verschließt, ist 10 cm lang, 25 cm breit und 10 cm hoch. Der Verschluß wird dadurch gebildet, daß die drei Tüllen d in einander

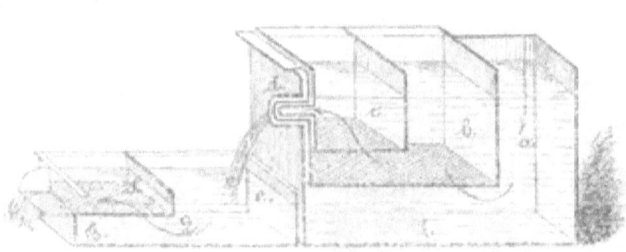

Figur 174. Tiefer kalifornischer Bruttrog von von dem Borne mit Fangkasten.

gesteckt werden. Strömt jetzt das Wasser in den Kasten a, so fließt es von unten nach oben durch die Siebböden von b und c und durch

die Tülle d ab. Die Siebe müssen so fein sein, daß weder Eier noch Fischchen durch sie hindurch kommen können. 2 ist der Fangkasten. Er ist durch ein horizontales Sieb f geschlossen und hat den Zweck, Fischchen, die den Trog verlassen, wenn das Vorsieb entfernt ist, zurückzubehalten. Das Wasser strömt hier in diesen Kasten bei e ein, das Sieb f verhindert die Brut am Verlassen.

In den Kasten b werden die Eier auf dem Drahtrost ausgebrütet und können ohne Schaden in mehreren Lagen über einander gelegt werden, da das den Trog durchströmende Wasser von unten eindringt und sie von diesem etwas gehoben werden. Das Wasser, welches in den Trog geleitet wird, nützt sich vollständig aus.

Für die Ausbrütung von weniger als 1000 Eiern ist mehr als der oben beschriebene tiefe kalifornische Trog, der trichterförmige Bruttrog zu empfehlen. Er ist im großen dem ersteren ähnlich gebaut, nur hat er statt des kastenförmigen Einsatzes einen trichterförmigen, der oben 30 cm, unten 10 cm Durchmesser besitzt. Er wird durch ein Vorsieb verschlossen und erhält vorne denselben Fangkasten, wie der tiefe kalifornische Trog. Fischeier und Brut halten sich in keinem Apparate so gut wie in diesem, da durch ihn eine besonders lebhafte Strömung geht.

Besser zur Bebrütung von wenigen Eiern sind kleinere Selbstausleser, die in verschiedener Form konstruiert worden sind. Die Herstellung aller hat darauf Bedacht genommen, daß die Eier durch eine stark aufsteigende Strömung in ständiger langsamer Bewegung erhalten werden, wobei die abgestorbenen, speciſiſch etwas leichteren Eier an die Oberfläche kommen und entweder durch zeitweise Verſtärkung des Waſſerzufluſſes abgeſchwemmt oder mittelſt eines Siebloͤſſels leicht entfernt werden können.

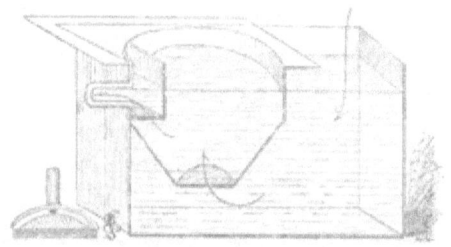

Figur 175. Trichterförmiger kalifornischer Bruttrog von von dem Borne.

Der bei uns gebräuchlichste Selbstausleser ist der nach dem Prinzip des kalifornischen Apparates konstruierte von v. d. Borne. Bei ihm wird die Stromgeschwindigkeit so reguliert, daß die gesunden Eier zurückbleiben, die toten dagegen mit dem Wasser abfließen. Die erste Idee eines derartigen Apparates hat Chase zu Detroit (Michigan, Vereinigte Staaten) gehabt, der ihn seit 1875 in Gebrauch genommen hat. Ferner konstruierte Sam. Wilmot in Newcastel (Ontario, Vereinigte Staaten) desgleichen einen „Sellpicker", den er bei der Coregonenzucht anwendete. Der hier in Deutschland am meisten gebrauchte Selbstausleser ist, wie gesagt, der von v. d. Borne, nach dem Prinzipe des kalifornischen Apparates konstruierte. Für Fiſchzuchtanſtalten wird er in nachstehender Größe angefertigt. Der äußere Wasserkasten ist 50 cm hoch, 20 × 22 cm weit, die innere von cylindrischer Form, 40 cm hoch und 10 cm weit. Der v. d. Bornesche und alle anderen bis zur Zeit bekannten Selbstausleser brauchen viel Wasser, um die Eier in dem unteren Trichter ordentlich zu heben, können auch nicht, wenn mehrere Trichter staffelförmig aufgestellt werden, genau reguliert werden. Dieses bewog mich versuchsweise im Herbst 1895 den beschriebenen Trichter dahin umzuändern, wie ihn Figur 176 zeigt. Dieser mein Selbst-

— 416 —

ausleser besteht aus zwei Teilen: A den oberen und B den unteren Teil. Beide Teile sind bei der Linie d—d durch Schraubengewinde verbunden. Der Trichter A trägt an der Verschraubungsstelle bei C ein Sieb, auf welchem die Eier ruhen, die den Trichter etwa bis ⅔ füllen können. Das Wasser läuft bei a ein und passiert bei c einen Hahn, der den Wasserzufluß reguliert, geht, wie die Pfeile weiter zeigen, durch das Sieb e in den Trichter hoch, umspült hier ordentlich die Eier, geht dann über den Rand des Trichters und verläßt bei b den Apparat, um in einen Fang-

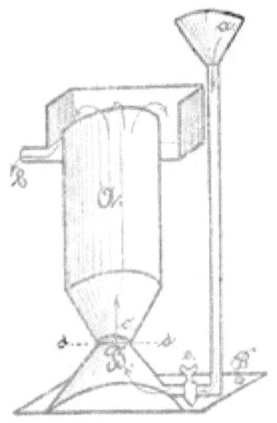

Figur 176. Mein Selbstausleser.

kasten zu fallen, wie ihn Figur 174 beim tiefen kalifornischen Trog zeigt. Der Wasserdruck, der die Eier hebt, soll nicht stärker sein, als daß er dieselben bis 3 cm zum oberen Rande hebt. Dieser Selbstausleser hat sich bei der künstlichen Ausbrütung von Schnäpel (Coregonus oxyrrhynchus) im Winter und jetzt beim Ausbrüten von Hechteiern sehr praktisch erwiesen, sodaß er allen anderen Apparaten dort vorzuziehen ist, wo der Wasserverbrauch ein nicht starker sein soll. Wenn ich die Einheit des Wassers, welches der v. d. Bornesche Selbstausleser gebraucht, mit 1 ansetze, so arbeitet mein Selbstausleser mit ¼ dieser Wassermasse ebenso vorzüglich. Ferner können bei meinem Apparat soviel Selbstausleser unter einander gesetzt werden wie wollen, jeder einzelne Apparat kann für sich selbst reguliert werden.

Dann ist es aber sehr zweckmäßig, wenn der Trichter a eine Röhre trägt, die etwa überflüssiges Wasser, welches der obere Apparat dem unter diesem stehenden zuführt, sofort in den Fangkasten abgiebt, welcher es dann wieder dem unter diesem stehenden Selbstausleser abgiebt.

Auch tulpenförmige Gläser, wie sie als Biergläser gebraucht werden, können zur Ausbrütung von Fischeiern benutzt werden, wenn dieselben unten spitz sind. Es ist dann nur nötig, in dieses Glas von oben einen Gummischlauch einzuführen, dessen Ende unten eine Bleiröhre trägt. Der Schlauch geht bis auf den Grund des Glases. Fülle ich die Eier jetzt in das Glas, dessen oberer Rand das Wasser überall rings über den Rand gleichmäßig überlaufen läßt, so hebt das unten einströmende Wasser den Laich, die Eier werden überall vom Wasser umspült und erbrütet. Dieses Brutglas hat dann seinen Stand in einem Fangkasten wie er bei Figur 174 dargestellt ist. Die jungen Fische, welche die Eier verlassen haben, werden über den Rand vom Wasser getrieben und fangen sich in dem Kasten.

Die Gewinnung des Laiches und seine Befruchtung.

Bei den Fischen, die in voller Freiheit oder aus den Behältern zum Zwecke der künstlichen Befruchtung ihres Laiches gefangen werden, erkennt man die Reife zum Laichen an verschiedenen Zeichen. Der Bauch des Mutterfisches erscheint zu dieser Zeit weich aufgetrieben, giebt jedem Druck sehr leicht nach und die fühlende Hand nimmt eine deutliche Hin- und Herbewegung wahr, die andeutet, daß die schon von dem Eierstock gänzlich abgetrennten Eier sich nach jeder Richtung hin bewegen lassen. Hält man den weiblichen Fisch senkrecht mit dem Kopfe nach oben, so senken sich die Eier durch ihr eigenes Gewicht gegen die Afteröffnung, deren Ränder gerötet und angeschwollen erscheinen. Bei den männlichen Fischen ist der Bauch nicht in der Weise aufgetrieben wie bei dem weiblichen Fisch; wird das Tier dagegen in eine senkrechte Stellung gebracht, so fließt bei einem volllaichfähigen Fisch die Milch ohne irgend einen Druck von selber aus.

Zur Untersuchung des Geschlechtes bei laichfähigen Fischen ist es sehr verwerflich, die Tiere so stark zu drücken, daß unreifer Rogen oder Milch ausgepreßt wird. So behandelte Fische werden durch solche vollständig unnütze Operationen leicht krank gemacht und sehr oft fortpflanzungsunfähig.

Die eigentliche Befruchtung kann auf verschiedene Weise bewirkt werden. Früher wurde der Laich des Mutterfisches in eine mit Wasser gefüllte Schale gestrichen und diesem die Milch des Männchens zugesetzt. Durch sorgsames Umrühren mit der Hand oder dem feinen Bart eines Pinsels erreicht man eine ganz gute Vereinigung des Samens mit dem Ei. So ausgeführt, nennt man die Befruchtung eine nasse. Die Eier verschiedener Fische nehmen ohne gleichzeitige Anwesenheit von Samen kein Wasser auf, sie können also längere Zeit, ohne anzuschwellen, im Wasser liegen, wird indessen nachträglich lebender Samen unter sie gemischt, so findet auch dann noch eine Befruchtung statt, wenn auch die Eier schon stundenlang im Wasser zugebracht haben. Fische mit so widerstandsfähigem Laich können auf obige Weise befruchtet werden.

Andere Fischeier nehmen Wasser auch ohne Anwesenheit von Samen sofort auf, und haben sie sich erst einmal voll gesogen, so können sie nicht mehr befruchtet werden. Zu diesen Eiern gehören gerade die unserer vorzüglichsten Wirtschaftsfische.

Die Schwierigkeit einer guten Befruchtung bei diesen Fischen macht es notwendig, um eine größere Nachzucht erwarten zu können, daß bei der Befruchtung nicht die nasse, sondern die trockne gewählt wird. Diese, nach einem Russen Wrastij benannte Methode, die auch schon von Jacobi beschrieben wurde, ist heute fast überall eingebürgert. Nach derselben werden die Eier eines oder mehrerer Mutterfische, in der Weise, wie ich es weiter hinten näher beschreiben werde, in eine trockne, flache Schale abgestrichen und mit der Milch eines oder mehrerer Männchen gemischt, mit den Fingern oder besser mit einer Federfahne vorsichtig umgerührt und dann mit Wasser übergossen, welches die Temperatur des zur Speisung des Brutapparats benutzten Gewässers hat. Diese Befruchtungsmethode liefert viel bessere Resultate als die früher meist angewandte nasse.

Mit Herrn Fischermeister Lüdecke in der Provinzial-Brutanstalt zu Arneburg habe ich diese Methode dahin abgeändert, daß nicht die Eier sogleich in eine Schüssel abgestrichen werden, sondern dieses in ein engmaschiges Sieb geschieht, damit die Eier möglichst ohne Harn bleiben, auch der Schleim vieler Fische nicht mit denselben in Berührung kommt. Wird Harn und Schleim mit abgestrichen, so läuft er rasch durch das Sieb. Die so erhaltenen, möglichst reinen Eier, werden dann erst in die Schüssel gethan und ihnen hier die Milch zugesetzt.

Ich komme nun zur eigentlichen Befruchtung.

Sobald der Fisch aus dem Wasser genommen wird, ist er ordentlich abzutrocknen und so zu behandeln, daß er den Harn vor allen Dingen erst abgiebt. Sehr zweckmäßig ist es, die abzustreichenden Fische in ein trocknes Tuch einzuschlagen, um sie ohne starken Druck sicher halten und handhaben zu können.

Der Ausführungsgang der Harnblase mündet mit der hinter dem After gelegenen Geschlechtsöffnung gemeinschaftlich, und um nun Milch oder Eier möglichst rein zu gewinnen, ist es nötig, durch leises Drücken und Streichen hinter dem After den Harn zu entfernen. Alsdann ist der Fisch nochmals zu trocknen und dann erst die Milch abzustreichen.

Eier und Milch sollen vollständig reif sein und fast von selbst bei der leisesten Berührung abfließen. Ist dieses nicht der Fall, werden die Eier mit Gewalt dem Fische entpreßt, so sterben dieselben nach einiger Zeit alle. Ein sanftes Streichen des Bauches muß vollständig genügen, um sie aus der weichen und geröteten Geschlechtswarze austreten zu machen; der Fisch muß so laichreif sein, daß, wenn er am Kopf aufgehoben wird, die Eier durch ihr Gewicht, oder wenn er sich aus den Händen zu befreien sucht, durch seine eigenen Bewegungen ausgetrieben werden. Nur diejenigen sind reif und zur Befruchtung geeignet, die vom Eierstocke abgelöst, frei beweglich in der Bauchhöhle liegen und bei gelindem Streichen des Bauches vom Kopfe gegen den Schwanz zu in zusammenhängendem Strahl austreten. Noch am Eierstock befestigte Eier können durch heftigen Druck hervorgepreßt werden, dieselben treten aber nicht einzeln, sondern haufenweise durch das Eierstockgewebe aus und sind vollständig unbrauchbar.

Zu Beginn des künstlichen Ablaichens verhindern die Fische oft durch ein krampfhaftes Zusammenziehen des an der Geschlechtsöffnung befindlichen Schließmuskels, selbst bei stärkerem Druck auf die Bauchdecken, den Austritt der Eier, wenn auch diese vollständig reif sind. Durch ein leises Streichen des Bauches bringt man jedoch den Fisch bald dahin, diesen Widerstand aufzugeben. Kommt während des Abstreichens der Ausfluß der Eier plötzlich ins Stocken, obgleich der Bauch noch genügend reifen Rogen enthält, so ist es nötig, die Haltung des Fisches etwas zu verändern, den Körper eine S förmige Gestalt zu geben oder Kopf und Schwanz nach dem Rücken hin zu biegen.

Bei dem Abstreichen ist die Haltung des Fisches stets so, daß der

Bauch abwärts gewandt und dicht über dem zur Aufnahme der Eier bestimmten Gefäß liegt, um die Eier nicht durch einen Fall aus bedeutender Höhe zu beschädigen.

Ist es nach meinen Erfahrungen vorteilhafter, die Eier des Mutterfisches statt in eine flache Schüssel in ein feines Sieb abzustreichen, so läßt sich dieses beim Abstreichen des Milchners nicht ausführen. Hier ist also doppelte Vorsicht nötig, um reine Milch zu gewinnen. Wie ich oben schon angegeben habe, versuche man zuerst durch leises Drücken hinter dem After den Harn zu entfernen, trockne den Fisch gut ab und streiche dann erst die Milch zu den aus dem Sieb in eine Schüssel gebrachten Eiern. Durch einen gelinden Druck auf dem Bauch strömt sie in einem dünnen Strahl aus der Geschlechtsöffnung. Tritt ein wasserheller Strahl gesondert, oder mit Milch vermischt aus dem After, so ist der Fisch sofort von der mit Eiern gefüllten Schüssel zu entfernen und gesondert zu halten, bis die Milch rein und klar austritt, dann erst ist zur Befruchtung weiter zu schreiten. Dieser klare Strahl ist Harn und verdirbt, wenn in Menge den Eiern zugesetzt, diese.

Von einem Milchner kann man wochenlang, täglich oder in kürzeren Pausen, Milch gewinnen. Sie genügt von einem Männchen zur Befruchtung des Laiches mehrerer Weibchen. Jüngere Männchen geben in den meisten Fällen mehr Milch als ältere.

Nachdem man durch Umrühren mit der Hand oder besser mit einer starken Federfahne, Milch und Eier vollkommen vermischt hat, gießt man dann soviel Wasser zu, daß die Eier einige Centimeter hoch mit diesem bedeckt sind, rührt dann noch einmal um und stellt die Schale einige Minuten ruhig bei Seite. In dieser Zeit dringen die Samenkörperchen mit dem Wasser in die Eier ein und vollziehen die Befruchtung. Jetzt wird das milchige Wasser abgegossen und durch reines ersetzt, in welchem sich die Eier rasch vollsaugen und eine vollgerundete Gestalt annehmen. Darauf werden sie in den Brutapparat gebracht.

Sind die zur Befruchtung verwendeten Eier zu alt, d. h. überständig im Mutterleibe geworden, so trüben sie sich, in Wasser gebracht, in kurzer Zeit und werden weiß, oft indessen treten sie auch schon weiß aus dem After.

Wird das Abstreichen der Fische mit einiger Vorsicht ausgeführt, so schadet es den Tieren in keiner Weise. Bei dem ersten Abstreichen stirbt einem Neulinge in der Fischzucht in der Regel der vierte Teil der abgestrichenen Fische. Vollständig zufrieden kann man sein, wenn nach jahrelanger Übung die Sterblichkeit der Tiere sich auf 3 bis 4 pCt. verringert.

3. Pflege der Fischeier.

Für jeden Züchter sind im Leben des sich entwickelnden Fisch-Eies zwei Perioden besonders wichtig: die erste unmittelbar nach der Befruchtung, die andere, wenn die Augen der Jungen durch die Eischale hindurch sichtbar

werden. Der erste Zeitabschnitt ist der wichtigste. Mag die Befruchtung
unter noch so günstigen Umständen erfolgt sein, die Bebrütung mit der
größten Sorgfalt ausgeführt werden, mag für stets gleiche Temperatur,
lufthaltiges Wasser u. s. w. gesorgt werden, in den ersten Tagen wird
immer ein entsprechender Abgang an Eiern zu verzeichnen sein, deren Ver-
derbniß sich manchmal durch weißliche oder milchige Trübung im Innern
zu erkennen giebt. Diese ersten Tage sind die Tage der Einleitung zu den
organischen Vorgängen, durch welche der Anfang für das spätere Tier gelegt
wird. Nicht nur das Baumaterial bildet sich aus dem Dotter hervor,
sondern auch die Anlage der hauptsächlichsten Organe, besonders des Nervensystems und des Herzens; und bis der erste Blutlauf hergestellt und der
Körper des Embryos eine, wenn auch nur geringe Festigkeit erlangt hat,
reicht die geringste Störung hin, um den Verlauf der Entwickelung entweder
gänzlich zu unterdrücken oder doch unregelmäßig zu gestalten. Einige Fischzüchter stellen die Behauptung auf, den Eiern sogleich nach der Befruchtung
ansehen zu können, ob sie wirklich befruchtet sind oder nicht. Sie haben
sich eine Anzahl vermeintlicher Kennzeichen erdacht oder aus der Luft ge-
gegriffen, die weder mit bloßem Auge noch unter dem Mikroskope zu erkennen sind. Eine Trübung des Eies, die Bildung eines schwarzen Fleckes,
das Vorhandensein von Ölropfen im Dotter und noch verschiedenes mehr,
sind für sie sichere Punkte, die das Ei als unbefruchtet gelten lassen. Unmittelbar nach der Befruchtung ist an dem Ei überhaupt nichts zu sehen,
weder mit dem Mikroskope, geschweige denn mit bloßem Auge. Durch die
Befruchtung trübt sich das Ei in keiner Weise. Die oben beschriebenen
Veränderungen im befruchteten Ei sind durchaus dem unbewaffneten Auge
verborgen und oft, sehr oft sogar halten sich unbefruchtete Eier klar und
unverändert, daß, wenn ihr Alter nicht bekannt sein würde, es überhaupt
nicht zu entscheiden wäre, ob sie befruchtet sind oder nicht. Nußbaum giebt
ein einfaches und sehr zweckmäßiges Mittel an, schon nach wenigen Tagen
zu entscheiden, ob Eier befruchtet sind oder nicht. Bei Salmoniden- oder
Coregoneneiern, die in zur Hälfte mit Wasser verdünnten Weinessig gelegt
werden, bleibt der Dotter vollkommen klar, der Keim oder das schon weiter
entwickelte Fischchen trübt sich aber sofort und erscheint weißlich gefärbt.
An so behandelten Eiern zeigt sich in den ersten 8 Tagen der Keim als
eine kleine weiße Kreisscheibe, die sich später in einen allmählich an Länge
zunehmenden schmalen Streifen verwandelt. Für Anfänger empfiehlt es
sich, eine Anzahl unbefruchteter Eier im Wasser aufzubewahren und einige
derselben in Zwischenräumen etwa von einigen Tagen mit befruchteten und
in der Entwicklung begriffenen Eiern in verdünnten Weinessig zu werfen
und mit einander zu vergleichen.

Nachdem die befruchteten Eier in einen Brutapparat gelegt, sind sie,
wie ich schon oben gesagt habe, mit Vorsicht zu behandeln, indessen sind
die hier oft gegebenen Vorschriften zu weit gezogen. Gegen Erschütterungen
der verschiedensten Art zeigen sich zwar befruchtete Eier sehr empfindlich,
ja einige heftige Stöße können genügen, sämtliche Eier eines Apparates zu
vernichten, andererseits schadet ein vorsichtiges Umrühren derselben in den

Apparaten, oder das Abspülen der Eier durch den Sprühregen einer feinen
Brause, sobald sie von Schlamm bedeckt sind, durchaus nicht. Zu dieser Vor-
nahme lasse man das Wasser aus dem Trog ab. Ohne Nachteil kann eine
derartige Behandlung auch schon in den ersten Tagen nach der Befruchtung
vorgenommen werden. Zeigen sich auch hier noch am folgenden Tage mehr
als gewöhnlich weiß gefärbte Eier, so ist es sehr falsch, anzunehmen, daß
sie ursprünglich in gesunder Entwicklung begriffen gewesen sind, aber durch
das Abbrausen ꝛc. getötet wären. Eine mikroskopische Untersuchung zeigt
in den weitaus meisten Fällen, daß die größte Mehrzahl unbefruchtet gewesen ist. Gerade diese unbefruchteten Eier zeigen sich bei einer leichten
Erschütterung viel empfindlicher als in Entwicklung be-
griffene befruchtete Eier. Je früher die ersteren entfernt
werden, desto besser ist es für die gesunden.

Das Aussuchen toter Eier gehört mit zu den täglichen
Arbeiten. Das Entfernen dieser Eier ist dringend nötig,
weil sich auf ihnen bald eine Wucherung von farblosen,
fadenförmigen Schmarotzerpilzen (Achlya, Saprolegnia) einfindet, welche auch den gesunden Eiern gefährlich wird.
Diese Pflänzchen will ich hier nicht näher schildern, da ich
sie im Kapitel über die Fischfeinde ausführlich beschreiben
werde. Byssus nennt der Fischzüchter für gewöhnlich diese
Pilzfäden.

Figur 177.
Saprolegnia
pflänzchen.
(Stark vergr.

Die Entwicklung der Fischchen in den Eiern schreitet
allmählich vorwärts, sodaß auch das Tierchen dem unbewaffneten Auge im Ei sichtbar wird. Besonders sind
es die Augenpunkte, die sich als zwei große dunkle Flecke zeigen und an
deren Bewegung man deutlich erkennt, wie das Fischchen sich im Ei herum-
wälzt. Dieser schwarze Farbstoff in den Augen erscheint
in der zweiten Hälfte der Entwicklung und zu dieser Zeit
ist das Ei am widerstandsfähigsten. Die Festigkeit und
Elastizität hängt von der äußeren Eihaut ab, diese nimmt
aber nach der angegebenen Periode allmählich ab, um dem
heranwachsenden Fischchen das spätere Sprengen der Hülle
zu erleichtern, dann leiden die Eier auf dem Transporte,
während sie vor dieser Zeit sich leicht verschicken lassen.

Will man Eier oder Fischchen genau betrachten, so
bedient man sich hierzu sehr zweckmäßig einer
gebogenen Glasröhre. Das eine Ende der Röhre schließt
man mit dem Daumen, hält das andere dicht an die
Eier oder Fischchen und entfernt dann plötzlich den Daumen.
Das einströmende Wasser führt dann die zu betrachtenden
Gegenstände in die Röhre hinein. Wird nun das Rohr
mit dem Daumen wieder geschlossen und aus dem Wasser gehoben, so sind
die Gegenstände in derselben leicht zu beobachten.

Figur 178.
Achlya prolifera
a a Linie des Trä-
gers. w, w¹, w² w³
Wurzelfäden. w⁴,
w⁵ sind neue Wur-
zelfäden.
(Stark vergr.)

4. Fütterung der Fischbrut.

Während künstlich in Apparaten erbrütete Fische, die für wirtschaftliche Zwecke verwendet werden sollen, sogleich in Teiche, die für sie hergerichtet sind, gesetzt werden, wo die ihren Dottersack schon verzehrt habende Brut sogleich Nahrung findet, ist der Aquarienliebhaber angewiesen, seinen aufgezogenen Fischen geeignetes Futter zu besorgen.

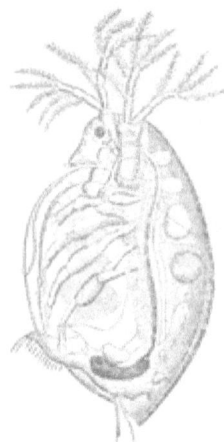

Figur 179. Flohkrebs Daphnia pulex. Stark vergrößert.

„Lebende Nahrung für die jungen Fische ist gleichbedeutend mit der Muttermilch der Säugetiere, mit der Schnabelfütterung der Vögel," sagt Ritsche und dem schließe ich mich vollständig an, verkenne jedoch auch nicht, daß totes Futter, besonders, wenn lebendes nicht zu erhalten ist, nicht zu unterschätzen ist. Beides hat Vorteile, beides hat Nachteile.

Für Fischchen, die kaum den Dottersack verloren haben, geeignetes lebendes Futter zu beschaffen hält schwer, besonders dann, wenn es sich um große Mengen von Brutfischen handelt. Cyclops und Daphnien, die fast alle Tümpel und Bäche im Freien füllen, sind für Brutfische viel zu groß und in ihren Bewegungen schneller als die jungen Fische, können daher, wenn sie auch wohl schon verzehrt werden können, von ihnen nicht erbeutet werden.

Um Infusorien zu erhalten, übergießt man Heu in einem Gefäße mit Wasser und läßt es einige Tage in der Sonne stehen. Dieses Wasser wird

Figur 180.
1. Opercularia nutans. 2. Halteria grandinella. 3. Carchesium polypinum. 4. Acineta mystacina. 5. Astylozoon fallax. 6. Epistylis plicatilis. 7. Podophrya quadripartita. (Stark vergr.)

Figur 181.
1. Codosiga botrytis. 2. Difflugia urceolata. 3. Pseudochlamys patella. 4. Amöba proteus aut. 5. Hyalodiscus guttula. 6. Stichotricha secunda. 7. Hyalodiscus limax. 8. Hyalodiscus rubicundus. 9. Coelomonas grandis. 10. Climacostomum virens. 11. Stentor polymorphus. 12. Colpidium colpoda. (Stark vgr.)

durchgeseiht (s. weiter unten) und in das Aquarium gebracht. Noch besser ist das von Dr. Buck im Triton, Berlin, vorgeschlagene Verfahren. Getrocknete Salatblätter, gedörrte Ranken von Veronica Beccabunga und verschiedener Galium-Arten, welche überall an feuchten oder schattigen Stellen in Menge wachsen, auch Blätter von Vallisneria und Ranken von Elodea können Verwendung finden, werden eingeweicht und täglich, je nach der Anzahl der jungen Fische, wird von diesem Wasser, welches voll von kleinen Tieren ist, dem Aquarium etwas zugesetzt. Zum Übergießen der getrockneten Pflanzen verwende man Regenwasser, welches unter einer Dachtraufe aufgefangen ist. Dieses Wasser färbt sich ganz grünbraun und es wimmelt in ihm von Infusorien, von denen besonders Colpidium colpoda Stein und Monaden zu erwähnen sind.

Figur 182. Hüpferling ♂ Cyclops quadricornis. Stark vergrößert.

Nachdem so die junge Brut mit diesen gezüchteten Infusorien etwa 8 Tage (je nach der Entwicklung der Fische bald kürzer, bald länger) ernährt worden ist, kann ihr größere Nahrung gereicht werden. In der ersten Zeit wählt man hierzu Cyclops und noch später Daphnien und andere Kruster, auch Mückenlarven werden dann genommen. Auf die beiden abgebildeten Kruster komme ich bei den Krebsen noch zurück.

Lebendes Futter, welches aus stehenden oder fließenden Gewässern geschöpft ist, muß, bevor es in die Becken gegeben wird, vorsichtig untersucht werden, ob nicht Fischfeinde, mit ihm eingeführt werden. Es ist überhaupt bei der Fütterung mit solcher lebenden Nahrung große Vorsicht nötig. Sehr zweckmäßig ist es, solche Nahrung aus Tümpeln zu schöpfen, die keine Fische beherbergen, da dann die Möglichkeit Parasiten einzuschleppen weniger wahrscheinlich ist. Besonders sind die Becken nicht zu sehr mit Futtertieren zu überfüllen, da diese sonst mehr Sauerstoff verbrauchen als sie im Wasser finden, sie sterben dann ab und verderben das Wasser. Es ist zweckmäßiger, mehrmals des Tages zu füttern als auf einmal zu viel.

Um Futtertiere in entsprechender Größe der Entwicklung der jungen Fische noch zu erlangen, ist es sehr zu empfehlen, mehrere über einander stülpbare Siebe von verschieden enger Drahtgaze zu benutzen und durch diese die Futtertiere mit ihrem Wasser zu gießen. Je nach der Entwicklung der Brut hat man dann für sie geeignetes Futter in diesem oder jenem Siebe.

Ist lebendes Futter für die jungen Brutfische nicht zu beschaffen, so verwende man künstliches Futter. Von allen Futterstoffen, die als Ersatz für lebende Nahrung empfohlen worden sind, eignet sich nur hartgekochtes Eigelb.

Junge Schnäpel, die in diesem Jahre (1896) in der Brutanstalt von Arneburg auf meine Veranlassung mit Eigelb gefüttert wurden, gediehen hierbei sehr gut. Die Schnäpel hatten im Januar schon das Ei verlassen, der Dottersack war geschwunden, die Tiere konnten aber noch nicht in das freie Wasser ausgesetzt werden, da Futter für sie hier noch nicht vorhanden war. Von etwa 340000 Brutfischen starben rund und gut gerechnet 40000, eingerechnet alle diejenigen, die verkrüppelt aus dem Ei kamen oder sonstwie beschädigt waren. Gefüttert wurde früh des Morgens und früh am Abende. Das harte, frische Eigelb wurde möglichst fein in einer Schale durch Zusatz von Wasser gerieben; war es zerkleinert, wurde es stark mit Wasser vermischt und mittelst einer feinen Brause in große Holzkästen gebraust, wo sich die Brut befand. Durch diese Kästen zirkulierte stets ein geringer Wasserstrom, der nur morgens und abends bei der Fütterung 1 Stunde unterbrochen wurde. Zur täglichen Fütterung der ganzen Fische wurde jedesmal $^1/_2$ des Eigelbes verwendet.

Einen Nachteil hat die Eifütterung, sie begünstigt sehr die Pilzbildung, sobald nicht eine peinliche Sauberkeit beobachtet wird. Die Pilze setzen sich auf die am Boden liegenden kleinen Eikügelchen fest. Daß die Fische die ihnen gereichte Nahrung annahmen, zeigte sich sehr deutlich. Sobald es morgens hell wurde, oder auch, wenn Licht in der Anstalt angezündet wurde, kam die Brut an die Oberfläche des Wassers und setzte hier ihre Excremente ab; auch konnte man an den jungen Fischen die Beobachtung machen, daß ihr Magen vollständig mit Eigelb angefüllt war. Füttert man im Aquarium mit Eigelb, so scheint es mir geboten, keinen Bodenbelag hier aufzunehmen, und als Gewächse nur schwimmende Pflanzen zu verwenden, die entweder bald durch neue ersetzt werden können, oder leicht zu reinigen sind.

5. Fütterung der erwachsenen Fische.

Eine Nahrung, möglichst der natürlichen entsprechend, ist auch den gefangenen Fischen zu verabfolgen. Von allen Anfängern in der Aquarienliebhaberei ist es ein großer Irrtum zu glauben, es sei unnötig, den Tieren Nährstoffe zu geben, da dieselbe genügend im Wasser vorhanden sind. Im Becken ist nur für Schnecken gesorgt, die Pflanzen fressen, auch finden Wasserasseln im Kothe der anderen Tiere noch Nahrung genug, um leben zu können. Die Fische dagegen sind alle mehr oder weniger Räuber, die, wenn es angeht, ihre kleinen Kameraden auffressen, sonst aber verhungern müssen, wenn ihnen keine Nährstoffe gereicht werden.

Die Menge der Nahrung, die ein Tier zum Leben nötig hat, richtet sich nach dem täglichen Verbrauch. Bedarf die Lebensthätigkeit viel organische Stoffe, so ist dementsprechend viel Nahrung erforderlich. Bei den Fischen sind aber die Lebensprozesse nicht sonderlich stark: ihre Atmung ist selbst zur Zeit der Fortpflanzung nicht sehr schnell, die Temperatur des Blutes ist wenig höher als das sie umgebende Medium, daher kann die Enthaltung der Nahrung lange Zeit dauern, darf jedoch nicht zu lange währen, da sonst der Tod des Tieres die unausbleibliche Folge ist.

Ist es im Sommer nötig den Fischen täglich, oder wenigstens einen Tag um den anderen, Nahrung zu reichen, so genügt es, die Tiere im Winter wöchentlich einmal mit derselben zu versorgen. Aber auch hierin sind Unterschiede zu beachten. Lebhafte Fische, wie Ellritze, Stichlinge ꝛc. bedürfen mehr Nahrung als die trägen Karpfen, Schleihe u. s. w., und aus-

gesprochene Raubfische wie Hecht, Barsch 2c. besitzen ein noch größeres Nahrungsbedürfnis. Dieses ist stets lebhafter, je wärmer das Wasser ist. Man füttere
indessen nie zu reichlich, sondern eher zu knapp, man gebe nie
mehr Nahrung als mit einemmale von den Tieren verzehrt wird.

In einem Ideal-Aquarium soll jedes Tier soviel Nahrung selbst finden
wie es bedarf, aber Ideal-Aquarien lassen sich nicht herstellen, wenigstens
nicht im Zimmer.

Die beste Nahrung für den Fisch ist die, welche er im Freien findet
und zu sich nimmt. Alle unsere Aquarienfische nehmen sehr gern die
kleinen Krebstiere, welche in großer Menge in stehenden Gewässern leben,
zu sich, doch sind ihnen diese mit Vorsicht zu reichen, da mit denselben nicht
selten schädliche Parasiten in die Becken eingeschleppt werden, wenn die
Futtertiere nicht aus fischfreien Tümpeln stammen. Eingeschleppte Parasiten
gehen auf die Fische über und können den ganzen Fischbestand verderben.

Will man diesem ausweichen, so gewöhne man alte Fische an rohes geschabtes, mageres Fleisch. Dasselbe sagt allen zu und die Tiere befinden
sich wohl dabei. Indessen will ich hiermit nicht gesagt haben, nur dieses
dem Fisch zu reichen, denn auch ihm ist eine Abwechselung in der Speise-
karte nicht unlieb. Frische Ameisenpuppen, die vom Mai bis September
zu erhalten sind, werden nicht minder gern genommen und sind ihnen zuträglich. Stubenfliegen und Mückenlarven auf die Wasserfläche geworfen,
werden begierig angeschnappt; Futterstoffe, die aus Mehl hergestellt sind,
reiche man dagegen nur den Fischen, die derartige Nahrung lieben, aber
man verzichte dann auf klares Wasser.

Weißwurm, welcher aus getrockneten Eintagsfliegen besteht, und vor dem
Verfüttern gequellt wird, desgl. getrocknete Daphnien, getrocknetes und pulveri-
siertes Fleisch sind ganz gute Nahrungsmittel für den Fisch, ihm jedoch nicht
ausschließlich zu reichen. Die Hauptnahrung des Aquarienfisches bestehe aus ge-
schabtem Fleisch oder gehacktem und sauber abgespültem Regenwurm, alle andern
Stoffe sind als Zugabe zu erachten, die nur den Speisezettel vervollkommnen.

Etwa 30—60 Minuten nach der Fütterung sind die toten Nahrungsstoffe aus dem Becken zu entfernen, da sonst von ihnen das Wasser im
Aquarium getrübt wird.

Sehr ratsam ist es, das Futter stets um dieselbe Zeit zu reichen,
nicht nur weil es so den Fischen sehr zuträglich ist, sondern weil die Tiere
auch dadurch zahm werden, daß sie sich, wenn man sich dem Behälter nur
nähert, schnell an einer Stelle sammeln und das Futter in Empfang nehmen.
Meine Fische erhalten ihr geschabtes Fleisch stets auf ein nicht sehr spitzes
Hölzchen gespießt. Hierdurch erreiche ich, daß jeder so viel bekommt wie
ihm zukommt und die Großen sich nicht auf Kosten der Kleinen mästen, da
ich die Fütterung genau übersehen kann.

Insekten (Insecta).

Insekten sind wirbellose Tiere, die einen aus 3 Haupt-
abschnitten bestehenden Körper besitzen. Dieser setzt sich aus
Kopf, Brust und Hinterleib zusammen. Der Kopf trägt die

Mundteile, die Fühler und die unbeweglichen, zusammengesetzten Augen; an der Brust befinden sich 3 Paar Beine und meist 2 Paar Flügel. Alle Insekten machen eine Verwandlung durch (Ei, Larve, Puppe, Insekt), die meist vollkommen ist.

Mit den Insekten beginnt die zahlreichste aller Tierklassen. Die hierher gehörenden Tiere sind klein von Gestalt, aber ihre Mannigfaltigkeit und Anzahl bietet hierfür vollen Ersatz. Es ist als ob die Natur hier in unzähligen und stets neuen und wechselnden Formen zeigen will, wie sie dieselben Zwecke mit anderen Mitteln erreichen kann, als ob sie uns belehren wolle, wie kleine Kräfte, richtig vereint, die größten Wirkungen hervorbringen können.

Bei fast allen Insekten ist der Kunsttrieb, der sich hauptsächlich in der Fürsorge für ihre Nachkommen bemerkbar macht, sehr hoch ausgeprägt. Er bringt oft wahre Wunderwerke zustande. Das Leben dieser Tiere ist ein ungewöhnlich vielseitiges, verglichen mit dem vieler Wirbeltiere. Oft erweist sich die Thätigkeit dieser unruhigen Gesellen dem Menschen sehr nachteilig. Milliarden Individuen von ihnen drohen beständig die Speisevorräte zu vernichten, die in den Scheuern gesammelt sind, oder noch auf dem Felde grünen, ebensoviele vergreifen sich an unserer Kleidung, unserer Wohnung, ja drohen sogar unsere Gesundheit zu untergraben. Eine Menge unserer Gewohnheiten und Lebensverrichtungen, besonders in warmen Ländern, sind nur ein bewußtloser Kampf gegen die stets auf uns eindringende Insektenwelt. Und was vermögen wir gegen so viele? Raupen, Motten, Milben, Maden, das Heer der Fliegen und Mücken zu vernichten, ist nicht möglich. Werden Milliarden von ihnen getötet, neue Tiere, man könnte sagen mächtiger als die, welche fielen, stürmen von neuem auf uns ein. Und dennoch würde die Gesamtheit Not leiden, wenn wir diese kleinen Tiere aus dem Bereiche der Natur streichen wollten. An ihre Gegenwart ist das Leben höherer Tiere geknüpft, sie sind ein Zahn im Getriebe des großen Ganzen, der, wenn er fehlt, die kunstvolle Maschine zum Stehen bringt.

Durch ihre Zahl und allgemeine Verbreitung tragen die Insekten so recht zur Belebung der Welt im kleinen bei; denn mit Ausnahme des Meeres sind sie überall zu finden. Leben ihre Larven in Ritzen der Erde oder in Felsspalten versteckt, oder tummeln sie sich im Wasser, so durchschwärmen die ausgebildeten Tiere in Zügen die Luft, oder eilen, von selbstsüchtigen Zwecken getrieben, rastlos hier- und dorthin.

Im allgemeinen zeigt das vielgestaltige Heer der Insekten dieselben Grundformen: Der gegliederte Körper ist in drei Hauptabschnitte zerlegt, in Kopf, Brust und Hinterleib. Der Kopf ist beweglich mit dem Mittelleib, der Brust, durch eine weiche Haut verbunden, und mit Augen, den Mundwerkzeugen und zwei Fühlern ausgerüstet. Die an jeder Seite des Kopfes stehenden beiden Augen sind aus einer großen Zahl, 50 bis 6000, kleiner, wie abgeschliffen erscheinender Flächen zusammengesetzt und beherrschen daher, obwohl dieses Organ unbeweglich ist, ein weites Gesichtsfeld. Einige

Insekten sind überdies noch mit mehreren kleinen Punktaugen, welche auf dem Scheitel stehen, versehen, nur wenige Arten sind gänzlich blind. Die Freß- oder Mundwerkzeuge sind von sehr feinem, zusammengesetztem Bau, mehr oder weniger entwickelt, und bestehen im allgemeinen aus Ober- und Unterlippe, welche beißend oder saugend sind. Das stets aus 3 Segmenten gebildete Bruststück trägt die drei Beinpaare und die Flügel. Die in einer Art Pfanne liegenden Beine bestehen aus Hüfte, Schenkelring, Schenkel, Schiene und dem aus mehreren Gliedern sich zusammensetzenden Fuß. Je nach der Lebensweise des Tieres sind sie verschieden geformt.

Die Atmung besorgt ein durch den ganzen Körper verzweigtes System von Chitinröhren (Tracheen). Die Blutflüssigkeit ist meist farblos.

Die Mehrzahl der Insekten legt Eier, aus welchen jedoch fast immer von den Eltern verschiedene Junge, Larven, ausschlüpfen. Diese erlangen nun auf dem Wege komplizierterer oder einfacherer Umwandlung früher oder später die Gestalt des Muttertieres.

Die Lebensdauer der Insekten ist von der Zeit abhängig, welche zu ihrer Entwicklung erforderlich ist; letztere kann sich über wenige Wochen oder Monate, ebenso aber auch auf Jahre, ja über ein Jahrzehnt hinaus erstrecken, dem vollendeten Insekt indeß ist gewöhnlich nur ein kurzes Leben beschieden.

Über die Sinnesorgane kann ich mich kurz fassen. Ein äußerst feines Auge und damit vollkommene Sehfähigkeit ist meist vorhanden. Auch der Geruchssinn, ob derselbe nun durch die Fühler oder in anderer Weise vermittelt wird, scheint den Insekten ebenfalls nicht abzugehen; die Sinne des Gefühls und Geschmacks sind in gleicher Weise bemerkbar. Ein besonderes Stimmorgan ist noch nicht bei Insekten nachgewiesen worden; die oft ziemlich lauten Töne, welche manche Insekten hervorbringen, werden meist durch Reiben des Rüssels oder anderer Körperteile gegen den Brustkasten erzeugt.

Wärme und Trockenheit sind für die meisten Insekten mit ihrem Leben eng verknüpft. Im Zusammenhange mit diesem Umstande steht auch ihre geographische Verbreitung; die heißen Teile der Erde bringen eine verwirrende Fülle von Insekten hervor, während das Insektenleben in der Nähe der Pole, sowie auf hohen Schneebergen verschwindet. Zum überwiegend größten Teile sind die Insekten Bewohner des trockenen Landes, nur eine geringe Anzahl von Arten lebt im süßen Wasser, während sich im Meere kein Insekt befindet.

Die Insekten werden in sieben große Ordnungen eingeteilt: Käfer (Coleoptera), Hautflügler (Hymenoptera), Geradflügler (Orthoptera), Netzflügler (Neuroptera), Schmetterlinge (Lepidoptera), Zweiflügler (Diptera), Schnabelkerfe (Hemiptera).

Käfer (Coleoptera).

Käfer sind Insekten, deren Vorderflügel ganz hornig, deren Hinterflügel häutig sind. Die Mundteile sind beißend. Die Vorderbrust ist frei beweglich. Die Verwandlung vollkommen.

Um leichter verständlich zu sein, scheint es mir geboten, etwas näher auf den Bau des Käferkörpers einzugehen. Die Flügel sind in 2 Paaren vorhanden, von denen die vorderen, die Decken, Flügeldecken, oder Flügelscheiden, hornig sind und in der Ruhe die hinteren, häutigen, längeren, breiteren und deshalb nach vorn umgeschlagenen und zusammengefalteten, nur beim Fliegen ausgespannten Flügel bedecken. Doch kommen auch ungeflügelte Käfer vor. Am Kopfe stehen zwei große, facettierte Augen, doch kommen auch Nebenaugen, wenn auch selten, vor. Die Fühler sind sehr verschieden gliedrig gebaut, und können bei dem Männchen oft sehr groß werden. Die Mundteile sind meist deutlich, die Oberkiefer in der Regel nach einwärts gebogen, sich berührend oder übergreifend, die Kinnladen mit ihren Tastern sehr verschieden gebildet.

Der Bauchstrang des Nervensystems ist bei den meisten Käfern langgestreckt, bei einigen jedoch zu einer großen Nervenmasse in der Brust zusammengezogen. Der Darmkanal ist lang und gewunden. Die Männchen besitzen ein sehr großes, horniges Begattungsorgan, welches in der Ruhe in den Hinterleib gezogen ist. Die Begattung dauert oft tagelang.

Die Larven sind meist fußlos oder haben außer den drei Fußpaaren noch Stummel an den letzten Hinterleibsringen; sie leben meist sehr verborgen, vom Licht abgeschlossen, sind daher farblos und nähren sich von den Stoffen, welche von den erwachsenen Tieren verzehrt werden.

Schwimmkäfer (Hydrocantharida).

Fühler vor den Augen eingelenkt, 11- oder 10gliedrig, meist borsten- oder fadenförmig, nur selten die mittleren Glieder verdickt oder ganz spindelförmig. Unterkiefer mit 2 und einem 4gliedrigen Tasterpaare. Beine sind horizontal gestellt, mit breitgedrückten, am Rande lang bewimperten Schienen und Füßen, letztere 5gliedrig nur die Vorderfüße zuweilen scheinbar 4gliedrig; 7 Bauchringe, die 3 ersten verwachsen.

Die Schwimmkäfer sind für das Wasserleben umgeschaffene Laufkäfer. Ihr Körper ist flach, elliptisch, scharf gerandet und mehr oder weniger geglättet, darum auch die Beine breit gedrückt, mit langen Haaren gefranzt und so zu Schwimmbeinen umgewandelt, um sich ihrer als Ruder in dem beweglichen Elemente bedienen zu können. Namentlich sind die hintersten Beinpaare, welche als das Hauptorgan für die Bewegung dieser Tiere angesehen werden müssen, so gebaut. Darum ist auch die Hinterbrust, welcher dieses Organ eingefügt ist, auf Kosten der Vorder- und Mittelbrust beträchtlich entwickelt, doch ihrerseits durch die gewaltig vergrößerten Hinterhüften wieder nach vorn gedrängt. Bei den Taumelkäfern sind die hinteren Beinpaare zu flossenartigen Ruderorganen umgebildet und dementsprechend haben hier Mittel- und Hinterbrust eine mehr gleichartige Entwicklung erfahren, sodaß nur die Vorderbrust zurücksteht, welcher das zwar verlängerte, doch zum Schwimmen ungeeignete vordere Beinpaar eingelenkt ist. Diese Ruderbeine, sowie der gleichmäßig gewölbte, ovale Körper machen aus den Käfern geschickte Schwimmer, die indessen beim Schwimmen mehr eine schräge, denn eine senkrechte oder horizontale Richtung inne halten. Da sie aber nicht durch Kiemen, sondern durch Luströhren atmen, die sich auf dem Hinterleibsrücken öffnen und durch filzige Klappen verschlossen werden können, so müssen diese Käfer ähnlich den Lufttieren sich Luft verschaffen. Sie kommen dieserhalb, senkrecht mit dem Kopfe nach unten gerichtet, bis zur Wasseroberfläche empor, strecken die Hinterleibsspitze hervor, heben die Flügeldecken ein wenig und lassen so die Luft in den hohlen Raum zwischen Hinterleibsrücken und Flügeldecken eintreten, sperren diesen so eingenommenen Vorrat durch strammes Andrücken der Decken an den Körper ab, tauchen unter und verbrauchen den mit hinunter genommenen Vorrat nach Bedarf, indem sie die Luft durch Löcher einziehen.

Die Flügel der Schwimmkäfer sind kräftig und werden von ihnen zum Wandern von einem Gewässer in das andere benutzt. Diese Luftflüge geschehen aber nur in der Nacht und von irgend einer Wasserpflanze oder einem sonst über Wasser ragenden Gegenstande aus. Auch zum Aufsuchen von Winterquartieren werden die Flügel benutzt: unter dem Moos der Wälder mit anderen Käfern zusammen wird von ihnen der Winter verbracht. Im Schlamme der Gewässer bringen Wasserkäfer den Winter nicht zu.

Die Schwimmkäfer sind mutige, gewandte und gefräßige Räuber, die sich von Frosch- und Fischeiern, Wasserschnecken, Mückenlarven u. s. w. nähren. Gelegentlich, wenn andere Nahrung fehlt, werden Fische, selbst große, angefallen und ihnen Löcher in den Leib gefressen. Auch Aas, welches im Wasser liegt, wird von ihnen verzehrt. Ebenso räuberisch leben auch ihre Larven, welche hauptsächlich Larven von anderen Wasserinsekten und Wasserschnecken verzehren, oder sie viel mehr, da ihnen eine Mundöffnung fehlt, durch die durchbohrten Oberkiefer aussaugen. Sie häuten sich mehrmals und verwandeln sich in einer in der Nähe des Wassers gegrabenen Erdhöhle zum vollkommenen Insekt. Als solches finden sich Wasserkäfer hauptsächlich im Herbste.

Stehendes und träg fließendes Wasser, das flach, bewachsen und mit allerlei Getier besetzt ist, bewohnen Schwimmkäfer stets in erheblicher Anzahl.

1. Fadenschwimmer (Dytiscidae).

Fühler 10- oder 11gliedrig, borstenförmig, länger als der Kopf; dieser mit 2 Augen; Bauchringe 7; alle Beine zum Schwimmen eingerichtet.

Unter den im Wasser lebenden Käfern sind die Fadenschwimmer so gleich durch ihre fadenförmigen, auch im Wasser stets frei getragenen Fühler gekennzeichnet. Sehr reich an Arten ist diese Familie. Nahezu 150 deutsche Arten sind unterschieden, für die 12 Gattungen aufgestellt worden sind. Es ist mir natürlich nicht möglich, die Beschreibung dieser Arten alle zu geben, ich bringe daher nur die ansehnlichsten von ihnen.

Gelbrand (Dytiscus marginalis L.). Gesäumter Fadenschwimmer.

Eiförmig, oberseits dunkel braungrün, Ränder des Halsschildes und Seitenränder der Decken gelb. Schildchen schwarz, Unterseite braungelb; Brustlarven breit und sumpfsinnig. ♂ an den Vorderfüßen Saugscheiben, ♀ meist mit gefurchten Flügeldecken und ohne Saugscheiben. — Stehende Gewässer, gemein.

Die Entomologen unterscheiden von unserem Gelbrand 6 verschiedene Formen, deren Unterschiede uns hier aber nicht näher beschäftigen können.

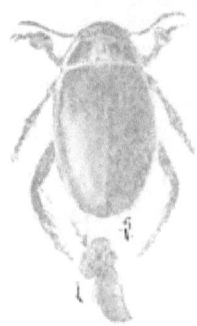

Figur 183. Gelbrand ♂ Dytiscus marginalis. 1 Vorderfußglied mit Saugscheibe.

Der Gelbrand hält sich nie auf der Oberfläche des Wassers auf, er lebt wie alle seine Familiengenossen nur im Wasser, wenn er nicht das bisher bewohnte Gewässer mit einem anderen vertauscht und fliegt. Hier unten im Wasser geht unser Käfer auf Raub aus.

In nicht zu langen Zwischenräumen muß er jedoch, um zu atmen, an die Oberfläche kommen. Hierbei lüftet er die Flügel etwas, sobald er den Hinterkörper aus dem Wasser hebt. Bei der geringsten Beunruhigung fährt er jedoch sofort in die Tiefe.

Wenn die erneuten Strahlen der Sonne die schlummernde Natur erweckt haben, ziehen auch die Wasserkäfer von ihren Winterquartieren, die sie im Moose des Waldes gesucht hatten aus, und brechen zum Teiche auf. Im April und Mai sieht man dann oft die Tiere, zu zweien verbunden, der Begattung obliegen. Das Männchen hat sich mit seinen Saugnäpfen, die an den Vorderfüßen sitzen, auf dem glatten Rücken des Weibchens angesaugt und verharrt hier nicht selten tagelang, bis die Begattung beendigt ist. Das Weibchen legt dann

Figur 184. Gelbrand Dytiscus marginalis Larve.

die Eier ab, aus denen nach etwa 12 Tagen die Larven schlüpfen, die zu dieser Zeit kleinen Würmchen gleichen, sich munter im Wasser umhertreiben, und eine große Gefräßigkeit bekunden, doch ihrerseits auch anderen Räubern zum Fraße dienen. Anfangs wachsen die jungen Tierchen sehr schnell, bis sie nach der dritten Häutung im Wachstum langsamer fortschreiten, wahrscheinlich, weil sie von jetzt ab mehr Nahrung bedürfen und sich oft nicht gänzlich sättigen können. Zur Atmung dienen der Larve 9 Stigmenpaare, deren vorderes in der Mittelbrust, die übrigen seitlich in den Leibesringeln liegen. Die Beine sind ziemlich schlank und besitzen nur ein einziges, an der Spitze mit 2 Klauen versehenes Tarsenglied. Alles Getier, das die Larven bewältigen können, wird von ihnen angegriffen, selbst ihresgleichen nicht ausgenommen; sie packen ihre Beute mit den scharfen Freßzangen, tauchen dann unter beständiger Arbeit mit den Beinen und unterstützt durch schlangenartige Windungen des Körpers auf den Grund ihres Wohngewässers unter oder klammern sich an einer Wasserpflanze fest und saugen ihren Fang aus. Ist Nahrung reichlich vorhanden, dann gelangt die Larve schon im Sommer, bei kärglicher erst spät im Herbst zur Reife. Alsdann begiebt sie sich an das Ufer ihres Wohngewässers, arbeitet sich hier eine Höhlung aus und wird darin zur Puppe, welche nach etwa dreiwöchentlicher Ruhe den Käfer ergiebt, der aber 8 Tage in seiner Wiege verbleibt, um die für das Wasserleben nötige Härte seines Körperpanzers zu erhalten. Die Herbstpuppen pflegen zu überwintern und erst im kommenden Frühjahr zu Käfern zu werden.

Will man gefangene Larven, die man im Sommer leicht bekommen kann, im Aquarium zur Entwicklung bringen, so darf man es nie an lebender Nahrung fehlen lassen; auch muß eine Gelegenheit vorhanden sein, daß die Larve an das Land kommen kann.

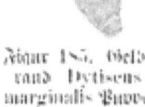

Figur 185. Gelbrand Dytiscus marginalis Puppe

Ausgewachsene Tiere erfreuen im Aquarium durch ihre Munterkeit, aber wegen ihrer Mordlust und Freßgier sind sie in besondere Behälter zu bringen, von wo sie nicht entweichen können. Wertvolle Tiere vereinige man nie mit dem Gelbrand, sie sind bald seine Beute. Ja das Tier steht nicht an, seine schwächern Kameraden einen nach dem andern zu verzehren, wenn im Behälter Nahrungsmangel eintritt.

Weitere Käfer, die zu den Fadenschwimmern gehören, aber bedeutend kleiner als der Gelbrand sind, führe ich nachstehend auf:

a. **Colymbetes suturalis Lac. Colymbetes notatus F.**
   Oben braungelb. Scheitel, ein Mittelfleck und gewöhnlich noch 2 Seitenflecke, oft auch die Mitte des Halsschild-Hinterrandes schwarz; Vorderbrust und Beine gelb. ♂ mit gelbgerandeten, ♀ mit ganz gelben oder nur an den Seiten schwarz gefärbten Bauchringen. — Stehende Gewässer. (Vergl. Abbildung Seite 435 Figur 187.)

b. **Hybius ater D. G.**
   Lang eiförmig, etwas zugespitzt hinten, oben sehr fein und dicht netzförmig gestrichelt. Farbe schwarz metallisch glänzendblau, am äußersten Rande und unten rotbraun. Die Decken mit je zwei durchscheinenden Flecken. — In Lachen von Quellwasser. (Vergleiche Abbildung Seite 435 Figur 187.)

c. **Agabus maculatus L.**
   Kurz eiförmig, blaßbraun, Halsschild am Hinter- und auch meist am Vorderrande dunkler. Die Decken mit dunkeln, mehr oder weniger zusammenfließenden Flecken und Streifen. Stehende Gewässer. (Vergl. Abbildung Seite 435 Figur 187.

d. **Acilius sulcatus L.**
   Kurz eiförmig, flach; Rand und ein Mittelstreif des Halsschildes gelb, der schwarze Bauch und oft auch die Hinterschenkel gelb gefleckt; die Decken des ♀ mit 4 breiten, behaarten Furchen. — Stehende Gewässer. (Vergl. Abbildung Seite 435 Figur 187.)

2. Taumelkäfer (Gyrinus).

Fühler kürzer als der Kopf, mit einem großen ohrförmigen Grundgliede, aus welchem die übrigen Glieder in Form einer kleinen spindelförmigen Keule hervorragen. Kopf mit 4 Augen; Bauchringe 6; nur die beiden hinteren Beine sind Schwimmbeine.

Die Taumelkäfer sind Tagtiere, die sich am liebsten im hellen Sonnenschein ihren lebhaften Spielen auf dem Wasserspiegel hingeben. Diesem Leben im Lichte entspricht auch die Färbung ihres Kleides, es ist ein metallisches Braunschwarz und zeigt an den Rändern einen hellen Goldglanz. Die Zeichnung auf den Flügeldecken besteht aus regelmäßigen Punktstreifen. Von den 11 deutschen, nicht leicht zu unterscheidenden Arten, bringe ich nur einen Vertreter.

Gyrinus natator L.

Die Körperform ist eiförmig, spiegelglatt, oben schwärzlichblau, Naht und Augenrand der Decken gewöhnlich messinggelb. Die Punktstreifen der letzteren nach vorn und zunächst der Naht feiner; unten glänzend schwarz, umgeschlagene Ränder von Halsschild und Decken, nicht selten auch Brust und letztes Bauchsegment rostrot. Stehende Gewässer, überall.

Wasserkäfer, die auch das Auge des Spaziergängers auf dem Wasserspiegel sieht, an deren munteren und raschen Bewegungen auch er sich erfreut, sind die Taumelkäfer. Dieselben lieben es, in kleinen Gesellschaften auf der Oberfläche stehender Gewässer unter mancherlei Kreis- oder Bogenlinien unter einander herum zu fahren und zwar mit so ungemeiner Gewandtheit und Schnelligkeit, daß man dem einzelnen Tiere kaum mit den Augen folgen kann und glauben möchte, seine Bewegungen wären eher ein Dahingleiten auf dem Wasserspiegel als ein Schwimmen auf dem Wasser. Zu diesem munteren Treiben, der Äußerung der Lebensfreude dieser kleinen Gesellen, werden sie durch den wohlthätigen Einfluß des Lichtes und der Wärme gelockt. Ist die Witterung unfreundlich, so leben sie unter Wasser verborgen, tauchen auch oft während ihrer Spiele in die Tiefe, wenn sie merken, daß ihnen Gefahr droht und klammern sich dort an Wassergewächsen fest.

Die eigentümliche Weise des Schwimmens setzt eine besondere Körperbildung voraus. Diese ist schief elliptisch, oben mehr, unten weniger gewölbt, die beiden hinteren Beinpaare sind zu breiten, flossenartigen Ruderorganen umgebildet, welche es den Taumelkäfern möglich macht, in der Kunst des Schwimmens sich weit über die Fadenschwimmer zu erheben. Dabei halten sich erstere, weil sie leichter als das Wasser sind und der Schwerpunkt ziemlich genau in der Mitte des Körpers liegt, mit der Unterfläche horizontal im Wasser und haben wegen ihres glatten und flachgekielten Bauches selbst bei scharfen Wendungen nur einen geringen Widerstand des Wassers zu überwinden.

Die Umgestaltung ihrer Beine zum Schwimmen ist sehr vollkommen, vollkommener als bei irgend einem anderen Käfer. Flossenartig verbreitert zeigen sich die Schienen und die ersten vier Fußglieder der Mittel- und Hinterbeine, während die Vorderbeine zu Greiforganen gebildet sind. Die Anpassung an das Wasserleben hat die Käfer auf dem Lande sehr unbehilflich werden lassen.

Der Hinterleib besteht aus 7 Rücken- und 6 Bauchsegmenten; die beiden letzten Ringel werden von den verkürzten Flügeldecken frei gelassen, sind hornig und mit einem dichten Haarfilze bedeckt, welcher dem Tiere bei der Atmung besonders nützlich wird; denn wenn die Käfer untertauchen, nehmen sie die Luft in Gestalt eines an der Hinterleibspitze haftenden Bläschens mit und vermögen dann unter Wasser so lange auszuhalten, bis diese Luftblase aufgebraucht ist. Solange der Käfer auf der Wasserfläche kreist, hat die Luft unmittelbar Zutritt zu den 8 sich auf dem Hinterleibsrücken öffnenden Stigmen.

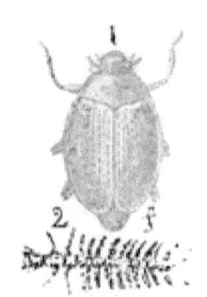

Figur 184. 1. Taumelkäfer (Gyrinus natator) 2. Larve vergr. zu 7).

Wie die Fadenschwimmer fliegen auch die Taumelkäfer in der Nacht von einem Gewässer zum anderen, leben auch wie diese vom Raube kleiner Wasserinsekten, desgl. auch ihre Larven. Diese sind gestreckt, haben einen schmalen Kopf, der fast viereckig ist, die borstenförmigen Fühler sind 4gliedrig, die sichelförmigen Oberkiefer für das Aussaugen der Beute hohl und an der Spitze durchbohrt, die mäßig langen Beine sind zweiklammrig. Die Atmung geschieht durch haarartige Kiemen, die zu je 10 von den Seiten der Hinterleibsringel ausgehen. Die Larve verkriecht sich außerhalb des Wassers und kriecht, wenn ihre Zeit kommt, an einer Wasserpflanze empor, umspinnt sich hier mit einer dichten, grauen, pergamentartigen Hülle, in welcher binnen einigen Wochen die Verwandlung zum Käfer vor sich geht.

---

3. Wasserkäfer (Hydrophilida).

Fühler kurz, 6—9gliedrig, mit durchbrochener Keule. Kiefertaster so lang oder länger als die Fühler; Bauch 4—7-, meist 5ringelig; Hinterbeine öfter Schwimmbeine.

In ihrem Körperumrisse weichen die Wasserkäfer nur wenig von den Fadenschwimmern ab, wohl aber in der Bildung der Mundteile und der Fühler. Die Taster sind fadenförmig, sehr gestreckt, sie können die Länge der Fühler erreichen oder noch übertreffen. Die kurzen Fühlerglieder, deren erstes verlängert ist, während die letzten eine durchbrochene Keule bilden, schwanken in ihrer Anzahl von 6—9, und ebenso liegen in der Menge der Bauchringe, sowie in der Bildung der Fußglieder, Unterschiede sowohl innerhalb der Familie selbst, als auch den Fadenschwimmern gegenüber.

Nicht alle hierher gehörenden Käfer sind Wasserbewohner, manche von ihnen ziehen feuchte Uferränder dem Wasser vor, andere haben sich dem Wasser gänzlich entfremdet, und noch andere leben zwar nicht gänzlich außer Wasser, können aber nicht schwimmen und kriechen auf dem Grunde oder an Pflanzen umher. Diejenigen, die ihr nasses Element zwar weniger verlassen, sind doch recht schwerfällige und ungeschickte Schwimmer. Hiernach ist auch die Lebensweise dieser Familie eine höchst mannigfache. Die wirklichen Wasserbewohner nähren sich von weichen Stoffen wie es die Fadenschwimmer thun; daß indessen die größeren Arten nicht ausschließlich vom Raube leben, scheint ihr langer, und deshalb auf Pflanzenkost hindeutender Darmkanal zu zeigen. Der pechschwarze Wasserkäfer nährt sich von Algen, die er abweidet und von faulenden Pflanzenstoffen, doch verschmäht er auch keineswegs lebende Nahrung, wenn er diese erlangen kann.

Etwa 70 Arten aus dieser Familie sind bei uns heimisch, von denen ich einige bringe:

Kolbenwasserkäfer (Hydrophilus piceus L.). Wasserkuh, pechschwarzer Wasserkäfer.

<small>Die Körperform länglich eirund, pechschwarz, oft grünlich glänzend, Taster und Fühler rostrot, letztere mit brauner Keule. Die Decken an der Spitze mit scharfen Zähnchen versehen. Die Bruststacheln vorn tief gefurcht, alle Bauchringe dachförmig gekielt. — Stehende Gewässer, nicht selten.</small>

Der größte Vertreter dieser Familie ist der Kolbenwasserkäfer. Er wird das ganze Jahr hindurch in stehenden Gewässern gefunden, vorzugsweise in Fischteichen, wo er durch Verzehren der Fischbrut gefährlich wird, ja selbst größeren Fischen zu Leibe geht. Diese Wasserkäfer sind ungeschickte Schwimmer, die sich im Wasser mehr kriechend als schwimmend bewegen; dagegen ist ihr Flug gut und andauernd. Wie ihre Verwandten ziehen sie des Nachts mit starkem Gesumme von einem Teiche zum anderen, wobei sie sich nicht selten verirren und an Orte kommen, wo Wasser überhaupt nicht vorhanden ist.

Zur Atmung kommt der pechschwarze Wasserkäfer wie der Gelbrand an die Wasseroberfläche, steckt aber nicht wie dieser den Hinterleib aus dem Wasser, sondern er bringt den Kopf an die Oberfläche, beugt ihn zur Seite, sodaß die von der Hinterseite der Augenwölbung behaarte Stelle die Oberfläche berührt und legt dann die konkave Seite der behaarten Glieder der Fühlerkeule, diese zwischen dem ersten und zweiten Gliede umbiegend, hier von außen an, sodaß ein röhrenförmiger Zugang für die Luft zu der behaarten und unbenetzten Unterseite gebildet wird.

Am meisten sind die Kolbenwasserkäfer interessant durch die eigentümliche Art wie sie schon vor der Eier-Ablage für das Wohl ihrer Nachkommenschaft sorgen. Schon Lyonnet berichtete darüber in der ersten Hälfte des vorigen Jahrhunderts. — „Das Weibchen," sagt Taschenberg, „legt sich an der Oberfläche des Wassers auf den Rücken unter dem schwimmenden Blatte einer Pflanze, welche es mit den Vorderbeinen an seinen Bauch drückt. Aus vier Röhren, von denen zwei länger aus dem Hinterleibe heraustreten als die anderen, fließen weißliche Fäden, die durch Hin- und Herbewegen der Leibesspitze zu einem den ganzen Bauch des Tieres überziehenden Gespinst sich vereinigen. Ist dieses fertig, so kehrt sich der Käfer um, das Gespinst auf den Rücken nehmend, und fertigt eine zweite Platte, welche mit der ersten an den Seiten zusammengeheftet wird. Schließlich steckt er in einem vorn offenen Sack. Denselben füllt er von hinten her mit Eierreihen und rückt in dem Maße aus demselben heraus, als sich jene mehren, bis endlich das Säckchen gefüllt ist und die Hinterleibsspitze herausschlüpft. Jetzt faßt er die Ränder mit den Hinterbeinen, spinnt Faden an Faden, bis die Öffnung immer enger wird und einen etwas wulstigen Saum bekommt. Danach zieht er Fäden querüber, auf und ab und vollendet den Schluß wie mit einem Deckel. Auf diesen Deckel wird noch eine Spitze gesetzt; die Fäden fließen von unten nach oben und wieder zurück von da nach

Figur 187. 1. ♂ und ♀ von Hydrophilus piceus, 1a. Eiernest. 2. Colymbetes suturalis. 3. Acilius sulcatus. 4. Agabus maculatus. 5. Hybius ater. 6. Helophorus costatus. Um ¼ verkleinert.

unten, und indem die folgenden immer länger werden, türmt sich die Spitze auf und wird zu einem etwas gekrümmten Hörnchen. In vier bis fünf Stunden, nachdem hier und da noch etwas nachgebessert wurde, ist das Werk vollendet und schaukelt, ein kleiner Nachen von eigentümlicher Gestalt, auf der Wasserfläche zwischen den Blättern der Pflanzen. Wird er durch eine unsanfte Bewegung der Wellen umgestürzt, so richtet er sich sogleich wieder auf, mit dem schlauchartigen Ende nach oben, infolge des Gesetzes der Schwere." Das Weibchen sorgt auch dafür, daß die Jungen beim Auskriechen genügend Mundvorrat vorfinden. Als solcher dient die Scheibe der Eier und eine den oberen Teil des Kahnes anfüllende zarte

Gespinstmasse. Erst wenn die Jungen eine gewisse Größe erreicht haben, verlassen sie die in jeder Hinsicht interessante Kinderstube.

Die aus den Eiern (bis zu 50 Stück) schlüpfenden Larven bleiben bis nach ihrer ersten Häutung im Neste beisammen, dann aber durchbrechen sie den Deckel, auf welchem das Horn aufsitzt, tummeln sich frei im Wasser und leben vom Raube kleiner Tiere, die mit ihnen das Wasser bewohnen.

Figur 188. Pechschwarzer Wasserkäfer.
(Hydrophilus piceus Larve. Nat. Größe.)

Wird die Larve berührt, so giebt sie im Wasser eine dieses trübende stinkende Flüssigkeit ab, um in dieser ihrem Nachfolger zu entkommen. Ist sie zur Verpuppung reif, so verläßt sie das Wasser, kriecht in die nasse Ufererde, bereitet sich daselbst eine Höhlung und nach 10 Tagen etwa tritt die Puppe aus der aufgeplatzten Rückenhaut der Larve hervor, die nach drei Wochen den fertigen Käfer liefert, der, nachdem sein Hautpanzer erstarkt ist, sich zum Wasser begiebt.

Ebenso räuberisch wie der nur wenig kleinere Gelbrand, ist auch der Kolbenwasserkäfer im Aquarium und nicht mit wertvollen Tieren zu vereinigen. Ist auch seine Schwimmfähigkeit nicht so groß als die des Gelbrandes, so raubt er doch nicht weniger als dieser. In Ermangelung von animalischer Nahrung ist er mit im Wasser sich zersetzenden Blättern, besonders solche des Kohles, leicht zu erhalten. Will man die Verwandlung beobachten, so darf Erde, etwas über dem Wasserspiegel, nicht fehlen, wohin sich die Larve zur Verpuppung zurückziehen kann. Reichliche Nahrung verlangt auch dieser Käfer in der Gefangenschaft.

Verwandte des Kolbenwasserkäfers sind:

a. **Hydrous caraboides** L.
   Körperform eirund, gewölbt, schwarz, mit grünlichem Glanze. Die hinter der Mitte bauchig erweiterten Flügeldecken mit einigen Punktreihen. Die Vorderbeine meist braun. — Stehendes Wasser.

Am Rande, oder im stehenden Wasser, leben u. a.

b. **Philydrus 4-punctatus** Hbst. **Philydrus melanocephalus** T.
   Die Körperform elliptisch, oben dicht punktiert, bräunlich gelb; Kopf, Mitte des Halsschildes, Unterseite und die untere Hälfte der rotgelben Beine schwarz. Flügeldecken mit nach vorn abgekürztem Nahtstreif. — Überall.

Am Rande lebt u. A. und kriecht träge an den im Wasser stehenden Pflanzen umher:

c. **Helophorus costatus** Goeze, **Helophorus nubilus** F.
   Flügeldecken grau gelbbraun, meist undeutlich schwärzlich, braun gestreift, gekerbt gefurcht mit fast gleichhohen Zwischenräumen. — Häufig.

Ehe ich die Wasserkäfer verlasse, kann ich nicht umhin, noch der Larven und Puppen der Schildkäfer (Donacia und Haemonia) zu gedenken. Die Wurzeln verschiedener Wasserpflanzen dienen diesen Tieren als Aufenthaltsorte. Eigentliche Kiemen oder Tracheenkiemen besitzen diese Tiere nicht, ihre Haut ist fest und derbe, eine Hautatmung ist daher auszuschließen. Zum Atmen benutzen sie die Luft, welche in den stets reich entwickelten Luftgängen der Wasserwurzeln vorhanden ist. Nach Schmidt-Schwedt in Berlin (Berliner entomologische Zeitschrift Bd. XXXI. S. 325—354 und Bd. XXXIII. S. 299—308) benutzen die Larven zwei sichelförmige braune Anhänge am Ende des Hinterleibes zur Atmung. Diese werden, wie das Vorhandensein der entsprechenden paarigen Narben in den Wurzeln zeigte, in die Pflanze eingedrückt, durch den Druck des Pflanzengewebes werden zwei Längsspalten an der Rückseite der Anhänge geöffnet und dann die Luft eingesogen. Zur Ausatmung, meint der Forscher, dürften die beiden kurzen Stigmenöffnungen an der Basis der Anhänge dienen. Zur Zeit der Verpuppung fertigt die Larve ein längliches Gehäuse, das der Wurzel angeklebt ist, beißt ein Loch in die Wurzel, sodaß die hier ausströmende Luft das Wasser aus dem Gehäuse verdrängt, und schließt dann den Bau, um so in der Luft die Verwandlung zur Puppe und zum Käfer durchzumachen. Der das Gehäuse verlassende Käfer steigt, durch die ihm anhaftende Luft gehoben, zur Wasseroberfläche.

Zweiflügler (Diptera).

Zweiflügler oder Fliegen sind Insekten, die nur 1 Flügelpaar besitzen und deren zweites Paar zu Schwingkölbchen umgewandelt ist. Die Mundteile sind saugend. Die Verwandlung ist eine vollkommene.

Zu den hierher gehörenden Tieren zählen die Fliegen, Mücken und Flöhe. Im ausgebildeten Zustande sind alle diese Tiere vom Leben im Wasser ausgeschlossen, aber von ihren Larven und Puppen lebt eine ziemlich bedeutende Anzahl im Wasser. Alle die hierher gehörenden Tiere zu bringen, würde zu weit führen, ich muß mich auf die häufigeren Formen beschränken.

Die im Wasser lebenden Zweiflügler-Larven sind ohne Beine, nur wenige Arten Mückenlarven besitzen falsche. Diese sind ungegliedert und mit einer Gruppe von Haken versehen. Ihre Stellung — ein Paar steht am ersten Brustring und meist ein anderes Paar am Hinterleibsende — läßt eine Verwechselung dieser Larven mit solchen anderer Ordnungen nicht zu. Flügelansätze fehlen den Larven, häufig ist auch der Kopf nur undeutlich, sodaß die Larve sehr einem Wurme ähnelt. Der Besitz von Tracheen, und ein vorhandenes Kopfskelett mit Kiefern kennzeichnen indessen sogleich die Larve.[*]

Für die Bewohner des Wassers bilden die Larven der Zweiflügler eine geschätzte Speise. Sie spielen im Teiche eine nicht unbedeutende Rolle.

---

[*] Ich gebe hier nur die Kennzeichen der Larve, da nur diese im Wasser lebt.

Mit hurtiger, purzelnder Bewegung schießt das Tier bald hier- bald dorthin, wie diese Bewegung ausgeführt wird, erkennt man erst, wenn dasselbe zur Oberfläche steigt und diese bald erreicht hat. Es zeigt sich dann, daß der Hinterkörper mit seiner in der Mittelebene des Körpers stehenden Borstenreihe bald rechts, bald links schlägt und den Körper, das Afterende voran, vorwärts treibt.

Um auch die Fortpflanzung des Tieres kennen zu lernen, beobachten wir ein Weibchen unserer gemeinen Stechmücke. Während die männliche Mücke einen Federbusch bildende Fühlhörner besitzt, sind die des Weibchens nur einfach. Auch durch die Mundteile sind die Männchen leicht von den Weibchen zu unterscheiden.

Figur 189.
1. Puppe, 2. Larve von der geringelten Stechmücke (Culex annulatus), ¹⁄₁ nat. Größe.

Das Weibchen legt 2—300 längliche, flaschenförmige Eier auf ein auf dem Wasserspiegel schwimmendes Blatt so nebeneinander, daß dieses einem schwimmenden Kuchen gleicht. Nach 1-2 Tagen kommen aus ihnen die Larven hervor, indem sie sich an der Unterseite herausbohren und in das Wasser begeben. Mit dem Kopfe nach unten, dem Schwanze der Oberfläche zugekehrt, hängen die Larven an dem Wasserspiegel. Ihr Körper ist langgestreckt, ungemein zart und durchsichtig. Der Kopf ist groß, trägt zwei kleine Punktaugen, zwei gewimperte, gebogene Fühlfäden und ein Paar große, mit Haarbüscheln versehene Kiefer, welche beständig in Bewegung sind einen kleinen Strudel hervorzubringen, der vermoderte Pflanzenteilchen dem Tiere zuführt. Auch Algen werden von der Larve abgeweidet. Solange keine Störung eintritt, verweilen die Larven ruhig an der Oberfläche des Wassers, droht aber Gefahr, wird das Wasser nur wenig erschüttert, so eilen sie in die Tiefe, aus der sie Mangel an Luft bald wieder zur Oberfläche emportreibt. Häuten sich die Larven, so biegen sie sich am Wasserspiegel, es platzt dann die alte Haut hinter dem Kopfe und hieraus kriecht die Larve in derselben Gestalt, nur etwas größer hervor. Nach der dritten Häutung ist die Larve erwachsen und verpuppt sich.

Figur 190. Larve der Wasserfliege Stratiomys chamaeleon um ²⁄₃ vergrößert.

Auch die Puppe hängt an der Oberfläche des Wassers, den Kopf nach oben und streckt zwei rohrartige Atemröhren aus dem Wasser. Kopf und Brust sind zu einem großen, keulenförmigen Gebilde verschmolzen, unter dessen Haut bereits die großen zusammengesetzten Augen, die Freßwerkzeuge, die Flügel und die langen Beine zu erkennen sind. Die Puppe nimmt keine Nahrung zu sich. Sie bewegt sich mit dem dünnen Hinterleibe im Wasser schnellend. Der Puppenzustand dauert etwa 8 Tage, zu welcher Zeit sich die Mücke aus der Hülle hervorarbeitet.

Will man die Verwandlung beobachten, so hat man

nur nötig, Eier oder Larven in ein kleines Glas zu setzen und ihnen einige vermoderte Pflanzenblätter, die im Wasser untersinken, als Nahrung zu geben. Die Bälge der sich häutenden Larven findet man dann bald im Wasser schwimmend, nach einigen Wochen tritt darauf die Verpuppung ein und dann kann man nach etwa 10 Tagen das Ausschlüpfen der Mücken erwarten.

Als hierzu gehörend nenne ich nachstehend einige Zweiflügler und beschreibe deren Larven.

a. **Gemeine Stechmücke** (Culex pipiens L.)
   Oben auf dem letzten Ring steht unter einem schiefen Winkel die Atemröhre, sie ist länger als die drei letzten Ringe zusammen. Unter dem hinteren Ring geht noch eine kürzere zweigliedrige Röhre ab, an deren Ende der After sich befindet, der von vielen Haaren strahlenförmig umgeben und von 2 Paar ovalen Blättchen eingefaßt ist. Der ganze Leib besteht aus 9 Ringen, mit Ausnahme des Kopfes. Der größte trägt 3 Paar Haarbüschel und deutet an, daß dieser Ring aus dreien zusammengesetzt ist. Der Kopf ist braun und hat 2 einfache Augen und 2 bogenförmige Fühler. — Sehr gemein.

b. **Geringelte Stechmücke** (Culex annulatus Schrank).
   Die Larven sind ähnlich, nur etwas größer. — Sehr gemein.

c. **Büschelmücke** (Corethra plumicornis F.).
   Ein Atemnorsatz am hinteren achten Leibesring ist nicht vorhanden, desgleichen keine Luftlöcher. Der Kopf ist schnabelförmig verlängert, die Mundteile und auch die Fühler sind zum Raube eingerichtet. Vollständig durchsichtig ist der Körper. Nur zwei Luftblasenpaare im vorderen und hinteren Teile des Körpers, sowie der gelbliche bis schwach rötlich gefärbte Darm machen sie bemerkbar. — Pflanzen- und tierreiche Gewässer.

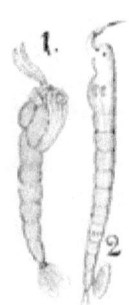

Figur 191.
1 Puppe, 2 Larve von Corethra ²/₃ vergrößert.

d. **Mochlonyx culiciformis** L.
   Steht zwischen der Büschelmückenlarve und der der gemeinen Stechmücke. Sie ist nicht ganz so durchsichtig wie die erstere. Nicht selten.

e. **Zuckermücke** (Chironomus plumosus L.)
   Die Larven sind wurmartig, rot, besitzen zwei Punktaugen und zwei falsche Beinpaare je am Vorderbrustring und am Körperende. Atemöffnungen fehlen, die Atmung findet durch die Haut statt. Die Larven leben am Grunde von Gewässern und bauen sich mit Hilfe einer Schleimmasse aus Sand ꝛc. Röhren zum Schutz und zur Wohnung. — Nicht selten.

f. **Phalacrocera replicata** L.
   Der Kopf ist klein und kann völlig eingezogen werden. Das Hinterende des Körpers trägt zwei große gekrümmte Haken. Die Rückseite des Körpers mit starkem geteilten Tracheen-Kiemen. — Tümpel mit reichlichen Wassermoosen.

g. **Waffenfliege** (Stationys chamaeleon L.)
   Die Gliederung ist deutlich, das Kopfteil ist einziehbar. Das Ende des Körpers trägt einen reizend geordneten Kranz von Haaren, der ausgebreitet und zusammengelegt werden kann. Die Puppe liegt in der Larvenhaut, diese wird also bei der Verpuppung nicht abgestreift, sondern das Tier bildet sich innerhalb dieser zur Puppe um und schwimmt dann mit ausgebreitetem Haarkranze an der Wasseroberfläche hängend.

h. **Schlammfliege** (Eristalis tenax L.). Die Larve wird als Rattenschwanzmade und als Mäuschen bezeichnet.

> Das Vorderende der Larve stülpt sich etwas faltig ein, und besitzt gewöhnlich zwei Hornhaken. Der Bauch trägt Borstenreihen, welche zur Fortbewegung dienen, besonders auch beim Kriechen nach trockenen Stellen, wenn die Verpuppung bevorsteht. Der Schwanz endigt in eine dünne, aus- und einziehbare rötliche Spitze. Durch ihn atmet die Larve. Die Larve verpuppt sich in der letzten Larvenhaut auf dem Lande.

Hiermit schließe ich die Zweiflügler. Obgleich die Zahl der Tiere, welche ihren Larvenzustand im Wasser verbringen, hiermit noch lange nicht erschöpft ist, habe ich doch geglaubt, mich auf diese beschränken zu sollen.

Netzflügler (Neuroptera).

Die Netzflügler sind Insekten mit meist 4 gleichartigen, häutigen, netz- oder gitterförmigen Flügeln und beißenden Mundteilen. Die Verwandlung dieser Tiere ist unvollkommen. Die vollständig entwickelten Tiere leben nur in der Luft.

Die Netzflügler meiden als entwickelte Tiere das Wasser. Nicht, daß sie sich zu dieser Zeit ihres Lebens ganz vom Wasser fern halten, suchen sie dasselbe doch nur auf, um für ihre Nachkommenschaft zu sorgen. Daher findet man auch in jedem Gewässer, ob stehend oder fließend, ob pflanzenreich oder -arm, ob mit Sand oder Schlamm der Boden bedeckt ist, stets einige Vertreter der Netzflügler, oft sogar in auffälliger Anzahl.

Für das Aquarium am interessantesten sind die Wassermotten (Phryganidae). Die Tiere besitzen im entwickelten Zustande Ähnlichkeit mit den Schmetterlingen, weil ihre schwachen pergamentartigen Vorderflügel bunt gefärbt sind.

Das Weibchen legt seine Eier meist an untergetauchten Wasserpflanzen in Gallerthaufen ab. Die ausschlüpfenden Larven bauen sich Gehäuse aus verschiedenen Stoffen, die unten am Boden des Gewässers liegen. „Bringt man sie — die Larve —, nackt in ein Glas mit Wasser, auf welchem allerlei leichte Körper, welche sie zum Bauen eines Häuschens verwenden könnte, umherschwimmen, so bewegt sie sich stundenlang unter denselben umher, ohne sie zu verwenden; wählt man aber Stückchen alter Gehäuse, Splitter und Pflanzenteile, welche, vom Wasser durchdrungen, zu Boden sinken, so macht sie sich sogleich daran, setzt sich auf eines der längsten Stückchen, schneidet von den Spänen oder Blättern Teilchen ab, heftet sie hinten an die Seiten des Grundstückes fast senkrecht, läßt andere nachfolgen, bis ein Kreis und mit ihm der Anfang des Futterals fertig ist, welches nach und nach wächst und die Länge der Larve bekommt. Anfangs finden sich noch Lücken, welche allmählich ausgefüllt werden und verschwinden. Erst dann, wenn alles außen nach Wunsch geschlossen erscheint, wird das Innere mit einer zarten Seidenwand austapeziert. Die Seide aber zum Aneinanderheften der äußeren Bekleidung und der inneren Tapete kommt wie bei den Schmetterlingsraupen aus den Spinndrüsen, welche in der Unterlippe zwischen den walzenförmigen Unterkiefern ihren Ausgang finden, und die kräftigen Kinnbacken zerlegen den Baustoff, so oft dieses nötig wird." (Taschenberg.) Haben die Larven Mangel an Baustoff, so begnügen sie sich mit Blättern, die sie übereinander heften, sodaß von diesen ein Rohr entsteht, welches ihnen als Zufluchtsort dient. Vorn und hinten ist die Röhre durch einen Deckel verschlossen.

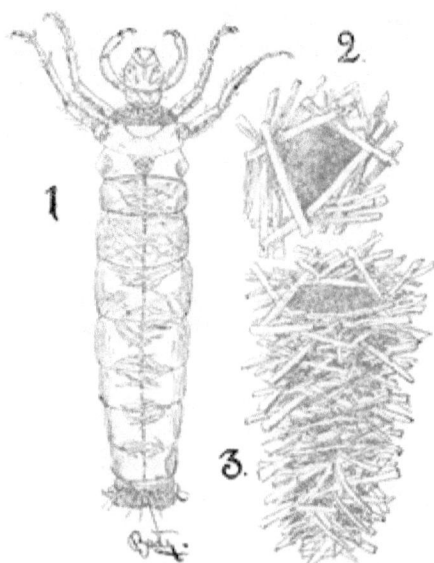

Figur 192. 1. Larve der Köcherfliege (Limnophilus rhombicus). 2. und 3. Gehäuse. 2. von vorne, 3. von oben gesehen. (Nach Zacharias.) Um ½ vergrößert.

Der Kopf und die beiden ersten Brustringe der Larven sind ebenso wie die Beine, deren erstes Paar besonders kräftig ist, widerstandsfähig gebaut. Der dritte Brustring besitzt auf der Oberseite dunkle, mit Haaren besetzte Hornflecke und ebenso ist die Haut oberhalb der Hüften stärker chitinisiert. Die Mundteile sind kräftig. Fühler sind nicht vorhanden, Augen nur als kleine Punkte. Die Atmung erfolgt durch Tracheenkiemen. Zur Ernährung benutzt die Larve Pflanzenstoffe, doch werden auch tote Tiere keineswegs von ihr verschmäht. Viele Larven, im Aquarium untergebracht, können an zarten Wasserpflanzen erheblichen Schaden anrichten.

Sobald die Larve sich verpuppen will, spinnt sie sich mit ihrem Gehäuse an Wasserpflanzen oder Steinen fest, schließt die Öffnung durch ein Gitterwerk von Fäden, dem oft noch Baustoffe aufgeklebt sind und verwandelt sich dann zur Puppe.

Diese besitzt frei abstehende Fühler, Beine und Flügel, auffällig starke Augen und gekreuzte, hakenförmige Oberkiefer. Bevor die Puppe auskriecht, kommt sie eines Tages aus dem Gehäuse, indem sie die Oberkiefer zum Öffnen benutzt, schwimmt mit dem bewimperten zweiten Beinpaar oder kriecht mit Hilfe der beiden vorderen Beinpaare lebhaft umher, bis sie eine geeignete Stelle an der Oberfläche zum Ausschlüpfen gefunden hat.

Auf eine Beschreibung der verschiedenen Phryganiden-Larven brauche ich mich nicht einlassen, die Unterscheidung der verschiedenen Tiere der nicht gerade kleinen Familie ist schwer festzustellen, noch schwieriger die Bestimmung der Art.

Zu einer Unterabteilung der Köcherfliegen gehört eine in den Flachlanden nicht seltene Larve aus der Gattung der Polycentropus. Sie ist fast durchsichtig, etwas grünlich und rötlich gefärbt und besitzt kein Gehäuse, sondern begnügt sich, an Blättern und anderen Gegenständen einen Gang zu befestigen, der ihr als Zufluchtsstätte dient. Nur zur Verpuppung wird von ihr ein festeres Gehäuse hergestellt. Diese Larve besitzt keine Tracheenkiemen, sondern atmet durch die Haut.

Als Zwischenform der beiden Larven wird die der Gattung Hydropsyche betrachtet. Diese Tiere finden sich in stärker fließendem Wasser. Die Kiemen stehen auf der Unterseite der Brust und des Hinterleibes und die Nachschieber sind durch ein starkes Borstenbüschel an der Ansatzstelle der Krallen ausgezeichnet. Auch die hierher gehörenden Tiere fertigen kein Gehäuse an, welches sie mit sich herumtragen, sondern begnügen sich mit der Herstellung von Gängen an Steinen ꝛc. aus Sandkörnchen. Nur zur Verpuppung wird ein Schutzgehäuse hergestellt.

Zu den weiteren Familien der Netzflügler finden sich nur noch wenige Vertreter, deren Larven das Süßwasser bewohnen, sie übergehe ich als unwichtig.

Geradflügler (Orthoptera).

Geradflügler sind Insekten mit beißenden Mundteilen und unvollkommener Verwandlung. Ihre Larven besitzen neben beißenden Mundteilen und drei Paar großer, meist kräftiger Brustbeine an Mittel- und Hinterbrust deutliche Flügelansätze, sobald sie nicht mehr ganz klein sind.

1. Libellen (Libellulina).

Schillerholde werden von einigen Forschern diese Tiere genannt. Auch sie werden im erwachsenen Zustande nie im Wasser, doch meist stets an und über demselben angetroffen. Wegen ihrer zarten Gestalt, ihrer Reinlichkeit und des Glanzes ihrer Farben, hat man die Tiere nicht mit Unrecht „Wasserjungfern" genannt. Dem Äußern nach verdienen sie diesen Namen vollständig, sicher aber hätten sie ihn nicht erhalten, wenn dem Namengeber ihre grausame und mörderische Neigung bekannt gewesen wäre. Denn, weit entfernt sich nur von den Säften der Blumen und Früchte zu nähren, den Faltern gleich in der Luft herum zu gaukeln und der Blüten Honig zu schlürfen, sind sie wilde Kriegerinnen, gleich den Amazonen mythologischen Angedenkens. Beständig schwirren sie in der Luft herum, um andere fliegende Insekten zu erhaschen, zu würgen und mit ihren Zähnen zu zerreißen. Wie Raubvögel stoßen sie auf ihre Beute und zermalmen sie im Fluge. Sind schon die ausgebildeten Tiere so arge Räuber, so stehen ihnen die Larven hierin durchaus nicht nach. Diese leben bei allen Geschlechtern im Wasser und haben sechs Füße. Noch sehr jung werden sie schon zu Puppen, ohne indessen einen Ruhezustand einzugehen. Kopf, Hals und Hinterleib sind stets deutlich geschieden, und letzterer, der wie beim ausgebildeten Tiere zehn Ringe hat, ist hinten mit drei Spitzen versehen. Die Larven schwimmen sehr gut und atmen dabei das Wasser durch das hintere, dreispitzige Ende des Leibes. Die drei Spitzen schließen sich pyramidenförmig an einander und öffnen sich, sobald Wasser zum Atmen eingezogen oder ausgestoßen wird. In der innerhalb dieser Öffnung liegenden Röhre, die sich durch die fünf letzten Bauchringe erstreckt und den Mastdarm bildet, liegen die Kiemen, ein Netz von Luftröhren, welche aus zwei Paar an den Seiten durch den ganzen Leib laufenden Hauptstämmen entspringen;

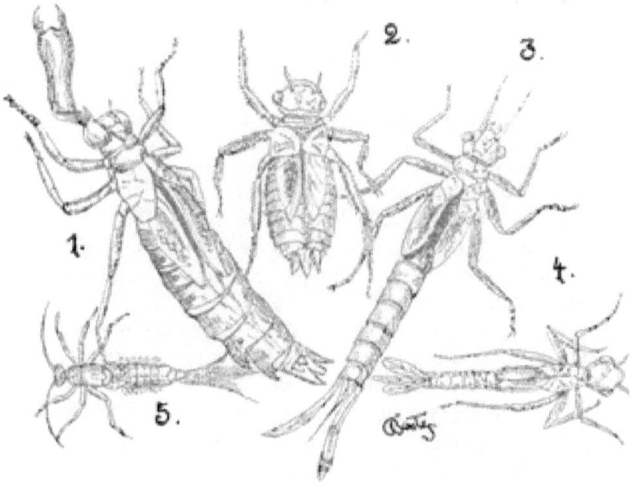

Figur 193. 1. Larve von Aeschna. 2. Larve von Libellula. 3. Larve von Calopteryx. 4. Larve von Agrion. 5. Larve von Cloëon dipterum. Nat. Größe.

außerdem befinden sich am zweiten und dritten Halsringel zwei Paar mit Wimpern versehene Luftlöcher. Die Freßwerkzeuge bilden eine Art Maske unter dem Kopf. Diese ist nichts weiter als eine sehr entwickelte, bewegliche Unterlippe, welche vier oder zwei Paar sehr starke, große und lange Kiefern verdeckt. Fast alle Puppen bleiben 10—11 Monate unter Wasser, ehe sie sich in vollständige Libellen verwandeln. Die Verwandlung wird stets außerhalb des Wassers vollzogen. Sobald die Puppe das Wasser verlassen hat und etwas trocken geworden ist, klettert sie auf eine Pflanze, klammert sich an diese mit dem Kopf nach oben an, wobei zwei starke Klauen an den Füßen sehr deutlich sichtbar sind. Die Haut springt dann am Halse bis vorn auf den Kopf auf, woraus sich Hals und Kopf aufbläht und herausgezogen wird. Jetzt folgen die Füße, die Libelle biegt sich zurück, daß der Kopf ganz nach unten hängt, schlägt in der Luft hin und her, und hängt dann längere

Zeit ganz unbeweglich, biegt sich plötzlich aufwärts mit dem Kopf auf den Kopf der Puppenhülse, hängt sich mit den Füßen an deren Hals und zieht nun den Hinterleib vollends heraus.

Die Larven oder Puppen, wie man will, sind jungen Fischen und auch dem Fischlaiche sehr gefährlich. Anstatt jedoch wie andere Kerfe ihrer Beute nachzujagen, liegen sie im Schlamme verborgen, so daß nur die Augen aus der Oberfläche herausragen. So oft ein Opfer in ihre Nähe kommt, strecken sie ihre verborgenen Zangen schnell hervor und ergreifen es.

Die Larven der einzelnen Gruppen lassen sich schwer unterscheiden. Ich bringe die hauptsächlichsten im Bilde und sehe dafür von der Beschreibung ab. In welcher Weise die Libellenlarven für das Aquarium von Bedeutung sind, ergiebt sich aus dem Lebensbild der Tiere von selbst. Auch an größere Fische wagen sich die kräftigen Tiere und sind daher im Becken nur mit wertlosen Fischen 2c. zu vereinigen.

2. Eintagsfliegen (Ephemeridae).

Die Eintagsfliegen sind schlanke, weichhäutige Tiere mit sehr großen Augen, großen Nebenaugen, kurzen, borstenförmigen Fühlern, rudimentären Mundteilen, großen, dreieckigen Vorderflügeln, kleinen gerundeten, bisweilen fehlenden, auch mit den Vorderflügeln verwachsenen Hinterflügeln, zarten Beinen und drei langen, borstenförmigen Afterfäden am Hinterleib. Das Männchen besitzt zwei Geschlechtszangen am vorletzten Körpersegment. Die Weibchen finden sich nur sehr selten, unter Tausenden von Männchen sind nur einige der ersteren. An warmen Sommerabenden vollführen die entwickelten Tiere, bestrahlt vom Glanze der sich neigenden Sonne, sich mit ihren glitzernden Flügeln in den lauen Lüften wiegend, Lust und Wonne trinkend, ihren Hochzeitsreigen. In ihrem Dasein von nur wenigen Stunden nehmen sie keine Nahrung zu sich, sie leben nur der Liebe und sterben dann. Ihre toten Körper bedecken dann weithin die Ufer der Gewässer, wo sie geboren wurden, wo sie lebten, sich entwickelten, liebten und starben, und der prosaische Mensch bezeichnet die toten Geschöpfe schlechthin als Uferaas. Oft auch, z. B. an der Elbe und Donau, werden sie durch Fackeln angelockt und die getöteten, der Flügel beraubten Tiere als „Weißwurm" in den Handel gebracht, ohne daß diese Fliegen für ihr Vermehrung sorgen konnten.

Das Weibchen läßt alle seine Eier auf einmal in das Wasser gleiten, aus denen sich die langen, flach gedrückten, mit langen Fühlern versehenen Larven bilden. Sie besitzen blatt- oder büschelartige Kiemen an den Seiten der Hinterleibssegmente und lang gefiederte Schwanzborsten.

Diese Larven sind eine häufige Erscheinung im Süßwasser. Die Tiere bauen sich an den Uferwänden Röhren, meist deren zwei nebeneinander mit hinten durchbrochener Scheidewand, andere wieder drücken sich bei eigenartig platter Körperform dicht an im Strome versenkte Gegenstände an und können sich so im fließenden Wasser halten, noch andere kriechen an ruhigen Stromstellen in dem Schlamm. Je nach der Lebensweise ändert sich dabei auch bei den verschiedenen Arten die Form der Tracheenkiemen. Von Körperfarbe sind die Larven weißlichgelb; Oberkiefer, Augen und Kiemen sind braun. Als Nahrung nehmen die Larven organische Reste auf und gebrauchen 2—3 Jahre zu ihrer Verwandlung.

Sobald nach mehrfachen Häutungen auf dem Rücken kleine Flügelstummel erscheinen, treten die Larven in den Puppenzustand ein, der sich jedoch in der Lebensweise nicht von dem Larvenzustand unterscheidet. Ist die Zeit zur vollständigen Verwandlung gekommen, so verläßt die Puppe die Tiefe des Wassers, erreicht schwimmend die Oberfläche und streift dann die Puppenhaut ab. „Die Schmetterlinge gebrauchen eine ziemliche Zeit," sagt Oken sehr treffend, „um aus der Puppe zu schlüpfen und davonfliegen zu können: wir ziehen aber unseren Arm nicht so schnell aus dem Ärmel, als das Haft seinen Leib, Flügel, Füße und Schwanzfäden aus ihren Futteralen." Das Insekt, welches die Puppenhülle verläßt, ist vollkommen, doch verglichen mit dem, welches Eier legt, ist es in der Färbung matter und unreiner, nicht so glänzend und frisch, die Glieder kürzer und plumper. So wird das Tier als Subimago bezeichnet. Ausruhend an dem Stengel einer Sumpfpflanze zerreißt nach nicht langer Zeit die Haut im Rücken und das vollkommene Insekt, jetzt Imago genannt, kriecht daraus hervor. In der ganzen Insektenwelt ist dieses das einzige Beispiel, daß ein Tier, nach Verlassen der Puppenhülle, sich noch einmal häutet.

Nur wenige Arten leben im stehenden Wasser, die Mehrzahl von ihnen findet sich im fließenden; reicher und mannigfaltiger gestalten sich auch in letzterem die Lebensbedingungen der Tiere.

Von den am häufigsten vorkommenden Larven bringe ich nachstehende Beschreibung.

a. **Cloëon dipterum Leadr.**
Die drei letzten Hinterleibsringe tragen keine Kiemenblättchen, das viertletzte besitzt ein einfaches rundliches Blättchen; die 6 vorhergehenden Ringe tragen je zwei solcher Blättchen. 3 lange befiederte Schwanzanhänge. — Sehr gemein in stehenden Gewässern.

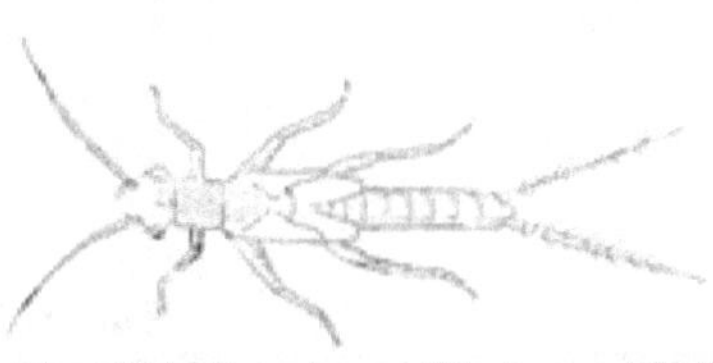

Figur 194. Larve der zweischwänzigen Uferfliege. (Nemura variegata). $^1/_4$ vergrößert.

b. **Caenis luctuosa L.**
Das erste Paar der Kiemendecken ist zu Schutzdecken für die folgenden umgewandelt und die letzteren sind blattartig, am Rande mit zarten Fortsätzen versehen. Die vier letzten Hinterleibsringe tragen keine Schutzplatten. — Stehende Gewässer.

Im fließenden Wasser finden sich weitere Arten. Sie graben sich mit den kräftigen Vorderbeinen Gänge in das Ufer (Ephemera und Palingenia), noch andere von plattem Körper drücken sich an im Strombette liegende Gegenstände (Baëtis). Auf alle diese näher einzugehen, fehlt es mir an Raum.

c. **Nemura variegata** Latr.
>Tracheenkiemen fehlen. Schwanzborsten sind nur 2 vorhanden. Die Lebensweise ist räuberisch. — In schwach fließenden Gewässern.

d. **Ephemera vulgata** L.
>Die Tracheenkiemen befinden sich an der Unterseite der Brust. Die Larve lebt von Pflanzenteilen. — Nirgends selten.

Schnabelkerfe (Hemiptera).

Die Mundteile sind saugend, sie bilden einen Rüssel oder Schnabel. Die Verwandlung ist unvollkommen. Die Vorderflügel sind bei einigen bis zur Mitte oder noch darüber hinaus hornig oder lederartig und schützen dann die häutigen Hinterflügel. Die Schnabelkerfe leben teilweise nur im Jugendstadium im Wasser, teilweise ständig.

In ihrem Verhalten zum Wasser lassen sich die Schnabelkerfe sehr gut mit den Wasserkäfern vergleichen. Wie bei den letzteren leben ihre Larven ausschließlich im Wasser, die entwickelten Tiere sind indessen durchaus nicht an dieses gebunden. Vertreter der Schnabelkerfe leben im Wasser, andere auf der Wasserfläche, wie wir es bei den Wasserkäfern gefunden haben.

Am bekanntesten aus dieser Familie sind die Wasserläufer (Hydrometra). Durch ihre munteren Spiele auf der Wasseroberfläche fallen sie ebenso sehr dem Spaziergänger auf wie die Taumelkäfer. Wie diese vereinigen sie sich bald an einem Punkte, eilen dann stoßweise nach verschiedenen Richtungen hin auseinander und bleiben dann wieder unbeweglich auf der Oberfläche stehen, um kurz darauf mit einer großen Gewandtheit hintereinander im neckischen Spiele sich zu verfolgen. Bei ihrem Wasserlaufen halten die Tiere die Fußglieder der Mittelbeine wagerecht ausgestreckt und zeitweise ruhen die Vorderbeine, sowie die Schienen und Fußglieder der Hinterbeine auf der Wasseroberfläche, die an den betreffenden Stellen eingedrückt erscheint. Das Verweilen auf der Oberfläche ist den Tieren dadurch möglich, daß ihre Beine ein feines, lufthaltiges Haarkleid tragen, wodurch die Gefahr des Einsinkens in das flüssige Elemente gemindert wird. Hauptsächlich werden zur Bewegung die Mittelbeine benutzt, nur die Gattung Velia, welche schattige, fließende Gewässer liebt, läuft richtig auf der Wasserfläche.

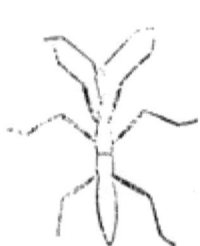

Figur 195. Wasserläufer Umriß (Hydrometra).

Der Kopf der Wasserläufer ist klein und trägt lange, fadenförmige Fühler, die aus vier Gliedern bestehen, von denen das zweite und dritte durch ein kleines Gelenkglied verbunden ist. Zwei große Netzaugen und zwei kleine Punktaugen, die auf dem Scheitel liegen, vermitteln den Verkehr mit der

Außenwelt. Das frei abstehende Kopfschild legt sich über den Umfang des Schnabels und scheint dadurch das erste Glied desselben zu bilden. Eine Rinne in der Brust zum Einschlagen des Schnabels ist nicht vorhanden. Der vordere Teil des Rückens ist schmal, aber ungemein lang und bedeckt den mittleren auf der Oberseite sehr weit nach hinten. Vier Flügel trägt der Rücken. Die Oberflügel sind nur schmal, hornartig, mit drei, in der Mitte zwei Gabeln bildende Längsadern, während dagegen die viel breiteren Hinterflügel dünnhäutig und milchweißlich von Farbe sind und vier Längsadern zeigen.

Die Larven unterscheiden sich von den entwickelten Tieren nur durch die außerordentliche Verkürzung des Hinterleibes und die fehlenden Flügel. Wie die ausgebildeten Tiere üben auch sie Strandrecht und nähren sich von Insekten, die ein Windstoß oder sonstiger Unfall auf das Wasser geworfen hat. Hierbei werden die Vorderbeine um das Opfer geschlagen, der Saugrüssel in den Leib eingebohrt und das Tier ausgesogen. Auch dicht über dem Wasserspiegel tanzende Mücken ꝛc., sowie im Wasser lebende Larven und Puppen werden ergriffen und verzehrt.

Mit Eintritt der rauhen Herbsttage verkriechen sich die Wasserläufer unter Steinen, Moos ꝛc. an geschützten Orten, aus denen sie erst durch die warmen Strahlen der Frühlingssonne hervorgelockt werden. Zu dieser Zeit werden auch vom Weibchen die Eier abgelegt. In ihrer Form sind letztere länglich und werden an Wasserpflanzen in einem feinen Gespinste befestigt. Die Öffnung der Eier geschieht durch eine Längsteilung.

Für kleinere Aquarien sind Wasserläufer nicht zu empfehlen, sie fühlen sich nur auf einer größeren Wasserfläche heimisch. Sollen sie längere Zeit leben, so ist ihnen viel Nahrung zu reichen z. B. sind Stubenfliegen auf die Wasserfläche zu werfen, die von ihnen sogleich angenommen werden. Wie bei allen Insekten, sind zu ihrer Haltung überdachte Aquarien zu verwenden.

Zu den Wasserläufern gehören von den vielen Arten nachstehende:

a. **Sumpfwasserläufer (Hydrometra lacustris L.).**
   Die Färbung ist schwarzbraun; Vorderrücken hinten gelicht. Die Körperform ist ungemein langgestreckt. Die Oberflügel sind schmal, hornartig und düster gefärbt, während die breiteren Hinterflügel dünnhäutig und milchweißlich von Farbe sind. ♀ am Bauche rot mit drei schwarzen Längsstreifen.

b. **Teichläufer (Limnobates stagnorum L.).**
   Der Körper sehr schlank, fadenartig. Der Kopf etwas breit gedrückt und nur mit 2 kleinen Augen versehen. Hinterflügel sind nicht vorhanden. Die Färbung ist rotgelb, an den Beinen gelblich braun.

c **Bachläufer (Velia currens Fabr.)**
   Der Kopf ist klein, dreieckig und trägt keine Nebenaugen. Am Vorderrande des Halsschildes finden sich zwei silberhaarige Seitengrübchen, die das Halsschild, den Kopf bis zu den Augen bedecken. Die 4 Beine sind fast gleich lang und besitzen verdickte Unterschenkel, die beim ♂ mit 2 starken Dornen und zahlreichen kleinen Zähnchen versehen, beim ♀ wehrlos sind. Oberseite in der Farbe schwarz, die Seiten der Brust und des Hinterleibes orangegelb. Die Oberseite trägt sechs weiße Flecke.

Ebenfalls zählt zu der Familie der Schnabelkerfe die Gattung Rückenschwimmer (Notonecta). Der Körper der hierher gehörenden Tiere zeigt einen gewölbten Rücken und einen flachen Bauch. Der Kopf ist groß, die Fühler kurz, unter dem Kopfe verborgen; die Hinterbeine sind lang, stark behaart und zu Ruderbeinen umgestaltet, die in der Ruhe horizontal und rechtwinklig zum Körper gestellt beim Schwimmen rasch bewegt werden, wobei das Tier auf dem Rücken liegt. Diese Schwimmart kommt jedoch nicht bei allen Rückenschwimmern vor, nur Plea minutissima und Notonecta glauca besitzen diese eigenartige Angewohnheit, die durch ihren Körperbau bedingt ist. Von ersterer will ich nur erwähnen, daß sie nicht größer als etwa 2 mm ist. Mehr Interesse beansprucht dagegen die letztere Art, deren Beschreibung ich nachstehend gebe.

Als Ruderorgane dienen allen Rückenschwimmern nur die kräftigen Hinterbeine, die den Körper schnell und ruckweise bewegen. Zur Atmung wird das Hinterleibsende aus dem Wasser gestreckt. Die sich hier befindenden Luftlöcher sind auffallend klein; „große mit zarten Schutzhaaren versehene Luftlöcher", sagt Schmidt-Schwedt im Zacharias, „welche fraglos

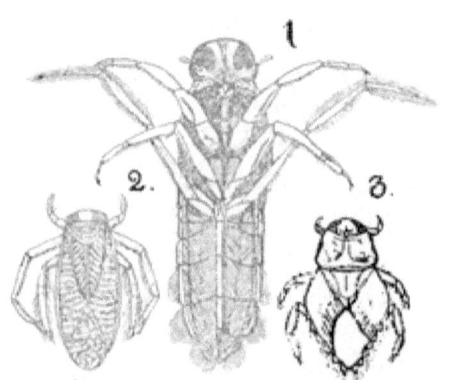

Figur 196. 1 Rückenschwimmer (Notonecta glauca) von der Bauchseite. 2. Corixa striata. 3. Naucoris cimicoides. Nach Zacharias. Um ½ vergrößert.

für die Atmung in erster Linie in Betracht kommen, liegen dagegen ziemlich verborgen seitlich an der Brust, etwas nach hinten und bauchwärts von der Ansatzstelle der Hinterflügel, ferner in der Verbindungshaut der Vorder- und Mittelbrust, sowie zwischen Mittel- und Hinterbrust und zwar am Rande der Unterseite. Die Luft aber wird von dem Hinterleibsende nach diesen Stigmen in eigentümlicher Weise geleitet. Es ist nämlich der Bauch in der Mitte gekielt und wiederum an den Rändern erhaben, sodaß zwei seitliche, freilich flache Rinnen entstehen. Über diese Rinnen stehen je zwei Haarreihen, eine vom Außenrande und eine von der Mitte her und unter solchem Haardach wird die Luft in den beiden Rinnen von hinten her zur Brust und zwischen Haaren derselben weiter zu den Stigmen fortgeleitet."

Die Lebensweise der Rückenschwimmer ist durchaus eine räuberische. Sobald ein Rückenschwimmer auf der Oberfläche des Wassers eine Beute erspäht, schießt er jählings darauf zu und packt sie mit seinen armartig gekrümmten Vorder- und Mittelbeinen, um sie im Wasser rudernd zu verzehren. Solange der scharfe Stachel das Tier noch nicht durchbohrt hat, bewegt sich das Opfer und sucht sich aus der Umarmung zu befreien, kaum jedoch senkt sich jener in die Beute, so wird diese getötet.

Sind die Rückenschwimmer im Wasser sehr geschickt, so zeigen sie sich auf dem Lande geradezu tölpelhaft und suchen durch zahlreiche Kreuz- und Quersprünge ersteres zu erreichen oder versuchen in der Hast die Flügel auszubreiten, um im raschen Fluge davon zu schwirren.

Zeitig im Frühjahr, Ende April oder Anfang Mai schreiten die Rückenschwimmer zur Fortpflanzung. Das Weibchen legt die kleinen, hellgelben, ovalen Eier an lebende grüne Blätter ab, aus denen nach 14 Tagen die Jungen ausschlüpfen, die dieselbe Lebensweise führen wie die Alten. Ende Juni vollziehen die Jungen die letzte Häutung und sind dann vollständig entwickelt.

Gemeiner Rückenschwimmer (Notonecta glauca L.). **Wasserbiene.***)
Der Kopf ist dick und graugrün und trägt zwei große glänzende Augen. Der kräftige Schnabel, welcher aus einer festen, hornigen und viergliedrigen Scheide besteht, in der sich feine, stechende Borsten auf und abschieben, sieht vorn am Kopfe. Das Rückenschild ist viereckig, groß und gewölbt. Zwischen den Flügeldecken steht ein nicht gerade kleines, dreieckiges, schwarzes Schildchen. Die Flügeldecken sind graugrünlich gefärbt. — Stehende Gewässer.

Streng genommen dürfen die Arten der Gattung Corixa nicht mit Notonecta vereinigt werden. Haben die Tiere auch äußerlich eine große Ähnlichkeit mit einander, so sind doch verschiedene Umstände zu beachten, die eine derartige Vereinigung recht gewaltsam erscheinen lassen. Die hierher gehörenden Tiere schwimmen nicht mit dem Bauche nach oben wie die Rückenschwimmer, sondern mit dem Rücken, sie liegen also auf dem Bauche im Wasser. Auch benutzen die Arten der Gattung Corixa zur Atmung nicht den Hinterleib, sondern ziehen die Luft zwischen Kopf und Vorderbrust oder Vorder- und Mittelbrust ein. In der Lebensweise ähneln sie dem Rückenschwimmer sehr.

Die letzten Beine sind Schwimmbeine. Die vorderen zeigen eine eigenartige schaufelförmige Ausbildung, welche mit dem Schnabel bei den meisten Arten zur Hervorbringung von Tönen benutzt wird. Diese Töne werden von den Tieren besonders des Abends hervorgebracht.

Die Larven von Corixa atmen im Wasser, man kann oft beobachten, daß sich die Tiere mit den Hinterbeinen frisches Wasser zufächeln. Weiter entwickelte Larven mit Flügelansätzen zeigen schon die Atmung der entwickelten Tiere.

Hierzu gehört

Corixa striata L.
Die Körperform veranschaulicht die Abbildung. Die Färbung ist auf der Rückenseite schwarz mit blaßgelben, wellenförmigen Querbinden, auf der Unterseite gelb und an den Füßen hellbraun. Letztere sind stark gewimpert. — Stehende Gewässer.

Den Schluß der Schnabelkerfe machen die Wasserskorpione (Nepidae) mit den beiden, je eine Art umfassenden Gattungen, Nepa und Ranatra.

---
*) Des schmerzhaften Stiches wegen, den das Tier seinem Feinde, der es angreift, zufügt.

Von der Gattung Corixa bildet die in Figur 195 abgebildete Art Naucoriscrimicoides hinsichtlich der Beinbildung den Übergang zu Nepa.

Den Namen Wasserskorpion führt die Gattung Nepa daher, daß ihre Vorderfüße zu Raubfüßen umgewandelt sind, indem Schienen und Tarsen wie eine Messerklinge gegen den verdeckten, mit einer Rinne versehenen Schenkel eingeschlagen werden können.

Überaus träge und langsam kriechen die Wasserskorpione auf dem Grunde des Gewässers umher. Mit ihrem Schwimmvermögen ist es sehr schwach bestellt. Die Mittel- und Hinterbeine, welche dazu verwendet werden, sind nur wenig behaart, doch ist es den Tieren auch nicht darum zu thun, ihren Raub zu erjagen. Sie hängen sich am liebsten an Wasserpflanzen an, sodaß nur ihre langen Atemröhren zur Oberfläche reichen und erwarten so ihre Beute. Schwimmen Beutetiere vorbei, so erfassen sie dieselben blitzschnell mit ihren Vorderfüßen und sei das Opfer auch noch so klein, der spitze Stachel wird in den Leib gebohrt und es so ausgesaugt. An der später zu schildernden roten Wassermilbe hat der Wasserskorpion eine gefährliche Feindin, welche ihre gestielten Eier an ihm absetzt. Die ausgeschlüpften Jungen halten sich längere Zeit saugend an ihrem Wirt fest.

Die Eierablage geschieht im Frühling. Das eigentliche Ei wird in eine Wasserpflanze eingesenkt, sodaß nur fadenartige Anhängsel hervorragen, und zwar bei Nepa sieben, bei Ranatra deren zwei. Die ausgeschlüpften jungen Tiere sind sogleich als zur Gattung zugehörig zu erkennen, ihnen fehlen nur die Flügel, die das entwickelte Insekt besitzt und ist die Atmung etwas anders als bei diesem. Die Luft wird an der Bauchseite in zwei Haarrinnen bis zum Ende des Hinterleibes fortgeleitet. Hierher gehört der

Wasserskorpion (Nepa cinerea L.).

Der Körper ist glatt und breit; das Schildchen groß; der Kopf eingesenkt mit 2 großen Augen. Die Fühler sind 3 gliederig, in einer Grube unter den Augen verborgen. Die Vorderbeine sind zu Raubbeinen umgebildet, die 4 anderen werden zum Gehen und Schwimmen benutzt. Am Unterleibe befinden sich 2 lange Röhren, die zum Atemholen benutzt werden. Die Färbung ist von schwarzbrauner Grundfarbe, die jedoch meist durch anhaftenden Schmutz verdeckt wird. Der Hinterleibsrücken ist rot, mit einer Reihe schwarzer Flecke in der Mittellinie. Kopf und Hals sind aschgrau. Stehende Gewässer.

Im Anschluß an den Wasserskorpion bringe ich die

Nadelskorpionswanze (Ranatra linearis L.).

Der Körper ist drehrund, schmal und lang, das Schildchen kurz. Die Füße tragen kurze Krallen. Die Färbung ist schmutzig gelb, der Hinterleibsrücken rot, gelb gesäumt, die Flügel milchweiß mit gelben Adern. Die Atemröhren fast so lang als der Körper. Stehende Gewässer.

Spinnen (Arachnoidea).

Spinnen sind weißblütige, flügellose Gliedertiere mit einem Kopfbruststücke, d. h. mit verschmolzenem Kopf- und Bruststücke, mit häutiger oder pergamentartiger Körperbedeckung, mit acht

Beinen und zwei bis zwölf, stets einfachen Augen, keinen Fühlern und keiner Verwandlung, aber mit mehrmaliger Häutung.

Die Spinnen bilden den Übergang von den Insekten zu den Krebsen. Von ersteren unterscheiden sie sich scharf durch die Gliederung ihres Körpers: denn statt wie bei diesen aus drei, ist der Leib der Spinnen nur aus zwei Teilen zusammengesetzt. Ein abgegrenzter Kopf ist nicht vorhanden, Bruststück und Kopf sind vielmehr vollständig ineinander verschmolzen, sodaß man dieser Abteilung des Körpers den Namen Kopfbrustteil gegeben hat. Die sonst dem Kopfe eigentümlichen Organe verteilen sich auch über das ganze Kopfbruststück, so die Augen, welche, in der Anzahl von zwei bis zwölf bei den verschiedenen Arten schwankend, ganz unregelmäßig über diesen Körperteil zerstreut sind. Dieselben sind nicht zusammengesetzt, sondern einfach, können auch einigen Arten vollständig fehlen. Da die Tiere eigentliche Fühler nicht besitzen, hat man ein Paar Gliedmaßen, welche gleichzeitig als Oberkiefer dienen, auch die Fühlerfunktionen mit übernehmen, als Kieferfühler bezeichnet. Die zu fünf Paaren vorhandenen Gliedmaßen sind gleichfalls am Kopfe befestigt, von diesen dienen die vier letzten Paare als Beine, während das vordere Paar die Stelle des Unterkiefers vertritt. Der in der Regel ungegliederte Hinterleib ist nie mit Beinen versehen, in ihm befindet sich auch bei den echten Spinnen, von denen uns nur einige beschäftigen, der merkwürdige Spinnapparat, in welchem sich eine zähe Flüssigkeit bildet, die, durch zahlreiche Spinnwarzen hindurchgepreßt, an der Luft zu einem klebrigen Faden erhärtet. Die Atmung wird durch faltenförmige Lungen besorgt, obgleich auch Tracheenatmung bei einigen vorkommt; bei den am niedrigsten stehenden Arten findet sogar die Atmung durch die Haut statt.

Die Fortpflanzung aller Spinnen geschieht durch Eier. Eine Verwandlung findet nicht statt, nur die auch zu den Spinnen gerechneten Milben haben eine unvollkommene Verwandlung durchzumachen.

Die Nahrung der höheren Spinnen besteht aus tierischen Stoffen, die Milben schmarotzen auf Pflanzen und Tieren.

Verbreitet sind die Spinnenarten über die ganze Erde.

Für unsere Zwecke kommen aus dieser Tierklasse die Familie der Sackspinnen (Tubitelariae) mit zwei Arten in Betracht und aus der Ordnung der Milben die Wassermilben (Hydrachninae).

Sackspinnen (Tubitelariae).

Der Vorder- und Hinterleib ist walzig oder auch länglich eiförmig. Die Füße sind bald lang und die Afterklauen mit 5 bis 8 Zähnen bewehrt (Trichterspinnen), bald kürzer und ohne Afterklauen. Augen sind 8 vorhanden, sie verteilen sich in verschiedener Weise oben auf dem Brustftück. Die walzigen Spinnwarzen sind entweder gleich groß, oder die unteren treten weiter hervor.

Gemeine Wasserspinne (Argyroneta aquatica L.).

Außerhalb des Wassers ist die Färbung einfach graubraun. Augen sind 8 vorhanden und stehen in der Form ⦙⦙⦙ auf dem Kopfbruststück. Die Atmung erfolgt durch Lungen und Luftröhren. — Sumpf-, fließende und stehende Gewässer.

Argyroneta, die Silberumflossene, nannte die Wissenschaft diese in ihren Lebensverhältnissen so interessante Spinne. Sie treibt in Gräben und Sümpfen ihr verborgenes Räuberwesen und legt auch hier ihren lustigen Bau an. Will sie sich ansiedeln und ein neues Heim begründen, so schwimmt sie an die Oberfläche ihres Wohngewässers, streckt die Spitze ihres Hinterleibes empor, läßt den Spinnstoff aus den Warzen treten, kreuzt die Hinterbeine und taucht rasch unter, dabei eine Luftblase mit sich nehmend. Diese wird mit Hilfe des Spinnstoffes an einen passend scheinenden Gegenstand gewöhnlich z. B. an einem Pflanzenstengel befestigt, und das Verfahren so häufig wiederholt, bis ihr glockenförmiger luftiger Bau etwa die Ausdehnung eines Taubeneies erreicht hat. Verschiedene Fäden dienen gewissermaßen als Ankertaue, andere als Fallstricke für die Beute. Je nach der Beschaffenheit des Ortes wird das Netz angelegt, und läßt dieses auf eine hoch entwickelte Denk- und Überlegungskraft schließen. Stets dort, wo das Wasser reich an Milben und kleinen Insekten ist, wo Wasserlinsen und andere Wassergewächse vorkommen, wird diese Spinne nicht vergeblich gesucht. Obgleich sie nicht ausschließlich an das Wasser gebunden ist, kann sie doch nicht lange ohne dasselbe sein. Geoffroy beobachtete, wie eine und die andere bei Verfolgung ihres Raubes das Wasser verließen, die Beute jedoch stets unter Wasser mitnahmen und hier in ihrer Behausung verzehrten.

Im Wasser bietet die Spinne einen reizenden Anblick. Eine dünne Luftschicht umgiebt ihren Hinterleib, welcher wie eine Quecksilberblase erglänzt. Diese Luftschicht wird nicht nur von dem sammetartigen Überzuge, welcher das Naßwerden der Haut verhindert, fest gehalten, sondern überdies noch durch eine fettige Substanz vom Wasser getrennt.

Zur Beute fallen den Wasserspinnen meist Insekten, die der Wind auf die Oberfläche des Wassers geworfen hat, doch wird auch von ihnen nicht minder erfolgreich die Jagd im Wasser betrieben. Haben sie Beute gemacht, so kriechen sie mit derselben an dem ersten besten Stengel in die Höhe und verzehren sie in der Luft, oder ist ihre mit Luft gefüllte Wohnung nicht weit, so wird hier die Mahlzeit gehalten. Ist kein Hunger vorhanden, so wird das Beutestück an einem Faden in der Behausung aufgehangen.

Zur Zeit der Paarung, die im Frühling und im Herbst erfolgt, baut auch das größere Männchen in der Nähe der Behausung des Weibchens ebenfalls eine Glocke, aber von geringerer Größe und verbindet dieselbe durch einen verdeckten Gang mit derjenigen des Weibchen. Um diese Zeit sind die Tiere sehr erregt, geraten nicht selten in Streit, und es entwickeln sich Kämpfe wegen des Eindringens in das eine oder andere Nest. Die vereinigten Pärchen dagegen leben in Frieden beisammen. Die Eier werden vom Weibchen in eine umsponnene Luftblase gelegt und dieses abgeplattete, kugelige Nestchen wird an einer Wasserpflanze befestigt und sorgsam bewacht. Nach Verlauf von etwa 3 Wochen schlüpfen die jungen Tiere aus.

Auch zum Winteraufenthalt dienen die Glocken, indem sie unten verschlossen werden. Oft kann man auch Wasserspinnen in verschlossenen leeren Schneckenhäusern finden, in denen sie überwintern.

Im Aquarium reicht man der Wasserspinne kleine Fliegen und Mücken, sowie deren Larven. Die Tiere verzehren hier überhaupt alle kleinen Wesen und halten sich lange in Gefangenschaft.

Ich schließe hieran gleich die Beschreibung der andern Spinne, die allerdings weniger Aquarientier ist, wie die Wasserspinne.

Floßspinne (Dolomedes fimbriatus Walck).

Die Färbung ist auf der Oberseite des Körpers olivenbraun. Kopfbruststück und Hinterleib breit weiß gesäumt. Augen sind 8 vorhanden und stehen in folgender Ordnung

Die Mitte des Hinterleibes trägt vier Längsreihen silberweißer Punkte. Die Brust ist gelb, braun gerändert, der Bauch grau und schwarz gestreift. Beim ♂ hellbraun mit schwarzen Punkten und Stachelhaaren, ♀ grünlich. Sumpfigen Boden, auch auf und am Rande vom Wasser.

Betreibt die Wasserspinne ihre Jagd fast ausschließlich unter der Wasseroberfläche, so jagt die Floßspinne auf dem Wasser. Auf sumpfigem Boden vermag das Tier vermöge seiner Schnelligkeit seine Beute leicht zu erlangen, auch ist sie imstande, auf der Wasseroberfläche sich jagend zu bewegen, doch ist es dann nötig, daß sie sich am Ufer ausruht. Da die Spinne nicht vollständig für ein Leben auf der Wasserfläche eingerichtet ist, werden von ihr schwimmende Gegenstände mit einem Spinnfaden verbunden und so zu einem Floß hergerichtet. Auf diesem ruhend läßt sie sich von Wind und Wellen treiben, verläßt diesen sicheren Punkt nur, um Beute zu machen, mit der sie auf das Floß zurückkehrt und sie hier verspeist.

Auch diese Spinne eignet sich für das Aquarium und bedarf derselben Nahrung wie die Wasserspinne. Besonders liebt sie Fliegen, die auf die Oberfläche geworfen sind.

Wassermilben (Hydrachnidae).

Milben im allgemeinen sind Spinnentiere mit beißenden oder saugenden Mundteilen, ungegliedertem Leibe und beinförmigem zweiten Kieferpaar, sie atmen in der Regel durch Lufträhren und kommen durch unvollkommene Verwandlung zur Geschlechtsreife. Die Wassermilben besitzen fünfgliedrige Taster und leben im fließenden und stehenden Wasser. Die Beine sind 7gliedrig und nehmen von vorn nach hinten an Länge zu.

Die Milben sind lange Zeit von den Naturforschern recht stiefmütterlich behandelt worden, trotzdem ihre Lebensgeschichte reich an interessanten Einzelheiten ist. Bei den uns hier nur beschäftigenden Wassermilben treten z. B. mehrere Arten auf, bei denen beide Geschlechter ganz verschiedene Formen besitzen. Im ganzen zeigt der Körper dieser Tiere die Kugelform, die auch von den Weibchen stets beibehalten wird, während die Männchen nicht selten einen schwanzartigen Fortsatz besitzen. Alle aber, Männchen sowohl wie Weibchen, zeigen die oben angegebene Körperform.

Erst im Jahre 1781 veröffentlichte O. Fr. Müller, ein dänischer Naturforscher, die Abbildungen einer großen Zahl der in Dänemark einheimischen Süßwassermilben, die er durch kurze Beschreibungen erläuterte. Dieser Arbeit folgten nach und nach mehr, noch immer ist aber das Material nicht erschöpft und alle Jahre werden noch neue Arten bekannt. Leider gestattet mir der hier zu Gebote stehende Raum nicht, mich nur etwas ausführlich über diese Tiergruppe zu verbreiten, ich muß mich auf ein kurzes allgemeines Lebensbild beschränken, dem ich die hauptsächlichsten Arten in kurzer Beschreibung folgen lasse.

Die Körperform veranschaulicht die beigefügte Abbildung, sodaß ich die Beschreibung derselben übergehen kann. Getrennten Geschlechtes sind alle Wassermilben. Nach einer oft sehr eigenartigen Begattung legt das Weibchen einer Art seine Eier in angebohrte Pflanzenstengel, eine andere Art überzieht die Unterseite von Wasserpflanzenblättern damit, noch eine andere sucht sie an lebende Tiere abzulegen u. s. w. Die ausgeschlüpften Larven besitzen nur drei Beinpaare und durchlaufen eine Verwandlung, die mit verschiedenen Häutungen verbunden ist. Im erwachsenen Zustande führen die in der Jugend schmarotzenden Milben ein freies Leben; die ein freies Leben als Larven führen, schmarotzen gewöhnlich im Alter. Nach Beendigung des Larvenstadiums gehen sie auf den Boden des Gewässers und ruhen hier als Puppe.

Figur 197. Sumpfmilbe. (Limnochares holosericeus). Vergr.

Hierher gehören unter anderen:

a. **Sumpfmilbe (Limnochares holosericeus Latr.)**
Die Taster sind einfach. Die Farbe ist scharlachrot, die Körperform etwas niedergedrückt und runzelig. Augen sind 2 vorhanden, die zwei hinteren Fußpaare haben ihre Stellung fast in der Mitte des Leibes. Schwimmhaare fehlen. Sie leben auf dem Boden und an Wasserpflanzen. — Stehende Gewässer.

b. **Eulais extendens Latr.**
Vier Augen im Quadrat, jedes vordere mit dem hinteren durch eine Längsnaht verbunden; das letzte Fußpaar länger als die übrigen, ohne Schwimmborsten, wird beim Schwimmen nicht gebraucht, sondern unbeweglich nach hinten gestreckt. Färbung rot. — Stehendes und langsam fließendes Wasser.

c. **Hydrophantes cruentus Koch**
Vier Augen, die vorderen den hinteren sehr nahe stehend. Taster und Rüssel kurz. Färbung blutrot. — Stehendes und langsam fließendes Wasser.

d. **Hydrachna geographica** Latr.
>Vier Augen. Am Endgliede der Taster ein beweglicher Anhang. Körper hochgewölbt; Rüssel lang, fast dieselbe Länge erreichend wie die Taster, Körperform rund; Färbung schwarz, mit 4 scharlachroten Punkten und Flecken. — Stehendes und fließendes Wasser.

e. **Atax crassipes** Dugés.
>Zwei Augen. Taster pfriemenförmig, Rüssel sehr kurz, nicht vorstehend. In klarem Wasser.

Krustentiere (Krustacea).

Krustentiere sind weißblütige Gliedertiere, deren Körperbedeckung kalkig, horn- oder lederartig, selten häutig ist. Sie besitzen 2—4 Fühler, einfache oder facettirte, gestielte oder ungestielte Augen, einen Leib mit vielen, meist ungleichen Ringeln und mit 10 oder mehreren sehr verschiedenartig gebildeten, in der Jugend nie fehlenden Beinen, an deren Grunde Kiemenblätter stehen.

Ein allgemeines Lebensbild der Krustentiere oder Krebse zu geben, hält schwer. Diese Klasse bietet so viele Verschiedenheiten im Baue dar, daß es wie bei den Reptilien fast unmöglich ist, alle hierher gehörenden mit allgemeinen Worten zu charakterisieren. Den Namen Kruster, so benannt nach ihrem harten, oft fast ganz aus kohlensaurem Kalk bestehenden Hautpanzer, führen die Tiere, wenigstens die Mehrzahl von ihnen, mit vollem Recht. Sie sind charakterisiert durch die Umhüllung des Körpers mit einer festen Masse, durch die Gliederung des Leibes in Kopf und zahlreiche ihm folgende Ringe, durch den Besitz meist vieler gegliederter Beinpaare, von allen Gliederfüßern aber unterschieden durch die Kiemenatmung und durch das Vorhandensein von zwei Fühlerpaaren. Die Größe der verschiedenen Kruster schwankt von mikroskopischen Dimensionen bis, wie ich nur beiläufig erwähnen will, zur Länge eines Meters. Die an und für sich zarte Haut scheidet nach außen eine Schicht hornartigen Chitins aus; während diese aber bei den kleinen und kleinsten Formen dünn und nachgiebig bleibt, erlangt sie bei den größeren Arten oft eine Dicke von mehreren Millimetern und ist dann sehr hart und widerstandsfähig. Durch diese Schale findet das Wachstum der Tiere nur zu bestimmten Zeiten statt, nämlich nur dann, wenn von den Tieren der Kalkpanzer abgeworfen ist. Er ersetzt sich nachdem durch einen neuen, der vermehrten Körpergröße entsprechend.

Der Körper der Krustentiere ist aus dem Kopfbruststück und dem Hinterleibe zusammengesetzt. Der Kopfbrustteil ist oben mit einem gewölbten Rückenschild bedeckt und trägt an seiner vorderen Spitze die beiden Augen, welche mitunter auf keulenförmigen Stielen angebracht sind. Seitwärts von den Augen zeigen sich die beiden langen äußeren Fühler, die durch kleine innere Fühler unterstützt werden. Die Mundwerkzeuge sind aus sechs Teilen zusammengesetzt, welche teils zum Festhalten, teils zum Zerkleinern der Beute dienen. An der Unterseite des Brustteiles sind meist fünf Paar großer Beine befestigt, von denen wenigstens das erste in Scheeren endigt. Der bei den verschiedenen Arten mehr oder weniger lange, oft einem Schwanze gleichende Hinterleib ist mit fußartigen Anhängen versehen, zwischen welchen die Weibchen ihre Eier zu tragen pflegen.

Die Verdauungswerkzeuge sind größtenteils sehr einfach. Meist wird die Nahrung gekaut, wobei die kräftigen Kiefer- und Kaufüße thätig sind, oder gesogen und gelangt durch eine kurze Speiseröhre in den sog. Kau- oder eigentlichen Magen. Der Darm verläuft geradlinig nach hinten und endet gewöhnlich im letzten Segmente mit dem After. Das Nervensystem besteht aus dem oberhalb des Schlundes gelegenen Gehirn, von dem die Nerven zu den Augen und den vorderen Fühlern abgehen. Zum Hören dienen, wie man annimmt, vielfach eigentümliche Haare, die an allen Teilen des Körpers stehen können und, wie Versuche gezeigt haben, durch Töne in Schwingungen geraten. Die an den vorderen Fühlern stehenden Haare deutet man als Riech- oder Schmeckwerkzeuge, während man wieder andere Haare zum Tasten dienen läßt.

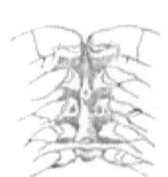

Figur 198. Flußkrebs Astacus fluviatilis. Sternum und Basis der Brustfußpaare.

Während alle anderen Gliedertiere durch eigentümlich gebildete Lungen oder Röhren die Lebensluft einatmen, ziehen die Krebse, die fast ausschließlich Wasserbewohner sind, dieselbe gleich den Fischen durch Kiemen oder durch die äußere Haut ein. Diese Kiemen haben jedoch nicht ihre Stellung am Kopfe, sondern an den Seiten des Körpers, neben den Beinen. Es sind zarthäutige einfache oder verästelte Schläuche, in denen das Blut langsam kreist und auf diese Weise durch die Wandungen hindurch den zu seiner Belebung nötigen Sauerstoff aufnehmen kann. Nur wenige Krebse atmen direkt Luft. Das Herz fehlt nicht selten den niederen Krebstieren, ist es vorhanden, so liegt es stets auf der Rückenseite, erstreckt sich dort durch ein oder mehrere Segmente und treibt das Blut durch Adern oder auch ohne Vermittelung derselben in die Lücken zwischen den Muskeln, Eingeweiden ec.

Mit wenig Ausnahmen sind alle Kruster getrennten Geschlechts (Rankenfüßer ec.) und die Männchen kleiner als die Weibchen. Die Fortpflanzung geschieht durch Eier, aus denen wenige Arten gleich in vollendeter, wenn auch kleiner Körpergestalt hervorgehen; die meisten indessen haben eine Verwandlung durchzumachen und erscheinen zuerst in einer Larvenform, welche mit der des ausgebildeten Krebses wenig Ähnlichkeit hat. Die Eier werden vom Weibchen meist unter dem Bauche an die Schwimmfüße des Hinterleibes angeheftet oder in besondere Bruttaschen abgelegt und bis zum Ausschlüpfen der Jungen umhergetragen, sowie beständig mit frischem Wasser bespült; nur selten werden sie dem Wasser übergeben.

Alle Krebse leben nur von tierischen Stoffen und sind meist Aasfresser. Die höher organisierten Arten gehen frei dem Raube nach und verraten bei der Jagd nach Beute eine nicht geringe Geschicklichkeit und List. Die niederen Ordnungen leben meist schmarotzend auf Fischen und anderen

Wasserbewohnern; bei diesen Familien zeigt sich die Eigentümlichkeit, daß die Tiere im Jugendzustande sich frei und lebhaft umher bewegen, sobald sie sich indessen auf einem Wohntier festgeheftet haben, verlieren sie den Gebrauch ihrer Glieder, ja diese selbst. Sie sind somit gezwungen, in verkümmerter Gestalt den einmal gewählten Aufenthalt bis an ihr Lebensende, oder bis zu dem ihres Wirtes, beizubehalten.

Man teilt der leichteren Uebersicht wegen die Krebse in 2 Unterklassen mit 7 Ordnungen ein. Zu den Niederen-Krustern (Entomostraca) gehören folgende Ordnungen: 1. Blattfüßer (Phyllopoda), 2. Muschelkrebse (Ostracoda). 3. Ruderfüßer (Copepoda), 4. Rankenfüßer (Cirripedia). Zu den Höheren Krustern (Malacostraca) gehören die Ordnungen: 1. Dünnschaler (Leptostraca). 2. Ringelkrebse (Arthrostraca) und 3. Schildkrebse (Thoracostraca).

Niedere-Kruster (Entomostraca).

Der Körperbau ist möglichst einfach, bei vielen Arten winzig klein, und mit sehr wechselnder Segmentzahl und Gliedmaßenpaaren.

1. Blattfüßer (Phyllopoda).

Die Körperform ist gestreckt, meist mit einer zweiklappigen oder schildförmigen Schale gedeckt, der Oberkiefer ist tasterlos, 2 Paar Unterkiefer und hinter diesen mindestens 4 bis 6, selbst 10—40 Paar blattförmige, gelappte Schwimmfüße. Segmente sind meist viele vorhanden.

Wie ich oben schon kurz angab, sind die Blattfüßer kleine Kerbtiere von sehr wechselvollem Bau. In den weitaus meisten Fällen ist der Leib auf dem Rücken von einem Schild umhüllt oder mit Ausnahme des Kopfes, oft selbst ganz in eine zweiklappige Schale eingeschlossen. Kopf, Brust und Hinterleib zeigen sich desgl. bei manchen hierher gehörenden Tieren nur undeutlich gesondert. Außer zwei Fühlerpaaren, welche alle Krebstiere besitzen und den Mundgliedmaßen, zeigen die Blattfüßer noch bis 40 Paar breiter, blattförmiger Schwimmfüße, die noch zum Kauen und Atmen mit Verwendung finden. Kiemenfüßer werden daher auch die Tiere direkt genannt, da ein besonderer Abschnitt jedes Beines eine Kieme zum Atmen darstellt.

Alle Blattfüßer sind getrennten Geschlechts, meist Männchen und Weibchen, auch äußerlich unterscheidbar. Die ersteren treten nicht so häufig auf, sondern nur zu bestimmten Zeiten. Ihnen liegt es ob, die „Dauereier" zu befruchten, d. h. diejenigen, welche über Winter ruhen, wo sich der Embryo zu dieser Zeit nicht weiter entwickelt, während die Sommereier auch ohne Befruchtung des Männchens zur Reife gelangen.

Die hierher gehörenden Kiemenfüße (Branchiopoda) werden bis zu wenigen Zentimetern lang und besitzen eine große Anzahl von Beinen. Die Tiere entstehen entweder noch innerhalb des Muttertieres selbst aus unbefruchteten, oder im Freien aus befruchteten Eiern und schlüpfen als sogen. Nauplien in sehr einfacher Form aus und machen, ehe sie zum entwickelten Tiere sich heranbilden, noch viele Verwandlungen durch. Beim Austrocknen der Gewässer verschwinden die Tiere, erscheinen aber nach Regengüssen, weil ihre Eier im trocknen Schlamme sich noch jahrelang halten, rasch wieder in oft großen Mengen. Gewöhnlich werden die Tiere nur bis Anfang Mai in Lachen gefunden. Für Aquarienfische bilden sie ein vortreffliches Futter.

Ehe ich etwas näher auf die hierher gehörenden Tiere eingehe, bringe ich erst die Beschreibung der hauptsächlichsten Arten.

a. **Kiemenfuß (Branchipus stagnalis L.).**

Der Körper ist lang gestreckt und wird von keiner Schale umhüllt. Der Kopf ist durch eine Einschnürung vom Rumpfe getrennt und trägt 2 gestielte Netzaugen, 4 dünne mäßig lange Fühler und zwischen ihnen zwei lange, dicke, fingerartige Anhänge. Unter dem Kopf sitzt der Mund, der aus zwei Paaren gezahnter Oberkiefer, einer Oberlippe, einer Zunge und einigen Unterkieferpaaren besteht. Der Rumpf ist aus 11 Ringen zusammengesetzt, jeder Ring trägt ein Fußpaar. Der Schwanz hat 9 Ringe und trägt zwei flossenartige, gewimperte Anhänge. In trübem, schlammigem Wasser.

Die Füße des Kiemenfußes sind in beständiger Bewegung, sowohl beim Umherschwimmen, als auch bei der Ruhe der Tiere, und zwar um kleine, zur Nahrung dienende Tiere dem Munde zu nähern und auch um frisches Atemwasser zuzuführen. Wie ich oben schon andeutete, verschwindet das Tier auf mehrere Jahre oft vollständig, während zu anderer Zeit oft Tausende von ihnen anzutreffen sind. Es ist für den Naturfreund ein reizender Anblick, die muntere Schar der oft ganz rot gefärbten Tiere, besonders die Weibchen mit ihren himmelblauen Eiersäcken, sich im Wasser tummeln zu sehen. Sie schießen mit ungemeiner Schnelligkeit hin und her und rollen sich hier und da zusammen. Gegen die Kälte sind die Tiere sehr empfindlich. Sobald das Thermometer unter + 4 R. heruntergeht, sterben alle.

Das befruchtete Weibchen legt alle Eier auf einmal im Schlamme ab. Sowie sie gelegt werden, sinken sie zu Boden. Trocknet das Wasser des Tümpels nicht aus, so entwickeln

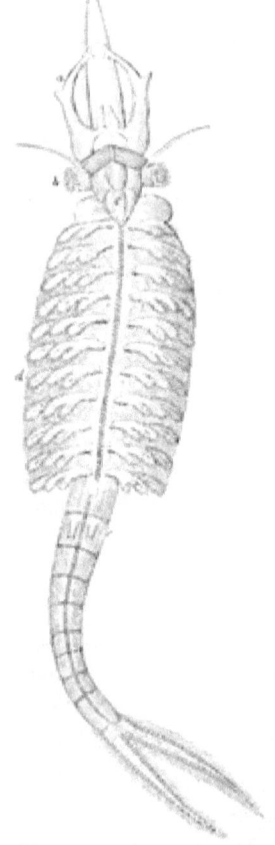

Figur 199. Kiemenfuß vergr. (Branchipus stagnalis.) ♂ von unten.
 a. Kiefer, b. gestielten Augen, c. Mund, d. 11 kiemenartige Füße, e. Öffnungen der Milchorgane. 5mal vergrößert.

sich aus den Eiern nach etwa 19 Tagen die Larven, aus welcher nach mehrmaliger Häutung das vollständige Tier hervorgeht.

Die Nahrung des Kiemenfußes setzt sich aus niedrigen Tieren und Pflanzen zusammen.

Im Aquarium hält sich das Tier sehr gut und ist in stetiger Bewegung. Weitere Kiemenfußarten, die ich nachstehend nur kurz beschreibe, sind:

1. **Branchipus diaphanus Schaeff., Chirocephalus diaphanus.**

   Am Grunde der unteren Fühler liegen innen 4 fingerförmige Larven. — Trübe Tümpel.

2. **Branchipus. Grubei Schaeff.**

   Die Stirnfortsätze des ♂ sind lang, bandförmig, mit zahlreichen bedornten Fortsätzen versehen. Sie werden zusammengerollt zwischen den Fühlern getragen.

b. **Krebsartiger Kiemenfuß (Apus cancriformis Schaeff.). Flossenfuß.**

Der Körper ist von oben nach unten platt gedrückt und in seinem vorderen Teile von einer großen Schale bedeckt. Dieselbe stellt ein ovales Schild dar, das an seinem hinteren Rande einen halbmondförmigen, mit Stacheln besetzten Ausschnitt besitzt. Es besteht aus zwei beweglich mit einander verbundenen Stücken, einem vorderen oder Kopfschild und aus einem hinteren oder Rückenschild, das durch eine in der Mittellinie verlaufende Linie in zwei seitliche Hälften getrennt ist. Die Augen sind zusammengesetzt. Der Mund liegt auf der Unterseite und besteht aus

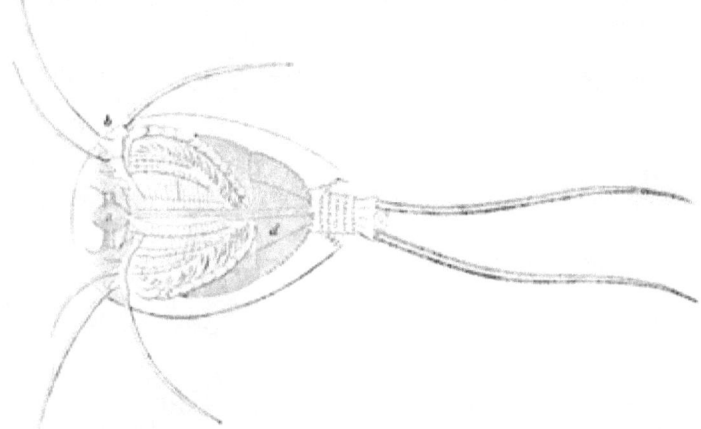

Figur 200. Krebsartiger Kiemenfuß. Apus cancriformis von unten. a. Mund, b. Fühlhörner, c. Füße, d. Kiemenblätter (etwa 4mal vergr.).

einer viereckigen, nach rückwärts gerichteten haarigen Oberlippe, an deren Basis die kurzen 2gliedrigen Fühler sitzen. Der Leib besteht etwa aus 20 Ringen; die zehn ersten sind weichhäutig auf dem Rücken, die übrigen sind hornig und tragen kurze, harte Dornen. Das letzte Glied ist groß und trägt 2 lange gegliederte Schwanzborsten. An der Bauchseite der Ringe sitzen die eigentümlichen Füße, etwa 120 an der Zahl. Sie sind blattartig und bestehen aus 3 Gliedern. An der Spitze der Füßchen befindet sich eine aus zwei Zangen bestehende Schere. — Trübe und schlammige Tümpel.

Ebenso wie der Kiemenfuß findet sich der krebsartige Kiemenfuß in manchen Jahren häufig in einer Gegend, wo er sonst seit langer Zeit nicht beobachtet worden ist. Trocknet sein Wohngewässer aus, so sterben alle Tiere, allein die Eier bleiben entwicklungsfähig, selbst wenn sie mehrere Jahre trocken liegen.

Erst im Frühling, wenn schon warme Witterung vorausgegangen ist, kommen die Tiere zum Vorschein und beleben dann das ganze Jahr hindurch den Tümpel, so lange dieser Wasser hält. Besonders halten sie sich am Rande ihres Wohngewässers auf, und zwar dann mit Vorliebe, wenn über Tags die Sonne das Wasser tüchtig durchwärmt hat. Stürmt es dagegen, oder ist das Wetter kalt und unfreundlich, so ziehen sie sich an die tiefsten Stellen zurück und sind dann nur schwer zu bemerken.

Die Fortpflanzung geschieht durch Eier. Diese bleiben beim Weibchen eine Zeit lang in dem Eierbehälter des elften Fußpaares liegen, fallen dann heraus auf den Schlamm, wo sie etwa zwei bis drei Wochen zu ihrer Entwicklung nötig haben. Die jungen Geschöpfe häuten sich oft und schnell. Schon nach fünf bis sechs Tagen hat das Tier seine vollständige Gestalt erhalten, legt bereits wieder Eier, ist jedoch noch nicht vollständig erwachsen.

Nach Dr. Brauer müssen die Eier von Apus productus 1 Jahr in Moorerde liegen, die nicht ganz trocken werden darf und hier einfrieren, bevor sich das Tier aus diesen entwickelt. Man bringe daher Muttertiere in kleine Becken mit Moorboden, lasse diese hier Eier ablegen und dann das Wasser verdunsten.

Einige andere Blattfußarten beschreibe ich nachstehend nur kurz:

a. **Kleiner Blattfuß** (Apus productus Schaeff) Lepidurus productus.

Mit einem ovalen Blättchen zwischen den Schwanzborsten, welches dem Vorigen fehlt. Tümpel.

Hierher gehören u. a. weiter:

b. **Limnadia gigas** Brong. Limnadia Hermanni.

Der Körper ist von einer zweilappigen, schließbaren Schale umgeben, die konzentrisch gestreift ist; das letzte Körperglied oben stachlich mit zwei krummen Haken; die vorderen Antennen sehr kurz, keulenförmig, die hinteren lang, mit doppelter Geißel. Das ♀ trägt die Eier unter der Schale auf der Mitte des Rückens. Fußpaare sind 22 vorhanden. Tümpel.

c. **Limnetis brachyurus**, Lovén.

Die Schale ist glatt; das letzte Körperglied oben mit zwei Borsten, unten mit zwei kurzen spitzen Fortsätzen; das erste Fußpaar des ♂ ist Geruchsorgan. Die Augen sind fast ganz mit einander verschmolzen. ♂ 10 ♀ 12 Fußpaare. — Im nördlichen Deutschland.

Mit den Blattfüßern nahe verwandt sind die Wasserflöhe (Cladocera). Bei ihnen ist der Rumpf von einer zweilappigen Schale umschlossen, der Kopf frei, mit einer helmförmigen Bedeckung. Er trägt 2 kleine, trichterförmige, mit einem Büschel zarter Riechfäden versehene, und 2 starke zweiästige Fühler, welche letztere vorzüglich zum Schwimmen dienen. 6, 5 oder 4 Fußpaare mit kammförmigen Kiemen sitzen am Körper. Die Eier werden vom Weibchen auf dem Rücken unter der Schale getragen. Die beiden zusammengehäuften Augen sind zu einem einzigen verschmolzen und durch Muskeln beweglich. Viele Arten besitzen am Rücken einen Saugnapf, mit dem sie sich anheften, um durch Pendelbewegung sich Nahrung herbei zu führen. Von Mundteilen besitzen die Wasserflöhe jederseits einen Ober- und einen Unterkiefer. Um die innere Organisation dieser Tiere kennen zu lernen, betrachten wir einen Vertreter dieser Familie genauer. Wir wählen den Wasserfloh und entfernen dessen Schale. Der Kopf läuft, wie wir an der stark vergrößerten Figur sehen, in einen nach hinten und unten gerichteten Schnabel e aus, an dessen Ende sich zwei kurze Freßspitzchen befinden. In der Mitte des Kopfes liegt bei d das Gehirn, von dem ein Nerv zu dem einzigen, zusammengesetzten Auge e geht. Unter dem Gehirn liegt noch ein aus zwei birnenförmigen Teilen bestehendes Nervenganglion. Hinter dem Schnabel liegt der Mund; er besteht aus einer wagerechten Lippe f, auf der ebenfalls wagerecht die mit drei hakenförmigen Zähnen und einem kleinen Anhang versehenen Unterkiefer r liegen, und aus dem senkrecht kugelförmigen Oberkiefer s. Bei g befinden sich die Muskeln, welche die Mundteile bewegen. Vom Munde aus führt die Speiseröhre c nach vorn zu dem im Kopfe liegenden und mit zwei Blinddarmen q versehenen Magen t, von dem aus der Darm nach hinten läuft, bei o sich abwärts wendet und bei l mündet. Hinter dem Kopf, über dem Darm-

Figur 201. Wasserfloh (Daphnia pulex) ohne Schale. Buchstabenerklärung siehe im Text.

kanal, liegt das beutelförmige Herz q. Unmittelbar hinter dem Herzen ist der Körper mit einem Male tief sattelförmig ausgeschnitten, wird schmal und ist in acht Ringe geteilt i i. An seinem hinteren Ende, wo er sich umbiegt, sind fünf zackige Hervorragungen, von denen die vorderste lang und nach vorn über den sattelartigen Ausschnitt hingebogen, die letzte k mit zwei Borsten versehen ist. Die Spitze des Leibes l trägt zwei kammförmige An- hänge. Zu beiden Seiten des Darmkanals liegt beim Weibchen der, einer Perlschnur vergleichbare, mit großen Eiern gefüllte Eier- stock p. Das Tier hat fünf Fußpaare, welche borsten- artige Kiemen tragen.

Während der Sommermonate bringen die Weibchen auf ungeschlechtlichem Wege zahlreiche Eier hervor, die sich sehr schnell in der am Rücken gelegenen Bauchhöhle entwickeln. Erst gegen den Herbst zu treten Männchen auf, und nun legen die Weibchen ein oder zwei be- fruchtete Eier, welche von einer festen Hülle umgeben und zum Überwintern bestimmt sind.

Über die Befruchtungserscheinungen am Ei hat Weißmann uns interessante Beobachtungen mitgeteilt. Die Tiere verlassen das Ei in einer Gestalt, welche der der erwachsenen Tiere schon sehr ähnlich ist.

Figur 202. Buckliger Rüsselkrebs Bosmina gibbera. Mit 4 Eiern im Brut- raum etwa 30mal vergr.

Von der Familie der Wasserflöhe, welche von Leydig in einer Monographie behandelt wurde, sind die Daphniden am zahlreichsten vertreten. Oft färben die hierzu gehörenden Tiere Tümpel und Lachen durch ihre Unzahl völlig rot oder erzeugen dicke rote Streifen in ihnen. Alle die zahlreichen verschiedenen Arten näher zu beschreiben, hat keinen Zweck, sie haben für den Aquariumliebhaber nur den Wert, daß sie ein gutes Fischfutter sind. Ich beschränke mich darauf, nur die Abbildungen einiger hierher gehörender Arten zu geben. Der gewöhnliche Gabelfloh (Daphnia pulex) ist schon Seite 422 Figur 178 abgebildet worden.

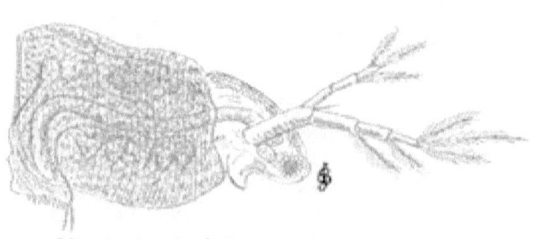

Figur 203. Daphnia sima etwa 40mal vergr.

Auch die Einaugen (Polyphemus) gehören hierher. Sie besitzen vier Fußpaare und zweiästige Fühler, deren beide Äste 5gliedrig sind. Ihr Auge ist sehr groß und nimmt fast den ganzen Kopf ein. Die Schale, in welcher der Körper ruht, ist aber nur klein.

2. Muschelkrebse (Ostracoda).

Die zu dieser Ordnung gehörenden Tiere sind meist Meeresbewohner. Sie besitzen einen undeutlich gegliederten, vollständig von einer zweiklappigen häutigen oder verkalkten Schale umgebenen Körper, sehr kurzen Hinterleib, tasterntragenden Oberkiefer, 2 Paar Unterkiefer und 2 Beinpaare.

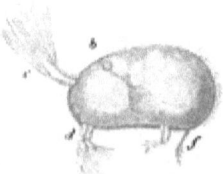

Figur 204. Cypris fusca vergr.). a Fühlhörner, b Auge, d erstes Fußpaar, e zweites Fußpaar, f Schwanz (etwa 25mal vergr.).

Als Vertreter der Süßwasser-Muschelkrebse stehen obenan die Cypriden (Cypridae). Sie besitzen leichte muschelförmige Schalen, welche das ganze Tier umschließen, vier Paar Füße, deren beide vorderen, gewöhnlich als Kiefer gedeutet, Kiemenanhänge tragen, wo hingegen die beiden hinteren der Bewegung dienen. Betrachten wir uns eines der hierher gehörenden Tiere etwas genauer und lernen wir an der Hand der beistehenden Zeichnung den inneren Bau kennen. Es ist Cypris fusca, welches wir von den hierher gehörenden Tieren gewählt haben. Die Schale, in welcher das Tier ruht, ist bohnenförmig, oben am Schloß gewölbt, unten entweder gerade oder leicht ausgeschnitten, bei einigen, wie z. B. der hier abgebildeten Art, ist sie teilweise mit Haaren besetzt. Die Schale ist zwar ebenfalls eine Fortsetzung der Haut des Tieres, aber sie besitzt doch ziemlich viel kalkige Bestandteile. Aus diesem Grunde ist sie ziemlich hart und undurchsichtig, und ehe sie entfernt ist, sieht man nur die Fühlhörner (Figur 204) e, das Auge h, das erste Fußpaar d, das zweite Fußpaar e und den Schwanz f. Wird die Schale entfernt, so zeigt sich das Tier wie in Figur 205 dargestellt. Der Mund liegt an der Bauchseite und besteht aus einer großen zusammengedrückten Lippe r, aus einem Paar großer, gezahnter, mit einem dreigliedrigen Taster g versehenen Oberkiefer s. Ferner gehören zum Munde noch zwei Paar Unterkiefer h. Bei j zeigt sich ein Kiemenblättchen, und das zweite Kieferpaar i trägt zwei kurze borstige Taster. Das Tier hat drei Fußpaare. Das erste Paar e ist unter den Fühlern eingefügt, groß, nach vorn gerichtet und mit Borstenbüscheln versehen. Das zweite Paar k endigt in eine nach vorn gerichtete, hakenförmige Klaue. Das dritte Fußpaar l ist

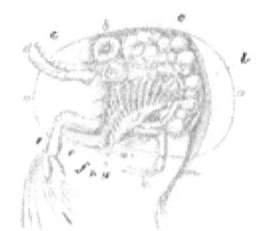

Figur 205. Cypris fusca (Erklärung der Buchstaben siehe im Text).

nach hinten und oben gerichtet, immer unter der Schale verborgen, und dient zur Unterstützung des Eierstockes o. Der Leib endigt in einen dünnen, mit Haken versehenen Schwanz m. Der Eierstock o bildet zwei dicke, einfache Säcke. (Ein Teil ist auf der Abbildung entfernt.) Das mit n bezeichnete Organ besorgt wahrscheinlich die Funktionen des Blinddarms. Bei b ist die Stelle, wo die Schale abgetrennt ist, und e ist das Auge.

Sind die Wasserflöhe in ihrer Bewegung ruckartig, so bewegt sich Cypris so langsam, so gerade und so gleichmäßig, daß man vermeint, überhaupt kein Tier vor sich zu haben. Oft kann man auch beobachten, daß die Tiere mit Hilfe ihrer zwei ersten Fußpaare sich auf den Wasserpflanzen gehend bewegen.

Figur 206. Einbindiger Muschelsloh Cypris unifasciatus (etwa 10mal vergrößert).

Weitere hierher gehörenden Tiere, d. h. diejenigen, welche im Süßwasser leben, schwimmen munter zappelnd zwischen den Wasserpflanzen umher, immer nach kurz andauernder Bewegung sich auf kurze Zeit mit den Fühlern an feste Gegenstände anheftend. Ihre Nahrung besteht aus pflanzlichen und tierischen Stoffen.

3. Ruderfüßer (Copepoda).

In der Hauptsache besitzen die Ruderfüße einen gestreckten Körper ohne Schale, ein Paar Unterkiefer und 4 oder 5 Paar zweiästige Ruderbeine.

In dieser zahlreichen Familie lassen sich drei Gruppen von Tieren unterscheiden, von denen zwei besonders interessant sind wegen der Umbildung ihres Körpers. Die diesen Gruppen angehörenden Tiere leben parasitisch und haben sich dieser schmarotzenden Lebensweise so sehr angepaßt, daß sie als Ruderfüßer kaum noch zu erkennen sind. Ehe ich auf diese Gruppen näher eingehe, will ich erst kurz die freilebenden Ruderfüßer, welche beißende Mundteile, den schmarotzenden mit saugenden gegenüber, besitzen, behandeln.

Die hierher gehörenden Tiere sind die Einaugen (Cyclopidae). Ihr Körper ist fast birnenförmig, gegliedert, der Kopf deutlich und vom verkehrteiförmigen oder zylindrischen 3—5 gliedrigen Bruststücke geschieden. Am gegliederten Hinterleibe stehen zwei borstentragende Anhänge. Fühler sind vier vorhanden, dieselben sind vielgliedrig und peitschenförmig. Der Körper trägt vier Paar fadenförmige, mit Borsten besetzte Füße, das fünfte Fußpaar ist rudimentär. Die Weibchen tragen ihre Eier außen am Grunde des Hinterleibes in blasenförmigen Hautsäcken. Die auskommenden Jungen haben nur 2 Fühler und 2 Fußpaare (Vergleiche Abbildung Seite 423, Figur 181).

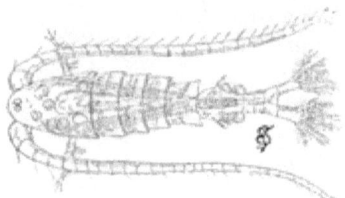

Figur 207. Diaptomus graciloides etwa 20mal vergrößert.

Der Mund der Einaugen ist von einer als Oberlippe bezeichneten bezahnten Platte überdeckt. An seinen Seiten sitzen zwei Paar Kiefern und ebenso viele Kieferfüße, die in stetiger Bewegung sind.

Figur 208. Canthocamptus minutus ♀ von der Seite. (etwa 25mal vergrößert).

Das eine Auge, welches alle hierher gehörigen Arten besitzen, ist sehr primitiv gebaut und wird wohl dem Tiere kaum mehr als hell und dunkel unterscheiden lassen. Dagegen ist es, als ob Geruch und Geschmack besser ausgebildet seien. Welche Körperteile dieses aber vermitteln, läßt sich leider noch nicht angeben.

Von den vielen hierher gehörenden Arten bringe ich nur noch zwei Abbildungen von Vertretern zweier Gattungen. Figur 208, Canthocamptus minutus, gehört zu der Familie der Harpactiden, die nur durch eine einzige Gattung Canthocamptus vertreten sind. Zahlreicher ist die Familie der Calaniden vorhanden. Trotzdem die hierher gehörenden Gattungen nicht so allgemein verbreitet sind, treten sie doch oft an bestimmten Orten in großer Zahl auf, wenn sie sich einmal in einem Wasser eingebürgert haben. Am meisten Bedeutung haben die Arten aus der Familie Diaptomus, von der ich einen Vertreter bringe.

Waren die vorher gehenden Ruderfüßer mit kauenden Mundteilen ausgerüstet, so besitzen die folgenden stechende und saugende, auch im Gegensatze zu den ersteren weisen letztere meist nur eine unvollkommene Körpergliederung auf.

Ursprünglich führen diese schmarotzenden Ruderfüßer ein freies Leben, besitzen dann auch eine den Einaugen ähnliche Körperform. Aber mit der

Änderung der Lebensweise, die schon früh mit der Auffindung eines entsprechenden Wirtes beginnt, bilden sich einzelne Körperteile um oder bleiben in ihrer Entwickelung zurück, sodaß ein schmarotzendes Tier derselben Art nur schwer mit einem freilebenden als zur gleichen Art gehörend zu bestimmen ist. Die Einteilung des Leibes in Segmente geht oft verloren oder der Hinterleib verkümmert vollständig. Da die Tiere, die einen Wirt gefunden haben ihre Ruderfüße nicht mehr gebrauchen, fehlen sie oft vollständig, oder sind höchstens nur noch in Andeutungen

Figur 209. Lernaeocera cyprinacea etwa 3mal vergr.

vorhanden. Die Mundteile werden vollständig saugend, oft bildet sich auch ein Teil derselben zu Klammerorganen um, durch welche sich der Krebs an seinem Wirte befestigt. Bei diesen Umwandlungen erhalten die Krebse die sonderbarsten Formen (vergleiche die Abbildungen). Oft besteht der Körper nur aus einem mit Saugnäpfen oder Klammerhaken versehenen Sack, der die Verdauungs- und Geschlechtsorgane enthält und an dem die abgelegten Eier in zwei festschaligen Säcken oder Röhren befestigt sind. Die Männchen bleiben stets kleiner als die Weibchen, haben auch nur eine kurze Lebensdauer. Sie schwimmen meist mit gut

Figur 210. Lamproglena pulchella etwa 3mal vergr.

entwickelten Sinnes- und Bewegungsorganen frei im Wasser, oder aber sie sitzen mit ziemlich verkümmerten äußeren Organen, oft in mehrfacher Zahl, in der Nähe der Geschlechtsöffnung des oft mehrere hundertmal größeren Weibchens fest, und werden Zwergmännchen genannt.

Selten treten diese parasitischen Krebse, an Fischen z. B., so zahlreich auf, daß durch sie das Leben des Tieres bedroht wird. Die Vermehrung der Tiere kann jedoch, besonders in kleinen Behältern, in denen unsere Aquarienfische gehalten werden, den Fischen verderblich werden, da dieselbe meist enorm ist.

Einige von ihnen leben schmarotzend an den Kiemen der karpfenartigen Fische, andere beziehen vorzugsweise andere Körperteile z. B. die Brust; verderblich werden sie jedoch den Fischen nur dann, wenn sie, wie ich schon sagte, massenhaft auftreten. Um ein kleines Bild von dem Formenreichtum der Tiere zu geben, mögen die beistehenden Abbildungen genügen.

Figur 211. Ergasilus Sieboldii etwa 20mal vergr.

Die letzte Gruppe der Ruderfüßer nehmen die Kiemenschwänze (Branchiura) ein. Es sind auf Fischen lebende plattleibige Krustentiere mit

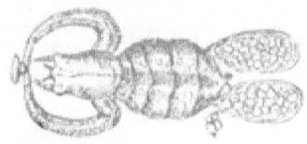

Figur 212. Karpfenlaus Achtheres percarum mit Eiersäcken. Etwa 15mal vergr.

langem vorstülpbaren Stachel vor den Saugröhren des Mundes, schild=
förmig abgeplatteter Kopfbrust und 4 spaltästigen Schwimmbeinen. Das
Bruststück besteht aus mehreren deutlichen Gliedern. Nur nach genauer
Untersuchung zeigen sich die verschiedenen hierher gehörenden Tiere als zu
den Ruderfüßern gehörig. Der Körper ist nahezu eirund und vollständig
platt gedrückt. Der Hinterleib ist verkümmert und nur noch als zwei kleine
Läppchen, die als Schwanzflosse
gedeutet werden, angezeigt. Die
Schwanzläppchen vertreten bei vielen
hierher gehörenden Tieren die Kiemen
und aus diesem Grunde haben die
Tiere den Namen „Kiemenschwänze"
erhalten.

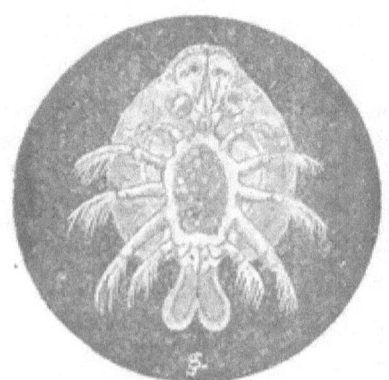

Figur 213. Karpfenlaus (Argulus foliaceus)
von der Unterseite, etwa 15mal vergr.

Die Mundteile sind zum Saugen
eingerichtet und die Nahrungsauf=
nahme geschieht durch einen Stachel
und eine Röhre. Um sich an dem
Wirte halten zu können, ist das
erste Kieferfußpaar mit zwei großen
runden Saugnäpfen versehen, das
zweite dagegen mit scharfen Klauen
zum Festhaken ausgerüstet. Nicht
etwa ständig bewohnen die kleinen
Tierchen ihren Wirt, sondern zur Zeit der Begattung bewegen sie sich frei
im Wasser, suchen sich jedoch nach dieser einen anderen.

Besonders häufig wird an Fischen verschiedener Art die in beistehender
Abbildung dargestellte Karpfenlaus (Argulus foliaceus Müller) angetroffen.
Mit ziemlicher Gewandtheit bewegt sich dieselbe auf der Körperoberfläche
der von ihr bewohnten Fische umher und trotz der Größe von etwa 3 mm
ist das Tier hier nicht leicht wahrzunehmen, da seine grünliche Färbung
und die platte Gestalt die Anwesenheit kaum verraten.

4. Rankenfüßer (Cirripedia).

Die Rankenfüßer sind festsitzende Meerestiere, die uns hier nicht näher
beschäftigen.

Höhere Kruster (Malacostraca).

Der Körperbau ist gleichmäßiger und vollkommener, die Segmenten=
und Gliedmaßenzahl ist ständig.*)

1. Dünnschaler (Leptostraca).

Sind Meeresbewohner mit nur einer Ordnung.

Nur Nebalia besitzt 21 Segmente, sonst alle anderen Tiere 20 und 19 Fußpaare.

2. Ringelkrebse (Arthrostraca).

Ringelkrebse sind Kruster ohne ausgeprägtes Rückenschild, ihr Kopf ist nur mit dem ersten Brustring zu einer kurzen Kopfbrust verwachsen. Sie besitzen in der Regel 7 freie Brustringe, 1 Paar Kieferfüße und ungestielte Augen.

Von den zahlreichen Gattungen dieser Ordnung kommen für uns nur in Betracht die Asseln (Isopoda) und die Flohkrebse (Amphipoda). Betrachten wir zuerst die Asseln.

Diese besitzen meist einen niedergedrückten, oben gewölbten, unten platten, meist breiten Körper mit kurzen oft verschmolzenen Hinterleibsringen. Im Süßwasser kommt nur eine Art vor, die

Gemeine Wasserassel (Asellus aquaticus L.)

Die stielförmigen Schwanzanhänge sind gabelig; das Klauenglied ungespalten; die oberen Fühler weit kürzer als die unteren. Das letzte Glied des Hinterleibes ist groß und schildförmig. ♀ trägt die Eier in einem Hautsacke vorn unter der Brust. — In Gräben und Sümpfen.

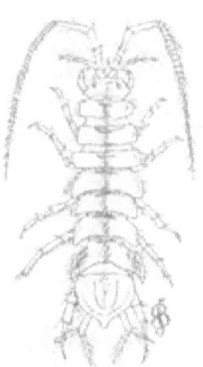

Figur 214. Wasserassel Asellus aquaticus nach Zacharias. Etwa 3mal vergr.

Alle nicht zu schnell fließenden Gewässer bewohnen die Wasserasseln, ja sie kommen sogar in unterirdischen Seen vor, büßen jedoch dann ihre Augen ein und werden blind. Ihnen sagt flaches Wasser, welches geeignete Verstecksplätze für sie hat, sehr zu. Oft kommt es vor, daß ihre Wohngewässer im Sommer austrocknen. Gehen nun die meisten ihrer Mitbewohner hierdurch zu Grunde, so schützen sich die Asseln hiervor, indem sie sich möglichst tief in den Schlamm eingraben und hier in eine Art Sommerschlaf verfallen, aus der sie der erste Regen, der den Tümpel wieder mit Wasser füllt, erweckt.

Die Nahrung der Tiere besteht hauptsächlich aus pflanzlichen und tierischen verwesenden Stoffen, sie sind daher zur Reinhaltung des Aquarium sehr gut zu verwenden.

Von den Flohkrebsen, die wie auch die Wasserasseln ihren Reichtum an Arten im Meere voll entwickeln, kommt im Süßwasser nur vor der

Gemeine Flohkrebs (Gammarus pulex L.)

Der Kopf ist mit dem vorderen Brustring verwachsen und trägt zwei sitzende facettierte Augen, zwei Paar Fühler und außer den 3 Kieferpaaren 1 Kieferfußpaar. Für die Ortsbewegung sind 7 Paar Beine vorhanden. Durch besondere Beine wird den Atmungsorganen, welche in Blattform an den Beinen der vorderen Leibesabschnitte angebracht sind, beständig frisches Wasser zugeführt. Die Farbe ist schwärzlich grau. — Flache Gewässer, besonders in klaren Gebirgsbächen und Quellen.

In seiner Lebensweise weicht der Wasserfloh nur wenig von der Wasserassel ab. Er verbringt, wie auch diese, sein Leben unter Steinen, in deren Nähe sich abgestorbene und verwesende Pflanzenstoffe finden, von denen er sich nährt. Aus diesem Grunde ist das Tier für das Aquarium sehr zu empfehlen, doch liebt es im Becken möglichst flaches Wasser, oder ist dieses tief, so muß es stark durchlüftet werden, da das Atmungsbedürfnis bei ihm ein sehr großes ist. In der Regel liegt das Tier unter Steinen versteckt und nur der Hunger treibt es nachts hervor. Dann springt es munter und hurtig durch das Wasser, bis es an eine Stelle kommt, wo sich Nahrung für dasselbe findet. Für viele großen Aquarientiere bildet der Wasserfloh ein gutes Futter, welches außerdem leicht zu beschaffen ist.

Figur 215. Wasserfloh (Gammarus pulex etwa 3mal vergr.

3. Schalenkrebse (Thoracostraca).

Die Schalenkrebse sind meist mittelgroße und große Kruster, die ein wohlentwickeltes, alle aber nur einen Teil der Brustringe umfassendes Rückenschild besitzen, wenigstens 2 Paar Kieferfüße aufweisen und mit gestielten Augen ausgerüstet sind.*)

Aus der Familie der Schalenkrebse kommt für uns nur die Ordnung der Panzerkrebse (Decapoda) in Betracht. Sind auch die hierher gehörenden Tiere vorwiegend Meeresbewohner, so weist das Süßwasser doch einen Vertreter auf und zwar den altbekannten

Edelkrebs (Astacus fluviatilis L.)

Die Vorderspitze des Kopfschildes hat an jeder Seite einen Zahn und noch einen jederseits an ihrem Grunde. Am vorderen Fußpaar stehen große, an der Oberfläche körnige, am inneren Rande gezähnte, und am 2. und 3. Fußpaare kleinere Scheren. ♂ größer als ♀. Ersterer besitzt unten am ersten Schwanzring auf jeder Seite einen nach vorn gegliederten, fast geraden, schmalen weißlichen Körper, der etwa 3 cm lang ist und dem ♀ fehlt. Gleich über den Wurzeln der großen Fühlhörner liegt am Kopfe auf jeder Seite eine grüne Drüse. Der Schwanz ist beim ♀ breiter als beim ♂. Die Färbung ist grünlich braun. — Fließende und stehende Gewässer. Durch die Krebspest jedoch in vielen Flußläufen verschwunden.

Figur 216. Flußkrebs Astacus fluviatilis. Spitze des Thorax.

Gewässer von mäßiger Tiefe, mit reinem, nicht zu hartem Wasser und sandigem, lehmigem, thonigem Grunde liebt der Krebs. Dagegen vermeidet er diejenigen, welche tief sind, hartes Wasser und felsigen Grund besitzen und

* Die uns hier nicht interessierenden Cumaceen sind ohne gestielte Augen.

ſtärkere Strömungen aufweiſen; doch gedeiht er nur dort, wo die Temperatur des Waſſers nicht dauernd unter +8 R herruntergeht.

Die Stunden des Tages verbringt er meiſt unter hohlen Ufern, zwiſchen den Wurzeln der das Waſſer einſäumenden Bäume und Gebüſche, unter verſunkenen Stämmen oder auch wohl in ſelbſt gegrabenen Höhlungen. Erſt mit Anbruch der Dämmerung wagt er ſich aus ſeinen Verſteckplätzen hervor, um nach Nahrung auszugehen. Nähert man ſich vorſichtig einem Gewäſſer, welches unſeren Panzerträger beherbergt, ſo ſieht man ihn mit erhobenen Scheren langſam und bedächtig vorwärts ſchreiten, während er, geſtört oder erſchreckt, durch kräftige Schläge mit ſeiner breiten Schwanzfloſſe, Beine und Scheren eng dem Körper an gefügt, mit großer Schnelligkeit rückwärts ſchwimmt. Dieſes Rückwärtsſchwimmen ge ſchieht ruckweiſe, indem der Schwanz gegen den Leib gezogen wird. Wird er nicht ge ſtört, ſo findet er bald Nahrungsſtoffe, die er mit Wohlbehagen verzehrt. Schnecken, Muſcheln, Würmer, Inſektenlarven, tote, jedoch noch nicht ſtark faulende Tiere aller Art, aber auch weiche, mehlreiche Pflanzen ſtoffe, wie z. B. die Wurzeln und Triebe der Seeroſen, des Schilfes u. ſ. w. genügen ſeinem Bedürfniſſe. Mit einer ganz be ſonderen Vorliebe ſoll er die mit Kalknieder ſchlägen inkruſtierten Armleuchtergewächſe verzehren, deren Kalkgehalt er, ebenſo wie den der Muſchel- und Schneckenſchalen, zum Aufbau ſeines Panzers gebraucht. Außer den Kauwerkzeugen, welche der Kopf trägt, beſitzt noch der Magen ſolche. Im Innern

Figur 217. Flußkrebs. Astacus fluviatilis ♂ ohne Rückenbedeckung und Füße.*)

desſelben befinden ſich feſte Leiſten, die mit Zähnen verſehen ſind und ſich gegeneinander reiben, ſodaß ſie alle Speiſen, die zwiſchen ſie kommt, noch einmal zerkleinern. Der Magen der Krebſe wird daher mit Recht als Kau magen bezeichnet.

Im November erfolgt die Begattung, bei welcher das Männchen das Weibchen auf den Rücken wirft und mit Hilfe des röhrenförmigen erſten Schwimmfußpaares ſeine Samenflüſſigkeit entleert, die teilweiſe zu einer

---

*) a. Abgeſchnittene Fühlhörner, bb. Magen mit einem Muskel c. d. Grube der Krebs ſteine ſie befinden ſich hier nur im Sommer), e. Muskeln zur Bewegung des Oberkiefers, links ausgedehnt. ff Leber, gg. Kiemen, h. Kiemenloch, i. bewegliches Bläschen, davor k. Herz, in der Mitte des Rückengefäßes, ll. Muskeln im Schwanze, m. Darm, öffnet ſich unter der mittleren Schwanzklappe, nn. Milchorgane, beim ♀ Lage der Eierſtöcke.

kreideartigen Masse erstarrt, in der Umgebung der Geschlechtsöffnungen anklebt. Etwa 10—40 Tage nach dem Begattungsakt beginnen die Weibchen ihre gelbbraun gefärbten Eier in den gegen den Bauch eingeschlagenen Schwanz zu legen, wo sie an den Borsten der Schwimmfüße angeklebt werden. Die Ablage der Eier erfolgt nach und nach, bis alle, in Form kleiner Trauben von je 20 Stück, an den Schwimmfüßen befestigt sind. Die Entwicklung der Tiere erfordert einen Zeitraum von etwa 5—6 Monaten. Erst im Mai oder Juni, nachdem die Jungen in oft großen Zwischenräumen die Eischale verlassen haben, und nachdem sie sich noch 8—12 Tage mit ihren Scheren an den Schwimmfüßen der Mutter festgehalten haben, beginnen sie ein selbständiges Leben. Schon beim Ausschlüpfen sind sie den Eltern sehr ähnlich, häuten sich aber im Laufe des Sommers noch 7—8 mal. Noch nach der ersten Häutung halten sie sich in der Nähe der Mutter auf, unter deren Schwanz sie sich bei drohender Gefahr flüchten.

Die Mauser der Krebse, die Mieterzeit, wie sie auch wohl genannt wird, beginnt bei den alten Tieren nach der Laichzeit und dauert vom Juli bis zum September. Es bildet sich dann unter der alten Schale eine dünne, weiche, neue, durch welche die alte vom Körper getrennt wird. Vor dem Abwerfen der alten Schale ist der Krebs außerordentlich regsam, bewegt sich hin und her, um dieselbe zwischen Rücken und Bauch zu sprengen; ruht dann eine Zeitlang, bewegt aber bald nachher von neuem den Leib und die Füße, bis ersterer so weit zurückgezogen ist, daß er aus der Schale hervordringen kann, worauf auch der Schwanz folgt. Nach der Abwerfung verkriecht sich das Tier, um nicht in seinem noch weichen Kleide seinen Feinden zur leichten Beute zu werden. Hier in dem Verstecke bleibt er drei bis fünf Tage, bis der neue Panzer die Stärke des alten erlangt hat.

Im Aquarium dauert der Krebs nur dann längere Zeit aus, wenn ihm ein möglichst niedriger Wasserstand geboten wird, und das Wasser gut durchlüftet ist. Wegen seiner Raublust ist er nur mit wertlosen Tieren zu vereinigen. Um ihm den Aufenthalt im Becken angenehm zu machen, ist es geboten, hier für geeignete Versteckplätze zu sorgen.

Weichtiere (Mollusca).

Weichtiere sind ungegliederte, skelettlose, schleimige Geschöpfe, die von einem Mantel umschlossen sind, dessen Schleimnetz meist ein kalkiges, unbiegsames Gehäuse absondert.

Der wechselnden Formenfülle gegenüber, durch welche sich die Gliedertiere auszeichnen, erscheinen die Weichtiere gestaltungsarm. Ihr Körper besitzt häufig überhaupt keine feste Form, er ist gänzlich ungegliedert, hat keine Gliedmaßen, sehr oft auch keinen bemerkbaren Kopf. Die Schale, in welcher der Körper der Weichtiere ruht, kann als ein eigentlicher Teil des Körpers nicht betrachtet werden, da er nur eine Ausscheidung desselben bildet, nicht aber an dessen Lebensthätigkeit teil nimmt. Der Körper ist von einer weichen, dehnbaren Haut eingeschlossen, welche bei denjenigen Arten, die mit einem Gehäuse versehen sind, die talkigen Stoffe absondert, aus dem sich die Schale bildet. Den Körperbau im allgemeinen und ebensowohl die äußere Erscheinung zu schildern, ist fast unmöglich, da beide, je nach der Stellung der Tiere, so sehr verschieden sind. Bei den hierher gehörenden höher organisirten Arten, den Kopffüßern, die uns indessen hier nicht beschäftigen, und den Schnecken, ist die äußere Körpergestalt eine bestimmte, der Kopf auch bald mehr, bald weniger vom Leibe abgegrenzt. Die Schnecken, wie ich schon hier sagen will, besitzen Sehorgane, die häufig auf der Spitze stielförmiger Fühler stehen. Bei den tiefer stehenden Arten dagegen fehlt jede Andeutung eines bestimmten Kopfteils, ebenso sind Augen sehr selten vorhanden. Den vollkommeneren Mollusken kommen am deutlich geschiedenen Kopfe außer den Augen noch Fühler, Zunge und oft hornige Kauwerkzeuge zu; hin und wieder treten auch Gehörsorgane auf. Die ganze, stets feuchte Oberhaut wird als Gefühlsorgan gedeutet. Zur Vermittlung der Bewegung dienen flossenförmige Häute oder fleischige Arme, die auch gleichzeitig zum Ergreifen der Beute Verwendung finden (Kopffüßler) auch besitzen viele eine fleischige Sohle unten am Bauche, die als Fuß bezeichnet wird, und durch welche sich die Tiere festhalten oder langsam fortschieben können.

Beim inneren Bau sind vorwiegend die Ernährungsorgane berücksichtigt, da alle Weichtiere sehr starke Fresser sind. Auch die zum Erfassen und Aufnehmen der Nahrung bestimmten Teile sind sehr zweckentsprechend gebildet. Der Verdauungsapparat besteht in der Hauptsache aus Mund, Speiseröhre, Magendarm, Enddarm und mächtiger Leber. Bei den Schnecken sind die Mundteile mit eigentümlichen, einer Raspel gleichenden Freßorganen ausgestattet, bei den Muscheln zeigen sich dieselben zwar unbewaffnet, dafür aber ist bei diesen die ganze innere Mantelfläche mit feinen Flimmerhärchen besetzt, welche durch fortwährende Bewegung dem Munde die Nahrung zuführen. Der Blutkreislauf wird durch ein Herz, welches aus einer Kammer und zwei Vorkammern besteht, geregelt; die Atmung erfolgt bei den uns hier interessierenden Arten meist durch Kiemen.

Die Weichtiere entnehmen ihre Nahrung teils dem Pflanzen-, teils dem Tierreiche. Die Schnecken zerkleinern die Nahrung mit ihrer raspelartigen Zunge; die Muscheln, welche die Nährstoffe nicht zerkleinern können, sind für ihre Ernährung auf die kleinsten organischen Stoffe, Tiere sowohl als Pflanzen, welche sich im Wasser finden, angewiesen und erlangen dieselbe mit Hilfe ihrer Flimmerhärchen.

Die Fortpflanzung der Weichtiere geschieht durch Eier. Die Jungen gehen aus den Eiern teils in vollendeter Gestalt hervor, teils haben sie noch einen Larvenzustand durchzumachen.

Das Lebenselement der hierher gehörenden Tiere ist das Wasser, alle, wie ich nur beiläufig hier anfügen will, selbst die auf dem trockenen Lande lebenden Arten bedürfen eines ziemlich hohen Grades von Feuchtigkeit und gehen bei anhaltender Dürre zu Grunde. Flüsse und Binnengewässer sind von zahlreichen Schnecken- und Muschelarten bewohnt, die größte Fülle aber bieten die Weltmeere, welche bis in die größten Tiefen hinab Weichtiere beherbergen. Alle spielen in dem Haushalte der Natur eine sehr wichtige Rolle, indem sie verdorbene und faulende Pflanzen- und Tierstoffe verzehren und dadurch das Wasser rein halten.

Für unsere Zwecke vollkommen genügend ist es, wenn wir die Weichtiere in 2 Gruppen: in Bauchfüßer (Gastropoda) und in Zweischaler (Bivalvia) einteilen.

Bauchfüßer (Gastropoda).

Bauchfüßer sind Weichtiere mit gesondertem Kopfe, mit einem Fuß in der Mitte der Bauchfläche und meist vorhandener, aus einem Stück bestehender Schale.

Bauchfüßer nennt die Zoologie die Schnecken, da ihre Bauchfläche, auf welcher sie ihre Fortbewegung vollführen, als muskulöser, breitsohliger Fuß erscheint, wodurch sie sich von den übrigen Klassen der Weichtiere unterscheiden. Überdies haben sie von den später zu schildernden, auch hierher gehörenden Muscheln, den Besitz eines Kopfes mit Sinnesorganen, einem Augenpaar und einem oder zwei Fühlerpaaren voraus. Die Augen haben ihre Stellung an der Spitze oder am Grunde der Fühler, sind von kompliziertem Bau, können aber nur auf kurze Entfernungen deutlich sehen. Auch in der Ausstattung des Mundes sind sie den Muscheln weit voran, indem derselbe bei ihnen mit einem hornigen Oberkiefer versehen ist. Meist zerfällt derselbe in ein unpaares oberes Stück und zwei seitliche Stücke. Ein Unterkiefer ist aber nicht vorhanden, dagegen befindet sich unmittelbar hinter dem Oberkieferapparat die wulstige, muskulöse Zunge, welche eine verhornte Haut mit zahlreichen scharfen Zähnchen, die sogenannte Reibplatte trägt. „Wenn ein pflanzenfressender Bauchfüßer mit Fressen beschäftigt ist, so treibt er die Stachelzunge vorwärts und entfaltet sie bis zu einer gewissen Ausdehnung, indem er zugleich die Lippe auf jeder Seite vorschiebt, wodurch die Zunge zusammengedrückt und löffelförmig wird. Das Futter wird nun mit den Lippen ergriffen, vorwärts geschoben, mit der Stachelzunge gehalten und zugleich gegen den Oberkiefer gepreßt, wodurch ein Stückchen zuweilen mit hörbarem Geräusch abgebissen wird. Die einzelnen Bissen gleiten dann an der Zunge entlang, werden durch deren scharfe Zähnchen zerrieben und zerteilt und gelangen durch die wurmförmige Bewegung des Körpers sowohl als die widerstrebende Kraft der anliegenden Muskeln in den Magen." (Schmidt). Mit der Zunge führt die Schnecke beim Verspeisen der Nahrung eine reibendleckende Bewegung aus, wodurch die Häkchen am Vorderende mit der Zeit abgenützt werden. Dieselben werden dann mit der Nahrung verschluckt und mit den Exkrementen ausgeschieden. Am hinteren Teil bildet aber die Zunge stets wieder neue Zahnreihen, welche die abgenützten ersetzen. Die Form und Anordnung der Zähnchen bildet in der Systematik der Schnecken Unterscheidungszeichen, da die Zähne bei den verschiedenen Arten verschieden gebaut sind. Meist wird indessen die Schale zur Artunterscheidung benutzt. Sie besteht in den meisten Fällen aus einer größeren oder kleineren Anzahl von Windungen, die an der Spitze beginnen und mit der Schalenöffnung endigen. In der Form zeigen diese Schalen eine sehr große Mannigfaltigkeit, desgleichen in der Schalenoberfläche. Letztere ist bisweilen glatt, andererseits zeigt sie mancherlei Vertiefungen und Erhöhungen, Streifen, Rippen, Borsten, Haare, ꝛc. die als Schalenskulpturen bezeichnet werden. Manche Arten von Schnecken besitzen auch vor der Schalenmündung einen Deckel, derselbe liegt meist am oberen Hinterende des Fußes und tritt beim Zurückziehen des Tieres in die Schalenöffnung, diese verschließend.

Die uns hier nicht beschäftigenden Landschnecken (Stylommatophora) übergehen wir und wenden uns gleich zu den Süßwasserschnecken Basommatophora. Paßt auch hier für dieselben der wissenschaftliche Name nicht genau, da auch unter diesem einige Landschnecken mit begriffen werden, so gehören doch in diese Gruppe hauptsächlich Süßwasserschnecken.

Schlammschnecken (Limnaea) werden die ersten hierher gehörenden Bauchfüßer genannt. Sie bilden den Übergang zu den eigentlichen Schnecken, da sie trotz ihres Wasserlebens durch Lungen atmen. Die Tiere zeichnen sich sogleich durch ihre zusammengedrückten, dreieckigen Fühler vor den anderen Wasserschnecken aus. Ihre Augen sitzen an der inneren Basis der Fühler. Die Form der hierher gehörenden Tiere ist sehr mannigfaltig, ebenso ihre Farbe, weil beide von den Verhältnissen ihres Aufenthaltortes abhängig sind. Fast jedes Rinnsal, jeder Teich, jede Pfütze hat seine eigentümlichen Formen, sodaß hier Varietäten besonders leicht vorhanden sind. Alle vorkommenden, oder auch nur die hauptsächlichsten Abweichungen zu beschreiben, dafür reicht der mir hier zu Gebote stehende Raum bei weitem nicht aus. Wer sich etwas ausführlicher über die Schnecken orientieren will, den verweise ich auf E. A. Roßmäßlers vortreffliches Werk „Iconographie der Land- und Süßwassermollusken."

    a. **Große Schlammschnecke (Limnaea stagnalis L.)**
        Die Fühler sind plattgedrückt, dreieckig, Augen innen am Grunde derselben. Das Gehäuse ist dünn, bauchig oder verlängert eiförmig. Der Spindelrand bildet eine starke, tief in das Gewinde verfolgende Falte. Farbe gelblich grau, die letzte Windung nach oben fast winklig, bauchig; Mündung weit eiförmig, länger als das spitz ausgezogene Gewinde. — Teiche und Altwasser.

    b. **Limnaea auricularia L.**
        Das Gehäuse ist sehr bauchig, hell hornfarbig, genabelt mit sehr kurzem, zuweilen ganz eingeschobenem Gewinde. Die Mündung ist halbkreisförmig; der Lippenrand scharf, oft umgeschlagen. — Stehendes Wasser mit schlammigem Grunde.

    c. **Limnaea ovata Drap.**
        Das Gehäuse eiförmig. Der Mundsaum einfach. 4—5 Windungen. — Wiesengräben.

    d. **Limnaea vulgaris Held.**
        Das Gehäuse eiförmig, fast ungenabelt, wenig bauchig, sonst wie c. — Feldteiche.

c. **Limnaea palustris Müller.**

Das Gehäuse sehr verlängert, gelbbraun, mit erhabenen, runzelartigen Querlinien; Mündung länglich eiförmig, immer dunkel violett. Sümpfe, Gräben und Altwässer.

d. **Limnaea fuscus Held.**

Das Gehäuse ist bauchig, glatt, fein gestreift. Die Mündung von der Länge des Gewindes. Teiche.

Diese beschriebenen Schlammschneckenarten mögen genügen. Alle hierher gehörenden Tiere leben vorzugsweise in stehenden Gewässern, die einen Schlamm- und Pflanzengrund besitzen. Hier in diesen Tümpeln führen die Schlammschnecken ein beschauliches Leben. Trotzdem die Tiere nicht durch Kiemen atmen, sind sie doch befähigt, längere Zeit im Wasser auszuhalten, ehe sie gezwungen die Oberfläche aufsuchen, um neuen Atemstoff in der Atemhöhle aufzunehmen. Zu diesem Zwecke steigen sie zum Wasserspiegel, halten ihr Atemloch genau in die Höhe derselben und blasen die mit Kohlensäure gefüllte Luft ihrer Atemhöhle aus. Eine Weile hängen sie nun, mit der Schale nach unten, an der Oberfläche und nehmen neue Luft ein, um dann die Lunge zu schließen und langsam an der Oberfläche des Wassers fortzukriechen oder schnell wieder zu sinken. Die Atemhöhle liegt an der äußersten Mündungswand und ist ziemlich groß.

Figur 218. Limnaea palustris var. corvus.

Bei der Begattung hängen die Tiere zu zweien oder mehreren kettenweise zusammen. Vom Frühling bis in den Herbst werden die Eier abgelegt und von der Sonnenwärme ausgebrütet. Die Schlammschnecken sind Zwitter, welche sich bei der Begattung vielfach kreuzen, da die Geschlechtsöffnungen zu unbequem liegen um eine Selbstbefruchtung vornehmen zu können. Die Eier werden in länglichen Häufchen an der Unterseite der Blätter von Wasserpflanzen abgesetzt. Die Entwicklung läßt sich mit Hilfe einer guten Lupe unschwer beobachten; besonders auffallend ist die stete Rotation des Dotterkügelchens in dem Ei. Die nach etwa 14 Tagen zum Vorschein kommenden jungen Tiere sind schon mit einem Gehäuse versehen, welche aus $1^{1}/_{2}$ bis 2 Windungen besteht.

Während der kalten Jahreszeit vergraben sich die Schlammschnecken im Freien im Schlamm, manche Arten können auch ohne Nachteil im Eise einfrieren. Daß die Tiere gegen niedrige Temperaturgrade empfindlich sind, zeigt sich schon dadurch, daß sich dann ihr Atembedürfnis sehr verringert.

Obgleich die hierher gehörenden Tiere Algen, die im Becken oft Pflanzen überziehen, fressen, sind sie doch nicht im Aquarium ausschließlich zu diesem Zwecke zu halten, da sie sich als arge Pflanzenschädiger hier zeigen, die auch ganz gesunde Pflanzen zu Grunde richten. Besonders gehen sie gerne an Schwimmpflanzen, die sie oft in kurzer Zeit gänzlich vernichten.

Von den weiter hierher gehörenden Schneckenarten bringe ich kurz die

a. **Mantelschnecke (Amphipeplea glutinosa Müller.)**

Das Gewinde ist kaum erhaben. Umgänge sind 2—4 vorhanden, die sehr rasch zunehmen und gewölbt sind, der letzte ist sehr erweitert und nimmt fast das ganze

Gehäuse ein. Die Mündung ist weit, rundlich eiartig in der Form; der Mantel des Tieres ringsum über den Rand des Gehäuses zurückgeschlagen. In sumpfigen Pfützen und Altwässern.

b. **Quellenblasenschnecke (Physa fontinalis L.)**
Die Form des Gehäuses ist eiförmig, die Färbung hornfarben bis blaß gelblich. Die Schale ist durchsichtig, sehr zart, die letzte Windung bauchig aufgetrieben und bildet fast das ganze Gehäuse. Die Mündung ist länglich eiförmig. Der Mundsaum scharf. — In Quellgräben.

Figur 219. Amphipeplea glutinosa. 1mal vergr.

c. **Moosbläschen (Aplexa hypnorum L.)**
Die Form des Gehäuses ist spindelförmig; die Schale dünn und durchscheinend, die Farbe braungelblich, fein gereift. Umgänge sind 6 vorhanden. Die Mündung ist schmal nach oben zugespitzt, in der Farbe weiß, rötlich gesäumt. An moorigen Orten, in Wassergräben.

Weitere Süßwasserschnecken sind die Teller- oder Posthornschnecken. Da, wo Schlammschnecken vorkommen, fehlen auch sie gewöhnlich nicht, weil sie eine ähnliche Lebensweise wie erstere führen. Ihr Gehäuse ist flach in eine Scheibe aufgerollt, sodaß alle Umgänge sichtbar sind. Die Mündung ist zur Achse stets schief gestellt, bald mehr, bald weniger mondförmig ausgeschnitten, aber nie kreisrund.

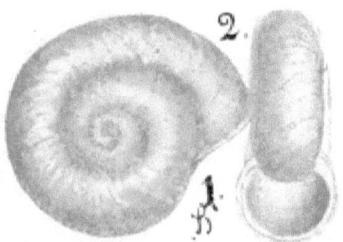

Figur 220. Großes Posthörnchen. Planorbis corneus.

a. **Großes Posthörnchen (Planorbis corneus L.)**
Die Fühler sind lang, borstenförmig; Atemloch und After links, ohne Kiel auf der letzten Windung des Gehäuses, oben tief genabelt, unten schwach vertieft. Die Färbung ist hornfarben. Größte deutsche Art. Stehende Gewässer.

b. **Planorbis spirorbis L.**
Gehäuse flach, unten schwach vertieft. Die Mündung rundlich. Letzter Umgang bedeutend breiter als der vorletzte. Mündung fast kreisförmig. — Norddeutschland in stehenden Gewässern.

c. **Planorbis contortus L.**
Gehäuse sehr klein, aber verhältnismäßig hoch, oben flach, nur mitten vertieft, unten tief genabelt, 7 seitlich stark zusammengedrückte Windungen, die Mündung halbmondförmig. Pflanzenreiche Gräben mit frischem Wasser.

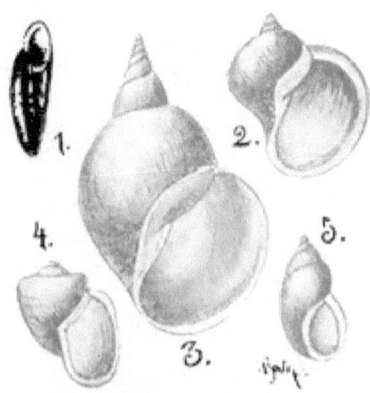

Figur 221. 1. Planorbis crista var. nautileus. 2. Limnaea auricularia. 3. Limnaea stagnalis. 4. Limnaea tumida. 5. Limnaea peregra.

d. **Planorbis carinatus Müller.**
Gehäuse oben vertieft, unten fast eben; Kiel mitten auf der Mündung. — Stehendes und nicht schnell fließendes Wasser.

e. **Planorbis marginatus Drap.**
Gehäuse auf beiden Flächen etwas vertieft; Kiel näher der Unterseite. Die Mündung ist außen durch den Kiel nicht zugespitzt. — Gemein.

f. **Planorbis vortex L.**
Gehäuse flacher als bei jeder anderen Art, 6 Windungen, unten ganz flach, oben etwas ausgehöhlt. Fein gestreift, die Färbung schmutzig gelb. Die Mündung spitz herzförmig. In Norddeutschland nicht selten.

g. **Planorbis crista L.**
Gehäuse ziemlich glatt, dünnschalig, oben fast flach, unten offen genabelt. Die Mündung sehr schief, länglich eiförmig. Abweichend hiervon ist die in Figur 221 Seite 475 abgebildete Form:

a. var. **nautileus L.** Oberfläche sehr fein gestreift, Umgänge gedrückt elliptisch, ohne markierten Kiel.

b. var. **cristatus Drap.** Die Epidermis zu wulstigen Rippen in gleichmäßigen Zwischenräumen verlängert. Umgänge oberseits flacher mit deutlichem Kiel.

Alle drei Formen kommen vermischt durch das ganze Gebiet vor.

Neigen die Schlammschnecken sehr zur Bildung von Variationen, so behalten die Tellerschnecken weit hartnäckiger ihre typischen Formen bei, sodaß Variationen bei ihnen sich weit weniger finden. Luftatmer sind die Tellerschnecken ebenso sehr wie die Schlammschnecken, doch kommt es auch vor, daß Tiere aus beiden Familien in klarem Wasser aus größerer Tiefe gefischt, überhaupt nicht mehr die Oberfläche aufsuchen, sondern, daß in diesem Falle die Lunge als Kiemenhöhle in Thätigkeit tritt. Ist das Wasser dagegen schlecht, so benutzen beide Familienarten die Luftatmung, wie ich sie vorher geschildert habe. Ob eine Hautatmung auch vorkommt, diese Frage lasse ich dahingestellt, bin jedoch nicht abgeneigt, letzteres anzunehmen. Für das Aquarium eignen sich Tellerschnecken besser als Algenvertilger und Verzehrer faulender Pflanzenteile als die Schlammschnecken.

Den bisher geschilderten durch Lungen atmenden Schnecken stellen sich die durch Kiemen atmenden gegenüber, von denen besonders die Sumpfschnecken (Vivipara) für uns von Bedeutung sind. Die hierzu gehörenden Schnecken sind getrennten Geschlechts und bringen lebende Junge zur Welt. Von den Männchen unterscheiden sich die Weibchen leicht an den starken gewölbten Umgängen, während erstere an dem verkürzten und kolbig verdicktem Fühler, welcher den Samenleiter enthält, erkannt werden können. Der Laich wird in der Kiemenhöhle abgesetzt, bis die Jungen zum selbständigen Bestehen befähigt sind; diese bringen gleich ein kleines Gehäuse mit auf die Welt.

Figur 222. Lebendiggebärende Sumpfschnecke (Vivipara vera) Gehäuse mit Deckel verschlossen. ½ nat. Gr.

Die hierher gehörenden Gattungen der Kiemenschnecken, die auch unter dem Namen Fußkiemenschnecken (Potamophila) zusammengefaßt werden, haben nachstehende Kennzeichen. Die Augen stehen außen am Grunde der Fühler auf einem kleinen Höcker; eine Reihe Kiemenblättchen; seitliche

Kieferrudimente; die Platten der Radula sind alle lamellenartig am Rande gezähnelt. Das Gehäuse besitzt einen hornigen, selten kalkigen Deckel mit concentrischen oder spiralen Anwachsstreifen, ist kreisel-, turm- oder fast scheibenförmig, der Mundsaum ist vollständig, selten mit einem Ausschnitt. Die Jungen besitzen Mundlappen, die nicht mit Wimpern besetzt sind.

a. **Lebendiggebärende Sumpfschnecke** (Vivipara vera Frauenfeld.) Paludina vivipara Lenn.

Das Gehäuse ist plump, konisch, eiförmig; das Gewinde fast von der Länge der letzten Windung. Die Mündung ist rundlich oval; der Deckel ist hornig, concentrisch; die Platten der Radula breit, die Zwischenplatten an der Basis zugespitzt. Die Rute des ♂ im rechten Fühler. Die Färbung des Tieres dunkelstahlblau, rostgelb gefleckt. Das Gehäuse ist bräunlich mit drei braunen Querbinden, die in der Jugend steife Haare tragen. Die Windungen mit vertieften Nähten. — Flüsse und Graben.

Figur 223. Lebendiggebärende Sumpfschnecke Vivipara vera a. Kopf, b. Deckel.

b. **Vivipara fasciata Müller.**

Die Form des Gehäuses ist schlanker, die Umgänge sind weniger gewölbt, und nur durch eine seichte Naht getrennt. Die Färbung ist heller, die Bänder deutlicher. Flüsse und Graben.

c. **Bythinia tentaculata L.**

Die Rute des ♂ tritt am Grunde des rechten Fühlers hervor. Die Mittelplatten der Radula tragen mehrere Baselzähne. Der Deckel ist kalkig, concentrisch. Das Gehäuse ist verlängert eiförmig, bauchig, ungenabelt, in der Färbung gelblich. Die Umgänge sind wenig gewölbt, der letzte ist bauchig. Gehäuse ohne Bandzeichnung. Sümpfe und Graben.

d. **Bythinia ventricosa. Gray.**

Mit stark abgesetzten Windungen und sichtlichem Nabel von c. unterschieden.

Seltene Arten, die keine große Verbreitung besitzen, sind die Quellenschnecken (Bythinella). Ihr Gehäuse ist abgestutzt kuppelförmig, mit stumpfer Spitze und ins Gehäuse eingesenktem Deckel. Nur eine Art Bythinella Steinii lebt am Ufer von Seen und Flüssen. Das Gewinde ist bei derselben im Verhältnis zum letzten Umgang sehr lang, die Umgänge sind stark gewölbt. Von den Fluß- und Schwimmschnecken (Neritina) bringe ich nur eine Art, die

Gemeine Flußschnecke (Neritina fluviatilis L.)

Das Gehäuse ist halbkugelig, kahnförmig, sehr dickschalig und besteht aus wenigen, rasch zunehmenden Umgängen. Die Mündung ist weit, der Mundsaum scharf. Es ist fein gestreift und glänzend, in der Grundfarbe weißlich, durch dunkle Linien netzartig gezeichnet. Der Deckel am Außenrande mit rotem Saum. Bäche, Flüsse und Seen.

Von den aufgezählten Arten kommen für das Aquarium hauptsächlich diejenigen von Vivipara in Betracht. Es sind dieses träge, plumpe, sehr vorsichtige und scheue Tiere, die sich bei der geringsten Störung in ihr Gehäuse zurückziehen und dieses durch den Deckel verschließen.

Im Aquarium nimmt Vivipara vera vorwiegend animalische Nahrung zu sich; als Algenvertilger, wie die Posthornschnecke, thut sie sich nicht hervor, wenn sie auch hin und wieder an den Algenfeldern weidet. Sie ist besonders als Verzehrer von Futterresten und toten Tieren im Aquarium zu schätzen. Ehe gefangene Tiere in das Becken gesetzt werden, sind sie zu wenigen vereint in Gläser mit Sand und Wasserpflanzen zu bringen, bis die Tiere sich hier ausgeschleimt haben. Als Nahrung ist ihnen ab und zu Fleisch zu reichen.

Zweischaler (Bivalvia).

Zweischaler sind Weichtiere ohne gesonderten Kopf, deren Schale aus einer rechten und linken Klappe besteht.

Im großen und ganzen zeigen die Zweischaler oder Muscheln einen sehr gleichmäßigen Bau. Treffend sind sie mit einem Buche verglichen worden: der Rücken des Buches ist auch der der Muschel, die beiden Schalen entsprechen dem Einbande und was zwischen den Schalen liegt, sind die Blätter des Buches, hier das Weichtier. Schnecken und Muscheln lassen sich daher leicht auseinander halten, wenn man bedenkt, daß eine Schnecke nur eine einzige Schale, eine Muschel aber deren zwei besitzt.

Die beiden harten, oft sehr dicken, aus kohlensaurem Kalk und einer organischen Substanz bestehenden Klappen greifen auf dem Rücken durch Zähne und entsprechende Vertiefungen — das Schloß — ineinander und werden durch ein hornähnliches, sehr zähes und elastisches Band zusammengehalten. Seiner Wirkung ist es zuzuschreiben, wenn die Schalen sich öffnen und nach dem Tode des Bewohners klaffen. Das Schließen der Schalen ist von der Willkür des Muscheltieres abhängig und wird durch eine oder zwei kräftige Muskeln bewirkt, welche sich von links nach rechts ziehen.

Dicht an den Schalen liegen die Mantelblätter und umschließen einen, zunächst die Kiemen enthaltenden Raum, die Mantelhöhle. Nicht immer bleiben ihre Ränder vollständig von einander getrennt, sondern sehr häufig verwachsen sie bald kürzer, bald länger mit einander. Immer bleibt aber unten ein Schlitz offen, der dem Fuß den Durchtritt gestattet. Auch der verwachsene Mantel besitzt an seinem hinteren Ende 2 Öffnungen, eine obere, die Auswurfsöffnung, durch welche Exkremente, die Geschlechtsprodukte und das verbrauchte Atemwasser geführt wird und eine untere, die Atemöffnung, durch welche das Atemwasser und mit diesem kleine Infusorien, Krebstierchen ꝛc. in die Mantelhöhle einströmen. Am Rande befinden sich meist braun gefärbte Tastwärzchen zur Sichtung des durchströmenden Materials. Die Kiemen bestehen jederseits aus zwei Blättern und sind aus zarten Lamellen gebildet. Sie nehmen auch die Eier auf.

In der Mitte der Muschel tritt zwischen den Kiemen der Fuß hervor. Er ist in seiner Form bei den größeren Arten breit, bei den kleineren zungenförmig. Die Bewegungsfähigkeit der Tiere ist nur eine sehr geringe und ihr ruckweise erfolgender Ortswechsel erstreckt sich nur auf 1—2 m Länge. Vollführt wird derselbe durch Ausstrecken und Einziehen des Fußes;

bei dem Einziehen wird die Muschel nachgeschleift, wobei sie im Schlamme eine Furche zurückläßt. Nur eine Art, die Wandermuschel (Dreissena polymorpha), auf welche ich noch zurückkomme, haftet sich durch einen Byssus an im Wasser liegende Gegenstände fest und wechselt dann ihren Standort nicht mehr bis zu ihrem Tode.

Betrachten wir jetzt kurz noch die Sinnesorgane der Zweischaler. Dieselben sind auf die verschiedensten Körperpartien verteilt. Fühler finden sich in der Umgebung des Mundes und am Mantel, Gehörbläschen an der Bauchseite des Leibes, an dem Fuß. Als Geruchsorgane werden zwei mit einem Nervenknoten verbundene Hautstellen zwischen After und Fußende angesehen und dort, wo Augen vorhanden sind, sitzen diese als farbige Flecke oder glänzende Kügelchen am Mantelsaum. Die Zahl der Augen kann bis über hundert ansteigen, doch meistens fehlen sie gänzlich.

Von den inneren Organen stellt das Herz einen Sack dar, welches von einem Herzbeutel umgeben wird, und aus drei Kammern: zwei Vorhöfen und einer Herzkammer besteht. Es wird gewöhnlich vom Mastdarm durchbohrt. Das Gehirn ist nur schwach entwickelt.

Fast alle Muscheln sind getrennten Geschlechtes, nur einige sind Zwitter. Die meisten legen Eier, nur wenige gebären lebendige Junge. Zuweilen findet eine Brutpflege statt, indem die Eier in besonderen Behältern an oder in den Kiemen ihre weitere Entwicklung durchmachen. Fast alle unterliegen in früher Jugendzeit einer Verwandlung. Die Larve verläßt das Ei mit der Anlage der späteren Schale und besitzt noch ein besonderes vor dem Munde gelegenes, scheibenförmiges, im Umkreise reichlich mit Flimmern besetztes Schwimmorgan, das bei der Verwandlung schwindet.

Die uns hier besonders interessierenden Flußmuscheln (Najades) sind gleichschalig, ungleichseitig, mit einer dünnen Oberhaut bekleidet, innen meist perlmutterartig mit drei Muskeleindrücken am Vorderende. Der Fuß ist zusammengedrückt, kielförmig, lang. Die Kiemen hinter dem Fuße verwachsen. Ihre Eier treten in die äußeren Kiemenblätter, wo sich die junge Brut entwickelt.

a. **Teichmuschel** (Anodonta mutabilis Clessin).
Die Schale ist länglich oder länglich-eiförmig. Das Schloß ohne Zähne. Jüngere Muscheln besitzen an der hinteren Seite einen fast flügelförmigen Kiel, der im späteren Alter wieder stark hervortritt. Die Schalenoberhaut ist bräunlichgrün und glatt, zart runzelig, nur wenig abgerieben oder zerfressen. — In Teichen.

b. **Abgeplattete Teichmuschel** (Anodonta complanata Ziegl).
Die Schale ist klein, spitz eiförmig, sehr zusammengedrückt. Das Vorderteil verkürzt und zugespitzt gerundet. Das Hinterteil verlängert und zugespitzt, oft herabgekrümmt. Die Wirbel wenig hervortretend. — Selten; in Bächen und Flüssen.

Die Unterscheidung der verschiedenen Anodonten ist sehr schwierig und fast nur die Umrißform ist zur Bestimmung zu gebrauchen. Leider aber variieren die Muscheln sehr stark, sie werden von ihren Wohnorten sehr beeinflußt, sodaß ganz bestimmte, sich gleichende Formen nur in einem Wohngewässer gefunden werden. Aus diesem Grunde habe ich mich auf die beiden beschriebenen beschränkt.

c. **Flußperlmuschel (Margaritana margaritifera L.)**

Am Schlosse stets starke Zähne, 2 einerseits, zwischen denen einer der anderen Seite eingreift. Leisten fehlen. In der Form ist die Schale langei- bis nierenförmig, etwas zusammengedrückt, sehr dickwandig, mitten am Unterrande seicht ausgeschweift und zusammengedrückt. Die Oberhaut ist dunkelbraun bis pechschwarz, schwach glänzend. — Bäche und Flüsse.

Im Sande kalkarmer Urgebirgsbäche, welche ruhig und besonnen, jedoch nicht langsam ihre Straße ziehen, welche ihre rauschenden Wasserfälle und drehenden Wirbel hinter sich gelassen haben, findet sich die Flußperlmuschel. Mäßig tiefe Stellen mit einem Untergrunde von Granitkies und Sand, an den Ecken und Winkeln der Bäche unter Wurzeln versteckt, beherbergen unser Weichtier stets. Hier bald zu mehreren, bald zu wenigen vereinigt, hin und wieder dicht gedrängte Kolonien bildend, stecken die Tiere, der Strömung des Wassers folgend, bisweilen in querer Richtung, mit der Hälfte oder mit zwei Dritteln ihrer Schalenlänge im sandigen Grunde, um mit ihrem hinteren, weit offen stehenden Schalenende, das über sie hingleitende Wasser aufzufangen.

Die Flußmuschel ist besonders wichtig wegen der Erzeugung der Perlen. Diese vollzieht sich in dem Raume zwischen Mantel und Schale und muß die Perle hier frei beweglich bleiben, sodaß sie ständig in rollender Bewegung erhalten wird, wenn sie wertvoll werden soll.

Nur Fremdkörper, z. B. Sandkörnchen, veranlassen die Bildung von Perlen. Der Druck, welcher von diesen auf die äußere Mantelfläche ausgeübt wird, veranlaßt eine starke Ausscheidung des Perlmutterstoffes, welcher sich in Schichten um den fremden Körper legt und ihn mit der Zeit umhüllt. Die Einführung künstlicher Fremdkörper zur Erzeugung von Perlen hat bis zur Zeit noch zu keinem günstigen Resultate geführt.

Ob sich die Flußperlmuschel im Aquarium pflegen und erhalten läßt, kann ich nicht angeben, da ich, und soviel mir bekannt ist, auch noch niemand hiermit Versuche angestellt hat. Fließendes Wasser dürfte aber unbedingt hierzu nötig sein.

Eng mit der Flußperlmuschel verwandt sind die Malermuscheln (Unio). Dieselben sind dickschalig, verlängert eiförmig, mit verkürztem Vorder- und verlängertem Hinterteil. Die Oberhaut ist grünlich-braun bis schwärzlich, manchmal gestrahlt, die Wirbel sind angetrieben, runzlich, oft abgetrieben und zerfressen. Am Schlosse rechts steht ein Haupt- und ein Seitenzahn, links zwei Haupt- und zwei Seitenzähne.

d. **Malermuschel (Unio pictorum L.)**

Die Schale ist länglich eiförmig; der vordere Hauptzahn linker Seite lang, zusammengedrückt; der hintere klein. Die Oberhaut ist fein gestreift und glänzend, gelbgrün mit deutlichen, dunkelbraunen Jahresringen. — Im Unterlaufe der Flüsse und Bäche.

e. **Unio tumidus Phil.**

Die Muschel ist gedrungen, stark bauchig, am vorderen Teile angeschwollen. Die beiden Hauptzähne der linken Schale fast gleich groß, zackig gekerbt. Alte Tiere sind einfarbig oliv bis kastanienbraun; junge gelblich grün mit dunkleren Jahresringen und grünen Strahlen. — Norddeutschland, häufig.

f. **Unio batavus Lamark.**

Diese Muschel ist elliptisch, das Hinterteil stets kurzer und gerundeter als bei e. In der Jugend gelblich mit mehr oder weniger deutlichen graugrünen Strahlen, im Alter dunkel purpurfarben oder schwarz. Die Hauptzähne sind stark höckerartig. In der Form sehr wechselnd. Fließendes Wasser.

„Nicht bloß jeder Bach, Fluß und Teich zeigt seine eigentümlichen Formen von Unionen und Anodonten," sagt Roßmäßler sehr treffend, „sondern nicht selten findet die Erscheinung statt, daß mit der Veränderung des Flußbettes in Breite, Tiefe, Bodenbeschaffenheit, und mit der größeren oder geringeren Geschwindigkeit des Laufes sich die Formen der Muscheln verändern. An großen Teichen oder Landseen hat die seichte, dem herrschenden Luftstrom gegenüber liegende Seite oft ganz andere Formen, als die meist tiefere, entgegengesetzte Seite. Wer seine Unionen und Anodonten nicht bloß in einzelnen ausgesuchten Exemplaren von Händlern bezieht, sondern

Figur 224. Malermuschel (Unio pictorum).

selbst hundertweise an Ort und Stelle weit und breit sammelt und in reicher Auswahl von seinen auswärtigen Freunden unter genauer Angabe des Fundortes zugeschickt erhält, der wundert sich nicht sowohl darüber, wenn er die Arten in mehr oder weniger eigentümlich ausgeprägten Formen erhält, sondern darüber, wenn er dann und wann einmal ganz dieselben Formen erhält, die er schon anders woher bezog." Doch sind auch die Schalen von einander abweichend, die Organisation der Tiere in ihrem Innern bleibt sich stets gleich.

Die Malermuscheln und desgleichen die Teichmuscheln sind alle getrennten Geschlechtes. Die Entwicklung der Tiere bietet, soweit sie bekannt ist, mancherlei Eigentümlichkeiten, die ich hier nicht übergehen kann, wenngleich ich mich möglichst kurz fassen muß. Von den Tieren werden eine Unzahl von Eiern hervorgebracht, die von den Ovarien aus in die Kiemen gelangen und hier die ersten Stadien ihrer Entwicklung durchmachen. Hier in den Kiemen bilden sich aus den Eiern Larven, wozu 2—3 Monate gebraucht werden, je nach den Temperaturverhältnissen. Die Eihülle wird von den Larven erst dann verlassen, wenn sich ihre eigenartig gestaltete Larvenschale ganz ausgebildet hat. Sie ist von dreieckiger Form und trägt in der Mitte der Bauchseite einen kleinen Höcker. Sobald die Eihülle entfernt ist, bilden sich an der Larve Byssusfäden, mit denen sich die in einem Kiemensacke befindlichen Tiere derart verwickeln, daß sie vollständig ineinander geheftet erscheinen. Diese werden von der Mutter ausgestoßen und sinken auf den Boden des Wassers, wo die Byssusfäden im Wasser flottieren. Hierbei verfangen sie sich an dicht über den Boden hinstreichenden Fischen, haften sich an der Haut fest, dieselbe beginnt zu wuchern und umschließt die Larve, welche sich hier solange hält, bis der Larvenzustand vorüber ist und das Tier nun ohne Schutz sich weiter entwickeln kann. Nach Braun beträgt die Zeit, welche die Muschellarve am Fische zubringt, 70—73 Tage.

Im Aquarium mit Pflanzenwuchs sind die Muscheln nicht gern gesehen, da sie, falls die Sandschicht nicht sehr stark ist, sodaß die Tiere nicht durch diese hindurchdringen können, leicht den Bodenbelag aufrühren, die Pflanzen herausreißen und das Wasser trüben. Nur zur Zucht des Bitterlings (Vergl. Seite 381—384) müssen sie vorhanden sein.

Besser als diese immerhin verhältnismäßig großen Tiere ist für das Becken zu empfehlen die

Flußkreismuschel (Cyclas rivicola Leach) Sphaerium rivicola Leach.

<small>Die Muschel ist eiförmig, etwas aufgeblasen, in der Jugend nur flach gewölbt. Stark concentrisch gereift, ältere Stücke am Rande in der Färbung fast braun, in der Regel sonst gelb gesäumt. — Im sandigen Grunde größerer, ruhiger Flüsse und Seen. Im oberen Rhein und Donaugebiete fehlend.</small>

Weitere Arten, die nur wenig von der beschriebenen abweichen, bringe ich nicht, sondern nenne nur noch die hierher gehörende kleine Erbsenmuschel (Pisidium), die deutlich ungleichseitig ist und deren Hinterleib bedeutend kürzer als das Vorderteil ist. Die Schale erscheint dadurch im Umfange schief dreieckig. Zum Schluß der Weichtiere bringe ich noch kurz die

Wandermuschel (Dreissena polymorpha Pallas).

<small>Diese Muschel ist 3 kantig, verkehrt lahnförmig, dünnschalig, in der Färbung grüngelb mit braunen Wellen oder Zickzackbändern. — Norddeutschland.</small>

Die Wandermuschel hat die Fähigkeit der freien Bewegung aufgegeben und ist festgewachsen. Ursprünglich in Rußland zu Hause, ist sie mit Schiffen aus den Flüssen des Schwarzen Meeres über ganz Europa verbreitet worden und findet sich jetzt in stehendem und fließendem Wasser, gewöhnlich in Klumpen auf Steinen oder anderen Gegenständen festgewachsen. Wird eine solche Kolonie samt ihrer Unterlage in das Aquarium eingebracht, so hält sie sich hier lange Zeit gut und bietet für den Beschauer einen reizenden Anblick.

Würmer (Vermes).

Würmer sind ungegliederte Tiere ohne ein inneres und äußeres Knochengerüst mit meist langgestrecktem Körper.

Wird auch der Körper der Würmer gleichfalls aus nebeneinander liegenden Ringeln gebildet, so vereinigen sich diese doch nie zu zwei oder drei größeren Abschnitten, wie dieses bei den Gliedertieren der Fall war.

Die Körpergestalt der Würmer ist im allgemeinen eine langgestreckte, nur bei den höher entwickelten Formen tritt eine deutliche Gliederung des Körpers ein, besteht aber aus gleichartigen Segmenten; bei anderen ist die Gliederung weniger deutlich, giebt sich nur durch eine Andeutung von Ringeln oder Falten an der Oberfläche zu erkennen, oder wird nur an einzelnen Teilen des Körpers, etwa am Körperende, sichtbar; bei vielen fehlt eine Gliederung überhaupt ganz. Meist ist der Körper nahezu cylindrisch, oder glatt, und läßt fast stets eine Rücken- und eine Bauchseite erkennen.

Von Sinnesorganen kommen Augen, Gehörbläschen und Tentakeln als Tastorgane vor. Die Ortveränderung wird durch Krümmungen und Schlängelungen des Körpers vermittelt, wozu Längs- und Quermuskeln unter der Haut die Tiere geschickt machen; es treten aber auch noch verschiedene Bewegungsorgane diesem hinzu: Fußstummel mit Borsten und anderen Anhängen; Saugnäpfe, die durch Hakenapparate verstärkt werden können; Flimmern, die bald den ganzen Körper, bald nur Teile desselben überziehen, um Strömungen im Wasser zu erregen, oder auch lappige, mit Flimmern besetzte Räderorgane tragen dazu bei, daß die Bewegung ziemlich schnell vor sich geht. Die höher organisierten Würmer haben einen Darmkanal mit Mund und After. Der Mund liegt meist an der Bauchseite, vorn oder oft weit vom Vorderende entfernt; der After hat seine Lage in der Regel hinten an der Rückseite. Andere Würmer haben einen Mund und einen blind endenden Darm ohne After. Fehlt den Tieren der Nahrungsschlauch ganz, so erfolgt die Aufnahme der Nahrung, die aber aus flüssigen Stoffen bestehen muß, mittelst der Körperoberfläche. Manchen Würmern fehlt auch ein Gefäßsystem, die meisten besitzen jedoch ein solches, aber kein eigentliches Herz. Der Strom des zuweilen rot gefärbten Blutes wird durch Pulsation der Gefäße hervorgebracht. Einige Würmer besitzen Kiemen, bei vielen sind jedoch die Atmungsorgane noch nicht genügend erforscht, um genaueres hierüber angeben zu können, meist wird wohl der Gasaustausch durch die Haut vermittelt. Die männlichen und weiblichen Geschlechtsorgane sind bald auf verschiedene Individuen verteilt, bald in einem Tiere vereinigt. Die Entwicklung vollzieht sich auf die mannigfaltigste Art und Weise durch Metamorphose oder durch Generationswechsel.

Die Abteilung der Würmer beherbergt eine bunte Fülle von Wesen. Sie ist die Rumpelkammer des Zoologen, wo alles das hinkommt, was an anderen Stellen sich nicht unterbringen läßt, und heute ist noch nicht mit Bestimmtheit zu sagen, was morgen vom Zoologen als „Wurm" erklärt wird. Die Abteilung der Würmer ist eine Heimstätte für alle Heimatlosen und Verachteten. Es findet sich unter diesen Tieren viel nichtsnutziges, charakterloses, schmarotzendes Gesindel, aber auch bessere Elemente sind hierher gekommen, bei denen der Ausdruck „Wurm" nicht die ihm anhaftende verächtliche Bezeichnung trägt.

Wir teilen die Würmer in 4 Klassen ein: 1. Gliederwürmer (Annulata) 2. Strudelwürmer (Turbellaria), 3. Eingeweidewürmer (Entozoa), 4. Rädertiere (Rotatoria).

1. Gliederwürmer (Annulata).

Glieder- oder Ringelwürmer werden die hierher gehörenden Tiere daher genannt, weil ihr Körper aus einer unbestimmten Zahl von Ringeln zusammengesetzt ist, welche an ihren Seiten entweder Borsten tragen, oder glatt sind. Nach diesem Kennzeichen unterscheiden sich die Gliederwürmer in: Borsten- und Glattwürmer. Die Mundöffnung befindet sich bei den hierher gehörenden Tieren am Bauche hinter dem ersten Ringe und bildet den Eingang zum Darm, der von vielen Arten wie ein Rüssel hervorgestreckt werden kann und zum Graben oder Erfassen der Beute dient. Die meisten Arten der Borstenwürmer leben im Meere, die Glattwürmer oder Egel dagegen entweder frei in süßem Wasser, oder schmarotzend an Fischen, Krebsen und Muscheln. Die eigentlichen Egelarten besitzen mehrfache Augenpaare, sind mit scharfbeißenden Mundteilen ausgerüstet und nähren sich vom Blute der Wirbeltiere. Alle Ringelwürmer entwickeln sich aus Eiern; die Borstenwürmer machen eine Verwandlung durch, während die Glattwürmer die Eihülle in vollendeter Gestalt verlassen.

Es ist nun natürlich nicht möglich, die zahlreichen hierher gehörenden Arten alle zu bringen, aus der großen Anzahl greife ich die hauptsächlichsten heraus.

Unter den Regenwurmarten (Lumbricus), deren Körper verlängert, wurmförmig cylindrisch ist und an beiden Enden sich verschmälert, kommt eine Art Phreoryetes Menceanus Hoffmstr. mit rüsselförmiger, gegliederter Oberlippe und zweireihigen Borsten im Süßwasser vor. Brunnen und Basins in Süddeutschland beherbergen das Tier nicht selten. Bekannter und verhaßter ist dem Aquariumliebhaber das Röhrenwürmchen (Tubifex rivulorum Udek). Die Kopflappen sind mit dem Mundsegment verwachsen, die Haut ist durchscheinend rötlich. In oft ungeheuren Mengen kommt dieses Tierchen im Schlamme von Gräben und Bächen vor, wo man das Hinterende aus der Röhre, welche sich die Tiere im Schlamm gegraben haben, herausragen sieht. Durch Unvorsichtigkeit in das Aquarium hinein gebracht, trübt es durch den aufgewühlten Schlamm das Wasser im Becken sehr. Ebenfalls eine Bewohnerin von Gräben und Weihern, besonders solchen mit vielen Wasserlinsen, ist die gezüngelte Naide (Nais proboscidea Udek).

Figur 225. Aeolosoma decorum.

Bei ihr sind die Kopflappen mit dem Mundsegmente verwachsen, der Körper verlängert und fadenartig, durchscheinend, die Borsten pfriem- oder hakenförmig und in einen oder zwei Bündelreihen stehend. Die Stirn ist in einen fadenförmigen Rüssel verlängert. Bei dieser Art ist die Oberlippe kurz und stumpf. Die Fortpflanzung geschieht meist durch Teilung, indem sich am Mutterkörper ein neuer Kopf bildet, der sich mit den hinter ihm befindlichen Gliedern als neues Tier losreißt. Aeolosoma decorum Ehrbg. ist mit der vorhergehenden nahe verwandt. Die Oberlippe ist breit, weit über die Mundöffnung vorragend; die Borsten sind zweizeilig und stehen an jedem Gliede in zwei Bündeln; der Körper ist mit

roten Wärzchen besetzt. Bei Aelosoma quaternarium Ehrbg. stehen die
Borsten in 4 Büscheln, an jedem Gliede zu vieren. An Wasserschnecken sich
anheftend, findet sich Chaetogaster vermicularis Baer. Der Mund
vorn von keinem Kopflappen überragt. Die Borstenbüschel
stehen einzeilig nach der Bauchseite gerückt. Die Borsten
sind gabelige Hakenborsten.

Zu den Gliederwürmern zählen auch die Egel (Discophora). Ihr Körper ist weich, länglich oder verlängert,
meist etwas verflacht, vielgliedrig, ohne irgendwelche zeitliche Bewegungsorgane, an beiden Enden mit einem
Saugnapfe versehen, mit dessen Hilfe sie sich kriechend bewegen, sie schwimmen durch schlängelnde Körperbewegungen.
Der Mund hat seine Stellung mitten im vorderen, der
After oben am Grunde des hinteren Saugnapfes. Ersterer
ist entweder mit knorpeligen Kiefern bewaffnet, die auf
ihrem Rande mehr oder weniger scharfe Zähne tragen
und dadurch befähigt werden, wie mit einer feinen Säge
die Haut zu durchschneiden, oder er besitzt einen unbewaffneten, kieferlosen Rüssel, der nur zum Aufsaugen von
Flüssigkeiten gebraucht werden kann.

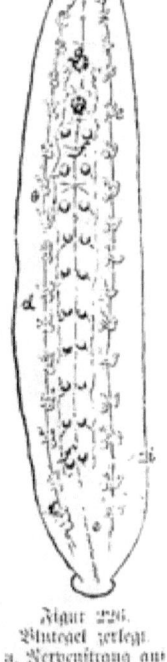

Figur 226.
Blutegel zerlegt.
a. Nervenstrang an
der inneren Bauch
fläche mit Knoten.
b. c. Blutgefäße, ein
Hauptstamm auf
jeder Seite geben
Energiegefäße auf dem
Rücken ab, bei f.
einige abgebildet.
d. Schleimdrüsen.
e. Kiemblasen f.
Milchbläschen, ent
leeren sich an g., h
Tragesack und da
rüber a. Eierstöcke.

Das Gefäßsystem ist wohl entwickelt, und die Blutströmung bei einigen durchsichtigen Arten deutlich zu beobachten. Die innere Organisation zeigt die beistehende
Abbildung. Die Tiere sind Zwitter, befruchten sich gegenseitig, legen Eier, nur einige Arten gebären lebendige
Junge. Die Nahrung besteht entweder aus Wassertieren
oder aus dem Blute der Wirbeltiere. Die Familie der
Blutegel (Hirudinacea) besitzt im Munde mehr oder weniger
entwickelte Kieferfalten, welche meist mit spitzen Zähnen
bewaffnet sind. Ein vorstreckbarer Rüssel ist nicht vorhanden. Bei der für uns wichtigen Gattung Blutegel
(Hirudo) ist der vordere Saugnapf nicht abgeschnürt, sondern
wird von der mehrgliedrigen Oberlippe gebildet. Im
Munde stehen drei halbrunde, scheibenförmig zusammengedrückte Kiefer mit gezähnter Schneide; die zahlreichen
Zähnchen derselben sind schmal, stumpfspitzig; 10 wenig
deutliche Augen vermitteln den Verkehr mit der Außenwelt, 6 von ihnen stehen vorn in einer krummen Linie
zusammen, 2 jederseits im Nacken. Beim Aufnehmen
ihrer Nahrung, des Blutes der Wirbeltiere, zersägen sie
mit ihren fein bezahnten Kiefern die Haut und saugen
dann das Blut in ihren langen mit zwei Reihen blindsackartiger Anhänge
versehenen Magen. Hirudo medicinalis ist dunkelolivengrün, mit 6 hell
rostroten schwarz gefleckten Längsbinden auf dem Rücken und schwarz ge
flecktem Bauche. Die Körperglieder sind körnig rauh. Hirudo officinalis
ist schwärzlich oder schwärzlich-grau mit 6 rostroten, ungefleckten Rücken-

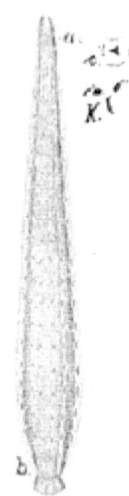

Figur 227.
Hirudo offici-
nalis. a. Mund-
ende. b. Kopf.
c. Mund von
vorn. k. Kiefer.

binden. Bauch gelblich, Körperglieder glatt. Beide werden als Mittel für lokale Blutentziehung vielfach angewendet und sind durch keine andere Vorrichtung zu ersetzen. Ihre Zucht ist um so wichtiger, als sie im westlichen Europa, wegen des starken Verbrauches, im Freien fast ganz verschwunden sind und aus Ungarn und Kleinasien eingeführt werden müssen. Hier leben beide Arten in Flüssen und Seen.

Zu ihrem Aufenthalte lieben die Blutegel stilles, weiches Wasser mit thonigem oder torfigem Untergrund. Am Tage und bei hellem Himmel schwimmen sie gewöhnlich mit schlängelnden Bewegungen lebhaft umher; bei trübem und kaltem Wetter liegen sie zusammengerollt am Boden, kommen aber sogleich hervor, sobald sie Beute wittern; im Winter verkriechen sie sich in den Schlamm.

In ihrer Jugend nähren sie sich vom Blute der Wasser-Insekten und Schnecken, später wagen sie sich an Fische und Frösche; zur Erlangung der Geschlechtsreife, die im dritten Jahre erfolgt, bedürfen sie jedoch warmen Blutes. Ihrer viele vermögen ein grosses Säugetier zu töten, indem sie ihm das Blut aussaugen.

Wie ich sagte, sind die Blutegel Zwitter. Nach erfolgter Begattung, die im Juni bis August erfolgt, kriechen sie aus dem Wasser, bohren Gänge in die feuchte Ufererde und scheiden unter vielem Drehen und Wenden des Vorderkörpers eine schaumige Masse aus, die zu einer etwa eichelgrossen Kapsel erhärtet. In diese legen sie zehn bis fünfzehn ganz kleine Eierchen nebst eiweissartiger Nährsubstanz, ziehen den Kopf zurück und verstopfen die Kapsel. Nach etwa sechs Wochen kriechen die Jungen aus, welche mit Ausnahme der Geschlechtsorgane bereits die Organisation der Alten aufweisen.

Im Aquarium füttert man die jungen Egel mit kleinen Fischen, Kaulquappen oder Fröschen, die sehr zweckmässig in ein Netz eingeschlossen sind. Alten reicht man das Blut frisch geschlachteter Tiere, welches in ein Gefäss gethan wird, in welchem sich ein feiner Schwamm oder ein weisser Flanelllappen befindet. Die Tiere werden dem Behälter entnommen und auf diesen gesetzt, wo sie bald zu saugen anfangen. Wird den Tieren jährlich einmal eine derartige Nahrung gereicht, so können sie hierbei ein hohes Alter erreichen. Auf Reinlichkeit, weiches Wasser und Vermeidung eines raschen Temperaturwechsels achte man sorgsam.

Eng den beiden beschriebenen Blutegeln verwandt ist der nur durch die Kiefer, die mit wenigen, stumpfen, höckerartigen Zähnchen besetzt sind, verschiedene Pferdeegel (Haemopis vorax Sav.). Er lebt im südlichen Europa und im nördlichen Afrika. Aulastoma nigrescens Moq. Tand. besitzt einen langgestreckten, vielgliedrigen, sehr weichen Körper; der Mund hat viele Längsfalten und vorn sehr kleine Kieferrudimente. In der Färbung ist das Tier grünlich schwarz mit gelblicher Bauchseite. Irrtümlich wird das Tier auch Pferdeegel genannt, kann aber die Haut nicht durchschneiden, saugt daher auch kein Blut, sondern geht des Nachts an das Land und verzehrt Regenwürmer. Sehr gemein in den Gräben ist Helluo vulgaris Oken. Im Munde stehen drei vortretende Falten statt der Kiefer. Der Körper ist schmal, in der Färbung auf dem Rücken schwarzbraun, oft mit ockergelben in Querreihen gestellten Punkten versehen. Die Unterseite ockergelb. Augen sind 4 vorhanden. Junge sind hellbräunlich, zuweilen fleischfarbig.

Nahe den Blutegeln verwandt ist die Familie der Plattegel (Clepsinea). Sie besitzen einen vorstreckbaren, röhrenförmigen, kieferlosen Rüssel. Der Körper der Tiere ist flach, ihre Jungen werden an der Bauchseite angeheftet getragen. Clepsine complanata fühlt sich knorpelig an, ist oberseits olivenbräunlich, braun punktiert mit gelben und schwarzbraunen, in Längsseiten gereihten Flecken. Weniger häufig ist Clepsine bioculata. In der Färbung ist das Tier aschgrau, grau oder rostrot gefleckt. Beide Arten stellen den Wasserschnecken nach. Ebenfalls zu den Plattegeln gehören die Fischegel (Piscicola). Die Tiere sind undeutlich geringelt, ihr vorderer Saugnapf ist groß, vom Körper abgesetzt, wenig vertieft und napfförmig, der hintere kleiner und weniger abgesetzt. Die Tiere bewegen sich wie die Spannerraupen und leben an Fischen parasitisch, besonders auf den Kiemen, wo sie sich von Schleim und Blut nähren. Namentlich in Karpfenteichen macht sich Piscicola geometra L. sehr unangenehm bemerkbar, indem das Tier zeitweise in ungeheurer Menge auftritt und die Fische ordentlich plagt. In Teichen, welche von diesem Egel stark heimgesucht sind, schwimmen die Fische fortwährend wild umher, suchen sich durch Reiben an Steinen ꝛc. des Schmarotzers zu entledigen und gehen häufig in Mengen zu Grunde. Das Tier ist nur dünn, nicht größer als in der Abbildung, in der Färbung gelbbräunlich. Ein weiterer Fischegel ist Branchiobdellea Astaci Odier, dessen vorderer Saugnapf mit Papillen versehen, aber weniger entwickelt, und dessen Mund nach vorn gerichtet, jedoch ohne Rüssel ist. Er kommt als Schmarotzer auf dem Krebs vor, verursacht jedoch nicht die Krebskrankheit, welche unter dem Namen Krebspest bekannt ist.

Figur 228. Piscicola geometra.

2. Strudelwürmer (Turbellaria).

Der Körper der Strudelwürmer ist meist langgestreckt, drehrund oder flach, und ungegliedert. Fußstummel oder Borsten, desgleichen Saugnäpfe sind nicht vorhanden, die ganze Hautoberfläche ist mit Strudel erregenden Wimpern besetzt. Ein Kopf läßt sich nicht deutlich unterscheiden. Viele Arten besitzen punktförmige Augen. Der Mund ist vollständig kieferlos, oft mit einem vorstreckbaren Rüssel versehen. Organe, welche die Atmung besorgen, sind nicht vorhanden, die Haut ist es, welche die Respiration übernimmt. Die Strudelwürmer sind z. T. getrennten Geschlechtes, z. T. Zwitter. Eine freie Lebensweise führen alle Arten.

— 488 —

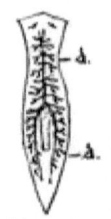

Figur 229.
Darmtractus
d. d. nach
Zacharias.

Die hierher gehörenden Würmer teilt man sehr zweckmäßig in größere platte Würmer von 1—2 cm Länge, die einen deutlichen Darm durch die Haut wahrnehmen lassen und in solche, deren Verdauungskanal sackartig ist und die in ihrer Körpergröße oft sehr hinter den ersteren zurückstehen. Näher auf die anatomischen Unterschiede hier einzugehen, verbietet mir der Raum und wende ich mich sogleich zu der Beschreibung einiger hauptsächlicher Arten. Planaria alba Schultze findet sich häufig in Wassertümpeln und Teichen. Das Tier ist milchweiß. Planaria gonocephala Stimps findet sich in den Gebirgsbächen unter Steinen und ist braungrün gefärbt. In den Gewässern der Ebene trifft man hauptsächlich Polycelis nigra Ehrbg. an. Bei diesem stehen viele kleine Augenpunkte in einer Reihe am vorderen Rande des Körpers.

3. Eingeweidewürmer (Entozoa).

Figur 230.
Cucullanus
elegans.
Etwa 10mal
vergr.

Die Eingeweidewürmer sind Tiere von sehr verschiedener Organisation und Körpergestalt. Ihr Körper ist aber immer ungegliedert.*) Die allgemeine Beschreibung der hierher gehörenden Tiere gebe ich bei den vier Ordnungen und beginne mit den Rundwürmern (Nematoidea). Der Körper dieser ist langgestreckt, walzig und der Darm liegt frei in der Körperhöhle. Zwischen Darm und Leibeshöhle liegen die Geschlechtsorgane. Die Tiere sind alle getrennten Geschlechtes, ob, wie behauptet wird, unter den Tieren auch Zwitter vorkommen, ist noch nicht allgemein festgestellt. Der Übergang aus dem Embryo in die Larve und von dieser zum geschlechtsreifen Rundwurm geschieht durch eine Häutung, die mit einer Metamorphose verbunden ist. Nicht alle Rundwürmer leben parasitisch, einige Arten bringen ihr ganzes Leben frei zu, während bei anderen Arten nur die Larven parasitisch leben. Von den hierher gehörenden Tieren bringe ich nachstehend die hauptsächlichsten. In den Därmen der Fische lebt Cucullanus elegans Müller. Das Tier ist in der Färbung gelbbraun und kommt hauptsächlich im Darmkanal des Barsches, Hechtes, Zanders ꝛc. vor.

Das Wasserkalb (Gordius aquaticus L.) hat einen dünnen, fadenförmigen, runden Körper von bräunlicher Farbe. In dem schlammigen Grunde stehender Gewässer findet sich Euoplus liratus Sohn. Das Tier ist braungelb und trägt erhabene Längsleisten.

Zur zweiten Ordnung der Hakenwürmer (Acanthocephala) gehören Tiere, deren schlauchförmiger Körper am Vorderende mit einem

---

* Bei den Bandwürmern z. B. stellen die einzelnen Glieder einzelne Tiere vor. Der Bandwurm ist eine Tierkolonie.

einziehbaren Rüssel versehen ist. Dieser ist bald walzig, bald keulenförmig, bald kugelig und mit vielen nach hinten gerichteten harten Häkchen besetzt. Der Rüssel kann von dem Wurm in eine Scheide zurückgezogen werden. Es werden dann die Häkchen losgehakt und nacheinander nach einwärts gekrümmt. Die Ernährung geschieht mittelst Einsaugung durch die Haut.

Die Hakenwürmer sind getrennten Geschlechtes. Die Embryonen der Tiere gelangen in den Darm kleiner Krebstiere, durch diese in den von Fischen oder Wasservögeln, wachsen hier aus und werden geschlechtsreif. Die Männchen sind kürzer als die Weibchen. Die einzige Gattung der Hakenwürmer sind die Kratzer (Echinorhynchus). Die Tiere sind im Darm der Süßwasserfische eine recht häufige Erscheinung, besonders häufig in Tieren aus der Familie der Karpfen. Ich nenne u. a. Echinorhynchus proteus Müller und Echinorhynchus angustatus Müller. Ersterer verbringt seinen Jugendzustand im Bachflohkrebs, letzterer in der Wasserassel.

Figur 231. Echinorhynchus angustatus. Etwa 3mal vergr.

Wir kommen jetzt zu den Saugwürmern (Trematoda.) Ihr Körper ist weich, eingegliedert und meist flach, stets mit Saugnäpfen versehen. Die Ortsbewegung wird durch Muskeln der Leibeshöhle vermittelt, indessen werden diese durch die Saugnäpfe, mit denen sich die Tiere festheften, sehr unterstützt. Diejenigen Saugwürmer, die wegen ihrer ectoparasitischen Lebensweise einer festeren Anheftung bedürfen als die endoparasitischen, zeichnen sich durch große Verschiedenheit dieser Gebilde aus. Die größte Mehrzahl der Saugwürmer sind Zwitter. Die Tiere entwickeln sich ohne Metamorphose aus dem Ei oder mittelst Generationswechsel. Bei den Tieren, welche der Unterordnung Monogena angehören und die ich nachstehend beschreibe, geschieht die Entwicklung stets ohne Metamorphose; ihre Eier sind immer groß, wenig zahlreich und umgeben von einer festen Schale mit Fäden.

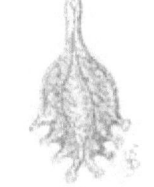

Figur 232. Octobothrium merlangi. Etwa 10mal vergr.

Fast alle Tiere leben parasitisch an Fischen. Sie bewohnen hier geschlechtlich entwickelt den Darm, die Haut und die Kiemen, teils eingekapselt als Larven die Muskulatur und auch die inneren Organe. Ihre oft wunderbare Entwicklungsweise ist sehr interessant. Den im Freien lebenden Fischen scheinen sie selbst bei reichlichem Auftreten keinen wesentlichen Schaden zuzufügen, dagegen rufen sie für unsere Aquariumbewohner lästige, oft sogar tödlich verlaufende Krankheiten hervor, denen der Liebhaber meist ratlos gegenübersteht. Zu den Saugwürmern, deren hinteres Körperende mit eigenartigen hakenähnlichen Organen bewaffnet ist, gehört u. a.

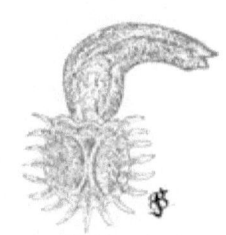

Figur 233. Gyrodactylus elegans. Etwa 60mal vergr.

Octobothrium lanceolatum Leuck. Der Körper ist flach, hinten jederseits vier Saugnäpfe. Das Tier schmarotzt an den Kiemen der verschiedensten Fische. Octobothrium Merlangi Nordm. ist breit mit balsartig verschmälertem Vorderende. Gyrodactylus elegans Nordm. hat vorn einen lappigen Kopf, hinten einen großen Saugnapf, der mit zwei großen Haken und im Kreise stehenden Häkchen bewaffnet ist. Das Tier bringt lebende Junge zur Welt. Einen vierlappigen Kopf und in doppeltem Kreise stehende Häkchen besitzt Gyrodactylus auriculatus Nord. Die Tiere leben besonders an den Kiemen der Karpfenfische. Hierher gehört auch noch Diplozoon paradoxum Nordm., auf den Kiemen vieler Süßwasserfische schmarotzend. Dieses X-förmige Doppelwesen kommt dadurch zu Stande, daß sich zwei ursprünglich freilebende Individuen mit ihren mittleren Saugnäpfen aneinander heften und zwar

Figur 234. 1. Diplozoon paradoxum. 2. Ei. Etwa 10mal vergr.

so, daß der Bauchsaugnapf des einen Tieres an den Rückenzapfen des anderen zu liegen kommt und an den Berührungsstellen verschmilzt. Jedes der beiden Tiere behält im Uebrigen seine ursprüngliche Organisation bei und entwickelt Eier, aus denen wieder Einzeltiere hervorgehen. Einzelne Exemplare werden nicht geschlechtsreif.

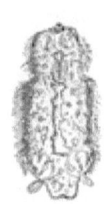

Figur 235. Flimmerembryo von Diplozoon paradoxum (z. T. n. Zacharias).

Durch ihre Entwicklung mittelst Generationswechsel von den aufgeführten Saugwürmern verschieden, sind die Tiere der zweiten Unterordnung Digenea. Ihre Eier sind stets klein und mit einer Hülle ohne Fäden umgeben. Die geschlechtslosen Tiere bewohnen vorzugsweise Schnecken, während die geschlechtlichen Wirbeltiere aufsuchen. Frei im Wasser lebend, benutzen sie zu ihrer Ortsbewegung ihren runden oder flachgedrückten Schwanz, den sie lebhaft in diesem Medium hin und her bewegen. Löst sich nach kurzer Zeit der Schwanz ab, so kapselt sich das Tier um und nachdem es mit der als Wohntier benutzten Schnecke in einen anderen Wirt gelangt ist, entwickelt es sich vollständig. Als entwickeltes Tier im Darm der Frösche lebt Amphistoma subclavatum Rud. Holostomum cuticola Nitzsch. lebt im Auge und der Haut der Karpfenarten. Oft finden sich die Tiere im Jugendzustande in ersteren in so großer Zahl, daß mit ihnen alle Flüssigkeiten des Auges angefüllt sind.

Figur 236. Amphistoma subclavatum Jugendzustand. Stark vergr.

Auch die Ordnung der Bandwürmer (Cestoidea) besitzt Tiere, die für uns von Bedeutung sind. Die Tiere kommen teils geschlechtsreif entwickelt im Darm vor, teils im Larvenzustande frei in der Bauchhöhle oder eingekapselt in der Muskulatur. Der Körper ist bandförmig flach, deutlich gegliedert oder ungegliedert, querringelig ohne eine innere Körperhöhle. Der Kopf trägt Saugnäpfe. Ausgebildet leben die Tiere nur im Darm der Wirbeltiere: die früheren Entwicklungsstufen finden sich jedoch auch bei wirbellosen Tieren. Verschiedener Wohntiere bedürfen die meisten in ihren verschiedenen Lebensperioden.

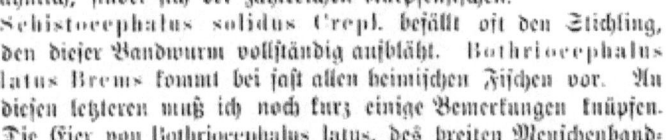

Figur 237. Schistocephalus solidus. Kleines Exemplar.

Geschlechtsreif lebt im Darm der Fische, vorzüglich im Lachse Bothriocephalus proboscideus Rud. Caryophyllaeus mutabilis Rud. in Gestalt und Größe einer Gewürznelke ähnlich, findet sich bei zahlreichen Karpfenfischen. Schistocephalus solidus Crepl. befällt oft den Stichling, den dieser Bandwurm vollständig aufbläht. Bothriocephalus latus Brems kommt bei fast allen heimischen Fischen vor. An diesen letzteren muß ich noch kurz einige Bemerkungen knüpfen. Die Eier von Bothriocephalus latus, des breiten Menschenbandwurmes, kommen nur im Wasser zur Entwicklung und die frei umherschwimmenden Flimmerembryonen gelangen in die Muskulatur der Fische, wo sie frei oder eingekapselt leben. Gelangen sie lebend in den menschlichen Darm, so entwickeln sie sich zu einem 2 m langen Bandwurm. Schon durch Trinken von Flußwasser können diese Embryonen eingeführt werden. Larven von diesem Bandwurm finden sich hauptsächlich in Hechten und Quappen. Ligula simplicissima Bloch trifft man entwickelt im Darm fischfressender Vögel an, als Embryo in der Bauchhöhle der Karpfenarten, Barsche, Hechte u. s. w.

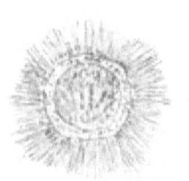

Figur 238. Flimmerembryo von Bothriocephalus latus. Stark vergr.

Figur 239. Bothriocephalus latus. Larve. Etwa 4mal vergr.

4. Rädertiere (Rotatoria).

Die jetzt folgenden Rädertiere bilden den Schluß der Würmer. Die Tiere haben zwar mit einem Wurm im gewöhnlichen Sinne des Wortes wenig Ähnlichkeit, doch zeigen manche Larven von ihnen eine große verwandtschaftliche Ähnlichkeit mit den Larven verschiedener Würmer, sodaß die Abstammung beider aus einer gemeinsamen Wurzel viel für sich hat. Die Rädertiere sind vorwiegend Bewohner des Süßwassers. Auf überschwemmten Wiesen treten dieselben oft so zahlreich auf, daß Kräuter und Gräser wie mit Schimmel von ihnen überzogen erscheinen. Meist leben sie im Gewirr der Algenfäden. Die Vermehrung der Tierchen ist sehr groß. Die Fortpflanzung erfolgt durch Eier, von denen während des Sommers dünnschalige Sommereier, im Herbst dickschalige Wintereier erzeugt werden. Aus den befruchteten Wintereiern entwickeln sich nur Weibchen, während die Sommereier auch Männchen hervorbringen. Besonders interessant sind die Rädertiere dadurch, daß sie, sobald das Wasser ihres Wohnortes verdunstet, durch die Austrocknung nicht zu Grunde gehen. Sie rollen sich dann zu einer

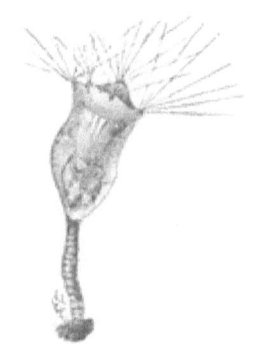

Figur 240. Floscularia ornata. Etwa 30mal vergr.

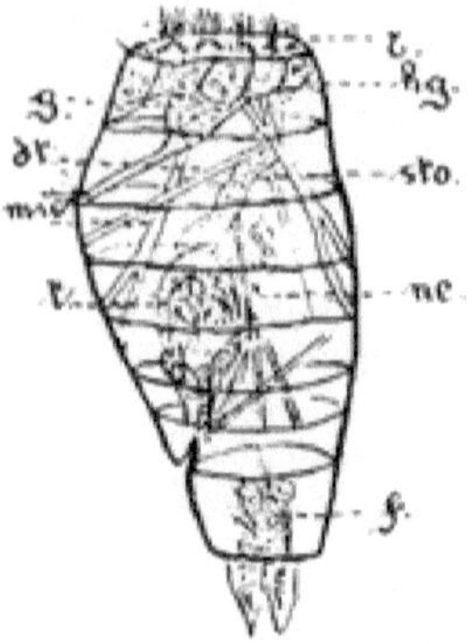

Fig. 241. Hydatina senta ♂. Nach Weber. t. Hoden, sto. Verdauungskanal. r. Räderorgan. hg. Schlund, f. Fuß. Etwa 100mal vergr.

Fig. 242. Anuraea aculeata. Etwa 50mal vergr.

Kugel zusammen und schrumpfen fast ganz ein. Werden sie später vom Winde fortgetragen und ins Wasser geweht, oder fällt neuer Regen, der ihren Wohnort wieder mit Wasser anfüllt, so saugen sie begierig das Lebenselement in sich auf und fangen an sich zu recken und zu strecken, bis sie ihre ursprüngliche Form erlangt haben. Der Körper ist verlängert sackförmig. Es lassen sich zuweilen an ihm Kopf, Leib und Schwanz oder Fuß unterscheiden, oft sind aber Kopf und Leib verschmolzen. Charakteristisch für diese Tiere ist das mit vielen Wimpern besetzte Räderorgan am Kopfende, welches vorgestreckt und eingestülpt werden kann. Durch die beständige, im Wasser flimmernde Bewegung der Wimpern erwecken diese den Anschein, als ob sich das ganze Organ räderartig drehe. Hierdurch wird ein Strudel hervorgebracht, der dem Tiere Nahrung zuführt. Beide Geschlechter sind verschieden gebaut und zwar sind die Weibchen größer als die Männchen. Letztere besitzen keine Ernährungsorgane, nehmen auch keine Nahrung zu sich und leben nur kurze Zeit. Die Nahrung der Rädertiere besteht hauptsächlich aus mikroskopischen Algen, hauptsächlich Diatomaceen, aber auch aus Infusionstierchen verschiedener Art.

Floscularia ornata Ehrenb. setzt sich mit dem langen Fußanhang an Pflanzen u. s. w. fest. Der vordere Körperrand ist in 5 Lappen geteilt und jeder mit einem Büschel langer und zarter, nicht vibrierender Cilien versehen. Stephanoceros Eichhornii Ehrenb. ist wie Floscularia keulenförmig. Das Räderorgan besteht aus 5 langen, wirtelförmig bewimperten Armen; das Tier kann sich in ein gallertartiges Futteral zurückziehen. Ein 2lappiges Räderorgan mit einfachem Wimpersaume besitzt Lacinularia socialis Ehrenb. Mit dem stumpfen Fußende sitzen die Tiere gesellig an Wasserpflanzen um einen gemeinsamen Mittelpunkt. An der Bauchseite tief eingeschnitten ist das Räderorgan bei Tubicolaria najas Ehrenb., an der Rückseite weniger, so daß es aus zwei Hautlappen besteht, die wieder durch eine seitliche Einbuchtung zweilappig sind. Zwei lange Tentakeln sind vorhanden. Der Wimpersaum ist doppelt. Rotifer vulgaris Schrank. ändert in der Gestalt sehr ab. Der Fuß trägt drei gabelspitzige Glieder. Mittelst des Räderorgans vermag das Tier ziemlich schnell zu schwimmen. Mit einem sehr langen gabelförmigen Springfuß ausgestattet ist Scaridium longicaudum Ehrenb., mit welchem es sich hüpfend im Wasser bewegt. Bei Hydatina senta Ehrenb. ist der Körper nackt, mit gabeligem Fußende. Anuraea aculeata Ehrenb., dessen Körperform die Gestalt eines zusammengedrückten Sackes besitzt, möge den Schluß der Rädertiere bilden, von denen ich nur einige herausgegriffen habe.

Moostierchen (Bryozoa).

Die Moostiere bilden häutige oder kalkige zellenartige Gehäuse, in die sie sich zurückziehen können und die vereinigte Tierstöcke mit sehr verschiedener Anordnung der Zellen darstellen.

Von den Moostieren leben nur wenige Arten im Süßwasser. Die Fortpflanzung der hierher gehörenden Tiere geschieht teils durch Eier, teils durch längliche oder kreisförmige, abgeplattete hartschalige Gebilde, sogen. Wintereier. Aus diesen tritt nach dem Aufklappen der Schale ein bereits entwickeltes Moostierchen hervor, das sich später durch Knospung vervielfältigt. Hierher gehört Paludicella articulata Gerv. Das Tier vermag sich völlig zurückzuziehen. Der Polypenstock ist häufig hornig, verästelt. Die Zweige bestehen aus einer Reihe keulenförmiger durch Scheidewände völlig getrennter Zellen mit röhriger, seitlich am Ende angebrachter Windung. Bei dem Armwirbler (Phylactolaemata), der auch hierher gehört, stehen die Tentakeln meist am Rande einer in zwei Arme ausgezogenen Mundscheibe. Sie sind an ihrem Grunde durch eine feine Membrane in zwei parallel einander gegenüberstehende Reihen angeordnet. Bei Cristatella ist der Tierstock frei, durchsichtig, länglich rund, an der Unterseite mit einer kontraktilen zum Kriechen auf Wasserpflanzen tauglichen Sohle versehen. Die Einzeltiere stehen in drei konzentrischen Reihen auf der oben gewölbten Seite. Die Statoblaste ist kreisrund, auf ihrer obern Fläche mit Stacheln versehen, die zur Anheftung an Wasserpflanzen dienen. Plumatella campanulata Lam. gehört auch hierher. Der Polyp besteht aus einer verästelten, gallertartigen, biegsamen Röhre, in deren Innern sich ein ebenfalls gallertartiger Axenkörper befindet. An der Spitze eines jeden Astes ist eine mit einem halsbandartigen Ring umgebene Öffnung, in der das eigentliche Tier sitzt. Dieses besteht aus einem Schlauche, der an seiner Spitze einen hufeisenförmigen Stiel trägt, welcher zu beiden Seiten mit einer Reihe von Ärmchen besetzt ist, sodaß dieses Organ einem Federbusche ähnlich sieht, daher sich auch der deutsche Name „Federbuschwirbler" schreibt. Dieser Federbusch kann von dem Tier vollständig in den Polypenstock zurückgezogen werden. Der Polypenschlauch öffnet sich nach innen in die gemeinschaftliche den Stock bildende Röhre. Obgleich das Tier alle Orte bewohnt, wo Wasserlinsen die Oberfläche des Wassers bedecken, ist es doch schwer zu finden, da es bei der geringsten Bewegung sich sogleich in den Stock zurückzieht, der an und für sich nicht nur schwer zu entdecken ist, sondern auf den Uneingeweihten, wenn er ihn gerade erblicken sollte, noch dazu den Eindruck macht, es am wenigsten mit einem lebenden Wesen zuthun zu haben. Den Federbuschpolypen findet man vom Mai bis September. Will man das Tier suchen, so nehme man eine Anzahl Wasserlinsen, bringe sie in ein reines Glas mit klarem Wasser und stelle dieses beiseite, bis nach etwa $^1/_2$ bis 1 ganzen Stunde der Polyp die Federbüsche ausstreckt. Bei der Beobachtung hüte man sich sorgfältig vor jeder Erschütterung, man vermeide sogar das Umhergehen im Zimmer. Ist der Federbusch entfaltet, so sieht man, wie an der Mundöffnung jedes Polypen ein Wirbel entsteht, wahrscheinlich durch das Aus- und Einziehen von Wasser, denn der Federbusch bleibt ruhig und scheint nur als eine Art Reuse zu dienen. Dieser Wirbel treibt die in die Nähe kommenden Gegenstände durch die Mundöffnung in die gemeinschaftliche Polypenröhre, um hier als Nahrung zu dienen. Meist nähren sich die Tierchen von dem Samen der Wasserlinsen oder sonstiger niedriger Pflanzen, Tiere werden von ihnen nicht verzehrt.

Die Fortpflanzung des Stockes ist eigentümlich. Oft ist an einem Morgen der im Becken befindliche schöne Stock verschwunden und statt desselben sieht man an verschiedenen Stellen einzelne Polypen mit einem Stücke des Stockes sitzen; der Stammteil dagegen treibt tot im Wasser und zergeht hier schnell. Beobachtet man diese Polypen längere Zeit, so erblickt man bald, daß an der Röhre ein Ast um den andern hervorsproßt, in welchen man bald die jungen Polypen erkennt.

Darmlose Tiere (Coelenterata).

Der Magendarm der darmlosen Tiere bildet keinen abgeschlossenen Kanal, sondern steht durch ein vielseitiges System von Röhren mit allen Körperteilen in Verbindung.

Aus der Klasse der darmlosen Tiere, die in einer reichen Formenfülle Bewohner der Meere sind, haben für uns nur Interesse die Armpolypen (Hydrina). Die Tiere haben einen nackten, festsitzenden, aber einer Ortsbewegung fähigen, gallertartig weichen Körper, dessen Körperhöhle der Magen ist. Man findet die Tiere in allen stehenden Gewässern in ziemlicher Menge an Wasserpflanzen, wo sie zuerst von Leeuwenhoek entdeckt und als Tiere erkannt, später von Trembley, Baker, Rösel und Schäffer näher beobachtet wurden. Ihr Körper besteht aus einem röhrenförmigen, walzigen Leibe, der an dem einen Ende fadenförmig verläuft, am anderen Ende aber kugelig vorgezogen und mit einer Mundöffnung versehen ist, um welche ungefiederte Fühlfäden in einfachem Kranze stehen. Die Körpersubstanz ist aus Körnchen zusammengesetzt und trotz der verschiedenen Färbung so durchscheinend, daß die Verdauung im Innern sich leicht beobachten läßt. Die Zahl der die Mundöffnung umstehenden Fühlfäden ist nach den Arten verschieden, selbst bei derselben Art nicht übereinstimmend, und die Länge derselben übertrifft die Länge des Körpers oft um das acht- bis zehnfache.

Die Bewegung der Polypen ist willkürlich; der Körper in allen seinen Teilen zusammenziehbar und fähig, sich fadenförmig auszustrecken und nach allen Richtungen hin zu beugen. Die Fühlfäden, deren jeder einzelne beweglich ist, können sich auf die verschiedenste Weise krümmen und der Länge nach aufrollen. Die Bewegung der Tiere selbst von einer Stelle zur anderen geschieht auf verschiedene Weise: entweder beugt sich der Körper in einem Bogen abwärts und hält sich mit den Armen fest, worauf das Schwanzende, welches eine Saugscheibe bildet, dem Kopfende genähert, dann dieses aufs neue entfernt, und das Schwanzende nachgezogen wird, bis der Körper sich wieder aufrichtet; oder der Kopf wird, wie im vorgehenden Falle, abwärts geneigt, sodaß das Tier auf den Fühlfäden zu stehen kommt, und der Schwanz alsdann in entgegengesetzter Richtung in einem Bogen abwärts gekrümmt, worauf das Kopfende nach der Befestigung der Saugscheibe, sich wieder aufrichtet; oder der Polyp ergreift mit einem oder mehreren Armen, bei ausgestrecktem Körper,

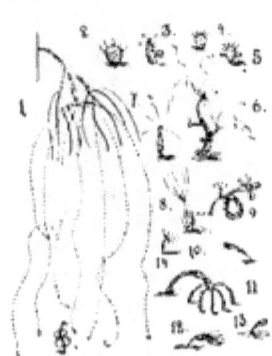

Figur 213. Hydra grysea vergr. 9, 10, 11, 12 in verschiedenen Stellungen, teilweise wenig vergrößert. 2, 3, 4, 5, 6, 7, 8 Hydra pallens in verschiedenen Stellungen, teilweise wenig vergrößert. 13 u. 14 Hydra viridis nicht vergrößert in verschiedenen Stellungen. 1 etwa 5mal vergr.

einen entfernten Gegenstand, läßt das Schwanzende los, und nähert nun mittelst Zusammenziehung der Arme den Körper dem Gegenstande. Es kommt auch vor, daß die Tiere das Schwanzende über die Oberfläche des Wassers strecken und die Fühlfäden loslassen. Das trocken gewordene Ende erhält sich auf der Oberfläche des Wassers, und so erscheint der Polyp aufgehangen, mit frei im Wasser schwebenden Körper. Auch frei dem Wasser überläßt sich nicht selten der Polyp, obgleich er nicht schwimmen kann und hier langsam zu Boden sinkt.

Im Innern der Körperhöhle der Armpolypen ist durchaus kein Organ zu erkennen, und ebensowenig ist ein von einer besonderen Haut gebildeter Magen zu bemerken; der ganze Leib ist weiter nichts als ein blinder Darm, den man, ohne dem Tiere zu schaden, umstülpen kann, denn es frißt nachher wie zuvor, und kann mit seiner äußern Fläche ebenso wie mit der innern verdauen. Die Ernährung geschieht teils durch Einsaugen mittelst der ganzen Oberfläche des Körpers, teils durch vermittelst des Mundes aufgenommene Nahrung, die aus Naiden, Daphnien und anderen kleinen Wassertieren besteht. Mit Lebhaftigkeit ergreift der Polyp jede Beute, die im Bereich der Fangarme kommt. Jeder Fangarm trägt zahlreiche Gruppen kleiner, mit Wimpern versehener Zellen, deren mittelste die größten sind und Nesselzellen genannt werden. In ihnen ist ein langer, spiralig aufgerollter Faden enthalten, der von dem Polypen herausgeschnellt wird, eine giftige Flüssigkeit ausspritzt und hierdurch das Opfer tötet. Widerhaken, die sich am Nesselorgan befinden, halten die Beute fest. Die Arme umschlingen dieselbe und bringen sie nach Aufrollen derselben in den Mund. Indem der Polyp sich nun erweitert, drückt das Wasser die Speise hinab in die Magenhöhle. Die Verdauung vollzieht sich schnell, die unverdauten Stoffe werden durch den Mund ausgeworfen. Die Polypen sind sehr gefräßig, und verschlingen oft sogar ganz kleine Fische, können dagegen aber auch im Winter oft Monate lang hungern.

Wie sich bei einzelnen Arten der Armpolypen die Fortpflanzung verhält, ist noch nicht untersucht. Dieselbe kann durch Knospung, Teilung und durch Eier erfolgen. Mit Geschlechtsprodukten versehene Tiere (Eier und Hoden) findet man im Sommer, Herbst und Winter im Freien. Einzelne Zellen des Polypenkörpers bilden sich zu Eiern, andere zu Samenfäden um; hierauf findet durch die frei beweglichen Samenfäden die Befruchtung der Eier statt, aus denen nach Zellenvermehrung junge Hydren hervorgehen. Die Brutknospen bilden sich auf ungeschlechtlichem Wege und wachsen zu einer dem Muttertiere ähnliche Hydra heran. Die Ablösung von der Mutter erfolgt dadurch, daß sich zuerst eine zarte Scheidewand zwischen der Leibeshöhle des alten und des jungen Tieres bildet, worauf dann nach einigen Tagen das junge Tier als selbständig davon schwimmt und sich irgendwo festsetzt. Diese Fortpflanzung findet jedoch nur im Sommer statt. Bei der Fortpflanzung im Herbst, die durch Eier geschieht, unterliegen diese einer Befruchtung. Eine Teilung des Polypen im Freien wird wohl nur selten vorkommen, doch wachsen zerschnittene Tiere zu neuen heran.

Von Armpolypen kommen bei uns vor: Hydra viridis L. Die Färbung des Tieres ist grün und wird von Algen hervorgebracht, Hydra fusca L. ist bräunlich, Hydra grysea Rösel ist gelb, in der Färbung sehr veränderlich und Hydra pallens Tremb., deren Färbung blaßstrohfarben ist.

In Zuchtaquarien sind Polypen lästig. Sie verzehren sowohl junge Fische, als auch die für diese bestimmte Nahrung, sind daher hier nie unterzubringen und falls sie sich im Aquarium eingenistet haben, durch Abfüllen des Wassers zum Absterben zu bringen, oder durch neues Einrichten zu entfernen. Will man eine Neueinrichtung nicht vornehmen, so lasse man das Becken einige Stunden ohne Wasser stehen, nach welcher Zeit in der Regel die Tiere abgestorben sind. Salzwasser gieße man nicht in das Becken, dieses tötet wohl nach einigen Stunden die Polypen, schadet dagegen auch den Pflanzen, was sich oft erst nach Wochen zeigt.

Neben den Armpolypen findet sich im Süßwasser eingewandert noch der Keulenträgerpolyp (Cordylophora lacustris Allm.) Bis zur Mitte des Jahrhunderts kam dieser Polyp nur im Brackwasser vor, von dieser Zeit jedoch fand sich das Tier im unteren Lauf zahlreicher Flüsse der Nord- und Ostsee, im süßen Wasser des Binnenlandes wird das Tier jedoch erst seit den letzten 15 Jahren gefunden. Manche Verkümmerung in der Entwicklung der Kolonie und der Anlage der Geschlechtsorgane hat dieser Polyp im süßen Wasser durchgemacht. Die in den Flußoberläufen gefundenen Polypen leben fast stets als Einzeltiere, welche die Koloniebildung aufgegeben haben. Ob das Tier sich dauernd im Süßwasser halten kann, ist noch eine offene Frage, die erst in späterer Zeit beantwortet werden kann.

Urtiere (Protozoa.)

Mit dem Namen Urtiere wird ein großer Kreis von Geschöpfen belegt, welche, meist von mikroskopischer Kleinheit, häufig ohne bestimmte Form, auf der niedrigsten Stufe tierischer Entwicklung stehen. Von bestimmten Organen kann nur noch bei einigen wenigen die Rede sein, der Körper ist vielmehr aus jenem lebenden Urstoff gebildet, welchen man Protoplasma nennt, und aus dem mit geringer Abweichung auch die Pflanzen zusammengesetzt sind. Bei diesem Formenkreise grenzt Tierisches und Pflanzliches oft nahe an einander, sodaß häufig die Zugehörigkeit eines Geschöpfes nach der einen oder anderen Richtung zweifelhaft werden kann. Man rechnet zu den Urtieren: Infusorien (Infusoria), Schwämme (Spongiae) und Wurzelfüßer (Rizopoda). — Infusorien und Wurzelfüßer übergehen wir, sie sind mit bloßem Auge oder schwachen Vergrößerungen nur schwer zu erkennen und zu bestimmen, während die Schwämme noch einigermaßen als Aquarienbewohner zu betrachten sind.

Figur 244.
Trochospongilla erinaceus. Nach Weltner.
¹⁄₂ natürl. Größe.

Früher vielfach zu den Pflanzen gezählt, haben die Schwämme in neuerer Zeit die Aufmerksamkeit vieler Forscher auf sich gezogen. Für unsere Zwecke kommen nur die Schwämme in Betracht, welche das Süßwasser bewohnen. Der Formenreichtum der hierher gehörenden Tiere ist sehr bedeutend, aber die einzelnen Arten sind schwer gegeneinander abzugrenzen, sie gehen oft ineinander über, sie bilden zahlreiche Varietäten und örtliche Rassen. Mit Vorliebe finden sie sich dort ein, wo durch den Rohrschnitt im Wasser die Wurzelstöcke, die sich hier mehrere Jahre halten, stehen geblieben sind. Diese überziehen sie in bunter wechselnder Formenfülle, bald einem reich verzweigten Geweihe vergleichbar, bald ähnlich den einfachen, klumpenförmigen Auswüchsen und Wulsten der Bäume. „War das den jungen Schwamm tragende Substrat", sagt Weltner im Zacharias, „keine gerade Fläche, sondern ein dünner zylinderförmiger Gegenstand, ein Pflanzenstengel, ein Bindfaden, ein Eisendraht ꝛc., so umwächst der

Figur 245. Euspongilla lacustris. Etwa ¹⁄₂ natürl. Größe.

Schwamm seine Unterlage und nimmt erst dann an Dicke zu. Mit einem Worte, er paßt sich zunächst an seine Unterlage an. Erst wenn eine gewisse Größe erreicht ist, kommen die beiden für die Süßwasserschwämme eigentümlichen Gestalten zum Vorschein. Die einen beginnen fingerförmige Fortsätze zu treiben, die sich bei weiterem Wachstum verzweigen, sodaß endlich baum- oder strauchförmige Massen entstehen (Euspongilla lacustris Autt.), die anderen bleiben in der Regel zeitlebens krustenförmig, ihre Oberfläche ist mehr oder weniger uneben oder mit spitzigen Zapfen oder gerundeten Wülsten oder blattförmigen Erhebungen versehen, und wenn längere Fortsätze an ihnen sichtbar sind, so rührt diese scheinbare Verzweigung von der Unterlage her. — Alle diese krustenförmigen Spongilliden gehören den Gattungen Spongilla, Trochospongilla und Ephydatia an."

Figur 216. Euspongilla lacustris. Nach Weltner, an einem Faden. ¹/₄ natürl. Größe.

Meist ist die Färbung der Süßwasserschwämme ein frisches, saftiges Grün oder ein düsteres Braungrün, doch treten auch hierin manche Farbenabänderungen auf. Es kommen Schwämme vor, die teils grün, teils gelb gefärbt sind, bald heller, bald dunkler in diesen Farben variieren, auch, wiewohl seltener, überhaupt farblos erscheinen können.

Der Geruch, den ein frisch dem Wasser entnommener Schwamm verbreitet, ist säuerlich, moderartig, er läßt sich schwer vergleichen.

Ohne näher auf die Süßwasserschwämme einzugehen*) will ich kurz einiges über die Fortpflanzung folgen lassen. Diese wird auf geschlechtlichem und ungeschlechtlichem Wege vollzogen. Die erstere findet in den Monaten Mai bis Oktober statt. Die männlichen Keimstoffe werden indessen nur bis zum August gefunden, während Eier zu allen Zeiten angetroffen werden. Erst treten die männlichen Geschlechtsorgane auf und weiter später erfolgt die Reifung der Eier. Durch gewaltsame Teilung eines Süßwasserschwammes wachsen die geteilten Stücke weiter, wenn sie eine geeignete Unterlage finden, desgl. wachsen auch getrennte und auseinander gelegte Stücke zu einem einzigen zusammen.

*) Vergleiche hierüber die Arbeit von Dr. Weltner in Zacharias, die Tier- und Pflanzenwelt des Süßwassers.

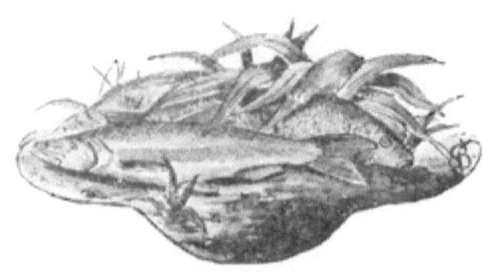

1. Einteilung der Aquarien nach ihrer Besetzung.

Je nachdem ein Aquarium für die Pflanzenkultur oder zur Pflege der Tierwelt dienen soll, muß es diesen Punkten entsprechend eingerichtet werden. Aber auch diese beiden Hauptgruppen des Aquariums lassen weitere Unterschiede in Betreff der Behälter und ihrer Ausstattung zu. Für die Kultur der Sumpfpflanzen eignen sich gut Behälter, die einen möglichst niedrigen Wasserstand besitzen, da weitaus die größte Mehrzahl dieser Pflanzen im Sommer längere oder kürzere Zeit nur im durchfeuchteten Boden wachsen will, bei einem ständigen Wasserstand aber zu Grunde geht, oder aber sich nicht zur vollen Schönheit entwickelt. In derartigen, der Sumpfpflanzenkultur dienenden Behältern lasse man von Beginn des Sommers an bis zur Mitte desselben den Wasserstand stets weniger werden und beginne im Herbst diesen wieder zu erhöhen. Selbstverständlich muß Schwinden und Wachsen des Wassers hier nur ganz allmählich stattfinden.

Andere Behälter, die zur Kultur von untergetauchten Pflanzen und solchen mit schwimmenden Blättern dienen, benötigen einen hohen Wasserstand, da in einem solchen sich diese Gewächse erst richtig entfalten können.

Werden hier fremdländische Gewächse untergebracht, die viel Wärme lieben, auch wohl, wenn sie Blüten hervorbringen sollen, erwärmtes Wasser und feuchte Luft verlangen, so ist es nötig, dieses Aquarium mit einem Glasaufsatz zu versehen, der je nach der Art der Pflanzen bald höher, bald niedriger sein muß, bald auch nur aus einer Glasscheibe zu bestehen braucht. Für höhere Aufsätze, die für die Kultur von Sumpfpflanzen in Frage kommen, sei eine Seitenwand so eingerichtet, daß die hier befindliche Glasscheibe, zum Zwecke des Lüftens, durch einen Rahmen, auf dem Drahtgaze gespannt ist, ersetzt werden kann. Feuchte Luft erzeugt in diesen Behältern der feine Strahl eines Springbrunnens.

Derartige Aquarien, die schon der Pflanzenkulturen wegen geheizt werden müssen, können gleichzeitig sehr vorteilhaft auch zur Zucht fremdländischer, aus warmen Gegenden stammender Fische benutzt werden.

Aquarien, die sowohl zur Kultur der Sumpfpflanzen, als auch der untergetauchten Gewächse und solcher mit Schwimmblättern dienen sollen, daneben aber auch noch Fische aufnehmen müssen, wie sie meistens gefunden werden, sind so einzurichten wie die beiden vorhergehend geschilderten Behälter zusammen. Für Sumpfpflanzen erreicht man einen möglichst flachen Wasserstand dadurch, daß der Bodenbelag in einer Ecke, wie schon Seite 48 angegeben, möglichst hoch aufgeschichtet wird und sich nach der gegenüberliegenden Seite sanft abflacht. Diese tiefere Stelle des Aquariums nimmt dann die untergetauchten Gewächse und die mit Schwimmblättern versehenen auf. Kommen auch hier wärmebedürftige Pflanzen in Betracht, so wird diesen die erforderliche warme feuchte Luft in derselben Weise zugeführt, wie ich es im Vorhergehenden angegeben habe.

Mit der Einrichtung des Aquariums sind wir dort angelangt, wo weitere Unterschiede im Becken betreffs der Tiere zu beobachten sind.

Amphibien und Reptilien gehören im entwickelten Zustande nicht alle in das Aquarium. Diese Tiere bringen die Hauptzeit ihres Lebens am Lande in der Nähe des Wassers zu, letzteres wird von ihnen nur aufgesucht, um hier entweder ihre Fortpflanzung zu bewerkstelligen, wie die Amphibien, oder um Zuflucht vor Gefahr in demselben zu suchen, oder aber um in demselben der Jagd auf Beute nachzugehen. Für alle diese Tiere eignet sich das Aquarium nur in ihrer Jugendzeit, den entwickelten Tieren ist als Aufenthaltsort das Aqua-Terrarium anzuweisen, dessen Beschreibung ich Seite 16 gegeben habe.

Von dem eigentlichen Aquarium, in dem Fische gehalten werden, die sich unter einander vertragen, die also keine Raubfische sind, welch' letztere auch größere Fische angreifen — alle großen Fische verzehren kleine — ist das Aquarium zu unterscheiden, welches nur Raubfische beherbergt, deshalb auch treffend als Raubfisch-Aquarium bezeichnet werden kann. Fische, die in ein solches Aquarium eingesetzt werden, wähle man möglichst alle von derselben Größe, da nur so ein Zusammenleben verschiedener Arten erreicht werden kann. Bei der Besetzung aller Aquarien beachte man den Satz: **Friedfertige Fische mit schwächlichen, raubgierige mit kräftigen zu vereinigen,** dann wird das Zusammenleben nie gestört.

Eine weitere Untergruppe der Fischaquarien bilden die Zuchtaquarien. Diese sind je nach den Zuchtfischen bald als heizbare Aquarien, bald als gewöhnliche Zimmer-Aquarien einzurichten, je nachdem welche Fische gezogen werden sollen. Bei der Besetzung dieser befolge man die Regel, einem Männchen mehrere Weibchen zuzugesellen. Zeigt sich indessen das Männchen träge, so bringe man noch eins in den Behälter, damit durch dieses der schläfrige Geselle aufgeweckt wird und seine Schuldigkeit thut.

Insekten im Fischaquarium unterzubringen, ist nicht zu empfehlen. Sind die Insekten räuberisch, so fallen sie die Fische an, sind erstere friedlich, so werden sie von den Fischen angefallen. Für sie benutzt man Behälter, die ähnlich den Aqua Terrarien, Seite 16, eingerichtet sind, damit die im Wasser lebende Larve oder Puppe zum Zwecke ihrer Entwicklung das Land aufsuchen kann. Nötig ist es aber, daß diese Insektenaquarien dicht verschlossen sind, sodaß ein Entweichen der Tiere nicht möglich ist.

Niedere Tiere, die im Fischaquarium unliebsame Gäste sind, sei es, daß sie die Fische anfallen und hierdurch Krankheiten bei denselben hervorbringen, sei es, daß sie diesen das Futter verzehren helfen, oder gerne im Bodengrund wühlen und hierdurch das Wasser trüben, bringt man am besten in kleineren Becken unter, wo ihre oft sehr interessante Lebensweise leicht verfolgt werden kann. Diese Aquarien für niedere Tiere brauchen durchaus nicht groß zu sein, es genügen kleine Kastenaquarien von 18 cm Länge und 11 cm Breite und Höhe, wie ich sie zu diesen Zwecken benutze, vollständig.

2. Die Aufstellung des Aquariums.

Ehe ich auf eine Beschreibung des besten Platzes für Aquarien näher eingehe, scheint es mir nötig, dem Gegenstand erst etwas näher zu treten, welcher das Aquarium aufnimmt.

In den meisten Fällen wird es ein Tisch sein, auf dessen Platte vor einem Fenster der Behälter seine Aufstellung erhält. Dieser Tisch aber soll für das Aquarium, besonders wenn er für dasselbe erst extra hergerichtet wird, bestimmten Punkten entsprechen.

Für kleinere Aquarien, von 15—25 l z. B., benutze ich Tische, die aus Bambus hergestellt sind und deren Platte mit ihrer einen Langseite auf das Fensterbrett gelegt ist, sodaß der Tisch von der Seite gesehen, die Form beistehender Skizze besitzt. Soll das Fenster gereinigt werden, so ist der Tisch mit seinem Behälter leicht von zwei Personen zu transportieren. Die Tischplatte trägt eine Unterlage von Filz, über welche eine Wachstuchdecke gespannt ist. So beschaffen eignet er sich auch zur Aufnahme von Elementgläsern. Dort, wo das Fensterbrett die Aufstellung des Behälters selbst gestattet, ist es natürlich nicht nötig, erst einen Tisch aufzustellen. Für die großen, aus Schmiedeeisen hergerichteten Aquarien, die oft mehrere 100 l Wasser fassen, genügen so kleine leichte Tische natürlich nicht. Haben diese Behälter einen starken Holzboden, so können Tische Verwendung finden, die keine Platte besitzen, wie sie in der Vorderansicht Figur 248 zeigt.

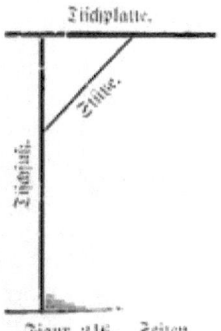

Figur 246. Seitenansicht eines Tisches für kleinere Aquarien

Ein derartig von mir benutzter Tisch ist aus Eisen hergestellt und läuft auf Rollen a a a a, für welche kleine Schienen im Zimmer liegen. A und B sind zwei durch Eisenstäbe versteifte viereckige Ständer, deren jede Seite eine einfache X förmige Versteifung aufweist. Durch zwei Eisenstangen, welche die Buchstaben c und d tragen, sind die beiden Ständer, die ich in der Figur 248 mit A und B bezeichne, zu einem Ganzen verbunden.

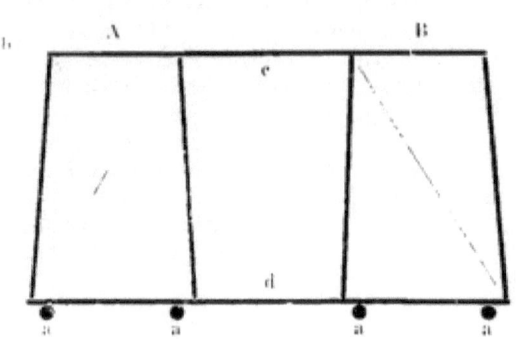

Figur 247. Vorderansicht eines eisernen Tisches für größere Aquarien. a a a a Rollen, b b Aquarienboden. Von hinten gesehen stellt sich der Tisch ebenso dar.

Ist natürlich der Boden des Aquariums nicht so stark, so müssen beide Böcke mit einer Platte belegt werden, auf welcher das Aquarium ruht. Ist das Aquarium nicht sehr schwer, so genügt es, wenn die Rollen ohne Schienen laufen; diese Rollen sollen jedoch nur ein Vor- und Zurückrücken des Tisches gestatten, nicht auch ein Rollen nach seitwärts. Die Höhe eines Aquarientisches sei nie höher als das Fensterbrett des Fensters, vor dem der Behälter stehen soll, besser noch etwas niedriger.

Kleine Reichaquarien finden meist und sehr zweckmäßig ihren Standplatz auf Blumentischen, doch traue man einem solchen, wenn er aus Holz, oder gar aus Korbgeflecht hergestellt ist, nie zuviel zu.

Figur 248. Seitenansicht des Tisches. a a Rollen, b b Aquarienboden.

Der beste Stand eines Aquariums ist an einem nach Norden gelegenen Fenster, da hier die Temperatur des Wassers keinen bedeutenden Schwankungen unterworfen ist. Fenster, die nach Osten oder Westen gehen, eignen sich auch ganz gut, doch kann es vorkommen, daß nach Osten gerichtete Fenster, kurz vor Mittag, der Sonne zuviel ausgesetzt sind, wo dann für eine Bedeckung durch Vorhänge den direkten Sonnenstrahlen der Eintritt verwehrt werden muß. Am wenigsten eignen sich für die Aufstellung des Aquariums Fenster, die der vollen Mittagssonne ausgesetzt sind, da durch diese eine bedeutende Steigerung der Temperatur des Wassers hervorgerufen wird, die allen Tieren mehr oder weniger schädlich ist. Besonders unangenehm bemerkbar macht sich diese Temperaturschwankung des Wassers im Sommer: der Behälter ist dann durch Jalousien oder Rouleaux vor den Sonnenstrahlen zu schützen.

Tropischen Wasserpflanzen, die zu ihrem Gedeihen viel Licht und Sonne bedürfen, denen ein erwärmtes Wasser und mit Feuchtigkeit gesättigte Luft zur Entwicklung ihrer vollen Schönheit nötig sind, können ohne Frage am nach Süden gerichteten Fenster aufgestellt werden. Damit sich aber in der Nacht oder an regnerischen Tagen die Temperatur nicht zu tief abkühlt, ist es nötig, das Wasser durch Heizung so warm zu halten, daß es in dieser Zeit nur wenige Grade kühler ist als in der Mittagszeit. Hierher gehört

auch noch das Pflanzenaquarium, welches zur Kultur von fremdländischen
untergetauchten Pflanzen, solchen mit Schwimmblättern und hochstehenden
Sumpfpflanzen dient und oben einen Glasaufsatz trägt.

Zum Schlusse dieser Ausführung will ich nur noch kurz anführen,
daß die meisten Aquarienpflanzen wohl Licht, viel Licht bedürfen, aber eine
direkte Einwirkung der Sonne nicht unbedingt nötig haben.

3. Pflege des eingerichteten Aquariums.

Hat das bepflanzte Aquarium längere Zeit an der Stelle gestanden
wo es verbleiben soll, und hat sich während dieser Zeit das Wasser rein
und klar gehalten, so kann zur Besetzung des Beckens mit Tieren geschritten
werden. Trübt sich dagegen das Wasser in dieser Zeit, so ist es durch
neues zu ersetzen, wenn es weißlich gefärbt ist oder verdorben erscheint.
Wassertrübungen können durch verschiedene Umstände bewirkt werden. Ein
nicht genügend in Wasser ausgelaugter Felsenaufbau teilt dem Aquariumwasser seine löslichen Bestandteile mit und färbt es trübe, nicht genügend
geschlemmter Sand thut dasselbe, während eine nur geringe Sandschicht
über den Bodenbelag ausgebreitet, diesem an einigen Stellen den Durchlaß gestattet, welcher gleichfalls das Wasser schmutzig färbt. Auch kleine
Würmchen, die sich in dem zum Bodenbelag verwendeten Schlamm befunden
haben, bauen sich durch die Sandschicht hindurch Röhren aus Schlamm,
stecken aus diesen ihr Hinterleibsende hervor und schlängeln mit diesem im
Wasser. Fische oder andere Wassertiere streichen über diese kleinen Schlamm-
kegel hin und eine Trübung ist fertig. In dieser Weise ist der Tubifex
für Aquarien besonders berüchtigt. Auch Futterstoffe, die mehlhaltig sind
trüben das Wasser, desgl. die Hüllen der zur Fütterung verwendeten
Ameisenpuppen, wenn sie lange Zeit im Wasser liegen, überhaupt alle nicht
entfernten Futterreste. Auch nach Beseitigung der Futterreste kann bei
einigen Futtermitteln*) durch die Extremente der Fische eine Wassertrübung
auftreten. Im frisch eingerichteten Aquarium wird in der Regel das
Wasser in der ersten Zeit trübe. Daher besetze man es nie früher als
14 Tage nach Einfüllung mit Tieren. Trübt sich dennoch das Wasser,
so reinigen es Daphnien, in genügender Anzahl eingesetzt, bald. Jedoch
sind dann vorher die Fische zu entfernen.

Weitere Wassertrübungen treten dort auf, wo das Aquarium stark
belichtet ist. Sie sind auf die Entwicklung mikroskopischer Algen zurückzuführen, welche das Wasser vollständig grün färben. Wird auch das
Wasser durch diese pflanzlichen Gebilde nicht verdorben und ist es den
Fischen in keiner Weise schädlich, so ist ein derartig veralgtes Becken nichts
weniger als ein Zimmerschmuck, an dem der Besitzer Freude erlebt.

Das Wasser eines veralgten Beckens wird mit der Zeit, — es kann
oft lange dauern — zwar wieder klar, da die Lebenszeit der Algen nur
eine kurze ist, doch vorher setzen diese erst Sporen ab, aus denen bald neue

*) Trocken-Fischfutter, Nudeln, getrocknete und geriebene Kartoffeln, Ziegerkuchen ꝛc.

Geschlechter hervorgehen, zahlloser als die, welche vor ihnen waren. Treten diese Algenbildungen im Becken auf, so ist der Behälter dunkler zu stellen, also vom Fenster abzurücken, und die Hinter- und Nebenseiten des Aquariums mit grünem Papier zu bekleben. Ohne reichliches Licht kommen Algen im Becken nicht fort. Aquarien mit Durchlüftung und Springbrunnen, durch welche eine Wasserbewegung erreicht wird, haben weniger durch Veralgung des Wassers zu leiden als solche, denen diese Einrichtungen fehlten.

Die Bildung von Algen an der hinteren Glaswand schadet nichts, diese Pflänzchen erzeugen Sauerstoff, bilden für Wasserschnecken einen beliebten Weidegrund, gereichen auch durch ihre schöne grüne Färbung dem ganzen Becken zur Zierde. Anders liegt die Sache dort, wo auch die vordere Scheibe von ihnen überzogen wird. Hier sind die Algen zu entfernen und zwar benutzt man hierzu scharfe Bürsten, die einen langen Stiel haben oder besser den in Figur 250 dargestellten Scheibenputzer, dessen untere Fläche mit Plüsch, Moquet, Filz oder einem ähnlichen Stoffe überzogen ist. Ein derartiges Putzen der Scheibe braucht nur wöchentlich einmal vorgenommen zu werden. Bei dieser Reinigung wird das Wasser natürlich nicht abgelassen, man reibt mit dem Putzer im Wasser den Algenüberzug einfach ab.

Figur 249.
Scheiben-
reiniger.

Bei Aquarien ohne Wasserbewegung bildet sich zuweilen auf dem Wasserspiegel eine silbergraue Bakterienschicht, die der Oberfläche einen häßlichen Anblick verleiht. Für die Fische, sofern sie nicht, wie z. B. die Makropoden, zur Atmung an die Oberfläche kommen, hat diese Schicht nichts zu bedeuten, doch ist sie für das Auge nicht angenehm. Sie wird leicht durch Aufnahme mit Fließpapier entfernt, dauernd vom Aquarium aber fern gehalten durch einen Springbrunnen oder durch Durchlüftung des Wassers.

Unreinlichkeiten, Exkremente, abgestorbene Pflanzenteile, Futterreste ꝛc. entfernt man aus dem Aquarium leicht durch einen Heber, wie ihn Figur 251 zur Anschauung bringt. Derselbe ist in allen Aquariengeschäften erhältlich. Scheut man diese Ausgabe und ist man etwas bewandert mit dem Schmelzen, Biegen und Ziehen von Glasröhren, wie es eigentlich jeder Aquarienliebhaber sein soll, so kann man sich aus dem Lampenzylinder einer Breitbrenner-Lampe den Heber selbst herstellen. Es ist dazu nur nötig, den oberen Teil des Zylinders etwas auszuziehen oder eine Glasröhre diesem anzuschmelzen, unten ersteren durch einen Kork zu verschließen und durch diesen eine andere Glasröhre zu führen, wie es Abbildung Figur 252 zeigt. Dieser und der erste Heber wird so gefaßt, daß der Daumen die obere Öffnung bedeckt und dann in das Wasser getaucht. Sobald der Daumen gehoben wird, vermag das Wasser durch die unten befindliche Röhre einzudringen und führt in einem raschen Strom die Schmutz- und Schlammteile in die Ausbuchtung. Schließt der Daumen die obere Öffnung, so hört der Zufluß auf. Aus der Ausbuchtung vermag das mit Schmutzteilen angefüllte

Wasser nicht zu entweichen und wird oben am Heber ausgegossen. Auch durch einen gewöhnlichen Heber kann der Schmutz aus dem Becken entfernt werden. Man befestigt an einer Glasröhre, die etwas länger als das Aquarium hoch ist, einen noch etwas längeren Gummischlauch, setzt den so hergerichteten Heber durch Ansaugen in Thätigkeit und streicht dann vorsichtig mit der Glasröhre über den Schlamm hin, der dann durch die Glasröhre über den Rand des Aquariums weg geführt wird und aus dem Gummischlauche in ein unten befindliches Gefäß läuft. Um bei einer Füllung des unteren Gefäßes nicht noch einmal den Schlauch ansaugen zu müssen, ist es praktisch, diesen durch einen Quetschhahn zu verschließen. Soll der Heber später wieder in Thätigkeit treten, so ist der Quetschhahn einfach zu entfernen.

Ist die Bodenschicht des Aquariums nach einer Ecke hin abgeschrägt worden, so kann hier ein sogen. Schlammkasten aufgestellt werden. Derselbe ist oben mit einem Gitter versehen, dessen Maschen Exkremente, welche sich in dieser Ecke ansammeln, durchlassen und innen aufnehmen. Nach Entfernen des Gitters wird der Kasten mittels Hebers von dem Unrate geleert.

Figur 250. Glasheber. Bei a saugt der Schmutz mit Wasser ein, sammelt sich in b und wird aus dem Heber bei c ausgegossen.

Eine Wassererneuerung soll im Aquarium, sobald es richtig bepflanzt und nicht mit Tieren übervölkert ist, überhaupt nicht vorgenommen werden, außer wenn zwingende Gründe es unumgänglich für nötig erachten. Sachgemäß eingerichtete und gepflegte Aquarien bedürfen keiner Wassererneuerung, doch ist durch Nachfüllen das verdunstete Wasser durch frisches zu ersetzen. Nur bei einer Neubepflanzung, die teilweise der einjährigen Gewächse wegen jährlich zu erfolgen hat, ist das Wasser aus dem Becken zu entfernen, womöglich der obere Teil der Sandschicht durch eine neue zu ersetzen, nach der Bepflanzung und etwaigen sonstigen Reinigung aber das alte Wasser, soweit es klar ist, zur Füllung wieder zu verwenden.

Zur Pflege der Pflanzen im eingerichteten Becken beachte man noch folgende Punkte. Die faulenden Blätter aller im Becken untergetauchten Gewächse sind zu entfernen. Bei den untergetauchten Pflanzen und denen, die im tiefen Wasser wachsen, hat man zum Zwecke des Abtrennens dieser Teile besondere Pflanzenscheren, die von den Aquarienhandlungen bezogen werden können. Ein

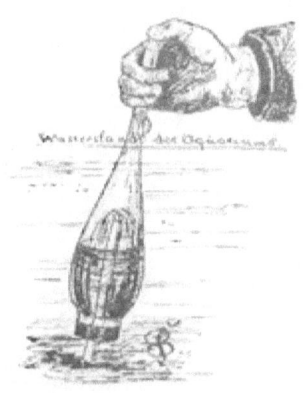

Figur 251. Heber aus einem Lampenzylinder und Anwendung desselben.

Abreißen dieser Teile ist zu vermeiden, da hierdurch leicht das Gewächs beschädigt werden kann. Bei den Sumpfpflanzen sind gelb werdende Blätter und Blattspitzen ebenfalls mit einer Schere zu entfernen. Die Wurzelstöcke der einjährigen Gewächse sind nach dem Absterben der Pflanzen, besonders im Herbste, aus der Bodenschicht herauszunehmen, desgleichen die Wurzelknollen der im Winter einziehenden, aber mehrjährigen Pflanzen, die eine trockene Überwinterung verlangen. Von Pflanzen, die im Herbst Brutknospen erzeugen, sind diese zu sammeln und in besondere Gefäße unterzubringen, da dieselben sonst von den Fischen verzehrt werden.

Die Fütterung der Fische habe ich in einem besonderen Kapitel eingehend geschildert, brauche also an dieser Stelle dasselbe nicht noch einmal zu wiederholen.

Es kommt oft vor, daß ein eingerichtetes Aquarium, besonders, wenn es längere Zeit leer gestanden hat, an einigen Stellen Wasser durchläßt. Dringt dieses Wasser nur in Tropfen durch, so ist die Möglichkeit vorhanden, daß die einzelnen Stellen nach kürzerer Zeit wieder verquellen. Schwieriger ist eine Dichtung zu erzielen, wenn an einem schon längere Zeit benutzten Aquarium sich eine Stelle findet, die stärker Wasser durchläßt. Es ist dann kaum zu umgehen, das Wasser aus dem Becken soweit abzulassen, bis es unter der rinnenden Stelle steht. Diese läßt man dann trocken werden, drückt in die Fuge Kitt

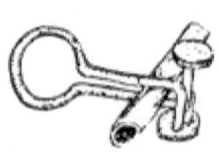

Figur 252. Eiereinschahn.

ein, und zwar möglichst tief. Zeigt sich auch innen bei der Eckverkittung ein leerer Raum, so ist dieser ebenfalls mit Kitt auszufüllen.*)

Gesprungene Scheiben lassen sich dagegen nur in den wenigsten Fällen dichten. Bei vollständig trocknem Glas sind kleine Sprünge durch Überstreichen einer starken Kautschuk- oder Schellacklösung zu dichten. Größere Sprünge werden durch innere Ankittung einer den Sprung verdeckenden Glasscheibe abgedichtet.

Jedes längere Zeit leer gestandene Kastenaquarium ist vor der Füllung überall dort, wo Kitt mit dem Wasser in Berührung kommt, mit Öl, am besten Leinölfirniß, zu bestreichen. Hierdurch erreicht man, daß der Kitt die verlorene Fettigkeit wieder einsaugt. Nachdem überstreiche man diese Stellen noch mit einer dicken Schellacklösung.

Um ein Aquarium vollständig mit Wasser füllen zu können, ist, um ein Herausschnellen der Fische zu verhüten, dieses mit einer Einfassung aus Müllergaze in einer Höhe von etwa 20 cm und darüber zu umgeben. Eine der-

---

"Cement in Wasserglas," sagt Weber, "zu einem dünnen Brei angerührt und sehr schnell auf die rinnende Stelle gebracht, erhärtet augenblicklich und hält das Wasser zurück."

artige Einfassung stellt man sich leicht selbst her, indem man sich aus dünnen Stäbchen ein vollständiges Gestell anfertigt, welches auf dem oberen Rand des Aquariums stehen kann. Dieses ist einfach mit der Gaze zu überziehen. Bei einer Kultur von Sumpfpflanzen bleibt es oben offen, sonst kann es auch hier einen Ueberzug tragen. Drahtgitter verwende man zu einer solchen Einfassung nicht, da sich an einem solchen die Fische leicht beschädigen können. Behälter mit Schleierschwänzen und Teleskopschleierschwänzen benötigen einer solchen Einfassung nicht, da diese Fische schon durch ihren Körperbau am Herausschnellen verhindert sind.

4. Versand von Fischen und Fischeiern.

Ehe ich die Versendung der lebenden Fische und der Fischeier mit der Post näher schildere, kann ich nicht umhin, der ersten Versendung der Goldfische von Japan nach Europa kurz zu gedenken. Diese fand auf folgende Weise statt: Eine Flasche aus starkem Glase mit einer weiten Öffnung und etwa 5 l Wasser als Inhalt wurde mit reinem Sande, Wasserpflanzen, Schnecken und Kaulquappen versehen und mit klarem Wasser fast bis zum Rande gefüllt, dann mit 4 Goldfischen von 5 cm Länge besetzt und mit einem durchlöcherten Deckel von Blech geschlossen. Diese Sendung stellte man etwa 1 Woche bei Seite und beobachtete die Fische hinsichtlich ihrer Gesundheit. Ließ diese nichts zu wünschen übrig, dann kam die Flasche in einen Eimer aus starkem Blech oder Zinn, in den sie genau paßte und der mit Handgriffen versehen war. Über Flasche und Eimer wurde ein Geflecht von starkem Draht gespannt. Das so vorgerichtete Transportgefäß wurde auf dem Dampfschiffe an den Handgriffen des Eimers aufgehängt, um auf diese Weise den Schwankungen des Schiffes entgegenzuwirken, diese also aufzuheben. Während der Reise wurde das Wasser nicht gewechselt, und die Fische erhielten auch kein Futter. Licht und Luft hatten freien Zutritt, daher wuchsen die Pflanzen und hielten das Wasser frisch. Hatte sich wirklich Wasser verschüttet, so wurde es aus dem Eimer in die Flasche zurückgegossen. Aber auch auf noch viel einfachere Weise haben wir Zierfische wohlbehalten aus Japan erhalten. War das Wetter gut, so wurden die Tiere in einem Baderaum gehalten, war es unruhig und drohte es zu stürmen, so war ein Eimer der Ort, wo sie sich aufhielten.

Derartige überseeische Versendungen kommen jedoch nur äußerst selten in Betracht, meist handelt es sich doch hier um die Versendung innerhalb Deutschlands und der Nachbarländer. Für die Versendung lebender Tiere mit der Post hat die Verwaltung besondere Vorschriften erlassen, nach denen der Absender bestimmen muß, was mit der Sendung geschehen soll, falls diese am Bestimmungsorte nicht bestellt werden kann, wenn z. B. der Adressat die Annahme verweigert. Aus diesem Grunde ist auf die Adresse niederzuschreiben: 1. „Wenn nicht angenommen, sofort zurück"; 2. „Wenn nicht angenommen an N. in N." oder 3. „Wenn nicht angenommen, telegraphische Nachricht auf meine Kosten. Sobald nun der Empfänger 24 Stunden nach geschehener Benachrichtigung oder auch nach versuchter Bestellung die Sendung nicht angenommen hat, wird seitens der Postverwaltung nach den bezeichneten Vermerken verfahren.

Weiter ist es erforderlich, daß die Sendung den Vermerk in großen, deutlichen, in die Augen fallenden Schriftzeichen trägt: „Vorsicht! lebende Fische!" Vermerke wie z. B. ein ꝛc. bleiben stets unberücksichtigt, dagegen die Aufschrift: „Durch Eilboten zu bestellen" bewirkt, daß die Postverwaltung die Sendung sogleich nach dem Eintreffen durch einen besonderen Boten bestellen läßt. Für diese besondere Bestellung erhebt die Verwaltung, falls sie nicht vom Absender vorher bezahlt ist, im Ortsbezirke 25 Pfennig, im Landbezirke dagegen je nach der Entfernung pro Kilometer 10 Pfennig, mindestens jedoch 40 Pfennig.

An Porto für eine Sendung ist zu entrichten: für Orte unter 10 Meilen im Umkreise 35 Pfennig, für die über 10 Meilen 75 Pfennig für die Sendung bis zu einem Gewichte von 5 Kilogramm.

Für die Versendung nach dem Auslande geben die Schalterbeamten der Postverwaltung stets Auskunft. In Deutschland ist den Postbeamten vom Staatssekretär Herrn von Stephan die sorgfältigste Behandlung aller Sendungen von Fischen und Fischeiern befohlen worden, sobald die Gefäße, die zum Transport dienen, mit bestimmten, farbigen Etiquetten, die beim Ausschuß des deutschen Fischerei-Vereins in Berlin für 50 Pfennig pro 100 Stück zu erhalten sind, versehen werden.

Bei der Versendung sind folgende Regeln zu beachten: Je niedriger die äußere Temperatur ist, um so besser ist die Zeit für den Versand des Fisches. Ein kaltes Wasser absorbiert mehr Sauerstoff als ein warmes, je wärmer die Temperatur des Wassers ist, je mehr Sauerstoff wird von den Fischen verbraucht, aus diesem Grunde muß bei warmer Witterung das Wasser mittelst Eis abgekühlt werden. Wie und auf welche Weise dieses geschieht, habe ich weiter unten ausgeführt. Obiger Satz ist von besonderer Wichtigkeit dort, wo es sich um längere Reisen handelt.

Der Bedarf an Sauerstoff ist für eine bestimmte Gewichtsmenge Fische um so größer, je kleiner die Tiere sind. Es brauchen also 10 Kilogramm kleine Fische mehr Wasser als 10 Kilogramm große Fische. Die Wassermenge wird leicht berechnet nach der Dauer des Transportes und dem Gewicht der Fische, indem letztere mit den Zahlen untenstehender Tabelle multipliziert werden.

Stunden	10	20	30	40	50	60
Einjährige Fische	20	25	30	35	40	45
Zweijährige Fische	15	20	25	30	35	40
Dreijährige Fische	10	15	20	25	30	35

Es erläutere dieses ein Beispiel. Ich habe 250 gr Fische, dieselben sind zweijährig und haben einen Transport von 30 Stunden zu bestehen, dann erhalte ich folgende Rechnung: $250 \cdot 25 = 6250$.

Die Wassermenge muß also aus 6250 gr oder 6 kg 250 gr Wasser bestehen. Die übrigen Rechnungen erklären sich nun von selbst.

Als Versandgefäße benutzt man in der Regel Blechkannen. Die für einzelne Fische bestimmten haben einen Bodendurchmesser von 23 cm und eine Gesamthöhe von 22 cm. Beistehende Skizze erläutert dieselbe besser als eine lange Beschreibung. In den Hals des Gefäßes kommt ein am Boden durchlöcherter Einsatz als Verschluß. Dieser hat dieselbe Höhe des Halses also 4 cm. Der durchlöcherte Teil befindet sich dort, wo der Hals aufhört. In diesen Einsatz auf den durchlöcherten Boden kommt bei warmem Wetter etwas Eis, welches das Wasser kühl erhält. In die Kanne werden außer dem Wasser einige Pflanzen gethan, damit die Fische durch diese gegen Beschädigung etwaiger,

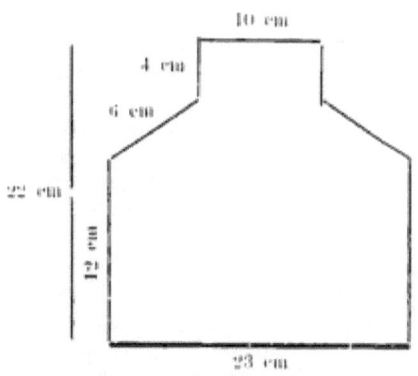

Figur 254. Schema einer Transportkanne und Größenverhältnisse derselben.

nicht immer zu vermeidender Stöße geschützt sind, und damit das Wasser frisch erhalten bleibt.

Auch die Versendung von Fischeiern ist auf weite Entfernungen möglich. Je nach dem Entwicklungsstadium, in welchem der Fischlaich sich befindet, ist er mehr oder weniger leicht zu behandeln. Ganz frisch befruchtete Eier können in den ersten Tagen nach der Befruchtung mit einiger Vorsicht weit transportiert werden. Ist jedoch die Entwicklung des Keimes schon weiter fortgeschritten, so ist die Versendung ohne großen Verlust nicht zu bewerkstelligen. Empfindlich ist das Ei, wenn unter der Eihülle die dunklen Augenflecke des Tieres schon sehr weit fortgeschritten sind und die Zeit herannaht, wo das Tierchen bald die Hülle zerbricht und ausschlüpft. Zeigen sich jedoch erst diese Augenflecke, so kann das Ei ohne große Gefahr weit verschickt werden.

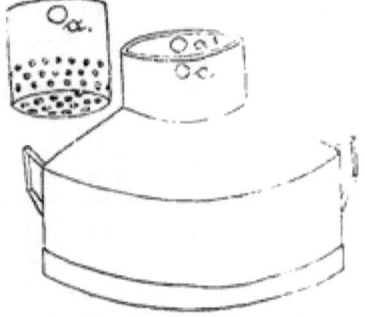

Figur 255. Transportkanne mit Einsatzdeckel. Bei a und a1 wird durch den Deckel bei a das Gefäß mit einem Stabe verschlossen, welcher zu gleicher Zeit als Griff dient.

Die Eier transportiert man in feuchter Verpackung, oder im Wasser, die Temperatur beider soll möglichst niedrig, stets jedoch über dem Gefrierpunkte sein.

Für die Versendung eignen sich am besten Doppelrahmen, {wie sie von v. d. Borne hergestellt hat. Sie sind auf der Innenseite mit Wollenfries oder Baumwollenparchent bezogen und können wie ein Buch geschlossen werden. Man legt den geöffneten Rahmen in ganz flaches Wasser, verteilt die Eier darauf und schließt denselben. Die so gefüllten Rahmen stellt man aufeinander, indem man Moos und Eisstückchen dazwischen legt und bindet sie mit einer Schnur kreuzweise zusammen. Dann werden sie in einer etwas größeren Kiste zwischen Sumpfmoos und einigen Eisstücken verpackt.

Kommt die Kiste an den Bestimmungsort an, so überzeuge man sich durch ein Thermometer von der im Innern herrschenden Temperatur; wenn dieselbe wesentlich höher ist, wie 0° R., so ist eine Schädigung der Eier sehr wahrscheinlich. Nun bringe man den Inhalt der Kiste allmählich auf die Temperatur des Wassers, in das die Eier gelegt werden sollen, indem man wenig Wasser hineinfließen läßt; dann thue man die Eier in eine Brutschüssel, aus welcher die abgestorbenen zu entfernen sind, die gesunden dagegen in den Bruttrog kommen.

Den Transport ganz junger Fische unterlasse man. Sind die Tiere noch mit dem Dottersack versehen, so ist ihre Versendung noch zu bewerkstelligen, jedoch geht im günstigsten Falle etwa annähernd die Hälfte der jungen Fische dabei zu Grunde. Sind die Tiere indessen schon größer, so ist ihr Transport wie bereits geschildert auszuführen.

5. Behandlung verschickter Fische bei der Ankunft.

Sobald von der Postverwaltung die Bestellung der Sendung an den Empfänger erfolgt ist, ist zur Öffnung des Transportgefäßes zu schreiten. Ein Teil des Wassers, in dem die Fische den Transport zurückgelegt haben, ist abzugießen und durch frisches zu ersetzen. Das abgelassene Wasser gieße man in eine möglichst tiefe Wanne, die etwa 4—5 cm hoch frisches, abgestandenes Wasser enthält. Hier hinein überführe man die Fische nun vorsichtig durch Ausgießen des Transportgefäßes.

Alle Stunde lasse man aus dem Aquarium, in welchem die Fische bleiben sollen, weitere 4—5 cm Wasser in die Wanne ab und ergänze dieses im Behälter durch frisches. So fahre man fort, bis in der Wanne ein verhältnismäßig gleicher Wasserstand mit dem des Aquariums erreicht ist. Durch ein Überbinden der Wanne mit Gaze ꝛc. verhütet man ein Herausschnellen der Fische, worauf auch in den ersten Stunden nach der Überführung in das Aquarium zu achten ist.

Fische, welche warmes Wasser lieben, aber in kühler Temperatur verschickt worden sind, dürfen auf keinen Fall sofort in ein wärmeres Wasser gesetzt werden. Sie sind in einem erwärmten Raume zu lassen, bis das Wasser des Transportgefäßes, welches selbstverständlich mit den Fischen in eine Wanne gegossen wird, von selbst eine höhere Temperatur angenommen hat; erst dann beginne man mit der Zuführung von Aquariumwasser, wenn beides dieselbe Temperatur besitzt.

Kein Fisch ist behufs Übersiedelung von einem Behälter in den anderen mit der Hand zu greifen, da dem Tiere eine Berührung mit der warmen Hand äußerst zuwider ist. Zum Fange bediene man sich stets eines kleinen Netzchens.

Ein Aquarium übervölkere man nie!

Versand von Amphibien und Reptilien.

Die schon bei den Fischen angegebenen Vorschriften der Postverwaltung gelten auch hier. Falls die Tiere ausschließlich Wassertiere sind, d. h. auf dem Lande nicht leben können (Olm ꝛc. und Larven), werden sie in denselben Gefäßen wie die Fische verschickt. Entwickelte Amphibien und Reptilien werden in Kisten mit feuchtem Moos versandt, in denen sie einen ziemlich weiten Transport ohne Gefahr für ihr Leben zurücklegen können, sobald der Behälter mit Luftlöchern versehen ist.

Die eingetroffenen Tiere erhalten eine gute Mahlzeit und werden dann in den Behälter untergebracht.

6. Krankheiten der Fische.

Ein gesunder Fisch hat seine Rückenflosse stets erhoben und vollführt mit den Bauchflossen rudernde Bewegungen. Niedergelegte Rückenflossen und angelegte Brustflossen sind Zeichen, daß der Fisch sich unbehaglich fühlt, ev. auch schon krank ist.

Nicht nur bei den im Aquarium gehaltenen Fischen treten Krankheiten mancherlei Arten auf, sondern oft raffen Seuchen ganze Scharen der Fische auch in der Freiheit dahin. Gegen viele Gefahren, die oft mit dem Tode des Fisches endigen, ist das im Aquarium gehaltene Tier gesichert. Ihm drohen nicht die scharfen Zähne des Raubfisches, auf ihn stößt nicht der spitze Schnabel des Reihers, weder Eisvogel noch Otter, weder Nörz noch Wasserratte vermögen dem Tiere etwas anzuhaben. Aber andere Feinde, mikroskopisch klein, die im freien Wasser hausen, werden oft mit dem lebenden Futter in die Behälter eingeführt, sie verbreiten Tod und Verderben unter den Pfleglingen, wenn sie in größerer Anzahl auftreten, und ihnen gegenüber ist der Mensch fast machtlos.

Diese Fischfeinde bezeichnet man mit einem Worte als „Parasiten" und versteht darunter Lebewesen, die bei einem anderen Lebewesen auf dessen Kosten Unterkunft und Nahrung finden. Diese Unterkunft kann nur auf ein gewisses Entwicklungsstadium des parasitischen Lebewesens beschränkt sein, kann aber auch lebenslänglich währen. Die Nahrung des Parasiten wird stets, solange er ein Wesen bewohnt, von diesem bezogen, sie besteht aus den Säften desselben, aus den Nahrungsstoffen, selbst aus seinen Extrementen. Der Parasit schmarotzt an, auf oder in seinem Wirte, auf Kosten dessen Gesundheit.

Die Parasiten sind entweder Pflanzen oder Tiere, auch die Wirte können dem Pflanzen- oder dem Tiergeschlechte angehören. Je nachdem wo die Parasiten ihren Wohnsitz aufschlagen, unterscheidet man Ekto- und Entoparasiten. Die Ektoparasiten sind Außenschmarotzer, die Entoparasiten Innenschmarotzer. Beide Arten von Schmarotzer können tierische oder pflanzliche Gebilde sein.

Je nach dem Auftreten und der Anzahl der Parasiten bei einem Wirte, kann der Schaden, welche diese niederen organischen Gebilde diesem zufügen, ein verschiedener sein. Die harmlosesten von ihnen plagen ihren Wirt durch eine fortwährende Unruhe, während andere sich von den Nahrungsstoffen nähren, die gefährlichsten aber sind die, welche die Säfte ihres Wirtes aufzehren oder von seinen Geweben leben. Besonders gefährlich sind die Ektoparasiten unseren Fischen.

Die Erforschung und Vernichtung dieser Tiere hat sich als besondere Aufgabe der allen Aquarienliebhabern bekannte Vorstand des „Triton" in Berlin P. Nitsche gestellt. Auch Dr. Wettner, der Leiter der „Blätter für Aquarien- und Terrarien-Freunde", sowie Dr. Hofer in München und Dr. Zacharias haben durch ihre Forschungen manches Licht über diese schlimmen Fischfeinde verbreitet.

„Die Zahl der bis jetzt bekannten Parasiten der Süßwasserfische aus dem Kreise der Würmer ist schon eine sehr beträchtliche" sagt Zschokke im Zacharias: „Die Tier- und Pflanzenwelt des Süßwassers," „sie dürfte kaum unter 250 zurückbleiben; sie steigt jährlich an, nichts läßt voraussetzen, daß die diesbezüglichen Listen so bald als vollständig geschlossen betrachtet werden können. Den momentanen Stand unserer Kenntnisse über die Vertretung von schmarotzenden Würmern im Körper der verbreitetsten Fische des süßen Wassers dürfte etwa folgende Tabelle entsprechen:

Namen der Fische:	Zahl der bei ihm vorkommenden Parasiten.				
	Saugwürmer	Bandwürmer	Fadenwürmer	Kratzer	Total
Barsch	12	8	3	4	27
Kaulbarsch	8	2	5	3	18
Zander	7	1	2	3	13
Groppe	3	2	0	2	7
Stichling	4	4	6	3	17
Aalrauwe Quappe	6	9	6	4	25
Wels	2	2	6	3	13
Karpfen	8	1	2	4	15
Gründling	3	2	3	2	10
Barbe	7	3	1	5	16
Aitel	7	2	4	2	15
Rotauge	8	3	5	3	19
Hasel	7	2	3	4	16
Elritze	5	1	4	3	13
Schleihe	2	5	3	4	14
Laube	3	4	3	3	13

— 513 —

Namen der Fische:	Zahl der bei ihm vorkommenden Parasiten.				
	Saug-würmer	Band-würmer	Faden-würmer	Kratzer	Total
Schmerle	3	2	6	2	13
Schlammpeitzger	3	0	3	0	6
Saibling	4	9	1	1	15
Lachs	6	15	7	2	30
Forelle	4	2	4	7	17
Stint	6	4	9	2	21
Schnäpel	4	2	3	1	10
Felchen	4	7	1	1	13
Aesche	7	2	5	2	16
Hecht	10	6	7	3	26
Maifisch	4	1	4	3	12
Aal	14	3	12	8	37
Neunauge	5	1	3	0	9

Die vorangehenden Zahlen bedürfen kaum eines weiteren Kommentars." Beziehen sich auch diese nur auf einen Teil der Entoparasiten, so kommen in der Zahl der Ektoparasiten stets neue Tierformen hinzu, welche den Fisch mindestens heftig plagen. Eine nicht kleine Gruppe von Kiemenparasiten sind die Gyrodaktyliden, von denen Seite 489 Figur 233 ein Vertreter dargestellt ist. In derselben Weise ausgerüstet ist Daktylogyrus, dessen verheerende Wirkungen allen älteren Aquarienliebhabern bekannt sind. Die Anwesenheit der Ektoparasiten, die in die Oberhaut eindringen, sich hier anheften, zeigt sich durch das Auftreten kleiner, zerstreut liegender weißer Pünktchen, die sich oft mit rapider Schnelligkeit über den ganzen Fisch verbreiten, Flossen, Kiemen und den ganzen Fisch bedecken. Aus den Pünktchen werden größere Flecke und die Oberhaut löst sich oft in Fetzen ab. Hauptsächlich treten Dactylogyrus, Gyrodactylus, Ichthyophthirius, Trichodina, Tetramitus, Chilodon und noch einige andere auf.

Das Verdienst der Herren P. Nitsche und Dr. Weltner ist es, uns genauer mit einzelnen dieser Ektoparasiten bekannt gemacht zu haben. Tetramitus Nitschei Weltner wurde 1893 im Februar an der Haut ausgewachsener Goldfische in ungeheurer Anzahl von Nitsche beobachtet. "An einigen der Fische", schreibt derselbe,*) "bemerkte ich einen weißlichen feinen Belag auf der Oberfläche. Der an einem Hirsekorn großen Stück Epidermis bisweilen tausende der Flagellaten aufwies

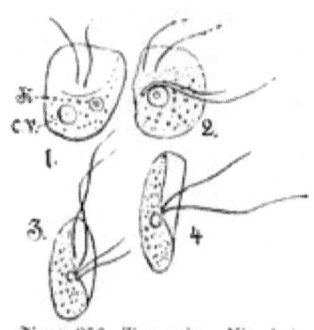

Figur 256. Tetramitus Nitschei. 1. Nach dem Leben; von der Fläche gesehen. 2.—4. Nach Abtötung in gesättigter Sublimatlösung. 2. von der Fläche. 3. und 4. von der Seite nach Nitsche und Weltner.

Natürl. Größe 0,0136 mm lang.

---

*) Centralblatt für Bakteriologie und Parasitenkunde. XVI Nr. 1.

und schließlich in blutrote Stellen an Schuppen und Flossen überging. Diese roten Flecke wurden immer größer, dabei wurde die Freßlust der Fische geringer und die Tiere magerten infolgedessen ab. Ein von der Krankheit ergriffener Fisch steht viel still unter der Wasseroberfläche und geht langsam ein, wenn er nicht rechtzeitig von wenigstens einem Teile der Parasiten, die er öfter, wie die anderen tierischen Ektoparasiten, am Bodengrunde an Pflanzen oder an den Glasscheiben abzustreifen sucht, befreit wird. Dieses erreicht man, wenn man etwa zehn Schüsseln mit frischem abgestandenen Wasser nebeneinander stellt und in jeder Schüssel den Fisch fünf Minuten beläßt. Die Parasiten verlassen auf diese Weise den Fisch und werden dann mit dem Wasser fortgegossen. Wird diese Prozedur des öfteren wiederholt, mindestens 3 Tage hintereinander, so hat man auf kürzere Zeit nichts zu befürchten." Später aber treten die Symptome wieder auf. „Die einige andere tierische Fischektoparasiten sicher vernichtende Salz- und Salicylsäurelösungen schaden in den Fischen unschädlichen Stärken dem Parasiten nicht, und Versuche mit einer großen Anzahl anderer Chemikalien hatten dasselbe negative Ergebnis."

Bringe ich diese Krankheit etwas ausführlich, so hat dieses seinen Grund darin, um zu zeigen, wie wenig wir Fische, die von Parasiten geplagt werden, heilen können. Ein Parasit stirbt von den unten näher beschriebenen Mitteln, ein anderer lebt noch lustig auf dem toten Fische weiter, der in der Auflösung gestorben ist. Dem Triton in Berlin, insonderheit seinem Vorsitzenden P. Nitsche, gebührt das Verdienst in kurzer Zeit durch freiwillige Beiträge der Mitglieder, sowie auch durch solche anderer Vereine, die Gelder zur Stellung eines Preisausschreibens beschafft zu haben, um wirksame Mittel zur Vernichtung der Ektoparasiten zu erhalten. An Interesse für die Erforschung von Fischkrankheiten fehlt es in wissenschaftlichen Kreisen nicht. Die Untersuchung der Fische, die stets lebend einzusenden sind, ist nicht so leicht, es bedarf hierzu immerhin eines nicht geringen Aufwandes an Zeit und Arbeit. Werden kranke Fische eingesand, so ist auch über den Umfang und über die Symptome der Krankheit dasjenige mitzuteilen was darauf Bezug hat, auch vergesse man nicht anzugeben, wie die Tiere gehalten und verpflegt sind.

Fehlen auch zur Zeit noch Mittel, welche die am Körper des Fisches schmarotzenden Parasiten töten, und den in den Kiemen sitzenden den Untergang bringen, so sind doch einige bekannt, welche die im Wasser schwimmenden Parasiten vernichten.

Salz, welches schon bei den Aquarienbesitzern zum Universalmittel gegen alle möglichen Fischkrankheiten geworden ist, schadet nur einzelnen Parasiten und zwar auch nur dann, wenn die Parasiten den Fisch in einer Salzauflösung verlassen.

Experimente, die Stiles zur Vernichtung der Ichthyophthirius-Krankheit angestellt hat, führt Weltner in den „Blättern für Aquarien- und Terrarien-Freunde" an.*) Betreffs der Salzlösung schreibt nun Weltner hier:

* Band VI.

„In ein großes vier Fuß tiefes Aquarium wurde festes Salz gebracht und so ein gelinder Wasserstrom in das Aquarium geleitet, daß das Wasser möglichst wenig bewegt wurde. Dadurch wird allmählich auf dem Grunde des Aquariums eine gesättigte Salzlösung erzielt, während das Wasser nach oben hin in verschiedenen Graden salzhaltig ist. Da nun das ganze Wasser nach und nach immer salziger wird, so sucht der Fisch vorwiegend die obere Wasserhälfte auf, er geht aber doch auch hin und wieder in die tiefen Wasserschichten, selbst in die tiefste, salzhaltigste. Es haben nun die Versuche von Stiles und von anderen ergeben, daß Fische in einem wie eben geschilderten Aquarium lange leben können. Der Ichthyophthirius geht nun dabei leider nicht zu Grunde, solange er in der Fischhaut sitzt, aber er stirbt sofort in dem salzhaltigen Wasser, sobald er den Fisch verlassen hat. Stiles fand weiter, daß Forellen und Amiurus albidus in einem großen Aquarium von vier Fuß Tiefe, mit etwa 25 Pfund Salz nach obiger Art eingerichtet, nach zwei Wochen zum größten Teil von ihren Parasiten befreit waren."

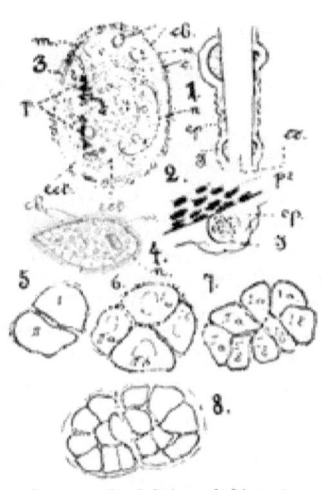

Figur 257. Ichthyophthirius.

Die vom Ichthyophthirius befallenen Fische besitzen auf der äußeren Haut kleine, mit dem Auge schon sichtbare, milchweiße Pünktchen, die ein wenig erhöht sind. Solcher Pünktchen sind zu Beginn der Krankheit nur wenige vorhanden, indessen treten immer mehr auf, so daß sich diese kleinen Dingerchen zu Flecken vergrößern können, die den Fisch weiß gefleckt erscheinen lassen. In der Regel sondern die befallenen Fische viel Schleim ab, der sie ganz dick überzieht. Beim Schleierschwanz werden durch diese Parasiten die Flossen aufgefasert und einzelne Strahlen bloßgelegt. Von Schwimmen ist natürlich bei einem solchen Fisch nicht die Rede mehr, er vollführt nur noch schaukelnde Bewegungen und hält sich dicht an der Oberfläche auf.

Weiter wird von Stiles gegen den Ichthyophthirius Methylenblau in einer 1°/₀ wässerigen Lösung empfohlen. Er nahm davon verschiedene

*) 1. Stück eines Bartfadens vom Schlammbeißer mit vier Ichthyophthirien in dem Epithel der Oberhaut. 2. Ein Teil dieses Bartfadens stärker vergrößert. 1. u. 2. Nach Abbildungen von unveröffentlichten Zeichnungen von Herrn Prof. Hilgendorf. 3. Ein frei im Wasser schwärmender Ichthyophthirius multifiliis. Vergr. 75 mal. Nach Kerbert und Weltner. 4. Ein junger Ichthyophthirius multifiliis, aus dem Epithel der Haut einer Forelle Vergr. 150 mal. Nach Fouquet. 5.—8. Teilungsstadien des Ichthyophthirius, der einen Fisch verlassen hat, um sich fortzupflanzen (Nach Stiles). 5. Zweizellen, 6. Vierzellen, 7. Achtzellenstadium. 8. Ein weiteres Zellenstadium, in dem zwei Zellbauen sichtbar sind. Die Zelle 1 in 5 ist bei 6 in die Zellen 1a und 1b, die Zelle II in IIa und IIb zerfallen. Bei 7 haben sich die Zellen mit der gleichen Bezeichnung wie bei 6 in je 2 Zellen geteilt. Alles nach Weltner aus „Blätter für Aquarien und Terrarienfreunde".

Mengen: 1, 10, 15, 20, 30 cbcm., „die er den Aquarien mit verschiedenen Mengen Wasserinhalt zusetzte. Er gelangte nach mehreren Versuchen dahin, daß eine infizierte Forelle nach 11 Tagen in dem Methylenblauwasser vollständig vom Ichthyophthirius befreit war, während an einem Wels nach 6 Tagen noch einige der Parasiten bemerkbar blieben; bei diesem Versuch befanden sich beide Fische in 10 l Seewasser, dem 30 cbcm der 1% wässerigen Methylenblaulösung zugegeben war. Die Temperatur des Wassers betrug 22—24° C, und es war vollständig Luft durchgeleitet worden. Nach mehreren Tagen hatten sich viele Ichthyophthirius von den Fischen abgelöst und diese selbst hatten viel Schleim in das umgebende Wasser abgegeben. — Stiles macht bei dieser Gelegenheit darauf aufmerksam, daß das Methylenblau in zu starker Lösung dem Fische schädlich und sehr geschwächten Fischen unheilbringend sei." Ein nachfolgender Versuch diesen Parasiten in Eosin, 1%, in wässeriger Lösung von verschiedener Menge, z. B. 5 cbcm zu 500 cbcm Aquarienwasser, 15 zu 500 cbcm und 60 cbcm zu 10 l tötete den Parasiten, sobald er den Wirt verlassen hatte in 15—60 Minuten. „Ob aber Fische solange in einer Eosin-Lösung leben können, bis sie alle Ichthyophthirius verlassen haben und ob sich die Fische auch in der Folgezeit nach Eosin-Bädern gesund erhalten, ist auch noch zu entscheiden."

Von vielen Seiten wird auch zur Vernichtung der Parasiten ein möglichst stark mit Sauerstoff durchlüftetes Wasser empfohlen, da es bekannt ist, daß dieser niedere Tiere tötet, den Fischen aber wohl kaum Gefahr bringt.

Figur 28.
Myxosporidien,
stark vergr.
Phorospermien.

Größere Ektoparasiten, z. B. die Karpfenlaus, zu töten gelingt mit 1‰ Lysollösung sicher nach Peters.

Auch aus der niedrigsten Klasse des Tierreiches, unter den Protozoen oder Urtieren, finden sich Parasiten, die dem Fische schädlich sind, Phorospermien früher, jetzt als Myxosporidien bezeichnet. In ihrer Gestalt sind die Tiere sehr wechselnd und veränderlich, mikroskopisch klein, häufig gelbgefärbt, in ihrem Innern mit einer großen Zahl von äußerst feinen Kernen angefüllt. Sie werden in allen Organen der Fische gefunden, bewohnen jedoch hauptsächlich Niere und Milz, kommen auch in den Kiemen, der Haut, den Muskeln rc. vor. Im Innern dieser Myxosporidien findet man fast stets mehrere Sporen, die früher unter dem Namen Phorospermien bekannt waren, und als solche für selbständige Lebewesen angesehen wurden. Sie finden sich bei jungen und alten Tieren. Größere Tiere sind oft mit einer riesigen Menge Phorospermien angefüllt, sodaß man in einer Myxosporidienpustel Tausende von ihnen, aber von dem Zelleib der Myxosporidien nichts beobachten kann. Besonders leiden die karpfenartigen Fische durch diese Krankheit. Diese Knoten werden allmählich zu großen Beulen, die Fische werden entkräftet und endlich brechen die ekelhaften Geschwüre auf und führen den Tod des Fisches herbei. Befallene Fische sind sogleich abzusondern, die Knoten auszuschneiden, die Wunde gut auszuwaschen und in dieselbe Salycilpulver zu streuen. Alsdann gebe man den Tieren Becken, die gut durchlüftet sind und in denen eine peinliche Sauberkeit herrscht.

Pflanzliche Fischparasiten gehören, wie das nach der Ernährungsweise der Pflanzen nicht anders möglich ist, ausschließlich zu den Pilzen. Abgebildet wurden zwei dieser Pilze schon Seite 421 Figur 177 und 178. Die Verbreitung der Saprolegnien ist eine sehr große, es giebt wohl kaum ein Wasser, in dem sich diese Pilze nicht befinden. Erkrankte Fischeier und verletzte Stellen der Fischhaut bieten diesen pflanzlichen Organen einen erwünschten Platz sich einzunisten, während gesunde Tiere vollständig von ihnen verschont bleiben. Treten im Aquarium derartige Krankheiten auf, so ist das Becken nicht richtig eingerichtet; in nach Vorschrift eingerichteten Aquarien gehen Saprolegnien von selbst zu Grunde. Von Fischen haben besonders Makropoden unter Pilzwucherungen zu leiden. Die kranken Tiere schwimmen ruckweise vor- und rückwärts und ihr Körper ist mit einem weißen, flaumigen Überzug versehen. Werden die Pilze nicht bald vernichtet, so gehen die Fische regelmäßig an ihnen ein. Befallene Tiere bringt man in Becken unter, die man dunkel und warm stellt, durchlüftet aber das Wasser. Dunkelheit und Wärme zerstören bald und sicher die Pilze. Von einer Behandlung mit Wasser, in welches Chemikalien gethan sind, sehe man ab. Die von Ektoparasiten befallenen Fische bekommen oft an den kranken Hautstellen Pilzwucherungen.

Für Fische, welche an Verstopfung leiden, empfiehlt P. Nitsche ein Klystir, das er mit großem Erfolge angewandt hat. Ein so erkrankter Fisch liegt ohne sonstige weitere Anzeichen von Krankheit flach am Boden, meist mit etwas aufgetriebenem Bauche. Er macht bei der Berührung wohl Versuche zum Schwimmen, liegt aber bald wieder am Grunde in seiner vorigen Lage. Ein schnelles Eingreifen von seiten des Pflegers ist hier sehr nötig. Zum Klystier benutze man eine ca. 50 7 mm entsprechend fein ausgezogene Glasröhre, deren Spitze gut abgeschmolzen ist, damit durch diese der Darm des Fisches nicht verletzt werde. Etwas mit Olivenöl versetztes Ricinusöl wird in die Röhre gefüllt. Das größere Ende der Röhre wird hierzu mit einem Stückchen Gummischlauch, dessen Ende zugebunden ist, versehen, dieses leicht zugedrückt, die Spitze in das Öl getaucht und der Druck auf den Schlauch aufgehoben. Hierdurch saugt die Glasspitze einen Tropfen Öl ein. Jetzt wird der Fisch in ein feuchtes, leinenes Tuch auf den Rücken gelegt und die Spitze vorsichtig in die Afteröffnung eingeführt. Hinter der Afteröffnung macht der Darmkanal des Fisches eine Wendung nach oben, daher ist es nötig, die Spitze nach der Rückenflosse zuzuführen, doch auch nicht zu hoch. Nach Einführung genügt das Zusammendrücken des Schlauches, um das Öl in den Darm zu treiben. Nach kurzer Zeit erfolgt die Entleerung des Fisches und das Tier ist gerettet. Es ist dem Tiere dann leichtverdauliches, lebendes Futter zu reichen, jedoch nicht in zu großer Menge.

In neuester Zeit schlägt Hamann in den „Blättern für Aquarien- und Terrarienfreunde" vor, bei Verstopfung einen getöteten Regenwurm mit der Messerschneide zu klopfen und 2—4 Minuten in einer Rhabarberlösung liegen zu lassen. So vorgerichtet ist derselbe dem Fisch zu reichen. Haman heilte hierdurch einen Schleierschwanz, indem er ihn 14 Tage hindurch täglich den Regenwurm in dieser Weise gab.

Ein Kopf- resp. Rückenschwimmen macht sich bei Schleierschwänzen und Teleskopen oft bemerkbar. Als Ursache dieser Krankheit wird Erkältung angenommen. Die Schwimmblase ist bei diesen Tieren an dem Teile, der dem Kopf zugewendet ist, 40—50 mal so groß, als in dem dem Schwanze zugewendeten. Besonders im Jugendstadium tritt diese Krankheit auf. Heilmittel hierfür sind noch unbekannt, doch dürfte warmer, sonniger Stand in einem reich bepflanzten Aquarium für den erkrankten Fisch sehr gut sein.

Wassersucht äußert sich durch Anschwellen von Körperteilen, welche mit wässeriger Flüssigkeit angefüllt sind. Die Krankheit nimmt meist ihren Anfang am Schwanze, so daß hier die Schuppen wie gelockert erscheinen. Von hier geht die Krankheit über den ganzen Körper. Sauerstoffarmes Wasser soll die Ursache sein. Die Krankheit wird durch von der Sonne durchwärmtes, sauerstoffreiches Wasser gehoben.

Krankheiten bei Fischen sind möglichst zu verhüten, Heilmittel sollen nur in dringenden Fällen angewendet werden.

Anhang.

Das Sumpf=Aquarium und Terra=Aquarium.

Das Aquarium, wenn es groß ist und einen ziemlich tiefen Wasserstand besitzt, eignet sich nur wenig zur Kultur von Sumpfpflanzen, die um ihrer eigenartigen Schönheit willen gerade jetzt mit Vorliebe gepflegt werden. Zu ihrer Kultur nimmt man meist besonders gebaute Becken, die im Verhältnis zu ihrer Größe nur einen geringen Wasserstand aufweisen, also niedrig gebaut sind und nennt diese Behälter dann Sumpf-Aquarium. Bei ihnen sieht man auch meist von einer Besetzung mit Fischen ab und bringt nur die Sumpffauna in ihnen unter, welche ihr Leben in Tümpeln und schlammigen Gräben verbringt. Schnecken der verschiedensten Arten, Krebstiere, Würmer und Insektenlarven sind die Geschöpfe, die ein Sumpf-Aquarium nur beherbergen soll. Wie schon bei den einzelnen Arten angegeben, lebt die Mehrzahl von diesen Tieren in einer beständigen Fehde unter einander; sie überfallen sich gegenseitig, wo sie nur können. Diese Fauna, die auf den ersten Blick nur eine beschränkte zu sein scheint, birgt soviel Eigenarten ihrer Bewohner in sich, daß es sich wohl verlohnt, sie in einem besonderen Becken näher kennen zu lernen. Ist auch nun das Sumpf-Aquarium nicht gerade speciell für diese Räuber vorhanden, sondern soll es vorwiegend zur Kultur der Sumpfflora dienen, so giebt es doch kein Becken, welches zur Aufnahme dieser Fauna so sehr geeignet ist, als gerade dieses.

Eingerichtet wird ein Sumpf-Aquarium in derselben Weise, wie jedes andere Aquarium und brauche ich mich hierüber nicht weiter verbreiten, es dürfte vielmehr vollständig genügen, wenn ich erwähne, daß die Bodenschicht in einer Ecke so hoch genommen wird, daß sie entweder nicht, oder doch nur wenig vom Wasser bedeckt wird. Hierher kommen die Gewächse, welche nur zeitweilig einen höheren Wasserstand vertragen, während der größten Zeit des Jahres indessen nur eine Wurzelbewässerung beanspruchen (Carex). Nimmt man zur Bepflanzung heimische Arten, so ist der Wasserstand, den diese Gewächse im Freien haben, für die Einsetzung insofern maßgebend, als er nur im Sommer etwas verringert werden muß.

Als Bodenbelag verwendet man für das Sumpf-Aquarium die schon bekannten Erdmischungen, nur etwas stärker mit Lehm vermischt.

Die Aufstellung erfolgt am zweckmäßigsten in einem Zimmer mit Morgensonne, hier entwickeln sich die Pflanzen bald zu imposanter Größe und Schönheit und schmücken das Zimmer wie kaum andere Gewächse.

Der Liebhaber, der Sumpfpflanzen mit untergetauchten Gewächsen kultivieren und der neben Fischen auch noch Amphibien und Reptilien pflegen will, richtet sich am besten ein Terra=Aquarium ein. Ein derartig gut bepflanztes und besetztes Becken übt zweifellos auf jeden Beschauer einen großen Reiz aus. Waren auch die Aquarien, als sie noch einen stattlichen Felsaufbau hatten, schon im gewissen Sinne als Terra=Aquarien anzusprechen, da der Felsen verschiedenen Tritonen, Molchen, Fröschen und Schildkröten, die ja das Wasser nur zu bestimmten Zeiten aufsuchen, als beliebter Aufenthaltsort diente, so haben sich derartige Aquarien doch nie einer größeren Beliebtheit erfreuen können, da eben der Felsen den untergetauchten Gewächsen das für ihre gute Entwicklung so nötige Licht entzog. Er ist daher auch heute aus dem Becken der einsichtigen Liebhaber ganz verschwunden.

Eine Verbindung von Terrarium und Aquarium konnte aber ohne einen Felsbau nicht ausgeführt werden und daher war es nötig, diesen statt in die Mitte des Beckens an die Seitenwand zu setzen, wo er der untergetauchten Flora kein Licht nimmt. Steht nun der Felsen an einer Seite des Aquariums, so ist hierdurch dem Reptilien= und Amphibiengeschlechte die beste Gelegenheit gegeben, sich ohne Abschied aus dem Becken zu salvieren. Um dieses zu verhindern, ist ein Terra=Aquarium in seinen Grundzügen so einzurichten wie ein Terrarium, d. h. es muß allseitig abgeschlossen sein. Auf die zweckmäßigste Form eines Terrariums will ich mich hier nicht einlassen, sondern nur soviel bemerken, daß die Hinterwand und die beiden Seitenwände, ebenso die Hinterwand und die Seitenwände des Daches behufs guter Luftzirkulation aus Drahtgeflecht hergestellt werden sollten und nur die Vorderwand aus Glas. Ebenso ist ein Terra=Aquarium zu bauen. Die Seitenwände erhalten Fallthüren von der Größe, daß sie ein bequemes Arbeiten im Innern des Raumes gestatten. Je größer ein Terra=Aquarium hergestellt wird, einen je schöneren Anblick bietet es.

Die Grundidee des in der beigegebenen Tafel vorgeführten Terra=Aquariums ist die, den Aquariumraum so einzurichten, daß er sich von einem gewöhnlichen Aquarium nicht erheblich unterscheidet.

Um nun aber den Felsaufbau in den Ecken vornehmen zu können, ohne daß dieser Aufbau Schlupflöcher enthält, oder daß sich das Terrarium mit Wasser füllt, wird dieser durch ein gebogenes Zinkblech vollständig vom Aquarium abgetrennt. Die beiden Zinkwände erhalten nur eine Verkleidung von Bims= oder Tuffstein; ersterer ist seiner Leichtigkeit wegen besonders zu empfehlen.

Bevor der Terrariumraum mit Erde ausgefüllt wird, erhält dieser ein sogenanntes Drainagerohr, wie solche für Felder zum Drainieren gebraucht werden. Dieses Rohr wird schräg, nach der Hinterwand zu am tiefsten, in grobkörnigem Sande eingebetet. Dort, wo es am tiefsten liegt, erhält es durch die Hinterwand hindurch ein Abflußrohr. In das Drainagerohr dringt das Wasser ein, welches von den Terrariengewächsen nicht verbraucht wird, daher kann sich auch dieser Raum nie in einen Sumpf verwandeln, in dem die eingesetzten Gewächse verfaulen. Zur Bepflanzung

Eingerichtetes großes Terra-Aquarium.

dieses Teiles eignet sich die Flora, welche wenigstens eine zeitweise Wurzel=
bewässerung verträgt. Von unseren heimischen Gewächsen sind es solche
Pflanzen, die nassen, feuchten oder schattigen Standorten entstammen. Bei
diesen hat man jedoch damit zu rechnen, daß sie fast ausnahmslos im
Winter, wenn nicht ganz eingehen, so doch bis auf den Wurzelstock ein=
ziehen. Aus diesem Grunde wird man neben heimischen Gewächsen auch

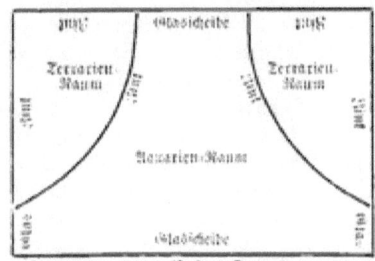

Figur 259. Grundriß eines Terra=Aquariums.

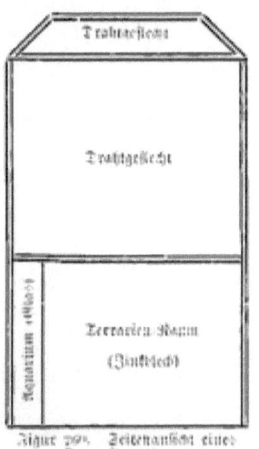

Figur 260. Seitenansicht eines Terra=Aquariums.

noch fremdländische verwenden, die ebenfalls
nässeliebend sind. Eine ausführliche Beschreibung
dieser hierzu geeigneten zahlreichen, noch nicht
besprochenen Gewächse kann ich an dieser Stelle
nicht geben. Zum größten Teil ist aber diese Flora
bei den Sumpf= und Felspflanzen (vergleiche
diese Kapitel) schon geschildert worden. Nur
namentlich will ich einige zur Besetzung geeignete Gewächse aufzählen.

Als erstes Gewächs ist das Frauenhaar (Isolepis) zu nennen, die
Pflanze verlangt einen hellen Standort; hieran schließen sich die Korb=
stengelgewächse (Plectogyne), die lange Zeit mit nur wenig Licht aus=
kommen. Chamaerops excelsa und Chamaerops humilis, zwei kleinere
Palmenarten, eignen sich ebenfalls für die Bepflanzung, desgleichen Phormium
tenax, unter dem deutschen Namen neuseeländischer Flachs bekannt. Die
verschiedenen Arten der Cyperngräser, die Calla=Arten und die ausländischen
Carexgewächse, Carex follicullata, C. Fraseri ꝛc. zählen zu reizenden hohen
Gewächsen des Terrariumteils.

Nicht so hoch sind die Dracaena=Arten, Ophiopogon, Pteris, Asplenium.
Ophiopogon und die verschiedenen Farren, die gleichfalls hier gute Ver=
wendung finden. Als buschige Gewächse können Selaginella=Arten, der
australische Zwergkalmus (Acorus gramineus), die Sedumgewächse ꝛc. genannt
werden. Rankend sind Ficus repens und mehr oder weniger auch die
bekannten Ampelgewächse, die Tradescantien und Epheu.

Zur Ausschmückung des Terrateils dienen auch noch knorrig ge=
wachsene Zweige, beliebte Ruheplätze für Schlangen, die, von Rankelge=
wächsen umsponnen, sich reizend ausnehmen.

Ein einfacheres Terra=Aquarium schildert Höfer in den Blättern für
Aquarienfreunde. Sein Terrarienteil ist ein eingehängter Zinkblechkasten,
der mit seiner Rückseite je der Schmalseite des Aquariums angepaßt ist,

die beiden Seitenteile des eingehängten Kastens sind rechtwinklige Dreiecke, der spitze Winkel nach unten. Die Tiefe des Kastens steht im Belieben des Besitzers, oder gleicht der Wassertiefe, so breit man es oben haben will, so breit läßt man sich's herstellen.

„Dieses ein- und aushängbare Terrarium kann an jedem Aquarium vermittelst zweier starker Zinkdrähte angebracht werden, im Falle die Pflanzen im Winter einziehen, nimmt man das Terrarium ohne jede Schwierigkeit heraus, ohne dem Terrarium oder dem Aquarium zu schaden: die Terrarientiere müssen ja sowieso ihren Winterschlaf halten und ver=
packt werden.

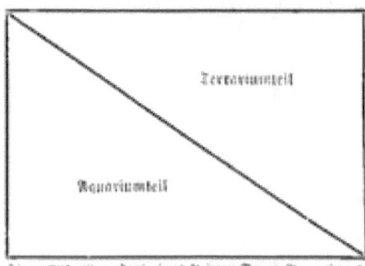

Figur 261. Grundriß eines kleinen Terra=Aquariums.

Ich nehme mein Terrarium jeden Winter heraus, denn jetzt muß man jeden Lichtstrahl fangen und darf keine „Fenstervorsetzer" dulden. Auf den Grund des Blechkastens lege ich ent= weder ein Stück Drahtgaze oder viele Thonscherben und Steine, sollte sich unter diesen Wasser ansammeln, so kann es leicht durch eine vorher senkrecht ein= gesteckte Glasröhre abgesaugt werden. Man könnte dem Kasten auch 3 steife Drahtbeine geben, dann kann man ihn stellen."

Auch ein gewöhnliches Aquarium kann leicht zu einem Terra= Aquarium umgewandelt werden. Es wird dann von einer Ecke zur anderen ein Felsaufbau aus Tuffstein hergerichtet, der schräg zum Wasser abfällt. Dieser Felsaufbau wird zuerst in das Becken gebracht. Dort, wo die Bodenfüllung für das Terrarium eingefüllt werden soll, erhält derselbe erst in seiner ganzen Höhe groben, geschlemmten Flußsand, welcher der hinter diese Sandschicht eingefüllten Bodenschicht keinen Durchlaß in das Wasser gewährt. Der Aquariumteil wird wie jedes andere eingerichtet, in den Terrarienteil werden die Pflanzen in der Weise eingesetzt, wie ich es Seite 236 2c. beschrieben habe.

Der Liebhaber, der sich ein Terra=Aquarium einrichten will, beginne zuerst mit einfachen Behältern. Erst wenn er sich mit diesen genügend eingearbeitet hat, dann schaffe er sich einen Behälter an, wie ihn die Tafel darstellt und wie einen ähnlichen sich Fritze=Berlin hat bauen lassen. Ein solches Terra=Aquarium ist das Schönste, was die Aquarien= und Terrarien=Liebhaberei bis zur Zeit geschaffen hat.

Alphabetisches Register.

A.	408	Alburnus breviceps	391	Annulata	484
Aalmolch	299	„ fabraei	391	Anodonta complanata	479
Aalquappe	352	„ fasciatus	391	„ mutabilis	471
Aalraupe	352	„ lucidus	391	Antaceus leeontei	419
Abflußrohr	30	„ mento	391	Anthoxanthum aculeatum	226
Abramis alburnus	391	Aldrovande, blasige	69	Anthias testudineus	336
„ argyreus	393	Aldrovandia vesiculosa	69	Antraea aculeata	493
„ aspius	390	Alisma natans	160	Aplexa hypnorum	475
„ ballerus	395	„ Plantago	175	Apomotis obesus fasciatus	324
„ björkna	394	„ parnassifolium	176	„ gloriosus	324
„ brama	393	„ ranunculoides	176	Aponogeton distachyus	162
„ cultratus	395	„ zosterafolium	176	Apron	317
„ gehini	393	Aloe, gemeiner	96	Apus caneriformis	459
„ melanops	395	Alpenforelle	403	„ productus	460
„ microlepidotus	393	Alpiorelle	403	Aquarium, Anstrich	13
„ vetula	393	Alpenseitkraut	218	Aquarium, Ausschmückung	
„ vimbra	394	Algen-Laichkraut	103	(innere)	44
„ wimbra	394	Alien	389	Aquarium, Dichthaltung	
Acanthocephala	488	Aal	389	durch Schellack	13
Acanthopteri	315	Alytes obstetricans	269	Aquarium, Dichthaltung mit	
Acanthopsis fossilis	362	Amaul	317	Schieserplatten	14
„ taenia	363	Ambloplites rupestris	321	Aquarium, Einfüllung	10
Acara faccata	349	Amblystoma tigrinum	292	Aquarium, Fundamentie-	
Acerina cernua	318	„ maculatum	292	rung	50
„ Schraetzer	319	„ mavortium	296	Aquarium, fünf u. mehrteilig	11
„ vulgaris	318	„ mexicanum	292	„ Stützung	12
Achya	421	„ weismanni	292	„ runde	10
Acilius sulcatus	431	Amia Calva	407	Aquarienwasser, Heizung	35
Acipenser hospitus	411	Amiurus Caudafurcatus	361	Arachnoidea	450
„ huso	411	„ Nebulosus	359	Argulus foliaceus	466
„ latirostris	411	„ splendidus	361	Argyroneta aquatica	452
„ leeontei	411	Amphipoda	467	Atmaleuchter, besenförmiger	135
„ oxyrhynchus	411	Amphipeplea glutinosa	474	„ hornblättriger	135
„ ruthenus	411	Amphiprion scansor	336	„ rauher	135
„ sturio	411	Amphistoma subclavatum	490	„ stinkender	134
„ verus	411	Amphiuma means	299	„ zerbrechlicher	135
Acorus Calamus	188	Anabas scandens	336	Armmolch	304
Acolosoma decorum	484	Anacanthini	352	Armpolyp	494
„ quaternarium	485	Anacharis Alsinastrum	93	Arthrostraca	467
Ächsen Wasserfeder	122	Anguilla anguilla	408	Armwirbler	493
Agabus maculatus	431	„ acutirostris	408	Äsche	402
Agrostis aculeata	226	„ callensis	408	Äschling	400
Aglossa	261	„ canariensis	408	Asellus aquaticus	467
Anel	389	„ cuvieri	408	Aspidium filix	230
Aira aquatica	207	„ fluviatilis	408	„ palustre	231
Aland	386	„ hibernica	408	„ Thelypteres	231
Älander	386	„ mediorostris	408	Aspro apon	317
Albuli	390	„ vulgaris	408	„ streber	318
Alburnus alburnus	391	Anbeiß	315	„ vulgaris	317
„ bipunctatus	391	Aniastoma nigrescens	486	„ zingel	317

— 524 —

Aspius alburnoides	391	
„ alburnus	391	
„ bipunctatus	391	
„ rapax	390	
„ vulgaris	390	
Asplenium Trichomanes	231	
„ Scolopendrium	228	
„ viride	231	
Aitein	467	
Astacus fluviatilis	468	
Azimoos, Farn	226	
„ Riesen	227	
„ ljer	227	
„ Wasser	277	
Atax crassipes	455	
Atmung der Pflanze	56	
Axolotl	292	
„ nordamerikanischer	296	
Azolla canadensis	86	
„ caroliniana	86	
Bachbungen-Ehrenpreis	192	
Bachfroſch	261	
Bachforelle	403	
Bachkreſſen	379	
Bachläufer	447	
Baëtis	445	
Balchen	399	
Ballonvorrichtung zur Aufnahme	9	
Ballonſprengung	9	
Ballonreinigung	9	
Bandwürmer	490	
Barbus communis	377	
„ fluviatilis	377	
„ cyclolepis	377	
„ vulgaris	377	
Barbe	377	
Barbel	377	
Barbine	377	
Barm	377	
Barmbet	377	
Barmen	377	
Barſch	315	
Barſgrunde	361	
Bartling	77	
Batrachium fluitans	115	
„ divaricatum	117	
„ aquatile	118	
„ hederaceum	149	
Batrachospermum moniliforme	139	
Bauchfüßer	472	
Bauernlarpten	366	
Baumfletterer	336	
Beißfiſch	393	
Bergaute	271	
Bergmolch	290	
Bergforelle	403	
Berſchid	318	
Birke	412	
Betta pugnax	343	
Binſe, ſtechende	198	

Binſe, dreikantige	198	
„ wurzelnde	199	
Bitterlee	184	
Bitterkreſſe	223	
Bitterling	381	
Bizigurn	362	
Bivalvia	478	
Blasenkraut	72	
Blattfüßer	457	
Blattfuß, kleiner	460	
Blaujelchen	399	
Blaunaſe	394, 396	
Blauer	393	
Bläuling	399	
Blechnum Spicant	229	
„ boreale	229	
Bled	391	
Blede	394	
Blei	393	
Bleier	387	
Blide	394	
Blicca björkna	394	
„ micropteryx	394	
„ laskyr	394	
„ erytropterus	394	
Blumenbinſe	179	
Blütenbeſtäubung durch Zuſſehten	64	
Blütenbeſtäubung durch Wind	64	
Bodenſchicht d. Aquariums	46	
Bombinator bombinus	269	
„ igneus	269	
„ pachypus	271	
„ inscus	267	
Bombina marmorata	269	
Bothriocephalus proboscideus	491	
Bothriocephalus latus	491	
Botia taenia	363	
Bötcherſiſch	200	
Brachſen	393	
Brachſman	393	
Brachſenkraut,haarſpöriges	131	
Brachſenkraut, gemeines	131	
Bradybates ventricosus	289	
Branchipus stagnalis	458	
„ diaphanus	459	
„ Grubei	459	
Branchiura	465	
Bräſem	393	
Breitſchädel	325	
Breſen	393	
Branchiobdella Astaci	487	
Brunnenkreſſe (Blüte)	64	
Brunnenkreſſe	193	
Brunnenkreſſe, ſchleſiſche	223	
Brutknoſpen der Pflanzen	506	
Brutapparate	413	
Brutapparat, tulpenförmig	416	
Bruttrog, kaſtförmiſcher	414	
„ v. v. d. Borne	414	
„ trichterförmiger	415	

Bryozoa	493	
Bufonida	271	
Bufo calamita	271	
„ cruciatus	271	
„ cursor	271	
„ calcaratus	267	
„ vespertinus	269	
Bullenpeiſ	200	
Büſchelfarn, ſchwimmender	77	
Büſchelmücke	439	
Bürſtling	315	
Butomus umbellatus	179	
Butterblume	181	
Bythinella	477	
„ Steinii	477	
Bythinia tentaculata	477	
„ ventricosa	477	
Cambomba aquatica	95	
„ caroliniana	95	
„ roseaefolia	96	
Caenis luctuosa	445	
Calico-Barſch	320	
Calla palustris	171	
„ aethiopica	172	
Callichthys fasciatus	356	
„ punctatus	359	
Callitriche autumnalis	111	
„ decussata	111	
„ stagnalis	111	
„ truncata	111	
„ verna	111	
„ vireus	111	
Caltha palustris	181	
„ flore pæno	182	
Canna flaccida	209	
Canthocamptus minutus	464	
Carassius auratus	367, 374	
„ „ var.		
japonicus	374	
Carassius auratus var. macrophalmos	375	
Carassius capensis	367	
„ coeruleus	367	
„ cuvieri	367	
„ discolor	367	
„ grandoculis	367	
„ gibelio	366	
„ humilis	366	
„ langsdorfii	367	
„ moles	366	
„ oblongus	366	
„ pectinensis	367	
„ vulgaris	366, 367	
Cardamine amara	223	
„ pratensis	222	
Carex crassa	203	
„ filiformis	203	
„ gracilis	204	
„ inflata	203	
„ limosa	204	
„ Pseudocyperus	203	
„ riparia	203	

Carex stricta	204	Cottus gobio	825	Cyprinus macophthalmus	367
„ vesicaria	203	Cojus cobojius	336	„ macrolepidotus	364
Caryophyllaeus mutabilis	491	Crypsis aculeata	226	„ maillardi	367
Castalia alba	142	Cryptobranchus allegha-		„ mauritanus	367
Catabrosa aquatica	207	niensis	298	„ microlepidotus	386
Caudata	276	Cuculanus elegans	488	„ moles	366
Centrarchus aeneus	324	Culex annulatus	439	„ nasus	396
Ceratophyllum demersum	91	„ pipiens	439	„ nobilis	364
„ submersum	90	Cultripes provincialis	267	„ nudus	364
Cestoidea	490	Cumaceen	468	„ phoxinus	384
Chaetogaster vermicularis	485	Cyclas rivicola	482	„ quadrilobatus	367
Chamäleonsfisch	349	Cyclopidae	464	„ quadrilobus	367
Chanchito	349	Cyclostomi 315,	412	„ rapax	390
Chara aspera	135	Cyperngras, abwechselnd		„ rubellio	387
„ ceratophylla	135	blättriges	169	„ rutilus	387
„ foetida	134	Cyperus alternifolius	169	„ taeniatus	390
„ fragilis	135	„ nanus	170	„ telescopus	367
„ scoparia	135	„ variegatus	171	„ thoracatus	367
Chelonia	244	„ convexus	171	„ Tinca	378
Chironomus plumosus	439	„ distans	171	„ vimbra	394
Chlorophyllförper	54	„ laxus	171	„ zerta	394
Chlorophyllgarbstoff	55	„ longus	171	Cypris fusca	462
Chondropterygii	315	„ Papyrus anti-			
Chondrostoma nasus	396	quorum	171	Darmlose Tiere	494
„ coerulescens	396	„ vegetus	171	Decapoda	468
„ dermaci	396	Cypridae	462	Deibel	389
Chromis facetus	349	Cypriden	462	Dendrohyas arborea	273
Cichla storeria	320	Cyprinodon umbra	306	Deroterma	279
Cicuta aquatica	186	Cyprinus abbreviatus	367	Deje	386
Crocephalus diaphanus	459	„ alburnus	391	Detrotrema	298
Cirripedia	466	„ amarus	381	Diamantbarsch	324
Cistudo europaea	250	„ amarus	366	Diaptomus	464
„ hellenica	250	„ argyroleuca	394	Digenea	490
Cladocera	460	„ aspius	390	Dichtung gebrungener	
Cloëon dipterum	445	„ auratus	367	Scheiben	506
Clemmys caspica	248	„ Barbus	377	Didtopi 325, 386,	389
„ leprosa	248	„ björkna	394	Diebel	389
Clepsine complanata	187	„ bipunctatus	391	Diplozoon paradoxum	490
„ bioculata	487	„ blicca	394	Diptera	437
Cobitis barbatula	361	„ brama	393	Discodactylia 261,	272
„ elongata	363	„ carassius	366	Döbel	389
„ fossilis	362	var.		Dolm	325
„ larvata	363	aurata	366	Dolomedes fimbriatus	453
„ taenia	363	„ cariatus	394	Donacia Haemonia	436
Coelenterata	494	„ carpio	364	Dorngrundel	363
Cojus chatareus	334	„ chinensis	367	Drachenwurzel	171
Coleoptera	427	„ cirrhosus	364	Dreiblatt	184
Colpodium aquaticum	207	„ cobojius	336	Dreissena polymorpha	482
Colymbetes notatus	431	„ coeruleus	389	Drosera anglica	216
„ suturalis	431	„ compressus	389	„ intermedia	216
Copepoda	463	„ coriaceus	364	„ longifolia	216
Cordylophora lacustris	496	„ crassoides	367	„ obovata	216
Corregonus albula	400	„ cultratus	395	„ rotundifolia	213
„ hiemalis	400	„ erythrophthal-		Dübel 386,	389
„ maraena	400	mus	389	Dünnbauch	395
„ thymallus	400	„ erytrops	389	Dünnschafer	466
„ Wartmanni	399	„ farenus	393	Durchlüster, Injektions-	22
Corethra plumicornis	439	„ gobio	379	System Dorner u. Semper	21
Coriandrum Cicuta	186	„ idbarus	386	Durchlüster, System Ren	22
Corixa	450	„ idus	386	„ „ Wilfe	23
„ striata	449	„ langsdorffi	367	„ „ Simon	27
Coryphaena nigrescens	323	„ laskyr	394	„ „ Ohse 20,	21
Cosleiche Stacheln	413	„ latus	393	Durchlüster Schwirlus	24

— 526 —

Durchlüfter für komprimierte Luft	26	Erdbeerklee	224	Fontinalis squamosa	133
Dytiscus marginalis	430	Erde für Aquarien	47	Forellenbarsch	323
		Erbfisch	396	Form und Gestalt der Wasserpflanzen	58
		Eristalis tenax	140		
Echinodorus natans	160	Ernährung der Pflanze	57	Fortpflanzung der Wasserpflanzen	60
Echinorhychus angustatus	489	Esling	396		
„ proteus	489	Esox boreus	404	Franzisch	388
Edelkrebs	468	„ lucius	404	Froschbiß, gemeiner	67
Egeln	315	Esperlanus vulgaris	402	Frösche	258
Eichhornia, prächtige	79	Eulais extendens	454	Froschkraut, gemeines	118
Eichhornia speciosa	79	Eupomotis aureus	319	Froschkröten	267
Eidechsenschwanz, glänzender	177	Euspongilla lacustris	498	Froschlaichalge, perlschnurförmige	139
Eierfisch	376				
Einaugen	462, 464	**Fadenalge**	60	Froschlöffel	175
Einblatt	220	Fadenmolch	280	„ habnähnlicher	176
Eingeweidewürmer	488	Fadenschwimmer	429	„ herzblattblättriger	176
Einhängegefäße	45	„ gesäumter	430	„ schwimmender	160
Einlitten der Scheiben	12, 13	Fadenwels, gefleckter	355	Froschlurche mit Haftscheiben	272
Eintagsfliegen	444	Farbe der Pflanzen (Entstehung)	54	Froschlurche, zungenlose	261
Ektoparasiten	512			„ mit Zunge und breiten Zehen	261
Elisma natans	160	Farn-Ahnmoos	236		
Ellering	384	Felsen im Aquarium	42	„ mit Zunge und spitzen Zehen	261
Ellritze	384	Felsen im Aquarium, seine Bepflanzung	236	Frühlingswasserstern	111
Elodea canadensis	93				
„ densa	94	Felsennachbau des Teichaquariums	18	Furne	389
Elten	389				
Emmenia grayi	248	Felsen-Auslaugen	44	**Gabelschwanz**	361
Emys europaea	260	Felsen-Besetzung	212	Gadus lota	352
„ var. concolor	254	Festuca fluitans	207	„ maculosus	352
„ „ hellenica	254	Feiltraut, gemeines	217	Gammarus pulex	467
„ „ Hoffmanni	254	Feuertröte	269	Gänseling	386
„ „ maculosa	254	Fieberklee	184	Ganoidei	315, 410
„ „ punctata	254	Filterzylinder	27	Garr	400
„ „ sparsa	254	Fisch-Bastarde	413	Gasterosteus aculeatus	326
„ flava	250	Fischbrut-Fütterung	422	„ pungitius	333
„ laticeps	248	Fische	124	Gastropoda	472
„ lutaria	250	Fische	306	Gebirgsellrize	384
„ marmorata	248	Fischegel	487	Gefleckter Schlangenkopffisch	349
„ meleagris	250	Fischeier-Pflege	419	Gekko aquatica	279
„ orbicularis	250	Fischfeinde, als Parasiten	511	Geisler	394
„ pannonica	248	Fischmolche	298	Gelbrand	430
„ pulchella	250	Fischzucht, künstliche	413	Geradflügler	442
„ rivulata	248	Fissigura	362	Gesenip	386
„ Sigriz	248	Flaggenfisch	344	Gewinnung des Laiches und Befruchtung	417
„ tristrami	248	Flatterfinse	199		
Entacanthus simulans	324	Flechtenwels	361	Giebel	366
„ obesus	324	Flohkrebs, gemeiner	467	Gieben	394
Entenflott	82	Flöschen	399	Gievchen	384
Entenfloß	82	Floscularia ornata	492	Gilgenwurzel	189
Entengrün	82	Flosseufuß	459	Gifiger	386
Enteromorpha intestinalis	146	Floßpinne	152	Glasdurchlüfter	20, 21
Entomostraca	457	Flußborstenalge	139	Gliederwürmer	484
Entoparasiten	512	Flußlarven	364	Glyceria aquatica	206, 207
Entozoa	488	Flußheeresmuschel	482	„ fluitans	207
Ephemera vulgata	446	Flußperlmuschel	480	„ spectabilis	206
Ephemeridae	444	Flußrammuschel	115	Gobio benacensis	379
Ephydatia	498	Flußsand	48	„ fluviatilis	379
Equisetum eburneum	209	Flußschildkröte	260	„ lutescens	379
„ fluviatile	209	Flußschnecke, gemeine	477	„ obtusirostris	380
„ limosum	210	Fontinalis antipyretica	132	„ pollinii	379
„ maximum	209	„ gracilis	133	„ renatus	379
„ palustre	210	„ gigantea	133	„ uranoscopus	381
„ Telmateja	209	„ hypnoides	133	„ vulgaris	379

— 527 —

Gobius caninus	406	Heizung d. Aquarienwassers	35	Hydrophilida	433
Goldbarsch	318	Hellbender	298	Hydrophilus piceus	434
Goldfisch	367	Helluo vulgaris	487	Hydropsiche	442
Goldfischglocke	6	Helochloa diandra	226	Hydrous caraboides	436
Goldforelle	402, 403	Helophorus costatus	436	Hyla viridis	273
Goldkaranische	369	„ nubilus	436	Hymenophyllum tunbridgense	228
Goldkarpfen	366	Helosciadium inundatum	191		
Goldorfe	387	„ isophylla	191	Hypnum filicinum	226
Goldschleihe	379	Hemiptera	446	„ fluitans	227
Gomafisch	399	Hemisalamandra marmorata	288	„ giganteum	227
Gordius aquaticus	488			„ riparium	227
Göse	386	Herbstwasserstern	111	Hypochthon anguinus	301
Grasbarsch	320	Heronsball	33	„ Laurentii	301
Grasfrosch	261	Heros acaroides	349	Hypostomus punctatus	359
Grelling	379	„ facetus	349		
Greßling	379	„ Jenynsii	349	Ichthyophthirius-Krautheit	514
Gründel	379	Herpestes reflexa	126	Ichtyodea	279
Groppe	325	Herzblatt-Schienschwanz	177	Ictalurus nebulosus	359
Großflosser	344	Heteranthera zosteraefolia	114	„ punctatus	361
Großfisch	325	Himmelsauge	376	Idus melanotus	386
Grümpel	384	Hippuris vulgaris	176	Igelkolben, ästiger	196
Grundel	379	Hirschzunge, gefingerte	228	„ astloser	197
Gründling	379	„ gewellte	228	Igelloch, emporgetauchter	91
Grystes dolomieu	323	Hirudo medicinalis	485	„ glatter	90
„ nigricans	323	„ officinalis	485	„ rauher	91
„ salmoides	322	Holostomum cuticola	490	„ untergetauchter	91
Gurami	340	Hornblatt, spitzfrüchtiges	91	Hybius ater	431
Gurasch	366	Hornkraut, hellgrünes	91	Infusoria	497
Guie	361	„ untergetauchtes	90	Infusorien	497
Güster	394	Hottonia palustris	109	Insekten-Aquarium	501
Güsterplötze	394	Hottuynia cordata	177	Insel, schwimmende	45
Gyrinus	432	Houttuynia, gemeine	177	Iris Pseud-Acorus	189
„ mexicanus	432	„ herzblättrige	177	Isoëtes echinospora	181
„ natator	432	Huchen	397	„ Malingverniana	132
Gyrodactylus auriculatus	490	Humboldts Sumpfzierde	159	„ lacustris	131
„ elegans	490	„ Limnocharis	159	Isopoda	467
Haarnixe, carolinische	95	Hundertausendfisch	384	Ituera Najas	128
„ rosenblättrige	96	Hundsfisch, ungarischer	406, 407	Juncus conglomeratus	199
Haberfisch	384	Huso oxyrhynchus	411	„ effusus	199
Halenwürmer	488	Hydatina senta	493	„ fluitans	200
Haemopis vorax	486	Hydra fusca	496	„ glaucus	199
Hahnus, flammender	183	„ grysea	496	„ nigritellus	200
„ großer	183	„ pallens	496	„ repens	200
Halbbrassen	393, 394	„ viridis	496	„ supinus	200
Halbfisch	393	Hydrachna geographica	455	„ uliginosus	200
Harn	400	Hydrachnidae	453		
Harpacticiden	464	Hydrilla dentata	120	Maier	427
Harr	400	„ verticillata	120	Maila, amerikanische	172
Hasling	390	Hydrille	120	„ weißgefleckte	172
Hauien	411	Hydrina	494	Malmus	188
Hausnufe	271	Hydrocantharida	428	Mammolch	279
Heber selbstthätige Ablauf (heber)	39	Hydrocharis morsus ranae	67	„ großer	279
„ System Peter	39	Hydrochloa aquatica	206	Mampffisch	343
„ „ Wiener	41	„ fluitans	207	Kap-Wasserlilie	162
„ „ Richter	41	Hydrocleis azurea	158	Karausche	366
„ „ Simon	41	„ Humboldti	159	Karpf	364
Heber zur Schmutz	504	„ nymphaeoides	158	Karpfen	364
Hecht	304	Hydrocotyle inundata	191	„ blauer	366
Heizapparat nach Kallmeuer	37	„ vulgaris	218	Karpfenlaus	466
„ „ Dr. Vogel	38	Hydrometra lacustris	447	Karauße	366
„ „ Dr. Bade	39	Hydromystria stolonifera	75	Käseglocke als Aquarium	8
		Hydrophantes cruentus	454	Kasten-Aquarium	S. 12

— 528 —

Mattenjeert	210	Laichkraut flachstengliges	106	Leuciscus prasinus	387
Natenwels	859	„ flutendes	104	„ rubilio	389
Maulbarsch	318	„ gestrecktes	101	„ rutilus	387
Maullopf	325	„ glänzendes	102	„ rutiloides	387
Maulquappe	325	„ grasblättriges	106	„ selysii	387
Mauzenkopf	325	„ haarförmiges	108	„ squalus	389
Melchaquarium	7	„ kaltsommerndes	102	„ tiberinus	389
Melch	893	„ kleines	108	„ tinca	378
Mettenbarsch	324	„ krausblättriges	99	„ virgo	388
Riemenfuß	458	„ längliches	104	Libellulina	442
„ krebsartiger	459	„ rötliches	107	Licht, Beziehung zur Pflanze	54
Riemenlurche	279	„ schwimmendes	98	Ligula simplicissima	491
Riemenschwänze	465	„ spachtelblättriges	108	Limnaea auricularia	478
Milch	400	„ spiegelndes	102	„ fuscus	474
Milten des Aquariums	12	„ spitzblättriges	107	Limnadia gigas	460
Kleefarn, vierblättriger	156	„ stumpfblättriges	107	„ Hermanni	460
Kletterbarsch	336	„ wegebreitblättriges	105	„ orata	478
Kletterfisch	386	Langbleck	391	„ palustris	474
Klieben	412	Laube	391	„ stagnalis	473
Knoblauchkröte	267	Laubfrösche	272, 273	„ vulgaris	473
Knochenfische	315	Laugele	391	Limnanthemum nymphae-	
Knorpelfische	315, 411	Leben der Pflanze	56	oides	154
Knorpelröhre	410	Lederkarpfen	366	Limnetis brachyurus	460
Köderich, schwimmender	163	Leifen	391	Limnobates stagnorum	447
Kolbenwasserkäfer	434	Leistenmolch	280	Limnobium bogotense	75
Kometenschweif	374	Leitfisch	394	Limnochares holosericeus	454
Königsfarn	229	Lemanea fluviatilis	189	Lobelia Dortmanna	225
Kopfschwimmer der Fische	517	Lemna arrhiza	83	Lobelie	225
Koppe	325	„ gibba	83	Lomaria Spicant	229
Korallen	45	„ minor	82	Lophinus palmatus	280
Krankheiten der Fische	511	„ polyrhiza	83	Lota vulgaris	352
Kranzwasserläufe	83	„ trisulca	83	Lotosblume, indische	157
Krauser	489	Lennepiere	384	Lucioperca sandra	317
Kranshaaralge	61	Lepidurus productus	460	„ volgensis	318
Kräuterling	396	Leptostraca	466	Luftpumpe	27
Krebschere	96	Lesch	393	Lurche	255
Kresse	879	Leuciscus albiensis	389	„ kiemenlose 279,	298
Kreuzkröte	271	„ alburnus	391	„ mit Kiemenbüschel 279,	301
Kriechtiere	248	„ appollonitis	389	Lutjanus scandens	336
Kropfjelchen	400	„ aspius	390	Lutremys europaea	250
Kröten	271	„ baldneri	391	Lysimachia Nummularia	228
Krötenfrosch	267	„ bipunctatus	391		
Krustentiere	455	„ cavedanus	389	**M**acropodus viridi-auratus	344
Kruster, höhere	466	„ cephalus 386,	389	„ venustus	344
„ niedere	457	„ cii	389	Macropus viridi auratus	344
Kryptogamen	60	„ coeruleus	389	Maiganschen	384
Kugelaquarium	6	„ cultratus	395	Mailing	400
Kuhblume	181	„ decipiens	387	Maipiere	384
Kühling	386	„ dobula	389	Mairenke	391
Kummel	396	„ erythrophth al-		Makropode	344
Kurpinsch	362	mus	389	Malacostraca	466
		„ frigidus	389	Malermuschel	480
Labrus auritus	319	„ gobio	379	Mandnemarane	400
Labrus jaculatis	384	„ idus	386	Manometer	25
„ sparoides	320	„ jeses	386	Mantelschnecke	474
„ trichopterus	344	„ latifrons	389	Moräne, große	400
Lacerta maculata	281	„ Meidlingeri	388	„ kleine	400
„ taeniata	281	„ neglectus	386	Margaritana margaritifera	480
Lachs	398	„ ochrodon	391	Marsilia aegyptiaca	158
Lacinularia socialis	492	„ orfus	386	„ Drummondi	158
Laichkraut, dichtblättriges	104	„ pallens	387	„ Fabri	158
„ durchwachsenblättriges	101	„ pausingeri	387	„ macra	158
„ fadenblättriges	108	„ Phoxinus	384	„ natans	77

Marsilia pubescens	158	Mummelblume	145	Nitella, syncarpa	138
„ quadrifolia	156	Mundfisch	396	Nitelle, biegsame	138
„ salvatrix	168	Muraena anguilla	408	„ gemeine	138
Marsilie, errettende	158	„ oxyrhina	408	„ glasige	138
Mauremys lauiaria	248	Muschelblume	81	„ stachelspitzige	138
Mäuschen	440	Muschelkrebse	462	„ zierliche	138
Mäusebeißer	390	Myagrum littorale	134	Nierenblume, gelbe	145
Mäuseröhrchen	249	Myriophyllum alterniflorum	123	Nösling	396
Meerlinse	82	„ Nitschei	127	Notonecta glauca	449
Meernase	394	„ prismatum	127	Nuphar luteum	145
Meherteusche	362	„ proserpinacoides	122	„ pumilum	145
Mentha aquatica	179	„ spicatum	122	Nymphaea alba	142
„ hirsuta	179	„ verticillatum	122	„ biradiata	145
„ intermedia et		Myosotis perennis	249	„ candida	144
purpurea	179	„ scorpioides	249	„ coerulea	149
„ palustris	179			„ Kalmiana	145
Menobranchida	279	Nadelstorpionswanze	450	„ lutea	145
Menopoma gigantea	298	Nagemaul	317	„ Marliacea chro-	
Menopomida	279	Nährsäge	57	mostella follis	
„ alleghaniensis	298	Najas	128	marmoratis	149
Menyanthes nymphoides	154	„ biegsames	128	minima	145
„ trifoliata	184	Najas flexilis	128	pumila	145
Mesogonistius chaetodon	324	„ fluviatilis	128	semiaperta	145
Messerfisch	395	„ major	128		
Messerich	267	„ marina	128		
Messerkarpfen	395	„ minor	128	Obstetricans vulgaris	269
Meum inundatum	191	„ monosperma	128	Octolothrium lanceolatum	480
Milzesporen	78	Naide	484	„ Merlangi	490
Milzsarn, braunstieliger	231	Nais proboscidea	484	Oenanthe fistulosa	181
Mine	389	Naje	394, 396	„ Phellandrium	180
Minzgurn	362	Nasling	394	Ohrling	396
Misgurnus fossilis	362	Nösling	396	Ohne	391
Mistbeinfel	362	Nasturtium brevisiliqua	193	Onecles truthiopteris	230
Mixosporidien	516	„ longisiliqua	193	Ophiocephalus lata	348
Mnium	227	„ microphyllum	193	„ punctatus	348
Mochlonyx culiciformis	489	„ officinale	193	„ striatus	349
Molch, marmorierter	288	„ siifolium	193	„ maculatus	349
„ roter	297	„ trifolium	193	Orie	386
Molchschwanz, glänzender	177	Naucoris cimicoides	450	Orfus ruber	386
Molente	366	Nectris aquatica	95	Orthoptera	442
Molge alpestris	280	Nelumbium speciosum	187	Oryza sativa	208
„ cristata	279	Nemachilus barbatulus	361	Osmerus epelanus	402
„ marmorata	288	„ fluviatilis	361	„ spirinchus	402
„ paradoxus	280	Nematoidea	488	Osmunda regalis	229
„ taeniata	281	Nemura variegata	446	„ Spicant	229
„ vulgaris	281	Nenuphar pumila	145	„ struthiopteris	230
„ waltei	289	„ lutea	145	Osphromenus gourami	340
Molina maxima	206	Nepa	449	„ olfax	340
Mollusca	470	„ cinerea	450	„ satyrus	340
Mondfisch	320	Nephrodium filix	230	„ trichopterus	341
Möne	389	„ Theiypteris	231	„ var. Cantoris	341
Monogena	489	Nepidae	449	Ostracoda	462
Moorvreich	264	Nersling	386	Oxydactyla	264
Moorgrundel	362	Neretina fluviatilis	477		
Moorveilchen	217	Nestsügler	440		
Moosblöschen	475	Neunauge	412	Palingenia	445
Moosjarn, canadischer	86	„ blindes	412	Paludina vivipara	477
Moostierchen	493	Neunängel	412	Panzerkrebse	468
Möß	351	Neuroptera	440	Panzerwels, Commersons	359
Mosaik-Zebrafisch	384	Nitella, flexilis	138	„ gestreifter	356
Mühltoppe	325	„ gracilis	138	„ punktierter	359
Mülbe	390	„ hyalina	138	Paradiesfisch	344
Mülpe	390	„ mukronata	138	„ schöner od. glänzender	348

Parnassia palustris	220	Piere	384	Poa Airoïdes	207
Peitker	362	Pilularia globulifera	130	„ altissima	206
Pelecus cultratus	395	Pilularie, fugelförmige	130	„ aquatica	206
Pelobates cultripes	267	Pimelodus maculatus	355	„ fluitans	207
„ fuscus	267. 269	„ sapo	356	Pofthörnchen, großes	475
Perca asper	317	„ Atrarius	359	Potamogeton acuminatum	101
„ fluviatilis	315	„ Caudafureatus	361	„ acuminatus	102
„ scandens	336	„ coeruleus	361	„ acutifolius	107
„ Schraetzer	319	„ furcifer	361	„ alpinus	103
„ vulgaris	315	„ gracilis	361	„ annulatum	103
„ Zingel	317	„ Nebulosus	359	„ coloratus	105
Perennibranchiata	279. 301	„ olivaceus	361	„ complanatus	106
Perlfisch	388	Pinguicula alpina	218	„ compressum	107
Petobatida	267	„ vulgaris	217	„ compressus	106
Petromyzon argenteus	412	Pisces	306	„ crispus	99
„ fluviatilis	412	Piscicola geometra	487	„ densus	104
„ nigricans	412	Pistia occidentalis	81	„ flexicaulis	101
„ omalii	412	„ stradoites	81	„ flexuosum	101
„ pricka	412	Pijio, weftindifche	81	„ fluitans	103. 104
Petromyzontidae	412	Planaria alba	488	„ gramineum	107
Pfaffenlaus	318	„ glonocephala	486	„ gramineus	106. 107
Pfeilblatt	166	Planorbis carinatus	478	„ heterophyllus	106
Pfeilkraut, chinefifches	168	„ contortus	475	„ Hornemanni	105
„ gemeines	166	„ corneus	475	„ lucens	101.
„ fchwimmendes	156	„ crista	476	„ natans	98
Pfen	384	„ marginatus	476	„ nitens	102
Pfennigkraut	218	„ spirorbis	475	„ oblongus	104
Pfennigkraut	223	„ vortex	476	„ obscurum	
Pferdeegel	486	„ var. cristatus	476	„ obtusifolius	107
Pferdehummel	180	„ nautileus	476	„ obtusus	103
Pflanzeneinfetzung	49	Plantae demersae	166	„ praelongus	101
Pflanzenreinigung	49	„ foliis natantibus	141	„ pectinatus	108
Pflanzenfchere	505	„ natantes	67	„ perfoliatus	101
Pflanzen mit Schwimm- blättern	141	„ submersae	87	„ plantagineus	105
		Plaufisch	393. 394	„ polygonifolius	104
Pflanzen mit Schwimm- blättern, deren Behand- lung	165	Plecostomus spiniger	359	„ purpurascens	103
		Plethodontia	279. 297	„ pusillus	108
Pflege des eingerichteten Aquariums	508	Plette	393	„ rufescens	103
		Pletten	393. 394	„ rutilus	107
Pfrille	384	Pleurodeles Waltlii	289	„ semipellucidum	103
Pfuhlfisch	362	Plinte	391	„ serratum	103. 104
Pfuhlschildkröte	250	Plinten	393. 394	„ setaceum	104
Phalacrocera replicata	439	Plöge	387	„ spathulatus	103
Phanerobranchus dipus	304	Plumatella campanulata	493	„ trichoides	108
„ platyrrhynchus	304	Poligonum Hydropiper	194	„ zosterifolius	107
Pharyngognathi	354	Polycanthus opercularis	348	Preffe	398
Phellandrium aquaticum	180	Polycelis nigra	488	Pride	412
Philydrus 4-punctatus	436	Polygonum amphibium	163	Prikker	362
„ melanocephalus	436	„ natans	163	Proteida	279. 301
Phlenm schoenoides	226	„ terrestre	164	Proteus anguinus	301
Phorospermen	516	Polyphemus	462	Protoplasmakörper	60
Phoxinus aphya	384	Polystichum filix	230	Protozoa	497
„ belonii	384	„ Thelypteris	231	Punktjarn, männlicher	280
„ chrysoprasius	384	Pomotis auritus	320	Pute	362
„ laevis	384	„ Hexacanthus	320		
„ marsilii	384	„ vulgaris	319	Quappe	352
Phreoryctes Menecanus	484	Pomoxys sparoides	320	Quellen Sackdungen	492
Phylactolaemata	493	Pontederia coerulea	186	Quellenblafenfchnecke	475
Phyllitis rotundifolia	231	„ cordata	185	Quellenschnecke	477
Phyllopoda	457	„ crassipes	79	Quellmoos, aftmoosartiges	133
Physa fontinalis	475	Pontederia, blaue	186	„ gemeines	132
Physostomi		„ dickstielige	79	„ schuppiges	133
		„ herzblättrige	185	„ zierliches	133

Quergestreifter Schlangen kopffisch		349	Reis	208	Rumex Nemolapthum		195
			Reptilia	243	„ paludosus		195
Querder		412	Rheinomie	399	„ undulatus		195
Quermaul		396	Rhodeus amarus	381	Rümpchen		384
Querzahnmolche		292	Riccia fluitans	84	Rundmäuler	315.	412
			„ natans	85	Rundwürmer		488
Raape		390	Riccie, fluitende	84	Ruule		399
Raapen		390	„ schwimmende	86	Rußnase		394
Rachenzahn		396	Richardia aethiopica	172	Rutte		352
Rädertiere		491	„ africana	172			
Rana agilis		265	„ albo maculata	172	Sackspinnen		451
„ aquatica		265	Ridde	387	Sagittaria chinensis		168
„ arborea		278	Riedgras-Blasen	203	„ heterophylla		166
„ arvalis		264	„ Cyper	203	„ japonica flore pleno		168
„ calcarata		267	„ Faden	203	„ major		166
„ cachinnans		267	„ Schlamm	204	„ montevidensis		169
„ cruenta		264	„ steifes	204	„ natans		156
„ dryophytes		273	„ Ufer	203	„ sagittaefolia		166
„ edulis		265	Riesen-Quellmoos	133	Saibling		402
„ esculenta	265.	267	Ringelkrebse	467	Salamandra aquatica		280
„ ridibunda		267	Rippenfarn, gemeiner	229	„ cristata		279
„ flaviventris		264	Rippenmolch	289	„ exigua		281
„ fluviatilis		265	Ritter	402	„ gigantea		298
„ fortis		267	Rizopoda	497	„ ignea		280
„ fusca		269	Röhrenschirm	484	„ palmata		280
„ Hyla		273	Röhrenwürmchen	484	„ rubiventris		280
„ muta		264	Rohrkarpfen	386. 389	„ taeniata		281
„ obstetricans		269	Rohrkolben, breitblättriger	200	„ major		280
„ ridibunda		265	„ kleiner	201	„ marmorata		288
„ scotica		264	„ schmalblättriger	200	„ pleurodeles		289
„ temporaria		264	Röhrling	271	„ tigrina		299
„ vespertina		269	Rorella rotundifolia	213	Salamandrina		279
„ vulgaris		265	Ros solis rotundifolia	213	Salar ausonii		403
Ranatra		449	Roßfenchel	180	Salat		390
„ linearis		450	Roßkümmel	180	Salm		398
Ranida		264	Rotaschel	189	Salmo albula		400
Ranfenfüßer		466	Rotatoria	491	„ macraenula		400
Ranunculus aquatilis 115.		117	Rotauge	389	Salmo thymallus		400
		118	Rotängel	387	„ alpinus		402
„ circinatus		117	Rötel	402	„ distichus		402
„ divaricatus		117	Rosfeder	389	„ eperlanus		402
„ flammula		183	Rotfisch	402	„ fario		403
„ fluitans		115	Rotflosser	389	„ hamatus		398
„ fluviatilis		115	Rotforelle	402	„ hucho		397
„ heterophyllus		118	Rotifer vulgaris	492	„ irideus		401
„ lingua		183	Rotkarpfen	387	„ marinus		402
„ pantothrix		115	Rotplinten	394	„ monostichus		402
„ peucedanifolius		115	Rotschindel	390	„ nobilis		398
„ rigidus		117	Röttel	280	„ salar		398
„ stagnatilis		117	Rotten	389	„ salmulus		398
„ virilis	265.	279	Rotungen	389	„ salvelinus		402
Rammler, brennender		183	Roßbarsch	318	„ spirinchus		402
„ epheublättriger		149	Roßkober	325	„ umbla		402
Rapfen		390	Roßkolbe	325	Salon-Aquarium		15
Rappe		390	Rückenschwimmen der Inder	517	Salvinia natans		77
Rappfisch		316	Rückenschwimmer, gemeiner	449	Salvinie, schwimmende		77
Rautenschwanzmade		440	Ruderfüßer	463	Sonnentau, langblättriger		216
Raubalet		390	Rusich	389	„ mittlerer		216
Raubigel		318	Rumex acutus	195	„ rundblättriger		213
Raubmolch		289	„ aquaticus	195	Sämlingspflanzen		141
Raubfisch-Aquarium		500	„ conglomeratus	195	Sandblede		394
Rebendolde		180	„ glomeratus	195	Sandbuddler		363
Regenbogenforelle		404	„ Hydrolapathum	195	Sander		317

Sandielchen	400	Schmarotzerwitze	421	Seekarpfen	386
Sandwaschung	49	Schmelzschupper	315. 410	Seelilie	142
Saprolegnia	421	Schmerle	361	Seeroſe, blaue	149
Saprolegnien	617	Schmerlein	361	„ gelbe	145
Sari	389	Schmerling	361	„ kleine gelbe	145
Sauchen	377	Schmirill	361	„ ſchneeweiße	144
Saugewürmer	489	Schnabel	396	„ weiße	142
Saurus, heller	177	Schnabelkerfe	446	Seerüſſling	395
Saururus lucidus	177	Schnäppel	396	Seetanne	176
Scardinius erythrophthalmus	389	Schneider	391	Segge, fadenförmige	203
		Schnöck	404	„ cypergrasähnliche	203
Scardinus macrophthalmus	389	Schnüpel	384	Seidlitſch	384
„ hesperidicus	389	Schnurrk	404	Seilpicker	415
„ plotiza	389	Schoenus aculeatus	226	Selbſtausleſer von v. d. Borne	415
„ scardafa	389	Schott	389	„ „ Dr. Bade	416
„ dergle	389	Schratzen	315	Selat	390
Scardinus longicaudum	498	Schräper	319	Serpicula verticillata	129
Scarus Schlosseri	384	Schraubenlilie	87	Scolopendrium officinarum	228
Schachtelhalm, Fluß	209	„ ſpiralige	87	„ „ var. undulatum	228
„ Sumpf	210	Schroll	318	„ „ digittatum	228
„ Teich	210	Schnupfſiſch	389	„ vulgare	228
Schaden	353	Schuſter	378	Sichel	395
Schaid	353	Schütt	390	Sichelkraut	96
Schalenkrebſe	468	Schützenfiſch	384	Sichling	395
Scharl	389	Schwal	387	Silberbariſch	320
Scharn	353	Schwallfiſch	396	Silberblei	391
Schaufelrad	28	Schwämme	497	Silberforelle	403
Schaumkraut, bitteres	223	Schwanenblume	179	Silurus catus	359
Scheibenputzer	504	Schwanzlurche	276	„ glanis	353
Scheibgleinze	393	Schwärmzellen	60	Sinſe, graugrüne	199
Schief	390	Schwarzbandiger Sonnenfiſch	324	„ quirlblättrige	200
Schieg	390	Schwarzbariſch	323	Sindl	394
Schielen	390	Schwarzband	396	Siredon axolotl	292
Schilder mit Tier- und Pflanzennamen	45	Schwarzforelle	403	Siren anguina	301
		Schwarzreuel	402	„ lacertina	304
Schildkäfer	436	Schwarzrötel	402	„ pisciformis	292
Schildkröten	244	Schwefelſäureballon	7. 8	Sirena intermedia	304
Schill	317	Schweinsfiſch	396	Sirenida	304
Schind	390	Schweinsohr	174	Sirenida	279
Schindling	391	Schweizertriton	280	Sison inundatum	191
Schitt	390	Schwertfiſch	385	sive Calamites	273
Schistocephalus solidus	491	Schwertlilie	189	„ Dryopetis	273
Schlachtieger	362	Schweykerta nymphoides	154	Sium inundatum	191
Schlaſſle	393	Schwimmblatt, gemeines	77	Smerle	361
Schlamm als Bodenbelag	47	Schwimmkäfer	428	Sonnenfiſch	319. 320. 324
Schlammbeißer	362	Schwimmpflanzen	67	Sonnenfiſchl	384
Schlammfiſch	407	„ Behandlung	87	Sparganium affine	19.
Schlammfliege	440	„ Entwickelung	87	„ erectum	196
Schlammpeitler	362	„ Fortpflanzung	87	„ minimum	197
Schlammſchildkröte	250	Schwimmſchnecken	477	„ ramosum	196
Schlammſchnecke, große	473	Sciaena jaculatrix	384	„ simplex	197
Schlammſegge	204	Scirpus lacustris	197	Spalt	400
Schlammteuſel	298	„ mucronatus	198	Spelding	396
Schlangenkopffiſch	348	„ Pollichii	198	Speier	396
Schlangenwurzel	71	„ pungens	198	Spelerpes ruber	297
Schlauchalge, darmähnliche	140	„ radicans	199	Sphaerium rivicola	482
Schlauchkraut	72	„ Rothii	198	Sphagnum cuspidatum	227
Schlei	378	„ Tabernaemontani	198	Spicant	229
Schleierſchwanz	374	„ trigonus	198	Spiegelkarpfen	366
Schleihe	378	„ triqueter	198	Spierling	384. 402
Schlüpfling	378	Seebinſe	197	Spindelfiſch	316
Schlundkiefer	351	Seefroſch	267	Spongiae	497
Schmalzblume	181	Seekanne	154	Spongilliden	498

Spongilla	.	.	.	.	498	Stuhr	318	Teleskopfisch 375
Sprengling	.	.	.	.	400	Subularia aquatica . . .	183	Terra-Aquarium . . . 16
Springbrunnen	.	.	.	.	29	Sumpfampfer	195	Terrapene sigriz 248
„ System Nitsche	.	.	.	.	31	„ calla	171	Telmatophace gibba . . 83
„ „ Simon	.	.	.	.	32	„ dolde, schwimmende	191	Termosiphon Heizapparat 36
„ „ Dr. Bade	.	.	.	.	33	„ dotterblume . . .	181	Tetramitus Nitschei . . 513
„ Elektromotor	.	.	.	.	34	„ „ gefüllte .	182	Thalia dealbata 208
„ Heizluftmotor	.	.	.	.	34	„ einblatt	220	Thongrundel 363
Springer	.	.	.	.	400	„ eifrige	384	Thymaleus vulgaris . . 400
Springfrosch	.	.	.	.	265	„ herzblatt	220	Thymallus gymnothorax 400
Sprößling	.	.	.	.	400	„ Hottonia	109	„ rexilifer . . 400
Squalus albus	.	.	.	.	389	„ Knöterich	163	Tolbe 325
„ cephalus	.	.	.	.	389	„ milbe	454	Thoracostraca 468
„ clathratus	.	.	.	.	389	Sumpfpflanzen, hochstehende	212	Torf 47
„ dobula	.	.	.	.	389	„ tiefstehende	212	Torfmoos 227
„ leuciscus	.	.	.	.	390	„ punktfarn	231	Tinca vulgaris 378
„ meridionalis	.	.	.	.	389	„ schlangenwurz . .	171	„ aurata . . . 378. 379
„ thyberinus	.	.	.	.	389	„ schildkröte, dalmatische	254	„ chrysitis . . . 378
Stachelbarsch	.	.	.	.	326	„ „ einfarbige.	254	„ italica 378
Stachelfisch	.	.	.	.	326	„ „ europäische	250	„ maculata . . . 378
Stachelflosser	.	.	.	.	315	„ „ gefleckte .	257	Trapa natans 150
Stachlingen	.	.	.	.	326	„ „ gespreukelte	254	Traubenfarn 229
Stachel-Jesuitennuß	.	.	.	.	150	„ „ getüpfelte .	254	Trematoda 489
Stachelsichfeihe	.	.	.	.	378	„ „ griechische .	254	Trionea 75
Stalling	.	.	.	.	400	„ „ kaspische .	248	Trianea bogotensis . . 75
Störtemehl	.	.	.	.	57	„ schneden	476	Trichogaster fasciatus . 341
Stationys chamaeleon	.	.	.	.	439	„ lebendig-		Trichomanes tundrid-
Stanbgefäße	.	.	.	.	64	„ gebärende.	477	gense 228
Stechelbüttel	.	.	.	.	326	„ schmirgel	181	Trichopodus mentum . . 340
Steierling	.	.	.	.	326	„ schraube	87	Trichopterus l'allasii . . 344
Stecher	.	.	.	.	326	„ vergißmeinnicht .	219	Trichopus satyrus . . . 340
Stechmücke, gemeine	.	.	.	.	439	„ wasserfeder . . .	109	Trifolium fragiferum . . 224
„ geringelte	.	.	.	.	489	„ wasserstern . . .	111	Triton alpestris 280
Steinbarsch	.	.	.	.	321	„ wasserläufer . . .	447	„ cristatus . . . 279
Steinforelle	.	.	.	.	403	Sündt	394	„ Gesneri 288
Steingressling	.	.	.	.	381	Sumtisch	393	„ helveticus . . . 280
Steinkarpfen	.	.	.	.	366	Sunter	396	„ lobatus 281
Steinschmerle	.	.	.	.	362	Süßgras-Schmarotzer .	207	„ marmoratus . . 288
Steingrundel	.	.	.	.	361			„ palmatus . . . 280
Steinpitzger	.	.	.	.	363			Triton, vorgetüpfelter . 286
Steinbeißer	.	.	.	.	368	Tabernaemontans-Binse .	198	Triton viridescens . . . 286
Stephanoceros Eichhornii	.	.	.	.	492	Tannenwedel, gemeiner .	176	„ walti 289
Sterlett	.	.	.	.	411	Tausfroich	261	Trochospongilla 498
Sternmoos	.	.	.	.	227	Tausendblatt, ährenblütiges	122	Tropfapparat 20
Stichelkarpe	.	.	.	.	326	„ ährenständiges	122	Trüsche 352
Stichling, gemeiner	.	.	.	.	326	„ amerikanisches	126	Trutta alpinus 403
„ kleiner	.	.	.	.	333	„ chilenisches .	126	„ ausonii 403
„ zehnstachlicher	.	.	.	.	333	„ quirlblütiges .	122	„ corubiensis . . 403
Stint	.	.	.	.	402	„ wendelblütiges	123	„ fario 403
Stör	.	.	.	.	412	„ wirbelständiges	122	„ fluviatilis . . . 403
Strommaräne	.	.	.	.	400	Taumelkäfer	482	„ gaiwardi . . . 403
Stratiotes aloides	.	.	.	.	96	Teichaquarium	17	„ salar 398
„ nymphaerides	.	.	.	.	159	„ enzien, seerosenähnlicher	154	„ saxatilis . . . 403
Strausfarn, deutscher	.	.	.	.	230	„ forelle	403	Tubicolaria najas . . . 492
Streber	.	.	.	.	316	„ froich	265	Tubifex rivulorum . . . 484
Stromkarpfen	.	.	.	.	386	„ karpfen	364	Tubitelariae 451
Strudelwürmer	.	.	.	.	487	„ laufer	447	Turbellaria 487
Strummer	.	.	.	.	366	„ lilie	189	Tulpenform des Aquariums 11
Struthiopteris germanica	.	.	.	.	230	„ molch, kleiner .	281	Türkelmolch 286
Stübchen	.	.	.	.	399	„ muschel, abgeplattete	479	Typha angustifolia . 200. 201
Studentenröschen	.	.	.	.	220	„ schildkröte . .	250	„ latifolia 200
Streifenfarn, braunstieliger	.	.	.	.	231	„ unke	267	„ minima 201
„ grüner	.	.	.	.	231	Teleostei	315	„ minor 201

Ückelein	391
Udora occidentalis	120
„ pommeranica	120
„ verticillata	120
Uhle	412
Umbra Crameri	406
„ limi	407
Unio batavus	481
„ pictorum	480
„ tumidus	480
Unisema obtusifolia	185
Unke, gelbbauchige	271
Unterraul	396
Urtiere	497
Utricularia Brems	75
„ brevicornis	75
„ Grafiana	75
„ intermedia	75
„ Kochiana	75
„ minor	75
„ neglecta	74
„ ochroleuca	75
„ spectabilis	74
„ vulgaris	72
Vallisneria spiralis	87
Vallisnerie, spiralige	87
Velia currens	447
Verbütung der Algenbildung	504
Vermehrung der Wasser- und Sumpfpflanzen	236
Vermes	482
Veronica Beccabunga	192
„ limosa	192
Versandgefäße	509
Versand von Amphibien und Reptilien	511
Versand von Fischen und Fischeiern	507
Verstopfung, gegen	517
Viehgras	206
Vignea stricta	204
Villarsia nymphoides	154
Vitriolstäiche	8
Vivipara	476
„ fasciata	477
„ vera	477
Wassenstiege	439
Waldjorelle	403
Waller	353
Waldschmidia nymphoides	154
Waral	348
Wandaquarium	16
Wandermuschel	482
Wasseraloe	96
Wasserschere, aloeblättrige	96
„ gemeine	96
Wassertassel, gemeine	467
„ biene	449
„ durchlüftung durch Spritze ꝛc.	19
„ fall	34
„ form, carolinischer	86
„ feder	109, 122
„ wendelblüttige	123
„ fenchel, röhriger	181
„ fenchel	180
„ flöhe	460
„ frosch, grüner	265
„ haar-Alge	95
„ hahnfuß, gemeiner	118
„ helm	72
„ hyazinthe	79
„ jungfern	442
„ kalb	488
„ kastanie	150
„ käfer	433
„ pechschwarzer	434
„ kuh	434
„ knöterich	163
„ kraut, zweijähriges	162
„ linse, buckelige	83
„ dreifurchige	83
„ kleine	82
„ spitzblättrige	83
„ vielwurzelige	83
„ wurzellose	83
„ lieseh	179
„ lobelie	225
„ milben	453
„ minze	179
„ molche	279
„ nabel	218
„ nachfüllrohr	51
„ nuß	150
„ pfeffer	194
„ roter	171
„ piriemeutkresse	138
„ pest	93
„ ranunkel, sparriger	117
„ gemeiner	118
„ schildkröten	247
„ spanische	248
„ schierling	186
„ schlauch, blaßgelber	75
„ Brems	75
„ gemeiner	72
„ kleiner	75
„ mittlerer	75
„ übersehener	74
„ schlüssel, teichrosenähnl.	158
Wasserschüssel	218
„ schwaden	206
„ schwertlilie	189
„ säge	96
„ salamander, gekammter	279
„ großer	279
„ spieß	292
„ spinne, gemeine	452
„ skorpione	449, 450
„ stolz	159
„ sucht der Fische	518
„ wolf	403
Wattfisch	394
Weißbierglas	7
Weißfelchen	400
Weißforelle	403
Weller	353
Wels	353
Welsquappe	352
Wetteraal	362
Wetterfisch	362
Wetterling	354
Wiesenschaumkraut	222
Wolffia arrhiza	88
„ Michelii	88
Würmer	482
Wurzelfüßer	497
Wüterich	186
Zalat	390
Zander	317
Zanichella palustris	129
Zanichelle, gemeine	129
Zanterl	354
Zaricheli	354
Zärthe	394
Zicke	395
Ziege	395
Zicle	361
Zimmerbassin	14
Zimmerfontaine von Raab in Zeitz	33
Zingel	317
Zint	316
Zobelpleinzen	394
Zopa	395
Zottenblume	181
Zuckermücke	439
Zuppe	396
Zweiflügler	437
Zweischaler	478
Zwerginichling	383
Zwergwels	359
„ glänzender	361
Zwitter, deutscher	188

www.ingramcontent.com/pod-product-compliance
Lightning Source LLC
Chambersburg PA
CBHW031940290426
44108CB00011B/618